稀散金属冶金手册

主　　编　陈少纯

副 主 编　臧树良

编写人员　何　静　熊　英　王学文

房大维　刘大春　朱　刘

中南大学出版社
www.csupress.com.cn
·长沙·

内容简介

/ Introduction

　　全书分七篇，对镓、铟、铊、锗、硒、碲、铼这七种稀散金属的提取冶金技术或方法作了全面系统的总结，重点突出了近20年来的新技术、新成果，包括稀散金属提取冶金的基本原理、工艺流程、技术参数和技术经济数据以及稀散金属的性质、应用、资源、环保等方面的内容，另外，还适当介绍了专业发展的技术动向。本书作为工具书，实用性强，可供稀散金属冶金专业的科研人员、高校师生、企业工程技术人员和管理人员参考。

作者简介 / About the Authors

　　陈少纯，广东人，1954年生，中南大学有色冶金专业硕士，原广州有色金属研究院教授级高工。主要从事稀有金属冶金技术的研究工作，曾多次主持国家级、省级、市级科技项目并获得省部级的科技奖励，1993年获国务院政府特殊津贴，1996年入选国家"百千万人才工程"第一、二层次人选，论著有：《稀散金属提取冶金》（2008年版，第二作者）、《有色金属进展：1996—2005》（（全十三卷）2006年版，稀有金属和贵金属卷）、《有色金属冶金工程技术学科发展报告（2011—2012）（稀有金属篇）》。曾任中国有色金属学会稀有金属冶金学术委员会副主任委员、稀散金属专业委员会主任委员。

　　臧树良，辽宁沈阳人，1951年生，博士，辽宁大学教授，长期从事稀散元素化学研究。主持完成国家科技支撑计划1项、国家自然科学基金项目5项，中德国际合作交流项目4项、教育部重点支持项目1项、省部级项目10余项，在国内外学术刊物上发表论文200余篇，出版《稀散元素化学与应用》等学术著作3部，获辽宁省自然科学奖二等奖1项、辽宁省技术发明二等奖1项、辽宁省科技进步二等奖4项及其他学术奖励。

前言 / Foreword

  稀散金属是指在自然界聚集度低、没有可经济开采的独立矿床的稀有金属，是金属学科体系的一个分类，本身并无严格的科学定义，更多的是一种约定俗成的称呼。通常所说的稀散金属是镓、铟、铊、锗、硒、碲和铼七种，但广义上并不限于此，例如还有镉、钪、铪、钒等。

  稀散金属大多是半导体元素，可以说稀散金属产业与电子信息技术发展是息息相关的。20 世纪 90 年代初，我国镓、铟、锗三者的产量不过是二三十吨。那时，企业还在为产品寻求出路而煞费苦心，后来以电脑、互联网、移动通信为代表的电子信息时代飞速发展造就了稀散金属广泛应用的新局面。

  在当今的半导体芯片、光电器件、网络光纤、平板显示、太阳能电池、LED 照明、高温超合金等高新技术领域，稀散金属的支撑作用不言而喻。不过是短短的 20 年时间，电脑、手机、电视、网络、LED 照明已经普及到个人和家庭，这些产品中包含的稀散金属每个人都"触手可及"。这种应用"平民化"的转变，极大地促进了稀散金属产业的繁荣和发展。2000 年，手机还是稀有产品，然而一人一手机的预期，推演出砷化镓芯片未来巨大的需求量，令镓的价格暴涨了 10 倍。遗憾的是，我国的一些镓厂并未能分享到价格暴涨的红利，这是因为当时的镓产量实在是太小了，最大镓生产厂也仅数吨产量而已。后来，随着先进的树脂法提镓新技术出现，使得我国的粗镓产能迅速增加到 600 t/a（占世界总量的 80%），且提取镓变得容易起来，原来每提取 1 kg 镓要产出 7～10 t 废渣，现在是废渣零产出。

我国稀散金属资源丰富，产量占世界总产量的50%以上，回收和加工的企业数百家，其中不少稀散金属高新企业不乏国际影响力。特别是2014年国家稀散金属工程技术研究中心在广东先导稀材股份有限公司设立，这表明了稀散金属的地位开始凸显。产业在发展，更多项目在攻关，产学研结合，科技进步，不仅解决许多复杂物料提取稀散金属的难题，保持了产量的优势，而且使高纯镓、光纤级四氯化锗、溅镀靶材、MO源等稀散金属高端材料实现了国产化和进入国际市场，这是由量向质的转折。

本书是由中国有色金属学会稀有金属冶金学术委员会下属的稀散金属专业委员会组织编写。本书吸取了近十年来稀散金属冶金的技术发展取得的一些研究成果。在内容组织上，本书对稀散金属的基本分离技术和应用特点着重作了归纳整理并且按每个金属独立成篇的结构编写，企望读者能以最小阅读量获取到最大信息量或选择性阅读。

全书由陈少纯(原广州有色金属研究院教授级高工)、臧树良(辽宁大学教授)、何静(中南大学教授)、熊英(辽宁大学教授)、王学文(中南大学教授)、房大维(辽宁大学研究员)、刘大春(昆明理工大学教授)、朱刘(广东先导稀材股份有限公司及国家稀散金属工程技术研究中心高级工程师)共同编写，其中陈少纯任主编，臧树良任副主编和审稿人，由陈少纯对全书作最终修订。

全书各篇写作人员及其分工为：

镓冶金：陈少纯(主笔)、房大维(第1章和7.3节、7.4节)、熊英(第6章)。

铟冶金：何静(主笔)、房大维(第1章和8.7节)、陈少纯(2.7节)、熊英(第7章)、朱刘(6.3.3节、8.6节)。

铊冶金：刘大春(主笔)、房大维(第1章)、熊英(第4章)。

锗冶金：陈少纯(主笔)、房大维(第1章)、熊英(第3章)、朱刘(7.1节、第8章)。

硒冶金：王学文（主笔）、陈少纯（第 1 章和 2.3.4 节、2.4.4 节）、熊英（第 3 章）、朱刘(4.1 节、4.2 节)。

碲冶金：王学文（主笔）、房大维（第 1 章）、陈少纯（第 3 章）、熊英（第 5 章）、朱刘(6.2 节、6.3 节、6.5 节)。

铼冶金：房大维（主笔）、陈少纯（第 2、7、8 章）、熊英（第 4、5、6 章）。

鲁东大学刘军深教授和辽宁大学刘晓智教授给予了支持并撰写有关内容，辽宁大学熊英教授和广东省稀有金属研究所张魁芳校阅了部分书稿并给予了宝贵意见。在此向所有参与编写的人员和提供帮助的人士表示感谢。由于编者水平有限，书中疏漏在所难免，敬请读者批评指正。

本书的出版得到了广东先导稀材股份有限公司及国家稀散金属工程技术研究中心、昆明理工大学国家真空冶金实验室、广东省稀有金属研究所的大力资助，这是他们对稀散金属科学技术传播的贡献和对社会责任的担当，谨此致以深切的敬意和感谢。

陈少纯

2018 年 3 月于广州

目录 / Contents

第一篇　镓冶金

第1章　概述 ……………………………………………………………… （3）

1.1　镓及其化合物的性质 ……………………………………………… （3）

1.2　镓及其化合物的用途 ……………………………………………… （13）

1.3　镓对环境的影响 …………………………………………………… （14）

1.4　镓的资源与生产 …………………………………………………… （15）

1.5　金属镓产品质量标准 ……………………………………………… （16）

第2章　从氧化铝生产中提取镓 ………………………………………… （18）

2.1　树脂吸附法 ………………………………………………………… （18）

2.2　中和沉淀法（碳酸化法） ………………………………………… （25）

2.3　溶剂萃取法 ………………………………………………………… （28）

2.4　电解法与置换法 …………………………………………………… （29）

第3章　从锌冶炼中提取镓 ……………………………………………… （32）

3.1　锌冶炼中镓、铟、锗的走向与富集物 …………………………… （32）

3.2　从锌精矿氧压浸出工艺的锌置换渣中回收镓、铟、锗、铜 ……… （36）

3.3　锌冶金溶液中萃取镓的主要方法 ………………………………… （41）

3.4　锌冶金渣还原炼铁法富集回收镓 ………………………………… （45）

3.5　从密闭鼓风炉熔炼铅锌工艺（ISP）中回收镓 ………………… （49）

第4章　从钒钛磁铁矿冶炼渣中提取镓 ………………………………… （53）

4.1　钒渣高温氯化焙烧挥发提镓 ……………………………………… （53）

4.2　浸钒余渣高压碱浸提镓 …………………………………………… （54）

4.3　浸钒余渣还原焙烧—HCl 浸出—TBP 萃取提镓 ……………… （54）

4.4　浸钒余渣还原熔炼—电解法提取镓 …………………………………（58）

第5章　从其他含镓物料中提取镓 ……………………………………（59）

5.1　从砷化镓晶片废料中回收镓 …………………………………（59）
5.2　从煤灰中提取镓 ………………………………………………（63）
5.3　从锗氯化蒸馏残液中提取镓 …………………………………（69）
5.4　从电炉熔炼磷灰石生产黄磷的烟尘中提取镓 ………………（70）
5.5　从石煤提钒余渣中提取镓 ……………………………………（70）
5.6　微生物浸出提取镓 ……………………………………………（71）

第6章　镓的萃取剂与萃取体系 ………………………………………（72）

6.1　镓萃取剂的主要种类 …………………………………………（72）
6.2　中性磷类萃取剂 ………………………………………………（73）
6.3　酸性磷类萃取剂 ………………………………………………（77）
6.4　羧酸类萃取剂 …………………………………………………（81）
6.5　胺类萃取剂 ……………………………………………………（82）
6.6　肟类萃取剂 ……………………………………………………（83）
6.7　喹啉类萃取剂 …………………………………………………（85）
6.8　醚、酮类萃取剂 ………………………………………………（87）
6.9　协同萃取体系 …………………………………………………（89）
6.10　几种新型萃取剂 ……………………………………………（90）

第7章　金属镓与高纯镓及镓 MO 源制取 ……………………………（95）

7.1　电解制取金属镓 ………………………………………………（95）
7.2　高纯镓的制取 …………………………………………………（96）
7.3　三甲基镓(TMG)的制备 ………………………………………（107）
7.4　三乙基镓的制备 ………………………………………………（108）

第二篇　铟冶金

第1章　概述 ……………………………………………………………（119）

1.1　铟及其化合物的物理化学性质 ………………………………（119）
1.2　铟及其化合物的用途 …………………………………………（129）
1.3　铟对环境及人体的影响 ………………………………………（132）
1.4　铟的资源和冶金原料 …………………………………………（133）

1.5 铟工业品的质量标准 ……………………………………………（140）

第2章 从湿法炼锌生产中提取铟 ………………………………（142）

2.1 湿法炼锌过程中铟的走向与富集 …………………………（142）
2.2 置换法提取铟 …………………………………………………（153）
2.3 萃取法富集提取铟 ……………………………………………（156）
2.4 从浸出渣高温挥发的氧化锌烟尘中提取铟的工艺 ………（157）
2.5 从置换渣及富铟渣中提取铟的工艺 ………………………（161）
2.6 从黄钾铁矾渣中提取铟的工艺 ……………………………（163）
2.7 其他富集铟的方法及研究 …………………………………（166）

第3章 从火法炼锌生产中回收铟 ………………………………（171）

3.1 火法炼锌过程中铟的走向与富集 …………………………（171）
3.2 硬锌蒸馏分离富集回收铟 …………………………………（176）

第4章 从铅冶炼中回收铟 ………………………………………（179）

4.1 铅冶炼过程中铟的走向与富集 ……………………………（179）
4.2 从粗铅中回收铟 ………………………………………………（183）
4.3 从含铋的铟阳极泥中回收铟 ………………………………（189）

第5章 从锡冶炼中回收铟 ………………………………………（193）

5.1 锡冶炼过程中铟的走向与富集 ……………………………（193）
5.2 从焊锡电解液中提取铟 ……………………………………（195）
5.3 锡烟尘硫酸氧压浸出回收铟 ………………………………（201）
5.4 从铟锡合金中真空蒸馏分离回收铟 ………………………（203）
5.5 氯化法从金属锡中提铟 ……………………………………（203）

第6章 从其他物料中回收铟 ……………………………………（204）

6.1 从铜冶炼中回收铟 ……………………………………………（204）
6.2 高炉炼铁过程中铟的走向与富集 …………………………（211）
6.3 从 ITO 废靶材中再生回收铟 ………………………………（212）
6.4 从其他含铟二次资源中回收铟 ……………………………（218）

第7章 铟的萃取体系及应用 ……………………………………（220）

7.1 铟萃取剂的主要种类 ………………………………………（220）

7.2 酸性磷酸类萃取剂 ……………………………………………… (222)

7.3 中性磷类萃取剂萃取铟 ………………………………………… (230)

7.4 其他萃取剂 ……………………………………………………… (232)

7.5 液膜萃取法 ……………………………………………………… (235)

7.6 吸附法 …………………………………………………………… (237)

第8章 铟精炼与高纯铟及铟化合物的制取 ……………………… (242)

8.1 海绵铟的熔炼 …………………………………………………… (242)

8.2 粗铟精炼除镉、铊 ……………………………………………… (242)

8.3 铟电解精炼 ……………………………………………………… (245)

8.4 铟区域熔炼 ……………………………………………………… (250)

8.5 InCl 歧化制取高纯铟 …………………………………………… (252)

8.6 粗铟 InCl 熔盐电解精炼 ………………………………………… (252)

8.7 铟有机化合物(MO 源)的制取 ………………………………… (255)

第三篇　铊冶金

第1章 概述 ……………………………………………………… (269)

1.1 铊及其化合物的性质 …………………………………………… (269)

1.2 铊及其化合物的用途 …………………………………………… (279)

1.3 铊的毒性及对环境的影响 ……………………………………… (280)

1.4 铊的资源和冶金原料 …………………………………………… (283)

第2章 有色金属冶炼及硫铁矿制酸工艺中铊的走向 …………… (287)

2.1 铅冶炼中铊的行为与走向 ……………………………………… (287)

2.2 湿法炼锌中铊的走向 …………………………………………… (288)

2.3 火法炼锌中铊的走向 …………………………………………… (288)

2.4 铜冶炼中铊的走向 ……………………………………………… (290)

2.5 硫铁矿焙烧制酸中铊的走向 …………………………………… (291)

第3章 铊冶金分离方法 ………………………………………… (292)

3.1 置换法分离铊 …………………………………………………… (292)

3.2 沉淀法分离铊 …………………………………………………… (294)

3.3 冶金物料挥发脱除铊的方法 …………………………………… (298)

第 4 章　铊的萃取与吸附分离 ································· (301)

　　4.1　三价铊的溶剂萃取 ································· (304)

　　4.2　三价铊的吸附 ····································· (310)

　　4.3　一价铊的溶剂萃取 ································· (313)

　　4.4　一价铊的吸附 ····································· (315)

第 5 章　铊化合物及金属铊的制取 ····················· (321)

　　5.1　常见铊化合物的制取方法 ······················· (321)

　　5.2　金属铊的制取 ····································· (322)

第 6 章　铊污染与治理 ································· (323)

　　6.1　铊对环境的污染 ··································· (323)

　　6.2　铊污染的预防对策 ································· (325)

　　6.3　水体铊污染治理 ··································· (325)

　　6.4　土壤铊污染治理 ··································· (326)

第四篇　锗冶金

第 1 章　概述 ··· (333)

　　1.1　锗及其化合物的性质 ····························· (333)

　　1.2　锗及其化合物的应用 ····························· (348)

　　1.3　锗对生态环境的影响 ····························· (350)

　　1.4　锗的资源和冶金原料 ····························· (351)

　　1.5　锗工业产品质量标准 ····························· (352)

第 2 章　锗的基本分离方法 ····························· (355)

　　2.1　单宁沉淀锗 ······································· (355)

　　2.2　镁盐沉淀锗 ······································· (356)

　　2.3　氢氧化铁共沉淀锗 ································· (357)

　　2.4　氯化蒸馏和碱土金属氯化蒸馏分离锗 ············· (358)

第 3 章　锗的萃取与萃取剂 ····························· (361)

　　3.1　肟类萃取剂 ······································· (362)

　　3.2　喹啉类萃取剂 Kelex100 ··························· (365)

3.3 氧肟酸类及羟肟酸类萃取剂 ……………………………………… (367)

3.4 酮类萃取剂 ……………………………………………………… (372)

3.5 胺类萃取剂及络合萃取 ………………………………………… (373)

3.6 磷类萃取剂 ……………………………………………………… (378)

3.7 协同萃取锗 ……………………………………………………… (380)

3.8 其他萃取方法 …………………………………………………… (383)

第4章 从湿法炼锌工艺中回收锗 …………………………………… (384)

4.1 锗在湿法炼锌工艺流程中的走向 ……………………………… (384)

4.2 从锌粉置换渣中回收锗 ………………………………………… (385)

4.3 从锌浸出渣中回收锗 …………………………………………… (387)

4.4 从锌浸出渣挥发窑渣中富集回收锗、镓 ……………………… (394)

4.5 碱浸出法从氧化铅锌精矿中回收锗 …………………………… (396)

第5章 从火法炼锌工艺中回收锗 …………………………………… (397)

5.1 从硬锌中回收锗 ………………………………………………… (397)

5.2 从火法炼锌浮渣中回收锗 ……………………………………… (403)

5.3 从 ISP 的烟化炉渣中富集锗 …………………………………… (406)

第6章 从含锗煤中提取锗 …………………………………………… (407)

6.1 褐煤燃烧提锗的燃烧制度与富集方式 ………………………… (407)

6.2 还原挥发一步法从锗煤中提取锗 ……………………………… (408)

6.3 低品位锗煤灰二次还原富集锗 ………………………………… (411)

6.4 锗煤干馏法提取锗 ……………………………………………… (417)

6.5 微生物浸出煤中锗 ……………………………………………… (417)

第7章 其他含锗物料的提锗方法 …………………………………… (419)

7.1 光纤废料中锗的回收 …………………………………………… (419)

7.2 锗氯化蒸馏残渣中锗的回收 …………………………………… (421)

7.3 锗氯化蒸馏残液中锗的回收及残液环保处理 ………………… (424)

7.4 其他含锗物料的提锗方法 ……………………………………… (425)

第8章 锗化合物提纯与金属锗制取 ………………………………… (430)

8.1 $GeCl_4$ 的精馏提纯 ……………………………………………… (430)

8.2 光纤级 $GeCl_4$ 的制备 ………………………………………… (432)

8.3　GeCl₄水解制备 GeO₂ ·················· （433）

8.4　金属锗的制取 ························· （434）

第五篇　硒冶金

第1章　概述 ······················ （445）

1.1　硒及其化合物的性质 ················· （445）

1.2　硒及其化合物的用途 ················· （450）

1.3　硒对环境的影响 ··················· （452）

1.4　硒的资源和生产 ··················· （453）

1.5　硒工业品的质量标准 ················· （455）

第2章　硒的提取冶金方法 ············· （457）

2.1　硒的主要冶金原料 ·················· （457）

2.2　铜阳极泥火法处理工艺中分离提取硒 ········· （459）

2.3　铜阳极泥湿法处理工艺中分离提取硒 ········· （471）

2.4　从其他物料中回收硒的方法 ············· （480）

第3章　硒的萃取与吸附 ·············· （486）

3.1　含氮萃取剂萃取硒 ·················· （486）

3.2　中性磷类萃取剂萃取硒 ················ （488）

3.3　其他萃取剂萃取硒 ·················· （489）

3.4　吸附法提取硒 ···················· （490）

第4章　硒精炼及硒化合物的制取 ········· （496）

4.1　硒的蒸馏精炼 ···················· （496）

4.2　硒的化学法精炼 ··················· （498）

4.3　二氧化硒的制取 ··················· （501）

4.4　硒烷的制取 ····················· （501）

第六篇　碲冶金

第1章　概述 ······················ （509）

1.1　碲及其化合物的性质 ················· （509）

1.2　碲及其化合物的用途 ················· （513）

1.3 碲对环境的影响 ……………………………………… (514)

1.4 碲的资源和生产 ……………………………………… (514)

1.5 碲工业品的质量标准 ………………………………… (517)

第2章 从铜阳极泥中分离回收碲 ………………………… (519)

2.1 硫酸化焙烧渣酸浸分离碲 …………………………… (519)

2.2 硫酸化焙烧渣碱浸分离碲 …………………………… (524)

2.3 从铜阳极泥熔炼贵铅的苏打渣中分离回收碲 ……… (528)

2.4 阳极泥氧化焙烧碱浸分离回收碲 …………………… (531)

2.5 阳极泥氧压酸浸分离回收碲 ………………………… (531)

2.6 阳极泥水溶液氯化浸出分离回收碲 ………………… (533)

2.7 阳极泥苏打烧结—水浸分离回收硒碲 ……………… (534)

第3章 从水溶液中沉淀分离碲和处理沉碲渣的方法 …… (538)

3.1 从水溶液中沉淀分离碲的方法 ……………………… (538)

3.2 从沉碲渣回收碲的工艺 ……………………………… (543)

第4章 从其他物料中回收碲 …………………………… (548)

4.1 从铋碲精矿中回收碲 ………………………………… (548)

4.2 从废碲热电器件中回收碲 …………………………… (551)

4.3 从酸泥中回收碲 ……………………………………… (553)

4.4 在铅冶炼中回收碲 …………………………………… (553)

第5章 碲的溶剂萃取及吸附 …………………………… (555)

5.1 萃取剂的主要种类 …………………………………… (555)

5.2 中性磷类萃取剂萃取碲 ……………………………… (556)

5.3 含氮萃取剂萃取碲 …………………………………… (558)

5.4 其他萃取剂萃取碲 …………………………………… (562)

5.5 吸附法分离碲 ………………………………………… (562)

第6章 碲精炼及碲化合物的制取 ……………………… (564)

6.1 以 TeO_2 为原料制取金属碲 ………………………… (564)

6.2 碲真空蒸馏精炼 ……………………………………… (567)

6.3 硒化氢法脱除硒 ……………………………………… (568)

6.4 磷酸盐熔炼除铅 ……………………………………… (569)

6.5 碲区域熔炼 ……………………………………………… (569)

6.6 高纯二氧化碲的制取 …………………………………… (571)

第七篇 铼冶金

第1章 概述 ……………………………………………… (579)

1.1 铼及其化合物的性质 …………………………………… (579)

1.2 铼及其化合物的用途 …………………………………… (585)

1.3 铼的资源与生产 ………………………………………… (586)

1.4 铼工业产品质量标准 …………………………………… (589)

第2章 铼的冶炼富集方法 ……………………………… (590)

2.1 钼精矿氧化焙烧工艺中铼的富集回收 ………………… (590)

2.2 钼精矿石灰烧结—浸出工艺中铼的富集回收 ………… (594)

2.3 钼精矿湿法浸出工艺中铼的富集回收 ………………… (597)

第3章 铼的沉淀分离方法 ……………………………… (601)

3.1 高铼酸钾(铵)沉淀法 ………………………………… (601)

3.2 甲基紫沉淀法 …………………………………………… (601)

3.3 硫化沉淀法 ……………………………………………… (602)

3.4 置换沉淀法 ……………………………………………… (602)

第4章 铼的溶剂萃取与萃取剂 ………………………… (604)

4.1 胺类萃取剂 ……………………………………………… (604)

4.2 中性磷类萃取剂 ………………………………………… (607)

4.3 酮类萃取剂 ……………………………………………… (609)

4.4 醇类萃取剂 ……………………………………………… (609)

4.5 乙酰胺萃取剂(N503、A101) ……………………… (611)

4.6 协同萃取 ………………………………………………… (611)

第5章 树脂吸附法分离提取铼 ………………………… (614)

5.1 离子交换树脂提取铼的工艺 …………………………… (614)

5.2 铼的离子交换树脂与吸附性能 ………………………… (616)

5.3 萃淋树脂 ………………………………………………… (623)

第6章　其他提铼方法 ·· (625)

　6.1　活性炭吸附 ·· (625)

　6.2　纳米氧化物吸附 ·· (626)

　6.3　活性有机质材料吸附 ·· (626)

　6.4　电渗析法 ·· (628)

　6.5　液膜法 ·· (628)

　6.6　微生物法 ·· (629)

第7章　从钼冶炼中回收铼 ·· (630)

　7.1　钼精矿石灰焙烧—钼铼共萃—离子交换回收铼 ······················ (630)

　7.2　从钼精矿氧压酸浸出液中回收铼 ·· (632)

　7.3　从钼精矿氧压碱浸出液中回收铼 ·· (633)

第8章　从铜冶炼中回收铼 ·· (636)

　8.1　从冶炼烟气淋洗液中回收铼 ·· (636)

　8.2　硫化沉淀法从废酸中回收铼 ·· (636)

　8.3　从铜冶炼烟尘中回收铼 ·· (637)

　8.4　从铜冶炼的酸泥中回收铼 ·· (637)

第9章　铼的二次资源回收 ·· (638)

　9.1　从含铼的高温合金废料中回收铼 ·· (638)

　9.2　从废铂铼催化剂中回收铼 ·· (640)

第10章　金属铼和铼化合物的制取 ·· (642)

　10.1　氢还原法制取铼粉 ·· (642)

　10.2　电解法制取铼粉 ·· (643)

　10.3　致密金属铼的熔炼与提纯 ··· (643)

　10.4　铼有机化合物的制取 ·· (644)

编后语 ·· (650)

第一篇　镓冶金

第 1 章　概述

　　镓，Gallium，元素符号为 Ga，由法国化学家布瓦博德朗在 1875 年用光谱法分析闪锌矿提取物时发现，并用电解方法得到了金属镓。布瓦博德朗用拉丁文"Gallia"（法兰西）给这个元素命名以纪念他的祖国[1]。

　　镓没有独立矿床，主要伴生在铝土矿、铅锌矿、铁矿和煤矿中。镓的资源并不稀少，但目前大部分仍不具备提取价值。当今世界 90% 以上的原生镓是从铝土矿生产氧化铝过程中提取的。镓是电子信息产业重要的基础金属，主要用于生产 Ⅲ～Ⅴ 族半导体化合物，如 GaAs、GaP 及 GaSb 等，其中 GaAs 的应用最广泛。现代 GaN 半导体照明器件和铜－铟－镓－硒太阳能电池等新兴产业的发展将大大扩大镓的应用需求。

1.1　镓及其化合物的性质

1.1.1　金属镓

　　金属镓具有淡蓝色的金属光泽，其熔点低（仅高于汞），沸点高，挥发性小，在 1500℃ 时其蒸气压仍然很低，只有 667 Pa。熔化时为银白色液体，过冷至 0℃ 时也不固化。固态镓质地软，莫氏硬度为 1.5～2.5，由液体转变为固体时，其体积约增大 3.2%。镓能浸润玻璃，故不宜用玻璃容器存放。镓可溶于锌、铝、铜、锡、镉、锗、金、银等金属中，故易造成金属的腐蚀，但钨在 800℃ 温度下能抵抗镓的腐蚀[2]。镓微溶于汞，形成镓汞齐。镓的基本物理性质见表 1－1[3]。

　　常温下，镓在干燥空气中比较稳定，因为生成的氧化物薄膜会阻止其继续氧化，而在潮湿空气中会被氧化失去光泽，加热至 500℃ 时则会燃烧。室温时，镓与水反应缓慢，与沸水反应比较剧烈，且生成氢氧化镓并放出氢气[4]。

　　加热时，镓会溶于无机酸和王水：

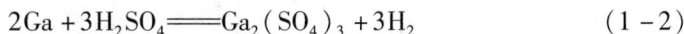

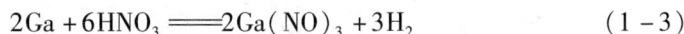

$$2Ga + 6HCl \!\!=\!\!\!=\!\! 2GaCl_3 + 3H_2 \tag{1-1}$$

$$2Ga + 3H_2SO_4 \!\!=\!\!\!=\!\! Ga_2(SO_4)_3 + 3H_2 \tag{1-2}$$

$$2Ga + 6HNO_3 \!\!=\!\!\!=\!\! 2Ga(NO_3)_3 + 3H_2 \tag{1-3}$$

表 1-1 镓的基本物理性质

原子序数	相对原子质量	原子体积 /(cm³·mol⁻¹)	原子半径 /nm	离子半径 /nm	密度 /(g·cm⁻³)	熔点 /℃	沸点 /℃	电负性	氧化数
31	69.723	11.81	0.1221	0.113(+1) 0.063(+3)	5.907(s) 6.114(l)	29.78	2403	1.82	+1, +2, +3

比热容 /(J·mol⁻¹·K⁻¹)	挥发潜热 /(kJ·mol⁻¹)	熔化潜热 /(kJ·mol⁻¹)	导热系数 /(W·mol⁻¹·K⁻¹)	电阻率 /(Ω·cm⁻¹)	电阻温度系数 /℃⁻¹	超导态转变温度/K	磁化率 (CGS)	离子磁化率	价电子结构
25.86(s)	270.3	5.59	28.1(l)	27×10^{-6}	3.96×10^{-3} (0~100℃)	1.083~1.1	-24.4×10^{-6}(s) 2.5×10^{-6}(l)	2.5×10^{-6} (Ga³⁺)	$4s^2 4p$

凝固时体积膨胀率/%	表面张力 /(N·m⁻¹)	黏度 /(Pa·s⁻¹)	线膨胀系数 /(10⁻⁶·K⁻¹)	晶体结构	莫氏硬度	拉伸强度 /(kg·mm⁻²)	拉伸率 /%	第一电离势 /eV
3.2	0.718	1.74×10^{-3} (50℃)	11.5(a) 31.5(b) 16.5(c)	斜方 (α-Ga)	1.5	2.0~3.8	2~40	5.999

但在冷态下，镓与酸的作用比较缓慢，室温下硝酸将使镓表面钝化而不溶解。

加热条件下，镓溶于苛性碱溶液，生成镓酸盐且放出氢气。镓也可溶于氨的水溶液中，在900～1000℃高温下，镓会与氨气反应生成氮化镓和氢气[3]：

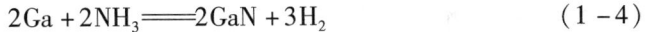

$$2Ga + 2NH_3 === 2GaN + 3H_2 \qquad (1-4)$$

加热时镓和卤素、硫迅速反应，生成相应的卤化物、硫化物。

1.1.2　镓的硫化物、硒化物和碲化物

1.1.2.1　硫化物

镓与硫可形成镓氧化数为1至3的一系列硫化物：Ga_2S、GaS、Ga_2S_2、Ga_4S_5 和 Ga_2S_3[3]。

- Ga_2S

黑色固体，密度为4.2 g/cm^3。在空气中不稳定，易被水和酸分解。Ga_2S 在低于800℃的温度下比较稳定，在800℃的真空中或960℃的空气中会发生歧化反应，生成硫化镓和镓。

$$3Ga_2S === Ga_2S_3 + 4Ga \qquad (1-5)$$

$$2Ga_2S === Ga_2S_2 + 2Ga \qquad (1-6)$$

Ga_2S 易挥发，其蒸气压的计算式为：

$$\lg p[\text{mmHg}(Pa, \times 133.3)] = -9098/T + 7.93 \quad (960 \sim 1210℃) \quad (1-7)$$

GaS（或 Ga_2S_2）：熔点为965℃，在温度高于900℃时开始升华，其蒸气压的计算式为：

$$\lg p[\text{mmHg}(Pa, \times 133.3)] = -23190/T + 19.39 \quad (<970℃) \quad (1-8)$$

$$\lg p[\text{mmHg}(Pa, \times 133.3)] = -6390/T + 5.74 \quad (>970℃) \quad (1-9)$$

Ga_2S_2 在温度高于1100℃的空气中离解（在真空中于740℃离解）：

$$3Ga_2S_2 === Ga_2S + Ga_4S_5 \qquad (1-10)$$

而在温度高于1200℃时，其离解反应为：

$$3Ga_2S_2 === 2Ga_2S + Ga_2S_3 + S \qquad (1-11)$$

GaS 不溶于冷水，在热水中会分解，可溶于碱。

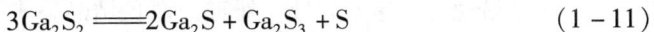

$$3Ga_2S_2 === Ga_2S + Ga_4S_5 \qquad (1-12)$$

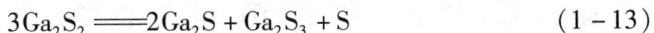

$$3Ga_2S_2 === 2Ga_2S + Ga_2S_3 + S \qquad (1-13)$$

- Ga_2S_3

白色晶体，密度为3.46～3.65 g/cm^3，熔点为1090～1255℃。存在闪锌矿、纤维锌矿等晶型，有 α、β 和 γ 三种形态，其中较稳定的是 $\alpha - Ga_2S_3$，温度高于550℃时，它会转变为高温稳定的 $\beta - Ga_2S_3$。可缓慢溶于冷水，易溶于浓碱生成镓酸盐，也易溶于盐酸和硝酸。在空气中稳定，加热易氧化。当温度高于1200℃时，$\beta - Ga_2S_3$ 会发生离解反应：

$$3Ga_2S_3 \Longrightarrow Ga_2S + Ga_4S_5 + 3S \qquad (1-14)$$

- Ga_4S_5

Ga_4S_5 为 Ga_2S_2 或 Ga_2S_3 离解的中间介稳产物。

1.1.2.2 硒化物

镓的硒化物有 Ga_2Se、$GaSe$、Ga_2Se_3。

缓慢加热硒和镓(1:1)的混合物可以合成 GaSe，它是一种暗棕色闪光的片状晶体。GaSe 和 GaS 一样，是层状半导体，随着温度的降低，GaSe 光电效应最大值向短波方向移动。

按化学计量数加热硒和镓的混合物可制得 Ga_2Se_3。把硒化氢通入镓的浓度不低于 50 g/L 的三氯化镓水溶液中，可制得高纯度的 Ga_2Se_3，此反应温度为 80℃，反应时间为 1~2 h。

1.1.2.3 碲化物

镓的碲化物有 $GaTe$、Ga_2Te_3、Ga_3Te_2、$GaTe_3$。

$GaTe$，按化学计量比熔化碲和镓的混合物可制得 GaTe，其熔点为 825℃。

Ga_2Te_3，按化学计量比熔化碲和镓的混合物可制得 Ga_2Te_3，其熔点为 790℃。

Ga_3Te_2，按化学计量比熔化碲和镓的混合物可制得 Ga_3Te_2。它的热稳定性上限约为 753℃，下限为 610℃，在这个温度范围内可观察到电阻的异常现象。

$GaTe_3$，通过热分析可证实 $GaTe_3$ 的存在，固态 $GaTe_3$ 的稳定性上限大约是 429℃，而下限则推断为 408℃，属六方晶系。

1.1.3 镓的氧化物

镓的氧化物有 Ga_2O、GaO 和 Ga_2O_3 等，在高温下只有 Ga_2O_3 是稳定的。镓及镓的氧化物的还原与离解由易到难的顺序为：Ga_2O_3、GaO、Ga_2O、Ga[3-4]。

- Ga_2O_3

Ga_2O_3 是最稳定的镓氧化物，外观为白色结晶粉末，熔点为 1740℃，其酸性强于碱性，难溶于水，易溶于碱金属氢氧化物和稀的无机酸，能与酒石酸络合。通过在空气中加热使金属镓氧化或在 200~250℃ 温度下将氢氧化镓脱水焙烧或硝酸镓直接热分解等方式可得到 Ga_2O_3。Ga_2O_3 有 α、β、γ、δ、ε 5 种同分异构体，其中最稳定的是 β 异构体，当加热至 1000℃ 以上温度或在水热条件下加热至 300℃ 以上温度时，其他异构体都被转换为 β 异构体。

Ga_2O_3 在高温下与镓作用，可形成深棕色的 Ga_2O 而挥发：

$$Ga_2O_3 + 4Ga \Longrightarrow 3Ga_2O \uparrow \qquad (1-15)$$

Ga_2O_3 在真空中，于 500℃ 温度下转变为 Ga_2O，Ga_2O 在 600~830℃ 温度下可被 H_2 或 CO 还原成金属镓。

$\beta - Ga_2O_3$ 在高温下的蒸气压的计算式为:

$$\lg p \left[mmHg (Pa, \times 133.3) \right] = -27098/T + 13.339 \qquad (1-16)$$

Ga_2O_3 能溶于微热的稀硝酸、稀盐酸和稀硫酸,但灼烧后的 Ga_2O_3 不溶于这些酸甚至不溶于浓硝酸,也不溶于强碱的水溶液,只能与 $NaOH$、KOH 或 $KHSO_4$ 和 $K_2S_2O_7$ 一起熔融方可溶解。Ga_2O_3 能与 F_2 反应生成 GaF_3,Ga_2O_3 溶于 50% 的 HF 时可得到 $GaF_3 \cdot 3H_2O$。Ga_2O_3 于 25℃ 温度下在水溶液和碱中的溶解度列于表 1-2[3]:

表 1-2　Ga_2O_3 在水溶液和碱中的溶解度

$c(氨水)/(mol \cdot L^{-1})$	0.85	1.36	3.4	5.1	—	—	—	—	—
$w(Ga_2O_3)/\%$	0.6	1	2	3.7	—	—	—	—	—
$c(NaOH)/(mol \cdot L^{-1})$	0.742	2.49	4.85	6.95	8.62	9.78	10.8	14.64	18.82
$c(Ga_2O_3)/(mol \cdot L^{-1})$	0.446	1.106	1.475	2.579	3.759	3.101	4.042	1.761	0.193
$c(KOH)/(mol \cdot L^{-1})$	0.051	2.54	5.82	7.41	8.12	8.56	10.83	14.42	15.89
$c(Ga_2O_3)/(mol \cdot L^{-1})$	0.098	0.615	1.508	3.325	4.168	2.862	1.337	0.416	0.382

在红热状态下,Ga_2O_3 能与石英反应形成玻璃体,也能和上釉的瓷坩埚发生反应。在加热的条件下,Ga_2O_3 能与许多金属氧化物发生反应形成镓酸盐。

- Ga_2O

Ga_2O 为暗棕色的粉末,密度为 $4.72 \sim 4.77$ g/cm³。在低温干燥的空气中比较稳定,当温度高于 600℃ 时剧烈挥发(真空中于 500℃ 温度下挥发),Ga_2O 的熔点高于 660℃,当温度高于 750℃ 时会发生歧化反应析出金属镓:

$$3Ga_2O \Longrightarrow Ga_2O_3 + 4Ga \qquad (1-17)$$

Ga_2O 具有强还原性,与 $KMnO_4$ 作用可形成 Ga_2O_3,与 Br_2 作用也很强烈,与稀 H_2SO_4 作用生成 $Ga_2(SO_4)_3$ 并放出 H_2S:

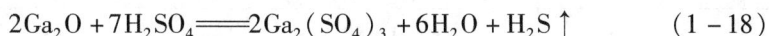
$$2Ga_2O + 7H_2SO_4 \Longrightarrow 2Ga_2(SO_4)_3 + 6H_2O + H_2S \uparrow \qquad (1-18)$$

Ga_2O 可溶于浓 H_2SO_4 及 HNO_3。利用 Ga_2O 较好的稳定性,用作半导体涂层时,可通过下述反应式制备:

$$Ga_2O_3 + 2H_2 \Longrightarrow Ga_2O + 2H_2O \quad (730 \sim 830℃) \qquad (1-19)$$

或

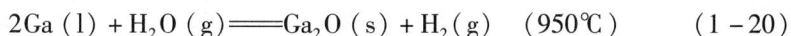
$$2Ga(l) + H_2O(g) \Longrightarrow Ga_2O(s) + H_2(g) \quad (950℃) \qquad (1-20)$$

- GaO

GaO 为灰色粉末,熔点高于 600℃。它极不稳定,易挥发,在 110℃ 温度下即可离解；GaO 不溶于水，可溶于酸。GaO 与 Ga_2O 一样也是强还原性物质，它和 $KMnO_4$、Br_2 和稀 H_2SO_4 的作用与 Ga_2O 相似[3]。

1.1.4 镓的氢氧化物

镓的氢氧化物中具有实际意义的是 $Ga(OH)_3$，此外还有 $GaOH$、$GaO(OH)$、$Ga_2O(OH)_4$ 等。$Ga(OH)_3$ 的密度为 $5.2 \ g/cm^3$，不溶于水，可溶于酸和强碱，是两性化合物。当 pH 为 $3.5 \sim 9.7$ 时，溶液中的镓便以白色 $Ga(OH)_3$ 沉淀的形式析出。镓等金属离子的水解 pH 见表 1-3[3]。

$Ga(OH)_3$ 的碱性比 $Al(OH)_3$ 稍弱，铝沉淀的 pH 为 $10.5 \sim 10.6$，镓沉淀的 pH 为 $9.4 \sim 9.7$，工业生产中利用这一差异可在铝酸钠溶液中分步中和分离铝和镓。在锌湿法冶金的溶液中水解沉淀镓，若溶液含有大量 Fe^{3+}，则会因为铁先于镓水解并吸附镓共沉淀而无法使镓和铁分离，此时较好的分离方法是将 Fe^{3+} 还原为 Fe^{2+}，然后再沉淀镓，从而把铁分离出去。

$Ga(OH)_3$ 在 100℃ 时脱水，也易失去一个水分子而生成亚稳定化合物 $GaO(OH)$。$Ga(OH)_3$ 在 $110 \sim 300$℃ 温度下相对稳定，当温度高于 400℃ 时便会完全失水而变为 Ga_2O_3，$Ga(OH)_3$ 在 NaOH 水溶液中的溶解度见表 1-4[3]。

表 1-3 镓等金属离子的水解 pH

离子	离子浓度/$(g \cdot L^{-1})$	沉淀始末 pH
Ga^{3+}	$0.07 \sim 6.0$	$1.9 \sim 3.45$
In^{3+}	$0.06 \sim 6.2$	$1.72 \sim 3.0$
Tl^{3+}	$0.05 \sim 5.9$	$0.93 \sim 3.4$
Fe^{3+}	痕量 ~ 19.9	$0.68 \sim 4.11$
Fe^{2+}	$1.1 \sim 8.8$	$6.46 \sim 8.52$
Al^{3+}	$0 \sim 61.2$	$3.26 \sim 4.4$
Cu^{2+}	$0 \sim 82.8$	$3.8 \sim 6.02$
Zn^{2+}	$0 \sim 198$	$5.25 \sim 7.2$
Cd^{2+}	$0 \sim 368.6$	$5.65 \sim 8$
Co^{2+}	$0 \sim 120.1$	$6.6 \sim 8.5$
Mn^{2+}	$22.1 \sim 114.1$	$8.6 \sim 8.9$

表 1 - 4　Ga(OH)$_3$ 在 NaOH 水溶液中的溶解度(18～20℃)

$c(NaOH)/(g \cdot L^{-1})$	$c[Ga(OH)_3]/(g \cdot L^{-1})$
55.6	7.7
146	20.1
301.5	42.4
384	70.1
413.8	90.2
415	88.3
441	71.2
460	59.8
507	42.8
510	46.5
610	29.4
615	22.6

Ga(OH)$_3$ 也可溶于 (NH$_4$)$_2$CO$_3$，转变成 Ga(OH)$_4^-$，从此溶液中析出的镓酸盐可能是 MeGa(OH)$_3$ 或 MeGa(OH)$_3 \cdot 5H_2O$[3](Me 代表金属)。

1.1.5　镓的卤化物

镓的卤化物较多，一价镓的卤化物仅有气态[3]。除氟化镓外，卤化镓的蒸气压较大，尤以 GaCl$_3$ 的最大，蒸气压随氯→溴→碘而变小，而 GaF$_3$ 在温度高于 800℃时才挥发。重要的卤化物有：

- GaF$_3$

白色结晶粉末，六方晶系结构。在氮气流中约 800℃温度下升华而不分解。微溶于水和稀酸，能溶于氢氟酸。可由六氟镓酸铵热分解制取。其三水合物易溶于稀盐酸。

- GaCl$_3$

白色或无色结晶物，吸湿性强，暴露于空气中会因水解而发烟：

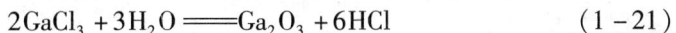

$$2GaCl_3 + 3H_2O = Ga_2O_3 + 6HCl \qquad (1 - 21)$$

GaCl$_3$ 易溶于水而变成 HGaCl$_4$，可溶于 HCl、C$_2$H$_5$OH 等，也易溶于有机溶剂(如 CCl$_4$、CS$_2$ 等)。GaCl$_3$ 难被氢还原[4]。

- GaCl$_2$

白色，在潮湿空气中易烟化。在 pH < 3.4 的水溶液中均稳定存在。当向镓氯

化物的溶液中加入碱时，即转变为 $Ga(OH)_3$[4]。

　• $GaBr_3$

吸湿性的无色固体，容易升华，在水里反应剧烈。在水溶液中易水解。易与氨、吡啶等生成加合物[4]。

　• GaI_3

外观为黄色固体。液态为红黄色，在空气中稍有潮解。可以由镓和碘直接熔化制取[4]。

镓的部分卤化物的性质见表 1-5[3]。

表 1-5　镓的部分卤化物的性质

卤化物	颜色	熔点/℃	沸点/℃	密度/(g·cm^{-3})
GaF_3	白色	>1000	950	4.47
$GaCl_3$	无色、白色	77~78	200~201.3	2.47
$GaCl_2$	白色	170~170.5	535	—
$GaBr_3$	无色	120~124	278~299	3.69
GaI_3	黄色	211.5~212	345~356	4.15
Ga_2Cl_4	—	164	535	—

1.1.6　镓酸盐

在加热条件下，Ga_2O_3 可与一些金属氧化物 MeO 发生作用而形成镓酸盐 $MeO·Ga_2O_3$，见表 1-6[3]：

表 1-6　镓酸盐的烧结形成条件与晶型

化学式	参与烧结的氧化物	形成镓酸盐的温度和时间		晶体结构		
		温度/℃	时间/h	晶系	参数 a/nm	参数 c/nm
$BaGa_2O_4$	$Ba(NO_3)_2$	850	12	六方晶系	—	—
$SrGa_2O_4$	$Sr(NO_3)_2·4H_2O$	850	12	—	—	—
$CdGa_2O_4$	CdO	900	20	尖晶石型	8.59	—
$CuGa_2O_4$	CuO	900	20~22	尖晶石型	8.31	—
$ZnGa_2O_4$	ZnO	900	22	尖晶石型	8.37	—
$CaGa_2O_4$	CaO	1000	10	正方晶系	7.52	8.91
$MgGa_2O_4$	MgO	1250	5~12	尖晶石型	8.29±0.05	—
$NaGaO_2$	Na_2O	850~1000				

Ga_2O_3 与碱金属氧化物在高于 400℃ 温度下可形成 $MeGaO_2$，当有 GeO_2 存在时，它可与碱金属氧化物反应生成 $MeGaGeO_4$；与碱土金属氧化物作用会形成 $MeGa_2Ge_2O_8$，与 Al_2O_3、In_2O_3 以及 ZnO、MgO 或 CuO 等作用生成 $MeGa_2O_4$；与三价金属氧化物（Me_2O_3）作用可形成 $MeGaO_3$。属 $MeGaO_2$ 型中的 Me 有 Cu、Ag、Na、K、Cs、Rb；属 $MeGaO_3$ 型中的 Me 有 Fe、Co[3]。其中的 $FeGaO_3$ 具有吸引人的压电性和铁磁性。

1.1.7　镓的硫酸盐

$Ga_2(SO_4)_3$ 为白色或无色粉末，吸湿性强。无水 $Ga_2(SO_4)_3$ 微溶于冷水，易溶于热水及醇，不溶于乙醚。从水中析出水合物时，该固相中常含有 18～20 个水分子[3]。加热脱水时可形成许多介稳水合物，当温度等于或高于 300℃ 时，可完全脱水。温度为 520～690℃ 时，$Ga_2(SO_4)_3$ 会发生离解反应，且离解程度随着温度的升高而增大。

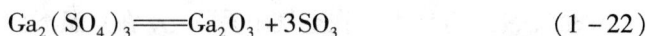

$$Ga_2(SO_4)_3 =\!=\!= Ga_2O_3 + 3SO_3 \tag{1-22}$$

硫酸镓水溶液的水解程度随加热时间延长而加剧，并析出白色沉淀，冷却时沉淀又重新溶解。硫酸镓的水解产物可能是碱式盐，$Ga_2(SO_4)_3$ 可与碱金属的一价离子（如 K^+ 或 Tl^+ 等）或 NH_4^+ 的硫酸盐作用而形成镓酸矾 $Me^+Ga(SO_4)_2 \cdot 12H_2O$。镓酸矾可在水解或长时间加热条件下形成白色沉淀该沉淀为碱式硫酸镓矾盐 $Me(H_2O)[Ga(OH)_6(SO_4)_2]$，也即是 $Me_2SO_4 \cdot Ga_2(SO_4)_3 \cdot 2Ga_2O_3 \cdot 8H_2O$，当加热时，它会脱水成为 $Me \cdot Ga_2O_3(SO_4)_2$，当升温至 700℃ 以上时，该物质便离解为 Ga_2O_3 与 $MeSO_4$[3]。

1.1.8　镓的其他化合物

- 氢化镓

GaH_3 为无色黏稠性液体，在 -15℃ 以下温度比较稳定。其熔点为 -21.4℃，沸点为 139℃。不溶于苯、四氯化碳，微溶于氯仿。高温下易分解生成金属镓和氢气，易挥发。0℃ 时其蒸气压为 333.33 Pa，54℃ 时为 6546.16 Pa[3]。可由三甲基镓氢氮和三氟化硼制取，该反应可用于提纯镓。

$$Me_3N \cdot GaH_3(s) + BF_3(g) =\!=\!= GaH_3(l) + Me_3N \cdot BF_3 \tag{1-23}$$

- 氮化镓

氮化镓有 GaN、$Ga(N_3)_3$ 等形式。GaN 的应用极为广泛，是制备微电子器件、光电子器件的新型半导体材料。GaN 的性能很稳定，熔点高约 1700℃，质地坚硬，是一种良好的涂层保护材料。在室温下，GaN 不溶于水、酸和碱，但在热的碱溶液中可以以非常缓慢的速度溶解。NaOH、H_2SO_4 和 H_3PO_4 能较快地腐蚀杂质含量多的 GaN[4]。

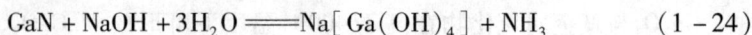

$$GaN + NaOH + 3H_2O \Longrightarrow Na[Ga(OH)_4] + NH_3 \qquad (1-24)$$

GaN 在 N_2 气氛中最为稳定，在高温下的 HCl 或 H_2 气氛中不稳定，高于 1150℃时，在 NH_3 气氛中会发生升华现象。

$$GaN_3 + 2HN_3 \Longrightarrow Ga(N_3)_3 + H_2 \qquad (1-25)$$

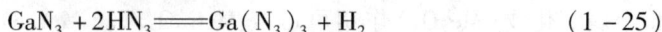

- **砷化镓及磷化镓**

砷化镓，GaAs，为黑灰色固体，熔点为1238℃。在600℃以下温度，能在空气中稳定存在，并且不被非氧化性的酸侵蚀，从废 GaAs 晶片中回收镓的过程中，可用硝酸将 GaAs 分解，也可在高温真空条件下分解出镓和砷[3-4]。

磷化镓，GaP，人工合成的化合物半导体材料。外观为橙红色透明晶体，密度为 4.13 g/mL，熔点为 1465℃。磷化镓晶体主要用高压单晶炉和外延方法制备：

$$Ga_2O_3 + 2PH_3 \Longrightarrow 2GaP + 3H_2O \qquad (1-26)$$

- **三甲基镓**

三甲基镓，$Ga(CH_3)_3$，在常温常压下为无色透明有毒液体，熔点为 -15.8℃，沸点为50℃。在空气中易氧化，在室温下会自燃，且燃烧时产生白烟，高温时自行分解。它在己烷、庚烷等脂肪族饱和烃和甲苯、二甲苯等芳香族烃中以任意比例相溶。与水激烈反应生成 Me_2GaOH 和 $[(Me_2Ga)_2O]X$，并放出甲烷气体。能与 AsH_3、PH_3、乙醚类、叔胺及其他路易斯碱形成稳定的络合物。能与具有活性氢的醇类、酸类发生激烈反应。用烃类溶剂稀释到25%以下的三甲基镓，会失去自燃性[3,5]。

三烃基镓可以由三卤化镓和格氏试剂或有机锂试剂反应得到：

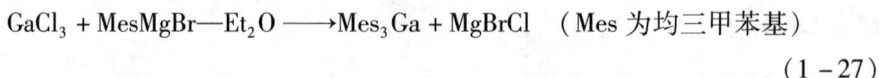

$$GaCl_3 + MesMgBr—Et_2O \longrightarrow Mes_3Ga + MgBrCl \quad (Mes 为均三甲苯基)$$
$$(1-27)$$

$$GaCl_3 + CpLi—Et_2O \longrightarrow Cp_3Ga + LiCl \qquad (1-28)$$

镓和二烃基汞反应也能得到三烃基镓：

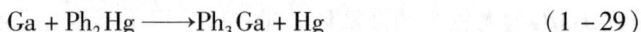

$$Ga + Ph_2Hg \longrightarrow Ph_3Ga + Hg \qquad (1-29)$$

- **三乙基镓**

三乙基镓，$Ga(C_2H_5)_3$，相对分子质量为 156.906，熔点为 -82.3℃，沸点为 142.6℃，其液体密度为 1058 kg/m³(0℃，100 kPa 时)，气体密度为 5.4 kg/m³，蒸气压为 1.25 kPa(70℃)或8.3 kPa(90℃)。三乙基镓在常温常压下为无色透明液体，空气中能自燃。与水激烈反应放出乙烷。在乙烷、庚烷等脂肪族饱和碳氢化合物、甲苯、二甲苯等芳香族碳氢化合物中，以任意比例互溶。同 AsH_3、PH_3、醇类、叔胺及路易斯碱生成稳定的络合物。与含有活性氢的醇类、酸类发生激烈反应。室温下，在 N_2、Ar_2 等惰性气体中能稳定保存[3,5]。

1.2　镓及其化合物的用途

镓是半导体工业的基础材料，其中约90%的镓用于生产Ⅲ~Ⅴ族化合物半导体，如 GaAs、GaP、GaSb、GaN 等及用于制备外延薄膜的金属有机化合物材料（MO 源）。金属镓，主用的品级是99.9999%以上的高纯镓。GaAs 芯片与 LED 发光器件是镓的两大主要应用。美国的镓应用为：GaAs 占49%，GaN 及 LED 发光器件占42%。日本是世界上最大的镓需求国，占世界总需求量的50%~60%。GaAs 芯片广泛用于现代移动通信领域，GaAs 器件的工作温度较高，可在高温电子元器件中得到应用，且比硅和锗的速度快。磷化镓可用于生产发光二极管，红色发光二极管以 GaP 或 GaAsP 等为主体，黄色、橙色发光二极管则以 GaAsP 为主体。

砷化镓太阳能电池是目前光电转换效率最高的电池，由于制备工艺复杂且成本高，其应用仍局限于要求高的领域，如军工、卫星、空间站等。铜－铟－镓－硒太阳能电池具有转换效率高、价格低的优点，已开始商业化生产。

GaN 照明器件因具有巨大的节能效果而得到广泛应用，在中国已形成大规模的产业。当前 GaN 照明器件耗镓量为30~40 t/a。

镓可用于制备超导材料 Nb_3Ga、$NbAl_{0.5}Ga_{0.5}$、V_3Ga 及 Zr_3Ga 和荧光材料 $MgGa_2O_4$、$MnGa_2O_4$ 及磁性材料 $Ga_5Gd_3O_{12}$、$Ga_5Y_3O_{12}$ 等。在钕铁硼永磁材料中添加0.25%~0.5%的镓，可以显著改善材料的磁学性能。中国是最大的钕铁硼永磁材料生产国，钕铁硼永磁材料的年用镓量在15 t 以上[6]。

镓的蒸气压低，沸点和熔点相差2000℃以上，利用这一特性可制造测温范围较宽的高温温度计(600~1300℃)；液态镓及其低熔点合金可用作核反应堆的热交换介质和高温真空装置中的液态密封材料或高温测压介质。

镓和铋、铅、锡、镉、锌、铟、铊等可组成一系列熔点低于333K 的低熔点合金。这些合金可用作温度调节器、自动灭火装置的电路熔断器等。一些镓基低熔点合金见表1-7[3]。

表1-7　一些镓基低熔点合金

组分/%	$Ga-In_{25}-Sn_{13}-Zn_1$	$Ga-In_{25}-Sn_{13}$	$Ga-Sn_{60}-In_{10}$	$Ga-In_{29}-Zn_4$	$Ga-In_{5~25}$
熔点/℃	3	5	12	13	15.7
组分/%	$Ga-In_{24}$	$Ga-Sn_{12}$	$Ga-Sn_{16}-In_{12}$	$Ga-Sn_{12}-Zn_6$	$Ga-Sn_8$
熔点/℃	16	17	17	17	20
组分/%	$Ga-In_5$	$Ga-Tl_{0.5}$	$Ga-In_{65}-Au_8$	$Ga-Bi(Cd、Hg、Pb)$	—
熔点/℃	25	27.3	30	57~60	—

镓和铜、银、镍、金等的粉末混合制成的焊料,可用于金属与陶瓷等材料间的冷钎焊材料,一些镓基冷焊剂见表1-8[3]。

表1-8　镓基冷焊剂

冷焊剂组成/%	Ga - Cu$_{66}$	Ga - Cu$_{50}$ - Sn$_{18}$	Ga - Cu$_{40}$ - Sn$_{24}$	Ga - Au$_{33}$ - Cu$_{33}$	Ga - Au$_{66}$
25℃时焊接的凝固时间/h	4	24	24	8	8
焊件能承受的最高温度/℃	900	700	650	650	527
冷焊剂组成/%	Ga - Au$_{59}$	Ga - In$_{55}$ - Au$_8$	Ga - Au$_{82}$	Ga - Au$_{49}$ - Ag$_{21}$	Ga - Ni$_{65}$
25℃时焊接的凝固时间/h	8	—	5	2	48
焊件能承受的最高温度/℃	475	510	450	425	250

镓和许多金属能形成合金,如镓铂、镓银和镓钯合金,它们是良好的牙科材料;镓加入镁和镁锡合金中能提高材料的抗腐蚀性能;铝合金中加入少量镓可以提高合金的硬度;焊锡中加入微量的镓能提高材料的漫流性。

在化工方面,镓可作为有机合成反应的催化剂,如 SiO_2(33%) - Al_2O_3(5%) - Ga_2O_3 用作碳氢油类裂化催化剂,这种催化剂不但活性大,而且能降低碳氢油类裂化所产生的焦油和气体产出量。硫酸镓作为有机合成反应的催化剂,可用于合成环己酮乙二醇缩酮[7]和合成食用香料异丁酸异丁酯[8]。三碘化镓作为高效温和的催化剂对羰基化合物催化生成二乙基缩醛具有很好的催化效果[5]。

三甲基镓、三乙基镓及芳基镓是金属有机化学气相沉积(MOCVD)工艺生产半导体外延器件的关键原料。

1.3　镓对环境的影响

在自然界中,镓是典型的分散元素,基本不独立成矿,往往伴生于其他矿产中。镓在自然界的分布具有亲硫性、亲石性及亲铁性,镓的金属活性类似于锌,比铝稍弱,既能溶于酸也能溶于碱。研究发现,近海沉积物中镓含量高于远海,河口高于近海;在表层沉积物中,细颗粒沉积物中镓含量高于粗颗粒沉积物中镓含量[9],这与近几十年来人类活动的加剧密切相关。这也表明未来会有更多的镓进入生态环境,然而,镓对生态环境的影响目前还不十分清楚。

至今还不能确认镓具有生理微量元素的功能,相反,却有研究发现镓及其化合物具有微弱的毒性,且毒性与生物的种类有关。镓的人体半致死剂量 LD_{50} 为 $10 \sim 100$ mg/kg,老鼠的 $LD_{50} > 220$ mg/kg,狗的只有 18 mg/kg,狗的死亡是由于肾功能衰竭,至于老鼠,则是因为镓会导致镓、钙和磷酸盐在肾中沉积,从而堵塞肾腔[3-4]。

镓中毒会导致肾脏损伤，骨髓破坏，同时镓沉积在软组织内造成神经、肌肉中毒。氧化镓、氮化镓、砷化镓的粉尘会由呼吸道进入人体，其毒性作用会引起肝肾萎缩、肺部发炎。氯化镓毒性更大，可能会导致中枢神经麻痹死亡[4]。因此，对于接触镓烟雾，如镓电解、镓化合物制备的场所，应保持良好的通风条件，人的皮肤也应尽可能避免与镓直接接触。

许多研究表明，镓盐在体内外均有抗癌作用。镓抗癌的详细机制还不十分清楚，目前认为镓参与 Fe 的代谢，阻滞细胞增殖[10]，而且镓可以直接抑制核糖核苷酸还原酶，从而抑制肿瘤细胞的生长[9]。

1.4　镓的资源与生产

镓在地壳中的丰度约为 0.0015%，不仅超过了许多稀有元素，而且还超过了一些普通金属。但是镓在地壳中的分布极其分散，在地壳中镓与它在元素周期表中的相邻元素 Zn、Al、In、Ge、Tl 等共生于矿物中。镓矿产资源并不稀少，已探明的储量甚至比银的还要多，只是其分布过于分散，能回收的仅是极小部分。镓未发现有独立矿床，只作为伴生矿物分布在有色金属、黑色金属和煤及一些非金属矿床中。世界上分布在铝土矿中的镓含量超过 100 万 t，估计铅锌矿中也伴生有同等数量的镓，但以品位为 0.005% 以上的镓资源来统计，认为世界上镓的储量约为 20 万 t[12]，更有现实意义。中国镓资源丰富，除铝土矿、铅锌矿外，在内蒙古自治区准格尔旗发现储量巨大的含镓煤田，镓平均品位为 0.002%～0.004%，储量达 85.7 万 t，远景储量达 320 万 t，这一发现令世界镓储量基础发生颠覆性改变[13]。中国重要的镓资源还有四川的钒钛磁铁矿，平均含镓0.044%，储量 43.5 万 t[14]；江西德兴铜矿含镓 0.03%、广西大厂锡矿含镓0.035%、广东凡口铅锌矿含镓 0.035%[15]，这些都是可供利用的镓资源。尽管如此，从回收的经济性来衡量，当前只有铝土矿中的镓资源才具回收价值，这是由氧化铝的生产特点所决定的。多年来世界上 90% 以上的镓都是从铝土矿中回收的，现在虽已从铅锌冶炼过程中提取回收到一定量的镓，但镓的生产格局并未改变。

能够作为提取镓的冶金原料不多，其中镓的提取严重依赖于主体金属或非金属矿物在利用工艺过程中镓品位能否富集提高。世界上之所以 90% 的镓来自于氧化铝生产过程，是因为铝土矿中的镓和铝一起被浸出后，镓在母液中循环积累，使其浓度得到高度富集，其中拜尔法工艺的铝酸钠溶液含镓 100～300 mg/L、烧结法工艺的铝酸钠溶液含镓 20～30 mg/L，可从中提取镓。另外，在锌湿法冶炼工艺中，锌精矿带进的镓大部分富集在冶炼渣中，其中浸出渣含镓 0.02%～

0.05%、置换渣含镓0.05%~0.2%，故它们也可作为提镓原料。

刚玉和黄磷生产中的电炉含镓烟尘(含镓0.1%~0.16%)，钒钛磁铁矿冶炼的提钒渣(含镓0.05%)都可以作为提镓的冶金原料。从含镓煤灰(含镓0.008%~0.02%)中提镓，虽然技术是可行的，但完全取决于镓的价格水平。

目前，世界镓产量(原生镓和再生镓)在400 t/a左右，实际生产能力则大大超过需求量。中国、德国、日本是原生镓的主要生产国，俄罗斯、匈牙利等也有少量生产，再生镓的原料主要是砷化镓的废料；国外主要镓生产企业有：法国GEO Speciality Chemicals集团、德国Ingal和澳大利亚Pinjarra、日本同和矿业、美国Eagle - Picher、俄罗斯铝业公司、匈牙利铝业公司等。中国是世界上的镓生产大国，原生镓已经占世界原生镓产量的60%以上，主要的生产企业是中国各大铝业公司。此外，中国虽已开始从铅锌生产工艺中回收镓，但目前此部分的镓年产能仅20 t。南京金美镓业有限公司是国内最大的高纯镓生产厂，主要产品有6N、7N、8N的高纯镓。总体估计，世界上镓的供应在较长时期内是充裕的。

1.5 金属镓产品质量标准

金属镓的产品质量标准见表1 - 9~表1 - 12。

表1 - 9 GB/T 1475—2005 Ga 3N、Ga 4N与Ga 5N产品质量标准

牌号	化学成分(质量分数)/%	
	Ga，不小于	杂质总和
Ga 3N	99.9	(Cu + Pb + Zn + Al + In + Ca + Fe + Sn + Ni) ≤0.10
Ga 4N	99.99	(Cu + Pb + Zn + Al + In + Ca + Fe + Sn + Ni + 其他杂质) ≤0.010
Ga 5N	99.999	(Cu + Pb + Zn + Al + In + Ca + Fe + Sn + Ni + 其他杂质) ≤0.0010

注：①表中镓百分含量为100%减去表中所列杂质总和的余量。②表中未规定的其他杂质元素，可由供需双方协商确定。③表中杂质含量数值修约按GB/T 8170的有关规定进行，修约后保留两位有效数字。

表1 - 10 GB/T 1475—2005 高纯镓 Ga 6N 产品质量标准

牌号	化学成分(质量分数)/%										
	Ga，不小于	杂质，不大于，×10⁻⁵									
		Cu	Pb	Zn	Fe	Ni	Si	Mg	Cr	Co	Mn	总和
Ga 6N	99.9999	1.5	0.5	1.0	1.2	0.5	2.0	1.0	0.5	0.5	0.5	10

注：①表中镓百分含量为100%减去表中所列杂质总和的余量。②表中未列出的其他杂质元素，可由供需双方协商确定。③表中杂质含量数值修约按GB/T 8170的有关规定进行，修约后保留两位有效数字。

表 1 - 11　日本住友化学 3N Ga 质量标准

Ga	Al	In	Cd	Si	Hg	Sn	Ti	Fe	Cu	Na
≥	$\leq(\times10^{-6})$									
99.9%	10	10	10	10	10	10	10	10	10	10
Ga	V	Bi	Pb	Ni	Zn	Ca	Cr	Mn	Ge	Mg
≥	$\leq(\times10^{-6})$									
99.9%	10	10	5	5	1	1	1	1	0.5	0.5

　　金属镓含量不小于99.9%，简写为3N。金属镓含量不小于99.99%，简写为4N。金属镓含量不小于99.999%，简写为5N。金属镓含量不小于99.9999%，简写为6N。

表 1 - 12　苏联 3N Ga 质量标准

牌号	化学成分(质量分数)/%							
	Ga,不小于	杂质，小于或等于/%						
		Cu	Pb	Zn	Al	Fe	Ni	Co
Ga 3N	99.9	0.03	0.06	0.01	0.001	0.001	0.001	0.001

　　注：杂质总量不低于所列的分项值。

第 2 章 从氧化铝生产中提取镓

在氧化铝生产中，铝土矿中的镓与铝一起被碱液溶出进入铝酸钠溶液，镓溶出率约为 70%，从铝酸钠溶液中分解出 $Al(OH)_3$ 后，留在分解母液的镓，随母液返回循环，镓得到积累富集。分解母液是主要的提镓原料，成分一般为 Al_2O_3 50 ~ 80 g/L，Na_2O 120 ~ 160 g/L，含镓浓度视生产工艺不同而不同，对于拜尔法和联合法，母液含镓量为 0.15 ~ 0.3 g/L，而烧结法为 0.02 ~ 0.03 g/L[16]。从氧化铝生产工艺中提取镓，关键是解决如何从高铝高碱的分解母液中分离出低浓度镓的问题。

20 世纪 80 年代日本住友公司用偕胺肟树脂从拜尔法生产氧化铝工艺的种分母液中吸附镓在工业上应用成功，随后中国各大铝厂均采用此工艺回收提取镓，目前该方法已成为氧化铝厂提取镓的主流方法。早期分离提取镓的方法主要是碳酸化沉淀法，是利用铝和镓沉淀时的 pH 差异进行沉淀分离；还有汞齐电解法和铝镓合金置换法，这些方法的提镓效率不高或工艺复杂，且随着萃取和吸附树脂技术的进步已基本被淘汰。

2.1 树脂吸附法

2.1.1 铝酸钠溶液中偕胺肟螯合树脂吸附镓的机理

在氧化铝生产工艺中的铝酸钠溶液中吸附提取镓的物质是偕胺肟螯合树脂，偕胺肟树脂最早用于研究从海水中提取铀，之后还用于其他金属离子的吸附。偕胺肟基团兼含有肟基($=N-OH$)和胺基($-NH_2$)，故偕胺肟因此得名，其结构为：

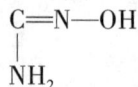

$$C=N-OH$$
$$|$$
$$NH_2$$

可表示为 $R-C(=NOH)NH_2$，其中 R 代表树脂基体[17-18]。偕胺肟中肟基的氧原子和胺基的氮原子都有未成键的孤对电子，可与金属离子螯合，形成相对稳定的五、六元环络合物而将金属离子萃取吸附。有文献报道吸附镓的酰胺肟树脂[19-20]，也含有与偕胺肟相同的肟基和胺基[21]，基本结构也为 $R-C(=NOH)NH_2$，两者并无实质区别，可能是叫法不同。

　　螯合树脂可将镓离子螯合萃取，也可用适当溶液淋洗将树脂上的镓离子洗脱，这一可逆过程可用于从铝酸钠溶液中提取镓。氧化铝生产工艺中的铝酸钠溶液中含有过量的 NaOH，该溶液为强碱性溶液，溶液中的镓以 $NaGaO_2$ 形式存在，其离子形态为 $Ga(OH)_4^-$。随溶液的 pH 降低，$Ga(OH)_4^-$ 依次离解成 $Ga(OH)_3$、$Ga(OH)_2^+$、$Ga(OH)^{2+}$、Ga^{3+}[23]。在碱性溶液中，偕胺肟基 $R—C(\!=\!NOH)NH_2$ 的羟基中的 H 易解离，形成较稳定的形态 $\vdash R—C(\!=\!NO^-)NH_2\dashv$。偕胺肟树脂在碱性溶液中吸附镓的机理，应是 $Ga(OH)_4^-$ 的 OH^- 离子与 $R—C(\!=\!NO^-)NH_2$ 发生离子交换反应，形成 $[(R—C(\!=\!NO^-)NH_2)_x Ga(OH)_{4-x}]^-$ 形态的萃合物（其中 x 为 1、2、3、4）[18]。因此，偕胺肟树脂吸附镓（Ⅲ）的机理反应式可表示为：

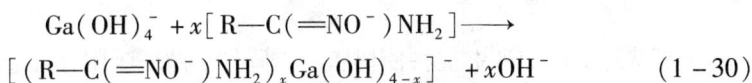

$$Ga(OH)_4^- + x[R—C(\!=\!NO^-)NH_2] \longrightarrow$$

$$[(R—C(\!=\!NO^-)NH_2)_x Ga(OH)_{4-x}]^- + xOH^- \qquad (1-30)$$

其中 x 随溶液 pH 降低而依次为 1，2，3，4。

　　在氧化铝工业生产的铝酸钠溶液中，NaOH 浓度较高，不利于生成更多 OH^- 的反应进行，即 $x \to 1$，此时偕胺肟树脂吸附镓的机理表示为：

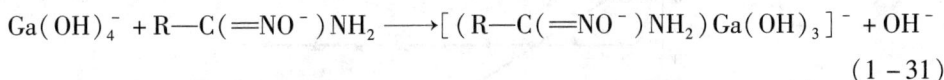

$$Ga(OH)_4^- + R—C(\!=\!NO^-)NH_2 \longrightarrow [(R—C(\!=\!NO^-)NH_2)Ga(OH)_3]^- + OH^-$$

$$(1-31)$$

　　由式（1-31）判断，偕胺肟树脂在高碱度时不利于镓的吸附，随碱度增加，树脂吸附镓的能力下降，这已被实践证实，如图 1-1 所示[22]。原理上，吸附树脂负载的镓可用高浓度的碱溶液洗脱，即式（1-31）的逆反应，但实践表明，镓在树脂上形成的萃合物较稳定，单纯用碱液洗脱镓的效果并不好，需在碱液中添加一些络合剂才能将镓洗脱[19-20]。

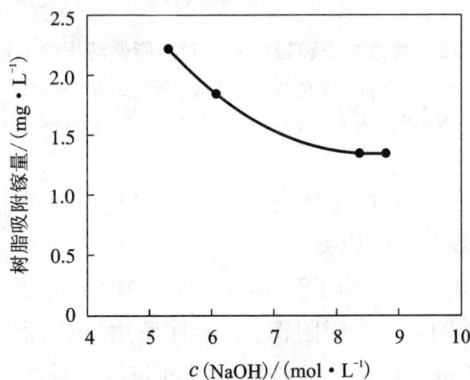

图 1-1　工业铝酸钠溶液碱度对树脂吸附镓的影响

偕胺肟树脂为两性化合物，可在酸性体系中吸附金属离子[18,21]，但在酸性体系下，其吸附镓的能力明显降低，因此可用酸性溶液将树脂负载的镓较为彻底地洗脱掉。从原理分析，在酸性介质中，偕胺肟树脂负载的镓萃合物 $[(R—C(=NO^-)NH_2)Ga(OH)_3]^-$ 可转化为 $[(R—C(=NO^-)NH_2)_4Ga]^-$ [见式 (1-30)]，用 HCl 洗脱镓的机理反应式可表示为：

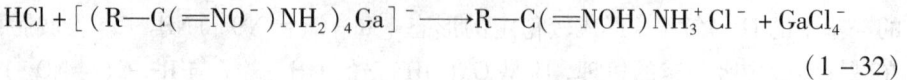

$$HCl + [(R—C(=NO^-)NH_2)_4Ga]^- \longrightarrow R—C(=NOH)NH_3^+Cl^- + GaCl_4^-$$

$$(1-32)$$

贫树脂用 NaOH 再生，机理反应式为：

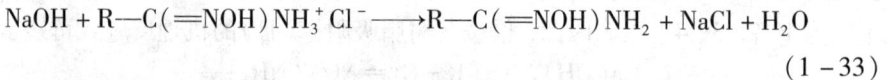

$$NaOH + R—C(=NOH)NH_3^+Cl^- \longrightarrow R—C(=NOH)NH_2 + NaCl + H_2O$$

$$(1-33)$$

实践表明，用酸液淋洗将使树脂严重降解，循环吸附性能急剧下降。酸性淋洗液和碱性淋洗液洗脱镓的效果及对树脂循环寿命的影响如图 1-2 所示[19]。

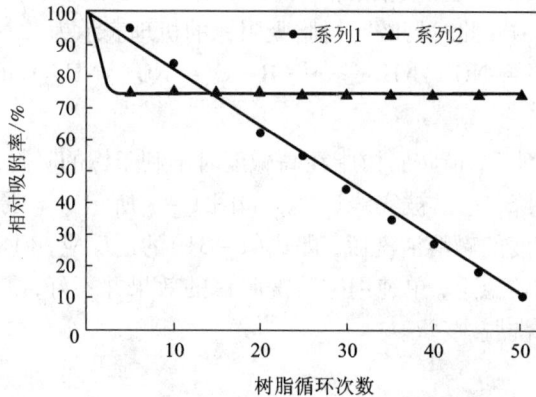

图 1-2　酸性淋洗和碱性淋洗对树脂循环寿命的影响

系列 1 为 pH=1 的酸性淋洗液，系列 2 为 5 mol/L
NaOH 加入 1 mol/L 试剂"E"的碱性络合淋洗液

工业应用的镓的吸附树脂牌号众多，其性能与树脂的制备方法、萃取剂组分、助萃添加剂的类型等密切相关，其吸附容量、循环寿命及洗脱方法也不尽相同。日本住友公司使用的牌号为 ES-346 的萃淋树脂（偕胺肟浸渍树脂）从含镓 0.1~0.16 g/L 的铝酸钠溶液中吸附镓，其吸镓率达 96% 而铝吸附量不到 1%，再将饱和树脂用 0.5~2 mol/L 的 HCl 洗脱，即可获得富镓溶液[3]。除了偕胺肟树脂外，还可用氧肟基(=N—OH)或喹啉类的 Kelex 100 等萃取剂的浸渍树脂来吸附镓[3,23]。如要制备成萃淋树脂，则要求树脂为多孔网状结构，基体为丙烯腈和苯/苯二乙烯共聚物、乙烯基和苯二乙烯共聚物等。

2.1.2　氧化铝生产中循环母液树脂吸附法提取镓的工艺

采用树脂吸附法在氧化铝生产的循环母液中提取镓的工艺流程如图 1 – 3 所示[19 – 20]。

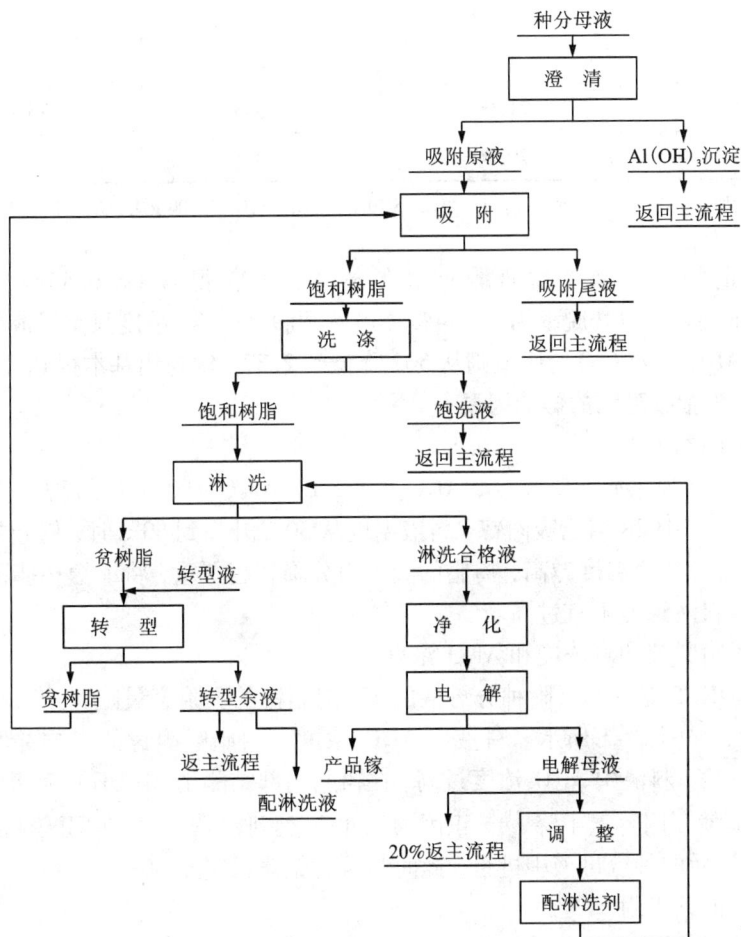

图 1 – 3　树脂吸附法从种分母液中回收镓的工艺流程

对于氧化铝烧结法生产系统，碳酸化分解母液树脂吸附提取镓的工艺与拜尔法种分母液的提取过程一样，只是碳酸化分解母液中镓含量较低，仅 30 ~ 50 mg/L。

几种国产牌号的树脂吸附镓的结果见表 1 – 13[16]。

表 1-13 几种国产牌号的树脂吸附镓的结果

树脂类型	吸附后液成分/(g·L⁻¹)		镓吸附率/%
	Al_2O_3	Ga	
1	70.50	0.027	80.71
2	69.50	0.032	77.14
3	71.00	0.033	76.42
4	71.00	0.035	75.00
5	70.00	0.035	75.00

注：吸附原液成分：总 Na 154.42 g/L，Al_2O_3 >70.30 g/L，Na_2O 130.00 g/L，Ga 0.14 g/L。

用特定的洗脱液洗脱吸附饱和的树脂，可获得含 Ga 0.43 g/L、Al_2O_3 1.03 g/L的溶液，镓洗脱率为79.94%。虽然洗脱液中 Ga 浓度只是原液的3倍左右，但$c(Al_2O_3)/c(Ga)$的比值则从502降低到2.37，镓与铝基本得到分离。

2.1.2.1 树脂吸附镓的影响因素

(1)吸附料液温度

对于成分为 Ga 0.24 g/L、Al_2O_3 95 g/L、Na_2O 160 g/L 的种分母液，用 Webche TM AMD 28 树脂吸附镓，料液温度从30℃升高到60℃时，树脂的镓吸附率维持不变[19]，但温度越高，树脂的吸附组分降解越严重，将缩短树脂的使用寿命，因此，料液温度不宜过高。

(2)吸附料液的碱浓度和 Al_2O_3 浓度

对于 DHG586 树脂吸附种分母液的镓，树脂镓的吸附容量随料液碱浓度升高而下降[23]，如图 1-1 所示。料液中 Al_2O_3 浓度对树脂吸附镓的影响并不十分确切，一般而言，料液中 Al_2O_3 浓度过高，在树脂内部结晶出 $Al(OH)_3$ 会堵塞树脂内孔道，从而使吸附容量下降[23]，正因为如此，树脂吸附镓总是在铝酸钠溶液分解出 $Al(OH)_3$ 后的种分母液中进行，此时料液含铝量已降至 50~70 g/L。

(3)钒的共吸附

料液的杂质钒会被树脂吸附。对于 ES-346 树脂，当料液含钒量为 0.03~0.15 g/L 时，树脂的钒吸附量为 0.6~0.8 g/L 树脂，随钒的吸附积累，则会造成树脂对镓的吸附能力下降。料液碱度对钒吸附影响十分敏感，而对镓吸附则影响较小，见表 1-14[17]。

实际上，Al_2O_3 生产工艺的种分母液中 Na_2O 浓度不可能很高，因此，为减少钒的吸附，对含钒量过高的料液，需先脱钒再进行树脂吸附镓。对于树脂上循环积累的钒，可采用高浓度的 NaOH 洗涤树脂，将吸附的钒先行洗脱。

表 1-14　Na_2O 浓度对镓和钒吸附率的影响

$c(Na_2O)/(mol \cdot L^{-1})$	镓吸附率/%	钒吸附率/%
159	88.6	70.1
245	84.0	23.8
267	81.8	17.2
299	78.5	0
375	74.7	0

2.1.2.2　饱和树脂洗脱镓

负载了镓的饱和树脂要把镓洗脱下来，采用酸作为淋洗液最为有效，但酸液会使偕胺肟树脂严重降解，即使使用 0.01 mol/L 的稀 H_2SO_4 溶液淋洗，仍不能消除树脂的降解[19-20]。一种 NaOH 加入代号为"E"的试剂构成的碱性络合淋洗液能有效洗脱树脂吸附的镓，且能避免树脂降解。单纯用 NaOH 或"E"试剂，镓的洗脱效率均不高，见表 1-15[19]。

表 1-15　NaOH 浓度和 E 浓度配比对镓解吸率的影响

$c(NaOH)/(mol \cdot L^{-1})$	$c(E)/(mol \cdot L^{-1})$	$c(NaOH)/c(E)$	Ga 解吸率/%
7	0	—	15.0
6	0.5	12:1	72.2
5	1	5:1	77.0
4	1.5	2.7:1	76.0
0	1	—	37.0

注：树脂∶溶液(体积比) = 1∶5，解吸时间 0.5 h，温度 25℃。

结果表明，采用 5 mol/L NaOH 加入 1 mol/L 的试剂"E"配成的络合淋洗液，洗脱镓的效果较好，镓洗脱率为 77%。碱性与酸性淋洗液对树脂降解影响如图 1-2 所示。

某厂用 DHG 树脂吸附提镓，消耗的物料中除含有大量的 NaOH 外，还包含大量的双氧水[24]，这可能与配制的镓淋洗解吸液有关。

碱性淋洗液对镓的洗脱率不高，需增加淋洗次数和淋洗液体积才能使镓洗脱率达到 95% 以上，但解吸液中镓浓度必然随之降低，因此发展耐酸性淋洗液的树脂更有意义。一种在酸性解吸液中使用的树脂 SSZ 已投入国内某铝厂使用以回收镓。吸附料液为种分母液，吸附条件为：碱度 5.5~6.5 mol/L，Al 浓度 38 g/L，Ga 浓度大于 163 mg/L，浮游物浓度小于 1.0 g/L，温度为 45~50℃，用树脂 SSZ 吸附 16 h。

镓饱和吸附量为 9.4 g/L 树脂，镓吸附率为 51%~62%，用酸性淋洗液洗脱镓，获得的解吸液中含镓 777 mg/L，铝 57 mg/L，镓解吸率为 90%~96%[25]。

结果表明，SSZ 树脂对镓吸附有较高的选择性，除对铝有少量吸附外，其余杂质吸附很少。相对于碱性树脂，SSZ 树脂在单位体积的镓饱和吸附量和解吸率均较高，可减少树脂用量和设备投资，但树脂的循环寿命数据并未给出。

2.1.3　树脂吸附法提取镓的工业实践

镓的树脂吸附—解吸是一个液固间的传质过程，提高该传质过程效率的方式在于使液体和固体充分接触。吸附和解吸的主要设备是树脂充填塔，且分为固定床与移动床两种，各厂不尽相同。从工业实践看，采用密实移动床的交换塔提取镓的效果较好。对于密实移动床树脂塔，镓吸附和解吸分别在两个塔进行，树脂在吸附塔中吸附镓至饱和后，再转移到解吸塔中解吸镓，解吸后的贫树脂再转移到吸附塔吸附镓。这样做最大的好处是吸附原液与淋洗解吸液不会相互污染，整个过程可实现连续或半连续排出树脂的自动化操作。移动床的树脂交换塔传质效率高，树脂用量少，饱和树脂的淋洗解吸镓采用移动床要比固定床淋洗液体积减少 50%~60%，因此获得的解吸液中镓浓度也更高[20]。

种分母液的树脂吸附提镓的工业过程包括吸附、饱和树脂洗涤、解吸、贫树脂再生几个环节。工业生产中，镓吸附率由树脂装载高度和吸附原液的流速决定，在相同的树脂装载量和树脂床层高度的条件下，主要是考虑吸附料液流速和淋洗液流速对镓吸附率和解吸率的影响。

（1）吸附

吸附料液为种分母液，成分为碱液 5~6 mol/L，Al 约 50 g/L，Ga 160~230 mg/L，吸附料液澄清后直接进入吸附塔，控制料液流速即空塔线速度为 13~15 m/h[26]。

定期从吸附塔下部排出部分饱和树脂，上部加入相应量再生返回的贫树脂，使料液与树脂逆向而行。料液由塔上部排出后返回氧化铝系统。对于 HD-563 型偕胺肟树脂，吸附镓工作容量为 2 g/L 湿树脂，吸附率为 75%~80%[26]。还有一实例则是，吸附原液含镓 236 mg/L，经树脂床层高度为 5 m 的密实移动床吸附塔，流速为 3 m/h，吸附后排出液中含镓量为 26~44 mg/L，镓吸附率在 81% 以上[20]。

（2）饱和树脂洗涤

吸附饱和的树脂转移到洗涤塔，树脂床层高度 12 m，用稀 NaOH 溶液洗涤，将夹带的吸附料液洗净。洗涤液空塔线速度为 1~2 m/h，操作过程同"吸附"环节。洗涤后，铝洗脱率近 100%，而镓洗脱较少，排出的洗涤液中镓含量为 9~35 mg/L[11]，返回氧化铝生产流程。

（3）饱和树脂淋洗解吸镓

碱洗后的饱和树脂，用 5 mol/L NaOH 加入 1 mol/L 的试剂"F"配成的络合淋洗液淋洗解吸镓，树脂床层高度为 12 m，淋洗液流速即空塔线速度为 0.6～12 m/h，操作过程亦同"吸附"环节。对于工作容量为 3.3～4.1 g/kg - 树脂的树脂，用体积为树脂体积 0.93～1.3 倍的淋洗液解吸后，贫树脂中残余镓量为 0.37～0.4 g/kg - 树脂，镓洗脱率为 70%～90%，获得的淋洗液中镓浓度为 0.8～1.5 g/L[20, 26]，基本达到镓电解的浓度要求。淋洗液经净化、电解提镓后，其电解母液还可用于配制淋洗液，约有 98% 淋洗液能重复使用[26]。

（4）贫树脂的转型再生

解吸镓后的贫树脂用稀 NaOH 溶液洗涤，以将夹带的淋洗液洗净。洗涤后的树脂可返回吸附工序，该洗涤液也可返回用于配制淋洗液。

从不同的工业实践看，镓的吸附效率和解吸效率差异较大，这与不同的工艺操作条件有关，如树脂装载量、树脂床层高度、料液流速等。由于吸附后料液返回主系统，树脂也可循环使用，因此不必刻意追求镓直收率的高低，而控制工艺在直收率与系统运转效率综合平衡下，经济合理运行更为重要。树脂的循环使用寿命对生产成本影响最大，目前树脂寿命一般为 6 个月，占提镓成本的 40%[26]。某厂的树脂法提镓工艺设计指标为：年产镓 20 t；树脂吸附容量 2.0～2.6 g/L；镓吸附率大于 60%、镓解吸率大于 90%；物料消耗：DHG 树脂 10 kg/kg - Ga、NaOH 30 kg/kg - Ga、双氧水 30 kg/kg - Ga[24]，其中消耗的双氧水可能是用于镓的淋洗解吸液。

2.2 中和沉淀法（碳酸化法）

利用铝和镓在碱性溶液中水解的 pH 不同，用中和沉淀的方法将铝酸钠溶液中的镓与铝分离。无论是拜尔法还是烧结法，铝酸钠溶液分解出 $Al(OH)_3$ 后的分解母液中均含有较高浓度的碱和铝，一般分解母液中含碱量为 130～150 g/L，含 Al_2O_3 50～70 g/L，含镓 0.1～0.3 g/L（拜尔法）和 0.02～0.04 g/L（烧结法）。铝沉淀的 pH 为 10.5～10.6，镓沉淀的 pH 为 9.4～9.7[3]，中和如此高碱度的溶液时，廉价的中和剂是 CO_2 气体，且与氧化铝厂生产工艺兼容。中和沉淀分离铝、镓的工业方法有两种，一种是彻底碳酸化，使溶液中的铝和镓同时沉淀入渣，然后用石灰乳溶液浸出铝镓渣，使镓重新溶解进入溶液而铝保留在渣中；另一种是分步碳酸化，首先使溶液中的铝中和沉淀入渣而把镓保留在溶液中，分离渣后继续碳酸化使镓完全沉淀得到富镓渣。无论采用何种方式，碳酸化的结果都是使母液酸化，苛化程度降低，因此碳酸化沉淀后，母液必须加入石灰乳苛化才能返回用于铝土矿浸出，因此中和沉淀分离铝、镓的方法也称"碳酸化—石灰乳法"。由于溶液中铝酸钠和 NaOH 的浓度都很高,进行酸化将消耗大量的 CO_2,同时酸化液苛化也产出大量的石灰渣,这不仅直接影响了铝和镓的收率,还增加了操作的复杂性,这是该法最大的缺点。尽管如此,在树脂吸附提镓法大规模应用之前,中和沉淀法仍是主要的提镓方法。

2.2.1　彻底碳酸化法提取镓

彻底碳酸化法提取镓的工艺流程如图 1-4 所示[3]。

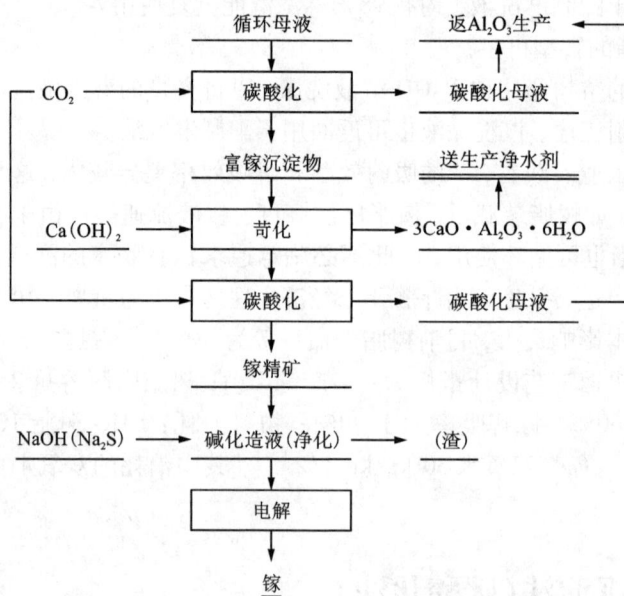

图 1-4　彻底碳酸化法提镓工艺流程

向含 Ga 0.2 g/L(拜尔法)或含 Ga 0.03 ～ 0.08 g/L(烧结法)的分解母液中通入 CO_2 至饱和,铝生成丝钠铝石($Na_2O \cdot Al_2O_3 \cdot 2CO_2 \cdot 2H_2O$)和 $Al(OH)_3$,镓生成丝钠镓石($Na_2O \cdot Ga_2O_3 \cdot 2CO_2 \cdot 2H_2O$),共沉淀析出。

$$2NaAlO_2 + 2CO_2 + 2H_2O \Longrightarrow Na_2O \cdot Al_2O_3 \cdot 2CO_2 \cdot 2H_2O \downarrow \qquad (1-34)$$

$$2NaAlO_2 + CO_2 + 3H_2O \Longrightarrow 2Al(OH)_3 \downarrow + Na_2CO_3 \qquad (1-35)$$

$$2NaGaO_2 + 2CO_2 + 2H_2O \Longrightarrow Na_2O \cdot Ga_2O_3 \cdot 2CO_2 \cdot 2H_2O \downarrow \qquad (1-36)$$

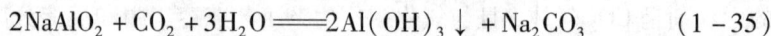

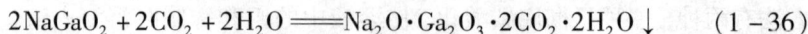

获得的铝、镓沉淀物含 Ga 0.2% ～ 0.3%(拜尔法)或 0.07% ～ 0.10%(烧结法)。向沉淀物中加入石灰乳进行苛化,铝生成铝酸钙保留在渣中,镓生成镓酸钠进入溶液,可基本实现镓与铝的分离。

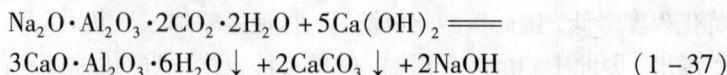

$$Na_2O \cdot Al_2O_3 \cdot 2CO_2 \cdot 2H_2O + 5Ca(OH)_2 \Longrightarrow$$
$$3CaO \cdot Al_2O_3 \cdot 6H_2O \downarrow + 2CaCO_3 \downarrow + 2NaOH \qquad (1-37)$$

$$Na_2O \cdot Ga_2O_3 \cdot 2CO_2 \cdot 2H_2O + 4NaOH = 2Na[Ga(OH)_4] + 2Na_2CO_3$$
$$(1-38)$$

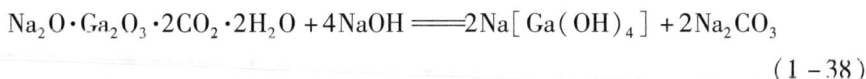

石灰乳加入量为 $m(CaO):m(Al_2O_3)=4:1$，分两次加入，第一次苛化加入所需石灰乳总量的25%，在90~95℃温度下苛化2h，95%的镓溶出进入溶液，第二次将石灰乳余量加入，将进入苛化溶液中的90%的铝沉淀出，得到含铝较低的富镓溶液。

分离铝渣后，再向富镓溶液中通入 CO_2 使镓全部沉淀入渣，获得含 Ga 1%~3%，$\frac{m(Al)}{m(Ga)}<10$ 的镓精矿：

$$2Na[Ga(OH)_4] + 2CO_2 = Na_2O \cdot Ga_2O_3 \cdot 2CO_2 \cdot 2H_2O\downarrow + 2H_2O \quad (1-39)$$

镓精矿经 NaOH 溶解造液、Na_2S 净化除杂后，获得的合格电解液经电解可得到金属镓。

此工艺适用于烧结法中含镓量低的母液回收镓，其工艺较为简单，镓回收率为40%~60%。碳酸化结果使含 NaOH 的母液转化为 50~60 g/L 的 $NaHCO_3$ 溶液，因溶液的苛性系数下降，故需用石灰乳苛化后才能将该溶液返回铝土矿溶出流程。

2.2.2 分步碳酸化法提取镓

利用铝和镓沉淀的 pH 不同，通入 CO_2 先将分解母液中的铝沉淀，分离铝渣后，再次通入 CO_2 以使溶液彻底碳酸化，将镓完全沉淀分离，工艺流程如图 1-5 所示[3]。

对成分为 Ga 0.15~0.38 g/L、Na_2O 115~135 g/L、Al_2O_3 55~65 g/L 的拜尔法种分母液，通入 CO_2 并加入 $Al(OH)_3$ 作晶种使铝沉淀析出，以促进铝酸钠水解和减少镓共沉淀。沉铝时加入后工序彻底碳酸化后产出的 $NaHCO_3$ 溶液，可直接利用以减少 CO_2 的用量。控制铝水解的终点 pH 为 10.5~10.7，使种分母液中的 NaOH 转换为 Na_2CO_3 而不要过量生成 $NaHCO_3$，随苛性比[$n(Na_2O)/n(Al_2O_3)$]下降，将使90%的铝酸钠水解生成 $Al(OH)_3$ 沉淀而把镓留在溶液中，从而实现镓和铝的初步分离。

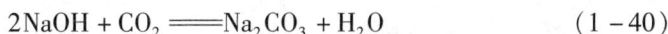

$$2NaOH + CO_2 = Na_2CO_3 + H_2O \quad (1-40)$$
$$NaAl(OH)_4 = Al(OH)_3 + NaOH \quad (1-41)$$

生成 $Al(OH)_3$ 沉淀后的溶液，再次通入 CO_2 以彻底碳酸化，溶液中的镓和残余的铝将沉淀析出。对于含 Ga 约0.2 g/L 的种分母液，最终可获得含 Ga 0.3%~2.0%、$m(Al_2O_3)/m(Ga)$ 为 20~50 的镓精矿。镓精矿中的镓品位及铝镓比取决于碳酸化分步操作的精细程度，如果第一步碳酸化时沉铝量过大，则镓共沉淀进入 $Al(OH)_3$ 渣也越多；反之，镓精矿中含铝量则过高。对于含铝过高的镓精矿，

```
                              分解母液
                                │
                                ▼
Al(OH)₃ ◄────────────── 碳酸化脱铝 ◄────────── CO₂
                                │
                                ▼
                          脱铝碳分母液
                                │
                                ▼
CO₂ ──────────────────── 彻底碳酸化 ───────────► 碳分母液
                                │              (NaHCO₃+Na₂CO₃)
                                ▼
                          富镓沉淀物
                                │
                                ▼
NaOH氧化剂, Na₂S ─────────  造 液
                                │
                                ▼
                            电解镓 ──────────► 废电解液
                                │
                                ▼
                             金属镓
```

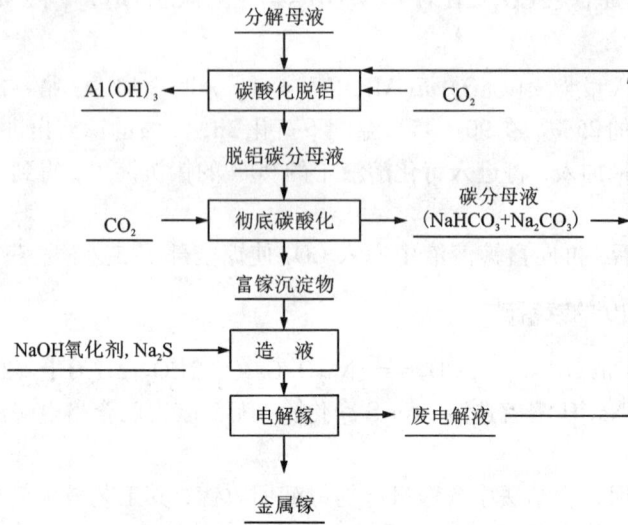

图 1 - 5　分步碳酸化法提取镓的工艺流程

可用 NaOH 重新溶解, 重复多次碳酸化沉淀操作, 将镓精矿中的 $m(Al_2O_3)/m(Ga)$ 降低到 10 以下, 达到造液电解的要求[3]。合格的镓精矿如前述方法经造液、净化、电解后可得到金属镓。分步碳酸化法提镓工艺无需石灰乳的加入, 但提镓后母液含有 50 ~ 60 g/L 的 Na_2CO_3 或 $NaHCO_3$, 亦需加入石灰乳苛化后才能返回 Al_2O_3 生产主流程。因此, 碳酸化沉淀提镓法无论是一步彻底碳酸化(铝与镓共沉淀)或是分步碳酸化(铝与镓分步沉淀)都将产出大量铝钙渣。对于一步彻底碳酸化法, 铝将形成铝酸钙渣, 每产 1kg 镓将副产出 7 ~ 10 t 的钙渣, 因这些渣难以回收利用, 从而使得铝也由此损失, 该提镓法的应用受限; 分步沉淀法沉铝时主要形成 Al(OH)₃ 渣, 此渣可返回主流程的提铝环节, 故铝损失小、渣处理相对简单。

2.3　溶剂萃取法

1980 年法国罗尼普伦克厂 (Rhone – Poulenc) 采用 Kelex 100 萃取剂在氧化铝种分母液中萃取镓, 且实现了工业化应用。在高碱度的铝酸钠溶液中, 用 Kelex 100, 7 – (4 – 乙基 – 1 – 甲基辛基) – 8 – 羟基喹啉(以下将用 HL 表示)萃取镓时具有良好的选择性。

该厂种分母液成分为 Ga 0.18 ~ 0.24 g/L、Na_2O 150 ~ 200 g/L、Al_2O_3 70 ~ 100 g/L, 萃镓有机相为 6% ~ 12% Kelex100(体积分数), 以煤油 + 癸醇

[V(煤油)：V(癸醇) = 9:1]作稀释剂，在相比 O:A = 1:1 时萃取镓。

萃镓后，负载有机相用 0.2～0.5 mol/L HCl 洗脱有机相中的铝和钠，铝、钠的洗脱率可达99%以上，再用1.6～1.8 mol/L HCl(或 H_2SO_4)反萃镓，获得含 Ga 0.1～10g/L 的富镓水相[3]。萃取与反萃过程的机理为：

萃取：

$$Ga(OH)_4^-(a) + 3HL(o) \Longrightarrow GaL_3(o) + OH^-(a) + 3H_2O \qquad (1-42)$$

反萃：

$$GaL_3(o) + 3HCl(a) \Longrightarrow GaCl_3(a) + 3HL(o) \qquad (1-43)$$

往萃取剂中添加癸醇会有利于萃镓并能抑制第三相形成，但其浓度增加会导致萃钠量上升，萃镓量下降，如图1-6所示。

得到的富镓溶液再经碱化造液、净化、电解，便可得到金属镓。萃镓后的种分母液可直接返回 Al_2O_3 生产系统，反萃镓后的有机相在用水洗脱酸后便可返回萃取镓。

Kelex100 萃镓速率较慢，为改善 Kelex100 萃镓的动力学条件，有研究采用添加异构羟酸 Versatic10、2-乙基己醇、甲酮等方式加以改进[3]。

Kelex100 萃取镓的回收率高于80%，无弃渣产出，萃镓后母液即返回主系统，整个工艺虽简便，但萃取的料液量太大，这不仅会消耗大量的萃取剂，还需要配备规模较大的萃取设施。

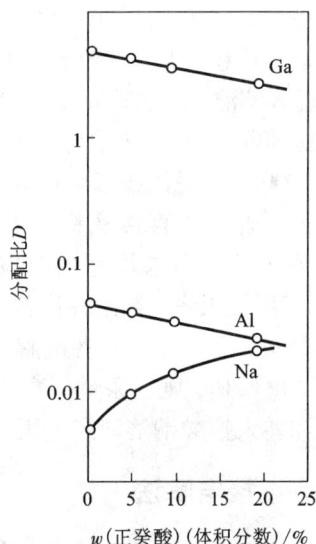

图1-6 癸醇浓度对镓等分配比的影响

2.4 电解法与置换法

从铝酸钠溶液中提取镓的方法还包含有汞齐电解法、直接电解法和 Ga-Al 合金置换法。这些方法都基于镓的析出电位远高于铝，理论上通过电解或用铝及其他金属(或合金)置换可获得金属镓，但其困难在于实际生产的铝酸钠溶液中镓浓度十分低，且镓标准析出电位相对于氢的为负，因此，这类电化学方法(包括置换法)提取镓时会不可避免地出现 H_2 的析出而造成电流效率低下的情况。解决方案是采用 H_2 析出电位高的汞齐或其他合金材料作电极，以抑制或减少 H_2 的析出，这样镓的电解或置换才能实现。尽管这些方法在当前全无经济可行性，而且还会造成汞污染，但其中提镓的技术思想仍可作为借鉴。

2.4.1 汞齐电解法

在钢制电解槽内，以金属汞为阴极，不锈钢为阳极，含镓的铝酸钠溶液为电解液。在电流密度为 $50\sim100$ A/m^2，槽电压为 $1.2\sim1.5$ V 的条件下进行电解，镓在汞阴极板析出形成镓汞齐($Hg - Ga$)：

$$GaO_2^- + 2H_2O + 3e \Longrightarrow Ga + 4OH^- \qquad (1-44)$$

阳极则析出氧气：

$$4OH^- - 4e \Longrightarrow O_2\uparrow + 2H_2O \qquad (1-45)$$

电解到 $Hg - Ga$ 合金中含 Ga 量为 $1\%\sim3\%$ 时，将汞齐取出。镓汞齐置于密闭容器内加入体积质量为 150 g/L 的 NaOH 溶液，搅拌加热到 $100\sim120$℃，镓生成镓酸钠转入溶液，体积质量可达 $10\sim60$ g/L，对此溶液电解可得到金属镓[3]。汞齐电解提镓的电耗极高，对含镓 0.18 g/L 的种分母液电解，且汞为阴极(面积 12 m^2，汞质量 1000 kg)，若电解 24 h，可获得 0.6 kg 镓，电耗则达 600 kW·h[3]。

汞齐电解法可直接从铝酸钠溶液中提取镓，镓回收率达 60%。该方法于 1955 年在匈牙利等国均有工业应用，但实际运行的电流效率极低，仅为 $2\%\sim7\%$，也有用钠汞齐、锌汞齐代替汞作电极的，用钠汞齐电解，其电流效率可显著提高到 $15\%\sim20\%$[3]。汞齐电解法耗汞量较大，每产 1 kg 镓耗汞 $2\sim20$ kg；若采用转鼓式电解槽，则耗汞量更高，可达 275 kg[3]。由于电解中汞蒸气会扩散到操作环境和转入铝酸钠溶液产生汞污染，因此汞齐电解法早已在工业上禁用。

2.4.2 直接电解法

为取代汞阴极，采用析氢电位高的合金材料作阴极，对铝酸钠溶液进行电解提镓。研究表明，镓、锡、铟、锌及锌锡合金均可作阴极材料[3]。一种镀镓的阴极对种分母液直接电解提镓的操作条件与技术指标见表 1 – 16。此外，用锡作为阴极对含 Ga 0.35 g/L 的铝酸钠溶液，在 220 A/m^2 电流密度下电解能提取 33% 的镓。电解获得的镓锡合金再经熔铸、电解可得到金属镓[3]。

表 1 – 16 直接电解法提镓的技术条件与指标

电解原液含 Ga 量/(g·L⁻¹)	阴极	阳极	电流密度/(A·m⁻²)	槽电压/V	电解温度/℃	电流效率/%	电耗/(kW·h·kg⁻¹ Ga)	Ga 回收率/%
$0.2\sim0.3$	镀镓	镍	200	$4\sim4.2$	$40\sim50$	$0.8\sim1.0$	$300\sim400$	$55\sim65$
$0.05\sim0.06$	镀镓	镍	$120\sim200$	—	$35\sim40$	$\leqslant0.5$	$500\sim1000$	$66\sim75$

与汞齐电解法相比，由于直接电解法槽电压高，因而电流效率低、电耗高，产出的金属镓中杂质含量也高。

2.4.3 Ga – Al 合金置换法

在含镓的铝酸钠溶液中用 Ga – Al 合金可将镓置换下来[3, 27]。在碱性溶液中，镓比铝的电位正，理论上采用纯铝也可将镓置换，但纯铝表面易钝化，故置换过程难以持续。实际上是用含铝很低的 Ga – Al 合金中的铝来置换铝酸钠溶液中的镓。

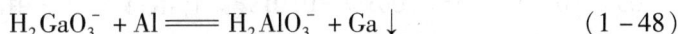

$$H_2GaO_3^- + H_2O + 3e \Longrightarrow Ga + 4OH^- \quad E^\ominus = -1.22 \text{ V} \quad (1-46)$$

$$H_2AlO_3^- + H_2O + 3e \Longrightarrow Al + 4OH^- \quad E^\ominus = -2.35 \text{ V} \quad (1-47)$$

$$H_2GaO_3^- + Al \Longrightarrow H_2AlO_3^- + Ga \downarrow \quad (1-48)$$

置换镓的 Ga – Al 合金中含铝量为 0.5%~6%，这样就需耗用大量昂贵的金属镓，这是该法最大的缺点。Ga – Al 合金置换提镓的技术条件与指标见表 1 – 17[3]。

表 1 –17 Ga – Al 合金置换提镓的技术条件与指标

实例	NaAlO₂ 溶液含镓量 /(g·L⁻¹)	Ga – Al 合金含铝量 /%	置换温度 /℃	置换时间 /min	镓置换率 /%
1	0.01	0.5~1.0	80	20	>90
2	0.2~4	0.2~6	60~80	60~1440	约100
3	0.2	0.5~1.0	40~45	40	99.2

置换法提镓工艺对置换料液中杂质含量要求较高，置换产物中金属镓品质不高，但镓提取率高，其工艺简单，置换实际消耗的是铝，故成本不会太高。该法有进一步研究的价值，一种改进的设想是将镓、铝合金粉末调成浆料，浸渍在颗粒载体(如刚玉球)表面，然后烧结制成置换颗粒。如同树脂交换过程一样，溶液流经置换柱置换镓，则有望减少金属镓的用量。

第3章 从锌冶炼中提取镓

3.1 锌冶炼中镓、铟、锗的走向与富集物

镓、铟、锗是锌精矿主要的有价伴生元素,品位为镓 0.01%~0.03%,铟 0.005%~0.05%,锗 0.001%~0.01%。锌冶炼主要采用湿法工艺,锌湿法冶炼的主流工艺是"焙烧—浸出"法,按浸出渣处理的方式再分为回转窑挥发法(威尔兹法)和热浓酸浸出的黄钾铁矾法、针铁矿法及赤铁矿法。在这些湿法炼锌工艺中,稀散金属镓、铟、锗在浸出时的走向大体一致,且大部分残留在浸出渣中,但其后续渣处理视工艺不同而走向各异。对于回转窑挥发法,镓残留在窑渣中难以回收;对于热浓酸浸出法,大部分镓、铟、锗进入溶液,有利于同时回收镓、铟、锗。湿法炼锌的另一重要方法是锌精矿氧压直接浸出法,锌精矿氧压浸出中,镓、铟、锗则基本进入溶液。对于火法炼锌工艺,中国目前仅存密闭鼓风炉熔炼法(ISP),镓、铟、锗在工艺中的走向差异较大且分散,回收程度较低,对于镓,大部分进入炉渣且难以经济回收。

在锌冶炼流程中,无论是湿法工艺还是火法工艺,总体而言,镓的走向都明显表现出亲铁性。

3.1.1 锌焙砂中性浸出中镓、铟、锗的走向

锌精矿中含有闪锌矿(ZnS),铁闪锌矿(mZnS·nFeS$_2$)及硫化铁等其他矿物,在 920~960℃温度下进行半硫酸化焙烧,不可避免地会生成铁酸锌(mZnO·nFe$_2$O$_3$)。已查明铁酸锌是 Ga、In、Ge 的载体物相,在焙烧中锌精矿所含的铟、镓、锗90%以上以类质同象进入铁酸锌[3]。焙烧后产出的焙烧矿(焙砂)用 H$_2$SO$_4$ 浸出,浸出终酸的 pH 为 5.2~5.4,其中铁酸锌不被浸出,同时 Ga、In、Ge 也不被浸出,90%以上残留在浸出渣中,Ga、In、Ge 在中性浸出渣中的含量见表1-18。

表1-18 锌中性浸出渣中镓、铟、锗的含量 %

物相	ZnO·Fe$_2$O$_3$	Fe$_2$O$_3$	Fe$_3$O$_4$	ZnS	ZnO·SiO$_2$	SiO$_2$
Ga	95.07	1.03	0.30	3.00	0.59	0.59
In	93.92	2.91	0.86	1.33	0.15	0.27
Ge	93.46	1.68	0.44	2.06	0.08	0.61

浸出渣相对焙烧矿的产率一般为 0.4，Ga、In、Ge 在浸出渣中因此得到富集，品位约提高为之前的 2 倍。浸出渣还含 Zn 15%～23%，Pb 3%～15%，故浸出渣处理以回收 Zn 和 Pb 为主，同时也可回收 Ga、In、Ge。

3.1.2　浸出渣回转窑高温挥发工艺中镓、铟、锗的走向

中性浸出渣配入煤粉送入回转窑后经高温还原可挥发出 Zn、Pb，当温度在 1250℃左右时，Zn、Pb 大部分挥发进入烟尘而回收，Ga 挥发率低至 10%～15%，而 In、Ge 的挥发率分别为 70%～90%、50%，这样只能从挥发所得的次氧化锌烟尘中回收少量的镓。约 90% 镓、50% 锗留在窑渣中，对于含 Ga 0.052%、Ge 0.032% 的浸出渣，挥发窑渣中含 Ga 0.041%、含 Ge 0.021%[3]。研究表明，窑渣中的 Ga 45% 分布在脉石渣相中，54% 在金属及其氧化物和硫化物中；Ge 与 Ga 的分布不同，约 82% Ge 分布在金属及其氧化物和硫化物中，见表 1 - 19。这预示着如用于磁选铁物相或浮选硫化物时，镓的回收率将很低[28]。

表 1 - 19　挥发窑渣中 Ga、Ge 的含量及分布　　　　　　　%

元素	焦炭及渣相		金属及其氧化物和硫化物		总量	
	含量	占比	含量	占比	含量	占比
Ga	0.0190	45.67	0.0226	54.33	0.0416	100.00
Ge	0.0038	17.93	0.0174	82.07	0.0212	100.00

3.1.3　浸出渣热浓酸浸出及除铁时镓、铟、锗的走向

对于中性浸出渣，还有一种处理工艺则是热浓酸浸出法，即在高温、高酸下将中性浸出渣中尚未溶解的铁酸锌及其他锌化合物溶解，进一步回收锌及铟、镓、锗等有价金属。热酸浸出工艺一般由两段逆流浸出组成，第一段的浸出液送除铁，第二段浸出液返第一段浸出工序。浸出温度为 90～95℃，始酸浓度大于 150 g/L，终酸浓度控制为 40～60 g/L，渣中的锌被浸出进入溶液，随着铁酸锌被浸出，镓、铟、锗大部分被浸出进入溶液，其中铁浸出的量也相当多。

3.1.3.1　黄钾铁矾法除铁

高酸浸出液经预中和，并将 Fe^{2+} 全部氧化为 Fe^{3+} 后，加入硫酸钠或硫酸铵。在 pH 为 1.5 左右时，把铁离子中和水解成黄钾（或铵）铁矾入渣，而在溶液中的 Ga、In、Ge 也与 Fe 共沉淀而进入铁矾渣。铁矾渣产率相对浸出渣约 60%，因此铁矾渣中稀散金属品位相对于浸出渣富集提高不大。由于铁矾渣中残余 3%～7% 的锌，故最终工艺中仍需要采用回转窑高温焙烧挥发工艺以回收锌，这与前述的

浸出渣的挥发焙烧并无实质区别，仅是处理物料及处理量的差别。挥发焙烧中 Ga、In、Ge 的走向大致与中浸渣的挥发焙烧过程相当，Ga 除少量挥发进入烟尘的能回收外，大部分仍残留在窑渣中难以再回收。可见黄钾铁矾法对镓的回收尤为不利。

3.1.3.2　针铁矿法除铁

针铁矿法与黄钾铁矾法不同，高酸浸出液先经 ZnS 或 SO_2 还原，溶液中的 Fe^{3+} 大部分被还原成 Fe^{2+}，然后再氧化除铁。由于 Fe^{2+} 水解 pH 比镓、铟、锗的都高，这样就可以在除铁前先使稀散金属沉淀，从而实现其与铁的分离。高酸浸出液还原后，经预中和到 pH 为 3.5 时，用锌粉置换或中和沉淀的方法可获得富镓、铟、锗的置换渣或中和渣。对于成分为 Ga 0.0078 g/L、In 0.0054 g/L、Ge 0.0031 g/L、Fe 9.12 g/L、Zn 48.8 g/L、Cu 0.025 g/L 的还原后液，分别用锌粉置换和石灰中和，获得的结果见表 1－20[3]。

表 1－20　还原后液用锌粉置换和石灰中和的结果

元素	Ga	In	Ge	Zn	Fe	Cu
锌粉置换渣/%	0.039	0.038	0.025	35.48	3.46	0.24
锌粉置换沉淀率/%	77.72	96.76	98.21	—	5.03	95.5
石灰中和渣/%	0.036	0.052	0.036	10.31	—	14.69
石灰中和沉淀率/%	93.09	87.92	93.72	—	13.88	95.52

另有研究用石灰中和—锌粉置换混合工艺沉淀镓和锗，Ga、Ge 沉淀率分别为 99.28% 和 96.09%[29]。置换渣和中和渣中的镓、铟、锗品位是焙砂的 3～4 倍，可酸溶后萃取回收镓、铟、锗。因此针铁矿法（赤铁矿法类同）能在除铁前先分离稀散金属，对回收镓较为有利。

3.1.4　浸出渣高压浸出及富集镓、铟、锗

浸出渣热浓酸浸出通常在常压下进行，除铟浸出率较高外，镓、锗浸出率在一些情况下均不太高[30-31]，采用高压浸出能提高镓、锗的浸出率。高压浸出工艺采用密闭操作，其工作环境好，设备也成熟可靠，当前处理浸出渣较倾向于采用高压浸出工艺。

20 世纪 80 年代日本饭岛冶炼厂对湿法炼锌中性浸出渣进行高压浸出，在温度为 100～130℃、压力为 19.6～24.5 kPa 的条件下，同时通入 SO_2（SO_2 分压为 5.88 kPa），用锌电解废液浸出 3～6 h，渣中 94% 以上的镓和铟进入溶液。在该条件下浸出，通入的 SO_2 将浸出液中的 Fe^{3+} 还原成 Fe^{2+}，使镓、铟在后工序先与

铁沉淀分离，从而把铁留在溶液中。浸出液用石灰二段中和，第一段中和过量的 H_2SO_4 以获得较纯的石膏渣而把镓、铟保留在溶液中，第二段中和镓、铟，得到品位较高的镓、铟富集渣，此富镓、铟渣用 H_2SO_4 浸出，使镓、铟进入溶液再萃取回收[3]。分离镓、铟后，溶液再氧化除铁得到赤铁矿渣。

另有研究对成分为 Zn 15.59%、Fe 23.0%、Cu 0.3%、Pb 4.56%、S 5.95%、Ga 0.049%、Ge 0.031%、SiO_2 10.28% 的锌浸出渣进行二段高压浸出，其浸出条件为：始酸浓度 68 g/L，温度 100℃，时间 3 h，p_{SO_2} = 200 kPa，液固比为 6.8∶1，锌、铁、镓、锗浸出率分别为 92.79%、97.87%、94.09% 和 75.18%[32]。锗浸出率不高，有研究认为是锗与 SiO_2 形成固溶体或被硅水合物包裹所致[30, 33]。对高压浸出后的浸渣用 H_2SO_4 和 HF 混酸补充浸出，残渣中 93% 的锗被浸出，锗总浸出率合计达 98% 以上[30]，但混酸的浸出液需单独回收锗。

浸出渣高压浸出过程中，铁也大部分被浸出而进入溶液中，这对沉淀分离镓、锗、铟不利，宜在高压浸出中加入 SO_2 或在浸出后液用 ZnS 将 Fe^{3+} 还原成 Fe^{2+}。对还原后的溶液用石灰中和或锌粉置换沉淀镓、铟、锗。对于成分为 Zn 132.45 g/L、Fe 36.36 g/L、Ga 0.049 g/L、Ge 0.023 g/L、H_2SO_4 45.42 g/L 的还原后液，先用石灰中和，镓、锗沉淀率分别为 95% 和 82%；再用锌粉置换，镓、锗沉淀率分别为 98% 和 93%，锌粉消耗量约为 16 kg/m³ 溶液。有采用石灰中和—锌粉置换的联合工艺，在 80℃ 温度下，先用石灰中和至 pH 为 5.1～5.3，将镓、锗沉淀出以减少置换的锌粉消耗量，最后加入锌粉置换 3 h，镓、锗沉淀率分别为 99.08% 和 96.09%，获得含锌 5.82%、镓 0.15%、锗 0.061% 的沉淀渣。该沉淀渣再以 H_2SO_4 浸出，于温度 80℃，液固比为 2∶1 的条件下浸出 1 h，镓、锗浸出率分别为 99.70% 和 99.75%，得到含锌 26.89 g/L、铁 6.85 g/L、镓 0.58 g/L、锗 0.28 g/L 的浸出液，对溶液再进行萃取以回收镓与锗[34]。

有研究表明高压浸出中铁的溶出随浸出温度升高而降低[35]，如图 1-7 所示，故可通过适当提高浸出温度以减少铁的溶出。

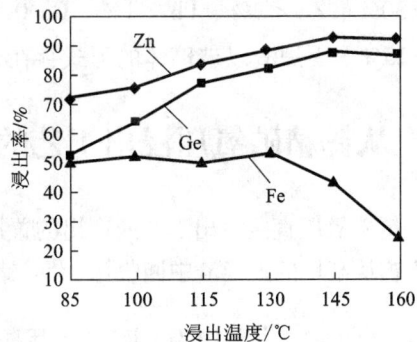

图 1-7　浸出温度对锌、锗、铁浸出率的影响

浸出条件：始酸 150 g/L，时间 150 min，通入纯氧

锌浸出渣的高压酸浸及综合回收稀散金属的工艺已有越来越多的工业应用，基本做法可归纳为以下四点：

(1) 加入纯氧和提高浸出温度以减少铁的溶出；

（2）浸出液用 ZnS 精矿还原以取代高压浸出中通入 SO_2 还原，避免了 SO_2 高压气体来源困难及 SO_2 的污染问题；

（3）浸出液还原 Fe^{3+} 后，用 ZnO 预中和残酸，再用锌粉置换铟、镓、锗、铜，以获得品位较高的稀散金属富集物；

（4）置换后液再用针铁矿法除铁。

3.1.5　锌精矿氧压直接浸出工艺镓、铟、锗的走向

氧压直接浸出工艺中，锌精矿无须焙烧过程，因而没有产生铁酸锌的问题。硫化锌精矿直接经高压浸出，镓、铟、锗浸出率为 90%～95%，而铁浸出率仅 10%～15%。浸出液中的铁绝大部分以 Fe^{2+} 存在，可按针铁矿法先分离稀散金属再除去铁。浸出液经预中和后用锌粉置换沉淀镓、铟、锗，获得富含镓、铟、锗的置换渣。某厂锌精矿成分为：Ga 0.002%～0.02%、In 0.0002%～0.005%、Ge 0.003%～0.017%、Fe 6%～7%，氧压浸出液预中和后用锌粉置换，获得置换渣的成分为：Ga 0.45%、In 0.0002%、Ge 0.45%、Zn 25.0%、Fe 9.3%，其中除 In 因原料品位低外，Ga 和 Ge 对精矿的富集比均在 20 倍以上，锗甚至更高，该工艺回收稀散金属优势明显。

3.1.6　密闭鼓风炉熔炼铅锌 ISP 工艺中镓的走向

在 ISP 工艺中，根据某厂进厂精矿含镓量与产出的烟化炉渣含镓量推断，精矿中的大部分镓在工艺中与铁一起进入炉渣。ISP 的烟化炉渣的主要成分为 Fe 25%～30%、Zn < 2%、Pb < 1%、Ga 0.02%～0.03%、CaO 18%～20%、SiO_2 20%～25%，因炉渣以玻璃体的形式存在，故回收镓较为困难[3]。

3.2　从锌精矿氧压浸出工艺的锌置换渣中回收镓、铟、锗、铜

锌精矿氧压直接浸出工艺所产出的置换渣成分见表 1-21[33, 36]，用酸浸—全萃取法工艺从某厂的置换渣中回收镓、铟、锗和铜，其工艺流程如图 1-8 所示[33]。

表 1-21　锌精矿氧压直接浸出工艺置换渣成分　　　　　　　　　　%

成分	Zn	Ga	Ge	In	As	Pb	Fe	Cu	SiO_2
厂 1	23	0.45	0.45	0.02	0.35	0.67	4.16	5.8	—
厂 2	15.82	0.28	0.57	0.028	1.58	1.97	1.65	7.60	10.72
厂 3	24.35	0.27	0.36	—	0.98	0.46	7.88	5.55	9.14

渣中镓主要以 Ga_2O_3 和 $MeO \cdot Ga_2O_3$ 的形式存在，占比为 98%，余量为 Ga 和 Ga_2S_3，锗主要以 $MeO \cdot GeO_2$ 的形式存在，占 61.32%，$GeO \cdot GeO_2$ 占 22.28%，锗和硫化锗占 16.30%，而锌主要为金属锌[36]。值得注意的是，锌精矿直接浸出工艺产出的置换渣中含硅量较高，SiO_2 晶格固溶了一部分的 GeO_2，浸出中要溶出这部分的锗，则需要将包裹的 SiO_2 溶解[33]。

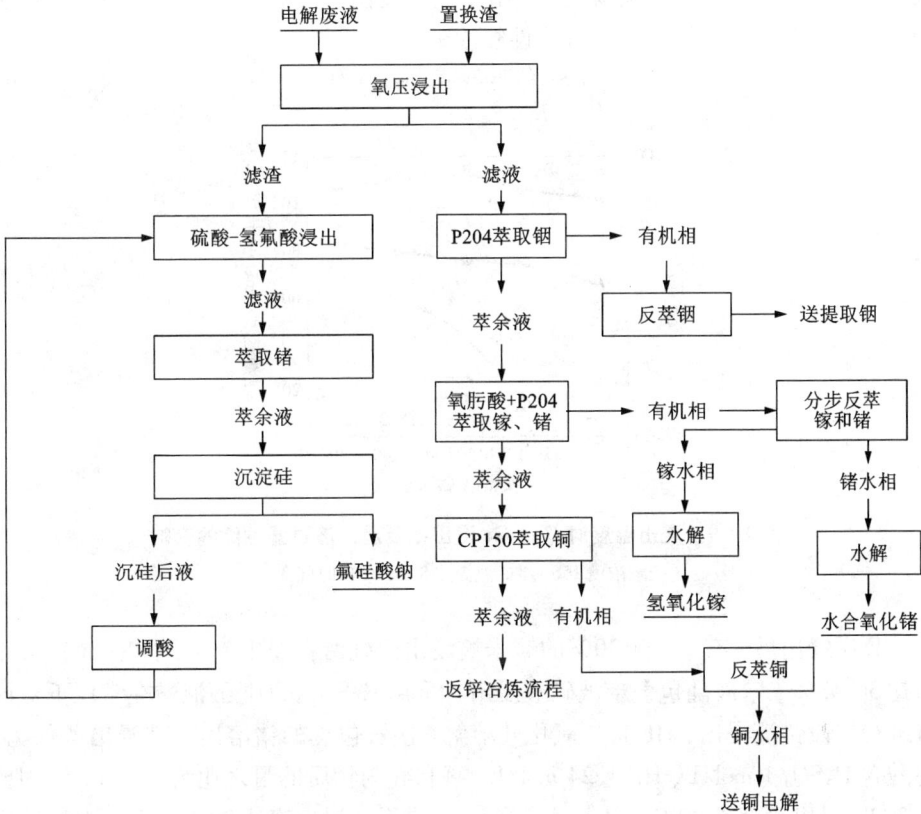

图 1-8　置换渣高压酸浸—全萃取法工艺回收镓、铟、锗、铜的工艺流程

3.2.1　置换渣的浸出

锌精矿氧压直接浸出工艺产出的置换渣的浸出性能与 $ZnSO_4$ 上清液净化工艺产出的置换渣明显不同，含硅高对浸出液过滤影响较突出。常压下用硫酸浸出置换渣，锗浸出效果不好。

某种置换渣的成分见表 1-21 中的"厂 2"。对该置换渣采用二段氧压浸出加二段混酸常压浸出的工艺进行浸出。置换渣磨细至粒度小于 200 目，用锌电解废液（含 H_2SO_4 150 g/L，Zn 56 g/L），在温度为 150℃、液固比为 4:1、初始氧分压为 0.4 MPa 的条件下，经二段逆流浸出，Zn、Cu、Ga、In 浸出率达到 98% 以上，渣产率为 14%，但 Ge 浸出率仅 70%~80%，其原因是部分锗固溶进入 SiO_2 晶格或被硅胶包裹难以溶出[33]。提高温度对提高锗浸出率作用不大，但对改善浸出液的过滤效果显著。浸出温度对镓、锗浸出率和浸出渣过滤性能的影响[30] 如图 1-9 所示。浸出温度为 90℃时，浸出渣过滤十分困难，而在浸出温度为 150℃以上时，浸出渣过滤十分顺畅，这是由于提高浸出温度有利于硅酸的脱水反应和 SiO_2 的结晶，从而使浸出渣的过滤性能改善[33]：

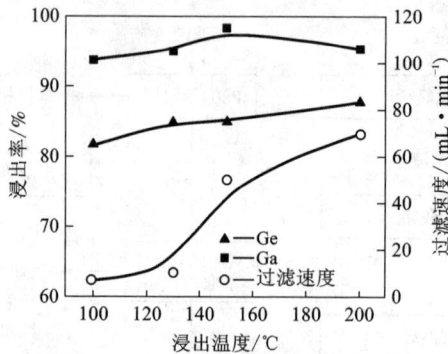

$$H_4SiO_4 \Longrightarrow SiO_2 + 2H_2O \tag{1-49}$$

图 1-9　浸出温度对 Ga、Ge 浸出率及浸出渣过滤性能的影响
（硫酸浓度 156 g/L，液固比 8:1，浸出时间 3 h）

氧压浸出后，有 20%~30% 的锗未被浸出而残留在浸出渣中，渣中 SiO_2 含量高达 36.43%，锗被硅包裹难被硫酸浸出。采用 H_2SO_4 和 HF 的混酸在常压下对该渣进行二段错流浸出，HF 将二氧化硅溶解，使被包裹的锗溶出。其浸出条件为：混酸含 H_2SO_4 1 mol/L、HF 4.24 mol/L，氟和硅的物质的量之比为 4.2:1，液固比为 3:1，浸出温度为 80℃，浸出时间为 5 h，锗累计浸出率达 99% 以上。混酸浸出结果见表 1-22[33]。

表 1-22　H_2SO_4 + HF 混酸二段错流浸出的结果

项目	渣率/%	成分/%			浸出率/%		
		Ge	Cu	Fe	Ge	Cu	Fe
氧压浸出后渣	100	0.89	0.16	0.80	—	—	—
第一段浸出渣	42.56	0.59	0.058	0.37	71.79	84.57	80.32
第二段浸出渣	12.89	0.027	0.016	0.045	99.61	98.71	99.27
滤液/(g·L^{-1})	—	1.73	0.31	1.55	—	—	—

含 HF 的混酸浸出液, 须单独萃取回收锗, 造成工序和设备投资增加, 这是该工艺最大的不足。混酸浸出的物料量不大, 属揭锗的补充措施, 用该工艺处理该置换渣较为简单, 仍是可取的方法。

置换渣用 H_2SO_4 氧压浸出, 加入硝酸钠或硝酸钙, 实际构成了 H_2SO_4 和 HNO_3 的混酸浸出液, 也能提高镓、锗的浸出率和改善滤渣的过滤性能。在硫酸浸出液中加入 60 g/L 的硝酸钙(或 25 g/L 的硝酸钠), 镓、锗浸出率分别达到 98.50%、94.85%(或 98.24%、96.45%)。而加入硝酸钙的过滤速度是加入硝酸钠的近 4 倍[36]。

3.2.2 浸出液萃取回收镓、锗、铟、铜

浸出液的萃取工艺流程如图 1 - 8 所示。置换渣的氧压浸出液, 其成分大致为: Ge 0.41 g/L, Ga 0.51 g/L, In 0.031 g/L, Fe 5.76 g/L, Zn 60 ~ 70 g/L。H_2SO_4 和 HF 的混酸浸出液仅萃取锗。

(1)铟萃取

萃取剂为 30% 二(2 - 乙基己基)磷酸(P204) + 煤油, 相比 A:O = 5:1, 一级萃取, 室温, 铟萃取率 99.9%, 铁萃取率 35%, 萃余液含铟量降至 3 mg/L 以下。铟有机相用 6 mol/L HCl 反萃, 相比 A:O = 1:3, 室温, 反萃水相含铟量为 0.916 g/L, 铟、铁一级反萃率分别为 98.28% 和 2.79%, 可通过多级逆流反萃实现铟、铁分离[33]。反萃铟后贫有机相用 5% 草酸溶液洗涤铁后返回铟萃取, 铟反萃液送铝板或锌板置换, 得到海绵铟。

(2)锗、镓共萃及反萃分离

萃铟余液萃铁后, 调整 pH 为 2.0 ~ 2.2, 用 3% ~ 5% $C_{3\sim5}$ 氧肟酸 + 10% P204 + 磺化煤油为萃取剂, 相比 A:O = 3:1, 共萃取锗、镓, 锗、镓及铁单级萃取率均为 90% 以上。锗、镓负载有机相用含 25 ~ 30 g/L 的次氯酸钠溶液反萃锗, 相比 A:O = 1:1, 锗反萃率近 100%, 而镓不被反萃留在有机相, 获得含锗 1.4 g/L、镓 0.003 g/L、铁 0.002 g/L 的锗水相, 反萃锗后的含镓有机相, 用 3 mol/L H_2SO_4 在相比 A:O = 1:2 时反萃镓, 镓反萃率为 97.5%, 获得含镓 1.84 g/L 的富镓反萃液, 反萃镓后有机相用草酸溶液洗涤脱铁后补加氧肟酸以返回萃取[33]。

还有一种萃铟余液萃取分离锗镓的方法, 即利用 P204 + 氧肟酸(YW100)在高酸条件下萃取锗而不萃取镓的特性, 如图 1 - 10 所示[3], 调至 pH = 0.5, 用 20% P204 + 氧肟酸先萃取锗, 锗萃取率为 96.5%, 此时镓很少被萃取; 锗负载有机相用次氯酸钠溶液反萃, 锗反萃率达 98%, 获得含锗 1 g/L 左右的锗水相。萃锗后液, 调整 pH 为 1.7 ~ 1.8, 用反萃锗后的有机相并补加 1.25% 的氧肟酸(成分为: 约 20% P204 + 1.25% YW100)萃取镓, 镓萃取率近 100%, 镓负载有机相用 8 ~ 9 mol/L H_2SO_4 + 2 mol/L HCl 反萃镓, 得到含镓浓度为 1.2 ~ 1.9 g/L 的镓

水相[3]。

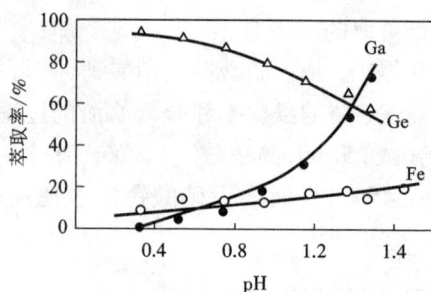

图 1-10　溶液酸度对 P204 + YW100 萃镓与萃锗的影响

P204 + 氧肟酸萃取锗镓体系的锗反萃剂除次氯酸钠外，还可用 10% NaOH + 1% (NH₄)₂SO₄ 或 HF 或 NH₄F 作反萃剂，前者锗反萃率较低，仅 60% 左右，后两者可为 97% 以上[3]，但该体系带入了氟离子，需增加除氟工序。

（3）铜萃取

萃锗、镓后，萃余液经萃取除铁，再调整 pH 为 3.0，采用 5 - 壬基水杨酸醛肟（CP150）+ 磺化煤油萃取铜，相比 A:O = 1:2，铜萃取率 98.5%，萃余液中铜含量降至 0.19 g/L 以下；铜有机相用 2 mol/L H₂SO₄ 反萃，相比 A:O = 1:3，得到含铜 16~18 g/L 的水相。

经以上萃取铟、锗、镓、铜的流程后，萃余液含锌量上升到约 200 g/L，锌浓度增高是因为其间多次用锌粉或 ZnO 中和调整溶液酸度。此萃余液用活性炭吸附残留的萃取剂有机物后，还可返回湿法炼锌系统。

（4）H₂SO₄ + HF 混酸浸出液萃取锗

混酸浸出液含 Ge 1.73 g/L、Cu 0.31 g/L、Fe 1.55 g/L，其酸度为 3.5 mol/L。用 10% C₃~₅氧肟酸 + 磺化煤油萃取锗，相比 A:O = 1:1.2，单级萃取率达 98.31%，用水洗涤有机相后用 30 g/L 的次氯酸钠溶液反萃锗，相比 A:O = 1:2，锗反萃率 98.83%，得到锗含量为 4.02 g/L 的锗水相[33]。

萃锗余液含 F 89.93 g/L、Si 25.36 g/L，加入 30 g/L 的 NaF 溶液，使溶液中硅氟酸生成溶解度更低的氟硅酸钠沉淀，以除去氟和硅，硅、氟沉淀率分别为 91.34% 和 90.84%，其反应式为：

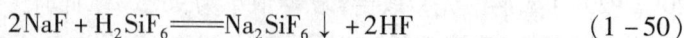

$$2NaF + H_2SiF_6 = Na_2SiF_6 \downarrow + 2HF \qquad (1-50)$$

除硅、氟后的溶液含 Si 7.79 g/L、F 13.0 g/L，补加 HF 后返回浸出，沉淀物 Na₂SiF₆ 可作为副产物出售[33]。

3.3　锌冶金溶液中萃取镓的主要方法

锌冶炼产出的镓富集物，除置换渣外，还有各种渣料、烟尘、窑渣、ISP 炉渣等。这些含镓物料大多经硫酸浸出，再从硫酸浸出液中萃取回收镓。

用于 H_2SO_4 溶液的镓萃取剂大体有：膦酸及含膦类，如 P204、P507、HBL121；氧肟酸类，如 YW100、H106、G315、G8315 等；胺类，如 N235、N503 等[37]。胺类萃取剂在 H_2SO_4 溶液中萃取镓时，需加入 Cl^- 或酒石酸、硫氰酸铵等络合剂，形成镓络阴离子才能被萃取。

3.3.1　P204 和氧肟酸协萃镓

用 P204 和氧肟酸协萃镓的方法是我国于 20 世纪 80 年代研究成功并实现工业应用的技术，主要用于萃取锗；单纯萃取镓，仅用 P204 即可。通常锌冶金溶液中均含有锗和镓，在同一溶液中用同一萃取剂萃锗、镓，其应用较方便。在 P204 中加入 YW100（氧肟酸）可在不同酸度下分别萃取镓和锗（图 1 – 10）。萃取镓锗的机理为（以 H_2A_2 表示 P204，以 HR 表示 YW100）：

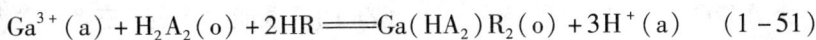

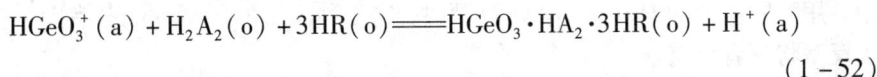

$$Ga^{3+}(a) + H_2A_2(o) + 2HR \Longrightarrow Ga(HA_2)R_2(o) + 3H^+(a) \qquad (1-51)$$

$$HGeO_3^+(a) + H_2A_2(o) + 3HR(o) \Longrightarrow HGeO_3 \cdot HA_2 \cdot 3HR(o) + H^+(a)$$

$$(1-52)$$

对于含 Ga 0.09 ~ 0.13 g/L、Ge 0.04 ~ 0.09 g/L、H_2SO_4 55 ~ 65 g/L 的萃锗后液，用 20% P204 + 1.25% YW100，在 pH 1.7 ~ 1.8 的低酸下萃取镓，镓有机相在高酸下反萃，如用 8 ~ 9 mol/L H_2SO_4 + 2 mol/L HCl 反萃，可得到含镓浓度为 1.2 ~ 1.9 g/L 的水相[3]。

P204 + YW100 对 Ga、Ge 萃取效果较好，但 YW100 水溶性大使得试剂消耗量较大。

针对氧肟酸萃取剂具有水溶性较大的缺点，开发出了一种水溶性小的醚基异氧肟酸萃取剂 G8315，其萃取镓、锗的性能大体同 YW100。对含 Ge 0.001 g/L、Ga 0.28 g/L、Fe 2.94 g/L 的萃锗后液，用 10% G8315 + 5% P204，相比 O/A = 1 的萃取剂来萃取镓。水相酸度对镓、铁萃取的影响见表 1 – 23。水相酸度为 5 ~ 10 g/L 时，萃镓率约为 90%，且镓与铁分离较好。

负载有机相用 6 mol/L HCl 洗脱铁，铁洗脱率约为 70%，而镓也被洗脱 17.8%。洗铁后有机相用 2 mol/L HCl 三级逆流反萃镓，相比 O/A = 3，镓反萃率达 97% ~ 98%，反萃液约含 Ga 3 g/L、Fe 0.9 g/L，其他杂质（Cu、Zn、Pb、As）浓度均小于 0.005 g/L[38]。

表 1 – 23　酸度对 G8315 + P204 萃取镓和铁的影响

$c(H_2SO_4)/(g \cdot L^{-1})$	萃取率/%	
	Ga	Fe
5.0	90.6	27.8
10.0	89.3	27.6
25.0	68.0	26.2
40.5	34.6	22.0
45.0	27.0	25.4

3.3.2　P507 萃取镓

P507(2 – 乙基己基膦酸单脂, EHEHPA)是一种酸性含磷萃取剂, 分子式为 $C_8H_{17}O_4P$, 相对分子质量为 208.193。P507 的水溶性比氧肟酸要小很多, 其在应用上具有一定价值。

在硫酸介质中, P507 对 Ga、Fe、Zn 的萃取能力接近, 三者将共萃进入有机相。用不同浓度的 HCl 和 H_2SO_4 反萃时, 这三种离子的反萃性能各有差异, 可分步反萃将三者分离。

对成分为 Ga 0.28 g/L、Fe 2.50 g/L、Zn 19.50 g/L 的硫酸锌溶液, 用 40% P507 +60% 磺化煤油萃取镓, 在相比 O:A = 1:1、料液酸度 5 ~ 10 g/L、室温条件下, 模拟四级逆流萃取, 镓、锌、铁萃取率分别为 98.50%、38.4% 和 19.56%[39]。镓萃取率随 H_2SO_4 浓度增加急剧下降, 而酸度低于 5 g/L 时料液中会出现絮状沉淀, H_2SO_4 浓度对料液萃取率的影响如图 1 – 11 所示。

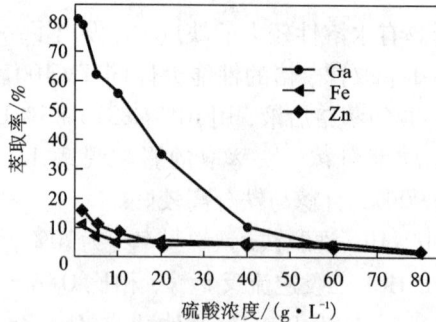

图 1 – 11　硫酸浓度对 P507 萃取率的影响

对成分为 Ga 0.185 g/L、Fe 0.332 g/L、Zn 5.382 g/L 的负载有机相分别用 H_2SO_4 和 HCl 反萃，相比 O∶A 均为 1∶1，酸度对反萃结果的影响分别如图 1−12 和图 1−13 所示。用 H_2SO_4 反萃，在 H_2SO_4 浓度为 100 g/L 时，镓、锌反萃率分别为 97% 和 80%，而铁几乎不被反萃。用 HCl 反萃时，随 HCl 浓度提高，镓反萃率先升高后下降，当 HCl 浓度为 6 mol/L 以上时镓反萃率几乎为零，Ga 以 $HGaCl_4 \cdot nHA$ 萃合物形式保留在有机相中；对于铁，Fe 先形成 $FeCl_3^-$ 被反萃，但随 H^+ 浓度增加，Fe 则以 $HFeCl_3 \cdot nHA$ 萃合物形式重新进入有机相；而 Zn 无论用 H_2SO_4 反萃或用 HCl 反萃，其反萃率均与酸浓度关系不大。因此负载有机相先用 6 mol/L HCl（相比 O∶A = 1∶1），在室温下洗涤 3 次以反萃铁和锌，此时镓保留在有机相中，然后再用 100 g/L H_2SO_4（相比 O∶A = 1∶1）来反萃镓，得到含镓 0.176 g/L、锌铁含量几乎为零的镓水相，此时镓单级反萃率达 95%[39]。

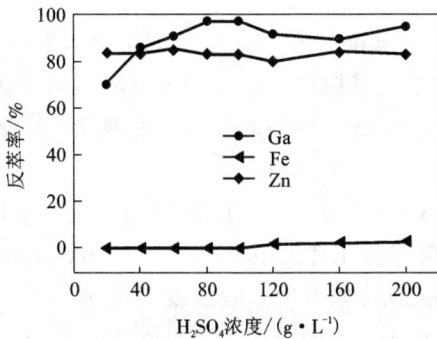

图 1−12　H_2SO_4 浓度对反萃率的影响

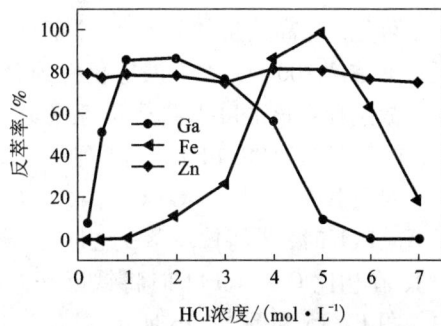

图 1−13　HCl 浓度对反萃率的影响

3.3.3　HBL121 萃取镓

前述两种萃取剂均需在低酸条件下萃镓和在高酸条件下反萃镓。对于浸出渣高酸浸出液，其硫酸浓度高至 80～120 g/L，此时要萃取镓，则需将酸浓度调至 5～10 g/L 才能进行萃取，这将给生产带来不便，因而研究适于高酸下镓的萃取剂具有实际意义。

萃取剂 HBL121 为我国研制生产（湖南宏邦新材料公司产）。对于成分为 H_2SO_4 108.67 g/L、Ge 0.0038 g/L、Ga 0.204 g/L、Zn 19.64 g/L、Fe 2.09 g/L、Cu 4.24 g/L 的锌置换渣高酸浸出液，用 HBL121 萃取镓，其萃取条件为：萃取剂为 40%（质量分数）HBL121 + 20%（体积分数）癸醇 + 磺化煤油，相比 O∶A = 1∶1、室温。其中硫酸浓度对各元素萃取率的影响如图 1−14 所示，萃取剂中添加癸醇会利于 HBL121 在煤油中的溶解，但过量则对萃取不利[37]。

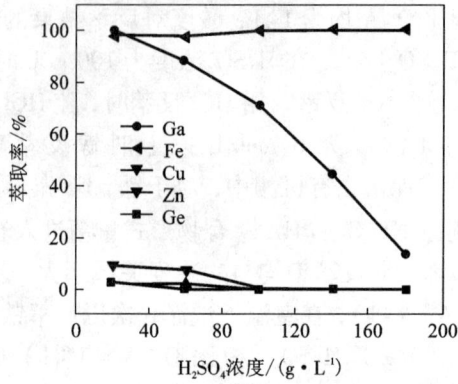

图 1 - 14   H₂SO₄ 浓度对各元素萃取率的影响

可见，在高酸条件下 Fe 将全部被萃取，随酸度升高，Ga 萃取率虽大幅下降，但在酸浓度 100 g/L 左右时镓仍有约 75% 的单级萃取率，而 Cu、Zn、Ge 则不被萃取。故选择在该酸度下共萃 Fe 和 Ga，并使之与 Cu、Zn、Ge 分离。经四级逆流萃取，镓萃取率为 98.14%，而铁则为 99.82%。

对负载有机相 (含 Ga 0.2 g/L、Fe 2.08 g/L) 用 200 g/L 的 H₂SO₄，在相比 O : A = 1 : 1 时，先将镓反萃，此时铁不被反萃保留在有机相中；然后用 7 mol/L 的 HCl，在相比 O : A = 1 : 1 时将铁反萃，使萃取剂转型再生。酸浓度对反萃率的影响如图 1 - 15 和图 1 - 16 所示。

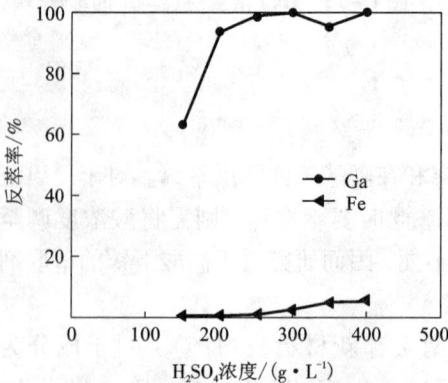

图 1 - 15   H₂SO₄ 浓度对镓和铁反萃率的影响

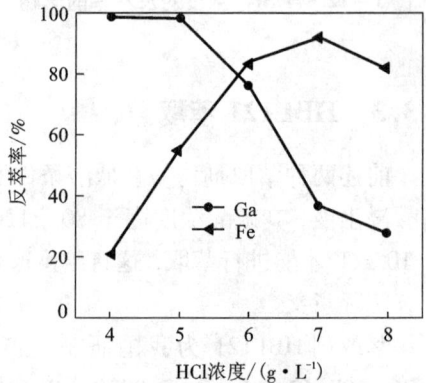

图 1 - 16   HCl 浓度对镓和铁反萃率的影响

对上述镓铁有机相用 200 g/L H_2SO_4，在 O：A = 4：1 时五级反萃镓，得到的镓水相含 Ga 0.8 g/L、Fe 1.66 mg/L，镓和铁反萃率分别为 99.18%、0.02%；反萃镓后有机相含铁 2.08 g/L，用 / mol/L HCl 三级反萃铁，在相比 O：A = 1.5：1 时，得到铁水相含铁 3.10 g/L，铁反萃率为 99.23%[37]。HBL121 萃镓过程与 P507 相似，唯萃取酸度更高和 Zn 不被萃取。

3.4　锌冶金渣还原炼铁法富集回收镓

3.4.1　浸出渣固态还原炼铁法

湿法炼锌的浸出渣每年产出达数百万吨之巨，浸出渣含稀散金属 Ga、In、Ge（占锌精矿带入的 90% 以上），是回收 Ga、In、Ge 的重要物料。综合回收其中的有价金属，使渣最大程度资源化、无害化是该技术研究的重点。

3.4.1.1　浸出渣还原焙烧—磁选分离铁粉

浸出渣冷压制团焙烧—固态还原炼铁的工艺，是锌浸出渣回转窑高温挥发焙烧工艺的实质性改进。锌浸出渣配入煤粉加黏结剂冷压制团，经回转窑焙烧，挥发铅锌的同时也把渣中的铁还原成金属铁，并利用金属铁来捕集镓、锗，该工艺可行性大。要高度捕集镓、锗，让渣中铁物料最大程度金属化是关键，浸出渣配以煤粉压团代替散料进入回转窑焙烧，可大大提高铁金属化程度，同时团矿焙烧也使在窑内产生的炉结现象大为减少。

对于成分为 Fe 21.18%、Zn 18.60%、Pb 4.62%、Cu 0.47%、Ga 0.053%、Ge 0.031%、In 0.011%、Ag 0.051% 的锌浸出渣，配入还原煤粉和黏结剂压制成 $\phi20\ mm \times 20\ mm$ 的圆柱状，在 200℃ 下干燥固结，然后在回转窑中温度为 1200℃ 时焙烧，铅、锌、铟大部分挥发进入烟尘，锌、铅挥发率分别为 98% 和 95%，这与常规回转窑挥发焙烧一致，所不同的是铁物相被还原成金属并将大部分镓、锗富集其中。焙烧矿产率为 40%～50%，其中含镓 0.11%、锗 0.066%。焙烧矿破碎磨细后经磁选分离出铁粉，铁粉产率约 50%。铁粉中含铁约 90%、镓 0.22%、锗 0.16%，铁、镓、锗回收率分别为 85%、85%～92%、85%～99%，产出的铁粉再进一步回收便可得到镓、锗[28, 40]。

这一技术已实现工业应用，相比熔池熔融还原炼铁技术，制团固态炼铁工作温度低、操作简单易于实现，仅就单纯回收铁粉而言，其工艺是十分成功的。

3.4.1.2　从还原铁粉分离镓、锗

浸出渣还原焙烧产出的铁粉中富集了镓、锗，典型成分和物相组成[41]见表 1-24 和表 1-25。

表 1 - 24　还原铁粉化学成分　　　　　　　%

Zn	Pb	SiO$_2$	CaO	MgO	Fe	Al$_2$O$_3$	Ga	Ge
0.46	0.56	2.05	1.89	0.39	87.70	0.74	0.14	0.14

表 1 - 25　　还原铁粉的物相组成　　　　　%

金属铁	硫化铁	多金属硫化物	硅酸钙	玻璃质	其他
84.90	3.55	2.70	2.07	2.47	4.31

　　从还原铁粉中分离回收镓、锗仍然是一难点，把铁粉熔炼成生铁块后电解，再从阳极泥回收镓、锗是有效的方法，但需电解设备且电耗高，故目前主要采用酸溶法或碱熔法来处理。

　　还原铁粉易溶于硫酸，镓、锗与铁几乎同步浸出，镓、锗、铁浸出率分别在92%以上，后续要在高浓度的铁溶液中使镓、锗与铁分离，难度较大。由于溶液中铁大部分以 Fe^{2+} 形式存在，故其工艺应是加入 Ca(OH)$_2$ 控制 pH 为 2~3，将镓、锗中和沉淀入渣而与铁分离；或是用锌粉置换，得到置换渣。镓、锗中和沉淀率和置换沉淀率均可达到 95% 以上，但铁沉淀率也达 10%~15%。沉淀渣中镓、锗品位是还原铁粉的 6~11 倍，如果沉淀渣含锗品位在 1% 以上，则可直接氯化蒸馏提锗，在蒸馏残液中再提取镓；而对于品位低的沉淀渣，则需再次酸溶、中和或置换沉淀或萃取富集镓、锗。分离出镓、锗后的含铁溶液，可生产硫酸亚铁并进一步加工成净水剂聚合硫酸铁产品或氧化水解沉淀出针铁矿渣堆存或炼铁。

　　铁粉除用 H$_2$SO$_4$ 浸出外，还可使用其他的酸。其他几种酸的浸出效果，见表 1 - 26[41]。

表 1 - 26　几种浸出剂对还原铁粉浸出的效果

浸出条件	浸出率/%		
	Fe	Ga	Ge
HCl，pH 1~3，6 h	94.0	95.28	95.23
HCl + FeCl$_3$，pH 1，2 h	98.50	99.07	98.82
H$_2$SO$_4$ + Fe(NO$_3$)$_3$，pH 1	98.25	98.90	98.42

注：浸出温度为 75℃，液固比为 20:1。

　　铁粉酸溶最大的问题是铁将绝大部分溶出，与浸出渣直接酸溶相比，它虽减少了碱性脉石的酸耗，但增加了还原焙烧炼铁工序，故其成本可能不会降低。同时,酸溶法产出大量铁渣无太多用途,其环保处理费用也不少,这是酸溶法回收镓锗工艺主要的问题。

对还原铁粉进行钠化焙烧[41]以试图改善酸溶法的缺陷。还原铁粉配入铁粉质量分数为150%的 Na_2CO_3 中且在 $1000\sim1080℃$ 空气中焙烧1h,金属铁转化为铁酸钠($NaFeO_2$);镓、锗分别转化为可溶性的 $NaGaO_2$ 和 Na_2GeO_3 及少量的 Ga_2O_3 、 GeO_2 。当钠化焙砂用低浓度 NaOH 溶液浸出时, $NaFeO_2$ 会发生水解反应生成水合氧化铁:

$$2NaFeO_2 + 2H_2O \Longrightarrow Fe_2O_3 \cdot H_2O + 2NaOH \qquad (1-53)$$

镓、锗酸盐及氧化物则分别溶出进入溶液。焙砂分别用高压浸出和常压浸出的方式浸出,其结果见表 1 – 27。

表 1 – 27 高压浸出和常压浸出钠化焙砂的工艺条件及结果

工艺条件	温度/℃	液固比	NaOH 浓度/%	浸出时间/h	浸出率/%	
					Ga	Ge
高压浸出	135	12:1	9.09	1	91.30	90.96
常压浸出	90	12:1	16.67	1	88.73	89.10

钠化焙烧—碱浸出工艺,使还原铁粉中的镓、锗与铁较好地分离,但焙烧时需将铁全部转化为铁酸钠,该过程耗费固碱,但水溶液浸出时又会产出大量碱溶液,若这些碱溶液不能再利用,则其成本可能比酸溶法更高。

此外,还有用锈蚀法处理还原铁粉回收镓、锗的研究,在 pH = 1.5 的水溶液中,在温度为80℃时,加入 H_2O_2 ,使金属铁粉氧化锈蚀生成针铁矿,而镓、锗溶出进入溶液,铁生成 FeOOH 的转化率为91.34%,镓、锗浸出率分别在90%左右[42],但反应速度慢,条件苛刻,难用于工业生产。

比较而言,还原铁粉熔炼成生铁块再电解以及从阳极泥回收镓、锗的工艺是比较成熟的。虽然铁电解法电耗较高,但可以从价高的电解铁产品的收益中得到补偿,比较经济合理,唯需要增加铁熔炼、电解的设备投资。另外,减少废渣排放量已成冶金行业的硬性要求,也只有电解铁工艺能实现废渣最大程度地减量排放。

3.4.2 挥发窑渣硫化还原炼铁——磁选分离法

湿法炼锌的浸出渣采用回转窑高温挥发工艺(威尔兹法)处理,镓大部分残留在窑渣中,且窑渣成分为[43]: Zn 6.33%, Pb 0.88%, Cu 0.34%, Fe 25%, S 5.55%, SiO_2 22%, Al_2O_3 8.72%, CaO 5%, Ga 0.04%, Ge 0.02%, Ag 0.03%~

0.05%，残碳约15%。由此可见，挥发窑渣仍具有较高的回收价值。

镓具有亲铁特性，金属铁对镓具有良好的捕集作用。日本日曹熔炼公司将锌浸出渣中的挥发窑渣，磨细到50%挥发窑渣小于200目后磁选，获得镓含量为0.01%的磁性含铁物料，对磁性含铁物料进行高温还原炼铁，且利用金属铁捕集镓，会得到含镓的生铁，然后从电解铁的阳极泥中回收镓，或铁块直接酸溶回收镓[3]，这是最早用铁来捕集镓的工艺。

研究表明，浸出渣的挥发窑渣中的镓约45%分布在非铁渣及脉石渣相中，55%分布在金属及其氧化物、硫化物中，通过磁选选出含铁组分或浮选选出的金属硫化物组分中，镓的回收率都较低[28]，其改善办法是将渣中的铁物料更大程度地还原成金属态以捕集镓。

金属铁捕集镓及锗虽可得到富镓、锗的铁合金，但需在1500℃左右的高温下熔炼出铁水，其设备要求高、能耗也不低。为降低熔炼温度，将窑渣一并加入硫化铁精矿进行还原硫化熔炼，生成熔点较低的金属化铁冰铜，从而将熔炼温度降低至1250~1300℃，再从铁冰铜中磁选出含镓、锗的铁合金粉。窑渣还原硫化熔炼回收镓的工艺流程[43]如图1-17所示。

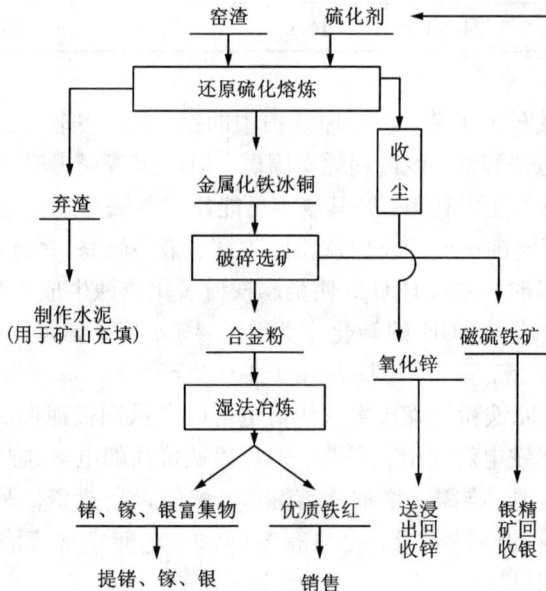

图1-17 窑渣还原硫化熔炼回收镓的工艺流程

挥发窑渣配入硫精矿，入炉原料中控制含碳量为7%~8%、含硫量为7%~7.74%，并加入7%料重的石灰，在1300℃温度下熔炼，得到产率为25%~30%的金属化冰铜和产率为50%的炉渣。窑渣中69%~87%的铁进入冰铜，其余进入炉渣；镓、锗分别有 86%～90% 和 90% 进入冰铜，而锌 94%～95% 挥发到烟尘。入炉窑渣和产出的冰铜和炉渣成分见表 1-28。

金属化冰铜破碎磨细进行磁选，得到产率为 40% 的磁性物精矿和产率为 60% 的非磁物。91% 的镓和 96.5% 的锗富集在磁性物精矿中，富集品位约是窑渣的 5 倍，镓和锗选冶回收率分别达 87% 和 95%；85% 银则富集在非磁性物（主要是金属硫化物）中，若银富集品位不高，则此非磁组分可作为硫化剂返回硫化熔炼工艺继续富集银及铜、铅等。磁选的产物成分见表 1-29。

表 1-28 入炉窑渣和产出的冰铜和炉渣成分 %

成分	Ga	Ge	Ag	Zn	Cu	Fe	S	Pb	SiO$_2$	CaO	Al$_2$O$_3$
窑渣	0.04	0.02	0.05	6.33	0.34	25	5.55	0.88	22	5	8.7
炉渣	0.008	0.001	<0.001	0.17	0.006	1.6	0.3	0.003	40.1	20.8	18.7
冰铜	0.10	0.043	0.13	0.62	1.36	72.6	19.5	0.70	—	—	—

表 1-29 金属化冰铜磁选产物成分 %

成分	Ga	Ge	Ag	Zn	Cu	Pb	Fe	S
磁性物	0.19	0.083	0.043	0.14	0.36	0.19	88.30	2.83
非磁性物	0.012	0.002	0.18	0.93	2.03	1.0	54.96	31.40

类似的是，在窑渣中加入硫化剂、造渣剂制团，用鼓风炉熔炼，可得到氧化锌烟尘、冰铜、炉渣三种产物，再对金属化冰铜磁选，可得到富集镓、锗的磁性物[44]。

该法的突出优势是可在较低温度下熔炼，能适应目前使用的大多数有色冶金炉的工作温度，易于工业应用，可套用成熟的熔池熔炼或鼓风炉熔炼技术和设备进行生产。20 世纪 70 年代湖南水口山集团第四冶炼厂和株洲冶炼厂建成直径为 1.4 m 的旋涡炉以处理锌浸出渣和挥发窑渣，其中一种做法是加入硫化剂（如硫化铅精矿）与窑渣一并熔炼以捕集银，除得到锌挥发烟尘外，还得富铜的冰铜；另一种方法则是用熔池顶吹熔炼处理锌浸出渣和窑渣，得到炉渣、烟尘、冰铜三种产物，铅、锌、铟、锗进入烟尘，挥发率分别为 79%～95%、52%～92%、64%～84%、70%，镓大部分残留在炉渣中，银则进入冰铜[45]。

3.5 从密闭鼓风炉熔炼铅锌工艺(ISP)中回收镓

密闭鼓风炉熔炼铅锌工艺(ISP)中，精矿带入的镓大部分进入鼓风炉中的炉渣，炉渣经烟化炉挥发铅、锌后，镓最终进入烟化炉的炉渣。由于炉渣产率较高，镓品位未有实质性地富集提高，鼓风炉渣和烟化炉渣的化学成分见表 1 – 30[46]。

表 1 – 30   ISP 工艺中鼓风炉渣与烟化炉渣的化学成分   %

成分	Pb	Zn	Ga	Fe	As	Cu	Al	S	CaO	SiO$_2$
烟化炉炉渣	<1	<2	0.02 ~ 0.03	25 ~ 30	<0.5	<0.25	<4	1 ~ 3	18 ~ 20	20 ~ 25
鼓风炉渣	<1	8 ~ 12	0.02 ~ 0.03	25 ~ 30	<0.01	<0.25	<4	<2	18 ~ 23	16 ~ 20

炉渣中的镓表现出亲铁性，95% 以上以类质同象的形式进入炉渣组分 FeO 的晶格，而 FeO 则弥散分布，且与 SiO$_2$、CaO 造渣形成玻璃体熔渣。从此熔渣中回收镓较为困难，某 ISP 厂年产出烟化炉渣约 10 万 t，含镓量高达 20 ~ 30 t，因回收难度大，一直未能回收。

3.5.1   还原炼铁—电解法

对炉渣进行还原炼铁，通过铁来捕集镓得到 Fe – Ga 合金（同时也可捕集锗），然后再从 Fe – Ga 合金中提取镓（锗），这是目前从烟化炉渣中回收镓的首选方法。对含镓 0.02% ~ 0.03%、含铁 25% ~ 30% 的烟化炉渣，配入渣重 10%（质量分数）的焦粉或粉煤和一定量的 CaO 造渣剂，在温度达 1460 ~ 1500℃ 的电炉中熔炼，炉渣中的氧化铁还原成金属铁，镓、锗则被铁水捕集，产出含镓约 0.1% 的铁合金，其中铁回收率为 85% ~ 90%，镓、锗回收率均为 85% ~ 95%。以铁合金为阳极进行电解，获得含镓约 0.5% 的阳极泥[3, 46]，铁电解产出的铁粉经高温氢还原，可用于生产焊条等。铁电解得到的阳极泥和铁粉的化学成分分别见表 1 – 31 和表 1 – 32。

表 1 – 31   烟化炉渣还原炼铁—电解工艺产出的阳极泥成分   %

Fe	Ga	Ge	Zn	As	Pb
42 ~ 49	0.46 ~ 0.54	0.044 ~ 0.054	0.02	3.32 ~ 4.79	0.22 ~ 0.49

表 1 – 32   电解铁化学成分   %

Fe	Ga	Ge	Zn	As	Mn	Pb	酸不溶物
>99.95	0.002 ~ 0.005	0.003	0.01	<0.001	0.003	0.004	<0.02

铁电解过程在氯化铵溶液中进行，其技术条件为：电解液 FeCl$_2$ 35 ~ 40 g/L，

NH_4Cl 150 g/L，pH 4.5～5.0，电流密度125～175 A/m²，温度50～60℃，同极距10 cm。电极反应为：

阳极反应：

$$Fe = Fe^{2+} + 2e \qquad (1-54)$$

$$2Ga + 3H_2O = Ga_2O_3 + 6H^+ + 6e \qquad (1-55)$$

$$Ge + 3H_2O = H_2GeO_3 + 4H^+ + 4e \qquad (1-56)$$

阴极反应：

$$Fe^{2+} + 2e = Fe \qquad (1-57)$$

$$H_2GeO_3 + 4H^+ + 4e = Ge + 3H_2O \qquad (1-58)$$

阳极铁中的镓和铟及大部分锗保留在阳极泥中，但仍有少量锗依式(1-56)与式(1-58)进入电解液与电解铁。获得的阳极泥如果仅是回收镓，则可直接酸溶处理。如果含锗量高(大于1%)，则可直接氯化蒸馏提锗，再从氯化残液中回收镓。

对几种工业炉渣还原炼铁产出的粗铁进行电解，其工业生产技术指标见表1-33和表1-34[47]。

表1-33　几种炉渣还原炼铁所产铁阳极块的化学成分　　　　　　　%

成分	Fe	Ga	Ge	C
A	76～85	0.049～0.057	0.018	2.0～4.6
B	89～94	0.089～0.1	—	1.45～2.40
C	87～88	—	0.87～1.08	2.7～2.8
成分	P	S	As	Si
A	0.17～0.43	3.66～9.52	0.80～1.09	1.15～3.50
B	0.08～0.2	2.20～5.5	0.013～1.49	0.02～0.52
C	1.47	0.04～0.15	—	3.4～3.5

表1-34　几种铁阳极电解的技术指标

	回收率/%		阳极泥品位/%		阴极电流效率/%	直流电耗/(kW·h·t⁻¹)
	Ga	Ge	Ga	Ge		
A	约99	约85	0.2	—	>95	600～700
B	约99	—	0.3～0.4	—	>95	700～850
C	—	83～91	—	3	约100	1466

该工艺的改进方向是力求将熔炼温度降低到 1300℃ 以下，以适应现有冶金炉的工作温度。其方法之一是把熔炼金属铁改为熔炼熔点较低的铁合金，如 3.4.2 节所述的金属化铁冰铜（含硫 20% 左右的铁 – 硫合金），其熔炼温度可降低到 1300℃。如果该铁冰铜能与炉渣良好分层，则不需磁选分离，其应用价值更大。对于 ISP 工艺，烟化炉渣以熔融状态产出，如直接进入熔池还原炼铁，可利用高温炉渣的热能降低能耗。熔炼—电解铁工艺电耗高是一大缺点，虽可获得品质好、价格高的铁粉产品，在收益上可冲减部分电耗成本，但镓及锗的品位如果达不到边际品位，该工艺仍不具经济可行性。另外，炉渣熔炼产出铁量大，需要增加一套庞大的电解系统，这也是其实现工业应用的障碍。

3.5.2 还原炼铁—碱熔造渣法

在烟化炉渣还原炼铁的熔融铁水中，加入 Na_2CO_3 通入空气进行吹炼造渣，使镓、锗生成碱渣与铁分离，碱渣再浸出回收镓、锗。

按铁水质量的 20%～28%，加入 Na_2CO_3 到熔融的铁水中，熔炼 2～4 h，铁水中 65%～82% 的镓进入碱渣。碱渣用球磨浸出 4h，在液固比为 7:1，温度为 90～100℃ 时，镓浸出率为 86%，且残渣中含镓量小于 0.006%[46]。

此法避开了电解铁的工艺，是回收镓的可取方法，值得进一步研究。

3.5.3 炉渣氯化挥发镓

镓在高温下的挥发率较低，炉渣即使在 1460℃ 的温度下烟化 30 min，镓挥发率也仅为 10%～40%。对炉渣进行高温氯化挥发熔炼，镓将形成挥发性强的氯化镓而挥发。炉渣在熔融状态下，加入炉渣质量 7.5% 的 NaCl 或 $CaCl_2$ 及适量煤粉，通过喷入空气进行喷吹搅拌氯化，在 1370～1420℃ 温度下氯化 90 min，镓挥发率在 90% 以上。氯化产烟尘量少，因此镓富集品位比原渣高出 50～100 倍[3,46]，但高温氯化引起的设备腐蚀程度和污染情况亦很明显，因此难以实现工业应用。

3.5.4 炉渣热浓酸浸出

将炉渣充分磨细，加入 98% 的浓 H_2SO_4 浆化 12 h，再按液固比 5:1（折合含 H_2SO_4 500 g/L），于 90～100℃ 温度下浸出 3 h，镓、铁均被浸出，镓浸出率 83%，得到浸出液含镓 0.038 g/L、含铁 16～18 g/L[46]。

第4章　从钒钛磁铁矿冶炼渣中提取镓

我国西南部以攀枝花地区为代表，储有丰富的钒钛磁铁矿资源并伴生大量的镓，原矿镓品位为 0.002%~0.004%，远景镓储量达 43.5 万 t[48]。钒钛磁铁矿的烧结矿所含的镓在炼铁工艺中大部分进入铁水，只有约 9% 进入钒渣和约 13% 进入炼铁烟尘，目前只对钒渣提镓。

钒渣及经钠化焙烧—水浸提钒后，镓大部分保留在提钒后残渣中，成分见表 1-35[48]。

表 1-35　钒渣及提钒后渣化学成分　　　　　　　　　　　　　%

成分	Ga	Fe	V_2O_5	TiO_2	Al_2O_3	Cr_2O_3	MnO	SiO_2
钒渣	0.015	33.9	18.4	7.4	9.23	1.5	5.1	13.4
提钒后渣	0.013	42.2	1.82	8.5	2.56	0.99	5.6	12.5

镓在提钒后渣品位相对原矿富集了 3~7 倍，但单独回收仍不具经济性，实际中镓是与钒、钛、铬一并综合提取的。

4.1　钒渣高温氯化焙烧挥发提镓

钒渣破碎磨细至 80~100 目，按渣质量加入 20% 的 NaCl 和 5% 的炭粉，混合制粒后进行焙烧，由于 $GaCl_3$ 沸点低（约 200℃），故钒渣经高温氯化焙烧镓过程生成的 $GaCl_3$ 将挥发进入烟尘，其焙烧温度对镓挥发的影响如图 1-18 所示[49]。

当焙烧温度为 1300℃ 时，镓氯化挥发达 76%。由于钒渣氯化焙烧的目的是提取钒，要服从钒渣氯化焙烧的工艺制度，因此焙烧温度只能为 800~900℃。按 $m(钒渣)/m(Na_2CO_3 + NaCl) = 8:2$，$m(Na_2CO_3)/m(NaCl) = 2$，在 800℃ 温度下，焙烧 1 h，镓挥发率约 30%[49]。虽然在此温度下氯化焙烧镓的挥发量少，但无须改动原设备和操作条件，仅在钒渣氯化焙烧中添加适量的 NaCl 就可在焙烧烟尘中回收一部分镓。

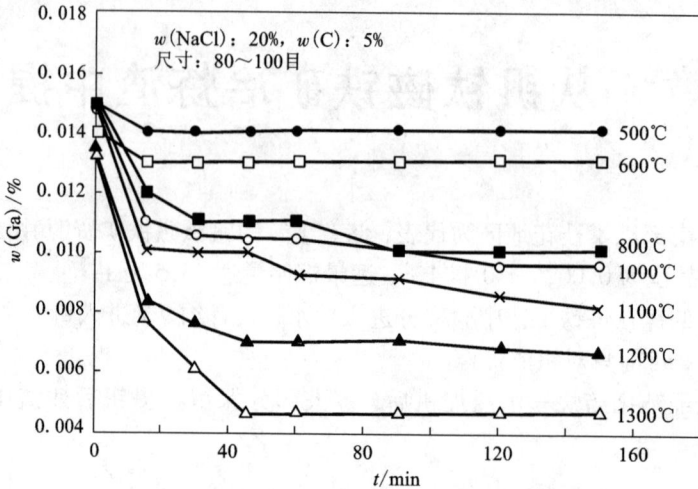

图 1-18   不同焙烧温度下钒渣中 Ga 含量的变化情况

4.2   浸钒余渣高压碱浸提镓

氯化焙烧后钒渣经水浸提钒, 余渣中含镓 0.013%, 对余渣用 NaOH + Na$_2$CO$_3$ 的水溶液并加入 CaO 进行高压浸出, 浸出条件与结果如下:

$m[Na_2O(Na_2CO_3)]/m[Na_2O(NaOH)] = 0.05$, $m(CaO)/m(总渣) = 0.25$, 浸出液中总 Na$_2$O 浓度为 27.1%, 液固比 5:1, 温度 200℃, 镓浸出率为 60% ~ 65%, 镓浸出只与碱度有关, 加入的 Na$_2$CO$_3$ 和 CaO 对镓浸出无影响。获得的碱浸出液成分为: Ga 0.016 g/L、Si 0.04 g/L、Fe 0.16 g/L、V 0.58 g/L, 可萃取提取镓[50]。

4.3   浸钒余渣还原焙烧—HCl 浸出—TBP 萃取提镓

浸钒余渣还原焙烧—HCl 浸出—TBP 萃取提镓工艺流程如图 1-19 所示, 浸钒余渣成分见表 1-35。浸钒余渣按总渣质量配入 10% 粉煤, 于 1100℃ 温度下还原焙烧 3 h, 将高价铁氧化物还原成易溶于 HCl 的低价氧化铁, 也利于镓的后续浸出。烧渣磨细至 -120 目, 于 90℃, 液固比 5:1 ~ 5.5:1 条件下, 先用酸度较低的含 HCl 的萃余液浸出 3.5 h, 控制终酸 pH 为 3.5 ~ 4.0, 铁浸出率 67%, 镓则保留在渣中与铁初步分离。浸铁后, 渣用 7.5 mol/L HCl, 液固比 4:1, 在 90℃ 温度下浸出 4 h, 镓浸出率 98%, 铁浸出率 27%[51]。

提钒弃渣 (水浸渣)
↓
还原焙烧
↓
预酸浸 ←────────────────────────────→
↓   三氯化铁溶液
再酸浸   ↓
                                    制取三氯化铁或铁蓝

回收稀盐酸

酸浸液　　　　　　　　酸浸渣
↓
萃取 ←───────────────────
↓
萃余液　　　　　　有机相
↓　　　　　　　　　↓
煮沸水解　　　　　反萃
↓　　　　　　↓　　　　　↓
过滤　　　反萃液　　再生有机相
↓
滤液　　滤渣焙烧
↓　　　　↓
中和沉淀　人造金红石　　沉淀、净化
↓　　　　　　　　　　　　↓
滤液　　滤渣　　　　　　碱溶
(排放)　　　　　　　　　↓
　　　　　　　　　　　　电解
　　　　　　　　　　　　↓
　　　　　　　　　　　工业镓

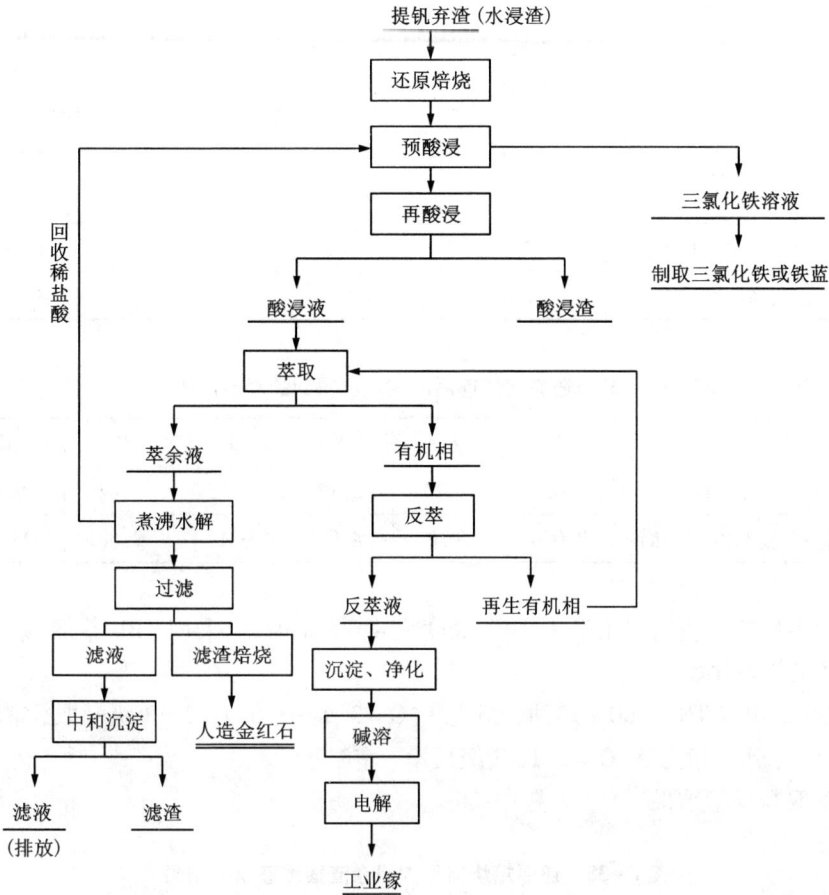

图 1 - 19　从水浸渣中回收镓及其他元素的工艺流程

　　还原焙烧前后不同浸出工艺中镓的浸出结果见表 1 - 36[51-52]。还原焙烧能大幅提高镓浸出率，其原因是镓主要赋存在铁物相中，还原焙烧改变了铁物相的形态，使浸出过程中铁和镓的溶出量增加，但在预酸浸 pH 为 3.5 ~ 4.0 的条件下，溶出的镓水解沉淀入渣，铁则以 Fe^{2+} 形式进入溶液，因此预浸出除去了大部分铁，使铁、镓初步分离。

　　还原焙烧前后渣酸浸出得到的浸出液成分见表 1 - 37。

　　提钒余渣经还原焙烧再浸出除铁，其后浸出渣再酸浸所得料液含铁量大为降低且镓浓度也有所提高，有利于后续的萃镓工序。

表 1 – 36　还原焙烧前后不同浸出工艺中镓的浸出结果

浸出工艺	未经还原焙烧		经过还原焙烧	
	镓浸出率/%	酸耗 /(L·kg⁻¹ – 渣)	镓浸出率/%	酸耗 /(L·kg⁻¹ – 渣)
一次酸浸	61.9	2.1	98.7	3.4
二级逆流酸浸	67.4	2.1	—	—
萃余液预酸浸 – 再酸浸	69.5	2.1	98.0	2.6
一次高压酸浸	91.5	4.8	99.4	3.6

表 1 – 37　还原焙烧前后渣酸浸出得到的浸出液成分　　　　　　g/L

成分	Ga	Fe	V	Ti	Cr	Mn
未还原焙烧	0.021	113.1	3.13	5.75	1.84	9.14
经还原焙烧并预酸浸除铁	0.040	50.8	4.06	6.17	2.88	11.40

提钒后的余渣的浸出液中 HCl 浓度为 4 ~ 5 mol/L，采用 TBP 萃取镓，水反萃，其工艺条件如下：

萃取：40% TBP + 60% 煤油，相比 A∶O = 3∶1 ~ 3.5∶1，2 ~ 3 级萃取，室温。

反萃：水，相比 A∶O = 2∶1，3 级反萃，室温。

萃取与反萃结果[51 – 52]见表 1 – 38。

表 1 – 38　还原焙烧前后提钒余渣酸浸液萃镓结果　　　　　　g/L

		Ga	总 Fe	V	Ti	镓萃取率	镓反萃率
渣经还原焙烧	萃原液	0.04	41.82	3.34	4.86	—	—
	萃余液	0.0002	14.68	4.12	5.89	99.45%	—
	反萃液	0.08	4.75	—	0.24	—	约 100%
	反萃液中和沉淀的镓精矿	0.48%					
渣未经还原焙烧	萃原液	0.027	113.09	3.13	5.75	—	—
	萃余液	0.0005	116.85	3.20	8.26	98.2%	—
	反萃液	0.219	28.20	0.52	0.48	—	>99%
	反萃液中和沉淀的镓精矿	2.65%					

注：未经还原焙烧的余渣酸浸出液的萃取相比 A∶O = 15∶1，反萃相比 A∶O = 2∶1。

Fe^{3+} 严重干扰镓的萃取，对未经还原焙烧的钒渣，其酸浸液萃镓前需用铁粉将 Fe^{3+} 还原为 Fe^{2+}，而对于经还原焙烧的钒渣，其酸浸液中铁主要是以 Fe^{2+} 形式存在，可直接进入萃取环节。

反萃水相用 Na$_2$CO$_3$ 中和至 pH 5.0～5.5，将镓水解沉淀得到镓精矿。所得的镓精矿中杂质含量较高，用 150～200 g/L 的 NaOH 溶解(液固比 5:1～7:1，90℃，2～3 h)，加入 Na$_2$S 除铅、砷等重金属离子，得到碱溶解液成分为 Ga 8.01 g/L、V 1.6 g/L、Fe 0.015 g/L、Mn 0.055 g/L、Cr 0.022 g/L、Pb < 0.5 mg/L，再将其送电解提镓。

镓电解用不锈钢电极，尺寸为 42 mm × 100 mm，电解槽为 1000 mL 烧杯，杯底放镓收集槽，电解条件：槽电压 3.5～4.2V，电流密度 0.17～0.29 A/cm^2，极间距 3.0～3.5 cm，温度 45～60℃。电解析出的金属镓经 HCl 酸洗和水洗后，可得到含镓 99.995% 的金属镓。

镓电解过程中，当电解液中 V$_2$O$_5$ 浓度大于 150 mg/L 时，会生成 VO$_2$·xH$_2$O 析出，使电解不能进行。含钒高的溶液可先萃取镓，使之与钒分离，其萃镓方法为：调整 HCl 浓度为 2.0～2.5 mol/L，萃取剂为 40% TBP + 60% 煤油，相比 A:O = 4:1。上述含钒溶液中 90% 镓被萃取，而钒萃取量不足 10%，反萃液中和沉淀所得 Ga(OH)$_3$ 镓精矿用 14% NaOH 溶解，得到含镓 7～9 g/L、钒 0.009 g/L 的合格镓电解液[51]。

从经还原焙烧和未经还原焙烧的提钒余渣中提取镓，全流程的经济指标见表 1－39。

表 1－39　提钒余渣经还原焙烧和未经还原焙烧两种工艺提取镓的指标

	提钒余渣/kg	金属镓产出量/g	酸浸出镓浸出率/%	萃取—反萃镓回收率/%	反萃液中和镓沉淀率/%
未还原焙烧	400	13.8	53.8	98	>99.9
经还原焙烧	191.2	16.4	97.1	>99	>99.6

	镓精矿镓碱溶解率/%	镓精矿二次除杂镓收率/%	电解镓收率/%	全流程镓直收率/%
未还原焙烧	86.3	93.6	66.5	29
经还原焙烧	97.1	96.5	70	64.4

上述工艺从钒渣水浸出后的余渣中提取金属镓的技术经济指标为：(每提取 1 kg 镓)处理水浸余渣 10.86 t，消耗盐酸 25.9 t，煤粉 1.10 t，纯碱 0.272 t，氢氧化钠 5.8 kg。工艺过程另可回收 FeCl$_3$ 21.4 t，人造金红石 0.358 t[51]。

提钒水浸余渣还原焙烧有利于渣中的铁酸盐和高价铁氧化物转变成易溶于酸

的低价铁氧化物,有利于铁氧化物晶格中的镓溶出,焙烧渣酸溶时铁以 Fe^{2+} 形态存在,为铁与镓分离创造了较好的条件。若不经还原焙烧直接高压浸出,镓浸出率虽高,但溶液中铁大部以 Fe^{3+} 形式存在,如用铁粉还原,则会大大增加溶液中铁的含量,使后续铁、镓的分离更加困难,因此余渣还原焙烧后再进行酸浸较为合理。

4.4 浸钒余渣还原熔炼—电解法提取镓

浸钒后的余渣含铁量为30%~40%,若采用酸浸工艺提镓,铁大量溶出消耗大量的酸,如不生产铁盐产品,则除铁又耗费大量石灰且产出大量弃渣,给环保造成压力。采用还原炼铁再电解,从阳极泥回收镓,比较符合当今的环保要求。

对含铁41.9%、镓0.014%的浸钒后余渣,配入0.15~0.2倍渣质量的焦粉,于1450~1500℃温度下熔炼,总投料1020 kg,分20炉熔炼,得到含铁91.4%、镓0.03%的生铁块。生铁产率43%,浮渣产率39.3%,熔炼平均电耗1600~1690 kW·h·t^{-1}[53]。

生铁铸成阳极板,在含 Fe^{2+} 40~50 g/L 的 NH_4Cl 溶液下电解(电解铁工艺可参见3.5.1节),电流密度为150~200 A/m^2,其电解结果见表1-40[53]。

表1-40 铁阳极板电解结果

阳极质量/kg	残阳极产出量/kg	电解铁产量/kg	阳极泥量/kg	槽泥量/kg	回收率/%		直流电耗/(kW·h·t^{-1})
					Fe	Ga	
278.55	88.2	163.33	37.53	12.52	91.7	95.5	1273~1465

阳极泥含镓0.11%~0.13%,比渣品位提高了近8倍。电解铁产品成分为:Fe 98%~99.5%、Ga 0.0095%、C 0.06%、Si < 0.031%、P < 0.005%、S 0.026%,可作电工用纯铁出售。

阳极泥按 HCl 浸出—TBP 萃取—净化碱溶—电解镓的工艺路线,产出品位为99.96%的金属镓。全流程各工序镓的回收率见表1-41[53]。

表1-41 浸钒余渣还原熔炼—电解法工艺各工序中镓的回收率　　　　%

还原熔炼	铁电解	酸浸	萃取—反萃	净化	碱溶	镓电解	总计
90	95.5	94.2	95.5	96.5	96.5	90.0	64.8

该工艺中 HCl 的总消耗量为1.94 L/kg(阳极泥),折合为0.127 L/kg(浸钒余渣),酸耗比酸浸法降低了94%,这使得废液和废渣量大大减少,节约了大量环保处理成本,与酸溶法比较,还原熔炼—电解法提镓更环保。

第 5 章　从其他含镓物料中提取镓

5.1　从砷化镓晶片废料中回收镓

砷化镓晶片是镓的最大用途,晶片生产过程中产出废晶片、晶棒、切屑、抛光粉料等废料,占投入镓原料的70%~85%,世界每年的再生镓产量达100~150 t,主要从废晶片中回收[12, 54]。

5.1.1　酸溶—中和沉淀法分离镓和砷

我国某厂处理砷化镓废料(包括废晶片、晶棒头尾棒料、晶棒碎屑等)的工艺流程如图1-20所示[3]。

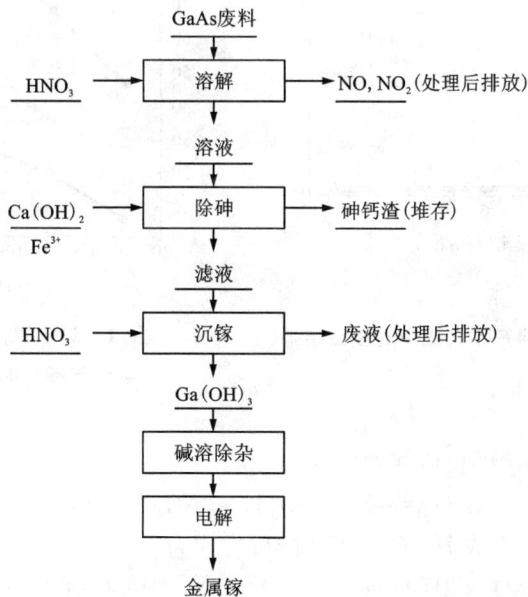

图 1-20　酸溶—中和沉淀法提镓工艺流程

(1)砷化镓废料的硝酸溶解

砷化镓废料中典型成分为 Ga 48.6%、As 51.2%，其杂质视废料类型差别较大，其中废晶片、废晶棒中杂质含量较低，杂质总量不大于 0.1 μg/g[55]，而晶片抛光液产出的废渣品质较差，如一种抛光液产出的废渣成分为：Ga 19.6%，As 20.6%，Fe 4.8%，SiO_2 47.2%，Ge 0.5%，Na 27%[54]。

用 HNO_3 溶解砷化镓废料的效果最好。砷化镓废料磨细到 100~200 目，用 2 mol/L的 HNO_3，于60℃温度下浸出 2 h，镓浸出率达 90% 以上，如再延长浸出时间，镓几乎可以全部溶出。砷化镓在 H_2SO_4 和 HCl 中的溶解度很小，不同的酸对砷化镓的溶解状况如图 1-21 所示[55]。

对于上述抛光液产出的砷化镓废料，单纯用 HNO_3 的浸出效果并不佳，浸出需要同时加入 H_2O_2。该渣用 3 mol/L HNO_3，加入理论用量 1.1 倍的 H_2O_2，于60℃温度下浸出 160 min，镓浸出率达 98% 以上，大大高于溶液中通氧气浸出的效果[54]，见图 1-22。

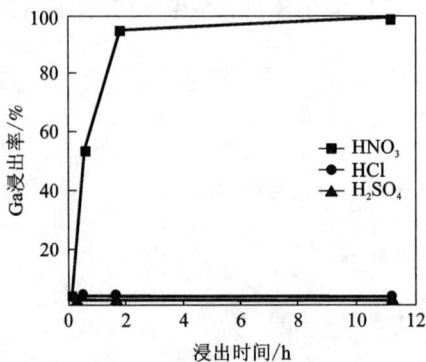

图 1-21　砷化镓废料在不同酸中的浸出结果

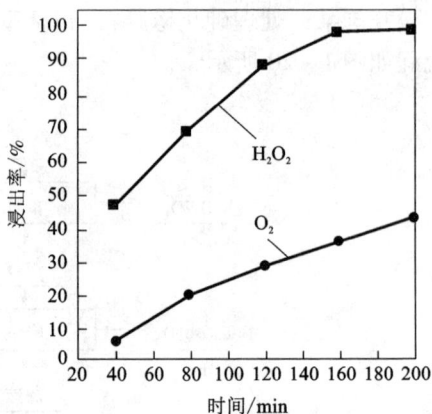

图 1-22　氧化剂不同时镓浸出率随时间的变化

HNO_3 浸出 GaAs 的反应式[55]为：

$$2GaAs + 8HNO_3 + H_2O === 2Ga(NO_3)_3 + 2NO_2 \uparrow + As_2O_3 + 5H_2 \uparrow \qquad (1-59)$$

As_2O_3 溶于水，生成 $HAsO_2$，可能的反应式为：

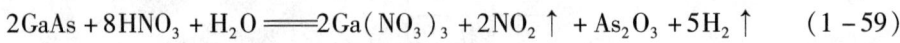

$$2GaAs + 8HNO_3 + 2H_2O === 2Ga(NO_3)_3 + 2HAsO_2 + 2NO_2 \uparrow + 5H_2 \uparrow$$

$$(1-60)$$

在 HNO_3 溶液中加入 H_2O_2 或 O_2，砷化镓的溶解反应可能为[46]：

$$GaAs + 2.5H_2O_2 + 3HNO_3 \rightleftharpoons Ga(NO_3)_3 + 1.5H_2 \uparrow + H_3AsO_4 + H_2O$$
$$(1-61)$$
$$GaAs + 2O_2 + 3HNO_3 \rightleftharpoons Ga(NO_3)_3 + H_3AsO_4 \qquad (1-62)$$

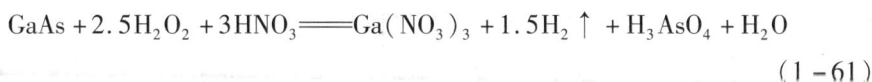

（2）石灰中和沉淀砷

硝酸浸出液过滤后加入石灰乳，调整到 pH 10～11，溶液中的砷形成砷酸钙沉淀，其反应式为：

$$3Ca(OH)_2 + 2H_3AsO_4 \rightleftharpoons Ca_3(AsO_4)_2 \downarrow + 6H_2O \qquad (1-63)$$

不同 pH 下，除砷效果见表 1-42。

表 1-42　不同 pH 下除砷溶液残余砷量和铁量

pH	9	10	11	12
As/(mg·L^{-1})	89	25	22	19
Fe/(mg·L^{-1})	155	46	49	10.8

$Ga(OH)_3$ 是两性化合物，沉淀的 pH 为 9.5 左右，在高碱度下镓生成可溶性的偏镓酸盐而大部分保留在溶液中。

（3）硝酸中和沉镓

除砷后液用 10% 的硝酸调整到 pH 6～7，镓形成 $Ga(OH)_3$ 沉淀，镓沉淀率与 pH 关系见表 1-43。

$$GaO_2^- + H^+ + H_2O \rightleftharpoons Ga(OH)_3 \downarrow \qquad (1-64)$$

表 1-43　不同 pH 下镓的沉淀率

pH	4	5	6	7	8	9
镓沉淀率/%	23.7	79.3	98.7	95.4	46.3	19.5

得到的 $Ga(OH)_3$ 沉淀物用 NaOH 溶解，加入 Na_2S 除杂后送镓电解。全流程镓总回收率为 75%～85%，其中镓主要损失在除砷过程中且以共沉淀形式进入砷钙渣中。如果沉砷过程分两步进行，第一步在高 pH 下沉淀分离出大部分的砷，第二步再沉淀出余量的砷，并对第二步的沉砷渣用石灰乳浸出带入的镓，则有望提高镓的回收率。

5.1.2　硝酸溶解—硫化沉淀法分离镓和砷

砷化镓废料用硝酸溶解后，溶液可用硫化沉淀分离砷[56]。硫化剂分别为

H_2S、Na_2S、FeS。在溶解液中通入 H_2S 气体,于40℃温度下反应1.5 h;或者分别加入 Na_2S 和 FeS(加入量为除砷理论量的 1.1~1.5 倍,此处指物质的量),于30~70℃ 温度下反应1~3 h。上述反应完成后,溶液中含砷量从 10 g/L 左右降至 1~1.5 mg/L,产出的 As_2S_3 渣品位为80%~90%,砷回收率为99%,镓在硫化沉砷过程中损失很少,仅 0.3%~1.5%。硫化沉淀分离砷过程简单,砷、镓分离彻底,镓入渣损失小,该工艺除不太适宜使用 H_2S 气体外,并无其他限制条件。

硫化沉砷后的溶液用 NaOH 或 NH_4OH 来沉淀出 $Ga(OH)_3$,再经碱溶、净化、电解过程,得到金属镓。

5.1.3 砷化镓废料真空热分解法回收镓

从图 1-23 的 Ga-As 二元相图看出,GaAs 是由 Ga 与 As 形成的同分熔点化合物,分子间作用力强,即使在高温下也不分解。就单质而言,Ga 与 As 的蒸气压差值较大,见表 1-44,利用两者蒸气压差异,采用真空热分解法可实现砷化镓中的砷优先挥发分离。

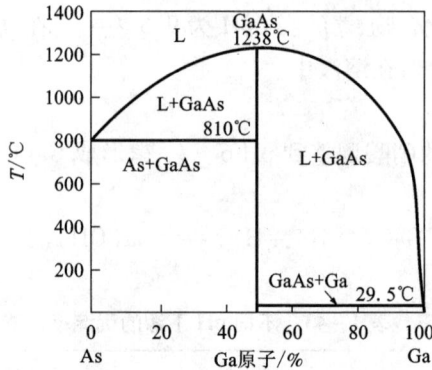

图 1-23　Ga-As 二元相图

表 1-44　镓与砷在不同温度下的蒸气压

温度/K	973	1073	1173	1273	1373
砷蒸气压/Pa	4.11×10^5	1.60×10^6	4.90×10^6	1.28×10^7	2.87×10^7
镓蒸气压/Pa	1.93×10^{-4}	4.29×10^{-3}	5.47×10^{-2}	0.46	2.884

砷化镓真空热分解的基本过程是,只要控制气相压强低于 Ga、As 的平衡蒸气压,GaAs 就会持续分解。对成分为 Ga 47%、As 52%、Si 0.001%、Mg 0.01%、Fe 0.0003%、Cu 0.003%、Zn 0.01% 的砷化镓废料进行真空蒸馏分离镓、砷,废

料破碎至 1 mm 左右，再压制成 5～20 mm 的团块，在真空炉内，于真空度低于 1 Pa 的条件下蒸馏 3 h，当蒸馏温度在 1123 K 以下时，As 和 Ga 难以分离，而高于 1323 K 时镓的挥发量偏高，蒸馏温度以 1200～1300 K 为好。蒸馏过程中砷因挥发进入冷凝器而被收集，而镓则大部分留在未挥发的底料中。所获得的挥发冷凝物和未挥发的底料成分见表 1－45，结果表明，真空高温蒸馏对砷化镓废料中的 As 和 Ga 的分离效果较好[57]。

表 1－45　砷化镓废料真空高温蒸馏产物的成分　　　　　　　%

	Ga	As	Cu	Fe	Zn	Al
冷凝物	5.44	86.10	—	0.0003	—	0.001
未挥发物	>99.95	0.0025	0.0001	0.0003	0.0002	0.0051

真空蒸馏过程中镓直收率为 75%，砷冷凝物中含有 5% 的镓，对该冷凝物在 600℃ 温度下再次蒸馏可进一步回收其中的镓。

与砷化镓废料的湿法处理工艺相比，真空热分解法分离效率高，流程短，一步可得粗金属镓，回收的砷为金属态砷，它的危害性比砷盐小，该过程不添加化学试剂，废弃渣无增量产出，对环境友好。

5.2　从煤灰中提取镓

国内外学者早已发现一些煤及燃烧后的烟灰、煤渣中含有镓，并研究从煤烟灰、煤渣(以下统称为粉煤灰)中提取镓[3]。20 世纪 80 年代中国内蒙古自治区准格尔旗煤田发现超大型的镓煤资源，镓保有储量 85.7 万 t，主采层煤含镓 0.003%～0.007%，均值 0.005%[58]，其后在中国其他地区也发现镓煤资源，平均含镓量达 0.002%～0.003%[58-59]，引起了近年来镓煤回收提取镓更多的研究。

5.2.1　煤灰中镓的富集状态

含镓的燃煤在锅炉中燃烧时均需通入过量的空气，在高温强氧化气氛下镓主要以难挥发的 Ga_2O_3 形式残留在煤灰(烟尘＋底灰)中，煤的灰分一般为 20%～30%，残留在煤灰中的镓理论上能富集 3～5 倍。低价氧化镓有一定的挥发性，燃煤锅炉燃烧时产出的飘尘中的含镓品位往往高于底灰，但实际中所产烟灰和底灰最终混合一起排放，未能得到品位更高的镓富集物。几种煤灰的化学成分[60-63]，见表 1－46。

表1-46　几种煤灰的化学成分　　　　　　　%

产地	Ga	SiO_2	Al_2O_3	Fe_2O_3	TiO_2	CaO	MgO	SO_3
内蒙古自治区	0.0033	42～50	40～43	2.22	1.20	2.11	0.54	1.22
山西省	0.01	45.9	46.50	2.20	1.40	2.0	—	—
贵州省	0.003	39	7.50	7.48	1.50	4.5	0.76	4.56
青海省	0.0025	55	23	6.7	0.91	4.02	2.20	—

　　内蒙古自治区和山西所产的镓煤中 Al_2O_3 含量较高，其煤灰可作为提取 Al_2O_3 的原料，镓可在提取 Al_2O_3 过程中综合回收，而其他含 Al_2O_3 低的煤灰，单独提取镓目前还不具有经济可行性。

　　内蒙古自治区燃煤的粉煤灰的物相组成和 Ga、Al_2O_3、SiO_2 在物相中的分布如表1-47所示[64]。

表1-47　内蒙古自治区的粉煤灰的物相组成与 Ga、Al_2O_3、SiO_2 在物相中的分布　%

	莫来石+刚玉	玻璃相	铁质微珠
粉煤灰	73.7	24.6	1.7
Ga 分布率	43.3	55	1.6
Al_2O_3 分布率	96.7	3	—
SiO_2 分布率	46.4	53.1	—

　　由表1-47推断，如果采用酸法浸出煤灰提镓，因煤灰中含的硅玻璃相难溶，其中55%的这部分镓难以溶出，故镓总浸出率不会太高，除非使用 HF 或氟盐浸出破坏 SiO_2 的包裹而使镓溶出。若对煤灰采用碱法浸出或碱熔焙烧再浸出，则对提镓有利。

5.2.2　粉煤灰的浸出

　　用酸浸出粉煤灰中的镓，因煤灰物相组成的差异，镓的浸出率除个别较高外，其他普遍不高，不同的酸对镓浸出率的影响如图1-24所示[65]。浸出前对煤灰进行焙烧，以破坏含镓物料的晶格，从而促进镓的溶出。高压浸出也能显著提高镓的浸出率，见表1-48[64-66]。

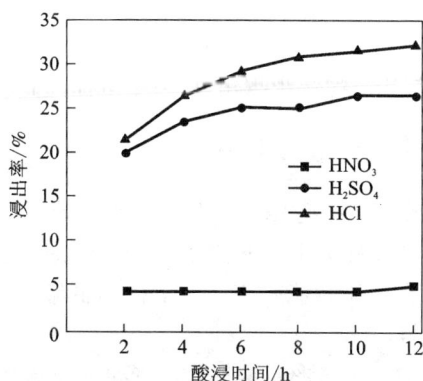

图 1-24 不同酸对镓的浸出率影响

表 1-48 HCl 浸出粉煤灰时镓的浸出状况

样品	焙烧温度/℃	HCl 浓度/(mol·L⁻¹)	浸出温度/℃	浸出率/%
1	1050	8	80	46.37
2	700(碱熔)	6	—	95.60
3	未焙烧	6	60	44.53
4	900	6	100	90.00
5	550	6	60	35.2
6	未焙烧	20% HCl	138~145	85
7	未焙烧	6	160	80
8	550	HCl + HF	—	85.0

注：浸出时间 4~8 h，液固比 5:1~10:1。

对于酸浸，硅物相中的镓很难被酸溶出，这是影响镓浸出率的主要因素，对于此，较有效的方法是碱熔或 HF 浸出，以破坏硅酸盐结构，使其中的镓溶出。硫酸作浸出剂的效果虽比盐酸略低，但易解决设备防腐问题，故可以通过高压浸出的方法来弥补这个不足。而加入 HF 浸出会对工艺设备产生较大的腐蚀，故其实际应用受限。

采用微波加热酸浸的方法可提高煤灰中镓的浸出率，煤灰在 10% HCl，液固比 5:1，60~70℃，常规浸出 4 h 的条件下，其镓浸出率为 74%，改用微波辐照加热酸浸，浸出 15 min 以后，镓浸出率已达 84.2%[67]。微波加热酸浸或微波加热水溶液的同时，粉煤灰颗粒易受微波辐照受热而升温以致破裂，从而使溶液进入颗粒内部将镓溶出。

对粉煤灰在 $500 \sim 800℃$ 温度下加入 Na_2CO_3、Na_2O_2 混匀后进行碱熔焙烧，焙烧渣再用 $6\ mol/L$ HCl 浸出，镓浸出率可从 76.3% 提高到 98.7%[68]。

5.2.3 从低浓度镓酸浸出液吸附镓

粉煤灰的酸浸液中杂质多、镓浓度低(仅每升几毫克)，可多次循环浸出，提高镓浓度后再提取镓，也可直接用萃淋树脂或聚氨酯泡沫塑料吸附镓。聚氨酯泡沫在酸性介质中吸附镓类似于树脂吸附，由于价格低廉，在低浓度溶液中吸附提取镓有一定的经济可行性。

在 HCl 介质中，Ga^{3+} 与 Cl^- 形成络阴离子 $GaCl_4^-$，聚氨酯泡沫的酰胺基团与 H^+ 形成胺阳离子：

$$—NH—OCO— + H^+ \longrightarrow NH_2^+—OCO— \qquad (1-65)$$

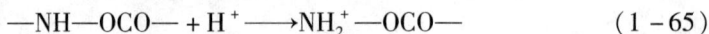

镓络阴离子与胺阳离子形成缔合物，将镓吸附[69]：

$$—NH_2^+—OCO— + GaCl_4^- \longrightarrow GaCl_4^- \cdot NH_2^+—OCO— \qquad (1-66)$$

聚氨酯泡沫在不同酸介质中的镓吸附特性如图 1-25 所示，类似于胺类萃取剂或 TBP 缔合萃取镓的情形，其在 $5 \sim 6\ mol/L$ 的 HCl 介质中吸附镓的效果最好。研究还表明，在 HCl 介质中 Fe^{3+} 对镓吸附有显著影响，而 Fe^{2+}、Al^{3+}、Mg^{2+}、Ca^{2+} 对镓吸附影响不大[69]。

粉煤灰的 HCl 浸出液中 HCl 浓度为 $6\ mol/L$，用聚氨酯泡沫吸附镓，吸附后用 $0.5\ mol/L$ NH_4Cl 洗脱，得到含镓洗脱液，结果见表 1-49。洗脱镓后的聚氨酯泡沫用 HCl 浸泡，可再生重复使用。镓吸附率与溶液含镓量、泡沫塑料的单位质量饱和吸附量有关。对于高密度聚氨酯泡沫塑料 PU，镓的饱和吸附量为 $46.7\ mg/g(PU)$[69]。

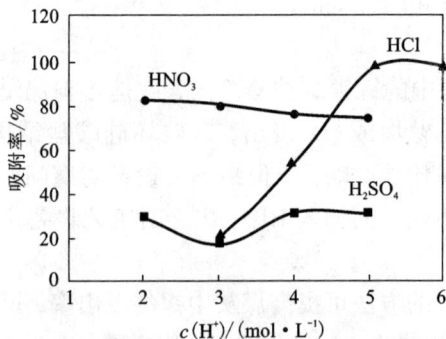

图 1-25 酸介质对镓吸附率的影响

(吸附原液中镓浓度为 0.01 g/L)

表1-49　聚氨酯泡沫塑料在HCl介质中吸附和洗脱镓的结果

灰样	原液镓含量/($\mu g \cdot L^{-1}$)	吸附洗脱液含镓量/($\mu g \cdot L^{-1}$)	镓洗脱率/%
1	41.56	176.00	53
2	25.36	126.25	72
3	26.61	69.00	48

5.2.4　高铝粉煤灰生产Al_2O_3工艺中镓的富集与回收

粉煤灰中镓品位低，从中单独提取镓的经济意义不大。Al_2O_3含量在40%以上的高铝粉煤灰目前已作为生产Al_2O_3的原料，并实现工业化生产。高铝粉煤灰在生产Al_2O_3的过程中，综合回收其中的镓在技术和经济上都是可行的。镓提取工艺及效果与煤灰生产Al_2O_3的工艺有关。高铝粉煤灰中SiO_2含量为40%~50%，铝硅比往往小于1。从中提取Al_2O_3比从同品位的铝土矿提取要困难得多，从粉煤灰中提取Al_2O_3的主要方法有：

（1）预脱硅—碱石灰烧结法和碱石灰烧结—拜尔法

这与常规的铝土矿生产Al_2O_3的烧结法和联合法类同。先碱浸脱除部分硅再用石灰烧结或直接石灰烧结，将粉煤灰中的SiO_2转化成不溶于碱液的硅酸钙。烧结后，物料中无论是硅物相中的镓还是铝物相中的镓均大部分溶出而进入溶液。在分解沉淀$Al(OH)_3$时，镓大部分被$Al(OH)_3$带走，只有少量保留在分解母液中。随分解母液的循环浸出，母液中的镓可富集到一个较高程度，可从中回收镓。回收镓的方法与氧化铝厂回收镓的方法相同。粉煤灰的镓在工艺中的走向见表1-50[70]。

表1-50　粉煤灰石灰烧结法生产Al_2O_3工艺中镓的走向　　　　　%

工艺方法	镓溶出率	脱硅液	硅钙渣	$Al(OH)_3$产品	种分母液
预脱硅—碱石灰烧结法	93.1	9.8	8.4	75.0	6.8
碱石灰烧结—拜尔法	90.15	—	9.85	76.74	13.41

（2）硫酸铵烧结法和直接酸浸出法

将粉煤灰配入硫酸铵进行烧结，烧结矿用稀硫酸浸出，煤灰中的铝生成水溶性的硫酸铝铵[$NH_4Al(SO_4)_2$]，而硅生成不溶于稀酸的SiO_2保留在渣中。$NH_4Al(SO_4)_2$溶液中通入氨水以沉淀出$Al(OH)_3$，再转入拜尔法生产Al_2O_3。工艺中镓的溶出状况不详，根据煤灰物相和镓的赋存状态推测，由于硅不被浸出，含在SiO_2物相中的镓极可能也不被浸出而残留在硅渣中，能溶出的镓是铝物相中的那部分镓，因此镓的总浸出率取决于煤灰中铝与硅的数量和镓在两者中的分布情况。

直接酸浸出法，即用 H_2SO_4 或 HCl 对粉煤灰进行浸出，分常压浸出和高压浸出两种。酸浸法的好处在于煤灰的 SiO_2 基本不被浸出而保留在渣中，较好地实现了铝和硅的分离。常压下酸浸，Al_2O_3 浸出率仅 $50\% \sim 60\%$，加入 HF 或氟盐，Al_2O_3 浸出率可提高到 85% 以上[64]。对于 H_2SO_4 高压浸出粉煤灰，Al_2O_3 浸出率可达 $85\% \sim 90\%$[64]。酸浸出后，铝形成 $Al_2(SO_4)_3$ 进入溶液，对溶液净化、浓缩后可结晶出硫酸铝 $Al_2(SO_4)_3 \cdot 12H_2O$，再进一步煅烧得到 Al_2O_3。煅烧产生的 SO_3 烟气用水吸收制酸得到 H_2SO_4 返回浸出，实现 H_2SO_4 的闭路循环。酸法生产 Al_2O_3 的工艺，同样由于 SiO_2 不溶出，硅物相所含的镓将残留在硅渣中。进入 $Al_2(SO_4)_3$ 溶液中的镓，在 $Al_2(SO_4)_3$ 溶液结晶时大部分被保留在结晶母液中，可从中回收镓。

5.2.5 提高粉煤灰镓富集品位的研究方向

煤中的镓品位低，但储量巨大，其回收利用技术值得研究。

燃煤中的镓可回收利用，关键在于燃煤在燃烧过程中能得到一定数量品位高的镓富集物。在高温下，含镓燃煤在过量空气的燃煤锅炉中燃烧，镓最终生成高价氧化物 Ga_2O_3 或镓酸盐，这些高价氧化物因挥发性差而残留在煤灰中，这是镓富集品位不高的主要原因。镓煤在燃烧中使镓挥发富集并非不可能，如某些锅炉产出的飞灰和底灰含镓量分别为 0.0099% 和 0.0029%[59]，飞灰中含镓量明显要高，表明了镓在煤燃烧中具有一定的挥发性。镓的低价氧化物 GaO 和 Ga_2O 具有易挥发的特性，Ga_2O 在 600℃ 温度下即剧烈挥发，如果在燃烧过程中维持一定的还原气氛，镓可能形成低价氧化镓挥发，只要尘率小则有可能获得镓富集品位高的烟尘。在一些高温还原气氛的场合，如煤气发生炉、炼焦炉，燃煤燃烧产出的烟尘富含镓，有些品位达 0.1%，只有少量留在底渣中[3]。因此，含镓燃煤在燃烧中，通过改变燃烧制度和降低尘量有可能在烟尘中得到一部分镓的高品位富集物。燃煤中镓在高温下与碳及氧的反应规律及行为、镓物相转化规律等这些科学问题值得深入研究。

现行燃煤锅炉的强氧化性燃烧制度并不适合于煤中镓的富集。含镓煤在还原气氛下燃烧有利于镓挥发，可能的方式是将含镓燃煤置于煤气发生炉，在还原气氛中燃烧产出煤气，使镓以 Ga_2O 和 GaO 的形式挥发入煤气，产出的煤气另行燃烧后从烟尘中回收镓，这或许是镓煤提镓的一条新途径。另外，控制尘量是富集镓品位的关键，收尘系统分温度段冷凝收尘，在高温段将烟尘中的大部分粗颗粒分离，以在低温段冷凝收集镓的氧化物，这方面含锗煤燃烧挥发富集锗有许多成功的工业实践可供借鉴。

5.3　从锗氯化蒸馏残液中提取镓

锗精矿氯化蒸馏提锗后的残液中往往含有镓。蒸馏残液中 HCl 浓度为 7 ~ 8 mol/L，适宜用 TBP 萃取镓。一种残液用 40% TBP + 60% 煤油，二级萃取，相比 O:A = 1:2 ~ 3:1；镓负载有机相用稀 HCl 反萃两次，相比 O:A = 3:1，镓回收率达 99.5%，萃取结果见表 1 - 51[71]。

表 1 - 51　锗氯化蒸馏残液 TBP 萃镓结果　　　　　　　　　　　　　g/L

	In	Ga	Fe	As	Pb	Zn
原料液	1.15	1.32	2.7	14.4	4.11	11.0
萃余液	1.15	0.0032	0.001	12.28	3.98	11.0
反萃液	—	12.68	27.4	1.58	0.91	0.8

锗精矿氯化蒸馏时由于通入了氯气，铁被氧化成 Fe^{3+}，砷被氧化成 As^{5+}。TBP 萃镓时，Fe^{3+} 100% 共萃进入有机相，反萃时则全部进入反萃液。As^{5+} 只少量被萃取，In、Pb、Zn 则不被萃取。由于 As^{5+} 仅少量被萃取且料液中含铁量不高，故萃取原液不采取还原 Fe^{3+} 的措施，以免 As^{5+} 被还原成 As^{3+} 而被萃取。

反萃液中含铁量高，在中和沉镓前用 NaOH 将反萃液 pH 调整至 0.5 ~ 1.0，加入还原剂把 Fe^{3+} 还原为 Fe^{2+}，然后加入纯碱中和至 pH = 4，得到镓水解沉淀物。还原铁时 As^{5+} 亦还原成 As^{3+}，沉镓时与镓共沉淀。镓沉淀物用热水洗涤两次，可除去 88% 的砷。除砷后的镓精矿经碱溶、净化、造液、电解后可得到品位为 99% 的金属镓[71]。

对于含铁量特别高的氯化蒸馏残液，通常宜还原 Fe^{3+} 后再萃镓，这样可减少铁占用的萃取容量。料液用 10% TBP 加 20% ~ 25% 异癸酸作稀释剂萃镓，相比 O:A = 1.1:1 ~ 1.4:1，四级萃取，负载有机相用 30 g/L 的 HCl 四级反萃，相比 O:A = 9:1，萃取与反萃结果见表 1 - 52[3]，Fe^{3+} 还原成 Fe^{2+} 后，铁的萃取量显著减少。

锗精矿氯化蒸馏残液用 TBP 萃镓，负载有机相也可用 0.5 mol/L NaOH 溶液将镓反萃，其反萃率为 99%[72]。

锗精矿的氯化蒸馏残液亦有用 P204 萃取镓的，当 HCl 浓度为 6 ~ 8 mol/L 时，镓萃取率大于 90%，反萃剂采用草酸溶液为最佳[3]。如果残液中还含有铟，则用 P204 萃取较方便。

表 1 - 52 TBP + 异癸酸萃取镓的结果 g/L

成分	Ga	TFe	Fe³⁺	HCl
锗蒸馏残液	5.17	60.09	4.0	190
萃余液	0.02	48.37	2.64	170
反萃液	34.3	5.07	5.04	29

5.4 从电炉熔炼磷灰石生产黄磷的烟尘中提取镓

磷灰石中镓含量(0.003%以下)很低,在电炉还原熔炼中,镓在电收尘的烟尘中富集,品位达0.06%。烟灰成分见表1-53,用HCl浸出烟尘,结果见表1-54。

表 1 - 53 磷灰石生产黄磷工艺中电收尘烟灰成分 %

成分	P_2O_5	F①	CaO	Al_2O_3	Fe_2O_3	K_2O	SiO_2	ZnO	Ga
含量	26.32	4.19	14.90	3.40	2.23	8.89	17.64	4.64	0.063

注:①"F"在表中指元素,并非单质。

表 1 - 54 黄磷生产工艺的烟尘用 HCl 浸出的条件及结果

HCl 浓度	浸出温度	液固比	浸出时间	镓浸出率
6 mol/L	80℃	10:1	20 h	90.5%

浸出液用30%TBP+70%磺化煤油萃取镓,相比O:A=1:3,一级,镓萃取率99%;负载有机相用1 mol/L NaCl溶液反萃,相比O:A=2:1,镓反萃率98%[73]。

5.5 从石煤提钒余渣中提取镓

石煤经NaCl焙烧后水浸出钒,残渣主要成分为:Ga 0.015%, V 0.3%, Al 1%~10%, Si >10%, Fe 0.1%~1%, Na 1%~10%, Mg 0.1%~1%, Ca 0.1%~1%, Ba 1%~5%, Ti 0.3%。渣用3 mol/L HCl浸出,镓浸出率约50%,钒浸出率为25%~33%,同时,脉石组分中的杂质也大量溶出。浸出液用NaOH中和至pH=9,使镓和钒沉淀入渣,镓钒渣用碱溶后,用HCl调整pH至镓沉淀而钒保留在溶液中,得到的富镓渣再按HCl溶解—TBP萃取的工艺提取镓[74]。

5.6　微生物浸出提取镓

在含镓的硫化矿矿浆中接种氧化铁硫杆菌，将使镓浸出[3,75]。一般认为，细菌浸出镓硫化矿物的机理为：在细菌的作用下，矿物中的 FeS_2 氧化成 Fe^{3+} 的过程得到加速：

$$2FeS_2 + 7.5O_2 + H_2O \xrightarrow{\quad\quad} Fe_2(SO_4)_3 + H_2SO_4$$

生成的 Fe^{3+} 继续把 Ga_2S_3 氧化浸出：

$$Ga_2S_3 + 3Fe_2(SO_4)_3 \xrightarrow{\quad\quad} Ga_2(SO_4)_3 + 6FeSO_4 + 3S$$

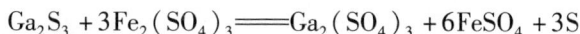

在氧化铁硫杆菌的参与下，可从含镓 1.18% 的黄铜矿（矿浆浓度为 25%、pH = 1.8、25℃）中浸出镓，可获得含 Ga 2.25 g/L 的溶液；而无菌参与时，浸出液中仅含 Ga 0.18~0.23 g/L[3,75]。

在矿浆中添加硫代硫酸钠可提高镓和锗的浸出率，在氧化铁硫杆菌存在时，对含镓及锗的表生矿浸出，矿浆浓度为 14%、pH = 2.3、温度为 35℃，矿石含 Ga 0.04%，用 5 g 硫代硫酸钠浸出 10 g 矿石，可获得含 Ga 0.011 g/L 及 Ge 0.019 g/L 的溶液；而无菌参与时，则相应低到 Ga 0.0025 g/L、Ge 0.0085 g/L[75]。

有报道用黑曲霉真菌从铝厂电收尘的含 Ga 0.25% 的粉尘中浸出镓，其镓浸出率可达 38%，另外，还有一类嗜酸细菌能把 GaAs 废晶片中的 Ga 氧化成 Ga_2O_3，As 氧化成 As^{3+} 或 As^{5+} 的酸根[75]。

细菌浸出方法可用于目前常规冶金方法难以处理的低品位镓物料，特别是在尾矿、冶金废渣、含镓煤及煤灰中提镓中有应用前景。

第6章 镓的萃取剂与萃取体系

6.1 镓萃取剂的主要种类

溶剂萃取是分离、富集镓的重要方法。镓的萃取剂主要包含有羧酸类、磷酸类、喹啉类、醚类、醇类、胺类和酮类等。国内外研究较多的有 Lix 63(5,8 - 二乙基 -6 - 羟基十二烷基酮肟)、Kelex 100(7 - 烷基 -8 - 羟基喹啉)、H106(十三烷基叔碳异氧肟酸)、YW100($C_{7\sim9}$异氧肟酸)及 G8315(新型异氧肟酸)等。

醇类萃取剂在一定条件下能够萃取镓,但其缺点是对 Ga、As 的分离效果差。

胺类萃取剂能从强酸性溶液中萃取镓,对镓的萃取能力随伯、仲、叔胺及季铵盐的顺序增大,但对 Ga 的选择性不高。胺类萃取剂萃取镓的机理为阴离子交换反应:

$$RNH^+Cl^-(o) + GaCl_4^- \Longrightarrow RNH^+ \cdot GaCl_4^-(o) + Cl^-$$

镓是以阴离子或中性分子的形式被萃取进入有机相中,可避免高浓度 H^+ 的不利影响。为使镓离子形成配合物,通常需额外加入络合剂,如酒石酸、氯离子、硫氰酸铵等。

取代型 8 - 羟基喹啉类萃取剂 Kelex100 对 Ga 的萃取容量大,但存在对镓的选择性低、容易受其他离子的干扰、萃取平衡时间较长、反萃取温度需达到 40℃以上等缺点[76]。

羟肟类萃取剂 Lix 63 对镓具有很好的选择性和分离效果。Lix 63 为国外生产,仅能在 pH > 3 的溶液中萃取镓,应用有局限[77]。

H106 和 YW100 是我国最先提出的萃取镓、锗的异氧肟酸类萃取剂[78]。H106 对镓、锗的萃取能力以及选择性均较高,但 H106 的凝固点较高(40℃以上)未能在工业中应用;YW100 对镓、锗也有较高的萃取率,其最大的缺点是水溶性大,会造成萃余液中有机物含量高,不利于与后续工艺的衔接。1999 年北京矿冶研究总院合成了一种萃取镓、锗的酸性螯合萃取剂 G315,并用于萃取回收锌浸渣中的镓、锗。G315 对镓、锗的萃取能力较强(萃取率均在 98 % 以上,直收率均大于 90%),萃余液中 G315 的含量为 22 mg/L,较好地克服了 YW100 萃取剂水溶性大的弊端。G315 的凝固点约为 15℃[79],与 H106 相比,其凝固点也大为降低。近几年开发的一种新型镓萃取剂 G8315,以氧肟酸为官能团,用醚基作为连接基团,从而实现简便地调整亲油基的结构,使萃取剂在降低水溶性的同时又能维持低熔点,提高了萃取剂及其萃合物的油溶性。

磷酸类萃取剂 P204 以及羧酸类萃取剂 CA-100 具有价格便宜、成本低等优点,但其对酸度范围要求较高,当硫酸浓度超过 10 g/L 时,其萃取率很低,因此需要调酸处理,这不仅增加了中和剂的成本,同时该酸也难以回收利用[80]。

6.2 中性磷类萃取剂

6.2.1 TBP

磷酸三丁酯(TBP)可从盐酸等介质中萃取镓。例如,TBP-煤油溶液可以从含铝的溶液中萃取镓,且已在工业上得到应用。TBP 与乙酸丁酯、二甲苯、石油醚或煤油组成的有机相对高浓度 HCl 溶液中的微量镓均有良好的萃取性能,其中以乙酸丁酯构成的有机相最佳。TBP 萃取镓的效果与水相 HCl 浓度、有机相 TBP 体积分数及共存 Fe^{3+} 浓度有关,其最佳萃取条件为水相 HCl 的浓度为 6 mol/L,有机相 TBP 的体积分数为 30%。萃取到有机相中的镓,可用 1 mol/L NaCl 水溶液反萃,一次反萃率接近完全[81],也可用稀 HCl、0.5 mol/L 的 NaOH 反萃镓[3,72-73]。TBP 萃取镓的机理为中性螯合萃取反应,镓萃合物的组成因盐酸浓度不同而有所变化,当 HCl 浓度小于 2 mol/L 时,萃合物为 $GaCl_3 \cdot 3TBP$,HCl 浓度在 2 mol/L 以上时,则为 $HGaCl_4 \cdot 2TBP$。[3]

在高酸度 HCl 溶液中,TBP 萃取镓的过程为离子交换缔合机理,TBP 质子化形成阳离子$(C_4H_9O)_3P{=\!\!=\!\!=}O^+H$,$Ga^{3+}$ 可以与 Cl^- 配位形成配阴离子 $GaCl_4^-$,两者在水相中交换缔合成萃合物 $TBPH^+ \cdot GaCl_4^-$,其反应式为

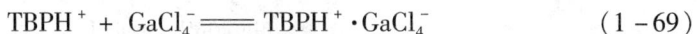

$$TBP + HCl {=\!\!=\!\!=} TBPH^+ + Cl^- \qquad (1-67)$$

$$Ga^{3+} + 4Cl^- {=\!\!=\!\!=} GaCl_4^- \qquad (1-68)$$

$$TBPH^+ + GaCl_4^- {=\!\!=\!\!=} TBPH^+ \cdot GaCl_4^- \qquad (1-69)$$

TBP 可从锗煤烟灰尘蒸馏残液中萃取锗和镓,用 TBP-260# 溶剂油萃取,镓萃取率可达 98.81% 以上,反萃取率为 99.11%,锗的萃取率可达 86.18% 以上,反萃取率为 97.72%[73]。此外,Zn^{2+} 对于镓的萃取几乎没有影响;Pb^{2+}、Fe^{2+} 有略微影响;溶液中 Fe^{3+} 浓度的增加会导致镓萃取率下降,但当 Fe^{3+} 浓度增至某一值时反而会使镓的萃取率升高[82]。

在 H_2SO_4 溶液中,因 Ga^{3+} 难与 SO_4^{2-} 形成络阴离子,故 Ga 不会被 TBP 萃取,但在 H_2SO_4 溶液中加入 NaCl,使 Ga^{3+} 形成络阴离子 $GaCl_4^-$,则可显著提高镓的萃取率,与 HCl 体系相仿[83],各体系 TBP 镓萃取率与 H^+ 浓度关系如图 1-26 所示。

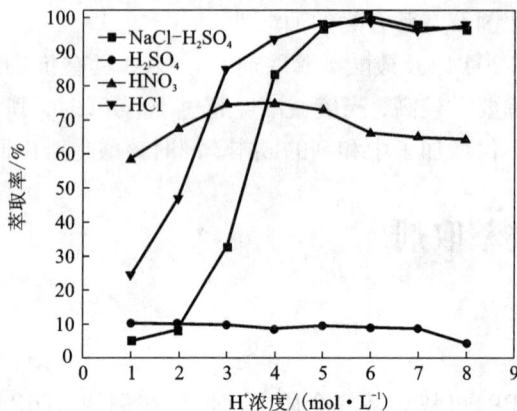

图 1-26 各体系 TBP 镓萃取率与 H⁺ 浓度关系图

TBP 在 HCl 溶液中萃镓，另有研究得出的酸液中 HCl 的浓度对 TBP 萃镓的影响如图 1-27 所示[52]，有机相 TBP 浓度对萃镓率的影响如图 1-28 所示[52]。

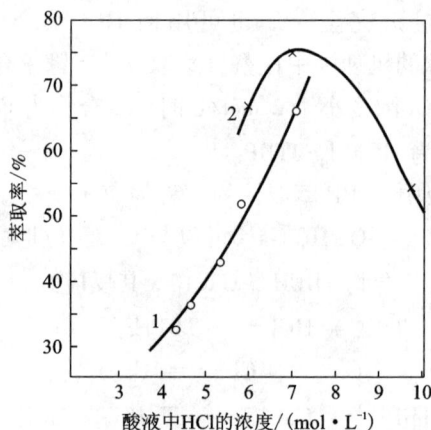

图 1-27 酸液中 HCl 的浓度对 TBP 萃镓的影响
1—相比 6:1；2—相比 3:1

冶金溶液均会遇到铁共萃的问题，Fe^{3+} 能被 TBP 萃取，而 Fe^{2+} 一般则不会，为避免 Fe^{3+} 的干扰，可用铁粉将 Fe^{3+} 还原成 Fe^{2+}。对于 Fe^{3+} 和 Ga^{3+}，将 TBP 稀释到 10%，TBP 可优先萃取 Ga^{3+}，如不稀释，则 Ga^{3+} 和 Fe^{3+} 无法分离[3]。

为了克服常规溶剂萃取的一些不利因素，如萃取率较低、萃取时间较长等，研发了一种采用微乳萃取的方法来提取镓。微乳液的组成为：阳离子表面活性剂

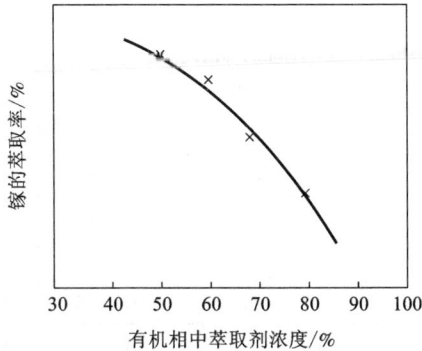

图 1 - 28　有机相 TBP 浓度对萃镓率的影响

(十六烷基三甲基溴化铵/正丁醇/正庚烷/HCl 溶液)和阴离子表面活性剂(油酸钠/正戊醇/正庚烷/HCl 溶液),以两种不同的微乳液作为萃取介质,磷酸三丁酯(TBP)作为镓的主要萃取剂。研究发现,由阳离子表面活性剂制备的微乳液需要更长的时间达到萃取平衡,萃取效果也相对较差。对前者来说,最佳萃取条件为:萃取时间 4 min,水油比 5∶1,TBP 质量分数 6%,盐酸浓度 6 mol/L;对于后者:萃取时间 2 min,水油比 5∶1,TBP 质量分数 6%,盐酸浓度 5.5 mol/L[84]。

6.2.2　Cyanex 923

Cyanex 923 作为萃取剂,是由四种二烃基磷氧化物的混合物($R_3P=O$、$R_2R'P=O$、$RR'_2P=O$、$R'_3P=O$,其中 R 为正辛基,R' 为正己基)组成的。该萃取剂具有熔点低、在水中溶解度小、易与大多数有机稀释剂混合、相分离较快等优点。

用 0.5 mol/L 的 Cyanex 923 可从 HCl、H_2SO_4、HNO_3 体系中萃取镓(Ⅲ)[85],其萃合物存在形式为 $GaCl_3 \cdot 3Cyanex$ 923。在盐酸介质中,Cyanex 923 从二元体系和三元体系中萃取镓的情况,见表 1 - 55 和表 1 - 56。Cyanex 923 可从 Ga(Ⅲ) - As(Ⅴ)、Ga(Ⅲ) - V(Ⅳ)、Ga(Ⅲ) - Al(Ⅲ)、Ga(Ⅲ) - Ni(Ⅱ)、Ga(Ⅲ) - Mn(Ⅱ)、Ga(Ⅲ) - Ti(Ⅳ)、Ga(Ⅲ) - Cu(Ⅱ) 的二元体系中选择性地萃取 Ga(Ⅲ)。在 Ga(Ⅲ) - Tl(Ⅲ)、Ga(Ⅲ) - In(Ⅲ)、Ga(Ⅲ) - Zn(Ⅱ)、Ga(Ⅲ) - Hg(Ⅱ)、Ga(Ⅲ) - Fe(Ⅲ) 二元体系中,由于发生了竞争萃取,Cyanex 923 无法有效提取 Ga(Ⅲ)。Ga(Ⅲ) 也可以在 Ga(Ⅲ) - Cu(Ⅱ) - Ni(Ⅱ) 三元体系中被 Cyanex 923 选择性萃取。在 Ga(Ⅲ) - Al(Ⅲ) - Hg(Ⅱ) 三元体系中,镓的萃取率受水相酸度和物质的量之比的影响较大。

表 1 – 55 在 HCl 体系中用 0.50 mol/L 的 Cyanex 923 从二元体系中萃取镓

金属离子	两种金属离子的物质的量之比/(1×10^{-3} mol·L^{-1})	酸的浓度/(mol·L^{-1})	水相中剩余金属离子的百分率/%	有机相中金属离子的百分率/%	金属离子的洗脱率	
					/%	洗脱剂/(mol·L^{-1})
Ga(Ⅲ) – As(Ⅴ)	1:10	3.0	As 93	Ga 98	Ga 97	0.10 HCl (2 vol)
	10:1		As 94	Ga 99	Ga 98	0.10 HCl (2 vol)
Ga(Ⅲ) – V(Ⅳ)	1:10	3.0	V 90	V 10	(i)V 10	3% H_2O_2
				Ga 98	(ii)Ga 97	0.10 HCl (2 vol)
	10:1		V 89	V 11	(i)V 11	3% H_2O_2
				Ga 99	(ii)Ga 98	0.10 HCl (2 vol)
Ga(Ⅲ) – Al(Ⅲ)	1:10	3.0	Al 98	Ga 98	Ga 96	0.10 HCl (2 vol)
	10:1		Al 99	Ga 99	Ga 99	0.10 HCl (2 vol)
Ga(Ⅲ) – Ni(Ⅱ)	1:10	3.0	Ni 99	Ga 98	Ga 98	0.10 HCl (2 vol)
	10:1		Ni 99	Ga 99	Ga 98	0.10 HCl (2 vol)
Ga(Ⅲ) – Mn(Ⅱ)	1:10	3.0	Mn 96	Ga 99	Ga 98	0.10 HCl (2 vol)
	10:1		Mn 98	Ga 99	Ga 98	0.10 HCl (2 vol)
Ga(Ⅲ) – Ti(Ⅳ)	1:10	1.0	Ti 98	Ga 96	Ga 92	0.10 HCl (2 vol)
	10:1		Ti 97	Ga 95	Ga 94	0.10 HCl (2 vol)
Ga(Ⅲ) – Cu(Ⅱ)	1:10	1.0	Cu 95	Ga 97	Ga 99	0.10 HCl (2 vol)
	10:1		Cu 95	Ga 96	Ga 95	0.10 HCl (2 vol)
Ga(Ⅲ) – Tl(Ⅲ)	1:10	0.5	Ga 98	Tl 98	Tl 97	0.10 草酸 (2 vol)
	10:1		Ga 99	Tl 97	Tl 95	0.10 草酸 (2 vol)
Ga(Ⅲ) – In(Ⅲ)	1:10	0.5	Ga 99	In 98	In 97	0.10H_2SO_4 (2 vol)
	10:1		Ga 99	In 99	In 96	0.10H_2SO_4 (2 vol)
Ga(Ⅲ) – Zn(Ⅱ)	1:10	0.5	Ga 97	Zn 98	Zn 97	0.10 草酸 (2 vol)
	10:1		Ga 99	Zn 99	Zn 99	0.10 草酸 (2 vol)
Ga(Ⅲ) – Hg(Ⅱ)	1:10	0.1	Ga 99	Hg 99	Hg 98	0.10 HNO_3 (2 vol)
	10:1		Ga 99	Hg 99	Hg 96	0.10 HNO_3 (2 vol)
Ga(Ⅲ) – Fe(Ⅲ)	1:10	0.05	Ga 92	Fe 98	Fe 98	0.10 草酸 (2 vol)
	10:1		Ga 93	Fe 94	Fe 92	0.10 草酸 (2 vol)

注: 2 vol 代表洗脱剂的体积是有机相体积的 2 倍。

表 1 –56   在 HCl 体系中用 0.50 mol/L 的 Cyanex 923 从三元体系中萃取镓

金属离子	两种金属离子的物质的量之比 /(1×10⁻³ mol·L⁻¹)	酸的浓度 /(mol·L⁻¹)	水相中剩余金属离子的百分率/%	金属离子的洗脱率/%	洗脱剂 /(mol·L⁻¹)
Ga(Ⅲ):Cu(Ⅱ):Ni(Ⅱ)	1:1:10	(a)1.0 (b)5.0	(a) Ni 98	(a) 96 Ga	0.10 HCl(2 vol)
			Cu 99	—	—
			(b) 97 Ni	(b) 97 Cu	1.0 H₂SO₄ (2 vol)
	1:10:1		(a) Ni 97	(a) Ga 97	0.10 HCl (2 vol)
			Cu 98	—	—
			(b) Ni 96	(b) Cu 96	1.0 H₂SO₄ (2 vol)
	10:1:1		(a) Ni 95	(a) Ga 96	0.10 HCl (2 vol)
			Cu 97	—	—
			(b) Ni 96	(b) Cu 95	1.0 H₂SO₄ (2 vol)
Ga(Ⅲ):Al(Ⅲ):Hg(Ⅱ)	1:1:10	(a) 0.10 (b) 3.0	(a) 99 Al	(a) 99 Hg	7.0 HNO₃ (2 vol)
			99 Ga	—	—
			(b) 97 Al	(b) 98 Ga	0.10 HCl (2 vol)
	1:10:1		(a) Al 99	(a) Hg 99	7.0 HNO₃ (2 vol)
			Ga 98	—	—
			(b) Al 96	(b) Ga 96	0.10 HCl (2 vol)
	10:1:1		(a) Al 99	(a) Hg 99	7.0 HNO₃ (2 vol)
			Ga 98	—	—
			(b) Al 98	(b) Ga 99	0.10 HCl (2 vol)

注：2 vol 代表洗脱剂的体积是有机相体积的 2 倍；(a)、(b) 代表酸的两种浓度条件。

6.3   酸性磷类萃取剂

6.3.1   P507

P507（2 – 乙基己基磷酸单 – 2 – 乙基己基酯，EHEHPA）是一种含磷的酸性萃取剂，分子式为 $C_8H_{17}O_4P$，相对分子质量为 306.4，密度为 0.930～0.960 g/mL，结构式如图 1 – 29 所示。

$$\underset{R'O}{\overset{RO}{>}}P\underset{OH}{\overset{O}{<}}$$

磷酸二烷基酯

$$\underset{R'O}{\overset{R}{>}}P\underset{OH}{\overset{O}{<}}$$

单烷基磷酸单烷基酯

P204　　　　P507，其中R=CH$_3$(CH$_2$)$_3$CH(C$_2$H$_5$)CH$_2$—

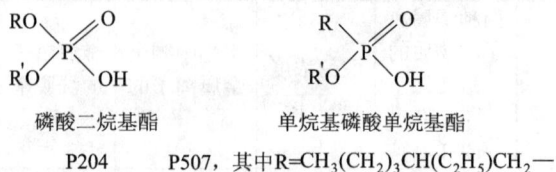

图1-29　P204、P507的结构式

P507已广泛用于酸性体系中稀土、稀散金属、贵金属、重金属等的萃取和分离。P507可从含Ga(Ⅲ)、Fe(Ⅱ)和Zn(Ⅱ)的H$_2$SO$_4$溶液中萃取镓，萃取条件为：有机相40% P507+磺化煤油，相比O:A=1:1，温度25℃，时间20 min，经过4级逆流萃取，Ga^{3+}萃取率可达98.48%，还有19.56%的Fe^{2+}和38.42%的Zn^{2+}共萃入有机相中。用6 mol/L HCl可完全反萃负载有机相中的Fe(Ⅱ)和Zn(Ⅱ)而不损失Ga(Ⅲ)，之后，用100 g/L H$_2$SO$_4$反萃镓，可实现Ga(Ⅲ)、Fe(Ⅱ)和Zn(Ⅱ)的完全分离[39]。P507对镓的萃取机理为阳离子交换反应，即：

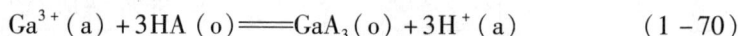

$$Ga^{3+}(a)+3HA(o)\Longrightarrow GaA_3(o)+3H^+(a) \tag{1-70}$$

6.3.2　P204

P204[二(2-乙基己基)磷酸，D2EHPA]是萃镓工业生产中最常用的酸性磷类萃取剂之一，其化学稳定性好、价格低廉、萃镓效率高。P204工业品以D2EHPA为主，混有少量P2EHPA[焦(2-乙基己基)磷酸]和M2EHPA[单(2-乙基己基)磷酸]的产物，D2EHPA与另两种磷酸单独在硫酸体系中萃取镓的特性如图1-30所示[3]，表明D2EHPA在低酸下可萃取镓，而在高酸下其萃镓率急剧

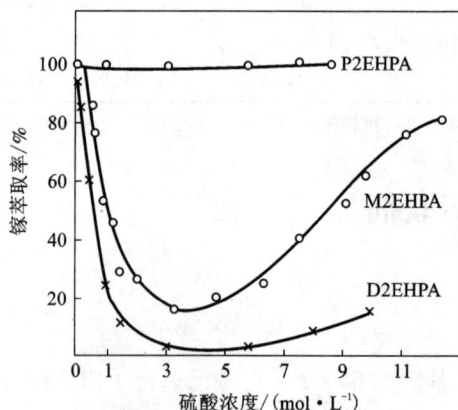

图1-30　硫酸浓度对三种磷酸萃取镓的影响

下降，可用于镓的反萃。

P204 结构中的烷基链是通过一个氧原子与三价磷相连，这一点与 P507 不同，如图 1 - 29 所示。两种萃取剂虽然都通过阳离子交换机埋萃取镓，但结构上的差异使得它们的萃取能力和分离系数有所不同。与 P204 比较，P507 需在相对较高的 pH 下萃取镓，在 30℃ 时，P507 以 GaR_3 形式萃取镓，$\lg K'_{ex} = -1.44$；而 P204 以 $GaR_3 \cdot HR$ 形式萃取镓，$\lg K'_{ex} = 0.64$。温度对 P507 萃取镓的影响比 P204 更显著。此外，P507 萃取时的络合作用比 P204 弱，但其反萃取相对更容易[86]。

P204 可从不同的酸性介质中萃取镓。①P204 - 煤油体系可从硫酸介质中萃取分离镓和铟[87]，Ga(Ⅲ) 和 In(Ⅲ) 的分离因子随着溶液 pH 增加而降低。②采用 P204 - 煤油体系可萃取硝酸介质中的 Ga(Ⅲ)，Ga(Ⅲ) 在有机相/水相中的分配比随着溶液 pH 的增加或有机相中萃取剂浓度的增加而增加[88]。③P204 - 丙酮萃取体系可从盐酸介质中萃取分离 Ga(Ⅲ) 和 Cu(Ⅱ)，在溶液 pH = 3.5 的条件下，Ga(Ⅲ) 的萃取率为 100%，用 1 mol/L HCl 可将负载有机相中的镓完全反萃[89]。

6.3.3　Cyanex 301

Cyanex 301 主要组分是[(2,4,4 - 三甲基戊基)二硫代膦酸]，可从酸性介质中萃取镓(Ⅲ)，各金属离子对镓萃取率的影响见表 1 - 57[90]。Ge(Ⅳ)、Mn(Ⅱ)、Al(Ⅲ)、V(Ⅴ)、Ni(Ⅱ)、V(Ⅳ) 对 Cyanex 301 萃取 Ga(Ⅲ) 的干扰较小。

表 1 - 57　各金属离子对镓的萃取率的影响

编号	金属离子	金属离子的比例 /(1×10^{-3} mol·L^{-1})	HCl 的浓度 /(mol·L^{-1})	Ga(Ⅲ)^a 的回收率 /%	其他离子的剩余 /%	其他金属离子的回收率 /%
1	Ga - Ge(Ⅳ)	1:10	0.1	98	92	—
		10:1		97	91	—
2	Ga - Al(Ⅲ)	1:10	0.1	92	90	—
		10:1		96	96	—
3	Ga - Mn(Ⅰ)	1:10	0.1	95	98	—
		10:1		96	99	—
4	Ga - V(Ⅴ)^b	1:10	0.1	99	51	48
		10:1		96	50	49

续表 1 – 57

编号	金属离子	金属离子的比例 /(1×10^{-3} mol·L^{-1})	HCl 的浓度 /(mol·L^{-1})	Ga(Ⅲ)[a] 的回收率 /%	其他离子 的剩余 /%	其他金属离子的回收率 /%
5	Ga – V(Ⅳ)[b]	1:10	0.1	97	47	51
		10:1		96	45	54
6	Ga – Ni(Ⅱ)[e]	1:10	0.1	96	72	25
		10:1		97	74	24
7	Ga – Ti(Ⅳ)[b]	1:10	0.1	—	99	98
		10:1		—	95	99
8	Ga – Tl(Ⅲ)[e]	1:10	0.1	—	95	92
		10:1		—	96	93
9	Ga – In(Ⅲ)[e]	1:10	0.1	—	99	99
		10:1		—	98	98
10	Ga – Fe(Ⅲ)[d]	10:1	0.1	—	93	99
		1:10		—	92	90
11	Ga – Cd(Ⅱ)[d]	10:1	0.1	—	98	98
		1:10		—	99	99
12	Ga – Zn(Ⅱ)[d]	10:1	0.1	—	99	96
		1:10		—	99	99

注: 其中 a 是用 0.50 mol/L 的 HCl(洗 4 次, 0.25 vol/次)洗脱; b 是用 3% 的 H_2O_2(pH = 1)洗脱; c 是用 1.0 mol/L 的草酸洗脱; d 是用溶有 75% NH_3(3vol)的 NH_4Cl 洗脱。

6.3.4　P538

P538 为单烷基磷酸酯类萃取剂, 其分子式为 ROPO(OH)$_2$(R 为 C_{12}~ C_{14} 烷基)。P538 对 Ga(Ⅲ)的萃取分离效果较好, 但需要在高酸度条件下进行。通过加入 TBP, 不但降低了萃取所需酸度, 而且还可进一步提高 P538 对 Ga(Ⅲ)的分离系数[91-92]。

6.3.5　HBL121

新型萃取剂 HBL121(对特辛基苯基磷酸酯)可直接从锌置换渣的高浓度硫酸

溶液中萃取回收镓、锗,可避免从高浓度硫酸浸出液萃取镓、锗体系调酸复杂、添加络合剂成本高等弊端。

研究发现,有机相组成为 40% HBL121(质量分数) + 20% 癸醇(体积分数) + 磺化煤油,料液为 108.67 g/L 的 H_2SO_4,相比 O:A = 1:1,经过 4 次逆流萃取,镓萃取率达到 98.14%。负载有机相用 200 g/L 的 H_2SO_4 溶液反萃取镓,其反萃取条件为:反萃取温度 25℃,反萃取时间 8 min,相比 O:A = 4:1。经过 5 次逆流反萃,镓反萃率可达 99.18%,得到高纯度硫酸镓溶液。反萃镓后负载有机相再用 7 mol/L HCl 溶液反萃取共萃的铁,其反萃取条件为:反萃取温度 25℃,反萃取时间 2 min,O:A = 1.5:1。经过 3 级逆流反萃取,有机相可返回萃取使用[93]。

6.4 羧酸类萃取剂

CA - 12($S—C_8H_{17}C_6H_4OCH_2COOH$)仲辛基苯氧基乙酸,在水中溶解度小,不易乳化,有较好的稳定性,对镓萃取率高,但其对酸度范围要求较高。在盐酸体系中,CA - 12 对镓(Ⅲ)的最佳萃取条件为 pH = 4.2,CA - 12 浓度为 4.6×10^{-3} mol/L,萃取时间为 30 min,经 1 次萃取即可达到完全萃取[94]。CA - 12 萃取镓(Ⅲ)的机理为阳离子交换反应,萃合物的组成为 $GaA_3 \cdot HA$。

$$4HA(o) + Ga^{3+} \Longrightarrow GaA_3 \cdot HA(o) + 3H^+ \tag{1-71}$$

在盐酸体系中,不同的阴离子和阳离子对 CA - 12 萃取 Ga(Ⅲ)、In(Ⅲ)和 Tl(Ⅲ) 的影响不同,见表 1 - 58[94]。Re(Ⅶ)、Cr(Ⅵ)、Al(Ⅲ)对 Ga(Ⅲ)的萃取容量的影响较大。

表 1 - 58 不同的阴离子和阳离子对 CA - 12 对 Ga、In 和 Tl 萃取容量的影响

金属离子	萃取容量/μg		
	Ga(Ⅲ)	In(Ⅲ)	Tl(Ⅲ)
Zn(Ⅱ)	750	250	2500
Cd(Ⅱ)	1250	750	5000
Hg(Ⅱ)	750	750	1250
Cu(Ⅱ)	250	250	250
Pb(Ⅱ)	1250	2500	5000
Mn(Ⅱ)	1250	100	5000
Re(Ⅶ)	2500	2500	1250
Cr(Ⅵ)	2500	5000	1250

续表 1-58

金属离子	萃取容量/μg		
	Ga(Ⅲ)	In(Ⅲ)	Tl(Ⅲ)
Mo(Ⅵ)	750	2500	750
W(Ⅵ)	750	5000	1250
Ti(Ⅳ)	100	250	2500
V(Ⅴ)	750	1250	2500
Ni(Ⅱ)	250	750	1250
Co(Ⅱ)	100	250	750
Mg(Ⅱ)	250	2500	1250
Al(Ⅲ)	2500	2500	1250
Fe(Ⅲ)	750	1250	250
Te(Ⅳ)	1250	1250	750
SCN⁻	750	250	100
柠檬酸盐	750	1250	750
酒石酸	750	1250	750
草酸	750	750	750
$S_2O_3^{2-}$	250	250	1250

在硫酸介质中,可用仲壬基苯氧基乙酸(CA-100)萃取镓。当萃取剂浓度为 1.0×10^{-2} mol/L,初始水相 pH = 3.50,Ga^{3+} 浓度为 1.6×10^{-4} mol/L 时,在室温下振荡混合溶液 40 min,一次即可达到完全萃取镓[95]。CA-12 和 CA-100 对镓都具有较好的萃取性能,但 CA-100 在萃取过程中会形成乳胶状物质。

在盐酸介质中,用溶解在丙酮中的环烷酸(NA)、CA-12、CA-100 萃取剂可萃取水相中的镓[96]。NA 对镓的萃取机理同样为阳离子交换反应,萃取后镓(Ⅲ)的存在形式为 $Ga(OH)R_2 \cdot 2HR$,而 CA-12 和 CA-100 萃取镓(Ⅲ)的萃合物形式为 $GaR_3 \cdot HR$。CA-100 在低 pH 条件下有高的萃取率,但其存在形式不稳定;CA-12 比 NA 对镓的萃取率更高,并且用 CA-12 萃取时不需要高的 pH,因此实际过程中多选择 CA-12 萃取镓。

6.5 胺类萃取剂

N235(三烷基胺,烷基 R = C_8~C_{10},其中 R 主要是辛基)是一种价廉、用途广泛的脂肪族叔胺萃取剂,对镓具有很高的萃取率,同时它也能萃取 Fe(Ⅲ)、

Cd(Ⅱ)、Zn(Ⅱ)、Cu(Ⅱ)、Sb(Ⅲ)、As(Ⅲ)、Bi(Ⅲ)等。三辛胺(TOA)可以萃取镓,如 TOA 在无机酸、有机酸介质中可萃取分离镓,其对镓的萃取机理为阴离子交换反应。TAB – 194 和 SAB – 172 是两种新型的胺类萃取剂并已由国内合成,它们的化学名分别是 1 – 庚基辛基 – 二(乙醇胺)和 1 – 庚基辛基 – 乙醇胺。两者在 HCl、H_2SO_4 + NaCl 体系中萃取镓的效果较好,在相同条件下 TAB – 194 萃取镓的萃取率比 SAB – 172 高。SAB – 172、TAB – 194 几乎不萃取铟,可较好地分离镓与铟。

用三 – (2 – 羟基 – 3,5 – 二甲基苄基)胺作萃取剂,萃取分离了铝、镓和铟等 3 价金属离子,萃取机理为酸性络合作用。在使用氯仿作为溶剂时,三 – (2 – 羟基 – 3,5 – 二甲基苄基)胺对镓的萃取能力较强(lgK_{ex} = – 6.66 ± 0.06),且对铝和铟不萃取;而用二氯乙烷作溶剂时,三 – (5 – 氯 – 2 – 羟基 – 3 – 甲基苄基)胺对镓的萃取性能更强(lgK_{ex} = – 6.18 ± 0.18)[97]。

用脂肪胺 ANPO[结构式为 $CH_3(CH_2)_m$—$CH(NH_2)(CH_2)_n$—CH_3]可从硫酸体系中萃取镓(Ⅲ)。在硫酸体系中,镓(Ⅲ)的络合能力较小,在弱酸性硫酸介质中镓(Ⅲ)以 $Ga(SO_4)^+$ 的形式存在,ANPO 对镓的萃取机理为:

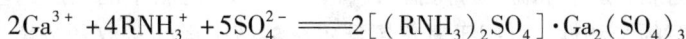

$$2Ga^{3+} + 4RNH_3^+ + 5SO_4^{2-} \Longrightarrow 2[(RNH_3)_2SO_4] \cdot Ga_2(SO_4)_3$$

在 pH = 4.8 ~ 5.4 时,镓萃取量最大;用 NH_4OH 反萃,相比 O:A = 1:1 时,镓(Ⅲ)的回收率最大[98]。

在 H_2SO_4 溶液中加入 Cl^-、Ga^{3+} 会形成络离子($GaCl_4^-$),该络离子可被胺类萃取剂[如 N503、N235、三辛胺(TOA)、乙酰胺及异构羧酸等]萃取[3]。如在 2 mol/L H_2SO_4 + 3 mol/L NaCl 溶液中用 20% ~ 30% N503 + 煤油,相比 O:A = 1:(1 ~ 5)的条件下可定量萃镓,用 0.1 mol/L HCl 可完全反萃镓;再如对含 Ga 0.015% ~ 0.027%、Ge 0.04% ~ 0.06% 的物料,用 H_2SO_4 加入 NaCl 浸出后,溶液用叔胺萃取镓,再用水反萃,镓、锗回收率分别可达 90% 和 96%[3]。

6.6 肟类萃取剂

G8315[N – 羟基 – 2 – (4 – 烃基苯氧)乙酰胺]是以氧肟酸为官能团,用醚基作为连接基团,通过调整亲油基的结构使萃取剂降低水溶性的同时又能维持低熔点,提高了萃取剂及其萃合物的油溶性。该萃取剂可有效地分离提纯镓、锗,萃取率分别可达 97% 和 98%。萃取过程中铁被少量共萃,通过盐酸洗涤可有效控制反萃液中铁的浓度[38]。G8315 对镓的萃取率随水相酸度增大而减小,但对铁的萃取率随酸度的增加而变化不大。当水相酸度在 5 ~ 10 g/L 时,镓的单级萃取率在 89% 以上,且与铁的分离效果较好,见表 1 – 59。有机相为 10% G8315 – 5% P204,混合时间 5 min,相比 O/A 为 4 时,采用 2 级逆流萃取,可将料液中的镓浓度从 0.28 g/L 降到 0.005 g/L 以下,镓萃取率达 98.2%。

表 1 - 59　水相酸度对萃镓的影响

$c(H_2SO_4)$ /$(g \cdot L^{-1})$	萃取率/%	
	Ga	Fe
5.0	90.6	27.8
10.0	89.3	27.6
25.0	68.0	26.2
40.5	34.6	22.0
45.0	27.0	25.4

注：试验条件：有机相 10% G8315 - 5% P204；混合时间 3 min。

用腰果酚合成烷基水杨酸肟从铝土矿中萃取镓，最佳萃取条件为：1.5 mol/L HCl，$V(有机相):V(水相) = 1:1$，此条件下镓的萃取率可达 80% [99]。

偕胺肟树脂(也有称酰胺肟树脂)，如 ES - 346，树脂中的偕胺肟基对多种金属离子有较好的亲和性，可用于氧化铝拜尔法溶液中镓的萃取和分离。树脂具有偕胺肟基团，其结构式为 R—C(═NOH)NH$_2$，其中 R 代表树脂基体，工业用偕胺肟树脂 ES - 346 中还含有少量的异羟肟酸基团 R—CONHOH [18]。

偕胺肟树脂 ES - 346 从氧化铝生产的铝酸钠溶液中提取镓时，其具有对镓交换能力强、选择性强及吸附速度快等优点，但 ES - 346 树脂在酸性条件下不稳定，只能在碱性与中性条件下使用。

在铝酸钠溶液中，镓以 Ga(OH)$_4^-$ 形态存在，碱性条件下，偕胺肟基团中的羟基失去氢，形成 R—C(═NO$^-$)NH$_2$ 的稳定形态，偕胺肟萃取镓的机理为：Ga(OH)$_4^-$ 中的 OH$^-$ 与 R—C(═NO$^-$)NH$_2$ 发生了离子交换反应：

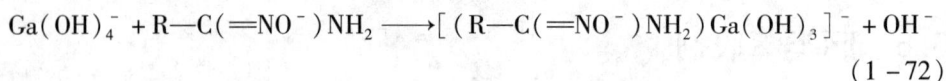

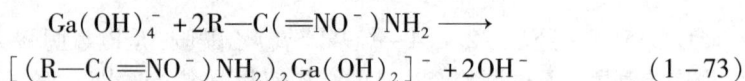

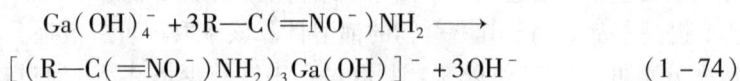

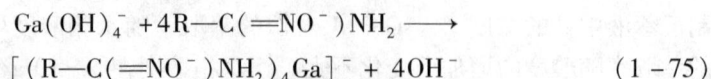

$$Ga(OH)_4^- + R—C(═NO^-)NH_2 \longrightarrow [(R—C(═NO^-)NH_2)Ga(OH)_3]^- + OH^- \tag{1-72}$$

$$Ga(OH)_4^- + 2R—C(═NO^-)NH_2 \longrightarrow [(R—C(═NO^-)NH_2)_2Ga(OH)_2]^- + 2OH^- \tag{1-73}$$

$$Ga(OH)_4^- + 3R—C(═NO^-)NH_2 \longrightarrow [(R—C(═NO^-)NH_2)_3Ga(OH)]^- + 3OH^- \tag{1-74}$$

$$Ga(OH)_4^- + 4R—C(═NO^-)NH_2 \longrightarrow [(R—C(═NO^-)NH_2)_4Ga]^- + 4OH^- \tag{1-75}$$

因此，镓与偕胺肟萃取剂形成的萃合物的存在形式可表达为：

$$[(R—C(═NO^-)NH_2)_xGa(OH)_{4-x}]^- (其中 x = 1, 2, 3, 4)$$

工业方法中采用 HCl 洗脱负载树脂的镓，其机理反应式为：

$$HCl + \left[(R\!-\!C(\!=\!NO^-)NH_2)_4Ga \right]^- \longrightarrow R\!-\!C(\!=\!NOH)NH_3^+Cl^- + GaCl_4^-$$

$$(1\!-\!76)$$

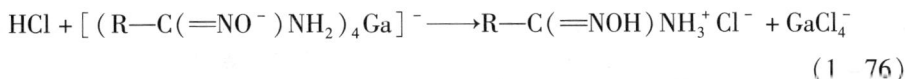

工业方法中采用 NaOH 再生贫树脂：

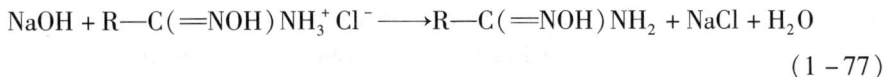

$$NaOH + R\!-\!C(\!=\!NOH)NH_3^+Cl^- \longrightarrow R\!-\!C(\!=\!NOH)NH_2 + NaCl + H_2O$$

$$(1-77)$$

研究表明，在萃取时镓(Ⅲ)与萃取剂上的 O 成键形成 Ga—O 键，镓(Ⅲ)与萃取剂之间有三种可能的存在形式，如图 1 – 31 所示。根据键能计算，在铝酸钠溶液中主要的成键方式是模式Ⅰ和模式Ⅱ。当偕胺肟基和 Ga(OH)$_4^-$ 上的氧成键时，模式Ⅰ为主要成键模式[22]。

图 1 – 31　萃取剂与金属离子可能的存在形式

6.7　喹啉类萃取剂

法国 Rhone-Poulene 公司于 1974 年首次介绍用 8 – 羟基喹啉的衍生物 7 – [3 –(5，5，7，7 – 四甲基 – 1 – 辛烯基）]8 – 羟基喹啉从强碱性铝酸钠溶液中萃取镓，所处理的铝酸钠溶液来源于拜尔法碱液。有机相 8 – 羟基喹啉衍生物最适合的浓度为 6%~12%（体积分数），稀释剂既可以是脂肪烃、芳香烃等，又可以是混合的有机溶剂。

Kelex 100(7 – 烷基 – 8 – 羟基喹啉)是从碱性溶液中回收镓的有效萃取剂，具有良好的工业前景。Kelex 100 分子中有两种功能团，一是酸性功能团(OH)，二是给电子性质的碱性功能团，即配位功能团(N)，因此 Kelex 100 与镓组成的萃合物一般认为是五环螯合物。在 Kelex 100∶正癸醇∶煤油 = 10∶8∶82(体积比),稀释剂为 200 号溶剂油,癸醇为改性剂的条件下,采用 4 级萃取,镓萃取率约达 90%。反萃取的最佳 HCl 浓度为 1.8~2 mol/L。该萃取速度较慢,所需的接触时间较长,可在有机相中添加适当的阴离子表面活性剂,利用微乳状液催化的原理来加快萃取速度。用 10% 的 Kelex100、乙醇和丙酮从含有 164.90 g/L Na$_2$O、86.70 g/L Al$_2$O$_3$、106.02 mg/L Ga(Ⅲ)的拜尔溶液中萃取镓(Ⅲ),其中,乙醇作为调节剂,丙酮为稀释剂。在室温条件下,相比 O∶A = 1∶1 时,60 min 可萃取 93.39% 的镓(Ⅲ),用 5 mol/L HCl 将被共萃取进入有机相中的铝反萃,再用 1.5 mol/L 的 HCl 洗脱镓(Ⅲ)。最终反萃液中含有 490 mg/L 镓和 141.73 mg/L 铝。镓(Ⅲ)的总回收率为 87.02%[100]。

8 - 羟基喹啉类萃取剂萃取镓的工作已有很大进展,用 5 - 硫代戊基 - 8 - 羟基喹啉(HL)作萃取剂(或浸渍在苯乙烯 - 二乙烯苯大孔树脂上),在 1 mol/L 的 NaOH 中萃取镓(Ⅲ)。萃取剂浓度为 1×10^{-3} mol/L,以 60 r/min 的速度反应 3 h,相比 O∶A = 11∶1,镓以 GaL$_3$ 的形式进入有机相或苯乙烯 - 二乙烯苯共聚物等非离子型大孔相中。萃取机理为阴离子交换反应,其反应式为:

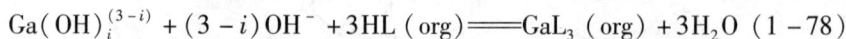

$$Ga(OH)_i^{(3-i)} + (3-i)OH^- + 3HL(org) = GaL_3(org) + 3H_2O \quad (1-78)$$

式中:$i = 0~4$,i 的值随溶液 pH 的变化而改变,如图 1 - 32 所示。HL 能应用于浓度为 1~3.5 mol/L 的 NaOH 溶液中提取镓(Ⅲ)[23]。

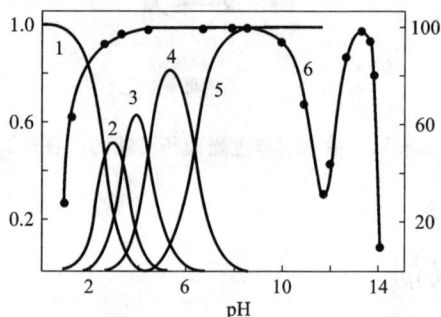

图 1 - 32　8 - 羟基喹啉类萃取剂对镓的萃取率与 pH 的关系

曲线 1、2、3、4 和 5 分别是镓(Ⅲ)以 Ga^{3+}、Ga(OH)$^{2+}$、Ga(OH)$_2^+$、Ga(OH)$_3$ 和 Ga(OH)$_4^-$ 形式存在时在不同 pH 下的摩尔分数,曲线 6 是 0.05 mol/L HL 对镓(Ⅲ)萃取率随 pH 的变化

在超临界二氧化碳(SF - CO$_2$)中,用 2 - 甲基 - 8 - 羟基喹啉(HMQ)和 2 - 甲基 - 5 - 丁基羟甲基 - 8 - 羟基喹啉(HMO$_4$Q)两种萃取剂从弱酸性体系中提取镓(Ⅲ)[101],研究表明,在 45℃、15.7 MPa、0.1 mol/L(H, Na)NO$_3$ 的条件下,很

难用 HMQ 萃取镓(Ⅲ)，而在 pH = 2.20 ~ 2.84 时，可用 HMO₄Q 实现镓(Ⅲ)的定量萃取，反应机理为：

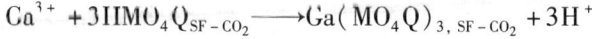

$$Ga^{3+} + 3HMO_4Q_{SF-CO_2} \longrightarrow Ga(MO_4Q)_{3,SF-CO_2} + 3H^+$$

同时还发现，添加增效剂 3,5 - 二氯苯酚(Hdcp)可以提高 HMO₄Q 对镓(Ⅲ)的萃取能力。这个研究表明，可以把 SF - CO₂ 应用于固相和液相中镓的萃取分离。

在酸性溶液和碱性溶液中，可用 8 - 羟基喹啉的衍生物(HQs)浸渍的树脂去萃取镓(Ⅲ)。HQs 分别是 7 - (4 - 乙基 - 1 - 甲基 - 辛基) - 8 - 羟基喹啉(HEMOQ)、5 - 正辛氧甲基 - 8 - 羟基喹啉(HO₈Q)、2 - 甲基 - 5 - 正辛氧甲基 - 8 - 羟基喹啉(HMO₈Q)、7 - 溴 - 5 - 正辛氧甲基 - 8 - 羟基喹啉(HBrO₈Q)、5 - 二辛基氨基甲基 - 8 - 羟基喹啉(HN₈Q)和 5 - [(2 - 乙基) - 已基氧甲基] - 8 - 羟基喹啉(HOEHQ)。研究结果表明，在 3 mol/L 的 HCl 体系中，8 - 羟基喹啉的衍生物(HQs)对镓的萃取能力按照下列顺序逐渐增强：HBrO₈Q < HEMOQ < HO₈Q < HN₈Q < HMO₈Q；在 pH = 4.0 时，萃取顺序为：HMO₈Q < HO₈Q < HOEHQ < HEMOQ < HN₈Q < HBrO₈Q；在 3 mol/L NaOH 的体系中，对镓的萃取能力按照下列顺序逐渐增强：HMO₈Q < HO₈Q < HOEHQ < HN₈Q < HEMOQ。研究表明，可以选择合适的 HQs 和洗脱液从溶液中定量提取镓(Ⅲ)[102]。几种 HQs 的结构式如图 1 - 33 所示。

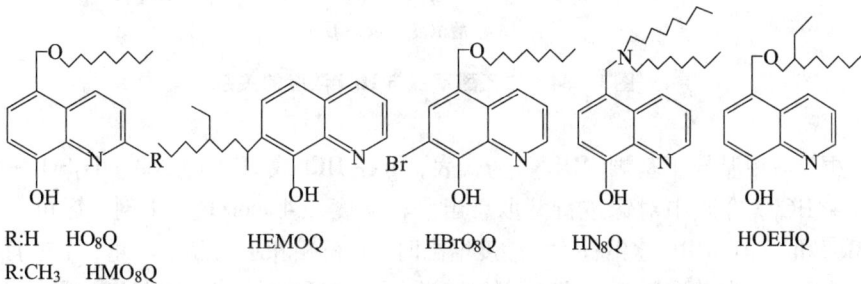

图 1 - 33　几种 HQs 的结构式

6.8　醚、酮类萃取剂

醚类萃取剂是一类重要的镓萃取剂。在盐酸体系中乙醚、甲基异丁醚、甲基己基醚、乙基己基醚、二丁基醚、二戊基醚及异丙醚等在萃取镓时，随着盐酸浓度的增加，进入有机相中的镓愈多，随着介质的介电常数增加，镓的萃取率降低。镓以卤化物被萃取时，萃取率按下列次序递减：氯化物、溴化物、碘化物；在氟化物溶液中镓不被乙醚萃取。在盐酸体系中，其萃取机理可以解释为（以乙醚为例），乙醚在酸性溶液中能形成阳离子$(C_2H_5)_2OH^+$，而镓在盐酸介质中能形成络合阴离子$GaCl_4^-$，由于镓络合阴离子体积庞大且与水的作用较弱，容易与乙醚阳离子结合形成缔合物而被有机相萃取。以聚氧乙烯壬基苯基醚（PONPES）非离子表面活性剂的三氯化物有机溶液作萃取剂，可高效且有选择性地萃取镓离子，除了对铁有30%~60%的萃取、对金的选择性较高外，对Cu、Zn、Co、Ni、As、In、Al离子的萃取率小于10%，另外通过选择合适的缓冲剂和在合适酸度下可以将Fe的萃取率控制在7.2%以下[103]。二乙醚在HCl介质中萃取镓，酸度以5~6 mol/L为宜，此时，Fe^{3+}会与Ga^{3+}发生共萃[3]，镓的萃取率与酸度的关系如图1-34所示。

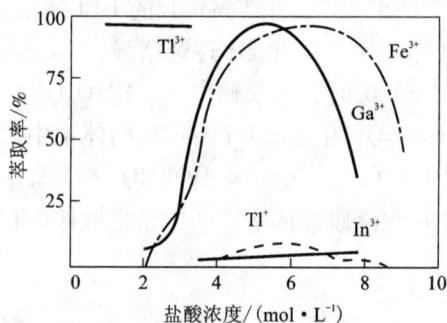

图1-34 二乙醚萃镓与HCl浓度的关系

酮类以甲基异丁基酮（MIBK）为代表，可在HCl或HCl+HNO_3、H_2SO_4+HCl、HCl+HClO_4介质中对镓进行萃取。当水相酸度在4 mol/L以上时，镓可完全被MIBK萃取，但MIBK水溶性大，酸度增高时，有机相和水相互溶严重，不适宜在工业上使用。酮类萃取剂萃取镓离子的原理同样是在酸性溶液中酮首先被质子化，然后与金属络合阴离子形成中性络合物，进而被有机相萃取。酮类包括甲基乙烷基酮和1-苯基-3-甲基-4-苯甲酰吡唑啉酮-5。用甲基乙烷基酮从Al、In、Tl、Sc、Y、La、Eu、Tm、Dy、Ge、Cu、As和Fe共存的盐酸、硫酸混合溶液中萃取分离Ga，除萃取In 93.6%、As 36%、Tl 88.9%外，对其他元素几乎不萃取[104]。

在H_2SO_4溶液中镓不被醚、酮、酯等有机溶剂萃取，因为SO_4^{-2}高度水化，要萃取镓离子必须在H_2SO_4溶液中加入NH_4Cl或NaCl以使镓转为能被萃取的四氯化镓配阴离子。

6.9　协同萃取体系

6.9.1　CA - 12 + N1923

在氯化物介质中，可用由仲辛基苯氧基乙酸（CA - 12，H_2A_2）和伯胺 N1923 组成的协同萃取剂萃取镓（Ⅲ）、铟（Ⅲ）和锌（Ⅱ）。当 N1923 的含量为 60% 时，相对于 Zn^{2+}，协同萃取剂对 Ga^{3+} 和 In^{3+} 有很好的选择性，所以 CA - 12 和 N1923 组成的协同萃取剂可有效地从含有锌（Ⅱ）的溶液中回收镓（Ⅲ）、铟（Ⅲ）[105]。

6.9.2　P204（D2EHPA）+ YW100（$C_{5\sim7}$羟肟酸）

这一协萃体系能直接从 H_2SO_4 介质中萃取回收 Ga^{3+}，已广泛用于湿法炼锌工业回收 Ga、Ge。D2EHPA 和 YW100（$C_{5\sim7}$羟肟酸）两者组成的协萃体系，在硫酸介质中对 Ga^{3+} 的萃取有较强的正协萃效应[106-107]。可能的原因是 $C_{5\sim7}$羟肟酸属于含有 C—O 和 N—OH 基团的螯合类萃取剂，分子中 O、N 原子有孤电子对，能与有空电子轨道的 Ga^{3+} 离子形成配位键，会提高 Ga^{3+} 的萃取率，适合硫酸体系。该协萃体系对镓的萃取机理是以离子交换的形式进行的，萃取剂 D2EHPA 中的 P—OH，P =O 和 $C_{5\sim7}$羟肟酸中的 N—OH、C =O 均与 Ga^{3+} 配位。协萃反应为：

$$Ga^{3+} + H_2A_2 + 2HR \Longrightarrow Ga(HA_2)R_{2(o)} + 3H^+$$

协萃平衡常数为 24.55，远大于单独用 D2EHPA 萃取 Ga^{3+} 离子的萃取平衡常数 1.56×10^{-2}。由表 1 - 60 可以看出，D2EHPA 与 $C_{5\sim7}$羟肟酸混合后萃取镓离子的分配比远大于单独使用 D2EHPA 或 $C_{5\sim7}$羟肟酸的分配比之和。

表 1 - 60　H_2A_2、HR 和 H_2A_2 + HR 萃取 Ga^{3+} 的分配比 D

pH	分配比 D		
	H_2A_2（D2EHPA）	HR（$C_{5\sim7}$羟肟酸）	H_2A_2 + HR
0.00	0.00014	0.0135	0.295
0.51	0.049	1.470	29.51
0.98	0.151	10.233	741.3
1.48	5.130	47.860	8317

D2EHPA 与 $C_{5\sim7}$ 羟肟酸组成的协萃体系，在较低的酸度下有利于镓的萃取，在较高的酸度下则有利于锗的萃取。因此，可在 pH 为 0.3 时，使用 10% D2EHPA + 1.0% YW100 萃取锗，在 pH 为 1.38 时，使用 10% D2EHPA + 1.25% YW100 萃取镓，且镓萃取率大于 96%。镓的反萃比较容易，可用 2.25 mol/L H_2SO_4 将其 100% 反萃。YW100 用量低、价格便宜，其经济成本比单宁沉锗法及盐酸介质 A101(N，N – 二混合烷基乙酰胺)萃镓法的低。

6.10 几种新型萃取剂

6.10.1 三唑类化合物

1 – {[2 – (2，4 – 二氯苯基) – 4 – 丙基 – 1，3 – 二氧戊环 – 2 – 基]甲基} – 1 – 氢 – 1，2，4 – 甲苯三唑类化合物(CS)可从盐酸溶液中提取镓(Ⅲ)，在 5 ~ 10 mol/L 的 HCl 溶液中，镓(Ⅲ)以阴离子交换反应被萃取 ($SHCl_{(org)}$ + $GaCl_4^-$ $\Longleftrightarrow$ $SH \cdot GaCl_{4(org)}$ + Cl^-)[108]。从图 1 – 35 可知，浓度为 5 ~ 10 mol/L 的 HCl 对 Ga(Ⅲ)、In(Ⅲ)、Al(Ⅲ) 的萃取顺序为：Ga(Ⅲ) > In(Ⅲ) > Al(Ⅲ)，因此通过改变溶液酸度，CS 可选择性地萃取 Ga(Ⅲ)。

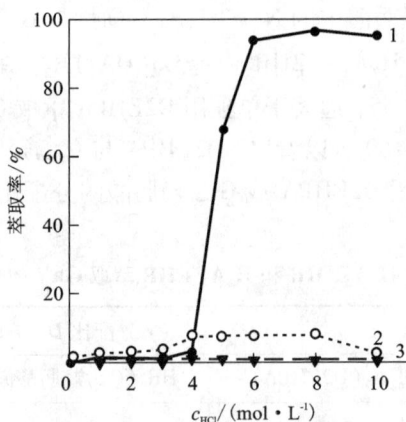

图 1 – 35 酸度对 CS 萃取镓的影响

1—Ga(c_{Ga} = 0.002 mol/L；c_S = 0.006 mol/L；t = 5 min)；2—In(c_{In} = 0.005 mol/L；c_S = 0.015 mol/L；t = 30 min)；3—Al(c_{Al} = 0.005 mol/L；c_S = 0.015 mol/L；t = 30 min)

6.10.2 离子液体

用两种质子化离子液体甲基 – 三辛基胺 – 二 – (三氟甲基磺酰胺)［TOAH］

[NTf$_2$]和三辛基硝酸铵[TOAH][NO$_3$]的混合物从盐酸体系中对铝(Ⅲ)、镓(Ⅲ)和铟(Ⅲ)萃取,当盐酸浓度为 4 mol/L 或更高时,镓(Ⅲ)几乎可定量萃取,反萃剂为硝酸溶液。镓(Ⅲ)的萃取率随混合离子液体中[TOAH][NO$_3$]比例的增加而增加,可以通过调节离子液体的比例,从有过量铟(Ⅲ)的盐酸体系中分离与回收镓(Ⅲ)[109]。

研究发现,离子液体[三甲胺乙内酯][二-(三氟甲磺酰)—亚胺](简写为[Hbet][Tf$_2$N])和水组成的二元混合体系具有较高的上限临界溶解温度(UCST,55℃)[110]。在 55℃ 时,离子液体和水是均匀混合的。该溶剂体系提取金属离子是利用相转换原理,用离子液体作为有机相,两性离子表面活性剂(三甲胺乙内酯)作为萃取剂。该萃取体系能提取 Ga^{3+}、In^{3+} 与三价稀土离子,尤其可更好地将 Sc^{3+}、Ga^{3+} 和 In^{3+} 提取到离子液体相中。这种新型的金属萃取体系,避免了使用黏性的离子液体对金属离子的交联作用。

6.10.3 吡啶类萃取剂

研究发现,0.33 mol/L 2-辛基氨基吡啶(2-OAP)氯仿溶液可从 6~9 mol/L 的 HCl 体系中定量萃取镓,在 pH = 4 的弱酸溶液中,2-OAP 可将镓与铁分离。镓也可以从有机酸或矿物酸介质中被 2-OAP 定量提取[111]。

6.10.4 杯芳烃类萃取剂

乙酰衍生物六杯芳烃的二甲苯溶液能从金属离子混合物中选择性地分离镓(Ⅲ)[112],在 pH = 3.5 时,用含有 0.0001 mol/L 乙酰衍生物六杯芳烃的二甲苯溶液萃取镓(Ⅲ),8 min 即可达到萃取平衡。在 A∶O = 1∶1 的条件下,萃取镓不受大量的杂质离子干扰,生成萃合物[HGaCl$_4$·3(HR)]$_{(org)}$,其萃取反应为:

$$GaCl_4^- + 3[HR] + H^+ = [HGaCl_4 \cdot 3(HR)] \tag{1-79}$$

用 0.1 mol/L HCl 可定量反萃镓,也可以用低浓度的矿物酸进行反萃取。该方法简单可靠且选择性高,适用于混合物中痕量镓(Ⅲ)的分离和测定。

6.10.5 罗丹明 B 萃取体系

罗丹明 B-正丙醇-氯化钠萃取体系可分离和富集镓(Ⅲ)[113]。当溶液中罗丹明 B、氯化钠和正丙醇的浓度分别为 0.4 g/L、0.2 g/mL 和 30%(体积分数),且盐酸浓度为 0.05~1 mol/L 时,GaCl$_4^-$ 的萃取率可达到 97.7% 以上,而 Fe^{2+}、Co^{2+}、Mg^{2+}、Ag$^+$、Cu^{2+}、Ru^{3+}、Ni^{2+} 和 Cr^{3+} 基本不被萃取,可实现 Ga^{3+} 与上述金属离子的分离。Ag$^+$ 生成 AgCl 沉淀在水相底部而不被萃取,但 Au^{3+} 由于萃取率高而不能和 Ga^{3+} 分离。二元及多元混合体系中 Ga^{3+} 与其他金属离子的分离结果,见表 1-61、表 1-62。

表1-61　二元混合体系中金属离子的分离和测定结果

混合离子	金属离子加入量/μg		水相中金属离子含量/μg		萃取率 E/%	
	Ga	Me	Ga	Me	Ga	Me
$Ga^{3+} - Fe^{2+}$	100	500	1.8	478.1	98.2	4.4
	100	1000	2.1	961.3	97.9	3.9
$Ga^{3+} - Co^{2+}$	100	500	1.5	473.7	98.5	5.3
	100	1000	1.7	951.9	98.3	4.8
$Ga^{3+} - Mg^{2+}$	100	500	2.3	500.8	97.7	-0.2
	100	1000	1.1	999.4	98.9	0.1
$Ga^{3+} - Ag^{+}$	100	500	2.2	502.3*	97.8	-0.5
	100	1000	1.3	999.9*	98.7	0.0
$Ga^{3+} - Cu^{2+}$	100	500	1.9	481.6	98.1	3.7
	100	1000	1.2	968.8	98.8	3.1
$Ga^{3+} - Ru^{3+}$	100	500	2.0	485.5	98.0	2.9
	100	1000	2.2	975.2	97.8	2.5
$Ga^{3+} - Ni^{2+}$	100	500	2.1	472.1	97.9	5.6
	100	1000	1.4	958.7	98.6	4.1
$Ga^{3+} - Cr^{3+}$	100	500	2.3	491.2	97.7	1.8
	100	1000	1.6	978.6	98.4	2.1

注：Me 表示除 Ga^{3+} 以外的其他金属离子；*表示沉淀。

表1-62　多元混合体系中金属离子的分离和测定结果

体系	混合离子	离子加入量/μg	水相中测出的离子量/μg	萃取率 E/%
1	Ga^{3+}	200	4.3	97.9
	Fe^{2+}	500	474.3	5.1
	Co^{2+}	500	475.5	4.9
	Mg^{2+}	500	498.7	0.3
	Ag^{+}	500	501.9*	-0.4

续表 1 – 62

体系	混合离子	离子加入量/μg	水相中测出的离子量/μg	萃取率 E/%
2	Ga^{3+}	200	3.6	98.2
	Cu^{2+}	500	479.6	4.1
	Ru^{3+}	500	483.3	3.3
	Ni^{2+}	500	469.7	6.1
	Cr^{3+}	500	491.4	1.7

注：＊表示沉淀。

6.10.6　印迹类固相萃取剂

表面印迹技术是分子印迹技术中的一种，其特点是结合位点分布在表面上，从而有利于模板分子的脱除和结合。用表面印迹技术合成了一种镓离子印迹的多壁碳纳米管复合吸附剂，用于从含镓(Ⅲ)的溶液中固相萃取分离镓[114]。Ga(Ⅲ)印迹聚合物合成是通过以 Ga(Ⅲ) – 8 – 羟基喹啉化合物为模板分子，甲基丙烯酸(MAA)为单体，乙二醇二甲基丙烯酸酯(EGDMA)为交联剂，2, 2 – 偶氮二异丁腈(AIBN)为引发剂的。洗去与多壁碳纳米管/8 – 羟基喹啉作用的 Ga(Ⅲ)后，即得到了镓(Ⅲ)印迹的碳纳米管复合材料。该印迹吸附剂对镓的最大静态吸附容量为 58.8 mmol/g。在铝(Ⅲ)的存在下，对镓(Ⅲ)最大的选择性系数大于 57.3。该印迹吸附剂对 Ga(Ⅲ)具有良好的印迹效果，印迹因子为 2.6，对 Al(Ⅲ)和 Zn(Ⅱ)的选择性因子分别是 2.4 和 2.9。印迹固相萃取方法已成功地应用于粉煤灰样品中痕量镓(Ⅲ)的检测与分离。

6.10.7　萃淋树脂

除在 6.6 节所述的偕胺肟萃淋树脂外，在硫酸体系中，P507 萃淋树脂可固相萃取分离 Zn(Ⅱ)、Ga(Ⅲ)和 In(Ⅲ)。当溶液 pH = 2 时，In(Ⅲ)首先被萃取，Zn(Ⅱ)、Ga(Ⅲ)不被萃取，负载 In 的树脂用 2 mol/L HCl 洗脱；萃 In 后溶液调至 pH = 3 时，Zn(Ⅱ)和 Ga(Ⅲ)两种金属离子共萃取，再用 0.1 mol/L 和 0.25 mol/L HCl 分别洗脱 Zn(Ⅱ)和 Ga(Ⅲ)。In(Ⅲ)和 Ga(Ⅲ)的萃取量分别为 47.2 mg/g 和 31.0 mg/g。萃取流程如图 1 – 36 所示，通过两次树脂柱的吸附，三种元素可完全分离[115 – 117]。

Ga(Ⅲ) + In(Ⅲ) + Zn(Ⅱ)
柱1, pH = 2

吸附 In(Ⅲ) 的柱 1
2 mol/L HCl
水相 In(Ⅲ)

流出液 Ga(Ⅲ) + Zn(Ⅱ)
柱2, pH = 3

吸附 Ga(Ⅲ)、Zn(Ⅱ) 柱 2
水相 Zn(Ⅱ)
0.1 mol/L HCl

吸附 Ga(Ⅲ) 的柱 2
流出液 Zn(Ⅱ)
0.25 mol/L HCl

流出液 Ga(Ⅲ)

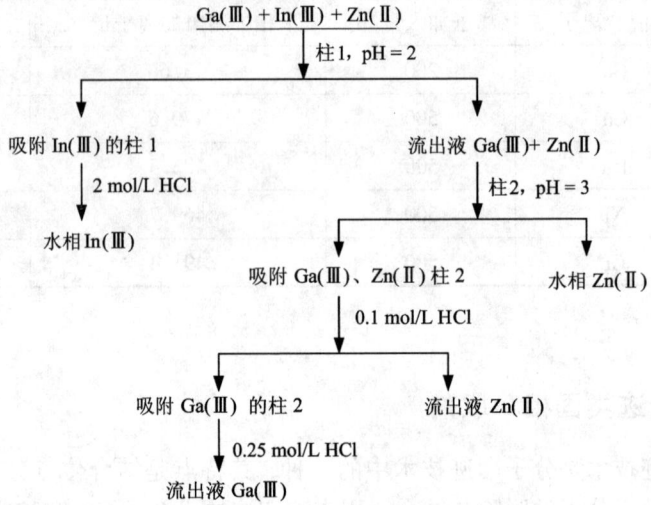

图 1-36   P507 萃淋树脂从硫酸体系中分离回收 Zn(Ⅱ)、Ga(Ⅲ) 和 In(Ⅲ) 的流程图

第7章　金属镓与高纯镓及镓 MO 源制取

习惯上将金属镓按纯度分为工业品和高纯品,高纯镓纯度须大于 99.999%(即 5N)以上。

7.1　电解制取金属镓

镓的水溶液不溶阳极电解(电积)是制取纯度 99.99% 以下工业品金属镓的基本方法,在酸性或碱性溶液中都可进行,通常以在碱性溶液(一般为 NaOH)中电解居多。电解质为镓酸钠溶液,用 NaOH 溶解 $Ga(OH)_3$ 制得,各种含镓物料提取金属镓几乎都是得到 $Ga(OH)_3$ 中间体后,最后碱溶造液电解提镓:

$$Ga(OH)_2 + NaOH \underline{\hspace{1.5em}} NaGaO_2 + 2H_2O \qquad (1-80)$$

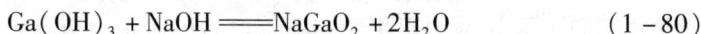

视中间体 $Ga(OH)_3$ 产物含杂质种类和数量的不同,通常均需在多次碱溶净化除杂才能得到合格的镓电解原液。对于某镓精矿[主成分 $Ga(OH)_3$],含镓 2.65%,用 16% 的 NaOH 溶解,在液固比 5:1~7:1、90℃ 的条件下,镓溶解率为 96.2%。加入 Na_2S 除去重金属离子后,得到的净化液成分为: Ga 8.01 g/L,V 1.6 g/L,Fe 0.015 g/L,Mn 0.055 g/L,Cr 0.022 g/L,Pb < 0.0005 g/L[51]。而对于品质更差且镓品位低的 $Ga(OH)_3$ 镓精矿,则采用酸溶—萃取的方法予以提纯,例如,对含镓 1.33% 的镓精矿[主成分为 $Ga(OH)_3$],用 6 mol/L HCl 溶解后再经 TBP 萃取、水反萃得到含 Ga 1.41 g/L、Fe 0.31 g/L、V 0.006 g/L、Mn 微量的溶液[51]。

电解要获得合格的金属镓,除镓电解液须净化合格外,镓浓度要在 0.2 g/L 以上[20, 25]。随电解过程中镓不断析出,电解液中镓浓度越来越低,因此起始镓电解液的镓浓度通常控制在 10 g/L 以上。

镓电解基本控制条件为:电解液含 NaOH 150~200 g/L、镓浓度不小于 0.2 g/L,以不锈钢片(或液态镓)为阴极,不锈钢片或镍片作阳极,极间距 20~40 mm,在温度 40~60℃、电流密度 500~2000 A/m²、槽电压 3~4 V 条件下电解。电解过程中,金属镓不断在阴极表面析出,由于电解液温度在镓熔点以上,析出的为液态镓,当附着在阴极的镓积累到一定量后便会自动落入槽底的金属镓收集器。在碱性介质中,其电解反应如下:

阴极:

$$GaO_2^- + 2H_2O + 3e \Longrightarrow Ga \downarrow + 4OH^- \quad E^\ominus = -1.22 \text{ V} \quad (1-81)$$

阳极：

$$4OH^- - 4e \Longrightarrow O_2 \uparrow + 2H_2O \quad (1-82)$$

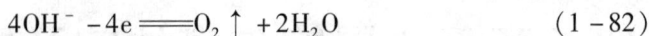

在阴极上可能发生的副反应为：

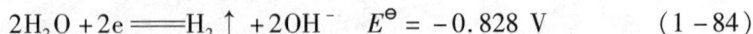

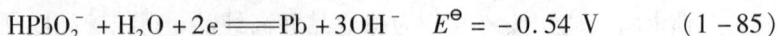

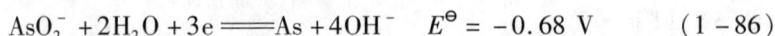

$$ZnO_2^{2-} + 2H_2O + 2e \Longrightarrow Zn + 4OH^- \quad E^\ominus = -1.216 \text{ V} \quad (1-83)$$

$$2H_2O + 2e \Longrightarrow H_2 \uparrow + 2OH^- \quad E^\ominus = -0.828 \text{ V} \quad (1-84)$$

$$HPbO_2^- + H_2O + 2e \Longrightarrow Pb + 3OH^- \quad E^\ominus = -0.54 \text{ V} \quad (1-85)$$

$$AsO_2^- + 2H_2O + 3e \Longrightarrow As + 4OH^- \quad E^\ominus = -0.68 \text{ V} \quad (1-86)$$

电解液中，电位比镓要正的杂质离子(如锌、铅、砷等)应在电解前深度除去，如果溶液中含铅量过高，则金属镓产品中含铅量会达到0.035%[3]。

氢的析出标准电位远比镓的正，但在不同的电极材料和不同的电流密度下，H_2析出的超电位显著不同，且析出过程也较复杂。在镍阴板上，H_2的析出电位为 -1.30 V，在不锈钢阴板上为 -1.40 V，但当镓开始析出，即在阴板表面覆盖了一层金属镓后，析H_2反应便停止[118]，表明此时电极已转为金属镓，由此认为H_2在金属镓上的析出超电位要比不锈钢电极或镍电极大得多，因而正常电解时是析出镓而不是H_2。氢析出的超电位也与电流密度有关，为了抑制H_2的析出，有研究认为镓在镍阴极板析出的最佳电流密度为 $400 \sim 500$ A/m^2，而在不锈钢阴极板上则为 $4000 \sim 6000$ A/m$^{2[25, 118]}$。尽管如此，由于实际电解过程中存在电流分布不均匀及浓差极化等问题，H_2析出仍难以避免。为减少H_2的析出，电极表面需先镀一层镓，同时宜在较高的电流密度下电解。

某电解镓实例：电解液中起始镓含量为 20.28 g/L，用不锈钢片作电极，电流密度为 $1700 \sim 2900$ A/m^2，温度为 $50 \sim 60$℃，极间距为 $25 \sim 28$ mm，槽电压为 $3.2 \sim 4.0$ V，电解至溶液中镓含量降至 1.99 g/L 为止，获得金属镓品位为 99%。电解镓再用 HCl 煮洗多次，品位提高到 99.96%[51]。

7.2 高纯镓的制取

高纯金属通常指纯度在 99.999% 以上的金属，而对于高纯镓，这样的定义则过于宽泛。按用途来划分则比较明确，纯度 99.9999%，即 6N 级的镓主要用在掺杂的半导体晶体(如 GaAs 等)上，可称为电子级镓，E – Ga；7N 级镓用于集成电路衬底，称为电路级镓，IC – Ga；8N 级以上用于分子束外延源，称为分子束外延级镓，MBE – Ga[119]。高纯镓纯度行业认可的检测方法是用辉光放电质谱仪(GDMS)检测。对于 IC – Ga，除 C、N、O、Ta 外，主要有害杂质元素含量应在 5×10^{-7}% 以下；其余杂质元素含量均应低于检测限；对于 MBE – Ga，除 C、N、O、Ta 外，全部杂质元素含量均应小于检测限[119]。$5 \sim 6$ N 级高纯镓一般可用电解法制取；6～8 N 级高纯镓则可用结晶法(包括区熔)制取；对于有特定杂质元素要求的高纯镓，则通过 GaCl₃ 法或有机镓热分解法制得。实际生产中，单一的方法都不能完全满足高纯镓的制取要求，通常是采用多种方法交替组合运用。

7.2.1　粗镓煮洗除杂

高纯镓的提纯通常采用 99.99% 纯度的粗镓为原料。镓熔点低，仅为 29.8℃，在镓熔点以上温度用酸或碱溶液搅拌煮洗液态镓，大多数情况下可将杂质大部分溶出而除去，这是金属镓提纯较简便之处，该方法还适用于镓电解精炼产出的阳极残镓除杂。欲脱除的杂质必定要优先于镓溶于酸或碱，否则将使镓大量溶出。煮洗除杂特别是针对后续电解和结晶工艺难以分离的杂质，例如锌，由于锌电极电位与镓相近，而分凝系数又接近 1，故电解法和结晶法脱锌的效果均不好，采用酸溶煮洗来脱锌则更为有效。用酸或碱作用于镓，不可避免地会造成部分镓溶解损失，故一般情况则不宜用此法对粗镓作深度除杂。

酸溶或碱溶除杂，一般采用 2 mol/L 的 HCl 或 10～20 g/L NaOH 溶液(视欲除杂元素而定)，在 60～90℃ 温度下对金属镓搅拌煮洗，然后用热水将金属镓洗涤多次，最后用多孔过滤膜将金属镓过滤干净。用 HCl 煮洗除杂反应较温和，镓溶解损失小，能除去锌、铜、铅、铟等杂质，而 H₂SO₄ 或 HNO₃ 氧化性强，对镓作用较强烈，镓溶解损失严重，一般不宜选用。

7.2.2　镓电解精炼

欲提纯的粗镓为阳极，高纯镓为阴极，在酸性介质或是碱性介质中均可进行电解精炼，通常是在碱性介质中电解。电解液为 NaGaO₂ 和 NaOH 的混合水溶液，温度在镓熔点以上。电解过程中阳极和阴极均为液态金属镓，电解槽的构造有别于固态金属的电解，一种镓电解槽的结构示意图如图 1-37 所示。

电解槽为圆筒状，用聚四氟乙烯塑料制成，中间设置一圆环隔板，分隔出阳极区和阴极区，用铂导线插入液态金属镓中，作接通电源用。铂导线浸没在电解液中的部分作绝缘包覆处理，以不与电解液接触。电解起始时，分别在阴极和阳极注入高纯镓和欲电解的粗镓，且使高纯镓和粗镓的上部浸没在电解液中。在电解过程中，阳极镓不断溶解进入溶液，电解液中的 GaO_2^- 不断在阴极镓上还原析出金属镓，在碱性介质中，电极反应为：

阳极：

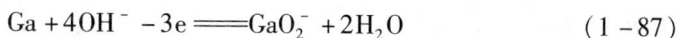

$$Ga + 4OH^- - 3e \Longrightarrow GaO_2^- + 2H_2O \qquad (1-87)$$

阴极：

$$GaO_2^- + 2H_2O + 3e \Longrightarrow Ga + 4OH^- \qquad (1-88)$$

在阳极区，析出电位比镓要负的杂质金属随镓溶解进入电解液，比镓析出电

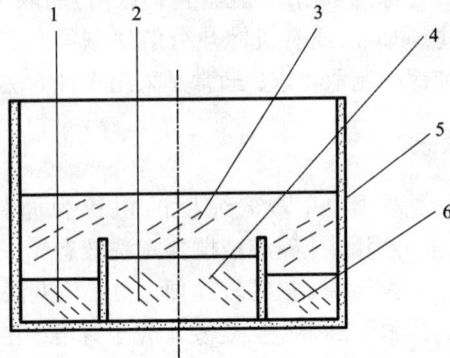

图 1 - 37   镓电解槽的结构示意图

1、2—铂电极；3—电解液；4—阳极镓；5—电解槽体；6—阴极镓

位要正的杂质残留在阳极镓形成阳极泥。

镓及主要杂质在碱性介质和酸性介质中析出金属的标准电极电位，见表 1 - 63。

表 1 - 63   镓及主要杂质析出金属的标准电极电位   V

元素	Ca	Na	Mg	Al	Si	Ga	Zn	Pb
碱性介质，$E^{\ominus}$	- 3. 02	- 2. 712	- 2. 67	- 2. 35	- 1. 73	- 1. 22	- 1. 216	- 0. 54
酸性介质，$E^{\ominus}$	- 2. 87	- 2. 714	- 2. 37	- 1. 66	- 0. 86	- 0. 53	- 0. 763	- 0. 126

元素	Cu	H	Ag	Fe	Co	Ni	As	—
碱性介质，$E^{\ominus}$	- 0. 224	- 0. 828	0. 344	- 0. 877	- 0. 73	- 0. 66	- 0. 68	—
酸性介质，$E^{\ominus}$	0. 337	0. 00	0. 799	- 0. 43	- 0. 277	- 0. 25	0. 247	—

由表 1 - 63 可见，在碱性介质中，锌的标准析出电位与镓的十分接近，易在阴极析出，在实践中也证明镓电解难以分离脱除锌。但若在酸性介质中电解镓，镓与锌的标准析出电位之差较碱性介质中有所扩大，因此，在酸性介质中电解镓则有可能分离锌。在实践中，选择在碱性介质或酸性介质中分别对镓电解精炼，对杂质会有不同的分离脱除效果。

镓电解条件为：电解液含 Ga 30 ~ 60 g/L、NaOH 100 ~ 200 g/L，电解温度为 35 ~ 70℃，电流密度为 200 ~ 450 A/m²，对于制备 6N 级高纯镓，电流密度宜控制为 200 ~ 300 A/m²[3, 120]。

电解镓前先进行电解造液，在阳极区装入煮洗净化后的粗镓，加入光谱级 NaOH 配制成的 NaOH 溶液，通电进行电解以使阳极镓溶解进入溶液。电解造液采用高电流密度电解，溶液中大部分的 Pb、Zn、Sn、Fe 等杂质可电解除去，当溶液中 Ga 浓度为 30～60 g/L 时表示达到造液终点，然后取出阴极区析出的金属镓，再加入高纯镓作初始电极，开始镓电解精炼。

在碱性介质中，H_2 的析出标准电位为 -0.828 V，比镓的要正，故镓析出的同时也存在 H_2 析出的可能。H_2 在镓电极析出的超电位随电流密度降低而减少，因此在低电流密度下电解镓可能发生 H_2 析出，如在电流密度为 100 A/m² 时，可观察到 H_2 在阴极析出[120]。在高电流密度下电解镓时同样也存在 H_2 析出问题，但此时的原因是镓的离子浓度低及扩散困难造成的浓差极化。H_2 析出带来的后果是扰动电解液，造成阳极泥漂浮到溶液中，从而影响产品镓质量，同时使电流效率降低，也因气体逸出带出溶液而使镓蒸发损失增加。

一些杂质金属在镓电解中的行为受电流密度的影响较大，见表 1 - 64[120]。

表 1 - 64　电流密度与阴极镓中杂质含量的关系　　　　　　　　　10⁻⁶

电流密度/(A·m⁻²)	Pb	Fe	Zn	Sn
87	1.7	0.81	0.16	0.11
257	0.009	0.008	0.007	0.005
324	0.012	0.004	0.004	0.002
380	0.023	0.014	0.012	0.008
450	0.35	0.41	0.06	0.011
520	2.05	2.7	0.53	0.92

注：电解温度为 40～55℃，NaOH 浓度为 130～150 g/L。

当电流密度较小时，析出电位比镓正的杂质，因超电位变小而易在阴极析出；而电流密度过大时，阳极镓溶解加快，镓离子来不及扩散，使阳极镓表面 GaO_2^- 浓度局部过饱和结晶覆盖电极，造成阳极钝化。当电流密度超过 500 A/m² 时，槽电压从 2～3 V 急剧升高到 10 V 以上。因此，电流密度宜为 200～300 A/m²[120]。反向周期电解是消除阳极钝化较好的方法。

电解液 NaOH 浓度控制在 100～160 g/L，过低时溶液的电导率小，槽电压升高，杂质易析出；过高则易造成局部 NaOH 饱和结晶。

此外，应定期将阳极镓表面的浮渣清出，以保持镓阳极表面清洁、保证电解镓过程稳定。4 N 级粗镓经 2 次电解，通常可得到 6 N 级高纯镓。

7.2.3　结晶法制取高纯镓

对液态镓反复多次结晶（凝固）可将镓提纯。镓熔点只有 29.7℃，用结晶法提纯镓不仅操作方便，而且应用广泛，通常用于电解的高纯镓进一步提纯，在一些场合也可替代粗镓的电解精炼及阳极残镓的处理。结晶的方法包含部分结晶法、定向结晶法、区域熔炼法等，其原理均相同。

结晶法对某一杂质的分离效果用分凝系数(或偏析系数)K来判断，K值为某一杂质在主体物质中的固相平衡浓度C_s与液相平衡浓度C_1之比，即$K = C_s/C_1$。$K \approx 1$时，杂质在液相与固相中的浓度大致相当，结晶法对该杂质不产生提纯效果；K值越偏离1，杂质分离效果越好，$K < 1$时，该杂质在固相的浓度小于液相浓度，则可以通过结晶得到被提纯的固相产物。不同研究实测的镓中杂质的K值见表6-3[119, 121-122]，可见Cu、Hg、Sn、Pb用结晶法可有效分离，而Zn、Cd、Fe、Se分离效果一般，Al则不能分离。

表1-65　镓中杂质的分凝系数K值

K值 \ 杂质	Al	Cu	Hg	Sn	Pb	Zn
研究1	—	0.025	0.014	0.049	0.011	0.145
研究2	1.000	0.003	—	0.01	0.06	0.20

K值 \ 杂质	In	Ag	Cd	Fe	Se	—
研究1	0.075	0.044	—	—	—	—
研究2	0.080	0.007	0.480	0.35	0.26	—

某一杂质在结晶固相的浓度与固相析出产率有关，其表达式为[119]：

$$C = KC_0(1-g)^{(K-1)} \qquad (1-89)$$

式中：C为某固相杂质的平衡浓度；K为分凝系数；C_0为杂质的原始浓度；g为析出的固相质量与原料总质量之比。

由此可见，从熔体中析出的固相产率越大，获得的固相产物中杂质的浓度就越高，因此结晶法单次获得的提纯物不能过多，需要多次重复结晶才能取得较好的效果。结晶法的缺点是效率低、结晶次数多、中间产物多等。

结晶法提纯镓最简单，其中应用最广的操作方式是部分凝固法。结晶器为一圆筒状的容器，外壁设置热交换器以分时段通入热水或冷却水，使金属镓熔化和凝固，或将容器浸入一水浴中，通过水浴来控温。容器内置入欲提纯的金属镓，通过外壁加热使其完全熔化，然后用冷水冷却外壁，使靠近外壁的镓逐渐由外向内凝固，到凝固的最后阶段，将容器中间未凝固的液态镓抽出后加热以将外壁沉积的镓熔化，重复"熔化—部分凝固"过程，直至镓的纯度达到合格指标。

结晶器的材质选用有机玻璃、聚乙烯、聚四氟乙烯等有机材料，而玻璃可能会因金属镓凝固时体积膨胀造成玻璃容器胀裂。有机玻璃的热导率虽比聚乙烯和聚四氟乙烯小，但易加工且方便使用。

镓部分凝固法提纯主要是控制结晶温度与固体镓结晶析出的数量。结晶温度宜控制为 $15\sim25℃$[121-122]，温度过高，结晶速度慢，反之，晶体析出过快，杂质在固相与液相之间的转移不充分，提纯效果变差，且晶粒尺寸过小易夹带液态镓，一般成长良好的晶粒粒度为 $10\sim20$ mm。结晶温度对镓结晶的影响见表 1-66[122]。

表 1-66　结晶温度对镓结晶的影响

温度/℃	10	15	20	25
晶粒尺寸/mm	18~21	15~18	10~13	13~16
结晶状况	数量多，不均匀	均匀	均匀	较少

在结晶过程中控制镓每次析出固相产物的产率是获得合格品的重要方式，镓结晶过程的不同阶段，析出的固相产物中杂质含量的变化见表 1-67[121]。可见，Mg、Ni、Cu、Pb、Fe 在结晶末期会重新进入固相，因此不能过度结晶；而 Zn 在各个阶段变化不大，表明结晶法对 Zn 的分离效果不好。

表 1-67　不同结晶阶段固相镓含杂质的情况　　　　　　　　　　10^{-6}

元素	原料	结晶前期	结晶中期	结晶末期
Mg	0.01	<0.005	<0.005	0.01
Cr	0.007	0.007	0.007	0.009
Mn	0.002	<0.002	<0.002	<0.002
Ni	0.07	0.02	0.03	0.1
Cu	0.1	0.03	0.08	0.3
Zn	<0.009	<0.01	<0.01	0.01
Sn	0.01	<0.005	<0.005	<0.005
Pb	0.1	0.03	0.1	0.3
Fe	0.06	0.02	0.02	0.09

用部分凝固法提纯镓，在结晶温度20℃下，经7次重结晶，每次结晶过程控制镓凝固率为90%，得到结晶产品的总产率为47.83%，所得提纯镓的杂质含量见表1-68[122]。

表1-68　部分凝固法提纯镓的试验结果

元素	粗镓/10^{-6}	产品镓/10^{-6}	杂质脱除率/%
Pb	2.751	<0.030	98.91
Cu	5.122	<0.040	99.22
Sn	<0.329	<0.060	81.76
Mg	<0.386	0.190	50.78
Mn	0.592	<0.006	98.99
Cr	0.82	<0.020	97.56
Ni	<0.243	<0.030	87.65

在直径为60 mm的圆底结晶器中，冷端温度为9℃，粗镓重复3次结晶，其中结晶次数与结晶析出的固体镓中杂质含量变化的关系见表1-69[123]。

表1-69　结晶次数与结晶析出的固体镓中杂质含量变化的关系

结晶次数	结晶数量/g	杂质含量/10^{-6}							
		Cu	Pb	Zn	Al	Fe	Sn	Ni	Ca
原料	500	4.0	2.3	<0.5	0.6	<0.5	<0.5	<0.5	<0.5
第1次	302.2	2.7	1.5	<0.5	1.1	<0.5	<0.5	<0.5	<0.5
第2次	196.5	1.6	0.6	<0.5	1.1	<0.5	<0.5	<0.5	<0.5
第3次	107.8	0.9	<0.5	<0.5	0.9	<0.5	<0.5	<0.5	<0.5

由于用ICP-OES分析，大部分杂质已在检测限以下，未能精确反映结晶次数与杂质含量变化的关系，但仍可见，随结晶次数的增加，Cu、Pb含量逐步降低，而Al则无明显变化。

结晶温度和结晶时间对杂质(Cu、Pb、Al)含量的影响[123]见表1-70和表1-71。

表 1 - 70　35℃镓液在不同温度下结晶 30 min 析出的杂质含量　　　10^{-6}

温度/℃	Cu	Pb	Al
5℃	2.4	1.2	1.0
9℃	1.4	0.5	0.9
13℃	1.9	0.6	1.0

表 1 - 71　35℃镓液在冷端结晶温度为 9℃下结晶时间与析出的杂质含量的关系 10^{-6}

时间/min	Cu	Pb	Al	镓结晶析出率/%
15	2.2	0.7	0.8	10.32
30	1.4	0.5	0.9	26.9
45	1.5	0.6	1.0	47
60	1.6	0.6	0.9	60
75	1.8	0.7	0.9	74

由表 1 - 71 可知，随结晶时间延长，镓结晶析出率增加，当时间过长时，一些杂质会重新进入提纯的镓固相中而影响产物的质量。

一种用部分凝固结晶法制取高纯镓的实用装置如图 1 - 38 所示。该装置可使工艺操作更加方便且更有效率[3]。

其结构与工作过程是：一个用聚四氟乙烯制成的结晶器圆筒，下部装有铜制热交换器，热交换器表面用有机薄膜覆盖严密，以避免与金属镓液接触。结晶器储料桶内装有带筛孔的圆形刮板，能上下移动。结晶器圆筒整体浸入水浴中，且换热器与水浴间做绝热处理。将 35℃欲提纯的金属镓通过导管加入到结晶器中并用 3 mol/L HCl 覆盖保护。通入 15℃冷水到热交换器 1 min，此时金属镓在热交换器内壁表面冷凝结晶析出，待析出一定量后，热交换器再通入 40℃热水 20 s，使表面的镓熔化少许，启动刮板向上运动，将析出的镓刮离热交换器表面并推向筒体上部压实。重复上述过程，液体镓不断冷凝结晶，直至析出的固体镓数量达到 40%～50%。取出析出的固体镓用热水加热熔化，并用 3 mol/L 的 HCl 洗涤数次可得到回收率为 46.25%、纯度为 99.999975% 的高纯镓。重复部分凝固结晶法操作 1～2 次，可得到纯度更高的镓。

部分凝固结晶法提纯镓的工艺与设备简单，易于大规模生产应用，但镓冷凝结晶析出的比例由于难以精确控制，从而造成产品一致性差。而拉单晶法与区域熔炼法则较好地解决了部分凝固结晶法的不足，但其效率很低。

拉单晶法提纯镓的示意图如图 1 - 39 所示。将 7～10℃的高纯镓晶种引入

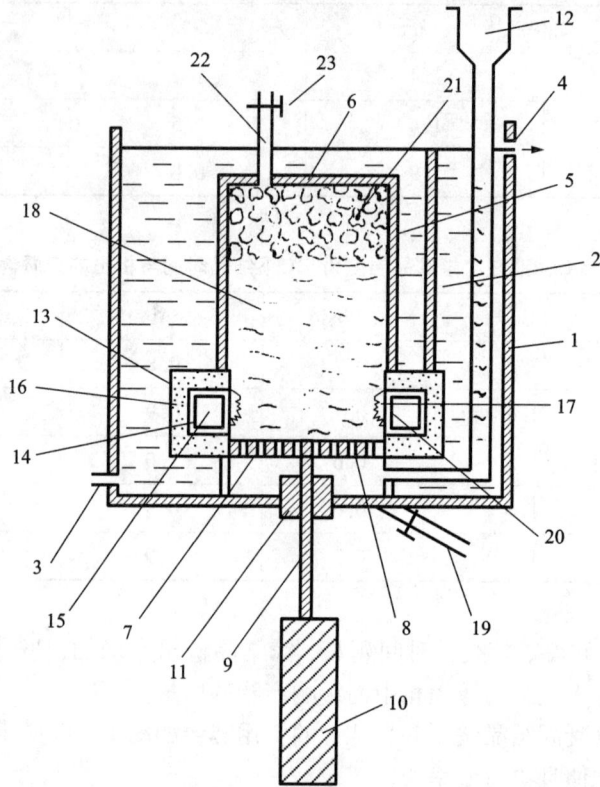

图 1 - 38　一种用部分结晶(凝固)法提纯镓的结晶装置

1—水浴槽；2—热水；3、4—水浴进、出口；5—结晶储料器；6—盖板；7—刮板；8—筛孔；
9—推杆；10—千斤顶；11—密封套；12—加料管；13、16—隔热套；14、15—铜换热器；
17—结晶面；18—液态镓；19—镓排出口；20—结晶镓；21—固态镓；22—排气管；23—阀门

38℃的粗镓中，籽晶轴转速 25 r/min，开始以 2.4~3.0 cm/h 的速度提拉，且每隔
30 min 降温 0.5℃，并保持拉速为 1~1.2 cm/h，由此便可得到高纯镓[123]。

　　也可采用区域熔炼法提纯镓：将粗镓置于一垂直放置的管中并降温以使其全
部冷凝成固体。加热线圈，使镓因局部受热而形成一小段熔区。向上移动加热线
圈，速度为 7.3 mm/h，反复提拉多次，杂质最终富集到上部的镓中，切除后得到
7N 级高纯镓[3]。由于镓熔点低，易过冷不凝固，实际冷凝过程要设置较大的温
度梯度，且镓锭也不能过于粗大。该方法的提纯效率低下，难于实现生产应用。

　　中国的高纯镓生产已达到较高的水平，南京金美镓业有限公司是我国最大的
高纯镓生产厂，年产能力为 150 t，其采用电解—结晶组合工艺生产的 7N 级高纯
镓中的主要杂质含量见表 1 - 72。

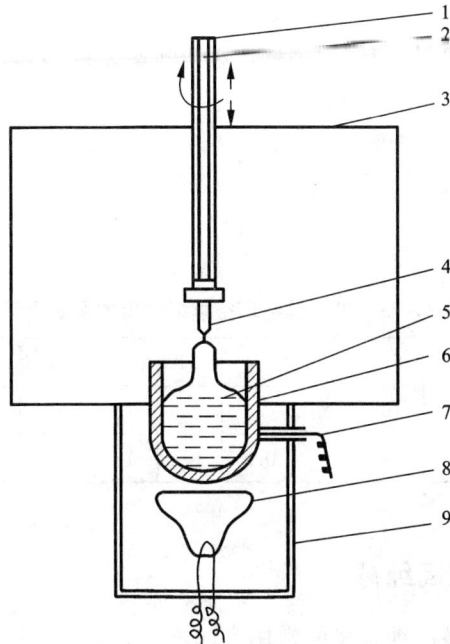

图1-39　Ga单晶炉示意图

1—籽晶轴(连接传动装置)；2—冷却水管；3—有机玻璃罩；4—籽晶；5—Ga熔体；

6—石英坩埚；7—热敏电阻(连接半导体点温度计)；8—红外加热器；9—保温套

表1-72　南京金美镓业有限公司生产的"超纯镓"(99.99999%以上)中的主要杂质含量 10^{-9}

元素	含量	元素	含量	元素	含量	元素	含量	元素	含量
C	55	N	150	O	60	F	<1	Na	<0.2
Mg	<0.2	Al	<0.2	Si	0.7	P	<0.2	S	<0.5
Cl	2	K	<5	Ca	<5	Ti	<0.05	V	<0.1
Cr	<0.2	Mn	<0.1	Fe	<0.1	Co	<0.1	Ni	<0.1
Cu	<0.5	Zn	<1	Ge	<30	As	<0.5	Ag	<50
Cd	<0.5	In	<0.5	Sn	<1	Sb	<0.5	Ce	<10
B	<0.1	Au	<10	Hg	<5	Pb	<0.5	Bi	<0.1

7.2.4　真空蒸馏提纯镓

金属镓沸点高，其蒸气压比大多数杂质的蒸气压要小很多，真空蒸馏镓可将蒸气压大的杂质挥发除去。真空蒸馏工艺主要用于脱除电解法和结晶法都不易脱除的杂质，镓直收率高并能有效消除金属镓表面的油膜，是值得重视的镓提纯方法，但高温下坩埚容器对产品易造成污染的问题不容忽视，由于该问题难以解决，因此该方法只能作为提纯镓的辅助手段。

在800～1000℃、真空度13.3 Pa的条件下，对品级为99.9999%的电解镓进行蒸馏精炼150～170 h，镓品位提高到99.99999%，真空蒸馏前后镓的杂质含量见表1–73[124]。

表1–73　电解镓经真空蒸馏前后的杂质含量　　　　10⁻⁸

元素	Zn	Ag	Cu	Ca	Al	Mg	Ni	Pb	Sn	Fe	Mn	Cr	Si
蒸馏前	5	6.4	6.4	10	5		5	16	16	10	2	5	40
蒸馏后	2	—	3.2	—	5	0.5		16	2.3	1.2	0.3		

7.2.5　间接法制取高纯镓

间接提纯法是制备高纯金属的常用方法之一。很多情形下，金属之间的物理性质和化学性质差异不大，故难以分离。若把它们转化成某种化合物，再利用这些化合物较大的性质差异，则可实现相互分离，最后再将其还原成金属，如高纯硅、高纯锗都是通过转化为氯化物来提纯的。

镓的间接提纯法主要有[3, 125]：

(1)三氯化镓精馏提纯再电解还原；

(2)三氯化镓区域熔炼提纯再电解还原；

(3)三溴化镓精馏提纯再熔盐电解；

(4)镓金属有机化合物热分解。

这些方法都存在工艺复杂、效率低的问题，除镓有机化合物的热分解法在制备 GaAs、GaN 器件中有所应用外，其余并未有工业应用。

$GaCl_3$ 与氯化物杂质之间的性质差异较大，特别是可通过蒸馏将 As、P、B、Si 等氯化物杂质脱除到极低的含量。对于电解法或结晶法不易脱除的杂质(如 Zn、Al 等)，用 $GaCl_3$ 蒸馏方式提纯分离是比较有效的方式。

先将粗镓制成 $GaCl_3$ 或回收镓半导体废料时制备成 $GaCl_3$($GaCl_3$ 沸点为201℃)，对 $GaCl_3$ 蒸馏，在低温段将低沸点的 As、Si、P、B 的氯化物蒸馏脱除，然后在 $GaCl_3$ 的沸点温度下将 $GaCl_3$ 蒸馏到气相再冷凝得到高纯的 $GaCl_3$，高沸点的杂质(如 Zn、Al、Fe 等)则残留在蒸馏残渣中。由于 $GaCl_3$ 遇水会生成 Ga_2O_3 和 HCl[3]，因此 $GaCl_3$ 的蒸馏应在无水环境下进行。蒸馏后的 $GaCl_3$ 用 HCl 溶液配制成电解液，以电解制得高纯镓。

卤化镓的熔盐电解方法值得研究。熔盐电解的好处在于，可通过在较大范围内改变电解温度来扩大杂质与镓析出电位差来提高分离效果，对一些用其他方法难脱除的杂质，熔盐电解精炼颇为有效。有研究对精制后的 $GaCl_3$ 进行熔盐电解，铂作阴极和阳极，电流密度为 $500 \sim 1000 \ A/m^2$，得到镓纯度为 99.99999%，其中杂质 Pb、Cu 的含量小于 10^{-7}，Zn 含量小于 $10^{-9[3]}$。由于 $GaCl_3$ 沸点低（仅 $201℃$），熔盐电解时 $GaCl_3$ 会大量挥发，因此选择 $GaBr_3$（沸点为 $280 \sim 300℃$）的溴盐体系进行熔盐电解较为合适。

镓的有机化合物热分解法主要应用于 GaAs、GaN、GaP 等镓半导体薄膜器件的制备。常用的镓金属有机化合物（MO 源）是三甲基镓 $Ga(CH_3)_3$。通过将镓制备成三甲基镓，进行低温蒸馏或分子筛吸附等方法分离杂质提纯到 6N 级纯度，最后在 $400 \sim 500℃$ 温度下热分解产出纯度极高的高纯镓。

7.3　三甲基镓(TMG)的制备

三甲基镓(TMG)，即 $Ga(CH_3)_3$，熔点为 $-15.8℃$，沸点为 $55.7℃$，是生产半导体发光器件、大规模集成电路及半导体激光器、太阳能电池等的 MO 源之一。MO 源的纯度、品质对外延片乃至最终的光电器件或电路器件有着很大的影响。

7.3.1　镓镁合金卤代烷法

用镓镁合金卤代烷法合成三甲基镓，再以配合物提纯法将三甲基镓解配提纯出来，以此方法可生产出高纯三甲基镓。镓镁合金卤代烷直接法[35]是一次性投料工业化制备三甲基镓的方法，其过程为：在充满惰性气体的反应器中，投入镓镁合金，在乙醚、四氢呋喃或甲基四氢呋喃溶剂存在的条件下，轻微搅拌，逐步滴加入卤代烷 CH_3Br 或 CH_3I，并控制卤代烷的滴入速度和控制溶剂回流速度，反应完成后，将溶剂蒸出，再用减压蒸馏得到三甲基镓与溶剂的加合物，最后解配得到三甲基镓。此方法的工艺反应简单、平稳，易于控制，反应产率高[126-127]。

反应总方程式为：

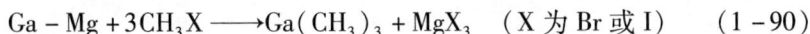

$$Ga - Mg + 3CH_3X \longrightarrow Ga(CH_3)_3 + MgX_3 \quad （X 为 Br 或 I）\qquad (1-90)$$

三甲基镓可以通过常规精馏来提纯制取。产物 TMG 和杂质化合物可能拥有相近的沸点，在这种情况下，可采用分子蒸馏和其他精密蒸馏法将产品提取到高纯程度[34]。

7.3.2　甲基铝法

先用卤代烷合成法合成甲基铝(TMA)，然后使甲基铝(TMA)和 $GaCl_3$ 反应可制得三甲基镓，反应式为：

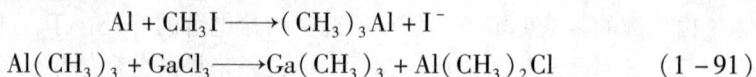

$$Al + CH_3I \longrightarrow (CH_3)_3Al + I^-$$
$$Al(CH_3)_3 + GaCl_3 \longrightarrow Ga(CH_3)_3 + Al(CH_3)_2Cl \qquad (1-91)$$

合成制备过程中选用的惰性溶剂需要满足制备合成反应体系的要求，其中惰性溶剂的沸点至少要比三甲基镓的沸点高10℃以上。制备反应必须在无水无氧的惰性环境条件下进行，一般选择氩气等惰性气体保护。合成温度一般控制为200~250℃，制备反应过程可以在常压、减压、加压等条件下进行。试剂在使用前需要经过严格处理，通过干燥法或共沸法等脱除水分。合成原料的脱水过程一般是将原料减压蒸馏，脱除主体溶剂中残留了少量水分。为加强脱水效果并强化整个合成制备过程的安全性，在减压蒸馏之后选择添加易吸收水分的无机盐作辅助干燥剂，如无水氯化钙、无水硫酸镁、硅胶、分子筛、无水硫酸钠等[128]。

7.3.3　电化学和配位体合成法

金属镓在溶有二甲镁的四氢呋喃溶液中时，可通过电解的方法制得三甲基镓与四氢呋喃的配合物。随后，在微波加热等条件下，将所获得的三甲基镓与四氢呋喃的配合物进行解配合，从而获得高纯度的三甲基镓成品[129]。该方法有利于三甲基镓的产品纯度控制，不需要后续繁复的分离提纯过程即可得到高纯度的三甲基镓产品，但在电解过程中需要消耗贵金属铂电极。贵金属铂电极在电解和化学试剂的双重作用下，会逐渐被腐蚀破坏，进而在三甲基镓成品中会混入铂金属杂质。混入三甲基镓制成品的杂质(如贵金属铂)，需要进一步精馏予以脱除。贵金属铂的消耗和精馏脱除会极大地增加三甲基镓的生产成本，因此，该合成制备方法目前很少在工业生产中应用。

自20世纪80年代以来，中国开始了三甲基镓化合物的实验室研发和工业生产及应用，目前我国三甲基镓的工艺生产技术已经成熟，镓镁合金卤代烷合成法的合成制备工艺简单，利于实际工业化生产，是当前三甲基镓工业生产采用的主要方法。

7.4　三乙基镓的制备

三乙基镓具有比三甲基镓蒸气压低、操作稳定、碳污染小等优点，在半导体晶体生长和制作外延器件时有重要的应用。

7.4.1　汞齐法

将 Ga、Mg、Hg 按一定的物质的量之比混合，经加热和冷却后，再用溶解在石油醚中的碘乙烷处理，就可获得三乙基镓($GaEt_3$)。由于汞毒性大、污染大，故应尽量避免采用此法。

7.4.2　三乙基铝法

用三乙基铝与三氯化镓反应制取三乙基镓，反应式为：

$$GaCl_3 + Al(C_2H_5)_3 \longrightarrow Ga(C_2H_5)_3 + AlCl_3 \qquad (1-92)$$

某一制备实例的具体步骤：46 mg 高纯金属镓（6N），在 180～190℃温度下，与高纯氯气反应，制取高纯三氯化镓；将已制备的三氯化镓用 20 mL 石油醚溶解，缓慢滴加到 234 mL 的三乙基铝溶液中，搅拌、加热回流 1 h，然后蒸馏出石油醚，再加入烘干的 KCl，搅拌反应 1 h，减压蒸馏，得到三乙基镓。

用三乙基铝制取三乙基镓的本质即是用一种金属有机化合物制备另一种金属有机化合物，其成本会很高，但由于三乙基铝是工业生产中的一种副产品，其来源广、产量高，故应用此方法有望使成本降低。

参考文献

[1] 车云霞. 化学元素周期系[M]. 天津：南开大学出版社，1999.

[2] 吴庆银，宋玉林，王恩波. 钨锗酸在丁酸丁酯合成中的应用[J]. 化学试剂，1993，03：187 – 191.

[3] 周令治，陈少纯. 稀散金属提取冶金[M]. 北京：冶金工业出版社，2008.

[4] 宋玉林，董贞俭. 稀有金属化学[M]. 沈阳：辽宁大学出版社，1994.

[5] Jutzi P. Aryl(dimethyl)gallium compounds and methyl(diphenyl)gallium：Synthesis，structure，and redistribution reactions[J]. Organometallics，2008，27(18)：4565 – 4571.

[6] 张国成，黄文梅. 有色金属进展(1996—2005)第五卷　稀有金属和贵金属[M]. 长沙：中南大学出版社，2007.

[7] 邓斌，王存嫦，徐安武. 硫酸镓催化法合成环己酮乙二醇缩酮[J]. 化学研究，2008，04：32 – 35.

[8] 陈丹云，王树立，何建英. 硫酸镓改性离子交换树脂催化合成异丁酸异丁酯[J]. 中国食品添加剂，2010，04：122 – 124.

[9] 段丽琴，宋金明，许思思. 海洋沉积物中的钒、钼、铊、镓及其环境指示意义[J]. 地质论评，2009，03：420 – 427.

[10] Whelan H T，Przybylski C，Chitambar C R. Alteration of DNA synthesis in human brain tumor cells by gallium nitrate in vitro [J]. Pediatr Neurol.，1991，7(5)：352 – 354.

[11] 李玉民，沈永平，薛群基，等. 环境微量元素对甘肃河西地区胃癌发病的影响[J]. 冰川冻土，2002，03：304 – 307.

[12] Minal commdity summaries：Gallium [EB/OL]. (2016). https：//minals. usgs. gov/minals/pubs/commodity/gallium/mcs – 2016 – gall. pdf.

[13] 张云峰，郭昭华，池君洲，等. 金属镓的资源分布情况及应用状况[J]. 中国煤炭，2014，

40(增刊)：36 - 38.

[14] 吴恩辉，杨绍利. 从攀枝花钒钛磁铁矿中回收镓的研究进展[J]. 中国有色冶金，2010
(1)：45 - 47.

[15] 邓卫，刘侦德，伍敬峰. 凡口铅锌矿稀散金属的选矿研究与综合评述[J]. 有色金属，
2000，52(4)：45 - 49.

[16] 尹守义. "树脂吸附法"回收镓的目的及其试验研究结果[J]. 轻金属，1996(6)：20 - 23.

[17] 杨马云，蔡军. 离子交换法回收镓工艺中螯合树脂的研究[J]. 轻金属，2007
(3)：14 - 16.

[18] Long H M, Zhao Z, Chai Y Q, et al. Binding mechanism of the amidoxime functional group on
chelating resins toward Gallium(Ⅲ) in bayer liquor[J]. Industrial & Engineering Chemistry
Research. 2015, 54：8025 - 8030.

[19] 谢访友，王纪，郭朋成，等. 用离子交换法从拜尔法生产 Al_2O_3 的种分母液中回收镓[J].
轻金属，2009(10)：10 - 13.

[20] 谢访友，郭朋成，王纪，等. 用离子交换法从拜尔工艺溶液中提取镓的工业实践[J]. 湿
法冶金，2001，20(2)：66 - 71.

[21] 郑邦锭，蔡水源，庄明江，等. 偕胺肟树脂的吸铀机理[J]. 海洋学报，1985，7(1)：34 - 39.

[22] 冯峰，李一帆. 拜尔法种分母液组成对树脂吸附镓的影响[J]. 湿法冶金，2006，25(1)：
30 - 32.

[23] Abdollahy M, Naderi H. Liquid-liquid extraction of gallium from jajarm bayer process liquor
using Kelex100[J]. Research Note, 2007, 26(4)：109 - 113.

[24] 滕瑜，杨德荣，万多稳，等. 某公司氧化铝生产过程中金属镓回收工艺浅析[J]. 昆明冶
金高等专科学校学报，2015，31(1)：71 - 74.

[25] 路坊海，周登风，张华军. 树脂吸附—酸脱附法在氧化铝生产流程中回收金属镓的应用
[J]. 轻金属，2013(7)：8 - 12.

[26] 冯峰，李鑫金，于湘浩. 密实移动床离子交换法提取镓的工业应用[J]. 稀有金属，2007，
31(专辑)：114 - 117.

[27] 陶德宁. 哈萨克斯坦稀有金属冶金工艺[J]. 湿法冶金，2002(9)：55 - 56.

[28] 阳海燕，胡岳华. 稀散金属镓锗在选冶回收过程中的富集行为分析[J]，湖南有色金属，
2003，19(6)：16 - 18.

[29] 蒋应平，赵磊，王海北，等. 从高压浸出镓锗液中回收镓锗的试验研究[J]. 中国资源综
合利用，2012，30(6)：25 - 27.

[30] 吴雪兰，蔡江松. 从锌浸出渣中综合回收镓锗的技术研究及进展[J]. 湿法冶金，2012，
26(2)：71 - 74.

[31] 马喜红，覃文庆，吴雪兰，等. 热酸浸出锌浸渣中镓锗的研究[J]. 矿冶工程，2012，32
(2)：71 - 75.

[32] 蒋应平，赵磊，王海北，等. 从浸锌渣中高压浸出镓锗的研究[J]. 有色金属(冶炼部分)，
2012(8)：27 - 29.

[33] 王继民，曹洪扬，陈少纯，等. 氧压酸浸炼锌流程中置换渣提取锗镓铟[J]. 稀有金属，

2014, 38(3): 471 - 479.

[34] 蒋应平, 赵磊, 王海北, 等. 从高压浸出镓锗液中回收镓锗的试验研究[J]. 中国资源综合利用, 2012, 30(6): 25 - 27.

[35] 王侃, 周延熙, 方锦. 酸浸渣强化冶炼工艺研究[J]. 云南冶金, 2008, 37(3): 29 - 31.

[36] 刘付朋, 刘志宏, 李玉虎, 等. 锌粉置换镓锗渣高压酸浸的浸出机理[J]. 中国有色金属学报, 2014, 24(4): 1097 - 1098.

[37] 张魁芳, 曹佐英, 肖连生, 等. 采用 HBL121 从锌置换渣高浓度硫酸浸出液中萃取回收镓[J]. 工程科学学报, 2015, 37(1): 2400 - 2409.

[38] 林江顺, 王海北, 高颖剑, 等. 一种新镓锗萃取剂的研制与应用[J]. 有色金属, 2009, 61(2): 84 - 87.

[39] 张魁芳, 刘志强. 用 P507 从硫酸体系中萃取分离镓与铁锌离子[J]. 过程工程学报, 2014, 14(3): 427 - 432.

[40] 李光辉, 黄柱成, 郭宇锋, 等. 从湿法炼锌渣中回收镓和锗的研究(上)——浸锌渣的还原分选[J]. 金属矿山, 2004(6): 61 - 64.

[41] 张亚平. 从浸锌渣还原铁粉中回收镓锗的工艺及机理[D]. 长沙: 中南大学, 2003.

[42] 李光辉, 董海刚, 姜涛, 等. 锈蚀法从浸锌渣还原铁粉中分离镓锗的基础与应用[J]. 中国有色金属学报, 2004, 14(11): 1940 - 1945.

[43] 李昌福. 凡口窑渣冶炼工艺试验研究[J]. 矿冶, 2002, 11(3): 56 - 59.

[44] 李静, 牛昊, 彭金辉, 等. 锌窑渣综合回收利用研究现状及展望[J]. 矿产综合利用, 2008(6): 44 - 48.

[45] 刘国鼎. 旋涡炉处理炼锌窑渣和浸出渣的可行性探讨[J]. 湖南冶金, 1983(5): 29 - 32.

[46] 李裕后. 从烟化炉渣中回收镓的研究概况[J]. 有色矿冶, 2004, 20(5): 26 - 28.

[47] 林奋生, 周令治. 电解液法从铁中提取镓和锗[J]. 有色金属(冶金部分), 1992(1): 18 - 21.

[48] 吴恩辉, 杨绍利. 从攀枝花钒钛磁铁矿中回收镓的研究进展[J]. 中国有色冶金, 2010(1): 45 - 47.

[49] 韩进忠, 王新华, 周荣章. 用 NaCl 对含镓钒渣进行氯化焙烧提镓的研究[J]. 钢铁钒钛, 1993, 14(4): 39 - 43.

[50] 李宏, 李景捷, 王万军, 等. 从镓钒渣中浸出镓的试验研究[J]. 钢铁钒钛, 1993, 14(4): 82 - 87.

[51] 陆涛. 从提钒弃渣中回收金属镓的试验[J]. 稀有金属, 1985(3): 24 - 31.

[52] 陆涛. 从钒渣中提取金属镓的研究[J]. 四川冶金, 1979(12): 22 - 37.

[53] 陈世芳. 攀钢的弃渣中金属镓的提取研究[J]. 钢铁钒钛, 1994, 15(1): 49 - 52.

[54] 张向京, 刘迎祥, 田学芳. 砷化镓废渣生产氧化镓的试验研究[J]. 矿产综合利用, 2005(1): 38 - 42.

[55] Hyo S H, Cha W N. A study on the exaction of gallium from gallium arsenic scrap[J]. Hydrometallurgy, 1998(9): 125 - 133.

[56] 郭学益, 李平, 黄凯, 等. 从砷化镓废渣工业废料中回收镓和砷的方法: 200510031531.8[P]. 2005 - 11 - 09.

[57] 刘大春, 杨斌, 戴永年, 等. 真空法处理砷化镓废料回收镓的研究[J]. 真空, 2004, 41 (3): 17 - 20.

[58] 代世峰, 任德贻, 李生盛. 内蒙古准格尔超大型镓矿床的发现[J]. 科学通报, 2006, 51 (2): 177 - 185.

[59] 王文峰, 秦勇, 刘新花, 等. 内蒙古准格尔煤田煤中镓的分布赋存与富集成因[J]. 中国科学: 地球科学, 2011, 41(2): 181 - 196.

[60] 黄忠静. 准格尔矸石电厂 CFB 灰中镓提取工艺研究[D]. 长春: 吉林大学, 2008.

[61] 白光辉, 滕玮, 孙亦兵, 等. 粉煤灰酸法提镓探索研究[J]. 应用化工, 2008, 37 (7): 757 - 759.

[62] 范丽君, 梁杰, 石玉桥, 等. 粉煤灰中镓的浸出试验研究[J]. 粉煤灰, 2012(2): 10 - 12.

[63] 王强, 孙义. 粉煤灰提取镓研究综述[J]. 化工管理, 2013(7): 215 - 216.

[64] 刘延红, 郭昭华, 池君洲, 等. 粉煤灰提取氧化铝工艺中镓的富集与走向[J]. 轻金属, 2015(8): 15 - 20.

[65] 吕早生, 张路平, 帅清昱, 等. 粉煤中镓富集与浸出工艺研究[J]. 化学与生物工程, 2014, 37(7): 66 - 69.

[66] 王永旺. 准格尔地区粉煤灰中镓的侵蚀率影响因素研究[J]. 世界地质, 2014, 33(3): 730 - 734.

[67] 张路平. 粉煤灰中镓富集与侵蚀工艺研究[D]. 武汉: 武汉科技大学, 2014.

[68] 王莉平, 刘健. 粉煤灰提取镓的预处理工艺研究[J]. 广州化工, 2014, 42 (17): 110 - 112.

[69] 王莉平, 刘健, 崔玉卉. 聚氨酯泡沫塑料法从粉煤灰中提取镓的研究[J]. 应用化工, 2014, 43(5): 868 - 870.

[70] 刘江东, 田和明, 邹建华. 粉煤灰中稀有金属镓 - 铌 - 稀土的联合提取[J]. 科技导报, 2015, 33(11): 39 - 43.

[71] 汪洋, 王向阳, 黄和明. 从铅锌生产尾料中综合回收锗镓铟[J]. 材料研究与应用, 2014 (3): 196 - 202.

[72] 普世坤, 兰尧中, 刁才付. 盐酸蒸馏—磷酸三丁酯萃取法从锗煤烟尘中综合回收锗和镓 [J]. 稀有金属材料与工程, 2014, 43(3): 752 - 756.

[73] 冯雅莉, 王宏杰, 李耀然, 等. 采用熟化—浸出—萃取法从黄磷电炉电尘浆中提取镓[J]. 中南大学学报(自然科学版), 2008, 39(1): 86 - 91.

[74] 余宪虎. 从石煤提钒尾渣中回收铁和钒的研究[J]. 无机盐工业, 1988(5): 41 - 44.

[75] 杨显万, 沈庆峰, 郭玉霞. 微生物湿法冶金[M]. 北京: 冶金工业出版社, 2003.

[76] 黑生强. 溶剂萃取法分离镓的研究进展[J]. 科技视界, 2014, 15: 69 - 69.

[77] 陈炜, 李效军. 羟肟萃取剂 Lix63 的合成研究及其类似物的设计与合成[D]. 天津: 河北工业大学, 2007.

[78] Lee H Y, Kim S G, Oh J K. Process for recovery of gallium from zinc residues[J]. Trans. C., 1994, 104(1): 76 - 79.

[79] 王海北, 林江顺, 王春, 等. 新型镓锗萃取剂 G315 的应用研究[J]. 广东有色金属学报,

2005, 15(1): 8 – 11.

[80] 张魁芳. 从高浓度硫酸溶液中萃取回收镓、锗的研究[D]. 长沙: 中南大学, 2014.

[81] 刘建, 闫英桃, 赖昆荣. 用 TBP 从高酸度盐酸溶液中萃取分离镓[J]. 湿法冶金, 2002, 21: 188 – 194.

[82] 武新宇, 刘建. 酸性介质中镓的吸附和萃取性质及回收工艺研究[D]. 西安: 长安大学, 2014.

[83] 李宇亮, 彭悦欣, 徐永胜. 萃取 – 反萃取以提取酸溶液中的 Ga[J]. 科学技术与工程, 2014, 14(27): 173 – 176.

[84] 赵西丹, 卢艳敏, 杨延钊. 微乳液萃取镓的研究[J]. 山东大学学报(理学报), 2010, 45(9): 109 – 112.

[85] Gupta B, Mudhar N, Zareena B Z, et al. Extraction and recovery of Ga(Ⅲ) from waste material using Cyanex 923[J]. Hydrometallurgy, 2007, 87: 18 – 26.

[86] Dhadke M. Liquid-liquid extraction of gallium(Ⅲ) from acidic nitrate media with bis(2 – ethylhexyl) phosphinic acid in toluene[J]. Solvent Extraction and Ion Exchange, 1999, 17(5): 1295 – 1308.

[87] Lee M S, Anh J G, Lee E C. Solvent extraction separation of indium and gallium from sulphate solutions using D2EHPA[J]. Hydrometallurgy, 2002, 63: 269 – 276.

[88] Tsai H S, Tsai T H. Extraction Equilibrium of Gallium(Ⅲ) from Nitric Acid Solutions by Di (2 – ethylhexyl) phosphoric Acid Dissolved in Kerosene[J]. Asian Journal of Chemistry, 2013, 12(3): 1429 – 1433.

[89] Chen W S, Huang S L, Chang F C, et al. Separation of gallium and copper from hydrochloric acid by D2EHPA[J]. Desalination and Water Treatment, 2015, 54: 1 – 5.

[90] Gupta B, Mudhar A N, Tandon S N. Extraction and separation of gallium using Cyanex 301: its recovery from bayer's liquor[J]. Industrial and Engineering Chemistry Research, 2005, 44: 1922 – 1927.

[91] 赵经贵, 谢文成, 陈耐生. 盐酸介质中单烷基磷酸(P538)萃取分离 Ga(Ⅲ)、Fe(Ⅲ)的研究[J]. 有色金属(冶炼部分), 1989(5): 22 – 24.

[92] 刘兴芝, 宋玉林, 龙海燕. P538 萃取镓、铟、铊性能的研究[J]. 有色金属(冶炼部分), 1992(2): 28 – 29.

[93] 张魁芳, 曹佐英, 肖连生. 采用 HBL121 从锌置换渣高浓度硫酸浸出液中萃取回收镓[J]. 中国有色金属学报, 2014, 24(9): 2400 – 2409.

[94] 张秀英, 尹国演, 汤骏明. 新型萃取剂 CA – 12 萃取镓(Ⅲ)的研究[J]. 稀有金属, 2002, 26(1): 1 – 4.

[95] 王秀艳, 王雨东, 金文旭. 在硫酸介质中仲壬基苯氧基乙酸萃取镓(Ⅲ)的机制研究[J]. 吉林师范大学学报(自然科学版), 2007, 28: 35 – 37.

[96] Zhang X Y, Yin G Y. Liquid-Liquid Extraction of Gallium(Ⅲ) from chloride media with carboxylic acids in Kerosene[J]. Solvent Extraction and Ion Exchange, 2002, 20(1): 115 – 125.

[97] Hirayama N, Horita Y, Oshima, et al. Selective extraction of gallium from aluminum and

indium using tripod phenolic ligands[J]. Talanta, 2001, 53: 857 – 862.

[98] Ceidarov A A. Extractive recovery of Gallium (Ⅲ) from acid sulfate solutions with primary amines[J]. Inorganic Synthesis Industrial Inorganic Chemistry, 2008, 81(12): 1971 – 1974.

[99] Hoang A S, Nguyen H N, Bui N Q, et al. Extraction of gallium from bayer liquor using extractant produced from cashew nutshell liquid[J]. Minerals Engineering, 2015, 79: 88 – 93.

[100] Turanov A N, Evseeva N K, Karepov B G. Gallium(Ⅲ) extraction from alkaline solutions with 5 – Amylthio – 8 – quinolinol[J]. Russian Journal of Applied Chemistry, 2001, 74(8): 1305 – 1309.

[101] Choi S Y, Yoshida Z K, Ohashi K. Supercritical carbon dioxide extraction equilibrium of gallium with 2 – methyl – 8 – quinolinol and 2 – methyl – 5 – butyloxymethyl – 8 – qulinolinol [J]. Talanta, 2002, 56: 689 – 697.

[102] Hatori N, Imura H, Ohashi K, et al. Solid – Phase Extraction of Gallium (Ⅲ) with hydrophobic 8 – quinolinol derivatives – impregnated resin from aqueous acidic and alkaline solutions[J]. Analytical Sciences, 2008, 24: 1637 – 1641.

[103] Kinoshita T, Akita S, Nii S, et al. Solvent extraction of gallium with non-ionic surfactants from hydrochloric acid solution and its application to metal recovery from zinc refinery residues[J]. Separation and Purification Technology, 2004, 37(2): 127 – 133.

[104] Rafaeloff R. Separation of gallium from Group Ⅲ elements, germanium, copper, arsenic, and iron[J]. Analytical Chemistry, 1971, 43(2): 1897 – 1899.

[105] Ma H H, Lei Y, Jia Q, et al. An extraction study of gallium indium and zinc with mixtures of sec – octylphenoxyacetic acid and primary amine N1923 [J]. Separation and Purification Technology, 2011, 80: 351 – 355.

[106] 田润苍. 硫酸介质中协同萃取锗和镓的研究[J]. 广东有色金属学报, 1991, 1: 20 – 25.

[107] 石太宏, 王向德, 万印华, 等. D2EHPA 与 $C_{5\sim7}$ 羟肟酸自硫酸介质中协同萃取 Ga^{3+} 的液膜理论基础研究[J]. 膜科学与技术, 1999, 19: 25 – 28.

[108] Anpilogova G R, Murinov Y I. Extraction of Gallium (Ⅲ) by 1 – {[2 – (2, 4 – Dichlorophenyl) – 4 – propyl – 1, 3 – dioxolan – 2 – yi] methyl} – 1H – 1, 2, 4 – Triazole from hydrochloric Acid Solutions[J]. Russian Journal of Inorganic Chemistry, 2009, 54(12): 2022 – 2026.

[109] Katsuta S, Okai M, Yoshimoto Y, et al. Extraction of Gallium(Ⅲ) from hydrochloric acid solut-ions by trioctylammonium-based mixed ionic liquids[J]. Analytical Sciences, 2012, 28: 1009 – 1020.

[110] Hoogerstraete T V, Onghena B, Binnemans K. Homogeneous liquid-liquid extraction of metal ions with a functionalized ionic liquid[J]. The Journal of Physical Chemistry Letters, 2013, 4: 1659 – 1663.

[111] Mahamuni S V, Wadgaonkar P P, Anuse M A. Liquid-Liquid extraction and recovery of gallium(Ⅲ) from acid media with 2 – octylaminopyridine in chloroform analysis of bauxite ore [J]. Journal of the Serbian Chemical Society, 2010, 75(8): 1099 – 1113.

[112] Thakare Y S, Malkhede D D. Solvent extraction and separation of gallium (iii) using hexaacetato calix(6) arene[J]. Separation Science and Technology, 2014, 49: 1198 – 1207.

[113] 李玉玲, 司学芝, 刘东, 等. 罗丹明 B – 止内醇 – 氯化钠体系析相萃取分离和富集镓 (Ⅲ)[J]. 冶金分析, 2012, 32: 77 – 79.

[114] Zhang Z H, Zhang H B, Hu Y F, et al. Novel surface molecularly imprinted material modified multiwalled carbon nanotubes as solid – phase extraction sorbent for selective extraction gallium ion from fly ash[J]. Talanta, 2010, 82: 304 – 311.

[115] Liu J S, Chen H, Sun Y Z, et al. Extraction and of In(Ⅲ)、Ga(Ⅲ) and Zn(Ⅱ) from sulfate solution using extraction resin[J]. Hydrometallurgy, 2006, 82: 137 – 143.

[116] 刘军深, 魏士龙, 高学珍, 等. 硫酸体系中 P507 浸渍树脂吸附 Cd(Ⅱ) 的研究[J]. 离子交换与吸附, 2012, 28(5): 407 – 412.

[117] Liu J S, Chen H, Guo Z L, et al. Selective separation of In(Ⅲ) Ga(Ⅲ) and Zn(Ⅱ) from dilute solution using solvent-impregnated resin containing di(2 – ethylhexyl) phosphoric acid [J]. Journal of Applied Polymer Science, 2006, 100: 253 – 259.

[118] 马劳其. 含锌含镓碱溶液的电解[J]. 轻金属, 1986(1): 23 – 25.

[119] 范家骅. 超纯镓的研制与产业化[J]. 广东有色金属学报, 2006, 16(2): 92 – 99.

[120] 佘旭. 高纯镓电解精炼研究[J]. 稀有金属, 2007, 31(6): 871 – 874.

[121] 刘彩玫, 张学英, 秦曾言, 等. 结晶法提纯制备高纯镓生产中的应用[J]. 轻金属, 2005 (2): 19 – 21.

[122] 厉英, 潘科峰, 李哲, 等. 结晶法提纯制备高纯镓的研究稀有金属[J]. 2015, 39(8): 705 – 709.

[123] 苏南. 结晶法提纯金属镓的工艺及理论研究[D]. 沈阳: 东北大学, 2014.

[124] 王玲. 制备高纯镓的工艺及改进[J]. 四川有色金属, 2000(3): 8 – 11.

[125] 苏毅, 李国斌, 罗康碧, 等. 高纯金属镓制备技术研究进展[J]. 稀有金属, 2003, 27 (4): 495 – 499.

[126] Vladimir L, Ludimila M. Development of Methods of Synthesis of Volatile Organogallium and Urganoindium Compounds Used to Prepare Semiconductors[J]. Journal of Science, 2002, 13: 631 – 636.

[127] 任帅. 三甲基镓的合成与纯化[D]. 北京: 北京化工大学, 2013.

[128] 王同文. 三甲基镓生产方法及设备: CN200510046596X[P]. 2005 – 06 – 03.

[129] Krap C P. Enhancement of CO_2 Adsorption and Catalytic Properties by Fe – Doping of Ga – 2 (OH)(2)(L) (H4L = Biphenyl – 3, 3′, 5, 5′ – tetracarboxylic Acid), MFM – 300 (Ga – 2)[J]. Inorganic Chemistry, 2016, 55(3): 1076 – 1088.

第二篇 铟冶金

第1章　概述

铟，Indium，化学元素符号 In，1863 年由德国的赖希和李希特用光谱法研究闪锌矿时所发现。铟的光谱线是一条靛蓝色的明线，于是就根据希腊文中"靛蓝"（indikon）一词命名它为 Indium。

铟在地壳中的分布量为 $1 \times 10^{-5}\%$，分散程度很大。铟主要富集于硫化矿物中，表现出亲硫的性质。铟在硫化矿物（主要为闪锌矿）以及含铅和锌的硫代锡酸盐及硫代锑酸盐的一些矿物中均有较高的含量。铟也存在于其他的矿物中，如锡石、黑钨矿及普通的角闪石。铟除了富集在锌和铅的硫化物中外，在锡矿物中也有一定程度的富集。

当前，铟绝大部分从锌冶炼的副产物中提取，在铅、锡、铜冶炼中也有少量产出。

1.1　铟及其化合物的物理化学性质

金属铟是带有蓝色色调的银白色金属[1]，质地柔软，能用指甲刻痕，可用刀切削。铟可塑性强，有延展性，在室温下铟很容易被施压加工。铟的韧黏性很强，其切削加工十分困难。液态铟能浸润玻璃，流动性好，可制造出高品质的铸件。

1.1.1　金属铟

铟的重要物理性质见表 2-1[1,3-6]。

铟的蒸气压很小，与温度之间的关系为[2]：

在 82~429.8K 的温度下：

$$\lg p = 11.452 - 12953/T - 1.32 \times 10^{-3}T + 0.190\lg T \qquad (2-1)$$

在 429.8~2285K 的温度下：

$$\lg p = 11.077 - 12216/T + 0.216\lg T \qquad (2-2)$$

式中：T 为温度，K；p 为压强，Pa。

金属铟的化学性质稳定。从常温到熔点之间，铟与空气中的氧作用缓慢，表面会形成极薄的氧化膜（In_2O_3），当温度超过 800℃ 左右，铟遇氧便会燃烧，发出蓝紫色的光，生成铟的氧化物。铟与冷的稀酸作用缓慢，易溶于浓热的无机酸和乙酸、草酸、甲酸、柠檬酸。铟与强碱溶液以及 H_2O_2，皆不发生明显反应。铟的

主要化合物有 In_2O_3、$In(OH)_3$、$InCl_3$，铟与卤素化合时，能分别形成一卤化物和三卤化物[3]。

表 2 - 1　铟的物理性质

名称	值	名称	值	名称	值
原子序数	49	比热容 /($J \cdot kg^{-1} \cdot K^{-1}$)	238.6 (20℃)	熔化潜热 /($kJ \cdot mol^{-1}$)	3.27
化学符号	In	比潜热 /($kJ \cdot kg^{-1}$)	28.47	价电子结构	$5s^{25}p^1$
相对原子质量	114.82	热导率 /($W \cdot m^{-1} \cdot K^{-1}$)	23.86 (20℃)	晶体结构	面心四方
熔点/℃	156.61	线膨胀系数 /($10^{-6} \cdot ℃^{-1}$)	33 (0~100℃)	金属半径 /nm	0.166
沸点/℃	2080	电阻率 /($10^{-6} \Omega \cdot cm$)	8.2(0℃)	比磁化率	-0.10×10^{-6}
电负性	1.7	蒸发热 /($kJ \cdot mol^{-1}$)	233	弹性系数 /GPa	11
电离能 /eV	5.786	布氏硬度 /MPa	9	莫氏硬度	1.2
熵 $S^{\ominus}_{298}$ J/(mol·K)	57.65	声音在其中的传播速度/($m \cdot s^{-1}$)	1215	导热系数 /($kW \cdot mol^{-1} \cdot K^{-1}$)	7.12
原子间距 /nm	0.324	延伸率 /%	22	收缩率 /%	87
极限强度 /MPa	3	标准电极电势 /V	0.341	超导态转变温度/K	3.405
熔点时的表面张力 /($J \cdot m^{-2}$)	560	密度 /($g \cdot cm^{-3}$)	7.31 (20℃)	电阻温度系数 (273~373)K	4.7×10^{-3}
压缩系数 /($cm^3 \cdot kg^{-1}$)	2.7×10^{-6}	原子体积 /($cm^3 \cdot mol^{-1}$)	15.8	电子逸出功 /eV	36.41
霍尔系数 (25℃)	-0.73×10^4	氧化数	+1，+2，+3	热焓 /($J \cdot mol^{-1}$)	27.21 (0~100℃)

1.1.1.1　与酸、碱作用[1, 6]

铟可溶于大部分酸中。室温下，铟在稀酸中溶解缓慢，在浓的无机酸中极易溶解，从而得到含 In^{3+} 溶液：

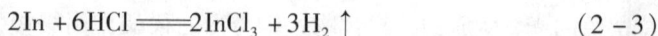

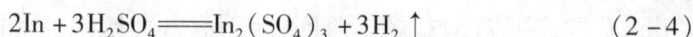

$$2In + 6HCl = 2InCl_3 + 3H_2 \uparrow \qquad (2-3)$$

$$2In + 3H_2SO_4 = In_2(SO_4)_3 + 3H_2 \uparrow \qquad (2-4)$$

$$In + 6HNO_3 \xrightarrow{\triangle} In(NO_3)_3 + 3NO_2 \uparrow + 3H_2O \qquad (2-5)$$

当干燥的氯化氢通至热的铟上时，即有二氯化铟形成：

$$In + 2HCl =\!=\!= InCl_2 + H_2 \uparrow \qquad (2-6)$$

当金属铟溶解于稀的高氯酸时，即有高氯酸铟的结晶体析出：

$$2In + 6HClO_4 + 8H_2O =\!=\!= 2In(ClO_4)_3 \cdot 8H_2O + 3H_2 \qquad (2-7)$$

醋酸不能溶解铟，但草酸可以溶解铟，生成铟的配合物 $H_3[In(C_2O_4)_3]$。此外，铟还能形成 +1、+2 价的化合物，在 $In_2(SO_4)_3$ 中电解铟时，电流密度越低越容易形成低价离子，从而导致电流效率降低。

铟与强碱溶液及 H_2O_2 皆不发生明显反应。

1.1.1.2　与非金属作用[1, 6]

室温下，铟在氯气中，其表面会被氧化形成白色的薄膜，在加热条件下，铟与氯气发生反应，开始生成一氯化铟，继续反应则会生成其他的多种氯化物。若通入过量的氯气并加热，铟将在氯气中燃烧，生成雾状的三氯化铟。

铟与氯气作用生成三氯化铟：

$$2In + 3Cl_2 \xrightarrow{温热} 2InCl_3 \qquad (2-8)$$

当铟与蔗糖、炭混合后在氯气流中加热时，有二氯化铟形成。

$$In + Cl_2 =\!=\!= InCl_2 \qquad (2-9)$$

铟与溴之间的反应在室温下便可进行。在有机溶剂中，只需稍微加热，铟就可以与碘蒸气甚至是碘的溶液发生反应。

铟在 620℃ 左右温度便可与硫蒸气发生化学反应，最先生成的反应产物都是亚稳定状态的低价硫化物（In_2S），它在 740℃ 左右的温度下会发生歧化反应，生成一硫化物（InS）和金属铟（In），若加热到 1040℃ 左右，铟与硫会生成三硫化二铟（In_2S_3）。

温度在 600℃ 以上时，铟可与 SO_2 发生反应，生成铟的硫化物和氧化物的混合物：

$$6In + 3SO_2 =\!=\!= In_2S_3 + 2In_2O_3 \qquad (2-10)$$

若温度在 750℃ 左右，会有少许的硫酸铟生成：

$$4In + 6SO_2 =\!=\!= In_2S_3 + In_2(SO_4)_3 \qquad (2-11)$$

或 $$10In + 9SO_2 =\!=\!= 2In_2O_3 + 2In_2S_3 + In_2(SO_4)_3 \qquad (2-12)$$

金属铟在空气中是稳定的，但当温度高于熔点时便被氧化成黄色的 In_2O_3：

$$4In + 3O_2 \xrightarrow{\triangle} 2In_2O_3 \qquad (2-13)$$

致密金属铟在水和碱性溶液中都不被腐蚀。粉状或海绵状铟在含有氧的水中会缓慢氧化，生成氢氧化铟。

在室温下，铟不能与 H_2S 反应。当温度在 500～700℃ 时，铟会与硫化氢反应生成 In_2S_3。将铟放在 CO_2 气体中加热时，若温度超过 550℃，铟的表面便会生成一层氧化物薄膜。

金属铟与氮或氨都不发生反应，铟与磷的蒸气在加热的条件下会相互作用，生成磷化铟（InP）。将铟与砷、锑共熔，同样会生成相似的化合物 InAs、InSb。铟不与硼、碳、硅发生化学反应，这三种元素只能在高温的条件下微溶于熔融态的金属铟中。

1.1.1.3 与金属作用[1]

铟可以部分溶入大多数的金属中，形成固溶体。在液态下能与金属铟发生部分互溶的金属有 Al、Fe、Co、K、V、Rb、Cs。钨和铼在温度低于800℃时与铟没有明显的化学反应发生；钼、铬、铌和钽在温度低于600℃时，锇、钒以及铪在温度低于500℃时均不与铟反应。

1.1.1.4 铟的氧化态

铟有 +1、+2 和 +3 价化合物，但只有 +3 价化合物稳定。铟在其化合物中通常表现为 +3 价，由于铟原子少一个未成对的电子，铟也有可能为 +1 价的氧化态，但这类铟的化合物不多。有些铟的化合物（卤化物、硫族化合物和少量其他化合物）中，铟的氧化态在名义上是 +2 价，这是由于其中的化学键或是由金属原子之间形成或者是络合物成分中进入了单电荷和三电荷的铟离子。

在水溶液中，+3 价铟化合物可稳定存在，而 +1 价铟化合物在水溶液中则易发生不同程度的解体，如被氢离子氧化：

$$In^+ + 2H^+ \Longrightarrow In^{3+} + H_2 \tag{2-14}$$

或是发生歧化反应，这是制备高纯铟的方法之一：

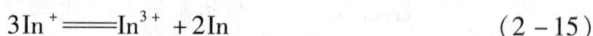

$$3In^+ \Longrightarrow In^{3+} + 2In \tag{2-15}$$

将金属铟或其汞齐进行电化学溶解的办法可制取含铟（Ⅰ）溶液，表 2-2 列出了制备含铟（Ⅰ）溶液的多种方法[1]。

表 2-2 铟（Ⅰ）溶液制备方法的比较

制备方法	In^+能达到的浓度 /$(mol \cdot L^{-1})$	In^+与In^{3+}二者浓度比较	备注
$In^0 - In^{3+}$	$(4\sim6)\times10^{-4}$	$c(In^{3+}) > c(In^+)$	—
$In^0 - ZnCl_2 - In^{3+}$	0.5	$c(In^{3+}) \sim c(In^+)$	有大量的 $5\sim12$ mol·L^{-1} 本底电解质（$ZnCl_2$ 溶液）存在
铟的阳极溶解	$(4\sim6)\times10^{-4}$	$c(In^{3+}) > c(In^+)$	—
$InCl - H_2O - MNO_3$	$(6\sim8)\times10^{-2}$	$c(In^{3+}) < c(In^+)$	有 NO_3^- 存在
$In - H_2O$	$(7\sim8)\times10^{-3}$	$c(In^{3+}) < c(In^+)$	—

1.1.1.5　铟的配位数

铟的络合物中常见的铟离子配位数为 4 和 6，如具有尖晶石构型的一些铟酸盐。铟的溴化物、氯化物和氟化物的晶体中配位数均为 6，而唯独在碘化物的络合物晶体中，配位数为 4。在蒸气状态下，氯化物、溴化物和碘化物会形成二聚物，配位数为 4，而氟化物的蒸气是单分子存在的形式，因而其配位数为 3。配位数为 5 的铟的络合物主要有两种：一种是铟的一些卤化物的络合物；另一种是铟的某些含氧的络合物，如铟酸钡。配位数大的铟络合物常见于它的氟化物中，有些化合物中铟的配位数可达到 7[1-4]。

+1 价铟的络合物，大部分的结构与重碱金属及 +1 价铊化合物的结构类似，配位数很高，一般为 8。如化合物 In_3InCl_6 中，+1 价铟离子的配位数为 7~11。

1.1.2　铟的氧化物[1,3]

In_2O_3（三氧化二铟）是不溶于水易溶于酸的浅黄色的物质，其熔点约为 2000℃，密度为 7.18 g/cm^3，它的蒸气压很小，当温度高于 1000℃时，其蒸气压为 133~339 Pa。当铟在空气中氧化或者将硝酸铟、碳酸铟、氢氧化铟或是其他的铟盐进行煅烧时，都可得到 In_2O_3。氧化铟有三种价态，当温度高于 750℃时，In_2O_3 分解生成低价氧化物，温度高于 850℃时产生介稳化合物 In_3O_4。最符合化学计量式的 In_2O_3 是通过将 $In(OH)_3$ 在空气中加热至 850℃来制得的。

In_2O_3 可缓慢溶解在冷的酸中，在热的稀酸溶液中可快速溶解：

$$In_2O_3 + 6HCl \Longrightarrow 2InCl_3 + 3H_2O \qquad (2-16)$$

若将 In_2O_3 加热到 500~600℃时，其结构会变为一种无序的立方晶体构型，当氧化物的组成偏离了按化学式计量的组成时，也会出现此构型。在 1600℃温度下高温煅烧后，氧化铟组成接近 $InO_{1.435}$，晶型转变为单斜晶系。

In_2O_3 可在 700~800℃温度下被炭或是氢还原为金属：

$$In_2O_3 + 3H_2 \Longrightarrow 2In + 3H_2O \qquad (2-17)$$

当 Cl_2 通至热的铟的氧化物上时，有 $InCl_3$ 生成：

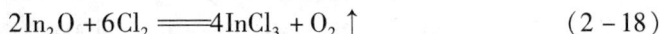
$$2In_2O + 6Cl_2 \Longrightarrow 4InCl_3 + O_2 \uparrow \qquad (2-18)$$

低价氧化物 InO 或 In_2O 是 In_2O_3 还原时的中间产物。InO 是灰色，In_2O 是黑色，在空气中对它们进行加热时很容易氧化，它们与酸或水作用时两者均会发生歧化反应：

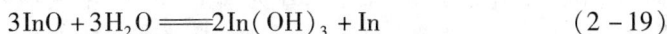
$$3InO + 3H_2O \Longrightarrow 2In(OH)_3 + In \qquad (2-19)$$

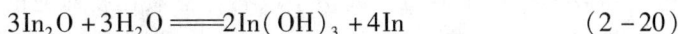
$$3In_2O + 3H_2O \Longrightarrow 2In(OH)_3 + 4In \qquad (2-20)$$

草酸铟在 340℃温度下分解及 In_2O_3 在温度为 400℃的条件下被氢还原等类似的反应中，生成由 In 与 In_2O_3 组成的、分散的混合物，其中可能存在少量的无定形氧化铟 In_2O；而无定形的 In_2O 是将金属铟在 CO_2 气氛中和较低的压力（1500 Pa）及含有少量过剩氧气下，加热到850℃左右时生成的。将 In_2O_3 与液态铟混合进行加热，便可生成低价态铟氧化物，其具有很大的挥发性，且在反应形成的蒸气中可稳定存在。+3价铟的氧化物能在 CO、CO_2 的混合气流中发生升华现象，这是因为有低价铟氧化物生成。铟的一氧化物（InO）是在 In_2O_3 发生离解反应时在其产物中发现的。此外，金属铟的蒸气在与 N_2O 相互作用后也可生成 InO[4]。

1.1.3 铟的氢氧化物[1, 3]

强碱或氨的溶液与铟盐溶液反应可得到白色、胶冻状的氢氧化铟沉淀，若沉淀剂的量不充足，便会形成胶体溶液。开始析出的沉淀物是组成不同的含氢氧根的碱式盐，如 $In_4(OH)_{10}SO_4$ 或 $In_5(OH)_{14}Cl$，进一步反应则转化为氢氧化物。从稀溶液中开始沉淀出氢氧化铟时溶液的 pH 在3.5左右（若为硫酸盐溶液，则开始沉淀出氢氧化铟时溶液的 pH 为3.4；若为氯化物溶液，则相应的 pH 为3.7）。提高温度可降低开始出现沉淀的 pH。

$In(OH)_3$ 是两性氢氧化物，在室温下可溶于氢氧化钠溶液，但加热此碱溶液时，铟酸钠会分解析出氢氧化物。铟酸钠与碳酸铵溶液煮沸时，铟酸钠会分解，析出氢氧化物：

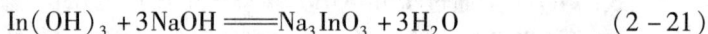

$$In(OH)_3 + 3NaOH = Na_3InO_3 + 3H_2O \qquad (2-21)$$

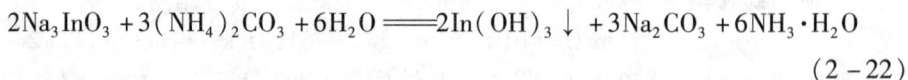

$$2Na_3InO_3 + 3(NH_4)_2CO_3 + 6H_2O = 2In(OH)_3\downarrow + 3Na_2CO_3 + 6NH_3\cdot H_2O$$
$$(2-22)$$

微过量的硫酸加至氢氧化铟的混悬液时，有硫酸铟溶液生成：

$$2In(OH)_3 + 3H_2SO_4 = In_2(SO_4)_3 + 6H_2O \qquad (2-23)$$

从溶液中析出的氢氧化铟沉淀，开始时是无定型的，随后便会迅速老化，逐渐变为结晶型。将沉淀在150℃以下的温度进行烘干时，其结晶吸附的水分会失去。将氢氧化铟加热到200~300℃时，它会完全分解，变为 In_2O_3：

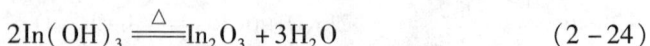

$$2In(OH)_3 \stackrel{\triangle}{=\!=\!=} In_2O_3 + 3H_2O \qquad (2-24)$$

$In(OH)_3$ 不溶于氨溶液但易溶于酸，这与 $Ga(OH)_3$ 不同。

由强碱和一溴化铟的水溶液反应制得的氢氧化铟是不稳定化合物，反应产物为黑色沉淀，开始出现沉淀的 pH 为5.1~5.5，溶度积为 $K_{sp} = 11.72$，化学式接近于 $InOH\cdot H_2O$，其在红外光谱中没有与氢氧化物对应的吸收光带，所以，其化学式写为 $In_2O\cdot 3H_2O$ 更合理[4]。

将此氢氧化物（$In_2O\cdot 3H_2O$）在真空条件、430K 的温度下加热，其反应式为：

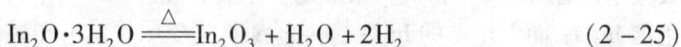

$$In_2O\cdot 3H_2O \stackrel{\triangle}{=\!=\!=} In_2O_3 + H_2O + 2H_2 \qquad (2-25)$$

1.1.4 铟的卤化物[1]

(1)氟化物

三氟化铟是无色的粉末，密度为 4.39 g/cm^3，熔点为 1170℃，沸点高于 1200℃。其熔点比铟的氯化物、溴化物的熔点高得多。三氟化铟在 100 g 水中可溶解 0.04 g，$InF_3 \cdot 3H_2O$ 在 100 g 水中可溶解 8.64 g。

无水的三氟化铟挥发性极强，其蒸气压的表达式为：

$$lgp = 13.05 \pm 0.18 - (15780 \pm 190)/T \qquad (2-26)$$

式中：p 为压力，Pa；T 为温度，K。

无水氟化铟在空气中相对稳定，长时间存放，会缓慢发生水解。其水解反应的中间产物是羟基氟化物，最终的产物是氧化铟。

熔融态的氟化铟可以腐蚀金属镍，但不会与铂发生化学反应。在固态条件下，铟的多种氟化物的化学合成反应，在金制的细颈小瓶中进行。

三水合氟化铟($InF_3 \cdot 3H_2O$)溶于盐酸和硝酸，但在硫酸中的溶解性比较差。氢氧化钠可破坏它的表面，并生成羟基氟化铟。

三水合氟化铟在高浓度的 HF 存在的条件下，可生成水和氢离子的六氟铟酸盐($H_3O)_3InF_6$，若用液态 HF 对此化合物进行反复多次处理，便会生成无水氟化铟[1]。

三水合氟化铟受热即发生分解反应，当温度超过 380℃时，生成 In_2O_3。

液态氨与三氟化铟反应，产物为 $InF_3 \cdot 3NH_3$。其在空气中易水解，水解的中间产物为 $(NH_4)_2[In(OH)_2F_3]$，最终产物则是氢氧化铟。

(2)氯化物

铟的氯化物有一氯化铟、二氯化铟和三氯化铟。三氯化铟是白色物质，其密度为 3.45 ~ 4.0 g/cm^3，熔点为 586℃，当温度达到 500℃以上时容易升华[4]。当温度为 498℃时，$InCl_3$ 的蒸气压达 101.325 kPa。$InCl_3$ 易溶于水(在 22℃时溶解度为 33.5 g/L)、酸(在 22℃时 3% HCl 水溶液中的溶解度可达 59.5%)和醇。In_2O_3 或者金属铟溶于盐酸可得到 $InCl_3$ 溶液。

NaOH 与 $InCl_3$ 作用时，反应式为：

$$2InCl_3 + 6NaOH = In_2O_3 \cdot 3H_2O + 6NaCl \qquad (2-27)$$

$BaCO_3$ 能使 $InCl_3$ 溶液沉淀为碱式碳酸铟：

$$BaCO_3 + InCl_3 + H_2O = In(OH)CO_3 + BaCl_2 + HCl \qquad (2-28)$$

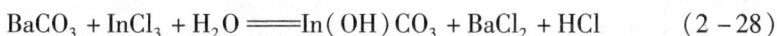

在中性或者酸性溶液中，硫化氢可与三氯化铟反应，生成黄色的 In_2S_3 沉淀：

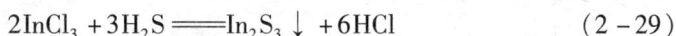

$$2InCl_3 + 3H_2S = In_2S_3 \downarrow + 6HCl \qquad (2-29)$$

当盐酸浓度为 0.03 ~ 0.05 mol/L 时可沉淀出硫化铟，实现铟与铁、铝、镓等元素的分离。

$InCl_3$ 与 K_2CrO_4 反应生成黄色沉淀，但不能与 $K_2Cr_2O_7$ 作用：

$$3K_2CrO_4 + 2InCl_3 = In_2(CrO_4)_3 + 6KCl \qquad (2-30)$$

铟盐与草酸盐作用可以生成不溶于水的白色结晶的草酸铟沉淀：

$$2InCl_3 + 3Na_2C_2O_4 = In_2(C_2O_4)_3 \downarrow + 6NaCl \qquad (2-31)$$

铟盐溶液酸化后，与连二亚硫酸钠反应，有 In_2S_3 沉淀产生：

$$2InCl_3 + 3Na_2S_2O_4 = In_2(S_2O_4)_3 + 6NaCl \qquad (2-32)$$

$$In_2(S_2O_4)_3 + 3Na_2S_2O_4 = In_2S_3 \downarrow + 3Na_2SO_4 + 6SO_2 \qquad (2-33)$$

当 $InCl_3$ 与 In 共加热时（或是用氢气还原），便会生成低价态氯化物（InCl 或 $InCl_2$）：

$$InCl_3 + 2In = 3InCl \qquad (2-34)$$

$$2InCl_3 + In = 3InCl_2 \qquad (2-35)$$

$InCl_2$ 是具有吸湿性的无色固体，熔点为 235℃，沸点为 570℃。InCl 有黄色及红色两种状态，熔点为 225℃，沸点为 608℃。黄色向红色转变的温度为 125~135℃。黄色 InCl 在低温下比较稳定，遇到光会变成黑绿色。

两种低价态的氯化物在空气中受潮，便会缓慢分解，而遇到水则会立即分解：

$$3InCl \xrightarrow{\text{H}_2\text{O}} InCl_3 + 2In \qquad (2-36)$$

$$3InCl_2 \xrightarrow{\text{H}_2\text{O}} 2InCl_3 + In \qquad (2-37)$$

（3）溴化物

一溴化铟（InBr）熔点为 290℃，沸点为 662℃。InBr 加热时很快分解：

$$3InBr \xrightarrow{\triangle} InBr_3 + 2In \qquad (2-38)$$

三溴化铟通过往热的金属铟上通入含有饱和溴蒸气的惰性气体流（CO_2 或者氮气）制备，常采用升华方法提纯。

（4）碘化物

一碘化铟（InI）为红褐色的固体，熔点为 351℃，沸点为 715℃。常温下，一碘化铟在水及酸性溶液中稳定；在温热的水中会缓慢水解并有氢气产生。

三碘化铟（InI_3）是用碘和铟在加热的情况下直接合成的方法制得，为黄色晶体物质[1]，密度为 4.62~4.72 g/cm^3，熔点为 199~212℃，加热后会逐渐变成深褐色的液体。

将 InI_3 置于空气中加热，它将被氧化，生成氧络碘化物 InOI。与 NH_3 反应，InI_3 会生成氨合物的混合物。

三卤化铟在有机溶剂中的溶解度见表 2-3[1]：

表 2 – 3　三卤化铟在有机溶剂中的溶解度

溶剂	溶解度/%			
	氟化物	氯化物	溴化物	碘化物
石油醚	0	0	0	0.41
苯	0	0	0.48	0.25
氯仿	0	1.50	3.0	8.36
四氯化碳	0	0	0	—
1,2 – 二氯乙烯	0	0	2.25	5.05
甲醇	0.83	34.1	42.5	46.4
乙醇	0.02	26.6	42.2	45.8
正戊醇	0.006	18.8	33.1	37.2
乙二醇	0.27	20.1	38.2	41.0
甘油	0.03	1.55	6.55	9.80
乙酸乙酯	0.02	27.7	37.7	43.2
乙酸戊酯	0.005	20.7	36.0	42.6
丙酮	痕量	27.5	42.0	42.8
乙醚	0	26.0	41.7	46.1

1.1.5　铟的硫酸盐及其他盐

　　铟的硫酸盐 $In_2(SO_4)_3 \cdot nH_2O$ 为白色或灰色单斜晶体，吸湿性强，密度为 3.438 g/cm^3，一般含 5、6 或者 10 个结晶水。加热到 120℃以上温度便开始失去结晶水，高于 500℃（有说高于 180℃）便失去全部结晶水而变成无水的 $In_2(SO_4)_3$，当温度高于 800℃便发生离解反应：

$$In_2(SO_4)_3 =\!=\!= In_2O_3 + 3SO_3 \uparrow \qquad (2-39)$$

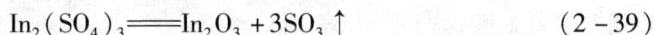

　　将纯的金属铟或者氢氧化铟加热并溶于大量过剩的稀硫酸中，在 50℃温度下将溶液进行浓缩以后，可析出 $In_2(SO_4)_3 \cdot H_2SO_4 \cdot 7H_2O$ 结晶；过滤分离，然后用冰醋酸洗涤干燥，加热此酸式盐直到不再产生硫酸(450℃，6 h 左右)，即可得到无水物质。将此无水物溶于水，在室温下蒸发，又得到九水合物柱状结晶。在 100～120℃时它慢慢地脱水而变成无水盐，随着温度和硫酸浓度的不同，从酸性溶液中析出 $In_2(SO_4)_3 \cdot 6H_2O$、$In_2(SO_4)_3 \cdot 10H_2O$ 或酸式盐 $In_2(SO_4)_3 \cdot H_2SO_4 \cdot 7H_2O$，后者可被看成组分为 $H[In(SO_4)_2] \cdot 3.5H_2O$ 的络合酸[5]。

利用硫酸铟的"盐析作用"可使铟从硫酸溶液中析出,从而达到除去杂质的目的。当温度为20℃,硫酸浓度为3.6%时,硫酸铟的溶解度为51.19%;而当硫酸浓度为54.9%时,硫酸铟的溶解度则降为0.55%,利用硫酸铟的这种性质可达到净化硫酸铟的目的[5-6]。

当硫化氢通至硫酸铟的稀溶液或者它的弱酸(例如醋酸)溶液时,即有黄色In_2S_3沉淀生成:

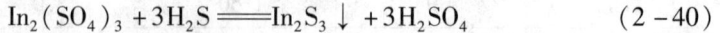

$$In_2(SO_4)_3 + 3H_2S = In_2S_3 \downarrow + 3H_2SO_4 \qquad (2-40)$$

可溶性草酸盐溶液与硫酸铟溶液作用时,即有八面晶体形成。

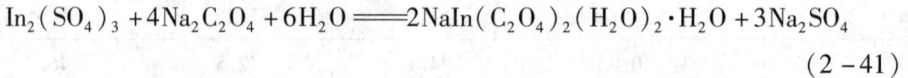

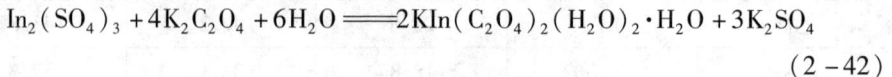

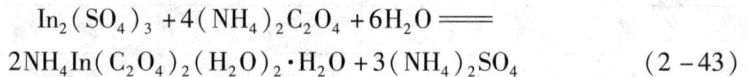

$$In_2(SO_4)_3 + 4Na_2C_2O_4 + 6H_2O = 2NaIn(C_2O_4)_2(H_2O)_2 \cdot H_2O + 3Na_2SO_4$$
$$(2-41)$$

$$In_2(SO_4)_3 + 4K_2C_2O_4 + 6H_2O = 2KIn(C_2O_4)_2(H_2O)_2 \cdot H_2O + 3K_2SO_4$$
$$(2-42)$$

$$In_2(SO_4)_3 + 4(NH_4)_2C_2O_4 + 6H_2O =$$
$$2NH_4In(C_2O_4)_2(H_2O)_2 \cdot H_2O + 3(NH_4)_2SO_4 \qquad (2-43)$$

当乙醇加到硫酸铟溶液中时,有碱式硫酸铟形成[5]:

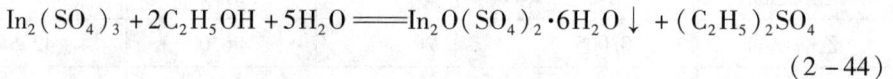

$$In_2(SO_4)_3 + 2C_2H_5OH + 5H_2O = In_2O(SO_4)_2 \cdot 6H_2O \downarrow + (C_2H_5)_2SO_4$$
$$(2-44)$$

无水硝酸铟是无色的晶体。三水合物为无色板状晶体。加热至100℃以上温度时就会脱水,同时分解为碱式盐。加热至230℃以上温度时,会变为4.5水合氧化物。

硝酸铟与过量的$NaHSO_3$共沸时,即有不溶性的碱式亚硫酸盐形成:

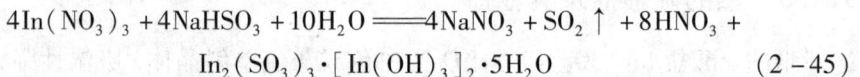

$$4In(NO_3)_3 + 4NaHSO_3 + 10H_2O = 4NaNO_3 + SO_2 \uparrow + 8HNO_3 +$$
$$In_2(SO_3)_3 \cdot [In(OH)_3]_2 \cdot 5H_2O \qquad (2-45)$$

高氯酸铟仅有水合物,结晶水数可看作是8。其制作方法为:纯金属铟或者三水合三氯化铟与过量的70%的高氯酸反应,然后将制取的溶液浓缩至有高氯酸的蒸气产生,而后进行冷却、过滤分离。用硫酸为干燥剂在真空器中进行干燥,即可得到高氯酸铟[5]:

$$2In + 6HClO_4 + 16H_2O = 2In(ClO_4)_3 \cdot 8H_2O + 3H_2 \uparrow \qquad (2-46)$$

铟矾有多种存在形式。当碱金属硫酸盐,如钠、钾和铷的硫酸铟复盐在高浓度条件下,固相水解产物是羟基硫酸铟,通式为$M_2InOH(SO_4)_2 \cdot nH_2O$。与硫酸铵作用时,开始生成类似的化合物,但最终会转变为一种稳定的固相产物$(NH_4)_3In(SO_4)_3$[6]。

1.1.6 铟的硫化物[4, 6]

将铟和硫在500℃以上温度进行焙烧,可得外观为黑色的硫化铟,经研磨后,黑色硫化铟变为鲜红色粉末。红色的硫化铟难溶于酸。

In_2S_3 在 1050℃ 及以上温度时会熔化，当温度高于 800℃ 时开始挥发。在 H_2 气流中加热 In_2S_3 时会被还原成一价铟的黑色硫化物。

In_2S_3 在空气中加热时氧化，因温度和气相中氧含量的不同而生成 In_2O_3 或 $In_2(SO_4)_3$，其反应式为：

$$In_2S_3 + 6O_2 \rule[0.5ex]{2em}{0.4pt} In_2(SO_4)_3 \quad T = 300 \sim 350℃ \tag{2-47}$$

$$In_2S_3 + 4.5O_2 \rule[0.5ex]{2em}{0.4pt} In_2O_3 + 3SO_2 \quad T > 700℃ \tag{2-48}$$

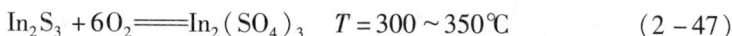

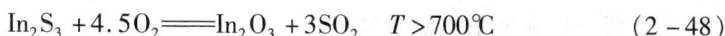

将 H_2S 通入铟盐的弱酸性（醋酸）或中性溶液，会有浅黄色的硫化铟沉淀析出。若有载体存在，在强酸性介质中，铟也可以以硫化物的形式沉淀出来。

从弱酸性溶液中被 H_2S 沉析出的硫化铟沉淀，通常含有少许水分，沉淀的成分是 $In_2S_3 \cdot 0.5H_2O$。这部分水在真空条件下（1.5~3.0 kPa）加热到 105℃ 也不能脱除，若将其置于 Ar_2 和 H_2S 的气流中且加热到 250℃，则可实现完全脱水。

用碱金属的硫化物可从铟盐的溶液中立即沉淀出 In_2S_3。当酸浓度小于 0.1 mol/L 时，沉淀是黄色或浅棕色的絮状物；当酸浓度在 0.2~0.3 mol/L 时，沉淀为暗棕色结晶体；若往溶液里添加过量的碱金属硫化物，硫化铟沉淀将转化为硫代铟酸盐 $MInS_2$（如 $NaInS_2$），并随后溶解。

1.2　铟及其化合物的用途

铟广泛应用在电子信息、航天航空、核工业等高科技领域，具有重要的战略价值。目前铟的主要应用领域为液晶显示屏的 ITO 透明导电薄膜及红外反射膜、LED 发光显示器件，其中 Cu-In-Ga-Se 太阳能薄膜电池和 LED 半导体照明有望成为铟的新应用领域。在传统应用方面，主要是各种铟合金材料，如无汞锌电池的铟锌合金粉、航空发动机轴承的银铅铟合金、核工业的中子吸收材料铟镉铋合金、真空密封材料及玻璃黏合剂的铟锡合金、牙科材料的金铟、铜铟、银铟和钯铟合金和各种低熔点合金及焊料等。铟主要以铟锡氧化物（ITO）、纯铟锭、半导体化合物、焊料或合金等形式的产品供应于市场。

铟规模化工业生产与应用时间不长，20 世纪 80 年代初以后，特别在近 20 多年中，铟的应用领域大为拓宽，需求量猛增。液晶显示器是目前铟的主要应用领域，液晶显示器所需要的 ITO（铟锡氧化物）中铟的需求量占全球铟使用量的 83%，其他领域中铟的需求量占比达 17%，其中化合物消费占比 9%，合金领域消费占比 5%，半导体行业消费占比 3%。2013 年，全球铟的消费量为 1325 t，其中 1100 t 用于 ITO。随着智能手机、平板电脑、LED 照明和薄膜太阳能电池等产品的广泛应用，特别是受全球显示面板尺寸大型化和传统产业电子智能化的高速增长驱动，铟资源不足的态势越发明显。

（1）铟锡氧化物（ITO）

ITO（In－Sn 氧化物）中 In_2O_3 和 SnO_2 的质量分数分别为 90%～95% 和 5%～10%，是一种 N 型半导体陶瓷薄膜，其电子密度为 10^{21} cm^{-3}，迁移率为 15～450 $cm^2 \cdot (V \cdot s)^{-1}$，电阻率为 10^{-7}～10^{-4} $\Omega \cdot cm$，可见光的透过率大于 70%，微波衰减率不小于 85%，导电性能和加工性能良好。该膜层既耐磨又耐化学腐蚀，主要用于平板显示屏的透明导电薄膜，占铟总消费量的 80% 以上[7]。

ITO 薄膜还在如下方面得到应用[7]：

• 太阳能电池

ITO 薄膜用作异质结（SIS）太阳能电池的顶部氧化物层时，可使太阳能电池得到高能量转换效率，如 ITO/SiO_2/P－Si 太阳能电池的转换效率可达13%～16%。

• 红外反射

ITO 薄膜对光波的选择性（即对可见光透明和对红外线光反射）使其广泛应用于热镜，该性能可使寒冷环境下的视窗或太阳能收集器的视窗将热量保持在一封闭的空间里而起到热屏蔽作用。在玻璃等透明物的表面涂氧化铟，可以阻止红外线通过，因此可将 ITO 薄膜用于建筑物的玻璃上，可使室内冬暖夏凉，从而达到节约能源的目的。

• 表面导电发热

ITO 薄膜既导电又透明，涂氧化铟的玻璃可以让光线自由通过，且在涂铟的一面还可以通过电流，可以制得一种既导电的、又可以让可见光透过的热反射载体，这是一种典型的透明表面发热器。这种透明表面发热器可用于汽车、火车、航天器等交通工具的玻璃以及陈列窗、滑冰眼镜等，以防雾防霜。

• 纳米级 ITO 粉及涂层材料

合成纳米级 ITO 粉，不仅可改善靶材烧结性能，为高性能靶材提供原材料，还可制成电子浆料，喷涂在阴极射线管上，充当有效的电磁干扰隔离屏。ITO 纳米粉还可制成可见光、红外线及微波的隐身材料。

（2）铟化合物半导体

铟半导体化合物中，重要的有 III～V 族的半导体，如 InP、InAs、InSb 及 GaInAs 和 $In_{1-x}Ga_xPAs_y$ 等。铟半导体化合物具有一系列其他半导体所没有的显著特性，如很窄的禁带宽度、很低的电阻率、很高的电子迁移率、很低的霍尔系数。铟半导体化合物在某些方面的应用是其他半导体材料无可取代的：用锑化铟做成的红外探测仪广泛应用于火箭技术、自动控制系统，用锑化铟半导体器件做成的红外探测器的红外气体检测仪器系统灵敏度高、寿命长、可靠性高，广泛适用于石化、建材、电厂等工业生产流程气体的在线分析[7]；磷化铟可以制造出更好的微波振荡器；砷化铟是电磁器件的良好材料，也可用作红外激光器。

铟作为一种掺杂元素，可加入到半导体锗中，用于制造锗半导体器件。

（3）高级轴承

用铟作高级轴承的原料不仅可以增加轴承的耐久性，使轴承免受润滑油中有机酸的溶蚀作用，还不会降低轴承的耐疲劳性。利用它的这些特性，将铟电镀在轴承上，就可得到具有独特性能的高速轴承。这类轴承常用于汽车、轮船、飞机等的发动机上。轴承镀上铟之后，可以增加轴承表面的润湿度，使轴承的使用寿命增加 5 倍以上。

高速航空发动机中的银铅铟轴承与镉铜铅轴承相比，在高温下工作时，前者可以表现出更好的性能。在制造这种轴承的时候，首先要在钢背壳上镀银，这层银具有很好的抗疲劳性能，是轴承中主要载重成分，而后在银层上再镀上一层铅，最后在铅层上镀铟，此后经过热处理，使铟扩散到铅层中，形成一种表面含铟量高的铅铟合金层，即得到银铅铟轴承，这种轴承在汽车工业将会有较大的应用前景。

（4）铟焊料和低熔点合金

铟合金有除垢净化与浸溶贵金属等作用，例如，质量分数为 50% 的 Pb – In 溶解镀金物的速度比共晶的 Pb – Sn 的快 13 倍（250℃）。

铟可涂敷或者黏附于很多材料上。富含铟的合金可浸润陶瓷、石英、玻璃及某些金属氧化物等，是充作焊接非金属与金属的理想中间合金。

In – Pb、In – Pb – Sn、In – Sn – Cd – Bi 等合金可作为连接金属、陶瓷、玻璃和石英的焊料。在真空的装置中，可以采用锡和铟（50% Sn 和 50% In）作为焊料连接玻璃和金属或是玻璃和玻璃，以保证装置的真空致密性。

铟能提高二元或者三元合金的高温拉伸强度和抗疲劳性能，例如 Pb – In 和 Sn – In 焊剂，其裂缝扩展速度远远低于 Pb – Sn 焊剂，可取代 Au – Sn。

铟与银、铋等金属可形成一系列熔点为 47 ~ 234℃ 的"软合金"，可用作金属焊接剂。铟基焊料合金有可能替代部分的含银无铅焊锡，其比含银的焊锡合金更经济。

铟的低熔点合金，用在火灾信号报警和断路保护装置中，此合金的组成成分为：18.4% In、8.16% Cd、10.6% Sn、22.14% Pb、40.7% Bi，合金熔化的温度为 46.5℃。低熔点合金还可用作异型薄壁管在弯曲加工时的填充料，它易于清除，可多次使用。

（5）铜铟镓硒（$CuInGaSe_2$）太阳能电池

铜铟镓硒（简称 CIGS）多晶薄膜太阳能电池是通过在玻璃或廉价的衬底上沉积多层薄膜构成的。薄膜总厚度为 2 ~ 3 μm，具有高转换效率、低成本、无衰减等性能。这种电池是未来的非硅系太阳能电池主流产品之一，光伏电池有可能是未来铟应用的最主要增长点之一。

（6）无汞电池防腐方面的应用

铟对锌锰碱性电池防腐蚀有很好的效果，含铟的锌负极材料使锰电池和碱性锰电池实现了无汞化，其中铟的添加量约为 0.01% 。

(7)其他用途

铟有抗腐蚀性，对光的反射能力很强，可把铟作为金属的镀层，或是像银一样汽化沉积在玻璃上使其成为镜面，它比银面更能抵抗大气的腐蚀，如在军舰、轮船上使用铟反射镜，能够保持光亮，而不会发暗，且不被海水侵蚀。

除此之外，镉铟银合金可替代铪作为原子反应堆的控制棒；铟还可以作为生产人造纤维等的催化剂；在轻便蓄电池中，可用铟作阳极。

1.3 铟对环境及人体的影响

随着电子工业的快速发展，铟的需求量也迅速增长。大规模生产金属铟，将产生大量的含铟废水，由此引发铟对生态的影响问题。含铟废水主要包括萃余液、有机相再生液、置换后液、电解废液等。这些含铟废水进入环境后对生态环境产生的影响有待进一步研究[8]。

直到 20 世纪 90 年代中期，人们还普遍认为纯金属形态的铟是没有毒性的。焊接和半导体行业的从业者与铟的接触概率相对较高，目前并未收到有关他们发生铟中毒的事例，但铟的化合物可能不是这样，有一些初步证据表明：部分铟的化合物是有毒性的。例如，无水三氯化铟有较大的毒性，而磷化铟不但有毒，而且还可能是致癌物质[6]。

研究发现，将痕量的铟通过饮用的水将其引入老鼠的体内，会使老鼠体内吸收重金属的能力提高若干倍[9]。

皮肤长时间受到氧化铟的作用，并不会使人感到身上瘙痒或是疼痛，但可溶性的硫酸铟和氯化铟，当其溶液浓度超过 5% 时，便会对皮肤产生强烈的致敏作用[9]。铟的可溶性化合物对眼睛的角膜会产生损害。

有资料表明，铟可降低机体组织中的丁二酸酯脱氢酶的活性，从而破坏氨基酸的平衡。铟的特性被比喻是"细胞的毒药"[10]。在铟的作用下血液中的钙和糖的浓度都会下降，而无机磷化物和蛋白质的浓度则会提高。

在近年的研究中，动物实验确认磷化铟有致癌作用，在其他的铟化合物中加入磷化铟可观察到严重的肺损伤等。从事铟行业的人会发生关节痛和骨疼痛。因此金属铟对人体健康的危害不容忽视[6]。

在有铟及其化合物作业环境中，需要安装有效的通风设施，生产过程中应尽可能封闭粉尘来源，以保证工作场所铟及其化合物空气浓度标准符合国家职业卫生标准。劳动者在该工作场所工作时要戴防尘口罩，且遵守操作规程。从事铟及其化合物作业的人员应当定期接受职业健康检查，职业禁忌者应及时调离涉铟及其化合物的作业场所。

1.4　铟的资源和冶金原料

1.4.1　铟的资源

铟在地壳中的丰度为 1×10^{-7}，其资源稀少且分散，在自然界几乎不存在单独的具有工业开采价值的矿体，主要伴生在锌、铅、锡等矿中。与铟的地球化学性质最为相近的元素首先是锡（Ⅱ）、镉，其次是铁、镓、铊，再次为锌、铜和铅。目前已确定的有 5 个铟的独立矿物，即自然铟（In）、硫铟铁矿（$FeIn_2S_4$）、硫铟铜矿（$CuInS_2$）、硫铜铟锌矿 $[(CuZnFe)_3(InSn)S_4]$ 及水铟矿 $[In(OH)_3]$，但这些矿物在自然界中很少见，铟基本是以杂质成分分散在其他元素的矿物中，同时也存在于某些氧化物及硅酸盐矿物中[11]。现已发现 50 多种矿物中含有铟，但铟含量大多为 $n \times 10^{-6}\%$（$n = 1 \sim 9$）。铟矿物主要与硫化矿共生，如闪锌矿、硫代锡酸铅矿、硫代锑酸铅矿等，含铟量较高的矿物为硫铅锑锡矿 $Pb_6Sb_2Sn_6S_2$（$0.1\% \sim 1\%$ In）、辉锑锡铅矿 $Pb_5Sb_2Sn_2S_{12}$（$0.01\% \sim 0.1\%$ In）、黄锡矿 $CuFeSnS_4$（$0.01\% \sim 0.1\%$ In），铟在闪锌矿中的含量为 $0.0001\% \sim 0.1\%$，其他矿物（如锡石、黑钨矿及普通的角闪石）中也含有较多的铟。由于闪锌矿的产出量很大，从闪锌矿中提取的铟金属量也最多，因此铟最重要的载体矿物是闪锌矿。近年来，研究者们也注意从锡、锑生产过程中产出的物料、炼铜烟尘和炼铁高炉烟尘中提取铟。由美国地质调查局 1999 年的调查统计结果可知，除中国以外的世界铟的储量为 4700 t，主要来源于秘鲁、玻利维亚、加拿大等。中国仅与铅锌矿床共生的铟统计结果已超过 10000 t，位居世界之首，随着采选冶技术的进步，能开采提取的铟储量可能接近 20000 t。此外，已发现在某些煤灰中有铟的显著富集。

1.4.1.1　铟矿物种类

目前已发现有 5 种独立的铟矿物，其主要性质和特征见表 2 - 4[12-13]，含铟的矿物见表 2 - 5[4]。

铟在中国集中分布在云南省、广西壮族自治区、内蒙古自治区、青海省等省区的铅锌矿床和铟多金属矿床中。国家储委稀散金属储量统计报告表明，铟矿有 59 处，分布在 15 个省区，已探明的铟资源主要集中分布于广西壮族自治区、云南省和青海省，这 3 省储量约占全国的 80%，其中广西壮族自治区的储量居全国第一位，其中南丹大厂矿区多金属矿山铟含量高、储量大，是世界上罕见的特大特富铟矿床。在中国还未发现铟独立矿床，仅在俄罗斯和法国有独立矿床的报道。

表 2 - 4　铟矿物的主要性质和特征

名称	分子式	晶系	铟含量/%	密度/(g·cm^{-3})	特　征
自然铟	In	正方	—		粒状,黄灰色,具有金属光泽
硫铟铜矿	$CuInS_2$	正方	47.3		呈片状或不规则包体,灰色、稍带黄
硫铟铁矿	$FeIn_2S_4$	等轴	55.5	4.67	粗粒状,铁灰色,具有金属光泽,溶于浓硫酸
硫铜铟锌矿	$(CuZnFe)_3(InSn)S_4$	正方	15~19	4.45	带绿的钢灰色,具有金属光泽
水铟矿(羟铟石)	$In(OH)_3$	等轴	80	4.34	带橙黄的褐黄色,均质

表 2 - 5　含铟的矿物

矿物	铟含量/(1×10^{-6})		矿物	铟含量/(1×10^{-6})	
	范围	平均值		范围	平均值
长石	0.0032~280	—	黄锡矿	5~1500	610
斜长石	0.0021~3.0	—	磁黄铁矿	0.5~90	—
石英	0~2.0	—	黄铁矿	0.4~35	
黑云母	0.02~180	0.8	毒砂	0.3~20	3
白云母	0.50~300	0.5	方铅矿	0~0.034	
辉石	0.0017~1.1	0.48	斑铜矿	0.0001	
角闪石	0.02~5.80	0.64	圆柱锡矿	0.00054	
绿帘石	0.0059	—	胶锡石	0.001~0.005	
石榴石	0.0026~18		辉锑锡铅矿	5~1200	
橄榄石	0.0002~18		硫锡铅矿	1450~2150	
磁铁矿	0~12	0.1	硫锑铅矿	0~175	
钛铁矿	0.029	—	黝铜矿	1~160	
黑钨矿	0~0.16		菱铁矿	1~60	
绿泥石	0.23~4	—	萤石	0.14~0.24	—
电气石	0.102~8	1.8	六方黄锡矿	0.0004	
锡石	0.50~50	22	正方黄锡矿	0.0021	
木锡石	5800~13500	—	海水	0.04~0.604 mg·L^{-1}	
闪锌矿	0.50~810	—	陨石	0.003~0.022	—
黄铜矿	0.04~1500	—			

按铟作为伴生组成的矿床划分，铟赋存的典型矿床见表2-6[4,6]。中国伴生铟矿床共生特点见表2-7[4,6]。

表2-6 铟赋存的典型矿床

主金属	矿床规模	矿床成因	伴生稀散金属	规模	实例
Cu	矽卡岩铜矿	接触交代	Ga、In、Ge、Re	小、中型	铜录山、城门山(中国)
	细脉浸染铜矿	中湿热液	Ga、In、Ge、Tl	大型	德兴(中国)
	矽卡岩多金属矿	接触交代	Ga、In、Ge、Tl	小、中型	八家子、连南(中国)
	多金属矿	高中温热液交代	Ga、In、Ge、Tl	大型	白银(中国)、刚果
Pb-Zn	脉状多金属矿	低温裂隙充填	Ga、In	小、中型	桃林、铜仁(中国)
	黄铁矿型多金属矿	火山沉积	Se、Te、In、Ga、Ge	中、大型	祁连山(中国)
	多金属矿	中低温热液	Se、Te、In、Tl	小、中型	凡口、常宁(中国)
Sn	矽卡岩型锡矿	接触交代	In、Ga、Ge	中、大型	个旧(中国)
	石英脉锌锡矿	高温热液	In、Ga、Ge、Se、Te	小、中型	—
	锡石-硫化物矿	中温热液	In、Ge、Ga、Te	中、大型	大厂、个旧(中国)
	砂锡矿	残坡积	In、Ga、Ge	小、中型	大厂(中国)
Au	金银矿	火山汽液	In、Tl	中、大型	台湾(中国)

表2-7 中国伴生铟矿床共生特点

矿床名称	主金属元素	共生分散元素
凡口铅锌矿床	Pb、Zn	Cd、Ga、In、Ge、Tl
个旧锡多金属矿床	Sn、Zn、Cu	In、Ga、Ge、Cd
大厂锡多金属矿床	Sn、Zn、Pb、Sb	In、Cd、Ga、Ge
都龙锡多金属矿床	Sn、Zn	In、Cd
万山汞矿	Hg	In、Se、Te、Cd
七宝山铁铟多金属矿床	Fe、Cu、Pb、Zn	Ga、Ge、In、Te、Cd

对铟矿床的工业评价见表2-8[4]，中国最佳的铟工业矿床见表2-9[4]。

表2-8 铟矿床的工业评价

矿床	铟的主要载体	铟品位/(g·t⁻¹)	评价
热液充填交代矿床	石灰岩中的黄铁矿	1000	可独立开采
	赤铁矿	1000	可独立开采
高温热液矿床	含钴锌铜的锡石或黑钨矿	100~300	可综合回收
	铜钼矿	10~30	可综合回收
	辉锑矿	20~40	可综合回收
多金属硫化物矿床	含锌黄铁矿等硫化物	10~30	可综合回收
	多金属硫化物	5~10	可综合回收

表2-9 中国最佳的铟工业矿床

矿产类型	铟品位/(g·t⁻¹)	利用状况	矿产地	矿床铟品位/(g·t⁻¹)
锡锌铟矿	20~1120	已用	广西壮族自治区大厂	1120
铅锌矿	3~60	已用	青海省锡铁山	60
锡锌矿	40~100	已用	云南省都龙	52
硫化铜矿	2~40	—	湖北省吉龙山	40

1.4.1.2 铟储量

据统计,至2012年底,世界铟探明储量为11000 t,储量基础为16000 t。铟资源比较丰富的国家有中国、秘鲁、美国、加拿大和俄罗斯等,上述国家铟储量占全球铟储量的80.6%[14]。2012年世界铟储量见表2-10。

表2-10 2012年世界铟储量

国家	探明储量		储量基础	
	数量/t	百分比/%	数量/t	百分比/%
中国	8000	72.7	10000	62.5
秘鲁	360	3.3	580	3.6
美国	280	2.5	450	2.8
加拿大	150	1.4	560	3.5
俄罗斯	80	0.7	250	1.6
其他	2130	19.4	4160	26

1.4.1.3　铟矿物的选矿富集

铟在多金属矿选矿过程中的走向和富集程度的统计结果，见表 2 - 11[4]、表 2 - 12[4] 和表 2 - 13[4]。这些统计结果可在一定程度上反映铟在载体矿物中的分布状况。铟在选矿产物的富集取决于载体矿物的选别程度，锌精矿中的铟富集品位较高，是原矿的 21 ~ 47 倍，但分布比例不高。

表 2 - 11　铟在多金属选矿产物中的走向

工厂	项目	给矿	产出物				未知损失
			铜精矿	锌精矿	黄铁矿	尾矿	
1	产出率/%	100	11.45	1.78	58.85	23.31	4.61
	铟品位/(g·t⁻¹)	4	9	17	3	4	—
	铟分布/%	100	25.6	7.4	43.9	23.1	
2	产出率/%	100	8.8	0.10	91.1	—	
	铟品位/(g·t⁻¹)	1	9	47	痕量	—	
	铟分布/%	100	79	5.0	16.0	—	
3	产出率/%	100	10.89	1.73	85.4	—	+1.98
	铟品位/(g·t⁻¹)	3.2	9	68	1	—	
	铟分布/%	100	32.3	39.3	28.4	—	+6.2
4	产出率/%	100	11.6	2.1	61.8	20.6	+3.9
	铟品位/(g·t⁻¹)	2.5	11	30	1	1	—
	铟分布/%	100	50.8	25.0	24.2	24.2	—
5	产出率/%	100	8.3	1.2	19.5	70.9	—
	铟品位/(g·t⁻¹)	4.9	34.8	55.6	2	1.9	—
	铟分布/%	100	54.5	12.6	7.4	25.5	-8.2

表 2 - 12　铟在选矿产品中的富集倍数

工厂	物料	选矿产品				
		铜精矿	锌精矿	优先选出的铜精矿	优先选出的锌精矿	混选出的铜精矿
1	铜锌矿	—	13.5	4.0	—	16.0
2	多金属矿	—	—	—	47	9.0
3	多金属矿	—	—	2.8	21.1	—
4	多金属矿	4.4	12.0	—	—	—
5	多金属矿	—	11.3	8.2	—	2.7

表 2 – 13　铟在选矿中的分配

项目	物料	工厂 A		工厂 B		工厂 C		工厂 D	
		品位/(g·t^{-1})	占比/%	品位/(g·t^{-1})	占比/%	品位/(g·t^{-1})	占比/%	品位/(g·t^{-1})	占比/%
投入	多金属矿	—	—	16	100	8	100	5	100
	铜锌矿	4	100						
产出	铜精矿	12	39.3					30	25.7
	铜铅精矿	—	—	8	6.2	20	26.6	20	53.2
	黄铁矿	<1	—	5	3.2	4	13.9		
	锌精矿	30	32.0	35	86.4	130	44.3	68	11.8
	砷精矿	—	—			2	15.2		
	尾矿	<1	8.7	2	4.2	—	—	2	9.5

在锡矿选矿过程中，铟主要富集在锡精矿中；在铅锌矿的选矿过程中，铟主要富集在铅精矿中，其次富集在锌精矿中，这符合铟与这些矿物共生的赋存关系。

目前为止，锌精矿是最主要的铟来源。中国一些选矿厂所产含铟的锌精矿的化学成分见表 2 – 14[4]，其中含铟量最高的锌精矿产自大厂(670 g/t)、蒙自(380 g/t)和都龙(280 g/t)，皆属中国迄今所发现的最大的几座含铟量多的金属矿床。

表 2 – 14　中国一些选矿厂所产含铟的锌精矿的化学成分　　　　　　%

地名	Zn	Pb	Cd	S	Fe	Cu	As	CaO	SiO$_2$	Ag[①]	In[①]	Ge[①]
大宝山	44.5	0.4	0.28	29	11.6	0.55	0.47	2.9	5.44	44	210	5
青城子	53.5	0.8	0.35	31.5	7.5	0.4	0.16	0.91	1.8	274	65	6
小西林	48	1.0	0.4	32	14	0.4	0.03	0.05	0.38	126	140	5
大新	58	0.8	0.4	30.5	4.5	0.1	0.014	0.5	4.56	62	53	60
大厂	46.5	1.03	0.35	31.7	12	0.53	0.7	0.97	1.5	302	670	5
八家子	46	0.78	0.24	30	4	0.69	0.05	—	—	258	110	9
锡铁山	44	1.37	0.32	33	15	0.25	0.07	—	—	39	9	5
都龙	38.6	2.65	0.1	29.3	11.59	1.11	0.35		12.12	200	280	5
蒙自	45	1.20	0.2	30.5	13.5	0.45	0.96	1.2	3.5	300	380	—

注：①金属含量单位为 g/t。

1.4.2 铟的冶金原料

铟作为伴生矿物，其品位很低，即使在一些有色金属精矿中铟得到了初步富集，但其品位仍不足以直接用来提取。在有色金属精矿冶炼和高炉炼铁过程中，铟依其行为与走向不同，会在某些生产工序和中间产品或副产品中得到相当程度的富集，从而成为提铟的主要原料，如炉渣、浸出渣、溶液、烟尘、合金和阳极泥等[15-17]。

铟在主金属冶金工艺中的富集物，将可能成为提取原生铟的原料，见表2-15[4]，一些硫酸和锌盐化工生产过程产出的渣中也可提取出铟。

表 2-15 原生铟的主要冶金原料

主金属	主产品	主金属冶炼工艺	富铟物生产工序	铟富集物
硫锌精矿	精锌	火法炼锌	焦结工序	焦结尘
			精馏工序	硬锌、粗铅
铅锌混合矿	精锌、铅	密闭鼓风炉	鼓风炉熔炼	粗锌、铅
			精馏工序	硬锌、粗铅
硫化锌精矿	电解锌	湿法炼锌	常规浸出法	中性浸出渣
			黄钾铁矾法	黄钾铁矾渣
			针铁矿法	针铁矿渣
硫化铅精矿	精铅	火法炼铅	鼓风炉熔炼	炉渣烟化尘
			火法精炼	铜浮渣反射炉尘
氧化铅矿	精铅	火法炼铅	鼓风炉熔炼	烟尘、炉渣烟化尘
			火法精炼	铜浮渣反射炉尘
锡精矿	粗锡	还原熔炼	粗锡熔炼	炉渣烟化尘、锡二次尘、焊锡
硫化铜精矿	电解铜	火法炼铜	火法精炼	—
			铜锍熔炼	铜烟尘
			吹炼	铜转炉尘
脆硫铅锑矿	精锑	火法炼锑	鼓风炉熔炼	精矿、锑鼓风炉尘
			反射炉熔炼	铜浮渣、反射炉尘
铁矿石	生铁	高炉炼铁	煤气净化	瓦斯泥（灰）
锰矿石	锰铁	高炉炼铁	煤气净化	布袋尘

　　铟的再生利用程度高，二次资源已成为铟的主要供应源之一，占铟总产量的40%~50%。铟二次资源主要是 ITO 靶材废料。靶材溅射镀膜率一般仅 70% 左右，余为废靶，在靶材生产过程中也产生边角料、切屑和废品。铟的其他二次资源还包括铟半导体材料的切磨抛光的废料、含铟电镀液废水及含铟的腐蚀液、废半导体器件、废显示屏、废催化剂、含铟合金废料、含铟干电池、蓄电池等。

1.5　铟工业品的质量标准

　　各国铟金属锭产品的化学成分见表 2－16[18-21]。

表 2－16　各国铟金属锭产品的化学成分

牌号	铟含量/%	杂质元素含量/10^{-6}							
		Ag	Cu	Al	Mg	Sn	Pb	Bi	Cd
中国－In99.993	99.993	—	5	7	—	15	10	—	15
中国－In99.97	99.97	—	10	10	—	20	50		40
中国－In99.9	99.9	—	10	—	—	200	200	—	200
JMC－1	99.99	1	1	—		50	20		3
JMC－2	99.95		5	—		50	80		40
TaT10297－75	99.96		10	—		50	50		10
STA103467－75	99.96		10	—		50	80		50
US－In－1	99.9	—	5~10	—		50~100	200~300	—	50~100
US－In－2	99.97		5~10	—		10~30	50~100		20~30
US－In－3	99.99		1~2	—		10~30	5~10		5~10

牌号	铟含量/%	杂质元素含量/10^{-6}							
		Tl	Fe	Zn	As	Ni	Hg	Ga	Ti
中国－In99.993	99.993	10	8	15	5	—	—	—	—
中国－In99.97	99.97	10	10	30	10	—	—	—	—
中国－In99.9	99.9	100	100	—	—	—	—	—	—
JMC－1	99.99	1							
JMC－2	99.95	20							
TaT10297－75	99.96	20	10	10	40	50	50	—	—
STA103467－75	99.96		30	30	10		50	20	

续表 2-16

牌号	铟含量 /%	杂质元素含量/10^{-6}							
		Tl	Fe	Zn	As	Ni	Hg	Ga	Ti
US-In-1	99.9	—	10～20	10～20	—	1～5	—	—	100～300
US-In-2	99.97	—	5～10	5～10	—	1～2	—	—	10～20
US-In-3	99.99	—	1～2	1～2	—	0.5	—	—	—

注：①中国铟锭呈长方形或长方梯形，锭的质量分别为(2000±100)g、(1000±100)g、(500±50)g 和 (200±20)g。

②美国铟锭外尺寸：3N：108 mm×444 mm×22 mm，质量为 10 kg/锭；

4N：216 mm×79 mm×25 mm，质量为 10 kg/锭。

第2章 从湿法炼锌生产中提取铟

2.1 湿法炼锌过程中铟的走向与富集

湿法炼锌是锌冶炼的主流技术方法，目前全球80%以上的金属锌产自湿法炼锌工艺，而锌精矿带入的铟量最多，因此湿法炼锌流程是铟最主要的产出源[22]。

湿法炼锌普遍采用硫化锌精矿经沸腾炉焙烧脱硫，焙烧矿硫酸浸出，然后净化、电积锌的工艺。锌精矿焙烧过程形成的铁酸锌，在锌焙砂中性浸出条件（终点pH为5.2）下不被浸出，造成渣中锌含量高且需另行处理。按浸出渣的处理方式不同分为中性浸出渣回转窑高温挥发焙烧和浸出渣热浓酸浸出两种工艺。前者是早年应用的常规方法；对于后者，则根据除铁的方法具体再细分为黄钾铁矾法、针铁矿法及赤铁矿法三种。锌精矿所含的铟镓锗90%以上在焙烧中以类质同象进入铁酸锌，在中性浸出中不被浸出而保留在中浸渣中，而在热浓酸浸出中，铟及镓锗与铁呈等比例溶出，这佐证了焙烧矿中铟与铁之间的赋存关系[6]。

对于回转窑高温挥发焙烧工艺，在高温还原条件下中浸渣中的铟大部分挥发进入氧化锌烟尘，故需从烟尘中回收铟。

对于热浓酸浸出工艺，铟随铁酸锌浸出而浸出，且大部分铟进入溶液；若是黄钾铁矾法，除铁时，溶液中的铁以Fe^{3+}形式存在，因此铟与铁共沉淀进入铁矾渣；若是针铁矿法和赤铁矿法，由于除铁前Fe^{3+}被还原成Fe^{2+}，因此用中和沉淀或锌粉置换可得到铟富集渣，使铟与铁分离。

近年来，锌精矿氧压直接浸出工艺已成熟并开始实现大规模工业应用，锌精矿不经焙烧直接浸出，无铁酸锌生成而不存在上述浸出渣的处理问题，使流程得到简化。研究和工业实践都表明，锌精矿的铟镓锗，在氧压浸出中90%以上被浸出。铁的浸出率约15%，且浸出液中的铁大部分以Fe^{2+}形式存在。因此溶液中铟镓锗也可以在水解除铁之前先行与铁分离得到铟等的富集物，这与针铁矿法工艺铟分离过程相同。

归纳起来，湿法炼锌工艺流程主要是从回转窑挥发的次氧化锌尘、黄钾铁矾渣和针铁矿法及氧压直接浸出工艺产出的沉铟渣（主要是置换渣和中和渣）这三种物料中回收铟。湿法炼锌工艺流程中铟的走向与富集如图2-1所示[23]。

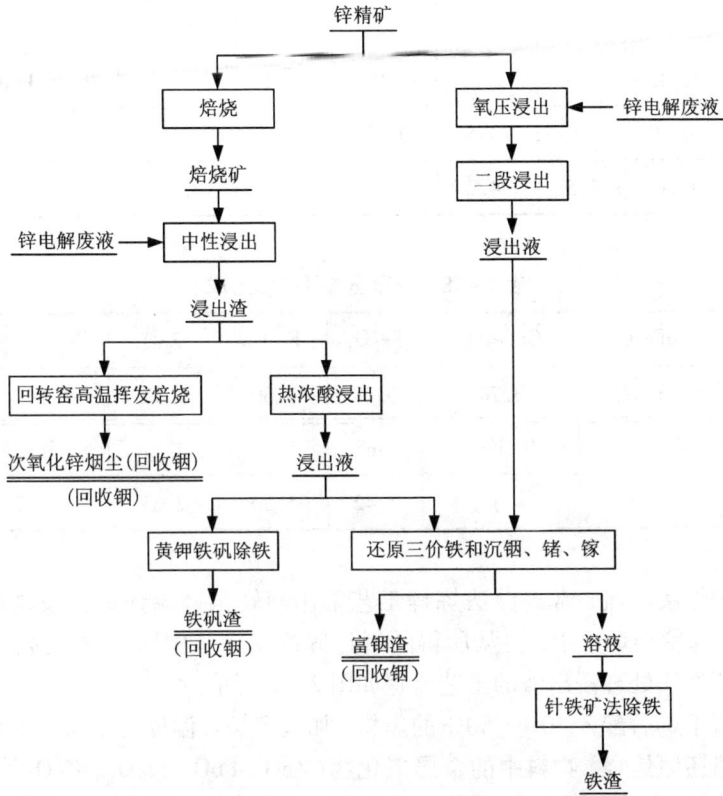

图 2 - 1　湿法炼锌工艺流程中铟的走向与富集

2.1.1　浸出渣回转窑高温挥发焙烧工艺中铟的走向与富集

锌焙砂经常规工艺中性浸出后, 95% 以上的铟保留于浸出渣中。浸出渣中锌物相的主体组成是铁酸锌, 而大部分的铟、镓、锗以类质同象进入铁酸锌晶体结构中[24]。在中性浸出初期, 由于溶液酸度高, 可能会有部分的铟被浸出, 形成硫酸铟进入溶液, 但至中性浸出的终点即 pH 为 5.0 ~ 5.2 时(在标准状态下, In^{3+} 水解的 pH 为 2 ~ 3), 这部分被浸出的铟也将水解析出与氢氧化铁胶体形成共沉淀, 其主要反应为:

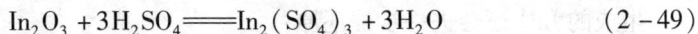

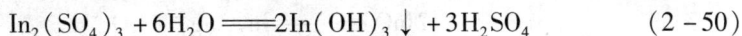

$$In_2O_3 + 3H_2SO_4 \Longrightarrow In_2(SO_4)_3 + 3H_2O \qquad (2-49)$$

$$In_2(SO_4)_3 + 6H_2O \Longrightarrow 2In(OH)_3\downarrow + 3H_2SO_4 \qquad (2-50)$$

一些炼锌厂采用常规浸出工艺所得浸出渣的化学成分见表 2 - 17, 锌浸出渣的矿物组成见表 2 - 18[4]。

表 2 - 17　常规浸出工艺所得浸出渣的化学成分 %

试样编号	Zn	Pb	Fe	In	Ge	SiO$_2$	CaO	As	Ga
1	22.42	3.36	29.02	0.038	0.0047	8.48	1.16	1.10	0.015
2	16.20	1.50	20.5	0.02	—	9.20	3.0	0.80	—
3	12.0	2.5	24.2	0.016	—	10.0	2.8	0.7	—

表 2 - 18　锌浸出渣的矿物组成

矿物组成	ZnFe$_2$O$_4$	CuFe$_2$O$_4$	Fe$_2$O$_3$	Fe$_3$O$_4$	ZnO	ZnSO$_4$	CaSO$_4$
占比/%	53.57	3.70	5.78	1.50	1.27	10.88	5.52
矿物组成	Zn$_4$SiO$_4$	(Zn、Fe)S$_2$	MnS	SiO$_2$	长石	其他硅酸盐	
占比/%	1.57	4.17	1.42	5.80	2.65	2.17	

　　对于中性浸出渣，常规湿法炼锌工艺采用回转窑高温还原挥发法将其中的锌、铅和铟挥发到烟尘中，再从所得的氧化锌挥发烟尘中回收锌、铅、铟等。回转窑还原挥发法处理浸出渣的工艺流程如图 2 - 2 所示。

　　浸出渣干燥后配入 40%~50% 的焦粉，加入到炉气温度为 1100~1300℃ 的回转窑中高温还原焙烧，物料中的金属氧化物（ZnO、PbO、In$_2$O$_3$、GeO$_2$ 等）与焦粉接触，被还原出的金属蒸气挥发进入气相，在气相中又被氧化成氧化物。炉气经冷却后导入收尘系统，使氧化物被收集。还原挥发过程中，浸出渣中 75%~90% 的铟被炭还原为 ln 或 In$_2$O 而与锌蒸气一起挥发，之后被炉气再次氧化为 In$_2$O$_3$ 进入收尘系统。

　　在高温条件下，铁酸锌和铟物料在窑内发生的主要反应为：

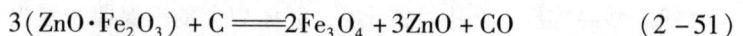

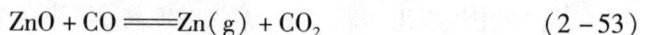

$$3(ZnO \cdot Fe_2O_3) + C \rightleftharpoons 2Fe_3O_4 + 3ZnO + CO \qquad (2-51)$$

$$ZnO \cdot Fe_2O_3 + CO \rightleftharpoons ZnO + 2FeO + CO_2 \qquad (2-52)$$

$$ZnO + CO \rightleftharpoons Zn(g) + CO_2 \qquad (2-53)$$

$$In_2O_3 + C \rightleftharpoons 2InO + CO \qquad (2-54)$$

$$In_2O_3 + 2C \rightleftharpoons In_2O(g) + 2CO \qquad (2-55)$$

$$In_2O_3 + 3C \rightleftharpoons 2In + 3CO \qquad (2-56)$$

生成的 InO 还会进一步被还原：

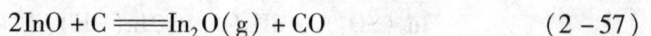

$$2InO + C \rightleftharpoons In_2O(g) + CO \qquad (2-57)$$

$$InO + CO \rightleftharpoons In + CO_2 \qquad (2-58)$$

锌浸渣　　　　　　焦粉

```
┌──────┐
│ 干燥窑 │
└──────┘
   │
   │ 干料
   ↓
┌──────┐        ┌──────┐
│ 干料仓 │        │ 焦粉仓 │
└──────┘        └──────┘
   │                │
   ↓                │
┌──────────┐ ←──────┘
│ 圆盘配料   │
└──────────┘
   │
   ↓
┌──────────┐
│ 挥发回转窑 │
└──────────┘
   │
 ┌─┴────────┐
 ↓          ↓
窑渣        烟气
(再处理或堆存)   │
                ↓
         ┌──────┐
         │ 余热锅炉 │ ──→ 锅炉灰 ──────┐
         └──────┘                 │
            │                     │
            ↓                     │
         ┌──────┐                 │
         │ 冷却烟道 │ ──→ 烟道氧化锌 ──┤
         └──────┘                 │
            │                     │
            ↓                     │
      ┌──────────┐                │
      │ 布袋收尘器 │                 │
      └──────────┘                │
       ┌──┴────────┐              │
       ↓           ↓              │
    ┌──────┐   布袋氧化锌           │
    │ 引风机 │       │              │
    └──────┘       └──────────────┤
       │                          │
       ↓                          ↓
    废气排空                  (送提In、Zn等)
```

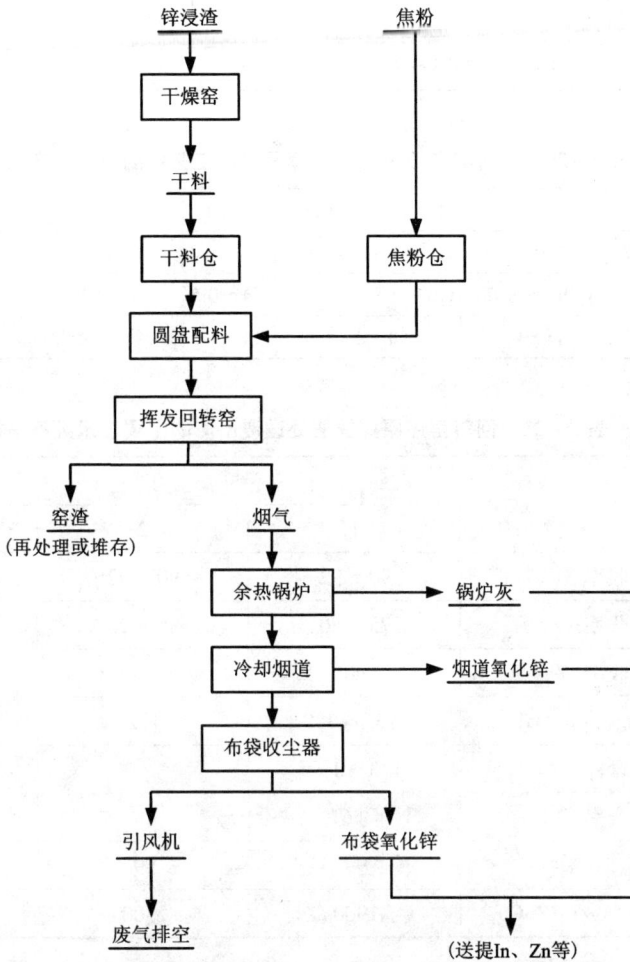

图 2-2　回转窑还原挥发法处理浸出渣的工艺流程图

反应生成的金属铟难于挥发, 1200℃时, 其蒸气压仅为 106.66 Pa, 但它易被窑内产生的锌蒸气流夹带入烟气进而氧化成 In_2O, 而 In_2O 在高于 800℃温度时便显著挥发。

经收尘获得的氧化锌烟灰经多膛炉脱氟、脱氯后, 再纳入湿法炼锌提铟系统生产电锌和粗铟。

回转窑还原挥发法处理浸出渣的工艺结果和主要技术指标[4]见表 2-19、表 2-20、表 2-21。

表 2 – 19　回转窑还原挥发法处理浸出渣时元素的挥发率　　　　%

元素	Zn	Pb	In	Ge	Ga	Tl	Cd	As	Sb
挥发率	90～95	85～94	75～90	30～50	14	87	90～95	45～47	25～30

表 2 – 20　回转窑还原挥发法处理浸出渣工艺中的原料与产物成分　　　　%

元素	Zn	In	Pb	Cd	As	Sb	S	C	Ag
浸出渣	20～22	0.05～0.06	3.2～3.6	0.3	0.8～1.0	0.2～0.3	6～7	—	0.003～0.022
窑渣	1.5～2.5	0.014～0.026	0.3～0.5	0.1	0.4～0.5	0.04～0.1	4～5	15～25	0.015～0.02
挥发尘	60～62	0.15～0.18	8～10	1.5～2.5	0.4～0.5	0.04～0.05	2～3	3.5～5	0.015～0.02

表 2 – 21　回转窑还原挥发法处理浸出渣的主要技术经济指标

项目	工厂		
	1	2	3
锌直收率/%	90～92	90～92	92
铅直收率/%	75～80	85～90	86
铟直收率/%	90	80	85
窑生产能力/(t·m^{-2}·d^{-1})	1.55～1.2	1.2	1.83
窑渣含锌/%	1.3～1.7	2.5	0.85
窑渣产率/%	约67	—	约47
收尘率/%	99	99	98
焦粉单耗/(kg/t – ZnO)	1900	2300	2900

2.1.2　浸出渣热酸浸出—黄钾铁矾法除铁过程中铟的走向与富集

中性浸出渣的另一种处理工艺是热浓酸浸出，即在高温、高酸条件下对中性浸出渣再浸出，将在中性浸出阶段尚未溶解的铁酸锌及少量其他尚未溶解的锌化合物、铟化合物等进行溶解，以进一步回收锌及铟镓锗等有价金属[25-26]。

热酸浸出工艺一般由两段逆流浸出组成，第一段的浸出液送去除铁，第二段的浸出液返第一段浸出。浸出温度为 90～95℃，始酸浓度大于 150 g/L，终酸浓度控制为 40～60 g/L，渣中锌的主要物相被浸出进入溶液：

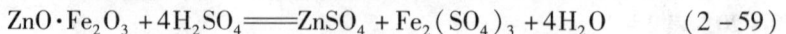

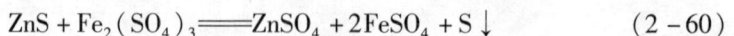

$$ZnO \cdot Fe_2O_3 + 4H_2SO_4 =\!=\!= ZnSO_4 + Fe_2(SO_4)_3 + 4H_2O \qquad (2-59)$$

$$ZnS + Fe_2(SO_4)_3 =\!=\!= ZnSO_4 + 2FeSO_4 + S \downarrow \qquad (2-60)$$

随着铁酸锌的分解,其中的铁和铟、镓、锗也大部分被溶出,从而得到含铁较高的溶液。对第一段的浸出液,采用黄钾铁矾法除铁。在浸出时加入 MnO_2 氧化,溶液中大部分的铁已被氧化成 Fe^{3+}。在温度为 95℃,保持溶液 pH 为 1.5 的条件下,往溶液中加入 Na^+ 离子(或 K^+、NH_4^+ 等)的硫酸盐,并加入晶种,使 $Fe_2(SO_4)_3$ 反应生成黄钠(钾、铵)铁矾 $[Na_2Fe_6(SO_4)_4(OH)_{12}]$ 和草黄铁矾 $[(H_3O)_2Fe_6(SO_4)_4(OH)_{12}]$ 沉淀:

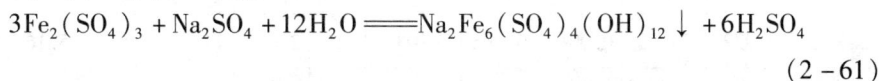

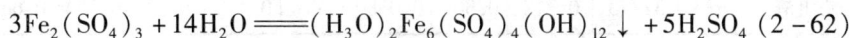

$$3Fe_2(SO_4)_3 + Na_2SO_4 + 12H_2O = Na_2Fe_6(SO_4)_4(OH)_{12}\downarrow + 6H_2SO_4$$

$$(2-61)$$

$$3Fe_2(SO_4)_3 + 14H_2O = (H_3O)_2Fe_6(SO_4)_4(OH)_{12}\downarrow + 5H_2SO_4 \quad (2-62)$$

黄钠(钾、铵)铁矾是一种含水碱式硫酸盐的复盐,呈晶体状,易沉淀和过滤,且不溶于酸。铁以黄钠(钾、铵)铁矾形态沉淀时,溶液中 In^{3+} 通过取代 Fe^{3+} 进入铁矾晶格生成钠铟铁矾晶体,与铁一起沉淀进入铁矾渣。

一种热酸浸出—铁矾法除铁的工艺流程[4, 27],如图 2-3 所示。

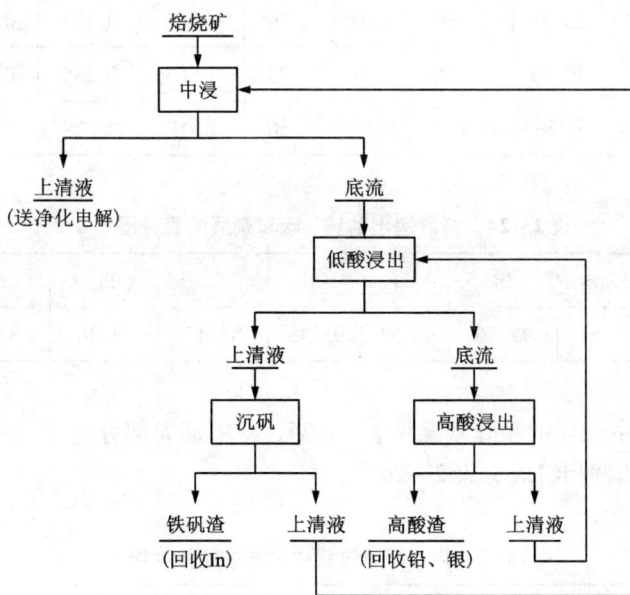

图 2-3　热酸浸出—铁矾法的工艺流程图

工艺中原料和各段浸出渣的成分见表 2-22,各段浸出所得溶液成分见表 2-23,多段浸出的 Zn、In 及杂质的累计浸出率见表 2-24[4]。

表 2 – 22　原料及各段浸出渣的平均化学成分　　　　　　　%

项目	Zn	Fe	In	Cu	Cd	As	Sb	SiO$_2$	Sn	Pb	Ag
焙烧矿	55.18	14.5	0.089	0.69	0.325	0.49	0.43	1.75	—	—	—
中浸渣	28.438	24.955	0.1464	2.34	0.177	0.999	0.495	4.157	0.693	1.28	0.034
低浸渣	21.30	36.21	0.136	0.88	0.19	0.736	1.09	5.07	1.64	2.08	0.05
高浸渣	2.932	30.99	0.0088	0.095	0.103	1.23	2.607	17.44	5.033	5.16	0.124
铁矾渣	5.935	31.73	0.218	0.307	0.038	1.116	0.412	0.73	0.354	0.661	0.015

表 2 – 23　各段浸出所得溶液的成分　　　　　　　g/L

项目	Zn	Fe	In	Cu	Cd	As	Sb	Sn	SiO$_2$
中上清液	134.4	0.062	0.0014	1.01	0.789	0.0012	0.0021	0.0012	0.109
低上清液	92.9	23.78	0.136	2.02	0.338	0.704	0.124	0.105	0.123
高上清液	69.3	40.26	0.125	1.11	0.23	0.503	0.235	0.202	0.092
矾上清液	130.5	0.26	0.0105	2.24	0.50	0.05	0.008	0.001	0.243

表 2 – 24　多段浸出的锌、铟和杂质的累计浸出率　　　　　　　%

项目	Zn	In	Cu	Cd	As	Sb	Sn	SiO$_2$
浸出率	99.61	99.26	96.54	95.45	84.47	74.26	31.0	25.9

　　沉矾过程中杂质的脱除状况见表 2 – 25，其中铟大部分进入铁矾渣。铁矾渣中锌、铟、铁的物相组成见表 2 – 26[4]。

表 2 – 25　沉矾过程中杂质的脱除状况

项目	Fe	As	Sb	Sn	Si
沉矾前液/(g·L^{-1})	23.78	0.499	0.014	0.034	0.024
沉矾后液/(g·L^{-1})	0.263	0.05	0.002	0.0035	0.014
脱除率/%	98.89	89.98	85.71	89.71	41.67

表 2 – 26 铁矾渣中锌、铟、铁的物相组成

项目	锌的物相组成					
	总 Zn 量	$ZnSO_4$	ZnO	$ZnSiO_3$	ZnS	$ZnFe_2O_4$
Zn/%	6.15	0.91	0.19	0.17	0.09	4.79
占比/%	100.0	14.8	3.09	2.76	1.46	77.89

项目	铟的物相组成			
	总 In 量	$In(SO_4)_3$	In_2O_3	In_2S_3	结合态 In
In/%	0.20	0.004	0.006	0.001	0.189
占比/%	100.0	2.0	3.0	0.5	94.5

项目	铁的物相组成			
	总 Fe 量	Fe^{2+}	FeS	$Fe_2(SO_4)_3$	赤铁矿 Fe
Fe/%	31.34	0.31	痕量	痕量	31.03
占比/%	100.0	0.99	—	—	99.01

热酸浸出工艺处理湿法炼锌的中性浸出渣时，各种有价元素的浸出回收率均很高。浸出液采用铁矾法除铁，虽使铟在铁矾中得以富集，但富集比不高，仅为焙烧矿的 2.5 倍。

该工艺的最大问题是除铁时不能有效地使铟、铁分离，虽然后续可从铁矾渣中回收铟，但因铟、铁的分离造成提铟工艺的复杂化，且铁矾渣产出量大，易产生污染。

2.1.3 浸出渣热酸浸出—针铁矿法除铁过程中铟的走向与富集

浸出渣经热酸浸出后，对热酸浸出液可采用针铁矿法除铁。其工艺包括 Fe^{3+} 的还原及 Fe^{2+} 的氧化两个过程，先将溶液中的 Fe^{3+} 用 SO_2 或 ZnS 还原成 Fe^{2+}，使溶液中 Fe^{3+} 含量小于 1 g/L；然后，用 ZnO 调节溶液的 pH 为 3～5，在 80～100℃ 温度下，用空气缓慢氧化，并加入晶种，使 Fe^{2+} 氧化成 Fe^{3+} 且以 α – FeOOH 的形式析出，除铁过程中的主要反应为：

还原：

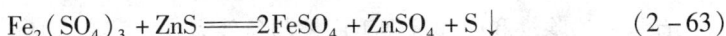
$$Fe_2(SO_4)_3 + ZnS ==== 2FeSO_4 + ZnSO_4 + S\downarrow \qquad (2-63)$$

或

$$Fe_2(SO_4)_3 + ZnSO_3 + H_2O ==== 2FeSO_4 + ZnSO_4 + H_2SO_4 \qquad (2-64)$$

氧化：

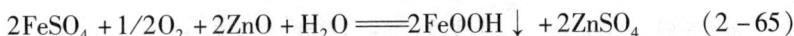
$$2FeSO_4 + 1/2O_2 + 2ZnO + H_2O ==== 2FeOOH\downarrow + 2ZnSO_4 \qquad (2-65)$$

由于 Fe^{2+} 水解 pH 在 6 以上,溶液中的铁全部还原成 Fe^{2+} 后,可在较低的 pH 下中和沉淀铟入渣,而把铁保留在溶液中,使铟、铁有效分离。这一工艺可获得含铁低铟富集品位高的铟渣,在湿法炼锌流程中回收铟,这是解决铟、铁分离问题的有效方法[28~29]。

对于高铁高铟锌矿,可采用热酸浸出—硫化锌精矿还原—针铁矿法除铁的工艺流程,如图 2-4 所示[4]。中浸渣分三段逆流高酸浸出,第一段的浸出液用 ZnS 精矿将 Fe^{3+} 还原成 Fe^{2+}。沉铟前用 ZnO 焙烧矿将溶液中大部分的残酸预中和到 pH 为 2.0 左右,以减少沉铟渣的产率,然后用品位高的 ZnO 将铟中和沉淀入渣,铟的直收率为 92.7%(入铟渣)。

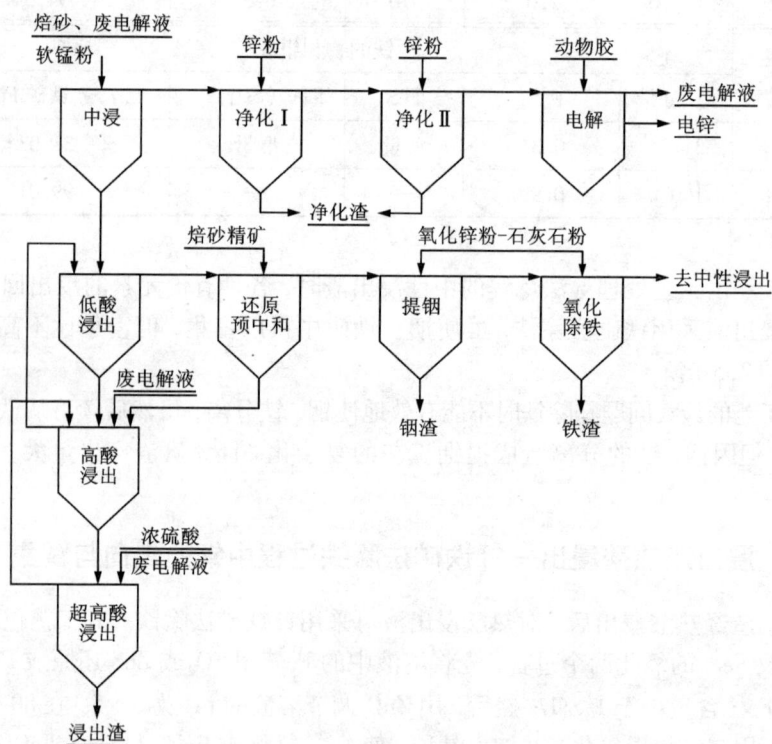

图 2-4 热酸浸出—硫化锌精矿还原—针铁矿法除铁的工艺流程(大厂)

针铁矿法除铁和中和沉铟工序控制条件为:

硫化锌还原:(95 ± 5)℃,4~5 h,终点 Fe^{3+} 浓度为 1.5 g/L

预中和:(85 ± 5)℃,1 h,终点 pH 2.0

中和沉铟:70~75℃,1 h,终点 pH 4~4.6

氧化除铁:(80 ± 5)℃,3.5 h,终点 Fe^{2+} 浓度小于 1.0 g/L

浸出液还原铁时用亚硫酸锌替代硫化锌精矿作还原剂，效果更好，还原时间短，还原率高，无还原渣产生。氧化 Fe^{2+} 采用机械搅拌与空气搅拌相结合的方式，氧化速度快，空气利用率高，所得针铁矿渣过滤性能好。采用亚硫酸锌还原的针铁矿工艺，除铁工序控制的条件[4]为：

亚硫酸锌还原：(95 ± 5)℃，$4 \sim 5$ h，终点 Fe^{3+} 浓度为 1.5 g/L

预中和：(85 ± 5)℃，1 h，终点 pH 为 2.0

中和沉铟：$70 \sim 75$℃，1 h，终点 pH 为 $4 \sim 4.6$

氧化除铁：(80 ± 5)℃，3.5 h，终点 Fe^{2+} 含量小于 1.0 g/L

溶液中 Fe^{3+} 还原完全后，加入 ZnO 中和沉淀铟，沉铟率达 87.2%，铟富集倍数为 8.03 倍，铟渣产率为 8.29%，铟直收率（从原料至铟渣）达 80%[4]。各段工序产出渣典型化学成分见表 2-27，可见，针铁矿法富集铟明显比铁矾法有利。

表 2-27 各段工序产出渣典型化学成分 %

项目	Zn	Fe	In	Cu	Cd	As	Sb	Pb	SiO$_2$
焙烧矿	83.77	9.37	0.007	0.46	0.062	0.17	0.013	0.93	1.92
中浸渣	30.19	5	0.009	0.81	0.069	—	0.008	1.59	3.25
热酸渣	11.54	7.43	0.007	0.16	0.07	0.04	0.02	8.95	9.27
还原渣	19.95	19.12	0.013	0.39	0.096	1.86	0.014	3.72	3.69
铟渣	21.99	9.04	0.056	1.45	0.11	3.63	0.07	9.74	6.35
铁渣	4.95	19.54	0.004	0.4	0.03	0.27	0.006	0.89	2.57

高酸浸出液还原 Fe^{3+} 后，也可用锌粉置换沉淀铟及镓、锗。对于成分为 Ga 0.0078 g/L、In 0.0054 g/L、Ge 0.0031 g/L、Fe 9.12 g/L、Zn 48.8 g/L、Cu 0.025 g/L 的还原后液，经预中和到 pH 为 3.5，再分别用锌粉置换和石灰中和沉铟及镓、锗，两者结果对比见表 2-28[6]。

表 2-28 还原后液用锌粉置换和石灰中和的试验结果

	Ga	In	Ge	Zn	Fe	Cu
锌粉置换渣/%	0.039	0.038	0.025	35.48	3.46	0.24
锌粉置换沉淀率/%	77.72	96.76	98.21		5.03	95.5
石灰中和渣/%	0.036	0.052	0.036	10.31	—	14.69
石灰中和沉淀率/%	93.09	87.92	93.72		13.88	95.52

2.1.4　赤铁矿法除铁过程中铟的走向与富集

赤铁矿法除铁和回收铟及镓、锗的过程与针铁矿法类似，也分为铁还原和氧化两个过程，且在沉淀铁之前将铟等先行中和沉淀出来。其不同点在于赤铁矿法除铁是在高压高温(200℃)条件下，通入高压空气或氧气，使 Fe^{2+} 氧化成赤铁矿而沉淀。

日本某锌冶炼厂采用赤铁矿法处理中浸渣[30]，过程为：

(1)还原浸出：锌浸出渣调浆配液进入卧式机械搅拌加压釜，用 SO_2 作还原剂，维持压力为 152~202 kPa，浸出温度为 100~110℃，浸出时间为 3 h。其反应式为：

$$ZnO \cdot Fe_2O_3 + 2H_2SO_4 + SO_2 = ZnSO_4 + 2FeSO_4 + 2H_2O \qquad (2-66)$$

浸出渣中的伴生金属会同时溶解，其中锌、铁、镉、铜的浸出率均大于90%。

(2)除铜沉铟：还原浸出矿浆送除铜槽，通 H_2S 除铜、砷，得含金、银的铜精矿；除铜液用两段石灰中和(pH=2 及 pH=4.5)使锗、镓、铟沉淀入渣。

(3)高压沉铁：除铜后液经两段中和后送入高压釜内，蒸气加热至200℃，通入纯氧，釜内压力 2000 kPa，维持 3 h，将 Fe^{2+} 氧化至生成 Fe_2O_3 沉淀，其反应式为：

$$Fe_2SO_4 + O_2 + H_2O = Fe_2O_3 \downarrow + H_2SO_4 \qquad (2-67)$$

除铜沉铟所得的二次石膏渣含 In 0.05%~0.20%、Ga 0.05%~0.10%、Zn 8%、Fe 4%，可供进一步综合回收提取铟、镓等有价金属。

2.1.5　锌精矿氧压浸出工艺中铟的走向与富集

氧压浸出工艺由加拿大舍里特·高登(Sherrit Gordon)公司于 20 世纪 50 年代开发，该方法最初是为了处理镍精矿和铜精矿，后来用于处理硫化锌精矿。现我国已建成年产十万吨锌的冶炼厂。

锌精矿氧压直接浸出工艺没有焙烧过程，因而不会产生铁酸锌。该工艺中硫化锌或铅锌混合精矿与废电解液中的硫酸在一定氧压下反应，生成硫酸锌、单质硫[31]。

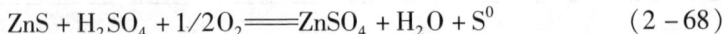

$$ZnS + H_2SO_4 + 1/2O_2 = ZnSO_4 + H_2O + S^0 \qquad (2-68)$$

溶液中的铁离子充当氧的传递介质，使反应加快，一般精矿中含有的大量可溶的铁可满足浸出需要，硫化锌的浸出反应实际分两步进行：

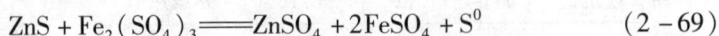

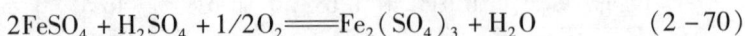

$$ZnS + Fe_2(SO_4)_3 = ZnSO_4 + 2FeSO_4 + S^0 \qquad (2-69)$$

$$2FeSO_4 + H_2SO_4 + 1/2O_2 = Fe_2(SO_4)_3 + H_2O \qquad (2-70)$$

工艺多采用二段氧压逆流浸出，当浸出温度为150℃，氧分压为700 kPa，浸出时间 1.5 h 时，锌的浸出率可达98%以上[32]。某厂锌精矿含 Ga 0.002%~0.02%、

In 0.0002%~0.005%、Ge 0.003%~0.017%、Fe 6%~7%，经二段氧压浸出，铟、镓、锗浸出率均可达 90%~95%。铁浸出率仅 4%~7%，且浸出液中的铁绝大部分以 Fe^{2+} 形式存在。一段浸出液经预中和后再用锌粉置换沉淀镓、铟、锗，获得富含镓、铟、锗的置换渣，置换渣成分为：Ga 0.45%、In 0.0002%、Ge 0.45%、Zn 25.0%、Fe 9.3%，除 In 因原料品位低外，Ga 和 Ge 对精矿的富集比均在 20 倍以上，锗甚至更高。

对某高铟高铁闪锌矿采取氧压浸出工艺富集和回收其中的铟[33]，该精矿成分为：Zn 44.52%、Fe 17.64%、S 32.66%、Cu 0.93%、Cd 0.17%、In 0.034%、Sb 0.15%、Pb 0.016%、Sn 0.17%、SiO_2 1.52%，Ag 51.7 g/t，经二段氧压浸出，在氧分压 1.2 MPa、浸出温度 150℃、液固比 6∶1 的条件下，锌、铟、铜的浸出率分别为 99.14%、92.15%、88.77%，元素硫的转化率为 76.28%，银入渣率大于 90%，第一段浸出液中的 Fe 含量不超过 3 g/L，游离 H_2SO_4 含量为 10 g/L。浸出液中的铟可采用萃取[34]或其他方法进一步回收。

2.2　置换法提取铟

在含铟溶液中，用锌或铝置换铟的方法可用来提取金属铟，其溶液体系可以是硫酸或是盐酸。含铟原料，包括回转窑挥发产出的氧化锌烟尘、含铟的中和渣和置换渣等，经酸浸使铟转入溶液，经一系列的中和、硫化、置换等工艺除杂净化后，用锌板或铝板置换，得到海绵铟。如果原料铟品位低，则需反复多次地溶解、中和或置换沉淀或萃取，以使铟品位提高。

置换铟的机理是电极电位比铟更负的金属（Me，通常用的是锌或铝）从溶液中将铟还原成金属单质：

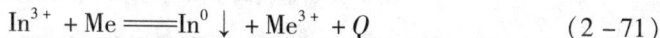

$$In^{3+} + Me \Longrightarrow In^0 \downarrow + Me^{3+} + Q \qquad (2-71)$$

对于锌冶炼工艺产出的富铟原料，酸浸后溶液中 As、Cu、Cd 的含量较高。由表 2-29 可知，为得到杂质较少的海绵铟，置换前需将电位比铟要正的 Cu、Sn、As 等杂质先行除去。

表 2-29　金属的标准电极电位　　V

金属电极	Al^{3+}/Al	Zn^{2+}/Zn	Ga^{3+}/Ga	Fe^{2+}/Fe	Cd^{2+}/Cd	In^{3+}/In	Tl^+/Tl
标准电极电位	-1.60	-0.763	-0.53	-0.44	-0.403	-0.342	-0.336
金属电极	Sn^{2+}/Sn	Pb^{2+}/Pb	As^{3+}/As	Cu^{2+}/Cu	Te^{4+}/Te	Tl^{3+}/Tl	Te^{6+}/Te
标准电极电位	-0.136	-0.126	+0.248	+0.337	+0.53	+0.72	+1.02

例如，富含铟的铜镉渣，先用稀酸溶液浸出除去铜和锌，得到成分为：In 0.01%~0.04%、Cu 20%~28%、Cd 17%~20%、Zn 7%~10%、Pb 4.8%、Fe 0.2%~1.5%、Tl 0.02%~0.03%及 SiO_2 8%的滤渣。该滤渣用20%硫酸溶液浸出，有近90%的铟转入溶液中。根据各金属不同的还原电位，先加入不足量的锌粉置换除去大部分铜，之后将过滤后的溶液加热到80~85℃，用铁置换除去余下的铜，随铜损失的铟量达3%~5%；滤液用碱中和至 H_2SO_4 含量为1.5~2.5 g/L，然后加入锌粉置换铟，获得成分为 In 1%~2%、Cu 40%、Zn 5%~8%及 Cd 20%~30%的铟富集物，使铜、铟含量的比值从原料的2800下降到40。将此富集物氧化焙烧，再用20% H_2SO_4 溶液浸出，再重复置换提铟。根据图2-5[6]，利用铟与铜水解的 pH 差别，如果在该溶液置换铜后用 ZnO 中和替代 Zn 粉置换沉铟，铟渣中铜含量会更低。

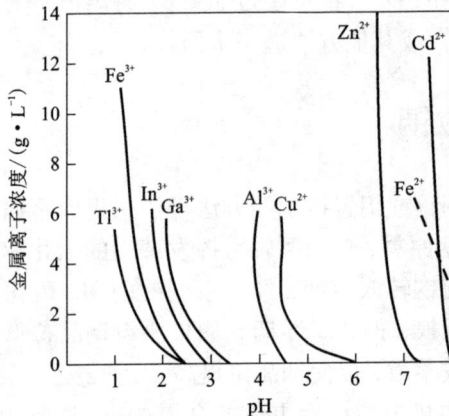

图2-5 金属离子浓度与水解 pH 的关系

有研究用酸式磷酸钠（NaH_2PO_4）、焦磷酸钠（$Na_4P_2O_7$）和三聚磷酸钠作沉淀剂，可使铟以磷酸盐的形式沉淀出来，其中沉淀效果最好的是三聚磷酸钠。用三聚磷酸钠沉铟，可以使铟、铁分离。研究表明，温度对铟的沉淀效果影响不大，在 pH 为2.5~2.7、时间为1.5 h 时，三聚磷酸钠与铟的物质的量之比为0.91:1，Fe^{3+} 浓度控制在0.04 g·L^{-1} 以下时，铟沉淀率可达94%以上，此时 Zn、Cu 和 Fe^{2+} 不影响沉铟，而 Fe^{3+} 则与铟共沉淀，故沉铟前需把 Fe^{3+} 还原为 Fe^{2+}[4,35]。沉淀下来的磷酸铟盐，用10~15 g/L H_2SO_4 溶液洗涤，再用 NaOH 溶液分解，使其变为 $In(OH)_3$，再后续处理提取铟[36]。

用锌置换铟时应特别注意 AsH_3 的毒害问题。为避免 AsH_3 的生成，需将溶液中的砷含量降至0.02 g/L 以下[6]。除砷方法之一是硫化沉淀法，采用硫化剂 Na_2S 或 H_2S，可以在一定 pH 条件下，将砷以 As_2S_5 或 As_2S_3 的形式从溶液中沉淀出来。如向某含铟溶液中通入 H_2S，加入量（常温、常压）为 5 L/200 mL（浸出原液），在 H^+ 浓度为 $6 \ mol \cdot L^{-1}$、温度为 20℃ 的条件下反应 30 min，砷去除率达 99.1%，溶液中砷含量从 4.3 g/L 降至 0.048 g/L，该过程中铟损失量仅 1.9%[37]。另一种方法是，在溶液中维持一定的铜离子浓度，使 [Cu]:[As] = 1:1~2.5:1，在游离酸浓度为 15~30 g/L、温度为 70~90℃ 的条件下，加入铁粉或铁屑置换除砷，则砷与铜以 Cu_3As_2 形态除去[6]。

置换前液经除杂之后，采用置换法以用锌片从富铟溶液中制取海绵铟。置换工艺条件为：如从 $InCl_3$ 溶液中置换铟，宜加入 NaCl 或 HCl 以利于置换，使溶液中氯离子浓度约达 20 g/L，pH 为 1.5~2，温度为 40~50℃；如从 $In_2(SO_4)_3$ 溶液置换铟，保持 H_2SO_4 浓度 1.5~2.50 g/L、温度 30~40℃，也宜加入 NaCl 使 Cl^- 浓度达 5~10 g/L[6]。置换槽应保持负压抽风。

常用的置换剂为锌片或者铝片，且要注意锌片或铝片的纯度。使用铝片置换时，其表面一般采用氢氧化钠或酸反复处理，使其暴露新表面。用铝片置换时，反应比较剧烈，同时要求硫酸铟置换前液中铟含量为 10~60 g/L。若用锌板置换，其反应较慢，需 70~160 h 才能基本完成置换，而且海绵铟在锌片上黏附较紧，难以剥离。

置换所得的海绵铟应及时捞出或剥离，时间过长，海绵铟会与溶液中的铅、锡发生置换反应，从而影响产品质量。

某些工厂的海绵铟置换技术的操作条件见表 2-30[4]。

表 2-30 海绵铟置换技术的操作条件

操作条件	工厂 1	工厂 2	工厂 3	工厂 4
置换液种类	$InCl_3$	$InCl_3$	$In_2(SO_4)_3$	$InCl_3$
置换剂	铝片	铝片	锌片	锌片
置换前液(In)/$(g \cdot L^{-1})$	20~50	40~50	—	45
置换前液酸度(In)/$(g \cdot L^{-1})$	pH 约 2.0	—	—	3~3.5
置换后液(In)/$(mg \cdot L^{-1})$	<15	<20	<50	<50
置换时间/h	4~6	20~24	8	170
置换温度/℃	50~60	50~60	约 80	室温
海绵铟水洗次数/次	5~6	4~5	4~5	4~5

置换完成后，置换效率为 85%~99%。刮取得铟含量为 90%~95% 的粗海绵铟，并将其存储于水中以防止被氧化。海绵铟经压团，放入不锈钢锅内，上覆一

定量的碱$[m(碱) = (\frac{1}{2} \sim \frac{3}{5})m(铟)]$，加热至320~350℃温度下熔炼2~3 h，使海绵铟中的铝、锌等杂质与苛性钠作用生成Na_2ZnO_2和Na_3AlO_3进入渣中，经铸型可获得 In 含量不小于99%的粗铟锭，或浇铸成阳极，送电解精炼得到99.99%的金属铟产品。

置换后液中残余铟含量较高，可用锌粉将铟彻底置换，再沉淀入渣返浸出。若溶液中富含$ZnCl_2$，则可制成副产品$ZnCl_2$出售。

2.3 萃取法富集提取铟

上述化学沉淀富集提取铟的工艺，工序和中间产物多，易造成铟的分散损失。萃取法分离铟选择性好、富集度高，可在很大程度上避免化学沉淀法的不足。工业生产中广为应用的方法是 P204 萃取法。

P204，D2EHPA，是一种酸性磷型萃取剂，主要成分是二(2－乙基己基)磷酸，通常以二聚体形式存在。D2EHPA 在硫酸介质中可定量萃铟。其萃铟机理为：

$$In^{3+} + 3[H_2A_2] \Longleftrightarrow [InA_3 \cdot 3HA] + 3H^+ \qquad (2-72)$$

实践表明，用 D2EHPA 萃铟时以选用0.56~0.66 mol/L H_2SO_4溶液为好。采用30% D2EHPA/煤油的有机相、相比 A/O = 1/2，经 3 级萃取，就能完全萃取铟。然后在相比 O/A = 15/1 下，用 6 mol/L HCl 进行 3 级反萃，反萃铟率大于99.3%，反萃机理如下：

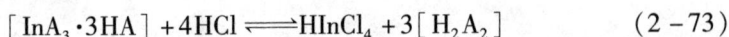

$$[InA_3 \cdot 3HA] + 4HCl \Longleftrightarrow HInCl_4 + 3[H_2A_2] \qquad (2-73)$$

在硫酸介质中用 D2EHPA 萃取铟时，能使铟与众多的杂质分离，但铁(Ⅲ)例外，在萃取过程中铁(Ⅲ)与铟(Ⅲ)同时萃入有机相，在反萃铟时，铁(Ⅲ)与铟(Ⅲ)均被反萃入铟水相，但仍有少部分铁(Ⅲ)在贫有机相中积累，以致萃取剂萃铟容量降低，从而影响萃取效率。除去有机相中 Fe^{3+}的方法有：在再生段用7%草酸处理贫有机相以除铁；或先用 1.8 mol/L 盐酸处理，接着用水洗，然后用20%~30%的NaOH 洗涤除铁；再或者在萃取铟时，添加聚醚来抑制铁(Ⅲ)的萃取[6]。

用 D2EHPA 萃取铟时有可能产生乳化现象，影响萃取铟过程的进行。其成因大致是溶液温度过低和溶液中含有单宁类等有机物，或溶液含有过多的 $PbSO_4$等微粒悬浮物，采取控制萃取温度、进一步净化溶液、添加表面活性剂等措施可避免乳化现象的产生[6]。

云南驰宏锌锗股份有限公司处理氧化锌烟尘的工艺当中，对二段酸浸液中的In^{3+}采用溶剂萃取法富集回收[38]。萃取有机相组成为15% P204 + 85%260#煤油，在相比 O∶A = 1∶5、混合时间 5~10 min、萃取温度40℃左右的条件下，进行二级模拟逆流萃取试验，萃取结果见表 2-31。

表 2-31 二段酸浸液铟萃取试验结果

试验	萃前液成分/$(g \cdot L^{-1})$							萃余液中 In 含量 /$(g \cdot L^{-1})$	In 萃取率/%
	In	全 Fe	Fe^{2+}	Zn	Ge	SiO_2	H_2SO_4		
萃1	0.054	0.80	0.70	21.0	0.042	0.16	44.75	0.002	96.28
萃2	0.046	0.80	0.70	21.0	0.061	0.17	41.72	0.0016	96.52
萃3	0.046	0.80	0.70	21.0	0.061	0.17	35.12	0.00096	97.91

表 2-31 的结果还表明,萃取原液中游离的 H_2SO_4 浓度约为 45 g/L,当温度为 40℃、混合时间为 5 min 时,溶液不经过澄清与除硅处理,其萃取分相结果也比较好,不会产生乳化现象,而且铟的萃取率达 96% 以上;当游离酸浓度降至 35 g/L 左右时,若不经过澄清与除硅处理,则萃取时分相结果不好。

负载有机相用 3 mol/L HCl + 2 mol/L $ZnCl_2$ 溶液反萃铟。在室温(25℃)、相比 O:A = 20:1、时间 15 min 条件下,铟的一级反萃率为 98.32%。

铟的萃取体系详见本篇第 7 章。

2.4 从浸出渣高温挥发的氧化锌烟尘中提取铟的工艺

对于湿法炼锌厂产出的浸出渣,许多工厂多采用回转窑挥发产出氧化锌粉。浸出渣的回转窑在还原挥发过程中,铟挥发进入氧化锌烟尘,这种氧化锌烟尘是提取铟的重要原料[6,39-43]。从氧化锌烟尘回收铟的同时伴随着镓、锗等的富集回收,典型的工艺是 P-M 法,该法由意大利 Porto-Marghera 锌厂首先实现工业应用,可同时回收铟镓锗,其工艺流程如图 2-6 所示[6]。

锌回转窑产出的氧化锌烟尘的化学成分见表 2-32[30]。这种氧化锌粉尘成分复杂,一般将其浸出得到的 $ZnSO_4$ 溶液再送至焙砂浸出系统。因氧化锌粉中的 F、Cl 含量较高,浸出时二者会进入溶液,在溶液中脱除很困难,因此在浸出之前需将这种氧化锌粉经多膛炉焙烧脱氟和氯。

表 2-32 锌回转窑产出的氧化锌烟尘的化学成分　　　　　　　%

成分	Zn	Pb	F	Cl	In	Ge
厂1	66.39	10.40	0.167	0.126	0.064	0.0124
厂2	60~68	8.5~9.5	0.05~0.1	0.06~0.08	0.03~0.08	0.005~0.01
成分	Ga	As	Sb	SiO_2	CaO	S
厂1	0.0116	0.423	0.056	0.277	0.038	2.73
厂2	—	<0.5	<0.02	—	—	—

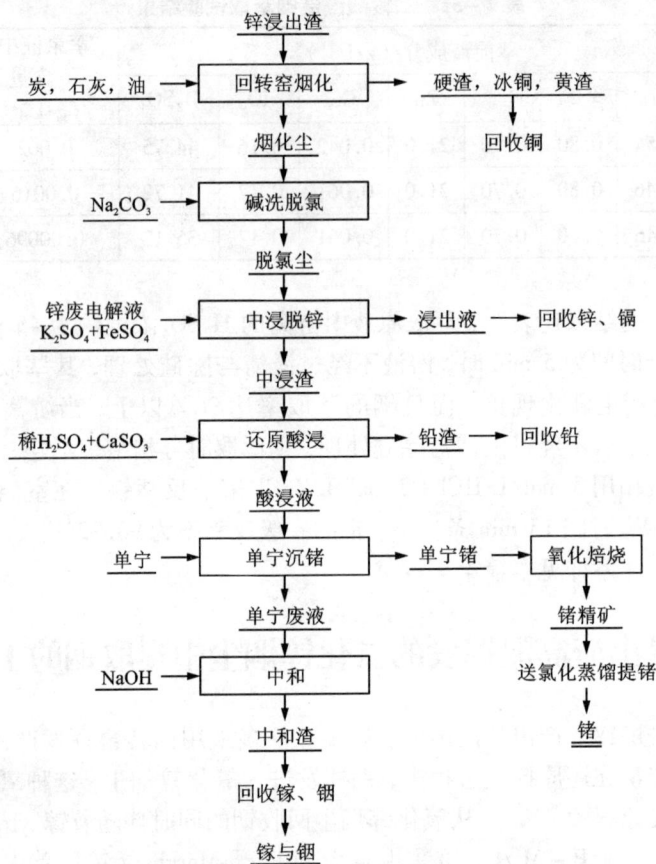

图 2 - 6 P - M 法提取镓铟锗的工艺流程

从氧化锌烟尘中回收铟，一般先采用中性浸出，终酸 pH 控制在 5.2 左右，使大部分的锌进入溶液而把铟及锗、镓保留在中浸渣中，然后对中浸渣进行高酸浸出或者氧压浸出以使铟及锗、镓进入到溶液，最后用中和或锌粉置换得到铟及锗、镓的富集渣。

铟浸出的主要化学反应如下：

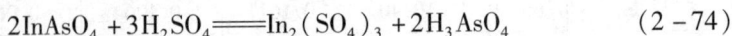

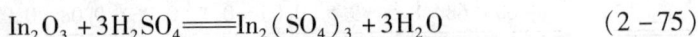

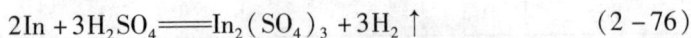

$$2InAsO_4 + 3H_2SO_4 = In_2(SO_4)_3 + 2H_3AsO_4 \qquad (2-74)$$

$$In_2O_3 + 3H_2SO_4 = In_2(SO_4)_3 + 3H_2O \qquad (2-75)$$

$$2In + 3H_2SO_4 = In_2(SO_4)_3 + 3H_2\uparrow \qquad (2-76)$$

某厂对氧化锌烟尘采用浸出工艺来回收铟，浸出液为 5 mol/L H_2SO_4，并加入烟尘量为 2.5% 的 $KMnO_4$，在 90℃ 的条件下浸出 150 min，铟的浸出率达 90% 以上[44]。

从铟富集渣中提取铟时，还需同时从中提取锗镓，因此需要多种工艺流程，传统工艺多采用化学沉淀法来分步沉出铟锗镓，如 P - M 法。Porto-Marghera 锌厂对酸浸液则用单宁沉锗后再中和沉铟和镓，得到含铟 0.6% ～ 12% 、镓 0.5% ～ 25% 的铟镓富集渣。对该渣进一步提铟并分离镓，可采用的工艺是用稀硫酸在 70 ～ 80℃ 温度下溶解中和渣，滤液用 NH₄OH 中和到 pH = 4 ～ 4.2，此时镓与铟因水解而转入第二次中和渣。此渣接着用碱浸，因铟不溶而仍留在碱浸渣中，从而使铟与镓分离。

化学沉淀法流程冗长，产出中间渣料多，金属回收率不高，已逐渐被全萃取法或部分萃取法取代。某种综合法回收铟锗镓的工艺流程如图 2 - 7 所示[6]。

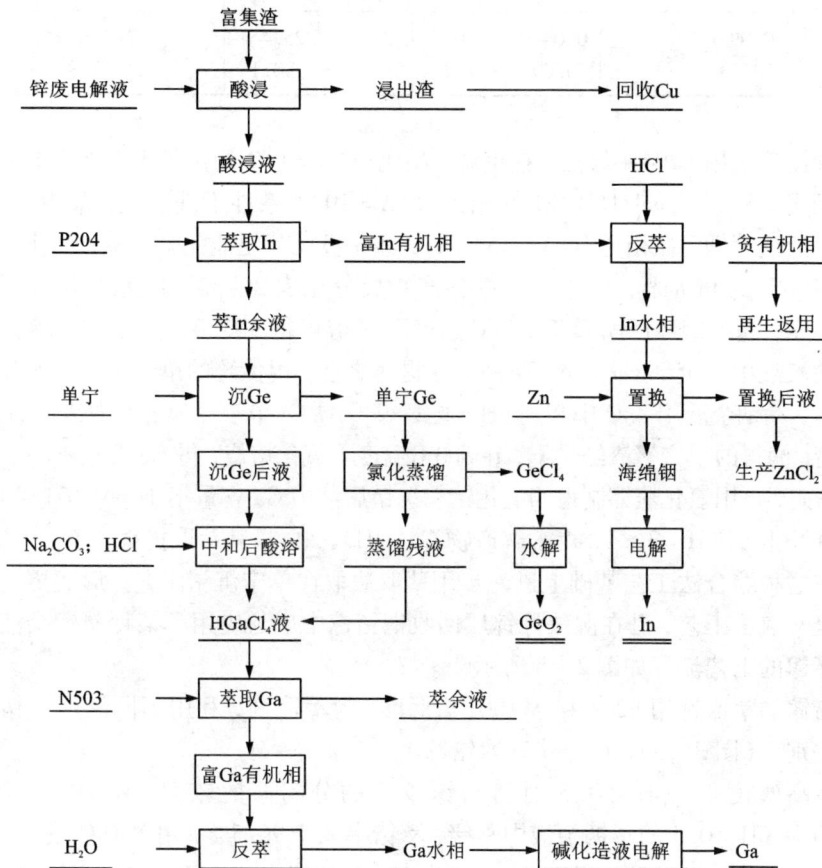

图 2 - 7　综合法回收铟锗镓的工艺流程

我国某厂锌浸出渣经回转窑挥发得到的氧化锌烟尘，用硫酸浸出再经锌粉置换得置换渣，其成分为：In 2%～3% 、Ga 0.11%～0.15% 、Ge 0.05%～0.19% 、Zn

22.9%、Pb 0.6%、As 5.8%、Fe 0.9%、SiO₂ 1.12%。采用综合法工艺处理此渣，用锌废电解液在液固比为 10∶1、90℃温度下浸出 2 ~ 3 h，控制终酸浓度 0.59 ~ 0.66 mol/L，渣中镓、铟、锗浸出率为 96% ~ 100%，得到的酸浸液成分见表 2 – 33[6]。

表 2 – 33　置换渣酸浸液和萃取液的成分　　　　　　　　　　　　g/L

溶液名称	Ga	In	Ge	Fe	Cu	Zn	As	Cd	H₂SO₄
酸浸液	0.12	2.56	0.04	0.95	2.9	29.5	5.8	3.5	55 ~ 65
铟水相	—	67.0 ~ 83.5	—	0.05 ~ 0.23	0.02 ~ 0.05	0.02 ~ 0.50	0.06 ~ 0.12	0.01 ~ 0.04	HCl 198 ~ 216
萃铟余液	0.09 ~ 0.13	≤0.005	0.04 ~ 0.09	1.0 ~ 1.2	2.5 ~ 3.8	25.4 ~ 30.1	5.5	2.6 ~ 3.8	55 ~ 65

酸浸液采用 P204 + 煤油，在室温、相比 O∶A = 1∶2 的条件下 3 级萃铟；负载有机相用 1 ~ 1.25 mol/L H₂SO₄在相比 O∶A = 10∶1 条件下洗涤后，采用 6 mol/L 盐酸溶液反萃铟，在相比 O∶A = 15∶1 时，经 3 级反萃便能完全反萃铟，获得含 In 67 ~ 84 g/L 的 In 水相。萃取过程中各产物成分见表 2 – 33。In 水相用锌板置换得海绵铟，海绵铟经压团后于 350℃温度下碱熔可得 96.80% 的粗铟。萃铟余液保留酸浸液中的全部 Ga、Ge、Zn 等，在提镓之前，用传统的单宁沉锗—氯化蒸馏法提锗，萃铟余液用 ZnO 中和到 pH = 1.2 ~ 2.0，加入单宁量为溶液中锗量的 40 倍以沉锗，滤得的单宁锗渣经烘干，在 500℃温度下氧化焙烧，得 Ge 含量不小于 15% 的锗精矿，再用氯化蒸馏制得四氯化锗。沉锗后液中 Ga 含量不小于 0.071 g/L，用 Na₂CO₃中和到 pH = 3 ~ 4，得水解产物 Ga(OH)₃，再将其萃取提镓[6]。

在这种综合法工艺基础上进一步用萃取法取代单宁沉锗工艺，形成更简单有效的全萃取法工艺，已在湿法炼锌厂回收铟锗镓中广为应用。某种萃铟余液萃取回收锗镓的工艺流程如图 2 – 8 所示[6]。

锗镓的萃取选用 P204 + YW100(氧肟酸)为萃取剂，利用不同酸度下锗镓的萃取差别[6](图 2 – 9)，可分步萃取锗镓。

在高酸度下，pH < 0.5 时锗与镓及铁的分离系数较大，用 20% P204 + YW100 从 pH < 0.5 的萃铟余液中萃锗，萃锗率大于 96.5%，用 NaClO 或 HF 反萃锗，反萃锗率大于 98%，得到 Ge 含量为 1 g/L 的锗水相，经浓缩后水解得 Ge 含量为 20% ~ 45% 的锗精矿。萃锗余液中加入 Na₂CO₃(或 ZnO)调整溶液酸度至 pH = 1.7 ~ 1.8，用 20% P204 + 1.25% YW100 可定量萃取镓，富镓有机相用 8 ~ 9 mol/L H₂SO₄ + 2 mol/L HCl 反萃镓得 Ga 含量为 1.2 ~ 1.9 g/L 的镓水相，经富集后再电解得 99.99% 镓[6]。有关锗镓的萃取详见锗冶金和镓冶金篇。

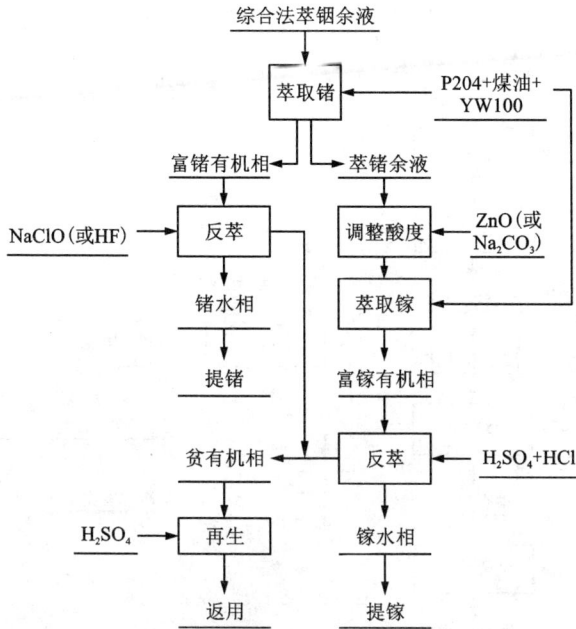

图 2 − 8　萃铟余液萃取回收锗镓的工艺流程

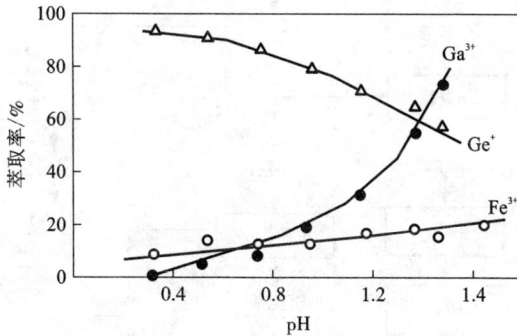

图 2 − 9　酸度对 P204 + YW100 萃取锗镓的影响

2.5　从置换渣及富铟渣中提取铟的工艺

针铁矿法或氧压浸出工艺得到的浸出液，将铁还原成 Fe^{2+} 后用锌粉置换或者中和沉淀法将铟沉淀可得到铟渣。这种铟富集渣一般采用浸出—萃取富集回收铟，与 2.3 节所述的提铟工艺相似。

河南豫光金铅公司从铟富集渣中提取铟的工艺流程图如图 2 - 10 所示，铟富集渣的主要成分见表 2 - 34[45]。

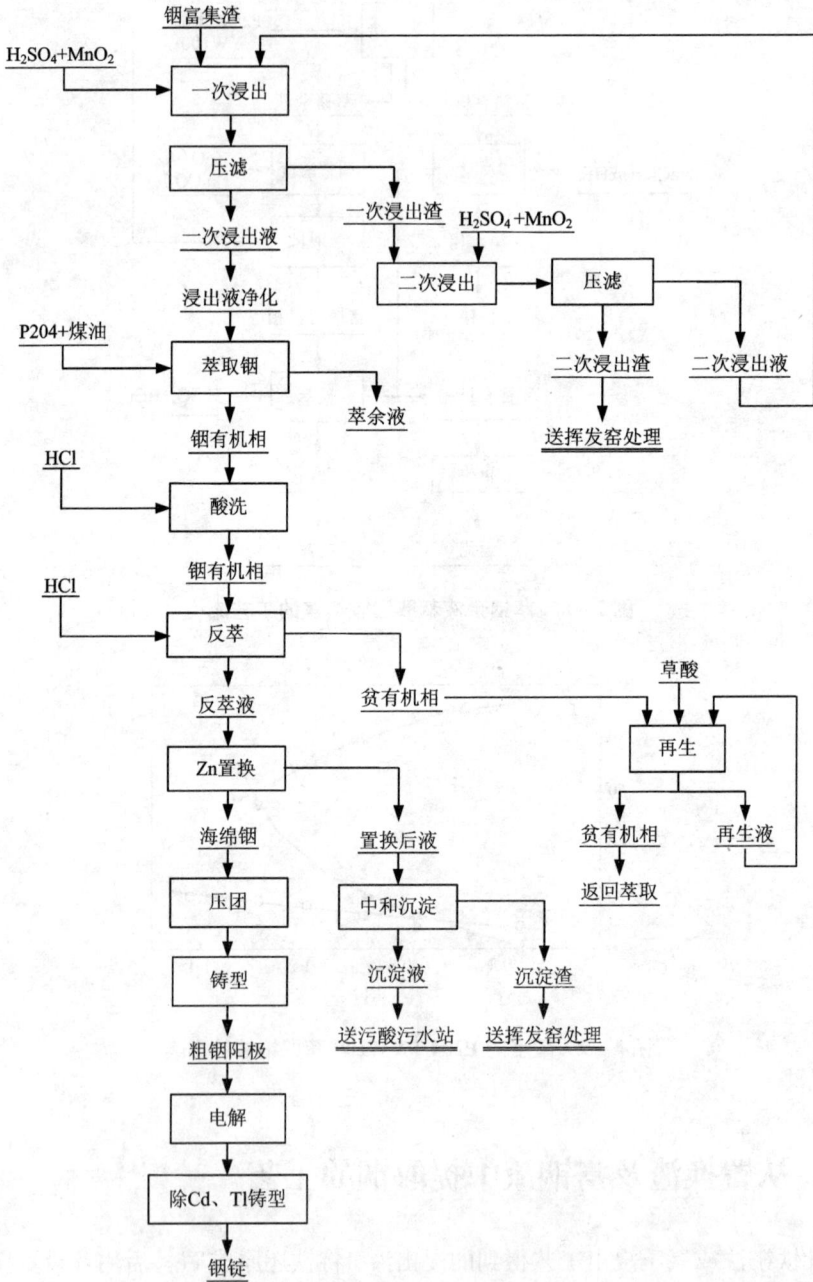

图 2 - 10　铟富集渣提铟工艺流程图

表 2 - 34　铟富集渣的主要成分 %

元素	Zn	Pb	Fe	Ge	In	H_2O
样品 1	16.12	5.62	11.22	0.009	0.625	41.56
样品 2	20.35	7.88	12.8	0.01	0.81	42.22
样品 3	20.3	3.41	12.1	0.014	0.81	42.75
样品 4	17.86	12.37	13.72	0.009	1.12	40.56

此渣用硫酸两段浸出，最佳浸出条件见表 2 - 35。

表 2 - 35　最佳浸出条件

	始酸浓度/$(g \cdot L^{-1})$	液固比	终酸浓度/$(g \cdot L^{-1})$	时间/h	温度/℃
一段浸出	80 ~ 120	8:1 ~ 10:1	50 ~ 80	4	≥90
二段浸出	120 ~ 180	8:1 ~ 10:1	90 ~ 140	≥4	≥90

两段铟的浸出率均大于 85%，酸浸液除硅后经储槽降温，再送萃取，其中酸浸液的成分见表 2 - 36。

表 2 - 36　酸浸液成分 g/L

	In	H_2SO_4	Fe^{3+}	SiO_2
样品 1	1.26	45.05	0.13	0.1
样品 2	1.78	60.05	0.08	0.027
样品 3	0.95	63.65	0.12	0.08

在萃取工序中，有机相为 P204(30%) + 200#煤油(70%)，在相比 O:A = 1:3 时，采用 3 级逆流箱式萃取铟，其萃取率可达 99%；富铟有机相用 160 g/L 硫酸进行 2 级洗涤后，用 6 mol 盐酸进行 3 级反萃，反萃液中铟含量为 80 ~ 140 g/L，最后以锌片置换得海绵铟。

2.6　从黄钾铁矾渣中提取铟的工艺

热酸浸出—铁矾法中，铁以黄钾铁矾形态沉淀，铟、铁不能分离而同时沉淀析出，生成钠铟铁矾晶体[46]。研究表明，铟以类质同象形式存在于钠铟铁矾晶体中，并且 In^{3+} 和 Fe^{3+} 可相互取代。

早期,从黄钾铁矾渣中提取铟的过程为:低温焙解、低酸浸出、萃取提铟。实验结果[41]表明,黄钾铁矾渣中铟的浸出率由焙解温度和焙解时间决定。当温度为 $560 \sim 620℃$、焙解时间为 $10 \sim 30$ min 时,铟的浸出率为 90%。焙解后,经二段酸性浸出再萃取提铟。焙解实际上是在空气中煅烧,黄钾(钠)铁矾在高温下分解成氧化铁、铁酸钾(钠)盐,其中的铟则以酸溶性的 In_2O_3 形式存在。渣焙解后酸浸出,除部分的 Fe_2O_3 不被酸浸出外,铁酸盐中的铁及部分的低价态的氧化铁将溶出进入溶液,因此所得的铟浸出液中铁含量很高,给后续铟、铁的萃取分离带来较大困难。整个工艺的弊端显而易见,首先是铁矾渣焙解酸浸使大量的铁被浸出,故最终还要对浸出液进行一次除铁流程,即整个流程重复两次除铁,这便使得第一次的黄钾铁矾沉铁失去意义;其次,工艺处理渣量大,且浸出液中铟浓度低,造成铟萃取的试剂等的消耗也大,焙解产出的低浓度 SO_2 烟气亦需专门处理,加之产出的铁红渣未能熔融固化,从而易产生堆存困难、环境污染等问题。

因此,采用回转窑挥发—挥发尘浸出—萃取的工艺提铟以对铁矾渣的处理予以了改进。铁矾渣配入焦粉在回转窑中于 $1200 \sim 1250℃$ 高温下还原挥发,易挥发元素 In、Zn、Pb 分别以氧化物的形态进入烟尘,铟、锌的挥发率分别为 $90\% \sim 92\%$ 和 $80\% \sim 85\%$,使铟挥发富集在烟尘中(铟含量高达 1.5%),铁则留在渣中形成了铁红渣,以达到固化渣的目的;然后再对富铟烟尘酸浸、萃取提铟[47],这与中浸渣挥发焙烧,烟尘酸浸萃取回收铟的工艺基本相同,但铁矾渣中硫含量为 $12\% \sim 13\%$,因还原挥发过程中大部分的硫以 SO_2 形态进入烟气,使烟气中 SO_2 含量达到 $1.5\% \sim 1.6\%$,故必须采用碱液吸收脱硫,这也在一定程度上增加了环保成本。类似的工艺是,某厂将铁矾渣与高酸浸出渣合并一起投入奥斯麦特炉熔炼挥发锌铅,其中的铟大部分挥发到氧化锌烟尘中。对于含铟约 0.04% 的铁矾渣,经熔炼,铟挥发率为 $70\% \sim 75\%$,获得的氧化锌烟尘中铟品位约 0.2%,再经酸浸、萃取回收铟。

对比锌中性浸出渣回转窑还原挥发锌铅的工艺,不难发现,黄钾铁矾法在中浸渣高酸浸出和除铁后,如果铁矾渣仍要再走高温焙烧挥发铟的工艺路线,还不如对中浸渣直接采用回转窑还原挥发工艺更为简便有效。在湿法炼锌中要兼顾回收铟,特别是处理高铟高铁的锌精矿,黄钾铁矾法是不适宜的。

还原挥发工艺处理铁矾渣的工艺流程如图 2 - 11 所示,铁矾渣成分如表 2 - 37[48] 所示。

表 2 - 37　铁矾渣化学组成　　　　　　　　　　　%

成分	Zn	Fe	In	Na	Cu	Cd	SO_4^{2-}
含量	$8 \sim 12$	$28 \sim 30$	$0.16 \sim 0.20$	$2 \sim 3$	$0.2 \sim 0.5$	$0.1 \sim 1.0$	$28 \sim 34$

铁矾渣

↓

回转窑还原挥发

富铟烟尘 ┄ 铁渣

铅银渣 ← 硫酸溶解 ┄ 磁选

萃余液 ← 萃取 ┄ 酸处理

置换 ┄ 煅烧

电积 ┄ 氧化铁红

电铟(99.99%)

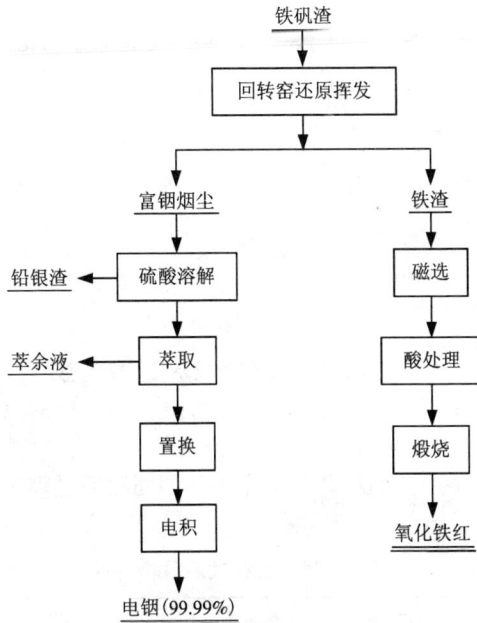

图 2－11　铁矾渣萃取提铟工艺流程图

　　铁矾渣高温挥发所得的挥发尘含铟 1.5%～3%、锌约 50%。挥发尘先经稀硫酸中性浸脱锌后用高酸浸出，保持浸出液残酸浓度为 20～120 g/L，以提高铟的浸出率。酸浸液采用 P204 萃铟，铟负载有机相用盐酸反萃，富铟水相用锌板置换得到海绵铟。P204 可以在酸性溶液中较大的酸度范围内萃取铟，大部分的二价重金属离子不被萃取，但 Fe^{3+} 可与铟共萃。酸浸出液中 Fe^{3+} 含量一般较高，分离铟铁的方法常在萃铟之前将溶液中的 Fe^{3+} 还原为 Fe^{2+}，使 Fe^{3+} 含量小于 100 mg/L，萃取时使 In^{3+} 被萃取而 Fe^{2+} 不被萃取，但这样做需增加还原工序。除此之外，被萃的 Fe^{3+} 可在贫有机相再生时用 0.5 mol/L 硫酸加 0.1 mol/L 草酸的混合溶液洗涤脱除，且铁洗脱率达 90%，铟损失则小于 1.2%[4]。为减少铁的共萃，可利用 In^{3+} 与 Fe^{3+} 在 P204 萃取时的动力学差异，用 30% P204＋煤油进行离心萃取(O:A＝1:15，单级萃取，时间 1 min)，萃铟率大于 90%，而萃铁率小于 4%，富铟有机相用 4 mol/L HCl＋3 mol/L $ZnCl_2$ 反萃(O:A＝15:1，4 级)，铟反萃率大于 99%，获得含 In(20 g/L)、Fe(＜1 g/L)的铟水相[6]。也有在不同盐酸浓度下分别反萃分离铟、铁的，用盐酸反萃时，在一定反萃时间内，铟铁反萃率与盐酸浓度的关系见图 2－12[4]，据此可用 2～3 mol/L 盐酸先将 In^{3+} 反萃，再用 6 mol/L 盐酸将 Fe^{3+} 反萃，其结果可能会造成铟的分散和损失。

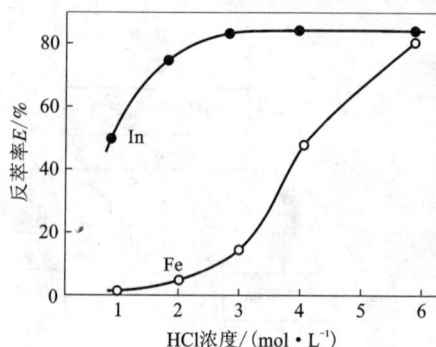

图 2 - 12 盐酸浓度对反萃铟、铁的影响

(有机相 30% P204 + 煤油, 铟、铁浓度均为 1 g/L, 反萃相比 O∶A = 5∶1, 接触时间 5 min)

铁矾渣处理工艺中原料消耗和各工序中铟的回收率见表 2 - 38[4]、表 2 - 39[4]。

表 2 - 38 工业试验原料消耗

原料	P204	溶剂煤油	煤	锌锭
数量/(kg/kg In)	0.5	1.3	300 ~ 600 kg/t 渣	2 片

表 2 - 39 工业试验中各工序铟回收率

工序	还原挥发	浸出	萃取	置换	电积	熔铸	总铟
回收率/%	≥87	≥95	≥99.9	≥99.9	≥99.9	≥99.5	82

2.7 其他富集铟的方法及研究

2.7.1 浸出渣焙烧固态还原铁富集铟

日本东邦锌业公司的安中电锌厂曾采用还原焙烧结合选冶工艺回收锌浸出渣中的铟与镓[6]，这是我国研究中浸渣固态还原铁工艺的雏形。

含 In 0.03% ~ 0.04% 的锌浸出渣干燥到残留水分 10% 后，配以返料、焦粉在回转窑中还原焙烧，1300 ~ 1400℃ 高温下挥发锌铅，部分铟进入窑渣的铁物相中，其含铟量达 0.05% ~ 0.15%。渣经磁选后，大部分的铟和镓都富集在磁性产物中，磁性产物用电炉熔炼，产出含铟生铁。以该生铁为阳极、不锈钢片为阴极，在 $FeSO_4$、$(NH_4)_2SO_4 \cdot 6H_2O$(含 Fe 50 g/L, pH = 2 ~ 2.5) 组成的电解液中电解，

电流密度 $100 \sim 150$ A/m^2、槽压 $1 \sim 2.2$ V、液温 60℃条件下，得到电解铁和含 In $0.1\% \sim 0.2\%$ 及 Ga 0.1% 的阳极泥[6]。此阳极泥可进一步回收铟与镓。

由我国研究出来并已成功实现工业应用的类似工艺是将中浸渣配入焦粉压团，经回转窑高温还原焙烧，渣中的铁还原成金属铁粉并把锗、镓富集在铁粉中。还原焙烧矿经磨细磁选，得到富集锗镓的铁粉。该工艺中，铟在焙烧过程中仍将大部分挥发进入烟尘，只有少量进入铁粉。所得的铁粉若不回收其他金属，则可用作化工行业的还原铁粉或铸成生铁出售。此法能综合回收铟、镓、铁、铜、锌及银，且使废渣减量最大化，这是该工艺的最大优势，已引起不少学者和企业的兴趣(详见第 4 篇锗冶金第 3 章)。

2.7.2　浸出渣烟化富集铟

含铟的锌浸出渣或炼锡炉渣等，可通过烟化法富集铟。与回转窑挥发法不同的是，它需要更高的温度使渣料完全熔化。烟化过程即向高温熔融渣中吹入粉煤和空气，把高价氧化铟还原为易挥发的低价氧化铟，从而使其挥发进入烟尘。表 2 - 40 列出了铟在烟化过程中的分布情况[6]。

表 2 - 40　铟在烟化过程中的分布情况

原料	原渣含铟量/%	产物含铟量/%		铟挥发率/%
		烟尘	烟化渣	
锌浸出渣	0.0019	—	<0.0001	97 ~ 100
锡渣	0.007	0.006 ~ 0.01	0.0007	约 90

苏联用烟化法处理的含铟渣的典型成分为：In 0.004%、Ga 0.0021%、Zn 56.25%、Pb 16.0%、Cu 0.78%、Fe 0.28%、As 0.66% 及 S 2.66%。烟化尘用 200 g/L 的 NaOH 溶液，在液固比为 3:1、温度为 80℃的条件下浸出 3 h，铅和锌等进入溶液，约 80% 的铟留在浸出渣中，富集品位为 0.01%。此渣经氧化焙烧，使渣中残余的 In_2S_3 转为 In_2O_3，与此同时也除去了砷和碳。焙砂用硫酸浸出，铟大部分转入浸出液经水解等处理富集后进一步提取。

锌的中浸渣用烟化法处理是可行的，处理效率远比回转窑挥发法要高，也有企业曾研究用旋涡炉挥发处理中浸渣。引入熔池吹炼技术挥发铅锌并结合还原炼铁，是值得研究的工艺方法。

2.7.3 氯化挥发富集铟

对锌浸出渣的回转窑焙烧的挥发物再配以一定量的食盐和硫磺进行氯化挥发焙烧，铟挥发富集在氯化物烟尘中，使铟品位从0.09%进一步提高到0.31%。氯化物尘用低浓度硫酸浸出，锌与镉转入溶液，铟大部分保留在浸出渣中。浸出渣含铟约0.25%，用浓硫酸浸出，铟进入溶液，用Ca(OH)$_2$中和可获得In(OH)$_3$沉淀。此沉淀物含铟量达6%，经硫酸溶解，滤液以锌板置换得含铟量达85%及含镉量高达7.8%的海绵铟，此海绵铟经真空蒸馏除镉后获得含铟99%的粗铟，再经电解得纯度为99.99%的电解铟。氯化挥发提铟法过程中各产物的组成见表2－41[6]。

表2－41　氯化挥发提铟过程中各产物的组分　　　　　　　　　%

产物	产出率	组　分						
		In	Ga	Zn	Pb	Cu	Fe	S
锌浸出渣	100.0	—	—	22.0	3.4	0.8	28.7	5.5
回转窑挥发物	30	0.089	—	61.9	9.0	0.06	3.1	—
窑渣	55	—	0.01	1.32	0.64	1.39	49.3	4.7
氯化物尘	3.3～5.4	0.307	—	8.67	4.44	—	—	—
氯化残渣	7.4～8.2	0.037	—	71.8	1.36	—	—	—
酸浸出渣	1.4	0.25	—	1.6	55.0	—	—	—
粗铟	—	99		0.5	0.13	—	—	—

产物	组　分							
	Ag	Cd	As	F	Cl	SiO$_2$	CaO	Al$_2$O$_3$	C
锌浸出渣	0.0320	0.28	—	—	—	2.8	1.8	3.5	—
回转窑挥发物	—	0.81	0.05	—	—	2.3	—	—	0.8
窑　渣	0.0527	0.005	—	—	—	21.8	3.7	6.9	10.2
氯化物尘	—	4.34	—	0.365	12.5	—	—	—	—
氯化残渣	—	0.051	—	0.0035	0.028	—	—	—	—
酸浸出渣	—	0.52	—	—	—	—	—	—	—
粗铟	—	0.002	—	—	—	—	—	—	—

氯化挥发法是使铟及锗镓有效挥发富集的方法，氯化物挥发率高，所需温度低，但氯化过程对设备的防腐要求较高，加之环保和生产安全的风险较大，并不适于工业应用。

2.7.4　锌焙砂还原焙烧分解铁酸锌

锌精矿氧化焙烧时会形成难溶性铁酸锌，造成了中性浸出渣中锌含量高，不仅如此，锌精矿中93%以上的稀散金属In、Ge及Ga都以类质同象形式存在于锌浸出渣中的铁酸锌中。苏联学者曾向锌焙砂中加入0.017倍焙砂质量的C，在900℃温度下焙烧120 min，可以使铁酸锌分解从而获得可溶锌率达97.8%的焙砂[6]。

我国的研究也证实，对锌氧化焙砂采用还原沸腾焙烧，在700～800℃、CO 8%～10%（体积分数）的条件下，焙烧20～40 min，可使铁酸锌分解率达95%以上。还原焙烧使锌焙砂中铁酸锌被CO还原而分解成可溶性ZnO：

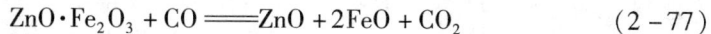

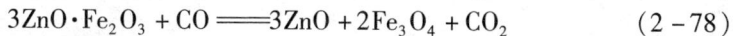

$$ZnO \cdot Fe_2O_3 + CO = ZnO + 2FeO + CO_2 \qquad (2-77)$$
$$3ZnO \cdot Fe_2O_3 + CO = 3ZnO + 2Fe_3O_4 + CO_2 \qquad (2-78)$$

还原后的焙砂用硫酸浸出，当终酸pH为1.5，温度为80～90℃时，锌浸出率达97.4%～98.7%，由此也就使得$ZnO \cdot Fe_2O_3$晶格中以类质同象存在的In、Ge、Ga得以被浸出。

还原焙烧的条件对还原焙砂酸浸的影响见表2-42，传统氧化焙烧与还原焙烧的焙砂的酸浸结果见表2-43。

还原焙烧后，焙砂用硫酸浸出，其中In、Ge浸出率达84%～94%、Ga浸出率达79%～92%[6]，而约94%的铁转为可溶铁被浸出进入溶液，在溶液中铁大部分以Fe^{2+}的形式存在。

表2-42　还原焙烧时间与CO在800～860℃温度下焙烧时对铟锗镓浸出率的影响 %

焙烧时间/min	800℃						860℃					
	5% CO			10% CO			5% CO			10% CO		
	In	Ge	Ga	In	Ge	Ga	In	Ge	Ga	In	Ge	Ga
10	66.12	75.60	53.08	73.46	74.50	50.38	71.79	75.60	51.48	79.95	77.50	56.58
20	80.89	80.50	64.73	87.20	91.50	74.57	75.33	80.50	57.23	85.67	86.50	86.60
40	85.69	82.50	72.01	86.23	87.90	88.33	85.38	82.50	90.50	88.25	83.00	85.54

表 2-43　传统氧化焙烧与还原焙烧的焙砂的酸浸结果　　　　　　%

	传统氧化焙烧		还原焙烧			
	焙砂成分	浸出率	焙砂成分	浸出率	浸出液/(g·L⁻¹)	浸出渣
Ag	—	—	0.0029	—	—	0.0513
Ga	0.012	19.7	0.013	78.9~92.3	0.0078	0.048
In	0.010	26.9	0.006	84.8~89.9	0.0054	0.016
Ge	0.0073	47.2	0.0078	86.1~93.8	0.0031	0.019
Fe	11.4	10.3	12.3	93.9	9.115	12.55
Cu	0.36	—	0.36	8.2	0.025	5.80
Pb	0.21		0.94			10.10
Zn	56.35	87.24	57.31	98.2~98.5	48.80	14.91
As	0.19		0.2	35.2	0.0645	—
S	1.45	—	(0.6)	—	—	—

对此浸出液分别用 Zn 粉置换和用 ZnO 中和,得到含 In 0.04%~0.05%、Ge 0.025%~0.036%、Ga 0.04%、Zn 10%(中和渣)~35%(置换渣)、Fe 4%~15% 的富集渣。溶液沉铟及锗、镓后,用针铁矿法除铁。

还原焙烧后酸浸,锌与铟及锗、镓的浸出和回收与锌精矿氧压浸出工艺类似,唯有焙砂中的铁绝大部分被溶出,这是该工艺中最难处理的问题。还原后的焙砂具有强烈的亲磁性,研究对还原焙砂进行磁选分离铁,可能是改进的方向。

第3章　从火法炼锌生产中回收铟

火法冶炼锌的主流工艺为：锌精矿焙烧（或烧结）—还原熔炼（电炉或 ISP 炉）—粗锌火法精炼。工艺过程中铟在各产物中的走向及分布大致为：在锌精矿焙烧过程中，80%~90%的铟进入焙砂（或烧结块），其余进入烟气；在还原熔炼时，60%~90%的铟进入粗锌（视熔炼工艺不同而不同），其余入烟气和炉渣；粗锌火法精馏精炼时，50%~90%铟进入硬锌（包括底铅）中，根据原料含铟不同，硬锌中含铟品位为0.5%~2%，一般比焙砂高30~60倍，是火法炼锌工艺中提取铟的主要原料。

3.1　火法炼锌过程中铟的走向与富集

火法炼锌实现大规模工业生产的工艺仅存密闭鼓风炉法，常称 ISP 法（帝国熔炼法），采用该法生产的锌约占世界锌总产量的14%。历史上曾有的平罐法和竖罐法已几近淘汰，电热法也仅在一些特殊场合应用。

3.1.1　竖罐炼锌过程中铟的走向与富集

尽管竖罐炼锌法已经淘汰，但铟在该工艺流程中的走向，对相类似的其他工艺仍有参考价值[4]。竖罐炼锌的工艺流程与过程中铟的走向如图2-13所示。

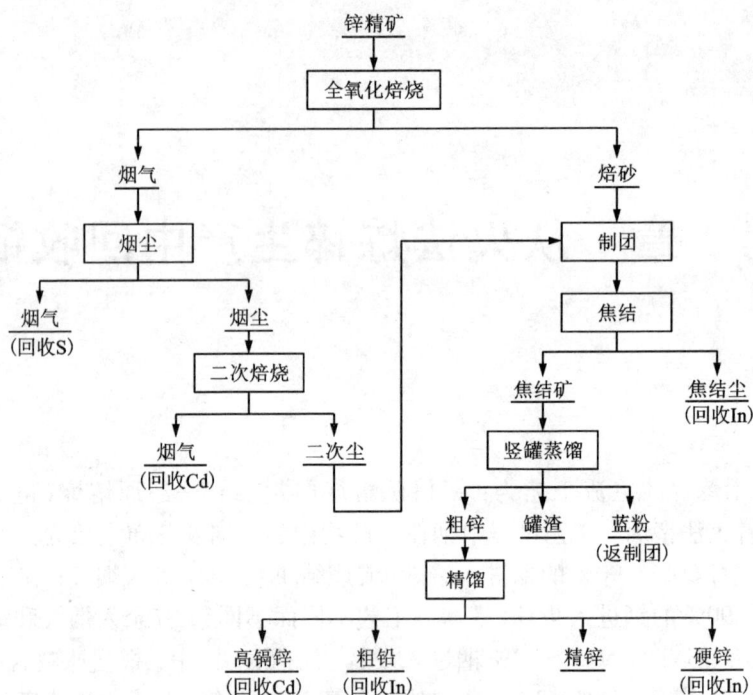

图 2 - 13 竖罐炼锌的工艺流程与过程中的铟走向

我国葫芦岛锌厂的竖罐炼锌过程中铟平衡的数据见表 2 - 44[4, 6]。

表 2 - 44 竖罐炼锌过程中的铟平衡

工序	铟投入			铟产出		
	物料	品位/(g·t⁻¹)	占比/%	物料	品位/(g·t⁻¹)	占比/%
焙烧	锌精矿	54.5	100.0	焙砂	64	77.4
				烟尘	55	17.56
				电尘	12	0.18
				镉尘	64	1.47
				损失	—	3.39
焦结	焙砂等	64	99.48	焦结矿	15.1	36.52
				返粉	14	1.58
				焦结尘	4130	29.69
				损失	—	31.69

续表 2-44

工序	铟投入			铟产出		
	物料	品位/($g \cdot t^{-1}$)	占比/%	物料	品位/($g \cdot t^{-1}$)	占比/%
蒸馏	焦结矿	15.1	36.52	粗锌	41.9	31.42
	硬锌	—	17.59	蓝粉等	40	17.29
				罐渣	6	4.79
				损失	—	0.61
精馏	粗锌	15.1	31.42	精锌	1.0	0.73
	硬锌	1270	—	高镉锌	1.0	—
				硬锌	1270	17.59
				粗铅	4600	12.30
				损失	—	0.80

锌精矿氧化焙烧脱硫时，为强氧化气氛，温度在 1000℃ 以上，在此条件下铟基本不挥发，且呈 In_2O_3 的形态保留在焙砂及焙烧尘中。

对焙砂、焙烧尘加煤和黏结剂制成的团矿进行焦结时，由于焦结过程为 850℃ 下的弱还原气氛，团矿中的 In_2O_3 极易被还原为易挥发的 InO 进入焦结尘，此时铟分配进入焦结尘的量约为 30%，含铟品位达 4130 g/t，可作为提铟原料。

焦结团矿在竖罐还原蒸馏时为 1350℃ 的强还原气氛，焦结矿所含 In_2O_3 与 In_2O 等均被还原成金属铟，并易随锌蒸气流而被夹带入冷凝系统，进入粗锌、蓝粉等中，仅有少量铟未被还原而随罐渣带走。

粗锌在锌精馏塔 1200℃ 的温度下以锌蒸气蒸馏挥发，铟的蒸气压很小，在蒸馏中几乎不蒸发，与其他高沸点金属（铅等）一起保留在底锌中。底锌经熔析，分离出粗铅和硬锌两种产物，铟在两者中的品位分别达到 4000 g/t 和 1270 g/t，火法炼锌工艺主要从这两种铟富集物中提取铟，铟更趋向亲铅，故粗铅含铟更高。

竖罐炼锌过程所产的富集物焦结尘和火法炼锌精馏所产的铟富集物粗铅、硬锌的化学组成见表 2-45[4]。

表 2-45　竖罐炼锌所产铟富集物的化学成分　　　　　%

物料	In	Ge	Zn	Pb	Cd	As	Cu
焦结尘	0.2~0.5	—	40~50	—	1~3	—	0.01~0.1
精馏粗铅	0.5~1.2	—	1~3	96	—	—	—
铅塔硬锌	0.12	0.17~0.46	80~90	8~10	微	0.4~1.0	0.4
B 号塔硬锌	0.14~0.24	0.5~1	74~80	10~15	微	2~3	1.5~3

3.1.2　密闭鼓风炉炼锌过程中铟的走向与富集

密闭鼓风炉炼锌（ISP）工艺流程与过程中铟的走向如图 2 – 14[49]、表 2 –46[4, 6] 所示。

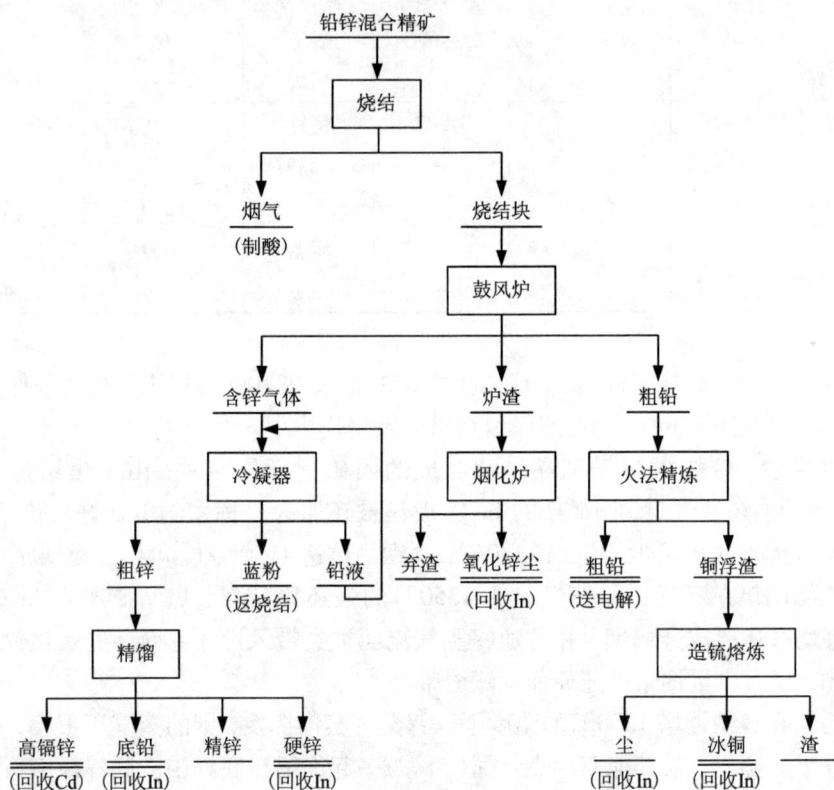

图 2 –14　ISP 工艺流程及铟的走向

表 2 –46　ISP 工艺过程中铟的走向与富集

工序	铟投入		铟产出		
	物料	占比/%	物料	品位/(g·t^{-1})	占比/%
焙烧	精矿	100	烧结块	67	约85
			电尘	25	—
			尾尘	61	—

续表 2 – 46

工序	铟投入		铟产出		
	物料	占比/%	物料	品位/(g·t⁻¹)	占比/%
熔炼	烧结块	100	粗铅	100	约30
			粗锌	110	70
			黄渣	60	—
			炉渣	20	5
			浮渣	90	—
			蓝粉	110	—
精馏	粗锌	100	精锌	1.0	
			底铅	5000～8100	53
			硬锌	2100～3400	35
			锌渣	300～500	12
铅精炼	粗铅	100	氧化浮渣	190	约90
			反射炉尘	1200	
			铜锍	620	—

由表 2 – 46 可判定 ISP 工艺过程中铟大致的富集行为与规律。

铅锌硫化矿在 900～1050℃ 温度下进行烧结脱硫,此时其中的铟矿物发生如下反应:

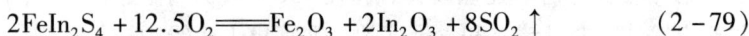

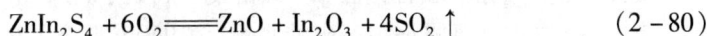

$$2FeIn_2S_4 + 12.5O_2 = Fe_2O_3 + 2In_2O_3 + 8SO_2 \uparrow \qquad (2-79)$$

$$ZnIn_2S_4 + 6O_2 = ZnO + In_2O_3 + 4SO_2 \uparrow \qquad (2-80)$$

硫化物形态的铟转变为 In_2O_3 保留于烧结块中,该过程中未发生铟的富集现象。

在鼓风炉内的高温强还原气氛下,烧结块中的 In_2O_3 大部分被 CO、C 等还原成单质 In,其中约 70% 随锌蒸气流进入铅雨冷凝器,从而被捕集入粗锌,另约 30% 则进入粗铅。

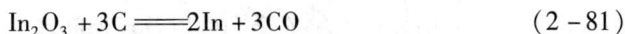

$$In_2O_3 + 3C = 2In + 3CO \qquad (2-81)$$

粗锌和粗铅含铟品位,与原料精矿品位相比,其富集程度提高了约 2 倍。

鼓风炉所产出的炉渣中含有少量的 In 和相当数量的 Zn、Pb、Ge,在采用烟化炉处理炉渣时,In 会在烟化所得的氧化锌烟尘中得到富集,成为提铟原料。

粗锌精馏过程铟的走向与富集与竖罐炼锌精馏过程一致。

鼓风炉产出的粗铅在火法精炼除铜时，粗铅中90%以上的铟进入铜浮渣，此浮渣采用反射炉或电炉还原熔炼时，大部分铟以In_2O形态进入烟尘，品位达0.3%~0.5%，成为提铟原料，这与铅冶炼工艺一致[6]。

ISP工艺所产的各种铟富集物（粗铅、粗锌、炉渣等）的化学成分见表2-47[4,6]。

表2-47　ISP工艺过程中所产铟富集物的化学成分　　　　　　　　%

物料	In	Ge	Zn	Pb	Cd	Cu	Fe	S	As	SiO$_2$	CaO
鼓风炉粗锌	0.01	—	98.5	1.2	0.04	—	0.001	—	—	—	—
鼓风炉粗铅	0.01	微	1.0	98	—	0.3~0.9	—	—	—	—	—
鼓风炉炉渣	0.0015	0.004	6~8	1.8	—	0.6	30	—	—	18	16
反射炉尘	0.12	0.006	14.8	6.8	0.34	1.06	1.3	10.6	6~10	2.8	0.12

3.2　硬锌蒸馏分离富集回收铟

现用于硬锌处理的方法有两种，即隔焰炉蒸馏脱锌—电炉熔炼底铅工艺和真空炉蒸馏脱锌工艺，两种工艺的实质一样，均为利用锌沸点低而优先挥发分离的特性，将锌蒸馏脱除而将铟保留在蒸馏残渣中。

硬锌经隔焰炉蒸馏，整个处理过程可分为两段[4]：

第一段，隔焰炉处理硬锌，锌在750~850℃温度下蒸发，冷凝后产出锌粉，并产出锌渣、少量锗渣和含铟底铅，铟富集于底铅中；

第二段，电炉处理隔焰炉产出的底铅，在950℃温度下进一步蒸发锌，产出锌粉、锗渣和电炉底铅，电炉处理底铅时，锗大部分富集在浮渣中，与底铅分离，由于铅对铟的亲和力大，铟的走向与锗不同，故铟主要富集在底铅中[6]。工艺中各产物的成分见表2-48[4]。

该工艺的主要特点是，工艺可靠，设备稳定，炉况易控制，产品锌粉质量稳定，但该过程中金属回收率低，其他有价金属分散，不易富集回收，隔焰炉操作时容易产生泄露引发爆炸等安全问题以及环保问题，大部分厂家已停用。

真空蒸馏炉处理硬锌的工艺是一项比较先进的工艺，在真空条件下可以在更低温度下使铅、锌等挥发且脱锌率较高，而铅、铟、锗、银等不挥发富集在残留物中，达到初步分离、富集铟的目的。

表 2 - 48　隔焰炉蒸馏脱锌—电炉熔炼底铅工艺中投入产出的物料的主要成分　%

元素	Zn	Pb	Ge	In
隔焰炉：				
加入硬锌	78～88	20	0.2～0.3	0.62
产出锌粉	95	0.15	0.004	0.005
底铅	35～50	40～50	0.3～1.0	1.5～2.5
锌渣	70～80	7～10	0.12	0.14
电炉：				
加入底铅	原料同隔焰炉中底铅			
产出锌粉	95	0.56	0.17	0.012
锗渣	3～6	20～30	1.3～1.5	1～2
底铅	3～6	65～75	0.4～1	1.5～3.0

硬锌真空蒸馏控制条件为：炉内真空度 133～666 Pa，温度 900～950℃，每炉次装料量 2000 kg，作业时间 12～16 h。蒸馏时硬锌中的金属锌蒸发至炉内的冷凝室内，控制温度为 500～550℃，促使锌蒸气冷凝成锌液且定期由底层放锌口放出，从而得到粗锌，其冷凝效率为 99.98%；铅少量挥发进入粗锌，大部分保留在蒸馏残锌中并经熔析产出粗铅；铟一部分保留在蒸馏残渣中，其余则进入粗铅和浮渣。硬锌真空蒸馏工艺中各产物的产率与成分见表 2 - 49[50]。

表 2 - 49　硬锌真空蒸馏工艺中各产物产率及成分

产物	产率/%	成分/%			
		Pb	Zn	Ge	In
加入硬锌	—	7.98	80.85	0.28	0.36
粗锌	72.37	0.97	99.0	0.002	0.003
残渣	17.72	26.89	20.20	1.53	1.78
粗铅		87.10	6.30	0.02	1.89
浮渣		13.67	66.43	0.05	0.12

硬锌的真空蒸馏中，锌的总回收率大于 98%，锗直收率为 97.9%，铟直收率为 88.10%，富集物中锗富集了约 10 倍，铟约为 5 倍，蒸馏过程电耗为 1374 kW·h/t 硬锌。金属锌被蒸出经冷凝可以得到含铟量小于 0.01% 的粗锌。真空蒸馏的工艺过程简单，具有流程短、设备少、占地少、生产效率高、炉子对物料

的适应性强、过程中无三废排放等优点。整个工艺需在真空状态下完成物理蒸馏分离过程,该过程不需添加剂,产出渣量少,锗、铟富集率高。

富集在底铅中的铟的回收工艺将合并到本篇第4章"从铅冶炼中回收铟"中叙述。富铟渣采用硫酸浸出—锌粉置换—电解传统的湿法流程生产精铟,工艺流程如图2-15所示[50-51]。

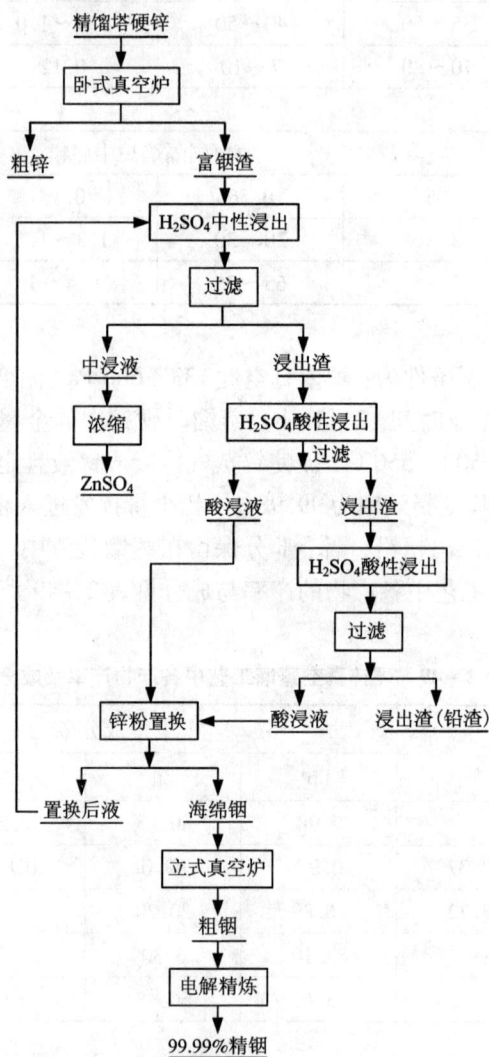

图2-15　真空炉处理硬锌的工艺流程图

蒸馏残渣通常富集了锗,如渣含锗高,可直接用碱土金属氯化蒸馏法将锗蒸出,然后在蒸馏残液除铅后,用P204萃取铟[6]。

第4章　从铅冶炼中回收铟

4.1　铅冶炼过程中铟的走向与富集

目前，硫化铅精矿的烧结—鼓风炉还原熔炼工艺已经基本淘汰，取而代之的是富氧熔池强化熔炼(如 Ausmelt 法、艾萨法、中国的底吹及侧吹熔炼法等)，以及闪速熔炼的基夫赛特法(Kivcet)等现代铅冶炼工艺。在这些现代炼铅工艺中，硫化铅精矿不经烧结便可直接熔炼成 PbO 后再还原熔炼出粗铅，炉渣经烟化贫化挥发回收 Zn、Pb，其冶炼过程及原理与传统工艺相同。

当前，铅冶炼主要在粗铅的精炼渣及精炼过程的烟尘中回收铟。

4.1.1　硫化铅精矿冶炼过程中铟的走向与富集

硫化铅精矿烧结—鼓风炉还原熔炼的工艺流程及过程中有价金属的走向如图2-16[4]所示，铟在生产铅过程中的分布[6]，见表2-50。

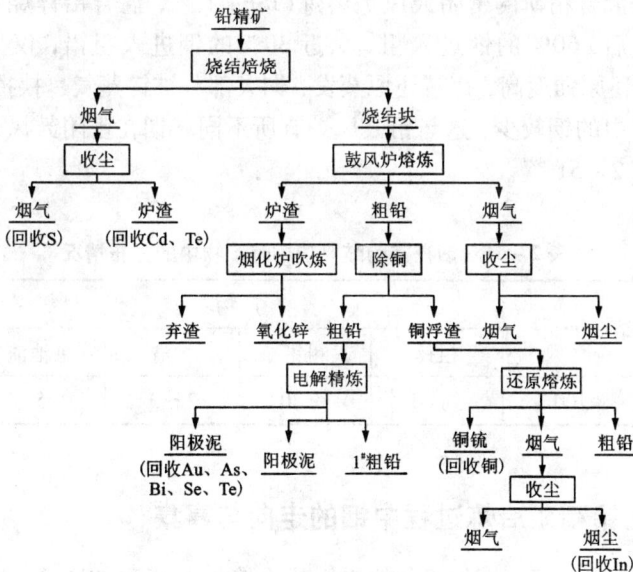

图2-16　铅冶炼过程中有价元素的走向

表 2–50　铟在生产铅过程中的分布　　　　　　　%

	物料	In 含量	In 分布
鼓风炉熔炼	投入：烧结块	0.001～0.008	100.0
	产出：粗铅	0.001～0.002	30～35
	冰铜	0.001～0.002	5～10
	炉渣	0.001～0.0015	40～45
	烟尘	0.008～0.010	20～25
精炼粗铅	产出：粗铅	0.004～0.007	10.5～14.0
	炉渣	0.001～0.002	2.8～3.6
	烟尘	0.02～0.04	3.6～8.4
	冰铜	0.010～0.015	7.5～10.5

在铅还原熔炼阶段，铟的走向表现出亲氧的特点，一半以上铟进入炉渣和烟尘；只约 30% 铟被铅捕集进入粗铅。进入炉渣的铟，经烟化炉还原挥发，大部分挥发进入氧化锌烟尘，可按锌冶炼处理氧化锌烟尘的方法回收。

铅冶炼回收铟主要是从粗铅中回收。粗铅氧化精炼中，铟被氧化进入精炼渣，进一步采用火法工艺处理该渣时，铟挥发进入烟尘富集。

对于铅锌混合精矿的密闭鼓风炉熔炼（ISP）工艺，混合铅锌烧结矿经过密闭鼓风炉熔炼之后，60% 的铟进入粗锌，近 30% 的铟进入粗铅，仅少量铟进入炉渣[49]，ISP 炉还原强度高，锌被还原蒸发，铟大部分被锌蒸气裹挟挥发进入粗锌，而残留在炉渣中的铟较少，这与铅鼓风炉有所不同。铟在密闭鼓风炉熔炼物中的分布情况见表 2–51[49]。

表 2–51　铟在密闭鼓风炉熔炼产物中的分布情况

进料烧结矿	产物				损失
	粗锌	粗铅	炉渣	泵池渣	
$w(\text{In})/\%$　100	约60	约30	2～3	5	1～2

4.1.2　氧化铅精矿冶炼过程中铟的走向与富集

一种伴生有锡、银、铟的氧化铅矿，其冶炼工艺流程如图 2–17 所示，化学成分见表 2–52[4, 52]。

氧化铅矿/氧化铅锡矿

混料

压团

鼓风炉还原熔炼

炉渣（送烟化处理）　黄渣　烟尘（回收In）　粗铅

除铜

粗铅　铜浮渣

氧化脱锡　反射炉造锍

粗铅　氧化锡渣　粗铅　烟尘（回收In）　铜锍（回收Cu）

电炉还原熔炼

炉渣（送烟化处理）　烟尘（回收In、Sn）　焊锡（回收In、Sn）

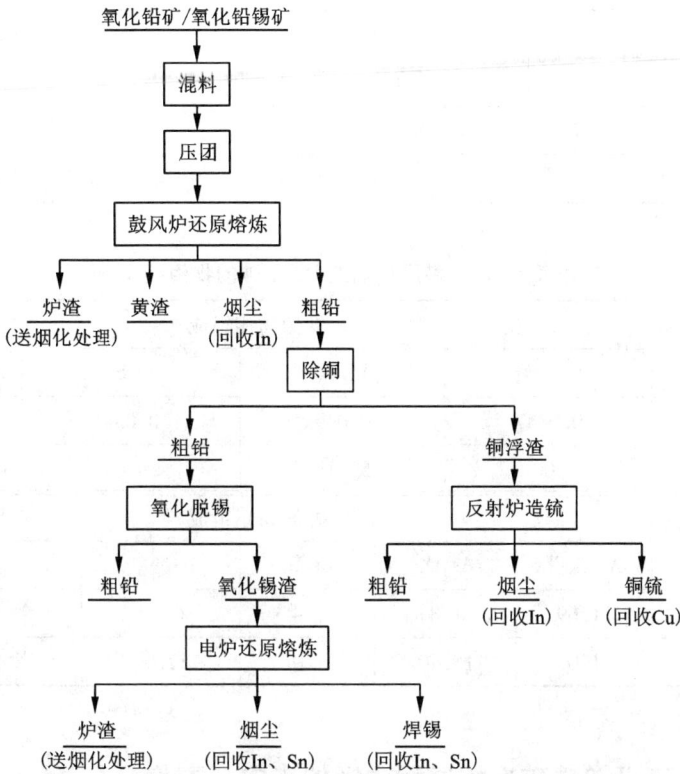

图 2-17　氧化铅矿压团—还原熔炼工艺流程及铟走向

表 2-52　氧化铅矿、铅锡混合矿化学成分　　　　　　　　　%

原料	Pb	Zn	Sn	In	Fe	S	As	Ag	SiO$_2$
氧化铅精矿	33.59	2.28	1.75	0.005	25	0.61	0.04	0.042	0.12
氧化铅原矿	18	2.0	1.20	0.004	40	0.2	2.0	0.01	3.0
铅锡混合矿	22.50	微	10.8	0.006	36	0.12	1.54	0.07	1.60

　　冶炼过程中，铟的分布较为分散，所得到的鼓风炉烟尘和粗铅精炼的铜浮渣反射炉烟尘中铟品位达 0.1%～0.5%，比原料富集了 20～100 倍，是重要的铟富集物，鼓风炉烟尘的化学成分见表 2-53，物相组成见表 2-54[4]。此外，电炉熔炼产出的焊锡，在电解精炼焊锡时铟进入电解液可将其回收。鼓风炉尘中砷含量较高，处理时应予以重视[4]。

表 2-53　氧化铅矿鼓风炉熔炼尘的化学成分　　　　　　%

工厂	Pb	Zn	Sn	In	Fe	S	As	SiO$_2$	Cd
1	58	2	—	0.12	1	8	4	—	—
2	38	7	2~7	0.15~0.3	0.5	7	14	3.0	1.0
3	20	4	3	0.45	1	9	20	3.0	0.50

表 2-54　鼓风炉烟尘中铟、砷的物相组成

项目	铟的物相组成			
	In 总量	In$_2$O$_3$	In$_2$S$_3$	结合态
In/%	0.0857	0.049	0.034	0.0027
占比/%	100	57.18	39.67	3.15

项目	砷的物相组成			
	As 总量	As$_2$O$_3$	As$_2$S$_3$	砷酸盐	其他砷
As/%	11.69	1.8	1.4	6.09	2.4
占比/%	100	15.40	11.98	52.09	20.53

4.1.3　脆硫铅锑精矿冶炼过程中铟的走向与富集

我国的脆硫铅锑精矿中普遍含铟，品位为 0.001%~0.006%，有的高达 0.04%，见表 2-55[53]，其冶炼流程及铟的走向如图 2-18 所示[4,54]。

表 2-55　广西大厂脆硫铅锑精矿化学成分　　　　　　%

成分	Sb	Pb	Zn	Ag	S	Fe	Bi	Sn	As	Cu	In
比例	14.22	24.18	10.98	0.185	22.96	12.41	0.62	0.58	1.18	0.4	0.041

脆硫铅锑精矿经烧结后在鼓风炉中熔炼时，铟几乎平均分配于粗铅、炉渣和氧化锑烟灰中。粗铅中的铟在火法精炼时大部分进入铜浮渣，随后富集于反射炉尘；鼓风炉尘和浮渣反射炉尘是铟的富集物，其有关产物的化学成分及物相组成见表 2-56 和表 2-57[53-54]。脆硫铅锑精矿熔炼产出的高锑烟尘通常需另行冶炼回收锑，而在锑冶炼过程中回收其中的铟则是值得注意的问题。

脆硫铅锑精矿

烧结

烧结块

鼓风炉熔炼

烟尘　　　　炉渣　　　　Pb-Sb合金
(In 0.18%～0.24%)

除铜

Pb-Sb合金　　烟尘　　　浮渣
(送电解)　　(回收In)

反射炉熔炼

烟尘　　　铅　　　铜锍　　　浮渣
(回收In)　　　　(回收Cu)　(In 0.38%)

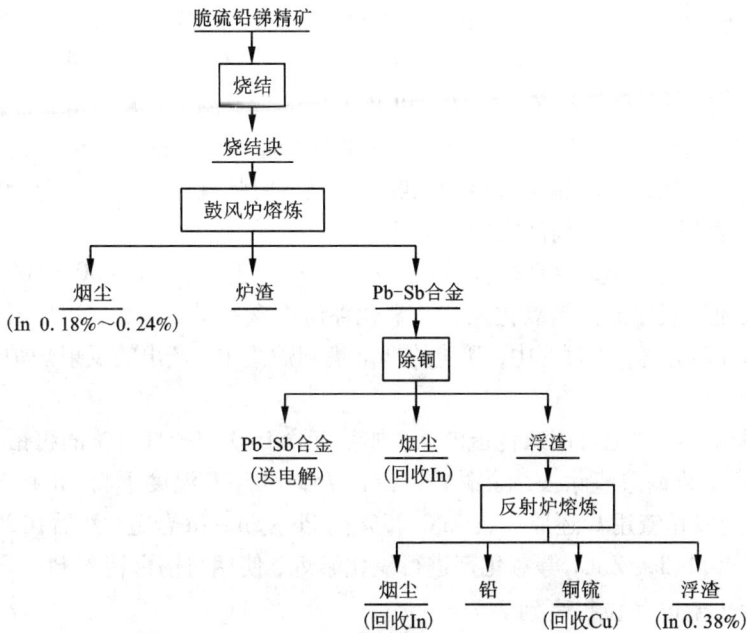

图2-18　脆硫铅锑精矿的冶炼流程及铟的走向

表2-56　铅锑精矿所产烟灰、浮渣的化学成分　　　　%

名称	Pb	Sb	As	Fe	Cu	S	In
烟灰	15～30	30～35	5～8	0.4～2.5	0.3～1.5	—	0.18～0.24
浮渣	28	30.69	4.38	11.41	0.2	1.68	0.38

表2-57　烟灰的铟物相组成　　　　%

成分	In_2O_3	In_2S_3	$In_2(SO_4)_3$	$InAsO_4$
比例	80	20	约1	微

4.2　从粗铅中回收铟

4.2.1　粗铅氧化造渣富集铟

从粗铅中提铟，第一步工序是在粗铅熔析除铜后进行氧化精炼，使铟与铅分离。铟对氧的亲和力远大于铅对氧的亲和力，氧化精炼中，铟优先氧化富集于氧化浮渣中。氧化精炼温度为800～850℃，向熔融铅液中鼓入空气1～2 h，铟与锌、镉、砷及部分铅被氧化，并共同在铅液上形成一层黄色的氧化浮渣层。对于粗锌精馏过程中产出含 In 0.4%～1.2% 的粗铅，氧化精炼产出的浮渣含铟量达 1%～5%，其余为 80%～90% 的铅，以及少量的锌、镉、锡及铁等，浮渣产率为 20%～25%。此浮渣经粉碎后筛选，除去部分金属铅，可得到含铟量达 2%～7% 的铅浮渣[6]。从含铟的铅基合金中回收铟，也可用此氧化造渣法使合金中的铟进入氧化铅浮渣而达到分离回收的目的[6]。

氧化精炼也可用碱性精炼代替，加入 NaOH 覆盖铅液，在 450～500℃ 温度下通空气或加入氧化剂使铟氧化入渣。氧化浮渣中含铅量较高，需用反射炉还原熔炼将大部分铅分离，该过程中，浮渣的铟富集到炉渣中，产出的反射炉炉渣含铟量可达 2%～3%。

从粗铅回收铟也可用氯化造渣法，如精炼含 In 0.6%～1.2% 的粗铅，在 450～600℃ 温度下将铜造渣除去，除铜后粗铅在 750～850℃ 温度下将 Sn 和 In 氧化造渣，所得的氧化渣用 C 还原成含 In 0.25% 的 Pb-Sn-In 合金，然后在 300℃ 温度下，加入如 $PbCl_2$、$ZnCl_2$ 等氯化剂进行氯化熔炼，使铟与锡再转入 Pb-Sn 氯化物浮渣，浮渣含 In 品位提高到 2.7%[4, 6]。

4.2.2　铅氧化浮渣酸浸—置换回收铟

铅浮渣中的铟宜用硫酸浸出，浸出液直接净化后置换得到海绵铟。含铟 2%～7% 的氧化浮渣，先用稀 H_2SO_4 溶液浸出到 pH = 5.2 除锌，浸出渣再经浓 H_2SO_4 浸出，酸浸的终酸浓度控制为 15～20 g/L H_2SO_4（也有终酸浓度控制在 80～100 g/L 的），获得的酸浸液含铟量达 10～20 g/L，可直接采用锌片或铝片置换得海绵铟，熔铸得 95%～99% 粗铟，铟回收率大于 80%。此法工艺简单，只经中浸脱锌—置换即可得到粗铟。对于粗铅的碱性精炼渣、氯化渣等可水浸后加酸浸出再接入置换提铟。此工艺适合处理含铟量高的铅浮渣。

对于含铟低的渣料可酸浸后用萃取法富集铟，也有工艺在酸浸液中加入 $NaHPO_4$，将 pH 调整到 3.5，使铟形成磷酸盐沉淀，得到的富铟渣再酸溶置换提铟[6]。

4.2.3　铅氧化浮渣熔炼—合金电解法回收铟

铅氧化浮渣磨细后用选矿工艺选出铜精矿，铟进入尾矿。有工艺将此含铟尾矿配以 17% 的石灰石和 8% 的焦炭，用电炉于 1480～1590℃ 温度下进行还原熔炼，产出含铟的锡合金，该合金成分为：In 5%～6%、Pb 68%～78%、Sn 10%～15%、Sb 4%～6% 及 Cu 2% 等，也产出成分为 In 3.1%、Pb 37.8%、Zn 29.8%、Sn 2.8% 及 SiO_2 1.4% 的烟尘。铅锡合金在用 10% 的 H_2SiF_6 配成 $PbSiF_6$ 浓度达 60～80 g/L 的电解液中进行电解，铟转入阳极泥，其阳极泥成分为：In 21%～

33%、Sb 25%~37%、Pb 3%~10%、Sn 10%及 Cu 8%等。对此阳极泥配以浓 H_2SO_4，在300℃温度下进行硫酸化焙烧使铟、铜等转为硫酸盐。焙烧物经水浸，铟、铜及部分锡进入溶液，调整溶液 pH = 1，用粗铟板置换除铜，再调整到 pH = 1.5，再用锌板置换铟[6]，工艺流程如图 2-19 所示。

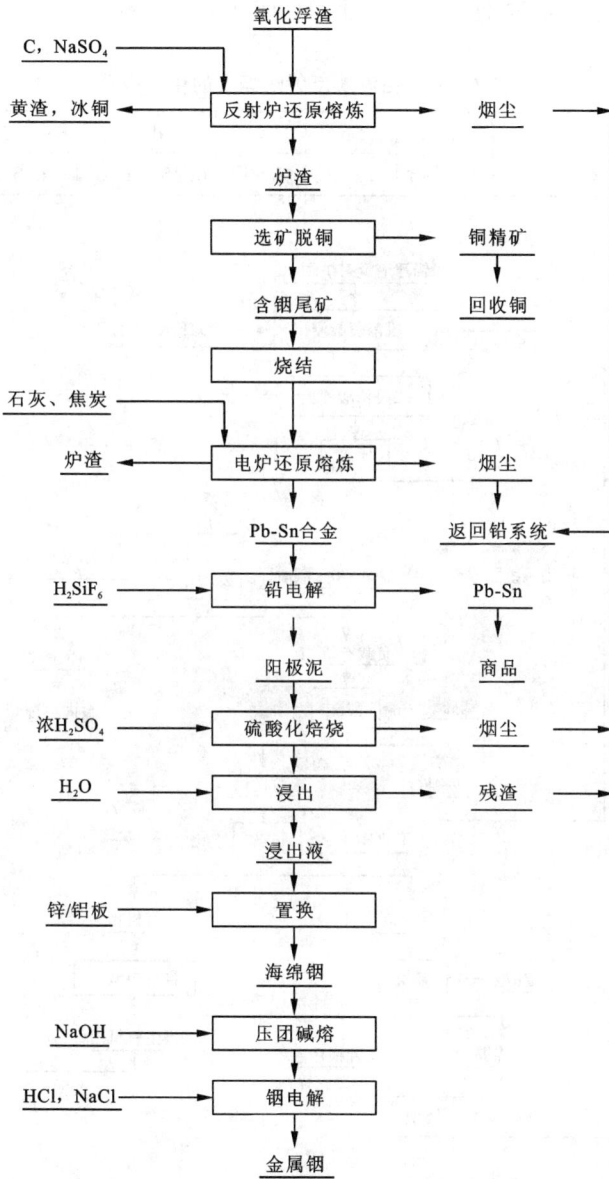

图 2-19　铅浮渣熔炼—合金电解法提铟的工艺流程

4.2.4 铅浮渣熔炼烟尘酸浸—萃取回收铟

铅浮渣用反射炉苏打—铁屑法处理时,浮渣中的铟大部分挥发富集在烟尘中,烟尘的化学成分见表 2-58。对此含铟烟尘,株洲冶炼厂采用两段 H_2SO_4 浸出—P204 萃铟工艺提取铟[28],工艺流程如图 2-20 所示。

表 2-58　铅浮渣反射炉烟尘的化学成分　　　　　　%

成分	In	Zn	Pb	Sn	As	Cd	Fe	Sb	SiO$_2$
含量	1.5~2.3	4.5~6	20~30	1~3	3~6	0.25~1	0.4~6.5	0.5~1	2~5

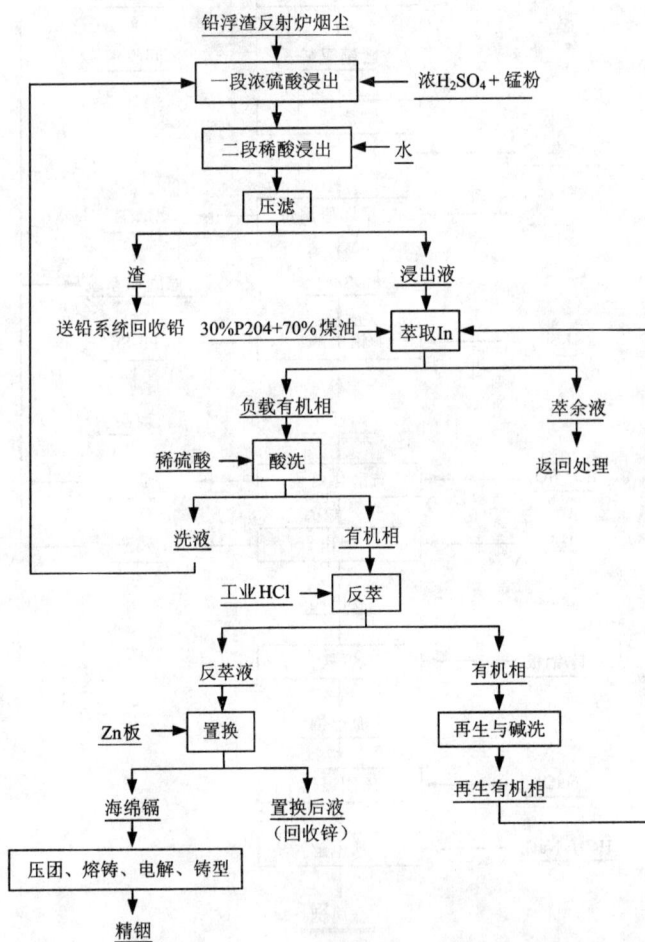

图 2-20　铅浮渣反射炉烟尘提铟的工艺流程图

4.2.4.1 浸出

铅浮渣反射炉烟尘的浸出在 15 m³ 的浸出罐内进行。采用机械搅拌，蒸气加热，先用浓酸浸出 4 h，再加水用稀酸浸出 2 h。浸出后 In 绝大部分进入浸出液，铅几乎全部保留在浸出渣中，烟尘中的 SiO_2 部分浸出转入溶液。到达浸出终点时，加适量的药剂沉清并压滤，溶液送萃取，滤渣送往铅系统回收铅。浸出过程中的金属平衡情况见表 2-59。以浸出液中含铟量计算，铟浸出率在 95% 以上；以浸出渣中含铟量计算，铟浸出率平均值为 83.5%。

表 2-59 浸出过程中的金属平衡

项目		含量	I		
			铟含量	铟质量/kg	百分比/%
加入	烟尘	1000 kg	1.99%	19.9	100
产出	浸出液	9000 L	2.13 g/L	19.17	96.33
	浸出渣	540 kg	0.450%	2.43	12.21
合计	—	—	—	21.6	108.54

项目		含量	II		
			铟含量	铟质量/kg	百分比/%
加入	烟尘	1000 kg	1.8%	18	100
产出	浸出液	9500 L	1.87 g/L	17.77	98.72
	浸出渣	520 kg	0.461%	2.40	13.33
合计	—	—	—	20.17	112.05

4.2.4.2 萃取与反萃

浸出液采用 P204 + 煤油，3 级萃取，萃取温度小于 40℃，铟萃取率大于 99.5%。萃余液含铟量基本在 30 mg/L 以下，成分见表 2-60。

表 2-60 生产中萃余液的成分

试样	$c(\text{In})/(\text{mg·L}^{-1})$	$c(\text{As})/(\text{g·L}^{-1})$	$c(\text{Zn})/(\text{g·L}^{-1})$	$c(\text{Fe})/(\text{g·L}^{-1})$
1	30	2.91	—	—
2	23	1.63	—	—
3	12	1.53	—	—

续表 2-60

试样	$c(In)/(mg\cdot L^{-1})$	$c(As)/(g\cdot L^{-1})$	$c(Zn)/(g\cdot L^{-1})$	$c(Fe)/(g\cdot L^{-1})$
4	4.4	1.73	—	—
5	17	2.1	7.44	2.97
6	22	1.8	9.37	1.07
7	10	1.72	5.45	1.04
8	6.9	2.05	6.34	0.99

由于 Fe^{3+} 的共萃,负载有机相用稀硫酸进行二级酸洗,以去除有机相中的杂质(如 Fe、Zn),酸洗液返回铟烟灰浸出。生产中酸洗液成分见表 2-61。

表 2-61　生产中酸洗液成分　　　　　　　　　　　　　g/L

试样	In	Zn	Fe
1	0.94	2.16	1.10
2	0.14	1.10	0.67
3	0.27	1.07	0.62

由表 2-61 可知,部分 In 会进入酸洗液中,虽然 In 含量波动较大,但酸洗液返回烟灰浸出,并不影响 In 的回收率。

酸洗后,铟有机相用 6 mol/L 的工业盐酸进行三级反萃,铟的反萃率基本达 99% 以上。

4.2.4.3　置换提铟

反萃液用锌锭和锌片置换其中的铟,置换在 2 个体积合计为 1.8 m^3 的玻璃钢槽内进行,温度为室温。置换时先在槽底加锌锭,后期加入锌片,置换周期为 5~7 d;待溶液中 In 含量小于 50 mg/L 时完成置换过程。置换后液的主要成分为 $ZnCl_2$,可送回收 $ZnCl_2$。将置换所得的海绵铟洗涤多次直至海绵铟清亮,然后用压团机压成含水 5%~10% 的海绵铟团块。海绵铟团块在温度为 200~300℃、且有 NaOH 覆盖的条件下熔融。海绵铟中的 Al、Zn 等杂质会进入渣中,铟熔化后用木棒搅拌,将表面的碱渣捞尽即可铸成粗铟阳极板(铟品位大于 98.5%),送往铟电解精炼,加工成精铟。

流程的主要经济技术指标为:铟浸出回收率 80%~85%,萃取回收率在 97% 以上,反萃回收率为 99%,置换回收率在 99% 以上,熔铸回收率为 96%,精炼回收率为 95%,总回收率为 73%。

反萃液中含 As,因此置换必须要在密封系统内进行,且置换槽周边需保持通风。置换过程中产生的酸气、氢气和微量的砷化氢均集中收集处理。

4.2.4.4　有机相的再生与碱洗

铅浮渣反射炉烟灰成分比较复杂，Fe、As、Sn、Cd、Zn 等杂质元素含量比较高，在强酸浸出条件下，它们绝大部分被浸出进入浸出液中，萃取时部分进入有机相。盐酸反萃时，这些杂质的反萃效果不好，大部分留在饱和有机相中，使有机相的萃铟能力逐渐下降，萃取分相不好，因此需将有机相及时再生。工业生产上采用草酸溶液对有机相作二级洗涤再生，每级洗涤时间为 15 min 左右，再生后的有机相萃取能力得到一定的恢复。

生产实践中发现，萃取一段时间后（一般为 30～80 d），有机相会出现严重"老化"现象，使得萃取过程分相不明显，有机相料液层面浑浊，界面比较多，萃余液中 In 含量较高，萃取效率比较低。此时，需对有机相碱洗，在碱洗罐中，有机相用蒸气加热，且加入适量的片碱搅拌一段时间，直至分相明显为止。分离出的有机相再用稀硫酸洗涤以脱除其中的 Na^+。

4.3　从含铋的铟阳极泥中回收铟

某铅锌企业从工艺系统产出的铟富集物中回收得到一定量的粗铟，此粗铟电解精炼过程产出的阳极泥中残余的铟和铋的含量很高，且 In 和 Bi 的平均含量分别为 36.95%、40.63%，见表 2-62[29]。由于铟阳极泥堆放时间长，氧化程度高，因此铟阳极泥主要以 In_2O_3、Bi 及少量的 In、Bi_2O_3 形式存在[29, 55]。

表 2-62　铟阳极泥成分　　　　　　　　　　%

	In	Bi	Sn	Fe	Pb
试样 1	39	33	—	—	—
试样 2	36.63	49.75	—	—	—
试样 3	34.4	42.21	—	—	—
试样 4	37.72	37.56	0.17	0.054	0.81
平均含量	36.95	40.63	0.17	0.054	0.81

此铟阳极泥用火法工艺处理，因铟品位低，杂质含量高，造成铟回收率低。如用湿法工艺盐酸处理，阳极泥中的铟、铋均大部分被浸出，在萃取过程中大量的铋又进入有机相，影响海绵铟质量，且盐酸废液不好处理。为此采用硫酸浸出，铟大部分被浸出而铋浸出较少，净化浸出液使其中的铋入渣，铟则保留在溶液中。铋渣可直接进入铋冶炼系统加以回收，净化后的溶液经萃取、置换、电解、熔铸工序得 99.99% 的精铟。其工艺流程如图 2-21 所示。

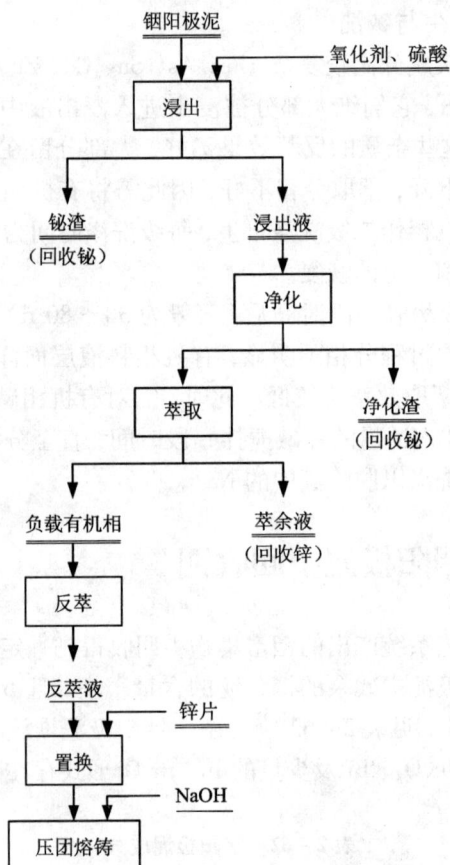

图 2-21 铟阳极泥回收铟铋的工艺流程图

铟阳极泥主要以金属氧化物形态存在，用硫酸浸出时铟、铋的主要反应如下：

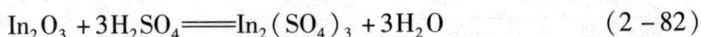

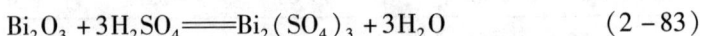

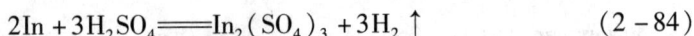

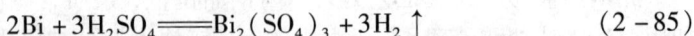

$$In_2O_3 + 3H_2SO_4 \Longrightarrow In_2(SO_4)_3 + 3H_2O \qquad (2-82)$$

$$Bi_2O_3 + 3H_2SO_4 \Longrightarrow Bi_2(SO_4)_3 + 3H_2O \qquad (2-83)$$

$$2In + 3H_2SO_4 \Longrightarrow In_2(SO_4)_3 + 3H_2 \uparrow \qquad (2-84)$$

$$2Bi + 3H_2SO_4 \Longrightarrow Bi_2(SO_4)_3 + 3H_2 \uparrow \qquad (2-85)$$

该铟阳极泥用 H_2SO_4 浸出的条件为：液固比 10:1、温度 90~95℃、时间 4~5 h、酸度 180~250 g/L，浸出结果分别如图 2-22、图 2-23 和表 2-63 所示。In 浸出率可达 90% 以上，Bi 浸出率只有 5%~13%，故可初步实现 In 和 Bi 的分离。Bi 的溶出与铟阳极泥的氧化程度有关，单质 Bi 不与低酸反应，Bi_2O_3 溶

出速度比 In_2O_3、In 慢, 其中 Bi 离子浓度最高可达 2.5 g/L。

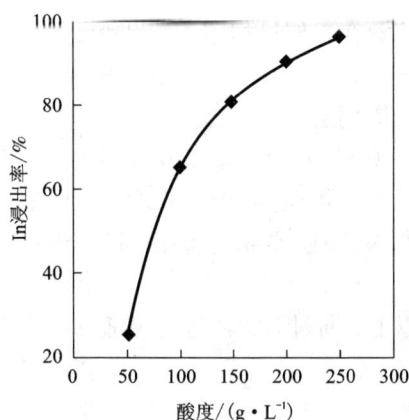
图 2-22 浸出酸度与 In 浸出率的关系

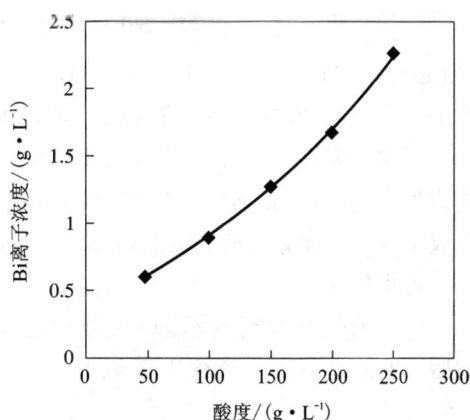
图 2-23 浸出酸度与 Bi 离子浓度的关系

表 2-63 浸出综合试验情况

物料	试验 1		试验 2		试验 3	
	In	Bi	In	Bi	In	Bi
浸出液/$(g \cdot L^{-1})$	35.52	1.25	34.12	2.03	35.23	1.84
浸出渣/%	2.92	73.92	3.41	75.84	1.24	70.3
渣计浸出率/%	96.05	7.6	95.4	5.3	98.4	13.2
液计浸出率/%	96.12	3.12	92.34	5.07	95.34	4.9

对浸出渣进行二次浸出, 浸出后渣含 In 量在 1% 以下, 渣含 Bi 量约为 75%。

浸出液中 Bi^{3+} 浓度最高可达 2.15g/L, 而且含有一定量的 Fe^{3+}, 用铁屑将 Fe^{3+} 还原为 Fe^{2+}、把 Bi^{3+} 还原为 Bi 加以回收。主要反应如下:

$$2Fe^{3+} + Fe = 3Fe^{2+} \qquad (2-86)$$

$$2Bi^{3+} + 3Fe = 3Fe^{2+} + 2Bi \qquad (2-87)$$

$$Fe + H_2SO_4 = FeSO_4 + H_2 \uparrow \qquad (2-88)$$

由于 H_2SO_4 会与铁反应生成 $FeSO_4$, 故始酸浓度不宜过高, 过高时始酸与铁屑的反应会加剧, 溶液中 Fe^{2+} 浓度升高, 不利于萃取工序; 始酸浓度过低, 则其与铁屑的反应速度慢, 而且 Bi^{3+}、Fe^{3+} 在 pH 为 2.5 左右时可发生水解。

铁屑置换沉淀铋, 在始酸浓度 40~100 g/L、温度 40~60℃、时间 1.5~2.5 h、Fe 加入量为理论量的 2~3 倍的条件下进行, 此时 Bi 的还原率可达 80% 以上。沉

铋后溶液的 In^{3+} 浓度为 30～35 g/L，为接入萃取体系，需对浸出后液进行 3～4 倍的稀释，使溶液中 In 浓度为 5～8 g/L、并将酸液浓度调整为 40～100 g/L。

除铁、铋后的净化液用 P204 萃铟，含铟溶液在萃取过程中，控制酸度为 25～100 g/L、温度为 25～40℃、相比 O:A = 1:3～4:1，此时 In 萃取率在 99% 以上，萃余液中 In 浓度在 10 mg/L 以下，有机相使用周期达 15 d 以上。

浸出渣及净化渣主要成分含 Bi 75%、In 1.0%、Fe 2.0% 以及少量的硫，将此渣加入转炉熔炼，温度保持在 800℃ 左右，且表面覆盖 NaOH，在高温下 In 氧化生成 In_2O_3 与烧碱造渣，碱渣可作提铟的原料，铋则还原成金属铋，将其进一步精炼可得精铋。

浸出液从萃取到电解，In 回收率达 88% 以上，通过对火法炼铋碱渣的浸出提铟后，工艺铟总回收率达 95% 以上。

第5章　从锡冶炼中回收铟

5.1　锡冶炼过程中铟的走向与富集

对于 Sn 含量大于 40% 的锡精矿，铟在锡精矿中的含量一般为 30～150 g/t。锡精矿经过炼前处理去除硫等杂质后进行还原熔炼，其工艺流程及铟的走向如图 2-24 所示[4]。

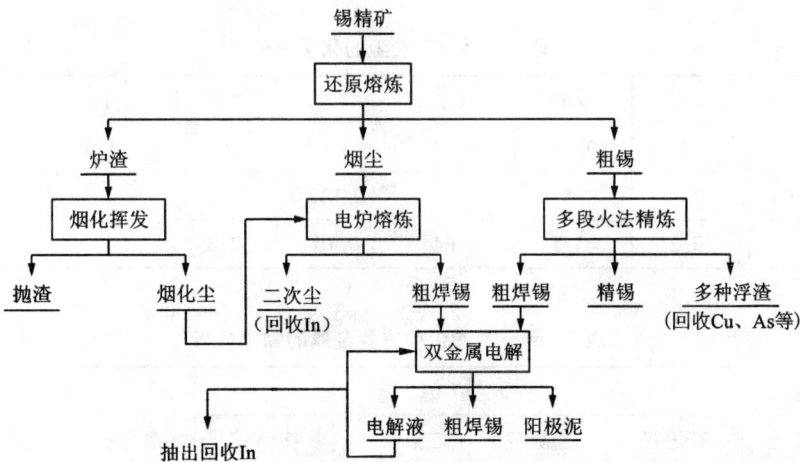

图 2-24　锡精矿火法冶炼工艺流程及铟的走向

云南云锡集团公司对铟在锡还原熔炼过程中的走向及分布进行过研究，其结果见表 2-64[4]。

结果表明，锡冶炼过程中铟的走向分散，大多分布在粗锡、焊锡及与铅有关的烟尘中，特别是烟尘的再熔炼产出的二次烟尘中，铟富集品位较高（表 2-65、表 2-66），而进入精锡的铟不多[4]。

对焊锡(Pb-Sn)用氟硅酸溶液进行双金属电解精炼时，阳极中的铟进入溶液，其浓度循环累积高于 5 g/L 时，铟与锡会发生共沉积。因此，电解液循环使用一定时间后，须抽出部分开路处理，此时可用沉积法或萃取法回收开路溶液中的铟，电解液成分见表2-67[4]。

表2-64 铟在锡还原熔炼过程中的走向及分布

投入			产出		
物料	铟量/kg	占比/%	物料	铟量/kg	占比/%
锡精矿	1185.48	42.25	粗锡	986.64	35.17
返回品	1620.25	57.75	硬头	318.5	11.35
			烟尘	1199.00	42.73
			烟道灰	143.66	5.02
			富渣	157.88	5.63
合计	2805.73	100	合计	2805.68	99.9

表2-65 二次尘的化学成分 %

	Sn	Zn	Cd	In	As	Fe	Pb
试样1	30	33.7	0.43	0.1	2.1	1.2	—
试样2	27	35	0.52	0.122	1.03	0.5	—
试样3	10.2	45.7	0.64	0.16	2.05	0.7	13.7

表2-66 二次尘中主要金属的物相分析

元素	Zn		Sn		Pb	
存在形态	氧化锌	锡酸锌	二氧化锡	锡酸锌	氧化铅	硫酸铅
分子式	ZnO	Zn_2SnO_4	SnO_2	Zn_2SnO_4	PbO	$PbSO_4$
占比/%	65~70	25~30	45~50	55~60	60~70	30~40

表2-67 焊锡氟硅酸电解液成分 g/L

	Sn	Sn^{2+}	Sn^{4+}	In	Pb	总酸	游离酸
试样1	122.68	108.82	16.86	7.40	51.99	211.24	93.36
试样2	141.91	124.92	16.99	6.93	59.78	294.62	143.75
试样3	—	67.63	16.19	3.69	27.77	198.76	132.60

进入阴极锡的铟，可在进行氯化时使铟氯化入渣，产出的氯化渣的主要成分为 $SnCl_2$，还含约 2.7% In。$SnCl_2$ – $InCl_3$ 体系中渣的共晶点约为 220℃，氯化温度通常约为 250℃，以减少 $SnCl_2$ 的生成和 $SnCl_2$ 的挥发损失。

从锡冶炼流程中回收铟主要指从焊锡电解液、锡熔炼电炉烟灰和锡铟合金三种物料中回收铟。

5.2　从焊锡电解液中提取铟

5.2.1　化学沉淀法

对于含铟的电解液，用碳酸钠多级中和可分别沉锡和沉铟。控制 pH = 3.5，将锡沉淀；然后，控制 pH = 6.4 ~ 6.7，中和沉铟。沉铟渣用 0.75 ~ 0.8 mol/L H_2SO_4 溶液浸出，终点 pH 控制为 1.5 ~ 2。浸出滤液用硫酸将溶液浓度调至 1.5 ~ 2.0 mol/L，加硫化钠除杂，硫化钠用量为溶液中含锡量的 1.3 ~ 1.4 倍，控制除杂后溶液的 $m(In)/m(Sn) > 20$。除杂后液用碳酸钠调节 pH = 0.5 ~ 1.0，用铝板或锌板置换铟。置换所得海绵铟用氢氧化钠覆盖熔铸 $[m(In):m(NaOH) = 2:1 ~ 3:1]$。若氢氧化钠熔铸后的粗铟品位低，还需用甘油覆盖熔铸一次。

此流程工艺设备简单，易于实现，很早便投入生产使用。其主要缺点是铟回收率较低（只有 62% ~ 68%），工序多，生产周期长，酸碱消耗量大，过程中有硫化氢气体产生，且产生的废液会污染环境。

5.2.2　P204 萃取工艺

采用硅氟酸体系电解焊锡的过程中，粗焊锡所含的铟在电解液中逐步富集。云南锡业公司采用 P204 萃取工艺提取回收电解液的铟。该工艺经过三级逆流萃取、三级逆流反萃、中和除锡、海绵铟置换除锡、锌板置换铟、海绵铟压团和熔铸，得到 98.5% 的粗铟。工艺流程如图 2 – 25 所示[56]。

原料液是焊锡硅氟酸电解车间生产过程中循环的电解液，其化学成分见表 2 – 68[6]。原料液中锡、铅、铟及酸浓度均较高。

表 2 – 68　料液化学成分　　　　　　　　　　　g/L

Sn	In	Pb	H_2SiF_6
125 ~ 140	6.5 ~ 7.5	50 ~ 60	210 ~ 260

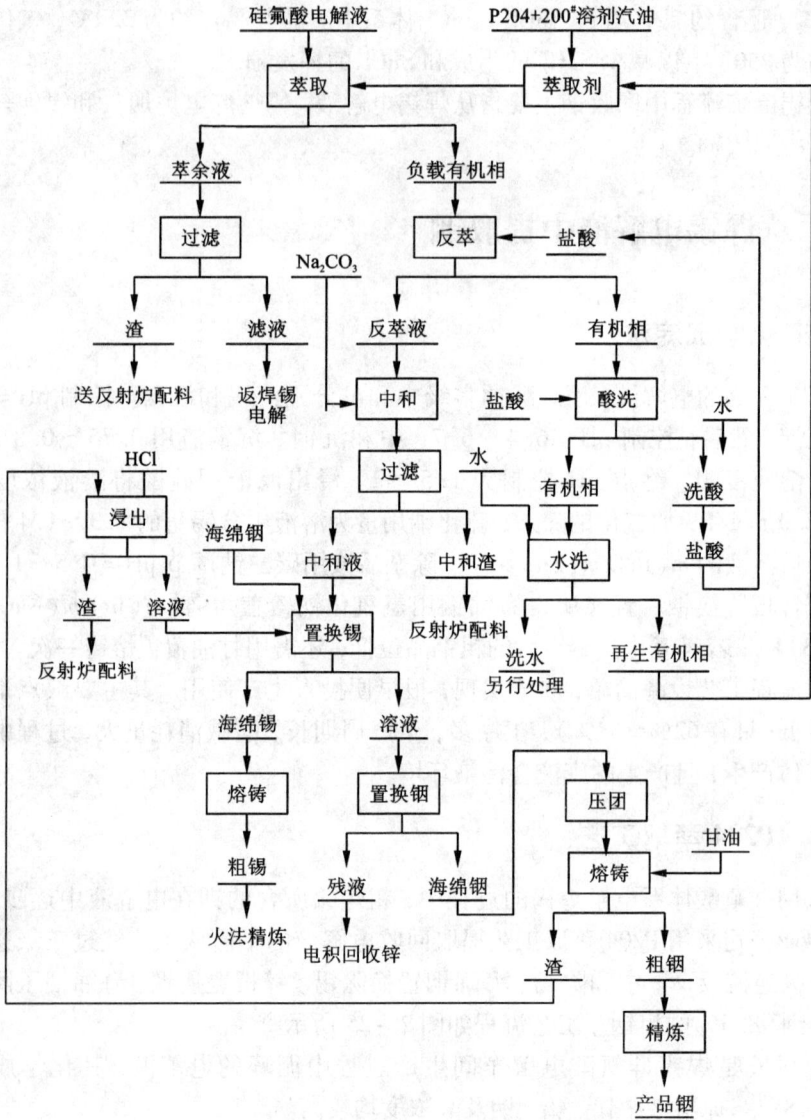

图 2-25 焊锡硅氟酸电解液萃取提铟工艺流程

（1）萃取

萃取剂 P204，稀释剂为 200# 熔剂煤油，最佳浓度为 P204 28%～33%（体积比），相比 O∶A＝1∶4，萃取料液温度 40℃，萃取时间 5 min，澄清时间 10 min，铟的萃取率为 93.62%。

（2）反萃

反萃剂为 6 mol/L HCl，相比 O∶A = 2∶1，3 级逆流反萃，反萃 5 min、澄清 10 min，铟反萃率大于 97%。反萃温度对铟反萃率影响不大，可在常温下反萃。

（3）中和除锡

萃取铟的过程中，约 6% 的锡被萃取，负载有机相直接反萃时，又有 80% 左右的锡被反萃，故必须分离反萃液中的铟和锡。

试验表明，用电解法、NaOH 中和等方法除锡，效果均不佳，而用 Na_2CO_3 中和，终点 pH 控制为 3～3.5 时效果最佳，温度对中和过程影响不大。若 pH 高于 3.5，锡虽可除净，但铟损失量较大[56]。铟、锡氢氧化物沉淀的 pH 与阳离子浓度的关系见图 2-26。残余在溶液中的锡可在置换过程中再行除去。

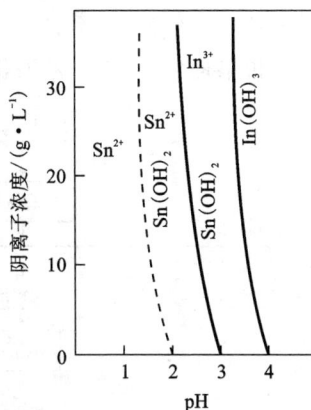

图 2-26　铟、锡沉淀的 pH 与阳离子浓度的关系（常温）

（4）海绵铟置换除锡

中和后液里残余的锡采用压成团的海绵铟置换，置换 pH 控制为 1～1.5，温度为 65℃，时间 24 h，除锡效率可达 93%～99%，置换后液中控制 Sn 含量小于 0.06 g/L。

（5）锌板置换铟

中和后液用锌板或铝板置换铟，铝板置换速度比锌板快，但置换得的海绵铟紧附于铝板上，剥离困难。用锌板置换虽速度较铝板慢，但海绵铟质量较好，剥离也较容易。当置换温度为 65℃、pH = 1、置换时间为 36 h 时，铟置换率可达 99% 以上。

（6）海绵铟压团及熔铸

海绵铟经过压团和烘干后再熔铸。为防止铟氧化，熔铸过程必须进行覆盖。若用 NaOH 作覆盖剂，腐蚀性大，熔铸直收率仅 60%。熔铸后的 NaOH 渣用作中和除锡，所夹带的铟直接进入中和渣，不易回收。实践表明，用甘油作熔铸的覆盖剂较为经济合理，其操作容易，耗时少，甘油用量仅为 NaOH 的 1/4，熔铸直收率在 95% 以上，进入渣的铟可用 HCl 浸出回收。

整个工艺中，粗铟直收率约 70%，其余的铟在系统内循环。每提取 1 kg 铟消耗的主要物质及其质量为：P204 0.8 kg、甘油 0.64 kg、煤油 1.8 kg、碳酸钠 20 kg、盐酸 50 kg、锌锭 1.8 kg[4]。

P204 在硅氟酸体系中萃取铟锡的平衡时间有显著不同，萃铟的平衡时间约为 4 min，而锡则要 57 min，因此采用非平衡萃取的方式可大大减少锡的萃取，从而降低后续反萃液除锡的成本[4]。

5.2.3 N503 萃取工艺

昆明冶炼厂将 N503 萃取铟工艺投入生产，料液为 HCl 体系，其中铟含量约 1 g/L。工业生产实践表明，该工艺可靠、指标好、消耗低、容易掌握，同时原料容易购买、价格便宜。N503 萃取铟的生产试验工艺流程[57]如图 2-27 所示。

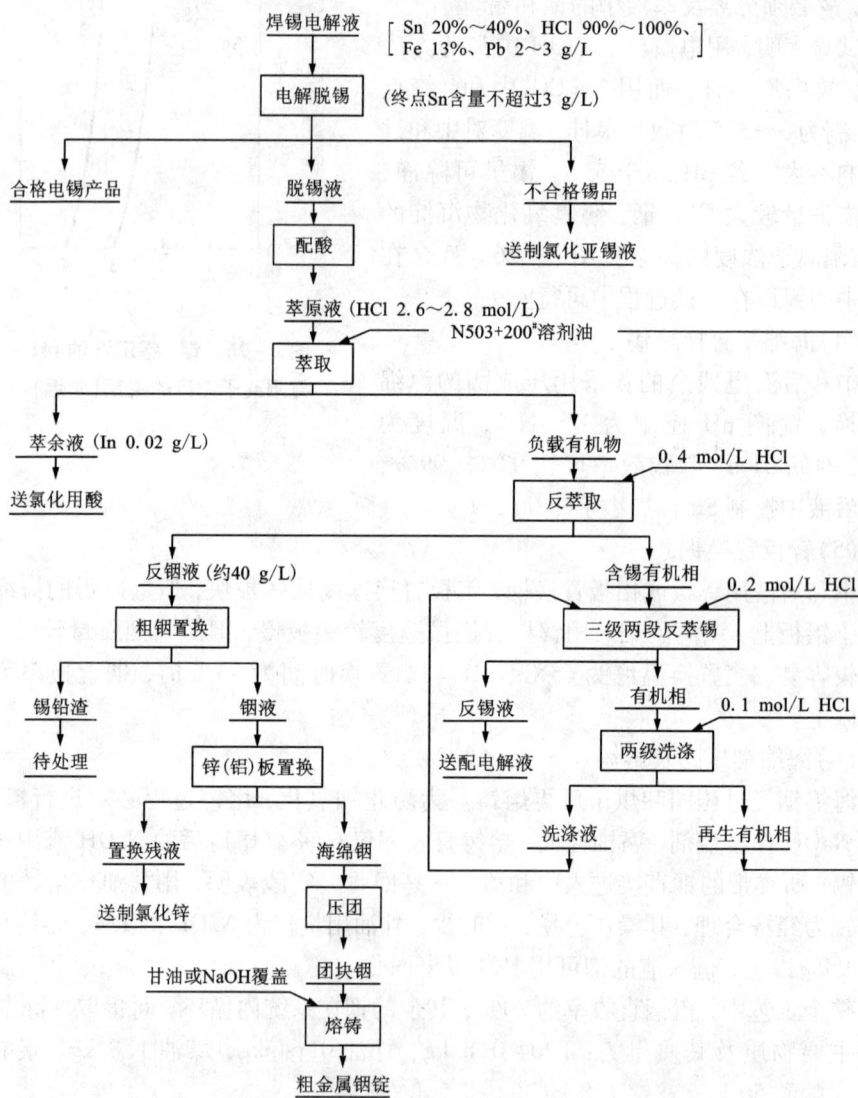

图 2-27 N503 萃取铟生产试验工艺流程图

（1）萃原液电解脱锡

溶液为焊锡电解液，其成分为：In 0.75～1.08 g/L，Sn 20～24 g/L、HCl 约 90 g/L。阳极采用焊锡（Sn 50%～60%、Pb 40%～48%），阴极采用电锡片。电解技术条件为：电流密度 75～100 A/m²，异极距 35 mm，温度为常温。电解过程中，电解液不循环使用，且定期用人工搅拌。当阴极开始出现海绵锡时则达到电解终点，此时溶液含 Sn 2～3.6 g/L，脱锡率 83%～89%，97.6% 的铟保留在溶液中。

（2）萃取

电解脱锡后的溶液，加入少量工业盐酸，在不同酸度下进行三级模拟逆流萃取。萃取剂用 N503，加入 200# 溶剂油作稀释剂，相比 O:A = 1:3，平衡时间 5 min。铟的萃取率与萃原液酸度的关系如图 2 – 28 所示，N503 浓度与铟萃取率的关系如图 2 – 29 所示。

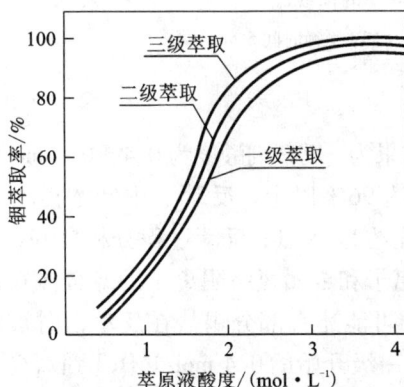

图 2 – 28　萃原液酸度与铟萃取率的关系图

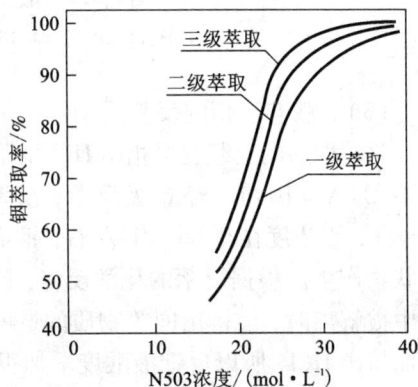

[V(N503):V(200#) = 40:60，O:A = 1:3，平衡时间 5 min]

图 2 – 29　N503 浓度和铟萃取率的关系图

（萃原液为 2.7 mol/L HCl，O:A = 1:3，平衡时间 5 min）

铟的萃取率随萃原液酸度升高而增加，当 HCl 浓度达到 2.9 mol/L 以上时，铟萃取率稳定在 99% 以上。但酸度过高时，其他元素（如铜等）也会被萃取，从而影响反铟液的质量，因此萃原液的酸度以 2.6～2.9 mol/L HCl 为宜。

铟的萃取率随有机相中 N503 浓度的升高而增加；当 N503 浓度增至 30% 后，铟萃取率增加不大，同时也发现 N503 浓度过大，反萃较困难，因此有机相中 N503 浓度以 30%～35% 为宜。

酸度的变化对锡萃取的影响如图 2 – 30 所示。HCl 浓度为 0.1～0.4 mol/L 时，锡的萃取随酸度的增加而急剧上升；当 HCl 浓度为 0.4 mol/L 时，经 3 级萃取，锡的萃取率可达 99% 以上，所以锡反萃剂的酸度不能高于 0.4 mol/L HCl。

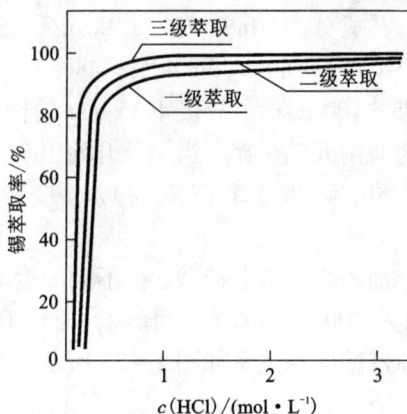

图 2-30　酸度与锡萃取率的曲线图

$V(N503):V(200^{\#})=40:60,\ O:A=1:3,$平衡时间 5 min]

(3) 负载有机相的反萃提铟

将萃取后的负载有机相用 HCl 反萃, 其结果为: 反萃剂酸度为 $0.4\sim0.6$ mol/L HCl; $O:A=10:1$; 经 6 级反萃, 反萃率可达 96% 以上, 反萃液中铟浓度可达 42 g/L, 锡浓度在 0.86 g/L 左右, 铟锡质量比约为 49:1; 反萃过程分相良好, 无 絮状物产生。根据反萃的化学反应, 当铟阳离子和金属氯络阴离子的缔合体在低 酸中被解离时, 会析出同等物质的量的 HCl, 可能还有部分锡盐在反萃铟时被解 离而析出 HCl, 所以反铟液酸度增加很快, 从一级开始的 0.4 mol/L HCl 到六级末 的酸度就升高到 1.2 mol/L HCl 左右。

(4) 锡的反萃和有机相再生

对反萃铟后的有机相用 HCl 反萃除锡。当反萃剂的酸度在 0.4 mol/L HCl 或 以上时, 锡氯络阴离子在有机相中比较稳定, 不易反萃, 但酸度过低时, $SnCl_2$ 和 $SnCl_4$ 又容易水解, 造成分相困难。因此反萃锡的合理条件应为: 反萃剂酸度 $0.1\sim0.2$ mol/L HCl, $O:A=2:1$, 平衡时间 5 min, 为两段三级逆流反萃。用 0.2 mol/L HCl 溶液反萃时, 仍然还有少量锡存于有机相中, 因此反萃锡后, 有机 相必须再用 0.1 mol/L HCl 溶液洗涤两次, 才能返回萃取使用。在反萃锡过程中, 可能会产生絮状物的第三相, 加入 5%~10% 的表面活化剂 SP_{169} (浓度为 1% 的水 溶液), 絮状物大部分可被消除。

5.3　锡烟尘硫酸氧压浸出回收铟

锡精矿还原熔炼时的烟尘和炉渣烟化时产生的烟化炉尘在进行还原熔炼时，产出焊锡和二次烟尘。此二次烟尘富集了铟、锌、镉等金属，可回收铟等有价金属。

从含锡烟尘中回收铟时，国内大多采用二段常压酸浸，铟、锌进入溶液，同时大量的锡也进入溶液（锡浸出率达20%以上）。浸出液在中和水解或化学沉淀进行铟、锡分离时，由于氢氧化锡具有很大的比表面积和很强的吸附能力，将溶液中的铟离子吸附共沉淀而带走较多的铟，使铟的回收率大大降低。另外，常压浸出的浸出速度比较慢，浸出时间较长，浸出过程需要加入氧化剂（如 H_2O_2、HNO_3、MnO_4^- 等），这不仅增加了成本，还使酸碱耗、能耗大大增加。

含铟锡烟尘采用硫酸氧压浸出的方法进行提铟，可同时完成铟、锌、锡的浸出与分离，此时铟的浸出率大于90%，明显高于常压浸出，而锡的浸出率则很低，锡浸出渣中锡含量大于40%，完全可以作为合格锡精矿返回熔炼[58]。氧压浸出为密闭操作，操作时无酸气挥发，对环境友好。

含铟锌锡的电炉熔炼烟尘中，以 In_2O_3、In_2S_3、$In_2(S_2O_4)_3$ 形式存在的铟含量分别为0.52%、0.15%和0.03%，锌主要以 ZnO 形式存在，少量为 $ZnO \cdot Fe_2O_3$，锡主要为 SnO_2 形式，少量为 SnO，主要成分见表2-69。

表2-69　含铟烟尘主要成分

主要成分	In	Sn	Zn	Cl^-
洗涤后含量/%	0.702	32.93	21.4	0.85

含铟烟尘硫酸氧压浸出是在密闭的反应容器内通入氧气进行的，浸出的主要反应如下：

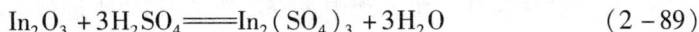

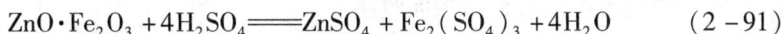

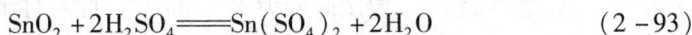

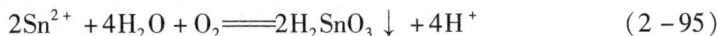

$$In_2O_3 + 3H_2SO_4 \xlongequal{\quad} In_2(SO_4)_3 + 3H_2O \qquad (2-89)$$

$$ZnO + H_2SO_4 \xlongequal{\quad} ZnSO_4 + H_2O \qquad (2-90)$$

$$ZnO \cdot Fe_2O_3 + 4H_2SO_4 \xlongequal{\quad} ZnSO_4 + Fe_2(SO_4)_3 + 4H_2O \qquad (2-91)$$

$$2In_2S_3 + 6H_2SO_4 + 3O_2 \xlongequal{\quad} 2In_2(SO_4)_3 + S^0 \downarrow + 6H_2O \qquad (2-92)$$

$$SnO_2 + 2H_2SO_4 \xlongequal{\quad} Sn(SO_4)_2 + 2H_2O \qquad (2-93)$$

$$SnO + H_2SO_4 \xlongequal{\quad} SnSO_4 + H_2O \qquad (2-94)$$

$$2Sn^{2+} + 4H_2O + O_2 \xlongequal{\quad} 2H_2SnO_3 \downarrow + 4H^+ \qquad (2-95)$$

工艺流程如图2-31所示。

下面是流程图的文字描述：

-150目含铟烟尘
↓
水 → 洗涤脱氯
↓
过滤
↓
├─ 滤液（排放）
└─ 滤渣

氧气 + 滤渣 + 硫酸、水 → 氧压浸出
↓
过滤、洗涤
├─ 滤液
└─ 滤渣（返回冶炼）

萃取剂P204、酸 + 滤液 → 萃取、反萃
├─ 萃余液（回收锌）
└─ 反萃液
↓
锌板置换
↓
电解、熔铸
↓
精铟锭

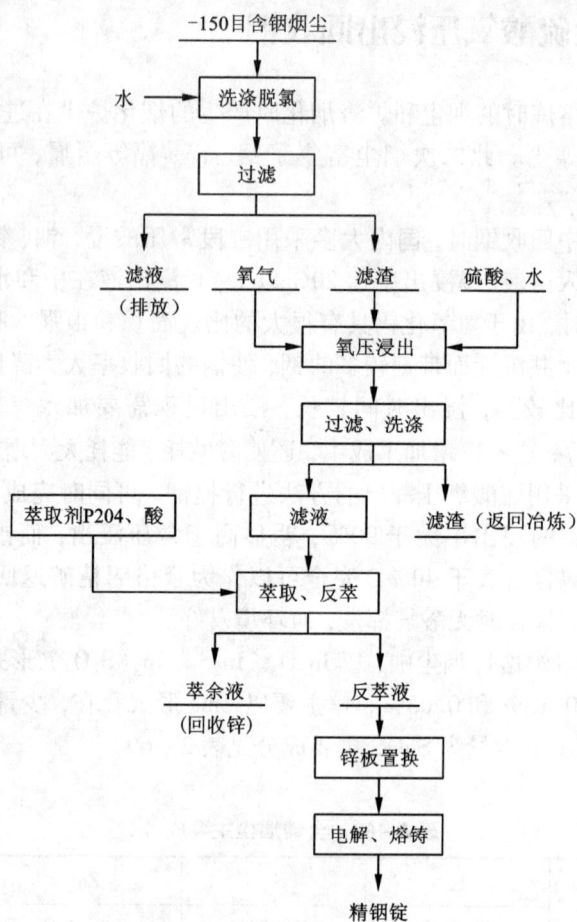

图 2 – 31　含铟物料氧压提铟试验的工艺流程

　　将粒度为 – 150 目的脱氯含铟烟尘进行氧压浸出时，铟、锌浸出进入溶液，锡则主要转化为偏锡酸沉入渣中。浸出液采用 P204 进行萃取铟，萃余液回收锌，萃取液经 HCl 反萃、锌板置换得海绵铟，将海绵铟进行电解提纯和熔铸得铟锭产品。含锡浸出渣返回冶炼流程回收锡。

　　硫酸氧压浸出工艺的最优化条件：氧压 0.7 MPa，硫酸初始浓度 150 g/L，液固比 4∶1，温度为 150℃，浸出时间为 150 min。在此条件下，锡烟尘中各元素的浸出率分别为 In 93.66%、Zn 94.15%、Sn 0.89%。

5.4 从铟锡合金中真空蒸馏分离回收铟

火法炼锌产出的硬锌在进行真空蒸馏后,铟与锡在蒸馏残渣中都得到富集,形成铟锡合金;粗锡火法精炼及后续焊锡进行双金属电解的过程,也都会产生大量的铟锡合金[50,59]。

铟锡合金物料在连续进出料的内热立式真空炉中进行真空蒸馏。真空蒸馏温度为1050℃,真空度为3 Pa。将真空炉密封抽真空,当达到预定的真空度之后,对真空炉进行升温。达到预设温度后,将铟锡合金物料加入料锅内直至完全熔化,再利用真空炉内外的压力差将进料锅内熔化的铟锡合金连续地吸入真空炉内。铟锡合金由进料管不断进入真空炉后,滴入多级蒸发盘,在重力的作用下由上向下流动,在铟锡合金流动的过程中同时对其加热,使得沸点较低的铟挥发,然后在冷凝罩上冷却为液体,由出铟管排出,而沸点较高的锡不挥发,仍以液体的形式经过多级蒸发盘后由出锡管排出,从而实现铟与锡的分离。由于在出锡管内产出的锡中仍含有含量较高的铟,故将产出的铟锡中间物再次熔化后投入真空炉,进行多次的循环蒸馏。

对含铟86%、含锡12%的铟锡合金,采用立式真空炉进行真空蒸馏,控制蒸馏温度1050℃,真空度1~3 Pa,进行四次循环蒸馏,可将铟与锡分离,得到铟含量为95.99%、锡含量小于1%的粗铟和铟含量为28.3%、锡含量为68.83%的铟锡中间物[50]。

真空蒸馏工艺分离铟锡纯属物理过程,不产生污染,流程短,效率高。

5.5 氯化法从金属锡中提铟

进入金属锡中的铟,可进行氯化以使铟氯化入渣。某精锡含铟0.025%,熔化后通氯气进行氯化,产出氯化渣的主要成分为 $SnCl_2$,还含约2.7%的 In。$SnCl_2 - InCl_3$ 体系中渣的共晶点约为220℃,氯化温度通常约为250℃,以减少 $SnCl_2$ 的生成和 $SnCl_2$ 的挥发损失。氯化渣加以水浸,氯化物进入溶液,用碱中和沉锡后滤渣返锡冶炼,滤液调整 pH 为1.5~2,用锌置换得到海绵铟[4]。也有用氯化物熔盐萃取锡熔液中铟的方法,在320~340℃的锡液中加入 $ZnCl_2$ 和 $PbCl_2$ 组成的熔盐,搅拌使铟氯化进入熔盐富集,熔盐富集铟到一定含量后再酸浸置换回收铟[4,6]。

第6章 从其他物料中回收铟

6.1 从铜冶炼中回收铟

6.1.1 铜冶炼过程中铟的走向与富集

铜精矿含铟为0.0001%~0.0054%。硫化铜精矿进行火法冶炼的工艺流程及铟的走向如图2-32所示[60]。

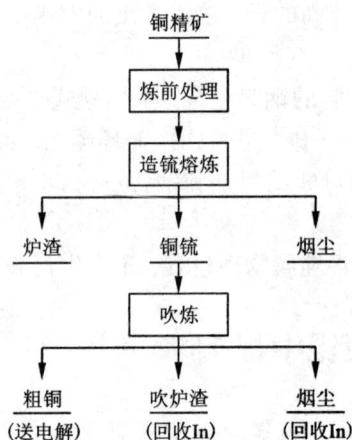

铜精矿
↓
炼前处理
↓
造锍熔炼
↓
炉渣　　　铜锍　　　烟尘
　　　　　↓
　　　　吹炼
　　　　↓
粗铜　　　吹炉渣　　　烟尘
(送电解)　(回收In)　(回收In)

图2-32 硫化铜精矿火法冶炼的工艺流程及铟的走向

造锍熔炼炉各有不同,有反射炉、密闭鼓风炉、诺兰达炉、闪速炉、Ausmelt炉等,但其过程中铟的走向规律是基本一致的。反射炉熔炼和鼓风炉熔炼铜锍过程中的铟分布状况见表2-70[4]和表2-71[4]。可以看出,在精矿造锍熔炼时,铟大部分进入炉渣而未能富集。因炉渣量大,含铟品位低而难以回收,铟在烟尘中稍有富集,当与其他烟尘混合处理时,铟的含量也降低了。

表 2 - 70　铟在反射炉熔炼冰铜过程中的分布　　　　　　　　　%

编号	投入		产出								
	铜精矿		铜锍		烟尘		炉渣		损失	
	品位	占比	品位	占比	品位	占比	品位	占比	品位	占比
1	0.0016	100	0.0022	52.9	0.002	0.8	0.0015	43.7	0.002	2.6
2	0.001	100	0.0012	41.1	0.001	1.5	0.0006	42.2	—	14.7
3	0.0009	100	0.001	42.2	0.0009	1.5	0.002	46.1	0.0042	10.0

表 2 - 71　铟在鼓风炉炼铜过程中的分布　　　　　　　　　%

工厂	铜锍		烟尘		炉渣		烟气	
	品位	占比	品位	占比	品位	占比	品位	占比
1	0.001	18.6	0.002	6.4	0.0168	68.7	0.0037	6.3
2	0.003	32.5	0.002	3.7	0.0012	60.1	0.0037	3.7

　　铜锍吹炼过程中的铟分布见表 2 - 72[4]。进入冰铜（铜锍）的铟（占炉料中铟的 20%～40%）仅有 8%～15% 进入吹炼炉烟尘中得到富集，但 80%～90% 的铟却残留在吹炼渣中。吹炼烟尘与吹炼渣是铟的富集物，可以成为提取铟的原料。

表 2 - 72　铜锍吹炼过程中铟的分布　　　　　　　　　%

编号	投入		产出							
	铜锍		粗铜		吹炼渣		烟尘		烟气	
	品位	占比	品位	占比	品位	占比	品位	占比	品位	占比
1	0.0015	100	0.0004	5.7	0.0011	77.7	0.002	1.6	0.009	15
2	0.001	100	0.0004	4.9	0.0009	80.7	0.0005	0.2	0.0102	14.2
3	0.0025	100	—	—	1.002	92.3	0.002	0.4	0.0102	7.3

　　铟在铜火法冶炼工艺中，无论是造锍还是铜锍的吹炼，大部分均进入氧化物的炉渣中，且表现出亲氧特性。只有部分烟灰可作为提铟原料，但其铟量所占比例小，因此铜冶炼过程中铟回收率并不高[4]。

　　表 2 - 73[4] 给出了几种炼铜过程中所产烟灰的化学成分。炼铜烟灰含多种有价金属，可全面综合回收利用。

表 2－73　铜烟灰的主要化学成分　　　　　　　　　%

编号	In	Cu	Zn	Cd	Sb	Fe	Pb	Bi
1	0.08	4.24	8.24	0.66	0.76	4.6	23.8	1.33
2	0.04 ~ 0.09	1.75 ~ 5.60	77.78 ~ 15.88	0.88 ~ 0.55	0.03 ~ 1.30	0.84 ~ 3.11	16.71 ~ 27.48	1.5 ~ 2.83
3	0.028	5.05	6.04	0.92	—	—	31.66	7.83

注：编号 1 为铜陵有色金属公司二冶鼓风炉与转炉混合收尘之烟灰；编号 2 为铜陵有色金属公司一冶转炉烟灰；编号 3 为贵溪冶炼厂的电收尘烟灰。

吹炼铜锍时，有时也会得到较高品位的富铟吹炼渣，其成分见表 2－74[4]。

表 2－74　富铟吹炼炉渣化学成分　　　　　　　　　%

编号	In	Pb	Cu	Sb	Sn	Fe	As	SiO$_2$
1	0.90	16.48	3.92	13.25	0.9	2.62	1.76	39.11
2	0.62	9.55	4.32	14.02	1.56	4.07	2.50	34.07

表 2－75[4] 给出了一些铜烟灰中铜、锌和铟的物相组成。这些铜烟灰中所含的铜和锌大部分以水溶性化合物形态存在，有的厂对此烟灰采用水洗回收铜，水洗渣经制团—鼓风炉熔炼粗铅，再从鼓风炉尘中综合回收铟、铋、锌，所产鼓风炉尘成分与一般铅浮渣造锍熔炼所产烟尘相似。

表 2－75　铜烟灰主要金属物相组成　　　　　　　　　%

物相		混合烟灰		转炉烟灰	
		含量	占比	含量	占比
铜物相	水溶铜	2.17	50	2.98	76.60
	活性硫化铜	0.611	14.08	0.306	7.85
	惰性硫化铜	0.948	21.84	0.203	5.34
	游离氧化铜	0.004	1.47	0.007	0.18
	结合氧化铜	0.44	10.14	0.30	10.02
	其他	0.107	2.47	—	—
	总铜	4.34	100	3.89	100

续表 2-75

物相		混合烟灰		转炉烟灰	
		含量	占比	含量	占比
锌物相	水溶锌	7.10	86.16	13.38	96.95
	氧化锌	0.27	3.28	—	—
	硫化锌	1.29	1.57	—	—
	硅酸锌	0.55	6.67	0.09	0.65
	铁酸锌	0.141	1.71	0.07	0.51
	其他	0.05	0.61	0.26	1.89
	总锌	8.24	100	13.8	100
铟物相	水溶铟	0.0018	6.00	—	—
	卤化铟	0.0028	7.67	0.007	11.11
	硫化铟	0.0087	20.00	0.0027	4.29
	氧化铟	0.016	53.33	0.044	69.84
	其他	0.0039	13.00	0.0093	14.76
	总铟	0.03	100	0.063	100

6.1.2 从铜冶金烟尘中回收铟

从铜烟灰中回收铟工艺与铅锌企业处理铜渣的工艺类似，用得较多的是氧化酸浸—萃取及硫酸化焙烧—浸出萃取工艺。氯化挥发—溶解直接置换工艺由于存在环境污染大、废渣废液回收难度大、粗铟质量不好等缺点，现较少采用。

6.1.2.1 铜烟尘直接氧化酸浸—萃取提铟

湿法炼锌过程中产出的铜渣和铅冶炼过程中产出的浮渣经熔炼得到的冰铜，含铟量达 0.1%～3%。采用鼓风炉熔炼—转炉吹炼工艺处理这些渣料生产粗铜时，铟大部分进入布袋尘中，布袋尘含铟量达到 0.3%～6%。

用硫酸将烟灰中铟、锌、铜等浸出，PbO 则与硫酸形成硫酸铅沉淀在渣中，浸出液萃取铟，经反萃、置换、熔铸得到海绵铟，工艺流程如图 2-33 所示[61]。

6.1.2.2 硫酸化焙烧—浸出萃取工艺

某铅锌冶炼企业锌冶炼过程中产生的铜渣，含铟量为 0.1%～0.3%；铅冶炼过程中产生的铅冰铜，含铟量为 0.2%～0.3%。以铜渣和铅冰铜为原料，采用鼓风炉熔炼—转炉吹炼工艺回收铜过程中，大部分的铟进入鼓风炉布袋尘、转炉布

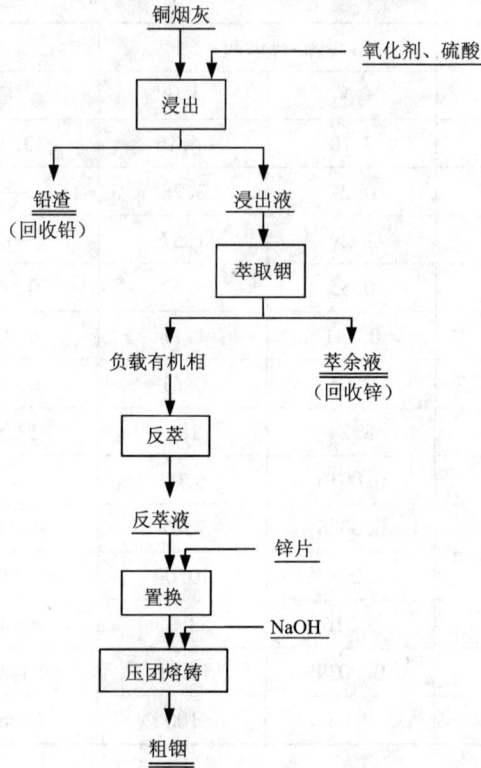

图 2 – 33　直接氧化酸浸—萃取工艺

袋尘中，混合烟尘含铟量达 0.4% 左右[62]。

混合烟尘的主要化学成分见表 2 – 76，铟的物相分析见表 2 – 77。

表 2 –76　混合烟尘的主要成分　　　　　　　%

成分	Pb	As	In	Zn	Cd	Cu	S	Sb	Fe
铜鼓风炉布袋烟尘	45	8	0.5	3.6	5	0.4	8	1.2	1
铜转炉布袋烟尘	45	20	0.3	2.2	0.2	1	1.5	3.5	1
混合砷烟尘	45	13	0.4	3	3	0.7	5	2.5	1

表 2 –77　混合烟尘中铟的物相分析

物相	In_2O_3	In_2S_3	$In_2(SO_4)_3$	其他
含量/%	0.304	0.092	0.0024	0.0016
占比/%	76	23	0.6	0.4

　　该含铟烟尘配以浓硫酸进行焙烧，铟和重金属氧化物几乎全部转化成硫酸盐。因热浓硫酸的强氧化性使很难溶解的硫化铟氧化分解，大幅度提高了铟的浸出率，砷等一些杂质在焙烧过程中大部分挥发而除去。产出的焙砂经水浸出后，铅主要以 $PbSO_4$ 形态入渣，铟以 In^{3+} 形态进入溶液中。

　　硫酸化焙烧水浸法的工艺流程如图 2 – 34 所示。

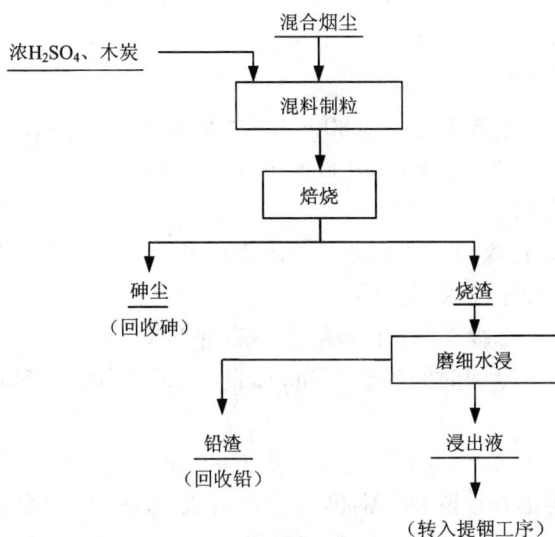

图 2 –34　硫酸化焙烧浸出工艺流程

（1）焙烧及浸出

　　焙烧工艺条件：$m(料):m(酸):m(木炭)=100:100:2$；焙烧温度 200 ~ 300℃；焙烧时间 1 ~ 3 h。

　　焙烧料浸出工艺条件：液∶固 = 3∶1 ~ 7∶1；温度 30 ~ 60℃；时间 1 ~ 2 h；浸出终点酸度 30 ~ 80 g/L。

　　硫化铟在225℃开始氧化，随温度的升高氧化加剧，但焙烧温度过高，硫酸分解可能性也增大，故焙烧温度宜控制在 200 ~ 300℃。由于硫酸化焙烧时，砷烟灰中的铟绝大部分已转化为易溶于水的硫酸铟，采用温度 30 ~ 60℃下用水浸出的方法，可以获得较高的铟浸出率。浸出液成分见表 2 –78，浸出渣（铅渣）含铟量约0.02%。

表 2 –78　浸出液主要化学成分

g/L

成分	In	As	Zn	Sb	Cu	Pb	Cd	Fe
浸出液	0.40	7	4	0.4	0.8	0.02	3.5	1.2

(2) 浸出液的净化

加铁除砷，主要反应式为：

$$Fe + 2H^+ === H_2 \uparrow + Fe^{2+} \qquad (2-96)$$

$$2H_3AsO_4 + 5H_2 === 2As + 8H_2O \qquad (2-97)$$

若有 Zn – Cu 电偶，则发生如下反应：

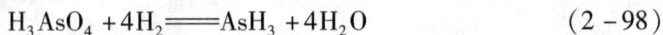

$$H_3AsO_4 + 4H_2 === AsH_3 + 4H_2O \qquad (2-98)$$

此时 AsH_3 可被 $CuSO_4$ 溶液分解：

$$2AsH_3 + 3CuSO_4 === Cu_3As_2 \downarrow + 3H_2SO_4 \qquad (2-99)$$

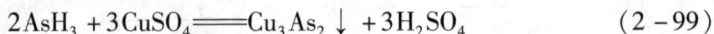

净化工艺条件：始酸浓度 30～80 g/L、温度 30～60℃、时间 4 h、铁屑粒度小于 221 μm、$m(Cu)/m(As) = 5$、$m(Fe)/m(Cu) = 10$。

(3) 净化液萃取铟

采用 P204 + 磺化煤油体系萃取，加入 $200^\#$ 磺化煤油（稀释作用），以降低萃取剂黏度和密度，便于和水相分层。

萃取工艺条件：三级萃取，料液温度不超过 40℃，O:A = 1:1.5～3:1，控制酸度为 30～80 g/L，萃取时间为 3～8 min，此时 In^{3+} 萃取率较高，且能与 Sb^{3+} 等杂质较好地分离。

负载有机相采用 25～35 g/L 的草酸溶液和 150～180 g/L 的硫酸溶液进行酸洗。用草酸溶液能很好地除锑，铟仍保留在有机相中；两价金属（主要是 Zn^{2+}、Cu^{2+}、Cd^{2+}、Fe^{2+}）在萃取酸度为 30～80 g/L 时基本上不被 P204 萃取，但为防止夹带，用 150～180 g/L 的硫酸溶液进行三级洗涤，以提高反萃液纯度。

酸洗条件：O:A = 1:1～4:1；时间 3～8 min。

(4) 负载有机相反萃铟及萃取剂再生

采用 2～3 mol/L HCl 三级逆流反萃负载有机相中的铟。反萃条件为：O:A = 5:1～10:1，时间 3～8 min。

萃取过程中 Fe^{3+} 在有机相中循环积累，从而影响铟的萃取率，因此用 5%～7% 的草酸溶液洗涤反萃铟后的有机相以除去溶液中的 Fe^{3+}，可使得萃取剂再生后循环使用。控制条件为：O:A = 5:1～10:1，时间 3～8 min。

6.1.2.3 铜烟灰氯化挥发—溶解置换工艺

铜烟灰经氯化焙烧后，其中的铟以金属氯化物的形式挥发进入烟尘，接着再采用湿式收尘技术，将收尘液进行净化除杂后，直接置换、熔铸可得粗铟，其工艺流程如图 2–35 所示[61]。

6.1.2.4 铜转炉烟尘碱性熔炼富集铟

日本矿业公司佐贺关冶炼厂用制粒—电炉冶炼法处理铜转炉烟尘，铟进入粗铅。对含铟的粗铅采用哈里斯（Harricis）碱法精炼工艺以脱除其中的锡、砷、锌、铟，使之富集于碱渣之中。对碱渣用碱熔处理得富铟锡残渣，供湿法回收铟、锡，

铜烟灰

↓

制粒

↓

氯化焙烧

↓

烟气　　　　　渣
　　　　　　（回收铅）

↓

湿式收尘

↓

尘泥　　　尘液　　　尾气
（回收铅）　　　　　（排空）

↓

净化

↓　　←　锌片

置换

↓　　←　NaOH

压团熔铸

↓

粗铟

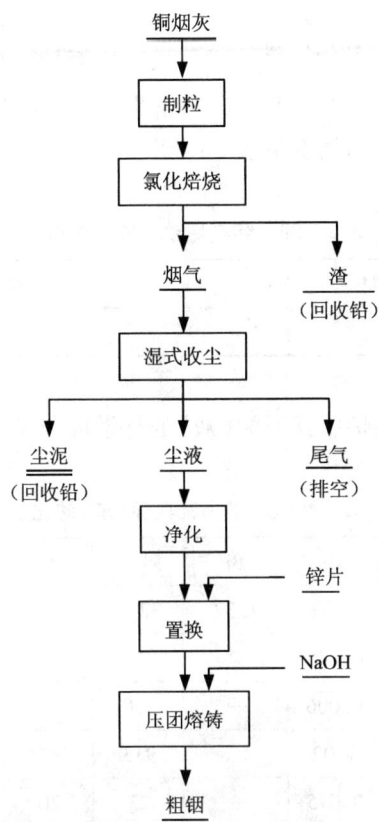

图 2 - 35　氯化挥发—溶解置换工艺流程图

该冶炼过程与粗铅回收铟工艺类似, 所产的富铟渣成分见表 2 - 79[4, 6]。

表 2 - 79　日本矿业公司佐贺关冶炼厂富铟渣的化学成分　　　　%

成分	In	Zn	Pb	Sn	As
一次碱洗渣	1.5	56.5	9.6	0.5	0.1
二次碱洗渣	3.5	21.7	8.7	21.5	0.0

6.2　高炉炼铁过程中铟的走向与富集

铁矿中铟含量为 0.0004% ~ 0.0045%, 同时也含有锌、铅等有色金属杂质。

在铁矿烧结过程中,大部分的铟留在烧结块中,小部分则进入烧结尘。在高炉炼铁时,烧结块中的铟基本上转入高炉煤气而逸出炉外。在高炉煤气进行湿式或干式除尘净化过程中,铟与锌、铅、铋、铊、镓等一起被捕集入高炉烟灰中,俗称瓦斯泥(灰),其中的铟等有价金属品位得到富集,可以成为提铟的原料[4]。

铟在炼铁产物中的分布情况见表2-80[4]。

表 2-80　铟在炼铁产物中的分布　　　　　　　　　　%

产物	尘泥	生铁	炉渣	炉灰
铟含量	85	9	1.8	2.2

一些钢铁厂的炼铁高炉中瓦斯泥(灰)的化学成分见表2-81[4]。

表 2-81　炼铁高炉中瓦斯泥(灰)的化学成分　　　　　　%

编号	Zn	Pb	In	Bi	Fe	C	S	Cl	SiO$_2$
1	7.0	1.7	0.02	1.32	32.5	18.5	0.6	0.1	9.8
2	18.5	2.66	0.048	微	25	15	0.2	1.2	8.7
3	2.0	0.5	0.006	—	9.0	10	0.4	0.6	12
4	11.5	0.5	0.02	3.6	9.3	23.5	—	—	—
5	20	0.5	0.015		23	20	0.6	1.5	10.3

对高炉瓦斯泥(灰)的处理,一般是通过高温还原挥发,使易挥发的锌、铅、铟、铋等富集入挥发尘,再用湿法分离技术提取,挥发残渣可经磁选、重选等手段予以回收铁精矿,选矿尾矿可送水泥厂配料使用。

据统计,一座年产量达百万吨的钢铁厂年产瓦斯泥(灰)量为8000~14000 t,全世界的钢铁产量已突破10亿吨,其中产出瓦斯泥(灰)的数量巨大,其中所含的铟,值得重视且实现综合利用。

6.3　从 ITO 废靶材中再生回收铟

ITO 靶材中通常含 In$_2$O$_3$ 90%、SnO$_2$ 10%,是烧结成的陶瓷体,熔点为1900℃,性脆,易磨成粉末,易被大多数的无机酸溶解。ITO 废靶材及靶材生产过程中产生的边角料、切屑等,铟含量高、回收价值大。回收工艺的重点是铟、锡的分离,首要原则是避免铟分散及损失。从废 ITO 靶材回收铟宜采用湿法工艺，且用沉淀法分离锡。此外还有电解法和氯化法等。

6.3.1　酸溶—沉淀法分离铟锡

ITO 废靶材破碎磨细至 −200 目，用 H_2SO_4 或 HCl 浸出，H^+ 浓度为 2～3 mol/L，液固比为 5:1～10:1、温度为 70～90℃、浸出 1～3 h，废靶材的溶解率达 93%～97%，酸浸出液中一般含 In 70～100 g/L，Sn 5～10 g/L，残渣的主要成分是未浸出的 SnO_2。浸出酸度不宜过高，这可减少 SnO_2 的溶出，有利于下一步的铟、锡分离。某研究分别用 H_2SO_4 和 HCl 浸出 ITO 废靶材，浸出始酸浓度为 1.5 mol/L、液固比为 8:1～12:1、温度为 90℃、浸出 2 h，此时铟浸出率为 99.5%，而锡浸出率只约 8%[63]。

6.3.1.1　铟置换分离锡

将酸浸出后液的酸度调整到 pH 1.0～1.5，在溶解液里插入铟板（纯度为 99.9%），将锡离子置换成海绵锡，置换时间约 24 h，将从铟板上刮下的海绵锡洗净、压团、熔炼得到品位约 99% 的金属锡，置换后的溶液中的锡含量可降低到 0.1 g/L 以下，若再次用铟粉置换除锡，其含量则可降低到 0.001 g/L。置换锡后的溶液用铝板或锌粉置换得到含铟 99% 的粗铟。此法简单易行，是较好的分离方法，但耗铟量大且效率不高，海绵锡中铟含量达 5%～10%，仍需要进一步进行处理以回收铟。

6.3.1.2　中和沉淀分离锡

利用溶液中 Sn^{4+} 与 In^{3+} 发生沉淀的 pH 不同，控制一定的 pH，使用氧化剂将锡离子氧化为四价而形成水解沉淀，而铟仍留于溶液中，以达到铟、锡分离的目的。废靶材经破碎、球磨得到 ITO 粉，ITO 粉用 8～10 mol/L 浓盐酸浸出，浸出液经一次氧化，加 NaOH 调整 pH 为 1.5～2.0，温度为 95～100℃ 的条件下，用双氧水作氧化剂，可沉淀出 $Sn(OH)_4$，所得渣经洗涤、锻烧得粗氧化锡。

一次沉锡后液作第二次氧化，以将锡沉淀完全，用 NaOH 调整 pH 为 2.0～2.5；在温度为 95～100℃ 的条件下，用双氧水氧化，沉淀的锡渣则返回浸出。

二次氧化后液中加入铝板将铟置换，得到海绵铟。铟的回收率可稳定在 97% 以上[4]。

直接用 NaOH 中和水解沉淀锡，易形成 $Sn(OH)_4$ 胶体，从而使过滤分离困难，而用 Na_2CO_3 中和时，过滤性能可改善。有研究采用 $Mg(OH)_2$ 共沉淀锡，先在酸浸出液中加入 H_2O_2 以将 Sn^{2+}、Fe^{2+} 氧化成高价离子，然后将氧化后液、浓度为 10 g/L 的 $MgSO_4$ 溶液和浓度为 15% 的 NaOH 三种溶液，分别以一定流速同步加入到反应器中，控制反应器内溶液 pH 为 1.5、反应温度为 80℃ 时，溶液从反应器溢流出来的时间为 20～30 min。反应过程中，溶液中的 Sn^{4+} 与加入的 Mg^{2+} 被中和水解生成氢氧化物共沉淀。所得沉淀物的过滤性能良好，其原因是 Mg^{2+} 的水解物结晶较好，Sn^{4+} 与 Mg^{2+} 形成复合的水解沉淀物 $(Sn^{4+}、Mg^{2+})(OH)_x$。中和除锡后，溶液中锡含量降到 0.1 g/L 以下，再用铟粉置换可达到铟电解原液的要求[64]。

6.3.1.3 硫化沉淀分离锡

用硫化沉淀法分离铟、锡是可行的。在废靶材的酸溶出液中，通入 H_2S 或加入 Na_2S(酸度低时)使 Sn 以硫化物沉淀形式而分离除去。由理论计算可知，当 $[Sn^{2+}]$ 和 $[In^{3+}]$ 的起始浓度分别为 5 g/L 和 35 g/L 时，生成 SnS 和生成 In_2S_3 的起始的 $[H^+]$ 平衡浓度值分别是 $10^{2.117}$ mol/L 和 $10^{1.075}$ mol/L，当 $[H^+]$ 升高到 $10^{1.1}$ mol/L、In_2S_3 开始生成时，溶液中 $[Sn^{2+}]$ 已降低到 3.89×10^{-4} mol/L。对含 In^{3+} 50 g/L、Sn^{2+} 5 g/L、H_2SO_4 100 g/L 的溶液进行硫化沉淀锡，通入 H_2S，反应 20 min，硫化后溶液中含锡量为 1.5 mg/L，渣中含锡量为 66.17%、含铟量为 3.11%，此时除锡率 100%，铟损失仅 0.47%[65]。

硫化法容许在较高的酸度下进行，对锡分离效果好，若把握好硫化的终点，则铟的损失不大。

废靶材酸溶出液分离锡后，用铝板或锌板置换出海绵铟，再压团、熔铸、电解得到精铟。对于含铟浓度高达 50~100 g/L 的铟溶液，仍用铝或锌置换铟则不十分可取，一种方法是在溶液净化除杂后，再采用不溶阳极电积直接提取金属铟，另一种方法是将溶液中加入碱使铟全部沉淀得氢氧化铟后，再煅烧得氧化铟，用氢高温还原制得金属铟。

6.3.1.4 萃取法分离铟锡

对 ITO 废料及含锡铟物料的酸浸出液，用萃取法分离铟、锡则更为高效，此时则需配备一套萃取系统，且其工艺适合于处理量大的企业。如萃取体系为 P204，则共萃铟、锡后再分步反萃；如用 P507，则可单独萃锡(锡含量低)，详见 7.1.2.3 节和 7.2.2 节及其他萃取的章节。

6.3.2 ITO 废靶材还原熔炼—水溶液电解法

用氢气或炭将 ITO 废靶材还原熔炼成 In–Sn 合金，然后对合金进行电解分离铟、锡[66]，或对合金进行氯化分离。

将 ITO 废靶材破碎磨至 −50 目，在 900℃ 温度下用氢气还原；或破碎成 2~5 mm 的碎粒在 1300℃ 温度下用活性炭还原熔炼 5 h，冷却至 300℃ 后加入 NaOH，使熔渣与合金分离，均可得到含铟 90%、锡 10% 的合金，熔炼回收率 87%[6,66]。

将合金铸成阳极板，阴极为钛板，以含 In(以硫酸盐形式)55 g/L、NaCl 100 g/L、骨胶 0.6 g/L、pH 为 2 的水溶液为电解质进行电解，获得的电解铟再作第二次电解，第二次产出的电解铟纯度达到 99.993%，电解技术条件和结果[6,66]

见表 2-82 和表 2-83。

表 2-82　锡合金两次电解技术条件和结果

项目	第一次电解	第二次电解	电解液组成
槽电压/V	0.35	0.33	
同极距/mm	60~65	50	
电流密度/(A·m⁻²)	75	107	In 55 g/L(硫酸盐)
电解时间/h	96	72	NaCl 100 g/L
产物质量/g	440	150	骨胶 0.06 g/L
电解体积/L	5	1	pH 2.0
阳极 In 含量/%	90.08	99.90	
产物 In 含量/%	99.90	99.99	

表 2-83　锡合金两次电解的阳极板和析出阴极的组成　　　　%

项目	阳极成分				阴极产物			
	In	Sn	Fe	Cu	In	Sn	Fe	Cu
第一次电解	90.08	9.87	0.0093	0.0035	99.90	0.035	0.001	0.0001
第二次电解	99.90	0.035	0.001	0.0001	99.99	0.0022	0.0004	0.0001

电解中，阳极的铟溶解进入溶液，而锡的情形则稍显复杂。锡以 Sn^{2+} 形式进入溶液后与溶液中的 SO_4^{2-} 反应生成不溶的 $SnSO_4$，也有部分 Sn^{4+} 生成 $Sn(OH)_4$ 沉淀。这些沉淀物将覆盖在阳极表面，阻止铟进一步溶出，最终导致阳极导电恶化或终止电解的进程，从而造成铟锡合金的一次电解残极率高达 65%。残阳极的成分大致为：In 10.5%、Sn 60%。另外，Sn^{2+} 不断地在溶液中富集，电解终了时电解液中的 Sn^{2+} 含量可富集到 225 mg/L 的水平。虽然还原熔炼得到的 In-Sn 合金经二次电解得到产品级的金属铟，但残极量过大，铟的直收率较低，而且残极的 In、Sn 仍然存在难分离的问题。电解时 Sn^{2+} 在电解液中的累积也使电解液的净化复杂化，因此还原熔炼—合金电解的分离工艺尚需改进，若能在制取 In-Sn 合金的熔炼过程先行除去大部分锡后再电解分离，可能会达到更好的工艺效果。

6.3.3　ITO 废靶材还原熔炼—熔盐电解法

ITO 废料高温还原得到的铟锡合金，可采用熔盐电解法分离铟、锡，该合金为阳极，石墨为阴极，电解质由氯化铟和氯化锌（InCl + ZnCl$_2$）组成，其中氯化锌含量为30%~50%，余量则为氯化铟。在电解电流密度为10~30 A/dm^2、电解温度为200~300℃的条件下，经过两次电解，制备出纯度达到99.995%的精铟，第二次产出的阴极铟产品直收率为原料合金的90%以上[67]。原料合金成分见表2-84。

表2-84　ITO废料高温还原得到的铟锡合金成分（余量为铟）　μg/g

Cu	Ag	Mo	Sb	Ni	Zn	Sn	Bi	Fe	Cd	Cr	As	Al	Tl	Pb
297	878	2	8	41	55	9.5%	—	21	—	—	14	11	9	20

铟熔盐电解装置示意图如图2-36所示，主要由外加热的电解槽（石墨材质）、加热器、直流电源以及阳极料舟等组成，电解槽槽体为阴极，需要分离提纯的铟锡合金装入坩埚，浸没在电解质中；阳极为铟锡合金熔体，通过插入石墨棒将电源接入。在温度200~300℃下，所有物料均为熔融状态，通入电流后，合金中的铟被氧化成In$^+$而不断进入电解质，而电解质中的In$^+$则在阴极还原析出，使金属铟落入槽底聚集。只要阳极和阴极导电面积设计得当，便可实现电解过程中铟在阳极和阴极放电平衡，维持电解质中铟浓度的稳定。ZnCl$_2$使熔盐熔点降低并增加导电性。电解过程中，合金从加料口补充加入，电解铟从出料口排出，二者既可间断作业也可连续作业。

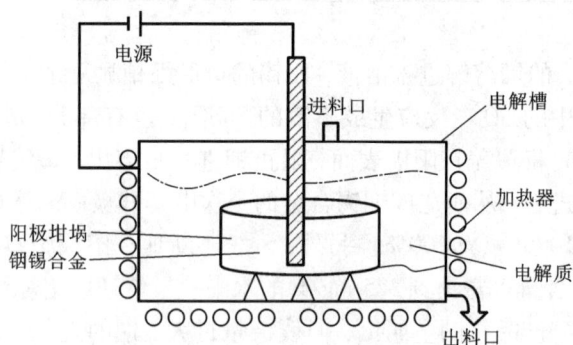

图2-36　铟熔盐电解装置示意图

铟锡合金的熔盐电解分离铟和锡的原理与水溶液电解相同，由金属的析出电位决定金属是否析出。在该组成的熔盐中，Sn/Sn^{2+}的析出电位相对于In/In$^+$为+0.265 V（200℃时）[68]，因此电解时，阳极的铟锡合金熔体只有铟被氧化进入电解质，而锡不被氧化而仍保留在阳极区坩埚内的合金熔体中，随着加料和电解过程的进行，铟锡合金中的锡含量逐渐增加，从而促使铟、锡两者分离。阳极的铟锡合金，理论上铟可电解至微量，全部转为金属锡，因为此时阳极转为金属锡后，仍是导电良好的锡金属熔体，若继续电解，实际上是作铟的不溶阳极电解而已。实际生产中采用连续（或间断）加料电解，直至锡在阳极区内累积到一定的数量再放出，这样残极率将大大降低。产出的残阳极为以金属锡为主的锡铟合金，理论上，最小残极率即为锡在铟锡合金中的占比。由此可知，熔盐电解分离铟、锡不仅在阴极可以得到品位高的金属铟，还可以在阳极得到含铟量很低的金属锡，两者分离程度高是该法最大的优势。

在熔盐电解质配比为 57% 氯化铟和 43% 氯化锌、电流密度 20 A/dm^2、电解温度 250℃ 的条件下，对铟锡合金进行两步电解，第一步电解得到的阴极铟含锡仅 0.015%，对第一步产出的阴极铟按同样条件再电解，得到 99.995% 的产品铟。第二次产出的金属铟直收率按原料铟锡合金计可达 90%。第一、二次电解的铟产物成分见表 2-85。

表 2-85　熔盐电解的铟产物成分　　　　　　　　　　μg/g

杂质元素	Mo	Sb	Ni	Zn	Sn	Cu	Fe	Cd	As	Al	Tl	Pb	Ag
第一次电解	1	2	2	11	150	3	1	2	1	13	1	2	5
第二次电解	<1	2	\	16	2	1	<1	2	\	1	\	2	\

注："\"表示低于检测限。

研究表明[67]，当氯化锌含量为 43% 时，电解质的熔点最低，使得电解可以在相对低的温度下进行；当氯化锌含量低于 30% 时，锡的去除效率下降，氯化锌含量超过 50% 时，电解铟中锌的含量明显增加，因此熔盐的氯化锌含量控制为 30%~50%。熔盐电解温度控制为 200~300℃，低于 200℃ 时电解质的流动性变差，将降低精炼效果和电流效率；超过 300℃ 时，电解质会因挥发而损失。电流密度控制在 10~30 A/dm^2 较为合适，当电流密度低于 10 A/dm^2，精炼效果好但产率低，高于 30 A/dm^2 时，电解铟杂质 Cu、Pb、Sn 增加明显。

相比铟的水溶液的电解，水溶液电解的电流密度仅为 0.5~1.0 A/dm^2，而熔盐电解的电流密度则至少提高 10 倍，要达到同样产率，熔盐电解所要求的阴极面积要小得多。水溶液电解为了除杂要经过多次过滤，其过程复杂，会造成铟的损失，且残极率高达 60% 以上，直收率低，而熔盐电解几乎不产出含铟高的残极。熔盐电解是一价态铟的析出，而水溶液电解则是三价态铟的析出，理论上熔盐电解的效率是水溶液电解的 3 倍。熔盐电解过程无废水产生，成本明显降低，是一种值得重视的方法，也可应用于其他的铟电解工艺。

6.3.4　In－Sn 合金氯化法分离锡

对废 ITO 靶材先还原熔炼出 In－Sn 合金，再用氯化的方法进行铟、锡分离。氯化过程是：在 40℃温度下，通入 Cl_2 对 In－Sn 合金进行氯化，反应的放热使温度继续升高，Sn 生成 $SnCl_4$（沸点 114℃）挥发，然后冷凝收集，再蒸馏提纯、电解可得到粗锡；铟生成 $InCl_3$，由于 $InCl_3$ 挥发温度较高（418℃离解挥发），故 $InCl_3$ 基本不挥发而留在氯化渣中，氯化渣用水溶解，其中 $InCl_3$ 进入溶液经除杂再用电解或置换的方法提取铟。为加快氯化反应过程，氯化前先将 In－Sn 合金水淬成粒状[6]。

6.3.5　ITO 废料的碱法分离锡

ITO 废靶材磨细至 －100 目，与 NaOH 或 KOH 混合均匀在高温下焙烧，其中的氧化锡生成易溶于水的锡酸盐 Na_2SnO_3、K_2SnO_3，氧化铟生成偏铟酸盐。加水进行浸出，锡酸盐溶于水，而偏铟酸盐则水解成 $In(OH)_3$ 残留在渣中。当溶液的 NaOH 为 11 mol/L 时，$In(OH)_3$ 的溶解度达到最大值（约为 7.8 g/L）[6]，因此控制溶液浓度为 2 mol/L 或更低的碱度，可使 $In(OH)_3$ 很少溶出。但实际情况是，新生态的 $In(OH)_3$ 在碱性溶液中的溶解度仍较大，进入锡溶液的铟不容忽视。此外，可能是加碱焙烧不够充分，水浸中也只有 60% 的锡能进入溶液得到分离[66]。

类似的是，可用盐酸或硫酸将 ITO 废料溶解后再用氨水中和到 pH＝5，把溶液中的铟、锡全部以氢氧化物的形式沉淀下来，然后用 NaOH 溶液浸出沉淀物，当初始碱浓度为 2 mol/L、温度为 60～65℃时，锡基本上全部被浸出，而铟留在渣中。继而再从渣回收铟，铟直收率可达 95%[69]。

6.4　从其他含铟二次资源中回收铟

废碱性锌锰无汞电池、含铟的合金废料、各种废旧半导体元器件等二次铟资源种类繁多，铟含量高低悬殊，成分复杂。对从这些资源中回收铟的方法大致归纳如下：

（1）从废碱性锌锰无汞电池中回收铟

废碱性锌锰无汞电池的负极材料中含有 0.02%～0.05% 的铟，结合废电池的整体回收工艺，可以从中提取废电池中的铟。一种从废碱性锌锰电池中回收铟的工艺是：用碱液将废电池的锌、锰物料浸出，铟富集在余下的残渣中。该残渣用浓度为 10% 的硫酸或 15% 的硝酸或 20% 的盐酸；在液固比为 8:1～9:1、室温条件下搅拌浸出，取出滤液后再用于下批料浸出，直至铟离子浓度富集到 0.2%～

2%，然后用置换法获得粗铟[70]。

（2）从含铟合金废料中回收铟

常见的含铟合金材料有 In – Sn – Pb 焊料和 In – Cu – Ag 合金。废合金回收方法通常用硝酸或用盐酸添加 H_2O_2 溶解合金，中和水解得到 $In(OH)_3$ 沉淀，再酸溶，置换得海绵铟[71]。

In – Sn – Pb 焊料可以用熔盐电解的方法回收铟，以废焊料为阳极，电解把铟转移到熔盐中富集，然后再从熔盐中回收铟[1]。

（3）从废半导体元器件中回收铟

这类废料中主要涉及 InP、InGaP、InAs 等系列的半导体材料。处理方法是用浓盐酸溶解物料，再用硫化法将重金属 Sn、Sb、Pb 等沉淀下来，然后再置换或中和得到铟的富集物。

对于较纯的 InP、InAs 系的废料，可用类似 GaAs 废料真空蒸馏的方法将 P、As 分离出来，而 In 则留在蒸馏底料再予回收。也可用氯气进行氯化，再进行蒸馏，以分离出 PCl_3、$AsCl_3$，从而将 $InCl_3$ 留在底料中。对于 InP 废料也有用 NaOH 或 KOH 进行高温熔炼的，磷将进入碱渣并分离出粗金属铟[1]。

第7章 铟的萃取体系及应用

溶剂萃取法是国内外冶炼厂广泛使用的、成熟的提铟方法。

7.1 铟萃取剂的主要种类

国内外厂家冶炼提铟生产中最常用到的萃取剂是 P204[72-73]，化学名为二(2-乙基己基)磷酸，在酸性介质(如硫酸)中，它可以有选择性地从含铟的溶液(浸出液)中萃取铟。自 1965 年以来，就有研究机构开始研究从铅反射炉的烟尘中提取铟，且用 TBP 和 N235、在盐酸体系下成功萃取了铟，但未能实现工业化生产。我国是在 P204 引进了之后才实现大规模生产铟。1972 年，上海冶炼厂二分厂使用 P204 从锡冶炼的含铟物料"油头水"的盐酸体系中，提炼出铟、锡，并实现了工业化生产。随后，葫芦岛锌厂、水口山矿务局、白银有色金属公司、云南冶炼厂也分别使用 P204 从不同的原料中提取铟，甚至在焊锡生产的废料中回收铟。我国的冶炼厂也在努力开发提高 P204 萃取铟回收效率的工艺，例如，株洲冶炼厂发明了用 P204 进行离心萃取的技术，使得铟的回收效率提高了20%。

目前国内外对铟萃取的研究，主要集中于解决 P204 萃取过程中出现的问题，如 P204 萃取后，反萃需要的酸度过高；如 P204 可以萃取铁，当原液中存在大量的铁离子时，占用了 P204 的萃取容量，影响 P204 萃取铟的效率；又如 P204 萃取剂容易老化，且在有机相与水相的相界面处存在乳化现象，给分相带来了困难。高酸反萃、除铁、乳化是 P204 萃取铟存在的主要问题。基于此，国内外研究机构在改良 P204 萃取剂、开发 P204 替代品、优化 P204 萃取铟的工艺等方面进行了大量的研究工作，如北京矿冶研究总院在 P204 中加入 Cyanex923 进行铟的萃取，使得反萃率有所提高；还有一些研究机构采用 N503、P507D 为萃取剂，进行萃取铟的实验，虽取得了一些进展，但没有工业化应用的实例[6, 74-76]。总之，溶剂萃取现已成为提取铟的重要方法，常见的 P204 萃取铟的工艺流程如图 2-37 所示。

铟的有机萃取剂可分为酸性磷类萃取剂(P204、P507、P5708 等)、中性磷类萃取剂(TBP、Cyanex923)、胺类萃取剂(N235)、酰胺类萃取剂(N503)、羧酸类萃取剂(CA-100)和羟肟类萃取剂(Lix973N)等类型。其中 P204 因价格低廉、适用范围广、化学性质稳定等优点而获得广泛应用，但 P204 萃取剂也存在老化快、损耗量大、再生能力弱等缺点[77]。

含铟原液　　　P204萃取剂

萃取

HCl溶液　　负载有机相　　萃余液
（回收其他金属）

反萃

再生剂　　有机相　　反萃液　　锌

再生　　　置换

再生有机相　　海绵铟

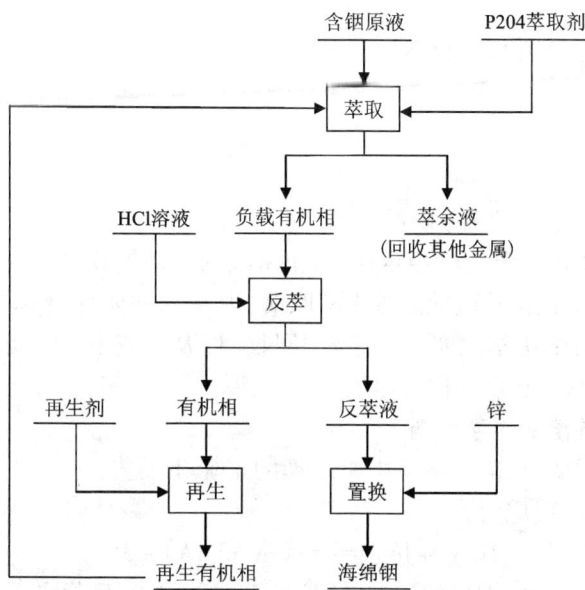

图 2-37　铟萃取工艺流程

（1）酸性磷类萃取剂可视为正磷酸分子中一个或二个羟基为烷基酯化或取代的化合物。酸性磷类萃取剂萃取铟的机理一般认为按阳离子交换反应进行：

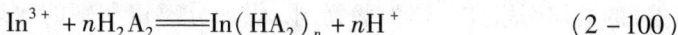

$$In^{3+} + nH_2A_2 = In(HA_2)_n + nH^+ \quad (2-100)$$

研究[78]还发现在硫酸介质中萃取铟还存在如下机理：

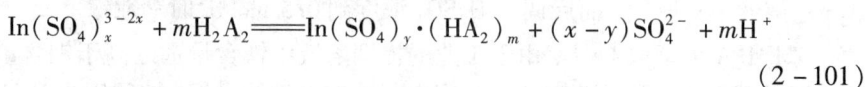

$$In(SO_4)_x^{3-2x} + mH_2A_2 = In(SO_4)_y \cdot (HA_2)_m + (x-y)SO_4^{2-} + mH^+$$
$$(2-101)$$

生成 $In(HA_2)_n$ 和 $In(SO_4)_y \cdot (HA_2)_m$ 两种萃合物。几种常见萃取剂萃取铟的能力按以下顺序排列：P204 > P5708 > P507 > P5709，萃合物稳定性及反萃能力则相反，其中 P5709 的反萃性能最好。

（2）中性磷类萃取剂一般指正磷酸分子中三个羟基为烷基酯化或取代的化合物，磷酰氧原子的碱性强度是决定萃取能力的主要因素。

（3）胺类萃取剂一般是指氨分子中三个氢原子部分或全部被烷基取代，且相对分子质量为 250~500 的化合物。胺类萃取是通过它的盐类与金属络合阴离子的交换来实现的。烷基胺或季铵盐萃取金属盐类的反应一般认为有两种机理：

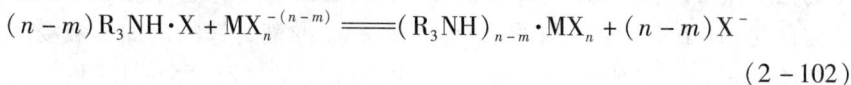

$$(n-m)R_3NH \cdot X + MX_n^{-(n-m)} = (R_3NH)_{n-m} \cdot MX_n + (n-m)X^-$$
$$(2-102)$$

$$(n-m)R_3NH \cdot X + MX_m = (R_3NH)_{n-m} \cdot MX_n \quad (2-103)$$

7.2 酸性磷酸类萃取剂

7.2.1 P204

P204[二(2-乙基己基)磷酸]是现今萃铟工业生产中常用的酸性磷类萃取剂，又称为 D2EHPA，其化学稳定性好、价格低廉、萃铟效率高，广泛用于各种原料的铟萃取工艺，包括从硫酸溶液中萃取铟、从硅氟酸体系中萃取铟、从 ITO(氧化铟锡)膜蚀刻废液中萃取铟、从烟灰中回收铟、从矿渣中回收铟、从高铁硫酸锌溶液中萃取铟、从闪锌矿还原浸出液中萃取铟等[78]。

7.2.1.1 从硫酸溶液中萃取铟

P204(D2EHPA)从硫酸溶液中萃取铟的工业化工艺，一般为多级逆流萃取。D2EHPA 萃取铟的反应为：

$$3H_2A_2 + In^{3+} \Longrightarrow [InA_3 \cdot 3HA] + 3H^+ \qquad (2-104)$$

进入到有机相中的铟可使用 HCl(或 NaCl)反萃取，反萃取反应为：

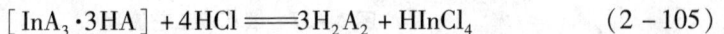

$$[InA_3 \cdot 3HA] + 4HCl \Longrightarrow 3H_2A_2 + HInCl_4 \qquad (2-105)$$

用 D2EHPA 作萃取剂从硫酸介质中萃取铟时，可在较大 pH 范围内实现萃取，而许多二价重金属离子则不被萃取。分离镓和铟的研究[79]显示：在提取过程中，铟和镓的分离因子随 pH 增大而减小、铟和镓的分配系数随 D2EHPA 和煤油浓度的增加而增加。作为稀释剂，煤油分离镓和铟的效果优于苯。硫酸浓度对 D2EHPA 萃取铟、镓、铊的影响见图 2-38[6]。由此可见，可先在 6~8 mol/L 的 H_2SO_4 溶液中萃取铟，而后调整 H_2SO_4 浓度到 0.5 mol/L 时萃取镓。

D2EHPA 可萃取 Fe^{3+}，由于工业的提铟溶液中铁含量远远高于铟含量，因此萃取铟时最大的干扰为 Fe^{3+}，一是因为萃取容量被铁占据，二是因为 Fe^{3+} 水解会造成分相困难。从含锌的硫酸溶液(还原浸出液)中萃取铟，可通过用铁粉置换除去溶液中的铜，同时把 Fe^{3+} 还原为 Fe^{2+}，从而避免或减少铟与铁共萃的可能性。D2EHPA 的萃取条件为：有机相 20% P204 + 煤油，A:O = 6:1，初始 pH = 0.5，三级逆流萃取。铟的萃取率可达到 96.1%，使用 4 mol/L 盐酸在 A:O = 1:6 下通过四级逆流反萃可将铟从负载有机相中完全反萃[80]。工艺流程如图 2-39 所示。

采用 D2EHPA 对高铁硫酸锌溶液中的铟进行萃取。由于 D2EHPA 也萃取其他金属，控制浸出液的 pH = 1 及以下，此时大部分二价金属不会被萃取，而溶液中的三价铁可以在较低的 pH 下被萃取，故在铟萃取前应将浸出液中的三价铁还原为在此 pH 下不易被萃取的二价铁。一种萃原液为锌精矿加压酸浸溶液，三价铁被还原后，主要成分为：Zn^{2+} 35.35 g/L、Fe^{2+} 21.55 g/L、Fe^{3+} 0.95 g/L、H_2SO_4 30.50 g/L、In^{3+} 0.75 g/L。D2EHPA 萃取铟的最佳条件为：20% D2EHPA + 煤

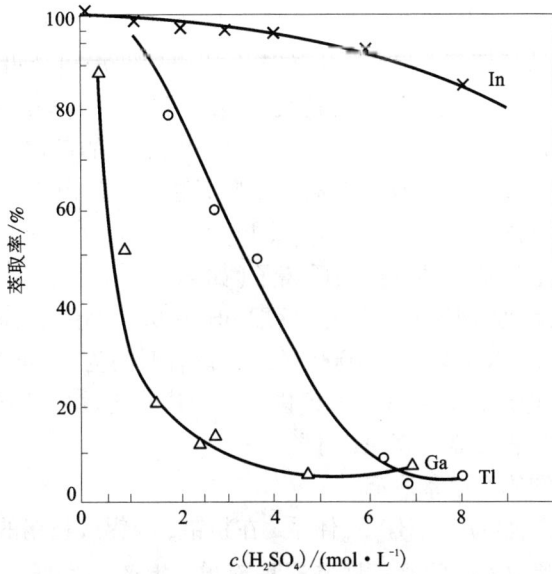

图 2-38　硫酸浓度对 D2EHPA 萃取铟、镓、铊的影响

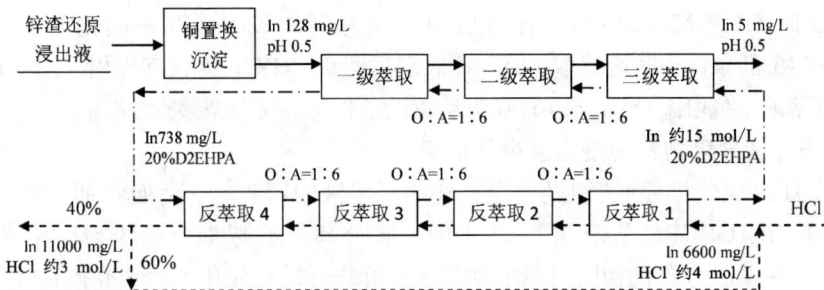

图 2-39　D2EHPA 直接萃取回收铟流程图

"──▶"表示萃取的工艺路线；"---▶"表示反萃取的工艺路线

油、混合时间 2 min、相比 O∶A = 1∶10、温度 20℃、料液酸度 30 g/L，经两级逆流萃取，铟萃取率达到 98.5% 以上，而铁的萃取率只有 1.72%，可以实现铟、铁的分离[81]。

　　进入有机相的铁，会随萃取剂循环而累积，可在萃取剂再生阶段用 7% 的草酸溶液洗涤贫有机相以除铁；或先用 1.8 mol/L 盐酸处理，接着用水洗，然后用 20% ~ 30% 的 NaOH 洗涤除铁。在萃取铟时，添加聚醚也能抑制 Fe^{3+} 的萃取[6]。

针对高铁闪锌矿湿法炼锌过程中产出的硫酸浸出液,采用预还原 Fe^{3+} 再用 P204 直接萃取回收铟。该还原浸出液中铁含量达到 50 g/L 以上,Fe^{3+} 占 10% 左右,经还原,Fe^{3+} 浓度降低到 0.5 g/L 左右,还原后的浸出液进行直接萃取以分离回收铟。溶液的 pH 对铟萃取率有较大影响。当溶液 pH < 0.5 时,铟萃取率随 pH 的升高而快速升高。当溶液 pH 为 0.5 ~ 1.5 时,铟的萃取率变化较小;当溶液 pH > 1.5 后,铟萃取率随 pH 的升高而下降,这主要是由于此时溶液中的铟离子发生水解,且形成的 $In(OH)^{2+}$、InO_2^-、In_2O_3 等难被 P204 萃取,导致铟萃取率下降。随 pH 升高,溶液中的其他杂质离子(如 Fe^{3+}、Cu^{2+}、Zn^{2+} 等)会与铟发生竞争萃取,导致铟萃取率降低。为此,萃取 pH 取 0.5 为宜,且萃取剂 P204 浓度为 15%,O:A = 1:2,搅拌转速为 1000 r/min,混合时间为 1 min,室温。三级逆流萃取,铟萃取过程稳定,萃取率在 98% 以上,铟铁分离效果良好,分离系数达到 10000 以上,整个过程无乳化现象产生[82]。

7.2.1.2 从硅氟酸体系中萃取铟

P204 萃铟工艺也可用于 H_2SiF_6 体系,在粗铅、焊锡或粗锡的电解精炼工序的硅氟酸电解液中萃取、回收铟,具有流程简单、生产成本低、金属回收率高等优点。

用 P204 直接从硅氟酸水溶液中萃取铟已实现工业化生产。硅氟酸铅电解液的典型成分为:In 4.59 g/L, Pb 116.40 g/L, Zn 4.85 g/L, Fe 1.50 g/L, Sn 4.24 g/L, SiF_6^{2-} 223.29 g/L。在有机相组成为 30% P204 + 70% 磺化煤油、相比 O:A = 1:3 的条件下 3 级萃取,铟的萃取率达到 98.69%;负载有机相采用 6 mol/L 盐酸反萃取,在相比 O:A = 1:6,6 级反萃的条件下,反萃率接近 100%[83, 84]。

7.2.1.3 从含锡物料的浸出液中萃取铟

从 ITO(氧化铟锡)废料及含锡物料的浸出液中回收铟,会遇到铟、锡分离的问题,使用 D2EHPA 萃取法可以使铟、锡分离,步骤如下:H_2SO_4 溶液中用 D2EHPA - 煤油为有机相同时萃取铟和锡;负载有机相先用 80 ~ 100 g/L H_2SO_4 及 1:3 HF 溶液分别洗涤溶液有机相中的 Sn^{2+};再用 6 ~ 10 mol/L HCl 溶液反萃取负载有机相中的铟。为了有效地利用反萃剂且使铟在反萃液中达到最大程度地富集,可将反萃液循环使用于反萃取。另外,在硫酸介质中,用 D2EHPA,相比 A:O = 8:1 共萃取铟和锡,之后再用 1.5 mol/L 的盐酸,相比 A:O = 1:2,选择性反萃取铟,以达到分离铟和锡的目的。经萃取,料液铟浓度可以从 0.74 g/L 提高到反萃液中铟的浓度为 12.2 g/L,其流程如图 2 - 40 所示。

从液晶显示屏废料中回收 ITO,以酸作为浸出剂,用 D2EHPA 和 TBP 的混合物来萃取铟。研究结果显示:用 1 mol/L TBP 或 0.2 mol/L D2EHPA + 0.8 mol/L TBP 萃取体系可选择性地从 1.5 mol/L 盐酸介质中萃取出铟[85]。

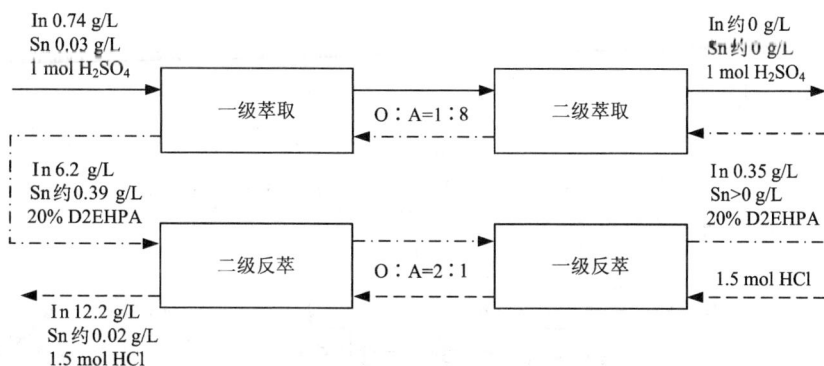

图 2 – 40　从含锡物料中萃取回收铟的流程图

"——➤"表示萃取的工艺路线;"--- ➤"表示反萃取的工艺路线

7.2.1.4　从冶炼烟灰和冶炼渣中回收铟

含铟的冶炼烟灰和冶炼渣中主要含有锌、铅、铜和铁等金属,其成分复杂。从这些物料中回收铟采用酸浸—溶剂萃取法,多会遇到铟与各种重金属离子萃取分离的问题。

从铅锌厂鼓风炉烟尘浸出液中萃取铟,以 P204 为萃取剂,煤油为稀释剂,结果表明,当 P204 体积分数为 30%、萃原液酸浓度为 2 mol/L、萃取相比 O:A = 1:4、萃取温度 40℃、萃取时间为 1 min 时,铟的萃取率达 96% 左右[81]。还有一种铅烟灰,用盐酸浸出,当浸出温度为 80℃、时间为 4 h 时,铟的浸出率大于 90%。在 15～40℃ 条件下,浸出液用 30% P204 + 200# 煤油三级萃取(A:O = 2:1～3:1);用 6～10 mol/L 盐酸 5 级反萃(A:O = 15:1～30:1),萃余液再用铅烟灰沉铟后送氯化锌车间,此时铟的回收率大于 80%,铋的回收率大于 90%[86]。P204 从铅烟灰中回收铟的工艺流程如图 2 – 41 所示。

一种含铟的锑冶炼渣分离铟、锑,用 2 mol/L H_2SO_4 和 30～40 g/L NaCl 两段逆流浸出,浸出温度 100℃,铟的浸出率为 80%。浸出液用 P204 – 磺化煤油体系,相比 O:A = 1:3,控制酸度为 0.5 mol/L,3 级逆流萃取,萃取时间 5 min,可使 In^{3+}、Sb^{3+} 较好地分离,铟的萃取率达 98% 以上,用 30 g/L 草酸溶液 2 次洗脱负载有机相中的锑,脱除率为 99%。用 2 mol/L HCl 溶液 3 级逆流反萃铟,铟的反萃率在 99% 以上。萃取过程中,铟、锑分别与 P204 结合,进入有机相中[82],锑被萃取的机理为(式中 P204 用 HR 表示):

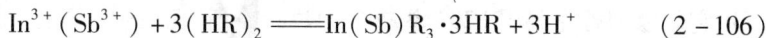

$$In^{3+}(Sb^{3+}) + 3(HR)_2 \rightleftharpoons In(Sb)R_3 \cdot 3HR + 3H^+ \qquad (2-106)$$

对湿法炼锌产出的锌渣(含铟量为 700～850 g/t)为原料提取铟,采用两段硫酸浸出,铟的浸出率可达 90% 以上。酸浸液用 P204 萃取,有机相用 HCl 反萃,

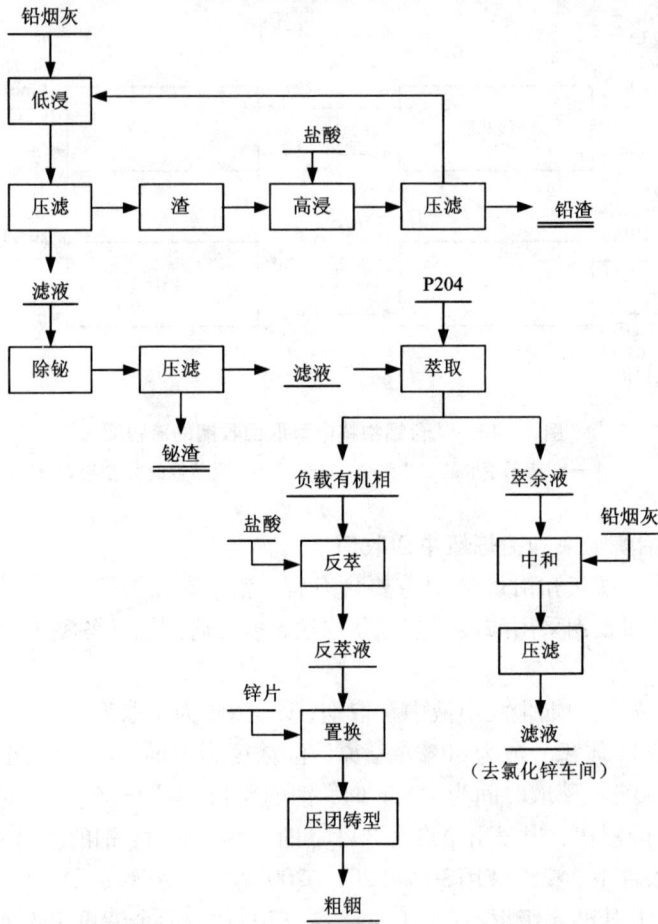

图 2-41 P204 从铅烟灰中回收铟的工艺流程

"——▶"表示萃取的工艺路线;"----▶"表示反萃取的工艺路线

最佳条件为:料液为 $1 \sim 1.5 \ mol/L \ H_2SO_4$,有机相组成为 30% P204 +70% 煤油,三级逆流萃取,萃取相比 $O:A=1:5$,平衡时间 $3 \sim 5 \ min$;负载有机相用 $2 \ mol/L$ HCl 溶液反萃,铟的萃取率和反萃率分别达 98.5% 和 99% 以上[86]。

7.2.2 P507

P507(2-乙基己基磷酸单-2-乙基己酯)是一种可以替代 P204 的萃取剂,采用它萃取铟可克服用 P204 萃取铟的过程中所存在的反萃难、萃取剂易老化的缺点。P507 萃取铟的机理为:

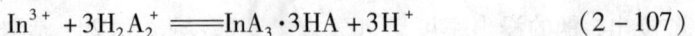

$$In^{3+} + 3H_2A_2^+ \Longrightarrow InA_3 \cdot 3HA + 3H^+ \qquad (2-107)$$

　　某研究[87]用 P507 萃取回收 ITO 废靶浸出液中的锡,使其与铟分离。萃取锡的最佳条件为料液酸浓度为 2 mol/L,相比 O/A 为 3,萃取时间为 10~15 min,萃取后用 3 mol/L 的酸洗涤夹带到负载有机相中的铟;然后用 12 mol/L 的酸反萃负载有机相中的锡。同样也可采用 P507 从蚀刻废液中回收铟[87],在 1.0 mol/L 的盐酸介质中,相比 O/A 为 3,萃取时间大于 5 min 的条件下,P507 可以同时萃取铟、铝、钼、铁,且铟萃取率大于 99.5%;然后采用 1 mol/L 的酸反萃负载有机相中的铟,使其与铝、钼、铁分离。

　　软锰矿和闪锌矿在酸性条件下同槽浸出所得含铟、锌、锰离子的浸出液,用 P507 萃取浸出液中的铟,且分离出锌和锰[88]。在室温条件下,当水相酸浓度为 2.5 mol/L、萃取剂为 30% P507 + 70% 磺化煤油(体积分数),相比 O:A = 1:1、萃取时间为 10 min 时,铟的一级萃取率在 99% 以上,而锌和锰的一级萃取率在 1.20% 以下,此时铟与锌和锰的分离效果达到最佳;负载有机相经水洗,锌和锰的洗涤率为 99%,铟洗涤率为 0;用 2.0 mol/L 盐酸进行反萃,铟反萃率在 98% 以上,达到了富集铟、分离锌和锰的目的。

7.2.3　P507D

　　P507 的萃铟能力低于 P204,而反萃性能则优于 P204,有研究在 P507 中添加适量酸性磷类二聚体 D,采用磺化煤油作为稀释剂萃取铟[89],反萃剂为不同浓度的 HCl 和 ZnCl_2 的混合溶液。研究发现,P507D 对铟的萃取能力得到了加强(接近甚至达到 P204 的萃取指标),而反萃及再生性能则大大超过 P204。在 O:A = 1:8~10:1、有机相为 30%(体积分数)P507D + 磺化煤油、水相 pH 0.6 左右、平衡时间 3~5 min 的最佳操作条件下,经过两级逆流萃取,铟萃取率超过 98%,达到了 P204 的萃取水平。萃取过程中,萃取剂无乳化现象,具有良好的再使用性,可以取代 P204 萃取铟。另外,铟萃取率随着萃取剂浓度和平衡时间增加而增大,但是杂质铁的萃取率也随之增大,因此最佳萃取剂浓度应控制在 30%(体积分数)左右,平衡时间为 3~5 min。P507D 是一种既能保持 P507 的反萃性能,又具有 P204 的良好萃取特性的萃取剂。

7.2.4　P5708

　　P5708(烷基磷酸单 -2- 乙基己酯)也是一种酸性磷类萃取剂,其相对分子质量为 294。采用的有机相是 P5708 的磺化煤油溶液,水相是含有铟、铁混合或单独离子的水溶液,在相比 O/A = 1、萃取温度为 25℃ 左右的条件下,控制萃取时间,可利用非平衡态萃取分离铟、铁[90]。P5708 从稀硫酸溶液中萃取铟、铁存在两种萃取模式。

　　机理 1:

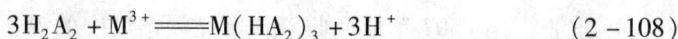

$$3H_2A_2 + M^{3+} = M(HA_2)_3 + 3H^+ \qquad (2-108)$$

机理2：

$$H_2A_2 + M(SO_4)_2^- = M(SO_4)_2H_2A + A^- \qquad (2-109)$$

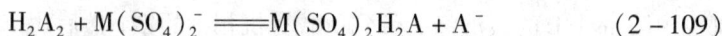

由于 In(Ⅲ)、Fe(Ⅲ) 离子价态相同，且在稀硫酸溶液中均可以与 SO_4^{2-} 配合生成 $In(SO_4)_2^-$ 和 $Fe(SO_4)_2^-$，它们与 SO_4^{2-} 的配合作用都大大强于与 OH^- 的配合作用，因此两者除可按机理1反应外，还存在有 SO_4^{2-} 参与的第2种萃取反应机理。在萃取过程中，铟的萃取按机理1进行，3 min 即达平衡；铁的萃取主要按机理2进行，90 min 也未能达到平衡。因此，可控制萃取时间，利用非平衡态萃取分离铟、铁。

7.2.5 P538

P538 是中国科学院上海有机化学研究所合成的单烷基磷酸酯类萃取剂，其分子式为 $ROPO(OH)_2$(R 为 $C_{12} \sim C_{14}$ 烷基)。采用 P538 + 200# 煤油的混合有机溶液从硫酸溶液中萃取铟，相比 O∶A = 1∶1，温度为 25℃，萃取时间为 5 min。铟的萃取率随硫酸浓度增大明显降低，当 P538 浓度为 0.10 mol/L 时，P538 + 200# 煤油溶液能定量萃取铟，其萃取率可达 99%。在同一酸度下，铟的萃取率随萃取剂浓度的增大而逐渐增大，但当萃取剂浓度过大时，溶液黏度增强、流动性较差、分相时间较长，因此萃取剂浓度以 0.10 mol/L 为宜[91]。

7.2.6 D2EHMTPA

D2EHMTPA[二(2 - 乙基己基)单硫代磷酸]可在硫酸体系萃取铟[79, 92~96]。有机相为 D2EHMTPA 的正辛烷溶液，水相为含铟离子的 H_2SO_4 溶液，在相比 O∶A = 1∶1 条件下进行萃取。在同一酸度下，当萃取剂的浓度为 1.50×10^{-3} mol/L、铟离子的浓度为 $0.3 \times 10^{-4} \sim 15 \times 10^{-4}$ mol/L 时，随铟离子浓度增大，其萃取率也增大；当铟离子浓度为 3.0×10^{-4} mol/L 时，萃取剂浓度在 $1.0 \times 10^{-3} \sim 1.2 \times 10^{-2}$ mol/L 时，其结果是随萃取剂浓度增大，铟的萃取率下降；当萃取剂浓度为 3.0×10^{-3} mol/L 时，铟离子浓度为 3.0×10^{-4} mol/L，在不同酸度的硫酸介质中进行萃取，其结果是低酸度易于萃取、高酸度易于反萃取，在 pH < 2 时基本不萃取，在 pH = 4.0 时观察到水相变浑浊，因此最佳 pH 范围为 3.2 < pH < 4，平衡时间为 4 min。

7.2.7 Cyanex272

Cyanex272，即双(2, 4, 4 - 三甲基戊基)次磷酸，在低温下仍是液体而且水溶解度很低。研究[97]用 Cyanex272 为萃取剂从酸性介质中萃取铟(Ⅲ)，不仅可以有效地使铟(Ⅲ)和镓(Ⅲ)分离，还可以使其与大部分的金属离子分离。该萃取剂具有耐水解稳定性和良好的再生能力等优点，有利于大规模使用。用 Cyanex 272 回收铟的流程如图 2 - 42 所示。

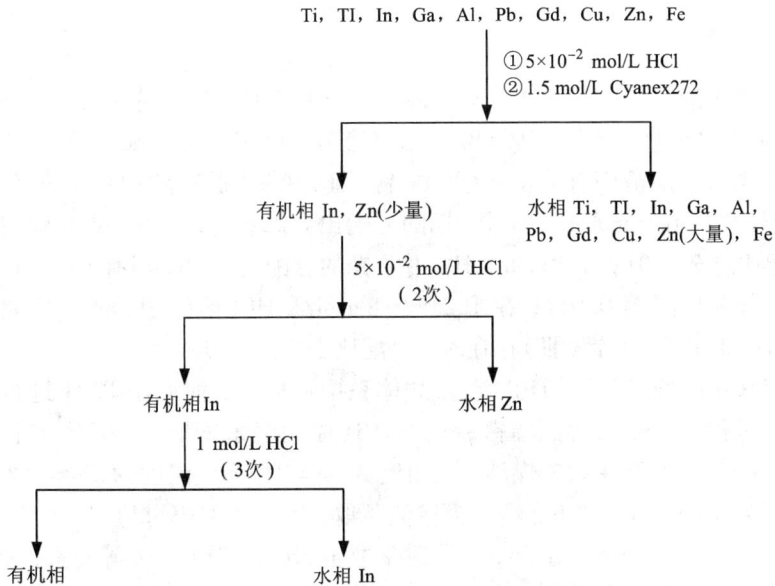

Ti，TI，In，Ga，Al，Pb，Gd，Cu，Zn，Fe

①$5×10^{-2}$ mol/L HCl
②1.5 mol/L Cyanex272

有机相 In，Zn(少量)　　　　　　水相 Ti，TI，In，Ga，Al，
　　　　　　　　　　　　　　　Pb，Gd，Cu，Zn(大量)，Fe

$5×10^{-2}$ mol/L HCl
（2次）

有机相 In　　　　　　　　水相 Zn

1 mol/L HCl
（3次）

有机相　　　　　　　　水相 In

图 2 - 42　Cyanex 272 萃取回收铟工艺流程图

7.2.8　其他有机磷酸萃取剂

除上述的萃取剂外，还可用其他的有机磷酸萃取剂萃取铟，常见的有 D2EHDTPA[二(2 - 乙基己基)二硫代磷酸、DTMHPA(双 - 2 - 4 - 3 甲基庚基磷酸]等[98 - 100]。例如，以 2 mol/L 二丁基磷酸(HDBP) - 丁醇为有机相，从 pH = 4.5 的溶液中，可完全萃取铟，即使有氢氧化物沉淀也不影响萃取结果。在烷基磷酸中，对铟的萃取能力大小顺序为：焦 - 2 - 乙基己基磷酸 > 单 - 2 - 乙基己基磷酸 > 二 - 2 - 乙基己基磷酸。

应该指出，采用烷基磷酸 - 煤油溶液为有机相，从硫酸锌溶液萃取铟时，由于萃余液夹带有机杂质，会使锌电解的电流效率降低。净化除去有机物，离心分相的方法虽然很有效，但湿法冶金中缺乏高速离心设备，故多采用水解氢氧化铁来吸附的办法。水解氢氧化铁不但能有效地除去有机物质，而且可同时除去锗、砷、锑等无机杂质。采用这种方法净化后，可使锌的电流效率提高 6% ~ 8%。

7.3 中性磷类萃取剂萃取铟

7.3.1 TBP

磷酸三丁酯(TBP)从 4.1 ~ 8.1 mol/L HCl 萃取铟时, 分配比可达到 110 ~ 240, 铟完全被萃取。使用50% TBP - 苯溶液为有机相, 从 6 mol/L HCl 中能定量萃取铟。当 HCl 溶液中有大量铊(Ⅲ)、镓(Ⅲ)和铁(Ⅲ)存在时, 铟的分配比显著降低。例如, 在 9 mol/L HCl 中, 铟的分配比为 22, 当有 1.5 mol/L 铁(Ⅲ)存在时, 分配比降至 0.01; 在 2 mol/L HCl 中, 铟的分配比为 68, 当有 1 mol/L 铊(Ⅲ)存在时, 分配比降至 0.012; 在 1.2 ~ 5.8 mol/L HCl 溶液中, 铟的分配比大于 1000, 当有 0.9 mol/L 镓(Ⅲ)存在时, 分配比下降到 0.004。

一般采用磷酸三丁酯(TBP)在盐酸体系中萃取铟, 而后用 P204 进行萃取纯化的工艺过程。如在氯化蒸馏锗后用铁屑还原的废水萃取铟, 采用的有机相是 50% TBP + 8% 正辛醇 + 42% 煤油, 在相比 A∶O = 2.5∶1、温度为 25 ~ 35℃、萃取平衡时间为 3 min 的条件下, 经四级逆流萃取, 铟的萃取率可达 99.44%。但是, 在此过程中 TBP 不但萃取了 In, 还同时萃取了 Sb、Sn、Cu、As 等元素, 所以 TBP 萃取只能起到富集的作用[101]。

7.3.2 Cyanex923

Cyanex923 是由四种二烃基磷氧化物的混合物($R_3P=O$、$R_2RP=O$、$RR_2'P=O$、$R_3'P=O$, 其中 R 为正辛基、R′为正己基)组成的。该萃取剂具有熔点低、易与大多数有机稀释剂混合、在水中的溶解度小、可以较快地实现相的分离等优点。Cyanex923 在不同酸浓度下的萃铟率如图 2 - 43 所示。随着酸度的增大, 在 H_2SO_4、

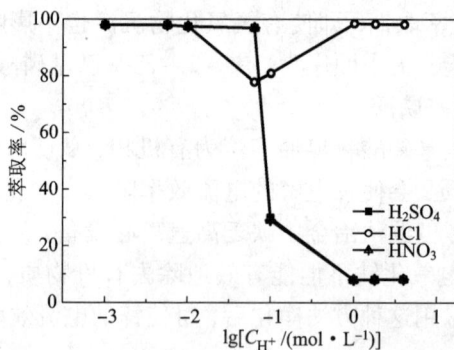

图 2 - 43 Cyanex923 在不同酸浓度下的萃铟率

HNO_3 介质中，Cyanex923 对铟的萃取率逐渐减小；在 HCl 介质中，Cyanex923 对铟的萃取率先减小后增大。盐酸的浓度为 5.1×10^{-2} mol/L 时，萃铟率最高，平衡时间为 5 min，可以实现完全萃取。铟离子浓度为 $1.1 \times 10^{-4} \sim 5.1 \times 10^{-2}$ mol/L，盐酸浓度为 5.1×10^{-2} mol/L 时，此时萃取率随铟离子浓度增大而增大[102]。

在二元溶液中，各金属离子对铟萃取率的影响如表 2-86 所示。

表 2-86　各种金属离子对 Cyanex923 萃取铟的影响

编号	金属离子	物质的量之比 /($\times 10^{-3}$ mol·L^{-1})	HCl 浓度 /(mol·L^{-1})	In(Ⅲ)[a] 回收率/%	Ti/V/Al/Cr/Mn/Fe/ Cu/Zn/Cd/Pb/Ga/Sb/Tl 在萃余液中的剩余率/%
1	In – V	1:10 10:1	1	98 ± 1.0 97 ± 1.5	97 ± 1.5 97 ± 1.5
2	In – Ti	1:10 10:1	1	97 ± 1.0 99 ± 1.5	96 ± 1.0 98 ± 1.0
3	In – Al	1:10 10:1	1×10^{-2}	97 ± 1.0 98 ± 1.0	99 ± 1.0 99 ± 1.0
4	In – Cr	1:10 10:1	1×10^{-2}	96 ± 1.5 98 ± 1.0	99 ± 1.0 98 ± 1.0
5	In – Fe	1:10 10:1	1×10^{-2}	97 ± 1.0 96 ± 1.5	95 ± 1.5[b] 96 ± 1.5[b]
6	In – Ga	1:10 10:1	1×10^{-2}	98 ± 1.0 97 ± 1.5	93 ± 1.0[b] 95 ± 1.0[b]
7	In – Sb	1:10 10:1	1	97 ± 1.5 96 ± 1.5	93 ± 1.0[b] 94 ± 1.0[b]
8	In – Tl	1:10 10:1	1×10^{-2}	96 ± 1.5 95 ± 1.5	92 ± 1.0[c] 94 ± 1.0[c]
9	In – Mn	1:10 10:1	1×10^{-2}	97 ± 1.0 97 ± 1.0	98 ± 1.0 97 ± 1.5
10	In – Fe	1:10 10:1	1×10^{-2}	96 ± 1.0 97 ± 1.0	99 ± 1.0 98 ± 1.0
11	In – Cu	1:10 10:1	1×10^{-2}	96 ± 1.0 98 ± 1.5	95 ± 1.0 96 ± 1.0
12	In – Zn	1:10 10:1	1×10^{-2}	98 ± 1.5 98 ± 1.0	97 ± 1.0 96 ± 1.5
13	In – Cd	1:10 10:1	1×10^{-2}	97 ± 1.5 96 ± 1.0	97 ± 1.5 96 ± 1.0
14	In – Pb	1:10 10:1	1×10^{-2}	97 ± 1.0 99 ± 1.0	97 ± 1.0 99 ± 1.0

注：(a)指用 1.0 mol/L 的 H_2SO_4 洗脱；(b)指用 1.0 mol/L 的 HCl 洗脱；(c)指用 0.10 mol/L 的草酸洗脱。

7.4 其他萃取剂

7.4.1 胺类萃取剂

在仲胺中，卞基苯胺、LA-1、LA-2 等都可以萃取铟。当9%卞基苯胺-三氯甲烷溶液为有机相时，可从 2 mol/L H_2SO_4 + 1.5 mol/L KI 溶液中定量地萃取铟，有机相中的铟可用 2 mol/L HCl 反萃取。LA-1 或 LA-2 的苯溶液能在 1 ~ 3 mol/L HI 或 0.5 mol/L KI、0.1 ~ 4 mol/L H_2SO_4 中定量萃取铟，铜、镉、铋、铅、铊、汞、碲等被共萃取，锑、锡、锗部分被萃取，铁(Ⅱ)、钴、镍、铝、锰、铬、锌、镓、稀土、碱土等金属不被萃取而分离。进入到有机相的铟可用 pH 为 4.2 的醋酸缓冲液反萃取。

在叔胺中，当 0.1 mol/L 三正辛胺(TOA)-二甲苯为有机相时，从 4 ~ 8 mol/L HCl 中很好地萃取铟。铟的萃取率随叔胺浓度上升而增大。如果水相中有大量的铁(Ⅲ)、锌、镉存在，则会发生竞争萃取而使铟的萃取率下降。当 5% 三辛胺-MiBK 为有机相时，可从 1 ~ 6 mol/L HCl 中定量地萃取铟，在 1 mol/L HCl 中选择性较好，萃取中生成的萃合物为 $InCl_3(TOA \cdot HCl)_3$。从酒石酸溶液中萃取铟时，可用三辛胺萃取。

季铵盐在 HCl 中能定量地萃取铟。以氯化四己胺-MiBK 为有机相从 1 ~ 5 mol/L HCl 中萃取铟的萃取率大于98%。铟的硫氰络合物也可被季铵盐萃取，如在 0.1 mol/L HCl + 0.1 mol/L KCNS 中，用 0.2 mol/L 氯化四己胺-二氯乙烷为有机相，可定量萃取铟，而其分配比随着季铵盐浓度增加而增大。

使用长链伯胺可从硫酸溶液中萃取铟(Ⅲ)，当硫酸浓度小于 0.5 mol/L 时，可完全萃取，随着 H_2SO_4 浓度升高，铟的萃取率则下降。使用的稀释剂以氯仿和四氯化碳为最佳。铁(Ⅲ)会共萃取，把 Fe^{3+} 还原为 Fe^{2+}，可防止其进入到有机相，其他杂质如铝(Ⅲ)、锌(Ⅱ)等则不被萃取。

在 HCl 浓度为 2.64 mol/L 的条件下，N235 等胺类萃取剂萃取 In^{3+} 的效果相对较好；亚砜类(如石油亚砜等)及中性氧磷类(TOPO)萃取剂次之；醚、醇类较差，几乎不萃取 In^{3+}。在一定酸度下，铟的萃取率随着萃取剂浓度的增大而增大；在一定的萃取剂浓度下，萃取率随酸度的增大而增大，但当萃取剂浓度过大时，铟的萃取率先随酸度的增大而增大，而后会随酸度继续增大而有所下降[103-104]。

7.4.2 酰胺类萃取剂

N503，即 N,N-二(1-甲基庚基)乙酰胺，为酰胺类萃取剂，是一种萃取能力强、价格低的新型工业萃取剂，具有稳定性高、水溶性小及挥发性低的优点。In^{3+} 易与 Cl^- 形成络阴离子，在盐酸体系中容易被 N503 萃取，其萃取反应为：

$$Fe^{3+} + H^+ + 4Cl^- + nN503 \Longrightarrow [FeCl_4]^- [nN503 \cdot H]^+ \qquad (2-110)$$

$$In^{3+} + H^+ + 4Cl^- + nN503 \Longrightarrow [InCl_4]^- [nN503 \cdot H]^+ \qquad (2-111)$$

其中，$n = 1 \sim 3$，酸浓度低，则 n 高。

以 N503 为萃取剂，可从氯化蒸馏提锗后的蒸馏残液中萃取铟。研究表明，随着残液酸度的增加，铟和铁的萃取率均显著增加，当酸浓度达到 3 mol/L 以上时，二者萃取率的增加趋于缓和。由于 $[nN503 \cdot H]^+ [FeCl_4]^-$ 需在较高酸度的水相中才能形成，当蒸馏残液酸度达到 3.0 ~ 4.0 mol/L 时，可获得较高的铟萃取率。萃取的最佳条件：在有机相组成为 N503 50% + 异辛醇 10% + 煤油 40%，相比 A：O = 3：1，振荡及静止时间均为 5 min 条件下，当萃取料液酸度为 3.4 mol/L，其中 In 及 Fe 含量分别为 2045 mg/L 和 5201 mg/L 时，采用三级逆流萃取，铟铁分离比可达到 5000 以上[105]。

7.4.3　羧酸类萃取剂

仲壬基苯氧基乙酸（CA - 100）是一种新型铟萃取剂，它的化学式为 $S - C_9H_{19}C_6H_4OCH_2COOH$。该萃取剂具有组成简单、化学稳定性好、在水中溶解度小、对 In(Ⅲ) 的萃取分相快、萃取率高、反萃酸度低等优点。

CA - 100 对 In(Ⅲ) 的最佳萃取条件为：pH = 3.20，CA - 100 的浓度为 3.83 $mol \cdot L^{-1}$，接触时间为 10 min。在最佳萃取条件下，一次即可达到完全萃取[106]。萃取反应实质为阳离子交换反应，萃合物的组成为 InA_3：

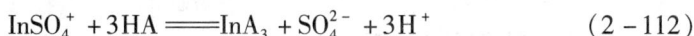

$$InSO_4^+ + 3HA \Longrightarrow InA_3 + SO_4^{2-} + 3H^+ \qquad (2-112)$$

7.4.4　羟肟类萃取剂

Lix973N 是 5 - 十二烷基水杨醛肟和 2 羟基 - 5 - 壬基苯乙酮肟的混合物。以 Lix973N 为萃取剂从硫酸介质中萃取铟的最佳萃取条件为：水相中铟浓度为 0.1 g/L，有机相中 Lix973N 的体积分数为 5%，温度为 20℃，平衡时间为 20 min，O：A = 1：1。铟进入有机相后以 InR_3 的形式被萃取[107]。肟类萃取剂萃取金属离子的反应如下：

$$M^{n+} + nHR \Longrightarrow MR_n + nH^+ \qquad (2-113)$$

7.4.5　协同萃取

P204 硫酸体系萃取分离铟、铁的工艺包括三价铁离子的预还原、萃取、洗涤、反萃和再生 5 个工序。由于该工艺存在反萃难的问题，即使采用高浓度硫酸也无法将铟、铁反萃下来，因此普遍采用盐酸反萃，但这又会使少部分铁在有机相中积累，造成有机相老化，必须对反萃后有机相再生处理后才能循环使用。对于湿法炼锌工艺，用盐酸反萃铟还会产生麻烦，即铟反萃液用锌置换铟而产出的 $ZnCl_2$ 溶液无法返回炼锌主流程，因此能被硫酸反萃的铟萃取剂具有很大的实用价值。

研究用混合萃取剂萃取铟的方法，以试图解决 P204 萃取中铟铁分离的问题。研究发现，在 P204 中加入 Cyanex923 虽会使 In(Ⅲ)的萃取率略有下降，但反萃率可提高[108]。P204 和 Cyanex923 协同萃取的效果要明显高于 P204 单一萃取剂，在进行铟萃取时，最佳的萃取酸度是 20 g/L 的硫酸，此时 P204 与混合萃取剂（P204 + Cyanex923）对铟的萃取率相差不大。反萃剂可用硫酸，反萃率随着酸度的增大而增大，反萃的最佳酸度为 250 g/L。另一研究[109]表明，当萃取有机相为 25% P204 + 5% Cyanex923 + 磺化煤油、萃取相比 O∶A = 1∶5、溶液 pH = 0.50、萃取时间为 3 ~ 5 min 时，混合萃取剂与单一 P204 相比，前者对铟的萃取能力不受影响，而铁的萃取率会降低 5% ~ 8%；用 3 mol/L 盐酸 + 1 mol/L 氯化锌溶液作反萃剂，反萃相比 O∶A = 1∶1、反萃时间为 5 min 时，铟的反萃率可以达到 90% 以上，同时铁的反萃率可以降低到 5%，远远低于 6 mol/L 盐酸作为 30% P204 磺化煤油体系反萃剂时铁的反萃率（50% 以上），这将有利于铟、铁的分离。

P5708 和 P350 的混合萃取剂亦可协同萃取分离铟、铁，对锌置换渣浸出液经萃取、洗涤和反萃过程，铟的回收率大于 90%，除铁率大于 98%[110]。

研究还发现，在氯化物介质中 CA - 100 和 N235 混合萃取剂对萃取铟有协同作用，CA - 100 + C923 混合体系对镓(Ⅲ)和铟(Ⅲ)的分离能力比单独使用 CA - 100 高[111]。

7.4.6 其他萃取体系萃取铟

铟的丙醇水溶液中，NaCl 能使丙醇水溶液分成两相。在分相过程中，In(Ⅲ)与加入的 KSCN 生成的 $In(SCN)_4^-$ 与质子化丙醇 $C_3H_7OH_2^+$ 形成的缔合物 $[In(SCN)_4^-][C_3H_7OH_2^+]$ 能被丙醇相完全萃取。当溶液中丙醇、KSCN 和 NaCl 的浓度分别为 30%(V/V)、8.0×10^{-3} mol/L 和 0.16 g/mL 时，In(Ⅲ)萃取率达到 97.4% 以上，Cu(Ⅱ)、Ni(Ⅱ)、Cd(Ⅱ)、Cr(Ⅱ)、Fe(Ⅱ)、V(Ⅴ)、Mg(Ⅱ)、Ag(Ⅰ)和 Ce(Ⅲ)则基本不被萃取，实现了 In(Ⅲ)与上述金属离子的分离[112]。

研究采用超临界二氧化碳($SCCO_2$)提取 ITO 蚀刻废液中的铟，通过超临界流体萃取技术(SFE)在 80℃、20.7 MPa 的压力下，对蚀刻废液进行 15 min 的静态处理和 15 min 的动态处理，并且在氟化 β - 二酮螯合剂存在下，用未修饰的 $SCCO_2$ 进行萃取，回收到的铟可以达到 90% 以上[113]。

7.5　液膜萃取法

液膜分离技术是利用模拟生物膜具有选择透过性的特点来实现物质的分离,具有快速转移且条件温和等特点,特别适合于低浓度物质的富集和回收。利用此技术,已成功实现了多种金属的分离和纯化,是一种极具发展前景的湿法冶金技术。

将溶有表面活性剂、流动载体(萃取剂)和膜溶剂的油相与内水相试剂按一定的比例加入到高速混合槽内,在 3000 r/min 转速下搅拌 20 min,制得稳定的油包水乳状液;将乳状液和含铟水溶液(料液)按一定的比例加入到低速混合槽内,在 200~350 r/min 转速下进行混合接触。料液与油相接触时,料液中 In^{3+} 被膜相的载体 P204[二 - (2 - 乙基己基)磷酸]选择性地萃取迁入到内水相,在内水相被加入的反萃剂使三价铟离子反萃出来并转化为不能逆向迁移的形式,从而实现铟的分离和富集,其界面的主要反应可表示为:

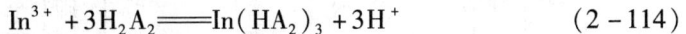

$$In^{3+} + 3H_2A_2 \Longrightarrow In(HA_2)_3 + 3H^+ \qquad (2-114)$$

式中:H_2A_2 为 P204 二聚体,它在膜相中起着载体的作用。

对分离出的乳化液,可采用静电破乳与加热破乳的方法得到铟富集物。

最佳液膜组成和操作条件为:

膜相(体积分数):3% LMS2 + 7% P204 + 1% 环烷酸 + 8% 液体石蜡 + 81% 磺化煤油;

外水相:pH = 0.5~1.5;

内水相:2.0 mol/L X + 0.8 mol/L H_2SO_4(X 为反萃剂组分);

乳水接触时间:15 min,乳水比为 1:5,油内比为 2:1;

破乳阶段陈化温度为 70℃,陈化时间为 20 min,待破乳完全后提高陈化温度到 100℃,陈化时间为 40 min。

在上述条件下,经过一级液膜过程处理,铟迁移率为 96.2%,铟回收率为 89.6%,而锌的迁移率仅为 0.38%。采用分段加温的方法,可以防止油相因高温受损而影响回用[114]。

支撑液膜(supported liquid membrane, SLM)技术是一种新型的液膜技术,是将多孔惰性基膜(支撑体)浸在溶解有载体的膜溶剂中,在表面张力的作用下,膜溶剂会充满微孔而形成 SLM。该技术具有高传质效率,而且相间无泄漏、无二次污染、传质比表面积大、传质速率快、稳定性高且操作简单等特点[115]。基于中空纤维膜器能提供较大的传质表面积、过程易放大的特点[116],采用中空纤维支撑液膜萃取法提铟,膜组件为聚偏氟乙烯(PVDF)中空纤维膜,其参数见表 2 - 87,以酸性含铟模拟浸出液为原料,P204 - 磺化煤油为液膜萃取相,盐酸溶液为反萃液,分别用单组件膜萃取系统、双组件萃取-反萃系统、双组件萃取-超滤系统进行提铟,各系统提 In(Ⅲ)流程如图 2-44 所示[117]。

表 2-87　中空纤维膜组件参数

试样	组件截面积/容器截面积	组件内径/cm	组件面积/m²	膜丝长度/m	亲/疏水性
1	0.33	3.3	0.25	0.21	疏
2	0.24	3.3	0.43	0.25	疏
3	0.24	5.0	0.43	0.25	疏
4	0.24	5.0	0.15	0.21	疏
5	0.24	3.3	0.15	0.21	亲

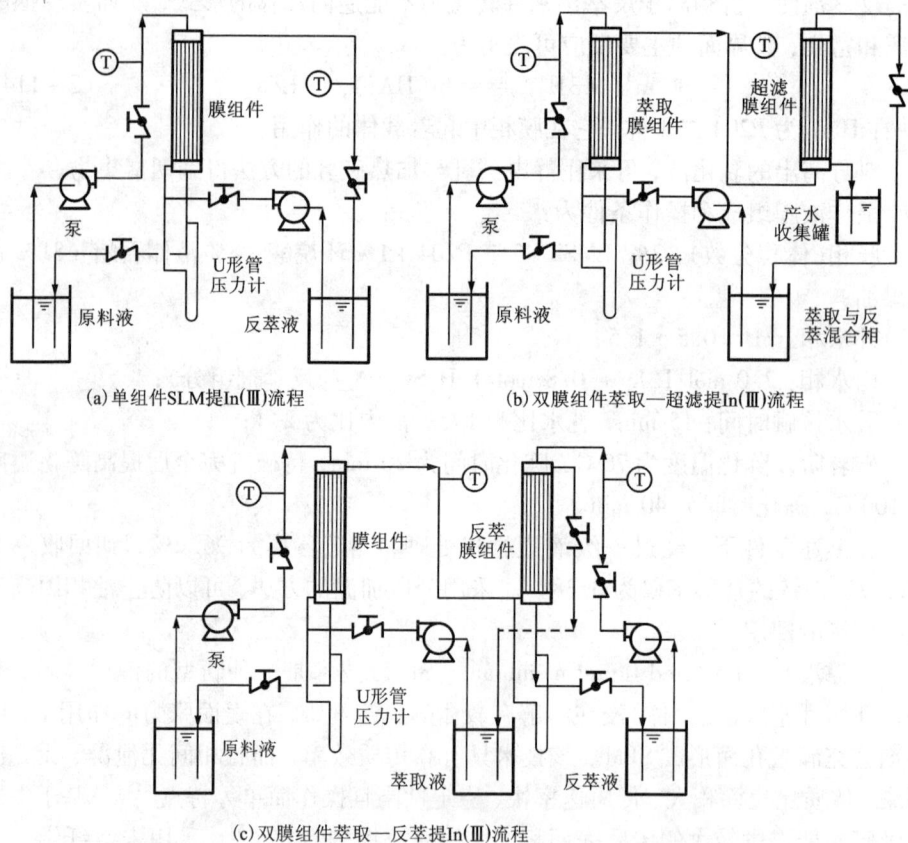

(a)单组件SLM提In(Ⅲ)流程

(b)双膜组件萃取—超滤提In(Ⅲ)流程

(c)双膜组件萃取—反萃提In(Ⅲ)流程

图 2-44　各系统提 In(Ⅲ)流程

在 SLM 体系中,In(Ⅲ)的传输迁移过程及在膜界面的反应与常用的液膜法相同。

图 2—44 所示的 3 种系统分别对 In(Ⅲ)初始浓度为 1.0 g/L、Fe(Ⅲ)浓度为 2.5 mg/L、H_2SO_4 浓度为 60 g/L 的 1L 含铟溶液进行萃取,萃取条件为:采用体积比为 3∶7 的 P204 与煤油为萃取剂,以 1L 浓度为 6 mol/L 的 HCl 溶液为反萃剂,系统温度为 29℃。

结果表明,单组件膜萃取系统中反萃液中 In 的富集量均不高于原料液中 In 含量的 15%,而双膜组件萃取 - 反萃系统能完全萃取原料液中的 In,但反萃液中 In 的富集量不高于原料液中 In 含量的 10%,这可能是因为膜组件的存在导致反萃效率较低。将双膜组件系统中的反萃膜组件取消,并将系统设计为萃取—超滤工艺后,原料液中 In 提取率达到 90% 以上,超滤产水中的 In 含量能达到原料液中 In 初始含量的 70% 左右。

7.6 吸附法

稀散金属在工业溶液中的含量通常很低,采用吸附法分离及富集稀散金属有较大的潜力[118]。吸附法所用的吸附剂中,普通的离子交换树脂选择性差,很少用于铟的提取。用于提取铟的吸附剂主要有螯合树脂、萃淋树脂(溶剂浸渍树脂)及生物质吸附材料。吸附法作为一种简便高效的分离富集方式,为从原生矿或二次资源中通过湿法冶金过程获得的稀溶液分离铟开拓了一条途径,但迄今为止,吸附法提铟仍限于实验研究阶段,距规模化工业应用尚有较大的距离,尤其是生物质吸附法仅处于研究阶段[119]。

7.6.1 螯合树脂

螯合树脂是一类能与金属离子形成多配位络合物的交联高分子材料。在其功能基中存在着具有未成键孤对电子的 O、N、S、P 和 As 等原子,这些原子能以一对孤对电子与金属离子形成配位键,构成与小分子螯合物相似的稳定结构。一些螯合树脂功能基的可部分解离像普通离子交换树脂一样与金属离子形成离子键。与离子交换树脂相比,螯合树脂与金属离子的结合力更强,选择性也更高。其合成方法与离子交换树脂相似,一是使具有配位基的低分子化合物聚合,二是通过高分子反应将配位基引入交联聚合物,从而得到各种结构的螯合树脂[120]。在这两种方法中,后者的研究较多。

7.6.1.1 磷酸类螯合树脂

该类树脂是中强酸性树脂,对高价金属离子有特殊的选择性,它是树脂吸附法分离回收铟研究中用得最多的螯合树脂[121-122]。

用氨基甲基磷酸螯合树脂(MC-95)从锌矿废渣的硫酸浸出液(组成为: In 103 mg/L、Fe^{3+} 2.1 g/L、Fe^{2+} 4.1 g/L、Ni 8.1 mg/L, pH=0.7)中回收铟, 通过将浸出液中的 Fe^{3+} 还原为 Fe^{2+}, 使树脂对铁几乎不吸附, 而使铟的吸附提高1.5~2.0倍。当温度为60℃时, 树脂对铟的吸附速率为20℃时的1.5倍。饱和树脂以 2 mol/L 的硫酸溶液洗脱除铟以外的金属离子, 然后以 0.04 mol/L Na_2S-2 mol/L NaOH 混合溶液洗脱负载柱上的铟; 洗脱液中的铟与硫化钠反应而形成硫化物沉淀, 此时铟回收率接近100%[123]。

7.6.1.2 羧酸类螯合树脂

此类树脂中最重要的是氨基羧酸类, 其中亚胺二乙酸基树脂是最主要的商品螯合树脂。除氨基羧酸类外, 胺(或氨)基近旁有羟基、羧基的基团以及肟基近旁有烃基、羧基的基团也属此类, 其种类非常多。亚胺二乙酸(IDA)树脂已有不少商品牌号: 如国产的 D401, 国外的 CR-10、AmberliteIRC-718、DowexA-1、LewatitSp100 等树脂[122-124]。

20世纪60年代, 德国杜伊斯堡铜厂采用钠型亚氨二乙酸(IDA-Na)树脂(LewaticSp100)从含铟的锌镉渣的酸浸液中提铟[1,6], 其工艺流程图如图2-45所示。

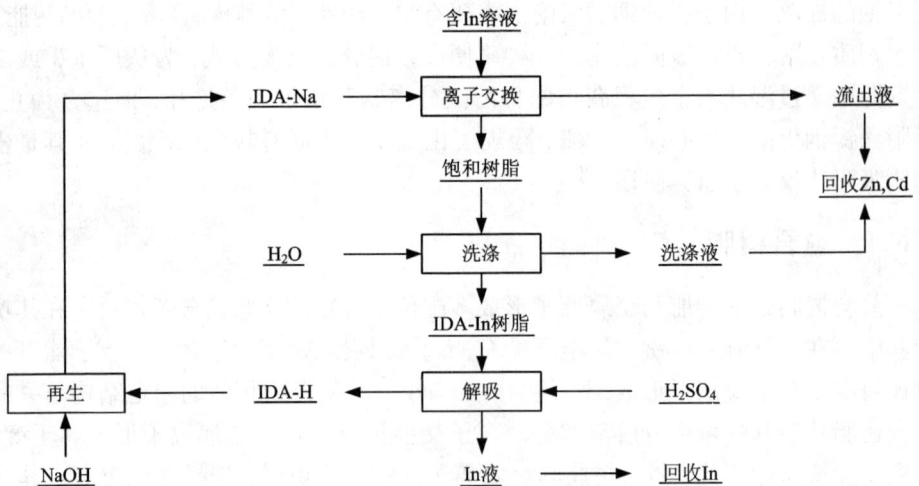

图 2-45 树脂吸附法工艺流程图

含铟的 Zn-Cd 渣配上 10% NaCl 于 600℃温度下氯化焙烧, 水浸出后加锌粉置换得富含铟的 Zn-Cd 渣, 用硫酸溶解此渣, 控制终酸 pH=2.5, 则铟转入溶液, 过滤后滤液直接泵入装有 IDA-Na 的交换塔吸附铟, 其反应式为:

$$3IDA - Na + In^{3+} \Longrightarrow (IDA)_3 - In + 3Na^+ \tag{2-115}$$

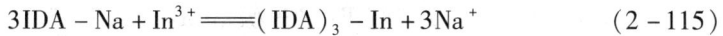

饱和树脂经水洗涤后，以 $1 \sim 2$ mol/L 硫酸解吸：

$$2(IDA)_3 - In + 3H_2SO_4 \Longrightarrow In_2(SO_4)_3 + 6IDA - H \tag{2-116}$$

采取置换、电解法从解吸的铟液中提铟。解吸后的 IDA – H 树脂，用 NaOH 再生转型后返用：

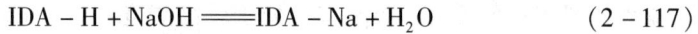

$$IDA - H + NaOH \Longrightarrow IDA - Na + H_2O \tag{2-117}$$

离子交换塔的流出液与洗涤液合并后送入树脂交换塔，在 pH = 4 下吸附锌，然后用硫酸解吸锌得 $ZnSO_4$ 溶液，同时得到富含镉的流出液（可从中回收镉）。

Lewatit SP100 树脂对铟与锌、镉、锡和铅等的分离效果好，但成本高，宜用来处理含铟浓度较高的料液。

有人以悬浮聚合法合成聚(GMA – 共 – PEGDA)微球并用亚氨基二乙酸改性，改性后的微球对铟的吸附量最大可达到 0.614 mmol/g 树脂[125]。树脂的吸附为单分子层吸附，吸附为自发的放热反应。

带有肟酸基的螯合树脂在 pH = 2 ~ 3 的酸性溶液中，可在一些共存的金属离子(如 Al^{3+}、Zn^{2+})中，选择性地将镓(Ⅲ)、铟(Ⅲ)离子吸附，吸附量分别为 105 mg/kg 树脂和 195 mg/kg 树脂。吸附在螯合树脂上的镓(Ⅲ)、铟(Ⅲ)离子可用 $1 \sim 6$ mol/L 的无机酸洗脱下来，再从浓缩液中回收。树脂经几十次的再生循环使用后，其吸附能力仍不降低[126]。

7.6.2　萃淋树脂

萃淋树脂是一种把有机萃取剂浸渍在苯乙烯 – 二乙烯苯等单体中或将萃取剂与形成载体的单体、交联剂等一起进行混炼制备而成的树脂，两种制备方法的结果均使萃取剂以物理方式结合于合适的载体空隙中。萃淋树脂兼有离子交换和溶剂萃取两种分离方法的优点，制备简单，选择性高，且树脂制备阶段只使用少量的有机溶剂，而在树脂萃取阶段则不使用有机溶剂，减轻了环境污染。

1974 年，有学者提出用含有 60% TBP 的萃淋树脂精制硝酸铀酰。随后，又有学者研究了 U、Pu、Am、Zr、Ru 等元素在 HNO_3 – TBP 萃淋树脂体系中的萃取吸附行为。20 世纪 70 年代末，核工业北京化工冶金研究院研制出中性磷类、酸性磷类、高分子胺类、螯合类等十余种萃淋树脂[127]。

萃淋树脂法吸附分离铟技术的研究始于 20 世纪 80 年代，研究的体系主要是硫酸或盐酸体系，使用的载体主要包括聚苯乙烯 – 二乙烯苯、聚丙烯腈、甲基丙烯酸甲酯，选用的萃取剂主要有烷基磷酸类萃取剂、中性有机磷萃取剂和酰胺及叔胺类等萃取剂，其中对烷基磷酸类萃取树脂法的研究较多。

烷基磷酸类萃淋树脂 CL – P204 在硫酸介质中吸萃和洗脱镓(Ⅲ)、铟(Ⅲ)和锌(Ⅱ)三种离子，结果表明，树脂吸萃 3 种离子的酸度范围是不同的：镓(Ⅲ)

离子吸萃 pH 为 0.3 ~ 3.5，锌（Ⅱ）离子吸萃 pH 为 0.5 ~ 5.5，铟（Ⅲ）离子的吸萃范围为 2.7 mol/L ~ pH 3.5[128]，这与 P204 溶剂萃取相同。在高酸下树脂将只吸萃铟（Ⅲ）离子而不吸萃镓（Ⅲ）离子和锌（Ⅱ）离子，此时有望将铟（Ⅲ）离子从混合液中分离出来。

一种从含镓（Ⅲ）、铟（Ⅲ）、锌（Ⅱ）的溶液用 CL – P204 树脂分离铟、镓的工艺流程如图 2 -46 所示。溶液首先处于较高酸度（1.0 mol/L），以使第一个树脂柱选择性地吸附铟（Ⅲ），饱和树脂用 3 mol/L HCl 洗脱；将流出液 pH 调至 2.5，进入第二个吸附柱共吸附镓（Ⅲ）和锌（Ⅱ），以 0.1 mol/L HCl 洗脱锌，再以 0.5 mol/L HCl 洗脱镓。

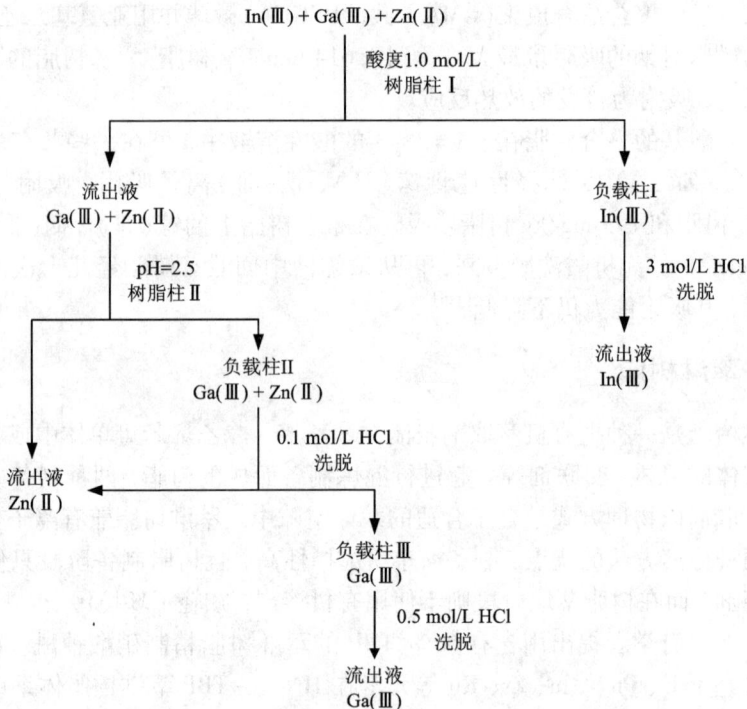

图 2 -46　萃取树脂法分离 In（Ⅲ）、Ga（Ⅲ）、Zn（Ⅱ）混合液的工艺流程

将二(4 – 二环己基)磷酸（D4DCHPA）的甲苯溶液浸渍于由甲基丙烯酸聚合物合成的基体中，以制成一种浸渍树脂。采用该萃淋树脂从 In^{3+}、Ga^{3+}、Zn^{2+} 硫酸介质混合液中选择性地回收 In^{3+}。该树脂对 In^{3+} 具有很高的吸附选择性，且其对三种离子的选择次序为 $In^{3+} > Ga^{3+} > Zn^{2+}$。对 In^{3+}、Ga^{3+}、Zn^{2+} 的最大吸附量分别是 0.22 mmol/g、0.22 mmol/g、0.14 mmol/g。通过树脂吸附和分步洗脱，

In^{3+} 可从三元混合体系中实现分离回收[129]。

一种采用两种萃淋树脂从废弃的液晶显示面板中回收铟的方法为：以 3 mol/L 盐酸浸出面板粉状样品(浸出液中含铟、铝、锡等)。浸出液先后流过两个吸附柱，第一个吸附柱内填充了 Aliquat336 萃淋树脂(Aliquat336 为一种商用季铵类萃取剂)，第二吸附柱内填充了 Cyanex923 萃淋树脂(Cyanex923 也是一个商用三烷基氧化膦萃取剂)。浸出液通过第一个吸附柱时，锡、铁和锌从浸出液中被树脂吸附除去，之后当浸出液通过第二个吸附柱时，只有铟被选择性地回收。以 0.1 mol/L 硫酸洗脱上述两个负载柱的金属离子，可得到 10 倍于起始浓度的较纯铟溶液[130]。

萃淋树脂的稳定性不高是制约其工业化应用的因素。为提高其稳定性，以乙烯砜和硼酸作交联剂，聚乙烯醇作包膜材料，分别对 P204、P507 浸渍树脂进行包膜处理，得到包覆型的 P204、P507 树脂[131-132]。经过数次吸附—洗脱—吸附循环后，两种包覆型树脂吸附容量变化很小，同时仍保持对铟(Ⅲ)的良好吸附性能。

第8章 铟精炼与高纯铟及
铟化合物的制取

8.1 海绵铟的熔炼

在湿法流程中,经锌粉或铝板置换获得的海绵铟化学成分一般为: In 80%~90%, Zn 3%~5%,其他杂质(如 Fe、Pb、Sn、Cu、Al、Ni)合计5%~10%,另外还含水分约10%。海绵铟按传统方法处理,用烧碱覆盖在不锈钢容器中加热至200~300℃温度下,再搅拌熔化成粗铟,然后进行粗铟精炼。海绵铟也可采用真空熔炼的方法进行提纯处理,海绵铟经压块、真空干燥、真空熔炼可得到铟含量为96%~99%的粗铟,其回收率达98%以上[133]。真空干燥控制条件为:温度为60~90℃,压力为133~1330 Pa,干燥时间为2~4 h,真空熔炼温度为700~900℃,压力为13.3 Pa,以挥发金属锌、镉,得到含铟96%~99%的粗铟。

8.2 粗铟精炼除镉、铊

粗铟的精炼一般都采用电解的方法,但对于与铟的电位较接近的元素(如镉、铊等),电解难以将其脱除,故需在电解前另行脱除。

8.2.1 真空蒸馏除镉、铊

真空蒸馏的方法可从粗铟中直接脱除镉、锌、铊、铅,不仅脱除率高,流程短,操作简单,且无气体、烟尘排放,对环境无污染[134-135]。铟的沸点高(2080℃),在真空蒸馏粗铟时,其中蒸气压大的杂质(如 Cd、Zn、Tl、Pb)被蒸发脱除,残量可分别降至0.001%以下,然后进行电解可生产含铟量大于99.99%的精铟。我国的一些工厂,除镉时主要采用真空蒸馏法,使粗铟在1~10 Pa、800~900℃条件下保持6 h,再降温至200℃温度下出料,粗铟中镉含量可降至小于0.001%。

粗铟中铟与各元素的蒸馏分离可用分离系数 β 予以判断:

$$\beta = \gamma_i \cdot p_i^0 / p_{In}^0 \qquad (2-118)$$

式中: β 为分离系数; i 为杂质元素 Cd、Zn、Bi、Tl、Pb 等; γ_i 为杂质元素的活度系数; p_i^0、p_{In}^0 为杂质元素、主金属铟的饱和蒸气压。

当 $\beta > 1$ 时，则表示杂质元素与铟可分离。

粗铟中杂质元素与主金属铟的分离系数 β 见表 2-88[4]。从表中可知，铟和镉、锌的分离系数都很大，可达到 $10^5 \sim 10^8$ 数量级，说明铟与镉、锌易分离，铟与铊分离系数为 $406 \sim 4560$，若控制一定条件，也可使铟、铊分离。铟与铋与铅的分离系数值较低，分离效果不好。

表 2-88　铟与各元素的分离系数

温度/℃	450	500	550	600	650	700	750	800	900
β_{In-Cd}	—	1.45×10^9	4.06×10^8	1.31×10^8	4.76×10^7	—	—	—	—
β_{In-Zn}	6.16×10^9	3.14×10^8	—	4.05×10^7	—	7.37×10^6	—	1.83×10^6	5.72×10^5
β_{In-Sb}	—	—	—	3.66×10^3	1.72×10^3	8.70×10^2	4.70×10^2	—	1.61×10^2
温度/℃	700	750	800	850	900	950	1000	1050	1100
β_{In-Tl}	4.54×10^3	—	2.11×10^3	—	1.11×10^3	—	6.47×10^2	—	4.06×10^2
β_{In-Bi}	—	9.06×10	6.93×10	5.42×10	4.33×10	3.51×10	—	—	—
β_{In-Pb}	—	—	2.40×10^2	—	1.46×10^2	1.18×10^2	9.61×10	7.96×10	—

真空精炼后，铟中各杂质的相对残余量的计算值，见表 2-89[6]。

表 2-89　真空精炼后铟中各杂质的相对残余量的计算值　　　　%

元素	700℃精炼	900℃精炼
Fe	99.998	99.999
Cu	99.998	99.950
Sn	99.999	99.990
Ni	99.993	99.750
Pb	96.34	36.10
Sb	18.70	2.85
Tl	59.20	5.23
Bi	27.10	2.95
Mg	1.99	1.40
Zn	0.26	0.026
Cd	0.047	0.011
As	0.004	0.0002

计算结果表明，镉、锌在 450 ~ 750℃ 下就蒸发完全，此时铟蒸发量仅 0.005% 左右；为使铊、铋、铅蒸发，必须升高温度，当温度为 1100℃ 时，铊的蒸发率为 78.27% 时，铟的蒸发率为 0.5%；当温度为 1050℃，铅蒸发率为 95.21% 时，铟将有 5% 的蒸发[134]。

粗铟真空蒸馏，随温度增高，真空度增大，蒸馏时间延长，杂质脱除率将升高。用真空蒸馏，粗铟中镉、锌、铊、铋可除至高纯铟要求的数量级，铅大部分也可除去。铟在 900℃、0.133 ~ 1.33 Pa 条件下真空精炼的结果[68]见表 2 - 90。

表 2 - 90　铟在 900℃、0.133 ~ 1.33 Pa 条件下真空精炼前后杂质含量的变化　10^{-6}

时间/h	Cd	Pb	Cu	Sn	Tl	Mg	Fe	Al	As
0	10.0	1.0	1.5	0.5	7	0.5	0.2	0.1	3.0
6	0.03	0.1	0.1	0.4	2	0.3	0.2	0.1	0.5
10	0.03	0.1	0.08	0.3	1	0.2	0.2	0.1	0.3

粗铟真空蒸馏精炼可取代化学法除镉、铊，减少了试剂消耗和中间渣产出，同时因脱除了大部分的锌、铅、铋等元素，故可减少电解时电解液的净化量。

8.2.2　氯化法除铊

用氯化锌和氯化铵所组成的熔盐，对金属铟进行熔炼可将铊除去，除铊反应式为：

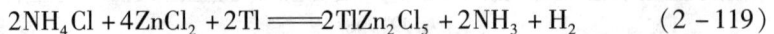

$$2NH_4Cl + 4ZnCl_2 + 2Tl =\!=\!= 2TlZn_2Cl_5 + 2NH_3 + H_2 \qquad (2-119)$$

技术操作条件：$m(铟):m(NH_4Cl):m(ZnCl_2) = 1000:15:45$，温度为 260 ~ 280℃，机械搅拌 1 ~ 3 h，并撇去油状浮渣。若铊含量不合格，可再进行第二次、第三次操作，直至粗铟中 Tl 含量小于 0.0002%。

另外，还可在 200 ~ 300℃ 温度下，往铟熔体中通入 Cl_2 1 ~ 3 h，可使 Tl 含量降低到 0.4×10^{-6} 的水平[1]。

8.2.3　甘油 - 碘化法除镉、铊

甘油 - 碘化法除镉、铊，其过程是加入了碘化钾（并添加少量碘）的甘油溶液与铟一起熔炼，与碘亲和力较强的杂质形成碘化物进入甘油溶液而被脱除。除镉、铊的主要反应式如下：

$$Cd + I_2 =\!=\!= CdI_2 \qquad (2-120)$$

$$CdI_2 + 2KI =\!=\!= K_2CdI_4 \qquad (2-121)$$

$$Tl^+ + I^- =\!=\!= TlI \qquad (2-122)$$

$$2Tl + 3I_2 \Longrightarrow 2TlI_3 \qquad (2-123)$$

操作方法为：将粗铟置于搪瓷容器内，覆盖以碘化钾（或再加碘）的甘油溶液，物料配比为 $m($铟$):m($甘油$):m($KI$) = 1:0.3:0.06$。加热至 $160\sim180$℃，在铟熔化后搅拌，加入碘，直至溶液变成棕色为止，反应 $15\sim30$ min 后撇渣。

工艺除镉率可达 98.6%，除铊率可达 60% 以上；Cd 含量从 $0.01\%\sim0.2\%$ 脱除至 $0.0015\%\sim0.003\%$；Tl 含量从 $0.0002\%\sim0.003\%$ 脱除至 $0.0001\%\sim0.001\%$，除 Cd、Tl 过程中铟损失率小于 1%[136]。

8.3　铟电解精炼

铟电解精炼过程中以脱除 Cd、Tl 之后的粗铟作阳极、纯铟片作阴极，以 $In_2(SO_4)_3$ – H_2SO_4 体系或是 $InCl_3$ – HCl 体系作电解液[4]。铟电解精炼时，反应式为：

阳极反应：

$$In - 3e \Longrightarrow In^{3+} \quad E^{\ominus}_{In/In^{3+}} = -0.343 \text{ V} \qquad (2-124)$$

阴极反应：

$$In^{3+} + 3e \Longrightarrow In \quad E^{\ominus}_{In^{3+}/In} = -0.343 \text{ V} \qquad (2-125)$$

$$2H^+ + 2e \Longrightarrow H_2 \quad E^{\ominus}_{H_2/H^+} = 0 \text{ V} \qquad (2-126)$$

氢的标准电势比铟更正，理论上在阴极会优先析出氢气，但在正常情况下由于氢离子对铟具有很大的过电位，所以在阴极上只有 In^{3+} 还原为金属铟，不会有氢气析出。在阳极上，比铟具有更正的电位的金属（如银、镉、铋、锑和砷等）均不溶解，残留在阳极泥中。

8.3.1　铟电解精炼生产工艺流程

铟的电解精炼可视杂质情况不同而进行两次甚至多次，其工艺流程如图 2 – 47 所示。

粗铟

除 Cd、Tl

除镉液
（回收In）

熔铸

一次阳极

一次电解

溶液　　　一次阴极　　残极
回收粗铟　　(In > 99.9%)

熔铸

二次阳极　　　　　　始极片

二次电解

二次电解液　二次阴极　残极

配制电解液　　熔铸

高纯铟　　始极片
(In 99.999%)

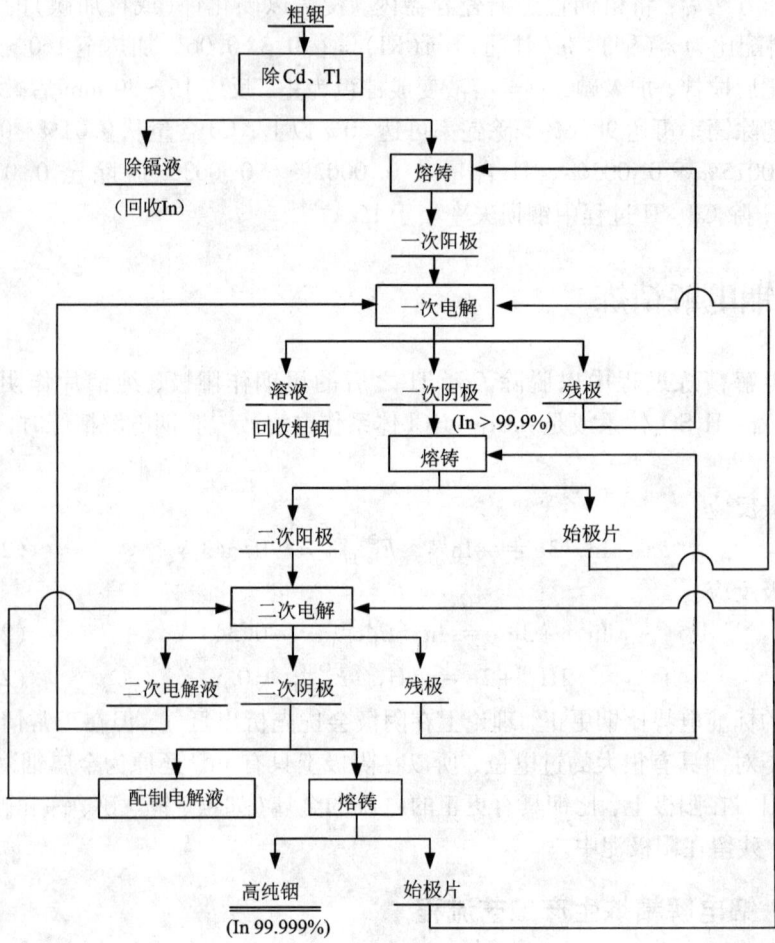

图 2 – 47　铟电解精炼的工艺流程

8.3.2　铟电解精炼过程中杂质的行为

粗铟中所含杂质随提取原料的不同，其种类和含量波动很大。粗铟化学成分见表 2 – 91。

表 2 - 91　粗铟化学成分　　　　　　　　　%

成分	In	Pb	Cd	Sn	Cu	Tl
实例 1	94.5 ~ 96.92	2.62 ~ 3.05	0.16 ~ 0.33	0.05 ~ 0.241	0.022 ~ 0.049	0.0026 ~ 0.004
实例 2	95.82 ~ 97.62	1.63 ~ 3.05	0.08 ~ 0.23	0.05 ~ 0.254	0.022 ~ 0.049	0.0024 ~ 0.004
成分	Al	Fe	Zn	As	Sb	Ag
实例 1	0.0021 ~ 0.0026	0.0010 ~ 0.0025	0.00031 ~ 0.00034	0.0005 ~ 0.0009	0.30 ~ 0.46	0.0003 ~ 0.0005
实例 2	0.0017 ~ 0.0026	0.0012 ~ 0.0023	0.00032 ~ 0.00036	<0.001	0.29 ~ 0.44	<0.0005

　　铟及部分杂质的标准电位见表 2 - 92。铟电解精炼过程中的杂质按电位可分为三类：

　　(1)第一类为标准电位比铟正的金属杂质，如 Ag、Cu、Bi、As 和 Sb 等。这类杂质在阳极上不进行电化学溶解反应，而以微细颗粒、分散状态落于槽底，形成阳极泥。

　　(2)第二类为标准电位比铟负的金属杂质，如 Zn、Al 和 Mg 等。这类杂质在阳极溶解时几乎全部以离子形态进入电解液中。但这类杂质的电位负值均很大，而且浓度小，不会在阴极析出。

　　(3)第三类为标准电位与铟相近的金属杂质，如 Sn、Tl 和 Pb 等。这一类杂质对精铟产品的危害最大，由于电位相近，电解技术条件稍有控制不当，这些杂质就会与铟一同在阴极析出，从而降低精铟质量。

表 2 - 92　铟及杂质的标准电位

金属	Al^{3+}/Al	Zn^{2+}/Zn	Fe^{2+}/Fe	Cd^{2+}/Cd	Tl^{+}/Tl	In^{3+}/In	Sn^{2+}/Sn
电位/V	-1.662	-0.763	-0.440	-0.403	-0.335	-0.343	-0.136
金属	Pb^{2+}/Pb	H^{+}/H	Sb^{3+}/Sb	Bi^{3+}/Bi	As^{3+}/As	Cu^{2+}/Cu	Ag^{+}/Ag
电位/V	-0.126	0	0.10	0.20	0.30	0.337	0.779

　　由于 In^{3+} 和 Sn^{2+} 的标准电极电势较为接近，在电解过程中，杂质锡最易析出。电解液中锡离子一般有 Sn^{2+} 和 Sn^{4+} 两种形态，其中 Sn^{4+} 极易水解而生成胶状锡胶[137]。在阴极的电极反应中，锡可能发生的电极反应为：

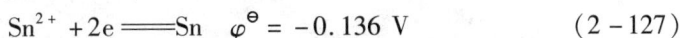

$$Sn^{2+} + 2e = Sn \quad \varphi^{\ominus} = -0.136 \text{ V} \qquad (2-127)$$

$$Sn(OH)_4 + 4H^+ + 4e \Longrightarrow Sn + 4H_2O \quad \varphi^\ominus = 0.12 \text{ V} \qquad (2-128)$$

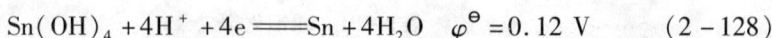

为减少锡的析出，有效的措施是采用低电流密度电解。生产实践表明，如果电流密度为 $90 \sim 100 \text{ A/m}^2$，经三次电解，锡含量可以从 0.264% 降至 0.0001%，如欲减少电解次数，可再降低电流密度，或改变添加剂[4]。

8.3.3　铟电解精炼的技术条件

(1)电解液成分控制

铟硫酸体系电解的电解液成分主要是硫酸铟和硫酸的溶液，以下为几个具体实例的配比情况：

实例一：铟 60 g/L，氯化铵 50 g/L，pH 为 $2 \sim 3$[138]；

实例二：铟 40 g/L，氯化钠 $70 \sim 100 \text{ g/L}$，pH 约为 2[139]；

实例三：铟 $40 \sim 45 \text{ g/L}$，氯化铵 $70 \sim 80 \text{ g/L}$，pH 为 $1.5 \sim 2$[140]。

加入氯化钠或氯化铵可提高电解液的导电性、降低槽电压，并减少阳极钝化。加入氯化钠的同时也可提高氢在阴极析出的超电压，从而提高产品质量。

电解液中需添加少量明胶，加入量为 $0.1 \sim 0.7 \text{ g/L}$，以获得质地均匀、密实的铟沉积物。但若加入过量，则会增大电解液的电阻，且明胶本身会进入阴极析出物使铟产品质量受影响，故电解过程中明胶加入量应小于 0.8 g/L[4]。

铟电解液也可采用氯盐体系，能大大减少电解铟中的硫含量，且获得的阴极铟品质较硫酸体系的要好。两种氯化物电解液的配方为：

In^{3+} 60 g/L，NH_4Cl 50 g/L，pH 为 $2 \sim 3$；

In^{3+} 40 g/L，$NaCl$ 50 g/L，pH 为 $0.5 \sim 2$。

(2)电解温度

铟电解生产中电解液的温度控制为 $20 \sim 30 \text{℃}$。提高电解温度，可改善 In^{3+} 和各种离子的扩散传质条件，有利于降低电解液黏度，有效防止阳极钝化，提高电解液的导电率，降低槽电压，使铟在阴极致密地析出，但电解液温度过高，则会引起其他金属和氢气的放电电位降低，降低铟产品质量，同时增加电解液蒸发损失，并造成一定酸污染。

(3)电流密度

电流密度宜控制在 $50 \sim 60 \text{ A/m}^2$，有时也达 $100 \sim 150 \text{ A/m}^2$。低电流密度电解时，阴极结晶较粗；电流密度过高时，阴极结晶向外伸长，造成树枝状或毛刺状结晶，杂质金属也容易析出，阴极析出铟质量变差。对同一电解液成分采用不同电流密度进行电解，电流密度与阴极产物中 Pb、Sn 的关系见表 2-93[138]。由此可知，电流密度增大，会使锡和铅在阴极铟中的含量略有增加。

表 2-93　不同电流密度下，阴极产物 Pb、Sn 的含量

电流密度 /(A·m⁻²)	阴极产物		备注
	$w(Pb)/\%$	$w(Sn)/\%$	
10	0.001	0.001	阴极产物疏松
20	0.001	0.0015	阴极产物疏松
40	0.001	0.0015	阴极产物致密
60	0.001	0.0015	阴极产物致密
80	0.0012	0.0017	阴极产物致密

（4）槽电压

铟电解中，槽电压需严格控制为 0.15～0.3 V，若槽电压高，则使已进入电解液的杂质（如 Zn^{2+}，Al^{3+}，Fe^{3+} 等）易在阴极析出，影响铟质量。

生产实践表明，只要严格控制电解的工艺条件，大多数的杂质都能降低到 10^{-6} 的含量，但对于 Cd、Tl 等杂质，即使多次电解，也不会显著降低其含量[6]。

某铟电解以钛板作阴极，在槽电压为 0.12～0.15 V，电流密度为 18～20 A/m²，pH 为 2～2.5，电解液成分为 NaCl 55～60 g/L、In 70 g/L、明胶 0.2 g/L 的条件下进行电解，含铅 0.5%、含锡 1% 左右的粗铟阳极一次电解可达到 99.995% 精铟标准[139]。

8.3.4　铟电解液净化

对电解液进行净化处理可减少电解次数，得到更纯的产品铟，对高纯铟生产更为重要，如果电解液相当纯净，许多金属杂质的含量可以下降两个数量级[1]。净化的主要方法有：

（1）用海绵铟对电解液进行置换沉积，以除去电解液中电位比铟正的金属杂质，如 Cu、Bi、Pb、Sn 等。净化所用的海绵铟纯度需高于配置电解液所用铟的纯度 1～2 个数量级，每升电解液需用 20～200 g 海绵铟，净化后液中各杂质含量均小于 0.1 μg/mL[140]。

（2）采用活性炭吸附的方式，以将电解液中的 Ga、Ge 和部分 Sn 吸附下来。实际中，可将海绵铟置换与活性炭吸附结合起来应用，在一个净化柱内分别装入活性炭层和海绵铟层，电解液流经净化柱即可被净化。

（3）用一氯化铟净化处理。在电解液加入 InCl，即发生歧化反应：

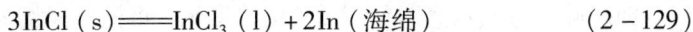

$$3InCl(s) = InCl_3(1) + 2In(海绵) \qquad (2-129)$$

生成活性高的 In 粉，从而将杂质置换。一氯化铟溶液可采用金属铟与氯化铵作

用制备：

$$In + NH_4Cl \Longrightarrow InCl + NH_3\uparrow + 0.5H_2\uparrow \qquad (2-130)$$

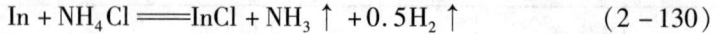

经过一氯化铟的净化处理，电解液中的 Cu、Pb 和 Sn 含量可降低到 10^{-4} g/L，Hg 含量可降到 10^{-5} g/L[1]。

(4)萃取电解液中的杂质，如用 N235 作萃取剂、仲辛醇作助萃剂[其中 V(萃取剂):V(助萃剂) = (4~7):1]，航空煤油作稀释剂，萃取净化后电解液中的 Zn、Fe、Sn、Bi 等杂质金属离子含量显著降低[141]。将 $InCl_3$ 溶液通过强碱性的阴离子交换树脂时，Cu、Tl、Cd 等杂质会被吸附，从而获得纯净的 $InCl_3$ 溶液，再经电解精炼得到 99.9998% 的产品铟。

8.4 铟区域熔炼

电解后的精铟经区域熔炼可达到 6N 以上品级。拉单晶法、分步结晶法与区熔法类似。

区域熔炼主要是利用金属凝固过程中杂质在液相和固相的平衡浓度不同的特点。一般而言，金属中的杂质分为两类：一类是使金属熔点降低的杂质，其分配系数 $K = C_s/C_1 < 1$。这类杂质在区域熔炼过程中会往液相中聚集，而在固相中则降低；另一类是使金属熔点升高的杂质，其分配系数 $K > 1$。该类杂质则在先凝固的固相中聚集。K 值越接近 1，该杂质在固相与液相中越趋于均衡分配，分离效果越差。杂质在金属铟中固相与液相中的平衡浓度的比值，即分配系数 K，见表 2-94[1]。

表 2-94　各种杂质在金属铟中的分配系数 K

杂质	Li	Na	Cu	Ag	Au	Mg	Zn	Cd	Hg
K	约0.06	约0.06	0.06~0.08	0.06~0.09	0.6	1.33~1.7	0.36~0.43	0.67~0.72	0.45~0.7

杂质	Al	Ga	Tl	Si	Ge	Sn	Pb	P	As
K	<1	0.15~0.7	约1	<0.1	<0.1	0.73~0.8	1~1.07	<0.1	<0.1

杂质	Sb	Bi	S	Se	Te	Mn	Fe	Co	Ni	Pt
K	0.6	0.29~0.6	<0.1	0.4	0.15	约0.1	<0.1	<0.1	0.01~0.06	0.43

可见，铟中大多数杂质均可用区域熔炼法分离，而铅、锡、铊、镉等用区域熔炼法分离则比较困难。

铟区域熔炼的示意图如图 2-48[4]所示，将铟金属锭放在烧舟中，烧舟置于石英管内抽气后密封或加热时用氢气保护，石英管外有加热环，使铟锭局部熔化，形成狭小的熔区，当环形加热器从石英管的一端缓缓向另一端移动时，熔区也随之移动。在此过程中，$K<1$ 的杂质富集于液体中；$K>1$ 的杂质富集在首先凝固的首端。重复多次的区域熔炼法过程，杂质在锭两端聚集，冷却后切去锭的头尾可得到高纯铟。为提高区域熔炼法的效率，实际生产中采用多环形加热的区熔炉，如图 2-49[4] 所示。

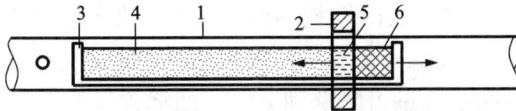

图 2-48 铟区域熔炼的示意图
1—石英管；2—环形加热器；3—烧舟；4—金属锭；5—熔带；6—纯金属结晶

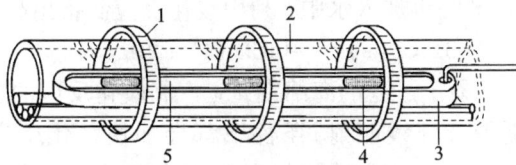

图 2-49 多环形加热器示意图
1—环形加热器；2—石英管；3—烧舟；4—熔带；5—金属锭

区域熔炼提纯效果与熔区移动速度和区域熔炼法次数有关，熔区移动速度一般为 0.45~1 mm/min。当熔区移动速度为 3.5 mm/min 时，经过 10 次区熔，得到铟的纯度为 99.9991%[142]；当熔区移动速度为 0.5 mm/min 时，根据熔炼次数 (n) 改变熔区宽度与料锭长度比 (l/L)，当 $n=1~4$ 时，$l/L=0.2$；$n=5~9$ 时，$l/L=0.1$；$n=10~16$ 时，$l/L=0.05$，在高纯氩气保护下可将含量约为 99.98% 的铟提纯至 5 N 铟[143]；某实例以 99.999% 的铟为原料，在氢气保护下以 0.5 mm/min 的移速，电磁搅拌，经 5 次行程后，去掉锭首、锭尾再进行 5 次熔炼，产品铟可达到 99.9999% 的品级，其杂质含量见表 2-95。

表 2-95 区域熔炼后铟中杂质的含量 10^{-6}

杂质	Pb	Cu	Cd	Al	Fe	Zn	Se
含量	0.1	0.05	—	—	0.1	—	0.2
杂质	Tl	Mg	Si	S	Ni	As	
含量	—	0.1	0.1	0.1	—	—	

8.5 InCl 歧化制取高纯铟

先对氯化物提纯，然后再制取金属是常用的提纯方法。将铟转化为 InCl 来纯化铟最为方便，InCl 在水溶液中能歧化为 In 和 $InCl_3$。

对合成的 InCl 进行精馏提纯的过程为：在石英精馏塔中，塔内充氩气保护，在 InCl 的沸点温度附近对 InCl 精馏，此时高沸点的杂质将大部分残留在渣中。精馏后的 InCl 用同样方式以较低温度再次加热，使低沸点的杂质挥发。二次精馏后，InCl 中的大部分杂质含量可降低到 10^{-7}，而锡含量低至 10^{-6}。

InCl 也可用区域熔炼法来提纯：在氩气保护下，熔区长度 40 mm，移速 15 m/h，往复 25 次。提纯后，InCl 中的杂质含量为 $10^{-8} \sim 10^{-7}$，InCl 提纯物的产率为 $60\% \sim 75\%$[1]。

将精制后的 InCl 磨细再加入水中，利用歧化反应制备出高纯度的海绵铟：

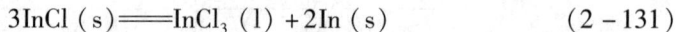

$$3InCl\,(s) =\!\!=\!\!= InCl_3\,(l) + 2In\,(s) \tag{2-131}$$

为产出晶粒较大、易于过滤的海绵铟，应控制歧化反应的速度不能过快。温度过高和光照（特别是紫外线照射）条件下都会加快歧化反应进行。有研究表明[1]，在有 NO_3^- 存在时，由于它能将析出 In 的晶核表面氧化，故可抑制歧化反应速度。实际上，InCl 歧化析出铟的速度并不好控制，导致析出的铟不是晶体，而是包含有较多的母液的海绵铟。所得的海绵铟需用机械压密将母液挤出，然后在甘油覆盖下熔化，铟中的残留母液进入甘油相，可得到高纯铟锭。为避免 $InCl_3$ 溶液的水解，应配入适当的酸来调节酸度，此时采用 HNO_3 效果会较好。歧化反应产出的 $InCl_3$，可采用置换法来回收铟。

8.6 粗铟 InCl 熔盐电解精炼

粗铟可采用 InCl 熔盐体系进行电解精炼。在熔盐电解槽内设置相互绝缘的阳极区和阴极区，上部用熔盐电解质覆盖，阳极区置入粗铟为阳极，以在阴极区析出的铟为阴极（电解初始可加入高纯铟），将两极分别插入惰性导电体（如石墨），再接通电源，当电解槽为石墨体时，阴极也可以槽体为阴极，一种铟熔盐电解槽结构示意图见 6.3.3 节的图 2-36。金属铟熔点较低，其电解过程可在铟熔点以上的较低温度下进行。熔盐由提纯后的 InCl 配成，且有三种含 InCl 的熔盐体系：$60\% ZnCl_2 + 40\% InCl$；$40\% ZnCl_2 + 35\% InCl + 25\% KCl$；$40\% ZnCl_2 + 35\% InCl + 25\% LiCl$，这三种熔盐的电导率见表 2-96[68]。

表 2 - 96　三种熔盐体系的电导率　　　　　　　　　　　S/m

熔盐体系	200℃	250℃	300℃
60% $ZnCl_2$ + 40% InCl	17	22	27
40% $ZnCl_2$ + 35% InCl + 25% KCl	22	31	35
40% $ZnCl_2$ + 35% InCl + 25% LiCl	26	37	49

由表 2 - 96 可知，含 LiCl 的熔盐导电性好，$ZnCl_2$-InCl-LiCl 的熔盐体系精炼效果会较好。

粗铟熔盐电解中的杂质能否分离出来，取决于该杂质的析出电位相对于铟析出电位的高低，一些杂质在熔盐中相对于 In/In^+ 的析出电位见表 2 - 97[68]。

表 2 - 97　在三种熔盐中杂质金属相对 In/In^+ 的析出电位　　　　V

温度/℃	Zn	Tl	Cd	In/In^+	Pb	Fe	Sn	Co	Ag	Cu/Cu^+	Ni	Sb	Bi	Cu/Cu^{2+}
					$ZnCl_2$ - InCl 熔盐									
200	-0.214	-0.113	-0.110	0	+0.169	+0.104	+0.265	+0.300	+0.331	+0.375	+0.421	+0.455	+0.465	+0.648
250	-0.214	-0.110	-0.105	0	+0.175	+0.108	+0.260	+0.310	+0.335	+0.340	+0.436	+0.455	+0.473	+0.653
300	-0.214	-0.106	-0.100	0	+0.178	+0.116	+0.270	+0.320	+0.335	+0.410	+0.450	+0.455	+0.487	+0.654
					$ZnCl_2$ - InCl - KCl 熔盐									
200	-0.235	-0.104	-0.074	0	+0.195	+0.118	+0.278	+0.336	+0.378	+0.384	+0.440	+0.463	+0.470	+0.610
250	-0.235	-0.100	-0.060	0	+0.205	+0.125	+0.286	+0.358	+0.395	+0.401	+0.421	+0.465	+0.490	+0.612
300	-0.235	-0.096	-0.005	0	+0.210	+0.131	+0.295	+0.370	+0.421	+0.416	+0.440	+0.467	+0.508	+0.614
					$ZnCl_2$ - InCl - LiCl 熔盐									
200	-0.238	-0.106	-0.085	0	+0.204	+0.120	+0.301	+0.371	+0.380	+0.392	+0.414	+0.470	+0.483	+0.598
250	-0.240	-0.100	-0.080	0	+0.212	+0.130	+0.310	+0.391	+0.390	+0.405	+0.425	+0.471	+0.500	+0.602
300	-0.240	-0.096	-0.076	0	+0.220	+0.144	+0.320	+0.416	+0.419	+0.424	+0.436	+0.474	+0.516	+0.604

在熔盐电解中，所有物料均为熔融状态，阳极粗铟中较铟析出电位为正的杂质，如 Pb、Fe、Ni、Sn、Sb、Bi、Cu 等，理论上将不溶出，且残留在阳极粗铟中；而析出电位较铟为负的杂质，如 Zn、Tl、Cd 等，将被氧化进入熔盐，但不会在阴极析出。整个电解过程是：阳极粗铟的 In 氧化成 In^+ 进入熔盐电解质，熔盐电解质的 In^+ 在阴极上还原析出金属 In。电解过程中可连续也可间断加料、放料，直至残余在阳极粗铟的杂质和进入熔盐的杂质富集到一定浓度后再排出。

铟的熔盐电解的电化学原理与水溶液电解一样，包含离子在电解质中迁移和离子在阴极表面还原及铟原子在阳极氧化的过程。阴极和阳极均为金属铟（如电解槽体为石墨，则成为阳极的一部分），只要阴极和阳极设计得当，使两者导电面积相当，则可保持铟在两极的放电析出和溶出相等，使电解质中 In$^+$ 浓度保持稳定，这是维持电解过程连续进行的基本条件。电解时，熔盐中 InCl 离解成 In$^+$ 和 Cl$^-$，分别往阴极和阳极迁移。离子在电解质中的迁移速度远小于电解放电的速度，因此离子的迁移速度是电解的控制步骤。当电解电流过大且离子迁移速度过慢时，往往引起浓差极化，造成槽电压升高，使杂质过多地析出。因此电流密度要有一个合适的范围，一般为 $0.1 \sim 0.3$ A/cm^2，这也与电解槽设计和极间距及电解质流动状况有关。如果对精炼程度要求高，则应采取低电流密度电解。

将提纯后的 InCl 配成 40%ZnCl$_2$ + 35%InCl + 25%LiCl 熔盐，使粗铟于 220 ~ 250℃的温度和 0.25 A·cm^{-2} 的电流密度下，经二次电解精炼后，阴极铟中的杂质除 Pb、Cd 含量分别为 1×10^{-5}、1.2×10^{-5}外，其余均可降至 10^{-6}以下[68]。

阳极的粗铟成分：Zn 60×10^{-6}、Al 20×10^{-6}、Fe 30×10^{-6}、Mn 20×10^{-6}、As 20×10^{-6}、Si 100×10^{-6}、Ni 400×10^{-6}、Cu 1000×10^{-6}、Cd 14×10^{-6}、Sn 200×10^{-6}、Tl 4×10^{-6}、Pb 200×10^{-6}，在 40%ZnCl$_2$ + 35%InCl + 25%LiCl 熔盐体系中进行电解精炼，杂质在阴极铟的析出结果见表 2 - 98[68]。由于 Tl、Cd 的析出电位与 In 的接近，故两者的电解分离脱除效果不佳。

表 2 - 98　不同电解条件下用 40%ZnCl$_2$ + 35%InCl + 25%LiCl 熔体进行薄层电解精炼的效果

温度 /℃	电流密度 /(A·cm^{-2})	阴极铟杂质含量/10^{-6}											
		Zn	Al	Fe	Mn	As	Sb	Ni	Cu	Cd	Tl	Sn	Pb
200	0.1	1.0 (60)	0.4 (50)	1.0 (30)	1.0 (20)	1.0 (20)	1.0 (100)	2.0 (200)	0.5 (2000)	10.0 (1.40)	3 (1.3)	4 (50)	20 (10)
	0.2	0.6 (100)	0.4 (50)	0.5 (60)	0.5 (40)	0.6 (33)	0.5 (200)	1.0 (400)	0.1 (10000)	8.0 (1.75)	2 (2.0)	3 (67)	10 (20)
	0.4	0.1 (200)	0.2 (100)	0.4 (75)	0.3 (67)	0.4 (50)	0.3 (333)	0.5 (800)	0.1 (10000)	4.0 (3.50)	2 (2.0)	2 (100)	5 (40)
	0.8	0.1 (200)	0.2 (100)	0.4 (75)	0.1 (200)	0.3 (67)	0.2 (500)	0.4 (1000)	0.1 (10000)	0.5 (2.80)	2 (2.0)	2 (100)	4 (50)
250	0.1	1.0 (60)	0.4 (50)	1.0 (30)	1.0 (20)	2.0 (10)	1.0 (100)	2.0 (200)	0.5 (2500)	5.0 (2.80)	3 (1.3)	4 (67)	20 (10)
	0.2	0.6 (100)	0.3 (67)	0.5 (60)	0.6 (33)	0.5 (50)	0.5 (200)	1.0 (400)	0.1 (10000)	3.0 (4.80)	2 (2.0)	2 (67)	10 (20)
	0.4	0.3 (200)	0.3 (67)	0.4 (75)	0.4 (50)	0.4 (333)	0.3 (800)	0.5 (10000)	0.1	3.0 (2.80)	2 (2.0)	2 (100)	5 (40)
	0.8	0.3 (200)	0.3 (67)	0.4 (75)	0.2 (100)	0.3 (67)	0.2 (500)	0.4 (1000)	0.1 (10000)	5.0 (2.80)	2 (2.0)	2 (100)	4 (50)

续表 2－98

温度 /℃	电流密度 /(A·cm⁻²)	阴极铟杂质含量/10⁻⁶											
		Zn	Al	Fe	Mn	As	Sb	Ni	Cu	Cd	Tl	Sn	Pb
300	0.1	2.0 (30)	0.4 (50)	1.0 (30)	3.0 (7)	3.0 (67)	2.0 (50)	3.0 (133)	0.7 (1428)	13.0 (1.07)	3 (1.3)	5 (40)	30 (7)
	0.2	2.0 (30)	0.4 (50)	1.0 (30)	1.0 (20)	0.6 (33)	1.0 (100)	2.0 (200)	0.4 (2500)	12.0 (1.81)	3 (1.3)	4 (50)	20 (10)
	0.4	0.4 (150)	0.3 (67)	0.7 (43)	0.8 (33)	0.5 (33)	1.0 (100)	1.0 (400)	0.3 (3330)	12.0 (1.06)	3 (1.3)	3 (87)	10 (20)
	0.8	0.4 (150)	0.3 (67)	0.7 (43)	0.5 (40)	0.5 (40)	0.8 (125)	1.0 (400)	0.3 (3330)	12.0 (1.16)	3 (1.3)	3 (67)	10 (20)

注：①"（　）"中数据表示阳极和阴极中杂质含量比。②电解时间为 1～2 h。

粗铟的熔盐精炼是一种值得重视的铟提纯方法，铟熔点低，精炼可在较低的温度（220～250℃）下进行，槽体和电极材料均好解决，易于生产实践。熔盐电解中铟以一价态放电，比水溶液电解三价态的铟，直流电耗理论上降低了 2/3。该过程中可定时加料（包括粗铟和添加熔盐）和放料（包括精铟、底铟和要排出的熔盐）以使电解连续进行、残极率大大降低，也不产生残极重熔的麻烦。熔盐电解中，待残余在阳极的底铟和进入熔盐的杂质富集到一定程度后再排出另作处理。对于残余的底铟和富集了杂质的熔盐，一种处理方案的设想是采用区域熔炼的方法，待脱除杂质后再返回熔盐电解，可能会较为简便有效（见 8.4 节和 8.5 节）。

8.7　铟有机化合物（MO 源）的制取[5]

高纯三甲基铟和三乙基铟是用于金属有机气相沉积（MOCVD）和金属有机分子束外延沉积（MOMBE）等技术生产半导体微器件的铟源。

8.7.1　以铟为原料的合成方法

这种方法是在碱金属存在下铟与烷基卤化物反应，得到三甲基铟或三乙基铟。该反应是放热反应，一般在乙醚中进行，反应中可使用的碱金属包括锂、钠、钾、铯，其中效果最好的是锂，而烷基卤化物中的卤素一般选择溴或碘。反应结束后，产物经过滤、洗涤、蒸馏等方法分离出来。以三甲基铟的合成为例，其化学反应式如下：

$$\text{In} + 3\text{Li} + 3\text{CH}_3\text{I} \xrightarrow{\text{C}_2\text{H}_5\text{OC}_2\text{H}_5} \text{In}(\text{CH}_3)_3 + 3\text{LiI} \qquad (2-132)$$

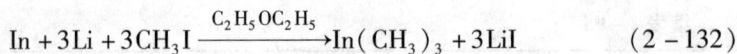

该方法的显著优点在于原料简单易得，且便于后续的纯化过程。

8.7.2 以三氯化铟为原料的合成方法

这种方法一般包括三个步骤：①合成溶剂加合物（$R_3\text{In}$）$_y \cdot \text{E}$（E 表示醚）；②溶剂加合物与配体 L 反应形成配体加合物（$R_3\text{In}$）$_y \cdot \text{L}$，其 R 代表甲基或乙基，L 代表含芳基的磷配体；③加热配体加合物使其热分解，将三甲基铟或三乙基铟以气体的形式释放出来。以三甲基铟为例，上述过程可表示如下：

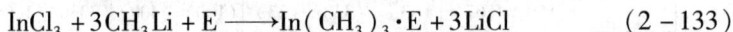

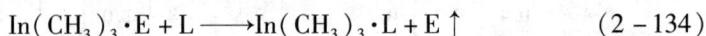

$$\text{InCl}_3 + 3\text{CH}_3\text{Li} + \text{E} \longrightarrow \text{In}(\text{CH}_3)_3 \cdot \text{E} + 3\text{LiCl} \qquad (2-133)$$

$$\text{In}(\text{CH}_3)_3 \cdot \text{E} + \text{L} \longrightarrow \text{In}(\text{CH}_3)_3 \cdot \text{L} + \text{E} \uparrow \qquad (2-134)$$

$$\text{In}(\text{CH}_3)_3 \cdot \text{L} \longrightarrow \text{In}(\text{CH}_3)_3 \uparrow + \text{L} \qquad (2-135)$$

上述方法使用物质的量之比为 1：3 的三氯化铟和甲基锂反应，产生了不利的醚配合物。进一步研究，使 1 mol 三氯化铟与 4 mol 甲基锂反应，生成四甲基铟盐，化学反应式如下：

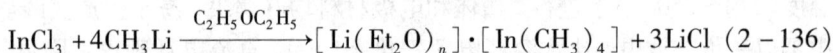

$$\text{InCl}_3 + 4\text{CH}_3\text{Li} \xrightarrow{\text{C}_2\text{H}_5\text{OC}_2\text{H}_5} [\text{Li}(\text{Et}_2\text{O})_n] \cdot [\text{In}(\text{CH}_3)_4] + 3\text{LiCl} \quad (2-136)$$

其中，与锂离子配合的乙醚在温和条件下可于真空中完全除去，剩下的产物可用有机溶剂洗涤纯化。反应的第二步是将铟的三卤化物或铟的有机卤化物（如氯化甲基铟）与四甲基铟锂在惰性溶剂中反应，产生三甲基铟和氯化锂的混合物：

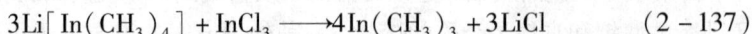

$$3\text{Li}[\text{In}(\text{CH}_3)_4] + \text{InCl}_3 \longrightarrow 4\text{In}(\text{CH}_3)_3 + 3\text{LiCl} \qquad (2-137)$$

该方法简化了反应步骤，反应过程中不需要加热，产物易分离，是目前国外采用较多的合成方法。

此外，三甲基铟溶剂配合物中醚的去除也可通过改变反应步骤来解决。用高沸点醚从 $[(\text{CH}_3)_3\text{In} \cdot \text{E}]$ 中交换出乙醚，形成易分解、难挥发的加合物，化学反应式如下：

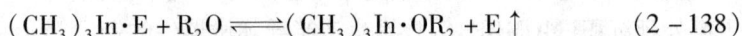

$$(\text{CH}_3)_3\text{In} \cdot \text{E} + \text{R}_2\text{O} \rightleftharpoons (\text{CH}_3)_3\text{In} \cdot \text{OR}_2 + \text{E} \uparrow \qquad (2-138)$$

虽然上述反应趋于向左进行，但乙醚在反应混合物中挥发性最强，可通过加热使平衡右移生成 $[(\text{CH}_3)_3\text{In} \cdot \text{OR}_2]$。然后通过热分解可得到无碱三甲基铟。

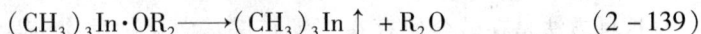

$$(\text{CH}_3)_3\text{In} \cdot \text{OR}_2 \longrightarrow (\text{CH}_3)_3\text{In} \uparrow + \text{R}_2\text{O} \qquad (2-139)$$

以乙醚为溶剂，三氯化铟与格氏试剂反应同样能生成三甲基铟或三乙基铟的醚配合物。

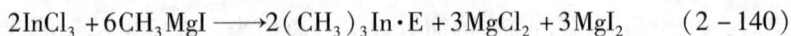

$$2\text{InCl}_3 + 6\text{CH}_3\text{MgI} \longrightarrow 2(\text{CH}_3)_3\text{In} \cdot \text{E} + 3\text{MgCl}_2 + 3\text{MgI}_2 \qquad (2-140)$$

其中，E 代表乙醚。

8.7.3　电化学合成方法

这种方法主要是指牺牲性金属阳极的电化学合成方法。电解时以高纯铟为阳极，反应在格氏试剂的乙醚溶液中进行。电解过程可以在制备格氏试剂的反应器中插入电极后进行，而不需将原料与镁分离。电解时镁将在阴极沉积，且当反应混合物中有过量烷基卤化物时，镁将再次与烷基卤化物反应生成格氏试剂。镁将循环反应。以上过程可用如下反应式表示：

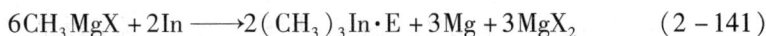

$$6CH_3MgX + 2In \longrightarrow 2(CH_3)_3In \cdot E + 3Mg + 3MgX_2 \qquad (2-141)$$

$$Mg + CH_3X \longrightarrow CH_3MgX \qquad (2-142)$$

$$3CH_3MgX + 3CH_3X + 2In \longrightarrow 2(CH_3)_3In \cdot E + 3MgX_2 \qquad (2-143)$$

式中：E 代表乙醚，X 代表卤素。

格氏试剂的电解可以获得很高的铟产物的产率和电流效率（约 100%），其缺点是仍只能获得醚配合物。

8.7.4　金属铟生成 R_3In 类金属有机化合物

以高纯铟、镁金属与溴甲烷合成三甲基铟的反应式如下：

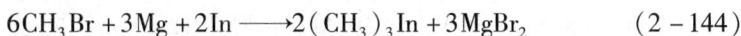

$$6CH_3Br + 3Mg + 2In \longrightarrow 2(CH_3)_3In + 3MgBr_2 \qquad (2-144)$$

固态的三甲基铟是四聚体结构，有不对称的 $CH_3 \cdots In—CH_3$ 桥。在溶液中三甲基铟是单体，它可与伯脂烃膦或是仲脂烃膦发生反应，从而得到 $(Me_2InPMe_2)_n$ 和甲烷。

8.7.5　三甲基铟和三乙基铟的纯化

半导体工业中需要使用高纯三甲基铟和三乙基铟，而上述方法中尽管使用了高纯铟或氯化铟作原料，但由于其他试剂的纯度、仪器设备、空气湿度及洁净度等因素的影响，制得的产物其纯度远达不到要求。目前，国外多采用加合—分解—蒸馏法和逐区提纯精炼法将制得的产物进行纯化。

（1）加合—分解—蒸馏法

将聚醚加入到合成的产物中获得三甲基铟或三乙基铟与聚醚的加合物，常压蒸馏以除去所有挥发性杂质，然后将加合物热分解，减压蒸馏使三甲基铟或三乙基铟以气体的形式与聚醚分离，冷却在液氮冷阱中，所有不挥发的杂质均被除去。该方法中用到的聚醚为二乙二醇二甲醚、三乙二醇二甲醚或四乙二醇二甲醚。

使用聚醚有如下优点：①聚醚分子中的多个氧原子可与多个产物分子形成加合物；②选择恰当的聚醚，使其沸点与被纯化的金属三烷基化合物的沸点有足够大的差距，蒸馏时它们能完全分离；③选择恰当的聚醚，以使加合物的分解温度小于它的沸点，以使加合物先分解。以三甲基铟的纯化为例，基本反应如下：

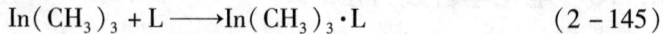

$$In(CH_3)_3 + L \longrightarrow In(CH_3)_3 \cdot L \tag{2-145}$$

$$In(CH_3)_3 \cdot L \longrightarrow In(CH_3)_3 \uparrow + L \tag{2-146}$$

式中：L 代表聚醚。

该方法操作简单，不需要使用复杂的仪器设备，并且能将产物提纯到 10^{-6} 级，是目前国外使用较广泛的一种纯化方法。

(2)逐区提纯精炼法

逐区提纯精炼是一种以连续的液 - 固相平衡为基础的反复纯化技术。将要精炼的三甲基铟或三乙基铟加入精炼器的液 - 固相平衡管中，在化合物部分凝固过程中，杂质在液相与固相的分布不同，从而得到一次分离。如此反复多次，直到化合物的纯度达到要求。该方法需使用特殊装置，操作简单，可在常温常压下连续进行，但产物回收率较低。

参考文献

[1] 费多洛夫. 铟化学手册[M]. 张启运，译. 北京：北京大学出版社，2005.

[2] 周令治. 稀散金属冶金[M]. 北京：冶金工业出版社，1988.

[3] 黄可龙. 无机化学[M]. 北京：科学出版社，2007.

[4] 王树凯. 铟冶金[M]. 北京：冶金工业出版社，2007.

[5] 宋玉林，董贞俭. 稀有金属化学[M]. 沈阳：辽宁大学出版社，1991.

[6] 周令治，陈少纯. 稀有金属提取冶金[M]. 北京：冶金工业出版社，2008.

[7] 付安英，商莹，张金博，等. 锑化铟红外探测器件在环境监测分析系统中的应用研究[J]. 电子设计工程，2015(22)：180 - 183.

[8] 谈应顺，李俊明. 铟生产废水处理方法研究[J]. 湖南有色金属，2007(06)：44 - 46.

[9] 周令治，邹家炎. 稀散金属手册[M]. 长沙：中南工业大学出版社，1993.

[10] 北京医学院第三附属医院职业病科. 金属中毒[M]. 北京：人民卫生出版社，1977.

[11] 刘英俊. 元素地球化学[M]. 北京：冶金工业出版社，1995.

[12] 刘世友. 铟工业资源、应用现状与展望[J]. 有色金属(冶炼部分)，1999(02)：30 - 32.

[13] 洪托，秦德先，田毓龙，等. 铟市场形势及中国铟资源特点[J]. 云南地理环境研究，2004(03)：27 - 31.

[14] Minal commdity summaries：Indium [EB/OL]. (2016)：https://minals. usgs. gov/minals/pubs/commodity/indium/mcs - 2016 - ind. pdf.

[15] Alfantazi A M, Moskalyk R R. Processing of indium：a review[J]. Minerals Engineering, 2003, 16(8)：687 - 694.

[16] 周智华，莫红兵，徐国荣，等. 稀散金属铟富集与回收技术的研究进展[J]. 有色金属，2005(01)：71 - 76.

[17] 陈尚明. 对提高我厂铟回收率的初步探讨[J]. 有色冶炼, 1987(08): 44 - 48.

[18] 冯君从. 中国大幅度减产　铟市场复苏有日——2002 年上半年铟市场分析[J]. 中国金属通报, 2002(33): 11 - 13.

[19] 杨晓蝉. 日本铟的供需状况[J]. 现代材料动态, 2003(4): 15 - 16.

[20] 冯君从. 货源紧张将使铟价继续坚挺[J]. 世界有色金属, 2003(07): 20 - 23.

[21] 冯君从. 日本铟供应过剩量将缩小[J]. 中国金属通报, 2005(05): 40 - 42.

[22] 彭容秋. 重金属冶金学[M]. 长沙: 中南大学出版社, 2009.

[23] 梅光贵, 王德润, 周敬元, 等. 湿法炼锌学[M]. 长沙: 中南大学出版社, 2001.

[24] 张国成, 黄文梅. 有色金属进展(1996—2005)第五卷 稀有金属与贵金属[M]. 长沙: 中南大学出版社, 2007.

[25] 陈少纯. 还原沸腾焙烧锌焙砂新工艺和其中锗的行为研究[D]. 长沙: 中南大学, 1986.

[26] 韩照炎. 锌浸出渣综合利用回收铟的研究[J]. 有色金属(冶炼部分), 1997(6): 58 - 61.

[27] 马荣骏, 姚先礼, 陈志飞, 等. 热酸浸出—铁矾法处理高铟高铁锌精矿的研究[J]. 矿冶工程, 1981(04): 18 - 28.

[28] 马荣骏. 热酸浸出针铁矿除铁湿法炼锌中萃取法回收铟[J]. 湿法冶金, 1997(02): 58 - 61.

[29] 宋素格, 蒋开喜, 李运刚, 等. 湿法炼锌过程中铟铁的分离[J]. 有色金属(冶炼部分), 2006(03): 5 - 7.

[30] 铅锌冶金学编委会. 铅锌冶金学[M]. 北京: 冶金工业出版社, 1999.

[31] 骆建伟. 锌精矿氧压浸出工艺浅述[J]. 工程设计与研究, 2006(01): 4 - 5.

[32] 蒋继波. 富铟高铁硫化锌精矿加压浸出液中沉铟工艺的研究[D]. 昆明: 昆明理工大学, 2009.

[33] 王吉坤, 彭建蓉, 杨大锦, 等. 高铟高铁闪锌矿加压酸浸工艺研究[J]. 有色金属(冶炼部分), 2006(02): 30 - 32.

[34] 李小英. 高铁硫化锌精矿氧压酸浸—萃取提铟的工艺研究[D]. 昆明: 昆明理工大学, 2006.

[35] 蒋继波, 王吉坤, 李勇, 等. 五钠沉铟的工艺研究[J]. 稀有金属, 2010(02): 285 - 290.

[36] Barakat M A. Recovery of lead, tin and indium from alloy wire scrap[J]. Hydrometallurgy, 1998, 49(1 - 2): 63 - 73.

[37] 陈维平, 牛秋雅, 王炎, 等. 铟生产过程中的除砷技术研究[J]. 湖南大学学报(自然科学版), 2001(05): 96 - 99.

[38] 胡东莲. 烟尘萃取回收铟的工艺技术研究[C]//钮因健主编, 有色金属工业科学发展——中国有色金属学会第八届学术年会论文集. 长沙: 中南大学出版社, 2010.

[39] Alfantazi A M, Moskalyk R R. Processing of indium: a review[J]. Minerals Engineering, 2003, 16(8): 687 - 694.

[40] Nishihama S, Hirai T, Komasawa I. Separation and recovery of Gallium and Indium from simulated zinc refinery residue by liquid - liquid extraction[J]. Industrial & Engineering

Chemistry Research, 1999, 38(3): 1032 - 1039.

[41] 宁顺明, 陈志飞. 从黄钾铁矾渣中回收锌铟[J]. 中国有色金属学报, 1997(03): 59 - 61.

[42] 谢二平. 湿法炼锌中铟的回收工艺[J]. 湖南有色金属, 2013(03): 40 - 43.

[43] 谢美求. 从还原挥发氧化锌烟尘中提锌、铟工艺研究[J]. 矿冶工程, 2008(02): 63 - 65.

[44] Li X, Zhang Y, Qin Q, et al. Indium recovery from zinc oxide flue dust by oxidative pressure leaching[J]. Transactions of Nonferrous Metals Society of China, 2010, 20, Supplement 1: 141 - 145.

[45] 姜仕发, 张小虎, 卫怀森. 从铟富集渣到精铟的工艺设计及生产改造[J]. 中国有色冶金, 2009(03): 43 - 45.

[46] 陈志飞, 黄际商, 封木开, 等. 湿法炼锌中钠铟铁矾的研究[J]. 矿冶工程, 1981 (01): 35 - 41.

[47] 覃宝桂. 铁矾渣提铟及铁资源利用新工艺研究[D]. 长沙: 中南大学, 2010.

[48] 沈奕林, 覃庶宏, 熊志军. 铁矾渣的处理及萃取提铟新工艺研究[J]. 有色金属(冶炼部分), 2001(04): 33 - 35.

[49] 吴成春. 在密闭鼓风炉熔炼过程中锗铟的富集及综合回收[J]. 广东有色金属学报, 2002 (S1): 39 - 43.

[50] 杨斌, 戴永年, 罗文洲, 等. 真空蒸馏硬锌综合回收有价金属[J]. 昆明理工大学学报, 1998(03): 3 - 6.

[51] 戴永年, 杨斌. 有色金属真空冶金[M]. 北京: 冶金工业出版社, 2009.

[52] 王树楷. 坚持技术改造的鸡街冶炼厂[J]. 有色金属(冶炼部分), 1986(02): 5 - 11.

[53] 鲁君乐, 唐谟堂, 晏德生, 等. 从含铟低的复杂锑铅精矿中富集铟[J]. 湖南有色金属, 1994(05): 298 - 301.

[54] 姚昌洪, 车文婷. 对某厂铅锑烟灰提铟的研究[J]. 湖南有色金属, 1996(02): 58 - 62.

[55] 刘朗明. 从铅浮渣反射炉烟尘中提铟的生产实践[J]. 中国有色冶金, 2004(03): 28 - 30.

[56] 余曙明, 陈廷训, 宋兴诚. 从焊锡硅氟酸电解液中提取铟[J]. 有色金属(冶炼部分), 1992(02): 8 - 10.

[57] 叶世模, 王克俭, 陈定安. 用 N - 503 从焊锡电解液中萃取铟的新工艺[J]. 云南冶金, 1980(04): 1 - 9.

[58] 王亚雄, 黄迎红, 范兴祥, 等. 锡烟尘氧压浸出综合回收铟锡锌试验研究[J]. 云南冶金, 2011(06): 35 - 38.

[59] 张佳峰, 张宝, 蒋光佑. 从锡系统综合回收金属铟的生产实践[J]. 有色金属(冶炼部分), 2009(03): 27 - 30.

[60] 路永锁. 从炼铜厂电收尘烟灰中回收有价金属[J]. 有色冶炼, 1990(04): 31 - 33.

[61] 周正华. 铜烟灰回收铟工艺研究[J]. 稀有金属, 2007(S1): 118 - 121.

[62] 曹应科. 从铜冶炼砷烟灰中回收铟[J]. 湖南有色金属, 2005(01): 5 - 8.

[63] 刘志宏, 李玉虎, 李启厚, 等. ITO 废靶浸出过程研究[J]. 稀有金属快报, 2004 (10): 13 - 16.

[64] 陈志飞，陈坚，周友元，等. 从铟锡氧化物废料中提取精铟的方法：ZL02139742.2［P］. 2005 – 03 – 02.

[65] 刘志宏，李玉虎，李启厚，等. 硫化沉淀法分离 ITO 废靶浸出液中铟锡的研究［J］. 矿冶工程，2005(05)：58 – 61.

[66] 陈坚，姚吉升，周友元，等. ITO 废靶回收金属铟［J］. 稀有金属，2003(01)：101 – 103.

[67] 高远，朱刘. 熔盐电解法制备高纯铟［J］. 有色金属(冶炼部分)，2014(04)：48 – 50.

[68] 赵秦生. 俄罗斯制取高纯铟和金属铟粉的新进展［J］. 稀有金属与硬质合金，2004, 32 (2)：24 – 28.

[69] 余成华. 铟锡合金碱法分离的研究［J］. 稀有金属，2002(03)：238 – 240.

[70] 黄启明，李伟善. 从废旧碱性锌锰电池中提取金属铟和石墨的方法：CN200510120906.8 ［P］. 2006 – 06 – 28.

[71] 蒋志建. 从工业废料中回收铟、铜、银［J］. 湿法冶金，2004, 23(2)：105 – 108.

[72] 麦振海，王吉坤，李小英. 含铟硫化锌精矿加压浸出液铟铁分离试验研究［J］. 云南冶金，2006(06)：30 – 33.

[73] Agarwal S, Ferreira A E, Santos S M C, et al. Separation and recovery of copper from zinc leach liquor by solvent extraction using Acorga M5640［J］. International Journal of Mineral Processing, 2010, 97(1 – 4)：85 – 91.

[74] 俞小花，谢刚，王吉坤，等. 酸性介质中萃取铟的研究［J］. 云南冶金，2006 (04)：28 – 32.

[75] 刘军深，宋文芹，李桂华，等. 分离提取铟的几种新方法［J］. 广州化工，2005(05)：28 – 31.

[76] 王海云. 从含铜、铟、锌的溶液中萃取分离铜、铟的研究［D］. 昆明：昆明理工大学，2013.

[77] 李兴扬，宋庆武，张旭，等. 分离富集金属铟的方法进展［J］. 冶金分析，2013(12)：13 – 18.

[78] 刘祥萱，杨文斌，杨绪杰，等. 酸性含磷萃取剂萃铟机理及性能规律研究［J］. 有色金属 (冶炼部分)，1998(04)：33 – 36.

[79] Lee M S, Ahn J G, Lee E C. Solvent extraction separation of indium and gallium from sulphate solutions using D2EHPA［J］. Hydrometallurgy, 2002, 63(3)：269 – 276.

[80] Li X, Deng Z, Li C, et al. Direct solvent extraction of indium from a zinc residue reductive leach solution by D2EHPA［J］. Hydrometallurgy, 2015, 156：1 – 5.

[81] 罗文波，王吉坤. 高铁硫酸锌溶液萃取铟的研究［J］. 有色金属(冶炼部分)，2015(05)：58 – 61.

[82] 曾冬铭，舒万艮，刘又年，等. 低酸浸出 – 溶剂萃取法从含铟渣中回收铟［J］. 有色金属，2002(03)：41 – 44.

[83] 许绍权，李素清，洪海玲. 氟硅酸体系中 D2EHPA 对铟和锡的非平衡萃取［J］. 稀有金属，1995(01)：1 – 5.

[84] 何静, 吴胜男, 唐谟堂, 等. 硅氟酸体系P(204)萃取铟工艺评述[J]. 材料研究与应用, 2009(04): 223 – 226.

[85] Virolainen S, Ibana D, Paatero E. Recovery of indium from indium tin oxide by solvent extraction[J]. Hydrometallurgy, 2011, 107(1 – 2): 56 – 61.

[86] 赵玉琴. 用盐酸及P(204)回收铅烟灰中铟的生产实践[J]. 有色矿冶, 2013 (05): 27 – 29.

[87] Kang H, Kim K, Kim J. Recovery and purification of indium from waste sputtering target by selective solvent extraction of Sn[J]. Green Chemistry, 2013, 15(8): 2200 – 2207.

[88] Kang H N, Lee J, Kim J. Recovery of Indium from etching waste by solvent extraction and electrolytic refining[J]. Hydrometallurgy, 2011, 110(1 – 4): 120 – 127.

[89] 许秀莲, 唐冠中, 邹发英. P507D从稀硫酸溶液中萃取铟的研究[J]. 稀有金属, 2000 (04): 256 – 259.

[90] 刘祥萱, 杨文斌, 汪信, 等. P5708从稀硫酸溶液中萃取铟、铁的研究[J]. 稀有金属, 1996(04): 246 – 249.

[91] 刘兴芝, 宋玉林, 龙海燕. P538萃取镓、铟、铊性能的研究[J]. 有色金属(冶炼部分), 1992(02): 28 – 29.

[92] 薛红, 刘兴芝, 宋玉林, 等. 二(2 – 乙基己基)单硫代膦酸在硫酸体系萃取铟[J]. 广东有色金属学报, 1994(01): 45 – 48.

[93] 刘兴芝, 杨家振, 宋玉林, 等. 金属的溶剂萃取热力学研究——2. $In_2(SO_4)_3 + Na_2SO_4 + D_2EHMTPA + n - C_8H_{18} + H_2O$ 体系[J]. 化学学报, 1992(07): 625 – 631.

[94] 刘兴芝, 杨家振, 康艳红, 等. 金属铟的溶剂萃取热力学研究[J]. 辽宁大学学报(自然科学版), 1993(02): 51 – 57.

[95] Liu X, Zang S, Fang D, et al. Thermodynamics of solvent extraction of rare and scattered Metal – Indium with Diethylhexylmonothiophosphoric Acid1[J]. Chemical Research in Chinese Universities, 2006, 22(1): 111 – 113.

[96] Yang J Z, Lu D Z, Li H C, et al. The second dissociation constant of carbonic acid in ethanol – water mixtures from 5 to 45 degrees c[J]. Journal of Solution Chemistry, 2003, 32 (6): 559 – 567.

[97] Gupta B, Mudhar N, Singh I. Separations and recovery of Indium and Gallium using bis(2, 4, 4 – trimethylpentyl) phosphinic acid (Cyanex272)[J]. Separation and Purification Technology, 2007, 57(2): 294 – 303.

[98] 菊池昭二, 李挺. 用双—2—乙基己基双硫代磷酸从硫酸溶液中萃取铟Ⅲ[J]. 国外锡工业, 1992, 20(4): 30 – 36.

[99] Inoue K, Baba Y, Yoshizuka K. Equilibria in the solvent extraction of Indium (Ⅲ) from nitric acid with acidic organophosphorus compounds[J]. Hydrometallurgy, 1988, 19(3): 393 – 399.

[100] 井上胜利, 杨雨浓. 用各种酸性萃取剂对铟(Ⅲ)和镓(Ⅲ)进行溶剂萃取[J]. 稀有金属与硬质合金, 1990(3): 59 – 62.

[101] 梁冠杰，李家忠. 从废水中萃取回收铟的工艺研究[J]. 岩矿测试，2001，20
(2): 111 - 114.

[102] Gupta B, Deep A, Malik P. Liquid – liquid extraction and recovery of indium using Cyanex923
[J]. Analytica Chimica Acta, 2004, 513(2): 463 - 471.

[103] 程飞，古国榜，张振民，等. 石油亚砜萃取铟的机理研究[J]. 华南理工大学学报(自然
科学版)，1995(05): 98 - 103.

[104] Ma H, Lei Y, Jia Q, et al. An extraction study of Gallium, Indium, and Zinc with mixtures of
sec – octylphenoxyacetic acid and primary amine N1923 [J]. Separation and Purification
Technology, 2011, 80(2): 351 - 355.

[105] 高远，王继民，吴昊. N503 萃取分离铁铟的研究[J]. 材料研究与应用，2011(01): 62 -
66.

[106] 张有娟，补朝阳，王秀艳，等. 新型萃取剂 CA – 100 萃取铟(Ⅲ)的机理研究[J]. 河南
师范大学学报(自然科学版)，2007, 35(2): 112 - 114.

[107] Alguacil F J. Solvent extraction of Indium (Ⅲ) by Lix 973N[J]. Hydrometallurgy, 1999, 51
(1): 97 - 102.

[108] 张瑾，刘大星，王春，等. P204 – Cyanex923 混合溶剂萃取铟[J]. 应用化学，2000(04):
401 - 404.

[109] 孙进贺，贾永忠，景燕，等. P204 – Cyanex923 磺化煤油用于铟的萃取和反萃研究[J].
有色金属(冶炼部分)，2011(01): 26 - 28.

[110] 刘祥萱，杨文斌，陆路德，等. P5708、P350 萃取分离铟、铁工艺研究[J]. 稀有金属，
1997(04): 6 - 8.

[111] Fan S, Jia Q, Song N, et al. Synergistic extraction study of indium from chloridemedium by
mixtures of sec-nonylphenoxy acetic acid and trialkyl amine[J]. Separation and Purification
Technology, 2010, 75(1): 76 - 80.

[112] 司学芝，张秀兰，马万山. 铟的丙醇水溶液绿色析相萃取分离[J]. 化学世界，2014，55
(5): 271 - 273.

[113] Liu H, Wu C, Lin Y, et al. Recovery of indium from etching wastewater using supercritical
carbon dioxide extraction[J]. Journal of Hazardous Materials, 2009, 172(2 - 3): 744 - 748.

[114] 汤兵，石太宏. 氧化还原—结晶液膜法直接提取金属单质铟[J]. 稀有金属，2000，24
(1): 6 - 11.

[115] 杜军，周堃，陶长元. 支撑液膜研究及应用进展[J]. 化学研究与应用，2004，16(2):
160 - 164.

[116] 崔春花，任钟旗，张卫东，等. 中空纤维支撑液膜技术处理含铜废水[J]. 高校化学工程
学报，2008, 22(4): 679 - 683.

[117] 冯海波，贾悦，吕晓龙，等. 中空纤维支撑液膜萃取法提铟工艺比较研究[J]. 水处理技
术，2012, 38(8): 96 - 100.

[118] 王方. 现代离子交换与吸附技术[M]. 北京：清华大学出版社，2015.

[119] Jeon C, Cha J H, Choi J Y. Adsorption and recovery characteristics of phosphorylated sawdust bead for Indium (Ⅲ) in industrial wastewater [J]. Journal of Industrial & Engineering Chemistry, 2015, 27(4): 201–206.

[120] 何炳林, 黄文强. 离子交换与吸附树脂[M]. 上海: 上海教育出版社, 1995.

[121] Trochimczuk A W, Czerwińska S. In (Ⅲ) and Ga (Ⅲ) sorption by polymeric resins with substituted phenylphosphinic acid ligands [J]. Reactive & Functional Polymers, 2005, 63(3): 215–220.

[122] 刘军深, 李桂华. 螯合树脂法分离回收镓和铟的研究进展[J]. 稀有金属与硬质合金, 2005(04): 42–45.

[123] Matsuda M, Aoi M. Studies on separation recovery of purification of Indium: Ⅱ. Recovery of indium in the sulfuric acid leaching solution of zinc – leach residue with chelate resin [J]. Nippon Kagaku Zassi, 1990(9): 976–981.

[124] Fortes M C B, Martins A H, Benedetto J S. Selective separation of indium by iminodiacetic acid chelating resin[J]. Brazilian Journal of Chemical Engineering, 2007, 24(2): 287–292.

[125] Hwang C W, Kwak N, Hwang T S. Preparation of poly (GMA – co – PEGDA) microbeads modified with iminodiacetic acid and their indium adsorption properties [J]. Chemical Engineering Journal, 2013, 226: 79–86.

[126] 横山敏郎. 分别回收镓和铟的方法[J]. 国外稀有金属, 1988(10): 21–24.

[127] 刘军深, 蔡伟民. 萃淋树脂技术分离稀散金属的研究现状及展望[J]. 稀有金属与硬质合金, 2003(04): 36–39.

[128] 刘军深, 周保学, 杨子超, 等. CL – P_(204)萃淋树脂分离铟(Ⅲ)镓(Ⅲ)锌(Ⅱ)[J]. 应用化学. 1999(03): 78–80.

[129] Nakamura T, Ikawa T, Nishihama S, et al. Selective recovery of indium from acid sulfate media with solvent impregnated resin of bis(4 – cyclohexyl cyclohexyl) phosphoric acid as an extractant[J]. Ion Exchange Letters, 2009, 2(2): 22–26.

[130] Inoue K, Alam S. Hydrometallurgical recovery of indium from flat – panel displays of spent liquid crystal televisions[J]. JOM, 2015, 67(2): 400–405.

[131] 刘军深, 姚淑云, 李桂华, 等. 稳定化P204浸渍树脂吸附铟的性能[J]. 稀有金属, 2007(06): 829–833.

[132] Yuan Y X, Liu J S, Zhou B X, et al. Synthesis of coated solvent impregnated resin for the adsorption of Indium (Ⅲ)[J]. Hydrometallurgy, 2010, 101(3–4): 148–155.

[133] 翟秀静, 周光亚. 稀散金属[M]. 合肥: 中国科学技术大学出版社, 2009.

[134] 魏昶, 罗天骄. 真空法从粗铟中脱除镉锌铋铊铅的研究[J]. 稀有金属, 2003(06): 852–856.

[135] 陈尚明. 铟镉冶炼工艺学[M]. 北京: 职工教材编审办公室, 1987.

[136] 韩翌. 甘油碘化钾—电解联合法粗铟提纯研究[D]. 长沙: 中南大学, 2004.

[137] 周智华, 曾冬铭, 舒万艮, 等. 铟的电解精炼中锡离子的行为及含锡量的控制[J]. 稀有

金属，2001(06)：478 - 480.

[138] 李铁柱. 关于影响电解铟产品因素的研究[J]. 有色矿冶，2002(03)：21 - 22.

[139] 李良. 一次电解生产4N5精铟的试验研究[J]. 有色矿冶，2014(06)：30 - 32.

[140] 于丽敏，蒋文全，傅钟臻，等. 铟电解液净化方法研究[J]. 稀有金属，2012(04)：617 - 623.

[141] 袁永锋，杨亚军. 铟电解液净化的工艺研究[J]. 中国有色冶金，2015(03)：33 - 36.

[142] 邓勇，李冬生，杨斌，等. 区域熔炼制备高纯铟的研究[J]. 真空科学与技术学报，2014 (07)：754 - 757.

[143] 李贻成，刘越，章长生，等. 区域熔炼法制备高纯铟的研究[J]. 矿冶工程，2014(02)：104 - 107.

第三篇　铊冶金

第 1 章　概述

　　铊，Thallium，是在 1861 年英国物理化学家克鲁克斯（Crookes W）在研究硫酸厂废渣的光谱中发现并命名。铊光谱线呈绿色，"Thallium"一词源于希腊文"thallus"，意为"绿色的树枝"[1]。

　　金属铊在地壳中的丰度为 0.3×10^{-6}，常与碱金属共存，有的也存在于铁矿、锌矿、铝矿和碲矿中。

　　铊及其化合物用于高温超导、合金材料、光学应用、化工催化剂、医学诊断等领域，如 γ 射线检测设备、高精密度的光学仪、红外探测器、特殊合金等[2]。铊及其化合物具有剧毒性，在中国是受管制的危险化学品。铊在动、植物体内蓄积并产生毒害作用，其毒性远高于汞、镉，已被美国国家环境保护局（USEPA）和欧盟（EU）列为优先控制的污染物[3-4]。随着工业的发展，铊及其化合物在环境中逐渐累积，其对环境造成的污染和对人体健康产生的危害也逐渐显现出来。现在，环境中铊的问题已不容忽视。

1.1　铊及其化合物的性质

1.1.1　金属铊

　　铊，元素符号 Tl，为元素周期表中第 6 周期ⅢA 族元素。铊呈银白色略带淡蓝色调。铊质地柔软，可用刀切削，具有延展性，可拉成金属丝。铊外表与锡相似，但暴露于空气中时，其表面会形成一层厚的氧化膜而呈现蓝灰色，形如铅的氧化物。铊的储存方式为密封于水或在油中保存。铊的主要物理性质见表 3-1[1-3]。

　　铊的电子排布式为 $[Xe]4f^{14}5d^{10}6s^26p^1$，有三价离子（$Tl^{3+}$）和一价离子（$Tl^+$）两种化合物。铊的一价化合物要比三价化合物稳定，这是由于一价铊具有一对惰性电子对。一价铊失去这对电子比较困难，而三价铊获得这一对电子比较容易，加上铊离子半径大，导致成键能力更弱，因此铊比镓、铟更易形成一价化合物。

　　室温下，铊能与空气中的氧作用；能与卤族元素反应；高温时，铊能与硫、硒、碲、磷反应；铊与盐酸的作用缓慢，但迅速溶于硝酸、稀硫酸中，生成可溶性盐。

表 3-1　铊的主要物理性质

原子序数	81	比热容 $/[J \cdot (kg^{-1} \cdot K^{-1})]$	129.79 (20℃)
相对原子质量	204.37	比潜热 $/(kJ \cdot kg^{-1})$	21.10
熔点/℃	303.5	熔化热 $/(kJ \cdot mol^{-1})$	4.28
沸点/℃	1457	汽化热 $/(kJ \cdot mol^{-1})$	164.1
密度 $/(g \cdot cm^{-3})$	11.85 11.29(L)	热导率 $/[W \cdot m^{-1} \cdot K^{-1}]$	38.94
金属半径 /nm	0.171	电阻率 $/(\Omega \cdot cm)$	$(15 \sim 18.1) \times 10^{-6}$ (0℃)
离子半径 /nm	0.149(+1) 0.105(+3)	电阻温度系数 $/(10^{-3} \cdot ℃^{-1})$	5.2 (0℃)
表面张力 $/(N \cdot m^{-1})$	0.467	莫氏硬度	1.2
黏度 $/(Pa \cdot s)$	2.68×10^{-3}(304℃) 1.05×10^{-3}(727℃)	晶体结构	六方密堆积
线膨胀系数 $/K^{-1}$	28×10^{-6}	电离能 /eV	$I_1 = 6.106$ $I_2 = 20.42$
相对拉伸率 /%	35	电负性	1.62 (鲍林标度)
外围电子排布	$6S^2 6P^1$	超导临界温度 /K	2.39
氧化数	+1，+3	超导临界磁场 H_c $/(A \cdot m^{-1})$	13611.6 ～ 14168.8
离子电位	0.68(+1) 3.16(+3)	—	—

铊的化学性质与同一主族的镓、铟相差很远，它主要具有以下化学性质[1-3]：

(1) 与非金属作用

铊能与空气中的氧发生化学反应，在20℃的干燥空气中会缓慢氧化，随着温度的升高，氧化速度逐渐加快。

$$4Tl + O_2 \Longrightarrow 2Tl_2O \tag{3-1}$$

当铊完全被氧化时，即有氧化铊形成：

$$4Tl + 3O_2 \Longrightarrow 2Tl_2O_3 \tag{3-2}$$

铊易与水蒸气和潮湿的空气反应生成氢氧化亚铊：

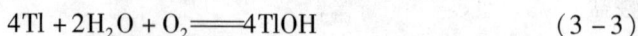

$$4Tl + 2H_2O + O_2 \Longrightarrow 4TlOH \tag{3-3}$$

在常温下，铊能与氯、溴、碘起反应。

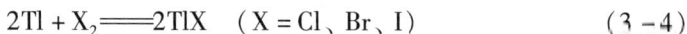

$$2Tl + X_2 =\!\!=\!\!= 2TlX \quad (X = Cl、Br、I) \quad\quad (3-4)$$

（2）与酸反应

金属铊能溶于稀酸中生成氧化数为 +1 的盐，而镓、铟则生成氧化数为 +3 的盐。金属铊在硝酸中迅速溶解，在硫酸中则缓慢溶解，在盐酸中微溶，这归因于是否生成了难溶的氯化铊薄膜。

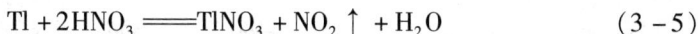

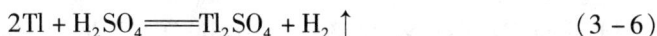

$$Tl + 2HNO_3 =\!\!=\!\!= TlNO_3 + NO_2 \uparrow + H_2O \quad\quad (3-5)$$

$$2Tl + H_2SO_4 =\!\!=\!\!= Tl_2SO_4 + H_2 \uparrow \quad\quad (3-6)$$

$$2Tl + 2HCl =\!\!=\!\!= 2TlCl + H_2 \uparrow \quad\quad (3-7)$$

当铊溶解于硝酸后，再在过量的盐酸中蒸发，则有 TlCl 白色沉淀生成：

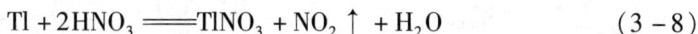

$$Tl + 2HNO_3 =\!\!=\!\!= TlNO_3 + NO_2 \uparrow + H_2O \quad\quad (3-8)$$

$$TlNO_3 + HCl =\!\!=\!\!= TlCl \downarrow + HNO_3 \quad\quad (3-9)$$

（3）其他反应

当纯的金属铊暴露于潮湿的空气中数日后，即生成碳酸亚铊：

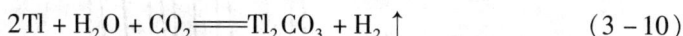

$$2Tl + H_2O + CO_2 =\!\!=\!\!= Tl_2CO_3 + H_2 \uparrow \quad\quad (3-10)$$

铊与过氧化氢作用后，生成氢氧化亚铊和氢氧化铊：

$$2Tl + 2H_2O_2 =\!\!=\!\!= TlOH + Tl(OH)_3 \quad\quad (3-11)$$

（4）铊的化合物

铊的化合物中，氧化数为 +1 的化合物比氧化数为 +3 的化合物稳定。常见的铊化合物有：硫酸铊、硝酸铊、碳酸铊、氧化铊、氯化铊、氢氧化铊等。铊的化合物有剧毒，如硫酸铊，是一种烈性灭鼠药的主要成分。铊卤化物的光敏性与卤化银相似，见光即能分解。除 TlCl 外，铊的常见化合物的水溶性都较大，见图 3-1[2]，而利用 TlCl 水溶性小的性质，可在铊溶液中加入 Cl⁻ 形成沉淀而分离铊。

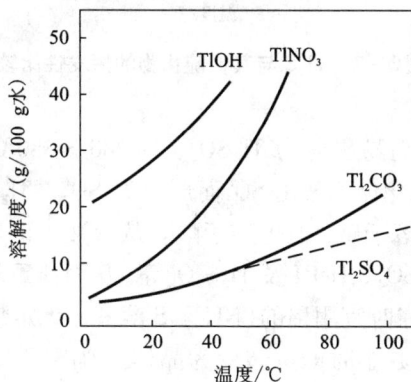

图 3-1　一些铊化合物的溶解度

1.1.2 铊的硫化物

Tl$_2$S 是铊硫化物的主要形态。Tl$_2$S 为黑色粉末，属菱面体/三方晶系。其密度为 $8.0 \sim 8.46$ g/cm^3，熔点为 $443 \sim 457℃$，在温度高于 $300℃$ 时可开始挥发，$800℃$ 温度下即强烈挥发，且挥发性比 PbS 大(图 3 - 2)，Tl$_2$S 的蒸气压[2]可表示为：

$$\lg p\left[\mathrm{mmHg(Pa, \times 133.3)}\right] = -4480/T + 7.354 \quad (260 \sim 320℃) \quad (3-12)$$

$$\lg p\left[\mathrm{mmHg(Pa, \times 133.3)}\right] = -8100/T + 7.28 \quad (800 \sim 1000℃) \quad (3-13)$$

$$\lg p\left[\mathrm{mmHg(Pa, \times 133.3)}\right] = -8220/T + 8.51 \quad (700 \sim 1150℃) \quad (3-14)$$

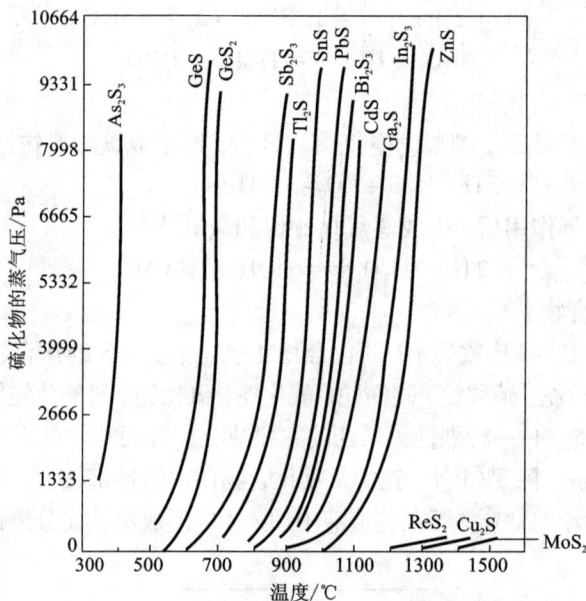

图 3 - 2　Tl$_2$S 与其他硫化物的挥发性比较

Tl$_2$S 在空气中受潮而易氧化为 Tl$_2$SO$_4$，到 $280 \sim 380℃$ 时氧化加速，在高于 $300℃$ 的空气中，Tl$_2$S 氧化但不放出 SO$_2$ 而形成 Tl$_2$SO$_4$。Tl$_2$S 可被还原成金属铊。

Tl$_2$S 微溶于水，不溶于碱，但可溶于酸。从溶液中硫化沉淀铊，得到无定形 Tl$_2$S，Tl$_2$S 易氧化为 Tl$_2$SO$_4$、TlOH 及 Tl$_2$S$_2$O$_8$ 等，从而能重新转入溶液。故沉出的 Tl$_2$S 宜快速过滤，且洗涤时宜用稀的 (NH$_4$)$_2$S 溶液。无定形 Tl$_2$S 在 $150℃$ 温度下与过量的 (NH$_4$)$_2$S 作用数小时即可转变为晶体。Tl$_2$S 可被铜或锌的硫酸盐溶解并形成 Tl$_2$SO$_4$：

$$Tl_2S + ZnSO_4 \mathop{=\!=\!=} Tl_2SO_4 + ZnS \tag{3-15}$$

Tl_2S 的电阻有随光照的强弱而变化的特性。

Tl_2S_3 和 TlS 均不稳定，在 $250 \sim 260℃$ 温度下会离解成 Tl_2S 和 S。

1.1.3 铊的氧化物

铊与氧主要形成 Tl_2O、Tl_2O_3，而 Tl_4O_3 仅是 Tl_2O 与 Tl_2O_3 的混合物[2]。

（1）Tl_2O_3

Tl_2O_3 为黑色或暗棕色粉末，密度为 $10.038 \sim 10.19$ g/cm^3（无定形的为 9.65 g/cm^3），熔点 $(716 \pm 2)℃$，沸点 $875 \sim 1169℃$。Tl_2O_3 在温度高于 $100℃$ 时就会明显离解形成 Tl_2O，到 $700 \sim 750℃$ 温度时便已完全离解。Tl_2O_3 的挥发性不如 Tl_2O。

$$Tl_2O_3 \mathop{=\!=\!=} Tl_2O + O_2\uparrow \tag{3-16}$$

Tl_2O_3 不溶于水，也难溶于碱，但能与盐酸、硫酸、硝酸发生反应：

$$Tl_2O_3 + 6HCl \mathop{=\!=\!=} 2TlCl_3 + 3H_2O \tag{3-17}$$

$$Tl_2O_3 + 3H_2SO_4 \mathop{=\!=\!=} Tl_2(SO_4)_3 + 3H_2O \tag{3-18}$$

$$Tl_2O_3 + 6HNO_3 \mathop{=\!=\!=} 2Tl(NO_3)_3 + 3H_2O \tag{3-19}$$

Tl_2O_3 与硫酸作用生成的 $Tl(OH)SO_4 \cdot 2H_2O$ 及 $HTl(SO_4)_2$ 会使其溶解度减少，见表 $3-2$[2]。

表 3-2 Tl_2O_3 在硫酸水溶液中的溶解度（25℃）

溶液组分，w/%	H_2SO_4	20	40	50	70
	H_2O	80	60	50	30
Tl_2O_3 的溶解度/$(g \cdot L^{-1})$		162	98	25.2	3

（2）Tl_2O

Tl_2O 是一种黑色或黄色的具有吸湿性的粉末，密度为 $9.50 \sim 10.36$ g/cm^3，熔点为 $300 \sim 303℃$，沸点 $500 \sim 596℃$。Tl_2O 易氧化成 Tl_2O_3，使挥发性降低。

Tl_2O 易与冷水或热水作用生成 $TlOH$，也易溶于酸和醇以及碱中[1-2]：

$$Tl_2O + H_2O \mathop{=\!=\!=} 2TlOH \tag{3-20}$$

$$Tl_2O + 2HNO_3 \mathop{=\!=\!=} 2TlNO_3 + H_2O \tag{3-21}$$

$$Tl_2O + H_2SO_4 \mathop{=\!=\!=} Tl_2SO_4 + H_2O \tag{3-22}$$

$$3Tl_2O + 2H_3PO_4 \mathop{=\!=\!=} 2Tl_3PO_4 + 3H_2O \tag{3-23}$$

1.1.4 铊的氢氧化物

（1）TlOH

TlOH 是一种白色强碱性物质，可浸蚀玻璃，密度为 7.44 g/cm³。加热温度超过 100℃时易失水而分解为 Tl_2O。TlOH 容易挥发，46℃时的蒸气压已达 1.73 kPa，而到 140℃时则高达 102.64 kPa[2]（此时已部分分解）。

TlOH 可溶于酸，易溶于醇，更易溶于水[2]，见表 3-3。

表 3-3   TlOH 在水中的溶解度

温度/℃	0	20	30	40	60	80	90	100
TlOH 溶解度（g/100 g H_2O）	10~25.4	35	39.9	49.5	73	106	126.1	148.3

TlOH 的水溶液同 KOH 一样，都呈强碱性，且能吸收 CO_2：

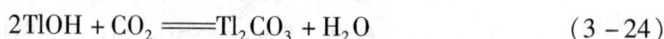

$$2TlOH + CO_2 \xrightarrow{\hspace{1cm}} Tl_2CO_3 + H_2O \qquad (3-24)$$

TlOH 能与氧化剂发生反应：

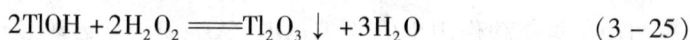

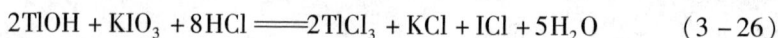

$$2TlOH + 2H_2O_2 \xrightarrow{\hspace{1cm}} Tl_2O_3 \downarrow + 3H_2O \qquad (3-25)$$

$$2TlOH + KIO_3 + 8HCl \xrightarrow{\hspace{1cm}} 2TlCl_3 + KCl + ICl + 5H_2O \qquad (3-26)$$

（2）$Tl(OH)_3$

$Tl(OH)_3$ 是一种棕色或红棕色的不稳定氢氧化物，为碱性化合物，但与其同族的 Ga 与 In 的氢氧化物 $Ga(OH)_3$ 与 $In(OH)_3$ 却是两性的。$Tl(OH)_3$ 在空气中易脱水而转变为 TlOOH，进一步加热则形成 Tl_2O_3[2]。

从稀的 Tl^{3+} 溶液中水解沉出 $Tl(OH)_3$ 的 pH 为 2.8~4，而当溶液中 Tl^{3+} 含量大于 6 g/L 时，在 pH=1 的条件下，$Tl(OH)_3$ 沉淀就会析出[2]，见表 3-4。

表 3-4   在碱中溶解度[25℃，$Tl(OH)_3$ 折算成 Tl_2O_3 溶入水]

$c(NaOH)/(mol \cdot L^{-1})$	0.99	1.87	2.36	3.77	4.05	6.3	—
$Tl(OH)_3$ 溶解度/$(g \cdot L^{-1})$	0.0087	0.011	0.0098	0.0105	0.0122	0.24	—
$c(NaOH)/(mol \cdot L^{-1})$	8.45	10.57	11.6	13.32	15.36	17.29	20
$Tl(OH)_3$ 溶解度/$(g \cdot L^{-1})$	0.32	0.84	2.56	2.18	1.47	1.46	1.83

$Tl(OH)_3$ 水溶性极小，0℃时的溶解度仅为 10^{-10} g/100 g H_2O。它微溶于碱，易溶于盐酸，依次易溶于硝酸、硫酸及高氯酸[1-2]。

1.1.5　铊的卤化物

价铊的卤化物除 TlF 外基本都难溶于水，如 TlCl 在水中微溶，20℃时溶解度为 0.32 g，30℃时为 0.46 g，80℃时为 1.60 g，故可通过往溶液中加入 Cl⁻ 以使铊沉淀分离，这和银离子的卤化物性质相似。TlCl 溶于酸也微溶于氨水中，见表 3-5。

表 3-5　TlCl 在酸与氨水中的溶解度数据(18~25℃)

	在水溶液中的浓度/(g·L⁻¹)	TlCl 的溶解度/(g·L⁻¹)
盐酸	0.912	2.084
	1.032	2.002
	2.043	1.353
	3.65	0.921
	5.357	0.757
	7.3	0.609
硝酸	0	3.951
	31.355	5.937
	63.28	6.882
	128.847	8.143
	253.071	9.925
氨水	2.5	0.761
	6.5	0.738

卤化铊的物理化学性质见表 3-6[2]。

氯化亚铊可由盐酸和硫酸亚铊反应制得：

$$Tl_2SO_4 + 2HCl \Longrightarrow 2TlCl + H_2SO_4 \qquad (3-27)$$

当氯化亚铊与硝酸和盐酸混酸作用后生成氯铊酸亚铊：

$$4TlCl + 2HCl \Longrightarrow Tl_3TlCl_6 + H_2 \uparrow \qquad (3-28)$$

氯化亚铊可与硝酸发生氧化反应：

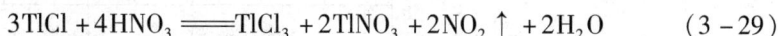

$$3TlCl + 4HNO_3 \Longrightarrow TlCl_3 + 2TlNO_3 + 2NO_2 \uparrow + 2H_2O \qquad (3-29)$$

硫化氢和氯化亚铊的酸性溶液反应后生成黑色沉淀，即 Tl₂S：

$$2TlCl + H_2S \Longrightarrow Tl_2S \downarrow + 2HCl \qquad (3-30)$$

表3-6　卤化铊的物理化学性质

	TlF	TlCl	TlBr	TlI	TlF$_3$	TlCl$_3$	TlBr$_3$	TlI$_3$
颜色	白色/浅黄色	白色	浅黄色/黄绿色	鲜黄色（α）170°转为红色（β）	橄榄绿/白色	白色	浅黄色	黑色
密度/(g·cm^{-3})	8.23~8.36	7.00~7.004	7.221~7.56	7.29~7.45（α） 7.05~7.098（β）	8.30~8.65	—	—	—
熔点/℃	315~327	427~430.5	450~460.5	440~442.1	约550	33~155	40	129
沸点/℃	650~831	720~806	815~825	823~845	930~1200	—	—	—

蒸气压 温度/℃

蒸气压/kPa	TlF	TlCl	TlBr	TlI
1.33				440
2.66		550	559	567
13.33		645	653	663
26.66		694	703	712
53.32		748	759	763
103.25		807	819	823

蒸气压与温度的关系（TlF）：lg$p$[mmHg(Pa,×133.3)]$=-5484/T+12.52$

在不同水温下的溶解度　溶解度，w/%

水温/℃	TlF	TlCl	TlBr	TlI	TlCl$_3$
20	78.8~80	0.32	0.0476	0.0063	70
40	—	0.52~0.60	0.95~0.104	0.015	
60	—	0.8~1.01	0.19~0.204	0.035	
100		1.8~2.38	0.204	0.12	

酸性的氯化亚铊溶液和碳酸钠作用后, 有碳酸亚铊沉淀生成:

$$2TlCl + Na_2CO_3 \rightleftharpoons Tl_2CO_3 \downarrow + 2NaCl \qquad (3-31)$$

氯化亚铊在酸性溶液中可被高锰酸钾氧化:

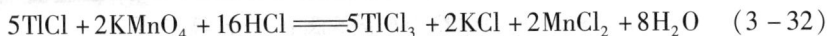

$$5TlCl + 2KMnO_4 + 16HCl \rightleftharpoons 5TlCl_3 + 2KCl + 2MnCl_2 + 8H_2O \qquad (3-32)$$

氯化亚铊具有还原性, 可与王水、氯气等强氧化剂发生氧化还原反应, 将 +1 的铊氧化成 +3 价。TlCl 可与 Pb、Zn、Sn、Cd、Hg、Ca、Mg 等的 $MeCl_2$ 形成复盐 $TlCl \cdot MeCl_2$, 也可与 Fe、Al、Sb、Bi 等的 $MeCl_3$ 形成复盐 $TlCl \cdot MeCl_3$[1-2]。

三价铊的卤化物实用意义较小。所有三价铊的卤化物均不稳定、易吸湿, 在湿空气中就能发生失卤和水解[2], 稍被加热即可离解:

$$2TlCl_3 \rightleftharpoons Tl(TlCl_4) + Cl_2 \qquad (3-33)$$

$TlBr_3$ 在空气中 30℃ 左右开始离解, 并形成暗黄色的 $Tl(TlBr_4)$ 及 Br_2 等。TlI_3 在空气中即可分解; TlI 遇热水分解, 其水溶液呈碱性。所有 +1 价与 +3 价铊的卤化物可以相互作用并形成相应的复盐, 其化学式有两种, 且类似于 $Tl(TlCl_2Br_2)$ 与 $Tl_3(TlCl_4Br_2)$ 等形式[2]。

1.1.6　铊的硫酸盐

(1) Tl_2SO_4

Tl_2SO_4 为白色或无色盐, 斜方晶系, 密度 6.765~6.77 g/cm^3。在加热时可不经分解而升华。Tl_2SO_4 溶于水, 其在水中的溶解度见表 3-7。Tl_2SO_4 在硫酸中的溶解度较大, 并能形成溶解度不一样的酸性硫酸盐, 见表 3-8[2]。

表 3-7　Tl_2SO_4 在水中的溶解度($g/100\ g\ H_2O$)

温度/℃	0	10	20	25	30	40
Tl_2SO_4	2.63~2.70	3.7	4.64~4.87	5.46	6.16	7
温度/℃	50	60	70	80	90	100
Tl_2SO_4	9.21	9.80~10.91	12.7	12.8~14.6	14.2	18.45

硫酸亚铊和亚硫酸钠溶液混合后, 有亚硫酸亚铊结晶形成:

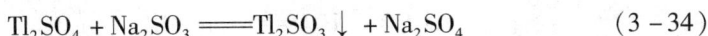

$$Tl_2SO_4 + Na_2SO_3 \rightleftharpoons Tl_2SO_3 \downarrow + Na_2SO_4 \qquad (3-34)$$

干燥的硫酸亚铊与干燥的三氧化硫在封闭的容器中加热时, 会有焦硫酸亚铊生成:

$$Tl_2SO_4 + SO_3 \rightleftharpoons Tl_2S_2O_7 \qquad (3-35)$$

硫酸亚铊还能与金属锌发生置换反应, 析出光亮的金属铊, 这是从水溶液中

制取金属铊的主要方法:

$$Zn + Tl_2SO_4 = ZnSO_4 + 2Tl \qquad (3-36)$$

表 3 – 8 Tl_2SO_4 在硫酸溶液中的溶解度(25℃)

饱和溶液组分, w/%		固 相
H_2SO_4	Tl_2SO_4	
0	5.20~5.23	Tl_2SO_4
3.25~29.28	6.78~20.72	Tl_2SO_4
29.30~37.49	23.22~32.35	$Tl_2SO_4 + TlH_3(SO_4)_2$
37.49~41.65	30.79~34.08	$TlHSO_4 + TlH_3(SO_4)_2$
38.25~48.44	32.77~36.85	$TlHSO_4$
37.62	56.99	$TlHSO_4 + TlH_3(SO_4)_2$
37.31~36.91	58.52~62.75	$Tl_2H_4(SO_4)_3$

(2) $Tl_2(SO_4)_3$

硫酸铊易被还原和水解,故会与空气中的水反应生成氢氧化铊。硫酸铊无色、无味、无刺激,有剧毒,可用作杀鼠灭蚁剂(已禁用)。硫酸铊在酸性溶液中可作氧化剂:

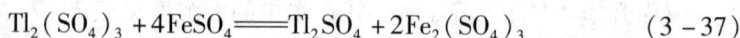

$$Tl_2(SO_4)_3 + 4FeSO_4 = Tl_2SO_4 + 2Fe_2(SO_4)_3 \qquad (3-37)$$

硫酸铊水解则生成硫酸亚铊:

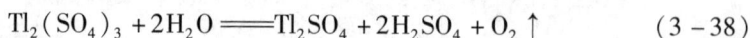

$$Tl_2(SO_4)_3 + 2H_2O = Tl_2SO_4 + 2H_2SO_4 + O_2 \uparrow \qquad (3-38)$$

1.1.7 其他铊盐

(1) Tl_2CO_3

Tl_2CO_3 为一种白色或无色针状盐,属单斜晶系,熔点 272~273℃,密度 7.11~7.16 g/cm^3,在空气中直至 175℃ 仍稳定。Tl_2CO_3 可溶于水,其溶解度为:18℃ 时为 4.2~5.23 g/100 g H_2O,40℃ 为 8.8 g/100 g H_2O,60℃ 为 12.5 g/100 g H_2O,80℃ 为 17 g/100 g H_2O,而到 100℃ 时达 22.4~27.2 g/100 g H_2O[2]。Tl_2CO_3 水解后的溶液具有强碱性:

$$Tl_2CO_3 + H_2O = 2Tl(OH) \downarrow + CO_2 \qquad (3-39)$$

(2) Tl_2CrO_4

Tl_2CrO_4 为黄色针状或柱状物,属单斜晶系,密度为 6.3~6.91 g/cm^3,熔点约为 633℃。Tl_2CrO_4 在水中溶解度为:20℃ 为 0.004~0.0042 g/L,60℃ 为 0.03 g/L,而到 100℃ 时可达 0.2~2.28 g/L[2],故不能用水洗涤。它也微溶于酸与碱,但不溶

于醋酸。

(3) TlNO₃

TlNO₃ 为一种无色化合物，有 α、β 与 γ TlNO₃ 三种变体，密度为 5.556 ~ 5.56 g/cm³。TlNO₃ 易溶于水，其溶解度：20℃为 8.72%，40℃为 17.3%，60℃为 31.6%，80℃为 110%，90℃为 52.6%，而到 100℃时为 80.5%[2]。

1.1.8　铊的金属有机化合物

铊的金属有机化合物可分为 R₃Tl、R₂TlX 和 RTlX₂（R 为烷基或芳香基，X 为卤素）。其中 R₂TlX 型化合物是离子性的，并且很稳定，对环境中的氧气和水不敏感。R_2Tl^+ 离子可形成 $[Me_2TlPy]^+$ 这样的 T 型化合物，另外，铊的三烷基化合物的活性是非常强的，比如三乙基铊，它的制备反应为：

$$(C_2H_5)_2TlCl + C_2H_5MgBr \longrightarrow (C_2H_5)_3Tl + MgBrCl \tag{3-40}$$

此反应是在有 THF 的条件下进行的，三乙基铊也可用乙基钾进行合成。

苯基二氯化铊可由下面的反应制备：

$$C_6H_5B(OH)_2 + TlCl_3 \longrightarrow C_6H_5TlCl_2 + B(OH)_3 + HCl \tag{3-41}$$

在此反应过程中，为了避免二苯基氯化铊的生成，可以采用加入过量氯化铊的方法。苯基二氯化铊与二苯基衍生物相比，前者可很好地溶于水和多种有机溶剂。

二苯基氯化铊的合成反应为：

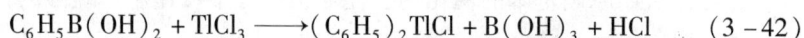

$$C_6H_5B(OH)_2 + TlCl_3 \longrightarrow (C_6H_5)_2TlCl + B(OH)_3 + HCl \tag{3-42}$$

反应得到的 $(C_6H_5)_2TlCl$ 为白色固体，几乎不溶于热水。二苯基氯化铊和苯基锂反应可以得到三苯基铊，这是制备三苯基铊的方法之一，其反应式为：

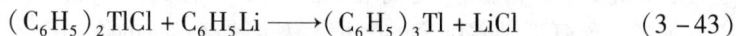

$$(C_6H_5)_2TlCl + C_6H_5Li \longrightarrow (C_6H_5)_3Tl + LiCl \tag{3-43}$$

其中，三苯基铊为白色针状结晶体，熔点为 188~189℃，在 215~216℃分解。

1.2　铊及其化合物的用途

铊及其化合物具有剧毒，大多数场合被禁用，因此铊并没有工业意义的应用。据统计，全世界每年铊消费量约 10 t[5]，主要用于科学研究。近年来没有有关铊的新应用的报道。

(1) 高温超导材料

铊系高温超导体是继钇系、铋系之后于 1988 年发现的第三种高温超导体。已经合成出来的有 Tl-1212、Tl-1223（$TlBa_2Ca_2Cu_3O_8$，$T_C = 110$ K）、Tl-2212（$Tl_2Ba_2CaCu_2O_{8+x}$，$T_C = 85$ K）和 Tl-2223（$Tl_2Ba_2Ca_2Cu_3O_{10}$，$T_C = 125$K）四种超

导相的粉末。对铊系高温超导材料的研究表明，有希望获得高 T_C 的薄膜、多晶、厚膜等超导材料[2,5]。

(2) 光电材料

经铊活化的碘化钠晶体制作的光电倍增管，可用于 γ 探测器；溴化铊（TlBr）是一种很有前途的室温辐射探测器，它具有光电转换系数高、电荷传输衰减小等特点。溴碘化铊与硫氧化铊晶体可用作光学仪器的透镜或窗口，主要是因为其机械强度高、稳定性好，在较大范围内能透过红外线[6-7]；碘化铊可作光纤添加剂，制成的光纤对 CO_2 激光的透过性能比石英光纤要好得多[8]；$TlAsZ_2$（Z 代表 Se、Te 或 S）硫族玻璃作三极管；甲酸铊作核屏蔽窗比铅玻璃性能优越[2]。

(3) 合金材料

铊铅合金多用于生产特种保险丝和高温锡焊的焊料；铊铅锡合金能够抵抗酸类腐蚀，适用于制造酸性环境中使用的零部件；Tl 基合金（如 $Tl-Pb_{35\sim80}$，$Tl-Cu_{98}$ 与 Tl-Pb-Sn 等）具有耐磨、抗腐蚀及机械强度高的特性，可用于制作氯碱工业和海洋工程的设备部件。铊镉合金是原子能工业中的重要材料[2]。

(4) 光学应用

铊及其化合物作光学玻璃的组分，可增加折光率；在玻璃中添加少量的硫酸铊或碳酸铊，其折射率会大幅度提高，可以与宝石相媲美。碘化铊填充的高压汞铊灯可发绿色光，可应用于信号灯的生产和化学工业中光反应的特殊发光光源[2]。

(5) 催化剂

铊可作氢还原硝基苯的催化剂。铊与钒的合金可作生产硫酸的催化剂。

(6) 医学诊断

铊-201 作为放射核元素，在核医学和一些疾病的诊断上得到了应用，被用于心脏、肝脏、甲状腺、黑色素瘤以及冠状动脉类等疾病的检测诊断。目前有研究发现铊有能延迟某些肿瘤的生长、减少肿瘤发生的作用[9]。

1.3 铊的毒性及对环境的影响

铊的毒性及其对环境的影响不容忽视。

1.3.1 铊的毒性

随着矿冶产业的发展，进入环境的铊越来越多。一是矿产资源的开发过程中，自然界的铊矿物暴露于地表，铊被释放出来，进入地表的化学循环，对环境造成危害；二是矿物冶炼产出的"三废"，改变了铊的形态，造成铊更大程度地析出。铊进入环境体系后，污染空气、水体和土壤，并通过食物链进入生物和人体，使铊累积，从而对生物体造成危害[10]。由于铊对环境造成的影响具有滞后作用，其潜在的危害和威胁已不容忽视。

　　自然界中铊的污染途径一般为：铊及化合物进入水体或空气，然后进入土壤被农作物(植物)吸收，动物和人类长期食用富含铊的食物，从而造成体内铊的积累而中毒。同其他重金属一样，微量铊的毒性的蓄积，在人体中可长达 20～30 年，正因如此，铊对人体的毒害作用往往具有潜伏性，这就很容易被人忽视。铊的毒性大于汞、镉、铅，甚至还大于砷化物。铊及其化合物的中毒剂量为 6～40 mg/kg 体重，成人最小致死剂量为 12 mg/kg 体重，儿童更敏感些[2, 11]。铊的氯化物毒性高于其他化合物，三价铊化合物比一价铊化合物毒性低。铊及其化合物都是剧毒品，1979 年联合国环境规划署属下的潜在有毒化学品国际登记中心将铊列为有毒化学品[10, 12]。

　　铊及化合物可通过消化道、皮肤接触、漂浮烟尘等途径进入人体，从而导致人体铊中毒。研究表明，铊可迅速由胃肠道吸收，也能由皮肤吸收。吸收后的铊，一部分由尿排出，一部分由粪便排出。进入体内的铊，可均匀分布于各脏器，蓄积于肾脏、骨骼、小肠、肝、睾丸及肌肉组织中。铊中毒的主要表现为慢性中毒症状，并可对肾脏、肝脏等器官造成损害。其初期症状主要表现为疲劳、失眠、头痛和肌肉疼痛，继而可能会出现双下肢酸麻、四肢无力，铊中毒者尤会出现足部痛感明显，最后导致运动障碍，严重时出现肢体瘫痪、肌肉萎缩。常可波及颅神经，可发生视力减退、视神经萎缩、复视、周围性面瘫、发音及吞咽障碍等。

　　铊的确切致毒机制迄今尚不完全清楚，但已了解到的铊致毒机理包括：+1 价铊离子与钾离子化学性质相似，在生物体中会与钾离子发生竞争，从而抑制钾离子参与生理活动，干扰一些依赖钾的关键生理过程[12]。铊离子还会与人体内的蛋白质结合，从而使蛋白质失活，干扰机体正常能量代谢。

　　对于铊中毒的治疗，至今仍没有非常理想的药物。对铊中毒的基本治疗就是脱离接触、阻断吸收、加速排泄。除了药物治疗外，还可以通过血液透析协助排铊。

1.3.2　水中铊的迁移转化

　　毒害金属元素的环境效应的一个重要表现就是通过水环境系统对人体健康产生直接或间接的毒害作用。铊矿物中的铊在流体介质作用下很容易从矿石中活化出来进入溶液中。浸泡介质的 pH 越低，流体的盐度越高，越有利于矿石的活化迁移，矿石和围岩中的矿物在表生作用下容易形成酸性介质，降低环境的 pH，从而加速对含铊矿物的酸性淋滤作用，造成铊的溶出。长期的采矿活动和雨水及溪流的冲击作用，也使地表溪流积累了大量富含金属元素的河底沉积物和河岸沉积物，水体与水系沉积物界面之间可保持长时间的物质交换，使得铊进入水体。大量的研究表明，矿化区及冶炼企业附近地区广泛存在的暴露于地表的尾矿及地下水是水环境中毒害金属元素的最主要来源，在地表风化淋滤作用下有害元素铊会进入地表水体。如表3-9所示。

表3-9　自然水体及典型矿区水体中铊的含量　　　　　μg/L

自然水体	滥木厂汞铊矿区	南华铊矿区	云浮硫铁矿区
海水 0.012~0.0612	泉水 0.36~0.61	泉水 0.078~0.437	泉水 0.35~7.86
河水 0.006~0.715	井水 0.57~1.66	—	选矿水 4.82
湖水 0.001~0.0036	溪水 1.01~1.08	—	解析水 55.2
地下水 0.001~1.264	矿坑水 26.63~26.89	矿坑水 2.91~16.5	排放水 9.3~21.6
溪流水 0.001~0.006	—	—	—

铊在自然水体中有 Tl^{3+}、Tl^+ 两种形态。Tl^{3+} 化合物沉淀和 Tl^+ 的表面氧化作用都会导致铊局部的积聚。受污染矿区水中的铊主要来自(含)铊矿石、冶炼废渣的风化淋滤。受污染的矿坑水和矿区地表水中铊含量可高达 16.5×10^{-9}。铊具有以 Tl^+ 迁移和 Tl^{3+} 沉淀的特性，在水中 Tl^+ 与 K^+、Sr^+、SO_4^{2-}、AsO_2^- 一起迁移，沉淀时 Tl 则与 K、Cs、Ba、Zn、As 紧密共生，沉淀物硫酸盐和砷酸盐矿物中有的含铊量可高达 283×10^{-6}。铊在水体迁移的过程中表现为含铊酸盐矿物的沉淀和消溶、再沉淀和再消溶的反复过程[13-15]。

世界各国对自然水体铊限值的标准并不多，目前只有中国饮用水国家标准(GB 5749—2006)铊限值为小于 0.10 μg/L 和美国饮用水标准(EPA816-F-09-0004)铊限量为小于 2 μg/L[5]。在如此微量的水平上，中国标准铊限值比美国的降低了一个数量级，其科学依据尚不清楚，但意味着要付出更大的社会成本。

1.3.3　铊在土壤中的分布、迁移与积累

铊在土壤和沉积物中的累积、分布和迁移与土壤和沉积物的类型、所含黏粒和胶体氧化物的类型和数量、可交换阳离子的数量、有机质含量、pH 等有关。研究表明，铊在土壤中的积累与土壤 pH 呈明显负相关关系，与土壤有机质呈明显正相关关系，相关系数是 0.22。通常表层土壤的含铊量较高，深层土壤含铊量低。铊从灰尘或水体进入土壤后，活性大大降低。土壤中铊的存在形态主要有水溶态、硅酸盐结合态、硫化物结合态及有机质结合态。水溶态及有机质结合态的铊可直接被植物吸收和被淋溶入土壤深层或随溶液迁移；硅酸盐结合态的铊被嵌在 SiO_4 四面体层晶格中，通常不能移动；硫化物结合态的铊易氧化分解，释放出可交换性铊并发生迁移。水溶态铊含量高的土壤对生态环境的直接危害性大，其铊累积速率相对较小，甚至出现负累积，而硅酸盐结合态铊含量高的土壤，将加速铊的累积，其潜在危害性较大[16]。

研究表明，经 KNO_3 处理后的土壤，其淋滤液中的铊的浓度最高，依次下来是经 KCl、$CaSO_4$ 处理后的土壤和未经处理的原土；而经 $CaCO_3$ 处理后的土壤，其淋滤液中的铊浓度最低。从试验前、后土壤的 pH 变化来看，土壤中加入 $CaCO_3$ 后，pH 明显增高，即酸度明显下降，说明在碱性条件下，土壤对某些金属离子（包括铊）的吸附作用加强，从而抑制了铊的淋溶迁移。因此，在铊污染土壤中加入某些碱性物质以改变土壤的酸度，可降低铊的活化迁移能力，从而在一定程度上控制铊的进一步扩散污染。

1.4　铊的资源和冶金原料

铊在地球化学方面显示出两重性，一方面，铊是亲硫元素，化学性质与 Cu、Pb、Fe、Sb、Ag、Hg 和 Zn 等相似，常以微量元素形式进入方铅矿、黄铁矿、闪锌矿、辉锑矿、黄铜矿、辰砂、雄黄、雌黄和硫酸盐酸类矿物中。在低温高硫还原环境中，铊还能参与有色金属和贵金属矿床的成矿作用，形成铊的硫化物矿物、铊矿体和铊矿床；另一方面，铊又像碱金属，特别是与钾的盐类伴生，表现出明显的亲石性。由于铊的地球化学性质和结晶化学性质与钾、铷、铯相近，因此使铊以类质同象形式进入长石、云母、闪石、白云石、迪开石、高岭石等矿物中，导致铊分散。

铊没有独立矿床，只作为矿物的伴生组分存在，主要从铜矿和铅锌硫化矿冶炼的副产品中回收和提取。

在自然界，铊主要与 Hg、As、Cu、Pb、Sb、Fe 等金属元素形成硫化物、含硫盐和硒化物以及铊的氧化物和含氧盐等矿物。至今已发现和正式报道的 56 个铊矿物中，已经被国际矿物学会新矿物与矿物命名委员会正式承认的铊矿物有 45 种[2, 17]。在铊矿物种类中，硫化物占了绝大多数，而其他种类的铊矿物数量则相对较少。与铊伴生形成铊矿物的元素主要有 S、As、Sb、Cu、Fe、Pb、Hg、Ag，并以 As 为最多，见表 3 – 10[2, 11]。

从现有资料看，铊矿床的产地并不多。铊矿床较多的国家有瑞士、美国、法国和中国等。铊矿床主要集中在 4 个典型的低温成矿域内，即地中海 – 阿尔卑斯低温成矿域、中国黔西南成矿域、北美卡林成矿域和俄罗斯北高加索成矿域，这 4 个成矿域中产出的铊矿床占全部铊矿床的 80% 以上。中国铊资源分布较为集中，如广东省云浮县的含铊黄铁矿、云南省兰坪白族普米族自治县的含铊铅锌矿、广西壮族自治区南丹县的益兰含铊汞矿、贵州省安龙县弋塘村的含铊锑金矿、四川省松潘县东北寨含铊金砷矿和江西省九江市以西的城门山含铊铅矿等[18]。到目前为止，中国发现了 9 种铊矿物，见表 3 – 11[11]。这几种铊矿物主要集中在云南省南华县、贵州省滥木厂、西藏自治区洛隆县和安徽省香泉镇。

表 3 – 10　铊矿物一览表

分类	序号	中文名称	化学式	晶系
硫化物	1	辉铊矿	Tl_2S	三方晶系
	2	硫锑铊铁铜矿	$(Cu, Fe)_6Tl_2SbS_4$	四方晶系
	3	斜硫砷汞铊矿	$TlHgAsS_3$	单斜晶系
	4	硫砷铊银铅矿	$(Pb, Tl)AgAs_2S_5$	三斜晶系
	5	红铊铅矿	$(Pb, Tl)_2As_5S_9$	斜方晶系
	6	红铊矿	$TlAsS_2$	单斜晶系
	7	斜硫锑铊矿	$Tl(Sb, As)_5S_8$	单斜晶系
	8	辉铁铊矿	$TlFe_2S_3$	斜方晶系
	9	硫锑铊矿	$Tl_2Sb_6As_4S_{16}$	斜方晶系
	10	硫铁铊矿	$TlFeS_2$	斜方晶系
	11	拉硫砷铅矿	$(Pb, Tl)_3As_5S_{10}$	单斜晶系
	12	硫锑铜铊矿	$TlCu_5SbS_2$	四方晶系
	13	硫砷汞铊矿	$TlCu(Hg, Zn)_2(As, Sb)_2S_3$	四方晶系
	14	硫铊铁铜矿	$Cu_{3-x}Tl_2Fe_{1+x}S_4$	四方晶系
	15	硫镍铁铊矿	$Tl_6(Fe, Ni, Cu)_{25}S_{26}$	等轴晶系
	16	硫砷锑汞铊矿	$Tl_4Hg_3Sb_2As_8S_{20}$	斜方晶系
	17	铜红铊铅矿	$TlPb(Cu, Ag)As_2S_5$	三斜晶系
	18	维硫锑铊矿	$TlSbS_2$	三斜晶系
	19	硫砷锑铅铊矿	$TlSbS_2(Tl, Pb)_{21}(Sb, As)_{91}S_{147}$	三斜晶系
	20	硫砷铜铊矿	$Tl_6CuAs_{16}S_{40}$	单斜晶系
	21	贝硫砷铊矿	$Tl(As, Sb)_5S_8$	单斜晶系
	22	硫铊银金锑矿	$TlAg_2Au_3Sb_{10}S_{10}$	单斜晶系
	23	硫砷铅铊矿	$TlPbAs_3S_6$	斜方晶系
	24	硫砷锡铊矿	$Tl_2SnAs_2S_6$	三方晶系
	25	硫铊砷矿	$Tl_2(As, Sb)_8S_{13}$	单斜晶系
	26	银板硫锑铅矿	$Pb_8(Ag, Tl)_2Sb_8S_{21}$	单斜晶系
	27	硫锑铊砷矿	$Tl_5Sb_5As_8S_{22}$	单斜晶系
	28	新民矿	$TlHgAs_3S_6$	单斜晶系
	29	硫砷锌铊矿	$TlCu(Zn, Fe, Hg)_2As_2S_6$	四方晶系
	30	硫铊汞锑矿	$TlHgSb_4S_7$	三斜晶系
	31	—	Tl_3AsS_4	斜方晶系
	32	硫砷铊矿	Tl_3AsS_3	三方晶系
	33	—	$Tl_5Sb_9As_3SbS_{22}$	三斜晶系
	34	—	$TlPbAs_2SbS_6$	单斜晶系

续表 3 - 10

分类	序号	中文名称	化学式	晶系
硫化物	35	—	$TlAg_2(As, Sb)_3S_6$	斜方晶系
	36	—	$(Cs, Tl)(Hg, Cu, Zn)_6(As, Sb)_4S_{12}$	四方晶系
	37	—	$TlHgAs_3S_6$	四方晶系
	38	—	$MHgAsS_3$, $(M = Tl, Cu, Ag)$	单斜晶系
	39	—	$TlCu_3S_2$	—
	40	铊黄铁矿	$(Fe, Tl)(S, As)_2$	等轴晶系
	41	—	$TlSnAsS_3$	
	42	—	Tl_2AsS_3	
	43	—	$Cu_3(Bi, Tl)S_4$	
	44	—	Tl_3AsS_4	
	45	—	$Au(Te, Tl)$	
硒化物	46	硒铊铁铜矿	$Cu_{3+x}Tl_2FeSe_{4-x}Cu_7(Tl, Ag)Se_4$	四方晶系
	47	硒铊银铜矿	$TlCu_4Se_3$	四方晶系
	48	硒铊铜矿	斜方晶系	斜方晶系
锑化物	49	锑铊铜矿	$Cu_2(Sb, Tl)$	四方晶系
氧化物	50	褐铊矿	Tl_2O_3	等轴晶系
	51		$Fe_2TlAs_3O_{12} \cdot 4H_2O$	三方晶系
氯化物	52		$TlCl$	—
硫酸盐	53	水钾铊矾	$H_8K_2Tl_2(SO_4)_8 \cdot 11H_2O$	等轴晶系
	54	铊明矾	$TlAl[SO_4]_2 \cdot 12H_2O$	等轴晶系
	55		$Tl0.8K0.2Fe_3 + 3(SO_4)_2(OH)_6$	三方晶系
硅酸盐	56		$K_8Tl_4Al_{12}Si_{24}O_{72} \cdot 20(H_2O)$	六方晶系

表 3 - 11 中国(含)铊矿物及分布

矿物名称	化学式	发现地
硫砷铊铅矿	$PbTlAs_5S_9$	云南南华
辉铁铊矿	$TlFe_2S_3$	
硫砷铊矿	Tl_3AsS_3	
铊黄铁矿	$(Fe, Tl)(S, As)_2$	贵州滥木厂
红铊矿	Tl_3AsS_2	
斜硫砷汞铊矿	$TlHgAsS_3$	
铊明矾	Tl_3AsS_3	
硫铁铊矿	$TlFeS_2$	
褐铊矿	Tl_2O_3	西藏自治区洛隆

通常在铅、锌、铜冶炼及硫铁矿焙烧制酸产生的烟尘、铜镉渣、酸泥等中提取铊。铊的氧化物中，一氧化铊(Tl_2O)挥发性较强。在铜、铅、锌等硫化物精矿焙烧、烧结和冶炼时，大部分的一氧化铊挥发进入烟尘。从重金属冶炼过程中回收铊，商业价值不大，其意义在于防止铊的扩散污染。

第2章　有色金属冶炼及硫铁矿制酸工艺中铊的走向

2.1　铅冶炼中铊的行为与走向

铊主要富集于铅精矿的烧结或熔炼过程中的烟尘及精炼的浮渣中，铊在铅冶炼产料中的分布情况见表 3 – 12[2]。烧结烟尘中铊含量可达 0.01% ~ 0.30%，可成为提铊原料。

表 3 – 12　铊在铅冶炼产物中的分布　　　　　　　　　　　　%

冶金过程	产物							
	烧结块	烟尘	返料	粗铅	炉渣	冰铜	浮渣	损失
烧结	25 ~ 11	70 ~ 50	0 ~ 24	—	—	—	—	0 ~ 15
熔炼	—	33	—	39	—	6	—	22
精炼	—	—	17 ~ 10	—	—	—	53 ~ 70	30 ~ 20

方铅矿中一般含铊 20 ~ 3000 g/t，硫化铅精矿中的铊是以 Tl_2S_3、Tl_2S 和 $TlCl$ 的形态存在，在高温下极易挥发。在高于 320℃ 的温度下烧结铅精矿时，物料中的 Tl_2S 挥发，且同时被氧化生成硫酸盐：

$$Tl_2S(s) + 2O_2(g) \rule[0.5ex]{2em}{0.4pt} Tl_2SO_4(s) \tag{3-44}$$

继续升高温度，Tl_2S 的氧化加速，当温度高于 600℃ 时，Tl_2SO_4 离解成易挥发的 Tl_2O。温度高于 700℃ 时，Tl_2O_3 离解成低价氧化物：

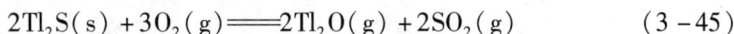

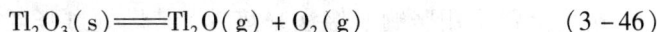

$$2Tl_2S(s) + 3O_2(g) \rule[0.5ex]{2em}{0.4pt} 2Tl_2O(g) + 2SO_2(g) \tag{3-45}$$

$$Tl_2O_3(s) \rule[0.5ex]{2em}{0.4pt} Tl_2O(g) + O_2(g) \tag{3-46}$$

Tl_2S 和 Tl_2O 都具有强的挥发性，因此在铅精矿的高温（800 ~ 900℃）烧结焙烧过程中，铊主要富集在烧结产出的烟气中，其含量为整个精矿铊含量的 75% ~ 80%。烟尘的化学成分见表 3 – 13[19]。

鼓风炉熔炼过程中，铊主要分布在鼓风炉烟尘和粗铅内。粗铅精炼过程中，铊主要进入精炼浮渣。

表 3 - 13　铅烧结烟尘的化学成分　　　　　　　%

	Tl	Pb	Zn	Cd	As	S	Se	Te
样品1	0.05～0.2	65～70	1.0～2.7	1.0～2.7	2.0～4.0	6.0～7.0	0.1～0.25	0.02～0.08
样品2	0.018	57.97	1.72	0.65	1.37	11.17	0.08	—

密闭鼓风炉熔炼铅锌(ISP)过程中铊的行为与走向和鼓风炉炼铅一致。

实际生产中，烧结烟尘和熔炼烟尘不单独处理，均作返料返回主流程，只有铅精炼渣可作提铊原料。

2.2　湿法炼锌中铊的走向

湿法炼锌过程一般包括焙烧、浸出、净化和电积四大工序。常规浸出工艺与热酸浸出工艺的不同之处在于除铁方式的不同，铊在两种工艺中的行为大体相似。

在锌精矿焙烧时，70%～84%的铊挥发进入烟尘，仅有16%～30%的铊留在焙砂中，但由于焙烧烟尘比例大，所以烟尘中铊的质量分数比较低，一般达不到提铊的要求，而且绝大部分烟尘仍是和焙砂混合作为浸出物料，这两部分的铊都在之后的浸出过程中随锌进入酸浸液，在净化除铜、镉时，约70%的铊进入铜镉渣而得以富集；残留在浸出渣中的少量铊，在回转窑处理时大部分进入锌铅挥发物，返回主流程。某锌厂锌精矿含铊0.0005%～0.001%，约30%铊进入锌浸出渣，其后经回转窑处理，其中80%的铊进入ZnO粉，再经800℃多膛炉脱氟与脱氯，ZnO粉中约50%铊挥发入烟尘，得到含铊量达0.1%～0.2%的多膛炉烟尘；在锌浸出液净化时，溶液中约50%铊进入铜镉渣，其余不到20%的铊散布于其他物料中[2]。多膛炉烟尘与铜镉渣可作为提铊原料。如果利用烟气SO_2制酸，则烟尘中部分铊会在酸泥中得到富集。

2.3　火法炼锌中铊的走向

历史上曾采用竖罐蒸馏法来炼锌，某厂做过竖罐炼锌过程中铊的平衡检测[2]，其数据见表3-14和表3-15。

竖罐炼锌过程中，在高温流态化焙烧阶段，有60%～70%的铊进入焙烧烟尘。焙烧烟尘在湿法回收硫酸锌和置换镉的过程中，44.2%的铊进入海绵镉，品位由锌精矿的约0.0009%富集到0.2%～4.6%，该焙烧烟尘可作为提铊的主要原料。

表 3-14 铊在火法炼锌产物中的分布 %

冶金过程	产物						
	焙砂	烟尘	粗锌	蓝粉	罐/炉渣	浮渣	损失
焙烧	32.7	46.3	—				-21.0
蒸馏锌	—	—	32.7	80.3	6.6	—	+19.6
熔炼锌	43.2	2.4	8.8	12.4	18.0	0.5	-13.8

表 3-15 竖罐炼锌过程中铊的平衡

物料名称	数量/(t·a⁻¹)	$w(Tl)$/%	$m(Tl)$/kg	百分率/%	物料名称	数量/(t·a⁻¹)	$w(Tl)$/%	$m(Tl)$/kg	百分率/%
(一焙烧)					(一焙烧)				
锌精矿	394064	0.000916	3647	100	一次矿	246893	0.00021	518	14.2
					高温尘	3422	0.031	1061	29.1
					沸尘	62011	0.030	1860	51.0
					损失				5.7
					合计				100
(二焙烧)					(二焙烧)				
沸尘	62011	0.030	1860	51.0	二次矿	56153	0.0006	337	10.3
					红镉尘	1837	0.029	539	14.8
					白镉尘	2422	0.036	872	23.9
					损失				2.0
					合计				51.0
(综合利用分厂)					(综合利用分厂)				
高温尘	3422	0.031	1061	29.1	海绵镉	—	0.2~0.4	1612	44.2
					铅泥	2730	0.017	464	12.7
红镉尘				14.8	固化渣	600	0.025	150	4.1
白镉尘				23.9	精镉渣	1.2	11.69	140	3.8
					硫酸锌	12200	0.00077	94	2.6
					精镉	409.8	0.0009	3.7	—
					合计				67.8

焙砂压团，送到竖罐进行还原蒸馏，经冷凝之后得到液态粗锌、罐渣和蓝粉，铊在三者中的质量分数为：粗锌 12.75%，罐渣 6.6%，蓝粉 80.3%。蓝粉返回焙烧处理，铊最终在焙烧烟尘开路处理的湿法工艺中回收。

2.4 铜冶炼中铊的走向

在铜精矿熔炼冰铜中，铊在各产物中较分散分布，只在烟尘中稍有富集。如含铊 0.0012% 的进料在鼓风炉中熔炼时，29.9% 的铊入冰铜，冰铜含 0.001% 铊；20.4% 的铊入烟尘，烟尘含铊 0.004% 而有所富集；27.7% 的铊入炉渣，渣中含铊仅 0.0002%；28.8% 铊量随烟气带走而损失掉。在反射炉炼铜时，铊在产物中的分布见表 3-16[2]：

表 3-16 反射炉炼铜时铊在产物中的分布   %

工厂	进料		产物							
	焙砂		冰铜		烟尘		炉渣		烟气	无名损失
	品位	分布	品位	分布	品位	分布	品位	分布	品位	分布	
1	0.0021	100.0	0.0006	40.3	0.003	3.5	0.0004	32.4	0.0054	23.8	+16.5
2	0.0005	100.0	0.0006	52.5	—	—	0.0004	38.2	0.0035	8.7	-13.0
3	0.0038	100.0	0.00045	36.0	0.0033	8.0	0.0002	32.0	—	24.3	—

在吹炼冰铜时，大部分铊进入转炉渣，仅在处理转炉渣时的烟尘中有所富集[2]。铊在吹炼冰铜产物中的分布情况见表 3-17。

表 3-17 铊在吹炼冰铜产物中的分布   %

工厂	进料		产物							
	冰铜		粗铜		转炉渣		转炉尘		烟气	无名损失
	品位	分布	品位	分布	品位	分布	品位	分布	品位	分布	
1	0.0021	100.0	0.0017	34.5	0.0084	44.2	0.003	2.1	0.0084	19.2	+36.0
2	0.0006	100.0	0.0003	8.4	0.0028	76.0	0.0008	1.8	0.0028	12.4	+1.7
3	0.0005	100.0	0.0004	11.2	0.0084	61.7	0.0004	0.3	0.0084	26.8	-10.4

2.5 硫铁矿焙烧制酸中铊的走向

在焙烧含铊硫铁矿生产硫酸的过程中,料中80%~90%的铊转入烟气,而在淋洗烟气中又转入酸泥,在利用重有色金属冶炼中产生的SO_2进行制酸时,也会产出酸泥,其基本组成见表3-18[2]。

表3-18 生产硫酸产出酸泥的成分 %

工厂	堆密度/$(g \cdot cm^{-3})$	Tl	Se	Te	Ge	Ga
1	1.0	0.006	20~52	3~14	1.0	痕量
2	0.74	0.004	3~6	0.2	0.74	0.001

工厂	In	As	Sb	Pb	总S	元素S	SiO_2
1	0	19~33	1.5~3.0	2~3	1.0~1.5	0.14	1.5
2	0	0~0.2	0.2~0.3	8~10	2~3	1.5	48~52

在硫铁矿的选矿过程中,矿中铊主要进入尾矿的白云母矿中。如果再选出富含铊的白云母矿,对其中的铊就要引起重视,这往往会造成铊的扩散。

第 3 章　铊冶金分离方法

　　从有色金属精矿中带进的铊量一般都很少，但随工艺过程中物料不断地循环累积，如烟尘、渣料往往返回主流程，则会导致系统中铊含量增加到危害程度。为控制铊量积累，冶炼系统需对部分含铊物料作开路处理，微量的铊也可能进入冶炼废水，两者都需将铊分离提取出来，使物料返回利用和废水达标排放或循环使用。根据原料含铊量及矿物性质的不同，提取金属铊的方法也不尽相同。对于铊品位低的物料，大多采用高温挥发法将铊挥发脱除到烟尘中；而对于品位高的物料，则采取湿法分离处理。

3.1　置换法分离铊

　　置换法分离提取铊是比较成熟的方法，也是获取金属铊产品的常用方法。提取铊的基本过程是先用硫酸溶液把物料中的铊浸出到溶液中，将溶液净化除杂后用锌粉置换，即可得到海绵铊。置换铊的工艺流程[2]如图 3 - 3 所示。

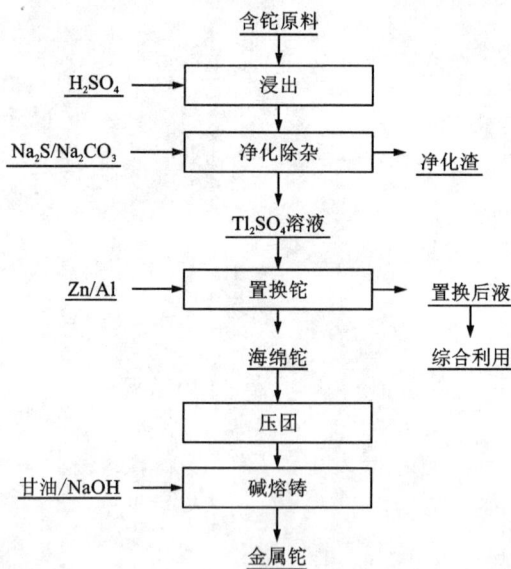

图 3 - 3　置换法提取铊的工艺流程

对于砷含量高的物料，锌粉置换易产出剧毒的 AsH_3，因此先采用硫化法将铊沉淀下来较为稳妥，即在 $50 \sim 60℃$ 温度下加入 Na_2S，将铊以 Tl_2S 形态从溶液中沉淀出来，使之与铅、锌、镉等杂质分离：

$$Tl_2SO_4 + Na_2S \Longrightarrow Na_2SO_4 + Tl_2S \downarrow \qquad (3-47)$$

与此同时，As 也会沉淀，可在 Tl_2S 沉淀渣中继续加入过量的 Na_2S 溶液，以将 As 洗去[2]：

$$As_2S_3 + 3Na_2S \Longrightarrow 2Na_3AsS_3 \qquad (3-48)$$

然后加酸溶解硫化铊（要注意负压抽风以防止 H_2S 的危害）：

$$Tl_2S + H_2SO_4 \Longrightarrow Tl_2SO_4 + H_2S \uparrow \qquad (3-49)$$

再用锌板从 Tl_2SO_4 溶液中将铊置换出来：

$$Tl_2SO_4 + Zn \Longrightarrow ZnSO_4 + 2Tl \downarrow \qquad (3-50)$$

置换的技术控制条件：溶液 pH 为 $1.5 \sim 2.5$，温度低于 $30℃$，加锌板或铝板置换，置换时间为 $4 \sim 6$ h，此条件下置换率大于 95%，可获得含铊量大于 99% 的海绵铊。将海绵铊置于水中以防止其氧化，再压团至含水 10% 以下，放入电炉锅中，覆盖氢氧化钠（或甘油）于 $280 \sim 400℃$ 温度下熔炼 1 h 后，铸锭得 99.9% ~ 99.99% 铊，以稀酸洗后得产品铊[2]。铊须装入盛有甘油的塑料筒内存放与运输。

对于含镉高的物料可分两步置换，先置换镉再置换铊。如含铊 0.001% ~ 0.03% 与镉 5% ~ 20% 的锌焙烧烟尘，用 H_2SO_4 浸出，可得到含铊 $0.01 \sim 0.8$ g/L 与镉 $15 \sim 20$ g/L 的溶液，先加锌粉置换镉，控制置换后液中残留镉含量为 $0.5 \sim 1.0$ g/L，产出以镉为主的海绵物，送去提镉；而对留在溶液中的铊，再加锌粉实行第二步置换，将全部铊及余镉置换出，得到黑灰色海绵物，其成分为：Tl 0.2% ~ 4.6%、Cd 12.3% ~ 44.0%、Zn 3.9% ~ 23.5%、Fe 0.1% ~ 0.7%、Cu 0.09% ~ 0.26%，海绵物中铊主要为金属铊 Tl，经露天自然氧化 $20 \sim 30$ d，黑灰色海绵物基本氧化完全且转为白色，氧化后的海绵物内的铊约 66% 转变为 Tl_2O 和 TlOH，33% 转变为 Tl_2O_3，用水浸出：

$$Tl_2O + H_2O \Longrightarrow 2TlOH \qquad (3-51)$$

控制反应条件为：液固比 3:1、pH≥6、$85℃$、3 h，60% 以上铊转入溶液，经除杂后在 pH = 2.55、约 $60℃$ 条件下，加锌粉置得海绵铊，再碱熔铸得铊，其回收率约为 40%。该工艺流程短，成本低[2]。

亦有在含铊物料中通入 SO_2 或加入 Na_2SO_3 进行还原酸浸的，料中的铊以 Tl^+ 形式转入溶液，过滤后，向滤液中加入 Na_2CO_3 以调整溶液 pH 为 $9 \sim 11$，并静置 60 min，使杂质以碳酸盐的形态沉淀析出而除去，而 Tl_2CO_3 则因水溶性较大而留在溶液中，然后往富含铊的溶液中加钡盐脱铅后，调整滤液 pH 为 $1 \sim 2$，用锌板置换 6 h，得到 99.95% 海绵铊，将海绵铊压团，在 $350℃$ 温度下用碱熔炼可获得 99.99% 铊；或直接把含高锌的富铊液调至 pH = 2.5，加入锌粉置换得海绵铊，海绵铊经压团、加碱熔炼等过程后便可得到99.9%铊,该过程中原料及产物的组分变化见表3-19[2]。

表3-19 还原浸出—置换法过程中物料组分的变化

原料及产物	Tl	Zn	Pb	Cd	As
w(原料)/%	30.4	0.4~5	17.8	1.4	0.2
还原浸出液/(g·L^{-1})	15.4	34.7	5.6	30.2	—
钡盐脱铅后液/(g·L^{-1})	14.2	0.019	0.0004	0.003	0.013

3.2 沉淀法分离铊

水溶液中铊通常以 Tl$^+$ 形式存在,一般采用硫化沉淀或氯化沉淀的方法将铊沉淀分离。若采用中和水解沉淀,因 TlOH 水溶性大,则需先将 Tl$^+$ 氧化成 Tl^{3+}。实际过程中则往往根据其他杂质的种类,采用多种沉淀方法组合使用的方法。

3.2.1 氯化沉铊法

氯化沉铊法是工业上比较实用的提铊工艺。基于铊转为 Tl$_2$SO$_4$ 后,加入饱和食盐水,就能使铊以 TlCl 形态沉淀析出。该法多用于从锌镉渣或铜镉渣中回收铊的生产工艺,其中铊的回收率达80%~85%,其工艺流程图见图3-4[2]。

该铊锌镉渣成分为: Tl 18%、Cd 54%、Zn 4%、Pb 0.5%及痕量 Fe。在液固比 3:1、液温 60~80℃条件下用热水浸出该铊锌镉渣,渣中 60% 左右的 Tl 转入溶液:

$$Tl_2O + H_2O \Longrightarrow 2TlOH \tag{3-52}$$

水浸渣用 H$_2$SO$_4$ 补浸,浸出到 pH = 1 时,加入氧化剂(如 KMnO$_4$),使 Tl$^+$ 氧化为 Tl^{3+},然后加入 Na$_2$CO$_3$ 到 pH = 4.6 以沉淀 Tl(OH)$_3$。此沉淀用 H$_2$SO$_4$ 浸出,并通 SO$_2$ 还原,得 Tl$_2$SO$_4$ 溶液:

$$2Tl(OH)_3 + H_2SO_4 + 2SO_2 \Longrightarrow Tl_2SO_4 + 2SO_3 + 4H_2O \tag{3-53}$$

补浸的浸出液与热水浸出液混合后,加入饱和 NaCl 溶液,在低于 10℃ 温度下使 TlCl 结晶析出:

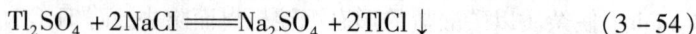

$$Tl_2SO_4 + 2NaCl \Longrightarrow Na_2SO_4 + 2TlCl \downarrow \tag{3-54}$$

至此,铊的回收率大于90%。当冷却结晶析出温度高于10℃时,TlCl 就会重溶。表3-20[2]列出了 TlCl 溶解度与溶液中 NaCl 浓度的相关数据。

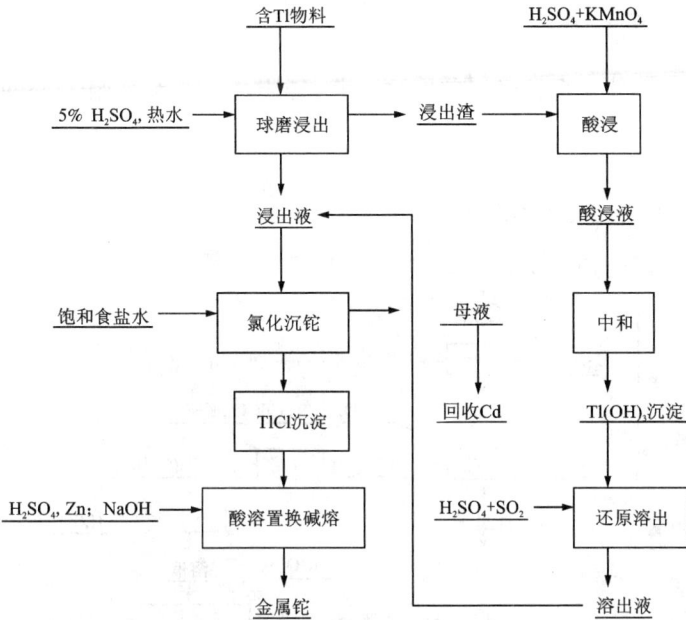

图 3-4　氯化沉铊法工艺流程图

表 3-20　TlCl 溶解度与食盐浓度的关系数据(25℃)

NaCl 浓度/%	0	0.146	0.293	0.585	1.17
TlCl 溶解度/%	0.386	0.208	0.142	0.095	0.065

　　氯化沉淀的母液中 Cd 含量高达 11 g/L，Tl 含量约 1.4 g/L，在综合回收 Cd 的过程中，把所得的含 Tl 副产物返回提铊过程。

　　为得到品质更好的 TlCl，可重复多次溶解与氯化沉铊过程。

　　若溶液中镉含量高，则部分镉会与 TlCl 共沉淀形成 TlCl·CdCl$_2$ 进入渣，此时需经沸水煮以使 CdCl$_2$ 洗掉，这样也会有部分铊溶出。另外，还可将 TlCl·CdCl$_2$ 沉淀物用热水溶解至溶液中铊含量达 20 g/L 后，立即冷却得镉含量少的 TlCl 结晶：

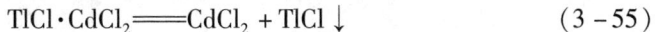

$$TlCl \cdot CdCl_2 \!\!=\!\!=\!\!= CdCl_2 + TlCl \downarrow \qquad\qquad (3-55)$$

重复多次的溶解结晶可把镉分离。

　　得到的 TlCl 用 H$_2$SO$_4$ 溶解或硫酸化焙烧后，再水浸，经净化除杂、置换、熔铸可以得到品位达 99.99% 的铊。对 TlCl 也可加碱溶解，再用 Na$_2$CO$_3$ 中和至 pH=8 除去杂质，然后加入 Na$_2$S 使铊以 Tl$_2$S 形态沉淀析出[2]，硫化沉淀可减少溶液中残余铊量。

　　氯化沉淀法简单实用，但给系统中带进了氯离子，在一些场合并不适用。

3.2.2 多次沉铊法

该方法用于处理含铊铅精矿烧结烟尘[2]，其工艺流程如图3-5所示。

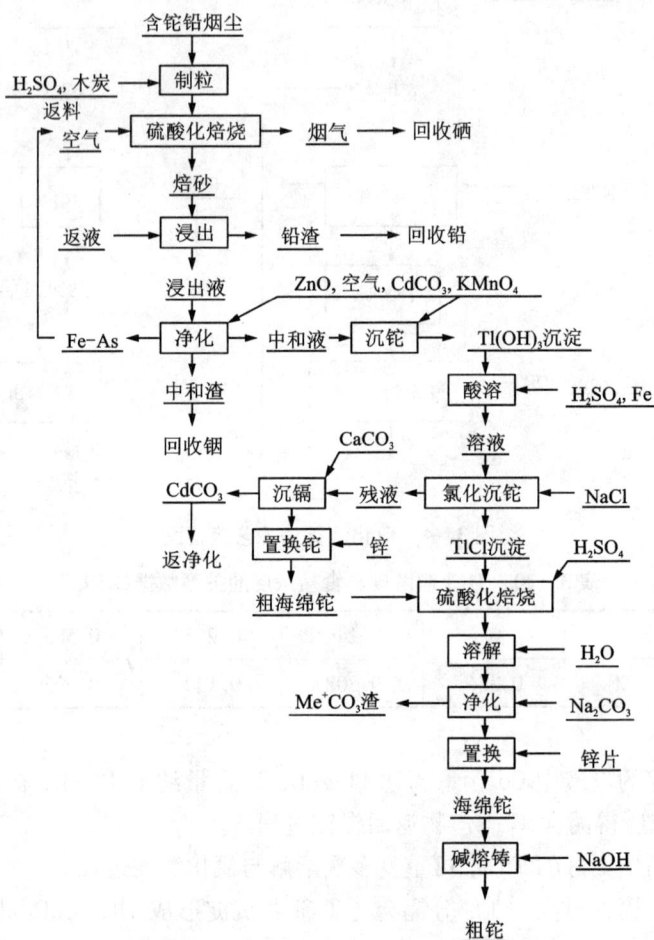

图3-5 多次沉淀提取铊的工艺流程

铅烟尘的成分为 Tl 0.056%~0.13%、Pb 48%~54.5%、Zn 7.3%~15.2%、Cd 1.8%~2.2% 及 S 5.1%~5.6%。烟尘经硫酸化焙烧脱硒后，将焙砂用 H_2SO_4 酸浸，则铊等元素进入酸浸液。酸浸液净化除杂后，在 pH=5.4、80℃ 条件下，加入 $KMnO_4$ 使铊以 $Tl(OH)_3$ 形态沉淀析出：

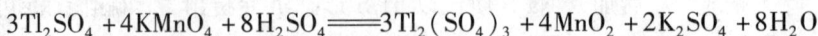

$$3Tl_2SO_4 + 4KMnO_4 + 8H_2SO_4 =\!=\!= 3Tl_2(SO_4)_3 + 4MnO_2 + 2K_2SO_4 + 8H_2O$$

$$(3-56)$$

$$Tl_2(SO_4)_3 + 6H_2O \xrightarrow{\hspace{1cm}} 2Tl(OH)_3 \downarrow + 3H_2SO_4 \tag{3-57}$$

得到含铊 5%～23% 的沉淀物，然后在液固比为 1:1、温度为 70～80℃ 条件下用 H₂SO₄ 溶解沉淀物，控制终酸含量为 15～20 g/L H₂SO₄ 时，铊将转入溶液，并加铁屑使铊转为低价铊：

$$2Tl(OH)_3 + 3H_2SO_4 \xrightarrow{\hspace{1cm}} Tl_2(SO_4)_3 + 6H_2O \tag{3-58}$$

$$Tl_2(SO_4)_3 + 2Fe \xrightarrow{\hspace{1cm}} 2FeSO_4 + Tl_2SO_4 \tag{3-59}$$

过滤，再向滤液中加入 NaCl，便获得 TlCl 沉淀：

$$Tl_2SO_4 + 2NaCl \xrightarrow{\hspace{1cm}} Na_2SO_4 + 2TlCl \downarrow \tag{3-60}$$

将 TlCl 沉淀和从残液回收的海绵铊合并在一起，加入 H₂SO₄ 进行硫酸化焙烧，过程中 TlCl 再转为硫酸盐：

$$2TlCl + H_2SO_4 \xrightarrow{\hspace{1cm}} Tl_2SO_4 + 2HCl \tag{3-61}$$

焙烧产物用水浸出，铊等便转入溶液，往滤液中加入 Na₂CO₃，使溶液中的 Zn^{2+}、Cd^{2+} 及 Fe^{2+} 等杂质（Me）以白色的碳酸盐形态沉淀析出而除去：

$$MeSO_4 + Na_2CO_3 \xrightarrow{\hspace{1cm}} Na_2SO_4 + MeCO_3 \tag{3-62}$$

在此过程中，铊随碳酸盐沉淀析出的损失不多。将净化除杂后的溶液调酸到 2～5 g/L H₂SO₄，在 40～50℃ 温度下加入 Zn 粉置换得海绵铊：

$$Tl_2SO_4 + Zn \xrightarrow{\hspace{1cm}} ZnSO_4 + 2Tl \downarrow \tag{3-63}$$

海绵铊经压团、于 320℃ 温度下用碱覆盖熔铸，可获得纯度大于 99% 的粗铊。此过程中铊的回收率大于 65%。

若物料中的铊主要为氧化铊形态时，可以采取碱浸工艺，如含铊 0.01%～0.10% 的烟尘或铜镉渣，首先予以挥发富集，将含铊物料于 500～650℃ 温度下氧化焙烧，得到 Tl₂O 的挥发富集物。利用 Tl₂O 容易溶于碱的性质，用 Na₂CO₃ 溶液于 80～90℃ 温度下浸出 2～3 h，终点控制 pH 为 8.5～10.5。铊基本上以 Tl₂CO₃、TlOH 形式转入碱液。将碱液加热到 90℃ 后，加入 Na₂S 将铊沉出，此时铊沉淀率为 85%～90%：

$$Tl_2CO_3 + Na_2S \xrightarrow{\hspace{1cm}} Tl_2S \downarrow + Na_2CO_3 \tag{3-64}$$

得到含 Tl 71% 及 As 7%～10% 的沉淀，再加 Na₂S 溶液浸出以使 As 形成多硫化物 Na₃AsS₃ 而除去，待沉淀物中 Tl 含量上升到 78%，再用稀 H₂SO₄ 于 90℃ 温度下浸 2～3 h，则物料中 96% 以上的 Tl 转入溶液：

$$Tl_2S + H_2SO_4 \xrightarrow{\hspace{1cm}} Tl_2SO_4 + H_2S \uparrow \tag{3-65}$$

这个过程中，铊的回收率为 75%～80%[2]。

3.2.3　酸浸—铬盐沉淀法

采用铬盐沉淀铊选择性较好。某硫酸浸出液含 Tl 15 g/L，调整硫酸含量为 3～4 g/L，加入 Na₂CrO₄（或 K₂CrO₄）可沉淀出 Tl：

$$Tl_2SO_4 + Na_2CrO_4 = Tl_2CrO_4\downarrow + Na_2SO_4 \qquad (3-66)$$

得到的 Tl_2CrO_4 经过前后两次(分别为 20% H_2SO_4、50% H_2SO_4)酸溶解过程(温度为 90℃,酸溶时间 1~2 h),铊会进入溶液中。滤液经过加入 Na_2S 除杂后,用锌置换得海绵铊,经过压团后于 320℃温度下加碱熔铸得纯度为 99.99% 的铊。此工艺富集方法简单,但沉铊不完全,铊回收率低[2]。

3.3 冶金物料挥发脱除铊的方法

3.3.1 高温挥发法

此法一般用于冶金工艺中循环物料中的铊从系统作开路处理。

冶金渣料中铊大多以 $MeO\cdot Tl_2O_3$ 形式存在,其分解较困难,因此挥发铊需要较高的温度。含铊烟尘配以还原剂,在 1100~1200℃ 高温下焙烧,物料中的铊大部分以 Tl_2O 的形态挥发入烟尘而被脱除。对于将含铊 0.0003% 的铜转炉渣投入烟化炉并在 1250℃ 高温下烟化脱除铊的工艺,铊的挥发率高达 90% 以上,可获得含铊达 0.004% 的烟尘。此烟尘再次经高温电炉还原熔炼,80%~90% 的铊再次挥发入电炉尘,此时烟尘含铊达 0.0075%~0.01%[2]。

氯化焙烧可提高铊脱除效果,并可降低焙烧温度。含铊约 0.01% 的锌浸出渣在回转窑内于 1100~1300℃ 高温下还原焙烧,为使铊开路,得到的挥发尘配以一定数量的食盐,再投入回转窑内在 800~900℃ 温度下进行氯化挥发,得到含铊 3%~5% 的二次挥发物。此二次挥发物在 80℃ 温度下用 100~150 g/L H_2SO_4 溶液浸出,控制终酸(H_2SO_4)浓度为 2 g/L,过滤后的浸出液在加热情况下加入 $Ca(OH)_2$ 中和,并趁热过滤,以便使铊保留在溶液中,将热滤液冷却到 10~30℃,加入饱和食盐水,铊则以 TlCl 形态沉淀析出,从而得到含铊 30% 的沉淀,经酸溶、冷却结晶析出 $TlCl\cdot CdCl_2$ 后再进一步提铊。挥发法提铊过程中铊在产物中的分布情况见表 3-21[2]。

表 3-21 挥发法提铊过程中铊在产物中的分布

产物	Tl	Cd	Pb	Zn	As	Cl
二次挥发物/%	3~5	10	35	14	—	1~3
酸浸出渣/%	0.5~0.7	3~5	35~40	5~8	1~3	0.3~0.5
浸出液/(g·L⁻¹)	5~8	15~20	—	50~70	4~10	
TlCl 沉淀/%	30	15	—	—	—	
氯化沉淀母液/(g·L⁻¹)	0.5	15~20	—	50~70	10	

3.3.2　真空蒸馏法

　　采用真空蒸馏法处理含铊的铜镉渣、锌镉渣，铊将转入 Pb – Tl 合金而被捕集，而镉与锌在蒸馏过程中将挥发而被回收[19]。

　　在冶炼铅、锌的过程中，产出的锌置换渣中往往含有 Tl，还含有 Cd、Fe、Si、Ni、Cu、Zn、Pb 等有价金属，需将其中的铊开路并回收其他有价金属。把含铊的置换渣放入特制的真空炉内，于 0~8 Pa、时间 30~60 min、温度 450~600℃ 的条件下进行第一步蒸发以使锌和镉挥发，再以一次残留物为原料，在温度为 900~1140℃ 的条件下进行第二步蒸发(铊和铅挥发)，最后以二次蒸发物为原料，在真空度 8~40 Pa，700~850℃ 条件下进行第三步蒸发，可获得纯度达 99.9% 以上的铊[20]。其工艺流程见图 3–6。

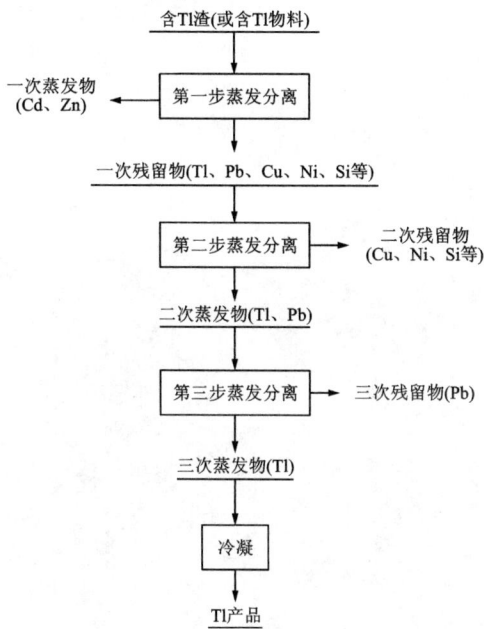

图 3–6　真空蒸馏提铊工艺流程

　　真空蒸馏法分离铊的工艺，环境污染小、能耗小、工艺流程短、生产成本低、回收率高，是一种值得关注的工艺方法。

3.3.3　铅电解液电解脱除铊

　　粗铅电解精炼中，铊将溶出进入 H_2SiF_6 电解液，随着电解液的循环，铊浓度会积累到较高的水平，对铅电解液可采用电解铊法开路脱除铊。电解脱铊前，先向铅废电解液中加 H_2SO_4 以将铅以 $PbSO_4$ 形态部分脱除，脱铅后液的成分为：Tl 4～35 g/L、H_2SiF_6 140～200 g/L 及 Pb 70 g/L。采用石墨为阳极，不锈钢片为阴极，在电流密度为 200～350 A/m² 的条件下电解，可获得含 Tl 85%、Pb 2%、Cd 3% 及 Sn 5% 的海绵铊。若脱 Pb 后液中 Tl 含量高达 20～35 g/L，则可电解得到含 Tl 99% 的海绵铊。脱铊后的电解液可返回铅电解用。将海绵铊熔铸成阳极，套以聚乙烯隔膜、在含 Tl 5～30 g/L、H_2SO_4 5～10 g/L 的 Tl_2SO_4 电解液中，以不锈钢为阴极，在电流密度为 20～60 A/m²、槽压为 1.2 V 及室温条件下电解，可得到针状铊，再经碱熔浇铸得 99.99% 铊[2]。

第4章 铊的萃取与吸附分离

萃取铊的方法包括溶剂萃取法、吸附法、离子交换法等。由于铊具有 +1 价和 +3 价两种价态，故采用的溶剂萃取体系或方法也不同。Tl^+ 主要采用酸性螯合萃取体系，通过发生阳离子交换反应形成 Tl^+ 的螯合物而被定量萃取。与 Tl^+ 不同，Tl^{3+} 在溶液中易形成络阴离子（如 $[TlCl_4]^-$），所以国内外常用螯合和离子缔合两种体系萃取 Tl^{3+}。在酸性介质中，采用 D2EHPA、N503、TBP、MiBK 与乙醚等均可定量萃取铊，此外伯胺也是一种潜在的铊萃取剂。在这些萃取剂中，乙醚易挥发且有毒性；MiBK 水溶性大，易被 Tl^{3+} 氧化而损失；TBP 在反萃时易乳化，故国内外常用萃取选择性好和萃取能力强的 D2EHPA 与 N503 萃取 Tl^{3+}。铊的萃取剂与萃取体系详见表 3 – 22。

表 3 – 22 铊的萃取剂与萃取体系

	萃取剂	铊离子	水相/有机相条件	最大回收率/%	优缺点
螯合物萃取体系 A	乙酰丙酮 AA	Tl(Ⅲ)	pH 2~10/(0.1 mol/L AA – 苯)	100	萃取快速
	噻吩甲酰三氟丙酮 HTTA	Tl(Ⅰ)	pH≈7/苯	>95	pH <7 稳定，pH >9 易分解
		Tl(Ⅲ)	pH 4/苯	100	
	8 – 羟基喹啉 HO_x	Tl(Ⅰ)	pH 12/(0.05 mol/L HO_x – $CHCl_3$)	60	可进行多元素分离，但其见光易分解
		Tl(Ⅲ)	pH 3.5/(0.01 mol/L HO_x – $CHCl_3$)	100	
	铜铁试剂 HCup	Tl(Ⅰ)	pH 7~11.5/$CHCl_3$	约50	水溶液稳定性差
	N – 苯甲酰 – N – 苯胲 BPHA	Tl(Ⅰ)	pH 9~12/(0.1 mol/L BPHA – $CHCl_3$)	约90	其稳定性强，选择性差
		Tl(Ⅲ)	pH≈4/(0.1 mol/L BPHA – $CHCl_3$)	约100	
	双硫腙 H_2D_z	Tl(Ⅰ)	pH 11~14.5/$CHCl_3$	80	强光或高温条件下易分解，易被强氧化剂破坏
		Tl(Ⅰ)	pH 9~12/CCl_4	可萃取	
		Tl(Ⅲ)	pH 3~4/CCl_4	可萃取	
	二乙基二硫代氨基甲酸钠 DDTC	Tl(Ⅰ)	pH 5~13/CCl_4	100	固体较稳定；水溶液在碱性介质中较稳定，在酸性介质中快速分解
		Tl(Ⅲ)	pH 9~12/$CHCl_3$	100	
		Tl(Ⅲ)	pH 9~10/MIBK	定量	

续表 3 – 22

	萃取剂	铊离子	水相/有机相条件	最大回收率/%	优缺点
螯合物萃取体系 A	二 – (2 – 乙基己基)磷酸 HDEHP	Tl(Ⅰ)	(0.01 mol/L HClO$_4$)/庚烷	<1	化学稳定性好
		Tl(Ⅲ)	(0.1~0.5 mol/L HClO$_4$)/庚烷	约100	
	二 – (2 – 乙基己基)二硫代磷酸	Tl(Ⅰ)	pH 1.5~3	约100	—
	APDC – DDTC	Tl(Ⅲ)	pH 3~5/(MIBK – TTA)	93~100	可满足多元素组分离
	吡咯烷荒氨酸 APDC	Tl(Ⅲ)	pH 3~9/MIBK	约95	简便实用
络阴离子缔合体系 B1	2 – 正辛胺基吡啶 2 – OAP	[Tl(succinate)$_2$]$^-$	pH 3 琥珀酸盐/2 – OAP	约100	萃取快速，选择性好
	三苄胺	[TlCl$_4$]$^-$	0.25 mol/L NaCl 和 0.5 mol/L H$_2$SO$_4$/MIBK，CHCl$_3$	约95	萃取剂量少，环保
	结晶紫	[TlBr$_4$]$^-$	(0.6 mol/L H$_2$SO$_4$)/TTA	98	萃取快速、稳定性强
	乙基紫	[Tl(SCN)$_4$]$^-$	(0.12~0.36 mol/L H$_2$SO$_4$)/乙醚	96~100	萃取快速、稳定性较强
		[TlBr$_4$]$^-$	(0.5 mol/L HBr – 0.1 mol/L H$_2$SO$_4$)/TTA	约100	—
	丁基罗丹明 B	[TlBr$_4$]$^-$	2% H$_2$SO$_4$/TTA	94~100	简便、选择性好
	罗丹明 B	[TlCl$_4$]$^-$	NaCl/丙醇	>95	简便、选择性好
	罗丹明 B	[TlCl$_4$]$^-$	乙醇 – (NH$_4$)$_2$SO$_4$/罗丹明 B	>95	简便、选择性好
	亚甲基蓝	[TlCl$_4$]$^-$	(0.4 mol/L HCl)/二氯乙烷	92~95	选择性好、稳定性强
	亮绿	[TlCl$_4$]$^-$	(5 mol/L HCl)/二异丙基醚	>95	选择性好
	焦宁 G	[TlCl$_4$]$^-$	(10 mol/L H$_2$SO$_4$)/苯	94~100	选择性好
	三辛胺 TOA	[TlCl$_4$]$^-$	(0.1~1.0 mol/L H$_2$SO$_4$)/甲苯	约100	萃取快速，但价格昂贵
	1 – 庚基 – 辛基 – 二(乙醇胺)TAB – 194	[TlCl$_4$]$^-$	(1.0 mol/L HCl)/TAB – 194	约99	体系受酸度影响大

续表 3-22

	萃取剂	铊离子	水相/有机相条件	最大回收率/%	优缺点
溶剂化物萃取体系 B2	乙醚	$[TlBr_4]^-$	(1 mol/L HBr)/乙醚	96~100	简单、快速,但乙醚有毒、易挥发
	异丙醚	$[TlBr_4]^-$	(5 mol/L HBr)/异丙醚	99	
	MIBK 甲基异丁基酮	$[TlBr_4]^-$	(0.1 mol/L HBr)/MIBK	>90	价廉、选择性好、萃取速度慢
		$[TlCl_4]^-$	(20% HCl-30% KI)/MIBK	98~100	—
		$[TlI_4]^-$	(3 mol/L H_2SO_4-0.2 kg/L KI)/MIBK	定量	
	乙酸异戊酯 TTA	$[TlCl_4]^-$	(1.5 mol/L HCl)/TTA	约100	简便、快速、选择性好、稳定性强、萃取率高
	乙酸乙酯	$[TlCl_4]^-$	(6% HCl-4% H_3PO_4)/乙酸乙酯	97~100	体系稳定
	磷酸三丁酯 TBP	Tl(Ⅲ)	(1.0~6.0 mol/L HCl)/(苯-20% TBP)	>99	萃取率高,不形成乳浊液
	三苯基氧化膦 TPPO	Tl(Ⅲ)	(0.5~0.7 mol/L HCl)/(甲苯-5% TPPO)	>99	化学稳定性好
	三烷基氧化膦 Cyanex-923	Tl(Ⅲ)	pH 1.5/(甲苯-Cyanex-923)	>99	选择性高
	双(2,4,4三甲基戊基正辛基)氧化膦 Cyanex-925	Tl(Ⅲ)	pH 2.0~4.0/(甲苯-45% T2EHP)	>99	选择性高
	三-(2-乙基己基)磷酸 T2EHP	Tl(Ⅲ)	pH 2.8~3.8/(甲苯-45% T2EHP)	>99	不用盐析剂、抗干扰强
	氧化三苯砷 TPASO	Tl(Ⅲ)	pH 3.0~3.5/(甲苯-0.3% TPASO)	约99	快速准确,体系稳定
冠状化合物萃取体系 B3	穴醚	Tl(Ⅰ)	(pH 6.5 H_2SO_4,藻红)/$CHCl_3$	100	—
	二环己烷-18-冠-6DC18C6	Tl(Ⅰ)	LiP_2O_7/(甲苯-DC18C6)	>90	选择性高
	钾$^+$-二环己烷-18-冠-6DC18C6	Tl(Ⅲ)	草酸根/($CHCl_3$-KDC18C6)	>90	选择性高

4.1 三价铊的溶剂萃取

国内外萃取回收铊的工艺都是以 Tl(Ⅲ)为对象进行，这主要是因为 Tl(Ⅰ)的 f 电子对核电荷的屏蔽作用小，以使有效电荷增加得多，导致 Tl(Ⅰ)的 $6s^2$ 电子对非常稳定。因此，与 Tl(Ⅰ)相比，Tl(Ⅲ)更容易与萃取剂发生离子交换作用或配位作用。国内外对 Tl(Ⅲ)的溶剂萃取研究较多，其中螯合萃取体系的研究和螯合剂的开发已达到一定水平，而离子缔合萃取体系的研究则更为活跃[21-22]。

4.1.1 D2EHPA 萃取

含铊物料均经 H_2SO_4 或 HCl 浸出，以使铊转入到溶液中，至于是选取 H_2SO_4 还是 HCl，则主要以处理过程的副产物是否便于返回主生产流程，或者能兼获副产商品为准。电锌厂与电铜厂一般选用硫酸。典型的酸浸—D2EHPA 或 N503 萃取法提取铊的流程，如图 3-7 所示[2,23]。

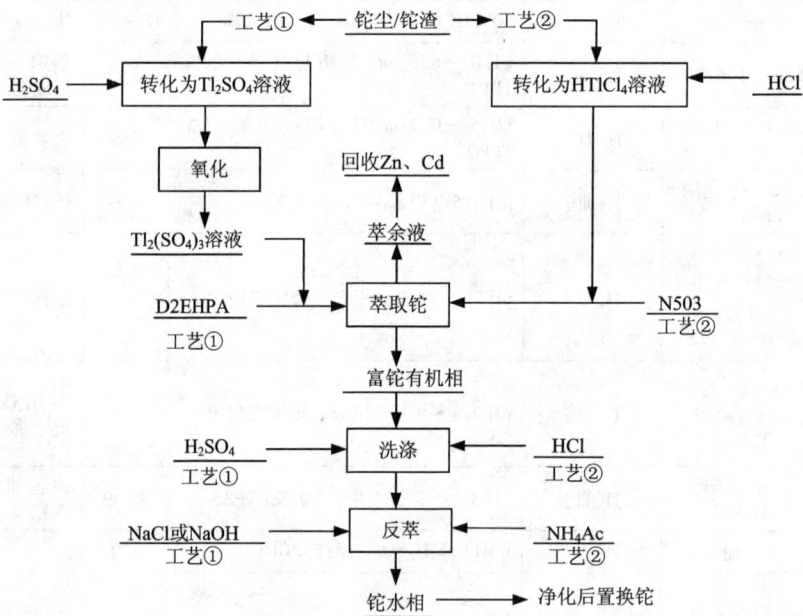

图 3-7 酸浸—萃取法提取铊的工艺流程

在 HCl 体系中，D2EHPA 宜在低酸度条件下萃取铊与镓，溶液酸度对其萃铊率的影响，如图 3-8[2]所示。在硫酸体系中，D2EHPA 萃 Tl(Ⅰ)的能力强，但萃取选择性较差。将 Tl(Ⅰ)氧化到 Tl(Ⅲ)时，D2EHPA 对其的萃取选择性提高。

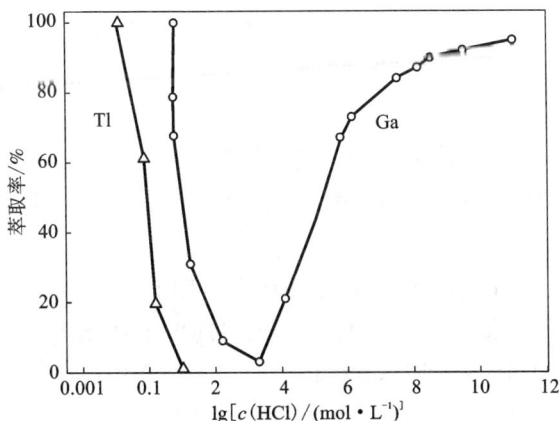

图 3 – 8 盐酸浓度对 D2EHPA 萃取铊和镓的影响

加拿大弗林弗隆电锌厂（图 3 – 7 中工艺①）用 H_2SO_4 浸出含铊的铜镉渣得到成分为：Tl 0.14 g/L、Zn 108 g/L、Cd 94 g/L、H_2SO_4 4 ~ 30 g/L 的溶液。在 50 ~ 60℃条件下用 $(NH_4)_2S_2O_8$（也有用 $KMnO_4$ 或 Br_2 的）将 Tl^+ 氧化为 Tl^{3+}：

$$Tl_2SO_4 + 2(NH_4)_2S_2O_8 =\!=\!= Tl_2(SO_4)_3 + 2(NH_4)_2SO_4 \qquad (3-67)$$

然后，加入碳酸钠使锌与镉以碳酸盐的形态沉淀出来而除去，冷至室温，用 30% D2EHPA 在相比 O:A = 1:10 时萃取铊：

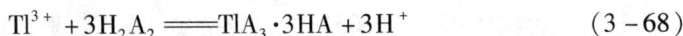

$$Tl^{3+} + 3H_2A_2 =\!=\!= TlA_3 \cdot 3HA + 3H^+ \qquad (3-68)$$

富铊有机相用 15% H_2SO_4 洗涤后，用 25 g/L NaCl 溶液在 O:A = 10:1 时反萃，得含铊 14 ~ 27 g/L 的水相：

$$TlA_3 \cdot 3HA + 4NaCl + 3H_2O =\!=\!= 3H_2A_2 + 3NaOH + NaTlCl_4 \qquad (3-69)$$

用 D2EHPA 萃取 Tl^{3+} 时，稀释剂经 H_2SO_4 处理，且控制 H_2SO_4 浓度小于 0.8 mol/L，此时铊萃取率可达 95% 以上[2]。

4.1.2 N503 萃取

中国采用 N503 从 HCl 介质中萃取 Tl^{3+}（图 3 – 7 中工艺②）。原料为含 Tl 0.005% ~ 0.015% 的铅烧结尘、多膛炉 ZnO 烟尘及含 Tl 0.04% ~ 0.09% 的铜转炉尘等，这些烟尘中的铊有 50% ~ 93% 呈 Tl_2O 形态。

某锌厂多膛炉 ZnO 烟尘成分为：Tl 0.24%、F 6.21%、Cl 3.08%、Zn 36.87%、Pb 18.14%、Cd 5.1% 及 As 0.69%。其中 80% ~ 93% 铊以 Tl_2O 形态及 6% ~ 16% 以 TlCl 形态存在，余为 TlF 及 Tl_2O_3。烟尘直接用热水浸出，浸出后的溶液经氧化后水解（pH 为 4 ~ 5）得富铊中和渣，此渣经 HCl 溶解，铊转入 $HTlCl_4$

溶液中。烟尘也可采用碱浸，在 80℃温度下，终点 pH 为 8.5 ～ 10.5 时，铊进入溶液，铅、锌、镉及铁等残留于渣中。再在 50 ～ 60℃温度下往滤液中加入 Na_2S 以沉淀出铊：

$$2TlOH + Na_2S \xrightarrow{\quad\quad} Tl_2S\downarrow + 2NaOH \qquad (3-70)$$

沉淀物用 H_2SO_4 溶解后加 $KMnO_4$ 进行氧化：

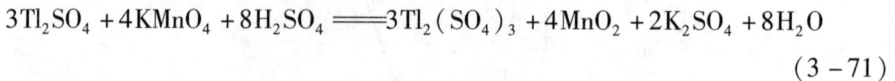

$$3Tl_2SO_4 + 4KMnO_4 + 8H_2SO_4 \xrightarrow{\quad\quad} 3Tl_2(SO_4)_3 + 4MnO_2 + 2K_2SO_4 + 8H_2O$$
$$(3-71)$$

向溶液中加入 HCl，使 $Tl_2(SO_4)_3$ 转化为 $HTlCl_4$：

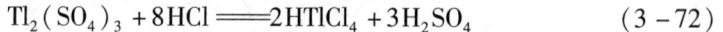

$$Tl_2(SO_4)_3 + 8HCl \xrightarrow{\quad\quad} 2HTlCl_4 + 3H_2SO_4 \qquad (3-72)$$

用 15% ～ 20% N503 + 二甲苯，在相比 O∶A = 1∶2 条件下萃取铊，萃取机理可表述为 N503 与 Tl^{3+} 形成锌盐：

$$HTlCl_4 + CH_3CONR_2 \xrightarrow{\quad\quad} CH_3CONR_2H^+TlCl_4^- \qquad (3-73)$$

富铊有机相用 0.5 mol/L HCl 洗涤后，在 pH 为 5 ～ 6、相比 O∶A = 2∶1 的条件下，用 1.5 ～ 2.0 mol/L NH_4Ac 反萃铊，获得含 Tl 40 g/L 的铊水相：

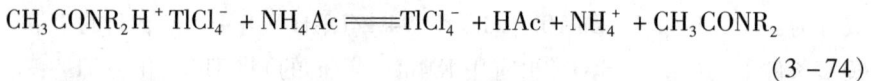

$$CH_3CONR_2H^+TlCl_4^- + NH_4Ac \xrightarrow{\quad\quad} TlCl_4^- + HAc + NH_4^+ + CH_3CONR_2$$
$$(3-74)$$

铊水相经 Na_2SO_3 还原，Tl^{3+} 转为 Tl^+，加 H_2SO_4 转化与除杂后，再用锌板置换，可得海绵铊，经压团与碱熔炼后得到纯度为 99.99% 的铊，此时铊的回收率为 70% ～ 85%[2]。

某铅厂含铊 0.02% ～ 0.05% 的铅烧结尘，投入反射炉内于 600 ～ 700℃温度下还原挥发焙烧，此时挥发尘产率仅 0.3%，且铊含量达 3% ～ 7%，还另含：Se 0.54%、Te 0.15%、As 5% ～ 12%、Zn 1% ～ 5%、Pb 18%、Cu 2% 及 Cd 1% ～ 2%。用 1.2 ～ 1.5 mol/L H_2SO_4 溶液，在 90℃温度下浸出此挥发尘，铊转入溶液中，再向滤液中加入 MnO_2 以使 Tl（Ⅰ）氧化成 Tl（Ⅲ），再加入 NaCl 至 Cl^- 浓度达到 0.5 mol/L 后，用 N503 萃取铊，溶液中 Cu、Zn、Cd 及 As 等杂质不被萃取，仅少量 Fe 被萃取。负载有机相用 HCl 洗涤，用 1.5 mol/L NH_4Ac 溶液反萃，所得的铊水相加入饱和 Na_2S 溶液后，在 pH 为 7 ～ 7.5 时沉淀出铊，硫化铊沉淀再经 H_2SO_4 溶解、Na_2CO_3 除杂、锌置换、碱熔铸等过程得纯度为 99.99% 的金属铊，此时铊的回收率为 80% ～ 85%[2]。

4.1.3 异丙醇萃取

通过异丙醇水溶液的盐析作用可萃取 Tl（Ⅲ）。在异丙醇和水的界面处，按照 2 ～ 4.5 mol/L 的浓度梯度加入 NaCl，可以选择性地萃取三价铊，萃合物为 $NaTlCl_4$，如图 3 - 9 所示。此外，在镓、铟、铋、锑干扰下，萃取剂可以选择性地萃取铊[24]。

有机相	$Na^+[TlCl_4]^-$	$\rightleftharpoons$	$TlCl_4^-$	$+$	Na^+	Cl^-	H_2O

| 水相 | $Tl^{3+}+4Cl^-$ | $\rightleftharpoons$ | $TlCl_4^-$ | $+$ | Na^+ | Cl^- | H_2O |

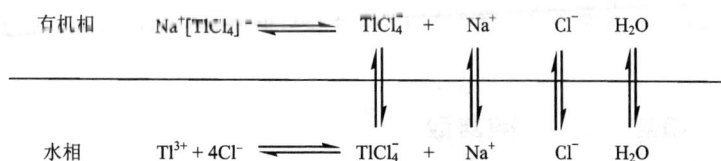

图 3-9　异丙醇萃取 Tl(Ⅲ)的机理示意图

4.1.4　中性磷类萃取剂 Cyanex923 萃取

中性萃取剂三烷基氧化膦 Cyanex923 可从含铊(Ⅲ)、镓(Ⅲ)、铟(Ⅲ)的酸性溶液中选择性地萃取 Tl(Ⅲ)。在不同的 pH 下，这些金属离子在甲苯溶液中被 Cyanex923 萃取[25]，其萃取流程及萃取参数如图 3-10 所示。

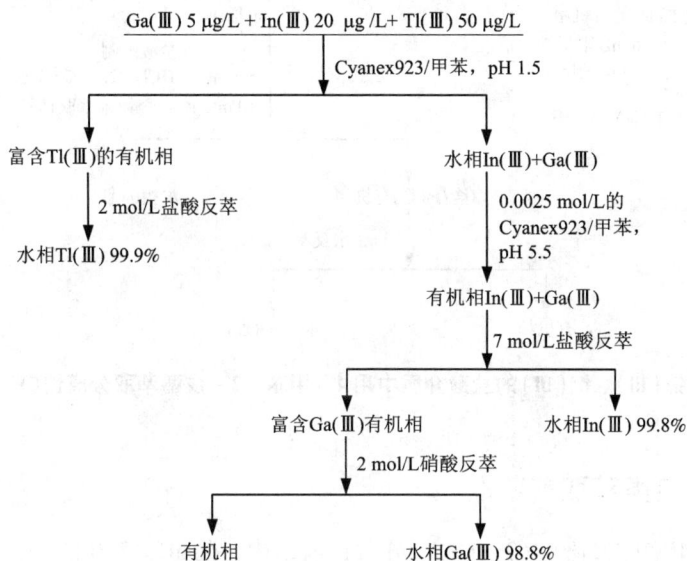

Ga(Ⅲ) 5 μg/L + In(Ⅲ) 20 μg/L+ Tl(Ⅲ) 50 μg/L

Cyanex923/甲苯，pH 1.5

富含Tl(Ⅲ)的有机相　　　　　水相In(Ⅲ)+Ga(Ⅲ)

2 mol/L盐酸反萃　　　　　0.0025 mol/L的 Cyanex923/甲苯，pH 5.5

水相Tl(Ⅲ) 99.9%　　　　　有机相In(Ⅲ)+Ga(Ⅲ)

7 mol/L盐酸反萃

富含Ga(Ⅲ)有机相　　　　　水相In(Ⅲ) 99.8%

2 mol/L硝酸反萃

有机相　　　　　水相Ga(Ⅲ) 98.8%

图 3-10　在镓(Ⅲ)、铟(Ⅲ)的酸性溶液中用 Cyanex923 萃取分离铊(Ⅲ)的工艺路线

4.1.5　中性磷类萃取剂 Cyanex925 萃取

利用双(2，4，4-三甲基戊基正辛基)氧化膦(Cyanex925)对镓(Ⅲ)、铟(Ⅲ)、铊(Ⅲ)进行萃取。铊(Ⅲ)在 pH 为 2.0~4.0 的条件下能够被选择性地萃

取，镓（Ⅲ）和铟（Ⅲ）则在 pH 为 4.0 ~ 5.0 时能同时被萃取出来。1.0 mol/L HNO₃、1.5 mol/L HCl 和 3.0 mol/L HCl 的洗脱剂可分别将镓离子、铟离子、铊离子从负载有机相中洗脱下来，这是一种有效的萃取分离镓（Ⅲ）、铟（Ⅲ）、铊（Ⅲ）的方法[26]。

4.1.6　4 - 甲基 -2 - 戊醇萃取

使用 4 - 甲基 -2 - 戊醇在盐酸介质中分离三价镓、铟、铊，微量铊在其他离子大量存在的环境下得到分离富集。分离镓、铟、铊的技术路线如图 3 - 11 所示[27]。

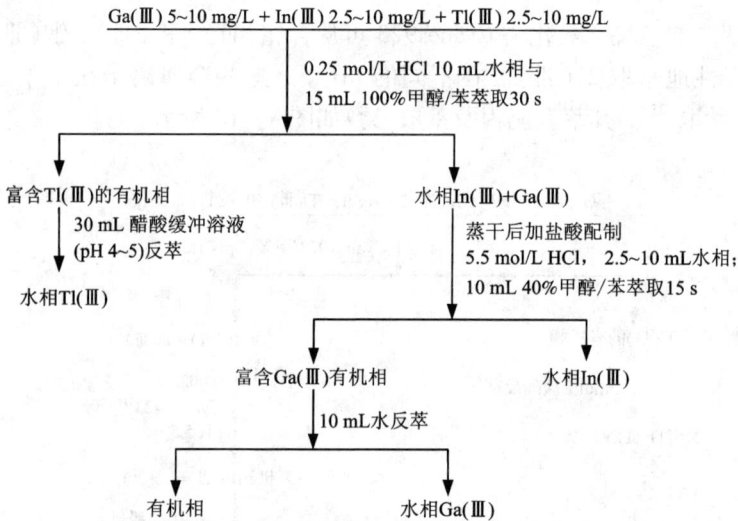

图 3 - 11　在镓（Ⅲ）、铟（Ⅲ）的盐酸介质中用 4 - 甲基 -2 - 戊醇萃取分离铊（Ⅲ）的工艺路线

4.1.7　吡啶类萃取剂萃取

将 2 - 正辛胺基吡啶（2 - OAP）分散在氯仿中，在 pH =3.0 的条件下，从琥珀酸盐（0.0075 mol/L Succinate）介质中萃取 Tl（Ⅲ），此时 Tl（Ⅲ）可以被醋酸缓冲溶液（pH 4.63）反萃下来。研究表明，经 30 s 即可达到萃取平衡，并且萃取选择性高，可应用于 Tl（Ⅲ）的分析测试[28]。其萃取反应机理为：

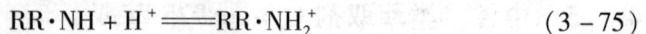

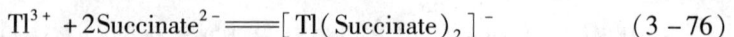

$$RR \cdot NH + H^+ \Longrightarrow RR \cdot NH_2^+ \qquad (3-75)$$

$$Tl^{3+} + 2Succinate^{2-} \Longrightarrow [Tl(Succinate)_2]^- \qquad (3-76)$$

$$RR \cdot NH_2^+ + [Tl(Succinate)_2]^- \Longrightarrow [RR \cdot NH_2^+ Tl(Succinate)_2^-] \qquad (3-77)$$

4.1.8　三苄胺萃取

当用三苄胺萃取 Tl(Ⅲ)时，可将甲基异丁基酮和氯仿结合起来作稀释剂，以对三价铊的[$TlCl_4$]$^-$进行萃取富集。在 0.25 mol/L NaCl 和 0.5 mol/L H_2SO_4 体系中，铊浓度为 5~20 μg/mL，萃取效率均能达到 95%，用 0.1 mol/L Na_2SO_3 可有效洗脱负载有机相中的铊离子[29]。

4.1.9　甲基–二环己烷–18–冠醚–6 液膜萃取

用甲基–二环己烷–18–冠醚–6(K^+–DC18C6)对[$TlCl_4$]$^-$进行液膜萃取，[$TlCl_4$]$^-$经氯仿液膜进入到含有草酸根阴离子的接受相。整个过程用时 120 min，回收率为 96%，而且可在含有 Cu^{2+}、Zn^{2+}、Ni^{2+}、Cd^{2+}、Pb^{2+}、Co^{3+}、Mn^{2+}、Cr^{3+}、Mg^{2+}、Ca^{2+}、K^+、N^+ 和 Fe^{3+} 的溶液中选择性地对[$TlCl_4$]$^-$进行回收[29]。DC18C6 的结构式如图 3–12 所示[30]。

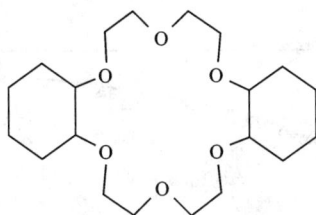

图 3–12　DC18C6 结构示意图

4.1.10　乙酸丁酯萃取

乙酸丁酯在铅铊萃取分离中是较为有应用前景的技术。乙酸丁酯提取铊的技术体系已经应用于放射性物质 ^{201}TlCl 的生产。对铊–硫酸–氯化钠–乙酸丁酯体系，硫酸浓度对萃取速率的影响最大，且提取三价铊的速率随硫酸浓度的增加而增加，如图 3–13 所示。水溶液中 $n(Cl)/n(Tl) \geqslant 4$ 时，氯离子浓度不影响萃取平衡。但当 $n(Cl)/n(Tl) < 4$ 时，氯离子浓度是影响萃取平衡的重要因素，如图 3–14 所示。萃取平衡可用一个简单的方程式：$H^+ + TlCl_4^- + nBuAc \Longrightarrow HTlCl_4 \cdot nBuAc$ 来表示，这是生产放射性物质 ^{201}TlCl 的重要步骤[31-32]。

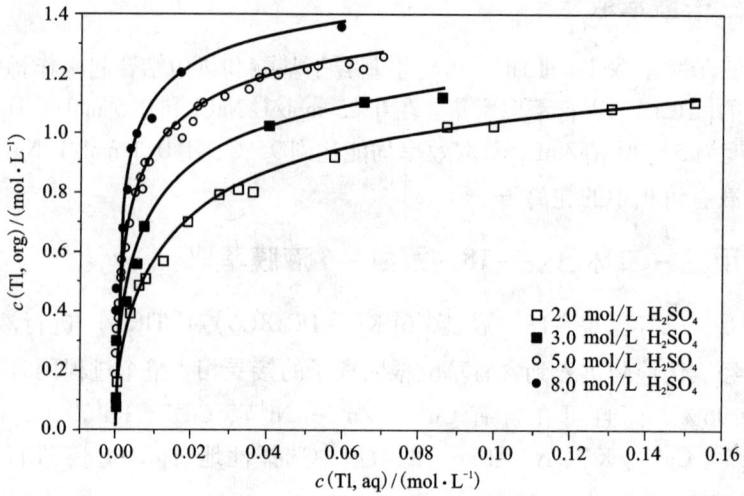

图 3 - 13　水溶液中 Cl/Tl 的比值为 4 时，不同硫酸浓度时的萃取等温线

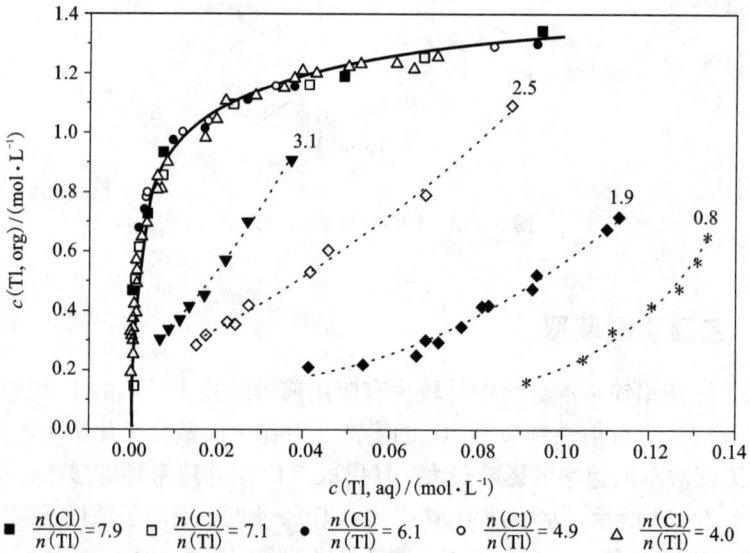

图 3 - 14　硫酸浓度为 5.0 mol·L^{-1} 时，不同 $n(Cl)/n(Tl)$ 比值的萃取等温线

4.2　三价铊的吸附

吸附法是岩矿样品、环境样品中痕量铊分离富集的重要手段之一，也可用于

极低浓度的含铊废水处理[33-34]。吸附三价铊常用的吸附剂除离子交换树脂外，还有泡沫塑料（简称泡塑）、活性炭等。常用于铊吸附分离的泡塑有聚氨酯泡塑、负载泡塑、酯氨泡塑、聚酰胺泡塑等，其稳定性、耐氧性、耐渗透压、耐摩擦能力及使用寿命均胜过离子交换树脂，且具有一定的分离选择性及很高的浓缩倍数。泡塑的价格低廉，可考虑用于处理低浓度含铊工业废水。

4.2.1　离子印迹聚合物吸附剂

近年来，离子印迹聚合物作为一种可以吸附某些特定元素的新型吸附剂而备受关注，聚合物的记忆效应使得该类聚合物相对于其他吸附剂具有高选择性。该类吸附剂是一种通过自由基聚合反应合成的 Tl(Ⅲ)配合物印迹的离子印迹聚合物吸附剂，该吸附剂在最佳 pH = 6.8 ± 0.2 情况下，对于 Tl(Ⅲ)的最大饱和吸附量为 9.6 mg/g。竞争吸附研究表明，Tl(Ⅲ)印迹吸附剂即使在具有相似离子半径的 Cu(Ⅱ)和 Mg(Ⅱ)存在时，其对 Tl(Ⅲ)也具有极高的吸附选择性[35]。

4.2.2　纳米氧化物吸附剂

纳米材料表面的原子具有不饱和的特性，因此可以跟金属离子结合，具有很强的吸附能力，且吸附时间短、吸附率高。有研究将纳米 TiO_2 吸附并结合微波辐射技术来对水溶液中的铊进行分离富集[36]，在 pH = 4.5 的情况下，纳米 TiO_2 对铊的吸附率可达到98%，并且微波辐射下对铊的解析可达99%，饱和吸附量为 4.09 mg/g(20 ± 0.1℃)。纳米 Al_2O_3 作为吸附剂时，其可对水溶液中的铊进行分离富集，在 pH = 4.5 的条件下对铊的吸附可达到100%，最大吸附量可达 5.78 mg/g (20 ± 0.1℃)，若再用 0.25 mol/L 的 HCl 对铊进行解析，其解析率可达到99%[37]。纳米 Al_2O_3 无论是吸附能力还是解析率都高于纳米 TiO_2，这一类方法已经应用于环境样品和地质样品中铊的分离与测定。

4.2.3　多壁碳纳米管

碳纳米管具有巨大的表面积和孔结构，可用于镓、铟、铊等离子的吸附。另外，通过各种酸的作用，碳纳米管表面可以氧化生成各种含氧官能团，而这些官能团可以与金属离子反应产生吸附作用。分别用 H_2SO_4、$KMnO_4$ 和 HNO_3 将碳纳米管氧化后对 Tl(Ⅲ)进行吸附，研究发现最佳吸附 pH 为7，在此条件下原始碳纳米管、H_2SO_4 氧化、$KMnO_4$ 氧化和 HNO_3 氧化的碳纳米管的饱和吸附量分别为 3.0 mg/g、11.7 mg/g、21.6 mg/g 和 31.5 mg/g[38]。可见，氧化后的碳纳米管有更好的吸附性能。

4.2.4　壳聚糖吸附剂

壳聚糖是一种天然材料，无毒无害且易于分解，含有大量的氨基和羟基，能与金属形成稳定的络合物。对壳聚糖进行一系列的物理化学方法改性之后，其会被赋予一些特殊的吸附性能，可用于吸附稀散金属离子。以羧甲基壳聚糖和膨润土为原料，制备的羧甲基壳聚糖-膨润土复合吸附剂对水中的铊进行吸附，其结果表明，该吸附剂对废水中铊的吸附量会随废水 pH 的升高而增大，当水温低于 50℃ 时，升温对吸附有利；当水温高于 50℃ 时，再进一步升温，会导致吸附剂对铊的平衡吸附量减小。该吸附剂对铊的吸附容量与铊的浓度密切相关，当铊的初始浓度为 100 mg/L、吸附平衡时铊的浓度为 48.54 mg/L 时，对应的吸附容量为 15.43 mg/g。通过改变吸附剂的用量可以控制水溶液中铊的浓度[39]。

4.2.5　氨基硅凝胶改性材料

在吸附剂中，以硅胶作为载体制备的吸附剂有良好的机械强度和热稳定性[40]。将正辛基苯胺（阴离子萃取剂）负载到二氧化硅上，再利用萃取层析法，可选择性分离 Ga(Ⅲ)、In(Ⅲ)、Tl(Ⅲ)，其工艺路线如图 3-15 所示。固相萃取受外来离子影响小，并且萃取 Ga(Ⅲ)、In(Ⅲ)、Tl(Ⅲ) 时，所需萃取剂量和酸的浓度非常小，有利于环保[41]。

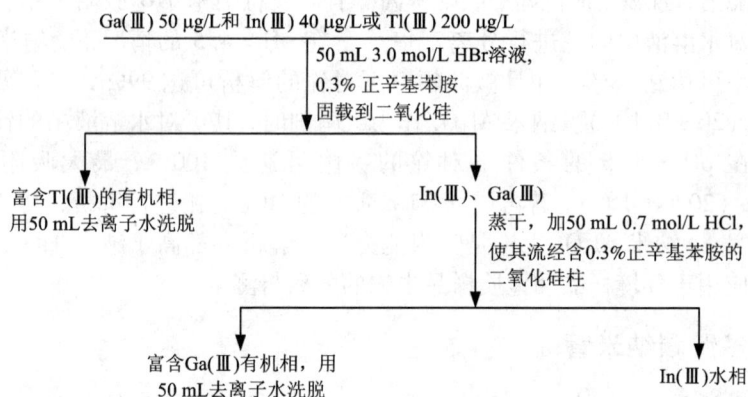

图 3-15　正辛基苯胺负载的二氧化硅萃取分离 Tl(Ⅲ) 的工艺路线图

4.2.6　改性树脂与离子交换树脂

腙类化合物的改性树脂材料对镓、铟、铊有较强的吸附能力。腙类化合物有很强的螯合金属离子的能力，其包含除腙基团外的有两个相邻羟基的活性基团，且该活性基团可通过形成环，增加了其稳定性。一种新的腙（DAPCH）修饰树脂的结构如图 3-16 所示，用于分离和富集 Ga(Ⅲ)、In(Ⅲ) 和 Tl(Ⅲ)。结果表明，在 pH = 2.5~3.0 时，Ga(Ⅲ) 和 In(Ⅲ) 被吸附；而在 pH = 2.0 条件下，

Tl(Ⅲ)被吸附，可以用不同浓度的 HCl 溶液作为洗脱剂。Ga(Ⅲ)、In(Ⅲ)和 Tl(Ⅲ)的饱和吸附量和富集因数分别为 0.82 mmol/g、0.96 mmol/g、0.44 mmol/g 和 150、150、100，负载的树脂可以循环使用至少 50 次[42]。

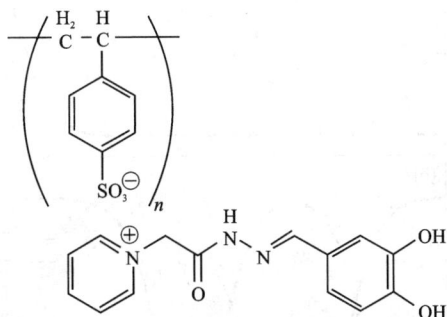

图 3－16　负载的树脂结构示意图

一些离子交换树脂也可以吸附铊并应用于生产。对于铅烧结产出的含铊烟尘经水浸得到的含 Tl 0.10 ~ 0.18 g/L 的溶液，控制 pH = 8，在室温下用强酸性阳离子交换树脂吸附 Tl，待吸附饱和后用 5% ~ 10% H₂SO₄ 解析，获得含 Tl 达 5 ~ 15 g/L 的解析液，再经置换法可得铊。如用 HCl 浸出含 Tl 烟尘，则可在 1 ~ 4 mol/L HCl 条件下用强碱性阴离子树脂吸附铊，当 HCl 浓度为 2 ~ 10 mol/L 时，铊的分配比均较高。解析可用 4 mol/L HClO₄ 或 H₂SO₄。从含铊 0.5 mol/L、HCl 7 mol/L 的溶液中吸附铊，用氯型的强碱性阴离子树脂也可定量吸附铊，饱和后可用浓 H₂SO₄ 或 4 mol/L HClO₄ 解析铊[2]。

4.3　一价铊的溶剂萃取

前述萃取铊时需将稳定态的 Tl⁺ 氧化为不稳定的 Tl³⁺，反萃后又要将其还原为 Tl⁺ 后再置换铊，在此过程中，均需要消耗一定的氧化剂和还原剂，从而造成工序和成本的增加。显然，如能直接萃取 Tl⁺ 将更有意义。

Tl(Ⅰ)和 Tl(Ⅲ)在水溶液中的存在形式如图 3－17 所示。与 Tl(Ⅲ)不同，Tl(Ⅰ)在 pH < 11 的条件下，均以 Tl⁺ 形式存在，故萃取 Tl⁺ 需在此条件下进行。

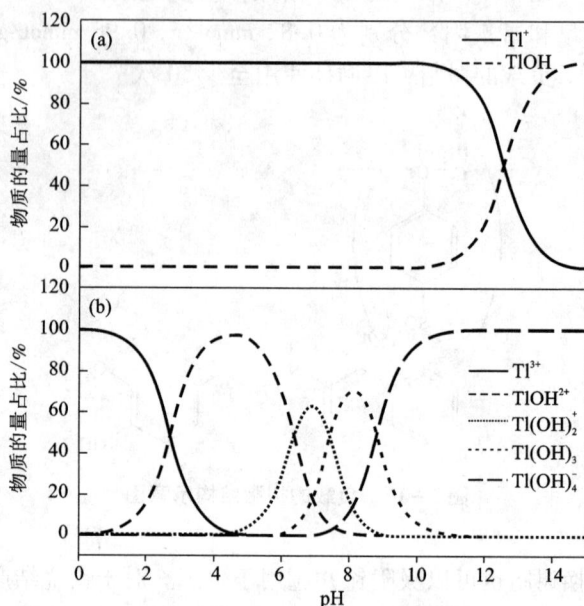

图 3-17 Tl(Ⅰ)和 Tl(Ⅲ)的存在形式

(a)Tl(Ⅰ)的存在形式；(b)Tl(Ⅲ)的存在形式

4.3.1 二(2-乙基己基)二硫代磷酸(D₂EHDTPA)萃取剂

一价铊可采用二(2-乙基己基)二硫代磷酸(D₂EHDTPA，以 H_2A_2 表示)萃取剂进行萃取。在硫酸介质中，D₂EHDTPA 萃取 Tl^+ 的机理为：

$$Tl^+ + H_2A_2 \Longrightarrow TlHA_2 + H^+$$

萃合物结构如图 3-18 所示。萃铊率大于 99%，用高酸(7 mol/L H_2SO_4)反萃铊，铊反萃率大于 99%。采用二(2-乙基己基)磷酸(D2EHPA)、二(2-乙基己基)单硫代磷酸(D₂EHMTPA)也能定量萃 Tl^+ 且萃取剂更易于合成[43]。

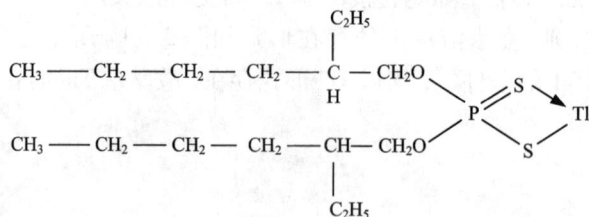

图 3-18 D₂EHDTPA 萃取 Tl^+ 的萃合物结构

4.3.2 醚类萃取剂

在氯仿溶液中,使用 CRYPTAND222 为萃取剂(其结构如图 3 - 19 所示),以藻红为抑制离子,可以定量萃取 Tl^+,然后使用 H_2SO_4 溶液可以将其从有机相中反萃[44],加入藻红之后要调节 pH 到 6.5,才能保证最佳酸度条件。研究表明,二苯并类冠醚可有效萃取 Tl^+,如二苯并 - 18 - 冠 - 6,可以在较短时间内将铊与其他离子分离,具有一定的实际应用价值。

图 3 - 19 不同冠醚化合物的结构式

研究还发现,多种冠醚在 Tl^+ 的萃取中能发挥作用[45-46]。在非水溶剂中,中性的冠醚化合物形成相对稳定的配合物,在碱性的条件下,阳离子被放置在空腔中,中心配位腔的大小和中心阳离子的离子半径之比是决定复合物稳定性的重要因素。

4.3.3 杯芳烃类萃取剂

杯芳烃之前常应用于从碱金属阳离子中分离 Cs^+,后来发现它对 Tl^+ 更具有识别能力。杯芳烃衍生物在金属离子的识别和分离中有重要的作用,主要涉及芳香骨架等结构与阳离子结合的能力。用包含杯芳烃 - 冠醚结构的物质对 Tl^+ 进行萃取研究,结果表明,这类物质对 Tl(Ⅰ)有极强的亲和作用,并且选择性强[47]。

4.4 一价铊的吸附

研究对 Tl^+ 的吸附,对于去除水中的铊有实用意义,且与吸附 Tl^{3+} 的目的相同。

4.4.1 无机物吸附剂

(1)无机材料载体负载离子液体

一些无机材料载体经过离子液体的负载之后，会展现出优异的吸附性能，如某些硅土。将不同种类的离子液体负载到硅酸镁表面，研究发现，膦基离子液体和咪唑基离子液体对 Tl(Ⅰ)有吸附作用，其吸附能力的大小顺序为：$BmimPF_6$ 负载硅酸镁 < $OmimBF_4$ 负载硅酸镁 < Cyphos IL – 101 负载硅酸镁，见表 3 – 23。0.1 g 负载 Cyphos IL – 101 的硅酸镁就可以对 25 mL 10 mg/L 的 Tl(Ⅰ)进行100% 的萃取，饱和吸附量为 11.1 mg/g。另外，还有研究发现季磷类离子液体浸渍的硅酸镁对 Tl(Ⅰ)有更高的萃取效率。

表 3 – 23　无机载体负载离子液体吸附 Tl(Ⅰ)的饱和吸附量

吸附材料	饱和吸附量/$(mg \cdot g^{-1})$	朗格缪尔吸附等温模型 R^2
Cyphos IL – 101 负载硅酸镁	11.1	0.9984
$OmimBF_4$ 负载硅酸镁	8.48	0.9961
$BmimPF_6$ 负载硅酸镁	7.97	0.9973

(2)水合氧化锰

HMO(水合氧化锰)是一类广泛存在于自然环境中的 Mn 的两性化合物，具有较高的比表面积、热稳定性及化学稳定性。HMO 具有对重金属吸附容量大、选择性强、吸附速度快、易于再生等优点，其在重金属污染治理中的应用越来越被重视。HMO 在不同的电解质环境下，通过静电作用于内表面形成络合，可有效吸附多种不同的金属离子，$\gamma - MnO_2$ 在所有 MnO_2 晶型中的活性最佳，是一种极具潜力的 Tl(Ⅰ)吸附剂。$\gamma - MnO_2$ 表面的吸附行为属离子交换，并受离子强度影响，在 pH 为 2~3 的酸性溶液中，$\gamma - MnO_2$ 对 Tl(Ⅰ)的吸附容量随着 pH 的增大而减小；当 pH 为 4~6 时，吸附容量随 pH 的增加而迅速增大；而当 pH > 6 时，吸附达到平衡。$\gamma - MnO_2$ 对 Tl(Ⅰ)的吸附量随着离子强度的降低而增大[49]。

无定形水合二氧化锰(HMO)在水溶液中可选择性吸附 Tl(Ⅰ)，且 Tl(Ⅰ)的吸附受 pH 控制。在 pH = 2~4 时，吸附量大幅下降；而当 pH 升到 7 后，吸附量又快速回升。XPS 图谱表明，超过一半的 Tl(Ⅰ)在 pH = 2.02 条件下，是先被氧化成 Tl(Ⅲ)后被吸附的；而在 pH≈5.83 时，只有少量的 Tl(Ⅰ)可被氧化后吸附。无定形水合二氧化锰相比于 D – 001 和 IRC – 748 树脂，在 Ca(Ⅱ)的存在下有更高的吸附选择性[50]。MnO_2 对 Tl(Ⅰ)的吸附机理如下所示：

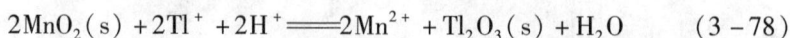

$$2MnO_2(s) + 2Tl^+ + 2H^+ \Longrightarrow 2Mn^{2+} + Tl_2O_3(s) + H_2O \qquad (3-78)$$

$$—Mn—OH + Tl^+ = Mn—O—Tl + H^+ \qquad (3-79)$$

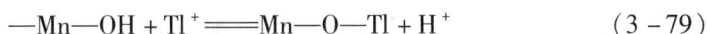

（3）纳米二氧化锰材料

纳米级二氧化锰是一种具有高比表面积的吸附材料，在工程和自然水处理中的应用十分广泛。相较于其他金属氧化物，二氧化锰是一种强氧化剂，应用纳米二氧化锰对一价铊进行氧化和吸附能够改变其毒性以及在自然界中的存在形态。用纳米二氧化锰（$nMnO_2$）氧化和吸附 $Tl(I)$，在 $pH = 7.0$、$15\ min$ 的条件下就可对铊完全吸附，最大饱和吸附量为 $58.48\ mg/mmol$。Ca^{2+}、Mg^{2+}、SiO_3^{2-}、PO_4^{3-} 和 CO_3^{2-} 的存在会在一定程度上降低 $Tl(I)$ 的吸附容量。在 $pH = 4$ 的条件下，会同时发生锰离子的释放和 $nMnO_2$ 的团聚，这表明有氧化行为发生；而在 $pH = 7 \sim 9$ 时，这些情况不会发生[51]。

（4）钛酸盐纳米管

钛酸盐纳米管在铊吸附中的使用得到了广泛关注。此类材料通过低温二氧化钛和氢氧化钠溶液水热法合成，且过程较为简单。由于钛酸盐纳米管具有表面带电、比表面积较大、直径较小等物理化学特性，故可广泛地应用于重金属和放射性元素的吸附。用水热法合成的二氧化钛纳米管，在不同的条件下，对铊的两种价态离子均能够有效吸附[52]。在前 $10\ min$ 时，吸附剂对 $Tl(I)$ 和 $Tl(III)$ 的吸附速度都比较快，对 $Tl(I)$ 的饱和吸附量为 $709.2\ mg/g$。二氧化钛纳米管层间发生的 Tl^+ 与 Na^+、H^+ 的离子交换反应是对 $Tl(I)$ 的主要吸附机理。对于 $Tl(III)$ 的吸附机理，在低浓度条件下是因为 Na^+ 与 $Tl(III)$ 发生的离子交换反应；在高浓度下，是因为 $Tl(III)$ 以 $Tl(OH)_3$ 形式存在，且与二氧化钛纳米管形成了共沉淀。二氧化钛纳米管有很高的选择性，共存离子 Na^+ 和 Ca^{2+} 的存在很难抑制铊的吸附。吸附铊后的二氧化钛纳米管可用 HNO_3 解析、$NaOH$ 再生。吸附铊的机理反应为：

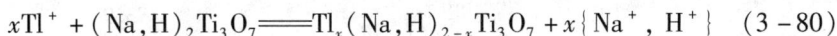

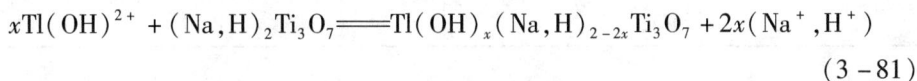

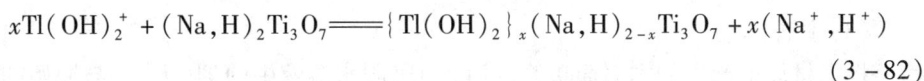

$$x Tl^+ + (Na,H)_2 Ti_3 O_7 = Tl_x(Na,H)_{2-x} Ti_3 O_7 + x\{Na^+, H^+\} \qquad (3-80)$$

$$x Tl(OH)^{2+} + (Na,H)_2 Ti_3 O_7 = Tl(OH)_x(Na,H)_{2-2x} Ti_3 O_7 + 2x(Na^+, H^+)$$
$$\qquad (3-81)$$

$$x Tl(OH)_2^+ + (Na,H)_2 Ti_3 O_7 = \{Tl(OH)_2\}_x(Na,H)_{2-x} Ti_3 O_7 + x(Na^+, H^+)$$
$$\qquad (3-82)$$

4.4.2　天然生物质吸附剂

此类吸附剂价廉易得，其较为重要的应用方向为含微量铊的废水处理。

（1）树叶粉

采用榆树叶这种天然材料为原料，通过物理化学方法改性，以制备出改性树叶粉吸附剂对金属元素进行吸附。分别用 $NaOH$、HNO_3、NH_3、$NaCl$、$NaHCO_3$ 和

$CaCl_2$修饰的金榆树叶对 Tl(I)进行吸附研究，发现 NaCl 修饰的金榆树叶对 Tl(I)具有最好的吸附效率。最佳吸附 pH 为 7.9，最大吸附量为 54.6 mg/g[53]。

经过碱处理过的桉树叶粉末也具有较好的吸附效果，在 25℃ 下可以达到 81.5% 的吸附效率，对 Tl(I)最大吸附量为 80.65 mg/g。NaOH 溶液处理过后的桉树叶粉末也有很好的 Tl(III)吸附性能，在 25℃ 下有最大的吸附率(78.2%)，饱和吸附量也可达到 217.4 mg/g，且明显高于对 Tl(I)的吸附[54]。可见，碱处理过的桉树叶粉末是一种潜在的铊吸附剂。

(2)甜菜渣

与树叶粉一样，甜菜渣作为廉价的天然生物质材料也被应用于金属离子的吸附，在对一价铊吸附时，不同的改性剂表现出不同的吸附效果，如表 3-24 所示。经过 NaOH 处理后，甜菜渣吸附剂有更好的吸附性能。吸附剂浓度为 7 g/L，且 pH=5~9 时，吸附效率达 94.5%，最大饱和吸附量为 185 mg/g[55]。

表 3-24 不同的改性甜菜渣对 Tl(I)的去除效率

改性剂	Tl(I)的去除效率/%
NaCl	92.4
NaOH	94.5
NH_3	91.5
$NaHCO_3$	83.6
HNO_3	72.7
H_2SO_4	92.7
HCl	73.9
未经修饰	49.0

(3)木屑

将木材加工产生的木屑简单修饰后，可吸附水溶液中的 Tl(I)。与原始的木屑相比，经 1 mol/L NaOH 处理 2 h 的吸附剂对 Tl(I)的吸附能力从 2.71 mg/g 提高到 13.18 mg/g，在 8 min 内能达到吸附总量的 98%。金属离子能否结合取决于溶液的 pH，最佳的吸附 pH 为 6~9。用 0.1 mol/L HCl 能将 Tl(I)洗脱下来[56]。

(4)普鲁士蓝固定的海藻酸钠微球

使用普鲁士蓝固定的海藻酸钠微球，在弱酸性条件下对 Tl(I)进行吸附，最佳吸附条件为 pH = 4，对 Tl(Ⅰ)的最大饱和吸附量为 100 mg/g。金属离子与吸附剂存在两种不同的吸附位点，一种是普鲁士蓝对 Tl(Ⅰ)进行主要吸附，另一种是海藻酸钠对 Tl(Ⅰ)进行少量吸附。NaCl、KCl 或 CaCl$_2$ 等盐的离子强度对 Tl(Ⅰ)的吸附容量基本无影响[57]。

（5）有机膨润土

用双硫腙修饰的有机膨润土对水中的 Tl(Ⅰ)进行吸附，在 pH = 9 ～ 11 时，其对 Tl(Ⅰ)有较好的吸附作用，吸附量为 26.02 mg/g。此时用 0.5 mol/L 的 HNO$_3$ 就可对 Tl(Ⅰ)完全洗脱[58]。

（6）黑曲霉

有研究分别采用用高压蒸气处理、十六烷基修饰、甲硅烷修饰、金属氧化物涂层处理后的黑曲霉来除去水相中的 Tl(Ⅰ)。结果表明，不同处理方法的黑曲霉对 Tl(Ⅰ)的吸附能力不同，其吸附大小顺序为：110℃下金属氧化物涂层 < 甲硅烷修饰 < 高压蒸气处理 < 十六烷基修饰 < 130℃下金属氧化物涂层；130℃下金属氧化物涂层处理的黑曲霉吸附 Tl(Ⅰ)的最佳吸附条件为 pH 4 ～ 5，吸附时间 6 h，吸附容量为 10 mg/g[59]。

（7）生物质膜

利用一种生物质膜吸附水中的铊离子，其吸附过程很快，大部分铊离子在 5 min 内被吸附，吸附平衡时间为 30 min。随着 pH 增加，生物质薄膜对铊离子的吸附能力也增加。最大吸附量为 332.23 μg/g[60]。

（8）泥炭材料

炭吸附提取金属的应用久远。泥炭材料具有高效、廉价，能同时去除铜、铬等多种重金属等优点。泥炭对一价铊的吸附，在 pH = 10、温度为 20℃、Tl(Ⅰ)的初始浓度为 500 mg/L 条件下，最大饱和吸附量为 24.14 mg/g。泥炭块对 Tl(Ⅰ)有非常快的吸附速率，前 10 min 就可完成 82.8%的吸附量。另外还发现，K$^+$ 和 Cl$^-$ 的存在对 Tl(Ⅰ)有很大的影响[61]。由于泥炭价格低，故有望成为一种实用的 Tl(Ⅰ)吸附剂。

（9）改性沸石材料

沸石是架状构造硅酸盐中的一族矿物，其比表面积大、孔道发达，且 Al – Si 骨架构造中富含钾、钠等移动性强的可交换正离子，对重金属、氨氮等污染物有较好的去除效果。结合壳聚糖材料的优点，将两者制成复合材料，可有效去除水中的铊[62]。经壳聚糖改性后的沸石表面孔道增多，比表面积增大，有利于其吸附交换能力的提高。对于 Tl 浓度不超过 0.25 μg/L 的水，采用先吸附 10 min 再进行混凝沉淀处理的方法，可达到标准限值要求。改性沸石的吸附速度也明显快于天然沸石。沸石吸附铊的机理为：

$$Tl^+ + Z – K = Z – Tl + K^+$$

pH 对"改性沸石吸附 – 混凝沉淀"工艺的影响较大，沸石除 Tl 的最佳 pH 为 8～9.5。改性沸石投加量宜控制为 100～300 mg/L[62]。

4.4.3　其他吸附材料

（1）多壁碳纳米管

多壁碳纳米管可吸附 Tl(I)[63]。研究发现，pH 和离子强度对 Tl(I)在多壁碳纳米管上的吸附有很大影响，对 Tl(I)的吸附主要是因为 Tl^+ 与 H^+ 和 Na^+/K^+ 发生离子交换反应形成环 – 球表面复合物或发生静电作用，在 15～180 min 时吸附即可达到平衡。多壁碳纳米管有丰富的亲水基团和负电荷，有利于铊的吸附。另外，它还可以在更低的 pH 下解析铊。

（2）聚丙烯酰胺复合材料

聚丙烯酰胺和铝硅酸盐的复合材料可吸附铊[64]。聚丙烯酰胺结合膨润土（PAAm – B）和聚丙烯酰胺结合沸石（PAAm – Z）对于 Tl^+、Tl^{3+} 的吸附符合离子交换机理。PAAm – Z 对 Tl^+ 和 Tl^{3+} 的吸附量分别为 1.85 mol/kg 和 0.97 mol/kg，而 PAAm – B 则为 0.36 mol/kg 和 0.16 mol/kg。PAAm – B 对 Tl^{3+} 的吸附有更高的选择性，且在 Fe^{3+}、Pb^{2+}、Zn^{2+} 等离子存在时，不影响 PAAm – Z 对 Tl^+ 的吸附。这两种复合物均可以从含 5×10^{-6} mol/L（1 mg/L）Tl^+ 海水中提取大约 10% 的铊，由此说明这两种复合物也可用于从废水中脱除铊。

第 5 章　铊化合物及金属铊的制取

5.1　常见铊化合物的制取方法

铊能与许多酸、碱及氧、硫反应生成三价离子(Tl^{3+})和一价离子(Tl^{+})的化合物，常见的铊化合物有：硫酸铊、硝酸铊、醋酸铊、碳酸铊、磷酸铊、氧化铊、卤化铊(氯化铊、溴化铊、氟化铊、碘化铊)、氢氧化铊、甲酸铊、乙酸铊及有机铊(三甲基铊、三甲基铊、乙氧基铊)等，均为剧毒化合物。其中，Tl^{+}化合物要比Tl^{3+}化合物稳定，且Tl^{3+}化合物易被还原为Tl^{+}化合物，Tl^{+}化合物也可被强氧化剂氧化为Tl^{3+}化合物。铊化合物的制取过程为：首先将纯净的金属铊用酸(硫酸或硝酸)溶解，然后根据需要加入试剂以使其转化为产品化合物。铊与其派生的化合物之间的转化关系如图 3 - 20 所示[2]。

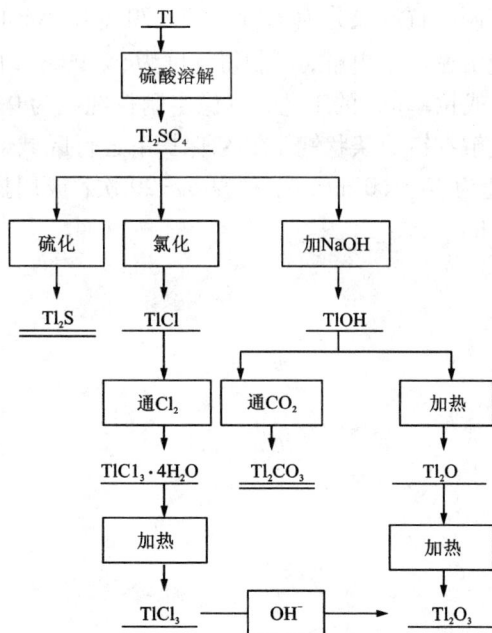

图 3 - 20　铊与其派生的化合物之间的转化关系

5.2　金属铊的制取

从铊溶液中制取金属铊，除了可采用锌置换法外，还可用电解法。电解铊时通常采用硫酸铊溶液体系，电解液的配制条件为：Tl_2SO_4溶液含铊 15 g/L、H_2SO_4 10 g/L、含镉小于 3 g/L，在 18~20℃及电流密度 500~1000 A/m^2条件下电解，产出海绵铊，效率达 80%~90%，海绵铊经压团、碱熔炼得纯度为 99.98% 的金属铊[2]。

商品级金属铊纯度为 99.99%，通常用电解法提纯，即将纯度为 99% 的粗金属铊（一般经置换、熔铸而得）用 25%（体积分数）的 H_2SO_4溶解，铊生成 Tl_2SO_4。利用 Tl_2SO_4在水中溶解度不大的特性，将其在低温下重结晶 1~3 次，以除去水溶性的金属杂质，从而获得纯度达 99.5% 以上的 Tl_2SO_4。

配制 Tl_2SO_4电解液：Tl 30~125 g/L、H_2SO_4 70~80 g/L，在电解温度为 55~60℃、电流密度为 20~50 A/m^2的条件下，电解 1~2 次，可制得品位在 99.999% 以下的金属铊。

铊也可在碱性体系中电解精炼，在 NH_4OH 60 g/L、NH_4Cl 90 g/L 的碱性电解液中将金属铊电解，可制得 99.99% 以上品级的铊。若用 99.999% 的金属铊制成高氯酸铊溶液，则配制电解液成分为 $TlClO_4$ 40~70 g/L、$NaClO_4$ 60~120 g/L，且在 30~60 A/m^2的电流密度下电解，可制得纯度为 99.9999% 的高纯铊[2]。

电解铊经区熔（或拉单晶）的工艺，可稳定制得纯度为 99.9999% 的高纯铊。其工艺条件为：将电解铊铸成条状锭，在 N_2保护下进行区域熔炼，控制熔区温度为 300~305℃，移速为 20~60 mm/h，往复 5~20 次；或用拉单晶法提纯（温度 305℃，拉速 60 mm/h）[2]。

第6章　铊污染与治理

6.1　铊对环境的污染

　　自然界中铊的含量一般较低，地壳平均丰度为 0.75 μg/g。在水体中，铊在海水中含量为 0.012 ~ 0.0612 μg/L，河水中含量为 0.006 ~ 0.715 μg/L。由于铊的剧毒性，大多数的含铊材料已被各国政府限制使用，因而职业性的铊中毒并不多见。目前，铊污染主要有以下两种途径：

　　(1) 自然作用过程引发的铊污染。铊是易淋滤元素，铊矿床在次生氧化作用下向环境中释放铊。典型铊矿化区的生态环境明显地受到铊污染，铊矿化区的土壤、水体、动植物及人体中铊含量远远高出背景值。矿区及附近的人畜长期食用高铊蔬菜和食物，会产生慢性中毒。

　　(2) 含铊资源开发利用过程引发的铊污染。含铊矿床在开采过程中，露出地表的矿石、尾砂等在次生氧化作用下，其中的铊易被活化、迁移和转化，使得铊进入水体和土壤，经过水生生物、陆地生物和植物的富集，再进入人体造成慢性中毒，成为一种较严重的环境污染源。铊的环境循环和毒性富集时间较长(20 ~ 30 年)，往往易被人们忽视。含铊矿石的冶炼过程中，铊能以 Tl_2S、Tl_2O、TlF 等形式进行迁移，也可被硫磺细粒吸附以气溶胶形式迁移，从而造成冶炼厂附近产生铊污染。铊广泛赋存于炉渣、炉尘和炉气中，与水接触后部分会进入到冶金废水。炉渣被用于制造水泥，也易形成铊的扩散，从而造成持久的污染[65]。

　　全球铊年使用量不超过 15 t，但每年向环境排放铊的量达上千吨[66]。大量的铊通过各种工业活动释放进入表生环境，不仅污染水体、空气、土壤和植物，还由食物链进入生物和人体，当人体内铊含量逐步积累到一定程度，便会发生人类群体慢性中毒事件或引发地方病。我国含铊矿产资源主要分布在珠江或长江流域，但发展历史上这些含铊矿产资源在利用过程中并没有过多考虑铊的回收，数十年来铊随生产过程大部分释放进入环境，长期积累而成为危害地球环境的金属元素。

　　铊在矿床中的分布高度分散，其工业回收难度大。随着采矿活动的日益增加，大量铊资源进入环境，使得环境中的铊污染状况日益明显。通过对某硫铁矿(矿石、矿渣、废水、堆渣场周围土壤等)以及硫酸厂生产工艺的铊含量及其分布特征的长期研究，发现铊在硫铁矿、焙烧废渣和炉灰中的含量分别为 8.4 ~ 56 μg/g、39.8 ~ 79.4 μg/g 和 30 ~ 68 μg/g；铊在矿区山泉水、选矿废水、硫酸厂废水和硫酸厂周围地表径流中的含量分别为 0.35 ~ 3.82 μg/L、4.82 μg/L、15.4 ~ 400 μg/L 和 0.19 ~ 65.25 μg/L；铊在矿区开采场、尾渣堆积区、硫酸厂堆渣场附近土壤和废水排放区周围地表径流沉积物中的含量分别为 2.0 ~ 20 μg/g、1.60 ~ 15.36 μg/g、1.8 ~ 15.4 μg/g 和 5.89 ~ 63.0 μg/g。硫酸厂气溶胶中铊含量为 18.6 ~ 33.1 μg/g，其厂区周边的土壤和农作物也受到了不同程度的铊污染。硫酸生产过程中铊在炉渣、炉灰中的含量依次升高，且废水中含大量可溶性的铊，通过不同工艺流程最后进入水体，排入流域水系[65]。

广东北江铊污染事件的爆发，是由冶炼含铊较高的矿所致。在此期间，沿江水质监测断面，其中有 12 个断面的铊浓度为 0.18 ~ 0.3 μg/L[65-66]，均超过了国家饮用水质量标准。

我国某地汞铊矿的矿产开发造成了当地的铊污染。矿区矿坑水、溪流以及地下水铊含量分别为 13 ~ 1100 μg/L、1.9 ~ 8.1 μg/L 和 13 ~ 1966 μg/L，明显比背景值高几个数量级（< 0.005）；厂区周边的土壤铊含量达 40 ~ 124 μg/g；水体沉积物中铊的平均含量为 26.56 μg/g，最高含量达 53.08 μg/g，地质累积指数多处达到 5，属于严重污染[65]。污染的河水常年用于农业灌溉，同时，也被当地村民用于日常生活，铊通过皮肤或食物进入人体，造成人类的慢性中毒。

我国一些矿山的开采和利用也给环境带来了铊污染。调查发现，某铅锌矿山中酸性排水、地表积水、地下水、溪流水中铊含量分别为 5.59 ~ 56.0 μg/L、4.82 ~ 23.50 μg/L、13.2 ~ 193.0 μg/L 和 0.92 ~ 45.90 μg/L；某 As – Tl 矿区地表水中铊含量为 2.91 ~ 16.50 μg/L，蔬菜中铊含量为 0.3 μg/g（干态）和 0.03 μg/g（鲜重）以及生长于受污染土壤中蕨类的铊含量为 14 μg/g（干态）。专家系统地调查和评价了某铊矿床及附近的土壤、地表水、地下水、水体沉积物、植物、农作物、动物以及人类头发等中的铊含量，土壤和水体沉积物中铊含量分别为 0.9 ~ 6.87 μg/g、0.45 ~ 1.29 μg/g，泉水中铊含量为 0.62 ~ 0.65 μg/L。某冶炼厂的"三废"排放增加了周边环境中的铊的含量，如河水中铊的平均含量高达 15.07 μg/L，约是环境背景值（0.06 μg/L）的 250 倍，即使是在河水下游，其中铊的平均含量（高达 0.82 μg/L）也约是背景值的 14 倍，该区域土壤中铊的含量（1.28 μg/g）高于世界与中国背景土壤铊含量的值[65]。可见，矿产开发活动造成环境铊量增加这一趋势在逐步加速，防治铊的污染已刻不容缓。

6.2　铊污染的预防对策

铊污染的主要来源有(含)铊矿床、矿山废水、含铊工业生产废水、大气中铊沉降以及含铊化肥等。对铊污染的预防措施主要有：

(1)对(含)铊矿床的开采、选矿过程进行严格控制。首先，降低可能产生铊的废石和废水的生产量。其次，对已产生铊的废石进行处理，防止铊进入水体。再次，对铊生产企业的工业废水集中进行处理，待铊含量达标后再进行排放。最后，含铊矿床的开采、选矿和加工企业应远离城市和人口密集区。

(2)对产生含铊烟尘的冶炼厂、发电厂的烟囱加装过滤网以及铊回收装置，以降低烟尘中铊的含量，阻隔含铊烟尘直接排入大气，并对这些企业附近大气中的铊含量进行监控。

(3)在铊高背景值地区进行普查，对暴露在地表的岩石单元释放铊的潜力进行评价，以确定铊从岩石迁移进入水、土壤、植物等环境介质的趋势。建筑工程(如道路等)应避开含铊高的地区和地质体。同时，减少直至停止严重铊污染区粮食和蔬菜等的种植。

(4)加强对接触含铊物质工作人员的劳动保护。因慢性铊中毒不易被发现，故应加强对工作场所的保护，定期组织工作人员体检。此外，还应严格控制化肥生产原料(如煤、硫酸等)中的铊含量。

6.3　水体铊污染治理

关于水中铊污染的治理研究还处于实验室阶段。因此，水体铊污染应以预防为主。若水体中含铊，则应查明水体中铊存在的原因，以切断污染来源。美国国家环境保护局推荐用活性铝净化法和离子交换法来治理铊含量小于 10 μg/L 的饮用水，用该方法处理后的饮用水，其铊含量可以降低到 2 μg/L 的饮用标准(美国标准)，不过该方法成本较高，在大量含铊废水的处理过程中难以推广应用。碱性还原条件(pH > 7.4，E_h < −200 mV)下，通过添加硫化物的方式，且在硫酸还原菌存在的情况下，Tl^+ 可形成 Tl_2S 沉淀，废水中铊的含量可以降低到 2.5 μg/L。饱和 NaCl 溶液可以促使废水中 Tl^+ 以 TlCl 形式有效沉淀，从而促使废水中铊的浓度降低到 2 μg/L。

工业排放废水中的铊主要以 Tl^+ 和 Tl^{3+} 两种形态存在。对于 Tl 的处理方法主要是通过石灰沉淀方法，把 Tl^{3+} 转变成 $Tl(OH)_3$ 而沉淀下来。然而废水中往往也含有 Tl^+，故此方法并不能把 Tl^+ 去除(因 TlOH 溶于水)。某厂采用石灰沉淀法去除 Tl^+，效率较低(去除率仅 30%~40%)，导致排放废水中产生了铊污染。针对此情况，可把 Tl^+ 氧化成 Tl^{3+} 后，再通过加石灰把 Tl^{3+} 沉淀下来。或尝试利用黄铁矿制酸废渣(主要成分为 Fe_2O_3 和 Fe_3O_4)废水为酸性的特点，释放出 Fe^{2+} 和 Fe^{3+}，使 Fe^{3+} 在酸性条件下把 Tl^+ 转变为 Tl^{3+}，最后加入 $Ca(OH)_2$ 调节 pH，使 Fe^{2+}、Fe^{3+}、Tl^{3+} 发生水解转变为 $Fe(OH)_2$、$Fe(OH)_3$、$Tl(OH)_3$ 沉淀，这些氢氧化物因为絮凝和吸附的作用而沉淀效果较好。试验表明，此方法能去除工业废水中95%以上的痕量铊[66]。最新研究的吸附剂和吸附方法，如价廉的生物质吸附剂，在废水脱除铊应用上已展现了良好的前景，值得进一步研究。

6.4 土壤铊污染治理

根据铊在土壤中的分布及迁移特征，采取相应的措施对土壤铊污染进行治理：

(1)碱化土壤。由于铊在土壤中的活动性与土壤的 pH 具有负相关性，因此向被铊污染的土壤中添加石灰等碱性物质，可以抑制铊在土壤中的迁移活性。此方法的优点是操作简单，成本低，快速有效。缺点是这种方法并没有使铊污染得到根本治理，在土壤 pH 降低后，铊可重新活化，从而造成污染。

(2)工程处理。即指在铊污染范围小，且污染严重的地方进行深层土壤和浅层土壤的置换或增加新的土壤。

(3)施加铁锰氧化物等矿物材料或有机肥固化铊。铁锰氧化物、有机质对铊污染物具有很强的吸附能力，因此土壤中施加铁锰氧化物、有机肥可有效控制铊污染的扩散。

(4)生物治理。寻求超强富集铊的植物进行土壤铊污染的治理，虽然此种方法的治理速度较慢，但比较适用于大面积的铊污染土壤治理。

参考文献

[1] 宋玉林, 董贞俭. 稀有金属化学[M]. 沈阳: 辽宁大学出版社, 1991.

[2] 周令治, 陈少纯. 稀有金属提取冶金[M]. 北京: 冶金工业出版社, 2008.

[3] 臧树良. 稀散元素化学与应用[M]. 北京: 中国石化出版社, 2008.

[4] 高金燕, 陈红兵, 余迎利. 铊——人体的毒害元素[J]. 微量元素与健康研究, 2005, 22(4): 59-61.

[5] Shawnna M. Bennett Thallium USGS mineral commodity summaries[EB/OL]. [2017-01-31]. https://minerals.usgs.gov/minerals/pubs/mcs/2017/.

[6] Datta, Motakef S. Characterization of stress in thallium bromide devices[J]. IEEE Trans. Nucl. Sci, 2015, 62: 437-442.

[7] Hitomi K, Onodera T, Shoji T. Influence of zone purification process on TlBr crystals for

radiation detector fabrication[J]. Nuclear Instruments and Methods in Physics Research A, 2007, 579: 153 – 156.

[8] Amlan D N, Demi M, Piotr B, et al. Advances in crystal growth, device fabrication and characterization of thallium bromide detectors for room temperature applications[J]. Journal of Crystal Growth, 2016, 16(1): 20.

[9] Robertson R P. Chronic oxidative stress as a central mechanism for glucose toxicity in pancreatic islet beta cells in diabetes[J]. J Biol Chem, 2004, 279: 42351 – 42354.

[10] 王春霖. 环境中的铊及其健康效应[J]. 广州大学学报(自然科学版), 2007, 10 (5): 51 – 54.

[11] 翟秀静, 周光亚. 稀散金属[M]. 合肥: 中国科学技术大学出版社, 2009.

[12] 孟亚军, 等. 铊的卫生学研究进展[J]. 现代预防医学, 2005, 32(9): 1074.

[13] 周涛发, 范裕, 袁峰, 等. 铊的环境地球化学研究进展及铊污染的防治对策[J]. 地质论评, 2005, 51(2): 181 – 188.

[14] 贾彦龙, 肖唐付, 周光柱, 等. 水体、土壤和沉积物中铊的化学形态研究进展[J]. 环境化学, 2013, 32(6): 917 – 926.

[15] 罗莹华, 梁凯, 龙来寿. 重金属铊在环境介质中的分布及其迁移行为[J]. 广东微量元素科学, 2013, 20(1): 55 – 64.

[16] 张红英, 成永享. 铊的环境污染与迁移转化[J], 微量元素科学, 2000, 10(7): 1 – 6.

[17] 何立斌, 孙伟清, 肖唐付. 铊的分布、存在形式和环境危害[J]. 矿物学报, 2005, 25(3): 230 – 237.

[18] 张宝贵, 张忠, 胡静, 等. 铊地球化学和铊超常富集[J]. 贵州地质, 2004, 21: 240 – 244.

[19] 戴永年, 杨斌. 有色金属真空冶金[M]. 北京: 冶金工业出版社, 2009.

[20] 周清平. 真空蒸馏法从含铊渣中提取铊的工艺研究[D]. 昆明: 昆明理工大学, 2006.

[21]《化学分离富集方法及应用》编委会. 化学分离富集方法及应用[M]. 长沙: 中南工业大学出版社, 1997.

[22] 杨春霞, 陈永亨, 彭平安, 等. 铊的分离富集技术[J]. 分析测试学报, 2002, 21 (3): 94 – 99.

[23] 熊英. 稀散金属溶剂萃取分离化学[M]. 北京: 化学工业出版社, 2013.

[24] Chung N H, Nishimoto J, Kato O, et al. Elective extraction of thallium(Ⅲ) in the presence of gallium(Ⅲ), indium(Ⅲ), bismuth(Ⅲ) and antimony(Ⅲ) by salting – out of an aqueous mixture of 2 – propanol[J]. Analytica Chimica Acta, 2003, 477: 243 – 249.

[25] Pawar S D, Dhadke P M. Extraction and separation studies of Ga(Ⅲ), In(Ⅲ) and Tl(Ⅲ) using the neutral organophosphorous extractant, Cyanex923[J]. Journal of the Serbian Chemical Society, 2003, 68(7): 581 – 591.

[26] Iyer J N, Dhadke P M. Liquid – liquid extraction and separation of gallium(Ⅲ), indium(Ⅲ) and thallium (Ⅲ) by Cyanex925 [J]. Separation Science and Technology, 2001, 36 (12): 2773 – 2784.

[27] Gawali S B, Shinde V M. Separation of Gallium(Ⅲ), Indium(Ⅲ), and Thallium(Ⅲ) by

solvent extraction with 4 – methyl – 2 – pentanol [J]. Analytical Chemistry, 1976, 48 (1): 62 – 64.

[28] Mahamuni S V, Wadgaonkar P P, Anuse M A. Rapid liquid – liquid extraction of thallium(Ⅲ) from succinate media with 2 – octylaminopyirdine in chloroform as the extractant[J]. Journal of the Serbian Chemical Society, 2008, 73(4): 435 – 451.

[29] Rajesh N, Subramanian M S. A study of the extraction behavior of thallium with tribenzylamine as the extractant[J]. Journal of Hazardous Materials, 2006, 135(1 – 3): 74 – 77.

[30] Zolgharnein J, Shams H, Azimi G. Selective and efficient liquid membrane transport of thallium (Ⅲ) ion by potassium – dicyclohexyl – 18 – crown – 6 as specific carrier[J]. Separation Science and Technology, 2007, 42(10): 2303 – 2314.

[31] Tatjana M T, Vladisavljevic G T, Comor J J. Dispersion – free solvent extraction of thallium(Ⅲ) in hollow fiber contactors[J]. Separation Science and Technology, 2000, 35(10): 1587 – 1601.

[32] Tatjana M T, Comor J J. Extraction of thallium with butyl acetate[J]. Separation Science and Technology, 1999, 34 (5): 771 – 779.

[33] 王献科, 李玉萍. 液膜法提取铊[J]. 上海有色金属, 2002, 23(1): 24 – 28.

[34] Moghimi A. Solid phase extraction of thallium(iii) on micro crystalline naphthalene modified with n′-bis (3-methylsalicylidene)-ortho-phenylenediamine and determination by spectrophotometry [J]. Chinese Journal of Chemistry, 2008, 26: 1831 – 1836.

[35] Arbab – Zavar M H, Chamsaz M, Zohuri G, et al. Synthesis and characterization of nano-pore thallium (Ⅲ) ion-imprinted polymer as a new sorbent for separation and preconcentration of thallium[J]. Journal of Hazardous Materials, 2010, 185(1): 38 – 43.

[36] Zhang L, Huang T, Guo X J, et al. Separation and determination of trace amounts of thallium by Nano – TiO$_2$ combined with microwave irradiation [J]. Chemical Research in Chinese Universities, 2010, 26(6): 1020 – 1024.

[37] Zhang L, Huang T, Liu X Y, et al. Selective solid – phase extraction of trace thallium with nano – Al$_2$O$_3$ from environmental samples[J]. Journal of Analytical Chemistry, 2011, 66(4): 368 – 372.

[38] Rehman S U, Ullah N, Kamali A R, et al. Study of thallium(Ⅲ) adsorption onto multiwall carbon nanotubes[J]. New Carbon Materials, 2012, 27(6): 409 – 415.

[39] 刘烨, 吕文英, 李中阳, 等. 羧甲基壳聚糖 – 膨润土复合吸附剂对水中铊的吸附作用研究 [J]. 广东农业科学, 2013, 40(16): 147 – 149.

[40] Hassanien M M, Kenawy I M, Mostafa M R, et al. Extraction of gallium, indium and thallium from aquatic media using amino silica gel modified by gallic acid[J]. Microchimicaacta, 2011, 172(1): 137 – 145.

[41] Phule S R, Aher H R, Kuchekar S R. Extraction chromatography of aluminium(Ⅲ) and mutual separation of aluminium(Ⅲ), gallium(Ⅲ), indium(Ⅲ) and thallium(Ⅲ) with N – n – octylaniline[J]. Chinese Journal of Chemistry, 2012, 30(9): 931 – 937.

[42] Hassanien M M, Kenawy I M, El – Menshawy A M, et al. Separation and preconcentration of

gallium(Ⅲ), indium(Ⅲ), and thallium(Ⅲ) using new hydrazone – modified resin[J]. Analytical Sciences, 2007, 23(12): 1403 – 1408.

[43] Fang D W, Liu X Z, Yang J Z, et al. Thermodynamics of solvent extraction of thallium with diethylhexyl phosphoric acid[J]. Physics and Chemistry of Liquids, 2009, 47(47): 274 – 281.

[44] Gandhi M N, Khopkar S M. Liquid-liquid extraction separation of thallium(Ⅰ) with cryptand 222 and erythrosine[J]. Analytica Chimica Acta, 1992, 270(1): 87 – 93.

[45] Makrlik E, Vanura P. Extraction of thallium with cesium dicarbollylcobaltate in the presence of 18 – crown – 6[J]. Journal of Radioanalytical and Nuclear Chemistry, 2001, 250(1): 169 – 171.

[46] Ouchi M, Shibutani Y, Yakabe K, et al. Silver and thallium(Ⅰ) complexation with dibenzo – 16 – crown – 4[J]. Bioorganic & Medicinal Chemistry, 1999, 7(6): 1123 – 1126.

[47] Roper E D, Talanov V S, Butcher R J, et al. Selective recognition of Thallium(Ⅰ) by 1, 3 – alternate calix[4] arene – bis(crown – 6 ether): A new talent of the known ionophore[J]. Supramolecular Chemistry, 2008, 20(1 – 2): 217 – 229.

[48] Lupa L, Negrea A, Ciopec M, et al. Ionic liquids impregnated onto inorganic support used for thallium adsorption from aqueous solutions[J]. Separation and Purification Technology, 2015, 155(6): 75 – 82.

[49] 邓红梅, 王耀龙, 吴宏海, 等. γ – MnO₂ 对 Tl(Ⅰ)的吸附性能[J]. 环境科学研究, 2015, 28(1): 103 – 109.

[50] Wan S L, Ma M H, Lv L, et al. Selective capture of thallium(Ⅰ) ion from aqueous solutions by amorphous hydrous manganese dioxide[J]. Chemical Engineering Journal, 2014, 239(1): 200 – 206.

[51] Huangfu X L, Jiang J, Lu X X, et al. Adsorption and oxidation of thallium(Ⅰ) by a nanosized manganese dioxide[J]. Water Air and Soil Pollution, 2015, 226(1): 1 – 9.

[52] Liu W, Zhang P, Borthwick A G L, et al. Adsorption mechanisms of thallium(Ⅰ) and thallium (Ⅲ) by titanate nanotubes: Ion – exchange and co – precipitation[J]. Journal of Colloid and Interface science, 2014, 423(6): 67 – 75.

[53] Zolgharnein J, Asanjarani N, Mousavi S N. Optimization and characterization of Tl(Ⅰ) adsorption onto modified ulmus carpinifolia tree leaves[J]. Clean – Soil Air Water, 2011, 39 (3): 250 – 258.

[54] Dashti H, Aghaie M, Shishehbore M R, et al. Adsorptive removal of thallium(Ⅲ) ions from aqueous solutions using eucalyptus leaves powders[J]. Indian Journal of Chemical Technology, 2013, 20(6): 380 – 384.

[55] Zolgharnein J, Asanjarani N. Shariatmanesh T. Removal of thallium(Ⅰ) from aqueous solution using modified sugar beet pulp[J]. Toxicological and Environmental Chemistry, 2010, 93(2): 207 – 214.

[56] Memon S Q, Memon N, Solangi A R, et al. Sawdust: A green and economical sorbent for thallium removal[J]. Chemical Engineering Journal, 2008, 140(1 – 3): 235 – 240.

[57] Vincent T, Taulemesse J M, Dauvergne A, et al. Thallium(Ⅰ) sorption using Prussian blue

immarked in alginate capsules[J]. Carbohydrate polymers, 2014, 99(1): 517 –526.

[58] Zhang D, Cheng Y. Modified organobentonite with dithizone as adsorbent for thallium(I) in water[J]. Asian Journal of Chemistry, 2012, 24(11): 5279 –5282.

[59] Peter A L J, Viraraghavan T. Removal of thallium from aqueous solutions by modified Aspergillus niger biomass[J]. Bioresource Technology, 2008, 99(3): 618 –625.

[60] Yin Z Y, Zhang D Y, Pan X L. Biosorption of thallium by dry biofilm biomass collected from a eutrophic lake [J]. International Journal of Environment and Pollution, 2009, 37 (2 – 3): 349 –356.

[61] Robalds A, Klavins M, Dreijalte L. Sorption of thallium(I) ions by peat[J]. Water Science and Technology, 2013, 68(10): 2208 –2213.

[62] 任刚, 余燕, 李明玉. 改性沸石去除微污染原水中的铊(Tl)[J]. 环境工程学报, 2015, 9(5): 2149 –2154.

[63] Pu Y B, Yang X F, Zheng H, et al. Adsorption and desorption of thallium(I) on multiwalled carbon nanotubes[J]. Chemical Engineering Journal, 2013, 219(3): 403 –410.

[64] Senol Z M, Ulusoy U. Thallium adsorption onto polyacryamide – aluminosilicate composites: A Tl isotope tracer study[J]. Chemical Engineering Journal, 2010, 162(1): 97 –105.

[65] 苏龙晓, 陈永亨, 等. 含铊矿床在全国的分布及其资源开发对环境的影响研究[J]. 安徽农业科学, 2014, 42(22): 7588 –7591.

[66] 刘志宏, 李鸿飞, 等. 铊在有色冶炼过程中的行为和危害及防治[J]. 山西化工, 2007, 27 (6): 47 –51.

第四篇　锗冶金

金风玉露　第四辑

第1章　概述

　　锗(Germanium)，元素符号 Ge，位于化学元素周期表中第 4 周期第ⅣA 族，由德国化学家温克勒于 1886 年发现，因此以拉丁文 germania(德国)命名为 germanium。锗是灰白色类金属，有光泽，质硬，化学性质与同族的锡与硅相近，且具有半导体性质。锗在地壳中分布很分散，少有单独矿床，大部分属于共生矿物，且伴生于铜、锌、铅、锡、砷、银、铁等矿物及煤中。绝大部分锗从锌冶炼的副产品和煤中提取，2010—2015 年，世界锗年均产量 150～200 t。锗主要用于半导体、红外探测、光纤、催化等领域。

1.1　锗及其化合物的性质

1.1.1　金属锗

　　锗在化学元素周期表中位于锡和硅之间，处于金属到非金属的过渡区间，所以它的物理性质具有从金属到非金属过渡的特征表象，具有类似于硅的半导体性质，也具有一定的金属特性。

　　与其他稀散金属比较，锗的熔沸点相对较高，熔点为 947.4℃，沸点达到 2830℃。常温下锗没有延展性，但是当温度高于 600℃时，单晶锗可以经受塑性变形。99.999% 的纯锗在 600℃温度下具有很大的延展性；当温度达到 700℃时，可以进行弯曲、压缩和拉伸。锗的密度视状态和纯度的差异而有所不同，不同纯度的固态锗的密度为 5.372～5.571 g/cm^3，液态锗体积较固态锗缩小了 5%～6%[1]，并且其密度会随温度升高而降低。

　　锗的基本物理性质见表 4-1。

　　锗原子的价电子层结构为 $4s^2 4p^2$，它在形成化合物时可失去 2 个 p 电子成为 +2 价的氧化态，也可用 2 个 p 电子和 2 个 s 电子以 sp^3 杂化轨道参与成键成为 +4 价的氧化态。+4 价的 Ge 比较稳定，+2 价的 Ge 是很好的还原剂，比同族的 Sn(Ⅱ)的还原性要强很多。锗具有自成键能力，在锗的氢化物(Ge_2H_6 - Ge_9H_{20})、氯化物(Ge_2Cl_6)和某些有机化合物中存在 Ge—Ge 键。

表4-1 锗的基本物理性质

原子序数	32	比热容/ $(J \cdot mol^{-1} \cdot K^{-1})$	23.347(s)	凝固时体积膨胀率/%	5.5
相对原子质量	72.61	挥发潜热/ $(kJ \cdot mol^{-1})$	327.6	表面张力/ $(N \cdot m^{-1})$	0.632
原子体积/ $(cm^3 \cdot mol^{-1})$	13.64	熔化潜热/ $(kJ \cdot mol^{-1})$	34.7	黏度/ $(Pa \cdot s)$	0.70×10^{-3} (976℃)
原子半径/ nm	0.1225	导热系数/ $(W \cdot mol^{-1} \cdot K^{-1})$	59.9(s)	线膨胀系数/K	5.5710^{-6}
离子半径/ nm	0.053(+4) 0.090(+2)	电阻率/ $(\Omega \cdot cm)$	47	晶体结构	四方
密度/ $(g \cdot cm^{-3})$	5.323(s) 5.490(1)	电阻温度系数 /℃	1.4×10^{-8} (0℃)	压缩系数/ $(cm^3 \cdot kg^{-1})$	1.4×10^{-6}
熔点/℃	937.4	超导态转变温度 /K	—	莫氏硬度	6.3
沸点/℃	2830	磁化率(CGS)	-76.84×10^{-6} (s)	拉伸强度/ $(kg \cdot mm^{-2})$	脆性
电负性	1.8~2.0	离子磁化率	8.5×10^{-6} (Ge^{4+})	拉伸率/%	—
氧化数	+2, +4	价电子结构	$4s^2 4p^2$	第一电离势 /eV	7.880

锗的配位数及离子半径见表4-2。

表4-2 锗的配位数及离子半径

价态	离子半径/nm	配位数
-4	0.272	—
+2	0.070~0.073	6
+4	0.053	
+4	0.039~0.048	4
+4	0.053~0.062	6

锗的电极电势：

$$Ge^{2+} + 2e \Longrightarrow Ge \quad E^{\ominus} = 0.24 \text{ V} \tag{4-1}$$

$$HGeO_3^- + 2H_2O + 4e \Longrightarrow Ge + 5OH^- \quad E^{\ominus} = -0.9 \text{ V} \tag{4-2}$$

$$Ge^{4+} + 2e \Longrightarrow Ge^{2+} \quad E^{\ominus} = 0.00 \text{ V} \tag{4-3}$$

1.1.1.1 与氧反应

锗在常温下稳定，但也会有 GeO 单层膜生成，长时间会逐渐生成 GeO_2 单层膜，当水蒸气吸附在锗表面时会破坏氧化膜的钝化特性，从而导致生成很厚的氧化物[2]。

锗在较高温度时容易被氧化而且伴随失重，这是因为生成了较强挥发性的 GeO 导致物质挥发损失。在温度高于 550℃ 时，Ge 的氧化速率会随着氧压减小而增大。

锗的氧化过程如下：

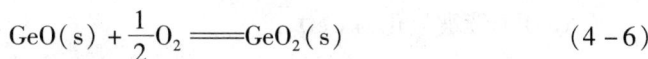

$$Ge + \frac{1}{2}O_2 \Longrightarrow GeO(s) \tag{4-4}$$

$$GeO(s) \Longrightarrow GeO(g) \tag{4-5}$$

$$GeO(s) + \frac{1}{2}O_2 \Longrightarrow GeO_2(s) \tag{4-6}$$

在氧压很低时，主要是通过式(4-4)和式(4-5)进行氧化反应；在温度较高时，产生的失重现象是由反应(4-5)造成的；在低氧压条件下，有助于 GeO 的挥发。在反应(4-6)中，锗的表面形成了 GeO_2 氧化膜，限制了氧和 GeO 通过的扩散速度，使氧化速率降低[2]。

在低氧分压的混合气体中也可以将锗氧化，即将粉状锗放在含 1% 氧的氮气流中，将其加热到 850℃ 左右，就会有 94%~95% 的锗升华，升华物的成分接近 GeO。锗在低压空气中加热则生成 GeO 挥发，其挥发速率与温度、气氛的关系如图 4-1 所示[1]。

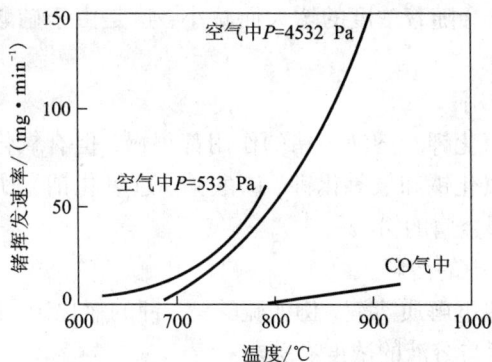

图 4-1 锗的挥发速率与温度、气氛的关系

锗也可以被 CO_2 氧化。当反应温度达到850℃时，其反应剧烈，其反应为：

$$Ge(s) + CO_2(g) =\!\!=\!\!= GeO(g) + CO(g) \qquad (4-7)$$

1.1.1.2 锗在酸碱等溶剂中的溶解特性

锗易溶于加有氧化剂的热酸、热碱和过氧化氢中，难溶于稀硫酸、盐酸和冷碱液。锗在100℃的水中是不溶的，但是在室温下饱和氧的水中，锗的溶解速度接近 $1\ \mu g/(cm \cdot h)$[3]。

（1）H_2O_2 对锗的溶解

室温下，块状的锗可缓慢溶解于3%的 H_2O_2 溶液中；当温度达到 $90 \sim 100$℃时，其溶解速度加快。在较低浓度的 H_2O_2 中，锗的溶解速度会随着 H_2O_2 浓度的升高而增加；当 H_2O_2 的浓度达到一定值后，锗的溶解速度不再随着浓度变化而改变。若在 H_2O_2 溶液中加入定量的碱（pH = 7.5），则会加快锗的溶解速度[4]。

锗在 H_2O_2 中的溶解分为三个阶段：

①锗的表面形成 GeO：

$$Ge + H_2O_2 =\!\!=\!\!= GeO + H_2O \qquad (4-8)$$

②GeO 继续被氧化为 GeO_2：

$$GeO + H_2O_2 =\!\!=\!\!= GeO_2 + H_2O \qquad (4-9)$$

③GeO_2 在水溶液中形成锗酸：

$$GeO_2 + H_2O =\!\!=\!\!= H_2GeO_3 \qquad (4-10)$$

（2）锗与酸作用

锗可溶于热的氢氟酸、王水和浓硫酸，但在浓盐酸及稀硫酸中较稳定。锗溶于加有硝酸的浓硫酸时会生成 GeO_2，溶于王水时则形成 $GeCl_4$，加热至90℃可溶于浓硫酸并放出 SO_2：

$$Ge + 4H_2SO_4 =\!\!=\!\!= Ge(SO_4)_2 + 2SO_2 + 4H_2O \qquad (4-11)$$

锗在硝酸中的溶解速度随着硝酸浓度的增大而增大，但当硝酸的浓度达到一定值后，其溶解速度会随着浓度的增大而减小，这是由于硝酸浓度过高，加剧了表面的钝化[4]。

（3）锗与碱液作用

氢氧化钠与氢氧化钾水溶液与锗的作用都很慢，但有氧化剂存在时，其溶解会加快。熔融的氢氧化钠和氢氧化钾、碳酸钠、过氧化钠、硼酸钠能迅速熔解各种形态的锗，生成碱金属的锗酸盐[4]。

（4）锗在盐溶液中的溶解

锗可溶解于一些电解质溶液，例如硫酸钠、钾的氯化物、硝酸盐、氯化铯、氯化钡等，其溶解速度与溶液的浓度有关。

1.1.1.3 与其他物质的反应

加热时粉状的锗可以在氯和溴中燃烧，生成四卤化锗。加热时，干燥的 HCl 气体可以腐蚀锗，生成 $GeCl_4$ 和少量的 $GeHCl_3$。

在高温下，锗和硫或者 H_2S 共热都可以生成 GeS_2。

熔融的锗在氢气中冷却，则 1 g 锗会吸收 0.186 mg 氢[1]。

锗可以吸附其他原子，也可以被其他原子所吸附。锗的表面可以吸附水中的 Cu、Ag、Sb、In 与 Au。当这些元素吸附在锗表面时，即使用煮沸的蒸馏水多次清洗，也不易去除这些元素。

1.1.2 锗的氧化物

锗的氧化物有一氧化锗（GeO）和二氧化锗（GeO_2）。

1.1.2.1 GeO

GeO 晶体的密度为 1.83 g/cm^3，25℃时其生成热为 25.0 kJ/mol。因制备方法不同，GeO 可分为黄色、暗棕色，深灰或棕色的粉末。锗和 GeO_2 粉末混合加热到 1000℃时就会生成黄色无定形升华物 GeO，然后在 650℃温度下继续加热，则转变成暗棕色的 GeO 晶体。固态锗在常温下长时间放置会在其表面形成 GeO 单晶膜，当温度高于 700℃时会有 GeO 挥发。GeO 的挥发性较强，其温度与蒸气压的关系为：

$$lgP = -13786/T + 12.670$$

式中：压力 P 的单位是 133.3 Pa。

GeO 很容易被氧化。很多氧化剂，例如 $KMnO_4$ 溶液和 $HClO_4$ 溶液都可以将 GeO 氧化为 Ge(Ⅳ)化合物，但是硫酸、盐酸和苛性碱对 GeO 不能侵蚀，而发烟硝酸则可以缓慢氧化 GeO。

1.1.2.2 GeO_2

单质锗或 GeS 在氧气中灼热，或者用浓硝酸氧化都可以制得 GeO_2。通过 $GeCl_4$ 水解获得的微小六角形晶体是 GeO_2 的一种变体，它溶于水，称为可溶性的 GeO_2。将 GeO_2 和水装入到密闭容器中，加热到 355℃，并且保持 100 h 就可以转变为四面体的 GeO_2，该晶体不溶于水，这种不溶性的 GeO_2 在 1033℃以下温度是稳定的，当温度超过 1033℃时，就会慢慢转变成可溶性的 GeO_2[6]。

二氧化锗为白色粉末，一般有三种形态：可溶性的六边形晶体、可溶性的无定形玻璃体和不可溶的四面体 GeO_2。不同形态 GeO_2 的性质[1]见表 4-3。

可溶性的六方晶系 GeO_2 在长时间加热条件下，会缓缓地转变为不溶性的四方晶系 GeO_2，故处理含锗物料时不宜长久在低温下加热，其转化条件[1]见表 4-4。

表 4 – 3 不同形态 GeO_2 的性质

性质		不溶正方晶系 GeO_2	可溶六方晶系 GeO_2	可溶无定形 GeO_2
结晶构造		$a = 4.394 \sim 4.390$ $c = 2.852 \sim 2.859$	$a = 4.987 \sim 4.988$ $c = 5.653 \sim 5.64$	玻璃体
结晶型式		金红石 —	α – 石英 β – 石英	—
密度/$(g \cdot cm^{-3})$		6.239	4.228	$3.1219 \sim 3.637$
熔点/℃		$1081 \sim 1091$	$1112 \sim 1120$	—
沸点/℃			1200	
溶解度 /(g/100 g 水)		0.0023(25℃) — —	$0.433 \sim 0.453$(25℃) 0.551(38℃) 0.617(41℃) $0.95 \sim 1.05$(100℃)	— 0.5184(38℃)
与盐酸作用		不溶	生成 $GeCl_4$	生成 $GeCl_4$
与 5 mol NaOH 作用		不溶	易溶	易溶
与 HF 作用		不溶	生成 H_2GeF_6	生成 H_2GeF_6
转变温度/℃		$-1049 \sim 1043$	1033 ± 10	—
折射率	ω/%	1.99	1.695	—
	ε/%	2.075	1.753	1.607

表 4 – 4 六方晶系 GeO_2 转变为四方晶系的条件

加热温度/℃	350	355	360
加热时间/h	95	117	115
转变率/%	97.5	98.6	95.2

  GeO_2 的几种形态在一定条件下是可以相互转变的。低温条件下的六边形 GeO_2 具有 α 型石英型晶格，是一种介稳化合物。当其加热到 1020℃时会转变成稳定的 β 型石英型晶格。如果是在加压或者是加入催化剂的条件下并且长时间加

热会逐渐转变为更加稳定的金红石晶格的四面体 GeO_2。当温度高于 1049℃ 时，又会转变为六边形 GeO_2，然后快速冷却就可以获得无定形的玻璃体[1]。

固态二氧化锗为白色粉末，在正常条件下它呈 6:3 的 TiO_2 结构，熔融状态下其外观很像玻璃。含 GeO_2 的玻璃比相应的硅酸盐玻璃具有更高的折射率[6]，这个特性可用于制备含锗的 SiO_2 光纤材料。

GeO_2 在空气中的挥发性很差，而在还原性气氛中，其挥发性有显著提高，这是由 GeO_2 被还原成蒸气压较大的 GeO 挥发所致，其反应为：

$$GeO_2 + CO \longrightarrow GeO + CO_2 \qquad (4-12)$$

GeO_2 在 C 中被还原的情况与 CO 相同。

在氢气中 GeO_2 还原为锗的反应为：

$$GeO_2(s) + 2H_2(g) \longrightarrow Ge + 2H_2O(g) \qquad (4-13)$$

GeO_2 能与 BrF_3 作用放出定量的氧：

$$3GeO_2 + 4BrF_3 \longrightarrow 3GeF_4 + 3O_2 + 2Br_2 \qquad (4-14)$$

GeO_2 能与 LiH 发生反应，生成 GeO 和单质锗，这些性质类似于同族的 SiO_2。

GeO_2 还可以被 CO、C 还原为 Ge。

GeO_2 可与一系列金属氧化物形成如 $2MeO \cdot GeO_2$、$MeO \cdot GeO_2$ 或 $MeO \cdot 5GeO_2$ 等形式的复合氧化物。GeO_2 与 Na_2S 及硫一起烧结时，会形成 $Na_2GeOS_2 \cdot 2H_2O$，这种盐的熔点为 750℃，但它在温度高于 710℃ 时就发生离解。熔融的 GeO_2 与碱作用将生成碱性锗酸盐，该盐易溶于水[1]。

GeO_2 在水溶液中的形态是组成简单的锗酸，如 H_2GeO_3、H_4GeO_4、$H_2Ge_5O_{11}$ 及 $H_4Ge_7O_{16}$ 等。在 pH = 3.31～3.36 时，溶液中几乎不存在 Ge^{4+}。$[Ge_5O_{11}]^{2-}$ 在 pH = 5.5～8.4 时稳定，并存在下述平衡关系：

$$[Ge_5O_{11}]^{2-} + H_2O + 3OH^- \longrightarrow 5[HGeO_3]^- \qquad (4-15)$$

若向此溶液中加入 KCl 或 KNO_3，并控制在 pH = 9.2 时，则锗以 KGe_5O_{11} 形态沉淀；而在 pH > 11 时，溶液中仅有 $Ge(OH)_6^{2-}$ 稳定存在；如加入 Mg 盐，则会形成 $MgO \cdot GeO_2$ 沉淀[1]，这就是镁盐沉锗的原理。

GeO_2 在不同无机酸中的溶解特性有很大的不同，这可能与形成了锗不溶物有关，如在盐酸溶液中，当浓度增至 5 mol/L 时，会形成易溶的锗氯络合物 $GeCl_5^-$ 及 $GeCl_6^{2-}$，而在盐酸浓度大于 8 mol/L 时，络合物会分解而形成不溶的 $GeCl_4$，导致 GeO_2 的溶解度下降[1]。GeO_2 在不同无机酸中的溶解度见表 4-5。

二氧化锗易溶于 NaOH，且溶解度随 NaOH 溶液浓度的增大而增大。这种性质常被用来溶解 GeO_2 物料，GeO_2 在 NaOH 溶液中的溶解度见表 4-6[1]。

表 4–5 GeO$_2$ 在无机酸中的溶解度

HCl	A	1.04	2.04	3.17	4.03	5.03	6.03	6.92	8.15	8.82	9.60	13.39	—	—
	B	321.2	228.4	168.8	121.2	113.8	164.4	311.6	1075.05	419.0	41.0	2.4	—	—
H$_2$SO$_4$	A	1.08	2.64	3.51	4.11	5.32	6.52	8.07	11.34	12.63	14.0	15.48	17.43	—
	B	323.2	136.6	79.5	53.6	26.8	12.8	6.4	8.4	16.8	23.2	5.8	2.0	—
HNO$_3$	A	2.15	4.04	6.07	8.38	10.57	14.40	16.01	18.52	20.14	22.29	24.00	—	—
	B	221.8	116.4	54.0	20.54	7.5	1.9	0.8	0.8	0.6	1.5	1.8	—	—
HF	A	0.50	1.0	1.50	3.66	6.24	15.00	18.80	20.33	20.54	20.95	21.25	28.00	30.82
	B	1550	2430	3640	9140	15250	34700	41940	43990	43690	44270	44800	37670	35050
HClO$_4$	A	1.56	3.41	5.49	6.92	10.02	11.88	—	—	—	—	—	—	—
	B	210.0	64.0	12.4	5.2	0.4	0.4	—	—	—	—	—	—	—
HBr	A	0.72	3.37	5.47	6.90	7.17	7.32	7.36	7.60	8.31	8.83	—	—	—
	B	315.2	118.6	51.4	85.0	123.0	152.2	133.4	69.2	5.4	5.4	—	—	—
HI	A	1.27	2.33	3.21	4.17	4.80	4.95	4.98	5.20	5.79	7.17	—	—	—
	B	286.0	170.8	96.8	60.4	53.6	50.0	42.8	11.6	9.2	2.0	—	—	—

注：A 为酸的浓度, mol/L; B 为 GeO$_2$ 的溶解度, mg/100 g 水。

表 4–6 GeO$_2$ 在 NaOH 溶液中的溶解度

$c(\text{NaOH})/(\text{g·L}^{-1})$	0.0	0.05	0.1	0.2	0.4	0.5	1.0
$c(\text{GeO}_2)/(\text{g·L}^{-1})$	4.48	4.60	5.05	5.70	7.06	7.81	11.67

1.1.3 锗氢氧化物和锗酸及锗酸盐

锗的氢氧化物化学式通常写为 Ge(OH)$_4$ 和 Ge(OH)$_2$, 实际上, 它们是一些组成不确定的水合氧化物 xGeO$_2$·yH$_2$O 和 xGeO·yH$_2$O。在水溶液中锗的氢氧化物电离生成锗酸[6]:

$$\text{Ge}^{2+} + 2\text{OH}^- \Longrightarrow \text{Ge(OH)}_2 \Longrightarrow 2\text{H}^+ + \text{GeO}_2^{2-} \tag{4-16}$$

$$\text{Ge}^{4+} + 4\text{OH}^- \Longrightarrow \text{Ge(OH)}_4 \Longrightarrow 4\text{H}^+ + \text{GeO}_4^{4-} \tag{4-17}$$

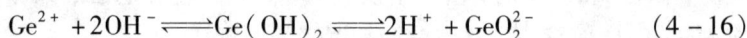

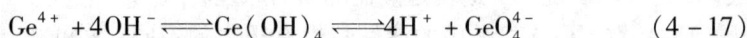

Ge(OH)$_2$ 可通过 Ge(Ⅱ)盐水解或者 Ge(Ⅳ)盐还原后水解制得。例如把 GeO$_2$ 溶于稍微过量的 5 mol/L 的 KOH 溶液中, 加入 5 mol/L 的 HCl, 再加入过量的 30% 的 H$_3$PO$_4$, 在 90℃ 温度下保持 2 h, 再冷却用氨水中和, 则可得到黄色的 Ge(OH)$_2$ 沉淀。因为 Ge(OH)$_2$ 在空气中会迅速被氧化, 所以过滤、洗涤、干燥等环节必须在氮气保护的条件下进行。

Ge(OH)$_2$ 一般为白色, 但因制取方法的不同可能会出现黄色或者红色。Ge(OH)$_2$ 在空气中放置时会逐渐脱水, 颜色变暗最后变为棕色的 GeO。Ge(OH)$_2$ 在氮气中加热到 650℃ 会完全脱水。

$Ge(OH)_2$ 是强还原剂，能与 NaOH 反应生成 Na_2GeO_3。

$$Ge(OH)_2 + 2NaOH \Longrightarrow Na_2GeO_3 + H_2O + H_2 \qquad (4-18)$$

在 Ge^{II} 的盐溶液中加碱或由 $GeCl_4$ 水解，再或者由金属 Ge 与浓 HNO_3 反应，都可制得 H_2GeO_3，如：

$$GeCl_4 + 3H_2O \Longrightarrow H_2GeO_3 + 4HCl \qquad (4-19)$$

该反应是正向进行还是逆向进行取决于溶液的酸度。Ge^{4+} 极易水解，在 pH = 3 ~ 3.3 时，其水解进行得十分完全。

溶液中的 $HGeO_3^-$ 或上述的其他锗络离子，可被 $Al(OH)_3$、$Ga(OH)_3$ 或 $Fe(OH)_3$ 吸附而共沉淀。这一特性可用于从水溶液中沉淀分离锗。

锗酸盐有五种，分别是正锗酸盐、偏锗酸盐、二锗酸盐、四锗酸盐和五锗酸盐。当含 GeO_2 2 mol/L 的溶液用 KOH 中和，pH 达到 8 ~ 10.2 时，会得到白色的微细晶态的 $K_2Ge_5O_{11}$ 沉淀，它会慢慢溶于水，其水溶液呈弱碱性。由水溶液制得的偏锗酸钠含有结晶水，如 $Na_2GeO_3 \cdot 6H_2O$ 和 $Na_2GeO_3 \cdot 7H_2O$[6]。

1.1.4　锗的卤化物

锗的卤化物较多，其基本的物理化学性质见表 4 - 7[1, 6]：

表 4 - 7　锗卤化物的物理化学性质

卤化锗	颜色	熔点/℃	沸点/℃	密度/(g·cm⁻³)	升华温度/℃	离解温度/℃
GeF_4	气态无色	—	-36.5（升华）	2.16 ~ 2.47(g)，3.148(s)	25（空气中）	>1000
GeF_2	固态白色	110	160(离解)	—		>160
$GeCl_4$	液态无色	-50 ~ -49.5	82.5 ~ 84	1.874 ~ 1.88	25（空气中）	—
$GeCl_2$	晶态白色液态棕色	74.6	离解	—	—	>75
$GeOCl_2$	液态无色	-56	—	—	—	—
$GeBr_4$	液态无色	26.1	180 ~ 186.5	3.13 ~ 3.132	—	—
$GeBr_2$	晶体无色	122	离解	—	—	—
GeI_4	晶体橙红色	144 ~ 146	375	4.32 ~ 4.322	—	—
GeI_2	固态橙红/黄色	240（升华）	—	5.37	—	>210
$HGeCl_3$	液态无色	-71.4 ~ -71.1	73 ~ 75.2	1.93	—	>140

锗卤化物的蒸气压都较大。

1.1.4.1　GeCl$_4$

GeCl$_4$ 是锗的重要化合物，在锗的应用和提取方面都有涉及，是研究较充分的锗化合物。

用氯气作用于金属锗或者 HCl 与 GeO$_2$ 共热，都可以生成 GeCl$_4$。氯气通过 $500 \sim 600$℃ 的锗，就可以生成 GeCl$_4$，将收集的产物进行分馏以除去大部分的氯，再加铜粉进行蒸馏以除去残余的氯，蒸馏提纯的 GeCl$_4$ 在冰盐水冷却器中冷凝收集。

用氮气稀释的 CCl$_4$ 蒸气与 GeO$_2$ 在 500℃ 温度下反应也可得 GeCl$_4$，或者在 600℃ 温度下 GeO$_2$ 与 COCl$_2$ 反应也可制得 GeCl$_4$。

GeCl$_4$ 具有较好的稳定性，它的蒸气加热到 950℃ 时仍不分解。

GeCl$_4$ 在 900℃ 温度下可被氢气还原成金属锗：

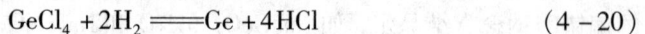

$$GeCl_4 + 2H_2 =\!=\!= Ge + 4HCl \tag{4-20}$$

这一性质用于制备外延生长锗单晶膜，此种外延膜有较高的纯度，晶体完整性好，但锗的利用率低[7-8]。

在 $400 \sim 500$℃ 温度下，GeCl$_4$ 与硅反应生成 SiCl$_4$ 和 GeSi 合金[9]。GeCl$_4$ 还可与 CaO 反应，生成 O$_2$ 和 GeCl$_2$；与干燥的氨作用可形成 GeCl$_4$·6NH$_3$；高于 160℃ 温度下，它与 SO$_3$ 形成 Ge(SO$_4$)$_2$。

GeCl$_4$ 与金属锗一起加热可获得 GeCl$_2$：

$$GeCl_4 + Ge =\!=\!= 2GeCl_2 \tag{4-21}$$

GeCl$_4$ 易水解，遇到湿空气即发烟，在盐酸浓度小于 6 mol 时发生水解，其反应如下：

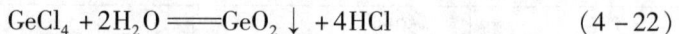

$$GeCl_4 + 2H_2O =\!=\!= GeO_2 \downarrow + 4HCl \tag{4-22}$$

此特性可用于 GeO$_2$ 的提纯。而盐酸浓度大于 6 mol 时，反应(4-22)逆向进行生成 GeCl$_4$，这可用于锗的氯化蒸馏提纯。

GeCl$_4$ 不溶于浓盐酸，和浓硫酸也不发生反应，但溶于无水酒精、二硫化碳、苯、氯仿、煤油和乙醚。GeCl$_4$ 与亚硫酐能很好地混合；和液态磷化氢部分混合。氯化蒸馏提锗之所以加入硫酸，是为了提高溶液的沸点与酸度。当 HCl 浓度大于 7 mol/L 时，其溶解度会随着盐酸浓度的增加而呈现先增加再减小的趋势，见表4-8[1]。

表 4-8　GeCl$_4$ 在盐酸中的溶解度

盐酸浓度/(mol·L^{-1})	7.00	7.77	8.32	9.72	12.08	16.14
GeCl$_4$ 溶解度/(g·L^{-1})	37.00	85.36	61.83	17.84	1.83	0.88

由于 $GeCl_4$ 的沸点（82.5～84℃）与 $AsCl_3$ 的沸点（130℃）相近，故在氯化蒸馏锗时，为使 $AsCl_3$ 不与 $GeCl_4$ 共同蒸馏出，需加入氧化剂（如氯等）把 As^{3+} 氧化为 As^{5+}。若在有碱土金属氯化物参与下蒸馏 $GeCl_4$ 时，则该系统的盐酸浓度在降到 2.5 mol/L 以下时也可得到很好的蒸馏效果[1]。

$GeCl_4$ 能与硝酸缓慢反应，生成 GeO_2 及氮的氧化物。$GeCl_4$ 与液氨反应，生成二亚胺锗 $[Ge(NH)_2]$。

$GeCl_4$ 是制备有机锗化合物的重要原料，$GeCl_4$ 与格氏试剂、烷基锂（钠）反应能够制备多种有机锗化合物。

1.1.4.2　锗的二卤化物

单质锗和 GeX_4 共热可制备二卤化锗 GeX_2（X 为 F、Cl、Br、I）。GeX_2 在常温下皆为固体。

二卤化锗均可作还原剂，加热时易发生歧化反应，离解成 GeX_4 和金属锗，如：

$$2GeCl_2 \Longrightarrow GeCl_4 + Ge \tag{4-23}$$

二卤化锗吸湿性强，易水解，如：

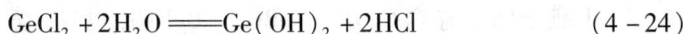

$$GeCl_2 + 2H_2O \Longrightarrow Ge(OH)_2 + 2HCl \tag{4-24}$$

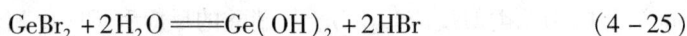

$$GeBr_2 + 2H_2O \Longrightarrow Ge(OH)_2 + 2HBr \tag{4-25}$$

$GeCl_2$ 为不稳定化合物，与干燥的 O_2 作用生成 $GeCl_4$ 与 GeO_2；与 Cl_2 作用而生成 $GeCl_4$；与 H_2S 于室温下作用即可生成 GeS。$GeCl_2$ 易溶于浓 HCl 中并生成比较稳定的 $HGeCl_3$：

$$GeCl_2 + HCl \Longrightarrow HGeCl_3 \tag{4-26}$$

GeF_2 能溶于水，将 H_2S 气体通入它的水溶液可得 GeS 沉淀。

$GeBr_2$ 在 40℃ 时遇干燥的 HBr 即生成 $GeHBr_3$。$GeBr_2$ 比 $GeCl_2$ 易发生歧化反应，在 150℃ 时就能生成 $GeBr_4$ 和金属 Ge。$GeBr_2$ 不仅微溶于 5 mol/L 的 HBr，还可微溶于苯及其他碳氢化合物中[1]。

GeI_2 不溶于碳氢化合物，仅微溶于 CCl_4、氯仿与浓的碘酸之中。它在空气中氧化，在高于 210℃ 时则剧烈氧化成 GeO_2 和 GeI_4，在更高温度下则快速离解而生成 GeI_4 与金属 Ge[1]。它在湿空气中缓慢水解。GeI_2 在真空中 240℃ 时升华，加热到 540～643℃ 时发生歧化反应，生成 Ge 和 GeI_4。GeI_2 与液氨作用的产物是 $Ge(NH)_2$；若以 $C_2H_5NH_2$ 代替液氨，则生成 $Ge(NC_2H_5)_2$。干燥的 NH_3 通入 GeI_2 的 CCl_4 溶液中，将析出白色的 GeI_4 微晶沉淀；如果用有机胺代替氨气，则得 GeI_4 与 $n(n=4,5,6$ 或 10$)$ 个分子胺的加合物。

1.1.4.3 锗其他的四卤化物

GeF_4 于室温下与空气接触即会烟化并释放出气味。GeF_4 在温度低于700℃时不与石英反应；在低于1000℃时也不离解。在高于400℃时，GeF_4 可与铝、铁、镁的氯化物作用而生成 $GeCl_4$。GeF_4 可溶于稀盐酸，并易溶于水而放出大量的热：

$$3GeF_4 + 2H_2O = GeO_2 + 2H_2GeF_6 + Q \qquad (4-27)$$

在 $GeO-H_2O-HF$ 体系中存在 $H_2GeF_6 \cdot 2H_2O$ 与 $H_2GeOF_6 \cdot 2H_2O$ 等化合物，其中后者可看成是 $GeF_4 \cdot 3H_2O$[1]。

$GeBr_4$ 是一种具有较大挥发性的液体，在26℃时其馏出份为白色带黄的固体，而在0℃左右可凝固成晶状浆物，但它具有过冷特性，冷到-18℃时也不会冻结。它与浓硝酸作用较强烈并放出溴，但不与浓硫酸作用[1]。$GeBr_4$ 虽可溶于 CCl_4、苯、醚及乙醇等但不离解，在丙酮中溶解时将伴随离解。$GeBr_4$ 在水中会迅速水解而沉淀出 GeO_2，如向水中加入少许 KOH，则水解进行得更加剧烈。活泼金属，例如镁在25~40℃就能将 $GeBr_4$ 还原成金属锗。活泼氯化物（$C_6H_5PCl_2$）可与 $GeBr_4$ 进行卤素交换反应，$GeBr_4$ 首先转变成氯溴化锗，然后变成 $GeCl_4$（产率57%），其他产物还有 $GeCl_3Br$。$GeBr_4$ 与 $GeHCl_3$ 也有卤素交换反应，而 $GeBr_4$ 与 $SnCl_4$ 之间则无类似反应。$GeBr_4$ 与硝酸的反应和 $GeCl_4$ 相似，可被转化成 GeO_2，放出氮的氧化物。$GeBr_4$ 与干燥的 NH_3 反应能生成白色固体化合物。$GeBr_4$ 遇KOH 溶液（1:4）立即反应，反应过程中先析出 GeO_2，且新析出的 GeO_2 又迅速溶解于过量的碱溶液，生成锗酸钾。$GeBr_4$ 与乙酰丙酮缓慢作用形成二溴化二乙酰丙酮锗。$GeBr_4$ 溶于无水乙醇、CCl_4、苯、乙醚及丙酮，它溶于丙酮后慢慢分解，放出溴蒸气。

GeI_4 在空气中较稳定，干燥的 GeI_4 加热至400℃时即分解成 GeI 和 I_2，GeI_4 的水解不如 $GeCl_4$、$GeBr_4$ 那么强烈，它在湿空气中缓慢转变成 H_2GeO_3 与 HI。GeI_4 在室温下不与浓硫酸反应，85℃时它们会缓慢反应析出碘。室温下 GeI_4 能慢慢溶于浓盐酸。GeI_4 也能溶于1:4的 KOH 溶液，生成 K_2GeO_3，但比 $GeBr_4$ 与KOH 溶液的反应慢得多。GeI_4 易溶于 CS_4、CCl_4 及苯。部分 GeI_4 可被氢气或乙炔还原。在360℃时，GeI_4 可与金属锗作用生成 GeI_2。GeI_4 在水中水解也较缓慢，产物为 GeO_2[6]。

1.1.5 锗的硫化物

锗的硫化物是比较重要的化合物，是锗存在于各种硫化矿中的主要形态，且与锗的提取密切相关。锗主要有一硫化锗（GeS）、三硫化二锗（Ge_2S_3）和二硫化锗（GeS_2）三种化合物，其主要物理化学性质见表4-9[1]。

表 4-9　锗硫化物的主要物理化学性质

硫化物	颜色	结晶构造	莫氏硬度	密度/$(g \cdot cm^{-3})$	熔点/℃	沸点/℃	易溶于
GeS	黑色	斜方 $a = 4.05$Å $b = 10.24$Å $c = 3.65$Å	2	3.54~4.01	530~665	650~860	$(NH_4)_2S$、 热 HNO_3、 强碱
	红棕色	无定形	3.31				HCl、碱
	棕黄色	—	—				$(NH_4)_2SO_4$
Ge_2S_3	棕黄色				728		$NH_3 \cdot H_2O_2$
GeS_2	白色	$a = 11.67$Å $b = 22.30$Å $c = 6.87$Å	2~2.5	2.7~2.942	800~840	904	热碱 12 mol HCl NH_3

1.1.5.1　GeS

GeS 有棕色无定形与黑色斜方晶型两种，在 450℃和氮气氛中加热数小时可由无定形转变成斜方晶型。GeS 在 530℃时熔化，在 485℃温度下，不会明显分解。GeS 在 350℃时开始氧化形成 $GeSO_4$；当温度高于 350℃时，则氧化生成 GeO_2 和 SO_2，当温度升高至 570~650℃时，GeS 氧化速度剧增，氧化产物主要是 GeO_2 及少量的 $GeSO_4$[1]。

$$GeS + 2O_2 \Longrightarrow GeSO_4 \tag{4-28}$$

$$GeS + 2O_2 \Longrightarrow GeO_2 + SO_2 \tag{4-29}$$

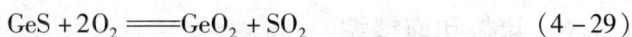

温度和气氛对 GeS 挥发有较大的影响：还原性气氛有助于 GeS 在低温下挥发；在 1000℃的 CO 还原气氛中时，锗的挥发率可达 90%~98%。GeS 在中性气氛中，当温度高于 550℃时就开始强烈挥发；当高于 1250℃时，它的挥发几乎不受气氛影响[1]。

GeS 难溶于液氨，也不发生氨解反应，在液氨中的溶度积为 9×10^{-6}。结晶状的 GeS 是稳定化合物，在热沸的酸或碱中极少溶解，可被 H_2O_2 的氨溶液、氨水和高锰酸钾缓慢氧化。而粉状的 GeS 却不稳定，在湿空气中会缓慢水解；GeS 遇水即迅速水解生成 $Ge(OH)_2$，并慢慢脱水生成 GeO。GeS 微溶于 NaOH 水溶液。当用酸中和此溶液时，则沉淀出红色无定形 GeS。当温度为 25℃时，通氯气于 GeS 上，则随即生成 $GeCl_4$；当温度高于 150℃时，GeS 与气态 HCl 作用强烈。

无定形 GeS 易被氧化，如它易被热的稀硝酸或双氧水氧化。无定形 GeS 较易溶于盐酸并放出 H_2S，它也易溶于碱式硫酸盐或碱液，而难溶于氨水、硫酸、氢氟酸和其他有机酸。该性质常用于除去 GeS 中的 GeS_2。无定形 GeS 可溶于 $(NH_4)_2S$ 中，当加入酸时，可析出白色 GeS。

1.1.5.2 Ge_2S_3

Ge_2S_3 是 GeS_2 的离解产物，为棕黄色的疏松粉末，在 728℃ 温度下熔化。Ge_2S_3 易溶于氨水或 H_2O_2，几乎不溶于所有的酸，甚至在王水中也不溶[1]。

1.1.5.3 GeS_2

GeS_2 晶体属于正交晶系。熔融的 GeS_2 为鲜棕色透明熔体，冷却后却变为琥珀状玻璃体。

GeS_2 不溶于水、酸，也不溶于热沸的硫酸、盐酸或硝酸中。GeS_2 易溶于热碱，特别是在有氧化剂（如双氧水）的碱液中。热氨或 $(NH_4)_2S$ 可溶解 GeS_2 并形成相应的亚酰胺锗：

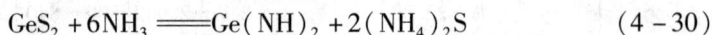

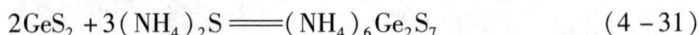

$$GeS_2 + 6NH_3 = Ge(NH)_2 + 2(NH_4)_2S \qquad (4-30)$$

$$2GeS_2 + 3(NH_4)_2S = (NH_4)_6Ge_2S_7 \qquad (4-31)$$

GeS_2 在 700℃ 时，约有 15% 会离解生成易挥发的 GeS，到 800℃ 左右基本离解完全：

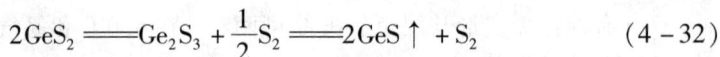

$$2GeS_2 = Ge_2S_3 + \frac{1}{2}S_2 = 2GeS\uparrow + S_2 \qquad (4-32)$$

GeS_2 的挥发性远低于 GeS，只在较高温度下离解成 GeS 时才显著挥发，故挥发产物含有 GeS_2 及 GeS[1]。在富集锗的过程中，欲使锗富集于烟尘中，应使其以 GeS 形态存在。相比于在空气中，GeS_2 更易在缺氧的情况下挥发，因此在生产实际中，加入一定的还原剂，降低气相中氧含量，可以促进 GeS_2 的挥发[1]。

1.1.6 锗烷和卤锗烷

锗烷是制备锗薄膜的中间体，通过其热分解可制得金属锗。锗烷有 GeH_4、Ge_2H_6、Ge_3H_8、Ge_4H_{10} 及 Ge_5H_{12} 等，可以以通式 Ge_nH_{2+2n} 表示，它们的基本性质列于表 4-10[1]。

1.1.6.1 锗烷

GeH_4 在 280℃ 时缓慢分解成锗和氢，375℃ 时迅速分解。在压强为 26.7 kPa 时，乙锗烷（Ge_2H_6）于 215℃ 左右分解。丙锗烷（Ge_3H_8）于 195℃ 开始分解。丁锗烷（Ge_4H_{10}）于 50℃ 缓慢分解，100℃ 迅速分解成 GeH_4。Ge_5H_{12} 在温度高于 100℃ 时分解为 GeH_4 及氢气。当温度在 350℃ 以上时，所有较高级的锗烷都分解成锗和氢，此性质可用以制取锗半导体薄膜。锗烷有毒，其毒性比砷烷（AsH_3）要低。

表 4 – 10　锗烷的物理化学性质

性质	GeH$_4$			Ge$_2$H$_6$			Ge$_3$H$_8$			Ge$_4$H$_{10}$	Ge$_5$H$_{12}$
颜色	棕色固体，无色气体			无色液体			无色液体			无色液体	无色液体
密度 /(g·cm^{-3})	1.52～1.523			1.98			2.2			—	—
熔点/℃	-165.9～-164.8			-109			-105.6			—	—
沸点/℃	-89.1～-88.1			29～31.5			110.5～110.8			176.9～177.0	234～235
离解温度 /℃	>36			>215			>200			>100	>100
蒸气压 /Pa	133.3	13330	101325	133.3	13330	101325	133.3	13330	101325	lg$p$(mmHg) =1714.6/T+ 6.692	lg$p$(mmHg) =1805.8/T+ 6.449
温度/℃	-163	-120.3	-88.9	-88.7	-20.3	31.5	-36.9	47.9	110.8	3～47	7～47

锗烷不同于硅烷，在空气中不能自燃，需要加热才能氧化。随锗烷中锗原子的增加，更容易氧化[9]。常温下，GeH$_4$ 能和纯氧混合而不发生相互作用，当加热到 160～183℃时可逐渐被氧化。如果在减压状态下，则要加热至 320℃才能发生氧化反应，生成白色的 GeO$_2$ 和 H$_2$O。Ge$_2$H$_6$ 比 GeH$_4$ 易氧化，100℃就氧化成 GeO$_2$ 和 H$_2$O，Ge$_3$H$_8$ 更易氧化，放在空气中不久就变成白色的 GeO 固体。

硅烷在稀碱溶液中迅速分解，而锗烷不同。GeH$_4$、Ge$_2$H$_6$、Ge$_2$H$_8$ 均不与稀碱溶液作用，与 33% 的浓碱溶液也不发生化学反应。

GeH$_4$ 是强还原剂，与 AgNO$_3$ 水溶液反应能放出氢气，并析出黑色的锗与银的混合物。

1.1.6.2　卤锗烷

锗能生成一系列卤锗烷，如 HGeCl$_3$、H$_2$GeCl$_2$、HGeBr$_3$、HGeClBr$_2$ 及 HGeClBr 等，较有实际意义的是 HGeCl$_3$。

HGeCl$_3$ 是一种无色液体，加热到 140℃即离解为 GeCl$_2$ 与 HCl，升高温度则离解为 GeCl$_4$ 与金属 Ge；也可被氢还原为金属 Ge 和 HCl，这与 SiHCl$_3$ 类似。HGeCl$_3$ 与溴或碘作用时，它的氢原子被溴原子或碘原子取代，并产出相应的溴酸或碘酸。在有催化剂(如 AlCl$_3$)参与的条件下，HGeCl$_3$ 与 GeCl$_4$(或 GeI$_4$)相互作用并形成相应的 GeBrCl$_3$(或 GeICl$_3$)化合物。在盐酸溶液中电解 HGeCl$_3$，不会在阴极上析出金属 Ge，但却会在阳极上沉积 GeO$_2$，这或许是由于 GeCl$_3$ 趋向阳极并在阳极发生了水解反应。HGeCl$_3$ 可溶于乙醚。HGeCl$_3$ 易被水分解得 GeO·nH$_2$O，而与 NaOH 作用会形成 Ge(OH)$_2$或继续作用而沉出 GeO[1]。

1.2 锗及其化合物的应用

锗是具有战略价值的金属，其主要应用于半导体器件、红外材料、光纤材料和催化剂这四大领域。锗是除硅之外最重要的半导体基础材料，其在微电子器件和光电器件中发挥的作用是不可替代的。

(1) 半导体器件

锗半导体器件可应用于一些特殊场合。锗在高频和大功率晶体管上有重要的应用。锗燧道二极管可在极高的频率下工作，理论上可达到100000 MHz，工作温度可达300℃，且耐辐射，广泛用作航天航空中各种仪器的高速开关器件。锗的载流子迁移率是硅的3倍，锗单晶大量用于半导体器件的衬底材料。随着集成电路的微型化发展，由于锗本身的特性以及大直径无位错锗单晶的发展，使得锗有可能代替硅应用于深亚微米级 CMOS 器件[9-10]。

锗核辐射探测器是主要的半导体探测器之一，其灵敏度高、效率高，广泛应用于核工业的探矿、非破坏性同位素分析、核高能物理、医疗诊断、石油探测以及空间宇宙辐射的研究等[11]。

高纯锗单晶片是太阳能电池的重要衬底材料，锗单晶衬底上外延的砷化镓太阳电池具有转换效率高、耐高温、抗辐射、可靠性强等优点。与砷化镓衬底相比，锗单晶具有机械强度高、结构完整性好等优点，由高纯锗单晶片作衬底的太阳能电池的光电转换效率可达40%以上，是空间站和卫星的动力源[12-13]。太阳能光伏器件已经成为锗不断扩大应用的领域。

锗温差发电材料主要组成为锗硅合金或锗碲合金。锗硅合金工作温度可高达900℃，而且在高温下其组成不发生变化，是温差发电材料中工作温度最高的，应用于宇航、潜艇、极地考察、航标以及缺乏太阳能的地方以获取能源[11]。

(2) 红外光学材料

锗的特殊能带结构使锗对红外辐射有宽波段的光学透射率，是重要的红外光学材料。锗在对大气层红外线有高而均匀的透过率，其红外透过率约为50%，镀增透膜后透过率可大于90%，是不可替代的优良红外光学材料。锗可以用作红外传感器，具有化学稳定性好、耐腐蚀和易于加工、价格相对低廉等优点。锗单晶切片后加工为锗透镜，以制成各种红外光学部件，应用于多种红外光学系统，如红外成像、红外制导、红外探测器、红外雷达等各种军用和民用设备上[14-15]。

GeO_2 能增加玻璃的折射率，含锗的玻璃在光学镜头方面得到应用。锗的硫系化合物玻璃能使波长较长的红外线透过玻璃。用高纯 GeO_2 制作红外锗玻璃，可用作红外导弹的窗口透镜[15]。

（3）光导纤维

光导纤维是锗的又一个重要应用领域。GeO_2 作为 SiO_2 光导纤维纤芯掺杂剂，可提高光纤的折射率，减少光纤的色散和传输损耗，从而防止光学信号从纤维中逸出。掺入 10% 的 GeO_2 可使光纤的折射率提高 1%，此光纤在波长为 1.1 ~ 1.6 μm 时的光损耗小于 0.29 dB/km[16-17]。

（4）催化剂

金属锗兼有金属与半导体的催化活性。石油化工中的铂－锗催化剂，可用于碳氢化合物的转化、氢化、去氢，以及汽油馏分的调整。金属锗也用作一系列脱氢或分解反应的催化剂[11]。

二氧化锗在聚酯纤维（PET）生产中用作催化剂。PET 具有无毒、透明与气密性好的特性，广泛用作饮料瓶及食用液体的容器。锗催化剂在欧洲、日本得到了广泛应用，在我国也有很好的应用前景。近十年，催化剂用锗量占世界用锗总量的 25% ~ 30%，且主要用作 PET 催化剂[11]。

（5）医药、保健品

有机锗化合物的生物活性和它在人体中所起的特殊医疗保健作用，曾一度引起了研究者的兴趣和关注。有机锗的药理作用主要表现在其独特分子结构中含有三个带氧的键，能向人体细胞提供大量的氧，改善新陈代谢，增强抗癌能力，抑制癌细胞的形成，还能降低血液黏稠度，改善血液循环，降低血压，防止血栓形成；此外，还有抗衰老、消除更年期不适等功效[11]。有机锗化合物主要包括以下几类：倍半氧化物类有机锗、螺锗及其衍生物、含硫配位的有机锗、四烃基锗和烃基锗卤化物、锗氧烷类和三烃基乙酸酯及其他有机锗化合物。倍半氧化物类有机锗是一种免疫刺激剂，可诱发抗癌干扰素的活性，属于基本无毒的活性物质，可以用作抗坏血酸药品。螺锗及其衍生物具有细胞毒性，可抑制肿瘤生长，并有免疫调节及抑制自免疫疾病的活性及抗疟作用，并且具有很好的降压效果。含硫配位的有机锗中的氨基酸锗是很好的细胞生长促进剂[18]。然而，有机锗的安全性目前尚无定论[1]。

有机锗还可以作为植物增长剂、蔬菜保鲜剂、大蒜油脱臭剂等。

（6）其他方面

锗可用作合金的添加剂，如金－锗共晶合金（含 12% 锗）在首饰生产、精密铸造和半导体器件生产中作金钎焊焊料。在金铜中加入少量锗能提高金属的硬度。铁镍基中加入少量锗能改善材料的性能。锗能使铍具有好的延展性。锗在铀－铝合金中能抑制 UAl_4 的形成，简化了核燃料的生产工艺。锗合金 $Ge-In_{0.01}$、$Ge-Au_{88}$ 和 $Ge_2-Ag_{68}-Sn_{17}-Cu_{13}$ 还可用作牙科合金。二氧化锗与锗酸镁（$MgGeO_3$）是良好的发光材料，用于荧光灯管内壁上的涂层或调色剂[11]。

1.3 锗对生态环境的影响

由于自然界中锗含量稀少，且工业提取锗的活动开展历史较短，规模不大，因此锗对生态环境的影响并不确切。一般认为锗对生物的毒性是低微的，锗中毒半致死剂量 LD_{50} 为 586~1000 mg/kg 体重[1]。

许多植物中都含有微量的锗元素，在生物机体内锗具有重要的生物活性，研究确定锗是一种对人体有益的微量元素。一般在中草药中锗的含量较高，尤其是在人参和灵芝中，灵芝中锗的含量是人参的 4~6 倍[19]。有机锗具有明显的抗癌、抗衰老和免疫调节作用。

锗的生物学效应研究始于 1922 年，之后陆续发现它有增进人体健康、调节生理的功能，对消炎、抗菌、抗癌、防衰老也有一定作用。作为植物生长调节剂，锗可以促进谷物、蔬菜、水果等的生长和改进植物品质。锗在生物机体内的分布十分广泛，生物体内的许多酶，人脑的皮质和灰质成分中，以及细胞壁、线粒体、染色体、溶酶体等亚细胞成分中都含有锗元素[20]。

锗会改变植物中光合色素的组成和含量。高等植物中，锗的作用主要体现为改变光合组织中酶的活性以及叶绿素的含量。锗的存在会促进小麦初生叶中过氧化酶的活性，提高叶的氧敏感性；锗能抑制太阳花细胞内的酚氧化成高毒性苯醌和氧自由基，对叶质膜的整合性起到保护作用。锗能改变植物生长营养元素含量，如用 GeO_2 浸种可增加水稻中可溶性糖的含量、提高淀粉酶活性。GeO_2 可通过细胞的主动吸收而进入细胞内部，并与有机羧酸络合成锗盐，从而影响细胞中某些酶类的活性变化。锗对植物抗氧化系统有增强作用，不仅通过自身结构清除自由基，保护细胞正常的生理代谢，还能改善植物和菌类中抗氧化系统活性[21]。

锗对植物的毒害作用表现为影响植物对其他元素的吸收和利用。当培养基质中锗的浓度超过一定临界水平，会对植物的生长产生抑制甚至毒害作用。作用机制可能是因为锗浓度过高，改变了根系和培养介质的渗透压，影响了植物对其他所需元素的吸收等。锗的毒害性还表现为其积累性，当锗在植物体内的积累超过一定的水平，就会对植物的生长产生毒害作用。由于锗在植物中的移动性较好，且作为元素周期表中第Ⅳ族的元素，锗与硅有相似的化学性质，故锗的大量吸收会影响硅的吸收，从而影响植物的正常生理代谢[21]。

至今世界各国并没有制定过环境中锗的限量标准。对于锗生产工作场合的空气，有学者建议设定 GeO_2 的浓度限值为 2 mg/m³、$GeCl_4$ 为 1 mg/m³、GeH_4 为 0.6 mg/m³[1]。

1.4 锗的资源和冶金原料

锗的资源并不稀少，锗在地壳中的丰度为 1.4×10^{-4}，但在地壳中的分布极其分散。含锗的矿物只有几种含锗高于 1%，如锗石、硫银锗矿、硫锗铁铜矿，但这些矿物在自然界中极少见。有 16 种含锗量达 0.1%~1% 的矿物；约有 700 种含锗量为 0.0001%~0.1% 的矿物。锗是亲硫的元素，高品位的锗矿物往往在硫化矿中发现。已查明的锗资源主要伴生在硫化锌矿及铅铜矿中，还有一部分则存在于煤中。据估计锌精矿中带入的锗量被回收的部分仅占 3%[22]，由此推测仅在锌矿的资源量中的伴生锗应在十万吨以上的水平。中国锗储量丰富，已探明储量居世界首位。锗资源量总计近万吨以上，含锗丰富的锌矿资源在云南、贵州及广东等省；而含锗的煤资源主要分布在云南、内蒙古、新疆等省及自治区。

我国锗资源保有储量在各矿种中的分布情况见表 4-11[11]。

表 4-11　我国锗金属保有储量在各矿种中的分布

矿物	煤矿	铜矿	铅锌矿	铁矿	其他
分布/%	17.0	11.34	69.30	2.30	0.06

中国生产的锗约 50% 产自锌冶炼，另约 50% 产自锗煤。铅锌矿伴生的锗，其锗品位平均为 0.0015%~0.039%；沉积煤矿床中伴生的锗，以有机化合物形式存在，平均品位为 0.0017%；云南临沧地区第三纪褐煤中伴生的锗资源，锗品位则高达 0.01%~0.09%，具有很高的利用价值，此外少量的煤矸石中也含有锗[11]。锗的再生资源中，最大的是光纤废料；其次是在锗产品的生产过程中产生的一些锗废料，包括半导体晶片在切、磨、抛过程中产出的废料；此外，还有含锗半导体废器件、含锗合金废料、腐蚀液、废催化剂等。

湿法炼锌工艺产出的各种冶金渣和氧化锌挥发尘是工业提锗的主要原料，对于传统的湿法炼锌工艺，30%~50% 的锗进入浸出渣的回转窑高温挥发的氧化锌烟尘中，故可从烟尘中再回收锗；另 50%~70% 进入挥发窑的残渣也可进一步用再挥发法或还原炼铁法富集锗；对于黄钾铁矾法工艺，70%~80% 锗富集在铁矾渣中，可采用酸浸或铁矾渣还原挥发的方法富集提取锗；对于针铁矿法和锌精矿氧压直接浸出工艺，90% 的锗富集在置换渣中，集中度高，对锗提取较为有利。对于火法炼锌的 ISP 工艺，70% 的锗进入粗锌，其后在粗锌蒸馏时残留在硬锌中，从而得到富集回收，另 30% 则进入鼓风炉的烟化渣，故这一部分锗进一步回收较困难。

　　从含锗褐煤中提锗较为简单。含锗褐煤在空气含量不足的条件下燃烧,98%以上的锗挥发到烟尘中。对于锗品位较高的原煤,可得到品位较高的含锗烟灰,并能直接采用氯化蒸馏工艺提锗;而锗品位较低的原煤燃烧挥发得到的锗烟灰,因品位较低,一般采用再次挥发富集锗后再蒸馏提锗。对于采用过剩空气燃烧制度的燃煤锅炉,煤中的锗只少量挥发到烟尘,而大量残留在煤渣,故锗的富集度不高,可对煤渣加煤制团焙烧再次挥发富集锗。

1.5　锗工业产品质量标准

　　锗产品 $GeCl_4$、GeO_2 和金属 Ge 的相关质量标准见表 4-12~表 4-17。

表 4-12　高纯 $GeCl_4$ 产品标准 YS/T 13—2015 化学成分

化学成分	$GeCl_4$ -08	$GeCl_4$ -07	$GeCl_4$ -05
$GeCl_4$ 纯度	≥99.999999%	≥99.99999%	≥99.999%
Cu	≤0.5×10^{-9}	≤1.0×10^{-9}	≤2.0×10^{-7}
Mn	≤0.5×10^{-9}	≤1.0×10^{-9}	—
Cr	≤0.5×10^{-9}	≤2.0×10^{-9}	—
Fe	≤1.0×10^{-9}	≤2.0×10^{-9}	≤2.0×10^{-9}
Co	≤0.5×10^{-9}	≤2.0×10^{-9}	≤1.0×10^{-6}
Ni	≤0.5×10^{-9}	≤1.0×10^{-9}	≤2.0×10^{-7}
V	≤0.5×10^{-9}	≤2.0×10^{-9}	—
Zn	≤0.5×10^{-9}	≤2.5×10^{-9}	—
Pb	≤0.5×10^{-9}	≤1.0×10^{-9}	≤2.0×10^{-7}
As	≤0.5×10^{-9}	≤5.0×10^{-9}	≤5.0×10^{-7}
Mg	≤0.5×10^{-9}	≤2.0×10^{-9}	—
In	≤0.5×10^{-9}	≤1.0×10^{-9}	—
Al	≤0.5×10^{-9}	≤1.0×10^{-9}	—

表 4-13　高纯 $GeCl_4$ 产品标准 YS/T 13—2015（杂质吸收峰红外透过率）

杂质吸收峰位置	$GeCl_4-08$	$GeCl_4-07$
(3610 ± 2) cm^{-1}（$GeCl_3OH$）	≥96%	≥95%
$2925\sim2970$ cm^{-1}（CH）	≥96%	≥90%
$2830\sim2860$ cm^{-1}（HCl）	≥95%	90%
(2336 ± 2) cm^{-1}（CO_2）	≥95%	≥90%
(2272 ± 2) cm^{-1}（$GeHCl_3$）	≥99%	≥95%
$1400\sim2000$ cm^{-1}（CHn）	≥90%	≥80%
(1173 ± 2) cm^{-1}	≥90%	—
$1015\sim1060$ cm^{-1}（C-o）	≥99%	—

表 4-14　高纯二氧化锗产品标准 GB/T 11069—2006（化学成分）

牌号	GeO_2 纯度，不小于	化学成分（质量分数）/%						
		杂质含量，不大于						
		As	Fe	Cu	Ni	Pb	Ca	Mg
GeO_2-06	99.9999	1.0×10^{-5}	1.0×10^{-5}	1.0×10^{-6}	2.0×10^{-6}	2.0×10^{-6}	1.5×10^{-5}	1.0×10^{-5}
GeO_2-05	99.999	5.0×10^{-5}	1.0×10^{-4}	2.0×10^{-5}	2.0×10^{-5}	1.0×10^{-5}	—	—

牌号	GeO_2 纯度，不小于	化学成分（质量分数）/%					
		杂质含量，不大于					
		Si	Co	In	Zn	Al	总含量
GeO_2-06	99.9999	2.0×10^{-5}	2.0×10^{-6}	1.0×10^{-6}	1.5×10^{-5}	1.0×10^{-5}	1.0×10^{-4}
GeO_2-05	99.999	—	2.0×10^{-5}	—	—	1.0×10^{-4}	1.0×10^{-3}

表 4-15　苏联二氧化锗产品标准（化学成分）[1]　　　　　质量分数/%

GeO_2	Mn	Fe	Mg	Al	Ca	Cu	杂质总和
≥99.999	$\leq2.5\times10^{-7}$	1.7×10^{-5}	$\leq3.8\times10^{-6}$	$\leq2.6\times10^{-6}$	$\leq1.5\times10^{-5}$	$\leq6\times10^{-7}$	≤0.0001

表 4-16　还原锗锭产品标准 GB/T 11070—2006

牌号	电阻率/$(\Omega\cdot cm)$（23℃±0.5℃），不小于
RGe-0	30
RGe-1	10

注：RGe-0 牌号的原料应符合 GB/T 11069 GeO_2-06 牌号的规定。

表 4 – 17　区熔锗产品标准 GB/T 11071—2006

牌号	电阻率/($\Omega \cdot cm$) （20℃ ±0.5℃）	检测单晶的参数(77K)	
		载流子浓度/cm^{-3}	载流子迁移率$[cm^2/(V \cdot s)]$
ZGe – 0	≥50	≤1.5×10^{12}	≥3.7×10^4
ZGe – 1	≥50	—	—

第 2 章　锗的基本分离方法

从水溶液中沉淀分离锗除锌粉置换、中和水解沉淀等常规的沉淀方法外，还有单宁沉锗、镁盐及氢氧化铁沉锗和氯化蒸馏这些特别针对锗的分离方法。

2.1　单宁沉淀锗

单宁，又名单宁酸(Tannic acid)、鞣酸，化学式为 $C_{76}H_{52}O_{46}$。单宁是一种弱酸，可溶于水，在水溶液中与金属离子络合形成螯合物，在不同 pH 下发生沉淀。栲胶是含单宁较高的有机物料，由含单宁植物的树皮、果实、树叶等为原料提炼而成的，栲胶中用于沉淀提取锗的有效成分是其中所含的单宁。

单宁在水溶液中依酸度不同而发生离解或沉淀：

$$R{-}OH \xrightleftharpoons[\text{沉淀}]{\text{离解}} R{-}O^- + H^+ \qquad\qquad (4-33)$$

单宁在 H_2SO_4 溶液中与金属离子的络合沉淀反应与酸度有关，见表 4-18[23]。

表 4-18　单宁水溶液沉淀、单宁与金属离子络合沉淀的酸度

溶液	开始沉淀的酸度/$(mol \cdot L^{-1})$	完全沉淀的酸度/$(mol \cdot L^{-1})$
10% 单宁	1.3	1.8
10% 单宁 + 1 mol/L Zn^{2+}	0.6	1.26
10% 单宁 + 1 mol/L Cd^{2+}	1.04	1.3
10% 单宁 + 1 mol/L Cu^{2+}	0.8	1.3
10% 单宁 + 1 mol/L Ge^{4+}	0.23	0.42

由表 4-18 可见，控制酸度在 0.4~0.5 mol/L，加入单宁可使锗生成单宁锗沉淀：

$$GeO^{2+} + 2[C_{76}H_{52}O_{46}] = [GeO(C_{76}H_{52}O_{46})_2^{2+}] \downarrow \qquad (4-34)$$

而此时 Zn^{2+}、Cd^{2+}、Cu^{2+} 及单宁均不沉淀，这是湿法炼锌水溶液中用单宁沉淀分离锗的基本原理。

单宁沉淀分离锗选择性强，沉 Ge 完全，至今仍应用于湿法炼锌中的提锗

过程。

一种含锗 0.02% ~ 0.08% 的锌冶炼氧化锌烟尘，经硫酸浸出，得到含锗 40 ~ 100 mg/L 的溶液，调整 pH 为 1.5 ~ 2.0，在 50 ~ 70℃ 温度下，按锗量的 20 ~ 26 倍加入单宁，搅拌 25 ~ 30 min，锗沉淀率 99% ~ 99.6%，沉锗后溶液中锗含量小于 0.5 mg/L。过滤、洗涤获得的单宁锗沉淀渣中锗含量为 2.5% ~ 3.6%。单宁锗渣干燥脱水后送入电热式回转窑或隧道窑于 550 ~ 620℃ 温度下煅烧，得到含锗 18% ~ 22%、含锌 30% ~ 36% 的锗精矿[24-25]。

还有研究用橡椀栲胶进行沉锗，硫酸锌溶液成分为：Zn 100 ~ 120 g/L，Ge 0.024 ~ 0.07 g/L，As 0.6 ~ 0.7 g/L，Sb 0.05 ~ 0.08 g/L，Fe^{2+} 0.6 ~ 0.9 g/L，F 0.3 ~ 0.5 g/L，Cl 0.2 ~ 0.3 g/L，H^+ 0.5 ~ 1.5 g/L，在 60 ~ 70℃ 温度下，按锗量的 35 ~ 40 倍加入橡椀栲胶，沉锗后液中锗含量降至 1 mg/L[6]。用栲胶沉锗时，因其中单宁含量及成分不同，故栲胶的加量不同，一般要比单宁加量增加 20% ~ 30%，但经济上仍比使用单宁便宜。

单宁沉锗法的最大优势在于可直接在锌浸出液中加入单宁便使锗沉淀完全且选择性好。另外，单宁锗沉淀物经高温煅烧可将大部分有机质分解挥发，得到高品位的锗精矿，整个过程简单高效。沉锗后溶液中的残留物只影响湿法炼锌系统中锌电解的电流效率，无其他影响。用栲胶代替单宁沉锗，由于栲胶带入的其他有机质比纯单宁的要多，可使锌电积电流效率降低 3%[26]，且降低的幅度比纯单宁的要大。另外，其残留的有机质过多，也会使硫酸锌溶液变色，严重时需用活性炭吸附脱色，这是不利的。

单宁锗渣含 Ge 1% ~ 3%、As 3%、Pb 4%、Si 4.4%、Zn 8.3%、有机物约 80%，在煅烧中有机物在高温下氧化分解，最终形成的烟气会污染环境造成资源浪费。为此有研究从单宁锗渣中回收单宁，其过程为：单宁锗渣加水浆化，液固比 5:1，按渣量 5% 加入草酸，在 25℃ 下搅拌反应 0.5 h 后，滴加 10% NaOH。控制 pH 为 8 ~ 9，再反应 30 min，单宁锗渣的锗及杂质金属与草酸形成更稳定的草酸络合物保留在渣中而将单宁酸解析到溶液中。滤渣干燥后煅烧得到锗精矿，滤液用 10% H_2SO_4 中和到 pH 2 ~ 3，得到再生的单宁水溶液，单宁回收率为 45% ~ 50%。再生的单宁水溶液返回沉锗使用，其性能和加量与新单宁溶液无异[27]。

2.2 镁盐沉淀锗

锗与镁能生成溶解度极低的锗酸镁沉淀，此性质可用于从水溶液中沉淀分离锗。

在酸性介质中：

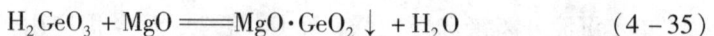

$$H_2GeO_3 + MgO \Longrightarrow MgO \cdot GeO_2 \downarrow + H_2O \qquad (4-35)$$

$$Ge(SO_4)_2 + MgO + 2H_2O \rightleftharpoons MgO \cdot GeO_2 \downarrow + 2H_2SO_4 \quad (4-36)$$

$$GeO(SO_4) + MgO + H_2O \rightleftharpoons MgO \cdot GeO_2 \downarrow + H_2SO_4 \quad (4-37)$$

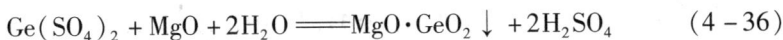

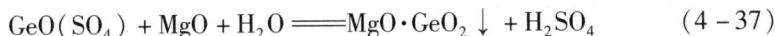

在碱性介质中:

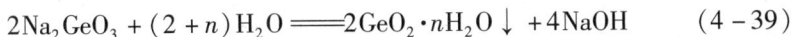

$$Na_2GeO_3 + MgCl_2 \rightleftharpoons MgGeO_3 \downarrow + 2NaCl \quad (4-38)$$

$$2Na_2GeO_3 + (2+n)H_2O \rightleftharpoons 2GeO_2 \cdot nH_2O \downarrow + 4NaOH \quad (4-39)$$

对于成分为:锗 1.4~2.0 g/L、锌 110~130 g/L、砷 2.5~4 g/L、H_2SO_4 10~15 g/L 的锌浸出液,加石灰除砷后,砷含量降至 0.4 g/L 以下,溶液 pH 为 2.3~2.4,往溶液中加入 MgO 至 pH≤4.9,锗镁沉淀析出得到含锗 8%~10%、锌 20%~25%、砷 0.7%~2.0% 的锗富集物;溶液继续加入 MgO 至 pH 5.5~5.7,剩余的锗则完全沉淀,沉淀后液含锗为 0.015~0.036 g/L,沉淀渣可返回第一次沉锗用[1]。与锌粉置换锗相比,加镁沉锗无 H_3As 产生的危险;与加铁共沉淀锗相比,加镁沉锗的渣量少,锗富集品位高。

例如,对于金属锗单晶片表面化学抛光处理产出的废抛光液,含 Ge 10.30 g/L、NaOH 42.72 g/L、H_2O_2 7.25 g/L、CaO 0.001 g/L,采用加入 MgCl 的方法进行沉锗,除按反应(4-38)和反应(4-39),锗生成锗酸镁和水合二氧化锗外,还因 Mg^{2+} 水解生成的 $Mg(OH)_2$ 与锗发生共沉淀,使锗的沉淀率提高:

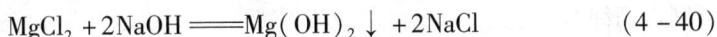

$$MgCl_2 + 2NaOH \rightleftharpoons Mg(OH)_2 \downarrow + 2NaCl \quad (4-40)$$

该溶液按锗量加入 10 倍(质量)的 $MgCl_2$,静置 30 min 后,进行液固分离,得到含锗 12% 左右的锗精矿,沉锗后液含锗少于 0.003 g/L,锗回收率 99.96%,该锗精矿经氯化蒸馏,$GeCl_4$ 的蒸馏产率为 99.83%[28]。

该锗抛光废液含 NaOH 较高,如先用酸中和大部分碱后再加 $MgCl_2$ 沉锗,可大大减少 $MgCl_2$ 的加量,渣含锗品位会更高,且渣量少有利于氯化蒸馏,整个工艺过程会更合理。

2.3 氢氧化铁共沉淀锗

溶液中的 $HGeO_3^-$ 或其他锗络离子,可被 $Al(OH)_3$、$Ga(OH)_3$ 或 $Fe(OH)_3$ 吸附而共沉淀。如溶液中 $n(GeO_2)/n(Al_2O_3) > 3$,在 pH = 7 时,可能形成 $Al_2O_3 \cdot 2GeO_2 \cdot nH_2O$ 的沉淀物;再如当溶液中的铁/锗(质量比)为 20~100,于 20~80℃ 及 pH = 8 时,即使溶液中有碱金属、碱土金属或铝、镁、锌等存在,仍仅需数分钟即可完全沉出锗,沉锗率可达 97%~100%。用 NaOH 或 NH_4OH 中和时,GeO_2 与 $Fe(OH)_3$ 发生共沉淀,沉锗效果见表 4-19[1]。其沉淀物的组成为 $2Fe_2O_3 \cdot 3GeO_2$,这一特性可用于在水溶液中以 $Fe(OH)_3$ 为载体吸附沉淀分离锗。

表 4 - 19　Fe(OH)$_3$ 与 GeO$_2$ 共沉淀关系

$n(Fe_2O_3)/n(GeO_2)$		1:4	2:3	3:2	4:1
沉锗率 /%	用 NaOH 中和	90.4	96.9	99.7	99.8
	用 NH$_4$OH 中和	94.1	97.2	99.8	99.9

对于 2.2 节所述的锗废抛光液，可用聚合硫酸铁来沉锗，即先加入 (NH$_4$)$_2$SO$_4$ 调整 pH 至 7~9，再按锗量(质量)加入 70~100 倍的聚合硫酸铁，分两次操作，加入的 Fe^{3+} 即水解并发生 Fe(OH)$_3$ 与 GeO$_2$ 共沉淀，锗沉淀后液残余锗 30~50 mg/L。加铁共沉淀锗产出渣量大，锗渣品位不高，又因硫酸铁与锗生成部分难溶的锗酸盐，使得锗精矿在氯化蒸馏时锗蒸出率只有 87%[28]。

2.4　氯化蒸馏和碱土金属氯化蒸馏分离锗

GeCl$_4$ 的沸点约为 83.1℃，比大多数金属氯化物的都低，因此将锗转化成氯化物在常压下蒸馏可有效将锗分离富集。蒸馏得到的粗 GeCl$_4$ 继续多次精馏提纯可制得高纯 GeCl$_4$，进一步可制成光纤级 GeCl$_4$ 或水解制得高品级 GeO$_2$，再用氢还原可制得锗锭。氯化蒸馏法是分离富集锗和提纯锗化合物的经典方法，适宜处理的原料包括单宁锗沉淀渣煅烧得到的锗精矿、含锗煤挥发的锗烟尘、锗萃取溶液水解得到的粗 GeO$_2$、含锗的锌冶炼渣等。从经济性考虑，进入氯化蒸馏的锗原料中锗品位最低为 0.5%。氯化蒸馏提取锗的工艺流程如图 4 - 2 所示[1]。GeCl$_4$

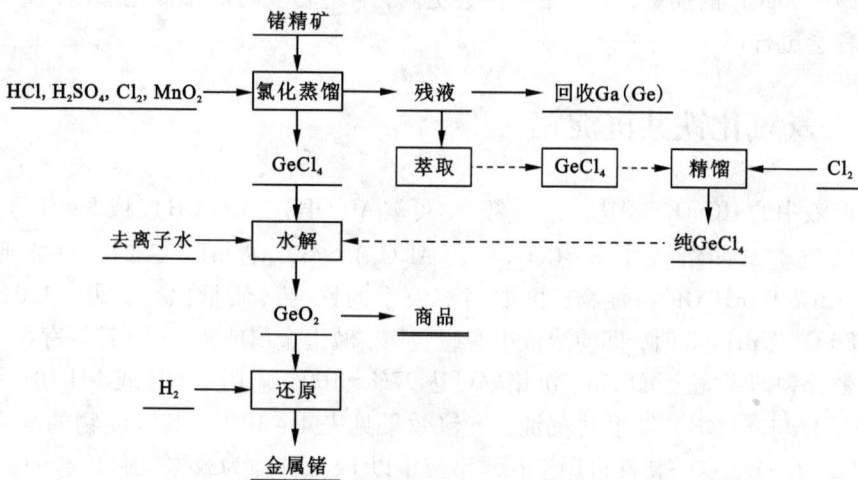

图 4 - 2　氯化蒸馏提锗的工艺流程

及其他氯化物的沸点见表 4 - 20[1]。

表 4 - 20　锗及其他氯化物的沸点

氯化物	BCl_3	$SiCl_4$	PCl_3	$GeCl_4$	$SnCl_4$	$AsCl_3$	$SbCl_3$	$AlCl_3$	$GaCl_3$	PCl_5	$FeCl_3$
沸点/℃	12.5	57.3	74.2	83.1	112	130	219	178	200	162	319

一般而言，锗精矿中砷含量均较高，而 $AsCl_3$ 的沸点与 $GeCl_4$ 接近，因此，氯化蒸馏提取锗过程需特别考虑砷与锗的分离问题，通常的做法是将 $AsCl_3$ 氧化成高沸点的 $AsCl_5$ 后再蒸馏 $GeCl_4$。

锗的氯化蒸馏通常在盐酸体系中进行，有时可加入 H_2SO_4 代替部分的 HCl，以提高溶液的沸点。氯化蒸馏锗和用 HCl 吸收 $GeCl_4$ 均需采用浓度大于 7 mol/L 的 HCl 溶液，HCl 浓度低至 5 mol/L 时则发生 $GeCl_4$ 的水解，生成 GeO_2，见图 4 - 3。

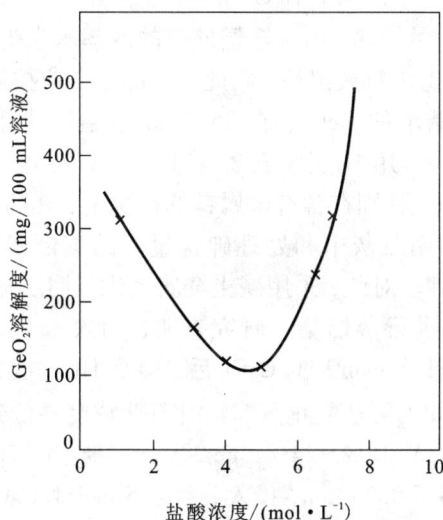

图 4 - 3　GeO_2 在 HCl 溶液中的溶解度

具体的氯化蒸馏操作是：将锗精矿投入反应釜，配入 H_2SO_4 与 MnO_2 使料熟化后，再加入浓度大于 9 mol/L 的 HCl，在密闭状态下通入 Cl_2 气在 90℃ 温度下蒸馏，蒸出的 $GeCl_4$ 通过冷凝导管引出到另一反应釜收集：

$$GeO_2 + 4HCl \rightleftharpoons GeCl_4 + 2H_2O \qquad (4-41)$$

在蒸馏锗的温度下，实践表明若 As^{3+} 氧化不充分，则砷的蒸出数量相当多，因此蒸馏锗之前需加入 MnO_2 和通入 Cl_2，以使 As^{3+} 氧化成 As^{5+}，形成高沸点的

H_3AsO_4 留在溶液,从而减少随 $GeCl_4$ 同时蒸馏出来的砷量[1, 29]。

$$AsCl_3 + Cl_2 + 4H_2O = H_3AsO_4 + 5HCl \qquad (4-42)$$

对于含:Zn 43.1%、As 5.91%、Ge 1.46% 的锌置换渣进行氯化蒸馏,蒸馏前先用 Cl_2 将 As^{3+} 氧化完全后再于 85℃ 温度下蒸馏锗,蒸馏产物 $GeCl_4$ 中的砷含量可降至微量,而氧化不完全时,其砷含量可达 7~9 g/L[29]。

蒸馏残液含锗量一般为 20~40 mg/L,可送萃取回收其中的锗及镓、铟等。蒸馏冷凝得到的粗 $GeCl_4$ 可用 HCl 萃取作初步提纯,即在 $GeCl_4$ 中加入用 Cl_2 饱和的 HCl 溶液,使 $GeCl_4$ 中含的杂质溶入 HCl 而分离,或经再次蒸馏提高 $GeCl_4$ 的纯度。简单提纯后的粗 $GeCl_4$ 送精馏塔精馏得到纯的 $GeCl_4$ 产品。

将 $GeCl_4$ 水解可生成水合氧化锗,再煅烧脱去结晶水制得 GeO_2。水解过程为:提纯的 $GeCl_4$ 引入水解槽,外壁加以冷却,控制温度为 0~20℃,按 H_2O/$GeCl_4$(体积比)为 6~6.5 的量缓慢加入去离子水(水的电阻率为 16~18 MΩ·cm),搅拌下使 $GeCl_4$ 发生水解反应,反应 1~1.5 h 后,得到 $GeO_2·nH_2O$:

$$GeCl_4 + (2+n)H_2O = GeO_2·nH_2O + 4HCl \qquad (4-43)$$

水解过程释放出大量的热,由水解槽外壁的冷却水带走,以保持水解在较低温度下进行。由于 $GeCl_4$ 水解放出酸,因此水解的终点应控制酸度在 5 mol/L。

水解得到的带结晶水的 GeO_2,在 350℃ 以下温度烘干以脱去结晶水得到 GeO_2 产品。GeO_2 可进一步用 H_2 还原成金属锗。

对于含砷高的锗渣,特别在含有金属锌的情况下,在高酸度下蒸馏锗时易产生 H_3As 的危害,同时用石灰中和处理砷含量高的蒸馏残液时,产出的大量的 $CaCl_2$ 溶液还需另行处理。对此,采用碱土金属氯化蒸馏法蒸馏锗,即在蒸馏溶液中加入 $CaCl_2$ 并通氯气进行蒸馏锗。研究查明,加入 $CaCl_2$ 可提高 HCl 的活度,2.5 mol/L 的 HCl 加入 1.8 mol/L 的 $CaCl_2$ 后,溶液 HCl 的活度与 9 mol/L HCl 的活度相当,因此加入 $CaCl_2$ 可使氯化蒸馏锗时 HCl 浓度降低到 2.5 mol/L[1]。

对含 Ge 4%~8%、As 18%~24%、Fe 23%~25%、Pb 26%~30%、Zn 10% 的高砷锗锌渣,磨细至小于 0.25 mm,投入装有 4.5 mol/L $CaCl_2$ 和 2~2.5 mol/L 的 HCl 溶液的反应釜,并加入少量 $FeCl_3$,在 60~80℃ 温度下先通入氯气将 As^{3+} 氧化为 As^{5+},然后提高温度到 80~105℃ 进行氯化蒸馏锗,此时锗蒸出率 97%,砷蒸出率小于 5%。

蒸馏残液含砷 20 g/L、$CaCl_2$ 300~315 g/L,在 90℃ 温度下加入石灰中和至 pH 4.5,砷生成难溶的 $Ca_3(AsO_4)_2$ 入渣除去,同时产出 $CaCl_2$:

$$2H_3AsO_4 + 2HCl + 4CaO = Ca_3(AsO_4)_2↓ + CaCl_2 + 4H_2O \qquad (4-44)$$

$$CaO + 2HCl = CaCl_2 + H_2O \qquad (4-45)$$

中和后液中砷含量小于 0.02 g/L,$CaCl_2$ 含量为 440 g/L,加入 HCl 调整酸度后返回氯化蒸馏使用[1]。得到的粗 $GeCl_4$ 再次蒸馏,可将砷含量进一步降低。

第 3 章 锗的萃取与萃取剂

萃取法是分离提取锗的重要方法，在锗提取工艺中几乎都会涉及。萃取法分离提取锗选择性好，能在低锗浓度的各种复杂溶液中分离锗，在锌冶炼渣、氧化锌矿、氧化锌烟尘等提锗工艺中获得广泛应用。与其他方法相比，溶液萃取法具有分离效果好，生产能力强，金属回收率高，可连续操作并易于实现自动化等优点。

溶剂萃取锗常用的萃取剂大致可分为四类：

一是分别以 Lix63（5，8-二乙基-7-羟基-十二烷-6-肟）为代表的羟肟类和以 Kelex 100（7 - 烷基 - 8 - 羟基喹啉）为代表的喹啉类，此类萃取剂大多是国外产品。Lix63 具有很好的选择性和分离效果，但 Lix63 为国外合成工艺，国内很少有相关报道，现有工艺的合成周期长、工序复杂、产物有效成分含量仅为 52%，以至于使用成本很高，工业应用受到限制。我国新研制生产的 HBL101 萃取剂与 Lix63 类似。

二是胺类萃取剂，国内有 N235（三烷基胺），但还没有工业应用实例。其原因是采用硫酸作为浸出剂时，其所得浸出液中阴离子为 SO_4^{2-}，SO_4^{2-} 难与锗离子形成配合物，需额外加入络合剂（如酒石酸、氯离子、硫氰酸铵等），这不仅增加了工序的复杂程度和生产成本，同时加入的络合剂残余在萃余液对后续的工艺也会产生不利影响。

三是氧肟酸类及羟肟酸类，如 H106（十三烷基叔碳异氧肟酸）、YW100（$C_{7\sim9}$ 异氧肟酸）、7815（异氧肟酸）、HGS98（异氧肟酸）等，这是我国研究和使用较多的萃取剂。此类萃取剂一般为国内开发，在工业应用上仍存在一些问题，例如 7815 的黏度较大、萃取时易产生乳化现象、萃取体系稳定性差；异羟肟酸萃取时，会共萃大量的铁离子，且随酸度增加，铁、锗分离系数变小，另外，其反萃较困难。

四是协同萃取体系，如 N235 + HGS98、P204 + YW100、P204 + HGS98、P204 + $C_{5\sim7}$ 羟肟酸、P507 + N601 等。HGS98 + N235 协萃体系由于不能很好地分离锌而较难应用；P204 + YW100 体系由于 YW100 的水溶性大，损失严重，需在使用过程中不断补加，这不仅增加了使用成本，还影响作业环境。针对 YW100 水溶性大的问题，采用 HGS98 或 $C_{5\sim7}$ 羟肟酸代替 YW100 与 P204 协同萃取，效果不错；P507 与 N601 在高酸下对锗具有较好的选择性，但对其研究较少，仍需探索。

目前能在硫酸体系工业应用的锗萃取剂主要是 Lix63、Kelex100 和氧肟酸类萃取剂(如 YW100、G7815、HGS98 等)。这三类萃取剂中，Lix63 和 Kelex100 需在高酸下萃锗，Lix63 的萃取酸度需在 120 g/L(H_2SO_4)以上，Kelex100 的萃取酸度可稍小些到 100 g/L(当杂质 Fe、Cu、As 的含量较低时，可降到 40 g/L)，两者均可用 150 g/L 左右的 NaOH 反萃，且反萃较易实现；氧肟酸类萃取剂单独使用时萃锗效果不佳，需加入协萃剂构成协萃体系，常用的协萃体系是氧肟酸 + P204，萃取酸度可到 20 g/L 左右。该萃取体系的酸度条件较接近湿法炼锌工艺，但其反萃锗较困难，反萃剂为 $NaClO_4$ 或 HF 及 NH_4F，也有用 200 g/L 的 NaOH，但需在萃取剂中加入其他的协萃剂以生成能被 NaOH 分解的萃合物。

3.1 肟类萃取剂

3.1.1 Lix63(5,8-二乙基-7-羟基-十二烷-6-肟)

Lix63 是螯合型萃取剂，又称 5,8-二乙基-羟基十二酮肟[2]。Lix63 外观为黄色透明黏稠液体，密度为 0.88 g/cm^3(25℃)，闪点大于 71.11℃，溶剂常用 200# 和 260# 溶剂油或煤油。Lix63 除用于锗萃取外，也广泛用于铜、镍、钒、钼等的萃取分离。Lix63 可与锗离子发生络合作用，在酸性条件下，Lix63 对锗的萃取选择性很高。该类化合物具有不能旋转的 C＝N 键，有顺式和反式两种几何异构体。由于肟类有机物中的氢原子能被金属原子置换，而氮原子具有未成对电子，因此可形成一定的螯合环结构。在实际应用中，只有反式结构的肟类萃取剂能通过氧原子、氮原子与锗螯合，以实现对锗离子的萃取。

在盐酸介质中，可用 Lix63 萃取锗。从成分为：Ge 3.5g/L、Fe 0.5 g/L、As 4 g/L、HCl 50 g/L 的溶液中用 50% Lix63 萃取锗，其萃取条件和萃取结果见表 4 – 21。调节所得锗水相的 pH 为 8.8～9.1 以得到含锗 4.0 %～4.2 % 的 $GeO_2 \cdot H_2O$ 沉淀，再经氯化蒸馏提锗。贫有机相用 120 g/L HCl 再生返回萃取使用。Lix63 具有较好的选择性，在此条件下铜、镍、砷、锌、氯及二价铁基本不被萃取。Lix63 萃锗时要求采用高酸溶液体系及高浓度萃取剂，萃取剂在高浓度下会使有机相黏度增大，影响萃取操作性能且增大萃取剂的损耗，导致萃取成本过高[30]。

在 H_2SO_4 介质中，Lix63 萃取锗和 NaOH 反萃锗的机理如下：

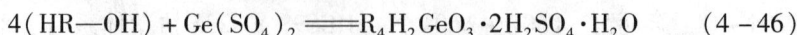

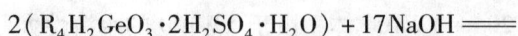

$$4(HR-OH) + Ge(SO_4)_2 \Longrightarrow R_4H_2GeO_3 \cdot 2H_2SO_4 \cdot H_2O \qquad (4-46)$$

$$2(R_4H_2GeO_3 \cdot 2H_2SO_4 \cdot H_2O) + 17NaOH \Longrightarrow$$
$$8(NaR-OH) + NaH_3Ge_2O_6 + 11H_2O + 4Na_2SO_4 \qquad (4-47)$$

对于含 Ge 0.3455 g/L、H_2SO_4 150 g/L 的料液，用 15% Lix63 +85% 磺化煤油(体积分数)作萃取剂，于 25℃、相比 O：A = 1：2、萃取时间为 20 min 的条件下，经 5 级逆流萃取，锗萃取率可达 98.87%，且萃取剂萃锗的饱和量约为 0.75 g/L；

负载有机相用 150 g/L NaOH 溶液反萃，在 25℃、相比 O∶A = 9∶1，反萃时间为 25 min 的条件下，经 3 级逆流反萃，其反萃率达 98.5%[31]。

表 4 - 21　在盐酸介质中用 Lix63 萃取锗的技术条件及萃取结果

步骤	水相	技术条件		组分/(g·L⁻¹)				
		O∶A	级数	Ge	As	Fe	HCl	NaOH
萃取锗 (50% Lix63)	原料液	1/2	2	3.5	4	0.5	50	—
	萃余液			0.008	3.59	—	48.8	—
洗涤	洗水	10/1	2	0.16	0.5		38	
反萃(NaOH 130~150 g/L)	锗水相	10/1	4	33.6	—	—		12
再生(HCl 120 g/L)	再生余液	10/1	1	0.007	—	—	26	

调整锗反萃液的 pH 为 8.8~9.1 时，将水解产出 $GeO_2·H_2O$ 和 Na_2GeO_3：

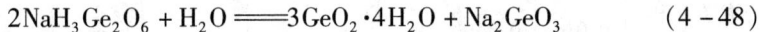

$$2NaH_3Ge_2O_6 + H_2O = 3GeO_2·4H_2O + Na_2GeO_3 \qquad (4-48)$$

水解物经过滤、烘干得到 GeO_2 锗精矿。反萃后贫锗有机相用 132 g/L H_2SO_4 溶液在相比 O∶A = 10∶1 条件下洗涤再生，使 Na^+ 型的 Lix63 转型为 H^+ 型，以返回萃锗使用[1]。

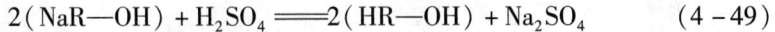

$$2(NaR—OH) + H_2SO_4 = 2(HR—OH) + Na_2SO_4 \qquad (4-49)$$

提锗工艺流程如图 4 - 4 所示。

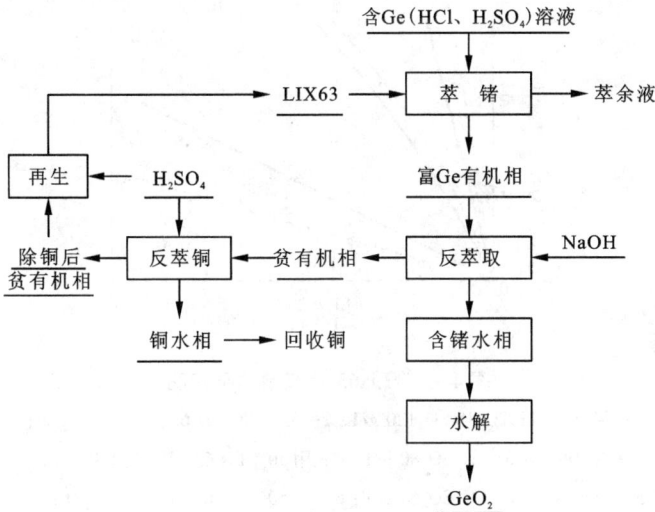

图 4 - 4　Lix63 萃锗的工艺流程

比利时荷博肯公司实现了在硫酸体系中用 Lix63 萃锗的工业化生产, 有关数据为:

萃取: 50% Lix63, 相比 O/A = 1, 级数 4～7 级, 锗萃取率 99.97%。

洗涤: 相比 O/A = 10, 2 级。

反萃: 150～170 g/L NaOH, 相比 O:A = 10～20, 4～7 级, 锗反萃率 99%。

贫有机相再生: 132 g/L H_2SO_4, 相比 O:A = 10, 1 级。

比利时荷博肯公司用 Lix63 萃取锗工艺中各水相成分见表 4-22[1]。

表 4-22　用 Lix63 萃取锗工艺中各水相的成分

g/L

水相	Ge	Cu	As	Zn	Ni	Fe^{3+}	总 Fe	Cl	H_2SO_4	NaOH
原料液	5	6.79	2.68	4.60	0.02	2～3	59.82	0.13	157	—
萃余液	0.019	6.39	2.68	4.60	0.02	1.5	58.3	0.13	157	—
富有机相洗涤液	0.2	0.05	0.01	—	—	—	—	—	56.2	—
锗反萃相	98	痕量	0.02	—	—	—	0.45	—	—	64
贫有机相再生洗涤液	0.014	0.34	—	—	—	—	—	—	30	—

Lix63 在硫酸介质中萃取锗的选择性好, 且砷、锌、镍、氯基本不被萃取, 仅少量共萃铜和铁。

Lix63 萃锗效率随酸度增加而增加(图 4-5), 且以 H_2SO_4 加 HCl 的混酸体系

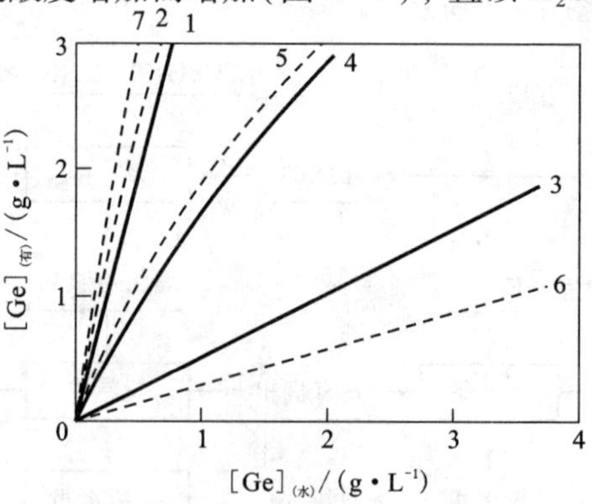

图 4-5　Lix63 萃取锗的平衡图

1—用 100% Lix63, H_2SO_4 120 g/L; 2—用 100% Lix63, H_2SO_4 60 g/L;

3—用 50% Lix63, H_2SO_4 80 g/L; 4—用 50% Lix63, H_2SO_4 100 g/L;

5—用 50% Lix63, H_2SO_4 60 g/L; 6—用 50% Lix63, H_2SO_4 30 g/L;

7—用 50% Lix63, HCl 40 g/L + H_2SO_4 90 g/L

的萃锗效果为好[1]。

3.1.2　HBL101(5,8　二乙基-7-羟基-十二烷-6-酮肟)

HBL101 是由我国研究合成的新型萃取剂，类似于 Lix63。采用 HBL101 从锌置换渣的硫酸浸出液中可直接萃取锗，其在高酸度下对锗有较好的选择性，仅共萃少量的 Cu^{2+}，而其他杂质离子如 Fe^{3+}、Zn^{2+}、Ga^{3+}、As^{3+} 和 Cd^{2+} 则基本不被萃取。当有机相组成为 30% HBL101 +70% 磺化煤油、料液为 113.2 g/L H_2SO_4 时，其最佳萃取条件为：萃取温度 25℃、萃取时间 20 min、相比 O:A =1:4、5 级逆流萃取，此时锗萃取率达到 98.57%。负载有机相用 150 g/L NaOH 溶液可选择性反萃锗，得到高纯度锗酸钠溶液，其最佳反萃条件为：温度 25℃、反萃时间 25 min、相比 O:A =4:1、5 级逆流反萃，此时锗反萃率可达到 98.10%[32]。反萃锗后的有机相再用 200 g/L 硫酸溶液反萃被共萃的铜，当反萃温度为 25℃、反萃时间为 20 min、O:A =2:1 时，经过 5 级逆流反萃，铜反萃率可达到 99.50%。另外，再生后的萃取剂还可返回使用。该方法的萃取和反萃取机理类同 Lix63。

3.2　喹啉类萃取剂 Kelex100

Kelex100 是德国 Sherex 化学公司生产的 7-十二烯基-8-羟基喹啉(N601)和 7-(5′,5′,7′,7-四甲基-辛烯基)-8-羟基喹啉混合物的统称，但后者由于主链上有烯键化合物而稳定性较差，易氧化降解，故 7-十二烯基-8-羟基喹啉为主要有效成分，其纯度较高、性能好。Kelex100 萃取体系的酸度为 1~4 mol/L，介质可以是 Cl^-，也可以是 SO_4^{2-} 等[33]。在 H_2SO_4 介质中萃取锗，要求的酸度条件比 Lix63 低 40~50 g/L，此时对于锗含量为 0.1~1 g/L 的料液，锗萃取率仍可达 98.2%~99.4%，但当存在大量铜、铁和砷时，要求硫酸的质量浓度至少为 100 g/L[1]。

对含 Ge 0.23 g/L、As 1.6 g/L、H_2SO_4 185 g/L 的料液，用 10% Kelex100 + 20% 癸醇/煤油作萃取剂，在相比 O:A = 1:2、25℃下萃取 5 min，锗萃取率达 98% 以上。其锗萃取率与 pH 的关系如图 4-6[1]所示。萃取机理为(HL 代表 Kelex100)：

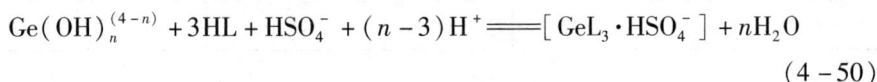

$$Ge(OH)_n^{(4-n)} +3HL +HSO_4^- +(n-3)H^+ \Longrightarrow [GeL_3 \cdot HSO_4^-] +nH_2O$$

$$(4-50)$$

负载有机相用 H_2O 在相比 O:A = 2:1 条件下洗涤，洗水含 Ge 0 g/L、As 0.84 g/L，然后用 4 mol/L NaOH 在相比 O:A = 5:1 条件下反萃锗。获得水相含 Ge 3.4 g/L、As 0 g/L，反萃机理为：

$$(GeL_3 \cdot HSO_4^-) +4OH^- \Longrightarrow H_2GeO_2^{2-} +3HL +SO_4^{2-} \qquad (4-51)$$

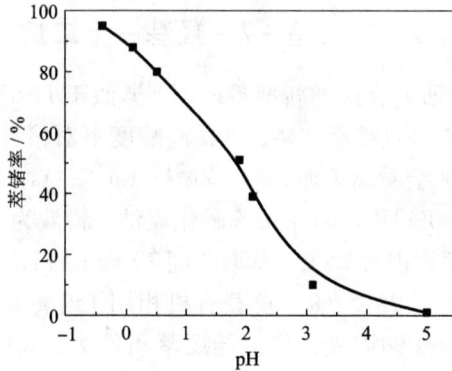

图 4 - 6   Kelex100 萃取锗的萃锗率与 pH 的关系

在 H_2SO_4 介质中，对含锗为 $0.1 \sim 1$ g/L 的料液，用 40 g/L Kelex100 加煤油和 10% 异辛醇萃锗，当料液为 0.4 mol/L H_2SO_4、相比 O∶A = 1∶2 时，锗萃取率可达 98.2% ~ 99.4%；如果增加相比，则在 H_2SO_4 浓度增加到 1 mol/L 时也可以获得同样的萃锗率；负载有机相用水洗涤(相比 O/A = 1，洗涤 10 min)，之后，再用 120 g/L NaOH 溶液反萃洗涤萃后锗有机相(相比 O/A = 24，40℃，190 min)，此时锗反萃率可达 99%[1]。反萃得到的富锗水相含锗 24.5 g/L，若调整 pH 为 8.8 ~ 9.1，则锗会水解生成 $GeO_2 \cdot H_2O$ 沉淀。萃取过程中各料液成分见表 4 - 23。

表 4 - 23   Kelex100 萃取锗工艺中各料液的成分

g/L

料　液	Ge	Zn	Fe	Cu	As	H_2SO_4	NaOH
原料液	1.22	33	1.8	0.93	11	150	—
萃余液	0.05 ~ 0.353	33	1.8	0.895	11	—	—
负载有机相	1.06	0.033	—	—	—	—	—
负载有机相洗涤液	0.033	0.033	—	—	—	9.8	—
纯负载有机相	1.03	0.001	—	—	—	—	—
锗反萃水相	24.5	小于0.001	—	—	—	—	68

Kelex100 萃锗的优点是萃取剂用量少、稳定，且在 70 ~ 80℃ 温度下萃取 120 h 也不分解；萃取选择性也较好，不萃取锌、镉、钴、镍及砷等，仅共萃铜与铁；另外，其萃取要求的酸度较接近湿法炼锌工艺中实际溶液的酸度，故应用较方便。其缺点是：反萃的平衡时间长；萃取须在低温下进行，而反萃却要在高于 40℃ 以

上温度进行，增加了能耗和萃取剂的蒸发损失。

在仲辛醇/石油醚溶液体系中，加入 8 - 羟基喹啉，锗萃取率会随 8 - 羟基喹啉的量的增大而迅速增大，当其量加到 0.5 g/100 mL 时，锗萃取率已达到 95%。原因是加入的 8 - 羟基喹啉与仲辛醇对锗发生了协同萃取效应而使萃取率增大，此时 8 - 羟基喹啉(HO_x) + 仲辛醇(E)体系萃取锗的反应可表示为：

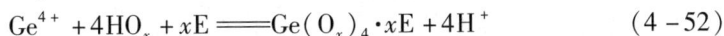

$$Ge^{4+} + 4HO_x + xE = Ge(O_x)_4 \cdot xE + 4H^+ \tag{4-52}$$

发生协同萃取的原因是 8 - 羟基喹啉是螯合型萃取剂，它与锗形成的配合物比单由仲辛醇与锗形成的配合物更加稳定且更加疏水，从而使萃取率增大，但如果加入过多，反而会使锗分配比和萃取率下降[34]。

锗(Ⅳ)可被 8 - 羟基喹啉(HO_x)氯仿溶液部分地萃取，其萃取率随萃取剂浓度的升高而增加。用 8 - 羟基喹啉 + 硝基苯为有机相，从 pH = 3 的溶液中可以萃取 90% 以上的锗，其萃取率随着稀释剂介电常数的升高而增大，且萃取率的大小顺序为：硝基苯 > 异丁醇 > 氯苯 > 氯仿 > 苯。惰性稀释剂会大大降低 Ge(Ⅳ) 的萃取率，如采用活性溶剂作稀释剂时，萃取率则增强。

3.3 氧肟酸类及羟肟酸类萃取剂

氧肟酸，又称醋羟胺酸、N - 羟基酰胺，工业应用萃取锗的氧肟酸萃取剂中最有代表性的是 H106(十三烷基叔碳异氧肟酸)和 YW100(碳链为 7~9 的异氧肟酸)。针对 YW100 水溶性大、消耗高的缺点，对氧肟酸萃取剂进行改性，形成如 7815、G8315、G315、HGS98 等多个系列的氧肟酸萃取剂。

氧肟酸是螯合型萃取剂，其反萃较困难，通常不单独用来萃取锗，而需额外加入协同萃取剂(有文献称为改质剂)，其目的不仅仅是增强了协同萃取效应，还使反萃变得较为容易。协萃剂主要有 P204、环烷酸(HA)、脂肪酸(EA)和代号为"T"的试剂等[35]，通常以 P204 应用最广。

氧肟酸作为主萃取剂在 H_2SO_4 介质中萃取锗，其反应机理(以 HL 表示氧肟酸)为：

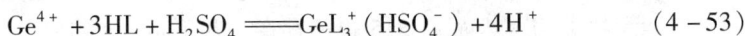

$$Ge^{4+} + 3HL + H_2SO_4 = GeL_3^+(HSO_4^-) + 4H^+ \tag{4-53}$$

在加入协萃剂 P204 时，萃取反应变为(以 H_2A_2 表示 P204)：

$$Ge^{4+} + 3HL + H_2A_2 = GeL_3^+(HA_2^-) + 4H^+ \tag{4-54}$$

由于离子络合物 $GeL_3^+(HA_2)^-$ 比 $GeL_3^+(HSO_4^-)$ 的疏水性更强，因此提高了锗的萃取率[36]，这就是 P204 的加入能增强氧肟酸萃锗能力的原因。P204 的加入也能改善有机相的流动性，易于分相。

氧肟酸萃锗负载有机相反萃较困难，反萃剂主要有 HF、NH_4F 和 NaOH，氟化物反萃效果好，但其毒性和腐蚀性限制了其工业应用。有研究用代号为"B"的反萃剂,效果较好但详情未公开[36-37],也有研究用次氯酸钠溶液作反萃剂,对 YW100 + P204 萃锗负载有机相反萃锗,反萃率近100%[38]。

对于含锗0.41 g/L、铁3.84 g/L 的萃铟余液,调整 pH 为 2.0~2.2,用 3%~5% 氧肟酸(YW100) +10% P204 +磺化煤油萃取锗,相比 O:A = 1,锗单级萃取率达90%以上,萃锗余液含锗0.004 g/L,负载有机相用 30 g/L NaClO₃ 溶液反萃锗,反萃率近100%[38]。

有研究用醚基氧肟酸 G8315 对成分为 Ge 0.10 g/L、Ga 0.28 g/L、Zn 23.75 g/L、Fe 3.45 g/L 的料液进行萃取锗,其萃取条件为:有机相10% G8315 + 5% 改质剂 +磺化煤油、相比 O:A = 1:2、料液酸度40~60 g/L,此时锗的萃取率为95.6%~98.8%,萃余液中锗含量约0.001 g/L,且锗萃取率随酸度增加而增加,镓、锌、铁几乎不被萃取。另外,负载有机相可用 250 g/L NaOH 反萃,在相比 O/A = 2 时,经过二级错流反萃,其反萃率可达99.3%[39]。

另有研究用北京化工冶金研究院产的氧肟酸萃取剂 7815 对成分为 Ge 0.047 g/L、Zn 162 g/L、Fe 2.04 g/L、SiO₂ 0.07 g/L、H₂SO₄ 20.7 g/L 的萃铟余液萃取锗,其萃取条件为:有机相10% 7815 + 5%~10% P204 +磺化煤油、相比 O:A = 1:5、三级萃取,此时锗萃取率为95%,萃余液中锗含量小于2.5 mg/L,若负载有机相用 3 mol/L NaOH 反萃,在相比 O:A = 5:1 的条件下,经4~6级反萃,其反萃率大于95.81%[35]。

氧肟酸加入添加剂(改质剂或协萃剂)协萃锗时,萃取率高、选择性好,锌、铜、铟、铅离子几乎不被萃取,铁也仅少量(2%~3%)被萃取。另外,氧肟酸可在20~50 g/L 的酸度下萃取锗,其酸度比 Lix63 和 Kelex100 的大大降低,特别适合在湿法炼锌的工艺条件下直接应用。

3.3.1　G315(异氧肟酸)

G315 是北京矿冶研究总院合成的萃取剂,对镓、锗的萃取能力较强。将 G315 用于锌浸渣浸出液中萃取镓和锗时,镓、锗的萃取率均在98%以上,萃取直收率均大于90%。萃余液中 G315 的含量为 22 mg/L,较好地克服了 YW100 萃取剂水溶性大的弊端。然而,G315 也还存在一些不足,如锗的萃合物油溶性差、在锗负载有机相的反萃过程中易出现第三相等。

对成分为 Ge 0.10 g/L、Ga 0.29 g/L、Zn 22.74 g/L、Fe 3.23 g/L 的含锗料液,在有机相为9.5% G315 + 5% 改质剂 +磺化煤油、相比 O:A = 1:2、混合时间为 5 min 的条件下萃取锗时[40],G315 对锗的萃取率会随水相酸度的增大而增大,而对镓、铁、锌的萃取会随酸度的增大而被抑制。当水相酸度约为40 g/L 时,锗的萃取率达95%,此时锗与镓等其他金属离子的分离效果最好,如表 4-24 所示。此外,混合时间为 2~7 min 时,锗的萃取及锗与铁的分离效果均较好,见表

4－25。萃取过程中铁少量共萃，通过盐酸洗涤可有效洗脱负载的铁。

表 4－24　水相酸度对萃取的影响

$c(H_2SO_4)$ /$(g\cdot L^{-1})$	萃取率/%			
	Ge	Ga	Zn	Fe
9.9	40.0	6.9	5.9	14.6
25.2	82.0	0	3.9	8.0
30.7	89.0	0	3.9	3.1
40.5	94.6	0	3.0	4.6
58.5	98.2	0	2.7	8.0

表 4－25　混合时间对锗的萃取的影响

混合时间/min	萃取率/%	
	Ge	Fe
1	89.0	5.9
2	94.6	6.8
3	94.1	6.5
5	94.6	5.3
7	94.5	4.6

3.3.2　G8315[N－羟基－2－(4－烃基苯氧)乙酰胺]

H106 和 YW100 是我国最先提出的氧肟酸类镓、锗的萃取剂。实验表明，H106 对镓、锗的萃取能力和选择性都很强，但在实际应用中，H106 由于凝固点较高(≥40℃)、YW100 因水溶性大等原因限制了其在工业上的应用。G315 也有一些不足，在锗负载有机相的反萃过程中易出现第三相。G8315 以氧肟酸为官能团，用醚基作为连接基团，从而可方便地调整亲油基的结构，使萃取剂降低水溶性的同时又能维持低熔点。G8315 是醚基氧肟酸类萃取剂，它较好地克服了 YW100 萃取剂水溶性大的弊端，具有较好的工业应用前景。G8315[N－羟基－2－(4－烃基苯氧)乙酰胺]萃取剂的合成步骤为[39]：

R—⬡—OH + ClCH₂COOH $\xrightleftharpoons{\text{NaOH}}$ R—⬡—OCH₂COOH + HCl

$$R-\bigcirc-OH + ClCH_2COOH \xrightleftharpoons[]{NaOH} R-\bigcirc-OCH_2COOH + HCl$$

$$R-\bigcirc-OCH_2COOH + PCl_3 \rightleftharpoons R-\bigcirc-OCH_2COCl + H_3PO_3$$

$$R-\bigcirc-OCH_2COCl + NH_2OHCl \xrightleftharpoons[]{NaOH} R-\bigcirc-OCH_2CONHONa + NaCl$$

$$R-\bigcirc-OCH_2CONHONa + H_2SO_4 \rightleftharpoons R-\bigcirc-OCH_2CONHOH + Na_2SO_4$$

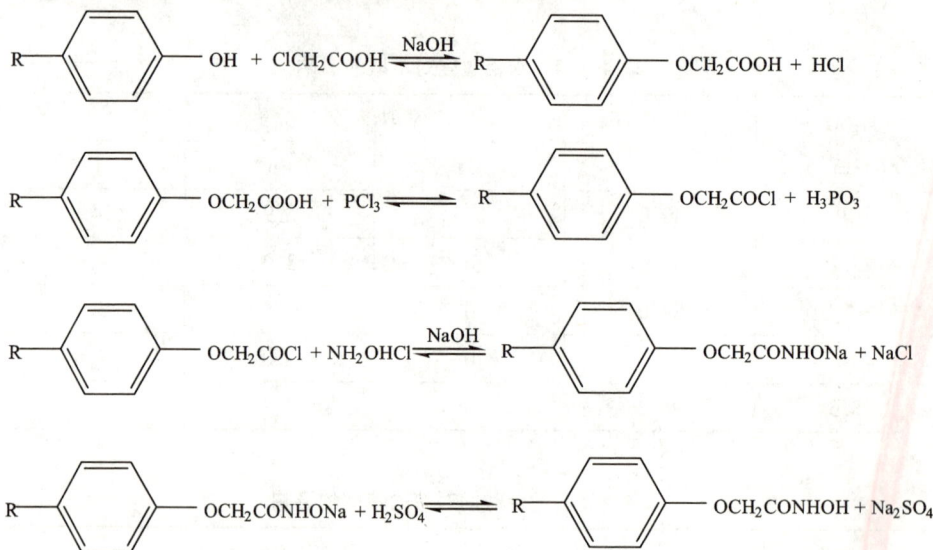

用 G8315 作萃取剂对镓、锗进行萃取,其萃取条件为:相比 O:A = 1:2、萃取剂浓度为 10%、料液硫酸浓度为 45 g/L、萃取时间为 3 min、萃取温度为室温(25℃),此时 G8315 对锗的一级萃取率为 83.46%,对铜、铁、锌离子的一级萃取率不超过 10%,且锗与铁等其他金属的萃取分离效果好。萃取之前还原溶液中的三价铁,可以减少对铁的萃取。对共萃进入负载有机相的铁,采用 6 mol/L 盐酸,在相比 O:A = 1:2 时,经过 2 级逆流洗涤,可将铁的含量降到 0.1 g/L 以下。洗铁后,锗有机相用 NaOH 溶液反萃,在 NaOH 浓度为 6 mol/L、相比 O:A = 1:2、萃取时间为 2 min 的条件下,经 2 级逆流反萃,锗反萃率达到最大值 96%[41]。

3.3.3 HYA(异羟肟酸)

异羟肟酸是一类化学性质活泼的有机弱酸,它有酮式和烯醇式两种互变异构体,其中酮式是主要的存在形式。萃取时,羟基上氧原子的孤对电子的负电性较强,易与高价金属离子(如稀土离子以及锗离子等)的杂化轨道形成配位键,而羟基离解后,其氧原子与金属离子形成离子键,从而形成稳定的五元环螯合物[42-43]。

异羟肟酸(加煤油)在硫酸体系中时,锗的分配比会随温度的升高而略有增加,由于酸度是影响分配比的主要因素,故在一定的酸度范围内,分配比会随 pH 的提高而提高[44]。用异羟肟酸从硫酸体系中萃取锗,当水相酸度为 pH = 1.25、萃取剂浓度为 0.5 mol/L、相比 O/A = 1/4 时,锗的萃取率达到 98% 以上,但反萃较难,只能达 90%;当采用 2 mol/L NH₄F 反萃时,另加 2% 的 TBP,可使反萃率提高到95%以上，其结果见表4-26，反萃后再生的有机相中含有少量TBP，可再返回用于萃取锗，且无不良影响。

表4-26 酸浸出液 HYA(异羟肟酸)萃取工艺实验结果

项目	H_2SO_4	Ge	Fe	Si
原始水相/$(g \cdot L^{-1})$	约148	0.60	1.28	2.55
萃余水相/$(g \cdot L^{-1})$	约148	0.0058	1.20	2.55
萃取率/%	—	96.6	6.25	0
负载有机相/$(g \cdot L^{-1})$	—	0.22	0.33	—
反萃液/$(g \cdot L^{-1})$	—	0.21	0.33	—
反萃取率/%	—	95.5	100	—
锗回收率/%	—	92.2	—	—

3.3.4 DHYA(二酰异羟肟酸)

二酰异羟肟酸与异羟肟酸的区别是分子中同时存在两个异羟肟酸基，因而其对金属离子(尤其是高价的 Ge^{4+}、RE^{3+} 等)有更强的螯合能力，其萃取锗的能力更强，效果更好[45]。

用二酰异羟肟酸从粉煤灰的低酸度浸取液中提取锗，其萃取条件为：将含锗粉煤灰的硫酸浸出液用浓度为0.5 mol/L 二酰异羟肟酸加磺化煤油溶液(也可添加异辛醇代替煤油)为萃取剂，在相比 O:A = 1:4~1:3、pH=1~1.25、室温的条件下进行3级逆流萃取，其总萃取率可达99.5%以上[46]。因锗与氟化合物的稳定性较好，故采用 NH_4F 溶液作反萃取剂，在相比 O:A = 4:1、平衡时间为8 min 的条件下进行2级错流反萃。在一定范围内，锗的反萃率会随着 NH_4F 浓度的增加而增大，至2.5 mol/L 时达到最大值(93.10%)，但 NH_4F 浓度再增大时，其反萃取率反而降低，见表4-27。实际操作中，采用两级错流反萃锗几乎能达到完全反萃的效果。

表 4 – 27 锗的反萃取实验结果

$c(NH_4F)/(mol \cdot L^{-1})$	锗反萃率/%	$c(NH_4F)/(mol \cdot L^{-1})$	锗反萃率/%
0.10	9.50	2.00	85.00
0.50	28.50	2.50	93.10
1.00	49.00	3.00	88.20
1.50	64.10	3.50	80.15

3.4 酮类萃取剂

甲基异丁基酮(MIBK)在盐酸溶液中萃取锗(Ⅳ)效果较好,随盐酸浓度升高,锗的萃取率增加,且当 HCl 浓度在 8 mol/L 以上时,可以实现完全萃取。在 H_2SO_4、HNO_3、$HClO_4$ 中,锗的萃取率均很低,但若向 H_2SO_4 或 $HClO_4$ 溶液中加入 HCl,随着 HCl 浓度增加,锗(Ⅳ)的萃取率会随之增大,如表 4 – 28[47] 所示。

表 4 – 28 甲基异丁基酮(MIBK)在不同酸度下萃取锗(Ⅳ)的情况

酸的种类	酸的浓度 /$(mol \cdot L^{-1})$	萃取率/%	酸的种类	酸的浓度 /$(mol \cdot L^{-1})$	萃取率/%
H_2SO_4 + HCl	2 + 2	7.5	$HClO_4$ + HCl	2 + 2	3.8
H_2SO_4 + HCl	2 + 4	50.0	$HClO_4$ + HCl	2 + 4	42.8
H_2SO_4 + HCl	2 + 6	97.2	$HClO_4$ + HCl	2 + 6	76.9
H_2SO_4 + HCl	2 + 8	97.7	$HClO_4$ + HCl	2 + 8	97.8

4 – 甲基 – 3 – 戊烯 – 2 – 酮(异丙叉丙酮)在 5 mol/L HCl + 2 mol/L LiCl 溶液中,可以定量萃取锗,并可与铝、铍、锌、铋、锑、锰、钴、镍、铁、铬、钛、铅、镉、铊、钯等元素分离,而纯乙酰丙酮(HAA)在 pH = 3 时从盐酸溶液中只能萃取出 0.2% 的锗。使用 3 – 羟基 – 2 – 甲基 – 1 – 苯基 – 4 – 吡啶酮(HX)和 3 – 羟基 – 2 – 甲基 – 1 – (4 – 甲苯基) – 4 – 吡啶酮(HY)溶解在 $CHCl_3$ 中作为萃取剂,分别从盐酸、硫酸、磷酸体系中萃取锗,在硫酸溶液体系中,HX 萃取锗的浓度范围为 1 ~ 3 mol/L,而 HY 发生在 0.5 ~ 5 mol/L 的浓度范围,如图 4 – 7 所示。

对于盐酸溶液,HX 萃取锗的浓度范围为 0.5 ~ 9.5 mol/L,HY 发生在 0.2 ~

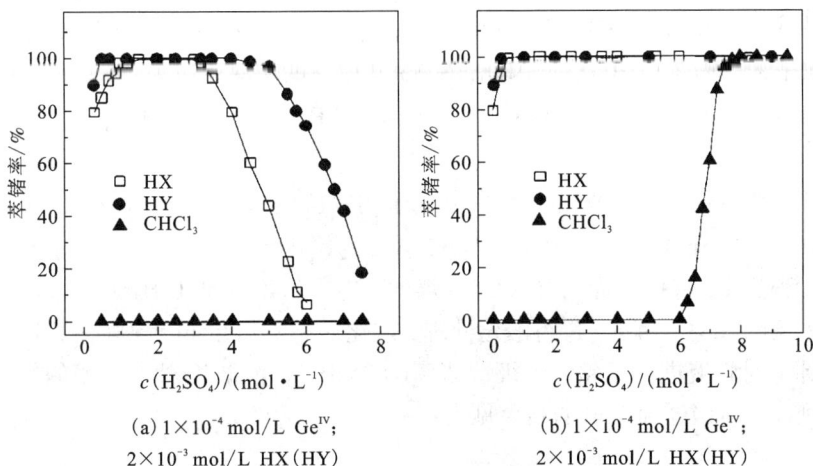

图 4-7 在硫酸介质、盐酸介质中锗萃取率随酸度的影响

(a)硫酸介质；(b)盐酸介质

9.5 mol/L 的浓度范围。对于磷酸溶液，HX 发生在 1.0~2.5 mol/L 的浓度范围，萃取率约为40%，而 HY 发生在 2.5~3.5 mol/L 的浓度范围，萃取率约为92%。用 HX 和 HY 从高浓度的锌、砷、镓和锗的混合液中萃取锗的过程简单而又快速，当浓度为 2.3 mol/L(H_2SO_4)时，萃锗率达到最大值，HX 和 HY 对锗的萃取率几乎都可达到100%。

3.5 胺类萃取剂及络合萃取

3.5.1 N235（三烷基胺）

在酸性条件下，N235 与 H^+ 结合而转型为其质子化胺阳离子，金属氧阴离子或络阴离子较易取代与 N235 质子化胺阳离子缔合的简单阴离子而被萃取。在硫酸介质中，因 HSO_4^- 对胺的亲和力比 SO_4^{2-} 大得多，所以 N235 的质子化转型方程式主要为：

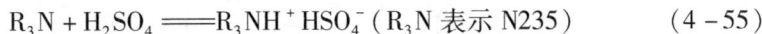

$$R_3N + H_2SO_4 \Longrightarrow R_3NH^+HSO_4^- (R_3N 表示 N235) \qquad (4-55)$$

在硫酸体系中，如萃铟余液，锗主要以 H_2GeO_3 的形式存在，为使锗能被 N235 萃取，需加络合剂使其转化为络阴离子，络合剂以多羟基羧酸-酒石酸的效果最好。依据软硬酸碱规则，酒石酸根为硬碱，极易与属于硬酸的四价锗形成络合物酒石酸锗，其反应为：

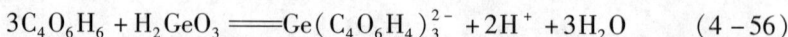

$$3C_4O_6H_6 + H_2GeO_3 \Longrightarrow Ge(C_4O_6H_4)_3^{2-} + 2H^+ + 3H_2O \qquad (4-56)$$

显然，当用 N235 萃取时，$Ge(C_4O_6H_4)_3^{2-}$ 比 H_2GeO_3 更易与质子化胺阳离子进行离子缔合而置换 HSO_4^-。因此，N235 萃取锗的萃取反应为：

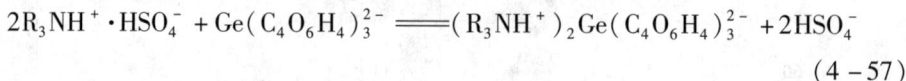

$$2R_3NH^+ \cdot HSO_4^- + Ge(C_4O_6H_4)_3^{2-} \Longrightarrow (R_3NH^+)_2Ge(C_4O_6H_4)_3^{2-} + 2HSO_4^-$$
$$(4-57)$$

对于成分为：Ge 0.075 g/L、Zn 80 g/L、Fe 1.3 g/L、As 0.9 g/L、Cd 0.3 g/L、In 0.011 g/L、Sb 0.13 g/L、H_2SO_4 4~5 g/L 的氧化锌烟尘浸出液，按锗量的 5~6 倍加入酒石酸；有机相为 50% N235 + 煤油，先用 0.25 mol/L H_2SO_4 或 0.5 mol/L HCl，按相比 A:O = 4~5 进行酸化处理，酸化后有机相在 40~50℃、相比 A:O = 10 条件下对料液进行萃锗，一级萃锗率为 85%，料液酸度对萃锗率的影响如图 4-8 所示，五级逆流萃取的结果见表 4-29[49]。

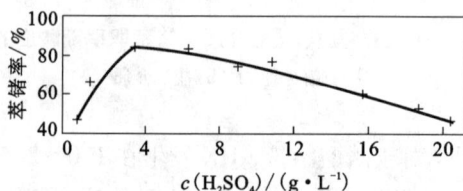

图 4-8　酸度与锗的萃取率的关系

表 4-29　酒石酸络合锗 - N235 五级萃取的结果　　　　　　　　　　%

元素	Ge	Zn	Fe	As	Cd	In
萃取率	99.3	0.5	3.45	16.9	0.6	2.14

注：料液酸度 pH 为 1~2。

N235 对 Zn、Cd、In、Fe 仅少量萃取，而 As 共萃则较高；适宜的萃取剂为 3.5~6 g/L H_2SO_4。酒石酸的加入可能会对后续的锌电解造成不利影响。

负载有机相用 30% 的 NaOH 溶液反萃锗，当相比 O:A = 2:1 时，单级反萃率为 97%，得到含锗 10 g/L 的水相后再水解获得 GeO_2 精矿，反萃后的萃取剂可返回再生使用[49]。反萃锗的机理反应为：

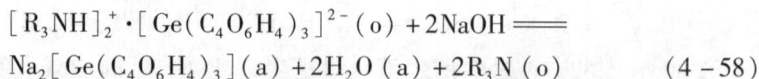

$$[R_3NH]_2^+ \cdot [Ge(C_4O_6H_4)_3]^{2-}(o) + 2NaOH \Longrightarrow$$
$$Na_2[Ge(C_4O_6H_4)_3](a) + 2H_2O(a) + 2R_3N(o) \qquad (4-58)$$

近年来，有研究利用胺类萃取剂 N235 的微乳体系来萃取锗[50]。在 TOA（三辛胺）/正丁醇/正庚烷/硫酸钠/N235 体系中，TOA 作为阴离子表面活性剂，正丁醇和正庚烷作为助表面活性剂来提高其稳定性，在该体系中 N235 作为萃取剂，当萃取剂(N235)加入到微乳液中，其萃取性能会大大提高，且微乳液稳定，随pH 的不同，其萃取率也不同。在 pH 为 2～12 时，萃取率可高达97% 以上，但在pH 为 0.5～2 时，体系易被乳化，萃取能力较低。整个反应的萃取机理与传统的N235 萃取相同。

3.5.2　TOA(三辛胺)

三辛胺(TOA)萃取锗也属于阴离子交换机理，锗配合阴离子与萃取剂 TOA的物质的量之比为 1:2，萃取产物为 $\{[CH_3(CH_2)_7]_3NH\}_2\cdot[GeC_4H_6O_6)_3]$。直接用胺类萃取剂 $[CH_3(CH_2)_7]_3N$ 萃取锗时，锗萃取率非常低。向水相中添加配合剂酒石酸($C_4H_6O_6$)，其能与锗形成离解度较大的配合阴离子，且当配合阴离子的半径越大、电荷数越低、水合程度越低时，其越易转入有机相，更加利于提高锗的萃取率[51-52]。

在单宁存在时，可用 TOA 萃取剂萃取锗。此时有机相为 TOA - 丁醇溶液，其中的丁醇是胺盐和单宁锗酸的较好溶剂，另外，进入到有机相中的锗也可用1%氨溶液反萃下来。在单宁存在时，用 TOA 的萃锗率与水相 pH 的关系如图4-9所示[1]。由该图可见，pH =4～7 时，锗萃取率最大。无论 pH 过大或过小，锗的萃取率都下降。这个现象可解释为：在酸性较强的溶液中会发生酸的竞争萃取作用，从而使锗的萃取率下降，而当 pH 过高时，会引起胺盐的水解，同样也造成了锗的萃取率降低。

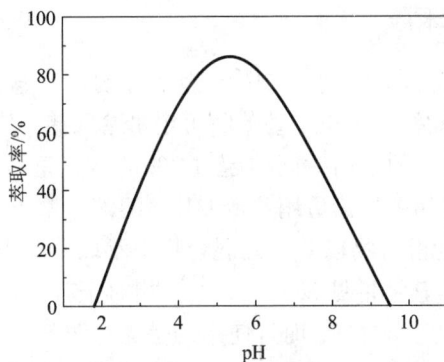

图 4-9　单宁溶液中锗的萃取率与 pH 的关系

表 4-30 进一步表明了锗的萃取率与锗浓度、单宁用量的关系[1]。锗浓度一定时，萃取率随着单宁用量增加而增加；当萃取剂浓度足够高时，较少的单宁用量也能获得较高的锗萃取率。在单宁锗络合物完全回收的情况下，1 mg 锗大约需

要 20 mg 单宁。

在单宁存在时，可借助于 TOA 萃取锗而除去一些不与单宁反应的杂质元素。处理稀溶液时，用 TOA 可以从草酸溶液中萃取锗，萃取时生成的萃合物为 $(TOAH)_2[Ge(C_2O_4)_3]$。TOA 从氟化物中萃取锗的萃取率并不高，例如，使用 10%~30% TOA - 煤油溶液为有机相，从含 0.014 mol/L GeF_6^{2-} 的水溶液中萃取锗时，锗的萃取率仅为 57%~71%[53]。

表 4 - 30 锗的萃取率与锗浓度、单宁用量的关系

单宁用量 /(mg/mg 锗)	萃取率/%		
	[TOA] = 0.001 g [Ge] = 1.8 mg/L	[TOA] = 0.001 g [Ge] = 18.1 mg/L	[TOA] = 0.01 g [Ge] = 18.1 mg/L
6	38	45	66
12	60	62	88
23	85	76	100
35	94	84	100
46	100	86	100
69	100	87	100

3.5.3 N - 正辛基苯胺

用 N - 正辛基苯胺为萃取剂、二甲苯为稀释剂可从盐酸溶液中萃取锗。当 HCl 浓度高于 9 mol/L 时，N - 正辛基苯胺可定量萃取锗，其中苯基荧光酮离子作为抗衡阴离子，在 1 min 的平衡时间内超过 2% 的 N - 正辛基苯胺能够完全萃取锗，另外，进入到有机相中的锗可用 7 mol/L 氨溶液反萃下来[54]。该方法中痕量的锗能够从其他的二元混合物以及三元混合物中萃取分离出来，且不受其他金属离子和阴离子的干扰，其结果见表 4 - 31[54]。相对于其他萃取分离过程，此萃取分离过程简单、快速、选择性好，而且使用的是无毒溶剂二甲苯。另外，N - 正辛基苯胺的合成成本低、纯度高、损失率低、所需萃取时间短(30 s)。该方法的萃取机理为：

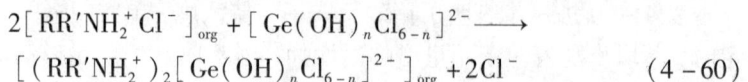

$$[RR'NH]_{org} + HCl \longrightarrow [RR'NH_2^+Cl^-]_{org} \qquad (4-59)$$

$$2[RR'NH_2^+Cl^-]_{org} + [Ge(OH)_nCl_{6-n}]^{2-} \longrightarrow$$

$$[(RR'NH_2^+)_2Ge(OH)_nCl_{6-n}]^{2-}]_{org} + 2Cl^- \qquad (4-60)$$

表 4 – 31 N – 正辛基苯胺作为萃取剂从二元、三元混合物中分离锗

体系			含量/μg	回收量/μg	回收率/%	损失率/%
二元体系	1	Ge(Ⅳ)	20	19.95	99.75	0.25
		Se(Ⅳ)	400	399.12	99.78	0.22
	2	Ge(Ⅳ)	20	19.98	99.90	0.10
		Te(Ⅳ)	100	99.75	99.75	0.25
	3	Ge(Ⅳ)	20	19.95	99.75	0.25
		Sb(Ⅲ)	300	299.70	99.90	0.10
	4	Ge(Ⅳ)	20	19.92	99.60	0.40
		Bi(Ⅲ)	300	299.95	99.85	0.15
	5	Ge(Ⅳ)	20	19.98	99.91	0.10
		Au(Ⅲ)	200	199.44	99.72	0.28
	6	Ge(Ⅳ)	20	19.91	99.55	0.45
		Cu(Ⅱ)	100	99.72	99.72	0.28
	7	Ge(Ⅳ)	20	19.95	99.75	0.25
		Zn(Ⅱ)	20	19.92	99.60	0.40
	8	Ge(Ⅳ)	20	19.92	99.60	0.40
		Pb(Ⅱ)	70	69.62	99.46	0.54
三元体系	9	Ge(Ⅳ)	20	19.98	99.90	0.10
		Se(Ⅳ)	400	399.12	99.78	0.22
		Te(Ⅳ)	100	99.75	99.75	0.25
	10	Ge(Ⅳ)	20	19.95	99.75	0.25
		Sb(Ⅲ)	30	299.10	99.70	0.30
		Bi(Ⅲ)	300	299.55	99.90	0.10
	11	Ge(Ⅳ)	20	19.90	99.50	0.50
		Au(Ⅲ)	200	199.50	99.75	0.25
		Cu(Ⅱ)	50	49.83	99.66	0.34

注：表中回收量和回收率的数据，对于 Ge(Ⅳ) 是指萃取液，对于其他元素是指萃余液。

3.6 磷类萃取剂

3.6.1 酸性磷类萃取剂

二(2-乙基己基)磷酸(D2EHPA, P204)在 HCl 溶液中对锗的萃取率很低，在约 0.5 mol/L HCl 中，其萃取率只有 1% 左右，这主要是因为锗在 HCl 溶液中形成了络阴离子。

$C_{4\sim12}$ 的单烷基磷酸可萃取锗。以 2-乙基己基磷酸烃类有机溶剂为有机相，可以从酸性的明矾溶液中萃取锗，且进入有机相中的锗可用 0.5 g/L 草酸溶液反萃取回收。萃取时明矾溶液内游离的 H_2SO_4 含量可允许达到 0.05~0.6 g/L。稀释剂所用的烷烃，以 n-十二烷烃的效果最好，但其对酸度范围要求较高[55]。

二辛基次甲基双磷酸(DOMPA) + 煤油(作稀释剂)可以萃取锗[53]。DOMPA 从 HCl 溶液中萃取分离锗与砷时，DOMPA 与 $GeCl_4$ 作用生成的萃合物为 $H_2[CH_2(PO_3C_8H_{17})_2Ge]$。当使用 0.05 mol/L DOMPA + 煤油为有机相从 HCl 介质中萃取分离锗与砷时，随着 HCl 浓度的提高，锗的萃取率增大，当 HCl 浓度为 5 mol/L 时，其萃取率达到 87.2%；继续提高酸度，萃取率会稍有降低；当 HCl 浓度达到 7 mol/L 时，锗的萃取率又急剧增大，在 10 mol/L HCl 时达到 99.8%。这是因为当 HCl 浓度高于 7 mol/L 时，稀释剂也起到了萃取锗的作用。在 0.05~12 mol/L H_2SO_4 溶液中，锗的萃取率随 H_2SO_4 浓度的增加而升高。在 H_2SO_4 介质中萃取的优点是避免了生成易挥发的氯化锗而造成损失，这对于保证锗分析测试的准确度尤为重要。在 H_2SO_4 溶液中，DOMPA 不萃取砷(Ⅲ)，H_2SO_4 浓度自 0.05 mol/L 增加到 12 mol/L 时，锗和砷能够完全分离。在 H_2SO_4 浓度为 12 mol/L 条件下，即便锗、砷的原子比为 1:10、1:50 和 1:100 时，也能实现两者的完全分离。从有机相中反萃锗可使用 NaOH 水溶液，且反萃取时，锗以锗酸盐形式进入到水相中。

Cyanex301[二(2,4,4 三甲基戊基)]是 Cyanex272 的二硫代衍生物，由于分子中引入了两个硫原子，它的酸性和萃取能力都强于 Cyanex272，使 Cyanex301 能在更低的 pH 范围内进行萃取。Cyanex301 回收和分离锗(Ⅳ)的工艺路线如图 4-10 所示[56]。首先，采用 0.5 mol/L 的 Cyanex301 从含 Ge(Ⅳ)、Fe(Ⅲ)、Al(Ⅲ)、Hg(Ⅱ) 和 Cu(Ⅱ) 的 0.05 mol/L HCl 溶液中定量地萃取 Fe(Ⅲ)、Al(Ⅲ)、Hg(Ⅱ) 和 Cu(Ⅱ)。然后，调整萃余液的酸度到 8 mol/L(HCl)，此时 Cyanex301 可萃取全部的 Ge(Ⅳ) 和少量的 Al(Ⅲ)。随后，再用 8 mol/L HCl 反萃有机相中的 Al(Ⅲ)，再通过用 0.50 mol/L HCl 将有机相中的 Ge(Ⅳ) 反萃到水相中。

Ge(Ⅳ),Fe(Ⅲ),Al(Ⅲ),Hg(Ⅱ),Cu(Ⅱ)

(1) 0.05 mol/L HCl
(2) 0.50 mol/L Cyanex301

富含Fe(Ⅲ),Al(Ⅲ),
Hg(Ⅱ),Cu(Ⅱ)的有机相

HNO₃反萃

水相

水相Ge(Ⅳ) + Al(Ⅲ)（约80%）

(1) 调整酸度至 8 mol/L (HCl)
(2) 0.50mol/L Cyanex301

有机相 Ge(Ⅳ) +少量Al(Ⅲ)   水相大量Al(Ⅲ)

8 mol/L HCl反萃

富含Ge(Ⅳ) 有机相   水相Al(Ⅲ)

O:A=1:3
0.5 mol/L HCl 反萃

有机相再生   水相Ge(Ⅳ)

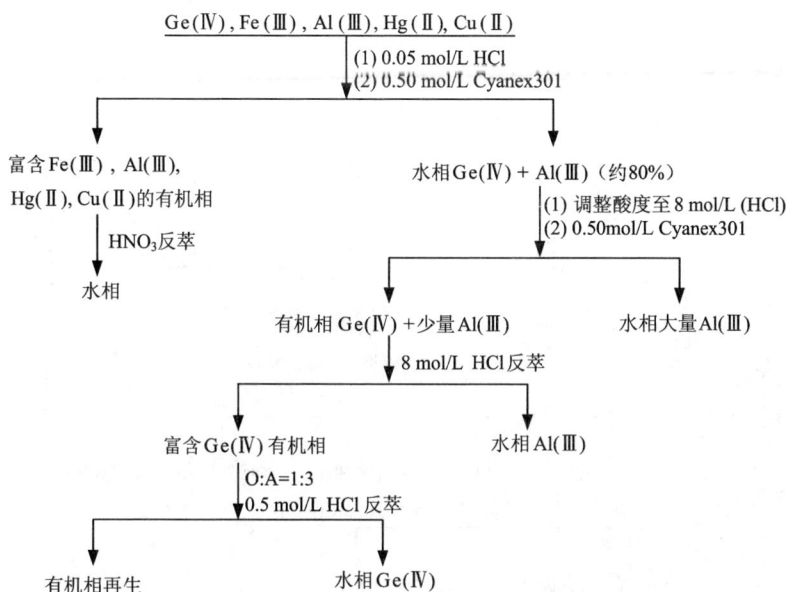

图 4 -10 采用 Cyanex301 从 HCl 溶液中萃取分离锗(Ⅳ)的工艺路线

3.6.2 中性磷类萃取剂

磷酸三丁酯(TBP)可从盐酸介质中萃取锗,这已广泛用于工业提取锗,其萃取反应为:

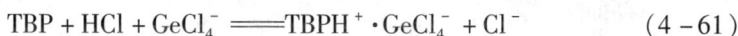

$$TBP + HCl + GeCl_4^- \Longrightarrow TBPH^+ \cdot GeCl_4^- + Cl^- \qquad (4-61)$$

用 TBP 从锗的蒸馏残液中萃取镓和微量的锗时,锗的萃取率可达 86.18%,反萃取可达 97.72%,反萃水相中和沉锗率可达 88.76%[57]。

三烷基氧化膦(Cyanex923)回收和分离锗(Ⅳ)的工艺路线如图 4 -11 所示[56]。首先,采用 0.5 mol/L 的 Cyanex923 从含 Ge(Ⅳ)、Fe(Ⅲ)、Al(Ⅲ)、Hg(Ⅱ)和 Cu(Ⅱ)的 0.05 mol/L 盐酸溶液中定量地萃取 Fe(Ⅲ)、Al(Ⅲ)、Hg(Ⅱ)。然后,调整萃余液中 HCl 浓度为 8 mol/L,此时 Cyanex923 可萃取全部的 Ge(Ⅳ)和少量的 Al(Ⅲ)与 Cu(Ⅱ)。随后,用 8 mol/L HCl 反萃有机相中的 Al(Ⅲ)和 Cu(Ⅱ),再通过 0.3 mol/L NH₄SCN 将负载 Ge(Ⅳ)和 Cu(Ⅱ)的有机相中的 Ge(Ⅳ)反萃到水相中,使之与 Cu(Ⅱ)分离。Cyanex301 和 Cyanex923 回收锗的工艺类似,但 Cyanex923 的成本比 Cyanex301 低。

Ge(Ⅳ), Fe(Ⅲ), Al(Ⅲ), Hg(Ⅱ), Cu(Ⅱ)

(1) 0.05 mol/L HCl
(2) 0.50 mol/L Cyanex 923
O:A=2:1

富含 Fe(Ⅲ), Al(Ⅲ),　　　　　水相 Ge(Ⅳ), Al(Ⅲ), Cu(Ⅱ)(约95%)
Hg(Ⅱ)的有机相

(1) 调整HCl浓度为 8 mol/L
(2) 0.50 mol/L Cyanex923

HNO₃反萃

水相

有机相 Ge(Ⅳ) + 少量　　　　水相大量 Al(Ⅲ), Cu(Ⅱ)
Al(Ⅲ), Cu(Ⅱ)(约75%)

8 mol/L HCl反萃

富含 Ge(Ⅳ), 大量 Cu(Ⅱ)有机相　　水相少量 Al(Ⅲ), Cu(Ⅱ)

0.30 mol/L NH₄SCN反萃

富含 Cu(Ⅱ)有机相　　　　　水相 Ge(Ⅳ)

2.0 mol/L NaOH反萃

有机相再生　　　　　水相 Ge(Ⅳ)

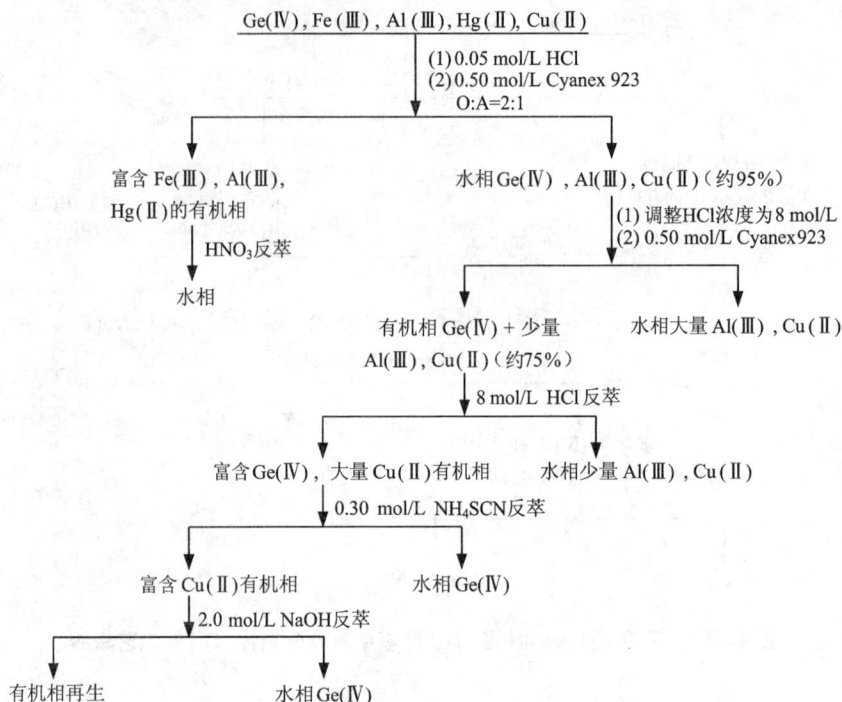

图 4 - 11　采用 Cyanex923 从 HCl 溶液中萃取分离锗(Ⅳ)的工艺路线

3.7　协同萃取锗

3.7.1　P204[二(2 - 乙基己基)磷酸] + TBP(磷酸三丁酯)

使用 P204 作为萃取剂、磷酸三丁酯(TBP)作为改性剂的煤油体系, 可以在锌湿法冶金的含锗和其他金属离子的溶液中(如 Ga^{3+}、Fe^{3+}、Zn^{2+}、Fe^{2+})选择性地萃取锗[58]。Ge 的萃取率随酸浓度的增加而增加, 而 Ga、Fe、Zn 和其他共存离子的萃取量则减少; Ge 和 Fe 的萃取率随萃取剂含量的增加而增加, 但 Ge 相对 Fe 的萃取则更优越, 其中最佳的萃取条件是 30% 的 P204 加 15% 的 TBP, 此时 Ge 萃取率可达到 90%, 经两段萃取, 94.3% 的 Ge 和 19% 的 Fe 被萃入有机相中。采用 NaOH 溶液可反萃取有机相中的锗, 当 O:A = 2:1 时, 其分离率可达到 100%。

3.7.2　P204［二（2－乙基己基）磷酸］+HGS98（异氧肟酸）

湿法炼锌过程的萃铟杂液中的锗可利用异氧肟酸（HGS98）进行萃取[59]。首先，采用2%（质量分数）的HGS98加5% P204作为萃取剂进行协同萃取（其中HGS98为主萃取剂，P204为协萃剂），以煤油为稀释剂，在相比O:A=1:5的H_2SO_4体系中萃取5 min，萃铟余液中锗萃取率达99%以上。然后，使用2 mol/L的NH_4F作为反萃剂，在相比为1:1的条件下反萃15 min，锗反萃率可达到98%。HGS98（HL）、HGS98（HL）+ P204（H_2A_2）萃取锗的机理分别为：

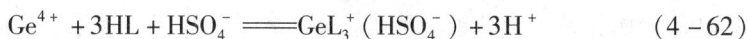

$$Ge^{4+} + 3HL + HSO_4^- \rightleftharpoons GeL_3^+(HSO_4^-) + 3H^+ \qquad (4-62)$$

$$Ge^{4+} + 3HL + H_2A_2 \rightleftharpoons GeL_3^+(HA_2^-) + 4H^+ \qquad (4-63)$$

络合物$GeL_3^+(HA_2^-)$比$GeL_3^+(HSO_4^-)$疏水性更好，加入P204协萃可提高锗的萃取率。另外，当P204的浓度达5%时，能使有机相的流动性变好，易于分相，有助于HGS98对锗的萃取。

3.7.3　P204［二（2－乙基己基）磷酸］+YW100（$C_{7\sim9}$氧肟酸）

单独使用P204作萃取剂不能萃取锗，单独使用YW100作萃取剂时的萃锗率也较低，而P204 + YW100体系具有显著的正协萃效应，该体系适合在pH ≤ 0.5的高酸度水溶液中萃锗[60]。采用10% P204和1.25% YW100为萃取剂，以煤油作稀释剂，在相比O:A=1:4时，将工业原料液在室温下萃取5 min，此时锗的萃取率可达96%。HF、NaOH、NH_4OH和$NaClO_3$等多种试剂都可以作为锗负载有机相的反萃剂。采用浓度为27 g/L的$NaClO_3$为反萃剂，在相比O:A=4:1、室温条件下，对锗浓度为0.47 g/L的负载有机相进行反萃，此时锗的反萃率高达98.4%，反萃液中锗含量为1.85 g/L，此溶液经蒸发浓缩后，水解沉淀可获得锗含量大于25%的锗精矿。P204（HA）+ YW100（HL）协同萃取锗的机理为：

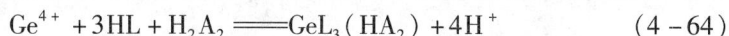

$$Ge^{4+} + 3HL + H_2A_2 \rightleftharpoons GeL_3(HA_2) + 4H^+ \qquad (4-64)$$

3.7.4　P507（2－乙基己基磷酸单－2－乙基己基酯）+N601（喹啉类）

对含0.15 mol/L H_2SO_4和5.0×10^{-4}mol/L锗的溶液，用0.23 mol/L的P507和7.59×10^{-2} mol/L的N601（7－十二烯基－8－羟基喹啉）为萃取剂在室温下萃取锗[61]，结果表明，当溶液pH为0.5~1.0时将有利于锗的萃取；而当pH为1.0~2.0时则不利于锗的萃取，这可能是因为pH增加时，P507和N601易失去H^+，从而有利于络合锗离子，但当pH增加到一定程度后，由于酸度的降低，使得反应$Ge(OH)_3^+ + OH^- \rightleftharpoons Ge(OH)_4$向右移动，从而不利于P507和N601协萃时所需阳离子的形成，使锗萃取率随pH的增加而降低。P507（H_2A_2）和N601

（HR）协同萃取锗的机理为：

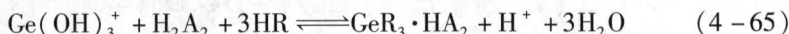

$$Ge(OH)_3^+ + H_2A_2 + 3HR \Longrightarrow GeR_3 \cdot HA_2 + H^+ + 3H_2O \qquad (4-65)$$

3.7.5　Lix63（5,8 - 二乙基 - 6 - 羟基十二烷基酮肟）+ P507（2 - 乙基己基磷酸单 - 2 - 乙基己基酯）

Lix63 加 P507 的协同溶剂可以萃取湿法炼锌溶液中的锗，用 10% 的 Lix63 和 2% 的 P507 作为萃取剂，可选择性地从含有 1 g/L 的锗和 1 mol/L 的 H_2SO_4 溶液中萃取锗[62]。当萃取条件为：pH 0.2、O:A = 1:1、40℃、平衡时间 20 min 时，可萃取 80% 的锗及少量的铁，而其他金属离子几乎不被萃取，且锗的萃合物为 $2Ge(SO_4)_2 \cdot (HA) \cdot (HB)_2 \cdot H_2SO_4$。用 0.5 mol/L NaOH + 1.0 mol/L Na_2SO_4 溶液反萃锗时，其反萃率可达到 100%。Lix63（HB）加 P507（HA）萃取锗的机理为：

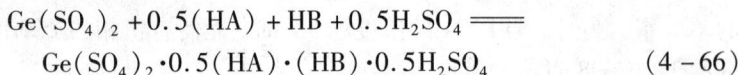

$$Ge(SO_4)_2 + 0.5(HA) + HB + 0.5H_2SO_4 \Longrightarrow$$
$$Ge(SO_4)_2 \cdot 0.5(HA) \cdot (HB) \cdot 0.5H_2SO_4 \qquad (4-66)$$

或

$$2Ge(SO_4)_2 + (HA) + 2HB + H_2SO_4 \Longrightarrow$$
$$2Ge(SO_4)_2 \cdot (HA) \cdot 2(HB) \cdot H_2SO_4 \qquad (4-67)$$

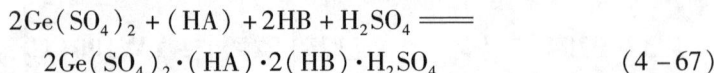

3.7.6　TOA（三正辛胺）+ TBP（磷酸三丁酯）

以萃取剂 TOA 30%、调相剂 TBP 5%、稀释剂 65% 作为有机相的萃取体系，可在相比 O:A = 1:8（配合剂中酒石酸与水相中锗的质量比为 12~16）、常温条件下萃取锗，此时锗的一级萃取率大于 97%，锌几乎不被萃取，从而实现了锌与锗的高效分离。用 30% 的 NaOH 溶液作反萃剂，在相比 O:A = 2:1，常温条件下反萃，锗的一级反萃率大于 95%。调相剂 TBP 除具有有效防止第三相生成的作用外，还具有一定的协同萃取作用[63]。

3.7.7　N235（三烷基胺）+ YW100（$C_{7\sim9}$氧肟酸）

采用 N235 + YW100 协萃体系能够从加入了络合剂的酸性水溶液中很好地萃取锗，在 pH ≥ 1.5 的弱酸性溶液中可获得较高的萃锗率。增大相比、提高水相 pH 均可提高锗的萃取率。例如，用 20% N235 + 1.5% YW100 + 10% 仲辛醇 + 煤油组成的有机相，在萃取原料液中加入 30 倍锗量的酒石酸进行络合，然后按相比 O:A = 1:3，在室温下萃取 5 min，锗萃取率可达 84%，若将负载有机相用 4 mol/L NaOH 进行反萃，则其一级反萃率可达 98.3%，反萃液中锗含量为 0.2 g/L 左右[60]。

3.8 其他萃取方法

3.8.1 正丙醇三元萃取体系

在碘化钾 – 正丙醇 – 锗三元缔合物萃取体系中分离锗的研究表明,加入氯化钠能将正丙醇的水溶液分成两相,在分相过程中,锗与碘化钾生成的 GeI_6^{2-} 与质子化形成的缔合物 $[GeI_6^{2-}][C_3H_7OH_2^+]_2$ 能被正丙醇相完全萃取。当正丙醇、碘化钾、氯化钠的浓度分别为 30% (体积分数)、8.0×10^{-3} mol/L、0.20 g/mL 时,锗的萃取率可达到 98.4% 以上,其他离子基本不萃取[64]。

在正丙醇 – 硫氰酸胺 – 水体系萃取分离和富集锗的研究表明,硫酸铵能使正丙醇的水溶液分成两相,在分相过程中,Ge(Ⅳ) 和硫氰酸铵生成的 $Ge(SCN)_6^{2-}$ 与质子化的正丙醇 $C_3H_7OH_2^+$ 形成的缔合物 $[Ge(SCN)_6^{2-}][C_3H_7OH_2^+]_2$ 能被正丙醇相完全萃取。当正丙醇、硫氰酸铵和硫酸铵的浓度分别是 30% (体积分数)、5.0×10^{-2} mol/L、0.20 g/mL 时,Ge(Ⅳ) 的萃取率达到 97.0% 以上,而其他的离子基本不被萃取[65]。

在硫酸铵 – 溴化钾 – 正丙醇体系中萃取分离和富集锗时,加入硫酸铵能使正丙醇的水溶液分成两相,在分相过程中,Ge^{4+} 与 KBr 生成 $GeBr_6^{2-}$,并与质子化的正丙醇 ($C_3H_7OH_2^+$) 形成缔合物 $[GeBr_6^{2-}][C_3H_7OH_2^+]_2$,此缔合物能被正丙醇相完全萃取。当正丙醇、溴化钾和硫酸铵的浓度分别为 30% (体积分数)、7.0×10^{-3} mol/L、0.20 g/mL 时,$GeBr_6^{2-}$ 的萃取率达到 97.7% 以上,而其他离子基本不被萃取[66]。

3.8.2 固相萃取体系

合成的 SiO_2 和 TiO_2 纳米颗粒可从水溶液中萃取分离痕量镓、锗[67],当 pH 分别为 3~4、8~12 时,只有镓(Ⅲ) 可以定量保留在纳米 SiO_2 上,而 Ge(Ⅳ) 不被吸附,但 Ga(Ⅲ) 和 Ge(Ⅳ) 离子可定量吸附在纳米 TiO_2 上。在 pH 为 4~8 时,SiO_2 和 TiO_2 的纳米颗粒都能定量吸附 Ge(Ⅳ),其纳米 SiO_2/TiO_2 单层的吸附容量分别是 4.26 mg/g 和 19.68 mg/g。

将萃取剂 Kelex100 浸渍到二氧化硅的介孔材料中,制得的固体萃取剂 SOL – Kelex,对锗具有较好的萃取性能。在 pH 为 6.0 的醋酸 – 醋酸钠缓冲溶液中,锗 (Ⅳ) 吸附容量可以达到 0.33 mmol/g,且吸附容量保持稳定不随着溶液中 pH 而改变。SOL – Kelex 对锗的萃取选择性好,其吸附顺序为 Ge > Zn > As > Ni > Sb。负载的锗可用 1 mol/L HCl 反萃,其反萃率大于 90%,且循环性能良好[68]。

第4章　从湿法炼锌工艺中回收锗

锌精矿中普遍含锗(其中锗的品位为 $0.001\% \sim 0.01\%$)，是工业提取锗最主要的原料之一。世界上 80% 的金属锌是用湿法炼锌工艺生产的，其物料量大、锗富集度较高，70% 以上的锗产自于此。

常规的湿法炼锌工艺为：先在高温下氧化焙烧(或部分硫酸化焙烧)锌精矿，锌精矿中的铁在焙烧时则大部分生成难溶性的铁酸锌。研究查明，$93\% \sim 95\%$ 的锗及镓、铟以类质同象赋存在铁酸锌中[1]，造成焙烧矿在 pH 为 $5.2 \sim 5.4$ 的近中性条件下浸出时，铁酸锌大部分不被浸出，其中的锗也随之保留在中性浸出渣中。从湿法炼锌工艺中回收锗及镓、铟，基本上是在处理浸出渣中进行。

锌精矿直接氧压浸出工艺无须高温焙烧，故无铁酸锌产生的问题。工厂生产实践表明，在氧压酸浸出中，锌精矿中所含的锗、镓、铟 93% 以上被直接浸出，进入浸出液。

4.1　锗在湿法炼锌工艺流程中的走向

锌中性浸出渣成分[1]一般为：Zn $18\% \sim 23\%$ 、Pb $3\% \sim 12\%$ 、Fe $18\% \sim 30\%$ 、S $1.5\% \sim 8\%$ 、Cu $0.3\% \sim 2\%$ 、Ag $0.01\% \sim 0.05\%$ 、Ge $0.005\% \sim 0.02\%$ 、Ga $0.01\% \sim 0.03\%$ 、In $0.001\% \sim 0.09\%$ ，故需进一步处理锌中性浸出渣以回收锌、铅及其他金属。对锌浸出渣的处理，工业上有多种工艺方法。从本质上讲，这些工艺主要分为两类，一类是高温还原挥发；另一类是热浓酸浸出。

传统的浸出渣处理工艺是回转窑高温还原挥发锌、铅工艺(威尔兹法)。浸出渣配入煤于 $1200 \sim 1250$℃ 高温下还原挥发焙烧，铅、锌和 $50\% \sim 70\%$ 锗挥发进入次氧化锌铅烟尘，余下的残留在窑渣中。回转窑挥发锗的效率普遍不高，这是因为该过程的主要目的是为挥发锌和铅，且挥发锌需要强还原性气氛及高温环境，在这样的条件下，势必使 GeO_2 还原成金属锗而留在窑渣中。此工艺当前只能从挥发窑产出的次氧化锌铅烟尘中回收锗，而残留在窑渣中的锗则难以回收。

在热浓酸浸出工艺中，中性浸出渣经热浓酸浸出时，铁酸锌被分解，赋存于其中的锗、镓、铟也被浸出进入溶液。其后在不同的除铁工艺中，锗的走向也各有不同。

黄钾铁矾法工艺，锗的去向分散。由于溶液中的铁以 Fe^{3+} 的形态存在，成矾除铁的 pH 为 $1.2 \sim 1.5$，此时锗也发生水解，约 35% 的锗随铁共沉淀进入铁矾渣，$25\% \sim 30\%$ 的锗进入预中和渣[1]。若在铁矾渣和预中和渣中再分别回收锗，则对锗的回收十分不利。

采用针铁矿法和赤铁矿法，在除铁前需将溶液中的 Fe^{3+} 全部还原成 Fe^{2+}，这使得能在水解除铁前用锌粉置换或中和沉淀的方法先分离出锗及镓、铟，从而避免了这些金属与铁共沉淀。所得锗的回收率及富集物品位均较高，产出的置换渣或中和渣是回收锗最主要的原料之一。

对于锌精矿直接氧压浸出工艺，锌精矿中所含的锗、镓、铟 93% 以上被浸出，同时 $10\% \sim 15\%$ 的铁被浸出，且大部分以 Fe^{2+} 形式进入溶液。因而可像针铁矿法一样，在水解除铁前先行沉淀分离锗、镓、铟。通常采用锌粉置换，将溶液的锗、镓、铟置换入渣，再从置换渣中进一步提取锗及镓、铟。

以上几种湿法炼锌工艺中，针铁矿法和赤铁矿法及锌精矿氧压直接浸出法回收锗及镓、铟最为有利。

浸出渣高温挥发铅锌—固态还原炼铁工艺中，锌浸出渣经加煤粉混合冷压制团，团矿进入回转窑高温还原挥发锌、铅、铟，这与传统的浸出渣挥发焙烧并无不同，所不同的是在此高温还原条件下，渣中的铁还原成固态金属铁，烧渣破碎后经磁选分离可得到高品位的铁粉产品以供出售。在此工艺中，渣中的锗、镓大部被铁捕集进入还原铁粉，其品位富集了 $3 \sim 5$ 倍，要进一步回收铁粉中的锗和镓，仍需研究经济可行的方案。

4.2 从锌粉置换渣中回收锗

用锌粉置换沉淀硫酸锌溶液中的锗及镓、铟，是湿法炼锌工艺中分离富集锗及铟、镓的主要方法。锌精矿压浸出工艺、针铁矿法工艺和次氧化锌烟尘浸出工艺均有含锗、铟、镓的置换渣产出，且这些渣除杂质含量有所不同外，其性质大体类似。从置换渣提取锗的方法主要有萃取法、氯化蒸馏法和单宁沉淀法等，可根据渣含锗和其他有价金属的情况加以选取。

4.2.1 从锌精矿氧压直接浸出工艺的置换渣中萃取回收锗

某厂锌精矿氧压直接浸出工艺所产置换渣成分为：Zn 15.82%、Fe 1.65%、Pb 1.97%、Si 5.01%、Cu 7.60%、Ni 0.22%、As 1.58%、Ge 0.57%、In 0.028%、Ga 0.28%。该渣综合回收有价金属的全萃取工艺流程见第一篇镓冶金的图 1-8。研究表明，该渣中约有 30% 的锗被硅胶包裹而难被 H_2SO_4 浸出，因此可采用二段浸出的工艺，首先用锌电积废液(含 H_2SO_4 150 g/L、Zn 55.5 g/L)对置换渣进行高压浸出(浸出条件为：氧分压 0.4 MPa、温度 150℃、液固比 4:1，每段浸出时间 3 h），经两次浸出，锌、铜、镓、铟浸出率均达 98% 以上，而锗浸出率只为 75%~80%，浸后渣含 Si 高达 36.43%；随后对浸后渣用 1 mol/L H_2SO_4 加入 4.24 mol/L HF 的混酸进行浸出（浸出条件为：温度 80℃、液固比 3:1、每段浸出时间为 3 h），经二级错流浸出，锗浸出率达 99% 以上。最后，可对置换渣的硫酸浸出液和硫酸 + 氢氟酸的浸出液分别用氧肟酸来萃取锗[38]。

对于硫酸浸出液，用 P204 萃取铟后，将萃铟余液酸度调整到 pH 2.0~2.2，用 3% $C_{3~5}$ 氧肟酸 + 10% P204 + 煤油共萃锗、镓，在相比 O:A = 1:3 时，锗、镓单级萃取率均在 90% 以上；锗、镓负载有机相用 30 g/L 次氯酸钠溶液反萃锗，在相比 O:A = 1:1 时，锗反萃率近 100%，得到含：Ge 1.4 g/L、Ga 0.003 g/L、Fe 0.002 g/L 的水相，再对锗水相进行水解，得到粗 GeO_2。反萃锗后的镓有机相水洗涤后用 3 mol/L H_2SO_4，在相比 O:A = 2:1 时反萃镓，此时反萃率为 97.5%，得到含镓量为 1.84 g/L 的镓水相。反萃镓后贫有机相用草酸溶液洗涤脱铁后，补加新的氧肟酸返回萃取[38]。使用次氯酸钠溶液反萃锗的原理在于氧化破坏氧肟酸结构，其锗反萃率高且对镓、铁反萃率低，较适合于氧肟酸 + P204 镓、锗共萃，再分步反萃的工艺。萃余液用活性炭吸附残余的有机物后返回炼锌主流程。

对于含 Ge 1.73 g/L、Cu 0.31 g/L、Fe 1.55 g/L 的硫酸 + 氢氟酸的混酸浸出液，用 10% $C_{3~5}$ 氧肟酸 + 磺化煤油萃取锗，在相比 O:A = 1:2 时，其单级萃取率为 98.31%，锗负载有机相用 0.4 倍体积的去离子水洗涤后，用 30 g/L 次氯酸钠溶液反萃锗，在相比 O:A = 2:1 时，锗反萃率为 98.83%，得到含锗 4.02 g/L 的水相。混酸萃锗余液含氟 89.93 g/L、硅 25.36 g/L，加入 30 g/L NaF 溶液，将 H_2SiF_6 转化为 Na_2SiF_6 沉淀：

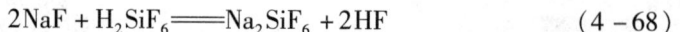

$$2NaF + H_2SiF_6 =\!=\!= Na_2SiF_6 + 2HF \qquad (4-68)$$

氟、硅的沉淀率分别为 90.84% 和 91.34%，沉氟、硅后液补加酸后可返回混酸浸出工序[38]。

该工艺有效地解决了置换渣锗难浸出的问题，且回收锗彻底，但需增加一个独立的 H_2SO_4 + HF 的混酸浸出和萃取系统，故操作有所不便。对此类含硅量高且难浸出的锗渣，也可考虑用火法工艺单独处理。

4.2.2 锌置换渣氯化蒸馏回收锗

对于含锗品位较高的置换渣，可直接用氯化蒸馏法提取锗，以避免增加萃取提锗的投资。某厂锌冶炼工艺所产置换渣的成分为 Zn 43.1%、S 12.8%、As 5.91%、Ge 1.46%、Ga 0.49%、In 0.38%、其他 35.04%，该渣烘干后直接进行氯化蒸馏提锗，渣中锗形成 $GeCl_4$ 而被蒸馏到气相中，再冷凝得到粗 $GeCl_4$。由于料中砷含量高，氯化蒸馏时砷形成的 $AsCl_3$，其沸点与 $GeCl_4$ 相近，故为减少砷的蒸出，通常采用氧化方法先将 As^{3+} 氧化成 As^{5+}，让砷大部分残留在蒸馏底液中，该渣的氯化蒸馏结果如表4-32。

表4-32 锌置换渣氯化蒸馏提锗的条件与结果

蒸馏条件	锗直收率/%	产物 GeCl$_4$ 中含砷量/(g·L^{-1})
HCl, 液固比 6.25:1, 全过程通 Cl$_2$	80.4	5.16
HCl, 液固比 5.6:1, 全过程通 Cl$_2$	81.5	7.43
HCl, 液固比 5:1, 通 Cl$_2$ 搅拌 30 min 后再加热	90.2	未检出
HCl, 液固比 4:1, 通 Cl$_2$ 搅拌 30 min 后再加热	96.7	未检出

蒸馏温度控制在85℃左右, 由表4-32可知, 先将砷充分氧化后再加热蒸馏可大大减少蒸馏产物 GeCl$_4$ 中的砷含量。锗蒸馏的余液中含有锌、镓、铟等有价金属, 可分别用 TBP 萃取镓和 P204 萃取铟, 萃镓、铟后余液用碱中和以回收锌[29]。

4.2.3 置换渣酸浸—单宁沉淀回收锗

某厂锌浸出渣经回转窑高温还原挥发得到的次氧化锌烟尘, 用锌电积废液浸出, 浸出液用锌粉置换沉淀锗、镓、铟, 所得的置换渣成分为: Ga 0.11%~0.15%、Ge 0.05%~0.19%、In 2%~3%、Zn 22.9%、Pb 0.6%、As 5.8%、Fe 0.9%、SiO$_2$ 1.12%。该置换渣用锌电积废液在液固比 10:1、90℃下浸出 2~3 h, 终酸控制为 0.59~0.66 mol/L, 镓、铟、锗浸出率为 96%~100%。用 P204 萃取浸出液中铟, 再用 ZnO 中和萃铟余液到 pH 为 1.2~2.0, 加入单宁沉淀锗(单宁加入量为锗的 40 倍), 单宁锗沉淀渣洗涤烘干后于 500℃温度下氧化焙烧得到含锗约 15% 的锗精矿; 单宁沉锗后液再用 Na$_2$CO$_3$ 中和到 pH 3~4, 得到含镓的沉淀渣[1]。

此工艺灵活性较大, 对于以回收铟为主, 锗、镓品位不稳定的渣处理流程具有实用价值, 利用单宁沉锗的高选择性, 将锗与锌、铁、镓分离, 不需要为锗、镓回收另增萃取设备。

4.3 从锌浸出渣中回收锗

对于锌浸出渣回转窑高温还原挥发工艺产出的氧化锌挥发尘, 可用硫酸浸出工艺, 使锗进入硫酸锌溶液; 对于浸出渣热浓酸常压浸出或高压浸出工艺, 70%~85% 锗、90% 以上的铟和镓都能被浸出。对这两类溶液, 一种较常用的做法是用锌粉置换或单宁沉淀富集锗后, 再从富集渣中进一步提取锗, 另一做法是直接从它们的酸浸液中萃取回收锗。对于回转窑的挥发烟尘的酸浸液，由于铁含量低，萃取锗较容易；而热浓酸浸出工艺，由于锗的浸出依赖于铁酸锌的分解，而导致铁被大量浸出，使浸出液含铁较高，增加了萃取的难度。为避免铁对萃取锗的影响，较适宜的做法是将溶液中的 Fe^{3+} 还原为 Fe^{2+} 再进行萃取。

浸出渣加煤粉冷压制团还原挥发锌及铟的工艺中，锗被铁捕集进入还原铁粉，要后续回收其中的锗则较为困难。

4.3.1　从回转窑挥发尘和锌浸出渣的酸浸液中萃取锗

浸出渣回转窑挥发工艺产出的次氧化锌烟尘用锌电积废液浸出，锗大部分进入硫酸锌溶液。浸出渣热浓酸浸出工艺，70%~80% 的锗被浸出进入硫酸锌溶液。两种硫酸锌溶液的成分略有不同，次氧化烟尘的浸出液含酸和铁较低，热浓酸的浸出液则相反，两种硫酸锌溶液的大致成分如表 4 - 33 所示[35]。

表 4 - 33　回转窑挥发尘的浸出液和热浓酸浸出液的成分对比　　　　　g/L

	Zn	As	Fe	Mn	Ge	Cu	Sb	SiO_2	Cd	H_2SO_4
回转窑挥发尘浸出液	151.2	0.51	2.4	27.4	0.037	0.001	0.058	0.496	0.27	7.4
浸出渣热浓酸浸出液	120.7	—	15.4	34.6	0.032	0.17	0.008	0.20	—	60

从浸出渣中回收锗，实际上归结为从上述两种硫酸锌溶液中分离回收锗。直接采用萃取法从溶液中分离提取锗及镓、铟，其工艺较为简单高效。

次氧化锌烟尘和浸出渣的硫酸浸出液用氧肟酸类萃取剂进行萃取锗的工艺流程[37]如图 4 - 12 所示，其萃取剂为 11% 7815（核工业北京化工冶金研究院产）+ 磺化煤油或 10%~15% 7815 + 1%~5% P204 + 磺化煤油[35]，反萃剂为"B"试剂（代号）。由于溶液中的 Fe^{3+} 会被萃取，并在反萃液中积累至饱和时，会沉淀析出，给操作带来麻烦，因此酸浸液一般宜先用 SO_2 将 Fe^{3+} 还原成 Fe^{2+}。烟尘酸浸液经 SO_2 还原后，其成分为：Zn 103~106 g/L、Fe^{2+} 1.56 g/L、Fe^{3+} 约 0 g/L、Ge 0.015 g/L，在相比 O:A = 1:4 时经三级萃取，锗萃取率为 95%~98%，萃余液中锗含量为 0.2~0.8 mg/L；负载有机相用 0.5 mol/L H_2SO_4 洗涤 1 次（相比 O:A = 5:1）；再用 3 mol/L "B"试剂一级反萃（相比 O:A = 30:1），反萃得到的富锗料液中含锗 2.2~3.7 g/L，经碱中和至 pH = 9 下将锗水解沉淀，得到的锗沉淀渣在 450℃温度下煅烧得到品位约 20% 的粗 GeO_2。贫有机相经 1 mol/L H_2SO_4，在相比 O:A = 5:1 时洗涤 1 次，再生返回萃取，萃取过程中萃取剂损耗为 0.2 kg/m³ 料液[37]。

氧肟酸萃取剂黏度较大、分相不好且反萃锗及反萃铁均困难，需加入添加剂

锗浸出液 —— SO₂

```
            锗浸出液 ────── SO₂
                 │
              ┌─────┐
              │ 还 原 │
              └─────┘
                 │
              ┌─────┐
              │ 萃 取 │
              └─────┘
           ┌─────┴─────┐
        负载有机相      萃余水相
           │              │
  pH=1酸化水 │          返回提锌系统
           │
        ┌─────┐
        │ 水 洗 │
        └─────┘
        ┌───┴───┐
     水洗余液   负载有机相
        │          │
     返回浸出       │
               ┌─────┐
               │ 反萃取 │
               └─────┘
           ┌──────┴──────┐
        贫有机相        反萃取合格液
           │                │    碱
 1mol/L H₂SO₄│            ┌────────┐
        ┌─────┐          │中和沉淀锗│
        │ 转 型 │          └────────┘
        └─────┘          ┌────┴────┐
     ┌────┴────┐       滤饼       母液
  贫有机相   转型余液      │         │
              │      ┌────┐    ┌──────┐
          处理后排放   │煅 烧│    │补加B试剂│
                     └────┘    └──────┘
                        │
                    粗GeO₂产品
```

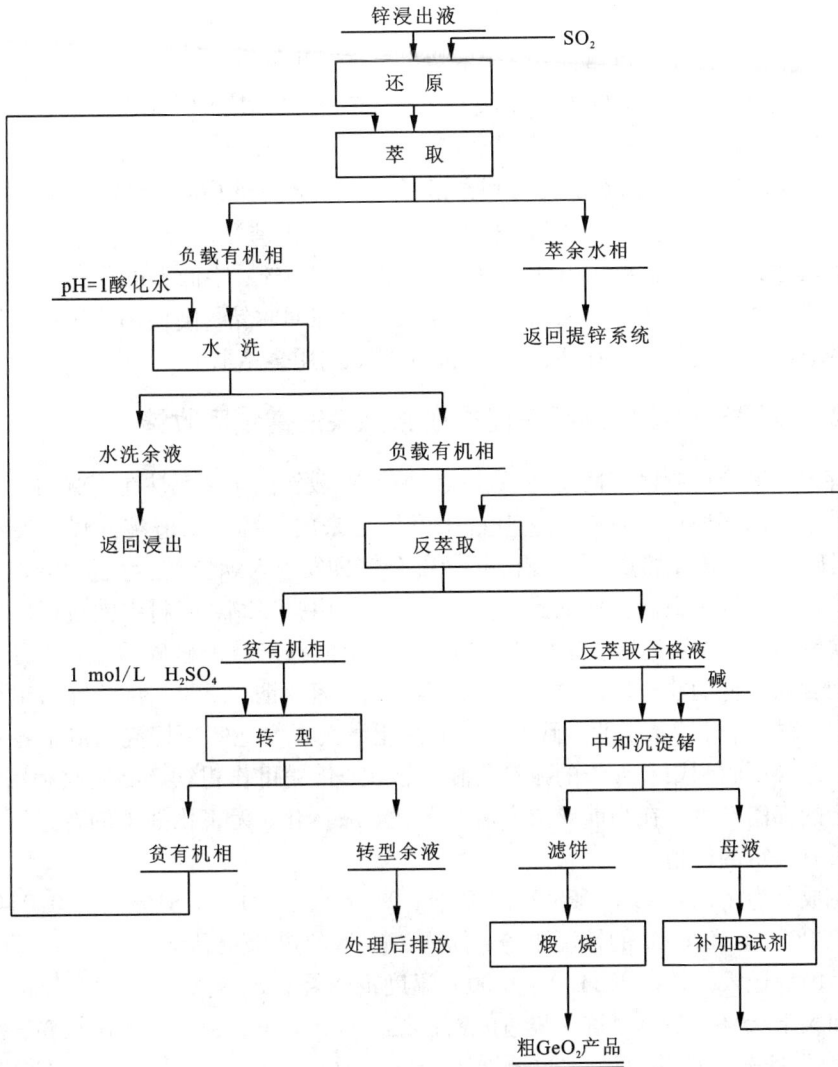

图 4-12　萃取法回收锗的流程图

如 P204、环烷酸(HA)、脂肪酸(EA)和"T"试剂(代号)以改善氧肟酸的萃取性能，特别是加入"T"试剂混合萃取锗后，锗有机相可用 NaOH 反萃锗[35]。

对表 4-33 的两种料液，分别用 10% 7815 + 5%~10% P204 + 2% 环烷酸 + 2% 脂肪酸 + 71%~86% 磺化煤油的混合萃取剂和 10%~15% 7815 + 20% "T"试剂 + 65%~70% 磺化煤油的混合萃取剂进行萃锗，都证明可行，唯前一种需用氟盐作反萃剂，而后一种则可用 NaOH 作反萃剂[35]。

将表 4 - 33 中的回转窑挥发尘浸出液的 pH 调整到 1 左右，浸出渣热浓酸浸出液的浓度控制在 90 g/L 左右。两种溶液分别用15% 7815 +20%～30% "T" 试剂 +55%～65% 磺化煤油萃锗，于温度不超过70℃、相比 O:A = 1:5 条件下进行 3～4 级萃取，锗萃取率大于 96%。负载有机相用 3 mol/L NaOH，于 30～40℃、相比 O:A = 5 条件下进行 4～6 级反萃锗，锗反萃率大于 95.81%[35]。富锗水相在 pH =9 时水解，水解沉淀渣经煅烧得到含锗 17%～19% 的粗 GeO₂ 产品，萃取剂损耗分别为：2.24 L/m³（烟尘浸出液）和 1.34 L/m³（浸出渣浸出液）。萃余液经脱除有机物后送锌电积，锌电积电流效率为 90.4%～90.7%，略低于正常值[35]。

对于上述的浸出液：若无铟、镓要回收仅单纯回收锗，则使用单宁或栲胶沉淀锗的方法较为简便；如有铟、镓需同时回收，则用全萃取的方法较合适。

4.3.2 锌浸出渣冷压制团—固态还原炼铁法富集回收锗

锌浸出渣冷压制团—固态还原炼铁法富集回收锗的工艺，是在现有的锌浸出渣回转窑高温还原挥发锌铅工艺基础上发展起来的。锌浸出渣配入煤粉冷压制团，团矿经高温还原焙烧，锌、铅、铟及部分锗挥发进入烟尘，这些过程与常规的回转窑挥发焙烧一致。不同的是，该工艺由于还原强度高，渣料中铁被还原成固态金属铁粉，未挥发的锗、镓及铟被捕集进入金属铁。烧渣破碎后磁选，分选出铁粉和含铁量低的非磁性部分。铁粉富集了锗、镓及铟，而非磁性的脉石组分则富集银、铜、镍等。从工业实践看，该工艺能最大程度地实现锌浸出渣中各有价金属的综合回收利用和弃渣的减量化和无害化，铁粉可作粗铁产品回收利用，且无新增的弃渣产生。在当前要求弃渣资源化、减量化、无害化处理的背景下，该工艺具有一定的优越性。

对成分为 Zn 19.88%、Pb 3.77%、Fe 24.72%、SiO₂ 30.81%、Ga 0.044%、Ge 0.030%、S 10.64% 的锌浸出渣，加入一定量的煤粉及黏结剂，压制成团块，冷固后团块送入回转窑于 1100～1300℃ 温度下焙烧 2 h，锌、铅挥发率分别大于98% 和大于 95%。镓、锗进入烧渣的铁物相富集，烧渣经磁选分离出铁粉，铁粉回收率达 85%，镓、锗回收率也分别达 85% 以上，且铁粉的品位比浸出渣提高了 3～4 倍，得到的铁粉成分为：Fe 88%、Ga 0.11%～0.14%、Ge 0.13%～0.14%、Zn 0.37%、Pb 0.59%、SiO₂ 2.0%、CaO 1.89%、Al₂O₃ 0.6%、MgO 0.2%～0.4%[70-71]。

4.3.3 从锌浸渣的还原铁粉中分离回收锗

从锌浸出渣固态还原炼铁工艺产出的还原铁粉中富集有较高品位的锗、镓，然而进一步回收其中的锗、镓等有价金属在经济可行性方面仍是个难题，焦点在于铁的利用和处置。较为可取的工艺技术是将铁粉熔铸成阳极块进行电解以得到低碳的电工铁产品，再从阳极泥中回收锗、镓、铟。如果采用酸溶解铁粉的方法回收其中的有价金属，则还原炼铁的意义基本丧失。

4.3.3.1　电解法从铁中分离锗、镓

含锗、镓的铁熔铸成阳极板电解，使锗、镓在阳极泥中富集是较成熟的工艺方法。对于还原铁粉，参照电解铁的方法，将其熔铸成阳极进行电解，再在阳极泥中富集锗、镓，其品位可提高 4～5 倍，且利于进一步回收；阴极产出含碳低的电工用铁，尽管所产的电工铁产品在经济上尚有不确定性，但从工业上电解铁的电耗为 3100～3300 kW·h·t^{-1}（熔铸加电解）的数据[72]判断，只要阳极铁中锗、镓含量较高，采用电解铁回收锗、镓的工艺在经济上仍是可行的，有关电解铁的工艺参见本篇 5.3 节及第一篇 3.5 节内容。

4.3.3.2　预氧化—高温还原挥发分离锗

锗可形成 GeO_2 和 GeO 两种主要氧化物，低价的氧化物 GeO 具有很强的挥发性，而金属锗和 GeO_2 的挥发性则很差，如图 4–13 所示。利用 GeO 的挥发特性分离提取锗是常用的工艺方法。由于还原铁粉中锗以金属态存在，因此须先将铁粉作氧化处理，把铁及锗转成氧化物后再进行高温还原挥发焙烧，使锗以 GeO 的形态挥发进入烟尘，使之与铁分离并回收，这是技术经济较为可行的方法。

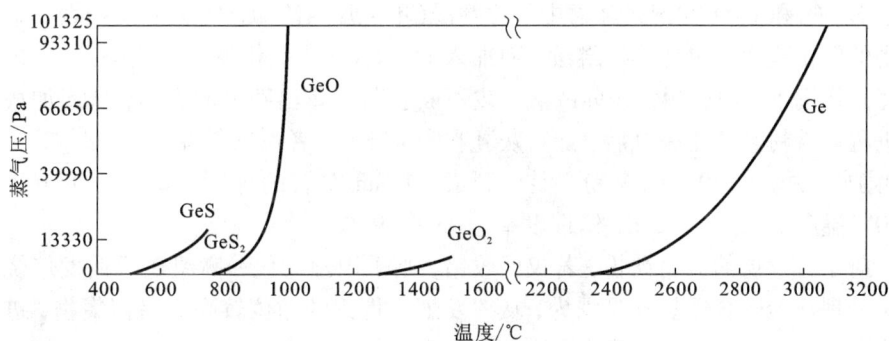

图 4–13　锗和锗化合物的蒸气压

对含锗 0.19%、铁 91% 的电解铁粉，按 $n(HCl)：n(铁粉)=20：100$ 加入浓 HCl 搅拌后放置 2 d，待干燥后破碎并间断加水湿润，使铁粉自然氧化加速并完全，经 3～4 d，铁粉中铁含量降至 73%～75%，这表明金属铁基本氧化成了氧化铁。用 H_2SO_4 也可进行上述操作使铁粉氧化，但效果及氧化速度不及 HCl。氧化后的铁粉加石灰乳作黏结剂，制成 10～15 mm 的球团，烘干后于 1000～1050℃ 的弱还原气氛下焙烧 2 h，锗挥发率达 97%～98%。锗挥发率与铁粉预处理氧化方式、焙烧气氛有关[73]，见表 4–34 和表 4–35。

表4-34　铁粉预处理氧化的方式对锗挥发率的影响

预处理氧化方式	HCl	H_2SO_4	H_2O	不处理
锗挥发率/%	97	90	85	约0

注：1000℃，弱还原气氛，粉料，焙烧2 h。

表4-35　焙烧气氛对锗挥发率的影响

气氛	空气	氮气	强还原	弱还原	真空
锗挥发率/%	约0	约0	约50	97	97

注：1000℃，2 h，经HCl处理，粉料。

表4-34表明用HCl预处理铁粉的效果较好，所得的氧化产物较为疏松，氧化较完全；表4-35表明，铁粉被氧化后，由于其中的锗主要被氧化成高价态的GeO_2，因此锗在空气和氮气中焙烧时几乎不挥发；而在高温弱还原气氛下，GeO_2还原成GeO挥发，但在强还原气氛下，锗挥发率则大幅降低，这可能是因为锗部分还原成不挥发的金属锗。铁粉氧化后也可用真空焙烧的方法挥发锗。

另有工业案例如下：将含锗0.05%~0.08%的还原铁粉加适量水湿润后，加入浓H_2SO_4和H_2O_2在湿式球磨中氧化磨浸（单纯加入浓H_2SO_4会使铁粉表面形成致密的氧化膜而使氧化难以继续；而加入H_2O_2，则使氧化膜变得疏松）。在球磨的磨削作用下，铁粉颗粒表面的氧化皮不断剥落而露出新鲜的表面，从而加快反应进程。铁粉经氧化完全后，加石灰乳和膨润土（两者按铁粉8%~10%加入）以及再加入铁粉量30%的煤粉，混合制成10 mm左右的球团，烘干后于1000~1100℃温度下焙烧1~2 h，锗挥发率达93%~97%。

对于含镓低的含锗铁粉，若仅回收锗，则采用预氧化—高温还原挥发焙烧的方法处理铁粉较合适。这是因为，从挥发烟尘得到的品位较高的锗富集物，进入氯化蒸馏可提取锗，焙烧后的烧渣主要为高品位的氧化铁。该氧化铁可作炼铁原料，故该工艺完全无弃渣产出，优越性明显。

对于含镓较高的还原铁粉，尽管镓的低价氧化物也具有强的挥发性，但在还原焙烧实践中，镓的实际挥发率并不高，仅20%~30%。因而，如何提高镓的挥发率仍是一个值得探索研究的问题，而采用硫化或氯化挥发焙烧则是可以借鉴的方法。

4.3.3.3　酸溶—铁粉置换法

用H_2SO_4将还原铁粉浸出，铁将大部分溶出进入溶液。实践表明，锗和铁一般为同时溶出，故将铁溶出而将锗保留在浸出渣中似无可能[18]。铁经H_2SO_4浸出后在溶液中主要以Fe^{2+}形式存在，虽可用中和方法将锗及镓沉淀入渣与铁分离，

但因溶液中的 Fe^{2+} 与空气接触部分被氧化成 Fe^{3+} 而与锗、镓共沉淀，故所得沉淀渣中镓、锗的富集品位并不高。

用铁粉置换硫酸锌溶液中锗的方法可作借鉴而应用在还原铁粉的酸浸出液中，对于含 Ge 0.040 g/L、Cu 0.389 g/L 的硫酸锌溶液，在 pH = 1.5 ~ 2 时，按 4 kg/m³ 溶液加入不含锗的铁粉，于80℃温度下将锗、铜置换入渣，其置换率分别为：锗96%、铜100%，其置换终点 pH 上升至4.0左右，得到含 Ge 2.06%、Fe 60.82%、Cu 20.89%、S 2.62%、As 0.51% 的置换渣，可直接用于氯化蒸馏提取锗[74]。

铁粉置换锗，最终的置换渣中铁含量可能在30%以上，因而锗的富集倍数只能提高3倍左右。由此可见，这并不是理想的分离工艺。如用 Lix63 萃取锗，铁基本上不萃取，可能更为合适，但需增加萃取的设备投资。无论是酸溶—铁粉置换，还是酸溶—萃取工艺，铁粉全部溶出转为 $FeSO_4$ 溶液的利用价值均不大，彻底丧失了铁粉本来的利用价值。如果将产出的大量 $FeSO_4$ 溶液作废液处理，则产生的处理费用更高。

4.3.3.4　钠化焙烧—水浸分离回收锗、镓

为使还原铁粉中的锗、镓进入溶液且铁不溶出，实现锗、镓与铁的分离，采用对铁粉进行钠化焙烧再水浸（或碱浸）的方法。

铁粉加入纯碱在空气中高温钠化焙烧，铁、锗、镓等则分别转为氧化物，继而与碱反应生成铁酸钠、锗酸钠和镓酸钠。

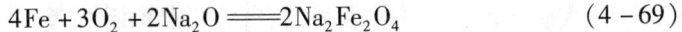

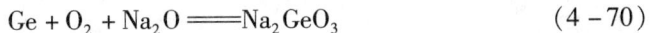

$$4Fe + 3O_2 + 2Na_2O \Longrightarrow 2Na_2Fe_2O_4 \tag{4-69}$$

$$Ge + O_2 + Na_2O \Longrightarrow Na_2GeO_3 \tag{4-70}$$

$$4Ga + 3O_2 + 2Na_2O \Longrightarrow 4NaGaO_2 \tag{4-71}$$

钠化焙烧后的焙砂经水（或碱液）浸出，铁酸盐形成针铁矿不溶出而保留在渣中，锗酸钠和镓酸钠则被浸出进入溶液：

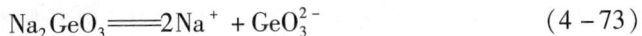

$$Na_2Fe_2O_4 + 2H_2O \Longrightarrow Fe_2O_3 \cdot H_2O + 2NaOH \tag{4-72}$$

$$Na_2GeO_3 \Longrightarrow 2Na^+ + GeO_3^{2-} \tag{4-73}$$

$$NaGaO_2 \Longrightarrow Na^+ + GaO_2^- \tag{4-74}$$

对于含 Fe 88%、Ge 0.128%、Ga 0.113%、Zn 0.37%、Pb 0.59%、SiO_2 1.42%、CaO 0.72%、MgO 0.18% 的还原铁粉，配入纯碱（按铁粉量的150%），于1000℃温度下焙烧1 h。再将焙砂磨细，在 NaOH 质量分数为16%、温度为90℃、液固比为12:1的条件下，浸出60 min，锗的浸出率为89%，镓的浸出率为88.7%；若在135℃高温下浸出，NaOH 浓度可降为9%，而锗、镓浸出率分别提高到91%[71]。

该工艺会耗费大量的碱并产出大量的稀碱液，若碱液无法回收利用，则该方法在经济上不可行。

4.3.3.5 锈蚀法分离锗镓

出于使铁不进入溶液的目的,在近中性的介质中将还原铁粉氧化锈蚀后再进行碱浸,锗、镓将溶出进入溶液,而铁则保留在渣中。还原铁粉在80℃温度下,通入H_2O_2锈蚀10 h,保持终点pH为4,然后对锈蚀产物用23%的NaOH溶液于135℃温度下浸出5 h,锗、镓浸出率分别为36.78%和53.56%,之后若再分别加入H_2O_2和NaClO进行浸出,锗、镓的浸出率也提高不大[71]。研究发现用H_2O_2氧化锈蚀铁粉,锗、镓的浸出率与铁的锈蚀率成正相关关系,见表4-36[71]。

表4-36 用H_2O_2锈蚀铁粉后铁的锈蚀率与锗、镓浸出率的关系

铁锈蚀率/%	锗浸出率/%	镓浸出率/%
91.34	57.82	66.66
78.65	37.31	39.22
32.16	12.64	19.52

锈蚀法反应速率慢,反映出还原铁粉中可能因含碳量高而抗氧化能力较强。另外,即使铁粉锈蚀程度较高,碱浸时锗、镓浸出率也不高。因此,铁粉锈蚀—碱浸分离锗、镓的方法仍需深入研究。

4.4 从锌浸出渣挥发窑渣中富集回收锗、镓

锌浸出渣回转窑挥发锌铅工艺,所产的窑渣中含有未挥发的锗、镓、铟、银等有价金属。基于金属铁能捕集稀散金属的特性,采用熔融还原炼铁法来富集窑渣中的锗、镓是可行的,但这一方法需要较高的熔炼温度。采用还原硫化工艺对窑渣进行熔炼以产出金属化铁冰铜,可将熔炼温度从熔融炼铁的1450~1550℃降低到1250~1300℃,使工艺具有一定的实用价值。窑渣还原—硫化工艺熔炼铁冰铜及综合回收锗等有价金属的工艺流程如图4-14所示[75]。

某厂产出的挥发窑渣成分为:Zn 6.33%、Pb 0.88%、Cu 0.34%、Fe 25%、S 5.55%、Mn 0.97%、C 15.24%、SiO_2 22%、Al_2O_3 8.7%、CaO 5%、MgO 0.66%、TiO_2 0.33%、Na_2O 0.16%、K_2O 0.8%、Cd 0.02%、Ga 0.04%、Ge 0.02%、Ag 0.05%。窑渣中配入适量硫精矿,控制入炉渣料成分为C 7.3%~8.4%、S 7%~7.7%,并加入7%石灰,于1300℃温度下熔炼,得到产率为25%~35%的金属化冰铜和产率约为50%的炉渣,其中锗、镓进入冰铜比率分别为大于90%和86%~90%,94%~95.6%的锌挥发进入烟尘。所产铁冰铜成分为:Fe 69%、S 21.37%、Cu 1.38%、Zn 0.47%,其熔点为944.7℃;炉渣成分为:Fe 3.6%、

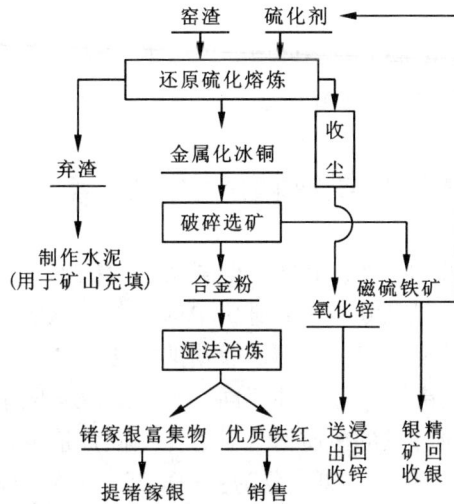

图 4 – 14 锌浸出渣挥发窑渣还原硫化熔炼及综合回收的工艺流程

SiO_2 48.27% 、CaO 18.1% 、Al_2O_3 18.16% 、MgO 1.69% ，其熔点为 1112℃，这表明在 1300℃温度下还原熔炼是可正常进行的。分离出的冰铜破碎至 0 ~ 5 mm 后用湿式球磨磨细，控制磁感应强度为 40 mT 以进行磁选，得到冰铜的磁性与非磁性产物。还原硫化熔炼的产物与冰铜磁选产物的产率与成分见表 4 – 37[75]。

表 4 – 37 窑渣还原硫化熔炼的产物与冰铜磁选产物的产率与成分

产物	产率/%	化学成分/%							
		Ga	Ge	Ag	Zn	Cu	Fe	Pb	S
熔炼前窑渣	100.00	0.04	0.02	0.05	6.33	0.34	25	0.88	5.55
熔炼产出炉渣	49.30	0.008	0.001	<0.001	0.17	0.006	1.6	0.003	0.3
熔炼产出冰铜	35.48	0.1	0.043	0.13	0.62	1.36	72.6	0.70	19.48
冰铜磁性产物	39.9（相对冰铜）	0.19	0.083	0.043	0.14	0.36	88.3	0.19	2.83
冰铜非磁产物	60.1（相对冰铜）	0.012	0.002	0.18	0.93	2.03	54.96	1.0	31.40

从窑渣到冰铜磁性产物，镓回收率为 78.5% ~ 82.2%，锗回收率约为 82%。冰铜的磁性产物中铁含量高，故可直接将其熔铸成阳极块再用电解铁工艺回收锗、镓，也可用湿法工艺回收；非磁性产物中硫含量高且银在其中富集，故该产

物可从中回收银，亦可返回还原硫化熔炼过程作配料使用。比较而言，窑渣还原硫化熔炼工艺中，锗、镓、银富集度高，铁能回收利用，这与冷压制团—固态炼铁的工艺一致。另外，由于该工艺的熔炼温度约为1300℃，故能够采用熔池强化熔炼技术实现工业化，获得更高的生产效率。

4.5 碱浸出法从氧化铅锌精矿中回收锗

氧化铅锌矿是难选的矿物，很难获得高品位的精矿，一般精矿中铅、锌品位为15%~30%，且锗含量从0.001%到0.01%不等。从氧化铅锌精矿中回收锗，通常采用火法挥发工艺回收铅锌时兼回收锗的方法，但锗挥发率一般不高，其原因是挥发铅、锌与挥发锗的工艺条件不同，挥发铅、锌需高温和强还原气氛，此时锗大部分被还原成难挥发的单质锗。对于一些硅含量少，而铁及钙、镁等碱性脉石含量高的氧化铅锌精矿，如成分为：SiO_2 2%~4%、CaO 20%~28%、MgO 14%~17%、Ge 0.001%~0.002%的氧化铅锌矿，采用碱浸出法回收锗的方法较为有利。

较多研究表明，当选用含碱200~250 g/L的溶液浸出氧化铅锌矿时，料中92%~100%的锗、镓、砷、铅和锌等溶解转入碱浸出液，此外有19%~55%的铟、15%的镉和近50%的铊与铜溶出。在碱浓度低于200 g/L的条件下，料中的锌、铟、铊及铜和镉等仅少量溶解或不溶解而保留在浸出渣中。PbO的溶解主要受温度的影响，在任何碱浓度下，它的溶解率都容易达到93%以上。如处理某含 Ge 0.03%、Pb 2%及Zn 4%的氧化铅锌矿，用含200~260 g/L NaOH 的碱液，并添加一定量的氧化剂，在液固比为3、温度90℃的条件下浸出1.5 h，锗和铅、锌等都被浸出转入碱浸液中[1]。

在碱浸液中分离富集锗，较为可行的方法是：先用锌粉置换法脱铅，直接向碱浸液中加入锌粉，并不断搅拌，从而获得铅粒，滤得的铅粒经熔炼即得粗铅。此时锗在碱浸液中得到富集。除铅后液中加入CaO，使砷以$Ca_3(AsO_4)_2$形态沉淀除去，然后调整至pH=9~11，加入$MgSO_4$、$(NH_4)_2SO_4$等直接沉出锗[1]，这样做的好处在于碱液可返回浸出利用。如果不考虑碱溶液再利用问题，则可加入硫酸将溶液转为酸性体系，此时铅以$PbSO_4$形式沉淀下来，而锌、锗等保留在酸性溶液中，最后向溶液中加入单宁，则可沉淀出锗。

第5章 从火法炼锌工艺中回收锗

火法炼锌工艺随竖罐炼锌的彻底淘汰而式微,当前仅存密闭鼓风炉熔炼铅锌工艺(ISP),其产能约占锌总产能的20%。ISP工艺中,精矿带入的锗在烧结过程几乎不挥发而保留在烧结块中,将烧结块送入鼓风炉熔炼,其中有60%~70%的锗进入粗锌、20%的锗进入炉渣烟化产出的次氧化锌烟尘中,余下的10%~20%的锗进入烟化炉的水淬渣中[1,76]。在粗锌蒸馏精炼中,粗锌中所含的锗约75%进入硬锌(粗锌蒸馏中熔析得到无镉、含铁高的锌合金),约22%进入锌浮渣中[76]。硬锌、锌浮渣及烟化炉产出的次氧化锌在制取硫酸锌后的浸出渣是ISP工艺提取锗的原料,而进入水淬渣的锗提取较困难,一直未能回收。

5.1 从硬锌中回收锗

某厂所产硬锌成分为:Zn 75%~80%、Pb 10%~15%、Ge 0.1%~0.2%、In 0.2%~0.4%、Ag 0.05%、Fe 0.5%。从硬锌中分离锗,首要环节是脱除大量的锌,方法一是蒸馏脱锌,使锗及铟、银保留在蒸馏残渣中,然后再对残渣氯化蒸馏以提取锗;方法二是电解脱锌,先将锗、铟等保留在阳极泥中,再将阳极泥氯化蒸馏(或其他湿法工艺)提取锗。

5.1.1 真空蒸馏脱锌富集锗

某厂工业生产采用的2.5 t硬锌真空蒸馏炉如图4-15所示。

将硬锌载入加料小车并置于真空蒸发区内,使锌被炉内电热棒加热熔化,其蒸馏控制条件为:炉内真空度为133~666 Pa、温度为900~950℃、每炉次装料量为2000 kg、作业时间为12~16 h。蒸馏时,硬锌中的金属锌蒸发至炉内的冷凝室内,控制冷凝室内温度为500~550℃,使锌蒸气冷凝成锌液,且定期由底层放锌口放出得到粗锌,其冷凝效率为99.98%。该过程中,铅少量挥发进入粗锌,大部分保留在蒸馏残锌中并熔析产出粗铅,锗、铟及砷、锑、铋大部分与锌或铅形成金属间化合物,而保留在蒸馏残渣中,仅少量进入粗铅和浮渣。硬锌真空蒸馏工艺中各产物的产率与成分见表4-38[76]。

从硬锌到锗渣,该过程中锗直收率为97.9%,锗富集倍数约为5倍,蒸馏过程电耗为1374 kW·h·t^{-1}。

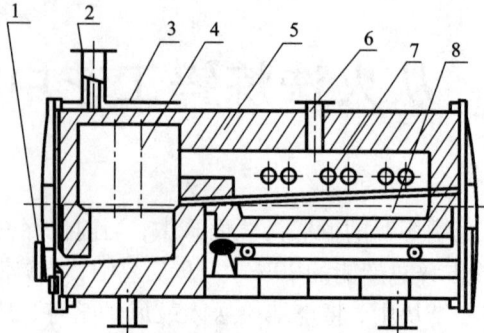

图 4-15 硬锌真空蒸馏炉

1—放锌口；2—抽气管；3—水套；4—冷凝室；
5—砌体；6—热电偶插口；7—电极孔；8—加料车

表 4-38 硬锌真空蒸馏工艺中各产物的产率及成分

产物	产率	成分/%			
		Pb	Zn	Ge	In
加入硬锌	—	7.98	80.85	0.28	0.36
粗锌	72.37	0.97	99.0	0.002	0.003
锗渣	17.72	26.89	20.20	1.53	1.78
粗铅	18.58	87.10	6.30	0.02	1.89
浮渣	8.33	13.67	66.43	0.05	0.12

注：表中产率为生产实测数据，投入与产出不平衡是统计误差。

5.1.2 隔焰炉—电炉脱锌富集锗

早期用隔焰炉—电炉脱锌富集锗的工艺处理硬锌及回收锗、铟，其效果不及真空炉。该工艺的脱锌过程分为两部分，一是用隔焰炉处理硬锌，经熔化—蒸发—冷凝，产出锌粉、锌浮渣和底铅，锗、铟在底铅中富集［隔焰炉炉床面积为 3.55 m^2，处理能力 3 t/(炉·d)］；二是用电炉处理产出的底铅，进一步蒸发脱锌，产出锌粉、锗渣和电炉底铅。蒸馏脱锌的温度控制在锌沸点以上，约为 950℃，且在常压下进行。工艺中各产物的成分见表 4-39。电炉处理底铅时，锗大部分富集在浮渣中，与底铅分离，另一部分则残余在底铅中。铟的走向与锗不同，由于铅对铟的亲和力大，故铟主要富集在底铅中。从硬锌到电炉产出的锗渣来计算，锗直收率为 60%，富集倍数为 5~7 倍[76]。

表 4 - 39 　隔焰炉—电炉工艺处理物料的主要成分　　　　　　　%

元素	Zn	Pb	Ge	In
隔焰炉				
加入硬锌	78～88	20	0.2～0.3	0.62
产出锌粉	95	0.15	0.004	0.005
底铅	35～50	40～50	0.3～1.0	1.5～2.5
锌渣	70～80	7～10	0.12	0.14
电炉				
加入底铅	原料同隔焰炉中底铅			
产出锌粉	95	0.56	0.17	0.012
锗渣	3～6	20～30	1.3～1.5	1～2
底铅	3～6	65～75	0.4～1	1.5～3.0

5.1.3　熔析—电解脱锌富集锗

硬锌熔化后,控制温度到锌熔点以上50℃,使硬锌中的铅过饱和析出,从而产出部分粗铅。熔析铅后的硬锌中保留有大部分的锗,故将其铸成阳极块,置于盐酸体系下进行电解,可在阴极上得到电解锌,而锗、铅等保留在阳极泥中。阳极泥经 HCl 浸出残余的锌后,得到富含锗的浸出渣即锗精矿。从硬锌到锗精矿,锗直收率为91.8%,富集倍数为10～12倍。铟富集在阳极泥中,在 HCl 浸出时,94.9%的铟被浸出。在酸浸液中用锌粉置换该阳极泥中的铟,即可得到海绵铟,从硬锌到海绵铟的过程中,铟的回收率约为74%。工艺全过程各工序中的产物成分见表4-40[76]。

表 4 - 40 　熔析—电解法处理物料的主要成分　　　　　　　%

元素	Zn	Pb	Ge	In	Ag
1. 熔析过程					
加入硬锌	85	11	0.20	0.31	0.04
产出阳极锌	89.3	5.56	0.21	0.31	0.04
底铅	2.02	94.8	小于0.003	0.48	小于0.001
锌渣	64.0	9.52	0.13	0.14	0.005

续表 4 – 40

元素	Zn	Pb	Ge	In	Ag
2. 电解过程					
加入阳极锌	89.8	5.35	0.168	0.224	0.041
产出电锌	99.9	0.03	0.002	0.008	小于 0.0001
产阳极泥	22.2	25.5	1.75	1.13	0.44
电解液净化渣	41.4	39.7	0.027	1.96	小于 0.001
3. 阳极泥酸浸					
加入阳极泥	24.3	25.0	1.67	1.01	0.39
一次浸出液/$(g \cdot L^{-1})$	44.8	0.88	0.828	2.03	小于 0.001
二次浸出液/$(g \cdot L^{-1})$	7.8	0.98	2.04	0.51	小于 0.001
浸出渣	4.82	39.9	2.45	0.089	0.66
浸出率	92.8	—	2.66	94.9	—
4. 浸出液锌置换					
加入浸出液/$(g \cdot L^{-1})$	39.1	0.89	0.81	2.02	小于 0.001
置换后液/$(g \cdot L^{-1})$	68.2	0.006	0.008	0.001	小于 0.001
置换渣	43.4	2.16	1.90	5.56	—
置换率	—	99.0	99.0	99.9	—

真空蒸馏工艺的综合回收程度较高，且工艺简便；隔焰炉工艺中，锗的分布较为分散，回收率低；电解工艺的过程复杂、流程长、中间产物多，且在 HCl 体系下浸出和电解，产出的氯化物产物不便后续回收处理。几种处理硬锌工艺的指标对比情况见表 4 – 41。

表 4 – 41　几种处理硬锌工艺的指标对比

项目	隔焰炉—电炉	真空炉	熔析—电解法
1. 主要设备			
隔焰炉		—	—
蒸发室	3.55 m³	2000 mm × 4265 mm	熔析炉 7.6 m²/台
冷凝室	30.6 m²		铸锭机 16 块阳极板

续表 4 - 41

项目	隔焰炉—电炉	真空炉	熔析—电解法
工频感应电炉	190 kW/380V	—	电解槽 2370 mm × 850 mm × 1500 mm
冷凝器	2520 mm × 1230 mm × 3040 mm	—	—
硬锌处理能力	3 t/(炉·d)	2.5 t/(炉·d)	约0.125 t/(槽·d)

2. 主要消耗

煤气	5000 m³/t	—	400 m³/t
电	400 kW·h·t⁻¹	1500 kW·h·t⁻¹	1200 kW·h·t⁻¹
约折合标煤 /(kg·t⁻¹)	937	606	556
产出锌品	锌粉	粗锌	电锌
品级	金属锌, 大于95	99.0	99.9

3. 金属直收率/%

锌	95	90	88.5(硬锌到锌锭及氯化锌)
锗	60	96.14	91.8(硬锌到锗精矿)
铟	—	98	74.0(硬锌到粗铟)
锗富集物品位/%	1.3~1.5	约1.5	2.45
锗富集倍数	4~8	约5	约12

由于三种工艺产出的锗富集渣, 锗品位均在1%以上, 故可直接用氯化蒸馏方法分离提取锗。若锗富集品位较低, 蒸馏成本过高, 锗渣也可经酸溶再单宁沉淀或萃取分离锗, 进一步富集提高锗品位后再氯化蒸馏提锗。

5.1.4 锗富集渣氯化蒸馏提取锗

硬锌脱锌后得到的锗富集渣, 若其锗品位较高, 可参照本篇2.4节的氯化蒸馏方法直接提取锗。此类锗富集渣中金属锌含量高, 并含有一定量的金属砷, 渣若直接用HCl溶解, 则产出大量氢气, 易造成蒸馏釜压力剧增, 从而引发爆炸的危险; 另外, 在砷存在的情况下会产出AsH_3造成危害, 故比较安全的做法是先将硬锌脱锌后的锗富集渣进行氧化焙烧, 把大部分的金属锌转化为氧化锌后再进行氯化蒸馏。

某厂对真空蒸馏脱锌得到的锗渣进一步提取锗, 其工艺流程如图 4 - 16 所示[76]。

真空炉锗渣

球磨破碎

中性浸出

浸出渣 → 氧化焙烧 → 氯化蒸馏

中性浸出液（生产硫酸锌）

蒸馏残液（萃取回收铟）

四氯化锗 → 水解

湿二氧化锗 → 烘干 → 粗二氧化锗

水解母液

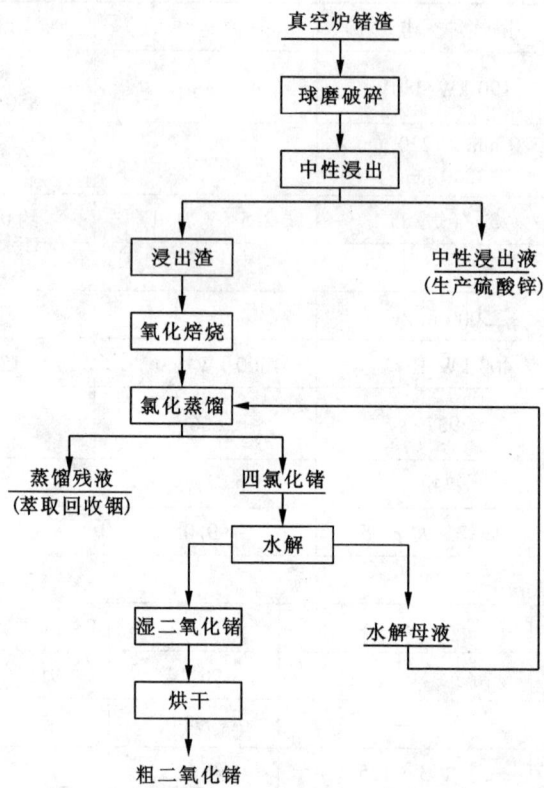

图 4-16　硬锌蒸馏含锗残渣回收锗的工艺流程

锗渣磨细至 -60 目，用 H_2SO_4 浸出，控制最终 pH 为 3~5，使锌大部分浸出进入溶液，而锗保留在浸出渣中，其浸出结果见表 4-42。

表 4-42　锗渣中性浸出的结果　　　　　　　%

	Zn	Pb	Ge	In	Ag
浸出前锗渣	53.6	19.6	0.65	0.63	0.07
浸出后锗渣	7.71	38.20	1.58	1.45	0.086
中性浸出液/$(g \cdot L^{-1})$	88.73	—	0.001	0.006	

浸出后锗渣在 350~450℃温度下焙烧转为淡灰色，再进入氯化蒸馏环节，按液固比 5∶1 加入 HCl 并加入占锗渣质量分数为 3.5% 的 $FeCl_3$，搅拌均匀后通氯气 1 h 再升温蒸馏，蒸出的 $GeCl_4$ 气体经外壁为 -10℃冰盐水的冷凝器冷凝得到

GeCl₄ 液体。蒸馏过程中，温度控制为 85～110℃，HCl 浓度控制为 7.5～8.5 mol/L，若 HCl 浓度过低，则 GeCl₄ 会水解成 GeO₂ 而不被蒸出。另外，得到的 GeCl₄ 按体积比加入 6～7 倍的去离子水，控制 HCl 浓度在 5 mol/L 以下进行水解可得 GeO₂ 产品。蒸馏过程中，锗平均蒸出率为 90%，全流程锗直收率为 85%，氯气消耗 0.25 kg/(kg 渣)[76]。

蒸馏残液含 In 3.0 g/L、Ge 0.02～0.05 g/L、Ga 0.07～0.1 g/L、Sn 3～5 g/L、Sb 8～16 g/L、Fe 20～25 g/L、Zn 25～30 g/L、Pb 8～10 g/L、As 5～10 g/L、HCl 7.5～8.0 mol/L，可送萃取，回收铟等有价金属。

5.2 从火法炼锌浮渣中回收锗

火法炼锌产出多种浮渣，特别是在前述的硬锌蒸馏脱锌过程中，其产出的浮渣中富含锗。这类浮渣通常用硫酸溶解以生产硫酸锌，锗则残留在酸不溶渣中。

5.2.1 碱熔—浸出法提锗

某厂锌浮渣用 H₂SO₄ 溶解后，产出的酸不溶渣成分为：Ge 0.47%、In 0.51%、Pb 28.29%、Ag 0.08%、Zn 5.48%、As 7.77%、Cd 0.27%、Cu 0.74%、Sb 2.11%、Sn 0.74%、SiO₂ 38.0%。此渣虽可用高温高酸浸出工艺或直接氯化蒸馏提锗工艺来回收锗，但均存在锗回收率不高、其他有价金属综合回收困难的问题。采用碱熔—水浸的方法处理此含锗渣，综合回收锗等有价金属的效果较好，其工艺流程如图 4-17 所示[77]。

按 m(渣):m(纯碱)=1:0.7～0.8:1，将纯碱配入渣中且混合均匀，在 950～1100℃ 温度下熔炼 1～4 h，产出含银 0.36% 的粗铅，锗、铟则生成钠盐进入碱渣，粗铅及碱渣成分见表 4-43。

表 4-43 碱熔炼后产出的粗铅及碱渣成分　　　　%

	Ge	In	As	Pb	Zn	Fe	SiO₂	Ag
粗铅	—	0.036	0.074	98.34	—	—	—	0.36
碱渣	0.46	0.45	0.80	1.90	3.11	1.01	39.43	—

碱熔中，铅、银直收率大于 85%，约有 1% 的锗和 8% 的铟挥发到烟尘中，99% 的锗及 91% 的铟则进入碱渣。碱渣在湿式球磨时用水浸出，其浸出条件为：液固比 4:1～5:1、温度 90℃、浸出时间 2～3 h。此时，大部分的锗、砷进入溶液，锗浸出率达 90%～93%，而铟浸出率不足 1% 且基本保留在渣中，这将有效实现锗、铟的分离。由于碱浓度低，锌基本不被浸出。碱渣水浸出的结果见表 4-44。

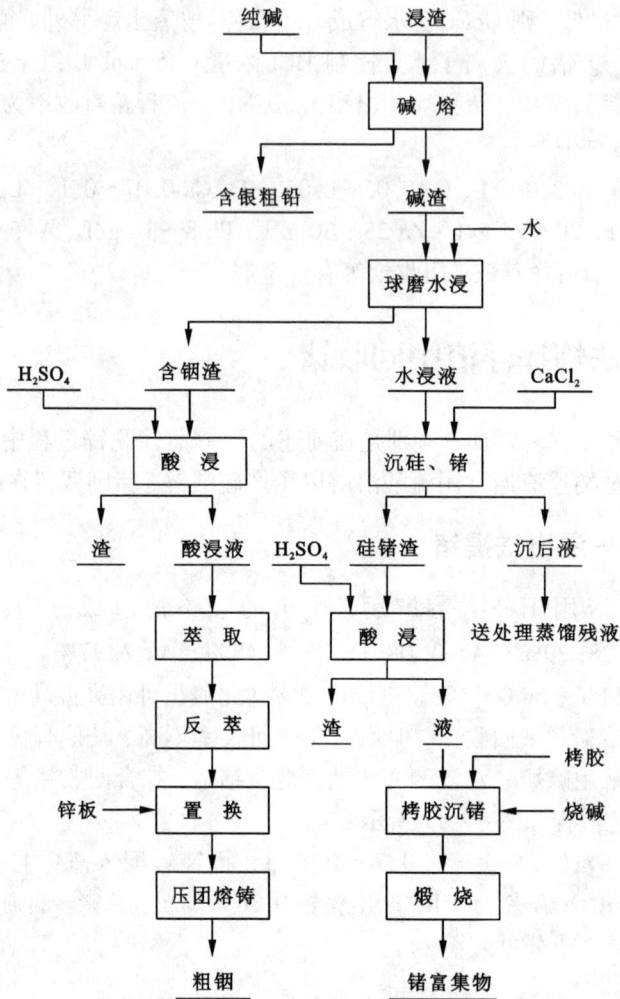

图 4 - 17 锌浮渣的硫酸浸出渣综合回收的工艺流程

表 4 - 44 碱渣水浸出的产物成分

	Ge	In	Si	As	Zn	Sn	Sb	NaOH
浸出液/(g·L⁻¹)	0.98	0.008	5.77	3.92	—	2.02	0.76	65.6
洗液/(g·L⁻¹)	0.40	—	1.92	1.25	—	0.42	—	22.5
滤渣/%	0.106	0.72	27.6	0.23	—	0.79	0.29	—

按锗量的 30 ~ 50 倍于浸出液中加入 $CaCl_2$ 以沉淀锗和硅,此时锗形成锗酸钙沉淀,其沉淀率为 99%,大部分的硅、锡、锑及部分砷也沉淀入渣,过滤得到含 Ge 1.82%、Si 10.76%、As 5.83%、Sn 2.94%、Sb 0.41% 的富锗渣。富锗渣加酸浸出锗,在液固比 4:1 ~ 6:1、终酸浓度 20 ~ 50 g/L、室温条件下浸出 30 min,锗的浸出率为 98%,硅浸出率为 5%,可基本实现锗、硅的分离。得到的锗浸出液含 Ge 0.71 g/L、Si 0.31 g/L、As 2.49 g/L,用 NaOH 调 pH 至 1 ~ 2,于 60 ~ 80℃温度下加入相当于锗量 30 倍的栲胶以沉淀锗,此时锗的沉淀率为 98%。锗栲胶沉淀物于 550℃ 温度下煅烧 3 h,得到含锗 10% ~ 25% 的锗精矿,焙烧中锗损失约 3%。富铟渣酸浸出后可按传统工艺萃取铟[77]。

碱熔—水浸工艺中,锗、锌、铟、铅的分离程度高,产物较为单一,有利于综合回收,加 $CaCl_2$ 同时沉淀锗、硅,再酸浸分离亦是解决锗、硅分离的有效方法。

5.2.2　高温还原挥发及硫化挥发富集锗

对 5.2.1 节所述的锌浮渣的酸浸出渣,采用高温还原挥发的方法将锗等挥发入烟尘富集,其工艺过程简单、高效。

对该浸出渣,按 m(渣):m(石灰):m(煤粉):m(炭粉) = 100:20:20:10 的比例配料混合制粒,分别在 900℃ 和 1000℃ 温度下进行挥发焙烧,其结果见表 4 – 45。

表 4 – 45　锌浮渣的酸浸出渣的挥发焙烧结果

	挥发率/%				
	Ge	In	As	Zn	Pb
900℃	75.5	81.65	79.01	11.83	20.99
1000℃	90.27	88.57	90.02	42.02	55.63

对于硫化挥发焙烧,按 m(渣):m(石灰):m(煤粉):m(炭粉):m(硫化物) = 100:20:8:8:5 的比例混合制粒,进行硫化挥发焙烧,其结果见表 4 – 46。

表 4 – 46　锌浮渣的酸浸出液硫化挥发焙烧结果

温度/℃	挥发率/%				
	Ge	In	As	Zn	Pb
900	90.81	88.04	85.96	10.53	34.60
1000	96.50	91.50	94.37	28.35	67.91

　　结果表明，在高温下，锗和铟无论是形成低价氧化物还是低价硫化物，均能大部分挥发，其中以硫化物的挥发效果较好。挥发后残渣率为 60%～70%，残渣成分为 Ge 0.024%～0.097%、In 0.012%～0.06%、As 0.13%～0.25%、Zn 7.37%～10.52%、Pb 0.91%～2.23%[78]。

5.3　从 ISP 的烟化炉渣中富集锗

　　ISP 工艺中，鼓风炉炉渣经烟化炉挥发锌、铅后，所产出的水淬渣主要富集了镓，精矿带入的锗有 15%～20% 也存在于渣中。渣处理以回收镓为主兼回收锗，较为可取的方法是还原炼铁，即利用金属铁富集镓、锗，再从电解铁的阳极泥中回收镓、锗。

　　水淬渣加木炭于 1450～1550℃ 温度下还原熔炼，得到的粗铁成分为：Fe 76%～85%、Ga 0.049%～0.057%、Ge 0.018%、C 2.0%～4.57%、S 3.66%～9.52%、As 0.8%～1.1%、Cu 0.5%～1.1%、Ag 0.012%～0.045%、In 0.011%。铸成的铁阳极块置于含 Fe^{2+} 约 40 g/L，NH_4Cl 约 150 g/L 且 pH = 5 的电解液中，并于 50～60℃ 温度下，电流密度为 100～300 A/m^2 时，在保证不短路情况下采用尽量小的极距来电解铁。阳极铁不断以 Fe^{2+} 形式溶解并在阴极析出得到铁粉产品，而锗则大部分保留在阳极泥中。由于锗析出的标准电极电位比铁的高，理论上阳极铁中的锗将溶出且不会保留在阳极泥中，但实际电解中，阳极铁由于在近中性的溶液中电解，受极化及 $Fe(OH)_3$ 胶体的吸附等因素作用，阳极中的锗大部分不溶出而保留在阳极泥中。尽管如此，电解时仍不可避免有部分锗溶出，并在阴极上析出，造成锗的损失，锗回收率按阳极泥计约 85%[79]。另外，对含锗 0.87%～1.08% 的铁阳极块进行电解，得到的阳极泥中含锗约 3%，回收率为 83.9%，阳极泥直接进入氯化蒸馏程序，得到 $GeCl_4$，再水解可获得 GeO_2 产品。从阳极铁到 GeO_2 产品，锗直收率为 72.22%，阳极铁电解直流电耗为 1466 $kW \cdot h \cdot t^{-1}$[79]。

第6章　从含锗煤中提取锗

从煤中提锗在锗生产中占有重要地位，中国约50%的锗是从锗煤中提取的。中国的锗煤资源主要分布在云南滇西地区、内蒙古自治区锡林郭勒和呼伦贝尔的煤田。这三处煤田的锗资源量为8000～10000 t[80]。含锗煤大部分为褐煤。大量研究表明，褐煤中锗的形态大部分为有机锗，主要被煤中的碳所吸附或与褐煤中的腐殖酸螯合，而无机矿物形态的锗占比很少，因此不太可能用物理选矿的方法富集煤中的锗。提取褐煤中锗的主要方法是将煤燃烧，从烟尘或炉渣中得到锗富集物，最后经氯化蒸馏提取锗。

6.1　褐煤燃烧提锗的燃烧制度与富集方式

在燃烧时，锗煤中的锗主要以两种形态存在，其中一种以低价氧化物 GeO 和硫化物形态挥发进入烟尘；另一种则是高价氧化物 GeO_2，且有部分与煤渣的硅形成硅锗酸盐而保留在煤渣中。锗进入烟尘和煤渣的比例取决于燃烧的温度与空气含量。锗煤在过量空气中氧化燃烧时，锗主要以 GeO_2 和硅锗酸盐形式留在煤渣中，少量锗以 GeO 和 GeS 形式挥发进入烟气，且燃烧温度越低，留在煤渣中的锗就越多；而在空气不足的弱还原气氛下高温燃烧，锗主要形成 GeO 并挥发进入烟尘。Ge－C－O 系热力学平衡状态如图4－18所示[81]。

由图4－18可知，锗煤在低温过量空气中燃烧时，锗主要形成挥发性差的 GeO_2 保留在煤渣中；而在高温弱还原气氛下燃烧时，锗则形成挥发性强的 GeO 而挥发进入烟尘；但在十分强的还原气氛下，锗氧化物可能还原成金属锗，金属锗因挥发性差而保留在煤渣中。研究表明，575～600℃是锗富集在煤渣中较合适的燃烧温度，而在900℃以上的不足空气条件下燃烧，锗则大部分形成 GeO 而挥发进入烟尘[80-82]。

研究测定，含锗0.009%的褐煤在过量空气中燃烧，29%的锗进入炉气、20%的锗进入烟尘(被粉尘颗粒吸附)、51%的锗保留在煤渣中，但若在空气不足的条件下燃烧，则有75%的锗进入炉气和烟尘，残余的则留在煤渣中[82]。另有研究对含锗0.04%、灰分41%的褐煤在过量空气中燃烧，在500～650℃温度下将碳燃烧干净后，褐煤中的锗转为 GeO_2 富集在煤渣中，所得煤灰渣中锗品位约提高1倍，达到0.08%左右，锗在煤灰渣的回收率为90%～94%[81]。因此，对于含锗褐

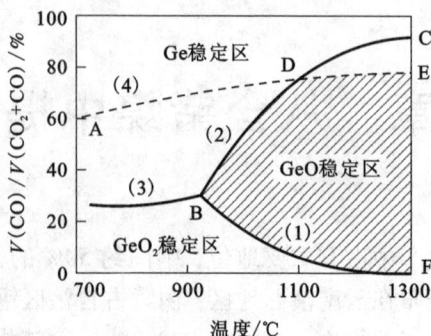

图 4-18　锗氧化物的还原平衡曲线
图中：(1) $GeO_2 + CO \rightleftharpoons GeO + CO_2$；(2) $GeO + CO \rightleftharpoons Ge + CO_2$；
(3) $GeO_2 + 2CO \rightleftharpoons Ge + 2CO_2$；(4) $FeO + CO \rightleftharpoons Fe + CO_2$

煤，通过控制其不同的燃烧方式，可将锗保留在煤渣中，也可使锗挥发进入烟尘。早期主要是直接利用燃煤锅炉燃烧锗煤来提锗，因没有完善的炉气冷却和收尘系统，进入炉气和烟尘中的锗基本未能捕集而损失，因此当时采取的低温过量空气下燃烧的燃烧制度，主要考虑的是将锗最大限度地保留在煤渣中。这一提锗工艺弊端明显，并不可取，锗在煤渣中的富集品位不高，即使是 20% 低灰分的煤，锗全部进入煤渣，其富集品位至多也只有原来的 5 倍。目前，锗煤燃烧提锗的工业方法是采用不完全燃烧的作业制度，锗煤在弱还原气氛于 1150~1250℃ 温度下燃烧，把褐煤中的锗转化成 GeO 以挥发到炉气和烟尘中，此时锗挥发率为 98%~99%[83-84]。该工艺中配备了完善的炉气冷却和收尘系统，使锗回收率在 90% 以上，并且得到的含锗烟尘品位比原煤提高近百倍，这是锗煤提锗技术的重大发展。

6.2　还原挥发一步法从锗煤中提取锗

还原挥发一步法从锗煤中提取锗是由我国发明的一项技术[83]，于 1992 年投入工业应用。含锗 0.02% 以上的褐煤，煤发热量宜在 12500 kJ/kg 以上，将其置于 1000~1250℃ 温度下燃烧，控制燃烧炉气为含 CO_2 10%~15%、CO 约 5%，O_2 2%~5% 的弱还原气氛，则褐煤的锗将以 GeO 形式挥发进入烟尘，其挥发率为 98%~99%（以渣计）。再经沉降、旋风器及布袋收尘或电收尘等过程，得到富锗烟灰，其中布袋烟尘中锗品位达 2% 以上（对于链条锅炉）或 0.8%~1%（对于旋涡炉），且布袋烟尘可直接进行氯化蒸馏提取锗；沉降尘及旋风器尘中锗品位不及布袋尘的 50%，宜再次富集后再氯化蒸馏提锗，若直接氯化蒸馏提锗，则蒸馏残渣中锗含量较高，仍需另外处理。褐煤燃烧后煤渣的产率为 25%～35%，渣含锗 0.003% 以下，可再进一步回收锗；锅炉产出蒸气可供发电或供暖。

含锗褐煤在弱还原气氛下燃烧，煤中的锗先转化为 GeO 挥发进入炉气，最终氧化为 GeO_2。从后续的锗氯化蒸馏工艺的经济性考虑，通常要求锗烟尘中锗含量达 1% 以上。要获得品位高的锗烟尘，除力求锗挥发率高以外，关键措施是降低燃煤在燃烧时的烟尘率。对于含锗 0.03% 的燃煤，即使煤燃烧的烟尘产率为 5%，获得的烟尘中锗品位也至多富集到 0.6%。由于 GeO 在高于 600℃ 温度时有较大挥发性，因此，设置不同温区的收尘系统来分离收集烟尘，使高温下的 GeO 在冷凝前先沉降出大部分烟尘，这是获得高品位锗尘的重要措施。工业生产中，在 GeO 冷凝前的高温区，通过沉降室和旋风收尘器先将大部分含锗低的烟尘颗粒分离，在后端低温区的布袋收尘器或电收尘器则可收得烟尘数量小、锗品位较高的烟尘。工厂生产数据表明，对含锗 0.03% 左右的燃煤，收得的布袋烟尘锗品位可达 1%～2%，旋风器烟尘锗品位为 0.3%～0.5%，锗在布袋收尘器中的分布占烟尘锗总量的 60%～70%。炉气中的 GeO、GeO_2 不可避免会冷凝成微细的颗粒而穿过收尘布袋，从而造成锗的损失。据工厂生产统计，锗实际收得率按烟尘计仅为 88%～93%。为提高锗回收率，除强化布袋收尘效果外，还需在布袋收尘器后增设泡沫收尘塔或其他湿法收尘装置，也有在布袋收尘器之前设置电收尘器的。收尘后的气经脱硫脱硝后排放。

还原挥发工艺锗煤的燃烧装置主要有两种：一是链条锅炉；二是旋涡炉。链条锅炉的炉排上面载着燃烧的煤层向前移动直至燃尽进入排渣口。整个燃烧过程控制在空气不足的弱还原条件下，锗即大量还原成 GeO 挥发。为提高能源利用率，可在炉膛上方引入二次空气将炉气中的 CO 燃尽。链条炉属固定床燃烧，原煤不需破碎磨粉，其过程简单，燃烧过程中烟尘率低，得到的锗尘品位在 2% 以上，但效率不高。某厂用链条炉处理含锗 0.02% 的褐煤，当燃烧温度为 900～950℃ 时，锗挥发率达 98% 以上，锗回收率为 89%，锗烟尘品位为 2%，煤渣中锗含量小于 0.005%，单台炉处理能力为 5500 t/a。

旋涡炉属悬浮强化冶炼设备，用于有色冶金处理粉状物料。用作锗煤挥发提锗的燃烧炉，其效率高、处理量大，有利于实现工业化生产。锗煤经干燥并磨成细粉，经炉顶加料口加入，配入的空气沿旋涡炉膛的切线方向喷入，与均匀撒落在炉膛空间的煤粉充分接触。在高温下，煤粉迅速燃烧干净，只要气氛合适，煤中的锗将还原成 GeO 挥发进入炉气，继而进一步氧化成 GeO_2，煤的灰分大部分成熔融渣落入炉底聚集排出。旋涡炉尘产率大，得到的烟尘含锗品位明显比链条炉的低。某厂用旋涡炉处理含锗 0.02% 的褐煤，在燃烧温度为 1200～1300℃ 时，锗挥发率达 98% 以上，锗烟尘品位为 0.77%，锗回收率为 90.3%，煤渣锗品位为 0.003%，单台炉处理能力为 50000 t/a。

　　早期,从燃煤中燃烧挥发锗的燃烧设备是沸腾床燃烧锅炉,其尘量大,进入烟尘的锗富集品位也较低。该沸腾炉在工业生产中的数据主要如下:

　　对含锗0.072%、发热量2.13×10^4 kJ/kg的褐煤,在温度为800~880℃的沸腾床锅炉中燃烧(炉处理能力为200 kg/h),则有95%~96%的锗保留在煤渣和烟灰中,且煤灰损失率小于1%,煤渣与烟灰混合后锗品位为0.165%~0.195%,比原煤只提高了2.3~2.7倍[85]。另有研究对含锗0.093%的褐煤用沸腾燃烧锅炉进行燃烧提锗(沸腾炉炉床面积为4.3 m²,高度为6 m,加煤量为1.35 t/h),其工艺条件及锗挥发结果[81]见表4-47、表4-48。

表4-47　沸腾炉温度、气氛及收尘率

沸腾层中部温度/℃	沸腾层气氛/%			鼓风量/(N·m³·h⁻¹)	废气量/(N·m³·h⁻¹)	烟气尘量/(N·m³·h⁻¹)	收尘效率		
	CO₂	O₂	CO				旋风器	布袋	旋风+布袋
800	1.5~9	3~8	0.2~1	8700	27800	0.203	45.4	90.4	94.9
900	13~15	0.1~2.4	0.3~1.4	9300	28600	0.333	45.6	91.9	95.7

表4-48　沸腾炉燃烧固体产物的锗品位及分布

	800℃			900℃		
	产率/%	Ge含量/%	Ge分布/%	产率/%	Ge含量/%	Ge分布/%
炉底灰	21.2	0.094~0.15	27.7	15.2	0.146~0.23	10.5
沉降尘	31.4	0.12	8.1	39	0.141	18.3
旋风尘	21.1	0.238	10.8	20	0.188	12.4
布袋尘	24.1	1.157	59.8	21.7	0.728	52.6
逸出尘	2.4	0.89	4.5	2.1	0.89	6.4

　　由表4-48可知,锗煤在该条件下大部分还是以GeO挥发为主,但沸腾床锅炉尘产出量大,锗分布较分散,富集度不高,除布袋尘富集度提高9~12倍,勉强可进入后续氯化蒸馏提锗外,其余约40%的锗分布在炉底灰及其他烟尘中。由于锗的富集度不高,故需另行再富集锗。此外,布袋穿滤造成的锗逸出损失达到5%~6%,因此对微细烟尘的收尘也不容忽视。因逸出尘不能回收,沸腾炉作业时锗回收率为94%~95%(含炉底灰)。由于该工艺获得的烟尘中锗品位低,后续氯化蒸馏指标不佳,因此还需对此烟尘再次进行富集,以提高锗品位。

　　锗煤还原挥发得到的布袋(或电收尘器)烟尘,若锗品位高,则可直接按常规的氯化蒸馏工艺得到$GeCl_4$,再经水解得粗GeO_2产品。

有些锗煤所得到的煤烟尘或煤灰,其中的锗酸盐、四方晶 GeO_2、$GeO_2 - SiO_2$ 固溶体等含量较高,难以被酸溶出,如用 $4 \sim 6$ mol/L HCl 浸出这些锗煤烟灰,锗浸出率仅为 $25\% \sim 60\%$,而用 H_2SO_4 溶解,锗浸出率仅为 $25\% \sim 40\%$。如用 HF 浸出,将使这些难溶锗溶出,转入溶液:

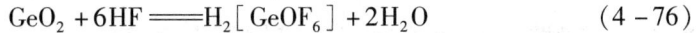

$$GeO_2 + 4HF \Longrightarrow GeF_4 + 2H_2O \qquad (4-75)$$

$$GeO_2 + 6HF \Longrightarrow H_2[GeOF_6] + 2H_2O \qquad (4-76)$$

GeO_2 的饱和溶解度随 HF 浓度增加而增加,但当溶液中 HF 含量超过 48% 之后,GeO_2 的溶解度会随 HF 浓度的增加而减少[1]。

某煤灰含:Ge 0.12%、S 0.9%、Al_2O_3 15.8%、CaO 13.7%、FeO 15.8%、SiO_2 33.9%,在液固比为 15、温度为 $90^\circ C$ 条件下,用 $2.0 \sim 4.5$ mol/L H_2SO_4 溶液加 0.2 mol/L HF 溶液进行两段逆流浸出 1 h,可使煤灰中 $85\% \sim 90\%$ 的锗转入溶液,滤液中锗含量大于 0.07 g/L,故可加单宁继续沉淀锗[1]。

用 HF 浸出主要是破坏 SiO_2 以解决高硅含锗物料的溶解问题,但 HF 有毒,且腐蚀设备。由 HF 浸出后的浸出液用单宁沉锗,锗沉淀物中往往含有 F^-,在氯化蒸馏时还必须加铝盐使 F^- 形成沉淀不被蒸出,这会使料液黏度增大,导致氯化蒸馏操作困难,不仅影响回收率、增加成本,还需在蒸馏废液去除氟/铝。

6.3 低品位锗煤灰二次还原富集锗

由于燃煤燃烧的烟尘率不可能降得很低,故要在燃烧过程中大幅提高烟灰中锗的品位是十分困难的。实际生产中,燃煤燃烧产出的一次烟灰,品位较低的占 $20\% \sim 30\%$,此外燃煤的燃烧渣中也含有一定数量的锗。从锗煤资源来看,高品位的锗煤资源越来越少,而大量含锗品位在 0.02% 以下的低品位锗煤资源尚难以经济开发利用,如果按现有的一次燃烧富集工艺,获得的烟尘锗品位只能在 1% 以下。对这些低品位的锗烟灰、锗煤渣,仍需进一步富集提高品位再进行后续提锗。另外,就锗烟灰后续的氯化蒸馏而言,如果烟灰锗品位再富集提高 10 倍,则蒸馏处理量、蒸馏残渣量将可大幅减少 90%,同时酸耗和废液产出量都将大幅降低,其环保效益和经济效益将十分显著。因此无论是高品位的锗烟灰还是低品位的锗烟灰,再次进行富集提高锗品位是锗煤提锗的技术发展方向,在经济上也是有利的。

锗烟尘的再次富集工艺通常采用还原挥发法,即在高温下通过 C 或 CO 把一次烟尘的 GeO_2 还原成 GeO 而挥发到烟尘中富集。主要有加煤粉制团的固态还原挥发焙烧、鼓风炉还原熔炼挥发和粉状物料熔融烟化挥发、电炉熔炼挥发等方法。对低品位的含锗煤灰、煤渣,采用还原挥发工艺再富集锗,只要控制尘率,即可得到锗品位高的富集物,其富集品位可提高数倍甚至十几倍,整个挥发工艺过程简单，处理物料适应面广，是低品位锗物料富集回收锗的重要方法。二次挥发富集获得的高品位锗挥发物进入氯化蒸馏显然对提锗十分有利，可大大减少蒸馏的物料处理量和试剂消耗，也可减少蒸馏残渣和废液的产出量。锗烟尘的二次挥发富集工艺派生出的一个新问题就是原料砷也同步富集，所得的锗二次挥发尘中砷含量往往高达10%以上，如何脱砷需要进一步研究。

6.3.1 锗烟尘制团固态还原焙烧挥发富集锗

含锗褐煤燃烧产出的烟尘中的氧化锗大部分附着在煤灰中的脉石颗粒表面，极少有单独的 GeO_2 颗粒存在，因此可认为炉气中的 GeO_2 是在烟尘的脉石颗粒表面吸附冷凝。在高温条件下，氧化锗在与脉石组分接触过程中，易与 SiO_2、CaO、Al_2O_3 反应生成锗酸盐和锗硅固溶体及各种复合氧化物，如 $CaGeO_3$、$GeO_2 - SiO_2$ 固溶体、$Mg_3Fe_2GeO_8$ 等。这方面硅的作用更为显著，由于锗和硅是同族元素，其化学性质和结晶化学性质十分相似，烟尘中的 GeO_2 与 SiO_2 颗粒在高温特别是接近熔融状态下，锗硅离子极易互相取代，形成氧化物固溶体。有研究指出，锗的挥发烟尘中锗的物相分布为：无定型 GeO_2、GeS 17%~23%、锗酸盐60%~70%、锗硅结合物2%~14%、四面体 GeO_2 3%[1]，因此挥发尘中锗的物相除 GeO_2 外，更多的是以复杂化合物形式存在，这与锗在煤中的物相明显不同。如果对这些锗烟尘再次进行还原挥发，其挥发性比在煤中的锗要差得多，这已为实验所证实，特别是形成的 $GeO_2 - SiO_2$ 固溶体，通常需在高温熔融状态下将其解离后才能使 GeO_2 还原成 GeO 挥发。

锗煤在不同的燃烧设备中燃烧挥发锗，所得烟尘的成分明显不同。链条炉产出的挥发尘，脉石数量少，加上燃烧温度低，生成的难挥发的锗化合物就相应较少；而旋涡炉的挥发尘中脉石数量多，故其硅含量也较高，见表4-49。

表4-49 链条炉和旋涡炉的锗煤挥发烟灰成分 %

	Ge	C	Si	Al	S	Fe	Ca
链条炉旋风器尘	0.47	53	9.26	12.8	5.8	12.23	5.02
旋涡炉布袋尘	1.20	16.8	37.9	10.6	1.6	15.4	8.0

对这两种锗烟尘加入煤粉、黏结剂制成直径为 10~15 mm 的团块，再高温还原挥发锗，其结果见表4-50。

表 4 - 50 两种锗烟灰还原焙烧的挥发率　　　　　　　　　　　　%

温度/℃	700	800	900
链条炉旋风器尘	95.40	97.73	97.10
旋涡炉布袋尘	36.45	57.52	—

旋涡炉产出的烟尘再次还原挥发时，锗的挥发率远低于链条炉烟尘，这可能是因为旋涡炉燃烧温度比链条炉的要高，为 1200 ~ 1300℃，烟尘中的 SiO_2 和 GeO_2 已接近或处于熔融态，此外旋涡炉扬尘大，硅含量高，气相中的氧化锗与氧化硅有更大的概率接触，因此在旋涡炉的操作条件下，容易生成锗硅氧化物固溶体。锗硅氧化物固溶体的形成将大大降低烟尘再次焙烧时锗的挥发率，因此固态还原焙烧挥发锗工艺不适合熔融态或生成锗硅氧化物固溶体较多的锗烟灰。

对于链条炉低温燃烧产出的锗烟尘及其他未熔融过的锗物料，可采用加煤粉制团焙烧的方法富集锗。对于表 4 - 49 所示的链条炉锗烟尘，加入 6% ~ 8% 的膨润土混合均匀制成 10 ~ 15 mm 的团矿，锗尘含有大量的碳而不另配入炭粉，于 900 ~ 1000℃温度下焙烧 1 h，锗挥发率为 97% ~ 99%，得到含锗 24.5% 的烟尘富集物[86]。锗烟尘在还原焙烧中，氧化锗和锗酸盐的主要反应如下（其中 M 为与锗形成锗酸盐的金属）：

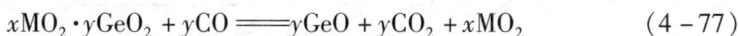

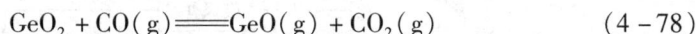

$$xMO_2 \cdot yGeO_2 + yCO = yGeO + yCO_2 + xMO_2 \qquad (4-77)$$
$$GeO_2 + CO(g) = GeO(g) + CO_2(g) \qquad (4-78)$$
$$2GeO_2 + C = 2GeO(g) + CO_2(g) \qquad (4-79)$$

对于含锗 0.01% 的煤矸石，磨细至 -0.074 mm，配入 50% 的煤粉制团，于 1250℃温度下焙烧 7.5 h，锗挥发率为 91.88%[87]。

加煤粉制团焙烧挥发锗既可采用回转窑也可采用竖炉。挥发锗需配入一定量的煤粉混合制粒，加入的煤粉量除还原所需外，还需提供保证反应温度所需的热能。若采用回转窑焙烧，在 1150 ~ 1250℃温度下焙烧 2 h，锗挥发率可达 80% 以上，但锗挥发尘在窑内从高温段到低温段经历时间较长，酸溶态的 GeO_2 有较多部分转化为不溶态的四方晶型，将降低氯化蒸馏锗的蒸出率。若采用竖炉焙烧，在竖炉内控制 CO 浓度约为 3%，于 1000℃温度下进行还原挥发焙烧，煤尘中的 GeO_2、锗酸盐等均可还原成 GeO 挥发，锗挥发率为 81% ~ 97%，得到锗含量为 2% 以上的挥发尘。也有的将含锗煤灰配以焦油压团，在高于 800℃的温度下焙烧，使锗再挥发入烟尘，获得含锗约 20% 的烟尘，从团矿算起，锗的回收率可达 95%。另有实例如下，对含锗 0.05% ~ 0.5% 的煤灰，加入碱金属或碱土金属氯化物混合制团，在竖炉于 900℃温度下进行挥发焙烧富集锗，锗挥发率为 90% ~ 94%[1]，其工艺实质是氯化挥发锗。

6.3.2 锗烟尘制团鼓风炉还原熔炼挥发富集锗

此烟尘在沸腾床锅炉燃烧挥发锗工艺过程中产出，成分见表4-48。由于沸腾炉尘量大，进入烟尘的锗富集品位也较低，故在实际生产中往往将其与煤渣合并在一起，以再次挥发富集锗。对烟尘和煤渣制团后采用鼓风炉挥发熔炼再次富集锗，即采用"二次挥发锗"工艺，工艺流程见图4-19[81]。

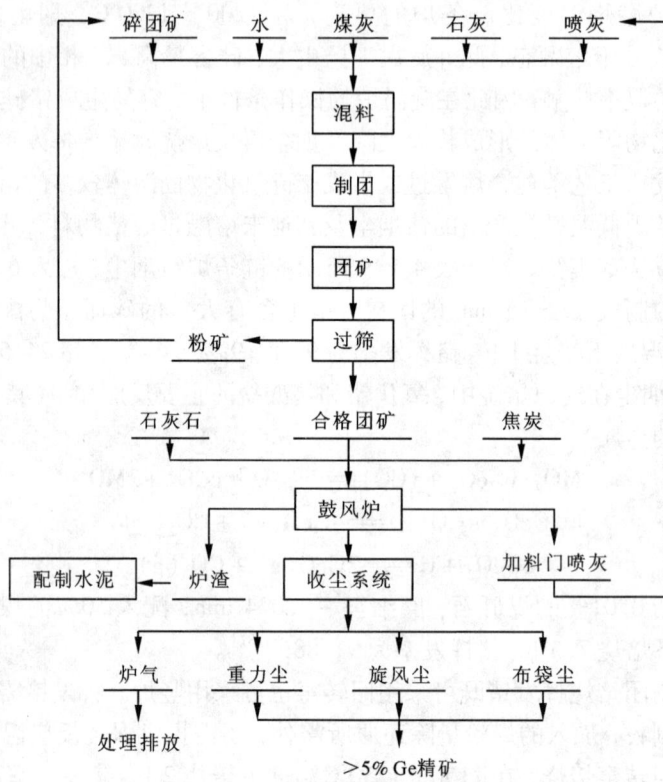

图 4-19 鼓风炉挥发锗工艺流程

含锗煤灰与鼓风炉产出的返料(碎团块及炉灰)混合，加入约30%的石灰作黏结剂，加水混合后制成团矿。根据煤灰实际成分，加入造渣剂，配成鼓风炉熔炼适宜的渣型：SiO_2 40%~50%，($FeO + CaO$)40%~50%，其余为 Al_2O_3。鼓风炉入炉配料比为：m(焦炭)：m(石灰石)：m(团矿) = 5:5:(16~18)，焦比为25.3%。分别采用料柱比(料柱高/炉直径)为4.2和2.8的高料柱和低料柱两种作业制度进行挥发熔炼。对于高料柱，炉顶炉气温度为150~200℃；对于低料柱，炉顶炉气温度为700~800℃。鼓风炉按料柱高度划分，预热带温度为200~

600℃，是炉料脱水区；还原带(约占料柱高约50%)温度为700～1100℃，是GeO的挥发区。风口温度保持在1300℃左右，渣料在此完全熔化。在此，两种料柱高度的作业制度产出的熔炼产物大致相同，锗挥发率在94%以上[81]。

鼓风炉挥发熔炼产物和锗的品位及分布状况见表4-51。

表4-51　鼓风炉挥发熔炼产物与锗的分布(入炉团矿锗品位为0.336%)

产物	产率 /%	锗分布率 /%	化学成分/%					
			Ge	SiO_2	Fe_2O_3	Al_2O_3	CaO	MgO
喷灰	3.76	8.7	0.76	—	—	—	—	—
沉降尘	1.42	5.2	1.25	28.97	3.97	15.01	13.98	0.20
旋风尘	1.76	7.44	1.43	29.66	3.74	15.86	15.44	0.18
布袋尘	1.26	64.8	15.9	30.26	2.4	7.45	4.78	0.04
炉渣	135	6	0.015	39.54	5.44	17.69	36.64	1.31

鼓风炉挥发熔炼尘率低，有利于提高锗的富集品位，且以布袋尘品质最好，这表明在高温沉降分离烟尘后，可获得锗品位较高的布袋尘。以布袋尘、沉降尘、旋风尘三者计，锗直收率为77.44%。鼓风炉熔炼挥发锗的作业制度见图4-18。在此工艺制度下，需控制气相为$V(CO)/V(CO+CO_2)<25\%$的弱还原气氛，当温度高于927℃时，GeO_2将迅速还原成GeO挥发；而当还原气氛过强时，则可能还原成金属锗。在高温强还原气氛则可能还原出金属铁，从而造成炉内积铁，影响鼓风炉的运行。由于风口温度高，还原产出金属铁是可能的，此时炉渣中的锗被金属铁捕集形成铁锗合金，从而使锗挥发率降低。某厂鼓风炉产出金属铁中锗含量高达2%，对于产出的Fe-Ge合金，可将其熔铸成阳极板利用电解铁工艺以从阳极泥中回收锗，使锗回收率进一步提高[79]。

若将沉降尘和旋风尘合并返回配料，布袋尘送氯化蒸馏提锗，对于高料柱冷炉顶的布袋尘，其氯化蒸馏率为91%～96%，而对于低料柱热炉顶产出的布袋尘，其氯化蒸馏率则为71%～76%[81]，这可能是因为烟尘中的GeO_2在高温段停留时间过长，部分转变为难溶性四方晶系或玻璃体的GeO_2。

对于其他燃煤锅炉产出的低品位含锗煤渣、煤灰，可以采用再挥发工艺富集回收锗。若采用鼓风炉挥发熔炼，则可将含锗煤渣、煤烟灰、造渣剂加黏结剂一起混合制成团矿，炉渣渣型成分一般为FeO 40%～50%、SiO_2 29%～33%、CaO 5%～6%、Al_2O_3 12%～15%或高硅渣型SiO_2 40%～50%、FeO 2%～3%、CaO 35%～40%、Al_2O_3 10%～15%。团矿在1250～1300℃温度下熔炼，锗则挥发进入烟尘，其品位达 2%～10%[1]。

6.3.3 锗烟尘烟化法挥发富集锗

烟化挥发是有色冶炼中一种常用的富集分离技术，可用于锗烟灰再次挥发富集锗。锗煤经旋涡炉挥发得到的烟尘，由于其中的锗与硅结合形成 $GeO_2 - SiO_2$ 固溶体，须高温熔融解离后才能被炭还原挥发。旋涡炉锗烟尘熔点较高，一般为 1500～1550℃，在此温度下熔化烟尘则有难度。通常做法是配入熔剂，将熔点降低到 1300℃ 以下，再还原挥发锗。某旋涡炉中锗烟尘成分见表 4-52。

表 4-52　某旋涡炉中锗烟尘成分　　　　　　　　　　　%

	Ge	SiO_2	CaO	Fe	Al_2O_3	MgO	As	C
含量	0.40	46.0	15.8	11.9	17.3	3.6	0.81	3

按 m(锗烟尘)∶m(铁矿石)∶m(熟石灰) = 100∶70∶31 的比例配料制粒，干燥后用电炉在 1300℃ 温度下熔化，且保温 4 h，熔化后将熔体转到烟化炉，喷入混有煤粉的空气搅动熔体(或喷入氮气以替代空气)，此时加入料重 3% 的块煤作还原剂，于 1150～1250℃ 温度下烟化吹炼 1 h，锗挥发到烟尘中得以富集，其挥发率为 96%～99.9%，渣中锗含量为 0.003%～0.006%；烟化炉中挥发尘大致成分见表 4-53。

表 4-53　烟化炉中挥发尘成分　　　　　　　　　　　%

Ge	As	Fe	SiO_2	CaO	Al_2O_3
3.5～4.3	11.6～14.4	6.6～10.4	约 20	3.5～6.0	3.9～5.1

挥发尘含砷较高，宜另行脱砷后再送氯化蒸馏锗。

以上的锗烟灰配入熔剂后也可在电炉中熔炼静态挥发锗。在 1300～1450℃ 条件下，不经搅拌熔体，熔炼 10～36 h，锗挥发率可达 90% 以上。由于是静态熔炼，虽然需时长、电耗高，但其尘产率低，锗富集品位高且杂质少，对烟灰后续氯化蒸馏有利，可权衡全流程的成本因素加以选择。其改进措施是在电炉熔炼时通入氮气微搅拌熔体，从而使熔炼时间减少、电耗降低。

烟化炉可直接处理粉料，但需另一熔炼炉熔化原料后，熔融物料才能进入烟化炉，鼓风炉熔炼则需将粉料制团，两种工艺各有利弊。

6.3.4　锗烟灰还原炼铁法富集锗

早期，英国对锗煤灰进行还原熔炼，利用熔融金属铁和铜捕集锗和镓。对于含 Fe_2O_3 约 20%、GeO_2 0.07%~0.16%、Ga_2O_3 0.3% 的煤灰，配以 Na_2CO_3、CaO、SiO_2 及 Al_2O_3 等熔剂和煤粉以进行还原熔炼。若要回收料中的镓，宜在料中选加 CuO，以使镓更容易被铜捕集而进入 Cu – Fe – Ge 合金。混料后，将物料投入反射炉，在高于 1250℃ 温度下进行还原熔炼，在此过程中，GeO_2 被还原成金属锗，然后被熔融的铜与铁所捕集，产出含锗 3%~4% 及镓 1.5%~2.0% 的 Cu – Fe – Ge 合金，进入 Cu – Fe – Ge 中的锗占原料中锗的 90%~99%，镓占原料中镓的 60%；另外，熔炼烟尘还可返回熔炼回收锗。

将 Cu – Fe – Ge 合金用盐酸浸出，在液固比为 4、温度为 110℃ 的条件下通入氯气，将 Cu – Fe – Ge 溶出和进行氯化蒸馏，同时把 AsO_3^{3-} 氧化到 AsO_4^{3-}，蒸馏得到的 $GeCl_4$ 复蒸后再水解可得到粗 GeO_2，从煤灰到产品的过程中锗的直收率约为 58%；镓则保留在蒸馏残液中另行回收[1]。

6.4　锗煤干馏法提取锗

燃烧法提取锗煤中的锗，都须将煤燃烧，而产出的热能若回收利用，则需增加锅炉和发电设备的投资，这对于中小锗企业并不适宜。采用干馏法将锗煤制成焦炭，并从干馏挥发物中回收锗是一可行方案。对含 Ge 0.023%、固定碳 34.83%、挥发分 46.06%、灰分 35.43%、水分 9.76%，热值 19.02 MJ/kg 的含锗褐煤，于 1000℃ 温度下干馏 2.5 h，锗挥发率大于 80%[88]。褐煤中锗主要以有机物形式存在，在缺氧条件下加热干馏，先发生有机锗的分解反应且生成 GeO_2，继而在还原条件下还原成 GeO 挥发。起还原作用的除炭外，还有干馏挥发的气体 CH_4、H_2、CO 等，通过控制干馏器容积与加煤量的比例可获得合适的还原气氛。氧化锗随干馏气体排出，经冷凝过滤在冷凝水和焦油中富集。干馏制得的焦炭经重介质选矿去除灰分，可达到冶金级产品。

6.5　微生物浸出煤中锗

研究认为，褐煤、泥煤的碳化程度较低，其中所含的锗大部分以有机锗形态存在。有机锗为大分子的有机配合物，在一定介质的溶液中受微生物的作用，大分子的有机锗被破坏分解成易溶于酸、碱的简单锗离子进入溶液，从浸出液中可分离提取锗[89-90]。

球菌和水霉菌是两种能有效分解煤中有机锗的微生物。在 pH 为 3.5~4 的硫酸介质中，在温度为 30~40℃时，分别对含锗 0.04% 的云南褐煤和 0.01% 的湖南褐煤进行浸出。结果表明，细菌浓度为 10^9 个/mL 以上时，锗浸出率达到最大值。将原煤破碎至 0.2~1.5 mm，再用微生物浸出液浸出 8~10 d，锗浸出率分别达到 85%（球菌，湖南煤）和 58%（尚有 42% 被煤吸附，水霉菌、云南煤）[89-90]。

微生物浸出煤中的锗包含两个过程：一是有机锗的分解和分解后的锗酸和锗离子被煤中的碳吸附；二是将被碳吸附的锗解析出来。由于碳的吸附能力强，要将吸附的锗完全洗脱较为困难，这是影响锗浸出率的限制因素。在 105℃温度下，用 6 倍煤柱体积的水洗脱液回流洗涤 6 次，锗洗脱率为 85%，且可得到锗浓度为 800 mg/L 的洗脱液[89]。

微生物浸出煤中锗的技术，在原煤堆浸或原地浸出提取煤层中的锗方面展现出一定的应用前景，这对减少煤的开采及保护生态环境有重要意义。

第7章 其他含锗物料的提锗方法

7.1 光纤废料中锗的回收

生产光纤过程产出的废料,包括预制光棒、中间物料头尾碎块等中均含有锗。此类物料的基体材料是 SiO_2,GeO_2 在其中与 SiO_2 生成玻璃态的结构稳定的共晶化合物。几种典型光纤废料中锗的品位见表 4 - 54。

表 4 - 54 几种典型光纤废料中锗的品位

样品	1	2	3	4	5
酸溶锗/%	0.83	1.26	2.01	2.57	4.32
全锗/%	2.19	2.84	3.32	4.63	5.97

由于酸溶锗占全锗的 30%~70%,直接酸溶氯化蒸馏或碱溶浸出提锗,其锗的回收率均不高,且酸溶氯化蒸馏提锗的回收率为 30%~50%,碱溶浸出提锗的回收率为 75%~85%,另外,未溶出的锗主要是玻璃体的 $GeO_2 - SiO_2$ 固溶物。

7.1.1 HF 浸出—单宁沉锗法

将光纤废料磨细至 0.074 mm(200 目),用 HF 或(HF + KF + H_2SO_4)的混合酸溶解,GeO_2 和 SiO_2 将全部溶解进入溶液:

$$SiO_2 + 6HF \Longrightarrow H_2SiF_6 + 2H_2O \tag{4-80}$$

$$GeO_2 + 6HF \Longrightarrow H_2GeF_6 + 2H_2O \tag{4-81}$$

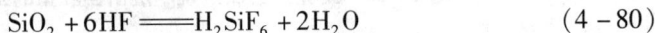

加入单宁将溶液中的锗沉淀,再将沉淀物烘干煅烧,可得到锗精矿,再经氯化蒸馏制得 $GeCl_4$,工艺全过程中锗回收率为 93%~95%[91]。

7.1.2 碱焙解法

光纤废料磨细至 0.074 mm,加入纯碱搅匀(加碱量为废料量的 3~4 倍),再在 820℃温度下焙烧 2.5 h,废料中的 SiO_2 和 GeO_2 将大部分转为硅酸钠和锗酸钠。焙烧后的物料水溶后加入 HCl(或 H_2SO_4)至 pH 为 0.5~1,可酸化沉淀分离出硅酸，其反应式为：

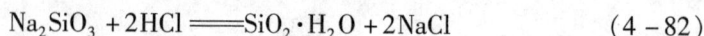

$$Na_2SiO_3 + 2HCl = SiO_2 \cdot H_2O + 2NaCl \tag{4-82}$$

然后，往溶液中加入 HCl 进行氯化蒸馏提锗，锗回收率为 $80\% \sim 90\%$。此法酸碱耗量大，成本较高[1, 91]。因脱硅会造成锗共沉淀，其中锗因共沉淀造成的损失为 $5\% \sim 10\%$。有工厂采用萃淋树脂法吸萃锗，这可能是较为合适的工艺方法。

7.1.3 还原焙烧—浸出法

还原焙烧—浸出法是某厂研究的一项技术。其原理是向废光纤中加炭和铁粉进行还原焙烧，以使其中的 GeO_2 转变成金属 Ge 和 GeO。加铁的作用体现在两个方面，一是与 GeO_2 发生置换反应以利于金属 Ge 的生成；二是利用金属 Fe 捕集金属 Ge，形成 Fe-Ge 合金。金属 Ge 的生成将使锗从 $GeO_2 - SiO_2$ 固溶体中解离出来，然后在氧化酸浸中将金属锗浸出，并氯化蒸馏与 SiO_2 分离。在还原焙烧中，废光纤中的锗有部分被还原为 GeO，GeO 挥发进入烟尘被收集。对于烟尘，另用加碱焙烧后再氯化蒸馏的工艺提锗。其工艺流程见图 4-20。

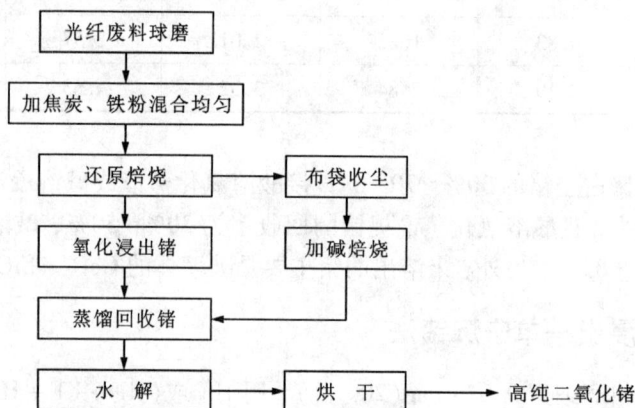

图 4-20 废光纤还原焙烧—浸出回收锗的工艺流程

将废旧掺锗光纤磨细至粒径为 $0.5 \sim 1.5 \mu m$，加入粒径为 $0.1 \sim 1 mm$ 的铁粉和焦炭粉，混合均匀。三者配料比为：$m(废光纤):m(Fe 粉):m(焦炭粉) = 1:(0.1 \sim 0.4):(0.2 \sim 0.4)$。混合料于 $700 \sim 1100℃$ 温度下还原焙烧 4 h，其反应式为：

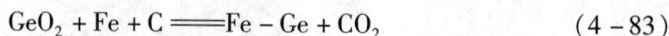

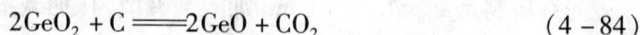

$$GeO_2 + Fe + C = Fe-Ge + CO_2 \tag{4-83}$$
$$2GeO_2 + C = 2GeO + CO_2 \tag{4-84}$$

还原后的焙砂用 50% 浓度的硫酸按固液比 1:1.5 混合酸化，于 60~90℃ 温度下反应 2~4 h，其反应式为：

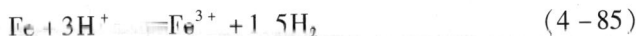

$$Fe + 3H^+ \rightleftharpoons Fe^{3+} + 1.5H_2 \qquad (4-85)$$

$$Ge + 4H^+ = Ge^{4+} + 2H_2 \qquad (4-86)$$

酸化料加入 9~10 mol/L 的盐酸溶液，在 100~110℃ 温度下蒸馏 2~4 h，冷凝得到 $GeCl_4$，$GeCl_4$ 水解后，得到高纯二氧化锗。该工艺用于处理含锗量低于 1% 的含锗废光纤，锗回收率达 80% 以上，有效地实现了锗、硅的分离。

7.2 锗氯化蒸馏残渣中锗的回收

锗的提取最终均需利用氯化蒸馏工艺，通常产出的蒸馏残渣中锗含量较高，仍需进一步回收，这是锗冶炼的共性问题。蒸馏残渣中锗含量一般为 0.1%~1%，对于未经石灰中和处理的残渣，锗主要以四方晶系 GeO_2（10%~20%）、硅锗酸盐（80%~90%），以及少量的六方晶系 GeO_2 及 GeS、GeS_2 等形式存在；经石灰中和处理后的残渣，锗主要以锗酸钙（65%~85%）、硅锗酸盐（10%~15%）、四方晶系 GeO_2（10%~20%）等形式存在[92]。另外，残渣中还含有大量的硅化合物。

对于以硅锗酸盐为主、四方晶系 GeO_2 较少的氯化蒸馏残渣，可采用 NaOH 溶液浸出，硅锗酸盐的锗将转化为偏锗酸盐进入溶液。其浸出条件为：NaOH 浓度为 1.4~2.0 mol/L、液固比为 (17~9):1，在近沸腾的温度下，逆流浸出 6~7 次，锗浸出率达 93.7%~96.3%。碱浸出液用 HCl 酸化并加水稀释，调整 pH 至 0.5~1，于近 100℃ 温度下，加入骨胶先将硅沉淀入渣，其反应如反应式 (4-82) 所示。滤液用氨水调整酸度至 pH 为 2~3，加入单宁沉淀锗，此时锗的沉淀率达 99% 以上，单宁锗渣经 600~700℃ 温度煅烧，得到含锗 6.83%~7.34% 的锗精矿，再经氯化蒸馏，锗蒸出率为 98%~99%[93]。碱液浸出中，以四方晶系形态存在的 GeO_2 难以溶出而保留在浸出渣中，因此对于含四方晶系 GeO_2 较高的蒸馏残渣，并不适宜采用碱液浸出工艺，而采用加碱焙烧后再水浸的方法较为合适。蒸馏残渣，按渣量的 5~8 倍加入纯碱，于 800~900℃ 温度下焙烧，GeO_2 将转为 Na_2GeO_3。碱熔渣磨细后再水浸，锗浸出率达 90%~95%[92]，碱浸出液用 HCl（或 H_2SO_4）酸化除硅后，滤液再加单宁沉淀锗。

对于加石灰中和处理后的蒸馏残渣，锗主要以锗酸钙形态存在，渣中还有大量含钙中和渣。采用 HCl 溶解渣中大部分的钙和硅后，对酸溶后渣再进行碱液浸出锗，其工艺流程如图 4-21 所示[92]。

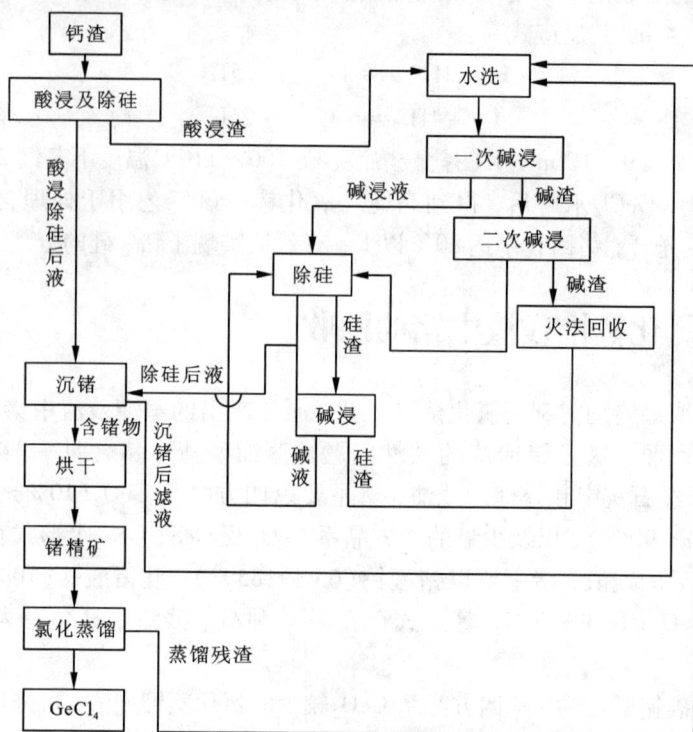

图 4-21 蒸馏残渣回收锗的工艺流程

含钙的蒸馏渣经酸浸后,再经水洗降低残酸量,最后用 $40 \sim 50$ g/L 的 NaOH 溶液浸出,锗浸出率达 $83\% \sim 87\%$,但硅浸出率也达 $65\% \sim 70\%$,碱浸液中 $m(SiO_2):m(Ge) > 50$。用 HCl 调整 pH 为 $0.5 \sim 1$,此时硅以水合氧化硅(即硅酸)的形式沉淀分离,除硅率大于 90%,锗损失率小于 5%,除硅后液中 $m(SiO_2):m(Ge)$ 下降到 3 左右,加骨胶除硅也同样有效。除硅后液(含锗 $0.05 \sim 0.08$ g/L)与除硅后的酸浸出液合并,可用单宁或镁盐沉锗,锗沉淀率可达 95%,也可用溶剂萃取提取锗。得到的锗精矿经氯化蒸馏得到粗 $GeCl_4$,锗蒸出率大于 90%,工艺总回收率大于 70% [92]。同样地,蒸馏残渣的四方晶系 GeO_2 经酸或碱浸出,均不溶解而保留在渣中,需采用送火法工艺进一步处理。

对于不溶性的含量较高的四方晶系 GeO_2 的提锗残渣,某厂的处理工艺流程如图 4-22 所示 [94]。

图 4-22 中原料为锌厂提锗后的氯化蒸馏残渣,其中锌、铅、硅含量均较高。渣先经多膛炉焙烧将硅转化为不溶于酸的硅酸盐,以利于后续的沉锗过滤工艺,其中多膛炉焙烧温度为 1000℃、渣料焙烧时间为 3.5 h;再将焙砂磨细至 -0.425 mm,

锗蒸馏残渣

多膛炉焙烧

球磨

低酸洗涤

过滤

单宁沉锗

单宁锗
（送煅烧）

滤液
（处理排放）

洗涤渣

烟化炉挥发

烟尘

球磨

酸性浸出

浸出液

铅渣
（返火法工艺）

单宁沉锗

过滤

单宁锗滤饼

硫酸锌溶液
（送回收锌）

浆化、洗涤

压滤

单宁锗渣

滤液
（送回收锌）

烘干

煅烧

锗精矿

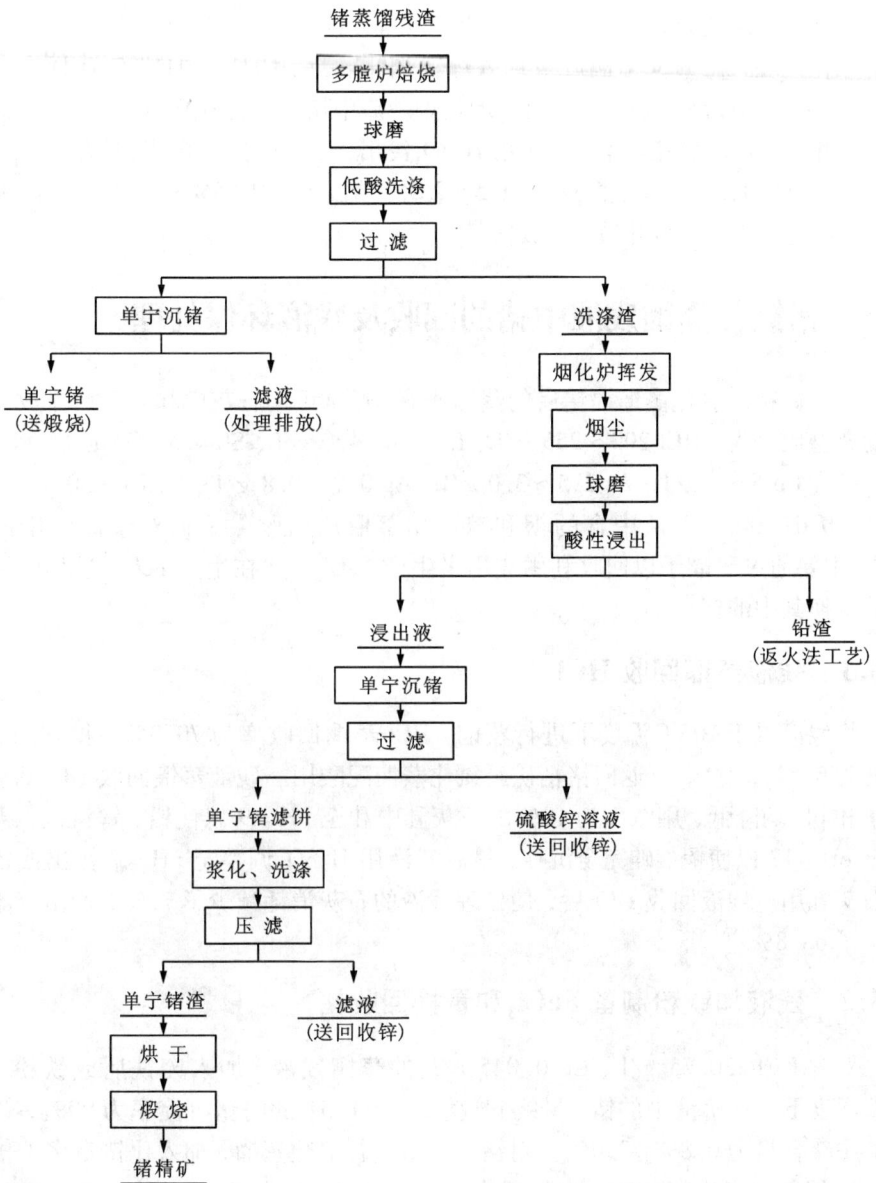

图 4 - 22　火法—湿法联合工艺处理锗蒸馏残渣的工艺流程

加 H_2SO_4 进行浸出，其浸出条件为：液固比 6.5～7、温度 40～55℃、浸出终点 pH 1.5～2，此时酸浸后液含锗 0.06～0.1 g/L；然后，向酸浸后液中加入单宁沉锗，其中单宁量为锗量的 60～80 倍，当于 45～50℃ 温度下沉淀锗时，沉锗后液中锗含量小于 1.2 mg/L，沉锗渣中锗含量为 1% 左右。酸浸出渣中尚有大部分锗未被浸出，渣中锗含量为 0.55%，且主要是四方晶系不溶性的 GeO_2。浸出渣送入烟化炉烟化处理，在 1250℃ 温度下加入煤粉烟化吹炼，GeO_2 还原成 GeO 挥发进入烟尘，锗挥发率为 90.23%，产出的烟化炉炉渣中锗含量为 0.0006%。

烟化炉产出的含锗、锌的烟尘用 H_2SO_4 浸出，于液固比为 6、温度为 70~75℃ 的条件下反应 1.5 h，当终酸 pH 为 1.5~2 时，锗浸出率达 84%~86%。此时，浸出液与锌冶炼浸出液可合并另行回收锗[94]。

7.3 锗氯化蒸馏残液中锗的回收及残液环保处理

对于锗精矿氯化蒸馏提锗后的蒸馏残液，通常可用石灰中和处理后排放。残液的典型成分为：HCl 200~255 g/L、In 2.5~4.0 g/L、Sb 4.5~21 g/L、Pb 4~4.5 g/L、Cu 5~6 g/L、As 2.5~3.0 g/L、Ag 0.7~0.8 g/L、Fe 15~30 g/L、Ge 0.05~0.07 g/L。残液中含的铟和镓可用萃取法回收[95]；而对于高浓度的废 HCl，主要通过蒸馏予以回收利用或用来生产 $FeCl_3$，并在生产 $FeCl_3$ 过程中用铁沉淀置换其中的锗。

7.3.1 残液蒸馏回收 HCl

将残液置于 105℃ 温度下进行蒸馏，HCl 蒸馏回收率为 70.3%，得到的 HCl 浓度为 6.52 mol/L，可返回锗精矿经氯化蒸馏配酸用。残液蒸馏回收 HCl 后，溶液量和 pH 均降低，用浓度为 10% 的石灰乳中和至 pH=9 以使铅、锌沉淀，再中和至 pH=12 以使镉、砷完全沉淀，最后残液用 H_2SO_4 调整至 pH=7 排出或留作配石灰乳用。残液回收 HCl 后，使处理残液的石灰消耗减少了 71%，产出废渣量减少了 68.8%[96]。

7.3.2 残液加铁粉制备 $FeCl_3$ 和置换回收锗

对含 HCl 230.75 g/L、Ge 0.045 g/L 的蒸馏残液，加入废铁屑或铁粉，于 60℃ 温度下置换溶液中的锗，最终 pH 为 0.5~1.5，此时锗沉淀率为 99%，锗沉淀渣中锗含量为 0.8%~2.0%。对锗沉淀渣进行氯化蒸馏，加入比锗量多 1 倍的 MnO_2，锗蒸出率达 95.8%。向铁置换锗后的溶液中加入 H_2SO_4 除钙，后用空气氧化制成 $FeCl_3$ 溶液[97]。

7.3.3 有机锗废液加镁、钙沉淀回收锗

某有机锗废液由稀 HCl、丙酮、丙烯酸及锗有机物组成，其成分及含量为：HCl 3~4 mol/L、C_3H_6O 2~3 g/L、$C_3H_4O_2$ 0.1~0.2 g/L、Ge 3~4 g/L。向溶液

中单独加 $MgCl_2$ 以沉淀锗,其中 $MgCl_2$ 加入量为锗量的 $150 \sim 200$ 倍(质量比),在温度为 $80 \sim 90℃$ 时,锗沉淀率为 $80\% \sim 85\%$;也可单独加 CaO 沉淀锗,其加入量为锗量的 $120 \sim 140$ 倍(质量比),此时锗沉淀率为 $75\% \sim 78\%$。由此可见,两种方法的沉锗率均不太高,但同时加入 CaO 和 $MgCl_2$ 的沉锗效果较佳,其过程为:首先用 NaOH 将溶液中和至 pH 为 $11 \sim 12$,按 $m(CaO):m(Ge) = 45:1$、$m(MgCl_2):m(Ge) = 30:1$,于 $85 \sim 90℃$ 温度下沉锗,此时锗沉淀率大于 98%,主要反应为:

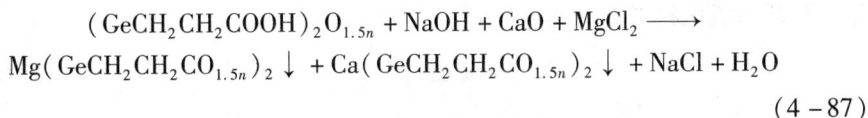

$$(GeCH_2CH_2COOH)_2O_{1.5n} + NaOH + CaO + MgCl_2 \longrightarrow$$
$$Mg(GeCH_2CH_2CO_{1.5n})_2 \downarrow + Ca(GeCH_2CH_2CO_{1.5n})_2 \downarrow + NaCl + H_2O$$

$$(4-87)$$

然后,将所得的镁、钙有机锗沉淀物于 $600 \sim 700℃$ 温度下煅烧,得到含 $MgGeO_3$ 和 $CaGeO_3$ 的锗精矿,其中锗品位为 $2\% \sim 4\%$,锗回收率大于 95%;经氯化蒸馏制得 $GeCl_4$,锗蒸出率大于 98%[98]。

7.4　其他含锗物料的提锗方法

在有色冶炼和钢铁冶炼产出的各种含锗烟灰、废渣及一些有色金属精矿中,锗品位均很低,通常需初步富集以提高品位再提锗。原则上均可采用 6.3 节所述的各种挥发工艺得到富集锗的挥发烟尘。

7.4.1　氯化焙烧挥发锗

含锗的物料,包括冶金渣及低品位的铁矿、铅锌矿,可采取氧化 - 弱还原焙烧的方法,在如回转窑、鼓风炉或竖炉中使锗以 GeO 形式挥发进入烟尘回收,但该工艺过程所需温度较高,且可能因氧化铁还原成金属铁而将锗捕集造成锗的分散。某研究对成分为:Pb 7.5%、Zn $3.6\% \sim 10.1\%$、S $0.37\% \sim 1.23\%$、Fe_2O_3 $36.4\% \sim 42.1\%$ 的高铁低品位的氧化铅锌矿,加入煤粉制成 $0.25 \sim 0.4$ mm 的粒料,配入料重 10% 的 NaCl,在 $700 \sim 1100℃$ 温度下进行氯化挥发焙烧,使锗大部分挥发进入烟尘,收得的烟尘用 HCl 浸出以回收锗及铅等,焙砂再经硫酸酸化焙烧后水浸以回收锌[1]。采用氯化焙烧工艺将引进氯元素,这对后续的锌湿法系统是不利的。

7.4.2　还原焙烧优先挥发硫化锗

某锗铜硫化精矿含 Cu 35%、Fe 20%、S 37.97%、As 2.89%、Ge $0.03\% \sim 0.04\%$,在 $850 \sim 900℃$ 温度下进行中性焙烧或加入精矿质量为 $15\% \sim 20\%$ 的焦炭或煤,在还原气氛下焙烧,锗将以硫化锗形式升华或以低价氧化物形式挥发进入烟尘富集,其挥发率为 $98\% \sim 99\%$,烟尘中锗含量达 $0.12\% \sim 0.18\%$,同时砷含量为85%～95%，约50%的硫也挥发进入烟尘[1]。

对某种锗硫化精矿，其成分为：Ge 0.25%、Cu 27.8%、Zn 7.92%、Pb 25.0%、S 22.2%、As 7.5%、Fe 2.3%，配以石油渣搅拌混匀，然后烘干至水分含量为2%，再配入料重占4%的木炭或10%的焦炭进行压团，投入竖炉，竖炉通过周围的喷嘴喷入重油加热，控制炉内反应区的温度为870～980℃，并从炉上部向下送入含CO 8%～30%、H_2 1%～2%、其余为氮的还原性气体，炉内锗将以硫化物及低价氧化物形式升华或挥发，其反应式为：

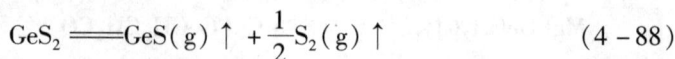

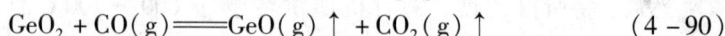

$$GeS_2 = GeS(g) \uparrow + \frac{1}{2}S_2(g) \uparrow \tag{4-88}$$

$$GeS + 2O_2(g) = GeO_2(s) + SO_2(g) \uparrow \tag{4-89}$$

$$GeO_2 + CO(g) = GeO(g) \uparrow + CO_2(g) \uparrow \tag{4-90}$$

少部分氧化锗有可能被进一步还原为金属锗，与未挥发的硫化锗残留在燃烧渣中，造成锗的直收率不高：

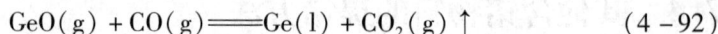

$$GeO_2 + 2CO(g) = Ge(l) + 2CO_2(g) \uparrow \tag{4-91}$$

$$GeO(g) + CO(g) = Ge(l) + CO_2(g) \uparrow \tag{4-92}$$

竖炉排出的含锗炉气温度高于700℃，烟气中除含有还原挥发物GeS、GeO外，还含有其他易挥发的硫化物杂质。在还原挥发过程中，锗挥发率达90%～93%。之后，通过冷凝器可回收80%的锗，余下的锗可被后面的布袋收尘器所收集；另外，该过程中，料中的铅仅挥发5%～10%，砷与汞的挥发则比较完全。将收得的含锗硫化物尘送入电炉，在550℃温度下通入空气进行氧化焙烧以脱砷和脱硫等，该过程中锗的硫化物会被氧化为GeO_2进入焙砂，使焙砂中锗含量为8.5%，此工序中锗的损失约为0.5%：

$$GeS + 2O_2(g) = GeO_2(s) + SO_2(g) \uparrow \tag{4-93}$$

从锗精矿到锗焙砂，锗的回收率约为91.5%，锗的总回收率约为90%。通过优先挥发处理，锗可富集30余倍。料中的砷主要以As_2O_3形式富集在烟尘中，使烟尘中砷含量高达75%，并含有少量铅和锗，故需对烟尘作综合回收及妥善环保处理[1]。

另外，有研究对含：Ge 0.005%～0.008%、Pb 2.4%、Zn 40%～42.2%、Fe 11.4%、Hg 0.045%、As 0.01%、S 31.7%的锌精矿，用类似上述的方法进行两段焙烧优先挥发锗。锌精矿首先在回转窑内于900～950℃温度下进行还原挥发焙烧，得到的一次挥发性硫化物制团后投入竖炉内，于1000℃温度下再次还原挥发焙烧，得到二次挥发性硫化物烟尘，然后在600℃的炉内氧化焙烧脱砷，获得含锗达10%～15%的锗精矿，锗回收率为75%～80%[1]。

7.4.3 烟化炉还原熔炼挥发锗

烟化炉吹炼是一个同时完成还原熔炼与吹炼的过程。将含锗物料熔化后转入烟化炉，向熔体吹入混有粉煤的空气，在高温与还原气氛下，使熔渣中的锗挥发富集于烟尘中。早期，锌冶炼厂曾用此法从锌浸出渣中提锗。

含锗的烟尘、炉渣、罐渣和锌浸出渣中，锗多以 $MeGeO_4$ 形态存在，很少以金属或氧化物形态存在[1]。当对这类物料进行烟化处理时，高温下的物料熔化，熔体中的锗便会离解成单体锗氧化物，若往熔体中吹入含煤粉空气，便发生如下还原反应：

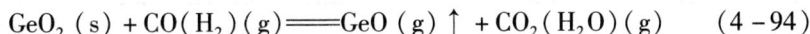

$$GeO_2(s) + CO(H_2)(g) = GeO(g)\uparrow + CO_2(H_2O)(g) \quad (4-94)$$

将一种锗含量为 0.005% 的炉渣熔化后送入烟化炉，在高于 1250℃ 的温度条件下，烟化吹炼 1.5 h，锗挥发率达 90%~95%[1]。烟化时间与锗和锌挥发率的关系见图 4-23[1]：

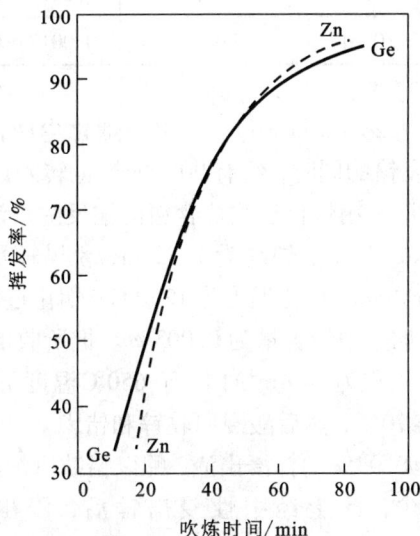

图 4-23　烟化时间与锗和锌挥发率的关系

实践表明，烟化过程中生成的锌蒸气对锗挥发有利。与此同时，含锌铅物料中超过 95% 的铅与锌也挥发进入烟尘。对于含锗 0.005%~0.009% 的铅锌渣，烟化所得的烟尘中锗可富集到 0.02%~0.03%，弃渣中锗含量低于 0.0003%。

对含锗的锡渣也可采用烟化法富集提锗，其含锗的锡渣的成分[1]见表 4-55。

表 4-55　含锗锡渣的主要成分　　　　　%

锡渣	Ge	In	Sn	Pb	Zn	Fe	S	SiO$_2$
渣 1	0.001	0.001	0.50	1.12	8.11	35.0	0.36	27.0
渣 2	0.015	0.007	1.33	0.82	2.77	21.9	2.70	26.3

将锡渣熔化后转入烟化炉（风口区断面面积为 1.21 m × 2.15 m，高为 4.50 m），采用占渣重 18% 的煤粉和 0.7 的过剩空气系数，并添加一定量的黄铁矿后，在 1250℃ 温度下吹炼 1.5 h，锗挥发率达 90% 以上。锗的挥发率随黄铁矿添加量的增加而增加，见表 4-56。

表 4-56　烟化时添加黄铁矿量对锗挥发率的影响　　　　　　　　%

添加黄铁矿情况	渣 1 的烟化尘		渣 2 的烟化尘	
	品位	挥发率	品位	挥发率
不加黄铁矿	—	—	0.0017~0.03	82.0
加 5% 的黄铁矿	0.006~0.01	93.8	0.0013~0.03	91.5
加 7% 的黄铁矿	0.006~0.01	96.1	0.0017~0.03	97.8

烟化炉的生产能力达 24 t/(m² · d)，产出的烟化尘中锗含量最高达 0.03%，烟尘率仅为 8%。在挥发锗的同时，约有 90% 的铟也转入烟尘。

加拿大的福临弗朗厂采用烟化法吹炼含锗的铜反射炉渣，所用烟化炉的风口区断面面积为 6.40 m × 2.44 m，炉高为 7.32 m，粉煤耗量为渣量的 16.3%（质量），空气耗量为 286 m³/min，烟化温度为 1250℃，烟化过程中锗挥发入烟尘，其烟尘率约为 11%，获得烟尘中锗含量为 0.003%。把所收的烟尘投入 7 层的多膛炉（φ7.5 m × 9.5 m，总面积为 440 m²）内，于 650℃ 温度下焙烧脱氟与脱氯，氟、氯脱除率分别达 96% 与 70%，然后酸浸回收锌和锗[1]。

对于含锗 0.001%~0.04% 的锌浸出渣，配以铅鼓风炉渣后送烟化炉处理，获得含锗 0.1% 的烟化尘，此尘经中性浸出锌后，浸出渣中锗品位可富集到 0.3%[1]。

又有含 Ge 0.006%、Pb 0.06%、Zn 9.96%、Fe 27.81% 的锌冶炼渣，加入料重 10% 的炭粉与 15% 的食盐，在 1420~1480℃ 温度下氯化烟化 75~80 min，料中锗挥发率大于 90%，获得的烟尘中锗含量达 0.03%~0.06%[1]。

烟化法的优越性在于可较好地综合回收锗和铟，也可回收主体金属铅与锌等。在烟化法提锗过程中，要特别防止渣中 FeO 被还原成金属铁，因为金属铁会吸收锗而导致锗不能挥发入烟尘。实践表明，烟化过程中如果产出金属铁，此时的渣含锗量较原渣要高一个数量级，且随着 FeO 被还原成金属铁，造成炉凝结无法继续操作。

7.4.4　鼓风炉还原熔炼挥发锗

鼓风炉还原熔炼挥发锗除可用于 6.3.2 节所述处理锗煤烟尘外，也可用于处理含锗铁矿。氧化铁矿中锗含量一般为 0.002% ~ 0.010%，采用鼓风炉还原熔炼挥发锗时，炉内熔炼造渣量不宜过少，且需保持好的流动性，所需配的渣型成分为 SiO_2 25% ~ 35%、FeO 45% ~ 50%、Al_2O_3 10% ~ 15% 及 CaO 5%。在焦比 50% ~ 60%、炉内 $V(CO)/V(CO + CO_2) = 60\% ~ 70\%$，熔炼温度为 1300 ~ 1350℃、炉顶温度为 650 ~ 750℃ 的条件下熔炼，可使铁矿中大部分锗挥发进入烟尘，且此时不会产出生铁[1]。

另有研究将含锗 0.012% 的赤铁矿，投入料柱高达 1.2 ~ 1.6 m 的鼓风炉中，在焦比为 55% ~ 60%、温度为 1350 ~ 1400℃ 的条件下还原挥发，熔炼产出的烟尘率为 0.5% ~ 5.0%，烟尘中锗含量达 0.3% ~ 2.0%，由于鼓风炉中渣量较大，锗随炉渣损失达 10% ~ 15%，渣中锗含量为 0.001% ~ 0.002%，锗回收率不会高于 85%[1]。

第8章　锗化合物提纯与金属锗制取

金属锗与锗化合物多用于电子行业，其纯度要求很高，主流的提纯方法是 $GeCl_4$ 精馏法，个别用途下也有采用锗烷精馏提纯法的，这与高纯硅提纯方法大致相同。

8.1　$GeCl_4$ 的精馏提纯

$GeCl_4$ 的精馏提纯，是基于 $GeCl_4$ 与杂质的氯化物的沸点不同，在精馏塔中通过多级的蒸发冷凝来实现相互分离，这与 $GeCl_4$ 单级蒸馏的原理相同，其区别在于前者是在一个精馏塔中完成逐级反复多次的蒸发冷凝分离过程。

精馏塔是由多个塔盘叠加而成的组合体，均由高纯石英玻璃制成，直径一般为 $120 \sim 150$ mm，每层塔盘间隔约 90 mm，塔内置的筛板塔盘数达 $30 \sim 40$ 个，筛板塔盘为平板式或溢流式，大直径的精馏塔一般用溢流式塔板，以利于溶液在塔板孔均匀流出。一种溢流式筛板塔盘的结构示意图如图 4 - 24 所示。

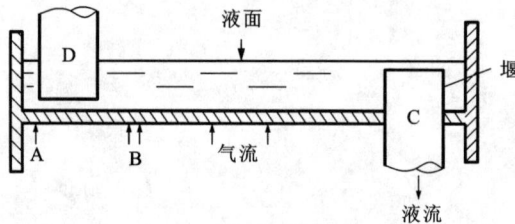

图 4 - 24　溢流式筛板塔盘的结构示意图
A—塔板；B—筛孔；C、D—溢流管

将粗 $GeCl_4$ 加入精馏塔底部的蒸馏釜中，使其加热到 $GeCl_4$ 的沸点（84℃左右），此时 $GeCl_4$ 蒸气由下往上穿越塔盘的筛孔，从而与回流下来的 $GeCl_4$ 液体相遇冷凝，经逐级反复的蒸发与冷凝，使到达塔顶的 $GeCl_4$ 蒸气达到纯度要求，经冷凝制得 5N～8N 级 $GeCl_4$ 产品。回流到塔底蒸馏釜的是含有高沸点杂质组分的 $GeCl_4$，该组分需定期排出且另行处理。在塔直径和塔盘数目一定的条件下，通过控制塔顶部若干层的塔盘温度来控制 $GeCl_4$ 蒸气冷凝成液体的比例，称为回流比。

通过控制回流比，可控制产品 $GeCl_4$ 的纯度，回流比越大，$GeCl_4$ 的精馏次数越多，产品纯度也越高，但效率也越低，工业生产 6N 级产品的精馏回流比一般为 15～25。一些氯化物的沸点数据见表 4-57。

表 4-57　一些氯化物的沸点

氯化物	BCl_3	$SiCl_4$	PCl_3	$GeCl_4$	$SnCl_4$	$AsCl_3$
沸点/℃	12.5	57.3	74.3	84	112	130
氯化物	$SbCl_3$	$AlCl_3$	$GaCl_3$	PCl_5	$FeCl_3$	VCl_5
沸点/℃	219	大于 178	200	162	319	127

$GeCl_4$ 精馏提纯要除去的杂质通常是 As 和 P，为了分离 As 和 P，可在 $GeCl_4$ 料液中加入氧化剂（如氯气），或在精馏塔内通入氯气，将 $AsCl_3$ 和 PCl_3 氧化成为高沸点的 $AsCl_5$ 和 PCl_5，以减少 As 和 P 的蒸出。另外，还可在精馏塔内设置充满铜丝的填料段，利用铜与 $AsCl_3$ 反应来除 As：

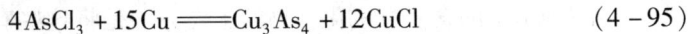

$$4AsCl_3 + 15Cu =\!=\!= Cu_3As_4 + 12CuCl \tag{4-95}$$

或在料液中加入新鲜的铜丝，使 As 生成 $Cu_7As_2Cl_6$，也可降低 As 含量[1]。

$GeCl_4$ 的精馏提纯是一个单纯的物理过程，其分离效果好，可稳定制取 8N 级 $GeCl_4$。由于精馏温度偏高且精馏设备长时间与物料接触，故易对产物造成污染。据研究，器具材质的元素在 83℃进入 $GeCl_4$ 的速率见表 4-58[99]。

表 4-58　器具材质元素进入 $GeCl_4$ 的速率（83℃）

材料	器具材质元素进入 $GeCl_4$ 的速率/$(g \cdot m^{-2} \cdot h^{-1})$			
	Fe	Mg	Al	Cu
镍	1.3×10^{-8}	9.4×10^{-9}	4.3×10^{-9}	3.4×10^{-9}
镍铬合金	1.5×10^{-8}	1.2×10^{-8}	7.4×10^{-9}	3.1×10^{-9}
石英玻璃	2.1×10^{-8}	2.6×10^{-8}	6.3×10^{-8}	1.8×10^{-9}

为减少容器对产品的污染以制取超高纯 $GeCl_4$，除可采用上述精馏提纯工艺外，还可以采用低温结晶法提纯。$GeCl_4$ 的熔点为 -50℃，对杂质有较高的分离系数，一次结晶得到的固相产物中其杂质含量可降低 2～3 个数量级[99]。

8.2 光纤级 GeCl$_4$的制备

光纤级 GeCl$_4$，纯度要求为 8N 级，除此之外，它对含氢化合物 GeCl$_3$·OH、CH、HCl 也有严格要求（其总量不大于 12×10^{-6}）[100]。因此，如何脱除这些含 H 化合物已成为制备光纤级 GeCl$_4$的最大难题。

GeCl$_4$中的含氢有机化合物的形成机理并未完全清楚。对于有机物杂质—OH 和 HCl，一般认为与水分含量密切相关[1]。GeCl$_4$遇水，则水解生成一系列含羟基的化合物和 HCl：

$$GeCl_4 + nH_2O \Longrightarrow Ge(OH)_nCl_{4-n} + nHCl \qquad (4-96)$$

其中：当水分浓度小于 0.01 mol/L 时，$n=1$；当水分大于 0.01 mol/L 时，$n=2$ 或 3。

即使在有微量水分的空气中，GeCl$_4$中的含 H 化合物也会大幅增加。因此，必须保持与 GeCl$_4$接触的系统高度干燥，且 HCl、Cl$_2$等原料在使用前也必须严格脱水。对于含 CH 的有机化合物杂质，则认为其是以 CH$_3$(CH$_2$)$_4$CH$_3$ 的形式存在的[100]。

脱除 GeCl$_4$中的含氢有机化合物的主要方法是将这些有机物转化为挥发性差的高沸点化合物，然后通过精馏分离脱除[101]：

（1）在 GeCl$_4$中加入 PCl$_3$（或 PBr$_3$），通入无水的氯气（或溴气），将带有羟基的有机物氧化成 POCl$_3$ 和 HCl（或 POBr$_3$ 和 HBr）。经精馏把 POCl$_3$（或 POBr$_3$）留在底液，将馏出的 GeCl$_4$冷冻到 -20℃ 以使 HCl（或 HBr）在 GeCl$_4$中的溶解度降低，并在真空条件下将 HCl（或 HBr）气体抽出而脱除。

（2）在 GeCl$_4$中注入无水氯气，在 1000℃ 以上的温度下，将含氢有机物进行氯化转为 HCl，并将 Ge(OH)$_n$Cl$_{4-n}$（$n=1,2,3$）转化成高沸点的高氯酸化合物，然后精馏以将它们分离脱除。

将上述（1）和（2）的技术方案结合起来，形成脱除 GeCl$_4$中有机物的实用技术[102]。

加料操作前将反应装置加热以使水分蒸发，并抽真空将水分抽离系统，然后反复多次注入氮气（或氢气），使装置完全处于无水无氧状态。在 GeCl$_4$料液中加入占料液质量 10% 的无水氯化钙或 5% 的无水 P$_2$O$_5$ 或 1% 的镁化合物，在精馏装置中将料液加热至 80℃，其间通入 HCl 和 Cl$_2$，并用碘钨灯进行光照，馏出液蒸发冷凝回流 4~8 h。在紫外光辐照下，Cl$_2$产生氯化的自由基，可将氢化合物氯化成 HCl。之后，再将光照氯化后的料液在 80~100℃ 温度下蒸馏以将 GeCl$_4$馏出，然后将 GeCl$_4$和 HCl、Cl$_2$的混合蒸气导入温度为 300~600℃ 的石英管内加热 5 s 到数十秒，将含氢有机化合物完全转为高沸点的高氯酸化合物和 HCl。处理后的蒸气接入蒸馏塔进行冷凝再精馏，将馏出的 $GeCl_4$ 液体冷冻到 $-20℃$ 以下，并在真空下将所含的 HCl 和 Cl_2 抽除干净。高沸点的高氯酸化合物则不被蒸出而留在底液。经以上处理，$GeCl_4$ 中所含的带—OH 和 C—H 链的有机物及 HCl 被脱除，从而制得 6N 级以上纯度的 $GeCl_4$ 产品。

对含 OH^- 9.14 μg/L、—CH 13.94 μg/L、HCl 78.06 μg/L 的 $GeCl_4$，采用加 HCl 共同蒸馏的方式可脱除含氢化合物。其原理是在过量 HCl 存在的条件下，使 $Ge(OH)_nCl_{4-n}$ 和 HCl 反应生成 $GeCl_4$ 和 H_2O，即反应（4 - 96）$GeCl_4$ 水解的逆反应：

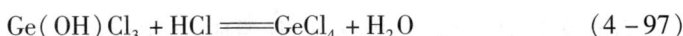

$$Ge(OH)Cl_3 + HCl \Longrightarrow GeCl_4 + H_2O \qquad (4-97)$$

将脱水的盐酸与 $GeCl_4$ 料液加入蒸馏釜内，加热至 $78\sim81℃$，在 $GeCl_4$ 沸点附近共同蒸馏，蒸馏出的 $GeCl_4$ 溶液中的杂质含量及红外光透过率与盐酸加量的关系见表 4-59。

表 4-59　$GeCl_4$ 馏出液中杂质含量及红外光透过率与盐酸加量的关系

盐酸/$GeCl_4$ （体积比）	H_2O 透过率/%	—OH 透过率/%	—OH 含量/(μg·L^{-1})
0.25:1	64.4	58.4	1.42
0.5:1	71.1	66.6	1.08
1:1	73.3	69.7	0.96
1.5:1	76.3	71.5	0.89
2:1	78.9	74.4	0.78

用脱水的 HCl 气体代替盐酸，蒸馏效果更好，$3610\ cm^{-1}$ 吸收峰（—OH）位置的红外光透过率为 79.1%，比用盐酸时提高了 13.5%[100]。

8.3　$GeCl_4$ 水解制备 GeO_2

将 $GeCl_4$ 加入纯水中，水解即获得 GeO_2，水解反应为：

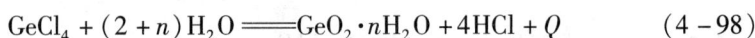

$$GeCl_4 + (2+n)H_2O \Longrightarrow GeO_2 \cdot nH_2O + 4HCl + Q \qquad (4-98)$$

制备高纯 GeO_2 的用水为 $16\sim18\ MΩ$ 的电子级去离子水。其水解条件见本篇 2.4 节。锗的完全水解率为 98%~99%；水解产物经 $350\sim400℃$ 温度煅烧脱去结晶水得到 GeO_2 产品[1]，GeO_2 产品的纯度基本由料液 $GeCl_4$ 的纯度决定。

8.4 金属锗的制取

8.4.1 GeO₂氢还原制取金属锗

H_2将GeO_2还原为Ge的过程在600℃温度下可显著进行，见图4-25[103]，当温度在927℃以下时，GeO_2被直接还原成Ge：

$$GeO_2 + 2H_2 == Ge + 2H_2O \qquad (4-99)$$

而在927℃以上温度时，GeO_2还原成Ge分两步进行：

$$GeO_2 + H_2 == GeO + H_2O \qquad (4-100)$$

$$GeO + H_2 == Ge + H_2O \qquad (4-101)$$

在高温和H_2量不足的情况下，GeO_2可能会形成GeO挥发而降低锗直收率，因此GeO_2的H_2还原通常分两段进行。还原炉设置两个温区及一个冷却区，将干燥后的GeO_2粉料置于石英舟（或石墨舟），放入低温加热区，控制温度为650～680℃，反应2～4 h，GeO_2大部分被还原成金属锗粉，然后将料舟推往高温段，控制温度为900～1100℃，至还原反应进行完全。高温段的还原温度视产品要求（锗粉或是锗锭）来决定。

还原结束后将料舟推往冷却区，在H_2保护下冷却出炉，此时锗的还原产率大于99.5%。另外，锗的纯度取决于GeO_2的纯度，通常可制得电阻率为10～20 $\Omega \cdot cm$的锗锭或纯度为5～6N级的锗粉[1]。

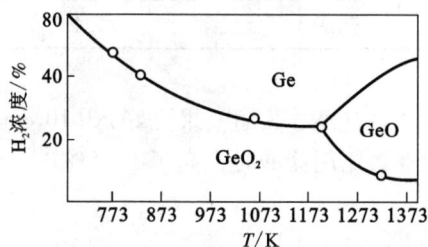

图4-25　Ge-O-H系热力学平衡状态图

8.4.2 锗区域熔炼与定向结晶提纯

用区域熔炼或定向结晶方法对锗作最终的提纯，锗中主要杂质的分凝系数K见表4-60[1]。

表 4 - 60 杂质在锗中的分凝系数 K

元素	K	元素	K
Au	10^{-4}	In	0.001
Al	$0.07 \sim 0.1$	Li	2×10^{-3}
As	$0.02 \sim 0.04$	Ni	$3 \times 10^{-6} \sim 5 \times 10^{-3}$
Au	3×10^{-3}	P	$0.08 \sim 0.12$
B	$17.7 \sim 20$	Si	5.5
Bi	$(4 \sim 4.5) \times 10^{-5}$	Sb	0.03
Cd	10^{-5}	Sn	0.02
Cu	1.5×10^{-5}	Ti	4×10^{-5}
Co	10^{-6}	Te	10^{-6}
Fe	$(1 \sim 3) \times 10^{-3}$	Zn	$4 \times 10^{-4} \sim 0.01$
Ga	$0.087 \sim 0.1$		

依 K 值判断，Al、Ga、P 的 K 值接近 1，采用区域熔炼或结晶的方法提纯效果不佳，其余大部分杂质的 K 值远小于 1，较易除去。

区域熔炼法的大致工艺条件为：熔区温度 $950 \sim 970$℃，移动速度 $80 \sim 240$ mm/h，区熔 $5 \sim 20$ 次，氢气保护[1]。

结晶法大致工艺条件为：真空度 0.01 Pa，熔体温度 1100℃，提拉速度 $12 \sim 90$ mm/h，晶棒转速 $25 \sim 30$ r/min[1]。

经提纯后，锗中杂质含量可降低 $1 \sim 3$ 个数量级，得到的高纯锗电阻率可达 $45 \sim 55$ Ω·cm，纯度可达 10N 级。

对于高纯产品的制备，外来污染对其纯度影响较大。故在区域熔炼或结晶前，须将原料锗锭表面清理干净，其过程为：先用 $V(HNO_3):V(HF)$ 为 3:1 的混合酸溶液腐蚀锗材表面，再用电子级去离子水冲洗干净，之后再用 $V(H_2O):V(HCl):V(H_2O_2) = 4:1:1$ 的混合溶液腐蚀锗材表面，然后用电子级去离子水清洗干净后，用甲醇冲洗、风干[103]。

高温下区域熔炼或结晶熔炼提纯极易受到盛放锗的容器的污染。一般用高纯石英或高纯石墨作锗的料舟，使用前通常采用甲烷热解方法对料舟表面进行沉积炭覆盖，或用四氯化硅或硅烷在氢氧焰中发生水解反应以进行表面的无定型二氧化硅的沉积覆盖处理。用石墨舟提纯锗易被磷、硼、铝等元素污染；而用石英舟也因容器中的杂质铝与锗中的杂质氧和硅易生成难以分离的复合化合物致使分离铝的效果变差。此外，提纯过程中的保护气体存在氧气时，也会使杂质硼生成

$B_2O_3 \cdot 2GeO_2$，从而导致硼的分离困难[47]。

8.4.3　锗烷分解制备金属锗薄膜

锗烷是制备锗半导体薄膜器件的锗源，常用的是甲锗烷 GeH_4 和乙锗烷 Ge_2H_6。在 350℃ 温度下，所有的高级锗烷（Ge_nH_{2n+2}）均可分解成 Ge 和 H_2：

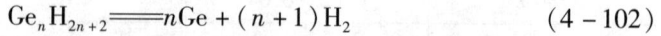

$$Ge_nH_{2n+2} = nGe + (n+1)H_2 \qquad (4-102)$$

锗烷的热分解沉积常用于制备半导体薄膜器件中金属锗的薄膜，这与硅烷相类似。锗烷热分解制备金属锗的过程不需要还原剂，且在较低温度（低于 500℃）下即可分解，这不仅减少了还原剂的污染，也降低了容器材质对物料的污染，因此可制得纯度极高的金属锗薄膜。

制备锗烷的一种方法是用金属氢化物将 $GeCl_4$ 及 GeO_2 还原成锗烷，其中常用作还原剂的金属氢化物有 $LiAlH_4$、$NaBH_4$、KBH_4、LiH、二异丁基氢化铝 $(i-C_4H_9)_2AlH$ 等[1, 99]，其中之一的反应为：

$$GeCl_4 + LiAlH_4 = GeH_4 + LiCl + AlCl_3 \qquad (4-103)$$

此外，还可用锗镁合金 Mg_2Ge 与 NH_4Br、HCl 等反应制取锗烷[1, 99]。合成锗烷的主要方法及其产率见表 4-61[99]。

表 4-61　合成锗烷的方法及其产率

含锗物料	还原剂或分解剂	反应介质	锗烷产率/%
$GeCl_4$	$NaBH_4$、KBH_4	H_2O	80~90
$GeO_2 + HBr$	$NaBH_4$	H_2O	70
$GeCl_4$	$NaBH_4$	四氢呋喃	30
$GeCl_4$	$LiAlH_4$	乙醚、四氢呋喃	30
$GeCl_4$	LiH	$LiCl + KCl$	100
$GeCl_4$	$(i-C_4H_9)_2AlH$	有机溶剂	60
Mg_2Ge	HCl	H_2O	20
Mg_2Ge	NH_4Br	NH_3	60
Mg_2Ge	HCl	N_2H_4	80

锗烷也可用电解法制备，含锗的酸性或碱性溶液在较低电流密度下电解，锗烷产率即可达 100%[99]。某种在碱性溶液中电解制取锗烷的工艺过程为：首先，对 2.5 mol/L 的 KOH 溶液，在 65℃、电流密度为 1.5 A/cm² ，阴极为金属镍板的条件下，电解脱除溶液中的 SiH_4、AsH_3、PH_3、H_2S、CH_4；然后加入 GeO_2 并溶解，

使 Ge 浓度达到 50 g/L。依同样条件进行电解，在阴极区收集气体产物 H_2 和 GeH_4。此时，GeH_4 浓度为 6%，生成速率为 40～50 g/h。H_2 和 GeH_4 的混合气体产物用分子筛初步分离，再用超滤膜过滤，以将 0.05 μm 的固体微粒脱除到少于 5.5×10^3 个/mol；最后，冷凝分离 GeH_4。产物锗烷中 SiH_4、AsH_3、PH_3、H_2S、CH_4、Fe、Ni、Al、Ca、Mg 等杂质的总含量小于 1×10^{-9}，制得的锗烷气体可液化成液体储存[1]。

经冷凝精馏可制得纯度极高的锗烷，其提纯程度要高于 $GeCl_4$ 精馏。

8.4.4　$GeCl_4$ 氢还原制备金属锗

$GeCl_4$ 氢还原用于气相沉积工艺（CVD）制备锗薄膜，在 900℃ 温度下通入 $GeCl_4$ 和 H_2，反应 15～60 min，可沉积出一定厚度的金属锗膜层[103]。

锗与硅同族，许多性质与硅类似，所形成的氯化物也与硅类似，参照 $SiCl_4$ 氢还原制备高纯硅的工艺可制备出锗薄膜。对 $GeCl_4$ 而言，锗的金属性比硅强，更容易被氢还原成锗：

$$GeCl_4 + 2H_2 \Longrightarrow Ge + 4HCl \tag{4-104}$$

根据热力学计算，当温度为 700K 时，反应向右移动，当温度为 850K、$n(H_2)/n(GeCl_4)$（物质的量之比）为 15～20 时，反应的平衡常数 K_p 与 T 存在下列关系：

$$\lg K_p = 7.65 - 5980T$$

锗的还原产率随 $n(H_2)/n(GeCl_4)$（物质的量之比）的增大而急剧增加，当 H_2 过剩为原来的 60 倍时，锗产率达到 60%[99]。在不太高的反应温度下可达到较高的反应产率，若将这一特性应用于生产高纯锗，则会有较大的实用价值。$GeCl_4$ 直接还原成金属锗，省去 $GeCl_4$ 水解、$GeO_2 \cdot nH_2O$ 煅烧、GeO_2 氢还原的过程，不仅大大减少了高纯产品生产过程的污染，还保证了产物的纯度。

参考文献

[1] 周令治，陈少纯. 稀散金属提取冶金[M]. 北京：冶金工业出版社，2008.

[2] Molle A, Bhuiyan M N K, Tallarida G, et al. Formation and stability of germanium oxide induced by atomic oxygen exposure[J]. Materials Science in Semiconductor Processing, 2006, 9 (4-5): 673-678.

[3] Fang C, Föll H, Carstensen J. Electrochemical pore etching in germanium[J]. Journal of Electroanalytical Chemistry, 2006, 589(2): 259-288.

[4] 张亚萍. 锗单晶片表面的化学腐蚀研究[D]. 杭州：浙江理工大学，2010.

[5] 路长宝，刘冠洲. 快速热氧化制备超薄 GeO_2 及其性质[J]. 半导体材料与设备，2012, 3

(9)：201 - 205.

[6] 宋玉林，董贞俭. 稀有金属化学[M]. 沈阳：辽宁大学出版社，1991.

[7] Bosi M, Attolini G. Germanium：Epitaxy and its applications[J]. Progress in Crystal Growth and Characterization of Materials, 2010, 56(3 - 4)：146 - 174.

[8] 李贺成. 红外光学材料——锗[J]. 红外与激光, 1980, (7)：3 - 7.

[9] 聂辉文，成步文. 硅基锗材料的外延生长及其应用[J]. 中国集成电路, 2010, (128)：71 - 78.

[10] Sukhdeo D S, Gupta S, Saraswat K C, et al. Impact of minority carrier lifetime on the performance of strained germanium light sources[J]. Optics Communications, 2016, 364：233 - 237.

[11] 张国成，黄文梅. 有色金属进展(1996—2005)第五卷 稀有金属和贵金属[M]. 长沙：中南大学出版社, 2007.

[12] Krajangsang T, Inthisang S, Dousse A, et al. Band gap profiles of intrinsic amorphous silicon germanium films and their application to amorphous silicon germanium heterojunction solar cells [J]. Optical Materials, 2016, 51：245 - 249.

[13] Veldhuizen L W, Van Der Werf C H M, Kuang Y, et al. Optimization of hydrogenated amorphous silicon germanium thin films and solar cells deposited by hot wire chemical vapor deposition[J]. Thin Solid Films, 2015, 595：226 - 230.

[14] Lee W J, Sharp J, Umana G A, et al. Investigation of crystallized germanium thin films and germanium/silicon heterojunction devices for optoelectronic applications[J]. Materials Science in Semiconductor Processing, 2015, 30：413 - 419.

[15] Samarelli A, Frigerio J, Sakat E, et al. Fabrication of mid - infrared plasmonic antennas based on heavily doped germanium thin films[J]. Thin Solid Films, 2016, 602：52 - 55.

[16] Babchenko O, Kozak H, Izak T, et al. Fabrication of diamond - coated germanium ATR prisms for IR - spectroscopy[J]. Vibrational Spectroscopy, 2016, 84：67 - 73.

[17] Barton P, Amman M, Martin R, et al. Ultra-low noise mechanically cooled germanium detector [J]. Nuclear Instruments and Methods in Physics Research Section A：Accelerators, Spectrometers, Detectors and Associated Equipment, 2016, 812：17 - 23.

[18] 颜雪明，陈水生，张华. 具有生物活性的有机锗化合物研究[J]. 广东微量元素科学, 2005, 3(12)：1 - 4.

[19] 杨琳琳，赵成爱. 人参中微量元素锗的生物活性[J]. 世界元素医学, 2011(1)：22 - 24.

[20] Pi J, Zeng J, Luo J J, et al. Synthesis and biological evaluation of Germanium(IV) - polyphenol complexes as potential anti - cancer agents[J]. Bioorg Med Chem Lett, 2013, 23 (10)：2902 - 2908.

[21] 刘艳，侯龙鱼. 锗对植物影响的研究进展[J]. 中国生态农业学报, 2015, 8(23)：931 - 937.

[22] US. Geological survey. mineral commodity summaries, Germanium. 2016, 70 - 71.

[23] 易飞鸿. 从冶锌废渣中提取锗、铟的研究[D]. 广州：广东工业大学, 2003.

[24] 李吉莲. 提高湿法炼锌过程中锗的综合回收技术[J]. 云南冶金, 2011, 40(1)：40 - 45.

[25] 和渝森. 锌金属冶炼烟尘中锗的富集与回收[J]. 化学工程与装备, 2013(4)：105 - 107.

[26] 林学富. 用橡碗烤胶从硫酸锌液中沉淀锗[J]. 有色金属(冶炼部分), 1979(3)：63.

[27] 徐浩, 秦清, 钱星, 等. 单宁锗沉淀中单宁的回收及再利用的研究[J]. 林产化学与工业, 2012, 30(5)：93 - 96.

[28] 林成. 化学腐蚀碱液中锗的回收工艺[J]. 再生资源与循环经济, 2008, 1(10)：26 - 27.

[29] 汪洋, 王向阳, 黄和明. 从铅锌生产尾料中综合回收锗镓铟[J]. 材料研究与应用, 2014, 8(3)：196 - 202.

[30] Harbuck D. Increasing germanium extraction from hydrometallurgical zinc residues[J]. Mineral and Metallurgical Process, 1993, 10(1)：1 - 4.

[31] 曹佐英, 张魁芳, 张晓峰, 等. Lix63 的合成新工艺及其萃锗性能[J]. 稀有金属, 2015, 39(7)：630 - 636.

[32] 张魁芳, 曹佐英, 肖连生, 等. 采用 HBL 101 从锌置换渣高酸浸出液中萃取锗[J]. 工程科学学报, 2015, 37(1)：35 - 41.

[33] 许凯, 梁杰. 几种锗萃取剂的合成原理及性能的比较[J]. 湿法冶金, 2011, 30(2)：87 - 90.

[34] 王安婷, 潘吉平. 用仲辛醇萃取锗的研究[J]. 中国测试技术, 2007, 33(1)：82 - 83.

[35] 陈世明, 李学全, 黄华堂, 等. 从硫酸锌溶液中萃取提锗[J]. 云南冶金, 2002, 31(3)：101 - 105.

[36] 汤淑芳, 周春山, 蒋新宇. 锗的氧肟酸 HGS98 萃取分离研究[J]. 稀有金属, 2000, 24(4)：247 - 250.

[37] 谢访友, 王纪, 马民理, 等. 用萃取法从锌浸液中回收锗[J]. 铀矿冶, 2000, 19(2)：91 - 95.

[38] 王继民, 曹洪杨, 陈少纯, 等. 氧压酸浸炼锌流程中置换渣中提取锗镓铟[J]. 稀有金属, 2014, 38(3)：471 - 478.

[39] 林江顺, 王海北, 高颖剑, 等. 一种新镓锗萃取剂的研制与应用[J]. 有色金属, 2009, 6(2)：84 - 87.

[40] 王海北, 林江顺, 王春, 等. 新型镓锗萃取剂 G315 的应用研究[J]. 广东有色金属学报, 2005, 15(1)：8 - 11.

[41] 楚广, 周兆安, 杨天足, 等. G8315 从湿法炼锌沉矾后液中萃取锗(Ⅳ)的性能研究[J]. 矿冶工程, 2011, 31(5)：69 - 72.

[42] 聂长明, 李忠海, 刘元, 等. 锗的提取与应用[J]. 无机盐工业, 1994(2)：19 - 24.

[43] 刘光华, 刘英汉, 吴华彬. 邻苯二甲酰异羟肟酸的合成及其酮配合物的研究[J]. 江西大学学报(自然科学版), 1987, 11(2)：38 - 44.

[44] 李样生, 李璠. Ge 在异羟肟酸(煤油)/硫酸体系中的萃取平衡[J]. 南昌大学学报, 2003, 27(3)：274 - 276.

[45] 刘光华, 刘军, 时显群, 等. 稀土(Ⅲ) - 异羟肟酸配合物的稳定常数[J]. 1989, 5(2)：30 - 36.

[46] 李样生, 刘蓓, 周耐根, 等. 二酰异羟肟酸萃取法从粉煤灰中提取锗[J]. 现代化工, 2000, 20(8)：34 - 36.

[47] 熊英. 稀散金属溶剂萃取化学[M]. 北京：化学工业出版社，2013.

[48] Vojkovi V, Juranovi I, Tamhina B. Extraction and separation of germanium（IV）with 4 - Pyridone derivatives[J]. Croatica Chemica Acta, 2001, 74(2)：467 - 477.

[49] 李世平. 关于 N235—酒石酸体系萃取分离锗锌的研究[J]. 稀有金属，1996, 20(5)：334 - 337.

[50] Liu F, Yang Y Z, Lu Y M, et al. Extraction of germanim by the AOT microemulsion with N235 system[J]. Industrial & Engineering Chemistry Research, 2010, 49(20)：10005 - 10008.

[51] Arroyo F, Fernandez - Pereira C, Olivares J, et al. Hydrometallurgical recovery of germanium from coal gasification fly ash. solvent extractionmethod[J]. Industrial & Engineering Chemistry Research, 2009, 48：3573 - 3579.

[52] 梁杰，黄琳，唐海龙. 用 TOA 从硫酸体系中萃取 Ge^{4+} 的机理研究[J]. 贵州大学学报（自然科学版），2008, 25(1)：88 - 91.

[53] 马荣骏. 溶剂萃取在湿法冶金中的应用[M]. 北京：冶金工业出版社，1979.

[54] Sargar B M, Anuse M A. Solvent extraction separation of germanium（IV）with N - n - Octylaniline as an extractant[J]. Journal of Analytical Chemistry, 2005, 60(5)：463 - 467.

[55] 井上胜利. 用各种酸性萃取剂对铟（Ⅲ）和镓（Ⅲ）进行溶剂萃取[J]. 稀有金属与硬质合金，1990, 102：59 - 62.

[56] Gupta B, Mudhar N. Extraction and separation of germanium using Cyanex301/Cyanex923. Its recovery from transistor waste [J]. Separation Science and Technology, 2007, 41 (3)：549 - 572.

[57] 普世坤，兰尧中，靳林，等. 提高含锗煤烟尘氯化蒸馏回收率的工艺研究[J]. 稀有金属，2012, 36(5)：817 - 821.

[58] Ma X H, Qin W Q, Wu X L. Extraction of germanium（IV）from acid leaching solution with mixtures of P204 and TBP[J]. Journal of Central South University, 2013(20)：1978 - 1984.

[59] Tang S F, Zhou C S, Jiang X Y, et al. Extraction separation of germanium with hydroxamic acid HGS98[J]. Journal of Central South University of Technology, 2000, 7(1)：40 - 42.

[60] 陈兴龙. 从硫酸锌溶液中萃取回收锗的研究[D]. 长沙：中南大学，2004.

[61] 王福泉，杨文斌. 烷基磷酸类萃取剂与喹啉类萃取剂 N601 协萃锗（IV）的研究[J]. 化学研究与应用，1997, 9(5)：455 - 458.

[62] Zhu Z W, Cheng C Y. Recovery of germanium from synthetic leach solution of zinc refinery residues by synergistic solvent extraction using Lix 63 and Ionquest 801[J]. Hydrometallurgy, 2015, 151：122 - 132.

[63] 梁杰. 从含锗烟尘浸出与萃取锗研究[D]. 昆明：昆明理工大学，2009.

[64] 韩金土，司学芝，张会杰，等. 碘化钾 - 正丙醇 - 锗（IV）三元缔合物萃取分离锗[J]. 冶金分析，2012, 32(1)：71 - 74.

[65] 刘小玉，司学芝，井佩，等. 正丙醇 - 硫氰酸铵 - 水体系析相萃取分离和富集锗的研究[J]. 化学世界，2011(12)：725 - 727.

[66] 郭鹏，司学芝，史梦玲. 硫酸铵 - 溴化钾铵 - 正丙醇体系萃取分离和富集锗的研究[J].

分析试验室, 2012, 31(1): 55 - 57.

[67] Zhang L, Guo X J, Li H M, et al. Separation of trace amounts of Ga and Ge in aqueous solution using nano - particles micro - column[J]. Talanta, 2011, 85(5): 2463 - 2469.

[68] Park H J, Tavlarides L L. Germanium(Ⅳ) adsorption from aqueous solutionusing a Kelex - 100 functional adsorbent[J]. Industrial & Engineering Chemistry Research, 2009, 48: 4014 - 4021.

[69] 尹朝晖. 从丹霞冶炼厂锌浸出渣中综合回收镓和锗[J]. 有色金属, 2009, 61(4): 94 - 97.

[70] 杨海燕, 胡岳华. 稀散金属镓锗在选冶回收过程中的富集行为分析[J]. 湖南有色金属, 2003, 19(6): 16 - 18.

[71] 张亚平. 从浸锌渣还原铁粉中回收镓锗的工艺及机理[D]. 长沙: 中南大学, 2003.

[72] 陈世芳. 攀钢 V_2O_5 弃渣中金属镓的提取研究[J]. 钢铁钒钛, 1994, 15(1): 49 - 52.

[73] 林奋生. 氧化—还原挥发工艺从含锗电解铁中提锗[J]. 稀有金属, 1993, 17(3): 178 - 181.

[74] 周兆安. 从湿法炼锌系统中富集回收锗的新工艺研究[D]. 长沙: 中南大学, 2012.

[75] 李昌福. 凡口窑渣冶炼工艺试验研究[J]. 矿冶, 2002, 11(3): 56 - 59.

[76] 李琛. 韶冶密闭鼓风炉熔炼过程中锗铟的富集与综合回收[D]. 长沙: 中南大学, 2004.

[77] 郑顺德, 陈世明, 林兴铭, 等. 从锌渣浸渣中综合回收铟锗铅铟的试验研究[J]. 有色冶炼, 2001(4): 34 - 35.

[78] 吕伯康, 刘洋. 锌渣浸出渣高温挥发富集铟锗试验研究[J]. 南方金属, 2007, 156(6): 7 - 9.

[79] 林奋生, 周令治. 电解法从铁中提取镓和锗[J]. 有色金属(冶炼部分), 1992(1): 18 - 21.

[80] 金明亚. 低品位锗煤烟尘还原挥发富集锗工艺及机理研究[D]. 长沙: 中南大学, 2015.

[81] 陈文鹏. 褐煤综合利用提锗的研究与生产实践[J]. 云南冶金, 1991(1): 38 - 44.

[82] 杨伦. 煤中提锗[J]. 云南冶金, 1974(5): 57 - 62.

[83] 林奋生, 杨凤祥. 一种从含锗煤中提取锗的方法: 92105988. 4[P]. 1992 - 07 - 15.

[84] 李存国, 周红星, 王玲. 火法提取煤中锗燃烧条件的实验研究[J]. 煤炭转化, 2008, 31(1): 48 - 50.

[85] 马民理, 谢访友, 王洪民, 等. 含铀、锗褐煤综合利用的半工业试验[J]. 铀矿冶, 1993, 12(3): 151 - 156.

[86] 金明亚, 陈少纯, 曹洪杨. 还原挥发法从低品位含锗煤灰中提取锗[J]. 有色金属(冶炼部分), 2015(3): 50 - 53.

[87] 邹平, 雷霆, 张玉林, 等. 煤矸石中锗的挥发试验[J]. 金属矿山, 2006(8): 79 - 81.

[88] 冯永林, 雷霆, 张家敏, 等. 含锗褐煤综合利用新工艺研究[J]. 有色金属(冶炼部分), 2008(5): 35 - 37.

[89] 朱云, 胡汉, 郭淑仙. 微生物浸出煤中锗的工艺[J]. 稀有金属, 2003, 27(2): 310 - 313.

[90] 罗道成. 低品位含锗褐煤中锗的微生物浸出研究[J]. 煤化工, 2007(4): 44 - 47.

[91] 黄和明, 赵立奎. 高硅含锗物料中锗的提取工艺探讨[J]. 广东有色金属学报, 2002, 12(专辑): 33 - 35.

[92] 张爱华. 氯化蒸馏渣中锗提取技术的研究和利用[J]. 有色矿冶, 2009, 25(4): 35 - 36.

[93] 黄和明. 从含锗蒸馏渣中回收锗的工艺方法探讨[J]. 江苏冶金, 1998(6): 23 - 25.

[94] 王洪江, 罗恒. 火湿法联合工艺处理这蒸馏残渣[J]. 广东有色金属学报, 2002, 12(专辑): 44 - 50.

[95] 杨飞, 罗泽安, 黄文孝. 从锗氯化蒸馏残液中回收有价金属的工艺[J]. 南方冶金学院学报, 2003, 24(5): 95 - 97.

[96] 王少龙, 李云昌. 锗蒸馏残液的环保处理工艺研究[J]. 稀有金属, 2007, 31(4): 581 - 583.

[97] 林成. 氯化蒸馏废酸还原回收锗[J]. 再生资源与循环经济, 2008, 1(2): 36 - 37.

[98] 张爱华, 谢天敏, 许金斌, 等. 有机锗废液中锗的回收[J]. 矿冶工程, 2011, 31(6): 95 - 97.

[99] 韩汉民. 超纯锗的制备[J]. 四川化工, 1997(2): 2 - 5.

[100] 卢宇飞, 雷霆, 王少龙. 制备光纤用 $GeCl_4$ 工艺技术研究[J]. 云南冶金, 2010, 39(5): 48 - 53.

[101] 王少龙, 雷霆, 张玉林, 等. 四氯化锗提纯工艺研究进展[J]. 材料导报, 2006, 20(7): 35 - 37.

[102] 潘毅, 赵蕾, 吕宝源, 等. 光纤级高纯四氯化锗的生成工艺: CN1597533A[P]. 2005 - 03 - 23.

[103] 王吉坤, 何蔼平. 现代锗冶金[M]. 北京: 冶金工业出版社, 2005.

第五篇　硒冶金

第1章　概述

　　硒，Selenium，元素符号为 Se。1817 年瑞典化学家 J. J. Berzelius 在研究黄铁矿制酸产生的红色酸泥时首次发现了硒，并把它命名为 Selenium，意为月亮[1]。硒是典型的半导体，其固体的导电性不如金属强，但熔化后导电能力显著增大。硒的大规模工业生产几乎与铜电解精炼及阳极泥的综合回收同步。硒用途广泛，可应用于冶金、玻璃、陶瓷、电子、太阳能电池等领域。

1.1　硒及其化合物的性质

1.1.1　单质硒

　　固体硒有无定形和晶体两种，无定形硒分为红色粉状、玻璃状及胶体状三种。晶体硒有红色单斜晶体和灰色六方晶体之分。硒的主要物理化学性质见表 5 − 1[1−2]。亚硒酸溶液在低于 70℃ 的温度下被还原而得到红色胶体状硒，加热至 70℃，胶体状硒可转变为红色单斜硒，煮沸后则转化为灰色六方硒。熔融状态的硒缓慢冷却得灰色六方硒，快速冷却则得玻璃状硒。玻璃状硒在室温下转化成灰色六方硒的速度缓慢，但如果环境温度达到 40℃ 以上，或用水快速冷却浇铸得到的硒锭内部温度未降至 40℃ 以下就脱模堆放，则玻璃状硒会很快转化成灰硒，转晶过程放热，且转晶一旦开始，其速度将随温度升高而加快，并伴有刺鼻的气味产生。硒性脆，但加热至 60℃ 以上时可压延加工。硒易挥发，其蒸气压数据见表 5 −2[2]。

　　硒在元素周期表中位于第六主族氧分族，其性质与硫颇为相似，与金属及氢化合时表现为 −2 价，而与氧化合时表现为 +4 价、+6 价，属铜型离子。常温下硒在空气中稳定，但在加热时会很快氧化，生成二氧化硒。硒可以直接与卤素（除碘外）作用，也可以与氢及大多数金属反应生成有毒的硒化物（硒与活泼金属生成离子型硒化物，而与其他元素生成共价键型化合物）。硒与硫和碲可按任何比例化合。

表 5 - 1 硒的物理化学性质

原子序数	34	表面张力/$(N \cdot m^{-1})$	0.1055(220℃)
相对原子质量	78.96	黏度/$(Pa \cdot s)$	$221 \times 10^{-3}(220℃)$
原子半径/nm	1.6	线膨胀系数/$(1 \cdot K^{-1})$	36.9×10^{-6}
离子半径/nm	0.69(+4) 0.66(+6) 1.98(-2)	结晶构造	单斜($\alpha - Se$、$\beta - Se$) 六方(灰硒)
熔点/℃	217	压缩系数/$(cm^2 \cdot kg^{-1})$	1.18×10^{-6}
沸点/℃	685	电子构造	$[Ar]3d^{10}4s^24p^1$
密度/$(g \cdot cm^{-3})$	4.389(α - 单斜) 3.989(液态)	氧化数	-2,0,+2,+4,+6
熔化热/$(kJ \cdot mol^{-1})$	5.23	电负性	2.48
汽化热/$(kJ \cdot mol^{-1})$	90.0	第一电离能 /$(kJ \cdot mol^{-1})$	941
熵/$(J \cdot mol^{-1} \cdot K^{-1})$	41.44	电子亲和能 /$(kJ \cdot mol^{-1})$	2.02
比热容(C_p) /$(J \cdot mol^{-1} \cdot K^{-1})$	0.11(α - 单斜)	键能/$(kJ \cdot mol^{-1})$	193
导热系数/$(W \cdot m \cdot K^{-1})$	248.1	标准电位/V	0.92
电阻率/$(\Omega \cdot cm)$	1	磁化率/$(\times 10^6)$	24～25
电导率/$(S \cdot cm^{-1})$	8.0×10^{-6}	放射性同位素	^{77}Se
莫氏硬度	2	配位数	2, 4, 6

表 5 - 2 硒的蒸气压   Pa

温度/℃	217.4	356	390	413	442	473	506
蒸气压	0.66	133.3	399.9	666.5	1333	2666	5332
温度/℃	527	554	594	637	680	710	—
蒸气压	7998	13330	26660	53320	101325	129300	—

硒在盐酸及稀硫酸中不溶,但溶于强氧化性的浓硝酸、浓硫酸等。硒与浓硝酸、浓硫酸作用被氧化成 SeO_2,随即溶于水,生成亚硒酸 H_2SeO_3:

$$Se + 2H_2SO_4 \rlap{=\!=\!=\!=} \quad H_2SeO_3 + 2SO_2\uparrow + H_2O \tag{5-1}$$

$$Se + 2HNO_3 \rlap{=\!=\!=\!=} \quad H_2SeO_3 + NO_2\uparrow + NO\uparrow \tag{5-2}$$

$$Se + 4HNO_3 \rlap{=\!=\!=\!=} \quad H_2SeO_3 + 4NO_2\uparrow + H_2O \tag{5-3}$$

$$Se + 4HNO_3 + 8HCl \rlap{=\!=\!=\!=} \quad H_2SeO_3 + 4Cl_2\uparrow + 4NO\uparrow + 5H_2O \tag{5-4}$$

亚硒酸可进一步氧化生成 H_2SeO_4:

$$H_2SeO_3 + H_2O_2 \rlap{=\!=\!=\!=} \quad H_2SeO_4 + H_2O \tag{5-5}$$

硒在硫酸溶液中可被强氧化剂(如 $KMnO_4$、$K_2Cr_2O_7$、$KClO_3$ 等)氧化:

$$5Se + 4KMnO_4 + 6H_2SO_4 \rlap{=\!=\!=\!=} \quad 5H_2SeO_3 + 2K_2SO_4 + 4MnSO_4 + H_2O \tag{5-6}$$

$$3H_2SeO_3 + K_2Cr_2O_7 + 4H_2SO_4 \rlap{=\!=\!=\!=} \quad 3H_2SeO_4 + K_2SO_4 + Cr_2(SO_4)_3 + 4H_2O \tag{5-7}$$

硒溶于浓碱溶液,生成硒化物和亚硒盐的混合液;加酸酸化后,又重新析出单质硒:

$$3Se + 6KOH \rlap{=\!=\!=\!=} \quad K_2SeO_3 + 2K_2Se + 3H_2O \tag{5-8}$$

$$K_2SeO_3 + 2K_2Se + 6HCl \rlap{=\!=\!=\!=} \quad 3Se\downarrow + 6KCl + 3H_2O \tag{5-9}$$

硒能溶解于热的碱金属的亚硫酸盐浓溶液中,形成硒代硫酸盐,而碲及其他杂质不溶,此特性可用于硒、碲的分离:

$$Se + Na_2SO_3 \rlap{=\!=\!=\!=} \quad Na_2SeSO_3 \tag{5-10}$$

将 Na_2SeSO_3 溶液冷却,反应(5-10)逆向进行,又析出单质硒,或在溶液中加入硫酸也可沉淀出硒,利用这两个特性可提纯硒[2]:

$$Na_2SeSO_3 + H_2SO_4 \rlap{=\!=\!=\!=} \quad Se + Na_2SO_4 + SO_2 + H_2O \tag{5-11}$$

硒与碱共熔可生成硒酸盐:

$$2Se + 2Na_2CO_3 + 3O_2 \rlap{=\!=\!=\!=} \quad 2Na_2SeO_4 + 2CO_2\uparrow \tag{5-12}$$

硒在加热情况下会与许多金属反应生成硒化物,如 Ag_2Se 等。

1.1.2 硒的氧化物

硒有一系列氧化物,如 SeO、SeO_2、SeO_3、Se_2O_3 及 Se_3O_4 等,其中较稳定的是 SeO_2。SeO_2 既是硒的化工产品,也是硒冶炼过程中的重要中间产物。常温下 SeO_2 为白色带光泽固体,属四方晶系,其内部通过氧桥键—O—形成无限长的 SeO_2 链,密度为 $3.59 \sim 3.594 \ g/cm^3$。SeO_2 易挥发,可不经熔化就挥发。SeO_2 气体呈黄绿色,有毒,其冷凝物为白色或略带微红色的针状物。表 $5-3^{[2]}$ 列出了不同温度下 SeO_2 的蒸气压。

表 5 - 3 SeO_2 的蒸气压

温度/℃	157	202.5	217.5	244.5	258	277	297.7	317
蒸气压/Pa	133.3	1333	2666	7998	13330	26660	53320	101325

SeO_2 极易溶解于水，生成亚硒酸（H_2SeO_3）。SeO_2 溶于盐酸及氢氧化钠溶液时，会生成相应的化合物：

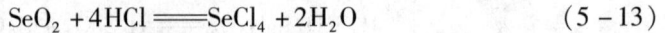

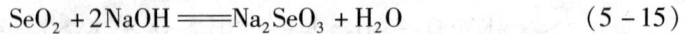

$$SeO_2 + 4HCl = SeCl_4 + 2H_2O \qquad (5-13)$$

$$SeO_2 + 4HCl = SeO_2 \cdot 4HCl \qquad (5-14)$$

$$SeO_2 + 2NaOH = Na_2SeO_3 + H_2O \qquad (5-15)$$

SeO_2 是强氧化剂，可被二氧化硫、氢气、氨、一氧化碳及炭等还原为单质硒。SeO_2 在 10%~40% 硫酸溶液中可被 SO_2 还原成单质硒；气相 SeO_2 只有在温度高于 100℃ 且有水存在时，才能与 SO_2 发生还原反应：

$$SeO_2 + 2H_2O + 2SO_2 = 2H_2SO_4 + Se \downarrow \qquad (5-16)$$

SeO_2 可被 H_2O_2 氧化成硒酸 H_2SeO_4。

1.1.3 硒的硫化物

硒的硫化物有 SeS、Se_2S 及 SeS_2，也可能存在 SeS_4 与 Se_4S 等。由于硒能与硫结合形成化合物，使得硒在提取冶金过程中难与硫分离，尤其是用 SO_2 还原得到的硒产品中的硫含量往往难以达标。

硒的硫化物中具有代表性的是 SeS_2，室温下 SeS_2 为黄色固体，密度为 2.821~2.870 g/cm³，熔点为 122℃。SeS_2 会在空气中氧化生成 SeO_2 和 SO_2，但当空气不足时，加热至 150℃ 则升华。SeS_2 易溶于王水，在硝酸中分解缓慢。

1.1.4 硒的含氧酸及盐

硒的含氧酸有亚硒酸和硒酸两种。

亚硒酸（H_2SeO_3）是硒的一种重要化合物，为无色晶体，属六方晶系，易潮解，有毒，密度为 3.004 g/cm³。H_2SeO_3 极易溶于水，在不同温度下其溶解度数据见表 5 - 4[2]。H_2SeO_3 仅在低于 70℃ 的条件下存在，当温度高于 70℃ 时（即使在溶液中），它将离解为 SeO_2 与 H_2O。亚硒酸在湿空气中会烟化，在干燥空气中也会失去水分，在高于 260℃ 的空气中则会氧化为硒酸：

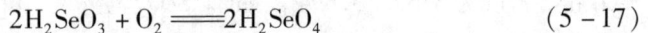

$$2H_2SeO_3 + O_2 = 2H_2SeO_4 \qquad (5-17)$$

表 5 – 4　H₂SeO₃ 的溶解度

温度/℃	– 10	0	10	20	30	40	50	60	70	80	90
溶解度/%	42.2	47.4	55.0	62.5	70.2	77.5	79.2	79.3	79.3	79.3	79.4

H_2SeO_3 是氧化剂，易被还原剂（如 SO_2、$Na_2S_2O_3$、Cu 及 H_2SO_3 等）还原。H_2SeO_3 在温度高于 70℃浓度为 10%～40% 的硫酸溶液中，可被 SO_2 还原成红色单体硒，其还原速度随温度的升高及硫酸浓度的降低而加快，这是硒冶金过程中从溶液中分离硒的基本方法：

$$H_2SeO_3 + 2SO_2 + H_2O \xlongequal{\hspace{1cm}} Se \downarrow + 2H_2SO_4 \qquad (5 - 18)$$

H_2SeO_3 在浓度为 20% 的盐酸溶液中也可用 SO_2 将其还原成单质硒，但只有在浓度达 27% 以上的浓盐酸中才发生强烈的还原反应。

在 H_2SeO_3 中加入氨水可析出单质硒：

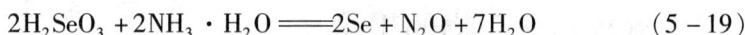

$$2H_2SeO_3 + 2NH_3 \cdot H_2O \xlongequal{\hspace{1cm}} 2Se + N_2O + 7H_2O \qquad (5 - 19)$$

H_2SeO_3 与碱作用可生成一系列亚硒酸盐或酸式亚硒酸盐：

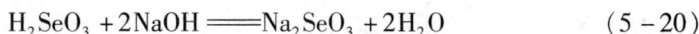

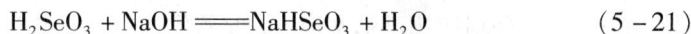

$$H_2SeO_3 + 2NaOH \xlongequal{\hspace{1cm}} Na_2SeO_3 + 2H_2O \qquad (5 - 20)$$

$$H_2SeO_3 + NaOH \xlongequal{\hspace{1cm}} NaHSeO_3 + H_2O \qquad (5 - 21)$$

H_2SeO_3 与强氧化剂（如 H_2O_2、Cl_2、$HClO_3$ 及 $KMnO_4$ 等）作用可进一步氧化成硒酸：

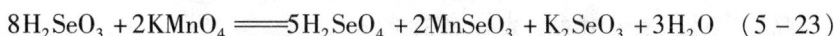

$$H_2SeO_3 + Cl_2 + H_2O \xlongequal{\hspace{1cm}} H_2SeO_4 + 2HCl \qquad (5 - 22)$$

$$8H_2SeO_3 + 2KMnO_4 \xlongequal{\hspace{1cm}} 5H_2SeO_4 + 2MnSeO_3 + K_2SeO_3 + 3H_2O \qquad (5 - 23)$$

硒酸（H_2SeO_4）可被 H_2S 或 Fe^{2+} 盐或盐酸等还原成 H_2SeO_3；若将 H_2SeO_4 用强还原剂（如联氨、羟氨等）还原，则可得到单质硒；而用 SO_2 直接还原 H_2SeO_4，则得不到元素硒，只能得到 SeO_2；但用 SO_2 直接还原 H_2TeO_4，则可得到单质碲，这是分离碲与硒的方法之一。因此，只有在 SO_2 还原前加入 $FeCl_2$ 等还原剂先将 H_2SeO_4 还原为 H_2SeO_3，才能使溶液中的硒完全还原析出。

H_2SeO_4 可与 Na_2CO_3、$NaOH$ 或 Na 等作用生成硒酸盐（Me_2SeO_4）、酸式硒酸盐（$MeHSeO_4$）：

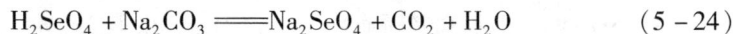

$$H_2SeO_4 + Na_2CO_3 \xlongequal{\hspace{1cm}} Na_2SeO_4 + CO_2 + H_2O \qquad (5 - 24)$$

$$2H_2SeO_4 + 2Na \xlongequal{\hspace{1cm}} 2NaHSeO_4 + H_2 \qquad (5 - 25)$$

硒酸盐易溶于水，加热时会离解为亚硒酸盐、氧化物及氧气。

1.1.5　硒化物

硒化物包括硒化氢和金属硒化物。硒与氢接触，当温度升至 250℃以上时能化合生成硒化氢（H_2Se），生成硒化氢最适宜的温度是 573℃，超过这个温度，反应则向相反方向进行：

$$H_2 + Se \underset{573℃}{\overset{250℃}{\rightleftharpoons}} H_2Se \qquad (5-26)$$

硒化氢是无色气体，有毒，具有与硫化氢相似的臭味，但比硫化氢更容易分解。硒化氢在湿的空气中易分解为单质硒，溶于水则生成水合物，水溶液呈弱酸性，硒化氢和卤代烃能形成复盐。硒化氢在氧气中燃烧生成二氧化硒：

$$2H_2Se + 3O_2 \Longrightarrow 2H_2O + 2SeO_2 \qquad (5-27)$$

水溶液中，硒化氢与硫磺反应，生成硫化氢和硒：

$$H_2Se + S \Longrightarrow H_2S + Se \qquad (5-28)$$

硒化氢与硝酸作用，能发生爆炸性反应。硒化氢与大多数金属能直接反应生成金属硒化物。硒与许多金属元素粉末化合也可形成硒化物。金属硒化物与金属硫化物性质相似，这是硒伴生于重金属硫化矿中的主要原因。

1.2 硒及其化合物的用途

随着科学技术的发展，硒的用途已经发生了巨大的改变，传统的硒电子元器件、静电复印、颜料应用已基本消失，取而代之的是锰电解、玻璃、硒化物半导体材料及现代薄膜光电器件和薄膜太阳能电池。此外，硒在生物、医疗、化学品等领域的应用也在不断扩大。我国是世界上最大的硒消费国，耗硒量占全球近70%或以上。我国的硒应用结构大致为：玻璃20%，冶金62%（主要用于电解锰），化学制品4.5%，电子10%，农业等3.5%[3]。

冶金行业中，硒主要用于电解锰，每吨电解锰耗硒量达1~2 kg。往锰电解液中添入SeO_2，使溶液中Se含量达0.03 g/L，这不仅能纯化电解液，提高氢的超电位，使电流效率由65%提高至70%以上，还能防止$MnSO_4$水解，大大改善电解锰产品的外观质量[3]。

在金属材料方面，如在镍铬不锈钢、合金钢及铜合金中加入硒可改善其高速切削性能，在钢中加入0.2%~0.3%的Se可制备具有良好延展性的无损伤钢；向铸铁中加少量硒，可消除铸件气孔，改善其加工性能。向Co-Fe-Ni中加入0.4%~0.5%的Se能提高其矫顽磁力。在Mg-Mn合金中加入0.5%~3%的硒，即能提高合金的抗腐蚀能力。在镁基合金上涂加有磷酸的亚硒酸（或硒酸钠）溶液涂层，便能抵抗海水的腐蚀。在免维修汽车蓄电池中，加入占电池质量分数为0.015%~0.02%的粒状硒细化剂制成的$Pb-Sb_{25\sim35}$蓄电池格栅，可减少50%的锑量，或直接向低$Pb-Sb$合金中加入0.02%的Se，能改进该合金的铸造与机械性能，且提高铅酸蓄电池格栅的强度[2]。

电子行业中，金属硫硒化物是重要的半导体材料，20世纪90年代初，随着宽禁带的Ⅱ~Ⅵ族硒化物在半导体激光器方面取得突破性进展,又激起了人们对Ⅱ~Ⅵ族硒化物研究的兴趣。硒化物半导体所展现出的优异性质使其在生物医学、光催化、太阳能电池、热电转化器、发光二级管(LED)、光学传感器、光电探测器、场效应晶体管(FETs)等领域中均表现出了巨大的应用价值,如 ZnSe、CdSe、PbSe 或(PbSn)Se 等新一代的光电器件可用于制造红外探测器、夜视仪或资源勘探仪及红外窗口透镜。ZnSe/ZnCdSe 异质结在室温时,具有较强的离子吸收能力和低阈能,可制成能在室温下连续工作的 ZnCdSe/ZnSe/ZnMgSeS 量子阱蓝绿半导体激光器。CdSe 是制作异质结太阳能电池和光电化学太阳能电池的重要材料,也是制备室温核辐射探测器的材料之一。CdSe/ZnSe 应变半导体材料,适于制作发射蓝绿光的二极管,在可见光到短波段区的光电子器件上有潜在的应用[3]。

铜铟镓硒薄膜太阳能电池被认为是极有发展前景的太阳能电池,其组成为 $CuIn_xGa_{1-x}Se_2$。一旦该太阳能电池在新能源领域实现大规模应用,则该领域将成为硒应用最大的领域。

硒也是用于制备半导体制冷器件的材料。

在玻璃行业中,硒可用作玻璃的脱色剂和着色剂。向玻璃原料中添加少量纯度为99.5%的硒化合物(如 Na_2SeO_4、Na_2SeO_3 或 $BaSeO_3$ 等)可提高玻璃的光学性能,如向含杂质铁、铜或镍等显绿色或蓝色的玻璃原料中加入 0.0018%~0.007% 的硒,可制得无色玻璃,其高透光率是太阳能电池板玻璃所必需的;加入 0.25%~3% 的硒,可烧制得多种色彩(如玫瑰色、红色、红棕色以至红宝石色等)的玻璃;将微量硒与硫化镉加入玻璃原料中制得的具有各种色彩的特种玻璃,既可用作信号装置的专用透镜,也可用作工艺美术品或纪念饰件;加入0.6%的硒制得的茶色玻璃,可作为节能材料,用于建筑物中的窗玻璃和玻璃幕墙[2]。

在化工行业中,硒是一种非常有用的羰基化催化剂和还原催化剂,此类反应的活性物种是羰基硒。在合成酯、取代脲类化合物尤其是农药、医药等一系列精细化学品和生物化学品的制备中,具有重要的应用。

在医药行业中,无机硒制剂主要有硒粉、亚硒酸钠、硒酸钠、二氧化硒和硒的氯化物等,其中亚硒酸钠应用最为广泛,在我国已成功用于克山病、大骨节病等地方病的防治,但其具有一定的毒副作用,致死量 LC_{50} 相对较小,因而其应用受到了限制,正逐渐被生物利用度高、生物活性强、毒性低且环境污染小的有机硒制剂所取代。

有机硒化物的研究始于 20 世纪 50 年代,自 20 世纪 70 年代发现硒是生物机体必需的微量元素以来,有机硒化学得到了迅速发展。自 20 世纪 90 年代至今,相继合成了大量具有生物活性的有机硒化合物,主要包括硒醚、含硒杂环、二硒醚及硒氰四大类。其中,硒的药理活性主要集中在抗氧化、抗癌、抗炎症、抗高血压及神经保护等方面。

在农业应用方面，作为生命微量元素的硒，可通过人为在牧场喷施 SeO_2 或 Na_2SeO_3 等途径，使人类通过生物链获得人体所需的含硒适量的粮食、奶制品、肉类。

1.3 硒对环境的影响

硒是人体及动物必需的微量元素，它主要以硒代氨基酸和多肽等形式存在于人和动物的内脏组织和血液中，并通过正常的代谢而维持在一定水平。当人和动物体内硒元素含量过多或过少时，都将致病。

一个地区如果其环境（土壤和水）中缺硒或贫硒，该地区生长的作物及植物中的含硒量就无法满足人及动物对硒的需要，从而导致人、畜新陈代谢的紊乱。缺硒地区的人易患克山病、大骨节病等；动物体内缺硒，则会流行白肌病等。通过喷施硒及施用含硒化肥，可以使粮食中含有一定量的硒，从而达到预防缺硒病发生的目的[2]。

硒也能给人类治理环境带来好处，如瑞典曾向受汞污染的湖泊喷硒，即将 $NaSeO_3$ 溶解到湖水中，使湖水中硒含量由 0.4 μg/L 提高到 2～4 μg/L，之后湖中鱼体内含汞量显著降低。湖水喷硒脱汞较一般通用的石灰脱汞费用低，使用方便，对消除汞与铅的污染很有效[2]。

另外，环境中硒量过多也会发生人、畜的硒中毒事件。硒中毒的主要症状是食欲不振、四肢无力发麻、头皮痛痒，严重的甚至会导致毛发与指甲脱落等。美国加利福尼亚州 Kesterson 国家野生动物保护区的排灌总渠曾因水分蒸发而使硒在农田富集，导致硒中毒事件发生。我国湖北恩施地区因地质等原因也曾发生过硒中毒的现象。当饮用水中 Se 含量大于 0.05 mg/L 时会致人中毒。环境中硒的含量见表 5 – 5[2]。

表 5 – 5 环境和人体中硒的含量

	土壤 /(μg·g^{-1})	粮食 /(μg·g^{-1})	人的毛发 /(μg·g^{-1})	人的尿液 /(μg·mL^{-1})	人的血液 /(μg·mL^{-1})
高硒中毒区	8.802～11.113	3.725～6.537	9.708～16.248	0.88～6.63	1.8～7.5
低硒区	0.086	0.009～0.012	0.050～0.080	0.007±0.001	0.010～0.021
正常区	0.152	0.014～0.059	0.125～0.381	0.02±0.012	0.091～0.695

1.4　硒的资源和生产[2-4]

硒在地壳中的丰度为 9×10^{-8}，它在自然界中主要以硒化物的形式存在，在火山成因的硫磺矿中偶尔含有少量的单质硒。硒在结晶化学方面的性质与硫相似，因此自然界中的硒主要以类质同象的形式伴生在硫化矿物中，尤其是重金属硫化矿物，如黄铁矿、黄铜矿、铜锌矿、铅锌矿、铋矿及某些金矿中。已知的含硒矿物多达 122 种，其中的硒多与有价金属矿物及煤等伴生[2]。据 USGS(美国地质调查局)2006 年公布的数据，世界已探明的硒储量为 8.2 万 t，储量基础为 17 万 t，其中美洲最多，占 52.7%，中国硒保有储量为 16888 t[3-4]。

硒也有独立的矿床存在，但其品位很低，目前并不具有工业开采价值。硒矿床划分为独立硒矿床和伴生硒矿床两大类。玻利维亚的帕卡哈卡矿床是较大的独立硒矿床。我国湖北西南部恩施市境内，现已找到渔塘坝、双河硒矿床，含 Se 量为 0.0047%~0.035%，局部高达 0.112%~0.54%，平均含量为 0.0084%，为地球硒克拉克值的 1628 倍，是全球最高含硒区，其中渔塘坝的含硅质碳质页岩型硒矿石中，Se 含量为 0.063%；半暗腐泥煤型硒矿石中，Se 含量为 0.29%。此外，硒在煤中的富集程度非常高，其平均含量是其地壳丰度的 50 倍以上。中国高硒煤主要分布于广西钟山县一带晚二叠世煤层中，其中硒平均含量为 0.18%，最高达 0.52%。这些独立的硒矿的开采利用虽在技术上是可行的，但目前还不具有经济价值，而在处理含硒煤矿时，由于含 Se 煤在燃烧时硒可以挥发进入烟气，故在湿式电收尘中仍有可能富集回收硒[2-3]。

目前世界生产的硒主要来自伴生于 Cu 硫化物矿石的硒资源，少量来自硫铁矿。世界硒资源的分布及储量见表 5-6[2-3]。

全球硒产量难以精确统计，2005 年以来，世界硒产量维持在 2300~3300 t/a 的水平[4]，且主要产自铜冶炼过程。因此，硒产量与铜产量相关。铜精矿带入的硒在冶炼过程中大部分进入粗铜，其后最终富集在粗铜电解的阳极泥中，全球每年产生(8~9)万 t 铜阳极泥，其中硒含量超过 3000 t。

中国除从铜镍冶炼过程中回收硒外，还进口大量硒原料提取硒，是世界上最大的硒生产国，硒终端产品和产量占全球总产量的 50%~60%[3]。

表 5-6　国内外主要硒矿资源

国别	矿床名称	工业类型			地质特征			
		大类	亚类	容矿岩石		矿产种类	品位/10⁻⁶	规模
玻利维亚	帕卡哈卡	原生型	蚀变岩型	构造蚀变岩		硒	>10	小型
加拿大	诺兰达		火山热液型	火山岩		硒、铜、镍	64	特大型
	弗林弗隆		火山热液型	火山岩		硒、铜、镍	64	特大型
菲律宾	阿特拉斯		岩浆型	闪长斑岩		硒、铜	>10	大型
智利	拉埃斯康迪达		岩浆型	花岗斑岩		硒、铜	>10	大型
	丘基卡马塔		岩浆型	花岗斑岩		硒、铜	>10	大型
美国	宾厄姆		岩浆型	花岗斑岩		硒、铜	21.5	大型
	特温比尤特斯		岩浆型	花岗斑岩		硒、铜	21.5	大型
刚果	科尔韦济	沉积型	碎屑岩型	碳质砂岩、碳质页岩		硒	>10	大型
赞比亚	水富里腊		碎屑岩型	碳质砂岩、碳质页岩		硒	>10	大型
	恩强加		碎屑岩型	碳质砂岩、碳质页岩		硒	>10	大型
中国	江西德兴金山	原生型	斑岩型	花岗斑岩		硒、铜、金	15.4	特大型
	甘肃金川白家嘴子		岩浆型	辉长岩		硒、金、镍	>10	特大型
	江西九江城门山		矽卡岩型	矽卡岩		多金属		特大型
	广东曲江大宝山		热液型	碳酸盐岩			>30	大型
	广东佛岗青云山		热液型	碳酸盐岩				大型
	甘肃碌曲拉尔玛		热液型	碳硅质岩、碳质板岩		铀、汞、硒、金	29.4	大型
	安徽铜陵铜官山			矽卡岩		硒、金、铜		大型
	湖南浏阳七宝山			矽卡岩		金、铁、硒、硫	>10	大型
	江西金溪麻姑山			矽卡岩		金、硒、铜、钼		大型
	青海玛沁德尔尼		热液型	碳酸盐化辉橄角砾岩		铜、钴、金、硒、硫		大型
	湖北兴山白果园			白云岩、碳硅质板岩		银、硒、钒	67~79	大型
	陕西华县金堆城		斑岩型	花岗斑岩		金、硒、钼		中型
	陕西洛南大石沟		岩浆型	二长花岗岩，脉岩		硒、钼	>10	中型
	陕西华阴华阳川		岩浆型	花岗伟晶岩、花岗斑岩		锶、铅、铌、银、硒、稀土	>10	中型
	湖北恩施鱼塘坝	沉积型	碎屑岩型	碳硅质岩、碳质页岩		硒	84.12	中型
	湖北恩施双河		碎屑岩型	碳硅质岩、碳质页岩		硒	84.12	中型
	吉林靖宇长白山	矿泉水型				硒		

1.5　硒工业品的质量标准[5]

硒的工业品包括硒、二氧化硒及高纯硒，它们都有各自的行业标准。硒按化学成分分为三种牌号：Se 9999、Se 999、Se 99，表5-7给出了各种牌号硒的化学成分。硒的化学成分仲裁分析方法按 YS/T 226 的规定进行。硒产品可以以锭状、粒状、粉状供货，其中硒粉粒度应不大于 0.25 mm，硒粉不得有结块。

表5-7　硒的化学成分

牌号	Se 含量不小于	化学成分(质量分数)/%							
		杂质含量，不大于							
		Cu	Hg	As	Sb	Te	Fe	Pb	Ni
Se 9999	99.99	0.0003	0.0003	0.0005	0.0005	0.001	0.001	0.0005	0.0005
Se 999	99.9	0.001	0.001	0.003	0.001	0.007	0.005	0.002	0.002
Se 99	99	—	—	—	—	—	—	—	—

牌号	Se 含量不小于	化学成分(质量分数)/%							
		杂质含量，不大于							
		Bi	Mg	Al	Si	B	S	Sn	总和
Se 9999	99.99	0.0005	0.0008	0.0008	0.0009	0.0005	0.004	0.0005	0.01
Se 999	99.9	—	—	—	—	—	—	—	0.1
Se 99	99	—	—	—	—	—	—	—	1.0

注：①Se 9999，Se 999 牌号中的硒含量为 100% 减去表中所列杂质元素实测总和的余量。
　　②Se 99 牌号中的硒含量为直接分析测定值。

二氧化硒按化学成分分为三种牌号：SeO_2 99、SeO_2 98、SeO_2 96，表5-8为各种牌号二氧化硒的化学成分。SeO_2 99 和 SeO_2 98 为白色结晶粉末或白色针状晶体，SeO_2 96 允许结晶物带微红色。二氧化硒的化学成分测定按供需双方约定的方法进行，二氧化硒的外观质量可目视检测。

高纯硒按化学成分分为两种牌号：Se 99.9999、Se 99.999，表5-9列出了各种高纯硒的化学成分。高纯硒块的质量、硒粒粒径及硒粉粒度由供需双方商定。高纯硒中不应有外来夹杂物和污染物。高纯硒呈黑色或深灰色，同批产品色泽均匀，目视无可见差异。

表5－8　二氧化硒的化学成分

项　目	化学成分(质量分数)/%		
	SeO$_2$ 99	SeO$_2$ 98	SeO$_2$ 96
SeO$_2$，不小于	99.0	98.0	96.0
水不溶物，不大于	0.005	0.05	—
灼烧残渣，不大于	0.1	0.2	—
Pb、Cd、Hg 总计，不大于	0.005	—	—
氯化物，不大于	0.005	—	—
Fe，不大于	0.001	—	—
As，不大于	0.001	—	—

表5－9　高纯硒的化学成分　　　　　　　　　　　　　　　　　%

牌号	Se 含量 不小于	杂质含量，不大于							
		Cu	Ag	Mg	Ni	Bi	In	Fe	Cd
Se 99.9999	99.9999	0.000005	0.000005	0.00001	0.000005	0.000005	0.000005	0.00001	0.000005
Se 99.999	99.999	0.00002	0.00002	0.00005	0.00002	0.00005	0.00005	0.00005	0.00002

牌号	Se 含量 不小于	杂质含量，不大于						
		Te	Al	Ti	Pb	Hg	Sb	杂质总和的最高限值
Se 99.9999	99.9999	0.00001	0.000005	0.000005	0.000005	—	—	0.0001
Se 99.999	99.999	0.0001	0.00005	0.00005	0.00005	0.0001	0.00005	0.001

注：牌号中的硒含量为100%减去表中所列杂质元素实测总和的余量。

第 2 章　硒的提取冶金方法

2.1　硒的主要冶金原料

世界硒产量 90% 以上从铜冶炼物料中提取[4]。铜火法冶炼过程中，铜精矿中的硒有 66%～76% 进入到阳极铜中，其余的主要分散在水淬渣、转炉渣及烟尘里。铜电解精炼过程中，阳极铜中的硒 95% 以上富集在阳极泥中[2]。铜阳极泥含硒达 2%～7%，是硒的主要冶金提取原料，硒在其中主要以金属硒化物（如 Cu_2Se、Ag_2Se、$CuAgSe$、$CuSe$ 及单质 Se 等）形式存在。镍、铅电解精炼过程产生的阳极泥也是提硒原料，镍和铅的阳极泥中的硒与铜阳极泥中的硒存在的形态相似，提取硒的冶金方法与铜阳极泥提硒方法基本相同。

除重金属电解精炼阳极泥外，硫化矿冶炼和制酸的烟气净化产生的酸泥、某些石煤和镍钼矿冶炼过程产生的溶液和烟尘、含硒材料加工产生的废料和废水、拆卸报废的含硒器件得到的物料及产生的废水中都含有硒，这些都可用作回收硒的原料或从中富集得到硒的冶金原料。

铜阳极泥中含有 Cu、Ag、Au、Se、Te、Pb、As、Sb、Bi 等多种有价金属，具有很高的综合回收价值。铜阳极泥中 Ag、Au、Se、Te、Pb 的含量主要受阳极铜成分的影响，Cu 的含量受电解工艺条件的影响，而 As、Sb、Bi 的含量既受阳极铜成分的影响，也受电解工艺条件的影响。因此，不同厂家的原料成分含量不同，即使是同一厂家不同工艺条件产出的铜阳极泥成分也不尽相同。表 5 – 10[6–10]给出了国内主要炼铜企业的铜阳极泥的成分。

表 5 – 10　国内主要炼铜企业的铜阳极泥的成分　　　　　　　　　　%

厂家	Cu	Au	Ag	Se	Te	As	Sb	Bi	Pb
1	12	0.015	2.24	7	—	1	—	0.1	0.07
2	14.49	0.236	8.32	3.44	0.94	3.84	4.09	1.61	20.34
3	21.26	0.275	8.24	4.68	0.94	3.8	3.57	0.564	8.1
4	9.12	0.185	8.88	4.71	2.04	5.07	5.91	4.53	7.4
5	15.27	0.089	20.04	2.86	0.22	1.58	1.52	0.65	5.98
6	8.3	0.12	4.43	2.71	0.36	3.42	0.69	5.96	22.44
7	19.42	0.46	11.12	5.87	0.71	4.03	2.35	1.55	16.85

国外铜、镍、铅电解的阳极泥成分见表 5 – 11[2]。

表5-11 国外铜、镍、铅电解的阳极泥级成分

成分/%

国家	厂家	产出率	Se	Te	Tl	Au	Ag	Cu	Pb	Zn	As	Sb	Bi	Ni	Fe	S全	SiO₂	Al₂O₃	CaO
瑞典	1	1.4	21.0	1.0	—	1.28	9.36	40.0	10.2	1.0	0.8	1.5	—	0.5	0.04	3.5	0.3	—	0.05
美国	1	—	12	3	—	0.9	9	30	2	—	2	0.5	—	—	—	—	—	—	—
	2	—	9.12~12	0.82~3	—	0.65~0.9	9~15.7	23.4~30	3.15	—	3.14	2.34	—	0.4~0.6	0.25	—	—	—	—
	3	—	4~10	0.6~1.3	—	0.1~0.4	1.25~1.9	2~3	9~18	—	3~4	5~7	—	—	—	—	—	—	—
	4	—	7	2	—	0.1	6	17	1	—	0.8	0.05	0.1	26	—	—	8.40	—	—
苏联	1	—	13.59	1.1	—	—	—	22.33	11.1	—	0.61	3.61	—	—	—	—	—	—	—
	2	0.65	2.0	—	—	0.04	3.17	11.78	—	—	—	—	—	—	—	5.99	0.68	—	—
	3	0.95	5.62	—	—	0.1	4.69	19.62	—	—	—	—	—	30.78	—	5.26	0.52	—	—
加拿大	1	—	28.42	3.83	—	1.98	10.53	45.8	8.5	—	0.33	0.81	—	0.23	0.40	—	—	—	—
	2	—	20.54	2.92	—	1.08	15.4	37	1.51	—	0.57	0.48	—	0.17	0.60	—	—	—	—
	3	—	10.9	3.19	—	—	21.3	20.3	—	—	1.83	0.95	—	0.52	—	—	—	—	—
	4	—	15.03	3.61	0.4	—	—	24.7	—	—	0.24	0.32	0.36	19.8	0.40	5.9	0.18	—	—
澳大利亚	1	1.0	2.96	2.58	—	1.64	6.28	13.8	23.7	—	4.03	8.34	—	0.45	0.35	7.8	0.72	0.71	0.55
	2	0.78	3.28	痕量	—	0.17	0.94	66.23	1.0	—	0.7	0.05	—	0.05	—	9.88	1.11	—	—
津巴布韦	1	0.14	12.64	1.06	—	0.03	5.14	44.53	0.91	—	0.27	0.06	—	0.27	1.42	6.55	6.93	1.03	0.54
芬兰	1	0.38	4.33	—	—	0.44	7.34	11.02	2.62	痕量	0.7	0.04	—	45.2	0.6	2.32	2.25	痕量	—
日本	1	—	19.2	1.35	—	0.0012	0.0159	0.37	24.9	—	1.41	—	—	—	—	—	—	—	—
	2	0.79	5.86	2.49	—	0.93	1.07	29.27	33.36	—	1.35	5.54	—	2.19	0.94	—	3.3	1.5	0.3
	3	—	4.02	1.35	—	0.31	8.09	21.78	16.51	0.75	1.59	5.52	—	1.56	0.15	—	2.01	1.42	0.2
	4	—	15.2	3.64	—	0.99	20.6	4.73	6.54	—	—	0.05	1.6	0.03	—	—	—	—	—

有色冶炼厂的 SO_2 烟气和化工厂硫铁矿生产硫酸过程中，从淋洗烟气中收得的酸泥富含硒与碲，其成分和分布见表 5-12 和表 5-13[2]。酸泥数量少，而硒、碲富集品位高，其回收利用价值值得重视。

表 5-12 有色冶炼厂烟气制酸所产酸泥之典型成分 %

	Se	Te	Bi	Pb	S	Cu	Zn	As	Hg	Cd	Fe	SiO₂	Ag	Tl
国内铜厂	0.077	0.029	5.5~10.8	55~49	10.8	0.83	0.85	1.9	0.07	0.13	3.59	1.42	0.05	0.02
国内铅锌厂	0.11	0.02	0.01	31~63	10.6		0.63	0.07	0.09	1.40	0.02	1.20	0.05	—
国内锌厂1	0.9~1.8	—	—	31~48	8.7~10.6		3~5		1~15			1.5~20.4		
国内锌厂2	2.8~3.1	—	—	26~37					6~28			20		
国外某厂	1.4~22.0	0.5~12.0	0.7~10.0	26~48	4~11		3~5	0.5~4.3	0.7~15		0.8~3.5		0.002~0.08	

表 5-13 生产硫酸过程中硒与碲在烟尘中的分布 %

	焙砂		烟道尘		干式电收尘		淋洗塔酸泥		湿式电收尘酸泥		过滤渣	
	品位	分布	品位	分布	品位	分布	品位	分布	品位	分布	品位	分布
Se	0.0019	17.6	0.0009	4.4	0.0012	1.6	1.4	37.1	61.1	4.6	62.3	34.7
Te	0.0035	54.4	0.005	40.4	0.0173	3.9	0.018	0.8	0.047	0.1	0.42	0.4

2.2 铜阳极泥火法处理工艺中分离提取硒

从铜阳极泥中回收硒有火法工艺和全湿法工艺，目前大规模生产中均采用火法工艺。铜阳极泥中回收硒的工艺通常根据其碲含量来选择，因为从铜阳极泥中回收硒时还有一项任务，即要同时回收碲。应当指出，铜阳极泥的处理主要考虑回收铜、金、银，是综合回收多种金属的复杂过程，各种处理工艺有不同的针对性，实际处理过程往往是多种工艺组合运用。运用这些处理工艺回收硒、碲时，要考虑对铜及贵金属回收的影响。阳极泥中铜含量一般很高，对回收金、银及其他金属总是不利，因此通常先作酸浸预脱铜处理后再进行其他金属的回收。

2.2.1 回转窑硫酸化焙烧挥发硒[11-13]

回转窑硫酸化焙烧挥发硒是从铜阳极泥中分离回收硒的传统经典工艺,广泛应用于工业中。其工艺原理是在高温下用硫酸将铜阳极泥中的硒氧化成气态SeO_2,SeO_2以挥发态进入烟气分离回收,铜则转化为硫酸铜,经水浸,使之与其他金属分离。这一工艺首先使硒和铜从阳极泥中分离出来,图5-1给出了铜阳极泥硫酸化焙烧蒸硒的工艺流程。

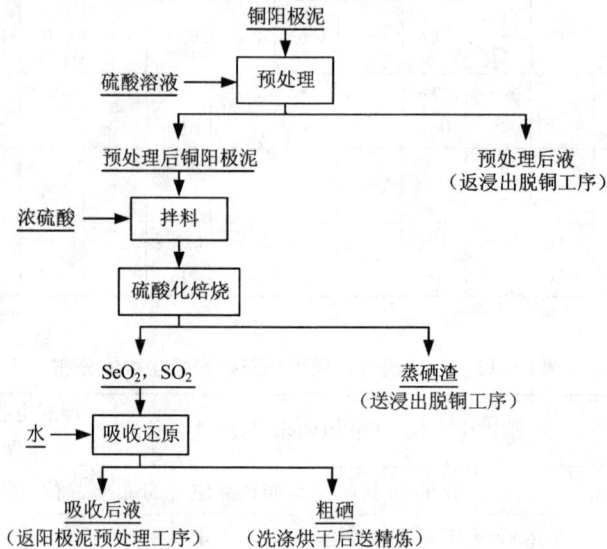

图5-1 铜阳极泥硫酸化焙烧蒸硒工艺流程图

工业上铜阳极泥的硫酸化焙烧是在带窑内螺旋的回转窑中进行的。铜阳极泥中的Cu_2Se与浓硫酸接触,当温度升至100℃时开始反应,但低温下硒化物硫酸化反应速率低,只有当温度升至400℃以上时才具有工业应用价值,图5-2给出了焙烧温度对硒化物硫酸化率的影响[2]。工业生产一般是按铜阳极泥质量的80%~110%拌入浓硫酸进行浆化,在500~750℃的温度下分多段焙烧,控制窑头负压为-8000~-2500 Pa,以利于物料中的硒(金属硒、硒化物、硒酸盐)转化成SeO_2挥发。铜阳极泥硫酸化焙烧提硒物料的典型反应为:

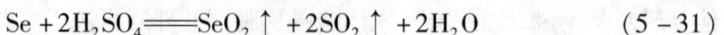

$$CuSe + 4H_2SO_4 === CuSO_4 + SeO_2 \uparrow + 3SO_2 \uparrow + 4H_2O \quad (5-29)$$

$$Cu + 2H_2SO_4 === CuSO_4 + SO_2 \uparrow + 2H_2O \quad (5-30)$$

$$Se + 2H_2SO_4 === SeO_2 \uparrow + 2SO_2 \uparrow + 2H_2O \quad (5-31)$$

$$Cu_2Se + 2H_2SO_4 + 2O_2 === SeO_2 \uparrow + 2CuSO_4 + 2H_2O \quad (5-32)$$

$$Ag_2Se + 4H_2SO_4 = Ag_2SO_4 + SeO_2 \uparrow + 3SO_2 \uparrow + 4H_2O \qquad (5-33)$$

$$Te + 2H_2SO_4 = TeO_2 + 2SO_2 \uparrow + 2H_2O \qquad (5-34)$$

$$2Ag + 2H_2SO_4 = Ag_2SO_4 + SO_2 \uparrow + 2H_2O \qquad (5-35)$$

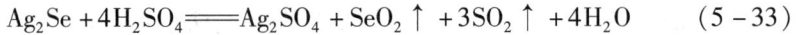

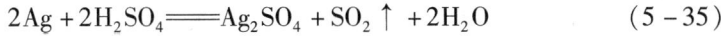

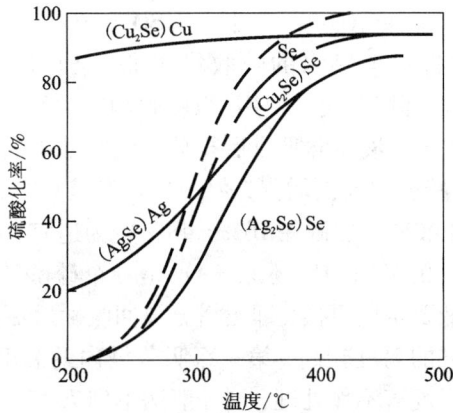

图 5-2　焙烧温度对硒化物硫酸化率的影响

硫酸化焙烧过程一般历时 4~5 h，焙烧过程中，硒以气态 SeO_2 的形式随烟气逸出，烟气的大致成分为：SeO_2 0.5%~1.0%、SO_2 10%~14%、SO_3 4%~6%、O_2 1.5%~2.4%，余为 H_2O。SeO_2 极易溶于水（图 5-3），在吸收塔内它会被喷淋的硫酸溶液吸收，并同时被烟气中的 SO_2（遇水吸收成 H_2SO_3）还原成单质硒沉淀析出：

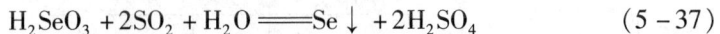

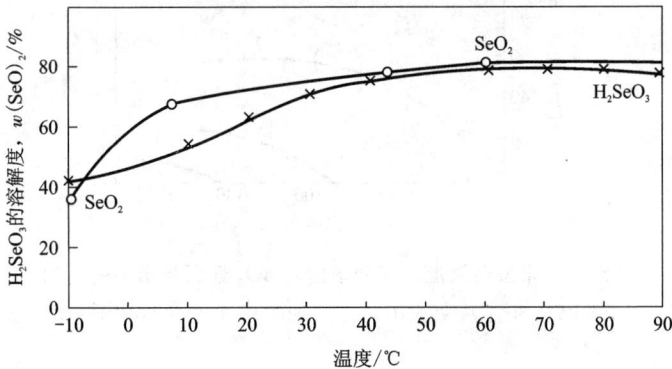

$$SeO_2 + H_2O = H_2SeO_3 \qquad (5-36)$$

$$H_2SeO_3 + 2SO_2 + H_2O = Se \downarrow + 2H_2SO_4 \qquad (5-37)$$

图 5-3　SeO_2、H_2SeO_3 在水中的溶解度与温度的关系

当淋洗液温度低于 70℃时，Se 可以以 $H_2SeS_2O_6$ 的形态存在：

$$SeO_2 + 2H_2O + 3SO_2 \Longrightarrow H_2SeS_2O_6 + H_2SO_4 \qquad (5-38)$$

只有当温度高于 70℃时，$H_2SeS_2O_6$ 才能完全离解析出 Se，所以吸收液的温度应控制在 70℃以上：

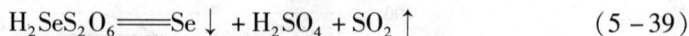

$$H_2SeS_2O_6 \Longrightarrow Se\downarrow + H_2SO_4 + SO_2\uparrow \qquad (5-39)$$

工业生产中通常将多个盛水的吸收塔串联（某厂吸收塔为 ϕ1800 mm × 1520 mm，两组并联，清理塔时交替使用）以吸收烟气中的 SeO_2，然后将吸收尾气送入硫酸生产系统，或用碱液喷淋吸收后排放。吸收液中的硫酸浓度要适中，尽管 SeO_2 的氧化能力随酸度增大而增强，但 SO_2 在溶液中的溶解度却随酸度增大而减小，故吸收液中硫酸浓度控制在 10%~48% 较为适宜。硫酸浓度太高，易造成单质硒的溶解损失。由于用 SO_2 还原 SeO_2 是一个硫酸浓度不断增加的过程，因此吸收塔内的吸收液要定期更换，即出塔分离回收硒后更换新的吸收液。回转窑尾部出来的焙烧烟气的温度较高，第一级吸收塔内的温度可达 100℃以上，而最后一级吸收塔内的温度若不作处理，则一般达不到 70℃。为了加快最后几级吸收塔内 SeO_2 的还原速度以避免红硒的产生，通常将多级吸收塔的夹套冷却水串联强制循环，使不同吸收塔内的温度趋于均衡。吸收液的温度升至 70℃以上，可促使聚合物 $H_2SeS_2O_6$ 的分解，红硒煮沸后能转化成灰硒。因此，出塔前适当提高吸收液的温度可显著改善粗硒的过滤和洗涤性能，但温度过高会造成析出的硒返溶，一般以 70~80℃为宜[10]。淋洗液温度和硫酸浓度对硒还原析出的影响见图 5-4[2]。吸收液含硒小于 0.3 g/L，若用于铜阳极泥的预处理，不仅能将吸收后液中的酸加以利用，减轻环保压力，而且可以回收其中残留的 Se，进一步提高工艺过程中硒的回收率。

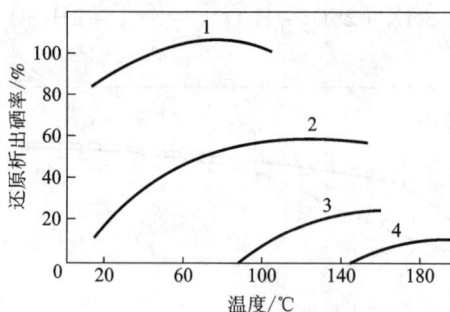

图 5-4　淋洗液温度和硫酸浓度对 SO_2 还原析出硒的影响

1—60% H_2SO_4；2—70% H_2SO_4；3—80% H_2SO_4；4—90% H_2SO_4

铜阳极泥直接硫酸化焙烧，硒的挥发率为 93%~97%；铜阳极泥经脱铜预处理分离其中的铜、砷、锑、铋后，再硫酸化焙烧，硒的挥发率可高达 99% 以上。

挥发焙烧脱硒后残渣中硒含量为 0.1%~0.3%。

　　铜阳极泥硫酸化焙烧得到的粗硒中 Te 的含量与回转窑作业状况有关，在焙烧温度下碲仅少量挥发进入烟气。贵溪冶炼厂高碲铜阳极泥硫酸化焙烧得到的粗硒中，正常情况下 Te 含量小于 0.05%。铜阳极泥直接硫酸化焙烧得到的粗硒中 Se 含量为 90%~95%，铜阳极泥经预处理后再硫酸化焙烧得到的粗硒品位可达 95%~98%。粗硒中的主要杂质是硫酸化焙烧过程随 SeO_2 一起挥发出来的失效的铜电解添加剂(骨胶、硫脲、干酪素)，粗硒经碱溶液洗涤或碱洗后浇铸可将其去除。

2.2.2　卡尔多炉挥发回收硒[14-15]

　　卡尔多炉最初应用于炼钢，经过发展现已应用于有色金属冶炼，可处理铜精矿、废杂铜、铅精矿、废杂铅、铅尘及阳极泥等。铜陵有色金属集团股份有限公司于 2007 年引进卡尔多炉及其工艺技术用于铜阳极泥的处理。图 5-5 给出了铜阳极泥卡尔多炉处理工艺流程。

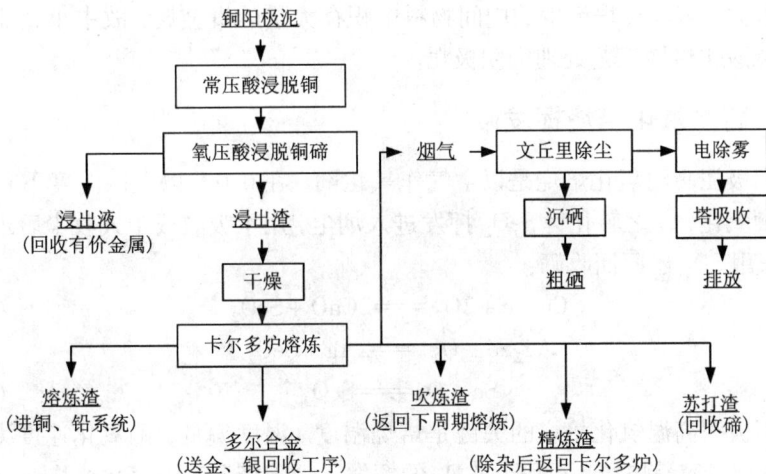

图 5-5　铜阳极泥卡尔多炉处理工艺流程

　　由于 Cu、Te 是卡尔多炉熔炼过程中最难脱除的杂质，因此，阳极泥在入炉前要进行脱铜、脱碲预处理。先用硫酸常压鼓风氧化浸出，将铜阳极泥中铜的质量分数降至 1%~3%，处理过程中物料量减少 50%~60%。预脱铜阳极泥再经氧压酸浸，使其中铜的质量分数降至 0.6% 以下，与此同时有 20%~30% 的碲进入溶液，浸出液含 Te 0.1~0.3 g/L 及微量的硒和银。浸出液先加入适量 Cl⁻ 以沉淀分离银，再在 70℃ 以上的温度下通入 SO_2 还原回收硒，最后加入铜粉或铜屑置换其中的碲，浸出渣烘干后送卡尔多炉熔炼。

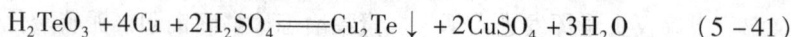

$$Ag^+ + Cl^- =\!\!=\!\!= AgCl \downarrow \qquad (5-40)$$

$$H_2TeO_3 + 4Cu + 2H_2SO_4 =\!\!=\!\!= Cu_2Te \downarrow + 2CuSO_4 + 3H_2O \qquad (5-41)$$

脱铜阳极泥在同一个设备（卡尔多炉）内依次完成还原熔炼—氧化吹炼—精炼三个阶段。在还原熔炼阶段，硒和碲仅少量挥发进入烟气，大部分进入贵铅（需外加入铅以捕集贵金属）；在氧化吹炼阶段，硒及部分碲氧化挥发进入烟气，烟气经动力波吸收装置或文丘里湿法收尘器水力喷射收尘，其中的 SeO_2 被水吸收转为 H_2SeO_3 溶液，吸收液过滤后再用 SO_2 两次还原得粗硒。脱铜后含硒为0.55%的阳极泥经卡尔多炉熔炼，硒的回收率为90%~95%，渣中硒含量为0.16%，粗硒品位约为90%[14]。

与之对比，铜阳极泥直接用回转窑硫酸化焙烧，硒的回收率为93%~95%，若铜阳极泥预处理后再用回转窑硫酸化焙烧，硒的回收率可达95%~96%。因此，就硒的分离回收而言，卡尔多炉熔炼与回转窑硫酸化焙烧两种工艺处理铜阳极泥难分伯仲。卡尔多炉熔炼的自动化程度较高，它不仅可处理铜阳极泥，还能处理铅阳极泥等其他含贵金属的物料，适合大规模工业化生产。由于卡尔多炉一次性投资大，熔炼过程产生的中间物料中积存大量的贵金属，故中小企业宜采用回转窑硫酸化焙烧工艺处理铜阳极泥。

2.2.3 高温氧化焙烧挥发硒[16]

铜阳极泥高温氧化焙烧是以空气作氧化剂，在600℃以上的温度下将铜阳极泥中的硒氧化，使之转化为 SeO_2 挥发进入烟尘，用水吸收或干式收尘后水浸或酸浸，再采用 SO_2 还原回收硒：

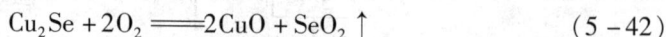

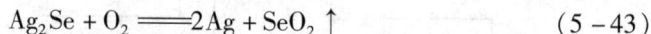

$$Cu_2Se + 2O_2 =\!\!=\!\!= 2CuO + SeO_2 \uparrow \qquad (5-42)$$

$$Ag_2Se + O_2 =\!\!=\!\!= 2Ag + SeO_2 \uparrow \qquad (5-43)$$

$$Se + O_2 =\!\!=\!\!= SeO_2 \uparrow \qquad (5-44)$$

铜阳极泥高温氧化焙烧的关键是焙烧温度。温度偏低，硒氧化速度太慢；温度偏高，物料容易烧结，不利于 SeO_2 的挥发。铜阳极泥高温氧化焙烧通常在回转窑内进行，控制焙烧温度为700~800℃，焙烧时间为19~20 h，硒的挥发率可达80%~90%。

高温氧化焙烧挥发硒适用于含碲较低的铜阳极泥的处理，因为温度达500℃以上，TeO_2 的蒸气压显著升高，易造成碲的分散。因此在高温氧化焙烧前，要对铜阳极泥进行加压酸浸脱碲。加压酸浸脱碲是依据硒与碲的电极电位差异，选择性氧化铜阳极泥中的碲及碲化物，浸出过程中碲进入浸出液，硒及硒化物留在渣中。

奥托昆普波里冶炼厂采用此法处理铜阳极泥以回收其中的硒。阳极泥预先酸浸脱铜脱镍后，拌入制酸产出的酸泥以利用酸并回收其中的硒。物料装入焙烧炉，每次装料 1600 kg，在空气中于 600℃ 温度下焙烧 24 h，硒将氧化成 SeO_2 挥发进入烟气。烟气进入炉外水力喷射收尘器，其中的 SeO_2 被水吸收并被 SO_2 还原析出硒，硒回收率为 99%，粗硒含量为 99.5%。SO_2 由外部导入，其好处在于能准确控制加量，不像硫酸化焙烧，需加入过量的硫酸，从而产出大量的 SO_2，增加烟气处理负担。采用氧化焙烧工艺相比于硫酸化焙烧工艺，可大大减少设备的腐蚀。该厂阳极泥焙烧前后的成分变化见表 5-14，工艺设备连接见图 5-6。

表 5-14 阳极泥焙烧前后的成分变化 %

	Cu	Se	Pb	Au	Ag	Pt
焙烧前	5.0	2.4	6.8	0.21	7.6	0.02
焙烧后	—	>0.2	17	0.5	19	0.05

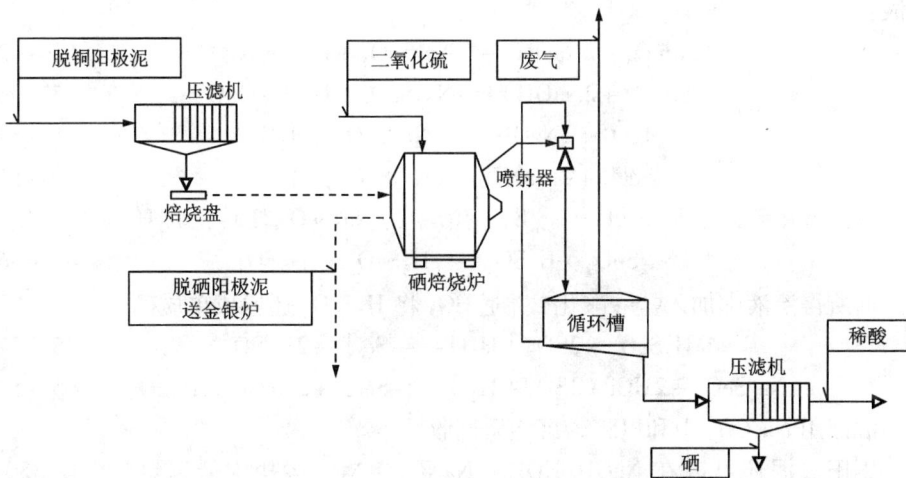

图 5-6 奥托昆普波里冶炼厂铜阳极泥氧化焙烧回收硒设备的连接示意图

2.2.4 低温氧化焙烧—浸出回收硒[16]

铜阳极泥低温氧化焙烧也是以空气作氧化剂，在 350~500℃ 温度下将其中的单质硒及硒化物氧化成硒酸盐或亚硒酸盐，并把硒固定在焙砂中，以避免其挥发进入烟气。在焙烧物料中加入适量的石灰或碱，可显著改善铜阳极泥低温氧化焙烧效果，有效避免焙烧过程中硒的挥发，提高硒的回收率。低温氧化焙烧物料的主要反应为：

$$Cu_2Se + 2O_2 \Longrightarrow CuSeO_3 + CuO \tag{5-45}$$

$$2Ag_2Se + 3O_2 === 2Ag_2SeO_3 \qquad (5-46)$$

$$Se + O_2 + CaO === CaSeO_3 \qquad (5-47)$$

$$MeSeO_3 + H_2SO_4 === MeSO_4 + H_2SeO_3 (Me = Cu, Ag, Ca) \qquad (5-48)$$

$$Cu_2Se + Na_2CO_3 + 2O_2 === Na_2SeO_3 + 2CuO + CO_2 \qquad (5-49)$$

$$Ag_2Se + Na_2CO_3 + O_2 === Na_2SeO_3 + 2Ag + CO_2 \qquad (5-50)$$

$$Se + Na_2CO_3 + O_2 === Na_2SeO_3 + CO_2 \qquad (5-51)$$

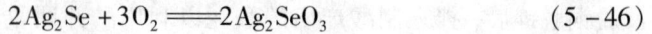

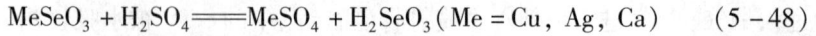

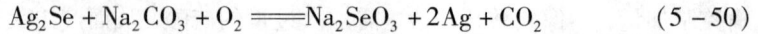

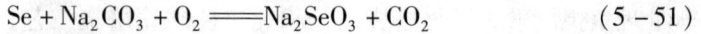

铜阳极泥经低温氧化焙烧后，硒及硒化物主要转化为可溶性亚硒酸盐留于焙砂中，仅少部分挥发进入烟气。焙砂按固液比 1:(4～5)，用 2～3 mol/L 的硫酸于 80～90℃温度下搅拌浸出 2～3 h，再过滤，之后用 SO_2 还原得含碲粗硒。含碲粗硒用亚硫酸钠精制法分离硒碲，此工艺中碲及碲化物分解氧化得不彻底。大冶有色金属集团控股有限公司曾也使用低温氧化焙烧工艺处理铜阳极泥，但现已改为硫酸化焙烧工艺。

焙砂也可以采用碱溶液于 90℃温度下浸出，硒和碲形成硒酸盐和碲酸盐进入溶液：

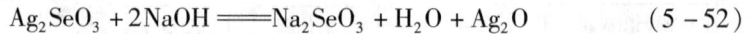

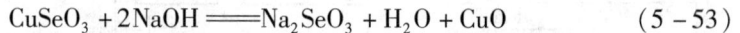

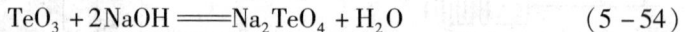

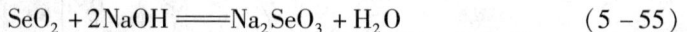

$$Ag_2SeO_3 + 2NaOH === Na_2SeO_3 + H_2O + Ag_2O \qquad (5-52)$$

$$CuSeO_3 + 2NaOH === Na_2SeO_3 + H_2O + CuO \qquad (5-53)$$

$$TeO_3 + 2NaOH === Na_2TeO_4 + H_2O \qquad (5-54)$$

$$SeO_2 + 2NaOH === Na_2SeO_3 + H_2O \qquad (5-55)$$

浸出液用硫酸中和至 pH = 7～8，溶液中的 Na_2SeO_3 便转化为 H_2SeO_3：

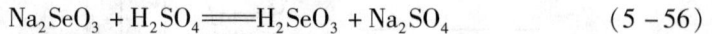

$$Na_2SeO_3 + H_2SO_4 === H_2SeO_3 + Na_2SO_4 \qquad (5-56)$$

向所得溶液中加入盐酸酸化，并通 SO_2 将 H_2SeO_3 还原成单质硒[2]：

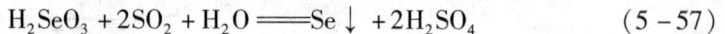

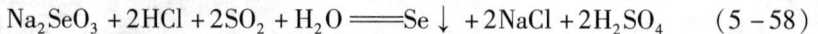

$$H_2SeO_3 + 2SO_2 + H_2O === Se \downarrow + 2H_2SO_4 \qquad (5-57)$$

$$Na_2SeO_3 + 2HCl + 2SO_2 + H_2O === Se \downarrow + 2NaCl + 2H_2SO_4 \qquad (5-58)$$

滤液用 Na_2CO_3 中和以将碲沉淀后回收。

铜阳极泥还可以在 $NaOH/KOH - NaNO_3/KNO_3$ 熔盐中低温焙烧，在 350～500℃温度下反应 1～3 h，铜阳极泥中的硒被氧化成硒酸盐，碲则转化成在碱性溶液中不溶的碲酸盐；将焙烧产物水浸，则硒进入溶液与铜、碲、锑等有价金属分离。浸出液先加硫酸酸化至 H^+ 浓度达 2～3 mol/L，再在 70℃以上的温度下通入 SO_2 还原回收硒。铜阳极泥熔盐低温焙烧，污染小，焙烧后硒的浸出率可达 98% 以上，但焙烧产物中熔盐再生困难，目前还无工业应用。

表 5-15 给出了铜阳极泥低温碱性焙烧分离硒碲的实验结果。实验条件为：按碱料比（质量比）0.5 加入 NaOH 与阳极泥拌匀，于 600℃温度下焙烧 1 h，再将焙烧料置于温度为 70℃、液固比为 12.5 的条件下用水浸出 1 h，再过滤。碱料比和焙烧温度对金属浸出率的影响见图 5-7 和图 5-8[17]。浸出液加石灰除砷后，再用 SO_2 或 Na_2SO_3 可沉出硒。

表 5 - 15　铜阳极泥低温碱性焙烧分离硒碲的实验结果　　　%

	Se	As	Cu	Pb	Sb	Te
阳极泥成分	5.22	3.55	11.91	16.16	5.09	0.58
浸出率	95.79	96.68	0.16	3.36	1.02	0.05

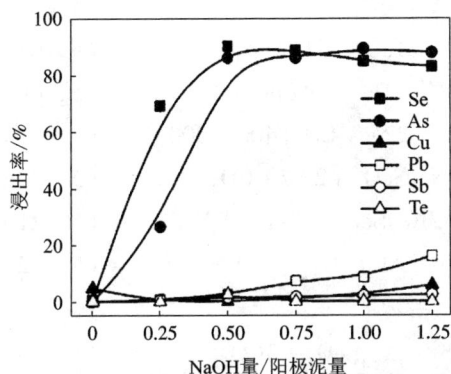

图 5 - 7　碱料比对金属浸出率的影响
500℃，焙烧 1 h，水浸出，液固比为 12.5

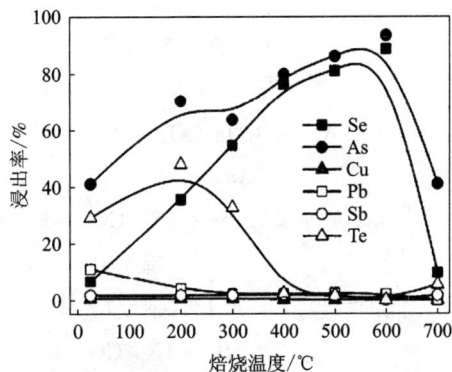

图 5 - 8　焙烧温度对金属浸出率的影响
碱料比 0.5，焙烧 1 h，水浸出，液固比为 12.5

2.2.5　苏打熔炼或烧结—浸出回收硒

向阳极泥中加入苏打后进行熔炼或烧结的方法已广泛应用于从阳极泥中回收硒与碲。熔炼或烧结时加入硝石作氧化剂，工艺过程与其他碱式焙烧类似。其优点在于：在第一道作业中就能使贵金属与硒和碲分离，且贵金属回收率高；获得纯硒的工艺简单易行并可以综合回收碲；苏打可反复利用。苏打法提硒碲可分为苏打熔炼法与苏打烧结法，这两种方法仅在反应温度和反应后物料形态上有区别，其原理并无不同。其工艺特点是将硒保留在焙砂中而不是使其挥发进入烟气，焙砂浸出后或使硒碲共同进入溶液然后再分离硒、碲，或使硒单独进入溶液而把碲保留在浸出渣中。采用苏打氧化熔炼法提取硒、碲，在熔炼温度为 800 ~ 1250℃时，硒很快挥发到烟气中，经 H_2SO_4 溶液吸收后再提硒，而碲则形成 Na_2TeO_3 进入渣中：

$$5Me_2Te + 8NaNO_3 \Longrightarrow 4Na_2TeO_3 + TeO_2 + 10MeO + 4N_2 \qquad (5-59)$$

$$TeO_2 + Na_2CO_3 \Longrightarrow Na_2TeO_3 + CO_2 \qquad (5-60)$$

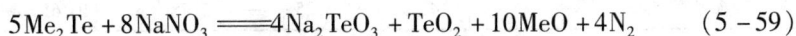

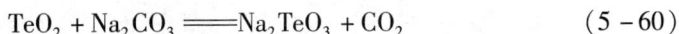

将脱铜（或硫酸化，或酸浸除铜）阳极泥配以料重 40% ~ 50% 的苏打，投入电炉内在 450 ~ 650℃下进行熔炼，过程中硒与碲转变为易溶于水的碱/碱土金属硒/碲酸盐或亚硒/碲酸盐，物料主要反应为[2]：

$$2Se + 2Na_2CO_3 + 3O_2 =\!=\!=\!2Na_2SeO_4 + 2CO_2 \qquad (5-61)$$
$$Cu_2Se + Na_2CO_3 + 2O_2 =\!=\!=\!Na_2SeO_3 + 2CuO + CO_2 \qquad (5-62)$$
$$2Cu_2Se + 2Na_2CO_3 + 5O_2 =\!=\!=\!2Na_2SeO_4 + 4CuO + 2CO_2 \qquad (5-63)$$
$$CuSe + Na_2CO_3 + 2O_2 =\!=\!=\!Na_2SeO_4 + CuO + CO_2 \qquad (5-64)$$
$$2CuSe + 2Na_2CO_3 + 3O_2 =\!=\!=\!2Na_2SeO_3 + 2CuO + 2CO_2 \qquad (5-65)$$
$$SeO_2 + Na_2CO_3 =\!=\!=\!Na_2SeO_3 + CO_2 \qquad (5-66)$$
$$Cu_2Te + Na_2CO_3 + 2O_2 =\!=\!=\!Na_2TeO_3 + 2CuO + CO_2 \qquad (5-67)$$
$$2Cu_2Te + 2Na_2CO_3 + 5O_2 =\!=\!=\!2Na_2TeO_4 + 4CuO + 2CO_2 \qquad (5-68)$$
$$Ag_2Te + Na_2CO_3 + O_2 =\!=\!=\!Na_2TeO_3 + 2Ag + CO_2\,(400\sim500℃) \qquad (5-69)$$
$$Ag_2Se + Na_2CO_3 + O_2 =\!=\!=\!Na_2SeO_3 + 2Ag + CO_2 \qquad (5-70)$$
$$2Ag_2Se + 2Na_2CO_3 + 3O_2 =\!=\!=\!2Na_2SeO_4 + 4Ag + 2CO_2 \qquad (5-71)$$
$$2Na_2SeO_3 + O_2 =\!=\!=\!2Na_2SeO_4 \qquad (5-72)$$

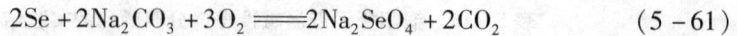

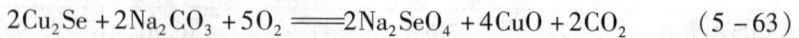

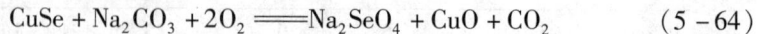

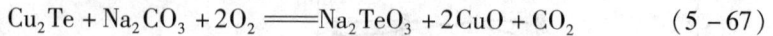

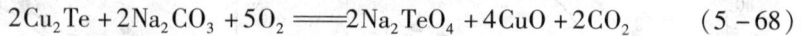

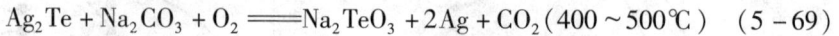

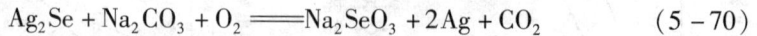

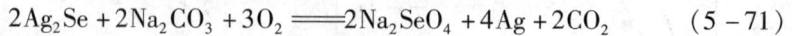

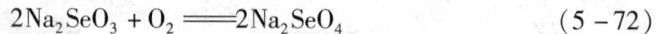

同时，也发生如下的副反应[2]：
$$3Se + 3Na_2CO_3 =\!=\!=\!2Na_2Se + Na_2SeO_3 + 3CO_2 \qquad (5-73)$$
$$3Ag_2Se + 3Na_2CO_3 =\!=\!=\!2Na_2Se + Na_2SeO_3 + 6Ag + 3CO_2 \qquad (5-74)$$

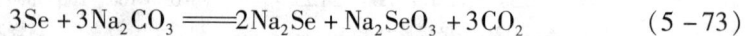

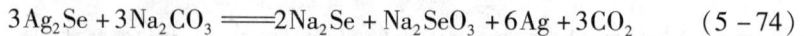

苏打熔炼反应起始于 300℃，到 500~600℃ 时便剧烈进行，如果升温到 700℃ 以上，则会有 SeO_2 明显挥发。为了保证氧化反应完全进行，使硒、碲都生成水溶性的 Na_2SeO_3 和 Na_2TeO_3，苏打熔炼宜控制在 650~700℃[2]。表 5-16 所示为苏打用量对苏打熔炼过程的影响情况。由此看出，为减少硒的挥发损失，苏打用量宜为 1.5~2 倍理论量。

表 5-16　苏打用量对苏打熔炼过程的影响情况

苏打用量 (理论量的倍数)		1.0	1.20	1.25	1.40	1.50	1.60	1.75	1.80	2.00	2.20	2.40	2.50
Ag₂Se 氧化率 /%	Se⁶⁺	73.16	74.16	—	68.59	—	65.21	—	67.77	48.88	38.35	49.00	—
	Se⁴⁺	3.10	5.86	—	6.59	—	12.73	—	11.16	45.00	54.45	41.87	—
硒挥发率/%		2.36	5.54	—	5.60	—	8.91	—	12.08	3.68	8.95	10.87	—
Cu₂Se 氧化率 /%	Se⁶⁺	—	—	62.65	—	58.29	—	52.45	—	38.00	—	—	31.58
	Se⁴⁺	—	—	29.15	—	38.83	—	38.65	—	52.97	—	—	63.94
硒挥发率/%		—	—	6.42	—	4.25	—	5.78	—	10.65	—	—	7.83

如欲使硒多转化为水溶性盐，且使碲形成水不溶物，则要求控制苏打熔炼温度在 450℃ 左右，并保证氧化剂与所供空气充足，此时氧化率在 92% 以上，碲会形成难溶于水的 Na_2TeO_4，水浸时则 Se 进入溶液，而 Te 不进入溶液，从而实现了

硒与碲的分离[2]。滤渣用 H_2SO_4 将 Na_2TeO_4 转化成可溶性的 H_2TeO_4，再从溶液中分离回收碲。

苏打熔炼渣用热水浸出时，硒和碲转入溶液，向水浸液中加入硫酸中和液至 pH 为 6 左右，可沉淀出 TeO_2：

$$Na_2TeO_3 + H_2SO_4 =\!=\!=\!= TeO_2 \downarrow + Na_2SO_4 + H_2O \qquad (5-75)$$

再向中和后液中通入 SO_2 或加入 Na_2SO_3 还原沉淀析出硒[2]。

美国阿纳康达铜矿公司处理铜阳极泥的过程为：阳极泥首先在 350℃ 和通入过剩空气的条件下氧化焙烧，然后用浓度为 15% 的硫酸溶液浸出脱铜，脱铜后将残留铜含量在 2% 以下的浸出渣投入反射炉熔融，待其表面浮起一层富含 Pb、Sb 及 SiO_2 的硅浮渣，捞出硅浮渣送铅厂回收铅；之后，向排渣后的熔池中加入苏打及硝石进行熔炼，以促使硒与碲形成相应的亚硒(碲)酸盐而转入苏打渣，渣经热水浸出得亚硒/碲酸钠溶液，此亚硒/碲酸钠滤液经酸中和获得 TeO_2 沉淀：

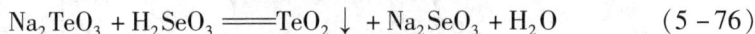

$$Na_2TeO_3 + H_2SeO_3 =\!=\!=\!= TeO_2 \downarrow + Na_2SeO_3 + H_2O \qquad (5-76)$$

含硒的中和后液用硫酸酸化后，通入 SO_2 还原可得红色硒，加热得灰硒。

瑞典波立登公司的苏打烧结法回收硒与碲的工艺流程见图 5-9[2]，该方法适于处理贫碲多硒的阳极泥物料。

将含 Se 21%、Te 1% 的阳极泥配入占料重 9% 的苏打，加水调成稠浆，挤压制粒，烘干后投入电炉内，在 450~650℃ 温度下通入空气进行苏打烧结，则硒与碲转为 Na_2SeO_3 与 Na_2TeO_3 或高价的 Na_2SeO_4 与 Na_2TeO_4。烧结料用 80~90℃ 热水浸出，在通入空气搅拌的情况下，得到亚硒酸盐溶液，将此浸出液浓缩至干渣形式，干渣配上炭在 600~625℃ 的电炉内还原熔炼而得到 Na_2Se[2]：

$$Na_2SeO_3 + 3C =\!=\!=\!= Na_2Se + 3CO \qquad (5-77)$$

$$Na_2SeO_4 + 4C =\!=\!=\!= Na_2Se + 4CO \qquad (5-78)$$

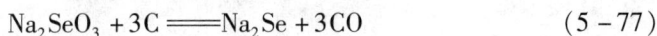

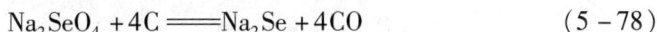

用水溶解 Na_2Se，过滤得到的含碳残渣可返回利用。向滤液中鼓入空气氧化可得到灰硒产物：

$$2Na_2Se + 2H_2O + O_2 =\!=\!=\!= 2Se \downarrow + 4NaOH \qquad (5-79)$$

在此过程中有 90% 的硒自溶液中沉出，再经水洗可得到粗硒，硒总回收率高达 93%~95%。

往沉出硒后的废液中通入 CO_2 以调整酸度，并再次鼓入空气氧化而沉出余硒后，废液经冷却结晶得苏打，返烧结再用。烧结料经热水浸出后所得的含 Te 2%、Cu 2% 及金与银的浸出渣，配以占渣重 7% 的苏打、占渣重 4% 的硼砂及 SiO_2 等进行苏打熔炼，会产出金银合金及苏打渣。苏打渣经水浸、中和可沉淀出 TeO_2。

德国曼斯菲尔德铜公司采用苏打烧结含银高达 30.5%、含硒不含碲的阳极泥，配以占料重 25% 的苏打进行烧结，将烧结料磨细后，投入 80℃ 水中、鼓入空

高硒阳极泥 → 苏打烧结 ← 空气, Na₂CO₃

Na₂CO₃熔剂 → 苏打熔炼

Au-Ag渣 ← 苏打熔炼 ← 浸出渣 ← 浸出 ← H₂O

回收金、银

苏打渣 → 水浸 ← H₂O

烧结料 → 浸出 → 浸出液 → 浓缩至干 → 干渣

碱浸液 → 中和 ← H₂SO₄

TeO₂沉淀物 → 碱熔 ← NaOH

还原 ← 炭, 返料

Na₂Se → 溶解 ← H₂O → 残渣

电解 → 金属碲

滤液 → 沉出硒 ← 空气 → 废液 → 调酸 ← CO₂

粗硒

酸液 → 冷却结晶 → Na₂CO₃

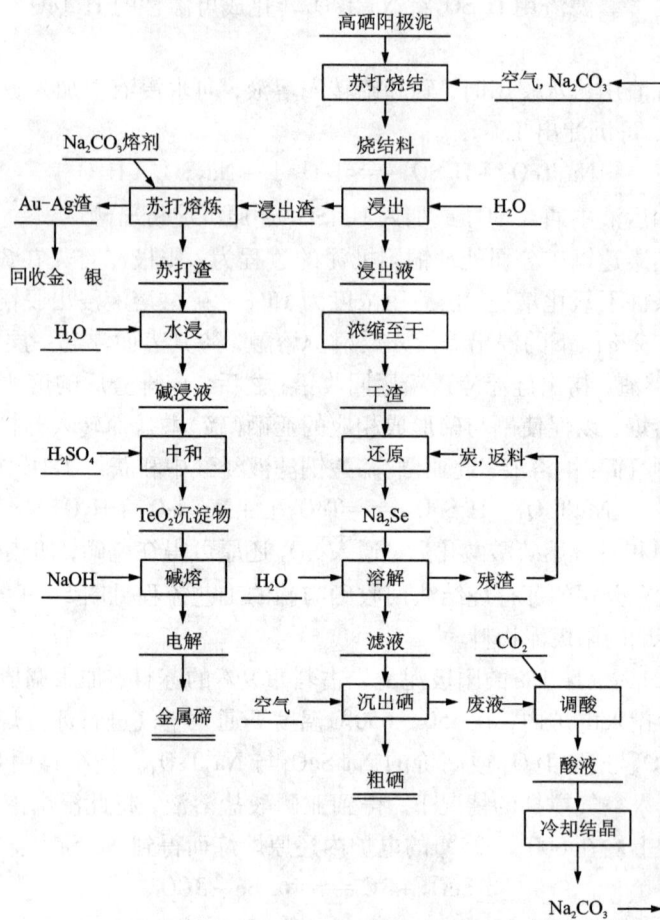

图 5 – 9　苏打烧结法回收硒与碲的工艺流程图

气进行浸出, 经过滤获得含硒达 100 g/L 的浸出液, 向此溶液中加入盐酸可将溶液中的 H_2SeO_4 还原成 H_2SeO_3:

$$H_2SeO_4 + 2HCl =\!\!=\!\!= H_2SeO_3 + H_2O + Cl_2 \uparrow \tag{5-80}$$

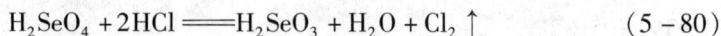

由于此还原过程较慢, 且消耗盐酸量过多以及产出氯气, 因而该过程对生产环境有较大影响。故改进为添加 8.8 倍硒质量的 $FeSO_4$, 在游离盐酸浓度 50 ~ 120 g/L 及 90℃ 的条件下还原 2 h, 过程中会发生如式 (5 – 81) 所示反应, 得 H_2SeO_3:

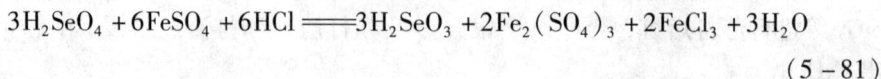

$$3H_2SeO_4 + 6FeSO_4 + 6HCl =\!\!=\!\!= 3H_2SeO_3 + 2Fe_2(SO_4)_3 + 2FeCl_3 + 3H_2O \tag{5-81}$$

然后向 H_2SeO_3 滤液中通入 SO_2 还原而沉出硒, 其中硒纯度达 99.9%, 硒回收率大于 95%[2]。

2.3 铜阳极泥湿法处理工艺中分离提取硒[18-19]

铜阳极泥湿法处理工艺避免了火法挥发硒工艺中 SO_2 和硒粉尘污染环境的弊端，具有一定的应用价值。铜阳极泥中的硒在水溶液氯化浸出和碱溶液氧化浸出两种工艺中均可被浸出，而在硫酸高压浸出中通常将硒保留在浸出渣中。

2.3.1 氯化浸出工艺

铜阳极泥水溶液氯化浸出硒的工艺是，在硫酸体系或硫酸－盐酸混合体系中加入氯气或氯酸钠或二氧化锰等氧化剂，使物料中的硒转化为可溶性的亚硒酸，待液固分离后再用还原剂将硒从溶液中还原出来。此法主要是针对含银高的阳极泥，使银转成氯化银集中保留在氯化渣中，且有利于金的分离。该工艺过程中硒回收率高，其缺点是铜阳极泥中的硒和碲在浸出过程中无法有效分离，且氧化剂耗量大。图5-10所示为铜阳极泥氯化浸出的工艺流程，其中氯化浸出工艺中的相关反应为：

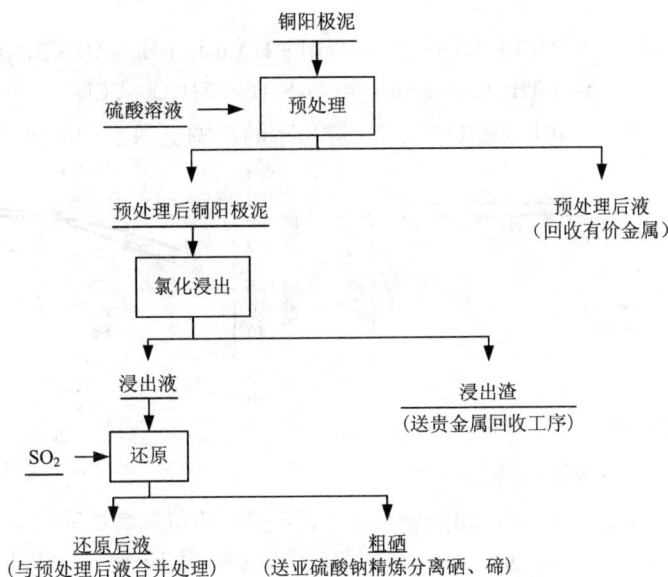

$$Cl_2 + H_2O =\!=\!= HCl + HClO \tag{5-82}$$

$$Cu_2Se + 4HClO =\!=\!= H_2SeO_3 + 2CuCl_2 + H_2O \tag{5-83}$$

图5-10 铜阳极泥氯化浸出的工艺流程

$$Ag_2Se + 3HClO =\!=\!= H_2SeO_3 + 2AgCl + HCl \qquad (5-84)$$

$$Se + 2HClO + H_2O =\!=\!= H_2SeO_3 + 2HCl \qquad (5-85)$$

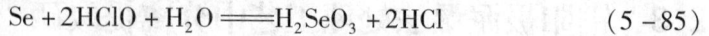

水溶液氯化的条件通常为: 液固比为 8, 控制 HCl 溶液中含 50 ~ 100 g/L NaCl、在 25 ~ 80℃ 温度下通入氯气量为 0.9 ~ 1.3 kg Cl₂/kg 阳极泥; 或者溶液中 HCl 浓度大于 1 mol/L, 液固比为 (3 ~ 6):1, 往 90 ~ 95℃ 溶液中通氯气[2]。对含硒、碲的铜镍阳极泥进行水溶液氯化, 阳极泥中的硒、金、铜及铂族金属等转入溶液。溶液萃取金后, 向萃金余液中通入 SO₂ 以沉淀出硒; 沉淀硒后的溶液用 Na₂CO₃ 中和得到 TeO₂ 沉出物, 银保留在氯化残渣中, 可送进一步提银[2]。

使用氯气易造成污染和产生安全隐患, 某厂采用 HCl + H₂O₂ 体系对阳极泥进行氧化浸出, 脱铜后的阳极泥成分见表 5 - 17[20]。

表 5 - 17 某厂阳极泥脱铜后成分 %

元素	Au	Ag	Se	Te	Bi	Pb	Sb
含量	0.22	15.76	8.55	3.67	1.94	10.01	10.88

将该阳极泥在含 HCl 25%、H₂O₂ 0.5 L/kg - 料、液固比为 3:1 的条件下浸出 3 h, 金和硒的浸出率分别为 98.3% 和 93%, 银则生成 AgCl 保留在浸渣中, 较好实现金与银的分离。其浸出反应为:

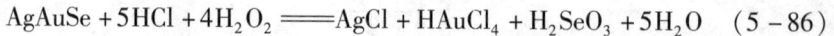

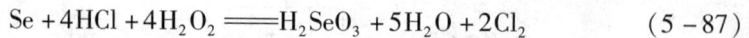

$$AgAuSe + 5HCl + 4H_2O_2 =\!=\!= AgCl + HAuCl_4 + H_2SeO_3 + 5H_2O \qquad (5-86)$$

$$Se + 4HCl + 4H_2O_2 =\!=\!= H_2SeO_3 + 5H_2O + 2Cl_2 \qquad (5-87)$$

H₂O₂ 加入量和 HCl 浓度对 Se、Au 浸出率的影响见图 5 - 11 和图 5 - 12[20]。

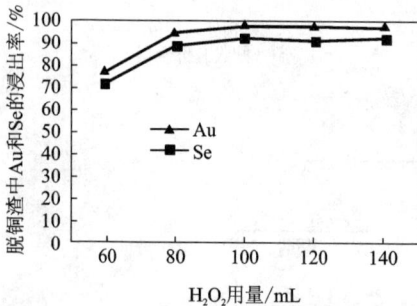

图 5 - 11 H₂O₂ 加量对 Se、Au 浸出率的影响
浓度为 25% 的 HCl, 液固比为 3, 浸出 3 h

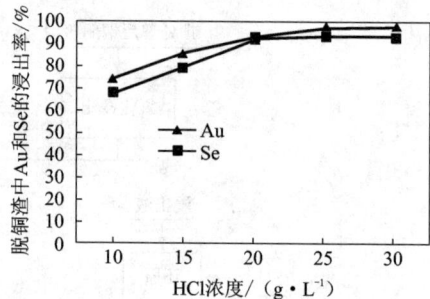

图 5 - 12 HCl 浓度对 Se、Au 浸出率的影响
H₂O₂ 加量为 120 mL, 液固比为 4, 浸出 3 h

某厂铜阳极泥经硫酸浸出脱铜后成分为: Cu 1% ~ 3%、Se 6.7%、Te 3.1%、Au 0.9%、Ag 12.8%, 在 pH 为 3 ~ 4 的 H₂SO₄ + NaCl 溶液中加入 10% 的 H₂O₂,

在 75℃ 温度下浸出 6 h，硒、碲分别氧化成 Na_2SeO_3 和 Na_2TeO_3 进入溶液，浸出率近 100%，Au 和 Ag 留在浸出渣中，其损失率小于 0.1%，从而有效实现硒碲与金银的分离。滤液用 10% 的 NaOH 调整到 pH = 6，将碲沉出，沉淀率为 99.3%。沉碲后液用 HCl 调整酸度到 3~4 mol/L，加入 Na_2SO_3 将硒沉出，硒回收率为 99%，粗硒品位达 99%[21]。

2.3.2 碱溶液氧化浸出工艺

铜阳极泥碱溶液氧化浸出硒是在 NaOH 溶液体系加压氧化，使其中的硒、碲等氧化成高价化合物，且浸出过程中硒进入溶液，而碲、铜、铅等留在渣中，主要反应为：

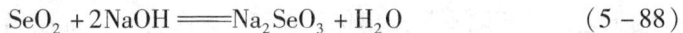

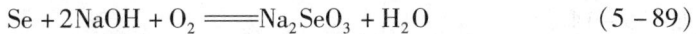

$$SeO_2 + 2NaOH === Na_2SeO_3 + H_2O \qquad (5-88)$$

$$Se + 2NaOH + O_2 === Na_2SeO_3 + H_2O \qquad (5-89)$$

$$2MSe + 4NaOH + 3O_2 === 2Na_2SeO_3 + 2M(OH)_2 \qquad (5-90)$$

铜阳极泥氧压碱浸前一般要先经酸浸预处理，使其中的铜等分离出来，以减少氧压碱浸的物料量。预处理工艺条件为：温度为 80~85℃、液固比为 6:1，加入合适氧化剂搅拌 3~4 h，控制终点硫酸浓度为 8~10 g/L。脱铜阳极泥氧压碱浸的工艺条件为：初始 NaOH 浓度为 80~100 g/L、温度为 120~180℃、氧分压为 0.7~1.0 MPa、时间持续 3~5 h、液固比为 (5~9):1，硒的浸出率达 90%~99%。所得碱浸液先加硫酸酸化至 H^+ 浓度达 2~3 mol/L，再在 70℃ 以上的温度下通入 SO_2 还原回收硒。铜阳极泥氧压碱浸过程中，其中的碲转化成不溶性的碲酸盐。某厂脱铜后的阳极泥成分为：Cu 2.21%、Se 26.61%、Te 11.10%、Ag 12.3%、Au 0.74%，用 NaOH 溶液通入空气氧化浸出。在液固比为 4:1、温度为 90℃、NaOH 含量占 40% 的条件下，Se 浸出率达 86%，残渣含 Cu 1.99%、Se 5.2%、Te 0.5%、Ag 22.8%。随浸出时间延长，Te 形成 Na_2TeO_4 沉淀而使 Te 浸出率大幅下降，这可用于硒与碲的初步分离[22]。碱浓度与浸出时间对硒、碲浸出的影响见图 5-13。

铜阳极泥氧压碱浸的优点是硒浸出率高，硒与碲、铜、铅等有价金属分离彻底，其不足之处是浸出液中含有 10%~15% 的硒酸盐，而硒酸盐必须先酸化还原成亚硒酸，再用 SO_2 还原才能得到单质硒。因此，硒酸盐的产生导致后续硒的回收工序长、还原剂用量大。20 世纪 60 年代，加拿大魁北克铜精炼厂将碱溶液氧化浸出工艺应用于铜阳极泥中硒和碲的分离，并实现了工业化生产。近年来，贵溪冶炼厂用氧压碱浸工艺处理低品位含硒物料以分离回收硒。

2.3.3 硫酸氧压浸出工艺

有色金属冶炼中首选用硫酸体系来处理物料。采用氧压硫酸浸出阳极泥比用

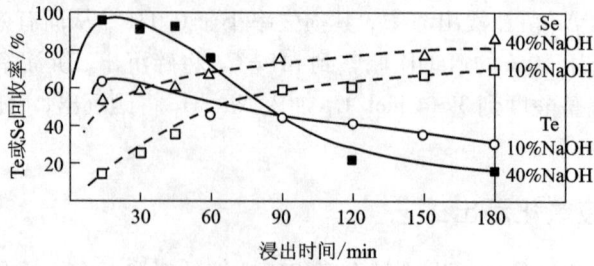

图 5 – 13   碱浓度与浸出时间对硒碲浸出的影响

常压浸出碲和铜的浸出率要高 15% ~ 20% ，通常用于阳极泥的酸浸预脱铜脱镍，控制工艺条件使硒不被浸出保留在渣中，而将碲大部浸出转入溶液，其工艺流程如图 5 – 14 所示。

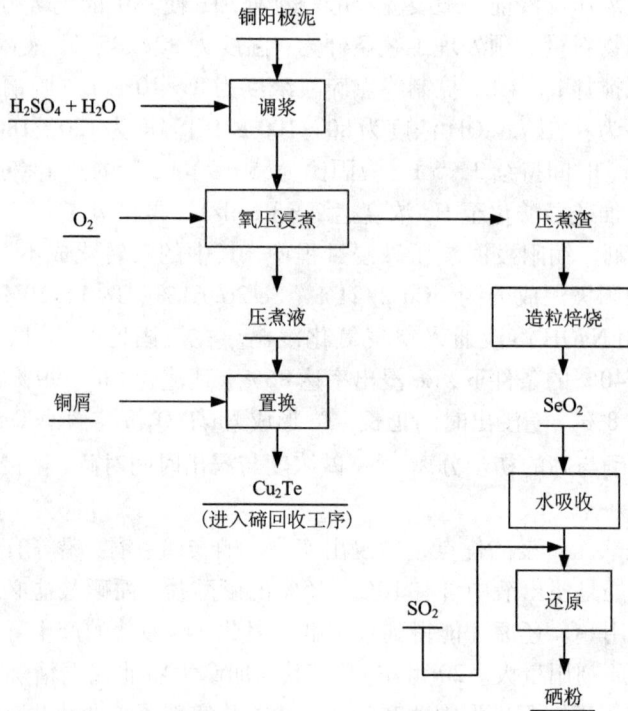

图 5 – 14   铜阳极泥硫酸氧压浸出回收硒工艺流程

国外某铜精炼厂采用此法从含：Se 9.6% ~ 15% 、Te 1.0% ~ 1.6% 、Pb 8% ~ 12% 、Ag 22.1% 、Au 0.62% 的阳极泥中回收硒与碲，阳极泥用浓硫酸浆化后，在

125℃、氧压 275 kPa 条件下压煮 2 ~ 3 h，发生如下反应：

$$Cu_2Se + 2H_2SO_4 + O_2 \Longrightarrow Se + 2CuSO_4 + 2H_2O \qquad (5-91)$$

$$2Cu_2Te + 4H_2SO_4 + 5O_2 \Longrightarrow 2H_2TeO_4 + 4CuSO_4 + 2H_2O \qquad (5-92)$$

$$2CuAgSe + 2H_2SO_4 + O_2 \Longrightarrow Se + Ag_2Se + 2CuSO_4 + 2H_2O \qquad (5-93)$$

压煮过程中，绝大部分碲与铜转入溶液，而硒与银残留在压煮渣中，这一过程有效地实现了硒、碲的分离，再将溶液过滤得压煮渣和压煮液。压煮渣中的硒主要以 Se 及 Ag_2Se 的形态存在，制粒后，在 800 ~ 820℃ 温度下氧化焙烧 1 ~ 2 h，其中的硒以 SeO_2 形式挥发进入烟气。烟气中的 SeO_2 经水吸收后，用 SO_2 还原得硒粉[2]。压煮液中的碲经铜屑置换得 Cu_2Te：

$$H_2TeO_4 + 5Cu + 3H_2SO_4 \Longrightarrow Cu_2Te + 3CuSO_4 + 4H_2O \qquad (5-94)$$

某厂的铜阳极泥成分为：Cu 15.0%、Ni 1.88%、Ag 15.3%、Se 4.17%、Te 1.55%，用氧压酸浸脱铜，在硫酸浓度为 130 ~ 150 g/L、温度为 155 ~ 160℃、液固比为 5、压力为 1.0 ~ 1.5 MPa 的条件下浸出 6 ~ 8 h，Cu、Ni 浸出率均达 99%，Te 浸出率为 85% ~ 90%，而此时 Se 也有 40% ~ 46% 进入溶液。浸出液用铜粉置换或 SO_2 还原得到硒碲富集渣，后续再酸浸分离以提取硒碲。压煮渣残留的硒在回收贵金属时另行回收。此工艺的不足之处在于会造成硒及银的分散。浸出温度和硫酸浓度对金属浸出率的影响见图 5-15 和图 5-16。因此可见，硫酸浓度对碲浸出的影响较为显著[23]。

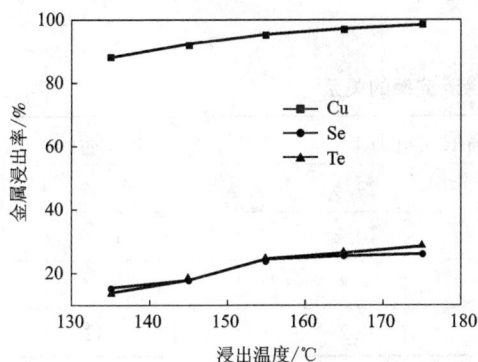

图 5-15　浸出温度对金属浸出率的影响　　图 5-16　硫酸浓度对金属浸出率的影响

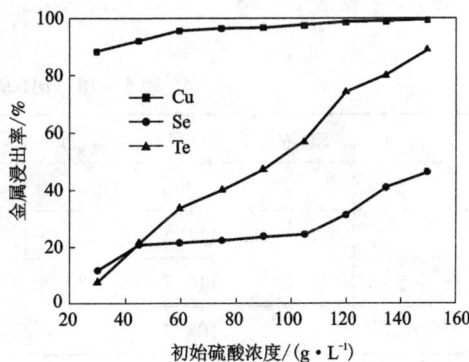

2.3.4　水溶液中硒碲的相互分离方法

硒碲总伴生在一起，故回收工艺的水溶液中均涉及硒与碲的分离问题。硒碲在水溶液中的存在状态如图 5-17 和图 5-18 所示[24]。

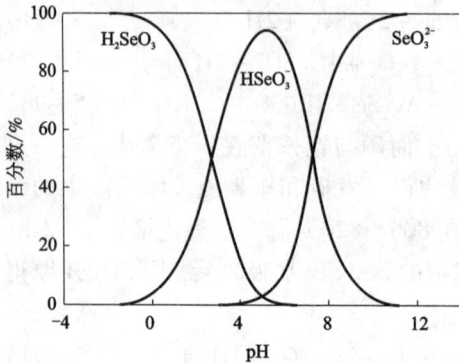

图 5 - 17　水溶液中 Se(Ⅳ)的存在形态

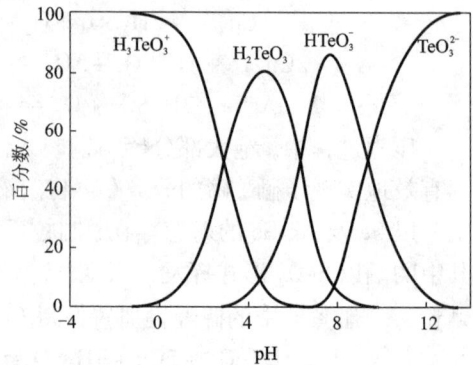

图 5 - 18　水溶液中 Te(Ⅳ)的存在形态

水溶液中硒与碲的分离方法主要有:

(1)中和沉淀分离碲

碲在适当 pH 下生成 H_2TeO_3 沉淀(18℃时溶解度为 3×10^{-6} mol/L),脱水后即转为 TeO_2,而 H_2SeO_3 则是水溶性的,在 20~50℃温度下,其溶解度为85%~96.5%[2]。因此,可利用这一特性以中和沉淀的方式将碲从含硒溶液中分离出来,然后再从沉碲后液中还原沉出硒,这是硒碲分离的常用方法。pH 与碲沉淀率的关系见表 5 - 18[21]。

表 5 - 18　pH 与碲沉淀率的关系

pH	硒浓度 $c(Se)/(mg \cdot mL^{-1})$	碲浓度 $c(Te)/(mg \cdot mL^{-1})$	$m(Se)/m(Te)$
4. 5	112. 6	29. 4	3. 8
5	111. 5	10. 2	10. 9
5. 5	110. 7	1. 8	61. 5
6	108. 4	0. 2	542

(2)铜粉优先置换硒

在含硒碲的酸性水溶液中,SeO_3^{2-} 和 Te^{4+} 或 $HTeO_2^+$ 均可被 Cu 置换而生成 Cu_2Se 和 Cu_2Te。由于 SeO_3^{2-}($E^{\ominus} = 0.744$ V)的析出电位比 Te^{4+}($E^{\ominus} = 0.63$V)和 $HTeO_2^+$($E^{\ominus} = 0.559$V)更高,故在 Cu 含量不足情况下,硒优先被铜置换,而且置换碲需在较高温度下进行,硒则不需要。某种溶液含:Ag 2.15 g/L、Se 3.23 g/L、Te 0.06 g/L、Cu 29.2 g/L、H_2SO_4 118 g/L,加入铜粉置换,铜粉加入量和置换温

度对银、硒、碲置换率的影响见图 5 - 19 和图 5 - 20[25]。

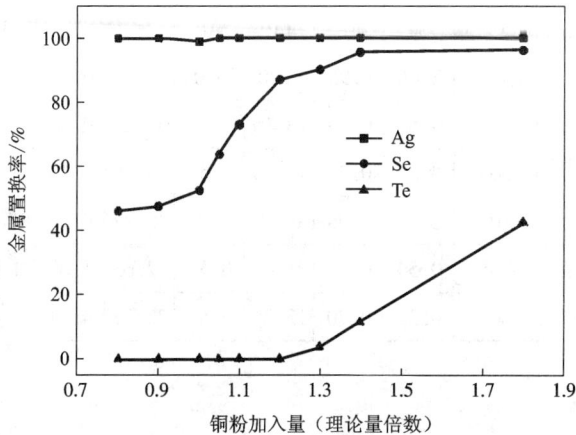

图 5 - 19　铜粉加入量对硒、碲置换率的影响

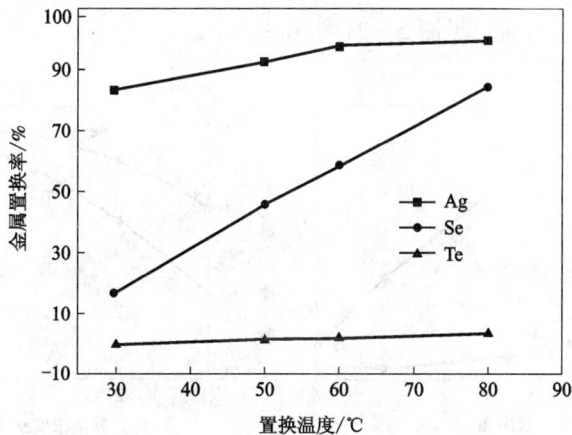

图 5 - 20　溶液温度对硒、碲置换率的影响

该溶液分别在 45℃、75℃、90℃温度下，按 $\frac{n_{Cu}}{n_{Ag}} = 1.05$、$\frac{n_{Cu}}{n_{Se}} = 1$、$\frac{n_{Cu}}{n_{Te}} = 2$ 分步加入铜粉，将 Ag、Se、Te 依次置换沉出，结果见表 5 - 19[25]。

铜粉置换时，由于 Ag 的析出电位（$E^{\ominus} = 0.799$）与硒的接近，故置换沉银时会带走较多的硒，后续对银沉淀物还需分离硒；另外，低浓度的碲置换不彻底，还需在置换后液浓缩后再次置换。仅就硒、碲分离而言，用铜粉转换的结果仍是理想的，可获得 $m(\text{Se})/m(\text{Te})$ 为 60 ~ 130 的富硒渣，较好地实现了硒、碲两者的分离。

表 5 – 19　铜粉置换 Ag、Se、Te 的结果

序号	置换步骤	置换后液/(g·L⁻¹)				置换渣/%				金属置换率/%		
		Cu	Ag	Se	Te	Cu	Ag	Se	Te	Ag	Se	Te
1	沉银	25.54	0.0590	2.46	0.95	0.20	66.02	25.57	0.17	97.26	23.78	0.69
	沉硒	30.84	0.0005	0.57	0.95	18.16	7.60	63.27	0.50	2.04	52.19	1.30
	沉碲	38.21	0.0005	0.42	0.71	11.73	2.52	73.18	6.13	0.34	13.65	26.39
2	沉银	27.59	0.1100	2.73	0.95	0.24	59.13	30.97	0.13	95.03	15.58	0.92
	沉硒	31.88	0.0005	0.54	0.95	21.68	0.51	62.63	1.00	4.09	69.28	1.08
	沉碲	33.69	0.0005	0.33	0.70	13.21	6.85	72.82	4.14	0.49	7.72	27.08

（3）SO_2 优先还原硒

SO_2（用 Na_2SO_3 类似）均可将水溶液中的硒、碲还原沉出，但硒、碲的还原条件与介质及酸度有关[2]，且存在析出动力学的差异，硒在硫酸介质中比在盐酸介质中更易先于碲被还原，见图 5 – 21[26]和图 5 – 22[21]。

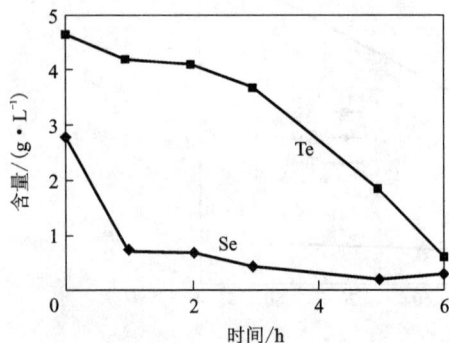

图 5 – 21　硫酸介质中硒碲
被 SO_2 还原的情形

温度 73℃，含 H_2SO_4 107 g/L

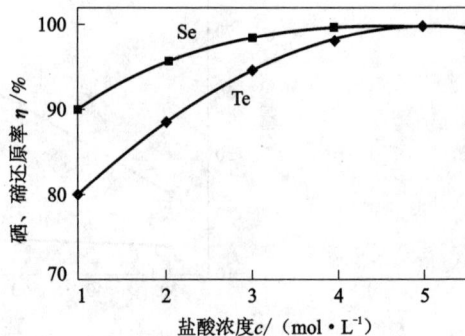

图 5 – 22　Na_2SO_3 在 HCl
介质中还原硒、碲的情形

Na_2SO_3 加入量：理论量 150%；20℃，2 h，
料液中含 Se 113 g/L、Te 30 g/L

研究表明，水溶液中硒易被 SO_2 还原，而碲在没有 Cl^- 存在的情况下是很难被还原的。因此，利用两者不同的还原特性，在硫酸介质中可用 SO_2 优先还原沉出硒而把碲保留在溶液中。某种硫酸浓度为 150 g/L 的含硒、碲溶液用 SO_2 还原 3 h，其结果见表 5 – 20[24]。

表 5 - 20　含硒、碲溶液用 SO_2 还原的结果

	温度/℃	Se	Te	Ag
还原前液/$(g \cdot L^{-1})$	—	6.86	4 39	0.005
还原后液/$(g \cdot L^{-1})$	75	0.6	4.28	0.0005
还原后液/$(g \cdot L^{-1})$	80	0.0066	4.19	0.0005
还原后液/$(g \cdot L^{-1})$	85	0.0055	4.31	0.0005
硒沉淀渣(80℃还原时)/%	—	35.48	1.2	—

以上几种方法中硒、碲分离程度不太高,仅用于初级分离。分离得到的硒或碲产物常用 Na_2SO_3 溶解以进一步分离硒、碲。硒能溶解于碱金属的亚硫酸盐热浓溶液中,形成硒代硫酸盐,而碲及其他杂质则不溶:

$$Se + Na_2SO_3 =\!=\!= Na_2SeSO_3 \qquad (5-95)$$

将 Na_2SeSO_3 溶液冷却,反应(5-95)向左进行析出单质硒,或在溶液中加入硫酸也可沉淀出硒,利用这两个特性可提纯硒[2]:

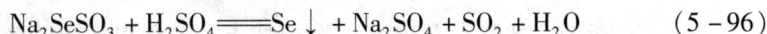

$$Na_2SeSO_3 + H_2SO_4 =\!=\!= Se \downarrow + Na_2SO_4 + SO_2 + H_2O \qquad (5-96)$$

该工艺的具体操作详见本篇 2.4.2 节。

(4)萃取分离碲

在许多情况下,硒都难被萃取,而碲则可被萃取,这一特性为硒、碲分离创造了条件,可用于水溶液中硒、碲的精细分离。某种碲化铜物料的硫酸浸出液,用 TOA(三辛胺)萃取分离回收碲的工艺,其萃取条件为:

料液:加入 HCl 使料液中 H_2SO_4 和 HCl 浓度均为 2 mol/L。

萃取:萃取剂为 20% TOA +20% 仲辛醇 +60% 磺化煤油,相比 O:A = 1:1,一级萃取。

洗涤:负载有机相用含 H_2SO_4 和 HCl 各 2 mol/L 的溶液洗涤 2 次,相比 O:A = 1:1。

反萃:用浓度为 200 g/L 的 NH_4Cl 溶液反萃 4 次,相比 O:A = 1。

反萃液用 Na_2SO_3 还原得到纯度为 99.9% 的碲粉。

硒、碲在该工艺过程中的走向见表 5-21[27]。

由表 5-21 可见,TOA 对硒的萃取率大大低于碲,如果采用多级萃取碲,有望进一步提高溶液中硒、碲的分离程度。

表 5 - 21　TOA 萃取硒、碲的结果

		Te	Se	Cu	Fe	Ag	Bi	Zn
萃取	萃原液/(g·L⁻¹)	9.52	1.59	31.42	0.44	0.006	0.24	0.006
	萃余液/(g·L⁻¹)	0.77	1.47	32.5	<0.005	<0.005	0.076	<0.005
	萃取率/%	91.91	7.55	0	88.64	16.67	68.33	16.67
洗涤	负载有机相/(g·L⁻¹)	44.10	0.17	5.97	0.21	0.002	0.434	0.005
	洗出液/(g·L⁻¹)	8.32	0.045	0.27	0.039	<0.005	0.015	<0.005
	洗出率/%	18.87	26.47	4.52	18.57	—	3.48	—
反萃	一段反萃液/(g·L⁻¹)	17.97	<0.005	0.041	<0.005	<0.005	0.009	<0.005

2.4　从其他物料中回收硒的方法

2.4.1　真空蒸馏分离硒

硒具有低熔点、低沸点及容易挥发的特点,用真空蒸馏法分离硒多有应用,但铜电解阳极泥中的硒主要以金属硒化物的形式存在,一般不会直接用此法处理阳极泥,而主要用于硒、碲与低挥发组分的初步分离及分离碲后从富硒物料中提取硒。

某工艺产出的粗硒中含硒 70%~95%,在温度为 350~500℃、压力为 1~50 Pa 的真空条件下蒸馏 30~60 min,硒的挥发率达 90% 左右,得到的硒的纯度可达 99.9%,且杂质中金、银、铜、镍、铋、铅等高沸点元素的含量均在 0.01% 以下。碲在该过程中对硒的提纯影响较大,因碲与硒的性质较接近,真空挥发时碲的挥发率达到 70% 以上[28-30]。

2.4.2　选择性浸出分离硒

含硒废料(硒的二次资源)中的硒通常是以单质或合金的形式存在,此情况下,除可采用高温氧化法外,也可采用选择性浸出法分离回收硒。

选择性浸出法是将含硒废料破碎成粉末,按固液比 1:(5~10)加入到含 Na_2S 3~5 g/L、亚硫酸钠 250~300 g/L 的溶液中,于 95~100℃温度下搅拌 2~3 h,硒溶入溶液,而碲及其他杂质不溶,再趁热过滤除去固体杂质后,使滤液冷却析出硒,所得硒的纯度可达 99.9% 以上,该方法也可用于粗硒精炼[2, 31]:

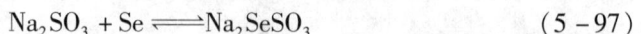

$$Na_2SO_3 + Se \Longrightarrow Na_2SeSO_3 \qquad (5-97)$$

此外,还可用 5%~20% Na_2SO_3 溶液去溶解含 S 的 Se,静置后,S 保留在溶液

中，而 Se 则析出，与 S 分离[2]。

如果阳极泥中含 Se 少而含 S 特多时，宜先分离硫。加拿大国际镍公司（Port Colborne）所产电解镍阳极泥含：Se 0.15%、Ni 1.25%、Cu 0.3%~1.8%、Fe 0.65%、S 81%~97%，把此阳极泥加热到 140~145℃ 温度下进行热过滤，熔融的元素硫就会与阳极泥中的硒良好分离而滤出，脱硫率大于 90%，对含硒的热过滤残渣继续蒸馏脱硫，得到富含硒达 20% 的硒硫渣。此硒渣可用 $(NH_4)_2S$ 溶解硒，在 $m(Se)/m[(NH_4)_2S] = 1/6$、封闭槽中（最好充有惰性气体）、强烈搅拌，则 Se 与 $(NH_4)_2S$ 络合成 $(NH_4)_2Se_nS$ 形态一并溶入溶液而形成 $(NH_4)_2Se_nS$：

$$(NH_4)_2S + nSe === (NH_4)_2Se_nS \qquad (5-98)$$

溶液用热分解法或直接鼓入空气的方式可析出硒，此法中 $(NH_4)_2S$ 耗量大，须再生 $(NH_4)_2S$，综合考虑其在经济上的可行性[2]。

某种类似用 $(NH_4)_2S$ 处理酸泥提取硒的方法为：首先向酸泥中加入 20% 的 Na_2S 溶液，使酸泥中的硒与 Na_2S 反应生成 $Na_2S·2Se$：

$$Na_2S + 2Se === Na_2S·2Se \qquad (5-99)$$

然后滤液在通入空气的同时，加入盐酸析出硒[2]：

$$Na_2S·2Se + 2HCl === 2Se\downarrow + 2NaCl + H_2S \qquad (5-100)$$

但酸泥中硒的赋存状态复杂，多为硒化物，硒的浸出效果未必理想。

2.4.3　从冶炼烟气酸泥中回收硒

有色金属物料中的硒在冶炼过程部分会以 SeO_2 的形式进入烟气，由于冶炼烟气中含有 SO_2，在经酸性溶液喷淋洗涤后，硒以单质硒或硒化物的形式进入酸泥，冶炼烟气制酸时酸泥中含硒 0.5%~4.0%。酸泥中除含有硒外，还含有汞和砷等，且汞含量从 0.5% 到 30% 不等。酸泥中的硒既可采用先火法后湿法的工艺回收，也可采用全湿法的工艺回收。

先火法后湿法工艺是将酸泥加钙固硒焙烧，按酸泥质量的 55%~60% 加入石灰混匀，在 550~600℃ 温度下氧化焙烧 2~3 h，使其中的汞挥发，再使焙烧烟气冷凝以收集汞。焙砂按固液比 1:(3~5) 加入到浓度为 250~300 g/L 的硫酸溶液中，并加入适量的氧化剂（如 MnO_2 或 HNO_3 等）使焙烧过程中未被氧化的硒一并浸出，于 80~100℃ 温度下搅拌 2~3 h，硒浸出率达 90% 以上[2, 32]，再向滤液中通入 SO_2 还原可得品位约 95% 的粗硒：

$$HgSe + CaO + O_2 === Hg\uparrow + CaSeO_3 \qquad (5-101)$$

$$Se + CaO + O_2 === CaSeO_3 \qquad (5-102)$$

$$CaSeO_3 + H_2SO_4 === CaSO_4\downarrow + H_2SeO_3 \qquad (5-103)$$

某酸泥成分为：Se 11.7%、Hg 30.8%、S 14.9%、Ca 32.5%、Fe 0.9%、Cu 4.4%、Zn 4.8%，采用加钙固硒挥发脱汞焙烧，在 $m(石灰):m(酸泥) = 0.40~$

0.55、焙烧温度为500℃的条件下，固硒率达99%；焙烧渣用 500 g/L H_2SO_4 浸出，硒浸出率为90.7%，石灰加量与焙烧温度对固硒率的影响见表5 – 22[32]。

表5 – 22　石灰加量与焙烧温度对固硒率的影响

m(酸泥):m(CaO)	固硒率/%（500℃）	固硒率/%（350℃）
100:20	66.43	68.9
100:30	87.99	85.31
100:40	98.97	96.91
100:55	99.20	97.39
100:75	98.97	97.61
100:90	98.51	98.22

火法处理含汞酸泥易造成汞蒸气外泄污染，不宜使用。全湿法工艺是将酸泥搅拌加入到 H_2SO_4 – NaCl 溶液中，并加入 $NaClO_3$ 或 MnO_2 等作氧化剂，于 80～100℃温度下反应 2～3 h，使硒和汞一起进入溶液，滤液加碱调 pH 至 5～6，沉淀除去 HgO 后，再通入 SO_2 还原得粗硒。

有采用加入 $CaCl_2$ 进行酸泥氯化浸出的工艺，将酸泥投入含 4.5～6.0 mol/L $CaCl_2$ 的 1.5～2.5 mol/L HCl 溶液中，按液固比为（5～8）:1，通 Cl_2 氯化，酸泥中的硒、碲及砷等以氯化物形式转入溶液[2]：

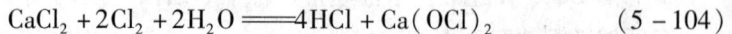

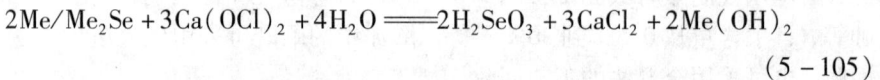

$$CaCl_2 + 2Cl_2 + 2H_2O \Longrightarrow 4HCl + Ca(OCl)_2 \qquad (5 - 104)$$
$$2Me/Me_2Se + 3Ca(OCl)_2 + 4H_2O \Longrightarrow 2H_2SeO_3 + 3CaCl_2 + 2Me(OH)_2$$
$$(5 - 105)$$

为除去砷，于 90℃温度下加入 CaO，将溶液的 pH 调至 4.5 左右，砷以 $CaAsO_4$ 沉淀的形式除去，同时达到使 $CaCl_2$ 再生的目的。滤出 $CaAsO_4$ 后，继续用 CaO 调溶液 pH 至 5.8，沉淀析出 TeO_2，然后向沉碲后液中通入 SO_2 还原沉出硒，沉硒后滤液即为 $CaCl_2$ 溶液，可返回酸泥氯化浸出工序继续使用。

碱土金属氯化法提取硒与碲的工艺流程[2]见图5 – 23：

酸泥中一般富含 Pb、Bi 与 Ag，在碱土金属氯化浸出过程中，96% 以上的 Bi 和 90% 以上的 Ag 将进入溶液。可用置换或水解工艺从 $CaCl_2$ 溶液中予以回收。

从酸泥中回收硒与碲，可以采用苏打烧结法。首先需除去酸泥中的砷，因为砷的存在不仅会使苏打消耗量增加，还会产生 AsH_3 造成污染，另外在中和沉淀 TeO_2 时，砷酸还会部分被还原而随 TeO_2 共沉淀，导致砷的分散与污染。

酸洗除砷：用 6%～7% 的 HCl 洗涤酸泥，在液固比为（7～10）:1、温度为

```
                              含硒碲的酸泥
                                   │
  CaCl₂+HCl+Cl₂氧化剂 ──────────→ ┌─────────┐
                                 │ 氧化湿山 │
                                 └─────────┘
                                   │
                              氯化物溶液
                                   │
                              ┌─────────┐
        CaO ────────────────→ │  除砷   │ ──────→ CaAsO₄渣
                              └─────────┘
                                   │
                              除砷后液
                                   │
                              ┌─────────┐        ┌─────┐
                              │ 中和沉碲 │ ─TeO₂→ │ 碱溶 │
                              └─────────┘  沉淀   └─────┘
                                   │                 │
                               残液              ┌─────┐
                                   │              │ 电解 │
                              ┌─────────┐         └─────┘
        CaCl₂液 ←──────────── │ 还原沉硒 │ ← SO₂       │
                              └─────────┘          单质碲
                                   │
                                 粗硒
```

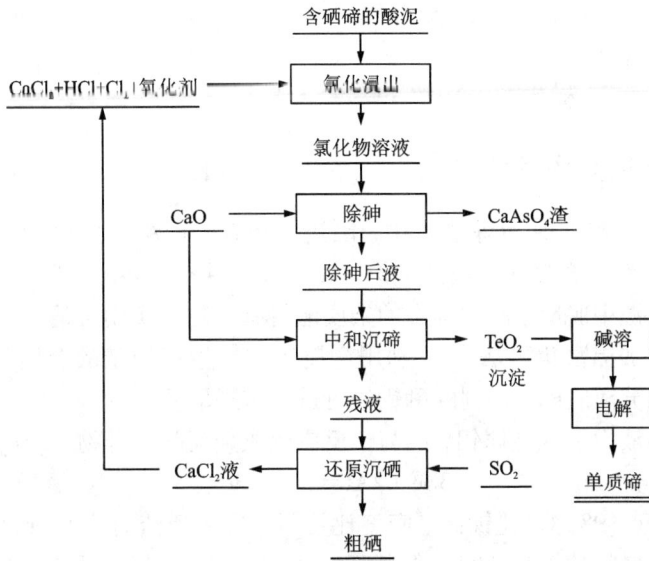

图 5-23　碱土金属氯化法提硒与碲的工艺流程

75~85℃ 时,可把绝大部分砷洗脱入液,洗后的酸泥中砷含量小于 0.5%,损失硒量也少,但损失碲量却高达 10% 左右,且产生 AsH₃。

碱洗除砷:在液固比为 3:1、温度为 80~90℃ 条件下用碱洗涤 2 h,可使酸泥中砷含量下降到 2% 以下。这个方法被较多厂家所采用,但过程中碱耗较多,且碱洗液损失的硒量超过 6%。

脱砷后的酸泥配以苏打,在 300~350℃ 温度下烧结 2 h,烧结料用热水浸出,滤液加入盐酸中和沉淀析出 TeO₂,所得 TeO₂ 经盐酸溶解、过滤后向滤液中通入 SO₂ 得粗碲。沉淀碲后的中和液用盐酸或硫酸酸化,之后通 SO₂ 或加 FeSO₄ 还原得硒。用 FeSO₄ 需时长约 48 h 方能沉淀析出 98% 的硒[2]:

$$H_2SeO_3 + 4FeSO_4 + 2H_2SO_4 \longrightarrow Se\downarrow + 2Fe_2(SO_4)_3 + 3H_2O \qquad (5-106)$$

沉淀析出物为无定形硒,直接过滤较困难,需加热使之转化成灰硒后,再过滤。

镍钼矿冶炼烟尘中含 As 16%~18%、Se 5%~7%,是一种高砷含硒物料,其中的 As 主要以砷酸盐形式存在,而 Se 基本上以单质形式存在。镍钼矿冶炼烟尘中的硒既可采用直接浸出法,也可采用间接浸出法加以回收,直接浸出法的工艺过程为:将镍钼矿冶炼烟尘按固液比 1:(4~6)加入到 H⁺ 浓度为 3~5 mol/L 的 HCl-H₂SO₄ 溶液中,按硒质量的 1~3 倍加入氯酸钠,于 60~100℃ 温度下搅拌 1~1.5 h 后过滤,滤液趁热加入 Na₂SO₃ 还原得纯度达 99.5%~99.8% 的硒粉;间接浸出法的工艺过程为：先将镍钼矿冶炼烟尘按固液比 1:(4~6)加入到 3~5 g/L 的 H_2SO_4 溶液中，于 80~100℃温度下搅拌 1~2 h，使 As、Fe、Al 等进入溶液，过滤得富硒渣，所得富硒渣再用 Na_2SO_3 溶液选择性浸出或真空蒸馏，均可得到纯度达 99.5%以上的金属硒[33-34]。

2.4.4　从锑冶炼中回收硒

含硒的辉锑矿在锑冶炼过程中，硒进入粗锑，使粗锑中硒含量达 0.02%~0.1%，某些粗锑中含硒量更高达 1%~2%。我国有相当多的含硒的锑矿资源，从含硒的锑矿资源中脱除、回收其中的杂质硒将有一定的实用价值。从锑中回收硒的有效方法是加铝富集硒法[35]。利用金属铝和硒生成稳定的金属间化合物，将硒从锑熔体中分离脱除，得到的硒铝渣可进一步提取硒。

在粗锑熔液中加入金属铝，硒与铝反应生成金属间化合物 Al_2Se_3：

$$3Se + 2Al \Longrightarrow Al_2Se_3 \qquad\qquad (5-107)$$

Al_2Se_3 熔点(980℃)比锑高、密度比锑低，形成浮渣时会与锑液分离。铝与锑也可形成金属间化合物 AlSb，但其不如 Al_2Se_3 稳定，铝将优先与硒化合；这一除硒方法具有高的选择性，脱硒彻底，可将锑中硒含量脱除到 0.0001%的水平，硒渣产率低至 1%~2%、硒富集品位提高 20~50 倍，使回收硒在经济上成为可能。

研究还发现，与加铝的原理相同，加锌也可除硒，金属锌能与锑熔体中的硒生成金属间化合物 ZnSe 而脱除硒。在除硒剂加量相同的情况下，加锌除硒比加铝除硒的效果略差，但仍能将硒脱除到 0.003%以下[35]。除硒时若按同一原子配比的加量，锌比铝所需的质量要大得多，此外，高温下锌易挥发，耗量更大，显然，加铝除硒更为合适。

粗锑提硒工艺过程是：维持锑熔体温度为 1000~1050℃，对于含硒 0.02%~0.05%的粗锑，按硒量 5~10 倍加入金属铝，适当搅拌使铝在锑中扩散均匀，保温 0.5~1 h，使硒与铝完全反应生成金属间化合物 Al_2Se_3。然后将温度降到 700~750℃，并维持 1 h，生成的 Al_2Se_3 将从锑液中析出而形成固态浮渣。为利于硒的回收，排渣作业分两次进行：降温到 800~850℃时排渣一次，尽量少夹带出锑液，可获得含硒 5%~10%的高硒渣，其硒量占总硒量的 70%~80%，渣产率小于0.5%，该高硒渣可作为提硒的原料。第二次排渣在 700℃温度下进行，目的是将硒彻底脱除干净，且二次渣将返回锑熔炼。

另有生产实例为：对于含硒高达 1.2%的粗锑，在 1000℃温度下，加入铝 4~5 kg/t-Sb，同上操作，锑含硒脱除至 0.0002%，硒渣总产率为 3.6%，富硒渣含硒约 30%。

将第一次排渣获得的富硒渣在 550℃温度下通入空气进行氧化焙烧，硒被氧

化成 SeO_2 挥发，或经冷凝收尘，可获得粗 SeO_2 尘供进一步回收硒或经水吸收后通 SO_2 还原得粗硒，硒直收率约为 75%。焙烧脱硒后的渣则返回锑冶炼过程。

富硒渣中也可能含有砷，遇水可能生成剧毒的 AsH_3 和 SeH_2，因此渣应置于干燥通风的环境并及时焙烧处理，且不宜长时间存放，以免危及人身安全：

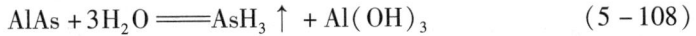

$$AlAs + 3H_2O \rule[0.5ex]{1.5em}{0.4pt} AsH_3 \uparrow + Al(OH)_3 \qquad (5-108)$$

$$Al_2Se_3 + 6H_2O \rule[0.5ex]{1.5em}{0.4pt} 3SeH_2 \uparrow + 2Al(OH)_3 \qquad (5-109)$$

2.4.5　从汞冶炼中回收硒

汞矿中常含有硒，在汞的蒸馏过程中，硒和汞一起挥发，但汞与硒化汞的凝结温度不同，硒化汞凝结进入汞氡与汞分离。汞氡中的硒除了前述的加钙固硒外，还可采用钠化焙烧—水浸法和氧化酸浸法分离回收。

对含硒 15%~20%、汞约 30% 的汞氡，拌入苏打于 600℃ 温度下焙烧，硒将转化成硒酸钠和亚硒酸钠，汞则挥发进入烟气，将汞蒸气冷凝得单质汞。焙砂水浸、过滤，滤液加酸酸化后，用 SO_2 还原得硒粉[2, 36]。

汞氡中除汞和硒外，通常还含有铊。汞氡加入硫酸溶液中，在 MnO_2 的作用下，硒、铊几乎全部进入溶液中，过滤后，将溶液温度升至 70℃ 以上，再通入 SO_2 还原沉出硒，沉硒后液综合回收铊[2]。

第3章　硒的萃取与吸附[2, 28-30]

　　硒的萃取一般需在盐酸介质中进行，硒的萃取剂种类繁多，包括中性磷类萃取剂、含氮类萃取剂、酮类等。所使用的萃取剂主要有二(2-乙基己基)磷酸酯(D2EHPA)、三正辛胺(TOA)、三异辛胺(TIOA)、伯胺(N1923)、N，N-二(1-甲基庚基)乙酰胺(N503)等含氮类萃取剂、TBP(磷酸三丁酯)、Cyanex925[二(2，4，4-三甲基戊基)辛基氧化膦]等有机膦类萃取剂[37-39]。迄今为止，萃取Se(IV)时以中性萃取剂和胺类萃取剂的研究较多。虽然在相同的条件下，Se(IV)的萃取往往不及Te(IV)的萃取效果好，但通过改变条件，是可以提高Se(IV)的萃取率的，而且Se(IV)、Te(IV)两者之间的差异正是萃取分离硒、碲的基础。

3.1　含氮萃取剂萃取硒

3.1.1　三正辛胺(TOA)

　　三正辛胺(TOA)萃取Se(VI)的原理为离子缔合作用，其反应为：

$$R_3N + HCl \Longrightarrow R_3NH^+Cl^- \qquad (5-110)$$

$$2R_3NH^+Cl^- + SeCl_6^{2-} \Longrightarrow (R_3NH^+)_2SeCl_6^{2-} + 2Cl^- \qquad (5-111)$$

萃取Se(VI)的等温曲线如图5-24所示。0.07 mol/L的TOA基本不萃取

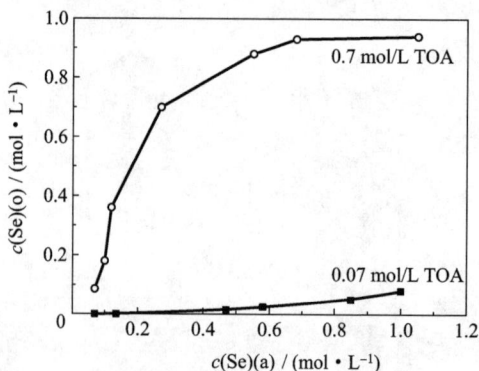

图5-24　硒的萃取等温曲线

Se(Ⅵ)，当 TOA 的浓度高于 0.7 mol/L 时，可完全萃取浓度为 0.7~1.0 mol/L 的硒溶液中的 Se(Ⅵ)[40-41]。

3.1.2 三异辛胺(TIOA)

三异辛胺(TIOA)的二甲苯体系可从盐酸溶液中萃取 Se(Ⅳ)。研究表明，TIOA 萃取硒的萃合物形式为$[(R_3N^+H)_2SeCl_6^{2-}]^{[41]}$，TIOA 萃取硒属于吸热过程。44.5 mmol/L 三异辛胺的二甲苯溶液从 0.127 mmol/L Se(Ⅳ)-6 mol/L 盐酸溶液中对 Se(Ⅳ)的萃取率可达到 99% 以上。在相同的萃取条件下，不同碳链的萃取剂萃取 Se(Ⅳ)的效果不同，其大小顺序为：三正丁胺(65.5%)＜三正己胺(88.5%)＜甲基二辛基胺(96.5%)＜三正辛胺(98.5%)＜三月桂胺(99.0%)＜三异辛胺(99.5%)。萃取剂的碳链长度达到 C_8~C_{10} 时，对 Se(Ⅳ)的萃取率明显增强，主要是因为萃取剂的碱性随着碳链的增加而增加。此外，虽然三正辛胺对 Se(Ⅳ)的萃取能力也较高，但是与三异辛胺(TIOA)相比，在萃取 Se(Ⅳ)时三正辛胺 TOA 的有机相与水相的界面不清。

3.1.3 伯胺(N1923)

有研究用 N1923 作为萃取剂从盐酸溶液中萃取 Se(Ⅳ)[42-43]，其中以 2% 正辛醇作为调相剂，具有消除乳化的作用，可加速两相的分层，并保持透明。硒溶液中盐酸的浓度为 3.0 mol/L、水相与有机相的体积比为 1∶1，经 2 级萃取，硒的萃取率可以达到 98%；用水作反萃剂，1 min 左右反萃平衡，经 4 次反萃，可使硒全部反萃。

3.1.4 N，N-二(1-甲基庚基)乙酰胺(N503)

N503 可从盐酸体系中萃取 Se(Ⅳ)。用浓度为 0.1 mol/L 的 N503 和浓度为 6% 的正辛醇-煤油作萃取剂，在萃取酸度大于 7.5 mol/L 的条件下对溶液中 Se(Ⅳ)进行萃取，其萃取率可达到 99% 以上。用浓度为 6% 的正辛醇作添加剂可提高硒的萃取率，并有利于分相和防止乳化。N503 萃取 Se(Ⅳ)的机理可分为物理分配和化学吸附两种过程。硒的萃取大部分为物理分配过程，仅有 23%~27% 的硒为化学萃取。硒的化学萃取易被稀酸在 30 s 内全部反萃，这是分离硒、碲的一个有利因素[44-45]。

Se(Ⅳ)-N503 萃合物中 N503 与 Se(Ⅳ)的物质的量之比为 1∶3。在 N503 分子中，氮原子的孤对电子与羰基氧原子共轭，使得羰基带有部分负电荷，从而容易在强酸溶液中形成盐，结合带相反电荷的络阴离子，以离子缔合机理萃取 Se(Ⅳ)。酸浓度越大，N503 形成盐离子的浓度越大，Se(Ⅳ)就越易以化学方法被萃取，其萃取反应为：

$$2H_2SeO_3 + 9HCl \Longrightarrow SeCl_4 + SeCl_5^- + 6H_2O + H^+ \tag{5-112}$$

物理分配：

$$SeCl_4 \text{（aq）} \Longrightarrow SeCl_4 \text{（org）} \tag{5-113}$$

化学萃取：

$$SeCl_5^- + \frac{1}{3}N503 \Longrightarrow \left[\frac{1}{3}N503\right]\left[SeCl_5\right]^- \tag{5-114}$$

3.1.5 季胺类芳烃衍生物

有研究用二氨基杯[4]芳烃为母体，经过氯仿修饰得到的化合物(5，11，17，23 – 四丁基 – 25，27 – 二丁基氯化铵 – 26，28 – 二羟基杯[4]芳烃，[LH$_2^{2+}$，2Cl$^-$])对 Se(VI)和 Cr(VI)进行液 – 液萃取分离。在 pH 为 2.6 的 NaCl 溶液中，Se(VI)以 HSeO$_4^-$ 和 SeO$_4^{2-}$ 形式存在，当 2 分子的 [LH$_2^{2+}$，2Cl$^-$] 与 1 分子的 SeO$_4^{2-}$ 缔合时，对 Se(VI)具有更高的萃取选择性。对硒的萃取机理为：

$$2(LH_2^{2+},2Cl^-)org + SeO_4^{2-} \Longrightarrow \left[(LH_2^{2+})_2,2Cl^-\cdot SeO_4^{2-}\right]org + 2Cl^-$$

$$\tag{5-115}$$

随着 pH 的增加或者在氯仿溶液中加入 5%~10% 正癸醇，会明显减弱该芳烃衍生物对 Se(VI)的萃取作用和对 Se(VI)/Cr(VI)的分离选择性[46]。

3.1.6 其他胺类萃取剂

分别用仲胺 LA – 1[N – 十二烯(三烷基甲基胺)]和三苄胺的氯仿溶液为有机相，在浓度大于 5 mol/L 的 HCl 下都可以萃取 Se(IV)，但前者萃入有机相中的 Se(IV)不能用 H$_2$O、HCl、HNO$_3$ 或 NaOH 反萃出来，而后者进入到有机相中的 Se(IV)可用 H$_2$O 或稀 HCl 反萃出来。

3.2 中性磷类萃取剂萃取硒

3.2.1 磷酸三丁酯(TBP)

磷酸三丁酯(TBP)可萃取盐酸介质中的 Se(IV)[47-48]。在盐酸溶液中使用 TBP 萃取硒时，HCl 浓度要大于 10 mol/L。在浓度为 4 mol/L 的 HCl 和浓度为 2 mol/L 的 MgCl$_2$ 溶液中，以 60% TBP 为有机相能定量萃取 Se(IV)。在 HCl 浓度为 3~5 mol/L 时，Se(IV)以 SeOCl$_2$(TBP)$_2$ 的形式萃入到 TBP – 煤油体系中；当 HCl 浓度提高至 10 mol/L 时，萃合物的形式为 H$_2$SeOCl$_4$(TBP)$_2$。此外，在 5.5~9 mol/L HBr 介质中 TBP 也可定量萃取 Se(IV)。

3.2.2 二(2,4,4-三甲基戊基)辛基氧化膦(Cyanex925)

有研究用[二(2,4,4-三甲基戊基)辛基氧化膦]的甲苯溶液对盐酸溶液中的碲(IV)和硒(IV)两种元素进行萃取,其在不同酸度条件下对硒、碲的萃取结果如图5-25所示[49]。在盐酸浓度为3.5 mol/L和7.5 mol/L时,Te(IV)和Se(IV)的萃取率均达到最大,分别为100%和97.4%。当盐酸浓度为3.5 mol/L时,经5 min Cyanex925对Se(IV)的萃取率为0,经10~30 min Cyanex925对Se(IV)的萃取率也仅为4.6%。Cyanex925从不同盐酸浓度的介质中萃取Se(IV)的反应为:

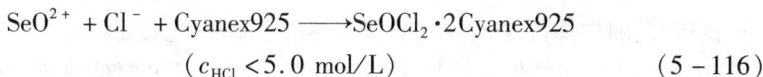

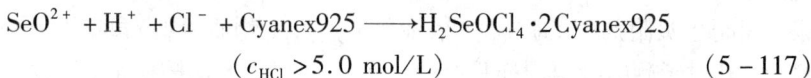

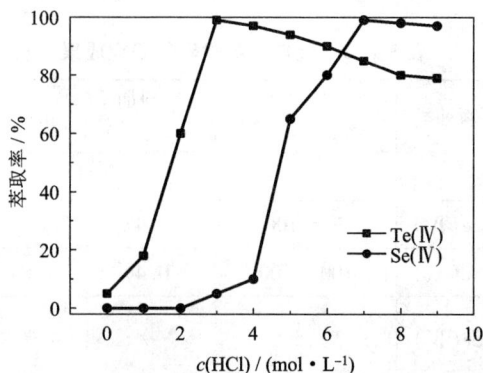

$$SeO^{2+} + Cl^- + Cyanex925 \longrightarrow SeOCl_2 \cdot 2Cyanex925$$
$$(c_{HCl} < 5.0 \text{ mol/L}) \tag{5-116}$$

$$SeO^{2+} + H^+ + Cl^- + Cyanex925 \longrightarrow H_2SeOCl_4 \cdot 2Cyanex925$$
$$(c_{HCl} > 5.0 \text{ mol/L}) \tag{5-117}$$

图5-25 盐酸浓度对硒(IV)和碲(IV)萃取率的影响

该方法对碲和硒的选择性萃取非常明显,相较于TBP(浓度为0.736~1.84 mol/L)萃取剂而言,Cyanex925的浓度要求更低且效果更好。研究表明,碲的萃取为放热过程,而硒的萃取为吸热过程,萃取硒的最佳温度为30℃。

3.3 其他萃取剂萃取硒

甲基乙基酮、甲基苯基酮、二乙酮,以及甲基异丁基甲酮(MiBK)等在盐酸溶液中可定量萃取Se(IV)。在HCl浓度为3.5~7 mol/L时,MiBK不能有效萃取Se(IV)而能高效萃取Te(IV),且MiBK萃取硒时,Au(III)、Fe(III)、Tl(III)、Ga(III)、In(III)、Sb(V)、Mo(IV)等离子也会随着Se(IV)进入有机相,故萃取选择性不高。酮类萃取目前主要应用在分析化学中。此外，使用酸性磷类萃取剂二(2-乙基己基)磷酸酯(D2EHPA，P204)的甲苯溶液为有机相，从盐酸溶液中都不能萃取 Se(Ⅳ)和 Se(Ⅵ)，但在 H_2SO_4 介质中可以萃取硒。

3.4 吸附法提取硒

固相吸附已应用在无机硒的分离中。目前，以碳基材料、碳纳米管、金属盐纳米粒子、石墨烯、生物质等材料为基体材料，通过在基体上引入功能化基团来提高吸附剂的选择性是该领域的研究热点。研究成果多数还处于实验室规模且以科学研究为主，如二价金属氧化物以及层状双氢氧化物对硒都具有很好的吸附效果。可再生吸附剂(如海藻类、农业废弃物和生物质材料)包括未处理和修饰过的材料，其对于硒的吸附同样具有很好的效果，这也是未来研究的方向。近年来各种材料对硒的吸附效果见表 5-23[50-63]。

表 5-23　近年来吸附硒的研究成果

材料	硒种类	初始浓度 /(mg·L^{-1})	吸附剂加量 /(g·L^{-1})	pH	温度 /K	吸附量 /(mg/g)
1. 有机树脂						
硫脲甲醛螯合树脂	Se(Ⅳ)	50~100	0.4	*	—	833.3
	Se(Ⅵ)	100~500	0.4	* *	—	526.3
Zr(Ⅳ)-三胺螯合树脂	Se(Ⅳ)	5~500	—	4.0		30.02
弱碱性聚胺树脂	Se(Ⅵ)			3~12	室温	134.2
2. 天然矿石及氧化物						
Fe(OH)$_3$	Se(Ⅳ)	0.5~20	0.5	5	298	26.3
羟基磷灰石	Se(Ⅵ)	0.005~0.020	—	5	303	0.82^c
纳米级锐钛矿	Se(Ⅳ)	10~54	5.0	5	293	7.71
磁铁矿	Se(Ⅳ)	0.24~40	—	4	室温	0.22
	Se(Ⅵ)	0.24~40	—	4	室温	0.25
双层 Al(Ⅲ)/SiO$_2$	Se(Ⅳ)	0~237	—	5	298	32.7
	Se(Ⅵ)	0~237	—	5	298	11.3
双层 Fe(Ⅲ)/SiO$_2$	Se(Ⅳ)	0~237	—	5	298	20.4
	Se(Ⅵ)	0~237	—	5	298	2.4

续表 5-23

材料	硒种类	初始浓度 /(mg·L^{-1})	吸附剂加量 /(g·L^{-1})	pH	温度 /K	吸附量 /(mg/g)
Fe-Mn 氢氧化物	Se(Ⅳ)	5~500	2	4	295	41.02
	Se(Ⅵ)	5~500	2	4	295	19.84
Mn$_3$O$_4$ （未微波处理）	Se(Ⅳ)	0.25~10	2.5	4	室温	0.507
	Se(Ⅵ)	0.25~10	2.5	4	室温	1.00
Mn$_3$O$_4$ （未微波处理）	Se(Ⅳ)	0.25~10	2.5	4	室温	0.800
	Se(Ⅵ)	0.25~10	2.5	4	室温	0.909
纳米 Fe/Mn 磁性氧化物	Se(Ⅳ)	0.25~10	2.5	4	室温	6.57
	Se(Ⅵ)	0.25~10	2.5	4	室温	0.769
Mg-Al LDH	Se(Ⅳ)	0~1000	4	9[a]	298	120
Zn-Al LDH	Se(Ⅳ)	0~1000	4	9[a]	298	99
Mn/Fe HTlc	Se(Ⅳ)	0~80[b]	1	6	303	2.9
3. 碳基质吸附剂						
Fe 修饰的粒状活性炭	Se(Ⅳ)	2	0.3~2.8	5	298	2.58
Cu 修饰的碳棒	Se(Ⅳ)	—		6	298	5.3
	Se(Ⅵ)	—		6	298	2.2
纳米磁性氧化 石墨烯复合物	Se(Ⅳ)	0~100	1	6~9	298	23.81
	Se(Ⅵ)	0~100	1	6~9	298	15.12
4. 废弃物和生物质材料						
硫酸处理花生壳 （干重）	Se(Ⅳ)	25~50	2	1.5	298	23.76
硫酸处理稻壳	Se(Ⅳ)	25~50	2	1.5	298	25.51
绿藻	Se(Ⅳ)	0~300[b]	8	5	293	74.9
干酵母生物质	Se(Ⅳ)	0~120[b]	2	5	298	39.02
鱼鳞	Se(Ⅳ)	0.005~0.020	—	5	303	0.67
羟基磷灰石(鱼鳞)	Se(Ⅳ)	0.005~0.020	—	5	303	1.58[c]
灵芝菇	Se(Ⅳ)	0~40[b]	7	5	293	127
壳聚糖	Se(Ⅳ)	0.005~0.020	—	5	303	1.92[c]

注：a—初始溶液酸度；b—平衡时溶液酸度；c—最大吸附量；* —3 mol/L HCl；* * —5 mol/L HCl。

3.4.1 硫脲 – 甲醛螯合树脂

用硫脲 – 甲醛螯合树脂吸附盐酸溶液中的 SeO_3^{2-} 和 SeO_4^{2-}，在（强酸性）浓度为 $3 \sim 5$ mol/L 的 HCl 条件下，螯合树脂可吸附 SeO_3^{2-} 和 SeO_4^{2-}，其吸附能力分别为 833.3 mg/g 树脂和 526.3 mg/g 树脂。该方法适合于 SeO_3^{2-} 和 SeO_4^{2-} 的分析测定和在阳极泥和电子废物等工业废料中硒的提取。根据 SeO_3^{2-} 和 SeO_4^{2-} 及硫脲功能基团的电极电势，吸附机理可以解释为硫脲功能基团被氧化为二硫化甲脒，SeO_3^{2-} 和 SeO_4^{2-} 均被还原为单质 Se[56]，其反应为：

$$S{=\!=\!=}C(NH_2)_2 \Longleftrightarrow SH{-\!\!-}C(NH){-\!\!-}NH_2 \qquad (5-118)$$

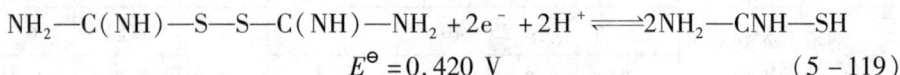
$$NH_2{-\!\!-}C(NH){-\!\!-}S{-\!\!-}S{-\!\!-}C(NH){-\!\!-}NH_2 + 2e^- + 2H^+ \Longleftrightarrow 2NH_2{-\!\!-}CNH{-\!\!-}SH$$
$$E^{\ominus} = 0.420 \text{ V} \qquad (5-119)$$

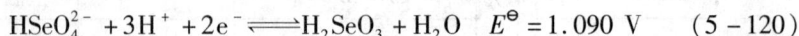
$$HSeO_4^{2-} + 3H^+ + 2e^- \Longleftrightarrow H_2SeO_3 + H_2O \quad E^{\ominus} = 1.090 \text{ V} \qquad (5-120)$$

$$H_2SeO_3 + 4H^+ + 4e^- \Longleftrightarrow Se + 3H_2O \quad E^{\ominus} = 0.741 \text{ V} \qquad (5-121)$$

3.4.2 锆（Ⅳ）负载的功能化树脂

Zr（Ⅳ）负载的二亚乙基三胺 – N，N，N – 聚乙酸修饰的合成树脂（CMA）可吸附 Se（Ⅳ）与 As（Ⅲ）。CMA 对 Se（Ⅳ）的吸附机理为阴离子配位取代作用。研究表明，SO_4^{2-}、Cl^-、NO_3^-、SO_3^{2-} 和乙酸根离子的存在并不干扰 CMA 对 As（Ⅲ）、Se（Ⅳ）、As（Ⅴ）的吸附。该树脂对硒的最大吸附量为 0.39 mmol/g，负载硒的 CMA 树脂用 1 mol/L 氢氧化钠溶液洗脱之后，再通入 pH 为 4.0 的乙酸缓冲液可活化树脂，该树脂经 5 次吸附洗脱循环后，吸附性能稳定，且树脂所流失的 Zr（Ⅳ）数量可以忽略不计[57]。

3.4.3 石墨烯吸附材料

在室温条件下，将氧化石墨烯在超声波作用下溶解于 1 – 甲基吡咯烷酮（NMP）中，在氮气保护下加热到 190℃ 形成 GO/NMP 溶液，然后将乙酰丙酮铁缓慢加入到 GO/NMP 溶液中，保持反应温度为 190℃ 且持续强烈搅拌 4 h，可得到磁性氧化石墨烯复合材料 GMO[58]。

氧化石墨烯表面的大量活性羟基（$\equiv$C—OH）及磁性 Fe_4O_3 表面的（$\equiv$Fe—OH）羟基基团与 SeO_3^{2-} 配位可形成内球面配合物，其与 SeO_4^{2-} 发生静电引力作用，形成外球面配合物。该吸附剂对 Se（Ⅳ）的吸附率高达 99.9%，对 Se（Ⅵ）的吸附率为 80%。吸附机理为：

Se（Ⅳ）吸附：

$$MGO{-\!\!-}OH + SeO_3^{2-} + H^+ {=\!=\!=} MGO \cdot SeO_3^- + H_2O \qquad (5-122)$$

Se(Ⅵ)吸附:

$$MGO—OH + SeO_4^{2-} + H^+ = (MGO—OH_2^+)(SeO_4^{2-}) \qquad (5-123)$$

3.4.4　活性炭吸附材料

用铜离子修饰的碳棒(MCC)和铜离子修饰的活性炭(MAC)对 Se(Ⅳ)、Se(Ⅵ)进行吸附时,不同浓度阴离子对活性炭材料的吸附能力的影响如图 5-26 所示。与 MAC 不同,铜离子修饰过的碳棒(MCC)对 Se(Ⅳ)具有较高的吸附能力,且不受体系中 NO_3^-、Cl^-、SO_4^{2-} 浓度的干扰。MAC 对 Se(Ⅵ)的吸附性能略高于 MCC,但均受 NO_3^-、Cl^-、SO_4^{2-} 的干扰[59]。

硒离子在强酸性条件下更利于吸附到碳棒表面。在高 pH 条件下,Se(Ⅳ)、Se(Ⅵ)与 Cu^{2+} 离子或铜离子氧化物共同作用,从而促进吸附。其主要的吸附机理为:在 $pH \leqslant pH_{pzc}$ 条件下,硒离子依靠静电引力吸附在被铜离子修饰的碳棒表面,与 Cu^{2+} 发生了络合作用;在碱性条件下,硒离子和铜离子发生共沉淀作用。

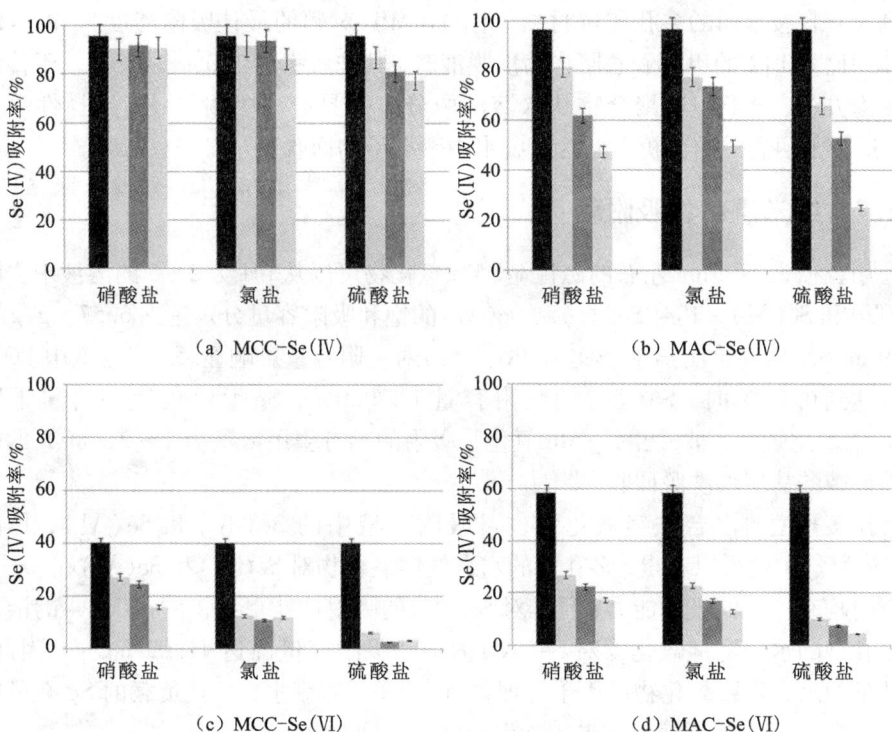

图 5-26　不同浓度阴离子对活性炭材料的吸附能力的影响

(图中:硝酸盐、氯盐、硫酸盐对应的柱状图所示的浓度从左至右依次为 0 g/L、0.1 g/L、0.3 g/L、0.5 g/L)

3.4.5 改性废弃生物质材料

天然生物质材料,其来源广泛、成本低廉,且含有大量的植物纤维、蛋白质以及一些活性官能团,如羟基、羧基等,这些官能团使生物质材料具有吸附功能。通过对原有的生物质材料进行修饰或改性,可提高其工业应用价值[60~61]。用藻类生物质作为载体并经铁离子修饰、碳化后制备得到的铁修饰的生物质基碳吸附材料(IBS),相对于铁修饰的活性炭吸附剂,IBS 对 Se(Ⅳ)和 Se(Ⅵ)的吸附能力提高了 1 倍以上。当含硒废水的 pH 为 2.5~8 时,IBS 对 Se(Ⅵ)的吸附能力为 2.6~2.72 mg/g[61]。该生物质基的吸附材料具有可重复使用、易于制备等优点,适合低含量含硒废水中硒的提取。

3.4.6 硒印迹聚合物

将 SeO_2、邻苯二胺、2 – 乙烯基吡啶、乙二醇二甲基丙烯酸酯、偶氮二异丁腈混合搅拌,使其发生聚合作用,然后用 2 mol/L 盐酸溶液淋洗共聚物中的硒离子,得到含有叔胺基团的多孔印迹材料(MIP)。MIP 对硒的最佳吸附酸度为 pH = 2,以体积比为 1:2 的甲醇和乙腈作为洗脱液时,其洗脱率为 100%[62]。相较于传统的吸附方法,分子印迹聚合物从水溶液中分离硒具有高吸附量、高选择性等特点,适合于硒离子的分析和低含量废水中硒离子的回收、分离。

3.4.7 纳米氧化物吸附硒

用粒径为 27.5nm 左右的磁性 Fe/Mn 氧化物可以从 pH 为 2~6 的溶液中去除 Se(Ⅳ)和 Se(Ⅵ),其对 Se(Ⅳ)和 Se(Ⅵ)的饱和吸附容量分别达到 6.57 mg/g 和 7.69 mg/g,但高价阴离子(SO_4^{2-}、PO_4^{3-} 等)对吸附容量影响显著,当溶液中 PO_4^{3-} 浓度达到 0.01% 时,Se(Ⅳ)的吸附容量下降 20%,Se(Ⅵ)的吸附容量下降 87%[64]。这表明,被磁性 Fe/Mn 氧化物吸附的硒有望用浓度为 1~2 mol/L 的硫酸盐或磷酸盐溶液洗脱回收。

用多孔型的水合铁锰氧化物也可吸附溶液中的 Se(Ⅳ)和 Se(Ⅵ),见图 5 – 27[65]。由此可以看出,多孔型的水合铁锰氧化物对 Se(Ⅳ)和 Se(Ⅵ)在 pH 为 3~8时均有一定的吸附能力,且其对 Se(Ⅳ)的吸附性能更好,在 pH 为 4 的溶液中多孔型的水合铁锰氧化物对 Se(Ⅳ)的饱和吸附容量高达 41.02 mg/g。因此,多孔型的水合铁锰氧化物可用于处理含有 Se(Ⅳ)的废水,且其负载的 Se 有可能用 pH 在 12 以上的碱溶液或碱 – 盐混合液洗脱回收。

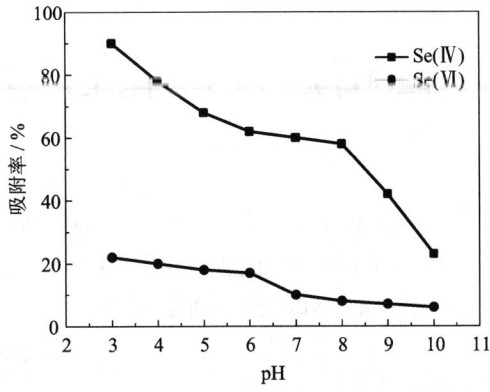

图 5 - 27　pH 对铁锰水合氧化物吸附 Se(Ⅳ) 和 Se(Ⅵ) 的影响

第4章 硒精炼及硒化合物的制取

从铜阳极泥中提取得到的粗硒中，含有 Te、As、Sb、Pb、Si 等多种杂质，采用蒸馏法或化学法精炼可将杂质分离去除，获得 2N～4N 或更高品级的硒。然而，在精炼过程中通常会遇到硒、碲的分离问题。

4.1 硒的蒸馏精炼[2, 11]

蒸馏法是利用硒与杂质挥发性的差异，控制一定的温度，在常压下或真空条件下蒸发，使硒与杂质分离。硒的常压蒸馏是将浇铸成块的粗硒放进不锈钢的蒸发罐内，于 700～750℃温度下蒸发，再将硒蒸气冷凝可得品位达 99.5% 的精炼硒，其工艺流程如图 5-28 所示。

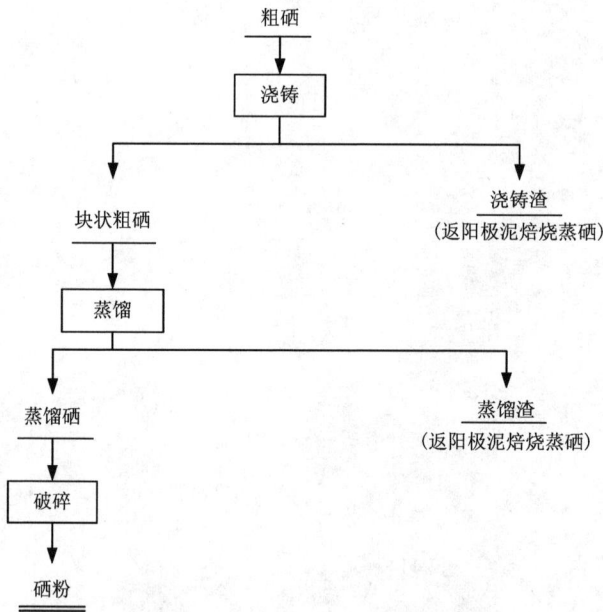

图 5-28 粗硒蒸馏精炼工艺流程

粗硒蒸馏精炼的优点是工艺简单，缺点是 Te、Hg 等易挥发的杂质无法有效去除，因为 Se 与 Te、Hg 等能形成金属间化合物，且这些金属间化合物的蒸气压与硒的蒸气压比较接近。要进一步提高粗硒蒸馏精炼产品的质量，可先对粗硒分离，待去除其中的 Te、Hg 等杂质后再蒸馏精炼。

在硒的精炼生产中，真空蒸馏已逐渐取代传统的精炼方法。真空条件可显著降低金属的蒸馏温度，有利于主金属与杂质的分离。硒的沸点为 680～688℃，在常压下蒸馏，可控制蒸馏温度为 710～750℃；若采用真空蒸馏，则其蒸馏温度可降低到 300～400℃。粗硒中所含有的杂质主要有 Cu、Hg、Sb、Te、Fe、Pb、Ni、Mg、Al、As、Ag 等。其中沸点比硒高、且蒸气压较小的杂质有 Cu、Pb、Ag、Sb、Te、Mg、Ni、Fe 和 Al。因此在真空蒸馏过程，只要控制好蒸馏的温度让硒大量挥发而杂质极少量的挥发，即可达到提纯粗硒的目的。研究表明，在温度为 330℃、真空度为 13.33 Pa 的条件下，硒的蒸发速率可达到 2×10^{-4} g/(cm^2·s)，电耗为 1250～1300 kW·h·t^{-1}。用 99.9%～99.99% 的硒作原料，经真空蒸馏 1～2 次，可获得 99.999%～99.9999% 的高纯硒[66]。

某种在工业生产中使用的硒真空蒸馏—冷凝一体化的提纯设备[67] 如图 5-29 所示。

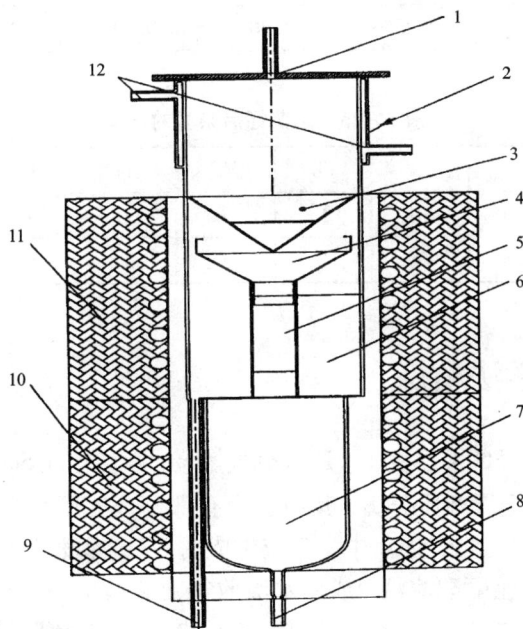

图 5-29　高纯硒蒸馏炉

1—炉盖；2—冷却水套；3—冷凝器；4—接料器；5—导管；6—原料坩埚；7—产品坩埚；
8—产品导出口；9—残料导出口；10—下加热段；11—上加热段；12—冷却水进出口

该设备在一个密闭的容器内，将蒸馏和冷凝两个过程组合成一体。控制容器内真空度为 $9 \times 10^{-3} \sim 1 \times 10^{-3}$ Pa，硒在原料坩埚中加热到 $250 \sim 400℃$ 温度时熔化并蒸发，则硒蒸气会在上方伞状冷凝器表面冷凝成液体且被收集器收集导入产品坩埚内，此过程中还需控制产物温度为 $150 \sim 300℃$。用 $99.9\% \sim 99.99\%$ 的粗硒蒸馏 $1 \sim 2$ 次，可获得 $99.999\% \sim 99.9999\%$ 的高纯硒。

硒蒸馏提纯前需要对低沸点的杂质，如 S、As、Hg、Te、Sb 等先行脱除。对于粉状的粗硒，用 1% 的 HCl 溶液配入适量的 NaCl 浸出，洗净后再用 2 mol/L 的 NaOH 溶液浸出。对于锭状的硒可采用熔盐除杂精炼，将硒加入硒量为 10% 的 $NaNO_3$ 与氢氧化钠的混合物中，在 $350 \sim 450℃$ 温度下搅拌熔炼一段时间，与氧亲和力较硒强的杂质（如 As、Sb、Te 等）将氧化造渣进入熔盐而脱除。经溶浸或熔盐除杂后，硒中杂质含量见表 5-24，经真空蒸馏后硒中杂质含量见表 5-25[67]。

表 5-24　粗硒预处理除杂前后的杂质含量　　　　　　%

元素	Cu	Fe	Pb	As	Sb	Te
处理前	0.013	0.072	0.08	0.056	0.021	0.027
溶浸后	0.0074	0.0072	0.006	0.006	0.005	0.007
熔炼后	0.0043	0.0056	0.005	0.001	0.002	0.001

表 5-25　硒蒸馏后杂质的含量　　　　　　10^{-6}

元素	Cu	Hg	Pb	Mg	As	Sb	Te	S
直接蒸馏	0.5	20	1	3	60	10	100	50
除杂后蒸馏	0.5	3	1	3	5	5	5	10

4.2　硒的化学法精炼

将粗硒在 $520 \sim 560℃$ 温度下，通入氧气燃烧，则会生成 SeO_2 而挥发，从而与大多数的高沸点的金属杂质分离，其中也会有部分蒸气压与 SeO_2 相近的杂质如 As_2O_3、HgO、TeO_2 等进入 SeO_2 中。反应生成的 SeO_2 挥发进入冷凝器收集，取出 SeO_2 用纯水溶解得亚硒酸溶液，或用水吸收得亚硒酸溶液。所得的溶液宜先净化除汞，一种除汞方法是：往溶液中加入浓度为 30 g/L 量为 20 倍汞量的 $NH_4[Cr(SCN)_4(NH_3)_2] \cdot 2H_2O$（俗称伊氏盐），将汞络合沉淀除去：

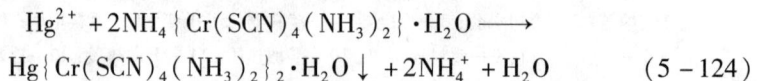

$$Hg^{2+} + 2NH_4\{Cr(SCN)_4(NH_3)_2\} \cdot H_2O \longrightarrow$$
$$Hg\{Cr(SCN)_4(NH_3)_2\}_2 \cdot H_2O \downarrow + 2NH_4^+ + H_2O \qquad (5-124)$$

将反应后的溶液静置16 h以上，除汞率可达97%以上。除汞后，再通SO$_2$还原得99.99%～99.999%的硒[2]。

亚硒酸溶液也可用硫化沉淀法净化除杂，做法是：往溶液中通入氨，将pH调至6.0～6.5，再加入硫化铵净化，除去汞、铅、铜、砷等杂质。净化后的亚硒酸溶液用SO$_2$还原得到纯度达99.99%的工业硒。还原后液中加入硫脲，使溶液呈微红色即到还原终点。化学法精炼粗硒的工艺流程如图5-30所示。

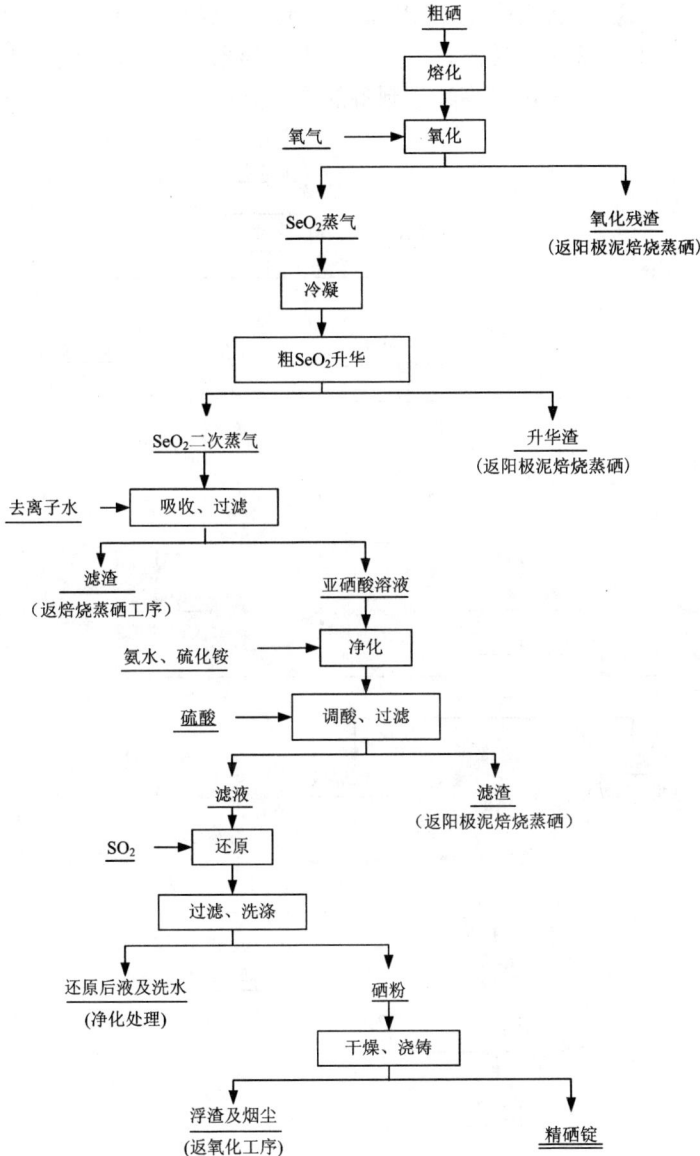

图5-30　粗硒化学法精炼工艺流程

粗硒化学法精炼的优点是碲、汞、铅、砷等杂质的分离效果好,但其缺点也很明显,如工艺流程长、试剂耗量大、生产成本高、废水废气多。此外,由于粗硒化学法精炼工艺中引入了硫化除杂工序,产品中 S 含量通常难以达标,故使得化学法精炼硒的应用受到限制。

以上精炼方法得到的工业硒经进一步纯化可得高纯硒。工业硒的纯化方法包括蒸馏法、结晶法、化学法和联合法。单纯采用化学法虽对某些特定杂质的去除有效,但容易带入新的杂质;而只采用蒸馏法或结晶法则无法达到深度纯化的要求。因此,工业上通常采用联合法,其中应用很广泛的是化学法与蒸馏法相结合的提纯工艺。图 5-31 给出了高纯硒制备的工艺流程。

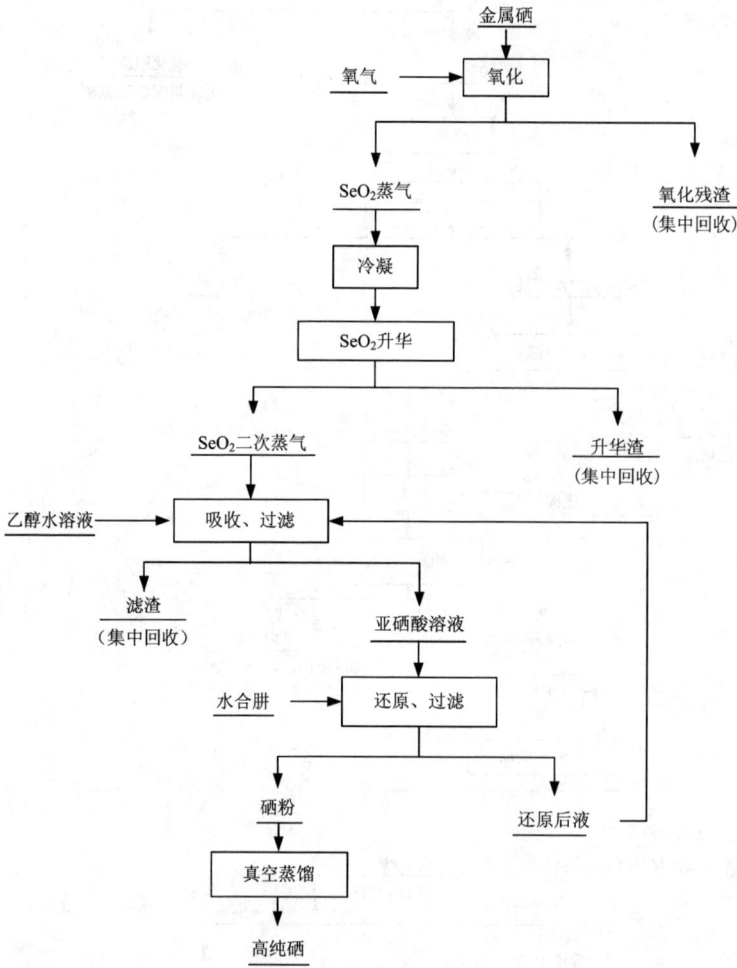

图 5-31 高纯硒制备的工艺流程

高纯硒制备过程中较难分离的杂质是碲，利用氧化硒、氧化碲在水－乙醇溶液中溶解度的差异，用水－乙醇溶液作 SeO_2 蒸气的吸收液时，氧化硒及硒酸会溶解进入溶液，而碲的氧化物几乎不溶。随溶液温度升高，氧化硒及硒酸的溶解度增大，此时再过滤时可将碲去除。

4.3　二氧化硒的制取

二氧化硒 SeO_2 是一种重要的硒化工产品。SeO_2 溶于水后得亚硒酸 H_2SeO_3，其酸性比 H_2SO_3 弱，但对皮肤黏膜和指甲的刺激作用比 H_2SO_3 强。硒在空气或氧气中燃烧，或将亚硒酸脱水，都可制得二氧化硒。得到的二氧化硒在空气中吸潮后，颜色带微红色(可能是形成了少量红棕色无定形硒)。

二氧化硒的生产方法有氧气氧化法和硝酸氧化法两种。粗硒及粗硒精炼得到的工业硒均可作为生产二氧化硒的原料。

氧气氧化法是将原料硒加热至 $400 \sim 600 ℃$ 温度产生硒蒸气，硒蒸气与氧气作用生成 SeO_2 蒸气。控制 SeO_2 蒸气的冷凝温度为 $200 \sim 240 ℃$，使之与 S、Cl、As 等杂质分离，得晶体 SeO_2 产品。为了提高硒的氧化速率和二氧化硒的产品质量，通常在体系中引入一定量的硝酸或二氧化氮作催化剂，这是大规模生产 SeO_2 的工业方法。

硝酸氧化法生产二氧化硒，是将粉状硒加入浓硝酸中，升温搅拌，待反应结束后再过滤。滤液蒸发浓缩、结晶，所得晶体干燥后，再加热分解得二氧化硒。该方法由于制备过程产生大量的氮氧化物，目前只有实验室偶尔会使用。

$$Se + 4HNO_3 = H_2SeO_3 + 4NO_2 + H_2O \qquad (5-125)$$
$$H_2SeO_3 = SeO_2 + H_2O \qquad (5-126)$$

4.4　硒烷的制取[2]

硒化氢(H_2Se)，又称硒烷。H_2Se 提纯后再进行热分解，可用于制备高纯硒和硒化物(如 ZnSe)，且制取的高纯硒和硒化物薄膜纯度可达 99.99999%。

H_2Se 在常温下是气态，凝固点为 $-66 \sim -60 ℃$，沸点为 $-45 \sim -41.1 ℃$，其性质与 H_2S 类似，但稳定性比 H_2S 差。目前硒化氢制备的方法主要有两种，第一种方法是通过高纯氢和硒在 $250 \sim 570 ℃$ 温度下直接化合而得；第二种方法是通过金属硒化物与水发生分解反应来制备，这种方法在 $570 ℃$ 时硒化氢的产量最大(超过了 50%)。

将 Se 加热到 $550 \sim 570 ℃$，通入 H_2 反应生成 H_2Se。该过程中硒中杂质砷可能生成 H_3As，但 H_3As 在 $230 ℃$ 左右会分解。只有硒的纯度较高，生成的杂质氢化物才很少。将 H_2Se 气体冷冻分馏净化后，可得到高纯硒烷产品。用硒烷制备高纯硒，则是将硒烷通入温度为 900℃ 的石英管内，使 H_2Se 离解成 Se 与 H_2，再经冷凝沉积，即得高纯硒产物。

另外，还有一种制备硒烷的方法：先制备 Al_2Se_3，再使其与水反应制取 H_2Se。制备过程是先将铝粉与硒粉充分混合，加热到 600～650℃ 温度使其化合生成 Al_2Se_3：

$$2Al + 3Se \Longrightarrow Al_2Se_3 \qquad (5-127)$$

然后将 Al_2Se_3 加热，通入水蒸气，生成 H_2Se：

$$Al_2Se_3 + 6H_2O \Longrightarrow 3H_2Se\uparrow + 2Al(OH)_3 \qquad (5-128)$$

H_2Se 用干法脱水，获得无水的 H_2Se 气体，再按上述冷冻分馏方法精制，得到高纯硒烷产物[2]。

参考文献

[1] 宋玉林，董贞俭. 稀有金属化学[M]. 沈阳：辽宁大学出版社，1991.

[2] 周令治，陈少纯. 稀散金属提取冶金[M]. 北京：冶金工业出版社，2008.

[3] 张国成，黄文梅. 有色金属进展（1996—2005）：第五卷 稀有金属和贵金属[M]. 长沙：中南大学出版社，2007.

[4] U. S. Geological Survey mineral commodity summaries：Selenium[EB/OL]. [2017]. https：//minerals. usgs. gov/minerals/pubs/mcs/2017.

[5] 中华人民共和国工业及信息化部. 中华人民共和国有色金属行业标准[S]. 北京：中国标准出版社，2010.

[6] 王玮，唐尊球，陈晓东. 论金川集团有限公司原生铜精矿及二次铜精矿所产阳极泥处理工艺[J]. 有色冶金设计与研究，2002，23(3)：17-20.

[7] 昆明冶金研究所、云南冶炼厂. 云南冶炼厂铜阳极泥采用浮选法富集贵金属方法研究[J]. 云南冶金，1977(3)：19-27.

[8] 钟菊芽. 大冶铜阳极泥处理过程中有价金属元素物质流分析研究[D]. 长沙：中南大学，2010.

[9] 王小龙. 阳极泥处理新工艺简介[C]//中国有色金属学会青年学术委员会. 中国有色金属学会第二届青年论坛学术会议论文集. 长沙：中南大学出版社，2004.

[10] 周利明. 浅谈贵冶铜阳极泥中硒的回收[J]. 铜业工程，2012(6)：4-6.

[11]《重有色金属冶炼设计手册》编委会. 重有色金属冶炼设计手册：锡锑汞贵金属卷[M]. 北京：冶金工业出版社，1995.

[12] 胡建辉，张传福. 铜阳极泥预处理脱铜工艺优化[J]. 贵金属，2002，23(4)：1-5.

[13] 王从明，彭文友. 贵溪冶炼厂元素普查报告（第一次）[A]. 贵溪冶炼厂档案馆，1989.

[14] 涂百乐，张源，王爱荣. 卡尔多炉处理铜阳极泥技术及应用实践[J]. 黄金，2011，32

(3)：45-48.

[15] 李春侠，王爱荣，陈继平. 铜阳极泥处理半湿法工艺与卡尔多炉工艺的比较[J]. 企业技术开发，2015，34(19)：28-30.

[16] 李栋，徐润泽，许志鹏，等. 硒资源及其提取技术研究进展[J]. 有色金属科学与工程，2015，6(1)：18-23.

[17] 郭学益，许志鹏，田庆华，等. 低温碱性熔炼分离富集铜阳极泥中有价金属[J]. 中国有色金属学报，2015，25(8).

[18] 张博亚. 铜阳极泥加压酸浸预处理工艺及其机理研究[D]. 昆明：昆明理工大学，2008.

[19] 曾晓冬. 低品位含硒物料加压浸出生产实践[J]. 铜业工程，2013(3)：4-6.

[20] 尧世文，杨世堂，李用齐，等. 铜阳极泥中金、硒浸出实验研究[J]. 云南冶金，2017，46(1)：37-40.

[21] 梁刚，舒万艮，蔡艳荣，等. 从铜阳极泥中回收硒、碲新技术[J]. 稀有金属，1997，21(4)：254-256.

[22] Ctarp Yidirim，等，含硒碲高的铜阳极泥的湿法处理[J]. 彭贻铭，译. ERZMETALL，1985，38(4)：26-28.

[23] 钟清慎，贺秀珍，马玉天，等. 铜阳极泥氧压酸浸预处理工艺研究[J]. 有色金属(冶炼部分)，2014(7)：14-16.

[24] 钟清慎. 铜阳极泥加压浸出及浸出液中碲和硒的提取研究[D]. 西安：西安建筑科技大学，2014.

[25] 钟清慎，贺秀珍，刘玉强，等. 低浓度铜阳极泥加压浸出液中银硒碲的分离[J]. 有色金属(冶炼部分)，2014(9)：51-54.

[26] 朱卫平译. 从铜阳极泥高压釜浸出液中回收碲和硒的新工艺[J]. 中国有色冶金，2013(6)：1-4.

[27] 赵坚，丁成芳，胡海南，等. 萃取法从铜阳极泥制备的碲化铜中回收碲[J]. 稀有金属与硬质合金，2012，40(4)：1-3.

[28] 金世平，杨斌，黄占超，等. 真空蒸馏脱硒的研究[J]. 真空科学与技术，2003，23(5)：369-372.

[29] 奚英州，魏洪洁，翟秀静. 真空蒸馏法从铜阳极泥中回收硒的研究[J]. 有色矿冶，2010，26(1)：27-30.

[30] 王学文，华睿. 粗硒真空精炼实验研究[C]//中国有色金属学会稀有金属冶金学术委员会. 第五届全国稀有金属学术交流会论文集，长沙：中南大学出版社，2006.

[31] 郑雅杰，陈昆昆. 采用 Na_2SO_3 溶液从硒渣中选择性浸出 Se 及其动力学[J]. 中国有色金属学报，2012，22(2)：585-591.

[32] 王晓武，范兴祥，李永祥. 从含硒酸泥中提取硒的试验研究[J]. 湿法冶金，2013，32(5)：316-318.

[33] 王学文，魏远，王明玉，等. 一种石煤提钒铜、硒、铀综合回收方法：CL201210237306[P]. 2012-10-24.

[34] 侯晓川, 肖连生, 张启修, 等. 从镍钼矿冶炼烟尘中浸出硒的体系选择[J]. 中南大学学报(自然科学版), 2012, 43(12): 4626 - 4632.

[35] 陈少纯, 梁承先, 房永达. 锑精炼除硒新工艺研究与应用[J]. 有色金属(冶炼部分), 1992, (2): 16 - 18.

[36] 徐盛明, 刘景槐. 从汞硒物料中回收汞和硒[J]. 有色金属(冶炼部分), 1992, (2): 11 - 13.

[37] 葛清海, 陈后兴, 谢明辉, 等. 硒的资源、用途与分离提取技术研究现状[J]. 四川有色金属, 2005, 3, 7 - 11.

[38] Alam M G M, Tokunaga S, Maekawa T. Extraction of selenium from a contaminated forest soil using phosphate[J]. Environmental Technology, 2000, 21: 1371 - 1378.

[39] 熊英. 稀散金属溶剂萃取分离化学[M]. 北京: 化学工业出版社, 2013.

[40] Hoh Y C, Chang C C, Cheng W L, et al. The separation of selenium from tellurium in hydrochloric acid media by solvent extraction with tri-butyl phosphate[J]. Hydrometallurgy, 1983, 9(3): 381 - 392.

[41] Mandal D K, Bhattacharya B, Das R D. Thermodynamics of Extraction of Selenium by Tri-iso-octyl Amine (TIOA) from Chloride Medium[J]. Separation Science and Technology, 2004, 9(9): 2207 - 2221.

[42] 卫芝贤, 霍红, 林清波, 等. 伯胺N1923萃取四价硒的研究[J]. 山西大学学报(自然科学版), 1998(03): 244 - 246.

[43] 卫芝贤, 霍红, 林清波. 硒萃取的新体系研究[J]. 有色金属(冶炼部分), 1998(06): 34 - 35.

[44] 卫芝贤, 杨文斌. 硒碲的萃取分离工艺研究[J]. 稀有金属, 1995(03): 188 - 190.

[45] 卫芝贤, 段咏胜. N, N′-二(1-甲基庚基)乙酰胺萃硒机理研究[J]. 中北大学学报(自然科学版), 1997(04): 361 - 364.

[46] Aeungmaitrepirom W, Hagege A, Asfari Z, et al. Solvent extraction of selenate and chromate using a diaminocalix[4]arene[J]. Journal of Inclusion Phenomena and Macrocyclic Chemistry, 2001, 40: 225 - 229.

[47] 余楚蓉译, 俞集良校. 采用磷酸三丁脂萃取分离盐酸介质中的硒和碲[J]. 有色冶炼, 1984, 13(2): 21 - 24.

[48] Chowdhury M R, Sanyal S K. Separation by solvent-extraction of tellurium(Ⅳ) and selenium(Ⅳ) with tri-n butyl - phosphate-some mechanistic aspects[J]. Hydrometallurgy, 1993, 32(2): 189 - 200.

[49] Mhaske A A, Dhadke P M. Separation of Te(Ⅳ) and Se(Ⅳ) by extraction with Cyanex925[J]. Separation Science and Technology, 2003, 38: 3575 - 3589.

[50] Santos S, Ungureanu G, Boaventura R, et al. Selenium contaminated waters: An overview of analytical methods, treatment options and recent advances in sorption methods[J]. Science of the Total Environment, 2015, 521 - 522: 246 - 260.

[51] Cartes P, Gianfreda L, Mora M L. Uptake of Selenium and its antioxidant activity in ryegrass when applied as selenate and selenite forms[J]. Plant and Soil, 2005, 276: 359 – 367.

[52] Mathur S D, Sing N. Studies on the extraction of selenium and tellurium from copper electrolytic slimes by sublimation in vacuum[J]. Phosphorus Sulfur and Silicon and the Related Elements, 2006, 1: 169 – 175.

[53] Sergeev G M, Shlyapunova E V, Pozdnyakova M A. Selective Extraction-photometric redox determination of low concentrations of sulfur(Ⅳ), selenium(Ⅳ), tellurium(Ⅳ), and arsenic (Ⅲ)[J]. Journal of Analytical Chemistry, 2007, 62: 416 – 423.

[54] Funes – Collado V, Morell – Garcia A, Rubio R. Selenium uptake by edible plants from enriched peat[J]. Scientia Horticulturae, 2013, 164: 428 – 433.

[55] Herrero L C, Barciela G J, García M S, et al. Solid phase extraction for the speciation and preconcentration of inorganic selenium in water samples: A review[J]. Analytica Chimica Acta, 2013, 804: 37 – 49.

[56] Gezer N, Gulfen M, Aydin A O. Adsorption of Selenite and selenate ions onto thiourea – formaldehyde resin[J]. Journal of Applied Polymer Science, 2011, 122: 1134 – 1141.

[57] Suzuki T M, Tanaka D A P, Tanco M A L, et al. Adsorption and removal of oxo – anions of arsenic and selenium on the zirconium (Ⅳ) loaded polymer resin functionalized with diethylenetriamine – N, N, N', N' – polyacetic acid[J]. Journal of Environmental Monitoring, 2000, 2: 550 – 555.

[58] Fu Y, Wang J Y, Liu Q X, et al. Water – dispersible magnetic nanoparticle – graphene oxide composites for selenium removal[J]. Carbon, 2014, 77: 710 – 721.

[59] Jegadeesan G B, Mondal K, Lalvani S B. Adsorption of Se(Ⅳ) and Se(Ⅵ) using copper – impregnated activated carbon and fly ash – extracted char carbon [J]. Water Air and Soil Pollution, 2015, 226: 234 – 246.

[60] Abbasi S, Haeri S A. Novel bio – coacervation extraction of selenium based on microassemblies biosurfactants with ionic liquid and quantitative analysis by HPLC/UV[J]. Chromatographia, 2015, 78: 971 – 978.

[61] Roberts D A, Paul N A, Dworjanyn S A, et al. Gracilaria waste biomass (sampah rumput laut) as a bioresource for selenium biosorption [J]. Journal of Applied Phycology, 2015, 27: 611 – 620.

[62] Wang W H, Chen Z L, Davey D E, et al. Extraction of selenium species in pharmaceutical tablets using enzymatic and chemical methods[J]. Microchimica Acta, 2009, 165: 167 – 172.

[63] Khajeh M, Yamini Y, Ghasemi E, et al. Imprinted polymer particles for selenium uptake: Synthesis, characterization and analytical applications[J]. Analytica Chimica Acta, 2007, 581: 208 – 213.

[64] Christina M G, Jeffrey H, Jason G P, et al. A study of the removal of selenite and selenate from aqueous solutions using amagnetic iron/manganese oxide nanomaterial and ICP – MS [J].

Microchemical Journal, 2010, 96: 324 – 329.

[65] Szlachta M, Chubar N. The application of Fe – Mn hydrous oxides based adsorbent for removingselenium species from water [J]. Chemical Engineering Journal, 2013, 217: 159 – 168.

[66] 万雯. 粗硒的真空蒸馏提纯工艺研究[D]. 昆明: 昆明理工大学, 2006.

[67] 朱世会，朱刘，罗密欧，等. 高纯硒的生产设备及生产工艺: CN200610122508.4[P]. 2007 – 03 – 14.

第六篇　碲冶金

第1章　概述

　　碲，Tellurium，元素符号为 Te，它由德国矿物学家米勒·冯·赖兴施泰因(F. J. Müller von Reichenstein)于1782年在研究德国金矿石时发现[1]。碲的冶炼生产与工业应用始于20世纪初，碲主要从铜冶炼的副产物中提取，早期主要用于冶金、化工、玻璃、陶瓷、颜料等传统行业。碲属半导体元素，随着电子信息等现代新兴产业的发展，碲在太阳能电池、红外探测器件、温差热电和半导体器件等领域得到广泛应用[2]。

1.1　碲及其化合物的性质

1.1.1　单质碲

　　碲位于元素周期表中第五周期第六主族，其性质与硒和硫相似，但其金属性比硒强。碲在加热时可与数十个金属、3个半金属及10个非金属形成碲化物，许多碲化物具有半导体特性。碲的单质有晶体及无定形两种形态。晶体碲呈六方晶格，银白色，有 α-Te 与 β-Te 两种变体。α-Te 在温度高于354℃时转化成 β-Te。晶体碲的压缩、强度、热膨胀、偏振、光反射、电导及电磁性等物理性质都具有明显的各向异性。晶体碲的禁带宽为 0.34 eV。无定形碲为黑色粉末，受热后可转化成晶体碲。常温下碲性脆，但加热后可挤压加工[3]。碲的物理性质见表6-1[3-5]。

表6-1　碲的物理性质

原子序数	52	黏度(Pa·s)	1.95×10^{-3}(450℃)
相对原子质量	127.61	线膨胀系数/$(1 \cdot K^{-1})$	16.75×10^{-6}
原子半径/nm	1.70	凝固时体积膨胀率/%	5~7
离子半径/nm	0.89(+4) 0.61(+6) 2.22(-2)	结晶构造	六方

续表6-1

熔点/℃	449.8~452	表面张力/(N·m⁻¹)	0.178~0.182
沸点/℃	1390	压缩系数/(cm²·kg⁻¹)	1.50×10^{-6}
莫氏硬度	2.5	电子构造	$[Kr]4d^{10}5s^25p^4$
密度/(g·cm⁻³)	6.15(α-Te) 5.797(液态) 6.24(固态)	氧化数	+2，+4，+6
熔化热/(kJ·mol⁻¹)	13.5	电负性	2.01
电阻率/(Ω·cm)	0.436	磁化率(CGS)	-39.5×10^{-6}

高温下碲易挥发，但挥发性比硒小，碲蒸气压数据见表6-2[3]。

表6-2 碲的蒸气压数据

温度/℃	520	605	697	910	1040	1390
蒸气压/Pa	133.32	666.61	2666.46	7999.34	26664.5	101325

常温下，碲不与水、氧气及无氧化性的酸(稀硫酸和稀盐酸)起反应，在沸水中碲粉可与水反应放出氢气，碲与氟、氯可发生激烈反应：

$$Te + 2H_2O \Longrightarrow TeO_2 + 2H_2 \uparrow \tag{6-1}$$

$$Te + 3F_2 \Longrightarrow TeF_6 \tag{6-2}$$

$$Te + Cl_2 \Longrightarrow TeCl_2 \tag{6-3}$$

碲在空气中加热可燃烧氧化生成二氧化碲，并产生蓝色火焰，散发出腐烂的气味：

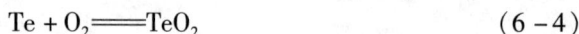

$$Te + O_2 \Longrightarrow TeO_2 \tag{6-4}$$

碲易溶于硝酸、浓硫酸及存在氧化剂的碱液中，但在无氧化剂的碱液中溶解缓慢：

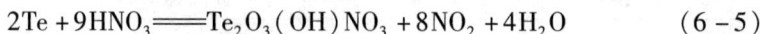

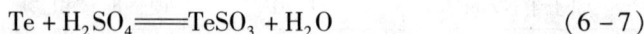

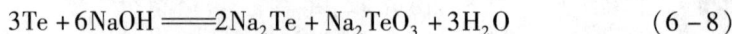

$$2Te + 9HNO_3 \Longrightarrow Te_2O_3(OH)NO_3 + 8NO_2 + 4H_2O \tag{6-5}$$

$$3Te + 4HNO_3 + H_2O \Longrightarrow 3H_2TeO_3 + 4NO \uparrow \tag{6-6}$$

$$Te + H_2SO_4 \Longrightarrow TeSO_3 + H_2O \tag{6-7}$$

$$3Te + 6NaOH \Longrightarrow 2Na_2Te + Na_2TeO_3 + 3H_2O \tag{6-8}$$

反应(6-7)中的 $TeSO_3$ 不稳定，加热时会分解释放出 SO_2。

碲与硝酸作用生成的 TeO_2，在强氧化剂存在的条件下，可进一步氧化成碲酸：

$$3Te + 4HNO_3 \mathrm{=\!=\!=} 3TeO_2 + 4NO\uparrow + 2H_2O \qquad (6-9)$$

$$3TeO_2 + 6HNO_3 + 2H_2CrO_4 \mathrm{=\!=\!=} 3H_2TeO_4 + 2Cr(NO_3)_3 + 2H_2O \quad (6-10)$$

碲在王水溶液中会钝化,形成的 $TeCl_2$ 与亚硫酸作用后又可还原成碲[4]:

$$Te + HNO_3 + 3HCl \mathrm{=\!=\!=} TeCl_2 + NOCl + 2H_2O \qquad (6-11)$$

$$TeCl_2 + H_2SO_3 + H_2O \mathrm{=\!=\!=} Te\downarrow + H_2SO_4 + 2HCl \qquad (6-12)$$

碲能溶于硫化碱中而生成多硫化物,形成的多硫化物加酸酸化后又析出碲。碲不像硒可溶于浓的热的亚硫酸钠溶液中,利用这一特性可将硒与碲分离。

1.1.2 碲的硫化物

碲的硫化物不稳定,通常不会出现,如 TeS_2 仅在 $-20℃$ 的温度下才能稳定存在[3]。

1.1.3 碲的氧化物

碲与氧作用可以形成 TeO、TeO_2 及 TeO_3。TeO 仅在高温(1000℃以上)时以气相形式存在。TeO_3 是原碲酸的酸酐,受热后分解成 TeO_2。TeO_2 是碲的最稳定的氧化物。常温下,TeO_2 是白色粉末,受热后显黄色,熔融后呈暗黄色或暗红色。TeO_2 属立方晶系,密度为 $5.49 \sim 6.02$ g/cm^3,熔点为 $732.6 \sim 733℃$,沸点约为 1260℃,TeO_2 加热至450℃后开始升华[3]。TeO_2 的挥发性比 SeO_2 要小得多,704℃ 时其蒸气压只有 1.3Pa。TeO_2 在加热时易被氢还原成单质碲,甚至弱还原剂如 $SnCl_2$、H_2S、Na_2AsO_3 与 $Na_2S_2O_4$ 等也可将 TeO_2 还原为碲;TeO_2 遇氧化剂会转化为 Te^{6+}[3,4]。

TeO_2 呈两性,既溶于酸也溶于碱:

$$TeO_2 + 4HCl \mathrm{=\!=\!=} TeCl_4 + 2H_2O \qquad (6-13)$$

$$TeO_2 + 2NaOH \mathrm{=\!=\!=} Na_2TeO_3 + H_2O \qquad (6-14)$$

TeO_2 在水中的溶解度极小(6.67×10^{-6} mol/L)[3],这与 SeO_2 极不相同,工业上常利用 TeO_2(H_2TeO_3)与 SeO_2(H_2SeO_3)在水中溶解度的差异来实现硒与碲的分离。

1.1.4 碲的含氧酸及含氧酸盐

碲的含氧酸有亚碲酸和碲酸两种。亚碲酸 H_2TeO_3 是一种弱酸,在水溶液中比较稳定,一旦离开水溶液,稍微高于室温就脱水变成 TeO_2,因此,从水溶液中分离出来的 H_2TeO_3 实际上是 TeO_2 的水合物,其通式为 $nTeO_2 \cdot mH_2O$,至今还未获得单一的 H_2TeO_3。18℃ 时,H_2TeO_3 在水溶液中的溶解度仅为 0.3×10^{-5} mol/L。虽然 H_2TeO_3 的氧化性比 H_2SeO_3 弱,但它仍可被 SO_2 还原:

$$H_2TeO_3 + 2SO_2 + H_2O \mathrm{=\!=\!=} Te\downarrow + 2H_2SO_4 \qquad (6-15)$$

H_2TeO_3 在盐酸溶液中可被 $K_2Cr_2O_7$ 氧化成碲酸：

$$3H_2TeO_3 + K_2Cr_2O_7 + 8HCl \Longrightarrow 3H_2TeO_4 + 2KCl + 2CrCl_3 + 4H_2O \quad (6-16)$$

H_2TeO_3 可形成一系列的亚碲酸盐（$MeTeO_3$）及酸式亚碲酸盐（$MeHTeO_3$）。碱金属的亚碲酸盐易溶于水，碱土金属的亚碲酸盐次之，而重金属的亚碲酸盐则难溶于水。亚碲酸盐在含 Cl^- 的酸性溶液中可被 SO_2 还原析出碲，而在浓盐酸中因 Cl^- 的过度络合则无此反应[3-4]。

碲或 TeO_2 加入 H_2SO_4 或 NaOH 溶液中，再与强氧化剂（$HClO_3$、H_2O_2）作用后，加入浓 HNO_3 将析出正碲酸（H_6TeO_6）[5]。H_6TeO_6 是一种白色晶体，它有两种晶型，一种是单斜晶系，密度为 3.086 g/cm^3，熔点为 120℃；另一种是立方晶系，密度为 3.17 g/cm^3，熔点为 136℃。通常得到的 H_6TeO_6 是两种晶系的混合物，加热至 160℃ 就转化为粒状的 H_2TeO_4，继续加热至温度高于 200℃ 时，便失水成为 TeO_3，温度继续升高便离解成 TeO_2。H_6TeO_6 易溶于水及无机酸，但难溶于 HNO_3，它的水溶液显弱酸性。

H_6TeO_6 具有很强的氧化性，它可被 SO_2、联胺，甚至是盐酸还原：

$$H_6TeO_6 + 3SO_2 \Longrightarrow Te + 3H_2SO_4 \quad (6-17)$$

$$H_6TeO_6 + 2HCl \Longrightarrow H_2TeO_3 + 3H_2O + Cl_2 \uparrow \quad (6-18)$$

H_6TeO_6 能生成二取代盐 $Na_2H_4TeO_6$、三取代盐 $Ag_3H_3TeO_6$ 及六取代盐 Zn_3TeO_6，因此，正碲酸的化学式可写成 H_6TeO_6 或 $Te(OH)_6$[6]。

1.1.5 碲的卤化物[4,7]

碲的卤化物主要有氟化碲（TeF_6）、氯化碲（$TeCl_4$）、溴化碲（$TeBr_4$）及碘化碲（TeI_4）。

TeF_6 在常温下是一种无色气体，熔点为 -37.8℃，至 -38.9℃ 升华。它在水中缓慢水解，水解产物为 H_6TeO_6：

$$TeF_6 + 6H_2O \Longrightarrow 6HF + H_6TeO_6 \quad (6-19)$$

$TeCl_4$ 是由碲和过量的氯、S_2Cl_2 或 $AlCl_3$ 作用而形成的，它是吸潮的白色晶体，沸点为 390℃，熔点为 225℃。$TeCl_4$ 溶于苯、甲苯和低级醇，但不溶于乙醚。$TeCl_4$ 易水解，其反应式为：

$$TeCl_4 + 3H_2O \Longrightarrow H_2TeO_3 + 4HCl \quad (6-20)$$

$TeBr_4$ 是橙红色固体，大约在 380℃ 熔化，在 421℃ 左右沸腾。过量的水能慢慢地将其水解为 TeO_2：

$$TeBr_4 + 2H_2O \Longrightarrow TeO_2 + 4HBr \quad (6-21)$$

TeI_4 是黑色固体，在 259℃ 熔化。微溶于丙酮、乙醇、戊醇，基本上不溶于四氯化碳、二硫化碳、酯类和乙酸。TeI_4 可由二氧化碲和碘化氢反应制得：

$$TeO_2 + 4HI =\!=\!= TeI_4 + 2H_2O \qquad (6-22)$$

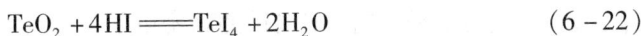

1.1.6　碲的氢化物

碲化氢 H_2Te 类似于硒化氢，为无色、有恶臭的气体，其分子构型与硫化氢相似，毒性比 H_2S 更大，热稳定性和在水中的溶解度比 H_2S 小，但其水溶液的酸性却比 H_2S 强。H_2Te 可由酸与碲化物作用制得[4]：

$$Al_2Te_3 + 6HCl =\!=\!= 2AlCl_3 + 3H_2Te \qquad (6-23)$$

1.2　碲及其化合物的用途

（1）半导体器件及材料

碲主要用于半导体器件及材料，碲化物半导体具有优良的光电特性和热电特性，从红外线到紫外线的激光器、光二极管、光接收器等均采用了碲化物的半导体材料，如碲化镉（CdTe）、碲镉汞（$Hg_{1-x}Cd_xTe$）、碲化铋（Bi_2Te_3）、碲化锌（ZnTe）、碲化汞（HgTe）、碲锡铅（PbSnTe）等[7-10]。

CdTe 是 A2B6 系半导体材料的典型代表，目前最大的用途是生产薄膜太阳能电池，此外还用于制造医学、安全系统等领域使用的电离辐射检测器。碲化镉还可应用在红外光学仪器上，如用于 $12 \sim 25~\mu m$ 波段的滤波器底板上。

碲镉汞（$Hg_{1-x}Cd_xTe$）是重要的红外光电材料，主要用于红外夜视仪、热成像仪等[8-11]。

Bi_2Te_3 主要用作热电材料，是研究最早也是发展最为成熟的热电材料之一，它在室温下具有良好的热电特性，能够实现热能和电能的相互转化，应用前景十分广阔，目前大多数半导体制冷元件均采用这类材料[11]。

（2）金属材料

碲在冶金行业主要用作有色金属以及钢铁的合金元素。碲在合金、铸铁、不锈钢等中作添加剂，能增加金属材料的强度及耐腐蚀性能[12]。在有色金属材料中，铜合金中添加碲能改善材料的切削加工性能；在锡、铝及铅基合金中添加碲能增加合金的硬度和可塑性，如在锡中添加 0.05% 的碲生产的一种锡合金，在冷轧减缩率为 50% 的情况下，这种锡合金的拉伸强度是普通锡的 2 倍；在铅中添加碲可增加铅合金的硬度，从而用于制作电缆的护套。

碲铜基合金是碲的重要应用领域，包括碲铜、镧碲铜、无铅环保型碲黄铜、磷碲铜、镁碲铜等合金，这些合金材料强度高、塑性好，具有高导电和高导热的特性且能耐腐蚀和抗电弧烧蚀[12]。碲铜合金可应用于特种精密电机绕线、铜排、电缆、空调和冰箱的散热管、芯片引线框架等上。镁碲铜合金主要应用于高速铁路接触网导线、电力电缆、导电线夹、电器元件接插及开关触头等上。磷碲铜合金用于高传导、易切削、耐腐蚀的精密电子电器元件的接插件、开关触头、汽车零件等上。无铅碲黄铜主要用于饮用水管道的阀门和管件上[3]。

(3)化工行业

在化工行业，碲作橡胶炼制的分散剂，能提高橡胶的强度与弹性。碲在镍的电解中起到重要的作用，在镍电镀液中添加 $NaTeO_3$ 就能使镀件表面生成一层过渡镍层并最终形成抗腐蚀很强的电镀镍层[3]。含碲催化剂应用在石油裂化、煤氢化等方面，可加速氧化、氢化、脱氢、卤化、脱卤化等反应。

碲还可以用作玻璃和陶瓷的着色剂，从而生产出不同颜色的玻璃和陶瓷，如含碲的釉料可烧制出粉红色瓷釉；用含碲的表面发黑剂处理银、铅和黄铜制的器皿，其表面可生成一层永久的精美黑色；与普通的硅酸盐玻璃相比较，碲玻璃具有折射率大、强度高、红外透过率高以及耐热冲击等特点，可用于红外窗口镜片。

1.3 碲对环境的影响

碲对人体没有重要的生理功能，但人可以通过消化道和呼吸道从环境中摄入碲。碲在人体呼吸道的吸收率为38%，在消化道的吸收率为25%。碲在人体内的半衰期为 15 d，进入人体内的碲先被还原成单质碲，进而转化成二甲基碲 $[Te(CH_3)_2]$。尿中碲含量超过 0.06 mg/L 就中毒了[3]。

碲在化学性质上与硒相似，其毒性也基本相似。碲的中毒机理还不太清楚，可能是通过与碲基的结合，而对酶系统产生相应的抑制。

人遭受含碲(TeO_2)烟雾毒害，会产生头疼、眩晕、口渴、呼吸急速、心悸、嗜睡、皮肤瘙痒、呼气及汗液有大蒜气味等症状，这些都是慢性碲中毒的特征。加强 TeO_2 煅烧及金属碲浇铸等场所的通风，强化碲作业场所的工业卫生，实行操作工人定期轮岗制度，可有效避免碲慢性中毒事件的发生。

1.4 碲的资源和生产

碲在地壳中的平均丰度值很低(6×10^{-6})。碲与硫的化学性质相似，是一种典型的亲铜元素，在自然界中碲矿物除了自然碲外，主要以碲化物的形式存在，很少以碲酸盐的形式出现。碲易于与原子序数高的金、银、汞、铅、铋及铜等形成碲化物，而不与轻金属形成碲化物。碲化物常以类质同象的形式分散在各种硫化矿物中，如黄铜矿、辉铜矿、方铅矿及闪锌矿等，已知的含碲矿物有 82 种[3]，碲的重要载体矿物见表 6 - 3[13]。

表 6 – 3 碲的重要载体矿物

载体矿物	Te 含量/%	Te 的最高含量/%
铜 – 镍矿	0.0001 ~ 0.0006	—
自然硫	0.18	—
黄铁矿	0.002 ~ 0.072	0.1
黄铜矿	0.0009 ~ 0.003	0.05
闪锌矿	0.0001 ~ 0.009	0.016
方铅矿	0.0008	0.37
磁黄铁矿	0.0056	—
辉钴矿	0.0002 ~ 0.0007	—
碲金矿	0.001 ~ 0.01	—
辉钼矿	0.0008 ~ 0.005	0.04
辉铋矿	0.13	0.53
毒砂	—	0.225
锡石	—	1.4
斜方硫砷铜矿	—	0.5

除上述含碲矿物外，碲有 40 余种独立矿物，其中约 30 种为 Cu、Pb、Bi、Au、Ag 等的碲化物，比较重要的有针碲金矿、碲金矿、碲银矿、辉碲铋矿、叶碲铋矿、碲金银矿、碲铅矿、碲铜矿、碲砷矿、碲铁矿、碲镍矿、碲汞矿、碲铋矿等。一般来说，含碲 0.002% 以上的硫化矿有利用价值。

已查明的铜矿床中含有大量伴生碲的基础储量，未开发的、不够工业品位的铜及其他金属资源中所含碲的数量是已查明工业铜矿中碲的数倍。铅矿床基础储量中所含的碲是工业铜矿床中碲的 25%，但从铅冶炼中回收碲少有实践。从金碲化物矿石中也能回收少量碲。煤矿中平均含碲 0.015×10^{-4}%，即煤矿中所含碲约是工业铜矿中碲的 4 倍，但由于技术经济原因，近期仍不可能从煤矿中经济回收碲[13]。

当前世界大部分可回收的碲都伴生于铜矿床，美国矿业局就以铜资源为基础，按每吨铜可回收 0.065 kg 碲计算，推算出全球碲储量在 21000 t 左右，基础储量为 47000 t，主要分布在美国、加拿大、秘鲁、智利、赞比亚、刚果、菲律宾、澳大利亚、日本、欧洲等国家和地区。世界上部分国家及地区碲的储量与储量基础见表 6 – 4。

表6-4　世界上部分国家及地区碲的储量与储量基础　　　　　t

	储量	储量基础
美国	3000	6000
秘鲁	1600	2800
加拿大	700	1500
其他国家	16000	37000
总计	21300	47300

注：摘自 U. S. Geological Survey, Mineral Commodity Summaries 2006.

中国现已探明的伴生碲储量在世界上处于第三位。伴生碲矿资源较为丰富，全国已发现伴生碲矿产地约30个。据国土资源部2003年公布的统计数据，中国碲保有储量约为12191 t。碲矿区散布于全国16个省（区），碲矿主要伴生于铜、铅锌等金属矿中，据主矿产储量推算，我国还有未计入储量的碲矿资源约10000 t。因此，中国可供回收利用的储量为22400 t[13]。

我国碲资源集中在热液型多金属矿床、矽卡岩型铜矿床和岩浆铜镍硫化物型矿床中，它们分别占我国伴生碲储量的44.77%、43.89%和11.34%。广东曲江大宝山、江西九江城门山铜矿（占全国伴生碲储量的23.6%，碲矿石品位为0.0028%）、江西德兴斑岩铜矿中的碲钯矿、甘肃金川白家嘴子为我国大型伴生碲矿床，储量之和为全国伴生碲储量的94%[3, 13]。

1991年8月，全球第一例独立碲矿床在中国四川省石棉县大水沟发现，这不仅改变了以前只能从其他矿种中提取伴生碲的现状，还有可能使我国成为一个碲矿资源大国。

碲的冶金原料主要是有色金属电解产出的阳极泥，其中居首位的是铜电解阳极泥，其次是镍或铅的阳极泥。炼铜过程中由于烟尘返回配料，随铜精矿入炉的碲有82%~84%进入冰铜，16%~18%的碲进入水淬渣，其他损失不足0.5%。冰铜吹炼过程中，有80%左右的碲进入阳极铜，其余的主要分散在吹炼形成的转炉渣及烟尘中[14]。阳极铜电解精炼后，碲富集在阳极泥中。由于炼铜原料中碲含量的差异，铜阳极泥中 Te 含量通常为0.3%~6.2%。

铅锌矿含的碲在冶炼时主要分散在中间物料中，目前还难以经济有效地回收，只有在铅铋冶炼的碱性浮渣及烟道灰中回收少量的碲。此外，冶金及化工企业硫酸生产过程形成的酸泥中也含有一定量的碲，可以综合利用。近年来独立碲矿及半导体制冷片废料作为碲回收的原料比重也在上升。

全球碲产量难以精确统计，如果按铜产量推算，2016年约有800 t碲进入铜冶炼系统。据美国 USGS 估计结果，2016年世界碲产量约为400 t。中国碲产量为200~250 t，其中50%为进口碲原料加工。

1.5　碲工业品的质量标准

　　碲的工业品包括碲锭、高纯二氧化碲及高纯碲，它们都有各自的行业标准[15]。碲锭按化学成分分为三个牌号：Te 9999、Te 9995、Te 99。表 6-5 所示为各个牌号碲锭的化学成分。碲锭的化学成分仲裁分析方法按 YS/T 227 的规定进行。碲锭呈长方梯形，锭重为 1~5 kg。碲锭为银灰色，碲锭表面应清洁，无肉眼可见的杂物。

表 6-5　碲锭的化学成分

牌号	Te 含量 不小于	化学成分(质量分数)/%											
		杂质含量，不大于											
		Cu	Pb	Al	Bi	Fe	Na	Si	S	Se	As	Mg	总和
Te 9999	99.99	0.001	0.002	0.0009	0.0009	0.0009	0.003	0.001	0.001	0.002	0.0005	0.0009	0.01
Te 9995	99.95	0.002	0.004	0.003	0.002	0.004	0.006	0.002	0.004	0.015	0.001	0.002	—
Te 99	99	—	—	—	—	—	—	—	—	—	—	—	—

注1：Te 9999，Te 9995 牌号中的碲含量为 100% 减去表中所列杂质元素实测总和的余量。

注2：Te99 牌号中的碲含量为直接分析测定值。

　　高纯二氧化碲的牌号为：TeO$_2$ 99.999。表 6-6 给出了高纯二氧化碲 TeO$_2$ 99.999 的化学成分。高纯二氧化碲的粉体粒度由供需双方协商确定。高纯二氧化碲为白色晶体粉末，同批产品色泽均匀，目视无可见差异，不应有外来夹杂物。

表 6-6　高纯二氧化碲的化学成分

牌号	$w(TeO_2)$ ≥	化学成分(质量分数)/%						
		杂质含量，不大于						
		Na	Mg	Al	Ca	Cr	Mn	Fe
TeO$_2$ 99.999	99.999	0.0001	0.0001	0.0001	0.0001	0.0001	0.0001	0.0001

牌号	化学成分(质量分数)/%							
	杂质含量，不大于							
	Cu	Zn	Ag	Se	Sn	Pb	Bi	Ni
TeO$_2$ 99.999	0.0001	0.0001	0.0001	0.0001	0.0001	0.0001	0.0001	0.0001

注1：二氧化碲含量为 100% 减去表中所列杂质元素实测总和的余量。

注2：表中未规定的其他杂质元素，由供需双方协商确定。

　　高纯碲按化学成分分为 Te 99.999 和 Te 99.9999 两个牌号。表 6-7 列出了高纯碲的化学成分。高纯碲呈长方梯形或粉粒状，质量和粒径由供需双方协商确定。高纯碲应洁净、无肉眼可见的夹杂物。

表 6 - 7　高纯碲的化学成分　　　　　　　　　　%

牌号	Te 含量不小于	杂质含量，不大于							
		Na	Mg	Al	Ca	Cr	Mn	Fe	Ni
Te 99.999	99.999	0.00005	0.00005	0.00005	0.00005	0.00005	0.00005	0.00001	0.00005
Te 99.9999	99.9999	—	0.000005	0.000005	0.00001	—	—	0.000005	0.000005

牌号	Te 含量不小于	杂质含量，不大于							
		Cu	Zn	Se	Ag	Cd	Sn	Pb	Bi	总和
Te 99.999	99.999	0.00005	0.00005	0.0002	0.00002	—	0.00005	0.0002	0.0001	0.001
Te 99.9999	99.9999	0.000001	0.0001	0.00001	0.000001	0.000005	—	0.000005	—	0.0001

注 1：牌号中的碲含量为 100% 减去表中所列杂质元素实测总和的余量。

注 2：表中未规定的其他杂质元素，由供需双方协商确定。

第2章　从铜阳极泥中分离回收碲

铜阳极泥是碲提取冶金的主要原料,表6-8给出了国内外一些厂家的铜阳极泥成分。阳极泥中的碲主要以 Ag_2Te、Cu_2Te、$(Au、Ag)Te_2$ 及单质 Te 等形式存在[3]。从铜阳极泥中回收碲的方法很多,随着技术的发展,有些方法现已很少使用,当前使用的方法主要有两类:一是工业普遍使用的阳极泥挥发焙烧脱硒后,再从焙烧渣中回收碲,如铜阳极泥硫酸化焙烧渣酸浸、铜阳极泥硫酸化焙烧渣碱浸、铜阳极泥硫酸化焙烧渣碱焙烧后水浸、铜阳极泥卡尔多炉熔炼苏打渣分离回收碲等,具体处理工艺要根据其中的铜、碲、金、银等有价金属分离回收的综合经济效益来确定;二是阳极泥全湿法浸出分离回收硒和碲,如氧压酸浸和氯化浸出等,但工业应用尚不多。此外,还有阳极泥苏打烧结—水浸分离回收硒、碲等。

表6-8　铜阳极泥的典型成分　　　　　　　　　　　　%

厂家	Cu	Au	Ag	Se	Te	As	Sb	Bi	Pb
1	12	0.015	2.24	7	—	1	—	0.1	0.07
2	14.49	0.236	8.32	3.44	0.94	3.84	4.09	1.61	20.34
3	21.26	0.275	8.24	4.68	0.94	3.8	3.57	0.564	8.1
4	9.12	0.185	8.88	4.71	2.04	5.07	5.91	4.53	7.4
5	15.27	0.089	20.04	2.86	0.22	1.58	1.52	0.65	5.98
6	8.3	0.12	4.43	2.71	0.36	3.42	0.69	5.96	22.44
7	19.42	0.46	11.12	5.87	0.71	4.03	2.35	1.55	16.85
8	30	0.9	9	12	3	2	0.5	0.1	2
9	13.8	1.64	6.28	1.0	2.96	4.03	8.34	—	23.7
10	4.73	0.99	20.6	15.2	3.64	1.59	0.05	1.6	6.54

2.1　硫酸化焙烧渣酸浸分离碲

铜阳极泥经硫酸化焙烧,硒挥发进烟气得到分离回收,碲则大部分保留在焙烧渣中。焙烧渣的成分与阳极泥的成分和焙烧工艺条件有关,表6-9给出了预处理后的铜阳极泥硫酸化焙烧前后的成分变化[16]。工业生产一般是按铜阳极泥质量的80%~110%拌入浓硫酸，在500~750℃的温度下焙烧，使物料中的硒转化成SeO_2挥发，碲则转化成氧化物或碲酸盐留在焙烧渣中，实现碲与硒的初步分离：

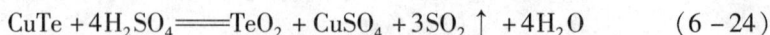

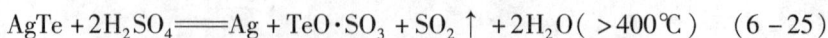

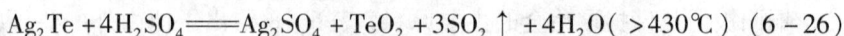

$$CuTe + 4H_2SO_4 = TeO_2 + CuSO_4 + 3SO_2 \uparrow + 4H_2O \qquad (6-24)$$

$$AgTe + 2H_2SO_4 = Ag + TeO \cdot SO_3 + SO_2 \uparrow + 2H_2O(>400℃) \qquad (6-25)$$

$$Ag_2Te + 4H_2SO_4 = Ag_2SO_4 + TeO_2 + 3SO_2 \uparrow + 4H_2O(>430℃) \qquad (6-26)$$

$$AuTe_2 + 2H_2SO_4 + 2O_2 = Au + 2TeO_3 + 2SO_2 \uparrow + 2H_2O \qquad (6-27)$$

表6-9　铜阳极泥硫酸化焙烧前后的主要成分　　　　　　　　　%

	Cu	Au	Ag	Se	Te	As	Sb	Bi	Pb
焙烧前	1.45	0.31	13.7	3.29	1.45	2.28	10.2	2.84	9.64
焙烧后	1.40	0.31	13.8	0.03	1.75	2.59	12.6	2.95	10.71

某种铜阳极泥焙烧前后碲的物相组成的变化见表6-10[17]。由此可见，硫酸化焙烧后物料中的碲并不完全转化为TeO_2，仍有较多的单质Te和MeTe存在。

表6-10　某种铜阳极泥焙烧前后碲的物相组成　　　　　　　　%

	单质碲	氧化碲	碲化银	碲化金	碲酸盐	总碲
阳极泥	1.47	1.19	1.70	0.61	0.53	6.22
蒸硒渣	0.78	3.33	0.39	0.10	0.42	5.02

铜阳极泥经硫酸化焙烧、硒挥发后所得的焙砂，其中的铜已转成硫酸铜，可先水浸出脱去大部分的铜后再酸浸分离其中的碲。常用的矿物酸中盐酸的浸出效果最好，因为Te(Ⅳ)可与Cl^-形成络合离子，促进TeO_2的溶解。从铜阳极泥中酸浸分离碲的主要反应为：

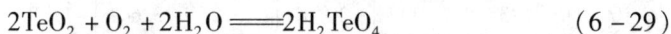

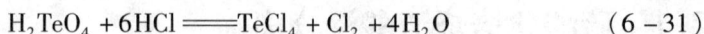

$$Cu_2Te + 6H_2SO_4 = 2CuSO_4 + TeO_2 + 4SO_2 + 6H_2O \qquad (6-28)$$

$$2TeO_2 + O_2 + 2H_2O = 2H_2TeO_4 \qquad (6-29)$$

$$TeO_2 + 4HCl = TeCl_4 + 2H_2O \qquad (6-30)$$

$$H_2TeO_4 + 6HCl = TeCl_4 + Cl_2 + 4H_2O \qquad (6-31)$$

硫酸化焙烧的目的是使碲及碲化物转化成为二氧化碲，但也有部分六价碲生成，它在酸浸过程中可使盐酸氧化，释放出氯气而进一步使阳极泥中的金溶解，会造成金的分散，对回收不利。

　　铜阳极泥硫酸化焙烧渣若采用两段浸出，则有望避免金的溶出，即先按固液比 1:(2~3) 加水或稀硫酸，于 60~80℃ 温度下搅拌浸出 1~2 h，使六价碲溶解进入溶液，过滤，滤渣按固液比 1:(2~3) 加入 H_2SO_4 – NaCl 混合溶液进行升温搅拌浸出其中残留的碲。两次浸出得到的溶液混合后，先通 SO_2 还原沉淀分离硒，沉硒后液加铜粉置换得 Cu_2Te，实现碲与硒的分离。

　　对于有色冶炼系统通常采用硫酸体系处理阳极泥，贵溪冶炼厂铜阳极泥硫酸化焙烧后产出的焙烧渣(蒸硒渣)成分见表 6 – 11。

表 6 – 11　铜阳极泥硫酸化焙烧后产出的焙烧渣成分　　　　　　　%

	H_2SO_4	Te	Se	Cu	Au	Ag	Pb	Sb	Bi	As
样品 1	11.42	5.35	1.38	19.27	0.24	6.28	3.33	1.54	1.15	—
样品 2	7.98	6.32	0.88	20.30	0.28	6.57	3.01	1.42	0.81	2.07

　　焙烧渣采用水浸脱去大部分的铜，碲在水浸中浸出率很低，故基本保留在浸渣中；若采用酸浸法，则有 65%~70% 的碲被浸出进入溶液，导致碲的分散，因此焙砂以先水浸为宜。水浸出结果和酸浸结果见表 6 – 12 和表 6 – 13，pH 对 Cu 和 Te 等浸出的影响见图 6 – 1[17]。

表 6 – 12　焙烧渣水浸出的结果

	Te	Cu	Ag	Se
浸出渣/%	13.84	6.50	15.37	3.03
浸出液/$(g \cdot L^{-1})$	0.02	45.30	0.81	0.18
浸出率/%	0.16	86.89	6.76	1.56

表 6 – 13　水浸渣的硫酸浸出结果

	Te	Cu	Ag	Se
浸出渣/%	6.42	0.19	12.96	0.61
浸出液/$(g \cdot L^{-1})$	15.69	5.16	10.88	1.39
浸出率/%	>85	97.68	56.99	77.94

　　水浸脱铜后的渣，用硫酸溶液浸出，其浸出条件为：H_2SO_4 浓度为 250~350 g/L，液固比为 5~6，温度为 80~90℃，浸出时间为 3 h。其浸出结果见表 6 – 13。浸出液中加入浓度为 100 g/L 的 NaCl，再按碲量的 5~6 倍加入 Na_2SO_3

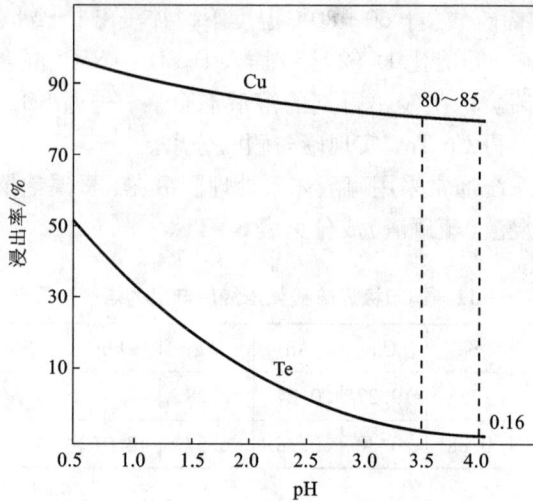

图 6 - 1　酸浸 pH 对 Cu 和 Te 浸出的影响

将碲还原沉出，碲直收率约为 85%，结果见表 6 - 14[17]。

表 6 - 14　酸浸液用亚硫酸钠还原结果

	Te	Se
分碲液/(g·L⁻¹)	13.69	3.46
沉碲后液/(g·L⁻¹)	0.25	0.0004
沉淀率/%	98.2	99.9

酸浸得到的粗碲粉含 Te 66.06%、Se 5.74%、Cu 13.68%、Pb 0.055%、SiO$_2$ 0.015%、Cl⁻ 5.60%。粗碲含铜和 Cl⁻ 都很高，其原因是溶液中存在较多的铜，在加 NaCl 后用 Na$_2$SO$_3$ 还原碲时，Cu^{2+} 被还原成 Cu$^+$，继而发生 Cu$^+$ 的歧化反应析出 Cu：

$$2Cu^+ \!\!=\!\!= Cu + Cu^{2+} \tag{6-32}$$

另外，在有 Cl⁻ 和还原剂存在的情况下，也会生成 Cu$_2$Cl$_2$ 沉淀：

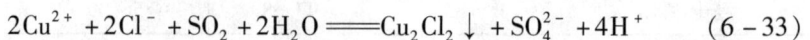

$$2Cu^{2+} + 2Cl^- + SO_2 + 2H_2O \!\!=\!\!= Cu_2Cl_2 \downarrow + SO_4^{2-} + 4H^+ \tag{6-33}$$

这两种情形均会在还原沉碲时造成粗碲产物中铜含量较高，而该粗碲粉含 Cl⁻ 较高，表明反应（6 - 33）是造成粗碲粉中铜含量较高的主要原因。因此溶液碲还原时，对于铜浓度过高的溶液先要作脱铜处理，这是酸浸法回收碲的缺点之一。较为简单有效的脱铜方法是电积脱铜法。某种阳极泥氧压酸浸的浸出液，在电流密度为 200 A/m^2、温度为 45℃的条件下电积脱铜，控制脱铜后液中铜含量小于 1 g/L，电积铜脱除率为 95.5%、砷脱除率为 21.5%，碲损失 4.6%，然后再用 SO$_2$ 还原碲，得到的粗碲中铜含量大幅降低。电积脱铜前后溶液成分和还原产出的粗碲成分及过程中金属的损失见表 6-15[18]。

表 6-15 电积脱铜前后溶液成分和还原产出的粗碲成分及过程中金属的损失

	酸浸液/(g·L^{-1})	电积脱铜液/(g·L^{-1})	沉碲后液/(g·L^{-1})	沉淀率/%	粗碲成分/%
Te	0.98	0.93	0.015	98.39	83.73
Cu	34.92	1.56	1.53	1.92	2.75
Se	0.05	0.05	0.03	40.0	1.83
As	7.95	6.24	6.15	1.44	8.24
Sb	0.007	0.007	0.005	—	0.015
Bi	0.077	0.077	0.075	—	0.005
Sn	—	0.005	0.005	—	0.003
Ag	<0.01	0.01	0.005	—	0.02
Fe	—	0.015	0.015	—	0.01
H$_2$SO$_4$	62.5	—	—	—	—

对于硒含量高的碲粉可采用亚硫酸钠法脱硒处理，某种粗碲粉净化处理的工艺条件为：Na$_2$SO$_3$ 浓度为 1 mol/L，液固比为 4，温度为 90℃，浸出时间为 2 h，将硒溶解入液，趁热过滤出的碲粉用浓度为 1 mol/L 的 HCl，于液固比为 3~5，温度为 70~80℃的条件下洗涤 1 h，之后再用水洗至 pH 为 6~7，净化除杂前后的碲粉及技术指标见表 6-16[18]。进入亚硫酸钠溶液的硒可用硫酸酸化至含酸 2~3 mol/L，将硒沉出回收，溶硒和沉硒的反应为：

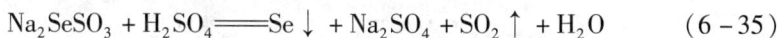

$$Se + Na_2SO_3 =\!=\!= Na_2SeSO_3 \qquad (6-34)$$
$$Na_2SeSO_3 + H_2SO_4 =\!=\!= Se \downarrow + Na_2SO_4 + SO_2 \uparrow + H_2O \qquad (6-35)$$

表 6-16 净化除杂前后的碲粉及技术指标   %

	Te	Se	Cu	As
处理前粗碲粉	83.73	1.83	2.75	8.24
亚硫酸钠浸出后碲粉	84.65	0.015	2.76	8.30
金属浸出率	0.35	99.19	0.90	0.66
HCl 洗涤后碲粉	99.75	0.012	0.01	0.02
金属洗脱率	0.035	32.12	99.69	99.80

2.2 硫酸化焙烧渣碱浸分离碲

铜阳极泥经硫酸化焙烧蒸硒得到的焙砂，采用湿法流程回收其中的金、银等贵金属时，要预先脱除铜、碲、铅、砷等杂质。以贵溪冶炼厂为例，蒸硒渣经水浸分铜—碱浸分碲—氯化分金—亚钠分银的工艺，可将铜、碲、金、银分别提取出来。图6-2和图6-3分别给出了铜阳极泥蒸硒渣水浸脱铜后，渣碱浸液中和沉淀析出 TeO_2 的传统工艺及其改进工艺[19-20]，两者在碱浸液中和沉淀分离碲的做法有所不同。

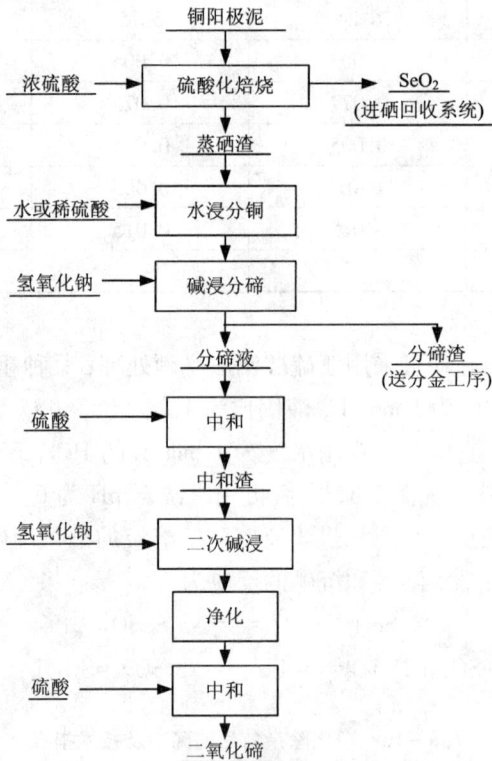

铜阳极泥
浓硫酸 → 硫酸化焙烧 → SeO_2（进硒回收系统）
蒸硒渣
水或稀硫酸 → 水浸分铜
氢氧化钠 → 碱浸分碲
分碲液 / 分碲渣（送分金工序）
硫酸 → 中和
中和渣
氢氧化钠 → 二次碱浸
净化
硫酸 → 中和
二氧化碲

图6-2 渣碱浸液中和沉淀析出 TeO_2 的传统工艺

铜阳极泥蒸硒渣水浸分铜后，再采用如图6-2所示的传统工艺，即用10%的氢氧化钠溶液浸出分铜渣中的碲，控制固液比为1:(3~5)，在85℃以上温度下搅拌浸出3~4 h，碲的浸出率达75%以上。碲浸出率的高低与焙烧渣中的碲转化为 TeO_2 的完全程度有关，如果未转化的金属碲化物较多，必然使碲碱浸的浸出率

铜阳极泥

浓硫酸 → 硫酸化焙烧 → SeO₂
(进硒回收系统)

蒸硒渣

水或稀硫酸 → 水浸分铜

氢氧化钠 → 碱浸分碲

分碲液 | 分碲渣
(送分金工序)

硫酸 → 一段中和净化

过滤 → 净化渣

硫酸 → 二段中和净化

澄清

上清液 | 底泥

硫酸 → 中和

二氧化碲

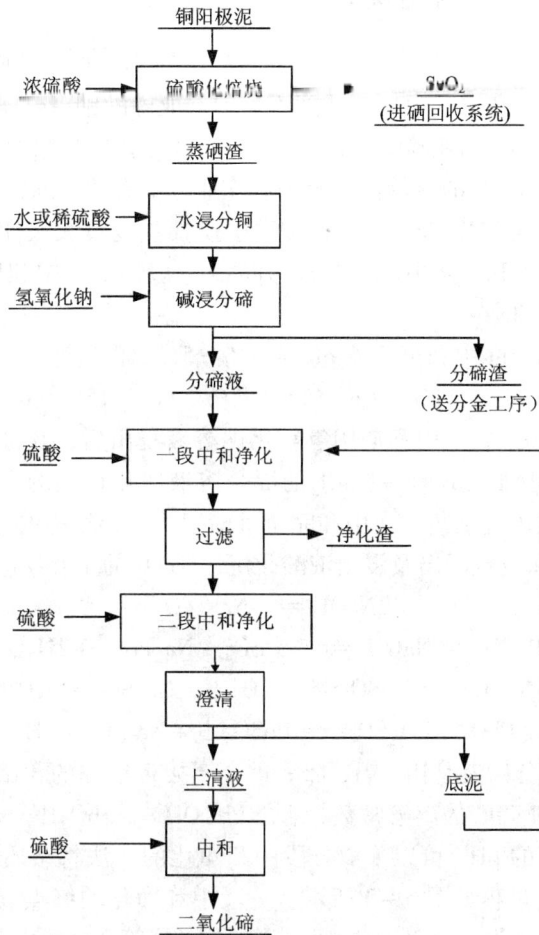

图 6 – 3 渣碱浸液中和沉淀析出 TeO₂ 的改进工艺

降低。与此同时，分铜渣中的铅有 25% ~ 35% 被浸出，并有少量的砷、锑、硒等进入分碲液。水浸分铜后渣成分见表 6 – 17。

表 6 – 17 水浸分铜后渣的成分

	Te	Se	Pb	Bi	As
浸出渣/%	6.20	0.25	6.99	—	0.39
浸出液/(g·L⁻¹)	13.69	3.46	4.77	0.14	3.06
浸出率/%	77.3	94.6	37.0	5.30	95.02

2.2.1 碱浸液中和沉淀分离碲

从含 Te(Ⅵ) 的溶液中中和沉淀 TeO_2 的溶液体系不同，沉淀终点的 pH 会略有差异，这是由于中和过程中局部浓度不均匀。亚碲酸钠碱性溶液加硫酸中和的终点 pH 为 4.5~5.5，而亚碲酸酸性溶液用氢氧化钠中和的 pH 为 5.5~6.5。Te 中和沉淀率与溶液中 Te 的原始浓度及中和作业方式有关。通常是溶液中 Te 的原始浓度越低，Te 的沉淀率越低。中和过程中搅拌强度过大及搅拌时间过长都可能造成碲返溶，使中和后液中 Te 的浓度升高，一般情况下中和后液中残留 Te 的浓度为 0.4~0.6 g/L。

碱浸分碲液加硫酸中和至溶液 pH 为 4.5~5.5，再过滤得中和渣。中和渣含 Te 20%~30%、Pb 6%~11%、Cu 1%~1.5%、Se 0.15%~0.23%、Sb 0.2%~0.3%、As 0.1%~0.2%。中和渣用氢氧化钠溶液浸出后，得到的浸出渣中含 Te 4%~8%，碱浸液中加入 $Na_2S + CaCl_2$ 的混合溶液净化得到的净化渣中，Te 含量在 10% 以上，因此传统工艺一次中和完全沉碲工艺将导致碲的分散并严重影响碲的回收率[19]。中和渣碱浸出及浸出液酸化沉出 TeO_2 的主要反应为：

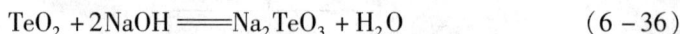

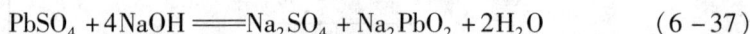

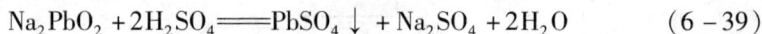

$$TeO_2 + 2NaOH \stackrel{}{=\!=\!=} Na_2TeO_3 + H_2O \qquad (6-36)$$

$$PbSO_4 + 4NaOH \stackrel{}{=\!=\!=} Na_2SO_4 + Na_2PbO_2 + 2H_2O \qquad (6-37)$$

$$Na_2TeO_3 + H_2SO_4 \stackrel{}{=\!=\!=} TeO_2 \downarrow + Na_2SO_4 + H_2O \qquad (6-38)$$

$$Na_2PbO_2 + 2H_2SO_4 \stackrel{}{=\!=\!=} PbSO_4 \downarrow + Na_2SO_4 + 2H_2O \qquad (6-39)$$

事实上，碱浸分碲液是铅、锡、锑等重金属接近饱和的含碲溶液。根据分碲液中 Te 的浓度及亚碲酸的离解常数，结合 $Pb(OH)_2$、SbO_2H、$Sn(OH)_4$ 沉淀物开始溶解及完全溶解的 pH，可以采取分段中和净化的方法将杂质 Pb、Sb、Sn 等与 Te 分离，具体工艺过程如图 6-3 所示。一段中和净化的终点 pH 为 13 左右，即控制游离 NaOH 浓度为 10~20 g/L，可使铅、锡、锑等重金属大部分沉淀入渣，从而与碲实现有效分离；二段中和净化的终点 pH 为 10.2~10.4，将残留的重金属杂质离子彻底沉淀。澄清得到的上清液即为合格的净化后液，向此净化后液中继续加酸中和至 pH 为 4.5~5.5，过滤得二氧化碲。二段中和澄清后底泥不过滤，直接返回一段中和工序。表 6-18 给出了碱浸分碲液分段中和净化的结果，表 6-19 给出了两种净化工艺得到的 TeO_2 的化学成分[19-20]。分段中和净化所得的二氧化碲为白色，其中 Te 的含量达 79.03%，传统的二次碱浸净化得到的二氧化碲为灰色或黑色，其中 Te 的含量只有 76.67%。黑色二氧化碲中含有单质硫及单质硒和碲，TeO_2 造液前必须经过煅烧去除硫及单质状态的硒和碲。原则上说，分段中和净化法适用于各种碲的碱浸液净化除杂。碲碱浸液分段中和净化的关键在于严格控制每一段中和净化的 pH，并且二段中和后澄清得到的底泥不要过滤，直接返回一段中和，因为当 pH 调至 10.2~10.4 时，溶液中有 5%~15% 的碲会沉淀析出。实践表明，少量 Te 的析出对 Pb、Sb、Sn 等杂质的深度净化至关重要。此外，碱浸分碲液直接分段中和净化，省去二次碱浸—中和工序，不仅使工艺更简单，而且碲的直收率较传统工艺高出 10%～15%[19-20]。含碲溶液分段中和净化无须加入 Na_2S、$CaCl_2$ 等试剂，净化过程中硒和碲的价态均无变化，不会有单质硒和碲的产生，这将有利于硒与碲的分离。

表 6-18　碱浸分碲液分段中和净化的结果

	Te	Pb	Sn	Sb	Si	Cu
分碲液/$(g \cdot L^{-1})$	14.11	5.26	0.19	0.087	0.51	0.68
净化液/$(g \cdot L^{-1})$	13.49	0.021	0.020	0.019	0.24	0.001
净化渣/%	2.01	41.05	1.31	0.86	2.10	5.30

表 6-19　碱浸分碲液采用不同净化工艺得到的 TeO_2 的化学成分　　　　%

	Te	Se	As	Si	Pb
分段中和净化	79.03	0.061	0.91	0.014	0.01
二次碱浸净化	76.67	0.106	0.45	0.026	0.07

2.2.2　碱浸液还原沉淀分离碲

碱浸液加 NaCl(浓度为 200 g/L)、H_2SO_4(浓度为 150～200 g/L)、Na_2SO_3(其加入量为碲的 5～6 倍)，于 80℃温度下反应 2 h，碲还原为金属 Te，其沉出率为98.2%，Se 沉出率达 99.9% 以上，还原结果见表 6-14[17]。加入氯化钠是为了把 Te^{4+} 转为 $TeCl_4$ 以利于碲的还原沉淀：

$$Te^{4+} + 4Cl^- \Longrightarrow TeCl_4 \qquad (6-40)$$

$$TeCl_4 + 2Na_2SO_3 + 2H_2O \Longrightarrow Te\downarrow + 2Na_2SO_4 + 4HCl \qquad (6-41)$$

比较焙烧渣的酸法回收碲和碱法回收碲这两种工艺流程，酸法流程中碲浸出率较高，而由于焙烧渣存在较多的金属碲化物，在碱浸中难浸出，导致碱法的浸出率不如酸法工艺。碱法工艺得到的碲产物品质较好，且在碱浸焙烧渣中大量的两性重金属杂质(如 Pb、As、Sb、Bi 等)被浸出开路，可减少铜电解系统杂质的积累，这是碱法工艺的可取之处，此点也正是酸法工艺的不足。碱浸渣在后续的金银回收环节可进一步回收其中的碲，以弥补碱浸时碲浸出率的不足。

两种工艺回收碲的技术指标和原料消耗见表 6-20[17]。

表 6 – 20　碱法和酸法两种工艺回收碲的技术指标和原料消耗

		碱法	酸法
技术指标	碲浸出率/%	77	>85
	碲直收率/%	77.5	85
	粗碲品位/%	88.6	66.6
原料消耗	93% H_2SO_4/(t/t – 焙烧渣)	2.21	1.07
	30% NaOH/(t/t – 焙烧渣)	1.58	0.065
	NaCl/(t/t – 焙烧渣)	0.70	0.40
	95% Na_2SO_3/(t/t – 焙烧渣)	0.36	0.33
	30% HCl/(t/t – 焙烧渣)	0.065	—

2.3　从铜阳极泥熔炼贵铅的苏打渣中分离回收碲

从铜阳极泥中回收其中的金、银所用的工艺之一是贵铅法，脱铜后的阳极泥（也称分铜渣）与外加入的铅一起还原熔炼，把金、银捕集到金属铅中，得到的贵铅进一步氧化吹炼和苏打熔炼以除去重金属杂质后再提取金、银。整个过程中有60%左右的碲能进入贵铅，但在贵铅加苏打氧化吹炼时，贵铅中的碲仅有30%～40%进入苏打渣，故可被回收的碲也仅有30%～40%[21-22]。铜阳极泥先作脱铜处理，一种处理方式是硫酸化焙烧后水浸脱铜，另一种是常压或高压酸浸脱铜。当前阳极泥卡尔多炉熔炼法是较先进的技术。

铜阳极泥经硫酸化焙烧所得焙砂的主要成分为硫酸盐，其中一般含碲0.4%～1.0%，残留的硒0.003%～0.05%，并含有金、银等贵金属，经水浸分铜后，碲及金、银等贵金属进一步富集在分铜渣中。分铜渣烘干后配以石英石、铁砂和焦粉，在贵铅炉内经1100～1200℃温度熔炼14～16 h，使铅、砷、锑、铋等进入熔渣或氧化挥发，而碲及金、银等贵金属进入贵铅。生产实践表明[23]，m(分铜渣)：m(焦粉)：m(石英石)：m(氧化铁) = 280:87:25:87 为较理想的炉料质量配比，控制熔炼炉渣中 $m(SiO_2)/m(Fe)$ 为 1～1.2，可有效降低渣的黏度，减少渣中金、银的损失。贵铅经氧化精炼除去其中的铅、砷、锑、铋、铜后，加入硝酸钠和碳酸钠碱熔造渣，碲进入苏打渣得以分离和富集：

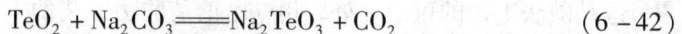

$$TeO_2 + Na_2CO_3 \rule[0.5ex]{1.5em}{0.4pt} Na_2TeO_3 + CO_2 \qquad (6 – 42)$$

铜阳极泥经常压酸浸—氧压酸浸脱铜后配以熔剂、返料及还原剂等经高温熔炼，阳极泥中的杂质与熔剂一起形成浮渣，部分 Se、Te、Sb 等则随贵金属进入贵铅。去除浮渣后，贵铅在高温下吹炼，使其中的 Sb、As、Pb、Bi、Se 等氧化挥发或造渣，吹炼后期加入苏打，使碲以亚碲酸钠的形式进入苏打渣中。表 6-21 给出了铜陵有色金属集团股份有限公司铜阳极泥卡尔多炉熔炼过程中碲的分布情况[24]。表 6-22 给出了贵溪冶炼厂铜阳极泥硫酸化焙烧—湿法工艺过程中碲元素的普查结果[25]。从表 6-21 和表 6-22 可以看出，铜阳极泥中的碲在卡尔多炉工艺过程中十分分散，其总回收率只有 25% 左右，远低于贵溪冶炼厂湿法工艺碲的回收率(70% 以上)。因此，铜阳极泥入卡尔多炉前应设法先分离回收碲。

表 6-21　卡尔多炉工艺中碲的分布　　　　　　　%

熔炼渣	吹炼渣	苏打渣	烟气	总量
36.36	16.66	25.59	21.39	100

表 6-22　硫酸化焙烧-湿法工艺过程中碲元素的普查结果　　%

碱式碳酸铜	脱铜净化渣	中和渣	分银渣	废水渣	废水	总量
2.25	2.43	71.12	8.75	14.88	0.57	100

不同的铜阳极泥熔炼贵铅工艺得到的苏打渣的组成和结构大体相同，因此对不同工艺得到的苏打渣，其分离回收碲的工艺相同。苏打渣中碲大部分以易溶于水的亚碲酸盐存在，破碎后按液固比 4~5，在 80~90℃ 温度下搅拌浸出 3~4 h，碲浸出入液，过滤得浸出液和浸出渣。浸出渣返回贵铅吹炼工序以回收其中的贵金属，浸出液净化后中和至 pH 为 5~6 以沉淀得到粗二氧化碲，从苏打渣到粗 TeO_2，碲回收率约为 75%[26]。图 6-4 给出了铜阳极泥硫酸化焙烧渣苏打熔炼—水浸分碲的工艺流程。

一种从贵铅苏打渣中回收碲的工艺如图 6-5 所示，渣磨至小于 0.04 mm，经 80~90℃ 温度，在液固比为 3~4 时，水浸出 4 h，碲浸出率为 80%~87%，浸出后期分别加 Na_2S 和 $CaCl_2$ 除去铅和硅。苏打渣和水浸液成分见表 6-23。

表 6-23　苏打渣和水浸液成分

	Te	Se	Cu	Pb	Ag	Fe
苏打渣/%	14.75	0.49	12.68	0.65	4.2	—
水浸液/(g·L⁻¹)	19.76	—	0.76	0.006	—	0.56

浸出液用 H_2SO_4 于 90℃ 温度下中和至 pH 为 5.8~6.6，将碲沉出：

$$Na_2TeO_3 + H_2SO_4 \Longrightarrow TeO_2 \downarrow + Na_2SO_4 + H_2O \tag{6-43}$$

铜阳极泥
浓硫酸 → 硫酸化焙烧 → SeO₂（进硒回收系统）
蒸硒渣
水或稀硫酸 → 水浸分铜
分铜渣
焦粉、石英石、铁砂 → 还原熔炼 → 还原渣（综合回收）
贵铅
硝酸钠、碳酸钠 → 氧化精炼 → 金银合金（回收贵金属）
苏打渣
水 → 水浸
硫化钠 → 净化 → 净化渣
硫酸 → 中和
二氧化碲

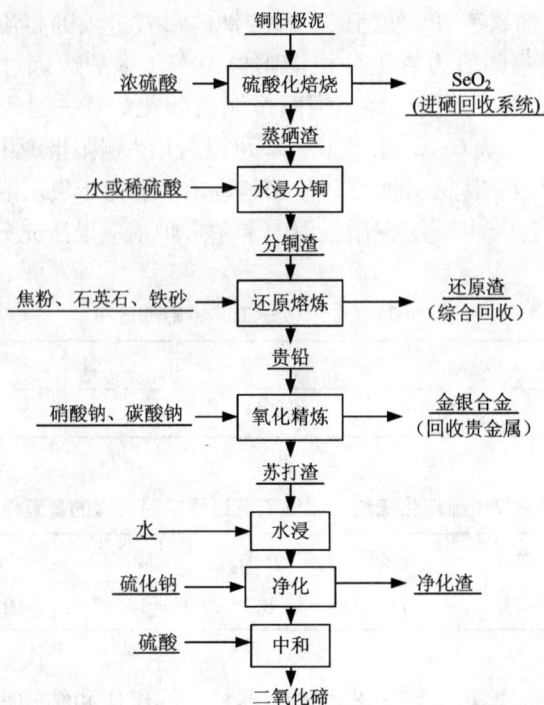

图 6-4 铜阳极泥硫酸化焙烧渣苏打熔炼—水浸分碲的工艺流程

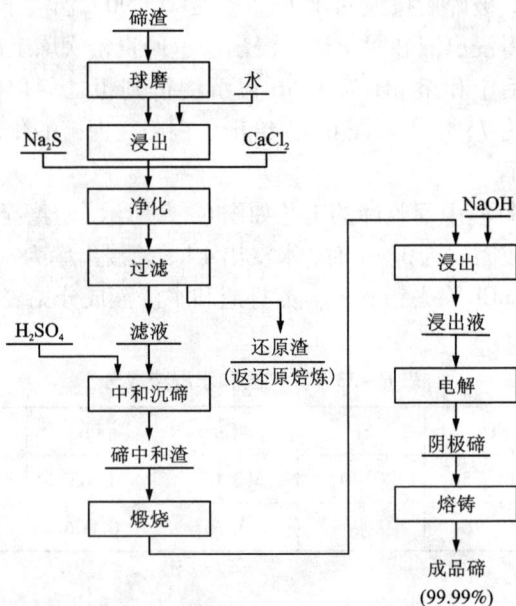

碲渣
球磨 ← 水
Na₂S → 浸出 ← CaCl₂
净化
过滤
H₂SO₄ → 滤液 → 还原渣（返还原熔炼）
中和沉碲
碲中和渣
煅烧

NaOH → 浸出
浸出液
电解
阴极碲
熔铸
成品碲（99.99%）

图 6-5 苏打渣回收碲的工艺流程

得到的 TeO_2 在 $400 \sim 450℃$ 温度下煅烧 $3\ h$，碲品位上升到 75%，用浓度为 $80 \sim 120\ g/L$ 的 $NaOH$ 溶解 TeO_2，得到含 $Te\ 150\ g/L$、$Se\ 0.01\ g/L$、$Cu\ 0.0005\ g/L$、$Pb\ 0.01\ g/L$、$OH^-\ 80 \sim 120\ g/L$ 的电解液。经电解、熔铸得到 99.99% 品级的金属碲，全过程碲回收率达 80% 以上[27]。

2.4　阳极泥氧化焙烧碱浸分离回收碲

脱铜后的铜阳极泥经 $250 \sim 380℃$ 温度氧化焙烧，其中的硒化物和碲化物转化成氧化物及其盐。当炉料呈黄绿色时，表明硒已转化成绿色的亚硒酸铜和黄色的 TeO_3。焙烧料经 $80 \sim 90℃$ 碱浸，硒以亚硒酸钠的形式进入溶液，碲则以 Na_2TeO_4 的形式留在渣中，实现硒与碲的分离[21]。碱浸渣再用硫酸浸出，碲则与铜一起进入溶液，过滤后往酸浸液中加入铜粉，经置换得碲化铜 Cu_2Te，该过程中的主要反应如下：

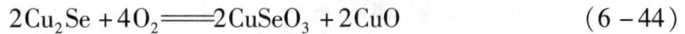

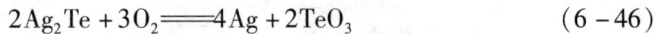

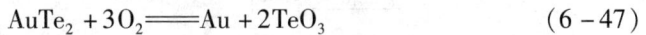

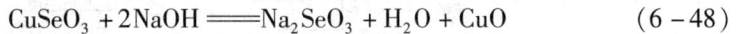

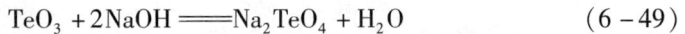

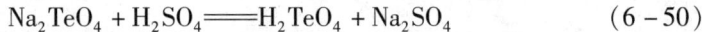

$$2Cu_2Se + 4O_2 =\!=\!= 2CuSeO_3 + 2CuO \tag{6-44}$$

$$Ag_2Se + O_2 =\!=\!= 2Ag + SeO_2 \uparrow \tag{6-45}$$

$$2Ag_2Te + 3O_2 =\!=\!= 4Ag + 2TeO_3 \tag{6-46}$$

$$AuTe_2 + 3O_2 =\!=\!= Au + 2TeO_3 \tag{6-47}$$

$$CuSeO_3 + 2NaOH =\!=\!= Na_2SeO_3 + H_2O + CuO \tag{6-48}$$

$$TeO_3 + 2NaOH =\!=\!= Na_2TeO_4 + H_2O \tag{6-49}$$

$$Na_2TeO_4 + H_2SO_4 =\!=\!= H_2TeO_4 + Na_2SO_4 \tag{6-50}$$

$$CuO + H_2SO_4 =\!=\!= CuSO_4 + H_2O \tag{6-51}$$

$$H_2TeO_4 + 5Cu + 3H_2SO_4 =\!=\!= Cu_2Te \downarrow + 3CuSO_4 + 4H_2O \tag{6-52}$$

2.5　阳极泥氧压酸浸分离回收碲

铜阳极泥中可通过氧压酸浸的方法实现碲与硒的分离。图 $6-6$ 给出了阳极泥氧压酸浸—碲化铜法分离碲的工艺流程[28]。阳极泥按固液比为 $1:6$ 加入 $250\ g/L$ 的硫酸溶液中调浆，泵入高压釜中，在氧压 $250 \sim 350\ kPa$、$160 \sim 180℃$ 温度下压煮 $2 \sim 3\ h$，阳极泥中的铜几乎全部进入溶液，碲有 $70\% \sim 80\%$ 进入溶液，硒则大部分留在渣中，只有少量进入溶液。压煮液按其所含碲质量的 $6 \sim 7$ 倍(理论量的 $3.0 \sim 3.5$ 倍)加入活性铜粉，于 $90 \sim 95℃$ 温度下搅拌 $2 \sim 4\ h$，使其中的碲转化成 Cu_2Te，与此同时硒也转化成 Cu_2Se，过滤得含硒的 Cu_2Te 渣[29]。上述条件下，若溶液中 Te 的浓度达 $3\ g/L$ 以上，碲的转化率可达 99% 以上；若 Te 的浓度低于 $1\ g/L$，Te 的转化速率显著减慢，转化率不到 50%。因此，对于低浓度的含碲溶液，必须浓缩后才能有效被铜置换。Cu_2Te 渣经氧化碱浸或酸浸，均可使其中的碲和硒进入溶液[30]。

浸出液可参照前述方法分离回收其中的碲和硒。上述过程中的主要反应为：

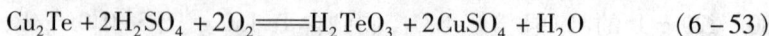

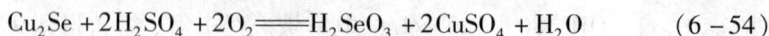

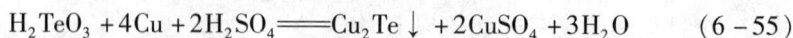

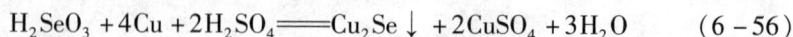

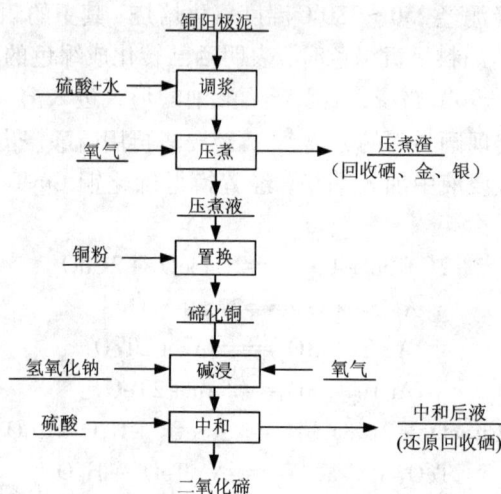

$$Cu_2Te + 2H_2SO_4 + 2O_2 = H_2TeO_3 + 2CuSO_4 + H_2O \tag{6-53}$$
$$Cu_2Se + 2H_2SO_4 + 2O_2 = H_2SeO_3 + 2CuSO_4 + H_2O \tag{6-54}$$
$$H_2TeO_3 + 4Cu + 2H_2SO_4 = Cu_2Te\downarrow + 2CuSO_4 + 3H_2O \tag{6-55}$$
$$H_2SeO_3 + 4Cu + 2H_2SO_4 = Cu_2Se\downarrow + 2CuSO_4 + 3H_2O \tag{6-56}$$
$$Cu_2Te + 2NaOH + 3/2O_2 = Na_2TeO_3 + Cu_2O + H_2O \tag{6-57}$$
$$Cu_2Se + 2NaOH + 3/2O_2 = Na_2SeO_3 + Cu_2O + H_2O \tag{6-58}$$

图 6-6 铜阳极泥氧化酸浸—碲化铜法分离碲的工艺流程

一种碲化铜法沉淀分离碲的工业装置连接示意图如图 6-7 所示，氧压酸浸液进入换热器加热至93℃左右，然后进入铜屑塔置换碲，当溶液循环置换至碲浓

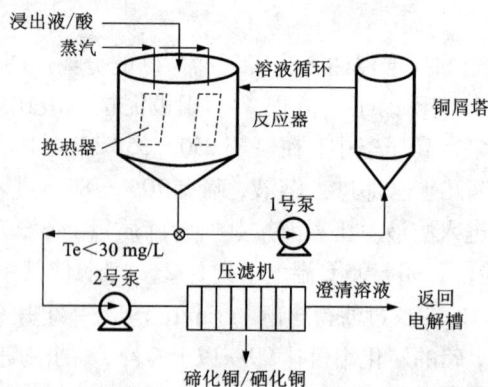

图 6-7 阳极泥酸浸液碲化铜循环置换碲的工业装置示意图

度小于 30 mg/L 时，再过滤返回铜电解系统，同时，定期清出置换物以回收碲和铜[31]。

2.6 阳极泥水溶液氯化浸出分离回收碲

铜阳极泥在 H_2SO_4 – NaCl 体系中通过加压浸出可将碲浸出而把硒大部分保留在渣中，图 6 – 8 给出了铜阳极泥的全湿法硒碲分离工艺流程[32]。按固液比 1:(3~5) 将铜阳极泥加入到含 H_2SO_4 30~200 g/L、Cl^- 30~120 g/L 的溶液中，于 0.5~1.6 MPa、100~200℃ 条件下通入空气压煮，利用 Cl^- 的络合作用，不仅会使 Cu 和 Te 的浸出速度加快，而且 Sb、Bi、Sn 也能顺利进入溶液，Se、Au、Ag 等贵金属则留在渣中，其中 Cu 的浸出率大于 99%，Sb、Bi、Te、Sn 的浸出率为 90%~95%。浸出液加亚硫酸钠或通 SO_2 还原得粗碲粉。浸出渣按固液比 1:(3~8) 加入到含 H_2SO_4 50~100g/L、NaCl 30~120 g/L 的溶液中，以 $NaClO_3$ 作氧化剂，在 40~90℃ 温度下搅拌 2~4 h，过滤得分金液和分金渣。分金液采用萃取法分离富集金，金萃余液于 70~90℃ 温度下通 SO_2 还原得粗硒粉。分金渣再

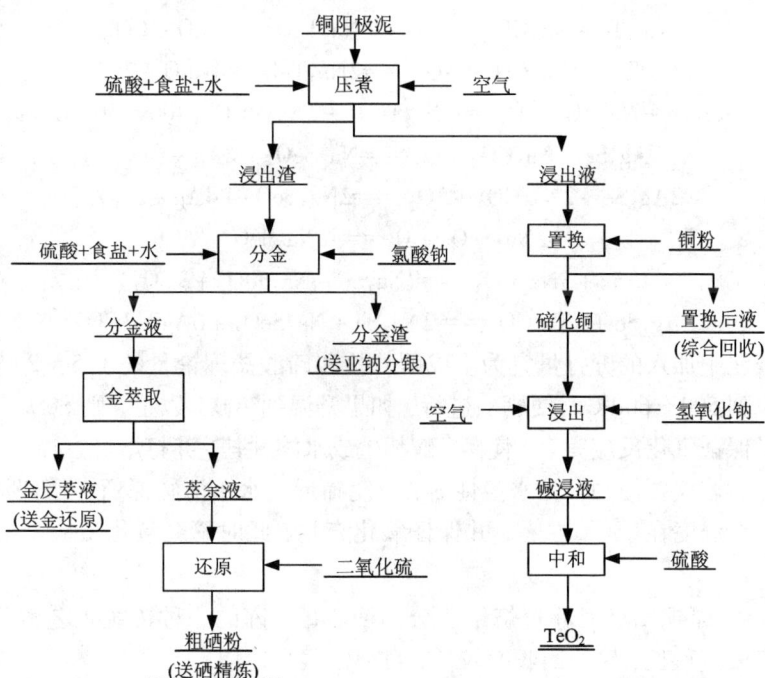

图 6 – 8　铜阳极泥的全湿法硒碲分离工艺流程

按固液比1:(3~10)加入到浓度为150~250 g/L 的 Na_2SO_3 溶液中,室温下搅拌,银以亚硫酸根络合离子的形式进入浸出液,浸出液用甲醛还原得金属银粉。整个工艺过程中,Au 和 Ag 的回收率大于99%。

2.7 阳极泥苏打烧结—水浸分离回收硒碲

苏打烧结法是一种从铜阳极泥中分离回收硒碲的有效方法。这一方法是将脱铜后的阳极泥与苏打一起烧结,控制烧结条件以使硒、碲都转为水溶性的盐,也可使硒转为水溶性盐,而碲则转为不溶性的盐保留在水浸渣中,这有别于熔炼贵铅的苏打法。阳极泥苏打烧结过程中硒、碲的主要反应为:

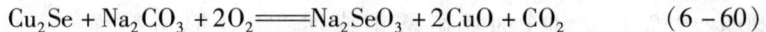

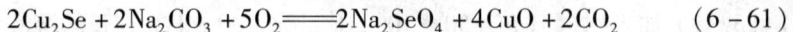

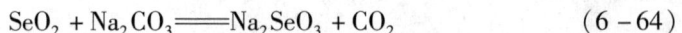

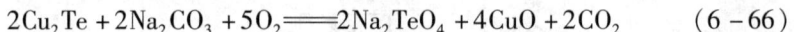

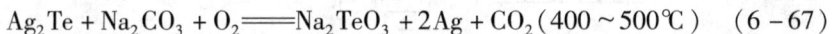

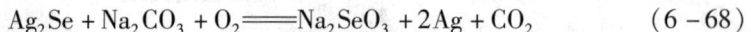

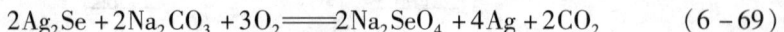

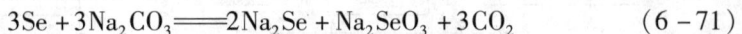

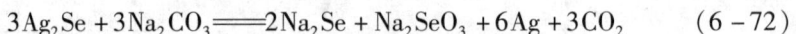

$$2Se + 2Na_2CO_3 + 3O_2 \Longrightarrow 2Na_2SeO_4 + 2CO_2 \quad (6-59)$$
$$Cu_2Se + Na_2CO_3 + 2O_2 \Longrightarrow Na_2SeO_3 + 2CuO + CO_2 \quad (6-60)$$
$$2Cu_2Se + 2Na_2CO_3 + 5O_2 \Longrightarrow 2Na_2SeO_4 + 4CuO + 2CO_2 \quad (6-61)$$
$$CuSe + Na_2CO_3 + 2O_2 \Longrightarrow Na_2SeO_4 + CuO + CO_2 \quad (6-62)$$
$$2CuSe + 2Na_2CO_3 + 3O_2 \Longrightarrow 2Na_2SeO_3 + 2CuO + 2CO_2 \quad (6-63)$$
$$SeO_2 + Na_2CO_3 \Longrightarrow Na_2SeO_3 + CO_2 \quad (6-64)$$
$$Cu_2Te + Na_2CO_3 + 2O_2 \Longrightarrow Na_2TeO_3 + 2CuO + CO_2 \quad (6-65)$$
$$2Cu_2Te + 2Na_2CO_3 + 5O_2 \Longrightarrow 2Na_2TeO_4 + 4CuO + 2CO_2 \quad (6-66)$$
$$Ag_2Te + Na_2CO_3 + O_2 \Longrightarrow Na_2TeO_3 + 2Ag + CO_2 (400~500℃) \quad (6-67)$$
$$Ag_2Se + Na_2CO_3 + O_2 \Longrightarrow Na_2SeO_3 + 2Ag + CO_2 \quad (6-68)$$
$$2Ag_2Se + 2Na_2CO_3 + 3O_2 \Longrightarrow 2Na_2SeO_4 + 4Ag + 2CO_2 \quad (6-69)$$
$$2Na_2SeO_3 + O_2 \Longrightarrow 2Na_2SeO_4 \quad (6-70)$$
$$3Se + 3Na_2CO_3 \Longrightarrow 2Na_2Se + Na_2SeO_3 + 3CO_2 \quad (6-71)$$
$$3Ag_2Se + 3Na_2CO_3 \Longrightarrow 2Na_2Se + Na_2SeO_3 + 6Ag + 3CO_2 \quad (6-72)$$

阳极泥中加入的苏打量宜为生成硒酸盐和碲酸盐理论量的1.5~2倍。苏打熔炼反应到500~600℃时便剧烈进行,如果升温到700℃以上,则 SeO_2 会明显挥发。为了保证氧化反应完全,使硒、碲都生成水溶性盐,苏打熔炼宜控制在650℃以下进行。若仅要使硒转为水溶性盐,而使碲形成水不溶物保留在水浸渣中,则可控制烧结温度在450℃左右,并保证氧化充足,此时碲会氧化生成难溶于水的 Na_2TeO_4[3]。

图6-9是铜阳极泥苏打烧结法分离回收硒、碲的一种传统工艺流程[3],但由于其工艺流程长,碲的回收率较低,目前已很少使用。

铜阳极泥中含有砷酸盐和硫酸盐,烧结前通常要对铜阳极泥进行预处理,以提高碳酸钠的利用率,常用的预处理方法是酸浸脱铜。苏打烧结过程可用空气或氧气作氧化剂,也可用硝酸盐作氧化剂。为了降低苏打烧结法的生产成本,可采

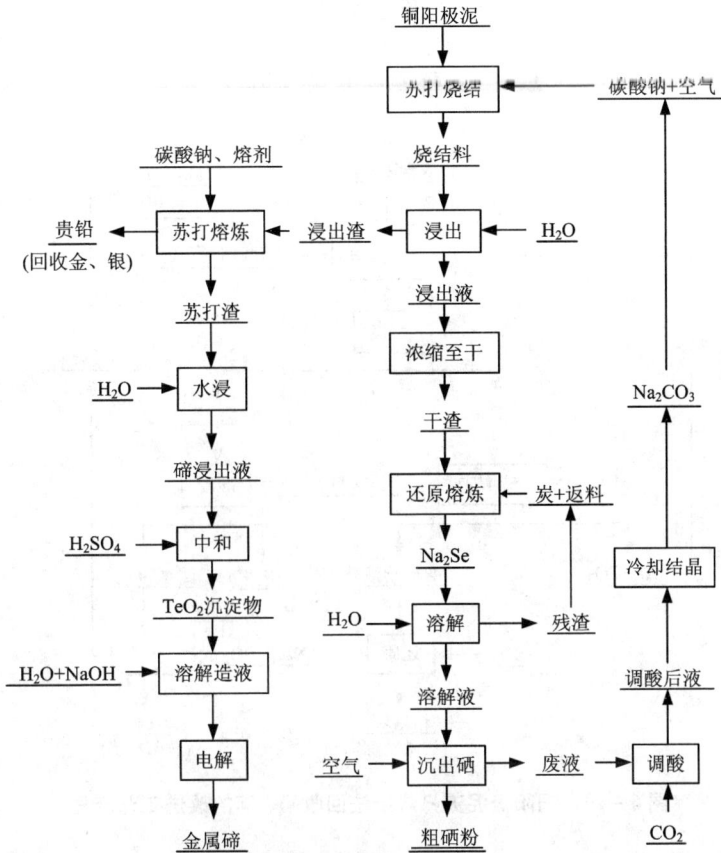

图6-9　铜阳极泥苏打烧结法分离回收硒、碲的传统工艺流程

用图6-10给出的铜阳极泥苏打烧结法回收硒、碲的改进工艺流程[33]。

按脱铜阳极泥质量的10%~15%加入碳酸钠(为了避免烧结过程硒的挥发,碳酸钠可适当过量),磨细混匀,于450~650℃温度下通入空气或氧气烧结2~4 h。烧结设备可以用回转窑,也可以是多膛炉,但物料要挤压制粒。烧结料中硒主要以Na_2SeO_3形式存在,碲则主要以难溶的Na_2TeO_4形式存在[3]。苏打烧结过程中加入适量的$NaNO_3$作氧化剂,有助于硒和碲的氧化,但$NaNO_3$加入过量时,物料会熔化,从而增加操作难度。$NaNO_3$的加入量一般控制在阳极泥质量的3%~5%。将物料置于400~600℃空气中烧结3~5 h,其中的碲几乎全部转化成难溶的Na_2TeO_4。烧结产物冷却后破碎,采用图6-9或图6-10给出的工艺流程分离回收其中的硒和碲。另外,加$NaNO_3$作氧化剂,烧结过程会产生氮氧化物,主要反

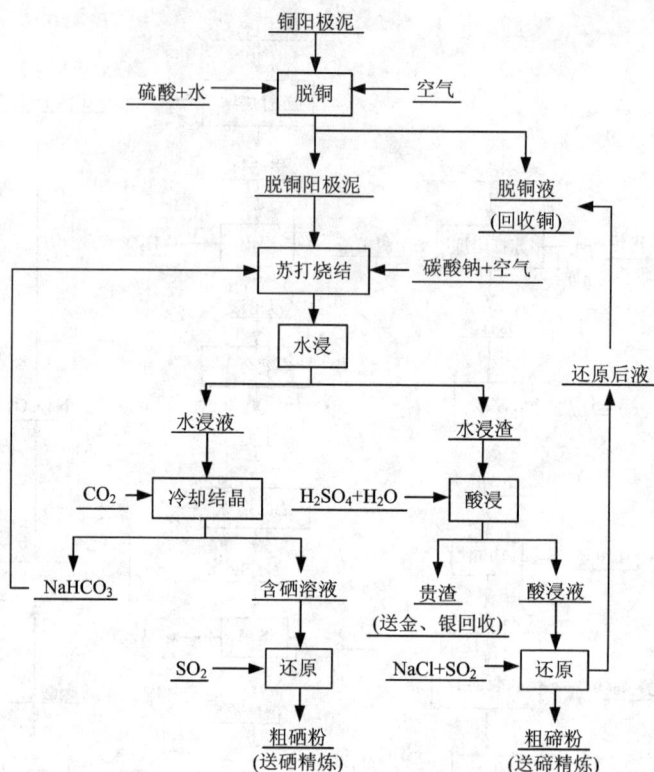

图 6 – 10 铜阳极泥苏打烧结法回收硒、碲的改进工艺流程

应为:

$$CuSe + 2NaNO_3 =\!=\!= Na_2SeO_3 + CuO + 2NO \uparrow \qquad (6-73)$$

$$Ag_2Se + 2NaNO_3 =\!=\!= Na_2SeO_3 + Ag_2O + 2NO \uparrow \qquad (6-74)$$

$$Cu_2Te + 2NaNO_3 + O_2 =\!=\!= Na_2TeO_4 + 2CuO + 2NO \uparrow \qquad (6-75)$$

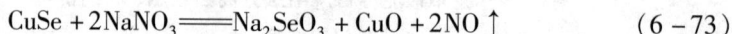

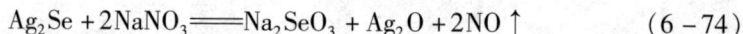

烧结渣破碎后,按固液比 1 :(1~3) 加水,于 80~90℃ 温度下搅拌浸出 1~2 h,过滤得水浸液和水浸渣。水浸液通入 CO_2 至饱和,冷却或冷冻结晶析出 $NaHCO_3$,再过滤,得 $NaHCO_3$ 晶体和含硒的溶液:

$$Na_2SeO_3 + 2CO_2 + 2H_2O =\!=\!= 2NaHCO_3 \downarrow + H_2SeO_3 \qquad (6-76)$$

若处理高碲铜阳极泥,水浸液应先通 CO_2 调 pH 至 5.5~6.5,过滤分离其中沉淀析出的 TeO_2,再通 CO_2 结晶得 $NaHCO_3$。含硒的溶液用亚硫酸钠或 SO_2 还原得粗硒粉。

水浸渣按固液比 1 :(2~4) 加含 H_2SO_4 150~200 g/L 的溶液,于 70~80℃ 温度下搅拌浸出 2~3 h(不能直接用 H_2SO_4 – NaCl 混合液浸出,否则有部分 Au 会进入溶液，增加溶液的处理难度），过滤得贵渣和酸浸液。贵渣送金银回收工序。酸浸液先加食盐（Cl^- 浓度为 30～60 g/L）氯化，过滤分离沉淀析出的 AgCl，再用亚硫酸钠或 SO_2 还原得粗碲粉。氯化的目的不仅是分离回收银，更重要的是提高 Te 的还原率[34]。酸度对碲粉生产影响明显，只有当含 Cl^- 的溶液还原终点的 $[H^+]$ 达 0.5 mol/L 以上时，亚硫酸钠或 SO_2 才能将其中的 $TeCl_6^{2-}$ 有效还原。在 $H_2SO_4 - NaCl$ 体系中，用亚硫酸钠或 SO_2 还原 Te，还原后液中 Te 的含量通常为 0.6～0.7 g/L。还原后液中残留的 Te 宜采用改进的碲化铜法加以回收[35]：即先按溶液中 Te 质量的 1～2 倍加入 Cu^{2+}，再按溶液中 Te 还原理论量的 1～3 倍加入还原剂（铁屑或铁粉），在室温下反应 1～2 h，再陈化 4～8 h，即可将溶液中的 Te 降至 0.01 g/L 以下。水浸渣用硫酸浸出和酸浸液氯化及还原碲的主要反应为：

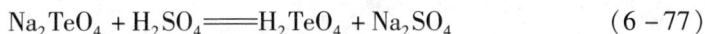

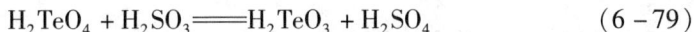

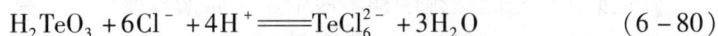

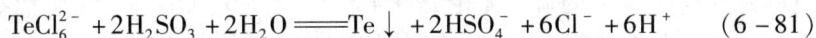

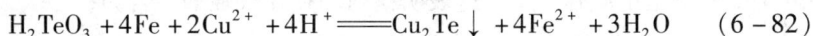

$$Na_2TeO_4 + H_2SO_4 \rule[0.5ex]{1.5em}{0.4pt} H_2TeO_4 + Na_2SO_4 \tag{6-77}$$

$$Ag^+ + Cl^- \rule[0.5ex]{1.5em}{0.4pt} AgCl \downarrow \tag{6-78}$$

$$H_2TeO_4 + H_2SO_3 \rule[0.5ex]{1.5em}{0.4pt} H_2TeO_3 + H_2SO_4 \tag{6-79}$$

$$H_2TeO_3 + 6Cl^- + 4H^+ \rule[0.5ex]{1.5em}{0.4pt} TeCl_6^{2-} + 3H_2O \tag{6-80}$$

$$TeCl_6^{2-} + 2H_2SO_3 + 2H_2O \rule[0.5ex]{1.5em}{0.4pt} Te \downarrow + 2HSO_4^- + 6Cl^- + 6H^+ \tag{6-81}$$

$$H_2TeO_3 + 4Fe + 2Cu^{2+} + 4H^+ \rule[0.5ex]{1.5em}{0.4pt} Cu_2Te \downarrow + 4Fe^{2+} + 3H_2O \tag{6-82}$$

第3章 从水溶液中沉淀分离碲和处理沉碲渣的方法

碲大部分从铜阳极泥中回收，分离碲大多在含铜溶液中进行，故沉淀分离碲时均需考虑对铜回收的影响。

3.1 从水溶液中沉淀分离碲的方法

3.1.1 碲化铜法沉淀分离碲

碲化铜沉碲法是在硫酸铜溶液中用金属铜置换碲以分离富集碲的方法。用金属铜粉置换溶液中的碲，无论是 +4 价还是 +6 价的碲，置换产物只能得到 Cu_2Te，而不是单质碲[3,30]，这表明铜与碲存在较强的亲合力：

$$H_2TeO_3 + 4Cu + 2H_2SO_4 \rightleftharpoons Cu_2Te\downarrow + 2CuSO_4 + 3H_2O \qquad (6-83)$$

$$H_2TeO_4 + 5Cu + 3H_2SO_4 \rightleftharpoons Cu_2Te\downarrow + 3CuSO_4 + 4H_2O \qquad (6-84)$$

铜也可置换硫酸溶液中的硒，生成 Cu_2Se，且置换率比碲大[30,36]，所以此法不能用作硒、碲之间的分离，且需在分离硒后再置换碲。对于含碲浓度较低的溶液，铜置换碲时需加入过量的铜粉，这在经济上并不合适。置换前溶液一般碲含量为 0.5 g/L 以上，过低的溶液可浓缩后再行置换。对于含 Te 1 g/L 以下的低浓度的硒、碲溶液，铜置换的过量系数与硒碲置换率的关系见图 6-11[36]。

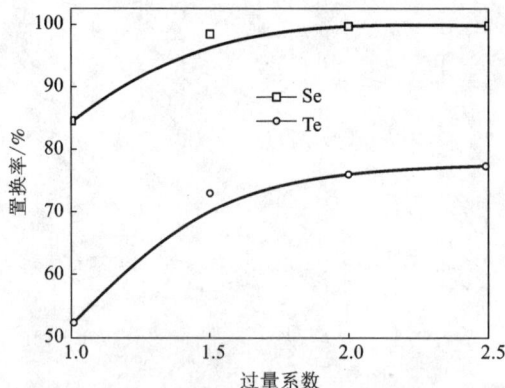

图 6-11 铜置换的过量系数与硒、碲置换率的关系

溶液含 Te 0.71 g/L、Se 0.30 g/L

在硫酸铜溶液中用金属铜粉置换碲的过程较简单，通常在溶液分离硒后进行。某种溶液含 Cu 10~19 g/L、Se 0.12~0.8 g/L、Te 4.0~8.0 g/L，于 90~95℃温度下，按沉 Te 所需铜粉理论量的 1.5~2.0 倍加入铜粉，反应 2 h，碲置换沉淀率近99%，置换后液中碲含量小于 0.01 g/L，得到碲渣的成分为 Te 28%~30%、Cu 40%~50%[31]。由于 Cu_2Te 理论含 Te 量只为50%，故碲化铜沉碲渣中碲含量不高。

3.1.2 SO_2 还原沉淀碲

SO_2 在一定条件下可还原硫酸铜溶液中的碲，不同的还原条件下得到的还原产物可以是单质 Te 或是 Cu_2Te[36-39]。

在硫酸铜溶液中，对 SO_2 还原碲的研究有不同的结论，有些结论甚至是矛盾的。通常需加入 Cl^-，碲的还原率才有实际意义。不少研究表明，硫酸铜溶液中没有 Cl^- 存在时，SO_2 对碲的还原率仅为30%~50%[38-39]，其中某一研究对含 Cu 7.78 g/L、Te 6.72 g/L、H_2SO_4 880 g/L 的溶液，于85℃温度下通入 SO_2，还原 2 h，铜、碲的还原率仅分别为1.0%和1.5%[37]，但也有研究取得大于80%的碲还原率。这些不同条件下得到的不同研究结果表明，在硫酸铜溶液中对于 SO_2 还原碲的机制和条件还需进一步探究。

(1)硫酸铜溶液中添加 Cl^- 且用 SO_2 还原沉淀碲

在溶液中加入 Cl^-，通过 Cl^- 的催化，使溶液中的碲能被 SO_2 还原沉淀，而此时获得的碲还原产物是单质碲，其过程有研究认为是[37]：

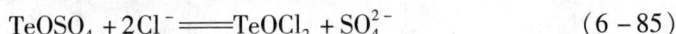

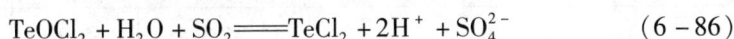

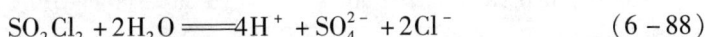

$$TeOSO_4 + 2Cl^- \Longrightarrow TeOCl_2 + SO_4^{2-} \tag{6-85}$$

$$TeOCl_2 + H_2O + SO_2 \Longrightarrow TeCl_2 + 2H^+ + SO_4^{2-} \tag{6-86}$$

$$TeCl_2 + SO_2 \Longrightarrow Te\downarrow + SO_2Cl_2 \tag{6-87}$$

$$SO_2Cl_2 + 2H_2O \Longrightarrow 4H^+ + SO_4^{2-} + 2Cl^- \tag{6-88}$$

总反应为：

$$TeOSO_4 + 2SO_2 + 3H_2O \Longrightarrow Te\downarrow + 3H_2SO_4 \tag{6-89}$$

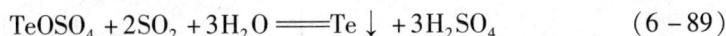

某铜阳极泥氧压酸浸出液的脱铜后液成分为 Cu 1.56 g/L、Te 0.93 g/L、Se 0.05 g/L、As 6.24 g/L、H_2SO_4 262.5 g/L。往该溶液中加入 NaCl 40 g/L，通入 SO_2，于80~90℃温度下反应1.5 h，碲还原沉淀率为99.03%，得到的碲渣成分为：Te 82.7%、Cu 5.98%、Se 3.31%、As 7.68%。NaCl 浓度对碲等元素的还原率的影响见图 6-12[38]。

对于含 Cu^{2+} 量高的溶液，在 SO_2 还原过程中，Cu^{2+} 也被大量还原成 Cu^+，且在有大量 Cl^- 存在时会形成 Cu_2Cl_2 沉淀：

$$2Cu^{2+} + 2Cl^- + SO_2 + 2H_2O \Longrightarrow Cu_2Cl_2\downarrow + SO_4^{2-} + 4H^+ \tag{6-90}$$

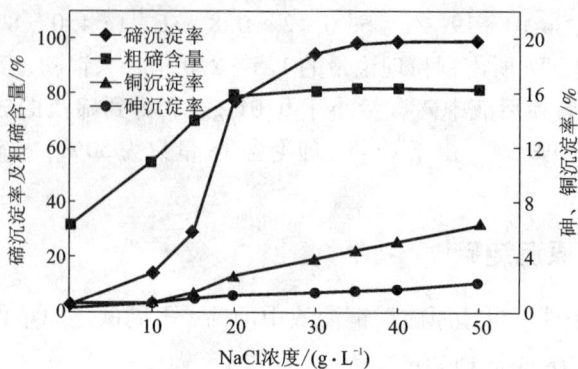

图 6 - 12   NaCl 浓度对碲等元素还原率的影响

温度为 80℃，通 SO$_2$ 反应 3 h

由于生成 Cu$_2$Cl$_2$ 沉淀，造成碲渣中铜含量大幅增高，且 SO$_2$ 通入量越大，还原时间越长，Cu^{2+} 及 Cl$^-$ 浓度越高，得到的碲渣中碲品位就越低，见表 6 - 24[38]。由此可见，高 Cu^{2+} 浓度的溶液中用 SO$_2$ 还原碲，碲渣中碲含量大幅度降低，这表明高 Cu^{2+} 浓度的溶液还原碲时，只会令 Cu$_2$Cl$_2$ 的沉淀入渣量加大。

表 6 - 24   在有 Cl$^-$ 存在的硫酸铜溶液中 SO$_2$ 还原碲的结果 (80℃)

溶液含量 /(g·L^{-1})	NaCl /(g·L^{-1})	SO$_2$ 流量 /(mL·min^{-1})	反应时间 /h	碲沉淀率 /%	渣含碲 /%
Cu 34.92, Te 0.98, SO$_4^{2-}$ 262.5	8	34.8	5.0	24.0	22.3
	20	69.6	5.0	51.0	4.4
	40	69.6	5.0	87.9	3.0
	20	69.6	0.5	10.9	8.5
Cu 1.56, Te 0.93, SO$_4^{2-}$ 262.5	40	69.6	2	98.9	82.7
	40	92.8	1.5	99.0	81.9

因此，SO$_2$ 还原碲不宜在高浓度铜溶液中进行。对于高铜溶液可采取浓缩结晶出硫酸铜或电解等方法脱铜后再作沉淀分离碲。溶液沉碲时需加入 Cl$^-$ 使得溶液不能返回铜系统，这一缺点限制了该法在许多场合的应用。

（2）硫酸铜溶液中不添加 Cl^-，用 SO_2 或 Na_2SO_3 还原沉淀碲

有研究表明，在铜浓度高的硫酸铜溶液中在不添加 Cl^- 的情况下，碲也可被 SO_2 还原[36]。一种阳极泥的酸浸出液，其成分为 Cu 47.3 g/L、Se 0.30 g/L、Te 0.71 g/L、H_2SO_4 100~150 g/L，溶液中的碲可被通入的 SO_2 还原，这一结果与前述的有很大不同。由于在还原沉淀渣中发现单质铜存在[36]，由此推断，此时碲还原的机制是通入的 SO_2 先把溶液中的 Cu^{2+} 还原成 Cu^+，而 Cu^+ 不稳定继而发生歧化反应析出单质 Cu，Cu 再置换 TeO_3^{2-} 生成 Cu_2Te 沉淀，因此该过程的实质是金属铜置换沉淀碲，还原产物应该是 Cu_2Te 而不是 Te。反应过程推断为[36]：

$$2Cu^{2+} + SO_2 + 2H_2O === 2Cu^+ + SO_4^{2-} + 4H^+ \tag{6-91}$$

$$2Cu^+ === Cu + Cu^{2+} \tag{6-92}$$

$$4Cu + 6H^+ + TeO_3^{2-} === Cu_2Te + 2Cu^{2+} + 3H_2O \tag{6-93}$$

$$5Cu + 8H^+ + TeO_4^{2-} === Cu_2Te + 3Cu^{2+} + 4H_2O \tag{6-94}$$

而溶液中的硒则被 SO_2 优先还原为单质硒：

$$SeO_3^{2-} + 2SO_2 + H_2O === Se + 2H^+ + 2SO_4^{2-} \tag{6-95}$$

碲置换程度取决于 SO_2 还原 Cu^{2+} 生成的单质铜的数量，生成的单质 Cu 数量越多，碲置换程度就越大。理论上 SO_2 可以将 Cu^{2+} 还原成 Cu：

$$Cu^{2+} + SO_2 + 2H_2O === Cu + SO_4^{2-} + 4H^+ \tag{6-96}$$

由标准电极电位 $E^{\ominus}(Cu^{2+}/Cu) = 0.339$ V，$E^{\ominus}(SO_4^{2-}/H_2SO_3) = 0.17$ V 判断，反应（6-96）虽可进行[30]，但两者间电位差过小，反应的推动力不足。在高 Cu^{2+} 浓度和低酸度的条件下，反应程度可以得到提高。

向该溶液通入 SO_2 还原 2 h，不同温度下硒、碲的还原率见表6-25[36]，可见碲的还原比硒要难些，且温度对碲还原的影响比硒的要大。

表6-25 溶液温度对硒、碲还原率的影响

温度/℃	硒还原率/%	碲还原率/%
40	99.72	69.36
50	99.91	77.25
60	99.83	83.79
70	99.90	84.12

SO_2 通入量对碲还原率的影响见表6-26[36]。

表 6 – 26　SO$_2$通入量对硒、碲还原率的影响(SO$_2$通入速率为 0.3 L/min, 60℃)

反应时间/h	硒还原率/%	碲还原率/%
1.0	94.1	48.2
1.5	99.5	67.3
2.0	99.2	83.2
2.5	99.9	84.0

用亚硫酸钠还原与用 SO$_2$还原类似, 仅碲还原率最高, 可达 98%, 这是由于亚硫酸钠中和了酸, 促进了 Cu$^+$的生成反应, 而歧化产出更多的单质 Cu 可参与碲的置换反应, 见图 6 – 13[36]。

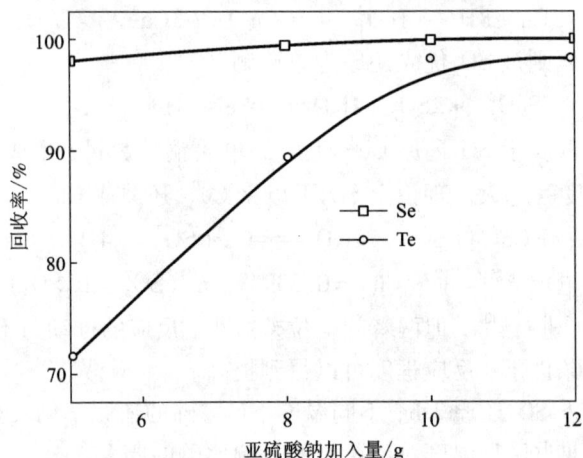

图 6 – 13　亚硫酸钠加入量对硒、碲回收率的影响

温度为 75℃, 反应 2 h

对于硫酸铜酸性溶液, SO$_2$或 Na$_2$SO$_3$直接还原碲时, 由于溶液中不添加 Cl$^-$, 故还原沉淀时不存在 Cu$_2$Cl$_2$的沉淀问题。另外, 还有一好处是分离碲后的硫酸铜溶液可直接返回铜冶炼系统。

对于碱性溶液, 用亚硫酸钠则可直接将 TeO$_3^{2+}$还原而沉淀出 Te[3]:

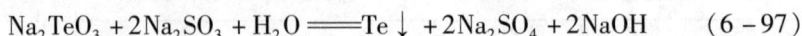

$$Na_2TeO_3 + 2Na_2SO_3 + H_2O \!=\!=\!= Te \downarrow + 2Na_2SO_4 + 2NaOH \qquad (6-97)$$

3.1.3　中和沉淀分离碲

调整中和溶液 pH 为 5~6, 可将碲转成 TeO$_2$沉淀, 这是在碱性介质中分离碲的常用方法, 对于含铜较低的酸性溶液也适用。H$_2$TeO$_3$是两性化合物, TeO$_2$沉淀

的 pH 大致见表 6 – 27[40]。

表 6 – 27　溶液 pH 与硒碲残余浓度的关系

pH	$c(\text{Se})/(\text{g}\cdot\text{L}^{-1})$	$c(\text{Te})/(\text{g}\cdot\text{L}^{-1})$
3	0.04	4.6
4	0.07	2.3
5	0.14	0.18
5.5	0.16	0.11
6	0.19	0.12
7	2.0	1.8
8	5.6	4.9

在实际生产中提取碲时总涉及含铜的溶液，由于 Cu^{2+} 水解的 pH 在沉碲的 pH 范围内（Cu^{2+} 1 mol/L 时水解沉淀始末的 pH 为 4~6），因此，对于含铜较高的溶液，中和沉碲会带来铜的沉淀。

3.2　从沉碲渣回收碲的工艺

以上分离工艺得到的沉碲渣需进一步提取碲和回收铜。渣主要是碲化铜渣和金属碲渣两类，渣中碲物相主要是 Cu_2Te，单质 Te、Cu，及其他的氧化物，其成分较单一，渣杂质含量少，对回收有利。两类碲渣处理原则上都可采用铜阳极泥回收铜和碲的各种方法，且比阳极泥处理更为简单。有些回收工艺是将硒碲同时沉淀，而对此硒碲混合渣还需作硒的分离处理。

对于碲化铜渣，利用 Cu_2Te 在氧化剂存在下容易被酸或碱溶解形成亚碲酸或亚碲酸盐的性质，而使碲转入溶液：

$$\text{Cu}_2\text{Te} + 2\text{H}_2\text{SO}_4 + 2\text{O}_2 =\!=\!= \text{H}_2\text{TeO}_3 + 2\text{CuSO}_4 + \text{H}_2\text{O} \qquad (6-98)$$

$$\text{Cu}_2\text{Te} + 2\text{NaOH} + 2\text{O}_2 =\!=\!= \text{Na}_2\text{TeO}_3 + 2\text{CuO} + \text{H}_2\text{O} \qquad (6-99)$$

过度氧化碱浸则可能将碲化铜氧化成难溶的 Cu_3TeO_6[3, 30]（此碲酸铜呈绿色）。

从 Cu_2Te 渣回收铜和碲均可采用酸浸或碱浸的工艺，如采取氧化酸浸，浸出液可通 SO_2 或 Na_2SO_3 还原沉出碲：

$$\text{H}_2\text{TeO}_3 + 2\text{SO}_2 + \text{H}_2\text{O} =\!=\!= \text{Te} \downarrow + 2\text{H}_2\text{SO}_4 \qquad (6-100)$$

$$\text{H}_2\text{TeO}_3 + 2\text{Na}_2\text{SO}_3 =\!=\!= \text{Te} \downarrow + 2\text{Na}_2\text{SO}_4 + \text{H}_2\text{O} \qquad (6-101)$$

其后再氧化碱溶造液，经电解得碲。

如采取氧化碱浸工艺,视溶液碲的浓度或浓缩或再富集后电解提取碲。如果碲浓度较低,可用 H_2SO_4 中和至 pH 为 6 左右再沉出 TeO_2:

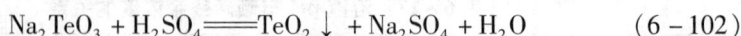

$$Na_2TeO_3 + H_2SO_4 \Longrightarrow TeO_2 \downarrow + Na_2SO_4 + H_2O \qquad (6-102)$$

TeO_2 再用碱溶造液除杂后电解,可得到单质碲。

3.2.1 Cu_2Te 渣高压碱性浸出工艺

某种碲铜渣含 Cu 37%~40%、Te 24%~27%、Se 0.40%,采用高压碱浸工艺浸出碲。在温度为 120℃、液固比为 7、压力为 0.9 MPa 的条件下浸出 6 h,不同碱浓度下的碲浸出率见表 6-28。浸出液调整到 pH 为 5.5~6,将 TeO_2 沉出,碲沉淀率达 97%~98%,其碱浸渣可送回收铜工艺[41]。

表 6-28 不同碱浓度下的碲浸出率

$c(NaOH)/(g \cdot L^{-1})$	Te 浸出率/%	渣率/%
25	85.26	62.55
30	94.54	62.15
40	97.51	61.98
50	97.92	62.51

作为比较,对某成分为 Te 23.9%、Cu 43.6%、Ag 0.59% 的碲化铜渣进行常压碱浸,以空气作氧化剂,在温度为 95℃、液固比为 5 的条件下浸出 3.5~4 h,碲浸出率约为 80%。

3.2.2 TeO_2 渣的焙烧—碱浸工艺

一种硒碲氧化物混合渣含:Te 16.22%、Se 22.26%、Cu 13.44%、Pb 9.50%、As 3.2%,对该混合渣先在 500℃下焙烧脱硒,硒挥发率约为 95%,碲挥发也达 8%。焙烧渣用 NaOH 溶液在 80℃下浸出,碲浸出率可达 94%,碱浓度对碲浸出的影响见图 6-14。浸出液在 pH 为 4.5~5 时,可将碲沉出,且沉碲后液中碲含量小于 0.5 g/L[42]。

3.2.3 碲化铜渣硫酸化焙烧—水浸脱铜—水浸渣碱浸工艺

某碲化铜渣回收工艺见图 6-15。渣中含:Cu 32.74%、Te 23.12%、Se 2.35%、Pb 1.26%、Au 0.032%、Ag 3.03%,经硫酸化焙烧物料的碲基本转为 TeO_2,再水浸脱除铜,约 90% 的铜进入溶液,后加铜粉置换碲,再返铜系统;碲则大部分保留在水浸渣中。其焙烧条件和焙烧渣水浸结果见表 6-29。

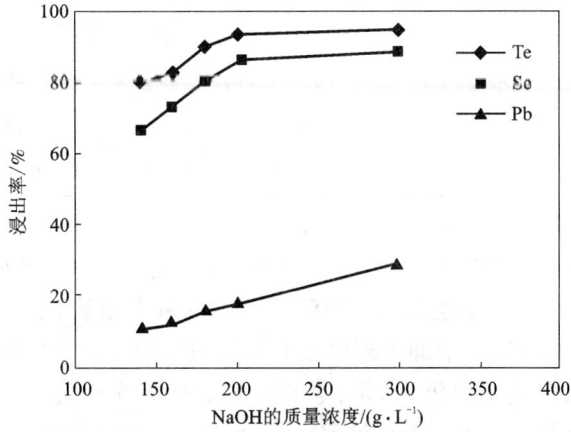

图 6 – 14　碱浓度对碲浸出率的影响

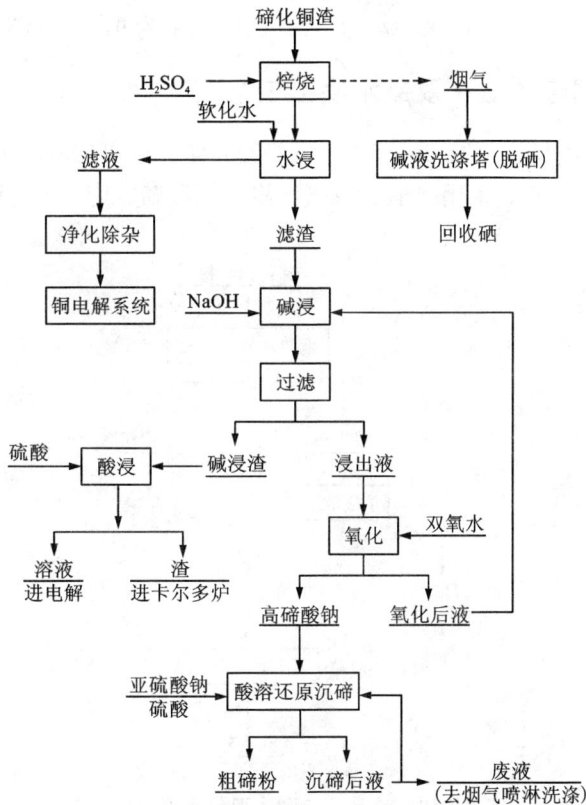

图 6 – 15　碲化铜渣硫酸化焙烧—水浸脱铜—水浸渣碱浸回收工艺

表 6-29 碲化铜渣硫酸化焙烧水浸脱铜结果

焙烧温度/℃	硫酸加量（理论量倍数）	渣率/%	渣含 Cu/%	渣含 Te/%	Cu 浸出率/%	Te 浸出率/%
460	1.25	40.5	8.19	54.48	89.86	3.15
	1.50	34.5	7.29	60.70	92.31	7.70

水浸渣用浓度为 $100 \sim 120$ g/L 的 NaOH，在温度为 80℃、液固比为 $6 \sim 7$ 的条件下，浸出 2 h，碲浸出率达 93%～97%。得到的碱浸出液含 Cu 0.0035 g/L、Te 65.58 g/L，再往碱浸出液中加入理论量 1.5 倍的 H_2O_2，将溶液的 Na_2TeO_3 氧化成 Na_2TeO_4 沉淀。碲沉淀率为 99.24%，沉淀后液含碲 0.5 g/L。

Na_2TeO_4 沉淀物用 2.5 mol/L H_2SO_4，于温度为 80℃、液固比为 6 的条件下溶解，溶解液再加入 100 g/L Na_2SO_3 和 15 g/L NaCl，反应 1 h，溶液的碲被还原沉出，碲回收率为 99.4%，还原后液含碲 0.45 g/L。得到的碲粉含：Te 92.66%、Pb 0.005%、Se 0.003%、Bi 0.002%，全过程碲回收率为 91%～93%[43]。

3.2.4 碲化铜渣硫酸 + 双氧水浸出工艺

某种碲化铜渣料，含 Te 26.55%、Cu 30.82%、Se 0.31%、Ag 1.85%，碲物相中 Cu_2Te 占 99.7%。采用硫酸 + 双氧水浸出铜和碲，其工艺流程见图 6-16。

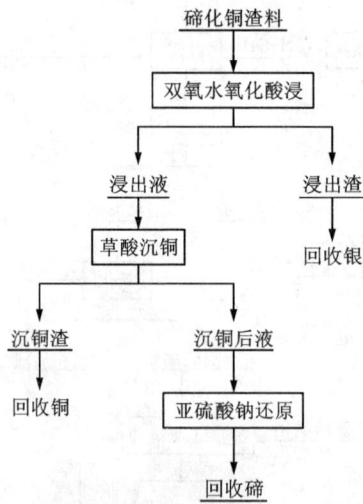

图 6-16 碲化铜渣料用硫酸 + 双氧水浸出的工艺流程

在 H_2SO_4 浓度为 110 g/L、H_2O_2 含量为理论量的 1.2 倍、液固比为 6 的条件下，将碲化铜渣置于 85℃ 温度下浸出 2 h，铜和碲的浸出率均达 99% 以上。再将浸出液于 85℃ 温度下，加入理论量 1.2 倍的草酸以将铜沉出，其中铜沉淀率为 99.6%。沉铜后液于 50℃ 温度下，加入理论量 1.6 倍的亚硫酸钠将碲还原沉出，其中碲沉淀率达 99.6%[44]。

3.2.5　含碲混合渣氧化酸浸工艺

某种碲渣含 Te 5.19%、Cu 4.53%、Pb 45.3%、Si 5.16%，采用硫酸浸出，于温度为 80℃、液固比为 5、H_2SO_4 浓度为 3 mol/L 的条件下浸出 5 h，不同氧化剂对碲浸出的影响见图 6 - 17。由此可知，以 $KMnO_4$ 为最佳，按 $m(KMnO_4)/m(渣)=0.008$ 加入 $KMnO_4$，碲浸出率可达 90.1%[45]。

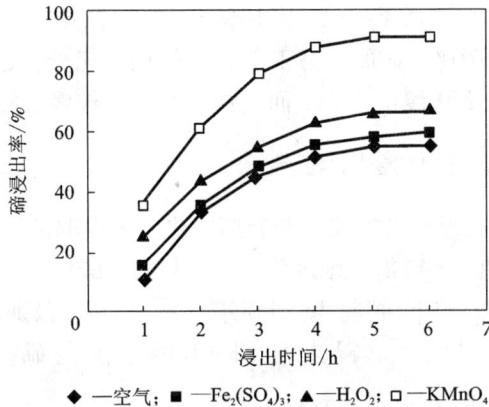

◆ —空气；■ —$Fe_2(SO_4)_3$；▲ —H_2O_2；□ —$KMnO_4$

图 6 - 17　不同氧化剂对碲浸出率的影响

第4章 从其他物料中回收碲

4.1 从铋碲精矿中回收碲

1991 年，在中国四川石棉大水沟发现了迄今为止世界上有报道的唯一的独立的碲铋矿，其开发利用引起了人们的广泛关注。该碲铋矿是以碲铋为主的多金属硫化矿，原矿碲的平均品位为0.08%，最高可达 1.5%。选矿后得到的铋碲精矿中 Te 和 Bi 的含量分别达15%~16% 及 18%~19%，其中还含有一定量的金、银等。目前，人们对该碲铋精矿的冶炼工艺研究得仍不充分。已有研究表明，该精矿的碲在盐酸中可被氧化浸出[3, 46]，而焙烧后并不能被碱液浸出[47]。

4.1.1 高品位精矿氯化浸出工艺

采用氧化浸出—还原—置换的湿法分离回收工艺提取碲铋精矿中的碲、铋时，铋碲精矿按固液比 1:(3~4) 加入浓度为 2 mol/L 的盐酸中，以 $FeCl_3$ 作氧化剂，于 60℃温度下搅拌浸出 2~3 h，可将 Te 和 Bi 有效浸出，金、银则富集在浸出渣中，硫以硫磺的形式予以回收[46]。浸出时，$FeCl_3$ 的浓度与碲、铋浸出率的关系见图 6-18。

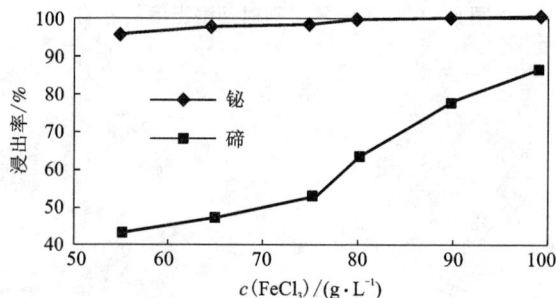

图 6-18　$FeCl_3$ 的浓度与碲、铋浸出率的关系

当 $FeCl_3$ 的浓度达到 55 g/L 时，铋的浸出率已超过 95%；而当 $FeCl_3$ 浓度不低于 100 g/L 时，碲的浸出率才能提高到 86% 左右。在 $FeCl_3$ 浓度为 100 g/L 时，添加适量催化剂[46]，可使碲的浸出率进一步提高至 98.97%，见图 6-19。

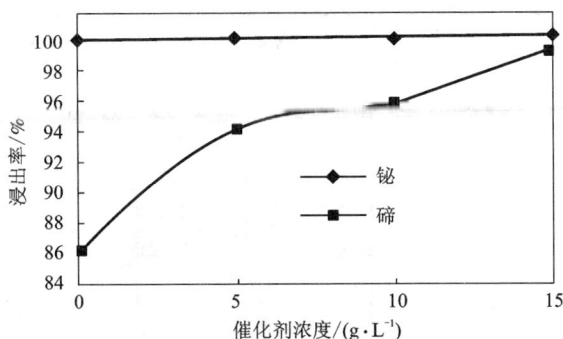

图 6-19 催化剂浓度对碲、铋浸出率的影响

浸出液在室温下按其中 Te 质量的 2.5～3.5 倍缓慢加入 Na_2SO_3（饱和溶液）以沉淀析出 Te，过滤得粗碲粉和还原后液，还原后液再用铁粉或铁屑置换以回收其中的 Bi：

$$Na_2TeCl_6 + 2Na_2SO_3 + 2H_2O = \!\!= \!\!= Te\downarrow + 2H_2SO_4 + 6NaCl \qquad (6-103)$$

$$2BiCl_3 + 3Fe = \!\!= \!\!= 2Bi\downarrow + 3FeCl_2 \qquad (6-104)$$

工艺全过程获得铋、碲产品的总回收率分别为 96.93% 和 81.70%[46]。氯盐氧化浸出也有采用 $NaClO_3$ 作氧化剂的[3]。

4.1.2 高品位精矿熔炼工艺

某种碲铋精矿成分为：Bi 22.3%、Te 13.98%、Fe 13.64%、S 8.1%、SiO_2 4.33%、Mg 4.96%，将其置于 500℃ 温度下焙烧 1.5 h，碲少量挥发，挥发率仅为 3.5%。焙烧矿用 pH > 14 的 NaOH 溶液浸出，而碲、铋均未能浸出，碲浸出率小于 1%，保留在碱浸渣中，渣中碲品位为 12.41%。在此条件下焙烧未能得到碱溶性的氧化碲，这表示碲的赋存和嵌布状态及反应产物等可能比较复杂。

精矿改用加炭直接高温还原，以 Na_2CO_3、SiO_2 为熔剂，在约 1200℃ 温度下熔炼，得到 Bi-Te 合金、炉渣和中间分层物（估计为硫化物熔体）三种产物，三者 Bi、Te 的含量和占比见表 6-30[47]。

可见，此高温熔炼工艺碲的直收率很低，仅为 54%，且碲挥发严重，挥发率约为 37%，同时合金与炉渣分层不佳产生中间层也使碲的直收率下降了 7.3%。如果能从烟尘有效收得挥发的碲和制订合适的熔炼制度减少中间层的产生，则碲的冶炼损失并不大。

表 6 – 30 铋碲精矿高温熔炼的产物状况

		含量/%	金属量对原料的占比/%
Bi – Te 合金	Bi	66.9	74
	Te	30.6	54
中间分层物	Bi	12.65	8.0
	Te	7.33	7.3
炉渣	Bi	<0.2	0.4
	Te	0.62	1.9

4.1.3 低品位中矿生物浸出碲工艺

铋碲原矿经过浮选得到一种低品位中矿，主要成分为：铁 22.85%、铋 1.12%、碲 1.03%、硫 27.63%，主要矿物组分为辉碲铋矿、磁黄铁矿、黄铁矿、铋碲矿等。采用生物浸出此碲铋矿中的碲，在矿区采集水样和土样，在浸矿培养基中进行传代培养，选用驯化 3 次的硫化亚铁硫杆菌和氧化铁硫杆菌的混合菌进行浸矿，待矿磨细至 0.15 mm 后，将其置于温度为 30℃、初始 pH 为 1.5 的硫酸介质中，在液固比为 50 时搅拌浸矿 15 d，碲浸出率达到 75.80%，浸出液中碲浓度约为 0.16 g/L。碲铋矿有菌与无菌的浸出对比见图 6 – 20[48]。

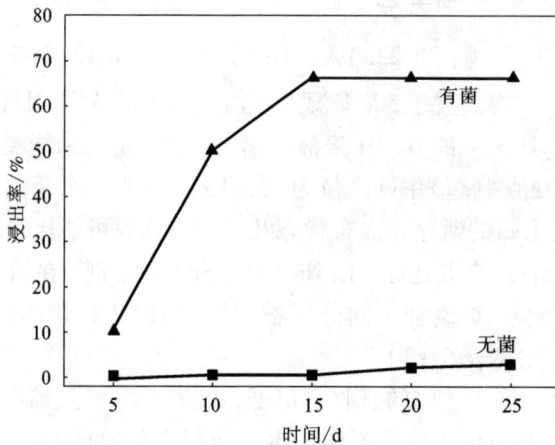

图 6 – 20 碲铋矿有菌与无菌的浸出对比

在硫酸介质中用细菌浸出，金属硫化物实质是被 Fe^{3+} 氧化浸出，在细菌参与下，其机理反应为：

$$FeS_2 + O_2 + H_2O = Fe^{2+} + SO_4^{2-} + H^+ \qquad (6-105)$$

$$Fe^{2+} + O_2 + H^+ = Fe^{3+} + H_2O \qquad (6-106)$$

$$MeS + Fe^{3+} + 2H_2O + O_2 = Me^{2+} + Fe^{2+} + SO_4^{2-} + 4H^+ \qquad (6-107)$$

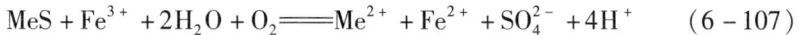

碲浸出液可用萃取或离子交换吸附等方法进一步富集回收。由于碲的价值很高，生物浸出回收碲比回收其他贱金属具有更好的经济可行性。

4.2　从废碲热电器件中回收碲

废碲热电器件来源于温差发电及半导体制冷等领域的铋碲基热电材料。铋碲基热电材料有 P 型 $(Bi, Sb_2)Te_3$ 和 N 型 $Bi_2(Te, Se)_3$ 两种，因此，废碲热电器件中通常含有 Bi、Sb、Te、Se 等[49]。生产 Te-Bi 系半导体制冷器件，每年耗碲量为 $100 \sim 120$ t，碲的利用率为 $60\% \sim 70\%$，产出的含碲废料数量很大，是最主要的碲再生资源[13]。这些碲废料主要是碲合金，成分大致为：Te $30\% \sim 40\%$、Bi $30\% \sim 40\%$、Se $1\% \sim 2\%$、Sb $2\% \sim 3\%$，此外还混杂有少量 Cu、Sn、Pb、Ni 等。从碲半导体制冷材料的废料中回收 Te、Se 的主要方法有火法熔炼和氯盐氧化浸出法[3]。

4.2.1　碲半导体制冷材料的废料加碱氧化熔炼分离碲

此法适用于处理纯度较高的 Te-Bi 晶棒的头、尾废料及块状废料。用 NaOH 覆盖废料，加热到 $500 \sim 650\,℃$，通入空气搅拌熔体，Te、Sb、Se 则氧化进入碱渣，而 Bi 以金属的形式产出，工艺流程见图 6-21。

Te-Bi 合金的熔点最高为 $585\,℃$，因此加碱熔炼的温度宜选为 $600 \sim 650\,℃$。温度过高时，碲挥发损失大，操作中随着碲不断氧化入渣，在熔炼的中后期可将温度降低到 $500 \sim 520\,℃$。加入的 NaOH 量为 Te、Sb、Se 形成相应碲（锑、硒）酸钠理论耗量的 $1.2 \sim 1.3$ 倍，为降低熔炼渣的黏度可加入适量的 NaCl。在熔炼中碲的主要反应如下：

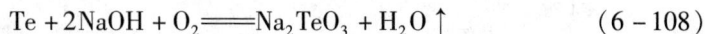

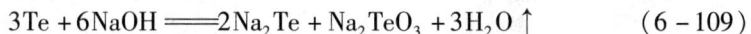

$$Te + 2NaOH + O_2 = Na_2TeO_3 + H_2O\uparrow \qquad (6-108)$$

$$3Te + 6NaOH = 2Na_2Te + Na_2TeO_3 + 3H_2O\uparrow \qquad (6-109)$$

Sb、Se 以及杂质 Sn 在熔炼中也氧化进入碱渣。熔炼产出的熔体金属 Bi 中 Te、Sn、Sb 的含量变化见图 6-22 和图 6-23。另外，对粗 Bi 继续精炼可得到产品金属铋。

碱熔炼渣用水浸出，调整 pH 到 $10 \sim 11$，碲与硒将进入溶液，锑则残留在浸出渣中。溶液用 Na_2S 除杂，将 Cu、Fe、Sn、Pb 等杂质沉淀脱除，而 SeO_3^{2-} 则大部分被 Na_2S 还原成金属 Se 入渣。净化后的溶液用 H_2SO_4 调整 pH 到 $5 \sim 6$，沉淀出 TeO_2。TeO_2 精制后造液电解制得电解碲，或用炭直接还原 TeO_2 得到金属碲。工艺中 Te、Bi 的回收率可达到 $90\% \sim 93\%$[3]。

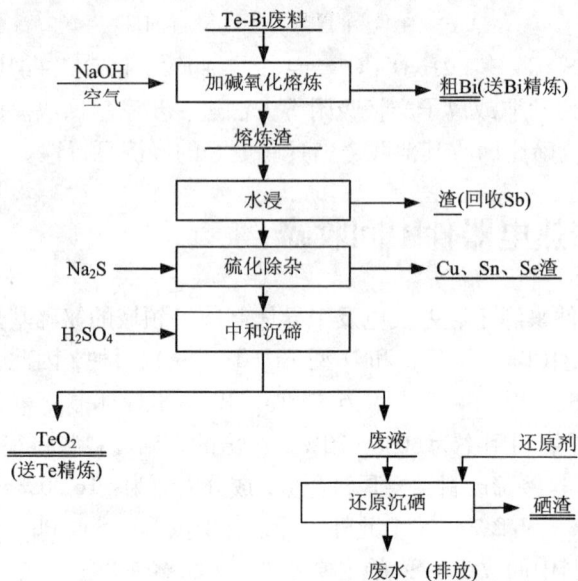

图 6-21 碲铋半导体制冷废料回收金属的工艺

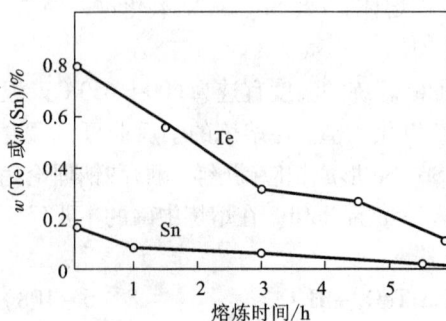

图 6-22 氧化熔炼中铋含碲、锡随
熔炼时间的变化

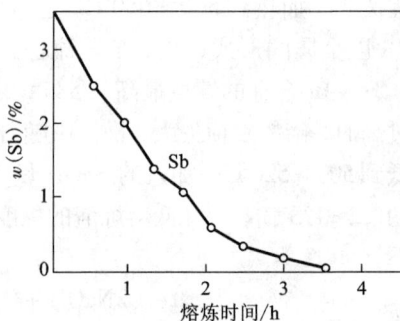

图 6-23 氧化熔炼中铋含锑随
熔炼时间的变化

4.2.2 氧化酸浸分离碲

这一方法主要用来处理 Te、Bi 含量较低的废料。用 2 mol/L 的盐酸，加入氧化剂，在 75℃下浸出，Bi、Sb、Se 基本被浸出而进入溶液中，而 Te 则保留在残渣中，渣率近 50%，渣中 Te 的含量为 90%~95%，进一步处理渣以提取金属碲[3]。

或用 HNO_3 将废料全部溶解，分步中和分离出 Bi、Sb 和 Te、Se 两组沉淀物，再从 TeO_2 的沉淀物中提取 Te。产出的废液中加 Na_2S 可还原出 Se 粉[3]。

4.3　从酸泥中回收碲

除上述含碲原料外，有色冶炼烟气制硫酸产出的酸泥中一般含碲 0.01%～0.05%，其中碲主要以单质或碲化物的形式存在。酸泥中的碲可采用选冶联合法、化学选矿法及水溶液氯化法分离回收[3]。

往含硒 0.5%～4.0% 的酸泥中加入硫酸，使浆料中硫酸含量达 37.6%，加热至 90～100℃，加入煤油进行浮选，可使硒、碲及贵金属进入浮选精矿中。参照前述方法可将浮选精矿中的硒、碲及贵金属回收。

酸泥按固液比 1:(6～8) 加入浓度为 0.1～1 mol/L 的含 $CaCl_2$ 的 HCl-NaCl 饱和溶液中，加热至 80℃ 以上搅拌 1～2 h 后，趁热过滤。将滤液置于室温下冷却结晶，以析出氯化铅，再过滤得 $PbCl_2$。往滤渣中加入 Na_2CO_3 溶液，于 30～60℃ 温度下搅拌转型 1～2 h，过滤得转型渣及转型液。转型液冷却或冷冻结晶析出芒硝；转型渣搅拌加入盐酸以溶解其中的碳酸钙，过滤得含金、银的硒碲富集物及 HCl-$CaCl_2$ 溶液，所得富集物用前述方法分离以回收其中的硒、碲及金、银。HCl-$CaCl_2$ 溶液与 $PbCl_2$ 结晶母液合并，返回脱铅工序继续使用。

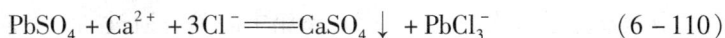

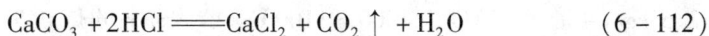

$$PbSO_4 + Ca^{2+} + 3Cl^- =\!=\!= CaSO_4 \downarrow + PbCl_3^- \qquad (6-110)$$

$$CaSO_4 + Na_2CO_3 =\!=\!= CaCO_3 \downarrow + Na_2SO_4 \qquad (6-111)$$

$$CaCO_3 + 2HCl =\!=\!= CaCl_2 + CO_2 \uparrow + H_2O \qquad (6-112)$$

将酸泥按固液比 1:(5～8) 加入 $CaCl_2$ 浓度为 4.5～6 mol/L、HCl 浓度为 1.5～2.5 mol/L 的 HCl-$CaCl_2$ 溶液中，通入氯气，酸泥中的硒、碲、砷及部分金、银等贵金属则进入溶液。滤液先加氧化钙除砷，调 pH 至 3.5，砷以钙盐形式沉淀析出。除砷后液再用氧化钙中和沉碲，调 pH 至 3.8～4.5，沉淀析出 TeO_2。沉碲后液通入 SO_2 还原，过滤得粗硒。浸出渣则用氰化法分离回收其中的金、银等贵金属。这一工艺的缺点是氯化过程中金、银等贵金属的走向分散。

4.4　在铅冶炼中回收碲

与铜冶炼类似，铅精矿的碲大部分也富集在铅阳极泥中，某厂铅阳极泥成分为：Pb 5%～15%、Cu 1%～4%、Bi 7%～14%、As 12%～30%、Sb 25%～40%、Ag 5%～15%、Au 0.02%～0.08%、Te 0.2%～0.8%，碲的物相主要是 Cu_2Te、Ag_2Te 和 PbTe。阳极泥熔炼贵铅和贵铅吹炼工艺过程产出的产物如图 6-24 所示。

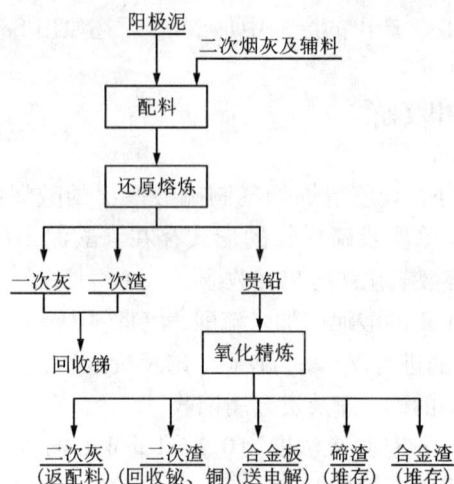

图 6 – 24 阳极泥熔炼工艺产物

还原熔炼阶段，大部分碲进入贵铅中，进入还原渣的碲以夹带为主，通过提高温度并加大还原煤粉的比例，可减少渣量和改善渣的流动性以使进入渣的碲数量减少，令阳极泥中70%以上的碲进入贵铅。在贵铅氧化熔炼阶段，贵铅中的碲大部分被氧化进入吹炼渣，剩余在贵铅中的碲可通过加入纯碱和硝酸钾造渣，把碲分离富集在碱渣中。贵铅富集分离碲的条件为：纯碱 50 kg/t – 贵铅，硝酸钾 12.5 kg/t – 贵铅，温度为 1000～1100℃，熔体通氧吹炼0.5 h，反应2 h。阳极泥熔炼的整个过程中，碲在各产物中的分布及品位见表6 – 31[50]。

表 6 – 31 铅阳极泥熔炼过程中碲在各产物中的分布及品位

	阳极泥	一次灰	一次渣	贵铅	二次灰	二次渣	碲渣	合金
产率/%	—	52.5	26.1	26.7	8.0	15.0	0.6	12.5
碲品位/%	0.45	0.11	0.25	0.75	0.19	1.26	19.6	0.02
碲分布/%	100.0	12.83	14.5	72.67	3.36	42.67	26.08	0.56

可见，进入碲渣的碲只占阳极泥中碲含量的26.08%，此碲渣磨细后的水浸（水浸条件为：80～90℃，液固比为3～4，浸出4 h），碲浸出率可达94%，水浸液中和沉出 TeO_2。进入铋铜渣的碲可在回收铜、铋时进一步富集回收。

第5章 碲的溶剂萃取及吸附

5.1 萃取剂的主要种类

溶剂法萃取分离提取碲主要采用中性磷类萃取剂和含氮类萃取剂，除此之外还有酮类以及有机磷酸类等萃取剂。中性磷类萃取剂主要有磷酸三丁酯(TBP)、三辛基氧化膦（TOPO）、三烷基氧化膦（Cyanex925）、磷酸三(2-乙基己基)酯等，含氮类萃取剂主要有伯胺、仲胺、叔胺、季胺盐以及酰胺等[3,51-53]。溶剂萃取法提取碲既节能又减少环境污染，但选择合适的萃取剂是分离提取碲的关键。常用于分离提取碲的萃取剂见表6-32。迄今为止，除TBP在工业上用于萃取碲(Ⅳ)外，还未见其他萃取剂用于萃取碲的工业化报道。但鉴于TBP可部分水解成磷酸，是一个强的配体，使反萃变得困难，因此对已有的工业萃取剂和新合成的萃取剂，探索和研究在各种介质条件下萃取回收碲仍是充满挑战的工作。

表6-32 常用于分离提取碲的萃取剂

	萃取剂	稀释剂	萃取介质	萃取效果
中性磷类萃取剂	TBP	煤油	3~12 mol/L HCl	萃取效果好
	Cyanex925	甲苯	0.05 mol/L HCl	萃取效果好
	磷酸三(2-乙基己基)酯 TEHP	甲苯	6.0~8.5 mol/L HCl、3.5~7.0 mol/L HBr	在 HCl 中的萃取效果好于 HBr
含氮萃取剂	N503	煤油-正辛醇	氯化钠-盐酸	萃取效果好，同样条件下比硒好
	N235	煤油	≥3 mol/L HCl	萃取效果好
	N-正辛基苯胺	二甲苯	5.5~7.5 mol/L HCl	萃取效果好
	三正辛胺(TOA)	二甲苯/仲辛醇	4.5 mol/L HCl	萃取效果好

5.2 中性磷类萃取剂萃取碲

5.2.1 TBP(磷酸三丁酯)

TBP 从 3~12 mol/L HCl 中可定量萃取碲(Ⅳ)[54-56]。以盐酸为介质用TBP + 煤油萃取碲(Ⅳ)[54]，水相与有机相的比例为 1，有机相为浓度为 30% 的 TBP 煤油，水相为浓度为 4.5 mol/L 的盐酸介质中含浓度为 0.5 mol/L 的碲(Ⅳ)溶液，在 10℃时为最佳萃取条件，萃取平衡时间为 20 min，萃取机理为中性络合作用：

$$TeCl_4 (aq) + 3TBP (org) = TeCl_4 \cdot 3TBP (org) \qquad (6-113)$$

进一步研究发现，萃合物中还含有水合的 H_2O，即 $TeCl_4 \cdot 3TBP \cdot H_2O$ 和 $TeCl_5 \cdot H_3O \cdot 3TBP$；碲的分配比随着盐酸浓度增加而增大。用 TBP 从盐酸介质中萃取碲的反应为：

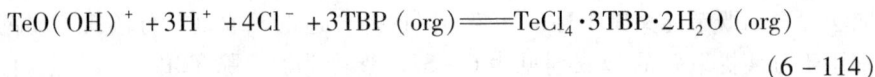

$$TeO(OH)^+ + 3H^+ + 4Cl^- + 3TBP (org) = TeCl_4 \cdot 3TBP \cdot 2H_2O (org)$$

$$(6-114)$$

用 TBP 萃取碲时，可使碲与杂质硒、砷、铜、银、铋、铅分离，但不能与铁、锑分离。碲只能在反萃阶段与铁、锑分离。反萃剂使用浓度为 20% 的 NH_4Cl 或浓度为 1 mol/L 的 NaOH 溶液。TBP 萃取法在国外已用于制备高纯碲。

另外，有研究[57]采用溶剂萃取法从碲铋矿模拟的盐酸浸出液中分离碲(Ⅳ)与铁(Ⅲ)，其中浸出液中含 Fe^{3+} 2.7 g/L、Te^{4+} 0.18 g/L、Bi^{3+} 0.18 g/L。先用异丙醚萃取分离铁，萃取条件为：溶液酸浓度为 7.2 mol/L，相比 A:O = 3:4，萃取时间为 1.5 min；用蒸馏水反萃取，反萃取时间为 1.0 min，反萃取相比 A:O = 1:1。在此条件下，铁萃取率为 99.92%，铋不被萃取，碲萃取率仅为 1.60%，铁与碲的分离效果很好。萃余液中的碲再用 30% 的 TBP - 煤油溶液萃取，萃取条件为溶液酸浓度 6 mol/L、相比 A:O = 1:2，萃取时间为 2 min，在此条件下碲的萃取率约为 96%，铋不被萃取；碲有机相用蒸馏水反萃取，其反萃条件为：相比 A:O = 1:1，反萃取时间为 10 min，经 4 级反萃碲，碲反萃率接近 100%，反萃液中碲浓度为 0.33 g/L。溶液浓度对 TBP 萃取碲的影响见图 6 - 25。

5.2.2 Cyanex925[二(2,4,4-三甲基戊基)辛基氧化膦]

用 Cyanex925 为萃取剂对碲(Ⅳ)和硒(Ⅳ)进行分离，其工艺路线如图 6 - 26 所示[58]。采用浓度为 0.1 mol/L 的 Cyanex925 可从含碲(Ⅳ)和硒(Ⅳ)的浓度为 3.5 mol/L HCl 溶液中定量萃取碲，且萃取时间快，仅需 5 min，再用浓度为 6 mol/L 硝酸反萃负载有机相中的碲(Ⅳ)，碲(Ⅳ)回收率达 99.4%，碲与硒的分离系数 $\beta_{Te/Se}$ 高达 78.7。萃取机理为中性络合作用：

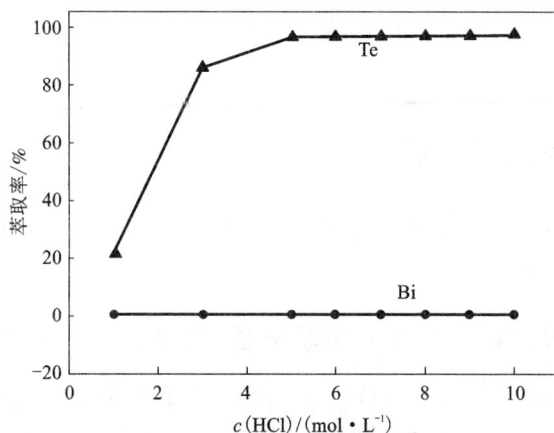

图 6-25 溶液浓度对 TBP 萃取碲的影响

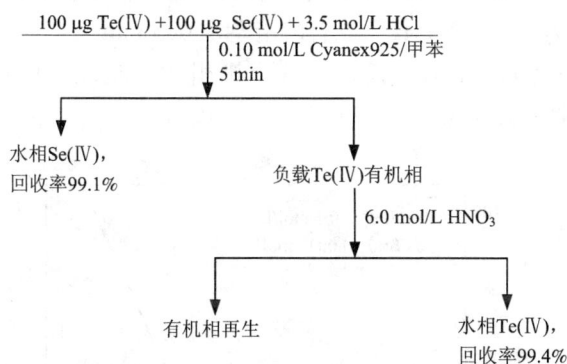

$$Te^{4+} + 4Cl^- + 3Cyanex925 \Longrightarrow TeCl_4 \cdot 3Cyanex925 \qquad (6-115)$$

图 6-26 Cyanex925 从盐酸溶液中萃取分离 Te(IV)、Se(IV)的工艺路线

Cyanex925 用于碲(IV)和硒(IV)的萃取,且在盐酸介质中的萃取效果最好。碲的萃取过程是放热的,而硒的萃取过程是吸热的,30℃是两者相互分离出来的最适温度。Cyanex925 作为萃取剂相比于 TBP 而言,所用的试剂量小,并且碲可以在含硒的水溶液中完全分离,是一种很好的碲(IV)萃取剂。

5.2.3 TEHP[磷酸三(2-乙基己基)酯]

磷酸三(2-乙基己基)酯作为萃取剂可萃取微量碲(IV)[59]。70% TEHP-甲苯体系可从 3.5~7.0 mol/L 氢溴酸介质或 6.0~8.5 mol/L 盐酸介质中萃取碲(IV),

萃取率大于99%，且水可作为反萃剂。TEHP可从铜、铋、金、硒、碲的二元混合物中萃取分离碲(Ⅳ)，适用于合金试样和混合物中碲(Ⅳ)的分析，该方法快速、精确、方便。

5.3 含氮萃取剂萃取碲

碲的萃取一般在盐酸介质中进行，所使用的萃取剂有 N503、N1923、N235、TOA 等含氮类萃取剂。

5.3.1 N503[N, N'-二(1-甲基庚基)乙酰胺]

用 N503 从盐酸溶液中萃取分离碲(Ⅳ)，并将此萃取体系应用于粗硒的提纯，以去除粗硒中的微量碲(Ⅳ)[60-61]。由于 N503 以及萃合物都是极性分子，且萃合物是以离子缔合形式存在，其阴、阳离子之间主要是静电作用，所以稀释剂的极性越大，其离子对的静电能越低，在有机溶剂中就越稳定，萃取剂的油溶性也越大，故选用极性较大的稀释剂更为合适。最佳萃取条件为：室温，相比为 1:1，用浓度为 0.1 mol/L N503-6% 的正辛醇-煤油，对浓度为 2.5×10^{-3} mol/L 的Te(Ⅳ)和浓度为 4.5 mol/L HCl 混合溶液萃取 0.5 min，经 2 次萃取可使碲萃取完全。然后，用 0.1 mol/L HCl 反萃负载有机相 25 min，经 1 次反萃即可完成。盐酸浓度对碲萃取的影响见图 6-27[60]。

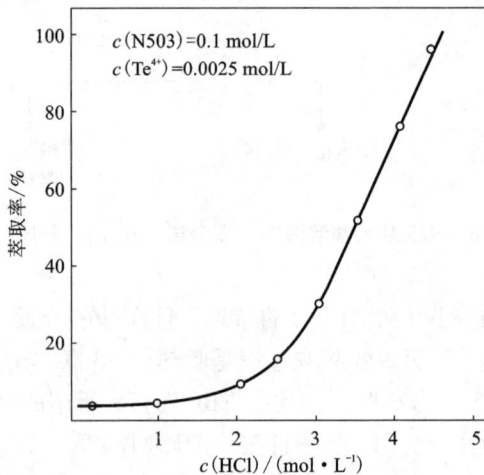

图 6-27 盐酸浓度对碲萃取的影响

5.3.2　N1923(仲碳伯胺)

有研究用含氮类萃取剂 N1923 萃取碲[62]，N1923 是国产的仲碳伯胺萃取剂，其分子式为 RNH_2、$R_1R_2CHNH_2$(R 基团的碳原子总数为 19～23)。N1923 可快速萃取碲，经浓度为 0.1 mol/L 的 N1923 - 煤油萃取浓度为 $5×10^{-3}$ mol/L 的 Te(Ⅳ)2 次，可使碲萃取完全；用浓度为 0.3 mol/L 的 NaOH 作反萃剂，经 20 min 可达反萃平衡，其反萃级数为 3 级。萃取体系的萃取反应为：

$$2RNH_2 + 2H^+ + TeBr_6^{2-} \Longrightarrow [RNH_3]_2^{2+}[TeBr_6]^{2-} \qquad (6-116)$$

碲溶液由浓度为 2.8 mol/L 的 HBr 和浓度为 2.5 mol/L 的 NaBr 混合液配制而成，而 Te(Ⅳ)在 HBr - NaBr 混合液中稳定存在的络合体为 $TeBr_6^{2-}$，萃合物组成为 $[RNH_3]_2^{2+}[TeBr_6]^{2-}$。

5.3.3　N235(三烷基胺)

用萃取剂 N235 从盐酸体系中萃取碲，料液中 Te(Ⅳ)的浓度为 $2.0×10^{-3}$ mol/L，当盐酸浓度不小于 3 mol/L 时，以浓度为 0.1 mol/L N235 + 磺化煤油为萃取剂，在温度为 25℃、相比为 1 的条件下萃取 Te(Ⅳ)，Te(Ⅳ)的萃取率可达 99.75% 以上。盐酸浓度对碲萃取的影响见图 6-28[63]。

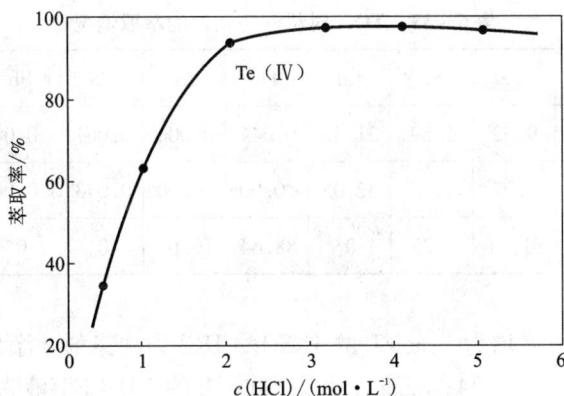

图 6-28　盐酸浓度对碲萃取的影响

萃合物的组成为 $HTeCl_5·3N235$。萃取反应机理为离子缔合作用：

$$3N235 + Te^{4+} + H^+ + 5Cl^- \Longrightarrow HTeCl_5·3N235 \qquad (6-117)$$

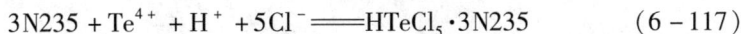

碲负载有机相用水或 0.1 mol/L 的 HCl 反萃均可将碲反萃下来，用水反萃平衡时间需 20 min，而用 HCl 单级反萃 5 min，其反萃率达 98.2%[63]。

5.3.4 TOA(三正辛胺)

用 TOA 从盐酸溶液中萃取碲,在 HCl 浓度为 0~6 mol/L 时,随着 HCl 浓度上升,碲的萃取率上升;当 HCl 浓度大于 6 mol/L 时,若 HCl 浓度再上升,则碲的萃取率下降;在 HCl 浓度为 4.5 mol/L 时,碲与硒具有最大的分离系数。TOA 萃取碲的反应为:

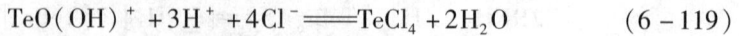

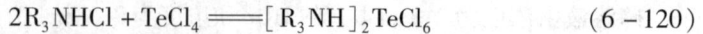

$$R_3N + HCl \Longrightarrow R_3NHCl \tag{6-118}$$
$$TeO(OH)^+ + 3H^+ + 4Cl^- \Longrightarrow TeCl_4 + 2H_2O \tag{6-119}$$
$$2R_3NHCl + TeCl_4 \Longrightarrow [R_3NH]_2TeCl_6 \tag{6-120}$$

以含 50% TOA 的二甲苯溶液为有机相,从 HCl、HI、HBr 溶液中萃取碲时,碲(Ⅳ)的萃取率很高,在不同的酸中碲(Ⅳ)的萃取率按下列顺序递增:盐酸 < 溴氢酸 < 碘氢酸。与碲(Ⅳ)不同,碲(Ⅵ)在 HCl 溶液中不易被 TOA 萃取,但在 HBr 和 HI 中,由于 HBr 和 HI 将碲(Ⅵ)还原成碲(Ⅳ)而被萃取,萃取中生成的萃合物被认为是 $(R_3NH)_2TeX_6$,其中 X 代表 Br 或 I。

将某种碲化铜的氯化酸浸液调整至硫酸和盐酸浓度均为 2 mol/L,以 20% TOA + 20% 仲辛醇 + 60% 磺化煤油为有机相来萃取碲,在相比为 1 的条件下萃取 10 min,碲单级萃取率达 92%,料液各元素的萃取情况见表 6-33。

表 6-33 TOA 对料液各元素的萃取情况

	Te	Se	Cu	Fe	Ag	Pb	Sb	Bi	Zn
萃原液/(g·L⁻¹)	9.52	1.59	31.42	0.044	0.006	0.061	<0.005	0.240	0.006
萃余液/(g·L⁻¹)	0.77	1.47	32.05	<0.005	<0.005	0.073	<0.005	0.076	<0.005
萃取率/%	91.91	7.33	0	88.64	16.67	0	0	68.33	16.67

碲有机相用浓度均为 2 mol/L 的 H_2SO_4 + HCl 为洗涤剂洗涤 8 min,在相比为 1 时,洗涤结果见表 6-34;洗涤后液以 200 g/L 的 NH_4Cl 溶液为反萃剂,在相比为 1 时,反萃 5 min,其反萃结果见表 6-35。反萃液经 SO_2 或水合肼还原,可得到高纯度的金属碲粉。预计在工业规模生产中采用"4 段萃取 + 2 段洗涤 + 4 段反萃"的工艺,可使分离提纯碲的效果进一步提高[64]。

表 6-34 负载有机相洗涤的结果

	Te	Se	Cu	Fe	Ag	Pb	Sb	Bi	Zn
负载有机相中的含量/(g·L^{-1})	44.10	0.17	5.97	0.21	0.002	0.012	<0.005	0.434	0.005
洗出液中的含量/(g·L^{-1})	8.32	0.045	0.27	0.039	<0.005	<0.005	<0.005	0.015	<0.005
洗出率/%	18.87	26.47	4.52	18.57	—	—	—	3.46	—

表 6-35 以 200 g/L 的 NH₄Cl 溶液为反萃剂的反萃结果

g/L

	Te	Se	Cu	Fe	Ag	Pb	Sb	Bi	Zn
一段反萃液	17.97	0.041	0.009	<0.005	<0.005	<0.005	<0.005	<0.005	<0.005
二段反萃液	7.98	0.006	<0.005	<0.005	<0.005	<0.005	<0.005	<0.005	<0.005
三段反萃液	1.32	<0.005	<0.005	<0.005	<0.005	<0.005	<0.005	<0.005	<0.005
四段反萃液	0.43	<0.005	<0.005	<0.005	<0.005	<0.005	<0.005	<0.005	<0.005

5.3.5 N-正辛基苯胺

用浓度为 5% 的 N-正辛基苯胺作萃取剂可使碲(Ⅳ)从金(Ⅲ)、硒(Ⅳ)、铋(Ⅲ)、铜(Ⅱ)、铅(Ⅱ)、锑(Ⅲ)、锗(Ⅳ)的二元体系中分离[65]。其萃取条件为：浓度为 5% 的 N-正辛基苯胺，萃取时间为 20 min，相比为 1:1；在浓度为 5.5 ~ 7.5 mol/L 的盐酸含碲(Ⅳ)溶液中，碲(Ⅳ)萃取率达 100%。萃取机理为离子缔合作用：

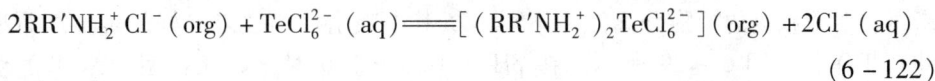

$$RR'NH\,(org) + HCl\,(aq) = [RR'NH_2^+\,Cl^-]\,(org) \qquad (6-121)$$

$$2RR'NH_2^+Cl^-\,(org) + TeCl_6^{2-}\,(aq) = [(RR'NH_2^+)_2TeCl_6^{2-}]\,(org) + 2Cl^-\,(aq)$$

$$(6-122)$$

式中：R 为—C₆H₅；R′为—CH₂(CH₂)₆CH₃。

N-正辛基苯胺(以 3% 的二甲苯作为稀释剂)作为萃取剂可用于碲(Ⅳ)含量的分析测试。该方法操作简便，选择性好，快速并且准确。

5.4 其他萃取剂萃取碲

甲基乙基酮、甲基丙基酮、二丙酮、苯乙酮以及甲基异丁基酮(MIBK)等在盐酸溶液中可有效地萃取碲。二丙酮在浓度为 2.5 ~ 4 mol/L 的 HI 溶液中可定量萃取碲(Ⅳ),其中碲的分配比为 110 ~ 130。MIBK 能从浓度为 3.5 ~ 7 mol/L 的 HCl 溶液中有效地萃取碲(Ⅳ),而不萃取碲(Ⅵ),但其他金属如 Au(Ⅲ)、Sb(Ⅴ)等会随着 Te(Ⅳ)进入有机相,其萃取选择性不高。甲基乙基酮、甲基丙基酮、MIBK 等均能从 HI 或 HCl 溶液中有效地萃取碲(Ⅳ)。此类萃取剂目前主要用在分析化学中。

使用二(2 – 乙基己基)磷酸(D2EHPA,P204)的甲苯溶液为有机相,在盐酸溶液中不能萃取碲,但在硫酸溶液中可以萃取碲。目前,冶炼厂多采用硫酸介质,这是一个值得进一步研究的课题。

5.5 吸附法分离碲

吸附法提碲是利用活性物质与溶液中的碲发生作用,如物理吸附、化学共沉淀、化学还原后吸附等,使碲沉积在活性物质中,实现碲的富集。通常作为吸附剂的物质有树脂、活性炭、MnO_2、$Fe(OH)_3$、Fe_2O_3、TiO_2等[66]。在盐酸浓度不小于3 mol/L 的介质中,二甲胺树脂可吸附溶液中的碲,树脂上的碲可用水直接洗脱。强碱性树脂717(型号为 201 × 7)可吸附浓度为 4 ~ 6 mol/L 的盐酸介质中的碲,有效实现 Te 与 Se、Cu、Ni、Zn、Au、Ag、Pd、Sn、Fe 等元素的分离,树脂上的碲用 0 ~ 0.5 mol/L 的 HCl 溶液即可解析。巯基棉树脂对浓度为 1 ~ 6 mol/L 的盐酸溶液中的碲具有很好的吸附作用,用 HNO_3 可将巯基树脂上的碲解析出来,其吸附碲可能与—HS 的还原性有关,其中 Te(Ⅳ)被还原为单质而吸附在巯基棉上。

在 pH 为 8 ~ 9 的弱碱性环境下,金红石型纳米二氧化钛对 Te(Ⅳ)具有很好的选择吸附特性,能与 MoO_2^{4-} 很好地分离。金红石型纳米二氧化钛对 Te(Ⅳ)的吸附容量可达到 30 mg/g。金红石型纳米 TiO_2、锐钛矿型 TiO_2、$\gamma – Al_2O_3$、SiO_2纳米材料对碲和镉的吸附分离能力不同[67],其中吸附分离效果最好的是金红石型纳米 TiO_2,如图 6 – 29 所示。在 pH 为 0.5 ~ 2.0 时,金红石型纳米 TiO_2 对 Te(Ⅳ)的吸附率达到98%,用浓度为 0.5 mol/L 的 NaOH 溶液对 Te 的洗脱率可达到98%,但它在此 pH 范围内不吸附镉,原因可能是二氧化钛表面电荷为中性,在低 pH 下吸附剂表面为阳离子基团,而在高 pH 条件下,吸附剂表面是阴离子基团,其机理表达式为:

$$\equiv Ti—OH_{(surf)} + H^+ \longrightarrow \equiv Ti—OH_{2(surf)}^+ \qquad pH < pH_{IEP}$$

$$\equiv Ti—OH_{(surf)} + OH^- \longrightarrow \equiv Ti—O_{(surf)}^- \qquad pH > pH_{IEP}$$

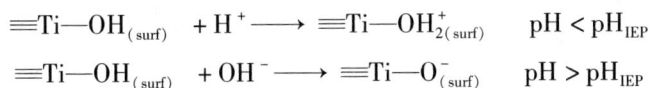

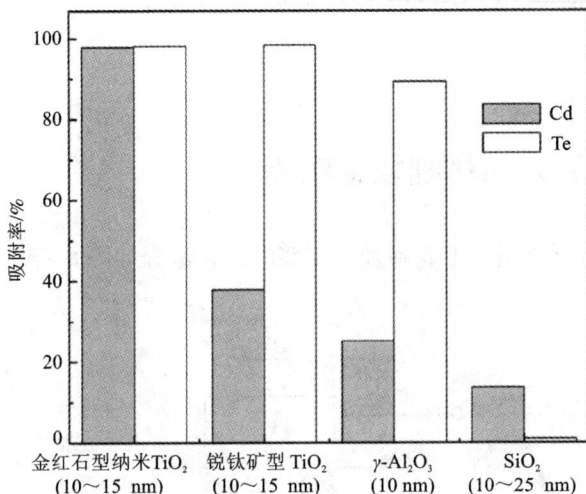

图 6 – 29　金红石型纳米 TiO_2、锐钛矿型 TiO_2、$\gamma – Al_2O_3$、SiO_2 纳米材料对碲和镉的吸附分离能力

在 pH < 2 的条件下，TiO_2 吸附 Te(Ⅳ)的机理为静电引力作用：

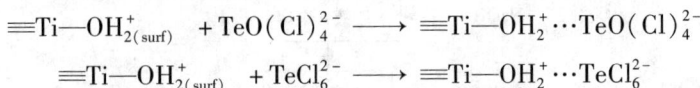

$$\equiv Ti—OH_{2(surf)}^+ + TeO(Cl)_4^{2-} \longrightarrow \equiv Ti—OH_2^+ \cdots TeO(Cl)_4^{2-}$$

$$\equiv Ti—OH_{2(surf)}^+ + TeCl_6^{2-} \longrightarrow \equiv Ti—OH_2^+ \cdots TeCl_6^{2-}$$

吸附法常用于微量碲(Ⅳ)含量的分析测定。在硅胶上涂覆磷酸三丁酯，通过色谱层析法对浓度为 2.5～8 mol/L 的盐酸介质中的碲(Ⅳ)进行定量吸附萃取，用浓度为 0.1 mol/L 的盐酸洗脱[68]，这种方法可以使碲(Ⅳ)与其他 40 种元素进行分离。将吡咯烷二硫代氨基甲酸铵功能化的二氧化硅作固相萃取剂，应用于各类水样的碲形态分析[69]，其吸附萃取机理是，在酸性条件下碲(Ⅳ)和吡咯烷二硫代氨基甲酸铵(APDC)形成复合物。碲(Ⅳ)配合物被完全保留在非极性二氧化硅的固相萃取(SPE)柱中，而未络合的碲(Ⅵ)则滞留在溶液中，碲(Ⅳ)和碲(Ⅵ)的回收率分别为 86.0%～108% 和 87.1%～97.4%，该方法简便、灵敏，并已成功地应用于各类水样的碲形态分析。

吸附法能有效提取低浓度的碲，具有高效性、清洁性，但该法处理量较小，实现工业化生产比较困难。

第6章 碲精炼及碲化合物的制取

6.1 以 TeO₂为原料制取金属碲

以粗 TeO₂为原料制备工业碲及高纯碲的工艺流程如图6-30所示。

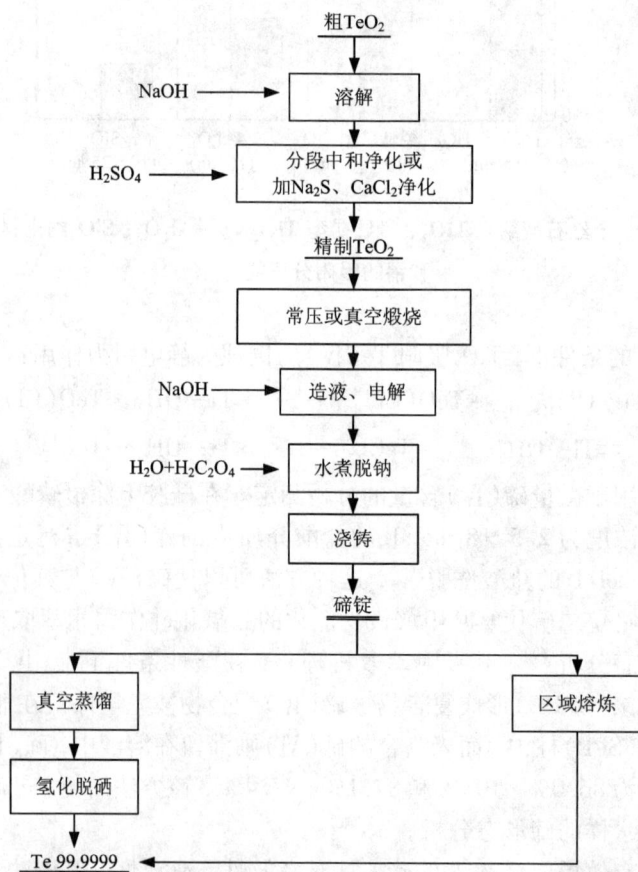

```
              粗TeO₂
                │
NaOH ──────→   溶解
                │
H₂SO₄ ──→  分段中和净化或
           加Na₂S、CaCl₂净化
                │
            精制TeO₂
                │
          常压或真空煅烧
                │
NaOH ──────→ 造液、电解
                │
H₂O+H₂C₂O₄ ──→ 水煮脱钠
                │
              浇铸
                │
             碲锭
           ┌────┴──────────┐
        真空蒸馏          区域熔炼
           │                │
        氢化脱硒            │
           │                │
      Te 99.9999 ←──────────┘
```

图6-30 以粗 TeO₂为原料生产工业碲及高纯碲的工艺流程

6.1.1　TeO_2的精制

将粗 TeO_2 搅拌加入 1～2 mol/L 的 NaOH 溶液中，在温度为 70～80℃ 时，控制溶液中碲的终点浓度为 Te 50～70 g/L，终点 pH 为 10.5～11：

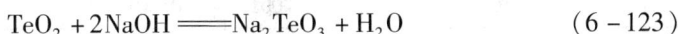

$$TeO_2 + 2NaOH \Longrightarrow Na_2TeO_3 + H_2O \tag{6-123}$$

所得溶解液采用 2.2.1 节所述的分段中和净化法除杂，或加 Na_2S、$CaCl_2$ 净化除 Pb、As[3]：

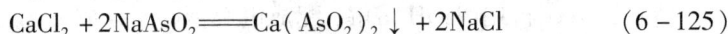

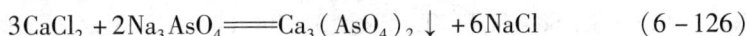

$$Na_2S + Na_2PbO_2 + 2H_2O \Longrightarrow PbS\downarrow + 4NaOH \tag{6-124}$$

$$CaCl_2 + 2NaAsO_2 \Longrightarrow Ca(AsO_2)_2\downarrow + 2NaCl \tag{6-125}$$

$$3CaCl_2 + 2Na_3AsO_4 \Longrightarrow Ca_3(AsO_4)_2\downarrow + 6NaCl \tag{6-126}$$

用醋酸铅试纸测定 Na_2S 的净化终点：先用滤纸折叠包住醋酸铅试纸，滴加净化液使试纸湿润后展开，试纸略显色（微黄）即到终点。若要深度除铅，则需要加入过量的 Na_2S，过量的 Na_2S 残留在净化后液，它将使后续中和沉碲时发生如下反应，导致沉出的 TeO_2 中 Se、S、As 等杂质含量偏高[70]：

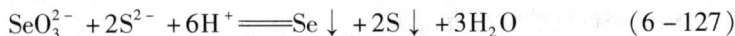

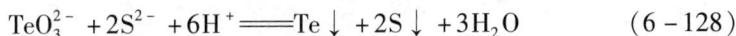

$$SeO_3^{2-} + 2S^{2-} + 6H^+ \Longrightarrow Se\downarrow + 2S\downarrow + 3H_2O \tag{6-127}$$

$$TeO_3^{2-} + 2S^{2-} + 6H^+ \Longrightarrow Te\downarrow + 2S\downarrow + 3H_2O \tag{6-128}$$

$$2AsO_4^{3-} + 5S^{2-} + 16H^+ \Longrightarrow As_2S_3\downarrow + 2S\downarrow + 8H_2O \tag{6-129}$$

因此可采用碲粉置换法将溶液中的铅除去，以减少在中和沉碲时上述杂质沉淀的产生：

$$Te + 2PbO_2^{2-} + H_2O \Longrightarrow 2Pb + TeO_3^{2-} + 2OH^- \tag{6-130}$$

将碲溶液加热至 50～70℃，加入金属碲粉，搅拌 1 h 后过滤，溶液中的铅含量可从 0.025 g/L 降至 0.001 g/L。视溶液中铅含量的高低，碲粉的加入量为铅量的 5～30 倍。除铅可分两步进行，先用 Na_2S 除去大部分铅而不使 Na_2S 过量，然后加入碲粉将铅除至微量[71]。

净化后的 Na_2TeO_3 溶液加 H_2SO_4 中和以沉淀析出 TeO_2：

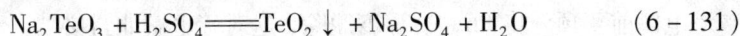

$$Na_2TeO_3 + H_2SO_4 \Longrightarrow TeO_2\downarrow + Na_2SO_4 + H_2O \tag{6-131}$$

过滤、洗涤、烘干后得精制 TeO_2。精制 TeO_2 的成分见表 6-36[3]。精制后的 TeO_2 中，若含 Se 高，可采用煅烧法挥发脱硒。控制温度为 400～500℃，料层厚为 10 mm，煅烧 4 h，可将 Se 含量降低到 0.001%～0.005%[3]；或在 450℃ 温度下真空（13.33 Pa）煅烧 2～3 h，Se 含量可降至 0.007% 以下，以此 TeO_2 为原料造液，经电解得到的电解碲中 Se 含量低于 0.0002%[70]。

表 6 – 36　精制 TeO₂ 的成分　　　　　　　　　　%

元素	Te	Se	Cu	Pb	Fe	Sb	As
样品 1	78.5	0.004	0.0008	0.0005	0.0001	0.001	0.001
样品 2	79.16	0.05	0.001	0.001	—	0.001	0.02

6.1.2　碲电解

精制的 TeO₂ 再用 NaOH 溶解，配成电解液，大致成分为：Te 180～200 g/L、NaOH 100 g/L、Se <0.3 g/L、S <0.3 g/L、Pb <0.003 g/L。用不锈钢板为电极，在极距为 40～50 mm、电流密度为 50～60 A/m²、温度为 30～50℃ 的条件下电沉积，至电解液中 Te 浓度降至约 70 g/L，将阴极沉积的碲剥离，用草酸溶液煮洗后，再用去离子水漂洗、烘干，于 520℃ 在 NaOH 覆盖下熔铸得碲锭。电解后液加入精制的 TeO₂ 造液，进行下一轮电解[3]。

碲电解过程的电极反应为：

阴极：

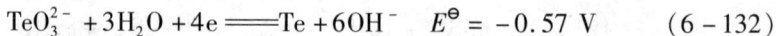
$$TeO_3^{2-} + 3H_2O + 4e \Longrightarrow Te + 6OH^- \qquad E^\ominus = -0.57\ V \qquad (6-132)$$

阳极：

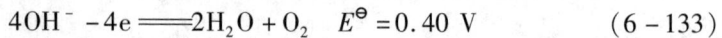
$$4OH^- - 4e \Longrightarrow 2H_2O + O_2 \qquad E^\ominus = 0.40\ V \qquad (6-133)$$

总反应：

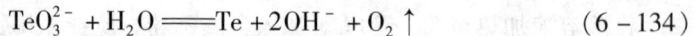
$$TeO_3^{2-} + H_2O \Longrightarrow Te + 2OH^- + O_2 \uparrow \qquad (6-134)$$

电解过程中，当碲的浓度较低时，杂质 Pb、Se 会在阴极上析出，因为 Pb、Se 的析出电位与 Te 的很接近：

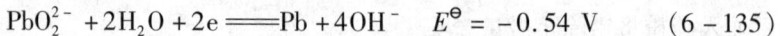
$$PbO_2^{2-} + 2H_2O + 2e \Longrightarrow Pb + 4OH^- \qquad E^\ominus = -0.54\ V \qquad (6-135)$$

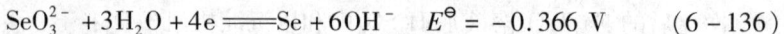
$$SeO_3^{2-} + 3H_2O + 4e \Longrightarrow Se + 6OH^- \qquad E^\ominus = -0.366\ V \qquad (6-136)$$

电解前要预先将 Pb、Se 深度脱除，这对碲电解非常必要。生产实践表明，控制碲电解液中 Se 含量小于 7 mg/L，则电解至 Te 浓度不小于 70 g/L 时，产出的电解碲中 Se 含量可低于 0.0002%。另外，若电解液含 Pb 量大于 0.02 g/L 时，铅会首先在阴极析出，电解最初的数小时内阴极析出的碲中铅含量达到 0.1% 以上，这些最先析出的高含铅的碲与电极表面黏附力强，使得后续沉积的碲难以剥离。同时，Te 不断在阴极析出，也将生成等物质的量的 NaOH，使得电解液碱浓度持续升高。电解后期，NaOH 浓度过高，会在电极表面局部过饱和析出，将电极表面覆盖，从而使电极导电性变差、槽电压升高，也导致析出的杂质增加。因此电解终了的 Te 浓度不能过低，宜控制为 60～70 g/L[72]。

一次电解获得的电解碲品位可达 99.998%，主要的杂质含量见表 6 – 37[72]。

表6-37　一次电解获得的电解碲的杂质含量

元素	Pb	Al	Bi	Fe	Na	Si
含量/10^-6	0.06	0.09	0.01	0.08	1.9	8.2
元素	S	Se	As	Mg	杂质总量	—
含量/10^-6	<10	0.01	0.003	0.07	<20	—

碲电解过程中金属的直收率通常只有60%左右，除电解残液中Te含量约为70 g/L外，大量的Te以Na_2TeO_4的形式进入阳极泥。碲电解阳极泥可采用酸溶—还原的方法回收其中的Te。

6.2　碲真空蒸馏精炼

粗碲的真空蒸馏精炼是依据碲具有高的蒸气压，并且与其他杂质金属的蒸气压有较大差别的特性，在高于碲熔点的温度下进行蒸馏，应严格控制冷凝温度以实现分段冷凝，从而获得高纯碲。

粗碲各组分纯态时的蒸气压的差异性，是粗碲进行真空蒸馏提纯的基本条件。碲的蒸气压$P(kPa)$与温度T的关系式为：

$$\lg P = -7.83 \times 10^3 T^{-1} - 4.27 \lg T + 21.42$$

碲的熔点为488℃，在400℃时就开始挥发，工业上一般控制在600℃的温度下进行真空蒸馏。表6-38给出了碲与砷、铋、钠、铅、硫、硒等元素的蒸气压的比值[73]。从表6-38可以看出，在真空蒸馏温度下，碲先于砷、铋、钠、铅挥发进入气相，而这些杂质大部分以液体形式留在熔体中，从而达到使碲与这些杂质元素分离的目的，但是粗碲中的硫和硒比碲更容易挥发进入气相中，严重影响碲的纯度。工业生产通过设置不同温度的冷凝区让碲在高温段冷凝沉积，而硒、硫则在低温段冷凝沉积，从而减少硒、硫对碲的污染。

表6-38　Te与杂质元素纯态时的蒸气压的比值(600℃)

杂质元素	As	Bi	Na	Pb	S	Se
P_{Te}/P_{Me}	68.39	10764	11428	13001	0.01	0.02

碲真空蒸馏精炼的工艺条件为：蒸馏温度为500~700℃，冷凝温度为300~400℃，真空度为4~100 Pa，蒸馏时间随原料的量而定。一次蒸馏前后碲中杂质含量的变化见表6-39[74]。

表 6 – 39　一次蒸馏前后碲中杂质含量

杂质元素	$w(As)$	$w(Bi)$	$w(Na)$	$w(Pb)$	$w(S)$	$w(Se)$
原料碲/%	1.3×10^{-4}	20×10^{-4}	130×10^{-4}	7.5×10^{-4}	20×10^{-4}	7×10^{-4}
蒸馏碲/%	0.09×10^{-4}	1.4×10^{-4}	2.7×10^{-4}	0.07×10^{-4}	$< 10 \times 10^{-4}$	3×10^{-4}

　　冷凝温度直接影响到碲的形态。当冷凝温度比较低时，蒸馏碲靠冷凝器壁一侧的表面发灰，没有金属光泽，而另一面则晶粒粗大，整个碲块的硬度达不到要求，易碎，易氧化；当冷凝温度较高时，靠近冷凝器的一面易发生烧结，产品外观也不好[73]。

　　以酸浸—还原工艺得到的粗碲粉为原料，经熔化浇铸—真空蒸馏工艺处理可获得纯度达 99.95%～99.99% 的工业碲。表 6 – 40 给出了粗碲真空蒸馏前后的主要成分。此粗碲粉的真空蒸馏工艺过程为：粗碲粉先经 500～550℃ 熔化浇铸，得到碲锭或碲块后，再经 550～600℃ 温度、4～100 Pa 压强的真空条件蒸馏，之后再在 330～430℃ 时冷凝，可将低沸点和高沸点的杂质分离。

表 6 – 40　粗碲真空蒸馏前后的主要成分

	Te	Pb	Cu	Fe	Bi	Na	As	Se
粗碲/%	99.0	0.009	0.0023	0.005	0.001	0.002	0.002	0.71
精碲/%	>99.99	0.001	0.0005	0.0005	0.0005	<0.002	0.0005	<0.001

　　采用真空蒸馏法制备的高纯碲的纯度可以达到 99.999% 以上。与电解精炼法相比，该法具有流程短、碲回收率高、生产成本低以及工作环境好等优点，但这种方法受原料的限制[75]。在实际生产中，通常先将粗碲电解提纯，再经过真空蒸馏得到高纯碲。

6.3　硒化氢法脱除硒

　　在金属碲的熔体中通入氢气搅拌，使杂质 Se 转化成 H_2Se 从熔体中挥发出来，使碲中硒脱除至微量，尾气用碱液吸收后排放。此方法虽然效率较低，但将硒脱除至微量以制备高纯碲是非常有效的方法。

　　金属碲加热熔化后，控制温度为 480～520℃，鼓入氢气搅拌 4～8 h，可将碲中的硒含量降至 1×10^{-6}%。温度过高时，H_2Se 将分解，不利于深度脱硒。加氢反应对脱硫也有类似的效果，硫含量可降至 1×10^{-5}%。以 Te 99.99% 为原料，经蒸馏—氢化脱硒工艺处理,可获得 Te 99.99999% 级的产品,提纯后碲的成分见表 6-41[3]。

表 6-41　碲蒸馏—氢化提纯后的成分

元素	Mg	Al	Si	Fe	Ni	Cu
含量/%	0.7×10^{-6}	0.3×10^{-6}	3×10^{-6}	0.5×10^{-6}	2×10^{-6}	0.4×10^{-6}
元素	Zn	Se	Ag	Cd	Sn	Pb
含量/%	0.6×10^{-6}	6×10^{-6}	0.3×10^{-6}	0.7×10^{-6}	0.8×10^{-6}	2×10^{-6}

6.4　磷酸盐熔炼除铅

从一些含铅高的物料中回收的碲,或用炭直接还原 TeO_2 制取的金属碲,铅含量会高达 1%。宜采用磷酸盐对金属碲除铅而制得 99.9% 纯度的碲,再蒸馏制取高纯碲。

在碲熔体中加入偏磷酸钠,其加入量为铅量的 20~30 倍(质量比),控制温度为 460~500℃,将其在熔融状态下搅拌 2~3 次,铅将进入浮渣而脱除。铅含量从 0.005%~0.02% 分别降低到 0.0006%~0.002%,其中碲损失小于 0.5%[76]。磷酸盐除铅法效率高,过程简单,碲损失少。

6.5　碲区域熔炼

碲中的主要杂质的分凝系数远小于 1,因此用区域熔炼(简称区熔)法提纯碲效果较好。有研究表明[77],在氢气保护下,熔区温度为 480~550℃、熔区长度为 3~7 mm、熔区移动速度为 30 mm/h、往返 15 次时,可将纯度为 99.99% 的工业碲提纯到 99.9995%。杂质 Se 和 S 在区熔过程中,与 H_2 反应转化成 H_2Se 和 H_2S 被深度脱除。区熔过程中碲的直收率为 72%,区熔前后碲中杂质含量的变化列于表 6-42。图 6-31 给出了区熔次数、熔区长度与杂质脱除效果的关系。

从图 6-31 可以看出,当熔区长度为锭长的 20% 时,区熔几次后由于熔区过大造成杂质回流而失去分离效果。因此,熔区长度应随杂质浓度的降低而予以相应程度地缩短。适合的区熔工艺是:熔区长度为锭长的 20% 时,往返 3~5 次后,将熔区长度调为锭长的 10%,再往返 3~6 次,之后的区熔中,再将熔区长度调为锭长的 5%。

表 6-42 碲区熔前后杂质含量的变化与分布 10^{-6}

杂质元素	区熔前碲锭	碲锭首端	碲锭中端	碲锭尾端
Cu	7.6	1.2	0.8	45.2
Pb	10.4	2.5	0.5	54.5
Al	2.6	0.7	0.3	14.4
Bi	5.2	0.5	0.4	24.8
Fe	3.7	0.5	0.5	18.5
Na	12	1.3	0.7	60.2
Si	5.2	0.8	1.1	6.5
S	5.4	0.1	检测限以下	0.1
Se	15.2	0.2	检测限以下	0.8
As	12.2	0.02	0.01	2.1
Mg	4.5	1	0.06	34.5
杂质总和	84.0	8.82	4.37	261.6

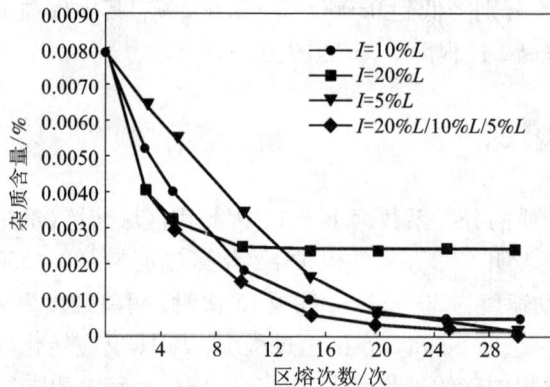

[曲线 ●— 的试验条件为 $I=20\%L$ 时，区熔3~5次；
$I=10\%L$ 时，区熔3~6次；余下的区熔次数，I 均取5%L]

图 6-31 区熔次数、熔区长度与杂质脱除效果的关系（500℃）
（I 为熔区长度；L 为锭长度）

实际生产过程中，通常是区域熔炼与真空蒸馏联合使用，将不同冷凝段的蒸馏产物分别进行区域熔炼，以增加高纯品的产率。以纯度为 99.99% 的工业碲为原料，经区域熔炼与真空蒸馏联合工艺处理后，可获得纯度达 99.999% ~ 99.9999% 的高纯碲。

6.6　高纯二氧化碲的制取

制备高纯二氧化碲既可用碲粉酸溶法，也可用 H_6TeO_6 分解法。将 -60 目的 Te 粉先按固液比 1:10 加水湿润，再按固液比 1:5 缓慢加入密度为 1.42 g/cm³ 的浓硝酸，搅拌 10 ~ 15 min，迅速过滤，并按其体积的 21% 往滤液中加入浓硝酸、加热煮沸至无 NO_2 冒出为止，过滤除去锑及铋等碱式盐沉淀物，将滤液蒸发浓缩至原体积的 1/3，冷却、结晶析出碲的碱式硝酸盐 $Te_2O_3(OH)NO_3$，所得碱式硝酸盐再用密度为 1.2 g/cm³ 的浓硝酸重结晶，水洗、风干后于 400 ~ 430℃ 温度下热解约 2 h，得到高纯二氧化碲[3]：

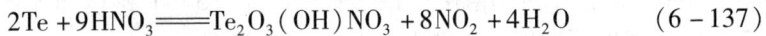

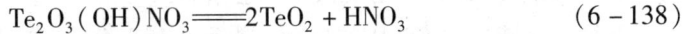

$$2Te + 9HNO_3 \Longrightarrow Te_2O_3(OH)NO_3 + 8NO_2 + 4H_2O \qquad (6-137)$$

$$Te_2O_3(OH)NO_3 \Longrightarrow 2TeO_2 + HNO_3 \qquad (6-138)$$

H_6TeO_6 分解法制备高纯 TeO_2 的工艺流程如图 6-32 所示。将净化得到的 TeO_2 搅拌加入 H_2SO_4 溶液中，使之溶解成为亚碲酸，并用 H_2O_2 将其氧化成正碲

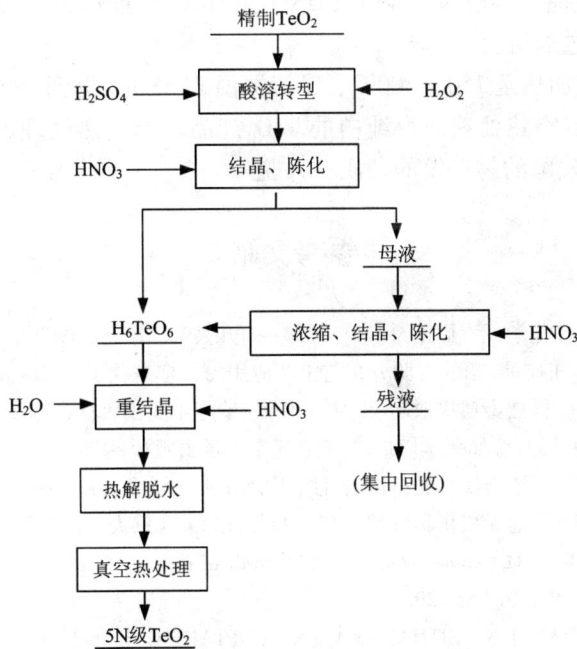

图 6-32　高纯 TeO_2 的制备工艺流程

酸,之后过滤,往滤液中加入浓 HNO_3 以沉淀析出正碲酸 H_6TeO_6,陈化后倾出沉淀母液,再用水和浓 HNO_3 溶解、重结晶,从而得到合格的正碲酸。正碲酸受热脱水变成 TeO_3,TeO_3 经真空热分解得 TeO_2。该工艺过程的主要反应为:

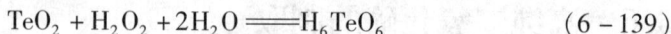

$$TeO_2 + H_2O_2 + 2H_2O \Longrightarrow H_6TeO_6 \qquad (6-139)$$

$$H_6TeO_6 \Longrightarrow TeO_3 + 3H_2O \uparrow \qquad (6-140)$$

$$2TeO_3 \Longrightarrow 2TeO_2 + O_2 \uparrow \qquad (6-141)$$

以 TeO_2 制备 5N 级高纯 TeO_2,要经过 TeO_2 酸溶转型、浓硝酸沉 H_6TeO_6、H_6TeO_6 重结晶、H_6TeO_6 热解脱水及 TeO_3 真空热处理多个步骤,其中较为关键的步骤是 TeO_2 酸溶转型。TeO_2 直接酸溶虽操作方便,但其中残留的硅容易溶解进入酸溶液。若原料 TeO_2 经 150~250℃ 干燥后再酸溶,虽然酸溶速度较慢,但可显著减小酸溶解液中 Si 等杂质的浓度。酸溶解结束后,升温煮沸,弃去溶渣,可确保酸溶解液的质量。酸溶解工艺条件为:精制 TeO_2 按液固比 3~4 搅拌加入 100~280 g/L 的 H_2SO_4 溶液,并按理论量的 1.3~1.5 倍加入 30% 的 H_2O_2,于 60~80℃ 温度下搅拌 1~2 h 即可完成溶解转型。

所得溶解液中加入浓 HNO_3 会缓慢析出 H_6TeO_6 晶体,陈化 24 h 后倾出母液,并将母液浓缩至原有体积的一半,再加入适量浓 HNO_3,继续陈化 24 h,将两次结晶得到的晶体合并,用浓 HNO_3 洗涤后,得到一次 H_6TeO_6。一次 H_6TeO_6 按液固比 1.5~2 加水升温搅拌溶解后,再加浓 HNO_3 至 HNO_3 浓度达 350~380 g/L,之后结晶、陈化、离心过滤得合格的 H_6TeO_6。

H_6TeO_6 缓慢加热至 150~300℃,保持恒温 2~3 h,得到金黄色 TeO_3。TeO_3 经 600℃ 热解或真空热处理即得纯白的 TeO_2 产品。真空热处理可促使 TeO_3 分解完全,并将其中残留的易挥发的杂质一并脱除。

参考文献

[1] 车云霞,申泮文.化学元素周期系[M].天津:南开大学出版社,1999.

[2] 胡智向,朱刘,王晓峰.碲的资源分布与工业应用[J].广东化工,2014(20):77-78.

[3] 周令治,陈少纯.稀散金属提取冶金[M].北京:冶金工业出版社,2008.

[4] 宋玉林,董贞俭.稀有金属化学[M].沈阳:辽宁大学出版社,1991.

[5] 周令治,邹家炎.稀散金属手册[M].长沙:中南工业大学出版社,1993.

[6] 严宣申,王长富.普通无机化学.(第2版)[M].北京:北京大学出版社,2002.

[7] WANG L H, JIE W Q. Synthesis and crystal growth of mercury indium telluride[J]. Journal of Rare Metals, 2009, 33(1): 129.

[8] RADHAKRISHNAN J K, SITHARAMAN S, GUPTA S C. Liquid phase epitaxial growth of HgCdTe using a modified horizontal slider[J]. Journal of Crystal Growth, 2003, 252(1/3): 79.

[9] CHANG Y, FULK C, ZHAO J, et al. Molecular beam epitaxy growth of HgCdTe for high

performance infrared photon detectors[J]. Infrared Physics & Technology, 2007, 50(2/3): 284.

[10] PIOTROWSKI A, MADEJCAYK P, GAWRON W, et al. Rogalski A. Progress in MOCVD growth of HgCdTe heterostructures for uncooled infrared photodetectors [J]. Infrared Physics&Technology, 2007, 49(3): 173.

[11] 周欢欢, 檀柏梅, 等. Bi_2Te_3热电材料研究现状[J]. 半导体技术, 2011, (10): 765 – 770.

[12] ZHENG X L. Market prospects and bottleneck of the industrialization of tellurium copper alloy [J]. World Nonferrous Metals, 2005, 3: 12.

[13] 张国成, 黄文梅. 有色金属进展(第五卷)[M]. 长沙: 中南大学出版社, 2007.

[14] 王从明, 彭文友. 贵溪冶炼厂元素普查报告(第一次)[P]. 贵溪冶炼厂档案馆, 1989.

[15] 中华人民共和国工业及信息化部. 中华人民共和国有色金属行业标准[S]. 北京: 中国标准出版社, 2010.

[16] 汪蓓. 铜阳极泥预处理富集金银新工艺研究[D]. 长沙: 中南大学, 2009.

[17] 李明. 回收碲的工业实验[J]. 江西有色金属, 1996, 2(10): 38 – 42.

[18] 董弘君, 蒋训雄, 范艳青, 等. 从铜阳极泥中回收和制备碲粉[J]. 有色金属(冶炼部分), 2014(10): 69 – 71.

[19] 王学文, 袁枧苟. 分段中和净化法在铜阳极泥回收碲中的应用[J]. 有色金属(冶炼部分), 1997(5): 27 – 28.

[20] 王学文. 溶液分段中和净化法[J]. 有色金属(冶炼部分), 1998(2): 11 – 12.

[21] 谢红艳, 王吉坤, 路辉. 从铜阳极泥中回收碲研究现状[J]. 湿法冶金, 2010, 29(3): 143 – 146.

[22] 涂百乐, 张源, 王爱荣. 卡尔多炉处理铜阳极泥技术及应用实践[J]. 黄金, 2011, 32(3): 45 – 48.

[23] 王海荣. 竖炉还原卡尔多炉熔炼渣的试验研究[J]. 中国有色冶金, 2012(4): 63 – 66.

[24] 李春侠, 周斌. 卡尔多炉处理铜阳极泥工艺中碲元素的反应机理及分布状态[J]. 中国有色冶金, 2015, (6): 43 – 47.

[25] 彭文友. 江铜贵溪冶炼厂元素普查报告(第二次)[P]. 贵溪冶炼厂档案馆, 1996.

[26] 张博亚, 王吉坤, 彭金辉. 铜阳极泥中碲的回收[J]. 有色金属(冶炼部分), 2006(2): 33 – 54.

[27] 方锦, 王少龙, 付世继. 从碲渣中回收碲的工艺研究[J]. 材料研究与应用, 2009, 3(3): 204 – 206.

[28] 张博亚. 铜阳极泥加压酸浸预处理工艺及机理研究[D]. 昆明: 昆明理工大学, 2008.

[29] 钟清慎. 铜阳极泥加压浸出及浸出液中硒和碲的提取研究[D]. 西安: 西安建筑科技大学, 2014.

[30] 刘兴芝, 宋玉林, 武荣成, 等. 碲化铜法回收碲的物理化学原理[J]. 广东有色金属学报, 2002, 12(稀散金属专辑): 55 – 58.

[31] 朱卫平, 译. 从铜阳极泥高压釜浸出液中回收碲和硒的新工艺[J]. 中国有色冶金, 2013(6): 1 – 4.

[32] 赵向民, 赖建林, 黄绍勇, 等. 一种全湿法处理铜阳极泥的方法: ZL 201210561006.7[P].

2013 – 03 – 13.

[33] 王学文, 王明玉, 葛奇. 一种铜阳极泥分离回收硒和碲的方法. ZL201610910411.3[P]. 2017 – 03 – 08.

[34] 赖建林. 从中和渣中回收金属碲[J]. 江西有色金属, 1993, 7(1): 45 – 57.

[35] 王学文, 王明玉, 刘彪. 一种从含碲溶液中分离富集碲的方法. ZL201610894780.8[P].

[36] 胡琴, 吴展. 从铜阳极泥处理分铜后液中回收硒和碲[J]. 有色金属工程, 2014, 4(4): 40 – 43.

[37] 郑雅杰, 孙召明. 催化还原法从含碲硫酸铜母液中回收碲的工艺研究[J]. 中南大学学报(自然科学版), 2010, 6(40): 2109 – 2114.

[38] 董玆君, 蒋训雄, 范艳青, 等. 二氧化硫还原沉淀粗碲的研究[J]. 有色金属(冶炼部分), 2014(9): 55 – 58.

[39] 马玉天, 龚竹青, 陈文汨等. 从硫酸溶液中还原制取金属碲粉[J]. 中国有色金属学报, 2006, 16(1): 189 – 194.

[40] 蔡世兵. 从高品位硒、碲废料中分离回收硒和碲[J]. 湿法冶金, 2008, 1(27): 35 – 37.

[41] 祝志兵. 碲铜复杂原料中碲回收工艺研究[J]. 铜业工程, 2010, 3(105): 49 – 51.

[42] 王英, 陈少纯, 顾珩, 等. 从阳极泥回收碲的工艺研究[J]. 材料研究与应用, 2009, 2(3): 131 – 133.

[43] 王俊娥, 张焕然, 衷水平, 等. 从碲化铜渣中回收碲[J]. 有色金属(冶炼部分), 2016(2): 46 – 48.

[44] 邬建辉, 刘刚, 王刚, 等. 从复杂碲铜物料中回收碲的工艺研究[J]. 矿冶工程, 2014, 4(24): 104 – 107.

[45] 姜国敏. 铜阳极泥综合渣中碲的回收[J]. 金属矿山, 2008, 6(384): 142 – 144.

[46] 吴萍, 马宠, 李华伦. 从铋碲精矿分离回收铋碲的新工艺[J]. 矿产综合利用, 2002, (6): 22 – 24.

[47] 张浩, 杨学明. 复杂碲、铋矿冶炼工艺探索[J]. 华东科技, 2014(2): 485 – 486.

[48] 冯振华. 碲铋矿湿法利用工艺研究[D]. 成都: 成都理工大学, 2012.

[49] 蔡新志. 通电加压烧结制备碲化铋基热电材料的微观结构和热电性能研究[D]. 武汉: 武汉科技大学, 2015.

[50] 刘超. 从铅阳极泥中富集回收碲的工艺研究与生产实践[J]. 中国有色冶金, 2012(4): 25 – 29.

[51] 逯宝娣. 溶剂萃取法分离提取硒碲的应用[J]. 内蒙古石油化工, 2005, 5: 12 – 13.

[52] 程琍琍, 李啊林. 碲的分离提纯技术研究发展[J]. 稀有金属, 2008, 32(1): 115 – 120.

[53] 郑雅杰, 孙召明. 铜阳极泥中回收碲及其新材料制备技术进展[J]. 稀有金属, 2011, 35(4): 593 – 599.

[54] BANDYOPADHYAY M, DATTA S, SANYAL S K. A mass transfer model for the hydrometallurgical extraction of Te(Ⅳ) by tri – n – butyl phosphate[J]. Hydrometallurgy, 1996, 43(1 – 3): 175 – 185.

[55] GHALSASI Y V, KHOPKAR S S, SHINDE V M. Extraction separation of tellurium(Ⅳ) with

triphenylarsine oxide and tributylphosphine oxide as extractants[J]. Indian Journal of Chemistry Section A, Inorganic Bio – inorganic Physical Theoretical & Analytical Chemistry, 1999, 28: 621 – 623.

[56] LI D C. GUO Y F. DENG T L, et al. Solvent extraction of tellurium from chloride solutions using tri – n – butyl phosphate: conditions and thermodynamic data[J]. The Scientific World Journal, 2014, 1: 1 – 6.

[57] 冯振华, 安莲英, 刘晓元. 用溶剂萃取法从碲铋矿盐酸浸出液中分离碲(Ⅳ)与铁(Ⅲ)的试验研究[J]. 湿法冶金, 2012, 31(3): 165 – 169.

[58] MHASKE A A. DHADKE P M. Separation of Te(Ⅳ) and Se(Ⅳ) by extraction with Cyanex925[J]. Separation Science and Technology, 2007, 38(14): 3575 – 3589.

[59] DESAI G S, SHINDE V M. Extractionand separation studies of telllurium(Ⅳ) with tris – (2 – ethylhexyl)phosphote[J]. Talanta, 1992, 39(4): 405 – 408.

[60] 卫芝贤, 霍红, 杨文斌. N503 从盐酸溶液中萃取碲的研究[J]. 山西大学学报(自然科学版), 1998, 21(1): 64 – 66.

[61] 卫芝贤, 卫秋瑞. 稀释剂对 N503 萃碲影响[J]. 山西大学学报(自然科学版), 1999, 22(1): 54 – 56.

[62] 卫芝贤, 孔令俊. N1923 萃取碲的研究[J]. 华北工学学院学报, 1997, 18(3): 274 – 276.

[63] 李永红, 刘兴芝. N235 萃取碲及其机理研究[J]. 稀有金属, 1999, 27(6): 409 – 413.

[64] 赵坚, 丁成芳, 胡海南, 等. 萃取法从铜阳极泥制备的碲化铜中回收碲[J]. 2012, 40(4): 1 – 3.

[65] SARGAR B M, ANUSE M A. Liquid – liquid extraction study of tellurium(Ⅳ) with N – n – octylaniline in halide medium and its separation from real samples[J]. Talanta, 2001, 55(3): 469 – 478.

[66] 许志鹏, 李栋, 郭学益. 碲的分离提取工艺研究进展[J]. 金属材料与冶金工程, 2014, 42(2): 7 – 30.

[67] YANG L J. ZHANG L. ZHANG M, et al. Study on the separation of tellurium from cadmium in aqueous media using nano – particles micro – column[J]. Separation Science and Technology, 2013, 48(3): 413 – 420.

[68] DIXIT C, KHOPKAR S M. Extraction chromatographic separation of tellurium(Ⅳ) from selenium and association elements with tri – butyl – phosphate[J]. Journal of Liquid Chromatography, 1985, 8(10): 1933 – 1955.

[69] YU C H, CAI Q T, GUO Z X, et al. Speciation analysis of tellurium by solid – phase extraction in the presence of ammonium pyrrolidinedithiocarbamate and inductively coupled plasma mass spectrometry[J]. Analytical and Bioanalytical Chemistry, 2003, 376(2): 236 – 242.

[70] 王学文. TeO$_2$ 生产过程脱除 Se 的研究[C]//中国有色金属学会稀有金属冶金学术委员会. 第五届全国稀有金属学术交流会论文集. 长沙: 中南大学出版社, 2006: 420 – 422.

[71] 顾珩, 陈少纯, 王英, 等, 碲酸钠溶液净化除铅新工艺: ZL 991160221.5[P].

[72] 王英, 陈少纯, 顾珩, 等, 影响电解碲产品因素的研究[J]. 辽宁大学学报, 1999, 26(增

刊）：82－86.

[73] 王英，陈少纯，顾珩. 高纯碲的制备方法［J］. 广东有色金属学报，2002，12（增刊）：51－54.

[74] 赖建林，谭日强，徐卫东. 粗碲的真空提纯及生产实践［J］. 江西有色金属，2009，23（2）：29－30.

[75] 高远，吴昊，程华月，等. 真空蒸馏法制备高纯碲［J］. 有色金属（冶炼部分），2007（1）：20－22.

[76] 王英，陈少纯，顾珩，等. 一种从碲中除铅的方法：ZL99116022.3［P］.

[77] 高远，吴昊，陈少纯. 区域熔炼法制备高纯碲［EB/OL］. 中国科技论文在线，http：//www.paper.edu.cn.

第七篇　铼冶金

第 1 章　概述

铼，Rhenium，元素符号为 Re，位于化学元素周期表第六周期，第ⅦB族，属于锰副族中的元素。1925 年，由德国学者沃尔特·诺达克（Walter Noddack）等发现，并以莱茵河（Rhine）的名字命名。1930 年，费·菲特从德国曼斯菲尔德铜冶炼厂的烟尘中用水浸—高铼酸钾沉淀—重结晶净化法首次回收铼[1]。铼在地壳中的含量很少且分布分散。铼资源主要分布在辉钼矿、斑铜矿中，目前铼主要从钼冶炼和铜冶炼的副产物中富集分离提取。

铼是高熔点金属，具有优异的高温强度和抗蠕变性能且室温塑性和可成型性良好，主要应用于航空航天工业中的镍－铼高温合金、铼高温涂层材料、核反应堆的铼系合金、电子工业的钼铼、钨铼等材料。目前，铼已成为现代航空发动机的重要战略物资。铼具有特殊的催化作用，可用于石油炼制、化工合成、汽车尾气催化净化等领域。铼的生产和消费长期保持稳定，世界铼产量为 50~60 t/a，中国铼产量为 3~4 t/a。铼的主要消费国有美国 20~25 t/a、俄罗斯（约5 t/a）、日本（2~3 t/a）[2]。

1.1　铼及其化合物的性质

1.1.1　金属铼

铼具有银白色光泽，而铼粉呈灰黑色。铼的熔点为 3180℃，在金属中仅低于钨（3308℃），居所有金属的第二位。铼蒸气压低，在 3750℃下，其蒸气压仅为 133.32 Pa。在过渡族元素中，只有金属铼为密排六方（hcp）晶体结构。铼密度大，仅次于铱和锇。铼具有良好的塑性、机械稳定性、抗蠕变性、耐热冲击性、抗腐蚀性等优异性能，对大部分燃气（除氧外）能保持较好的化学惰性。铼的基本物理性质见表 7 - 1[3-5]。

表 7 - 1　铼的基本物理性质

原子序数	75	比热容/ $(J \cdot mol^{-1} \cdot K^{-1})$	25.73	凝固时体积膨胀率/%	—
相对原子质量	186.207	挥发潜热 $/(kJ \cdot mol^{-1})$	740.25	表面张力 $/(N \cdot m^{-1})$	2.61 ~ 2.70
原子体积/ $(cm^3 \cdot mol^{-1})$	8.9	熔化潜热 $/(kJ \cdot mol^{-1})$	33.1	黏度/(Pa·s)	—
原子半径/nm	1.371	导热系数 $/(W \cdot mol^{-1} \cdot K^{-1})$	47.9	线膨胀系数 $/K^{-1}$	6.63×10^{-6}
离子半径/nm	0.72(+4) 0.61(+6) 0.60(+7)	电阻率 $/(\Omega \cdot cm)$	10.3×10^{-6}	晶体结构	密排六方
密度/ $(g \cdot cm^{-3})$	21.02(s) 18.9 ~ 21.04(l)	电阻温度系数 $/(\Omega \cdot ℃^{-1})$	0.00198 ~ 0.00311	压缩系数 $/(cm^3 \cdot kg^{-1})$	—
熔点/℃	3180	超导态转变温度 /K	1.7	HB 硬度 $/(kg \cdot mm^{-2})$	200
沸点/℃	5885	磁化率(CGS)	69.7×10^{-6}(s)	拉伸强度 $/(kg \cdot mm^{-2})$	50
电负性	1.46	离子磁化率	—	拉伸率/%	24
氧化数	+3, +4, +5, +7	价电子结构	$4f^{14}5d^56s^2$	第一电离势 /eV	7.88

铼具有优良的抗硫酸抗盐酸腐蚀能力，但不耐硝酸和一些氧化性酸的腐蚀。

铼的电子构型为 $[Xe]4f^{14}5d^56s^2$，主要氧化态为 +3、+4、+5、+7。铼不溶于盐酸，溶于硝酸，生成高铼酸：

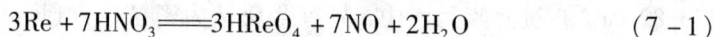

$$3Re + 7HNO_3 = 3HReO_4 + 7NO + 2H_2O \tag{7-1}$$

它也溶于含氨的过氧化氢溶液中，生成高铼酸铵：

$$2Re + 2NH_3 + 4H_2O_2 = 2NH_4ReO_4 + 3H_2 \tag{7-2}$$

铼在高于200℃时可与硫酸作用。

铼在水溶液中多以 ReO_4^- 或 $ReOCl_5^{2-}$ 的形式存在，而 ReO_4^- 于酸性或碱液中稳定。热碱液(尤其当存在氧化剂情况下)可慢慢溶解铼而生成高铼酸盐或高价铼的氧化物[3-5]。

1.1.2　铼的硫化物[3,5]

铼的硫化物有 Re_2S_7、ReS_3、ReS_2、Re_2S_3 及 ReS 等,其中稳定的只有 ReS_2 与 Re_2S_7[3]。

ReS_2 是铼最稳定的硫化物,呈黑色,在常温的空气中稳定,温度高于180℃时开始氧化,到 275~300℃ 时会着火而强烈氧化:

$$2ReS_2 + \frac{15}{2}O_2 \Longrightarrow Re_2O_7\uparrow + 4SO_2\uparrow \tag{7-3}$$

在加热条件下可用氢将 ReS_2 还原为铼。在 13.3 Pa 的真空中,将 ReS_2 加热到 850~950℃ 时无明显变化,但在高于1000℃时会离解,至1200℃则完全离解:

$$ReS_2 \Longrightarrow Re + 2S \tag{7-4}$$

ReS_2 难溶于水、碱、碱金属硫化物、盐酸及硫酸,但在加热时可被硝酸甚至稀硝酸和双氧水氧化成 $HReO_4$。

Re_2S_7 为暗褐色(几乎呈黑色),它在氮或一氧化碳气氛中加热到300℃以上温度时会发生离解:

$$Re_2S_7 \Longrightarrow 2ReS_2 + 3S \tag{7-5}$$

在空气中将 Re_2S_7 加热到 500~600℃ 时会发生着火氧化:

$$2Re_2S_7 + 21O_2 \Longrightarrow 2Re_2O_7 + 14SO_2 \tag{7-6}$$

即使在室温下,氢气也可将 Re_2S_7 还原为 ReS_3,更高温度下可将其还原为 ReS_2,当加热到500℃以上时可还原为金属铼[3]。在 120~500℃ 温度下,氯化 Re_2S_7 时,随温度不同会形成不同硫含量的氯化铼,直到500℃后形成 $ReCl_5$:

$$Re_2S_7 \xrightarrow{120℃} ReS_3Cl \xrightarrow{450℃} ReSCl_2 \xrightarrow{500℃} ReCl_5 \tag{7-7}$$

Re_2S_7 不溶于水、浓盐酸、硫酸、$HClO$ 及碱,但可被碱金属硫化物及氨等溶液溶解:

$$Re_2S_7 + Na_2S \Longrightarrow 2NaReS_4 \tag{7-8}$$

硝酸、双氧水以及溴水等可将 Re_2S_7 转化成 $HReO_4$。

其他硫化铼有 Re_2S_3 及 ReS,均是黑灰色粉末。它们在空气中稳定,在硝酸及双氧水条件下,它们也比 Re_2S_7 及 ReS_2 等稳定。

1.1.3　铼的氧化物

铼具有很强的亲氧性,其存在 +1、+2、+3、+4、+5、+6、+7 价态的氧化物,其中稳定的是 Re_2O_7、ReO_3、ReO_2,应用较广泛的是最高价的 Re_2O_7[3,5]。Re_2O_7 易溶于水,通常可制备成稳定的盐类,如铼酸铵(NH_4ReO_4)。铼的氧化物的性质见表 7-2。

表 7-2 铼的氧化物的性质[1,3]

	Re_2O_7	ReO_3	ReO_2
熔点/℃	297	400	—
沸点/℃	361	614	1363
颜色	淡黄色	红色	黑色
高温性质	600℃以上明显离解，可被 CO、SO_2 还原为低价，400℃以上可被氢还原为铼	在惰性气氛中于 300~400℃温度下分解为 Re_2O_7 和 ReO_2，易被氢还原	750℃时分解为 Re_2O_7 和 Re，高于 500℃时被氢还原为铼
溶液性质	易溶于水生成 $HReO_4$，可溶于乙醇、甲醇、丙酮等	溶于 HNO_3 转化成 $HReO_4$，在水、硫酸、盐酸、碱溶液中稳定	难溶于水，与氧化剂作用生成 $HReO_4$

铼的低价氧化物，如 ReO_2，其高温挥发性较差，在 660℃ 时的蒸气压只有 244 Pa[1]。

铼最突出的化学性质是它的七价氧化物 Re_2O_7 的挥发性很强，且易溶解于水。Re_2O_7 的这两种性质可广泛用于铼的回收。铼的水溶液呈酸性，铁和锌可将水溶液中的铼置换沉淀。

1.1.4 铼酸与铼酸盐[3,5]

（1）高铼酸 $HReO_4$

$HReO_4$ 为无色液体，化学性质稳定，几乎没有氧化性。$HReO_4$ 是较强的一元酸，可与锌、铁、镁等作用而放出氢气：

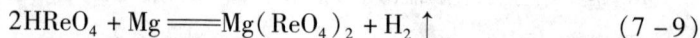

$$2HReO_4 + Mg \Longrightarrow Mg(ReO_4)_2 + H_2\uparrow \tag{7-9}$$

它还可与一系列金属的氧化物、氢氧化物及碳酸盐起中和作用形成相应的铼酸盐：

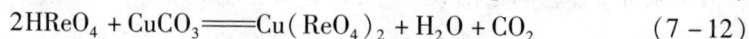

$$2HReO_4 + Na_2O(或 K_2O) \Longrightarrow 2NaReO_4(或 KReO_4) + H_2O \tag{7-10}$$

$$3HReO_4 + Al(OH)_3 \Longrightarrow Al(ReO_4)_3 + 3H_2O \tag{7-11}$$

$$2HReO_4 + CuCO_3 \Longrightarrow Cu(ReO_4)_2 + H_2O + CO_2 \tag{7-12}$$

$HReO_4$ 是难还原的化合物，不被氢还原，但可被 SO_2 还原；当向添加了浓硫酸或盐酸（如加入 10% 盐酸）的 $HReO_4$ 溶液中通入 H_2S 时，$HReO_4$ 会硫化而生成 Re_2S_7：

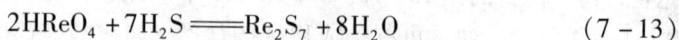

$$2HReO_4 + 7H_2S \Longrightarrow Re_2S_7 + 8H_2O \tag{7-13}$$

（2）高铼酸盐

$KReO_4$、$NaReO_4$ 和 NH_4ReO_4 是实际应用较多的高铼酸盐。

$KReO_4$ 为白色、无水的正方双锥晶体，密度为 $4.38 \sim 4.89$ g/cm³，熔点为 $518 \sim 554$℃，沸点达 $1370 \sim 1538$℃，即使在其沸点的温度下 $KReO_4$ 也不离解。

$KReO_4$ 在受热条件下通入氢气可离解为 ReO_2 和 Re。

$KReO_4$ 在水中的溶解度很小，尤其当存在 KOH 或 KCl 时，其溶解度更小，这是运用重结晶提纯铼的依据，其溶解度随水中 K^+ 增多而减小。

$NaReO_4$ 为无色盐，密度为 5.24 g/cm³，熔点为 $300 \sim 414$℃。它在空气中受热至 1000℃时仍不离解，但在真空中加热到高于 500℃时就部分离解。

$NaReO_4$ 易溶于水，吸湿性强，这与 $KReO_4$ 不同。

NH_4ReO_4 为白色盐，密度为 $3.55 \sim 3.97$ g/cm³，熔点为 365℃。将其加热到 365℃时，发生离解，并生成易挥发的 Re_2O_7 和黑色残渣 ReO_2。用氢气可将 NH_4ReO_4 还原为金属铼，这是工业上制取金属铼的方法。

NH_4ReO_4 可溶于水，当溶液中存在 NH_4Cl 时，NH_4ReO_4 的溶解度会随 NH_4Cl 浓度的增加而急剧减小。

在常温下，铼酸盐在水中的溶解度大小顺序为：

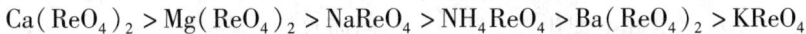

$$Ca(ReO_4)_2 > Mg(ReO_4)_2 > NaReO_4 > NH_4ReO_4 > Ba(ReO_4)_2 > KReO_4$$

一些高铼酸盐的水溶解度见表 7-3[1, 3]。由此可见，除第Ⅰ主族的 K^+、Rb^+、Cs^+ 及 NH_4^+ 的高铼酸盐难溶于水外，其他高铼酸盐的水溶性均较大，工业提铼中常用加入 K^+、NH_4^+ 的方式从溶液中沉淀分离铼。

表 7-3　一些高铼酸盐的水溶解度　　　　　　　　　mol/100 g H_2O

	0℃	30℃	50℃	100℃
$KReO_4$	1.24×10^{-3}	5.08×10^{-3}	1.11×10^{-2}	3.28×10^{-2}
NH_4ReO_4	1.03×10^{-2}	3.35×10^{-2}	5.99×10^{-2}	—
$NaReO_4$	0.378	0.532	0.636	—
$Ca(ReO_4)_2$	0.334(20℃)	0.351	—	0.489
$RbReO_4$	1.16×10^{-3}	4.68×10^{-3}	10.5×10^{-3}	—
$CsReO_4$	0.086×10^{-3}	2.87×10^{-3}	6.40×10^{-3}	—
$Mg(ReO_4)_2$	—	0.54	—	—
$Sr(ReO_4)_2$	—	0.189	—	—
$Ba(ReO_4)_2$	0.0024	0.0128	0.038	—
$Cu(ReO_4)_2$	—	0.0372	—	—
$Zn(ReO_4)_2$	—	0.554	—	—
$Pb(ReO_4)_2$	—	0.021	0.0417	—
$Fe(ReO_4)_2$	—	0.416	—	—

1.1.5 铼的卤化物[3-5]

铼与卤素能形成一系列 +4 价至 +7 价的卤化物和卤氧化物,而铼的溴化物和碘化物则较难获得[1]。铼的主要卤化物的性质见表 7 - 4[3]。

表 7 - 4 铼的主要卤化物的性质

	$ReCl_4$	ReF_4	$ReCl_5$	ReF_5	ReF_6	$ReCl_6$	ReF_7	$ReOF_4$	$ReOCl_4$
熔点/℃	180	124.5	220	48	18.5	29	48.3	108	30.5
沸点/℃	—	300 升华	360	221.5	33.7	—	73.7	171	228
颜色	暗红	蓝色	深棕	黄绿	黄色	红棕	—	蓝色	棕色

铼的氟化物中较稳定的是 ReF_7 和 ReF_6,ReF_6 易水解生成二氧化铼、高铼酸和氢氟酸。

铼的含氧氟化物除 $ReOF_3$ 外,其余的如 ReO_3F、ReO_2F_2、ReO_2F_3、$ReOF_4$ 及 $ReOF_5$ 等均易在湿空气中烟化,且易与水作用而水解。

(1)$ReCl_5$

加热时会变成深红棕色气体;通氧气则发生下述化学变化:

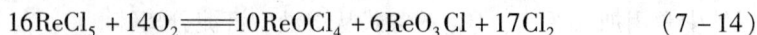

$$16ReCl_5 + 14O_2 \Longrightarrow 10ReOCl_4 + 6ReO_3Cl + 17Cl_2 \qquad (7-14)$$

若 $ReCl_5$ 与 KCl 共熔,则生成 K_2ReCl_6:

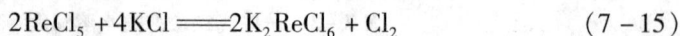

$$2ReCl_5 + 4KCl \Longrightarrow 2K_2ReCl_6 + Cl_2 \qquad (7-15)$$

$ReCl_5$ 在潮湿空气中发烟,而在水中会离解。将其溶解在酸中,得到绿色液态的 $HReO_4$ 和 H_2ReCl_5。$ReCl_5$ 在碱中会发生离解反应:

$$3ReCl_5 + 16NaOH \Longrightarrow NaReO_4 + 2[ReO_2 \cdot 2H_2O] + 15NaCl + 4H_2O \quad (7-16)$$

(2)$ReCl_3$

$ReCl_3$ 在空气中加热时会氧化:

$$6ReCl_3 + 7O_2 \Longrightarrow 4ReO_3Cl + 2ReOCl_4 + 3Cl_2 \qquad (7-17)$$

加热 $ReCl_3$ 到 500~550℃时,$ReCl_3$ 可不经熔化就以暗绿色的气态挥发。在真空中升华后可冷凝成粉色细粒。在 200~300℃时通氢气可将 $ReCl_3$ 还原成金属铼。通氯气可氧化为 $ReCl_5$。到 600℃时,若 $ReCl_3$ 与 KCl 发生交互作用,则可发生下述反应:

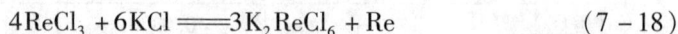

$$4ReCl_3 + 6KCl \Longrightarrow 3K_2ReCl_6 + Re \qquad (7-18)$$

$ReCl_3$ 的水溶液呈暗红色。加双氧水可将 $ReCl_3$ 氧化为 $HReO_4$。$ReCl_3$ 可溶于热的硝酸及盐酸,而在酸性介质中,$Fe_2(SO_4)_3$ 可将其氧化。长时间将 H_2S 通入 $ReCl_3$ 溶液中,将产生铼的硫化物沉淀。通入 NH_3 可析出粉红色沉淀,如通入过量

NH_3，则沉淀重新溶解而呈蓝色。

（3）ReO_3Cl

室温下的蒸气压达560 Pa。它在氯气及氧气中易挥发，在潮湿空气中会烟化与水解。气态 ReO_3Cl 的热稳定性较好，可在200℃以内保持稳定。

（4）$ReOCl_4$

$ReOCl_4$ 可不经熔化即挥发，水可使 $ReOCl_4$ 分解为 $HReO_4$、HCl 及 $ReO_2 \cdot nH_2O$。它与冷的浓盐酸作用可形成易分解的 H_2ReOCl_6 溶液。

铼的卤氧化物在工业上是很有用的化合物。

1.2　铼及其化合物的用途

（1）高温合金材料

超耐热合金是铼应用得最多最重要的领域之一，约占铼总消耗量的80%，主要有 Mo–Re、W–Re 和加铼的镍基高温合金三大类。另外，Re–Ni 单晶超合金也备受人们的关注，特别是含铼量为5%~7%的镍基高温单晶超合金，已被应用于制造新一代的喷气式发动机涡轮叶片和燃气轮机涡轮等高温部件中。近年来，美国和欧洲等国家及地区的铼用量急剧增加，与这一方面的用途密切相关[2, 6]。

所有含铼的合金均具有均匀再结晶的细晶显微组织，被称为"铼效应"。铼使钨钼合金的加工性、理化和热电特性等得到显著改善，成为性能优良的合金。

$Mo_{41}Re$ 的硬度比纯钼高60%，且强度提高了75%，延伸率可达15%~20%，在非氧化性的高温环境中工作，$Mo_{41}Re$ 不产生脆化现象，可用于制造高温加热元件。$Mo_{47}Re$ 合金具有高的抗拉强度和较好的延展性，塑性变形超过80%，可用于生产薄箔带和细丝材[2-3]。

（2）催化剂

铼在催化领域的消耗量占铼总消耗量的15%~20%，如用于石化工业重整的 Pt–Re催化剂、生产高辛烷值的汽油等。含铼和铂系元素的高酸度催化剂，有助于链烷烃脱氢，是一种以提高其辛烷值为目的，催化重整环烷烃及碳氢化合物的链烷烃的方法。铼是铂催化剂的最佳辅助催化剂，它可提高铂的催化活性，其他金属很难代替。

铼系催化剂还可应用于其他行业，如 NH_4ReO_4/C 用作环己烷脱氢及乙醇催化剂；$Pt–Re/Al_2O_3$ 用于 HNO_3 催化剂；Re/Cu 用于甲烷催化剂等。新型双金属 Re–Pd/C 催化剂可以在酸性条件下有效降低氯酸以及氯化物含量，用于处理含盐废水[5]。

MTO（甲基三氧化铼）催化剂，能够高选择性地催化许多有机合成反应，例如烯烃环氧化，醇、芳香烃的氧化，醛的烯烃化等。而其中最重要的且用途最广的是对烯烃的催化作用。MTO 现主要被用来参与环氧化反应,已成为研究热点。

(3)电子元器件及热电材料

铼能耐高温,被广泛应用于制作加热元件、电器插头、热电偶、特殊金属丝。Re 合金具有高热稳定性和良好的热电性能,在高温电子元器件中得到了广泛应用,可用作电子管、特种灯泡的热离子材料、X-射线靶和集成电路的薄膜电极,电子管中铼的超高温发射电极,其热电子放电效果可提高 20%[3]。

1.3 铼的资源与生产

铼资源稀少,在地壳中含量为 1×10^{-7},通常与铜、钼、铀等矿伴生,很少独立成矿。近年来,有报道在我国四川沐川发现独立成矿的铼矿,但其储量仅为 3.5 t[2]。

目前,世界上已探明的铼基础储量约为 1 万 t,其中美国的储量约为 4540 t,智利、加拿大分居第二、第三,世界上铼储量的评估见表 7-5[2,6]。

表 7-5 世界上铼储量的评估

国家及地区	储量/t	现有矿山中的铼含量/t	
		总储量	可回收
美国	4540	387.63	211.52
加拿大	1543	31.47	18.44
智利	2542	1305.64	718.39
秘鲁	544	45.40	22.70
苏联	771	594.74	200.21
其他	363	375.40	241.92
合计	10303	2740.28	1413.18

具有经济回收价值的含铼矿物主要伴生在辉钼矿和硫化铜矿中。在这些矿中,铼以二硫化铼或七硫化二铼的形式存在。含铼的辉钼矿中,铼含量一般为 0.001%~0.031%。斑岩铜矿含铼 0.0001%~0.0045%,从斑岩铜矿选出的含铼钼精矿中铼的含量高达 0.16%。铼含量与其矿床性质有关,矽卡岩钼矿床、石英脉钨钼矿床的辉钼矿中铼含量较少,而斑岩铜钼矿床的辉钼矿中含铼量较高,表 7-6[2]列出了世界上主要含铼矿床的情况。

表7－6 世界上主要含铼矿床的情况

矿床名称	铼品位/10^{-6}	矿床名称	铼品位/10^{-6}
科罗拉多川克莱马克斯矿（美国）	3	亚利桑那州平托谷矿（美国）	1300
科罗拉多州亨德森矿（美国）	7	萨尔切什迈矿（伊朗）	1400
西伯利亚吉达矿（俄罗斯）	7	内华达州麦基尔矿（美国）	1600
杨家杖子钼矿（中国）	8	锡帕莱矿（菲律宾）	1700
克纳本矿（挪威）	10	亚利桑那州新科内利亚矿（美国）	1900
马伊丹佩克矿（南斯拉夫）	1700	新墨西哥州奇诺矿（美国）	600
特尔内奥兹矿（俄罗斯）	10	亚利桑那州阿霍矿（美国）	2000
新墨西哥州奎斯塔矿（美国）	12	安地那矿（智利）	380
栾川钼矿（中国）	12	迪斯普塔达矿（智利）	400
东科温拉德矿（哈萨克斯坦）	14	埃尔特尼恩特矿（智利）	440
金堆城辉钼矿（中国）	34.9	托克帕拉矿（秘鲁）	450
不列颠哥伦比亚省布伦达矿（加拿大）	80	夸霍内矿（秘鲁）	450
内华达州托诺帕矿（美国）	100	亚利桑那州米申矿（美国）	475
新墨西哥州库莫巴比矿（美国）	100	亚利桑那州茵斯皮雷欣矿（美国）	500
不列颠哥伦比亚省高原谷矿（加拿大）	100	科温拉德矿（哈萨克斯坦）	510
石菉铜钼矿（中国）	120	宝山铜钼矿（中国）	340～560
梅德特矿（保加利亚）	125	亚利桑那州皮马矿（美国）	600
黄龙铺钼矿（中国）	140	亚利桑那州艾森豪威尔矿（美国）	600
亚利桑那州谢里塔矿（美国）	180	亚利桑那州帕拉贝尔德矿（美国）	600
亚利桑那州埃斯皮兰扎矿（美国）	180	亚利桑那州双峰矿（美国）	600
丘基卡马塔矿（智利）	230	亚利桑那州雷依矿（美国）	600
埃尔阿布拉矿（智利）	250	佩拉姆布雷斯矿（智利）	630
阿尔玛雷克矿（乌兹别克斯坦）	290	埃尔萨尔瓦多矿（智利）	700
卡扎兰矿（亚美尼亚）	300	卡纳内阿矿（墨西哥）	700
亚利桑那州巴格达德矿（美国）	300	克夫拉达布兰卡矿（智利）	740
亚利桑那州圣曼纽尔矿（美国）	800	犹他州宾厄姆矿（美国）	360

对钼矿石选矿后，铼主要进入钼精矿。在斑岩铜矿选矿中，所得铜精矿及黄铁矿精矿中也含有铼。国外某些矿床的产品中铼含量见表 7-7[2]。

表 7-7　国外某些矿床的产品中铼的含量　　　　　　　　10⁻⁶

表 7-7　国外某些矿床的产品中铼的含量 10^{-6}

矿床名称	铜精矿	黄铁精矿	钼精矿
埃尔·萨尔瓦多矿(智利)	30	40	600
埃尔·特尼恩特矿(智利)	40	20	580
丘基卡马塔矿(智利)	18	15	230
巴尔哈什矿(哈萨克斯坦)	3	2	400
阿尔马利克矿(乌兹别克斯坦)	3	—	230
卡扎兰矿(亚美尼亚)	2		260

在冶炼精矿的过程中，铼主要富集于焙烧烟尘中或被人为固化在焙砂中，且这些含铼物料是提取铼的原料。

智利是世界上最大的铼生产国，年产量长期保持在 40~50 t，占世界总产量的 80% 以上。另外，其他生产铼的国家有哈萨克斯坦、美国、日本、俄罗斯、德国、澳大利亚等[6]。

我国的铼资源主要集中于钼精矿中，陕西金堆城钼业集团有限公司的铼金属储量有近100 t，洛阳栾川钼业集团股份有限公司铼的储量达 135.39 t，山东、湖南、四川、辽宁、广东、云南、河北等省也见有钼精矿含铼的报道[2]，但有关工业化提取、生产铼的报道却很少。

江西铜业股份有限公司德兴铜矿，其铜矿和伴生的钼矿中含有丰富的铼资源，铼在铜冶炼和钼冶炼过程中得到富集回收。该公司 1996 年实现铼回收的产业化，铼酸铵产量达到 2000 kg/a，成为国内最大的铼生产厂家。此外，吉林铁合金股份有限公司和株洲硬质合金集团有限公司曾是我国重要的铼生产厂家，这两家的铼产量为 300 kg/a 左右[2]。

铼的二次资源是回收铼重要的原料。含铼废催化剂中含 0.1%~0.5% 的 Pt 和 0.1%~0.5% 的 Re；含铼废合金主要是 W-Re、Mo-Re 及 Ni-Re 等含铼的高温合金，铼含量一般在 1% 以上，有的合金中铼含量甚至高达 20%，这些都是回收铼及其他有价金属的原料。

1.4 铼工业产品质量标准

表 7-8　中国铼产品质量行业标准(化学成分)　　质量分数/%

产品名称		铼粉		铼酸铵	
产品标准		YS/T 1017—2015		YS/T 894—2013	
产品牌号		FRe-04	FRe-05	优等品	一等品
纯度,不小于		99.99	99.999	99.99	99.90
杂质含量, 不大于	Al	0.0001	0.00001	—	—
	As	0.0001	0.00001	—	—
	Ba	0.0001	0.00001	—	—
	Be	0.0001	0.00001	—	—
	Bi	0.0001	0.00001	—	—
	Ca	0.0005	0.00005	0.0010	0.0020
	Cd	0.0001	0.00001	—	—
	Co	0.0002	0.00005	—	—
	Cr	0.0001	0.00001	—	—
	Cu	0.0001	0.00001	0.0005	0.0010
	Fe	0.0005	0.00005	0.0010	0.0020
	K	0.0005	0.00005	0.0010	0.0040
	Mg	0.0001	0.00001	0.0005	0.0010
	Mn	0.0001	0.00001	0.0005	—
	Mo	0.0005	0.00005	0.0010	0.0010
	Na	0.0005	0.00005	0.0010	0.0020
	Ni	0.0001	0.00001	0.0005	0.0010
	Pb	0.0001	0.00001	0.0010	0.0040
	Pt	0.0001	0.00001	—	—
	Sb	0.0001	0.00001	—	—
	Se	0.0005	0.00005	—	—
	Si	0.0005	0.00005	—	—
	Sn	0.0001	0.00001	0.0005	—
	Te	0.0001	0.00001	—	—
	Ti	0.0001	0.00001	—	—
	Tl	0.0001	0.00001	—	—
	W	0.0005	0.00005	0.0010	0.0020
	Zn	0.0001	0.00001	—	—

第 2 章 铼的冶炼富集方法

铼主要在钼冶炼工艺中回收，其次，它也可在铜火法冶炼中回收。

在硫化钼精矿中，铼的主要矿物是辉铼矿（ReS_2），常与辉钼矿（MoS_2）共生。辉钼矿选出的精矿一般含铼量为 0.03%～0.08%[1,7]，个别则高达 0.16%[7]。在钼火法冶炼工艺中回收铼，依照冶炼工艺的不同，铼的回收途径可分为两种：一是钼精矿氧化焙烧工艺，铼极易形成挥发性的 Re_2O_7 进入烟气，待 Re_2O_7 被水吸收进入溶液后，再从吸收液中回收铼；二是在钼精矿中加石灰氧化焙烧以将铼固定在焙砂中，然后酸浸，待铼被浸出进入溶液后，再从溶液中分离钼回收铼。对于含铼品位低的钼精矿，则通常采用氧化焙烧工艺来回收铼。钼精矿的湿法浸出工艺中，铼被浸出，其回收与焙砂酸浸工艺相同。

在铜火法冶炼工艺中，精矿含铼的形态和在焙烧过程中的行为与钼氧化焙烧类似，其中大部分铼进入烟气烟尘，故在收尘系统前端的旋风收尘和电收尘可收得部分含铼烟尘固体物，除此之外，还有部分铼在后端淋洗净化烟气时被吸收进入淋洗液。

2.1 钼精矿氧化焙烧工艺中铼的富集回收

钼精矿氧化焙烧中，铼与钼的硫化物同时被氧化，硫化铼生成 Re_2O_7 挥发进入烟气：

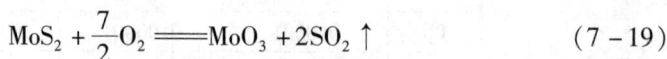

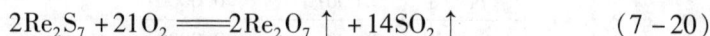

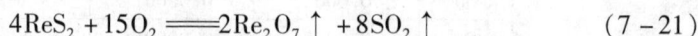

$$MoS_2 + \frac{7}{2}O_2 = MoO_3 + 2SO_2 \uparrow \qquad (7-19)$$

$$2Re_2S_7 + 21O_2 = 2Re_2O_7 \uparrow + 14SO_2 \uparrow \qquad (7-20)$$

$$4ReS_2 + 15O_2 = 2Re_2O_7 \uparrow + 8SO_2 \uparrow \qquad (7-21)$$

在 300～400℃时，Re_2O_7 几乎完全挥发，MoS_2 的氧化焙烧温度为 500～650℃，对于铼而言，其氧化挥发已十分充分，若焙烧 4 h，铼的挥发率在 95% 以上，而钼挥发不足 10%，因此，最终铼大部分挥发进入烟气与焙砂中的钼初步分离，见图 7-1[1,3]。

氧化焙烧中，当 MoS_2 大部分转为 MoO_3 后，才会促使铼明显挥发。这是因为，MoO_3 与硫化铼发生交互反应形成的低价铼氧化物，在氧量充足时会进一步氧化成 Re_2O_7 而挥发[3]：

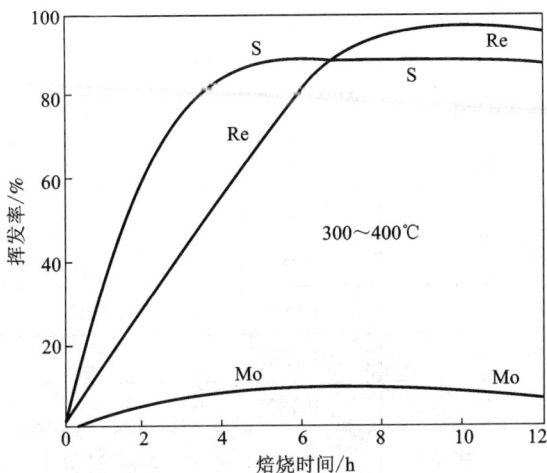

图 7 - 1　焙烧辉钼矿的时间与铼挥发率的关系

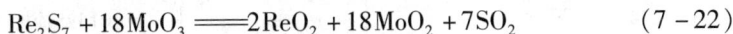

$$Re_2S_7 + 18MoO_3 = 2ReO_2 + 18MoO_2 + 7SO_2 \qquad (7-22)$$

$$ReS_2 + 7MoO_3 = ReO_3 + 7MoO_2 + 2SO_2 \qquad (7-23)$$

$$ReS_2 + 6MoO_3 = ReO_2 + 6MoO_2 + 2SO_2 \qquad (7-24)$$

$$4ReO_2 + 3O_2 = 2Re_2O_7 \uparrow \qquad (7-25)$$

$$4ReO_3 + O_2 = 2Re_2O_7 \uparrow \qquad (7-26)$$

但当氧化不充分时,形成的低价铼氧化物难挥发而保存在焙砂中,使铼的挥发率降低。铼氧化物的蒸气压数据见表 7 - 9[3]。

当焙烧温度升高到 450℃ 以上时,Re_2O_7 有可能与精矿物料中的氧化物,特别是与 CaO 形成难挥发的铼酸盐,使铼的挥发率降低[1, 3]:

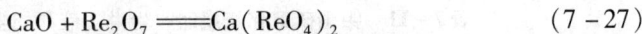

$$CaO + Re_2O_7 = Ca(ReO_4)_2 \qquad (7-27)$$

这是加石灰焙烧而将铼固定在焙砂中的基本工艺原理。

工业生产中,氧化焙烧工艺铼的挥发率与焙烧设备有关,采用多膛炉焙烧铼时其挥发率为 40%~60%,烟尘产率为 10%~20%;采用沸腾炉焙烧,铼挥发率可达 90% 以上,但烟尘产率高达 40%[1],烟气铼富集度也不高;采用回转窑焙烧时,铼的挥发率和烟尘产率介于多膛炉与沸腾炉之间。若从工作原理来推断闪速焙烧工艺,其铼的挥发应高于沸腾炉。

烟气的 Re_2O_7 进入收尘系统后,大部分被淋洗液吸收转成高铼酸进入溶液:

$$Re_2O_7 + H_2O = 2HReO_4 \qquad (7-28)$$

用淋洗液反复循环淋洗焙烧烟气,待溶液中铼浓度提高到 0.1~0.5 g/L 后,抽出部分溶液进行提铼。钼精矿氧气焙烧过程中铼在主要产物中的分布见

表7-10[1]，收尘淋洗液和烟尘酸浸液成分见表7-11[1]。

表 7 - 9　铼氧化物的蒸气压　　　　　　　　　　Pa

温度/℃	Re$_2$O$_8$	Re$_2$O$_7$	ReO$_3$	ReO$_2$
220	6211	—	—	—
250	—	1453	—	—
280	—	8185	—	—
325	—	41590	0.12	—
360	—	94776	252	—
362.4	—	101325	—	—
420	—	—	481	—
480	—	—	2305	14.5
370	—	—	—	28.8
614	—	—	101325	—
1363	—	—	—	101325

表 7 - 10　钼精矿氧化焙烧过程中铼的分布　　　　　　　%

项目	焙砂	旋风收尘器	电收尘粉尘	淋洗液	废气
铼分布率	5～10	2～15	4.2	65～85	20～30
铼品位	0.0016	0.01～0.027	0.2～0.4	—	—

表 7 - 11　钼精矿氧化焙烧时收尘淋洗液和烟尘酸浸液成分　　　g/L

	Mo	Re	H$_2$SO$_4$
收尘淋洗液	2～15	0.2～1.0	50～100
烟尘酸浸液	5～16	0.5～1.0	20～50

　　由表7-10可见，废气带走的铼量很大，为提高铼的回收率，需要有一套完备的收尘和淋洗设备系统，某厂从钼精矿反射炉氧化焙烧烟气收尘和淋洗回收铼的设备连接图如图7-2所示[8]。

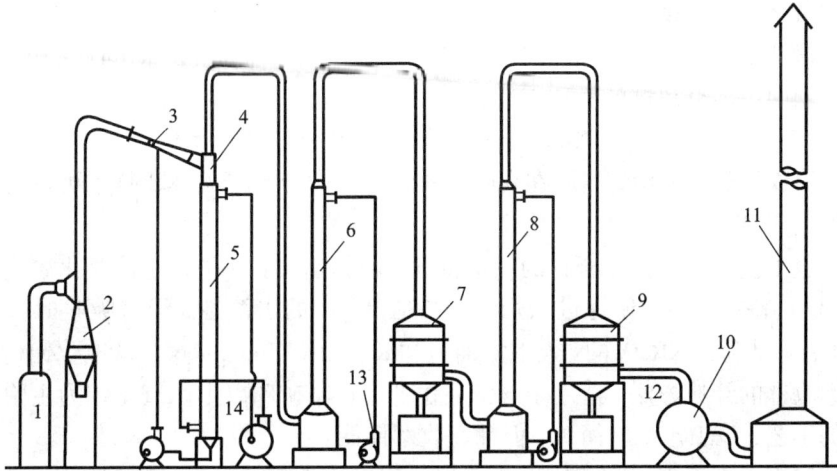

图 7-2　从钼精矿反射炉氧化焙烧烟气收尘和淋洗回收铼的设备连接图

1—反射炉；2—扩散式旋风除尘器；3—文氏管；4—液气分离器；5—石墨冷却器；
6—Ⅰ湍动塔；7—Ⅰ玻璃纤维除雾器；8—Ⅱ湍动塔；9—Ⅱ玻璃纤维除雾器；
10—抽风机；11—烟囱；12—除雾液槽；13—吸收液循环泵；14—冷却器水泵

淋洗液的成分对烟气中铼的吸收率也有很大影响，这是因为焙烧烟气中含有大量的 SO_2，被水吸收后转为还原性的亚硫酸，不利于易被水吸收的高铼酸的生成。有研究在淋洗液循环的环节中设置了 MnO_2 颗粒滤层，将循环淋洗液中的 H_2SO_3 氧化成 H_2SO_4，使铼吸收率从 $40\% \sim 60\%$ 提高到 90% 以上，且尾气中铼含量小于 $1 \ mg/m^3$ [7]。

为保证烟气中的 Re_2O_7 不被冷凝而保留在气相中，进入收尘入口的炉气温度应控制在 $350℃$ 以上，且先由干式旋风收气器将大部分粉尘收下，然后进入湿法收尘器和淋洗吸收装置，铼被水吸收进入溶液。该工艺过程中铼挥发与吸收的结果见表 7-12 [8]。

表 7-12　MoS_2 精矿氧化焙烧工艺铼的分布和收率指标　　　　　%

焙烧矿	旋风尘	吸收液	Re 挥发率	Re 吸收率	Re 回收率
26～30	0.5～1.0	46～61	69～74	68～82	46～61

注：入炉钼精矿中平均含铼量为 0.008%。

某厂处理的钼精矿成分为：Mo 49.35%、Re 0.025%、S 35.42%、W 0.12%、Fe 2.98%、SiO_2 6.95%。精矿先经制粒，以降低焙烧的产尘率，然后在沸腾炉中于 540~600℃温度下进行氧化焙烧,使铼挥发进入烟气,再收尘、用淋洗液吸收,生成高铼酸。当含铼吸收液中铼的浓度富集到一定程度时,抽出原液量的 1/10,在空气搅拌下加入 KCl(加量按 27 kg/m³)得到白色的高铼酸钾 KReO₄ 沉淀,这是工业应用中沉淀分离铼的常用方法:

$$HReO_4 + KCl =\!=\!= KReO_4 + HCl \qquad (7-29)$$

沉淀物用热水重溶,然后在 0℃下重结晶 1~2 次后析出 KReO₄,可得到较纯的 KReO₄ 产品[3]。

以上工艺利用了铼化合物的三个特性以将铼富集:一是硫化铼氧化焙烧生成的 Re_2O_7 的高挥发性,使铼进入烟气;二是 Re_2O_7 的水溶性,用水吸收时会生成 $HReO_4$;三是利用 $KReO_4$ 的难溶性,通过加 K^+ 沉出 $KReO_4$。这是从硫化钼精矿冶炼中回收铼的经典方法,适用于含铼品位低的钼精矿和以生产氧化钼为主附带回收铼的工艺,该工艺虽然简单,但铼回收率偏低。

从铜冶炼烟气中回收铼的工艺流程与钼冶炼类似,但铜冶炼烟气用于制酸,淋洗液为高浓度硫酸而不是水,因此大部分铼最终进入硫酸产品,难以回收。

2.2 钼精矿石灰烧结—浸出工艺中铼的富集回收

钼精矿氧化焙烧时,虽然大部分铼以 Re_2O_7 的形式挥发进入烟气而回收,但亦可能生成挥发性差的 ReO_2、ReO_3 等低价氧化物而残留在焙砂中影响铼的回收率。另外,MoS_2 焙烧产出的大量低浓度的 SO_2 烟气还会污染环境。为减少焙烧中铼的挥发,向含铼的钼精矿或烟尘中加入石灰进行烧结焙烧,可将铼转化为挥发性差的铼酸盐,同时可将硫一起固定在焙砂中。焙砂用水或酸浸出,使铼进入溶液再回收。

硫化钼精矿中加入石灰进行氧化焙烧时,石灰的加量应使 Re_2O_7 和 CaO 的质量比在 10 以上,使物料于 570~670℃温度下焙烧 2~4 h,铼将生成挥发性小的高铼酸钙,同时钼也转成钼酸钙[1,3],这是石灰焙烧固铼的工艺原理:

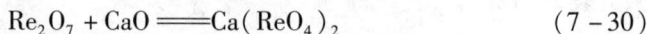

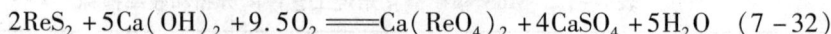

$$Re_2O_7 + CaO =\!=\!= Ca(ReO_4)_2 \qquad (7-30)$$

$$MoO_3 + CaO =\!=\!= CaMoO_4 \qquad (7-31)$$

$$2ReS_2 + 5Ca(OH)_2 + 9.5O_2 =\!=\!= Ca(ReO_4)_2 + 4CaSO_4 + 5H_2O \qquad (7-32)$$

$$2MoS_2 + 6Ca(OH)_2 + 9O_2 =\!=\!= 2CaMoO_4 + 4CaSO_4 + 6H_2O \qquad (7-33)$$

硫化钼精矿加石灰焙烧通常在回转窑中进行。对含 Mo 43%~45%、Re 0.031%~0.05% 的钼精矿粉矿,按 m(精矿):m(石灰)= 1:(1.5~1.8)加入石灰[含 Ca(OH)₂ 60%~70%],于 650~700℃温度下焙烧 2 h,铼在焙烧矿中的保留率为 98%~100%,钼的保留率为 99.5%~100%,钼氧化率为 99.8%。用 5% 的(体积分数)H₂SO₄ 溶液,于 90℃、液固比为 3 的条件下搅拌浸出焙烧矿 2 h,焙砂中的高铼酸钙溶于水和稀酸，铼浸出率达 92%～95%，得到的浸出液含 Mo 22 g/L、Re30～35 mg/L[9-10]，之后再将料液送离子交换或萃取提取铼。

　　石灰用量对钼、铼、硫的保留率的影响如图 7-3 所示，焙烧温度对钼、铼的转化率及浸出率的影响如图 7-4 所示[11]。由此可见，石灰用量过少时，铼保留率比钼的低；焙烧温度在 500℃ 以上时，钼、铼分别转化为钼酸钙和高铼酸钙且反应完全，随着温度升高，低价铼氧化物的生成量减少，有利于铼浸出率的提高。稀酸浸出焙烧矿时，加入 2% 的软锰矿，其中的 MnO_2 有助于提高铼浸出率[11]。

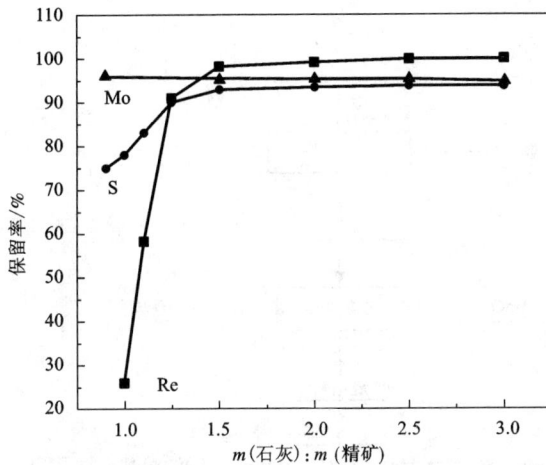

图 7-3　石灰用量对钼、铼、硫保留率的影响

温度为 650℃；焙烧 2 h

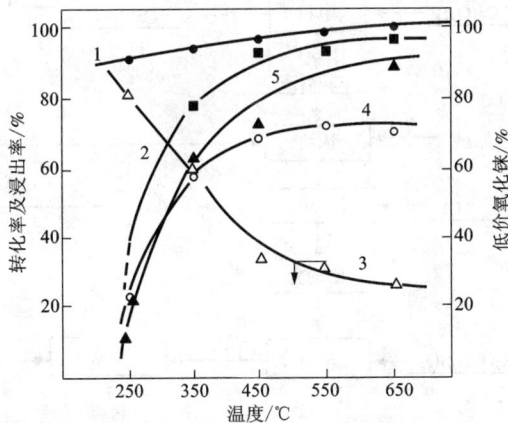

图 7-4　焙烧温度对钼、铼转化率及浸出率的影响

1—铼转化率；2—钼转化率；3—低价氧化铼/氧化铼的百分数；4—钼的浸出率；5—铼的浸出率

　　石灰烧结法既可用来处理含铼钼精矿，也可用来处理钼精矿氧化焙烧产出的烟尘及淋洗液的沉淀渣，其工艺简单，且铼回收率明显高于氧化焙烧法，适合处理钼品位较低、成分复杂的钼铼物料。另外，焙烧中石灰固化了硫而不产出 SO_2 烟气，虽减少了污染，但石灰用量较大，使钼、铼品位贫化并在浸出中产出大量的石膏渣，铼的夹带损失也不少。

　　美国某公司从钼精矿氧化焙烧烟尘中回收铼和钼的工艺如图 7-5 所示[3]。含铼量为 0.3%~1.6% 的旋风烟尘，配以占料重 70%~160% 的石灰，于 570~670℃ 温度结焙烧 2~4 h，再用水浸出焙烧矿中的铼，且加入少量 MnO_2 以加速铼

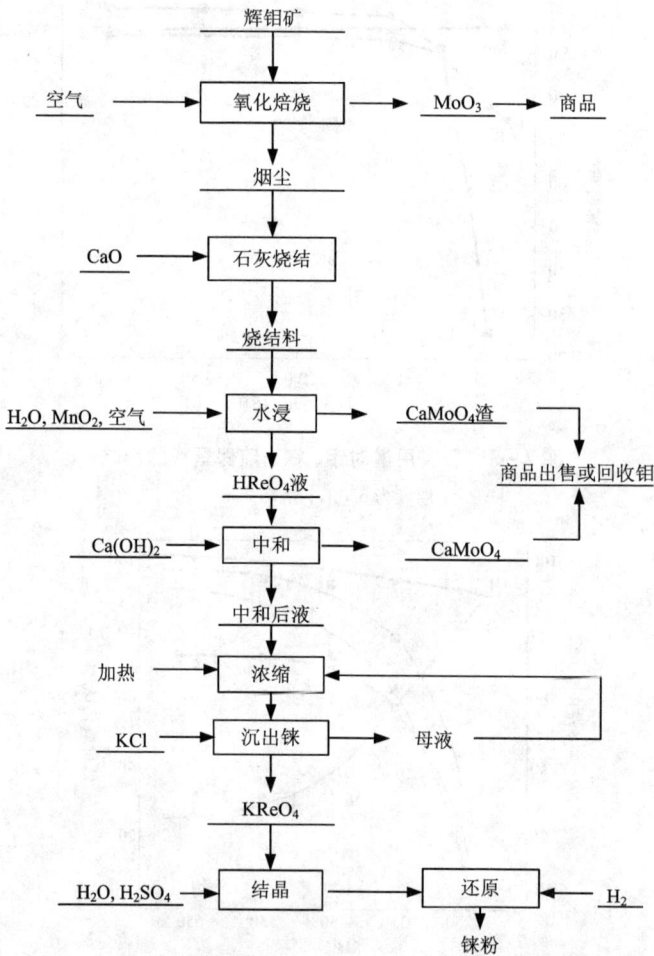

图 7-5　石灰烧结焙烧法提取铼的工艺流程

的浸出。当其浸出条件为温度 $60 \sim 80\text{℃}$，液固比为 3，空气搅拌浸出 2 h 时，料中 90% 的铼转入溶液。

$$Ca(ReO_4)_2 + 2H_2O \Longrightarrow 2HReO_4 + Ca(OH)_2 \qquad (7-34)$$

料中 $CaMoO_4$ 难溶于水，大部分留在浸出渣中，从而与铼分离。浸出液含：Re $0.1 \sim 0.5$ g/L、Mo $0.1 \sim 0.2$ g/L、Ca $1.0 \sim 1.5$ g/L、H_2SO_4 $40 \sim 60$ g/L。溶液进一步除钼，于 80℃ 温度下用 $Ca(OH)_2$ 中和至 pH 为 $8 \sim 9$，钼生成钼酸钙沉淀脱除，中和后液浓缩至含铼 $20 \sim 30$ g/L，按 $m(Re):m(KCl) = 1:2$ 加入 KCl，将铼沉淀以得到粗 $KReO_4$ 中间产品[3]。

石灰烧结的焙烧矿也可用稀酸浸出，将钼和铼全部转入溶液，对含钼、铼的溶液用 CaO 中和沉出钼，得到钼酸钙产品，中和后液再用 KCl 沉铼或离子交换或萃取提取铼。

比较这两种铼钼分离的工艺，焙烧矿酸浸工艺可制得品质高的工业级钼酸钙产品。

2.3　钼精矿湿法浸出工艺中铼的富集回收

硫化钼精矿的湿法浸出工艺发展很快，根据精矿种类的不同可分为酸性浸出和碱性浸出。提高反应温度能大大加快硫化钼的分解，目前工业生产更趋向于采用高压浸出的压煮工艺。一种工艺是将硫化钼氧化分解转成可溶性的钼酸盐进入溶液而与渣分离；另一种是使杂质进入溶液，钼大部分被分解生成钼酸而留在浸出渣中。强的氧化剂，如 Fe^{3+}、MnO_2、Cl_2、OCl^-、O_2 等都可将硫化钼氧化成 MoO_4^{2-} 或 H_2MoO_4。对于 ReS_2 及大多数硫化铼矿物，众多研究结果及工业实践都表明，随硫化钼的氧化分解，硫化铼几乎全部被氧化分解而进入溶液，这与采用的工艺方法种类无明显关系[1, 12]。

2.3.1　硝酸高压浸出工艺

我国某厂采用的硝酸高压浸出工艺提铼的流程如图 7-6 所示。

含铼量约为 0.007% 的硫化钼精矿，加入硝酸，在 $p_{O_2} = 1471.5 \sim 1962$ kPa、温度为 $180 \sim 220\text{℃}$ 的条件下压煮 $2 \sim 3$ h，钼大部分转成钼酸 (H_2MoO_4) 留在浸出渣中，而铼则转成高铼酸与少量钼进入溶液：

$$MoS_2 + 6HNO_3 \Longrightarrow H_2MoO_4 + 2H_2SO_4 + 6NO \qquad (7-35)$$

$$3ReS_2 + 19HNO_3 \Longrightarrow 3HReO_4 + 6H_2SO_4 + 19NO + 2H_2O \qquad (7-36)$$

反应产出的 NO 与加入的 O_2 作用，在溶液中生成硝酸，因而硝酸仅起催化作用而并无消耗，该过程中仅消耗了 O_2：

$$2NO + 1.5O_2 + H_2O \Longrightarrow 2HNO_3 \qquad (7-37)$$

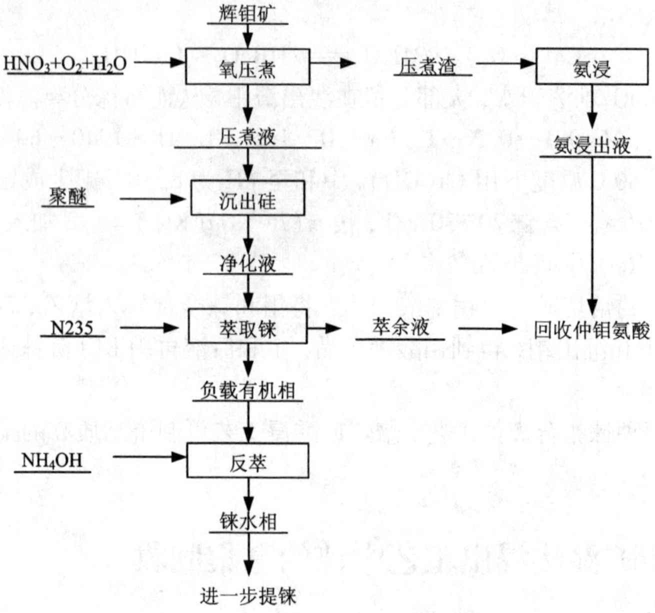
辉钼矿
$HNO_3+O_2+H_2O$
氧压煮
压煮渣
氨浸
压煮液
氨浸出液
聚醚
沉出硅
净化液
N235
萃取铼
萃余液
回收仲钼氨酸
负载有机相
NH_4OH
反萃
铼水相
进一步提铼

图 7-6　硝酸高压浸出工艺提铼的工艺流程

净化后浸出液中 Re 浓度为 0.14 g/L，经 N235 萃取，NH_4OH 反萃得到 NH_4ReO_4水溶液，该工艺过程中铼总回收率为 80%~92%[3]。含铼的钼焙烧烟尘也可用此工艺提取铼。对于硝酸分解硫化钼精矿的常压浸出工艺，铼的走向和提取途径与高压浸出工艺大致相同。工艺可用硝酸钠代替硝酸在酸性介质下氧压煮而分解硫化钼精矿[13-14]，其中铼的浸出效果与硝酸分解工艺基本相同。

2.3.2　高压碱浸出工艺

硫化钼精矿高压碱浸出工艺中提取铼的工艺流程如图 7-7 所示[3, 12]。

对含铼的硫化钼精矿（含 Mo 量为 40%~46%），按 m(钼精矿)：m(NaOH)：m(水) = 200∶115∶1800 浆化后加入高压釜，升温到 160℃，并通入氧气维持压力在 1.6 MPa，浸出 3~5 h，保持终点 pH 为 10，则钼、铼均以钠盐形式转入溶液，其浸出率均达 95%~100%[3, 12]，钼、铼在浸出流程中的主要反应为：

$$2MoS_2 + 12NaOH + 9O_2 = 2Na_2MoO_4 + 4Na_2SO_4 + 6H_2O \qquad (7-38)$$

$$4ReS_2 + 20NaOH + 19O_2 = 4NaReO_4 + 8Na_2SO_4 + 10H_2O \qquad (7-39)$$

往得到的浸出液中加入 CaO 以将钼沉淀，从而与铼分离：

$$Na_2MoO_4 + CaO + H_2O = CaMoO_4\downarrow + 2NaOH \qquad (7-40)$$

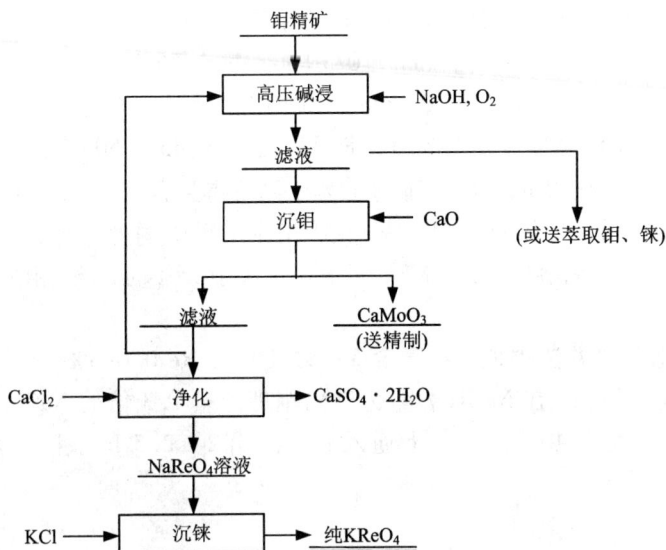

图 7-7　硫化钼精矿高压碱浸工艺中提铼的工艺流程

过滤 $CaMoO_4$ 后，继续往滤液中加入 CaO，将苛化后的溶液循环返回高压浸出：

$$Na_2SO_4 + CaO + 3H_2O === CaSO_4 \cdot 2H_2O \downarrow + 2NaOH \qquad (7-41)$$

浸出液循环浸出使铼富集到一定浓度后，抽出部分浸出液以提取铼。碱高压浸出液也可用 H_2SO_4 转型后分别萃取钼和铼，从而得到钼酸铵和铼酸铵产品[12]。

2.3.3　次氯酸钠及电氯化分解工艺

对于低品位的硫化钼矿，特别含硫量较低的矿，可采用次氯酸钠分解硫化钼，矿料中的硫化铼也与钼一同被浸出：

$$MoS_2 + 9OCl^- + 6OH^- === MoO_4^{2-} + 9Cl^- + 2SO_4^{2-} + 3H_2O \qquad (7-42)$$

$$2ReS_2 + 19OCl^- + 10OH^- === 2ReO_4^- + 19Cl^- + 4SO_4^{2-} + 5H_2O \qquad (7-43)$$

次氯酸钠分解工艺的工艺条件为：温度不大于 $40℃$，$NaOCl$ 溶液的浓度为 $20\sim40$ g/L，加入 Na_2CO_3 使溶液 $pH \approx 9$，CO_3^{2-} 浓度约为 10 g/L，其中 CO_3^{2-} 可抑制钼酸盐沉淀的产生。该工艺中，钼浸出率为 $96\%\sim98\%$。该工艺也可用于低品位钼矿的堆浸。

电氯化分解硫化钼的工艺是将浆化好的钼精矿加入装有 $NaCl$ 溶液的电解槽内，经电解食盐溶液产生 Cl_2，继而 Cl_2 与 H_2O 反应生成次氯酸根 OCl^-：

$$Cl_2 + H_2O === OCl^- + Cl^- + 2H^+ \qquad (7-44)$$

因此，硫化钼精矿在氯化钠溶液中的电解氧化分解工艺实质上也是次氯酸分解硫化钼工艺的某种形式，其分解硫化钼的原理是相同的。

硫化钼矿的成分为：Re 0.018% ~ 0.10%、Mo 4.76% ~ 28.6%、Cu 4.28% ~ 14.70%、Fe 16.3%、S 20.5% ~ 25.6%，加水浆化后加入浓度为 112 g/L 的 NaCl 溶液中，用 Na_2CO_3 调整 pH 为 8.0 ~ 8.5，温度为 45 ~ 50℃，在电流密度为 590 A/m^2 时电解 8 ~ 18 h，然后将矿浆过滤，则可得到含铼 0.02 ~ 0.04 g/L 及钼 10 ~ 18 g/L 的溶液。电溶过程中，铼、钼溶出率与料中铜含量有关，当料中铜含量小于 7% 时，铼、钼溶出率达 99%；当铜含量大于 15% 时，铼、钼溶出率则仅有 75% 左右[3]。

与电氯化分解方法类似，对于含 Mo 43.59%、Re 0.096%、S 32.27%、Cu 1.97% 的硫化钼精矿，在 NaOH 含量为浸出钼理论量 1.3 倍的 NaOH 溶液中，在液固比为 8、温度为 40℃ 的条件下通入氯气浸出 2 ~ 2.5 h，钼、铼浸出率均可达 94%[13]。

第3章　铼的沉淀分离方法

从含铼溶液中沉淀分离铼是提取铼和制取铼化合物的常用技术。

3.1　高铼酸钾(铵)沉淀法

在高铼酸溶液中加入 K^+ 或 NH_4^+ 沉淀铼是工业上用来分离铼的常用方法。高铼酸与 K^+ 或 NH_4^+ 反应生成水溶性小的高铼酸钾或高铼酸铵沉淀，而 Na^+ 和 Ca^{2+} 则不能，这是因为形成的钠或钙的高铼酸盐在水中的溶解度较大。几种高铼酸盐的水溶解度见表 7 - 3。

高铼酸钾沉淀法主要用于含铼量较高的溶液。硫化钼氧化焙烧烟气的淋洗液等，可通过循环富集将溶液中铼含量提高到一定程度，然后加入 K^+ 将铼沉淀出来：

$$HReO_4 + KCl \Longrightarrow KReO_4 + HCl \qquad (7-45)$$

对于含钼的溶液，则可加入 Ca^{2+} 先将钼沉淀与铼分离，如含 Mo $0.5 \sim 17$ g/L、Re 0.1 g/L 的溶液，加入 $CaCl_2$ 时，由于 $CaMoO_4$ 在水中的溶解度(20℃)为 0.34 g/L，小于同温度下高铼酸钙的溶解度(1.77 g/L)，因而可以把溶液中的 Mo 沉淀脱除，铼则保留在溶液中。脱钼后的高铼酸溶液经蒸发浓缩，使铼浓度达 $10 \sim 30$ g/L 时，按 $m(KCl)/m(KReO_4) = 2 : 1$ 的比例加入 KCl，将铼沉淀得到粗 $KReO_4$，再用 100℃ 热水重溶之后，冷却结晶。经多次重结晶操作，便可得到较纯的高铼酸钾产品[12]。

3.2　甲基紫沉淀法

甲基紫(染料)，ZCl，又称为氨基三苯甲烷系染料。甲基紫沉淀铼选择性高，在分析化学中早有应用，也可用于工业生产分离铼。对含 Re 0.25 g/L、Mo 12 g/L、H_2SO_4 34.76 g/L 的溶液，调整 pH 到 $8.0 \sim 8.5$，加入用苯稀释的甲基紫 ZCl 来沉淀铼，钼则会保留在溶液中，其中 ZCl 的用量为铼量的 $3 \sim 4$ 倍：

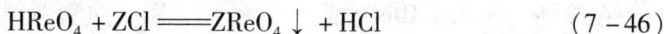

$$HReO_4 + ZCl \Longrightarrow ZReO_4 \downarrow + HCl \qquad (7-46)$$

此时，沉铼率为 91% ~ 97%，得到的 $ZReO_4$ 沉淀物用 200 g/L 的 NH_4OH 溶液溶解，于液固比为 4、温度为 40℃ 的条件下，铼溶出率为 90% ~ 95%。由此便可

得到 NH_4ReO_4 溶液：

$$ZReO_4 + NH_4OH \Longrightarrow ZOH + NH_4ReO_4 \qquad (7-47)$$

过滤分离 ZOH 后，溶液浓缩、冷却、结晶得到 NH_4ReO_4 粗品，NH_4ReO_4 粗品在100℃纯水中溶解再冷却至5~7℃重结晶(反复2~3次)，可制得纯的 NH_4RO_4 产品，ZOH 经 HCl 再生得到的 ZCl 可返回沉铼用[3]：

$$ZOH + HCl \Longrightarrow ZCl + H_2O \qquad (7-48)$$

3.3　硫化沉淀法

在硫酸或盐酸介质中，高铼酸 $HReO_4$ 可被 H_2S、Na_2S、SO_2 和 $Na_2S_2O_3$ 还原成低价硫化物或低价铼酸而从溶液中沉淀出来。该方法可用于从含铼浓度低至数十毫克每升的溶液中分离铼。

在酸性介质中，用 H_2S 可将 $HReO_4$ 还原成 Re_2S_7 沉淀：

$$2HReO_4 + 7H_2S \Longrightarrow Re_2S_7 + 8H_2O \qquad (7-49)$$

但铼浓度较低时，沉淀产物可能是 $HReO_3S$。

对于硫代硫酸钠，在酸性介质中可分解出 SO_2 和 S：

$$Na_2S_2O_3 + H_2SO_4 \Longrightarrow Na_2SO_4 + SO_2 + S\downarrow + H_2O \qquad (7-50)$$

再与 $HReO_4$ 反应：

$$2HReO_4 + 3SO_2 + 2H_2O \Longrightarrow 2ReO_2\downarrow + 3H_2SO_4 \qquad (7-51)$$

$$2HReO_4 + 7SO_2 + 4S + 6H_2O \Longrightarrow 2ReS_2\downarrow + 7H_2SO_4 \qquad (7-52)$$

得到的铼沉淀物可能是 ReO_2 和 ReS_2 的混合物[3]。

某厂对含铼量为 0.1 g/L 的溶液，在净化除铜、镉后，先加入浓度为20%的 H_2SO_4 溶液调整酸度，再加入 Na_2S 使溶液中铼以硫化物形式沉出，得到含铼量为0.4%~0.5%的富铼渣，此时铼沉淀率达90%。之后，将铼渣配入3%的 Na_2CO_3 中并在350℃温度下烧结，然后水浸，则铼以高铼酸的形式转入溶液，再往溶液中加 KCl 即可得到 $KReO_4$[3]。

3.4　置换沉淀法

在碱性介质中 $HReO_4$ 能被金属锌置换，生成带结晶水的 ReO_2：

$$2ReO_4^- + 3Zn + 8H_2O \Longrightarrow 2(ReO_2 \cdot 2H_2O) + 8OH^- + 3Zn^{2+} \qquad (7-53)$$

在酸性介质中 $HReO_4$ 能被金属锌、铜、铁置换，铼置换产物中部分为 $ReO_2 \cdot 2H_2O$，其余为 Re：

$$2ReO_4^- + 3Me + 8H^+ \Longrightarrow 2(ReO_2 \cdot 2H_2O) + 3Me^{2+} \qquad (7-54)$$

$$2ReO_4^- + 7Me + 16H^+ \Longrightarrow 2Re + 8H_2O + 7Me^{2+} \qquad (7-55)$$

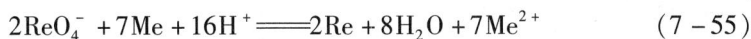

式中：Me 为 Zn、Cu、Fe。

置换沉淀铼的几个实例见表 7-13[3]。

表 7-13　置换沉淀铼的工艺条件及结果

原液		添加物/(g·L⁻¹溶液)			工艺条件		置换后液中 Re 含量/(mg·L⁻¹)	置换率/%	置换渣中 Re 含量/%
Re 含量/(mg·L⁻¹)	pH	Fe 粉	Cu 粉	Zn 粉	温度/℃	时间/min			
0.015	1.15	1.5	20	—	40	60	—	83	—
0.0033	2.30	20		—	80	5	0.0002	91	0.002
6	NaOH, 50 g/L	—	—	锌板	室温	60	2	—	0.1 ~ 0.2
15	NaOH, 0.1 g/L	—	—	Re 量的 35 ~ 45 倍	80	120	—	约 100	—

置换法沉淀铼的工艺简单，对于铼含量较低的溶液，不失为简便的处理方法。

第4章 铼的溶剂萃取与萃取剂

溶剂萃取法富集铼的工艺已较成熟，是目前工业生产中分离提取铼的主要方法。胺类、膦类、酮类、醇类等萃取剂应用较多，其中以 N235 和 TBP 用于工业萃取铼为普遍[15-18]。

4.1 胺类萃取剂

胺类萃取剂分为伯、仲、叔胺和季铵盐类。伯、仲、叔胺属于中等强度的萃取剂，必须先与质子结合形成铵阳离子才能起到萃取作用，而季铵盐类萃取剂本身具有铵阳离子，在一般的溶液条件下均能实现离子的萃取分离。铼无论是在碱性溶液中还是酸性溶液中，通常以 ReO_4^- 的阴离子形式存在，因此铼的萃取过程即胺类萃取剂质子化后与 ReO_4^- 生成溶剂配合物（$R_3N \cdot HReO_4$）而被萃取的过程。

胺类萃取剂中应用较多的是叔胺萃取剂，其中异辛基伯胺不萃取铼，可能是空间位阻造成的，即在胺分子的结构中，氮原子旁边有两个支链，阻碍了它与 ReO_4^- 的相互作用；三异辛胺在硫酸浓度为 20%～40% 时，能较好地萃取铼。三正辛胺对铼有极好的萃取性能，它的萃取能力大于异戊醇和磷酸三丁酯。三正辛胺在煤油中的浓度降至 0.05% 时，铼的萃取率仍在 96% 以上。用有机胺从各种无机酸（HNO_3、H_2SO_4、HCl）中萃取铼时，都伴随发生酸的竞争萃取，即所谓成盐反应。这是因为所有的胺都具有碱性，它们可与酸发生中和反应，而生成相应的胺盐。为了提高胺盐在有机相中的溶解度，可在稀释剂中添加高碳醇、磷酸三丁酯（TBP）或甲基异丁基酮（MIBK）等助溶剂，从而防止第三相的生成。

4.1.1 叔胺萃取剂

4.1.1.1 三正辛胺（TOA）

三正辛胺（TOA）可从氯盐或硫酸介质中提取铼（Ⅶ）。在辉钼矿焙烧烟尘含钼、铼的浸出液中，用 TOA-煤油体系可从硫酸介质中选择性萃取铼，最佳萃取条件为：5% 的 TOA+煤油，接触时间为 15 min，温度为 25℃，搅拌速度为 250 r/min，硫酸介质的浓度为 1 mol/L，相比 A:O=0.4:1，此时钼萃取率小于 30%，而铼萃取率大于 99%。采用 5 mol/L 硝酸能从负载有机相中反萃铼，其最佳条件为：相比 A:O 为 1:1，接触时间为 15 min，温度 25℃，此时铼反萃率达

99%，在此条件下，钼的反萃率仅为 31%[19]。

TOA 萃取铼(Ⅶ)为离子缔合作用，机理为：

$$R_3N + H^+ + HSO_4^- \Longrightarrow [R_3NH^+][HSO_4^-] \qquad (7-56)$$

$$[R_3NH^+][HSO_4^-] + ReO_4^- \Longrightarrow [R_3NH^+][ReO_4^-] + HSO_4^- \qquad (7-57)$$

总的萃取方程式为：

$$R_3N + H^+ + ReO_4^- \Longrightarrow [R_3NH^+][ReO_4^-] \qquad (7-58)$$

也有报道指出，TOA 萃取 ReO_4^- 时生成一溶剂络合物 $R_3N \cdot HReO_4$ 和二溶剂络合物 $(R_3N)_2 \cdot HReO_4$。二溶剂络合物的存在，有可能是聚合作用造成的。

在不同的温度下(5～30℃)，萃取剂 TOA 对 ReO_4^- 的萃取率均接近 99%，且低温利于铼的萃取。在较高的酸度下，TOA 对钼和铼的分离具有很好的效果，但 TOA 萃取剂价格昂贵，这使得其在工业萃取分离铼上的应用受到限制[20]。

4.1.1.2　三烷基胺(N235)

N235 萃取剂为三(辛－癸)烷基叔胺，是一种碱性萃取剂，其萃取机理主要有两种：阴离子交换反应和胺盐的加合反应。在溶液中的铼以 ReO_4^- 阴离子形式存在，其按以下方式被 N235 萃取：

$$R_3N + H^+ \Longrightarrow R_3NH^+ \qquad (7-59)$$

$$R_3NH^+ + ReO_4^- \Longrightarrow [R_3NH^+][ReO_4^-] \qquad (7-60)$$

N235 可在不同酸度下的含钼铼料液中萃取铼，其操作简便，选择性较强，易实现机械化和自动化，目前已广泛用于工业生产。对于钼精矿的硫酸浸出液和氧压酸浸出液，用 N235 萃取法从溶液中可分别回收铼和钼，从而生产高铼酸铵和钼酸铵。钼和铼的总回收率分别在 97% 和 90% 以上[10, 21]。

有研究从电氧化辉钼矿浸出液中萃取回收钼、铼[22]，其萃取条件为：有机相为 30% N235－20% 仲辛醇－50% 煤油，室温，相比 A:O 为 1:2，料液为 59 g/L 的 HCl，萃取时间为 5 min，此时钼、铼单级萃取率分别达到 99.95% 和 95.76%，以浓度为 17% 的氨水为反萃剂，在相比 A:O 为 2:1、室温条件下，钼、铼的反萃率分别达到 99.49% 和 98.35%。用 N235 萃取钼、铼离子时，N235 的叔胺基与溶液中的离子发生了配位反应，钼和铼分别以 $(R_3NH_2)_2[(MoO_2)_2Cl_6]$ 和 $R_3NH \cdot ReO_4$ 的形式被萃取。

从辉钼矿焙烧的烟尘浸出液中回收铼的工艺为：先用石灰中和沉淀除去大部分的钼、铜、砷等离子，得到的浸出液中含铼 80～260 mg/L 和钼 80～90 mg/L，之后用 10% N235－10% 异癸醇－80% 溶剂油的有机相进行萃取，负载有机相中含 6.2 g/L 铼和 1.29 g/L 钼，经 30% 氢氧化铵反萃，反萃液中含 29.9 g/L 铼和 5.63 g/L 钼。最后，加硫酸调节溶液 pH 为 6.8～8，得到纯度大于 99.8% 的高铼酸铵，铼总回收率在 85% 以上[23]。

另外，有研究从含钼、铼的酸洗母液中，用 N235 萃取分离富集铼，其萃取条件为：有机相为 20% N235 + 15% 仲辛醇 + 65% 煤油，萃取料液的酸度控制在 1.5 mol/L以上，相比 A∶O 为 1∶2，萃取混合时间为 1 min 左右。在反萃时，氨水浓度控制在 7 mol/L 以上。经以上过程得到的铼富集液中铼浓度在 2g/L 以上，经加热浓缩后，可得到铼酸铵产品[24]。

国内某铜冶炼厂硫酸净化洗涤液产出的污酸中铼含量为 20 mg/L 左右，以 20% N235 –40% 煤油 –40% 仲辛醇为有机相对其进行萃取，相比 A∶O 为 30∶1，采用三级逆流萃取 3 ~5 min，水洗 3 ~5 次；其反萃条件为：以 4 mol/L NH₄OH 溶液为反萃液，相比 A∶O 为 1∶5，三级逆流反萃 3 min。此时，铼的萃取率为 96%，反萃率为 96%。富铼水相再经浓缩结晶制得纯度为 99% 的 NH_4ReO_4 产品，此时浓缩结晶回收率为 94%，总回收率大于 85%[25]。

4.1.1.3 氨基酚类叔胺萃取剂 NBEA –2

用氨基酚类的叔胺萃取剂 N –(2 –羟基 –5 –壬基苯甲基) –β –羟基乙基甲基胺(NBEA –2)可从硫酸溶液中萃取铼[26]。NBEA –2 通过阴离子交换机理来萃取溶液中的铼离子。采用 0.2 mol/L 的 NBEA –2/辛醇有机相可萃取水溶液中浓度为 2.02 g/L 的铼，其中溶液 pH = 1、相接触的时间为 10 min、相比 A∶O 为 10∶1，此时铼的萃取率达到 70.2%。然后，采用浓度为 10% 的氨溶液可完全反萃取负载有机相中的铼，反萃率达到 97.9%。

4.1.2 伯胺萃取剂

三烷基甲胺(伯胺，Primene JMT)单独体系以及与三辛基氧化膦(TOPO)、磷酸三丁酯(TBP)的混合物可从硫酸介质中萃取铼[27]。在硫酸介质中，ReO_4^- 与 Primene JMT 以 1∶1 的比例形成离子缔合物，其萃取反应为：

$$2ReO_4^- + (RNH_3)_2SO_4 \Longrightarrow 2RNH_3^+ReO_4^- + SO_4^{2-} \qquad (7 –61)$$

Primene JMT、TOPO、TBP 三者中，在强酸性溶液下 TOPO 萃取铼的效果最好；而在其他条件下，Primene JMT 萃取铼的效果更好。此外，Primene JMT 和 TOPO 以及 Primene JMT 和 TBP 的混合溶剂对弱酸性溶液中铼的萃取具有一定的协同作用。

4.1.3 仲胺萃取剂

用二异十二烷胺(DIDA)萃取剂从黑钨矿石的浸出液中提取铼，萃取有机相由体积分数为 15% 的 DIDA 萃取剂(其中含 86% DIDA 和 14% TOA)和 85% 的煤油组成。进行两级萃取时，A∶O 为 1∶1 到 1∶2 时，负载有机相用浓度为 1∶1 的氨水反萃，铼、钼的回收率均高于 99%。有机相用 10% 的硫酸再生，可循环使用[28]。

4.1.4　季铵盐类萃取剂

从碱性料液中提铼一般采用季铵盐萃取剂，如氯化三烷基甲胺 N263（R_3NCH_3Cl，其中 $R = C_{7\sim9}$）。季铵盐与高铼酸根之间的离子缔合能力很强，不仅分离钼、铼效果好，而且分离系数较高。与此同时，它也会使铼离子的反萃变得困难，因此要用硫氰酸铵反萃。实验表明，当料液中 OH^- 浓度为 1 mol/L 时，季铵盐 N263 对铼的萃取率达 98%，对钼的萃取率仅为 4%；如果 OH^- 浓度为 3 mol/L 时，季铵盐对钼几乎不萃取。

在酸性体系中，N263 可从浓度为 0.2 mol/L 且不含钼的氯化物介质中萃取铼，其萃取率大于 99%，这是一种在酸性料液中用季铵盐萃取分离铼的方法[29]。季铵盐 N263 从含铼的弱酸溶液（pH = 1～3）中萃取钼时[30]，其分离系数（$\beta = D_{Mo}/D_{Re}$）取决于钼和铼的浓度以及溶液中 NO_3^- 的浓度。当钼和 NO_3^- 浓度增加时，β 亦随之增大，升高温度也有相同的效果。当铼浓度较低时，使用高分子醇作添加剂会使钼的萃取率提高；当铼浓度较高时，使用乙酰苯作添加剂会使钼的萃取率提高。

美国矿务局提出了用季铵盐 R_3CH_3NCl（R 代表己基）萃取回收钼和铼的工艺。在 pH = 12 时，季铵盐 R_3CH_3NCl 可以选择性地萃取铼；在低 pH 时，可以萃取钼。负载有机相用 1 mol/L 高氯酸反萃铼。

4.2　中性磷类萃取剂

中性磷类萃取剂主要有磷酸三丁酯（TBP）、三苯基氧化膦（TPPO）、六丁基磷酰三胺（$[(C_4H_9)_2N]_3PO$，HBTA）等。中性磷类萃取剂的萃取特点是被萃取物质以中性分子的形式与萃取剂结合生成中性分子络合物而进入有机相，达到分离的目的。中性磷类萃取剂具有选择性高、萃取酸度低和易反萃等优点，但萃取容量和分离系数较低。

在 HCl 体系中用 TPPO 萃取分离钼、铼，对铼（Ⅶ）的最佳萃取浓度为 6.78～7.91 mol/L；对钼的最佳萃取浓度为 2.54～3.10 mol/L[31]。在硫酸、盐酸、硝酸介质中用 HBTA 萃取铼（Ⅶ）和钼（Ⅵ），在 1.5 mol/L 硫酸条件下，钼的萃取率为 93%～94%，铼的萃取率为 99.4%[32]，其萃取机理为：

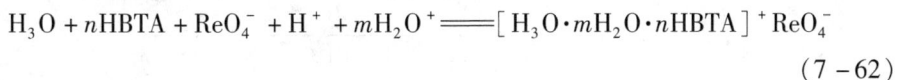

$$H_3O + nHBTA + ReO_4^- + H^+ + mH_2O^+ \rightleftharpoons [H_3O \cdot mH_2O \cdot nHBTA]^+ReO_4^-$$

$$(7-62)$$

ReO_4^- 与 TPPO 形成的萃合物组成取决于溶液的酸度，ReO_4^- 与 TPPO 形成萃合物的物质的量之比为 1:1～2:1；当采用 TBP 进行萃取时，TBP 与 ReO_4^- 形成萃合物的物质的量之比约为 4，中性磷酸酯的萃铼机理为：

$$nS + H_3O^+ + ReO_4^- + mH_2O =\!=\!= [S_n(H_3O)(H_2O)_m ReO_4] \quad (7-63)$$

TBP萃取铼应用广泛,当TBP在煤油中的浓度足够高时,其对铼的萃取非常有效,但当用100%TBP或高浓度TBP-煤油溶液为有机相时,分相困难,并可能产生乳化现象。

在工业实践中,TBP萃取法可用于净化高铼酸钾,并使其转化成高铼酸铵,其过程为:把高铼酸钾溶解于0.3 mol/L HCl溶液中,用TBP萃取浓度约为8 g/L的KReO₄溶液,相比A:O为0.35:1,萃入有机相中的铼用氨水反萃取,最后从反萃液中结晶出高铼酸铵。

TBP的萃取工艺也可用于制备高铼酸,其工艺流程为:先用硫酸将浓度为25 g/L高铼酸铵溶液的pH调为1,再用50%TBP-甲苯萃取溶液中的ReO₄⁻;随后在温度为80℃的条件下,用水将负载有机相中的ReO₄⁻反萃,得到浓度为70 g/L的高铼酸溶液。经过多次萃取与反萃取操作,可以实现ReO₄⁻与NH₄⁺的完全分离,最终得到浓缩了4倍的含铼浓度为300 g/L的高铼酸溶液,其中Na、K、Mg以及NH₄⁺等杂质的含量不超过0.01 g/L[33]。

用TBP从钼精矿焙烧烟尘浸出液中萃取分离铼和钼时,水溶液酸度对TBP萃取钼、铼的影响较大,如图7-8所示。溶液pH越低,铼的萃取率越高,当pH=1.2时,钼的萃取率达到最大;当浓度接近1 mol/L时,40%TBP-煤油体系对铼(Ⅶ)的萃取选择性好,且基本不萃取钼[34],这一特性可用于铼与钼的分离。

采用40%TBP-煤油从焙烧烟尘含Mo、Re、Fe的浸出液中分离铼和钼,调节

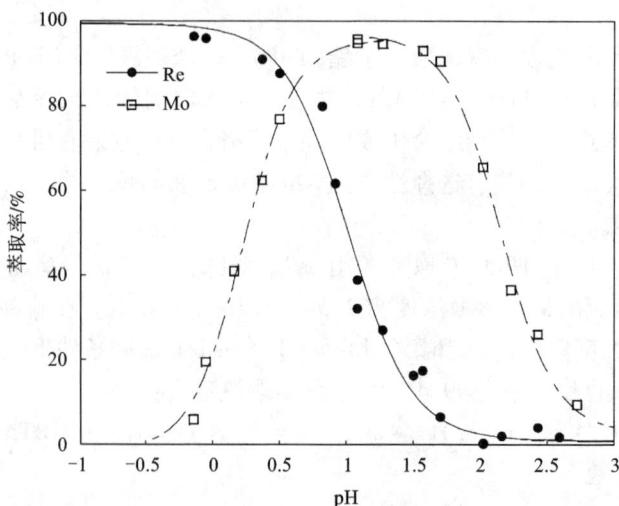

图7-8 40%TBP-煤油体系萃取铼、钼的酸度影响曲线

溶液 pH = 2、相比 A∶O 为 1∶1、二级萃取，Mo 的萃取率为 100%，用氨水可将其反萃；将含铼的萃余液浓度调整到 1 mol/L，以相比 A∶O 为 1.5∶1，二级萃取，Re(Ⅶ)的萃取率为 100%，萃余液可回用调酸，负载铼的有机相用氨水反萃，制得高铼酸铵产品。

　　某含铼的辉钼矿精矿渣先用硝酸酸浸，浸出液含 Mo 8.2 g/L、Fe 1.5 g/L、Cu 0.5 g/L、Re 0.006 g/L；溶液分别采用 TBP 萃取铼和 Lix984N 萃取钼，以 60% TBP - 煤油体系为有机相，在相比 A∶O 为 1∶2、低 pH 时，铼被优先萃取，其萃取率达到 94%，而钼萃取率小于 10%。萃铼后液在 pH 较低时，用 30% Lix984N - 煤油体系萃取萃余液中的钼离子，钼萃取率高于 94%[35]。

4.3　酮类萃取剂

　　酮类萃取剂不需要反萃取，酮类萃取剂与碱熔法配合使用不需进行介质的酸碱性转换即能获得较好的分离效果，但其萃取能力相对较低，目前也仅限于岩石中微量铼含量的测定分离[17]。

　　酮类萃取剂起作用的官能团是—C ═O，其萃取能力从大到小的顺序为：丙酮 > 二苯甲酮 > 环己酮[36]。当金属离子浓度较小时，对铼均有较好的萃取效果；当体系 OH⁻ 浓度增大时，三者对铼的萃取能力均呈下降趋势。丙酮是较为理想的萃取剂，即使在大量钼共存条件下，丙酮对铼仍有较高的萃取能力，而对钼不萃取。

4.4　醇类萃取剂

　　在醇类萃取剂中，异辛醇、正己醇都能萃取铼，用异戊醇作萃取剂从盐酸或硫酸溶液中提取和富集铼已实现了工业应用。

　　当盐酸或硫酸浓度在 5 mol/L 以上时，异戊醇对铼的萃取率可以达到 84% 以上，钼∶铼分离效果良好。异戊醇萃取铼和用浓度为 10% 的 NH_3H_2O 溶液对其反萃，机理分别为：

$$C_5H_{11}OH + H^+ + ReO_4^- \Longrightarrow C_5H_{11}OH_2^+ ReO_4^- \tag{7-64}$$

$$C_5H_{11}OH_2^+ ReO_4^- + NH_4OH \Longrightarrow C_5H_{11}OH + NH_4ReO_4 + H_2O \tag{7-65}$$

　　法国与波兰等国用异戊醇萃取硫化钼焙烧烟气淋洗液中的铼，其工艺流程如图 7 - 9 所示，其淋洗液组成为：Re 0.3 ~ 0.8 g/L、Mo 0.5 ~ 17 g/L、H_2SO_4 50 ~ 150 g/L。用 20% ~ 100% 异戊醇萃取铼，铼和钼的分离配比分别为 D_{Re} 50 ~ 100、D_{Mo} 0.02 ~ 0.13，较好实现了铼与钼的分离，负载有机相浓度为用 10% 的 NH_4OH 反萃，得到铼钼质量比达 10 ~ 20 的 NH_4ReO_4 水相，往水相中加入

NH$_4$OH，会结晶析出 NH$_4$ReO$_4$，其纯度达99.6%，结晶母液用 KCl 沉出剩余的 Re，两部分的铼产物重溶后经离子交换得到 NH$_4$ReO$_4$ 产品[3]。

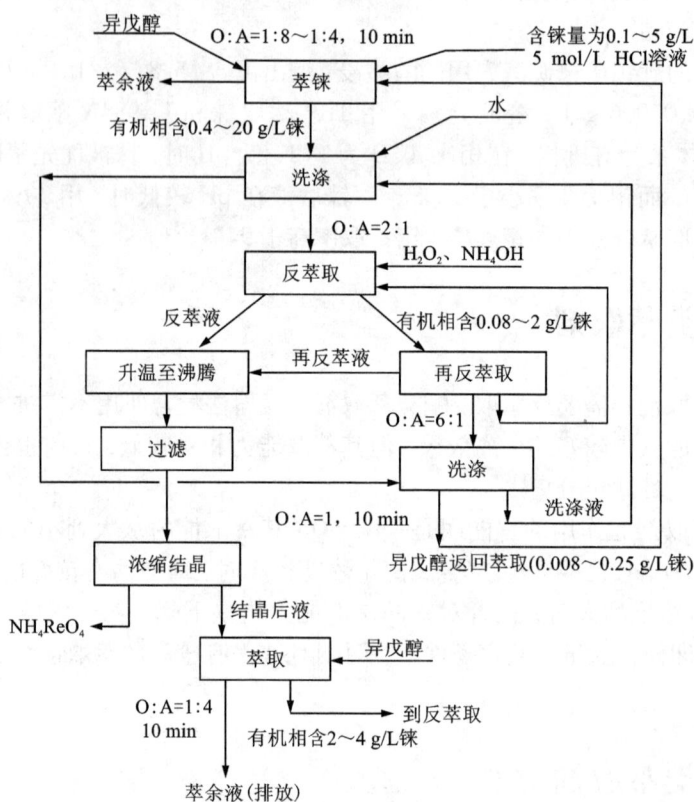

图 7-9 异戊醇萃取铼的工艺流程

从盐酸溶液中用异戊醇萃取铼，铼的回收率可在90%以上，制得的 NH$_4$ReO$_4$ 的纯度达到99%。在盐酸介质中，异戊醇除了萃取铼(Ⅶ)外，还能萃取盐酸，在 HCl 浓度为 6~9 mol/L 时，铼(Ⅶ)的萃取率随盐酸浓度上升而下降，这是因为共萃 HCl 而造成了竞争。用异戊醇萃取铼(Ⅶ)，常会产生第三相，且铼(Ⅶ)与杂质分离效果不好，造成铼(Ⅶ)的回收率降低。此外，异戊醇的水溶性大、易挥发，导致试剂消耗量大，成本高。

C$_7$~ C$_{10}$脂肪醇可从 HCl 和 H$_2$SO$_4$ 溶液中萃取铼(Ⅶ)[37]，在 HCl 或 H$_2$SO$_4$ 介质中，铼(Ⅶ)的萃取率在酸浓度为 4~7 mol/L 时达到最大，其在 H$_2$SO$_4$ 介质中的萃取率高于 HCl 介质。随着脂肪醇碳量从 C$_7$ 增长至 C$_{10}$，铼(Ⅶ)的萃取率略有减少。研究表明，辛醇对铼和硫酸的萃取能力取决于醇的结构[38]。从正辛醇到

3 - 辛醇，其对铼（Ⅶ）的萃取能力增加。铼的分配比 D_{Re} 在酸浓度为 4 ~ 7 mol/L时达到最大。辛醇对铼的萃取顺序为：3 - 辛醇 > 2 - 辛醇 > 正辛醇，且 3 - 辛醇对铼（Ⅶ）的萃取能力是正辛醇的 5 倍，这主要归因于辛醇异构体具有不同的碱性效应。当溶液中 H_2SO_4 浓度高于 7 mol/L 时，辛醇对铼（Ⅶ）的萃取能力急剧下降，这是由萃取剂的组成和铼在溶液中的形态变化所引起的。

4.5　乙酰胺萃取剂（N503、A101）

异戊醇萃取剂的主要缺点是损耗大，成本高；叔胺萃取剂虽有萃取能力强、铼回收率高及富集倍数高的优点，但钼、铼分离选择性差；使用季胺盐作萃取剂虽有较高的钼铼分离系数，但反萃取时需用硫氰酸铵，萃取剂的再生较困难，而且萃取需在碱性介质（pH 约为 11）中进行。酰胺类萃取剂具有铼回收率高、铼钼分离效果好、反萃取容易及水溶性小等优点。

N，N - 二（1 - 甲基庚基）乙酰胺（N503）或 N，N - 二正混合基乙酰胺（A101）对铼（Ⅶ）的萃取选择性比异戊醇好。N503 从盐酸体系中萃取铼（Ⅶ），反应机理是通过离子缔合作用发生的阴离子交换反应：

$$CH_3CONR_2HCl + ReO_4^- \Longrightarrow CH_3CONR_2HReO_4 + Cl^- \qquad (7-66)$$

当起始水相 pH = 1.0 时，采用 0.8 mol/L N503 萃取铼，其萃取率可达 99.4%；反萃剂用 25% 的 HNO_3 可完全反萃负载有机相中的 Re（Ⅶ）。N503 可用于钼精矿中铼（Ⅶ）的提取，在 1.8 mol/L 的 H_2SO_4 溶液介质中可使铼、钼分离[39]。

用 30% A101/二乙苯在各种酸的不同酸度下萃取铼的能力从大到小为：H_2SO_4 > HCl > HNO_3 > $HClO_4$。在浓度为 1.5 ~ 3 mol/L 的 H_2SO_4 介质中，铼的分配比 D_{Re} 为 100 ~ 500；如介质分别为浓度大于 4 mol/L 的 H_2SO_4 或浓度为 8 mol/L 的 HCl 时，则会有部分 $HReO_4$ 转化为 Re_2O_7，导致铼萃取率下降；添加浓度为 1 ~ 2 mol/L 的 Na_2SO_4，有利于 Mo（Ⅵ）与 Re（Ⅶ）的萃取分离。

4.6　协同萃取

4.6.1　N1923 - TBP

伯胺 N1923 是重要的国产胺类萃取剂，但伯胺类萃取剂单独萃取铼的效果不理想[40-41]。当伯胺与含磷（膦）类萃取剂混合使用时，能产生协同效应，构成的协同萃取体系比单一萃取体系具有更好的选择性，并能够改善萃取过程的热力学、动力学性能和提高萃取饱和容量。用伯胺与磷酸酯协同萃取铼，在 pH 为

7～12 的碱性介质中，铼萃取率大于90%，且对钼几乎不萃取，这就使得难以分离的钼得到分离，同时在碱性条件下还可除去 Fe、Ni、Pb 等的氧化物及硫酸盐杂质[42-43]。比较 N1923 与 TBP(磷酸三丁酯)、TOPO(三辛基氧化磷)、TRPO(三烷基氧化磷)、亚磷酸三丁酯这四种广泛采用的中性磷(膦)类萃取剂的协同萃取效果，它们的协同萃取效应为 N1923 - TOPO > N1923 - TRPO > N1923 - 亚磷酸三丁酯 > N1923 - TBP，虽然 N1923 - TBP 体系的协萃效应低于其他体系，但已足够满足钼铼分离的要求，其萃取机理为：

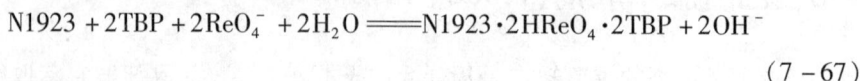

$$N1923 + 2TBP + 2ReO_4^- + 2H_2O \rightleftharpoons N1923 \cdot 2HReO_4 \cdot 2TBP + 2OH^-$$

$$(7-67)$$

在碱性介质中，N1923 - TBP 协同萃取铼已应用到含钼料液中钼、铼的分离回收。在硫酸地浸采铀工艺中，铀和铼分别以 $[UO_2(SO_4)_2]^{2-}$、$[UO_2(SO_4)_3]^{4-}$、ReO_4^- 阴离子形式转入地浸液，同时被阴离子交换树脂 D231 吸附。采用一定浓度的硝酸盐或氯化物解吸树脂中的铀，再以 10% NH_4NO_3 - 8% NH_4OH 解吸树脂中的铼。该解吸液以有机相 30% N1923 - 50% TBP - 20% 磺化煤油来萃取铼，在 pH = 9.5 时萃取效果最佳，有机相用 3% 的 NaOH 反萃铼，萃取和反萃相比均控制为1:1，此时铼的萃取率可达99%以上，反萃率达97%以上。解吸液中大量铀的存在不影响铼的萃取，硝酸根的存在对铼的萃取率影响也较小。N1923 - TBP 协同萃取法可有效用于铀提取工艺树脂解吸液中铼的回收[44]。

4.6.2　N235 - TBP

用磷酸三丁酯(TBP)和三烷基胺(N235)的混合物作为萃取剂可从含铼、钼的碱性溶液中提取铼。研究表明，由 20% N235 - 30% TBP - 煤油体系从含钼溶液中萃取铼，最佳萃取条件为：料液的 pH 为 9.0，温度为室温，水和有机相的体积比为1:1。在此条件下，铼的萃取率为 96.8%，而钼的萃取率仅为 1.7%，铼、钼的分离系数为 17×10^3，分离效果好。用 18% 的氨水从负载有机相中反萃铼，其反萃条件为 A:O = 1:1，温度为 40℃，接触时间为 10 min。此时，铼的反萃率约为 99.3%[45]。

4.6.3　季铵盐 7407 - TBP

采用季铵盐 7407(氯化三烷基苄基胺) 与磷酸三丁酯 TBP 可协同萃取铼，料液成分为：Re 0.3 g/L、Mo 8 g/L、$(NH_4)_2SO_4$ 200 g/L。当 pH 为 9～10 时，采用 1% 7407 - 10% TBP/煤油作萃取剂时，铼的萃取率大于 99%，萃余液中铼含量小于 0.002 g/L。

4.6.4　其他协萃体系

选用工业常用的 4 种胺类萃取剂(伯胺 N1923、仲胺 N298、叔胺 N235 及季铵盐 N263)分别和 2 种中性磷氧协萃剂(磷酸三丁酯 TBP 和三丁基氧化膦 TBPO)组成的 8 种协萃体系，研究了不同酸度对钼、铼协萃性能的影响[46]，见表 7 – 14。

表 7 – 14　8 种胺类协萃体系的组成及其分离的钼、铼性能

编号	协萃体系	协萃效应
1	N1923/TBP/正庚烷/异辛醇	钼无协萃效应，铼有协萃效应，pH = 3.0 时可实现 N1923 的单萃分离
2	N298/TBP/正庚烷/异辛醇	钼有协萃效应，铼协萃效应小，pH = 1.0 时可实现协萃分离
3	N235/TBP/正庚烷/异辛醇	钼、铼有协萃效应，pH = 1.0 时可实现协萃分离
4	N263/TBP/正庚烷/异辛醇	钼、铼无协萃效应，pH = 3.0 时可实现单萃分离
5	N1923/TBPO/正庚烷/异辛醇	钼有反协萃效应，铼有协萃效应，pH = 3.0 时可实现单萃分离
6	N298/TBPO/正庚烷/异辛醇	钼无协萃效应，铼有协萃效应，pH = 1.0 时可实现单萃分离
7	N235/TBPO/正庚烷/异辛醇	钼有反协萃效应，铼有协萃效应，pH = 1.0 时可实现单萃分离
8	N263/TBPO/正庚烷/异辛醇	钼、铼无协萃效应，pH = 3.0 时可实现单萃分离

第 5 章 树脂吸附法分离提取铼

离子交换树脂法是利用离子交换树脂的活性基团与溶液中的含铼离子发生离子交换作用，从而实现铼与其他离子的分离；萃淋树脂是将萃取剂接入大孔型树脂的基体上的一种树脂，其吸附离子的操作方式与交换树脂相同，其作用机理与溶剂萃取类似。两类树脂都具有操作方便、环境污染小、回收率高以及树脂能够再生等优点。

5.1 离子交换树脂提取铼的工艺

含铼溶液中铼通常以 ReO_4^- 阴离子形式存在，故可以阴离子交换树脂来提取铼。离子交换树脂从结构上可分为凝胶型和大孔型两类。依据离子交换树脂的结构和活性基团解离程度的不同，阴离子交换树脂可再分为强碱性阴离子交换树脂、弱碱性阴离子交换树脂和螯合型阴离子交换树脂。这些树脂均能从溶液中吸附铼，但其吸附和解吸的性能各有不同。一般而言，对同一结构的树脂，强碱型阴离子树脂在酸性介质吸附铼时的容量和铼钼分配系数大于弱碱型树脂，但弱碱型树脂吸附的铼可用 NH_4OH 或 $NaOH$ 溶液洗脱而直接得到 NH_4ReO_4 或 $NaReO_4$ 溶液，而强碱型的阴离子树脂则需更强的络合剂（如 NH_4SCN 或 HNO_3 或 $HClO_4$）才能洗脱吸附的铼[47]。另外，同一吸附官能团的树脂，凝胶型的吸附容量和铼钼分离系数都远大于大孔型树脂，如图 7 - 10 所示[3,47]。因此，为吸附和方便洗脱铼及避免使用有毒的洗脱剂，建议选择弱碱性的凝胶型树脂，但这并不是选择树脂的唯一依据，实际中应从树脂的吸附性能和洗脱性能两方面来综合评价。

对于钼冶金焙烧烟气的淋洗液和硫化钼精矿氧压浸出酸分解液等含铼溶液，采用离子交换树脂吸附铼时，需着重解决其与钼的分离问题。在这些含钼溶液中，钼通常也以钼阴离子 MoO_4^{2-} 形式存在，MoO_4^{2-} 与 ReO_4^- 存在竞争吸附，但 MoO_4^{2-} 的结构比 ReO_4^- 大，利用这种差异，可通过筛选合适的树脂进行选择性吸附，以使铼、钼分离。对含钼、铼的混合溶液也有采用阴离子交换树脂先吸附钼，然后再用阴离子树脂吸附铼的做法，如图 7 - 11 所示[47]。

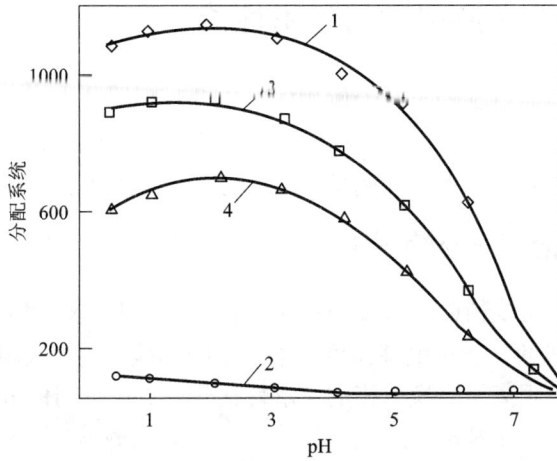

图 7 - 10　大孔型与凝胶型两类型树脂对 Re 与 Mo 的分配系统

（PH = 1～7 的 H_2SO_4 介质中：1，2—凝胶型；3，4—大孔型；1，3—Re；2，4—Mo）

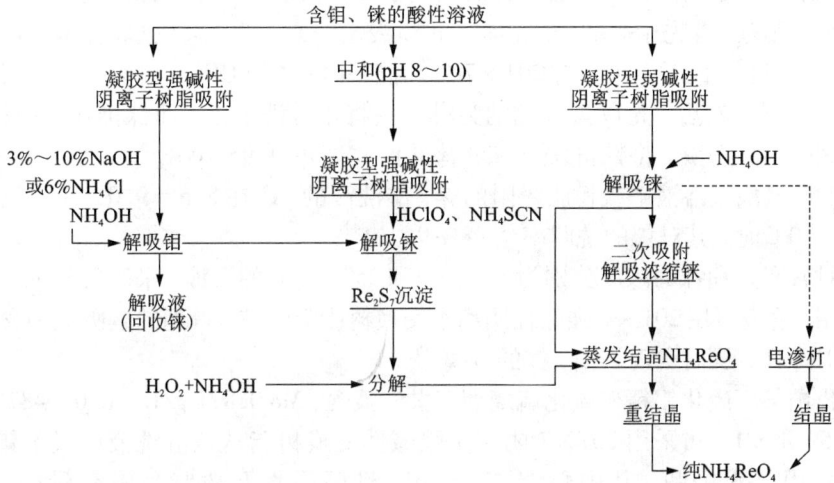

图 7 - 11　在辉钼精矿氧化焙烧烟气淋洗液中用树脂吸附回收铼的工艺流程

树脂吸附前，溶液宜先中和沉淀 Fe^{3+} 等金属离子。在弱碱性范围内，树脂中铼、钼分离系数较大，中和剂可选用 NaOH 或 Na_2CO_3。对于烟气的淋洗液，由于烟气 SO_2 的作用，部分的 MoO_4^{2-} 有可能被还原成钼蓝（$Mo_3O_{23} \cdot 8H_2O$、$Mo_4O_{11} \cdot H_2O$）而呈凝胶态被树脂吸附，从而阻碍铼的吸附。若向溶液中加入 H_2O_2、Cl_2、MnO_2 等进行氧化处理，则能提高铼的吸附率和树脂的吸附容量。

5.2 铼的离子交换树脂与吸附性能

离子交换树脂提取铼的工艺大体相同。研究和应用都表明，树脂对铼的提取效果和对铼钼的分离效果均取决于树脂的性能，特别是树脂的吸附官能团。由于树脂种类繁多且并非专为提取铼制备，因此应用时应特别重视对树脂的筛选。

5.2.1 强碱性阴离子交换树脂

强碱性阴离子交换树脂含有强碱性基团[如季胺基—$N^+(CH_3)_3$]，在水中离解出 OH^- 后，形成的树脂正电基团可与溶液中的其他阴离子吸附结合，发生离子交换作用。强碱性阴离子交换树脂的离解性比较强，在不同的 pH 下均能发生离子交换反应，其反应方程式为：

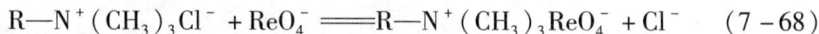

$$R—N^+(CH_3)_3Cl^- + ReO_4^- \Longrightarrow R—N^+(CH_3)_3ReO_4^- + Cl^- \qquad (7-68)$$

（1）季铵盐型强碱性苯乙烯型阴离子交换树脂 201×7

201×7 为苯乙烯 – 二乙烯苯共聚体上带有季胺盐功能基团[—$N^+(CH_3)_3$]的强碱性阴离子交换树脂。有研究利用离子交换法从镍 – 钼 – 铼的混合物中分离铼，其过程为：首先用硝酸浸出物料，再将浸出液通入 201×7 强碱性苯乙烯型阴离子交换树脂，此时 ReO_4^- 与 201×7 的功能基团—$N^+(CH_3)_3$ 因发生离子缔合作用而被吸附。然后，先以氢氧化钠为淋洗液将钼淋洗下来，而铼仍在交换柱上，再以硝酸为淋洗液，将铼淋洗下来，铼的回收率可达 95.05%[48]。也可用 9%~10% 的硫氰酸铵溶液解吸树脂吸附的铼，淋洗液的 pH 在 8.5~9.0，在解吸温度为 60~70℃ 时，其对铼的洗脱率达 98% 以上[24]。

对含有钼和铼的浓度分别为 170 g/L 和 250 mg/L 的溶液，采用硫酸沉淀法先沉淀钼，溶液再用 201×7 强碱性阴离子交换树脂吸附铼，得到的解吸液中含铼量高达 18 g/L，从而实现了钼、铼的分离[10]。

我国某厂硫化钼精矿氧化焙烧烟气淋洗液含：Mo 0.871 g/L、Re 0.0487 g/L、SO_4^{2-} 59.4 g/L，可采用 201×7 阴离子强碱性交换树脂从该淋洗液中吸附铼[24]。料液先用氨水中和，其中料液 pH 对钼、铼吸附率及树脂吸附容量的影响，见表 7-15。

表 7-15 溶液 pH 对钼、铼吸附率及树脂吸附容量的影响

pH	7.0	7.5	8.0	8.5	9.0	9.5
钼吸附率/%	35.8	27.6	16.4	8.1	4.3	3.2
钼吸附容量/(mg·L^{-1})	81.3	89.2	93.4	98.1	98.6	89.7
铼吸附容量/(mg·L^{-1})	103	126	151	157	161	161

pH 在 8.5 以上时，该树脂对钼与铼的吸附有较高的分离度，单就铼而言，在 pH > 0.5 时，铼均以 ReO_4^- 形式稳定存在，树脂对 ReO_4^- 的吸附可稳定保持在一个水平上；而对于钼，高 pH 时钼主要以简单离子形态存在，易穿透树脂，故仅有少量的钼被吸附，从而使铼、钼得以分离。饱和树脂先洗脱钼，而用 NH_4SCN 溶液洗脱铼，其中洗脱液温度为 60～70℃，解吸液体积为树脂体积 6 倍。NH_4SCN 浓度对铼洗脱率的影响见表 7 - 16。

表 7 - 16 NH_4SCN 浓度对铼洗脱率的影响

$w(NH_4SCN)$/%	5	6	7	8	9	10	11
铼洗脱率/%	49.7	60.2	84.3	92.6	95.1	95.3	95.2

（2）大孔季铵盐型强碱性苯乙烯型阴离子交换树脂 D201

D201 为大孔结构的苯乙烯 - 二乙烯苯共聚体上带有季胺盐功能基团 $[—N^+(CH_3)_3]$ 的强碱性阴离子交换树脂。该树脂对铼(Ⅶ)的吸附，若在 pH = 2.7 的 HAc - NaAc 缓冲体系中，其静态饱和吸附容量为 634 mg Re/g 树脂；用 4.0 mol/L NaOH 作为解吸剂，一次解吸率达 93.5%；D201 树脂中的季铵盐功能基团—$N^+(CH_3)_3$ 与 Re(Ⅶ) 的物质的量之比约为 1:1[49]。

对辉钼矿氯酸钠浸出体系所得反萃液中的钼、铼，D201 树脂对溶液中的铼具有良好的吸附选择性，在吸附温度为 30℃、pH = 8 的条件下吸附 1 h，钼、铼吸附率分别为 3.26%、93.18%，其分离系数为 197.68；以 14% 的 NH_4SCN 溶液对负载树脂解吸 10 min，钼、铼的解吸率分别为 98.81%、15.12%，能够满足钼、铼分离提纯的要求。当料液流速小于 1.5 mL/min 时，铼吸附率均在 93% 以上，而钼吸附率都不超过 4%，当解吸液流速小于 2.0 mL/min 时，铼解吸率均在 98% 以上，钼解吸率小于 16%[50]。

（3）季铵盐型强碱性离子交换树脂 Dow - IRA - 410

Dow - IRA - 410 为季铵盐型$[—N^+(CH_3)_3]$强碱性阴离子交换树脂，可用于从钼精矿石灰焙烧法得到的溶液中回收铼。将含铼的溶液通过 Dow - IRA - 410 离子交换树脂的吸收柱，而后用次氯酸进行洗脱，得到的洗脱液与硫化氢气体反应而得到铼沉淀，再经过后续处理，得到高铼酸铵。吸附的最佳流速为 4 L/(h·L 树脂)，洗脱的最佳流速为 2 L/(h·L 树脂)，洗脱剂为浓度为 0.5 mol/L 的次氯酸，此时铼的回收率达 90% 以上，洗脱液中铼的浓度达 20 g/L[51]。

（4）大孔型季铵盐强碱型阴离子交换树脂 742

树脂先用纯水洗涤，再用 2 mol/L HCl 浸泡 2 h，后水洗至 pH = 4，然后对成分为：Mo 16～20 g/L、Re 0.4～0.5 g/L、Fe 3.4 g/L、H_2SO_4 300～350 g/L 的溶液

吸附。在此过程中，树脂对钼的吸附率小于 5% ，对铼的吸附率大于 97% 。另外，高浓度酸有利于 Mo 和 Re 分离，解吸剂为浓度为 1 mol/L 的硫氰酸铵溶液[12]。

(5)大孔型强碱性苯乙烯阴离子交换树脂 D296

树脂先用纯水浸泡 24 h，交替用浓度为 4.5% 的 HCl、5% NaOH 溶液分别处理 2~4 h，每次处理后用纯水洗涤至中性。对于成分为：Cu 2.435 g/L、Mo 0.143 g/L、Re 0.116 g/L、Fe 1.628 g/L、F 1.745 g/L、H_2SO_4 112 g/L 的含铼溶液，树脂对铼提取率达 99% 以上，树脂对铼的穿透吸附容量为 189.6 mg/g 树脂，饱和吸附容量为 248.9 mg/g 树脂。饱和树脂用浓度为 2.5 mol/L 的硫氰酸铵溶液解吸，解吸后的树脂用浓度为 2 mol/L 的 NaCl 和 0.1 mol/L 的 NaOH 混合溶液洗涤再生[12]。

(6)强碱性苯乙烯阴离子交换树脂 717

树脂先用纯水浸泡 24 h，再用 6 mol/L HNO_3 浸泡 24 h，水洗至中性装柱，再用 5 倍量的浓度为 6 mol/L 的 HCl 淋洗转型，然后用水淋洗至检不出 Cl^- 为止，对于含 Mo 1.92 g/L、Re 5.91 g/L、Ni 33.20 g/L、H_2SO_4 300~350 g/L 的溶液，树脂对钼的吸附率大于 60% ，对铼的吸附率接近 100% ，镍不被吸附。饱和树脂先用 2.5 mol/L 的 NaOH 溶液淋洗脱钼；脱钼后用水淋洗树脂至 pH = 7，再用浓度为 6 mol/L 的 HNO_3 淋洗脱铼[12]。

(7)N-甲基咪唑功能的强碱性阴离子交换树脂(R_2SO_4)

一种含有 N-甲基咪唑功能型强碱性阴离子交换树脂(R_2SO_4)，可用于分离铼(Ⅶ)和钼(Ⅵ)[52]。研究表明，R_2SO_4 树脂有很好的化学和热稳定性，通过树脂上的 SO_4^{2-} 与 ReO_4^- 的离子交换反应来吸附铼离子，其对铼有很强的吸附能力。咪唑树脂在低酸和弱碱溶液中不易发生降解，性质稳定，其化学稳定性要优于普通强碱季铵型和吡啶结构的阴离子交换树脂，只有在浓度为 14% 的 NaOCl 和浓度为 5 mol/L 的 NaOH 介质中才发生降解。

在 pH = 6.25 时，R_2SO_4 能有效地分离 Re(Ⅶ)和 Mo(Ⅵ)，并且对 Re(Ⅶ)具有高的选择性，铼(Ⅶ)回收率高达 93.3% ，但钼(Ⅵ)只有 5.1% ；负载 Re(Ⅶ)的 R_2SO_4 用浓度为 1.0 mol/L 的 H_2SO_4 溶液或浓度为 1.0 mol/L 的 HNO_3 溶液再生后可以重复使用。在 Re(Ⅶ)-Mo(Ⅵ)二元混合溶液中，当 Mo(Ⅵ)初始浓度为 40 g/L 时，分离系数 $\beta_{Re/Mo}$ 能达到 25.6。R_2SO_4 对 Re(Ⅶ)的最大吸附容量为 462.0 mg/g 树脂，且该吸附过程是放热反应。实际中，R_2SO_4 树脂用于提取铜砷滤饼浸出液中的铼时，其回收率达 89.1% ，且在 Re、Mo、Cu、As、S、Se、Pb、Bi、Ag 混合溶液中其对铼(Ⅶ)有较高的选择性。

(8)季铵盐型强碱性阴离子交换纤维(PP-g-VP)

含烷基化胺基的阴离子交换树脂在强酸和强辐照的双重作用下，很容易失去部分交换基而导致其交换性能降低。通过电子束预辐照聚丙烯无纺布(PP)接枝

2 - 乙烯基吡啶(2 - VP)制备 PP - g - VP 接枝共聚物，然后使接枝共聚物进一步
与季铵化试剂溴乙烷反应，制备出的季铵盐型强碱性阴离子交换纤维具有更强的
抗辐射稳定性和化学稳定性。在盐酸体系中，PP - g - VP 阴离子交换纤维对铼离
子的交换作用在 pH = 2.2 的弱酸性介质中易于进行，且在 30 min 内迅速达到吸
附平衡。该过程为放热反应，降低温度有利于 Re(Ⅶ) 吸附反应的进行。3 mol/L
的盐酸溶液能很好地将交换后的 Re(Ⅶ) 洗脱下来，且该离子交换纤维具有良好
的循环使用性能[53-54]。

5.2.2　弱碱性阴离子交换树脂

强碱性树脂吸附的铼不易洗脱，需用络合能力更强的洗脱剂，如 HClO$_4$、
NH$_4$CNS、HNO$_3$ 等解吸，这些洗脱剂不但价格贵，而且危险、有毒、污染环境。弱
碱性阴离子交换树脂与强碱性阴离子交换树脂相比，其解吸更容易，用 NH$_4$OH、
NaOH 等即可解吸铼，特别是用氨水溶液即可将含铼离子从树脂上洗脱下来，不
会引入杂质离子，从而制得高纯度的高铼酸铵，其具有较好的工业应用价值。弱
碱性阴离子交换树脂含有弱碱性基团，如伯胺基、仲胺基或叔胺基等，在水中能
够解离出 OH$^-$ 而呈弱碱性，其碱性顺序是：—NH$_2$ > —NHR > —NR$_2$。这种树脂
只有在中性或酸性条件(pH = 1~9)下才能表现出离子交换功能。

（1）D301 树脂

D301 树脂为大孔结构的苯乙烯 - 二乙烯苯共聚体上带有叔胺基
[—N(CH$_3$)$_2$] 的离子交换树脂。在 25℃、pH = 2.7 的 HAc - NaAc 缓冲溶液中，
树脂 D301 对 Re(Ⅶ) 的静态饱和吸附容量为 715 mg/g；浓度为 0.5~5.0 mol/L
的 HCl 溶液可以不同程度地解吸树脂上的铼，其中浓度为 4.0 mol/L 的 HCl 作为
解吸剂时，一次解吸率可达 100%[55]。吸附物中树脂功能基与 Re(Ⅶ) 的物质的
量之比约为 1:1。吸附反应方程式为：

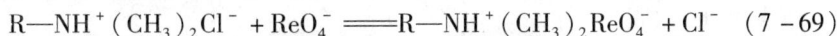

$$R—NH^+(CH_3)_2Cl^- + ReO_4^- \xrightarrow{\quad\quad} R—NH^+(CH_3)_2ReO_4^- + Cl^- \quad (7-69)$$

树脂的正电基团能与溶液中的络阴离子或含氧酸根离子结合，从而发生阴离
子交换作用，且弱碱性阴离子树脂和 OH$^-$ 有较大的亲和力，可用 NH$_4$OH 洗脱使
铼形成 NH$_4$ReO$_4$ 加以回收[55]，洗脱反应为：

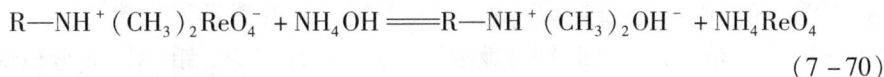

$$R—NH^+(CH_3)_2ReO_4^- + NH_4OH \xrightarrow{\quad\quad} R—NH^+(CH_3)_2OH^- + NH_4ReO_4$$

$$(7-70)$$

采用 D301 树脂从辉钼矿的电氧化浸出液中分离铼钼，结果表明，浸出液的
pH 会显著影响 D301 对 Re(Ⅶ) 的吸附能力[56]，在 pH = 8~10 时 Re(Ⅶ) 的吸附
率最大。在温度为 30℃、pH 为 8、吸附时间为 1 h 时，铼、钼吸附率分别为
93.46% 和 3.57%，铼钼分离系数达到 169.56。D301 树脂对钼、铼的饱和吸附量
分别为 4.26 mmol/g 树脂和 4.23 mmol/g 树脂。随着溶液中 Mo(Ⅵ) 浓度的增加，

铼钼分离系数也随之增加[56]。

对于含 Re 0.31 g/L、Mo 6.04 g/L、pH = 4 的溶液，用树脂吸附，铼吸附率为 96.85%，而钼也部分共吸附，其吸附率约为 20%，饱和树脂用 10% 的 $(NH_4)_2CO_3$ 溶液先洗脱钼，此时钼洗脱率为 99.3%~100%，铼洗脱率仅 4%；然后用 8% 浓度的 NH_4OH + 10% 浓度的 NH_4NO_3 混合液洗脱铼（洗脱率为 97%），得到 NH_4ReO_4 溶液。在解吸该溶液时，可避免使用有毒的 NH_4SCN 洗脱剂，从而减少环境污染[57]。

（2）D302 - Ⅱ树脂

D302 - Ⅱ弱碱性阴离子交换树脂也为大孔结构的苯乙烯 - 二乙烯苯共聚体上带有叔胺基 $[—N(CH_3)_2]$ 的离子交换树脂。D302 - Ⅱ树脂对铼的吸附速率快，吸附反应速率常数 $k = 1.6 \times 10^{-3}\ s^{-1}$，半交换期 $t_{1/2} = 433\ s$。吸附 pH = 2.0~5.0 时，有利于铼的吸附。吸附可在常温下进行。动态上柱酸度选择为 pH = 2.0~5.0，流速为 1~2 mL/min，此时铼的吸附率可达 95% 以上；洗脱液为 NH_4OH，用 25 倍树脂床体积的 3 mol/L NH_4OH 溶液可将铼洗脱完全。D302 - Ⅱ树脂的功能基为叔胺基，在微酸性硫酸溶液中的吸附反应为：

$$2R_3N + H_2SO_4 \Longrightarrow (R_3NH)_2SO_4 \tag{7-71}$$

$$(R_3NH)_2SO_4 + 2ReO_4^- \Longrightarrow 2R_3NHReO_4 + SO_4^{2-} \tag{7-72}$$

由于弱碱性阴离子树脂和 OH^- 离子有较大亲和力，用 NaOH 或 $NH_3 \cdot H_2O$ 溶液洗脱可发生下列反应，使铼形成 NH_4ReO_4 转入溶液：

$$R_3NHReO_4 + NH_3 \cdot H_2O \Longrightarrow R_3NHOH + NH_4ReO_4 \tag{7-73}$$

用 0.5 mol/L H_2SO_4 溶液可使树脂再生。D302 - Ⅱ树脂对铼的静态和动态吸附容量分别为 166 mg/g 树脂和 162 mg/g 树脂，对浓度低至 0.03 mg/L 的铼溶液吸附和解吸，回收率可达 96%~100%，该树脂有较好的应用前景[58]。

（3）D314 树脂

D314 树脂为大孔结构的丙酸甲酯共聚交联高分子聚合物，通过多乙烯多胺进行胺解得到的多胺基弱碱性阴离子交换树脂。D314 树脂分离铼与钼的原理与其他弱碱性阴离子树脂相同，用 D314 大孔弱碱性丙烯酸系阴离子交换树脂分离铼和钼，溶液中的铼和钼以 ReO_4^- 和 MoO_4^{2-} 的阴离子形态存在，在 pH 为 4.0~7.0 的溶液中，D314 可同时吸附铼和钼，对铼（Ⅶ）、钼（Ⅵ）的饱和吸附容量分别为 32.9 mg/g 树脂、244.2 mg/g 树脂；在淋洗过程中，先采用 8% 浓度为 $NH_3 \cdot H_2O$ + 10% 浓度为 NH_4NO_3 淋洗液解吸钼，再用 4% 浓度为 $NH_3 \cdot H_2O$ 淋洗液解吸铼，可实现铼和钼的分离[59]。

交换反应：

$$R^+Cl^-（树脂）+ ReO_4^- \Longrightarrow R^+ReO_4^-（树脂）+ Cl^- \tag{7-74}$$

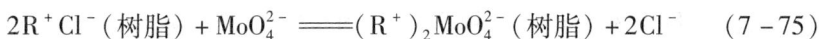

$$2R^+Cl^-（树脂）+MoO_4^{2-}=\!=\!=（R^+）_2MoO_4^{2-}（树脂）+2Cl^- \qquad (7-75)$$

解吸反应：

$$R^+ReO_4^-（树脂）+A^-=\!=\!=R^+A^-（树脂）+ReO_4^- \qquad (7-76)$$

$$（R^+）_2MoO_4^{2-}（树脂）+2A^-=\!=\!=2R^+A^-（树脂）+MoO_4^{2-} \qquad (7-77)$$

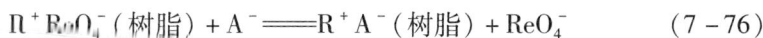

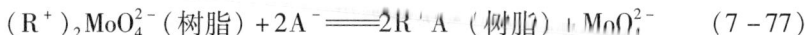

该树脂用于钼烟灰中的钼铼分离工艺，所回收的钼可制备出纯度为98.78%的十二钼酸铵产品；同时钼烟灰中的痕量铼可被富集近1000倍。

类似于D301树脂，在钼铼混合溶液中，D314树脂共吸附钼、铼则不可避免，钼和铼的吸附率均为98%~99%。饱和树脂采用分步洗脱来分离钼、铼。不同的洗脱液对饱和树脂中钼、铼的洗脱效果见表7-17。

表 7-17　不同洗脱液对 D314 树脂钼铼的洗脱效果

洗脱液/%	Re 洗脱率/%	Mo 洗脱率/%
4% NH$_4$OH	93.44	94.96
8% NH$_4$OH	69.13	96.49
8% NH$_4$OH + 10% (NH$_4$)$_2$CO$_3$	34.18	94.11
8% NH$_4$OH + 10% NH$_4$NO$_3$	1.75	98.29
10% (NH$_4$)$_2$CO$_3$	24.90	95.92
10% NH$_4$CO$_3$	—	67.55
2 mol/L NaOH	42.11	85.06

可见，采用浓度的8% NH$_4$浓度的 OH + 10% NH$_4$NO$_3$ 的混合溶液先行洗脱钼效果较好，其洗脱率达到98.29%，此时铼损失仅1.75%，洗脱钼后，再用4%浓度的 NH$_4$OH 洗脱铼，其洗脱率达93.44%以上，从而实现了钼、铼的分离[59]。

（4）D318 树脂

D318 树脂也为大孔结构的丙烯酸系多胺基弱碱性阴离子交换树脂。在 pH 为5.2时，D318 树脂静态和动态饱和吸附铼的容量分别为351.4 mg/g 树脂、366.5 mg/g 树脂，其中 Cl$^-$ 和 SO$_4^{2-}$ 显著影响铼（Ⅶ）的吸附率。饱和树脂用 2 mol/L KSCN 进行动态解吸，其解吸率为99.7%[60]。

（5）XSD-296 树脂

XSD-296 是含有［R—N（CH$_3$）$_2$］功能基团的弱碱性阴离子交换树脂。与 D-990、SMF-425、F-2、4-ATR 和 F-3 型等树脂吸附铼相比，XSD-296 树脂在吸附容量、吸附速度、解吸效果以及树脂的合成成本等方面存在着明显优势。树脂对 Re（Ⅶ）的吸附在 pH=3.2 的 HAc-NaAc 缓冲溶液中最佳，其静态饱和吸附容量为330.4 mg/g 树脂,且吸附容易进行。用浓度为2.0 mol/L 硫氰酸铵溶液或浓度为2.0 mol/L高氯酸溶液作解吸剂能定量洗脱 Re(Ⅶ)[61]。

(6)PS - g - 4VP 树脂

以聚苯乙烯白球(PS)为基体材料,4 - 乙烯基吡啶(4 - VP)为单体,用 γ 射线引发共辐照接枝法,一步法接枝制备了一种含吡啶基团的弱碱性阴离子交换树脂 PS - g - 4VP。在硝酸体系中,PS - g - 4VP 树脂在硝酸浓度为0.02 mol/L 条件下,对铼(Ⅶ)表现出最佳吸附效率,树脂的吸附效率几乎不受吸附温度的影响;最大饱和吸附容量为84.1 mg/g 树脂。在静态解吸实验中,硫氰酸钾、二乙基羟胺均对吸附后的铼(Ⅶ)表现出良好的还原解吸性能,其最高解吸率达97%[62]。

(7)R - 518 和 R - 519 树脂

R - 518 和 R - 519 是由核工业北京化工冶金研究院合成的一种功能型交联弱碱性阴离子交换树脂。在盐酸浓度为0 ~ 0.5 mol/L 时,R - 518 对铼(Ⅶ)的吸附性能不受 Cu^{2+}、Fe^{2+}、Zn^{2+}、Mn^{2+}、Co^{2+}、Ni^{2+}、Mo^{6+} 的干扰,对铼(Ⅶ)的静态饱和吸附容量为327.4 mg/g 树脂。在静态解吸中,浓度为3 mol/L 的盐酸可将99.1%的铼(Ⅶ)淋洗下来。R - 519 树脂,在盐酸浓度为0 ~ 0.1 mol/L 时,树脂对铼的吸附量达到最大,对铼(Ⅶ)的静态饱和吸附量为354.90 mg/g 树脂。在静态解吸实验中,浓度为3 mol/L 的盐酸无法洗脱铼(Ⅶ),而高氯酸洗脱效果较好。两种树脂对比,R - 518 树脂吸附铼的能力强、吸附容量大、容易解吸、并具有良好的选择性,有望成为回收富集铼的交换树脂[63]。

(8)AR - 01 树脂

AR - 01 树脂是一种新型的具有强碱性和弱碱性双功能基团的复合阴离子交换树脂,具有吸附容量大、吸附速率高等优点。针对强碱性阴离子交换树脂吸附的铼不易解吸的问题,研究了一种还原解吸的方法。结果表明,用 AR - 01 树脂吸附铼(Ⅶ),其酸度提高,吸附效率降低,在流速为1.0 mL/min 时,树脂的动态饱和吸附容量达到105 mg/g 树脂,解吸剂中加入还原剂 $SnCl_2$ 能提高解吸效率,采用浓度为1 mol/L 的 HCl + 浓度为30 mmol/L 的 $SnCl_2$ 作为解吸液,于16 倍树脂柱床体积的解吸液就可以将99.5 % 的铼(Ⅶ)解吸下来。还原解吸法使 AR - 01 树脂在低酸条件下拥有较高的解吸效率,而且树脂具备很强的再生能力,可以重复使用[64]。

(9)NR - 3 型树脂

NR - 3 型树脂为互贯网络三乙烯四铵弱碱性树脂,对于成分为 Re 0.2 ~ 1.2 g/L、Mo 2 g/L、$(NH_4)_2SO_4$ 200 g/L 的溶液,在 pH =10 时,铼吸附容量为175 mg/g树脂,铼钼分离系数大于 100,用浓度为8% 的 NH_4OH + 浓度为10% 的 NH_4NO_3 溶液洗脱铼,其洗脱率为97.32%[12]。

5.2.3　螯合型阴离子交换树脂

螯合型阴离子交换树脂是一类能与金属离子形成多配位络合物的交联高分子材料，与普通的离子交换树脂相比，螯合型离子交换树脂与重金属离子的结合力更强，选择性也更高，但螯合树脂的合成工艺复杂、制备成本高。

4-胺基-1，2，4-三氮唑树脂(4-ATR)，在温度为 25℃、pH 为 2.6 的 HAc-NaAc 介质中，其对 Re(Ⅶ)的饱和吸附量为 354 mg/g 树脂，用浓度为 4.0 mol/L 的盐酸溶液可 100% 解吸 Re(Ⅶ)。该树脂能够进行再生和循环利用，其吸附性能未发生明显下降。在浓度为 0.1 ~ 0.8 mol/L 的 NH_4NO_3、NH_4Cl、$(NH_4)_2SO_4$ 介质中，4-ATR 树脂对 Re(Ⅶ)的饱和吸附量下降为原来的 1/3 ~ 1/2，且 $(NH_4)_2SO_4$、NH_4Cl、NH_4NO_3 介质对 Re(Ⅶ)的吸附影响依次增大[65]。

具有二(2-吡啶甲基)胺基功能基团的 DOWEX M4195 螯合树脂吸附 ReO_4^-，在浓度为 0.1 mol/L HCl 的介质中，在 9℃、30℃、50℃时，DOWEX M4195 螯合树脂对 Re(Ⅶ)的吸附量分别约为 1.9 mmol/L 树脂、2.2 mmol/L 树脂、2.5 mmol/L 树脂。DOWEX M4195 对 Re(Ⅶ)的吸附机理为具有还原性的 Re(Ⅶ)转变成 +6 价的 ReO_3，DOWEX M4195 树脂上的二(2-吡啶甲基)胺基功能基团被氧化为 N-氧化吡啶衍生物[66]。

在盐酸溶液中用三吡啶树脂吸附铼，随着溶液中盐酸浓度由 0.1 mol/L 提高到 10 mol/L，三吡啶树脂对 Re(Ⅶ)的分配比由 1000 降低至 100，分配比仍很高。表明在整个酸度范围内，三吡啶树脂对 Re(Ⅶ)具有较大的萃取能力。用浓度为 0.1 mol/L 的硫脲 + 浓度为 1 mol/L 的盐酸溶液可将树脂上的 Re(Ⅶ)完全洗脱[67]。

针对有机高分子阴离子交换树脂化学稳定性和热稳定性差、表面积有限及与溶剂接触易致溶胀等缺点，以 N-3-(三乙氧基硅烷)丙基-N(3)-(三甲氧基硅烷)丙基-4，5-二氢咪唑碘化物为桥连剂，有机硅为前驱体，合成了一种新型螯合阴离子交换树脂 PMO。向 5 mL 浓度为 1×10^{-4} mol/L 的 $NaReO_4$ 溶液中加入 0.05 g PMO 树脂，在 pH = 6.4、pH = 1.2 条件下，PMO 树脂对 ReO_4^- 的吸附容量分别为 1.85 mg/g 树脂、1.63 mg/g 树脂，其回收率分别为 99.6%、87.3%，且该树脂在酸性或中性条件下均有较高的稳定性[68]。

5.3　萃淋树脂

萃淋树脂是一种含液态萃取剂的树脂，是采用干法、湿法或加入改性剂等方式将萃取剂以浸渍或混炼或合成的方式加在多孔材料上而制得的树脂。常用的多孔材料有交联聚苯乙烯、聚四氟乙烯、纤维素和硅胶等。萃淋树脂的外形与一般圆球状的离子交换树脂相同，圆球内的活性组分为萃取剂。萃淋树脂在提取金属的过程中兼有树脂和萃取剂的某些特性，也称作固 - 液萃取。用萃淋树脂提取稀有金属具有一定的发展前景，与溶剂萃取法相比，它可大大减少残留萃取剂对提取流程的影响和对环境的污染，但存在树脂循环寿命短、吸附容量小等缺点[69]。

5.3.1　含胺类萃取剂的萃淋树脂

一种新型三烷基胺（N235，R_3N，R 为 $C_8 \sim C_{10}$）萃淋树脂可用于 Mo（Ⅵ）、Re（Ⅶ）的萃取分离，从钼和铼的混合溶液中萃取 Re（Ⅶ）。N235 萃淋树脂萃取 Re（Ⅶ）的反应机理与 N235 萃取剂萃取 Re（Ⅶ）的相同，萃合物为 R_3NReO_4。N235 萃淋树脂对 Mo（Ⅵ）和 Re（Ⅶ）具有较高的萃取选择性，在 pH = 6 ~ 10 时，Re（Ⅶ）/Mo（Ⅵ）有较高的分离系数，并可在低碱度下洗脱[70]。

有研究将季铵氯化物 N263 浸渍到 Amberlite XAD - 4 非离子型大孔树脂中，合成的 XAD - 4 萃淋树脂可从硝酸溶液中提取 Re（Ⅶ）。当 Amberlite XAD - 4 与甲基三辛基氯化铵 N263 的质量比为 0.4 时，所制备的萃淋树脂对铼（Ⅶ）的萃取效率最大。该萃淋树脂在单组分体系和铼 - 铑双组分体系中对 Re（Ⅶ）的最大吸附量分别为 2.01 mmol/g 树脂和 1.97 mmol/g 树脂，此时铑离子不被萃取且其对铼离子的吸附性能的影响较小。另外，可用硝酸溶液将吸附的铼洗脱完全[71]。

将 N263 填充到改性的聚丙烯腈 PAN 惰性载体中，制备得到一种新型 PAN - A336 萃淋树脂，可用于铼（Ⅶ）的分离，在 5 ~ 10 min，PAN - A336 对铼（Ⅶ）的萃取即可达到平衡[72]。PAN - A336 萃淋树脂的基体材料聚丙烯腈（PAN）的价格相对低廉，且能够根据需要制备不同粒径的 PAN 基体。

5.3.2　含中性磷类萃取剂的萃淋树脂

含磷酸三丁酯萃取剂的 CL - TBP 萃淋树脂可从盐酸介质中吸附铼（Ⅶ）。盐酸浓度为 3.0 mol/L 时，CL - TBP 萃淋树脂吸附铼（Ⅶ）的吸附机理为离子缔合作用，其缔合物组成为 $[H_3O^+ \cdot 3TBP] \cdot ReO_4^-$。CL - TBP 萃淋树脂对 ReO_4^- 的吸附容量为 37.2 mg/g 树脂，用蒸馏水在常温下即可将 Re（Ⅶ）洗脱，洗脱率高达 98.1%，经吸附—洗脱后，铼富集倍数高达 15.3[73]。

P350 萃淋树脂是由甲基磷酸二甲庚酯 P350 与苯乙烯 - 二乙烯苯共聚而成，它同时具有中性磷萃取剂和离子交换剂的性能。在 pH < 1 的高酸度溶液中，其对铼（Ⅶ）具有良好的吸附特性[74]。研究发现，用 P350 萃淋树脂在硫酸介质中吸附铼时，以浓度为 2 mol/L 的硫酸为上柱液，浓度为 4 mol/L 的硫酸为淋洗液，在含有大量金属离子的溶液中，只有铼和金被树脂吸附，用 2.5 mL 水一次可将铼定量解吸，而金（Ⅲ）保留在柱上，从而使铼（Ⅶ）与铀（Ⅵ）、钼（Ⅵ）、铁（Ⅲ）、锰（Ⅱ）、铬（Ⅵ）、钛（Ⅳ）等金属离子分离，这表明在常温下用 P350 萃淋树脂分离铼（Ⅶ）是可行的[75]。

第6章 其他提铼方法

6.1 活性炭吸附

活性炭为多孔结构，比表面积大，吸附能力较强，活性炭吸附分离铼、钼的主要影响因素是吸附液的温度和酸度，其次是活性炭的粒度。

活性炭可吸附铼和钼，其差别在于当 pH 高于 6 时，活性炭只吸附铼而不吸附钼，调整吸附液的 pH 能使铼(Ⅶ)、钼(Ⅵ)有效分离。当 pH > 8.2 时，铼的吸附率达 96.1%，分离系数 $\beta_{Re/Mo}$ > 3000。当温度从 20℃ 上升到 70℃ 时，铼(Ⅶ)的吸附率从 72% 下降到 57.4%，故选择在常温下吸附是适合的[76]。

辉钼矿焙烧烟气淋洗的低硫酸盐溶液(含铼 155 ~ 240 mg/L、含钼 38 ~ 73 mg/L)，可用活性炭吸附法回收铼。溶液先用石灰中和至 pH 为 6 ~ 8，再用活性炭吸附铼(Ⅶ)、钼(Ⅵ)；在 95℃ 下，使用浓度为 1 mol/L 的 NH₄OH 从负载 14.4 mg/g 铼和 4.2 mg/g 钼的活性炭(300 ~ 400 g/L)中洗脱铼(Ⅶ)、钼(Ⅵ)，洗脱 4 h 后，洗脱液含铼 2.8 ~ 3.2 g/L、含钼 0.6 ~ 0.8 g/L，回收率为 50% ~ 68%。对负载量相同的活性炭(100 g/L)进行洗脱(洗脱液中含 1.2 g/L 铼和 0.3 g/L 的钼)，铼、钼洗脱率分别达 91.5% 和 80%；研究还表明，在 95℃ 条件下，浓度为 1 ~ 3 mol/L 的氢氧化钠对铼(Ⅶ)的洗脱率不如氨水[77]。

对于含 Re 0.2 ~ 0.4 g/L、Mo 90 ~ 110 g/L 的 NH₄OH 溶液，用活性炭吸附铼时，钼几乎不被吸附，吸附铼后，溶液中铼含量小于 1 mg/L。饱和的活性炭中含铼量为 1%，用浓度为 75% 的甲醇水溶液洗脱铼，其洗脱率为 97%，得到的洗脱液含 Re 40 g/L、Mo 0.2 g/L、Cl⁻ 3 ~ 5 g/L。溶液蒸馏回收甲醇后，制得 NH₄ReO₄。对饱和的活性炭也可先用 25% 的 NaCl 溶液洗涤夹杂的钼，然后用甲醇水溶液洗脱铼，蒸馏回收甲醇后制取 NH₄ReO₄，脱附后的活性炭可用纯水洗净返回使用[3]。

也有研究在 pH = 2 时共吸附钼、铼，然后用 pH 为 6 ~ 9 的缓冲溶液洗脱钼，再用 0.5 ~ 1.0 mol/L 的 HClO₄ 溶液洗脱铼[12]。

6.2 纳米氧化物吸附

纳米材料是一种新兴功能材料,其表面能和表面结合能大,对许多金属离子具有很强的吸附能力,并能在较短的时间内达到吸附平衡;相对于一般的吸附材料具有更大的吸附容量,是一种较为理想的分离富集痕量元素的材料,但其吸附的选择性还值得研究和关注。

纳米 TiO_2 吸附剂能吸附 Mo(Ⅵ)而不吸附 Re(Ⅶ),在 pH 为 1~8 的条件下,纳米 TiO_2 对 Mo(Ⅵ)的吸附率超过99%,2 mL 浓度为 0.05 mol/L 的 NaOH 溶液可将吸附的 Mo(Ⅵ)完全洗脱,其解吸率可达97%。在 pH 为 1~10 时,纳米 TiO_2 几乎不吸附 Re(Ⅶ),从而实现了 Mo(Ⅵ)、Re(Ⅶ)的分离。纳米 TiO_2 分离钼后,溶液中剩余的 Re(Ⅶ)用活性炭吸附,在 pH 为 1~10 时,Re(Ⅶ)的吸附率可达99%,用浓氨水进行洗脱,其洗脱率可达96%[78]。

纳米 TiO_2、SiO_2、Al_2O_3、ZnO 等吸附剂对铼离子的吸附率均小于9%,但改性后的纳米 Al_2O_3 吸附剂对铼的吸附率可达93%以上。改性纳米 Al_2O_3 吸附剂在 pH 为2~3.5 时,吸附剂对浓度小于 20 mg/L 的铼可定量吸附,其吸附率达到90%以上,用浓度为 0.5 mol/L 的 NaOH 进行洗脱,Re(Ⅶ)的回收率可达99%以上。常温下改性纳米 Al_2O_3 吸附剂对 Re(Ⅶ)的饱和吸附容量为 1.94 mg/g[79]。

纳米 SiO_2 通过辛胺改性制备出一种新型的吸附剂,用于从水溶液中同时分离富集 ReO_4^- 和 MoO_4^{2-}。在 pH 为 1~3 时,氨基功能化的纳米 SiO_2 对 ReO_4^- 的吸附率大于92%,而几乎不吸附 MoO_4^{2-};而在 pH = 8 时,MoO_4^{2-} 的吸附率约为94%,可作为一种新的方法同时分离富集工业废水中的铼和钼。改性纳米 SiO_2 对 ReO_4^-、MoO_4^{2-} 的吸附反应快,分别在 5 min、10 min 达到平衡。辛胺改性纳米 SiO_2 吸附剂对 ReO_4^-、MoO_4^{2-} 的最大吸附量分别为4.93 mg/g、16.85 mg/g,经过 8 次吸附 – 解吸循环后,其吸附能力仍保持稳定[80]。

6.3 活性有机质材料吸附

6.3.1 有机质修饰的磁性铁酸铜

经乙二胺修饰的磁性铁酸铜(NH_2@ $CuFe_2O_4$),对 ReO_4^- 和 MoO_4^{2-} 具有较高的吸附能力和选择性。通过调整溶液的 pH 可实现 $NH_2 \cdot CuFe_2O_4$ 对 ReO_4^- 和 MoO_4^{2-} 的选择性吸附,如图 7 – 12 所示。可先在 pH 为 5~8 时选择性地吸附

MoO_4^{2-}，而后调整 pH 为 1～3 以吸附 ReO_4^-，从而达到钼、铼分离回收的目的。$NH_2 \cdot CuFe_2O_4$ 对 ReO_4^-、MoO_4^{2-} 的吸附反应快，在 6 min 内吸附达到平衡。温度为 25℃时，其对 ReO_4^- 和 MoO_4^{2-} 的最大吸附容量分别为 44.667 mg/g 和 62.893 mg/g。从钼－铼模拟工业浸出液中萃取分离富集 ReO_4^-、MoO_4^{2-} 的回收率超过 93%，吸附剂经 10 次循环后，其吸附性能稳定[81]。

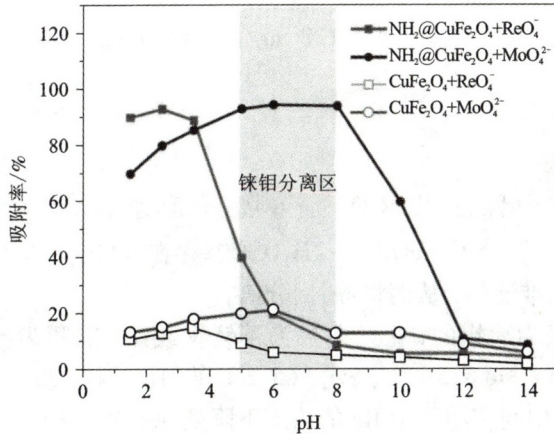

图 7-12　在不同酸度下 $NH_2 \cdot CuFe_2O_4$ 对铼、钼的吸附行为

6.3.2　生物质基吸附剂

生物质基吸附剂是一种由含单宁基、纤维素基、海藻酸钠基、壳聚糖基的生物质废弃物以不同功能基团修饰合成的吸附材料，对铼具有吸附功能[82-85]。

以纤维素类生物质废弃物秸秆为原料（OCS），通过环氧氯丙烷开环与胺反应形成 N—C 键，再与纤维素上的—CH_2OH 发生作用，合成了以二甲胺、二乙胺、二正辛胺、二异辛胺修饰的秸秆吸附剂，分别命名为 DMA-OCS、DEA-OCS、DNOA-OCS、DIOA-OCS。N-OCS 表面含有相同的活性位 R_3NH^+，可与铼酸根离子发生缔合作用。四种 N-OCS 在 pH=1 时对 Re(Ⅶ) 的饱和吸附量分别为：DNOA-OCS(165 mg/g) > DEA-OCS(138 mg/g) > DIOA-OCS(97 mg/g) > DMA-OCS(84 mg/g)。这说明 N-OCS 可以有效地吸附 Re(Ⅶ)。当 pH=5 时 DNOA-OCS 对 Mo(Ⅵ)、Re(Ⅶ) 的饱和吸附量分别为 123 mg/g、141 mg/g。当 pH=0.1 时，DNOA-OCS 对 Re(Ⅶ) 的饱和吸附量为 99 mg/g。值得注意的是，DNOA-OCS 与其他三种吸附剂相比，前者在一定酸度下对钼无吸附，而对铼的吸附可达 99 mg/g，其对钼、铼吸附的选择性显著优于 DMA-OCS、DEA-OCS、

DIOA – OCS。用 4 mol/L HCl 能将 Re(Ⅶ)洗脱,其洗脱率高达90%以上,且洗脱过程快,富集倍数达到 9 倍以上,回收率高达99%以上。

壳聚糖是一种来源丰富、可生物降解、绿色无毒的高分子材料。壳聚糖吸附剂的制作过程为:在蟹壳甲壳素的基础上,通过简单的脱乙酰化作用制得了蟹壳壳聚糖,然后采用乳液交联法用磁性颗粒对壳聚糖进行表面改性,将壳聚糖的吸附活性和 Fe_3O_4 颗粒较强的磁效应结合起来制得磁性壳聚糖(FCS),并对其进行胺基化改性得到磁性壳聚糖吸附剂。在 pH = 2 时,二异辛胺、二正辛胺修饰的 FCS 对 Re(Ⅶ)的饱和吸附量分别为128 mg/g、140 mg/g。

6.4 电渗析法

在酸性溶液中铼多以 ReO_4^- 简单离子形态存在,而钼则以 $[MoO_2(SO_4)_{n-2(n-1)}]$ 及中性分子 $MoO_2SO_4 \cdot 2H_2O$ 形态存在,在电渗析中,ReO_4^- 易迁移至阳极室,而钼则难迁移,从而将铼、钼分离。

电渗析器阳极为涂钼的钛板,阴极为不锈钢或钛,隔膜为异相膜或均相膜。对于含 Re 1.5 g/L、Mo 8.5 g/L、SO_4^{2-} 65 g/L 的料液,在 170~200 A/m² 电流密度下通电 4 h 后,中间室溶液中 Re 的浓度下降到原有的 3%~5%,而80%~90% 钼则保留在中间室,迁移进入阳极室的 Mo 只有 0.05%~0.75%[1,3]。

离子交换膜的性能对铼迁移有重大影响。一般情况下,电渗析法的铼钼分离系数可达 10^3~10^4。对含 Re 3 g/L、NH₄OH 1.2 mol/L 的料液采用两段电渗析,首段得到含铼 21 g/L 的溶液,再经第二段电渗析得到含铼 45~52 g/L 的溶液,经浓缩结晶制得 NH_4ReO_4[1,3]。

6.5 液膜法

液膜分离富集技术具有高效、快速、选择性强的特点,是萃取、膜分离等技术互相渗透的新兴技术。

用9% TBP + 1% 异戊醇 + 3% L113B(表面活性剂) + 3% 液态石蜡 + 84% 磺化煤油,置于制乳器中混合均匀后,慢慢加入与有机相等体积的 NH_4NO_3 水溶液,然后高速搅拌 15 min,制成油包水型的液膜,即可用于提取铼。

外相料液含 H_2SO_4 2 mol/L、ReO_4^- 0.2~500 mg/L,并加入 6% 的 NaF 水溶液,按液膜:料液 = 3:5(体积比)的比例将液膜加入料液中,再在 250 r/min 的转速下低速搅拌8 min,静置分层,料液中的 Re 将进入液膜内相,将上层有机相置于高压静电发生器中破乳 3 min 再静置分层,上层为有机相,下层则为富集 ReO_4^- 的水溶液,从水相中再提取铼,其回收率在 99.4% 以上。

料液酸度对液膜分离铼钼有重要影响，且需保证溶液中铼以 ReO_4^- 形态存在，而钼以 MnO_4^{2+} 形态存在。当 H_2SO_4 浓度低于 0.5 mol/L 时，少量的钼将进入内相；而高于 4 mol/L 时则铼提取率偏低，故溶液浓度以 2 mol/L 为宜[86]。

6.6 微生物法

研究发现，芽孢杆菌 GT-83-23 可从水溶液中吸附铼（Ⅶ），菌株 GT-83-23 对铼（Ⅶ）吸附的最佳培养基的 pH 为 2；随氯化钠浓度升高，Re(Ⅶ)的吸附率下降。在初始料液中，Re(Ⅶ)浓度为 100 mg/L，在 pH 为 2.0 的无盐条件下，GT-83-23 对铼（Ⅶ）的吸附量为 117.9 mg/g，而当盐度提高到15%时，铼（Ⅶ）的吸附量仍可达74.6 mg/g。此外，固定在海藻酸钙中的 GT-83-23 对铼（Ⅶ）的吸附率可达 77%[87]。细菌对铼的吸附或许是未来从海水中提取铼的可行之法。

第7章 从钼冶炼中回收铼

7.1 钼精矿石灰焙烧—钼铼共萃—离子交换回收铼

这是我国某厂采用的工业提铼方法。钼精矿石灰焙烧可最大程度地将铼固定在焙砂上，它不仅改变了氧化挥发焙烧工艺中铼回收率低的状况，也避免了焙烧过程中 SO_2 的产生。焙砂的浸出液采用 N235 共萃钼铼后，再化学沉淀分离钼，在沉钼后液中用 201×7 号强碱性阴离子交换树脂吸附提取铼，钼铼分离过程简单且回收率高。工艺流程如图 7-13 所示[9]。

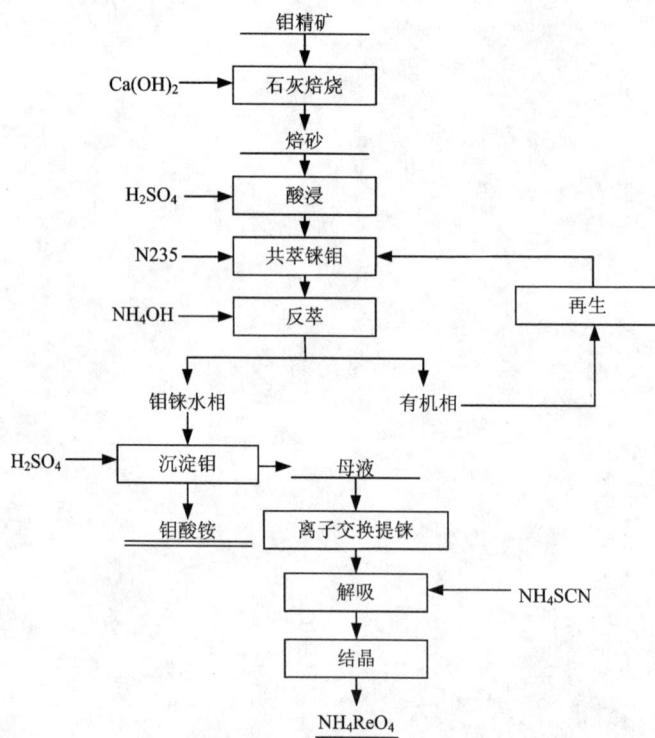

图 7-13 石灰焙烧—N235 萃取回收铼的工艺流程图

　　硫化钼精矿含钼45%、铼0.05%，按 m(精矿)∶m(石灰)=1∶1.5的比例配入石灰，在直径为400 mm长6 m的电热回转窑中，于700℃温度下焙烧2 h，99.8%的钼、近100%的铼分别形成CaMoO$_4$和Ca(ReO$_4$)$_2$而保留在焙砂中。焙砂用5%浓度的H$_2$SO$_4$浸出，在液固比为3、温度为90℃条件下，浸出3 h，钼、铼浸出率分别为98.5%和92.1%，得到浸出液含 Mo 22 g/L、Re 0.034 g/L、H$_2$SO$_4$ 1.25 mol/L。

　　浸出液用N235萃取。萃取有两种方式，一是钼铼共萃，其后再分离；二是优先萃取铼，萃取铼后再萃取钼，两者的差别在于选用的N235的浓度和相比不同，该工艺选用共萃钼铼的方式。萃取剂为30%浓度的N235+40%浓度的仲辛醇+煤油，加入仲辛醇有助于避免第三相的形成。在高浓度N235和高相比(O∶A=1∶2)的条件下，铼、钼共萃取进入有机相。N235浓度、料液酸度对钼、铼萃取的影响为如图7-14和图7-15所示。钼铼负载有机相用浓氨水(浓度为6~8 mol/L)反萃钼铼，相比O∶A=4∶1，得到水相含 Mo 170 g/L、Re 250~380 mg/L。萃取回收率 Mo 为98.5%、Re 为97.5%，生产工艺为萃取5级、洗涤2级、反萃3级。在硫酸介质中铼与钼的萃取与反萃反应的机理为：

萃取：

$$2R_3N + 2H^+ + SO_4^{2-} \Longrightarrow (R_3N)_2H \cdot HSO_4 \qquad (7-78)$$

$$(R_3N)H \cdot HSO_4 + ReO_4^- \Longrightarrow (R_3N)HReO_4 + HSO_4^- \qquad (7-79)$$

$$[MoO_2(SO_4)_2]^{2-} + 2[(R_3N)H \cdot HSO_4] \Longrightarrow (R_3NH)_2 \cdot MoO_2 \cdot (SO_4)_2 + 2HSO_4^- \qquad (7-80)$$

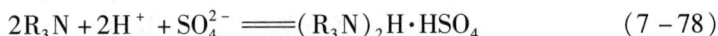

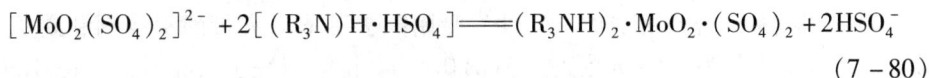

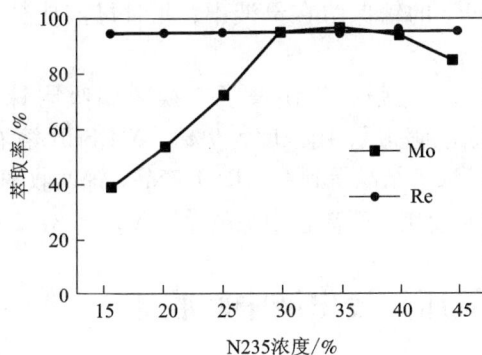

图7-14　N235浓度对萃取钼、铼的影响

萃取剂：40%仲辛醇(其余为N235、煤油)

料液：酸度为1.0 mol/L，含 Mo 25.4 g/L，

含 Re 56.3 mg/L，萃取相比 O∶A=1∶2

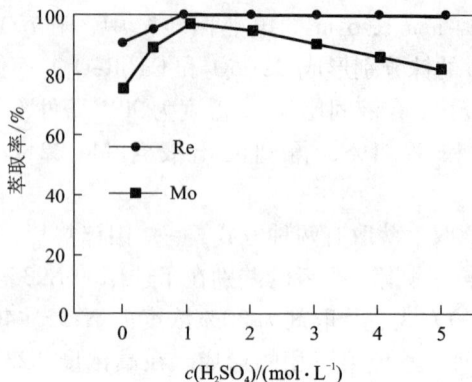

图 7 - 15 浸出料液的浓度对萃取的影响

萃取剂：35% N235 - 40% 仲辛醇 - 煤油

料液：Mo 25.4 g/L, Re 56.3 mg/L, 萃取 O∶A = 1∶2

反萃：

$$(R_3H)_2H \cdot ReO_4 + NH_4OH \Longrightarrow NH_4ReO_4 + H_2O + 2R_3N \qquad (7-81)$$

$$(R_3NH)_2 \cdot MoO_2 \cdot (SO_4)_2 + 6NH_4OH \Longrightarrow \qquad (7-82)$$

$$2R_3N + (NH_4)_2MoO_4 + 2(NH_4)_2SO_4 + 4H_2O$$

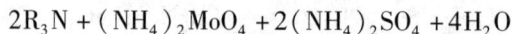

反萃得到的钼铼水相，加入活性炭吸附除去萃取时夹带的萃取剂和磷等杂质，活性炭加入量为 1 kg/m³ 溶液，煮沸 0.5 h。待溶液完全清亮后，加入 H₂SO₄ 沉淀钼，保持温度为 40℃、终酸 pH = 2.5，此时钼沉淀率为 98.5%，得到 $(NH_4)_2MoO_4$ 产品。99% 的铼保留在母液中，此时母液成分为 Mo 2.5 g/L、Re 0.23 g/L。

沉钼母液用 201 × 7 号强碱性阴离子交换树脂吸附铼，树脂吸附容量为 130 mg Re/g 树脂，吸附饱和后，用浓度为 9% 的 NH₄SCN 溶液解吸铼，得到铼含量为 18 g/L 的料液，经浓缩结晶得到 NH₄ReO₄ 产品，铼回收率为 98.6%。树脂用盐酸和双氧水再生返回使用。全流程中铼的总回收率为 87.2%[9]。

7.2 从钼精矿氧压酸浸出液中回收铼

用氧压浸出的湿法工艺处理硫化钼精矿，钼铼回收率高、操作简单，目前已得到广泛应用，工艺中钼大部分转化成钼酸保留在渣中，钼浸出率不高于 20%，95% ~ 98% 的铼则进入溶液。对溶液先进行除硅，以避免硅在萃取铼过程中造成有机相乳化和分相困难。加入 0.01% 的聚醚类有机化合物使硅以聚醚桥连的硅酸形态沉淀析出。除硅后溶液用 N235 分别萃取铼钼。由图 7 - 14 可见，随 N235

浓度降低，钼萃取率显著降低，而铼萃取率基本保持不变，因此可用低浓度的 N235 先萃取铼，从而使其与钼分离。

某钼精矿氧压浸出液的成分为：Mo 9.07 g/L、Re 0.07 g/L、Cu 1.87 g/L、Fe 3.45 g/L、S 0.025 g/L、Al 1.11 g/L、Ca 0.56 g/L、H_2SO_4 163.35 g/L。用 0.5% N235 +10% 异辛醇 +煤油，在相比 O∶A =1∶3 时，进行 7 级萃取铼，铼萃取率达 97% 以上，萃余液含铼 0.00015 g/L。铼负载有机相用 5% NH_4OH 一级反萃，反萃率达 99% 以上，得到水相中铼含量为 1.18 g/L[94]。反萃后有机相用硫酸再生返回萃取，再用阳离子交换树脂除去铼水相中的重金属离子后，经浓缩结晶得到 NH_4ReO_4 产品。

萃铼余液含钼 8~9 g/L，仍用 N235 萃钼，萃取剂组成为：20% N235 +5% 异辛醇 +煤油，相比 O∶A =1∶2，二级萃取，钼萃取率为 99%，钼负载有机相用浓度为 15% 的 NH_4OH 进行三级反萃，反萃率为 97%，且反萃液含钼 35 g/L 以上[88-89]。

该工艺用同一萃取体系在不同萃取剂浓度的条件下，分步提取铼、钼，使实际操作流程大大简化，十分可取。

7.3 从钼精矿氧压碱浸出液中回收铼

某厂用氧压碱浸出工艺处理钼精矿，得到的浸出液经盐酸和氯化铵沉淀钼后，产出的沉钼后液成分为：Mo 2.0 g/L、Re 0.092 g/L、HCl 18 g/L、NaCl 40 g/L。沉钼后液用伯胺萃取回收铼的工艺流程[43]如图 7-16 所示。

在酸性介质中，特别是在钼浓度较高的条件下，胺类、醇类、酮类等萃取剂萃取钼铼的分离效果均不好；而在碱性介质中，采用伯胺-中性磷萃取剂可有效萃取分离钼铼，且分离系数 $\beta_{Re/Mo}$ 可达 10^4 以上[43]，因此该工艺采用两次萃取的方法。在酸性介质中，先用伯胺 +仲辛醇 +煤油共萃铼、钼，用 NaOH 反萃，将钼、铼同时转入碱性水相；然后对碱性的铼、钼水相再用伯胺 +TBP +煤油定量萃取铼，此时钼不被萃取而留在萃余液中。通过将酸性体系转为碱性体系，实现铼、钼彻底分离，这是该工艺的特点。

几种胺类萃取剂均可对上述溶液共萃钼、铼，其中伯胺 7301 效果较好，见表 7-18。

往萃取剂中加入仲辛醇，可提高有机相中钼、铼的载荷量及避免有机相分层。以 15%7301 +2.5% 仲辛醇 +煤油组成的萃取剂，对沉钼后液萃取钼和铼，在相比 O∶A =1∶2 时，钼、铼萃取率均大于 94%[96]。钼铼共萃得到的负载有机相用浓度为 0.8~1.0 mol/L 的 NaOH 溶液反萃，此时相比 O∶A =10、温度为 45℃，控制反萃液 pH 在 9 及以上，钼、铼反萃率分别达 99%~100%，反萃得到水相含钼

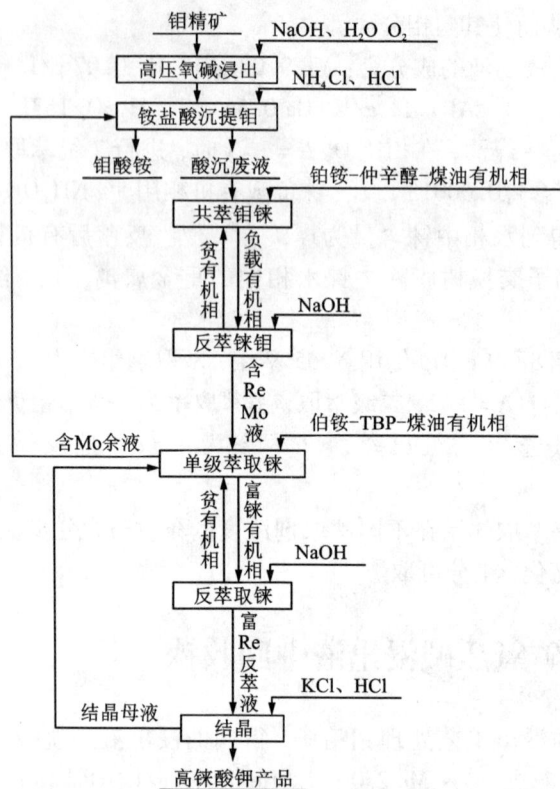

图 7-16　沉钼后液用伯胺萃取回收铼的工艺流程

40～70 g/L、铼 2～3 g/L。

表 7-18　几种胺类萃取剂在酸性介质中萃取铼、钼的结果

萃取剂		相比	萃取率/%	
名称	体积分数/%	O/A	Re	Mo
7101	10	1/2	65.0	—
N1923	10	1/2	79.3	77.0
7301	10	1/2	95.0	73.0

注：仲辛醇用量 10%，煤油作稀释剂，单级萃取。

对钼铼水相，用 20% 伯胺 7101 + 10% TBP(磷酸三丁酯) + 煤油组成的萃取剂萃取铼。当料液 pH 为 7～10 时，可选择性地萃取铼，单级萃取率达 98% 以上，此时钼几乎不被萃取，钼的萃取率仅为 $0.05\% \sim 0.07\%$，分离系数 $\beta_{Re/Mo}$ 达 10^5。料液 pH 对铼、钼萃取分离的效果如图 7-17 所示[43]。由此可知，在酸性条件下，钼、铼无法分离，而在 pH 为 7~9 时，铼、钼分离效果最佳。

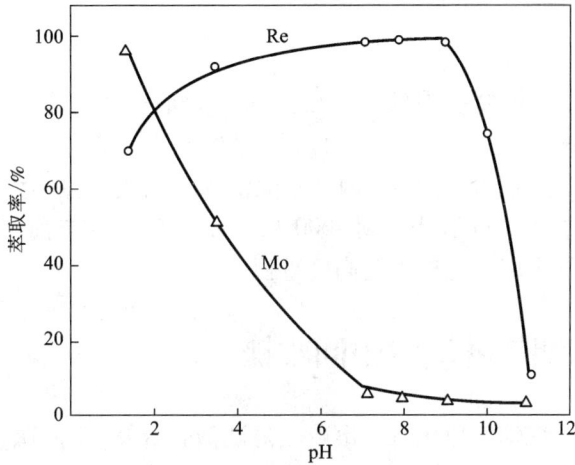

图 7-17　pH 对铼、钼萃取率的影响
有机相为 20%7101-10%TBP-煤油，O/A=1，
时间为 10 min，温度为 25℃，原始水相含 Re 3.2 g/L、Mo 67.2 g/L

铼负载有机相用 1 mol/L NaOH 溶液反萃铼，在相比 O/A=2、温度为 40~50℃时，其单级反萃率为 98.8%。得到铼反萃水相中铼含量为 6.38/L，用 HCl 调节 pH=7~9 后加入浓度为 1~1.5 mol/L 的 KCl，控制结晶温度小于 5℃，制得纯度为 99% 的 KReO$_4$ 产品，铼结晶产率为 94%[43]。

用季胺盐 7407(氯化三烷基卞基胺)在料液 pH=9~10 时也可萃取铼并分离钼。对成分为 Re 0.3 g/L、Mo 8 g/L、(NH$_4$)$_2$SO$_4$ 200 g/L 的料液，采用 1%7407+10%TBP+煤油萃取铼，在相比 O:A=1:3 时，经 3 级萃取，铼的萃取率大于 99%，铼、钼分离系数 $\beta_{Re/Mo}$ 为 2300~2400[3]。

第8章 从铜冶炼中回收铼

铜火法冶炼中，铜精矿中的铼主要进入冶炼烟气和烟尘，只有少量进入炉渣，进入烟气的铼大部分被制酸系统的淋洗液吸收进入废酸，少量进入酸泥。中国西北某铜冶炼厂产铜 15 万 t/a，烟气净化洗涤产出废酸量约为 10 万 m^3，含铼 5~70 mg/L，其中铼含量估计达到 4000 kg[90]，约为我国当前年产铼量的 2 倍，因此从铜冶炼系统中回收铼应引起高度重视。

8.1 从冶炼烟气淋洗液中回收铼

我国某厂铜冶炼烟气净化时产出硫酸淋洗液含铼 0.12 g/L、H_2SO_4 112 g/L。为回收铼，将溶液过滤后，加入 H_2SO_4 调整溶液中酸浓度为 1.5 mol/L，用大孔型强碱性树脂 D296 吸附铼，待树脂饱和后用蒸馏水洗涤树脂，然后用 2 mol/L NH_4SCN 洗脱铼，之后再将洗脱液浓缩结晶，则制得含 NH_4ReO_4 的粗产品，洗脱铼后树脂用水洗净，再用浓度为 0.1 mol/L 的 NaOH + 浓度为 2 mol/L 的 NaCl 混合液洗涤再生以返回吸附[91]。

某厂铜冶炼烟气制酸产出的废洗液含 Re 0.02 g/L、Cu 0.4 g/L、As 3.28 g/L、Mo 0.055 g/L、Si 0.228 g/L、Zn 1.36 g/L、H_2SO_4 48.5 g/L。用 20% N235 + 40% 仲辛醇 + 煤油萃取铼，相比 O∶A = 1∶30，三级萃取，Re 萃取率为 98.85%，Mo 萃取率仅 3.4%；铼负载有机相用纯水洗涤后，用浓度为 4 mol/L 的 NaOH 反萃，相比 O∶A = 5∶1，三级反萃，Re 反萃率为 96.55%，Mo 反萃率为 78%，反萃水相含 Re 2.7 g/L，经浓缩结晶，可得到品位为 99% 的 NH_4ReO_4。整个过程中，铼总收率达 85% 以上[25]。

从铜冶炼烟气中回收铼，其工艺与钼冶炼相同。此时，采用离子交换法简单易行，易于工业应用。

8.2 硫化沉淀法从废酸中回收铼

用硫代硫酸钠沉淀法从铜冶炼烟气净化洗涤产出的废酸液中沉淀提取铼。废酸液成分为：H_2SO_4 138.7 g/L、Cu 1.26 g/L、As 5.37 g/L、Re 0.051 g/L。将废酸加热至 75℃，加入水解聚丙烯酰胺絮凝剂，将废酸的悬浮物沉淀分离；向清液中再次加入絮凝剂，其加量为 0.18 g/L 溶液，再按 7.5 g/L 的量加入 $Na_2S_2O_3 \cdot 5H_2O$，反应 15~25 min，使铼沉淀入渣。经澄清过滤，得到富铼渣含：Re 1.66%、Cu 35.06%、As 7.21%、Pb 1.84%、Fe 9.62%、Si 9.6%、S 8.43%。沉铼后液中含 Re 0.089 mg/L，铼回收率为 99.8%[92]。

　　我国某厂的含铼铜精矿及选钼流程产出的含铜尾矿进入铜冶炼，年带入铼量为 1.2~1.8 t。在闪速炼铜过程中，82% 以上的 Re 挥发进入烟气制酸系统的废酸液中。对废酸液硫化沉淀，其中 94% 以上的 Re 以硫化物形态与砷一起进入砷滤饼。砷滤饼经氧化、还原工序制取 As_2O_3 产品，砷滤饼中因有约 2/3 的 Re 进入氧化残渣，故需另行回收；另约 1/3 的 Re 富集于还原终液，含 Re 量达 200~300 mg/L，是废酸液中 Re 含量的 10~15 倍。该厂从还原终液中回收 Re，采用 N235 萃取 – 离子交换联合流程生产出铼酸铵产品[25]，其具体工艺如 8.1 节所述。

8.3　从铜冶炼烟尘中回收铼

　　国外某铜冶炼厂电炉熔炼及吹炼产出的含铼烟尘，其成分为：Cu 2.2%~4%、Pb 42%、Re 0.005%~0.01%、Zn 3%~6%、S 11.0%。按 100 kg 烟尘配入转炉渣 30 kg，碳酸钠 25 kg、焦炭 10 kg、铁屑 1 kg，投入电炉于 1100℃ 温度下熔炼回收铅，58.6% 的铼挥发进入烟气经水喷淋吸收，再从吸收液萃取提铼[3]。

8.4　从铜冶炼的酸泥中回收铼

　　硫化铜精矿经焙烧，产出的 SO_2 烟气在制酸过程中净化洗涤，产出的烟尘沉淀物称为酸泥，烟气中的铼一部分也沉降于酸泥中。苏联某厂酸泥成分为：Pb 49%~62%、Cu 0.1%~0.2%、Cd 0.05%~0.07%、Se 0.8%~1.1%、Te 0.08%~0.13%、Fe 0.1%~0.3%、As 0.13%~0.2%、S 12.0%~15.8%、Re 0.01%~0.05%。酸泥用 H_2SO_4 浸出，在温度为 90℃、液固比为 5、H_2SO_4 浓度为 200~250 g/L 时，加入占酸泥量 10% 的软锰矿，则 MnO_2 将难溶性低价氧化铼氧化成易溶的高价氧化铼浸出进入溶液。此时，铼浸出率为 70%~72%，浸出液含 Re 0.15~0.45 g/L。浸出液与烟气洗涤液合并，用 0.2 mol/L 叔胺 +10% 醇 + 煤油萃取提铼，在相比 O:A =1:10 时，单级萃取率为 85%~88%[92]。

第9章　铼的二次资源回收

铼的二次资源主要是含铼的高温合金废料和铼废催化剂。

9.1　从含铼的高温合金废料中回收铼

9.1.1　碱熔法

某含铼的高温合金废料，其成分为：Ni 65.7%、Co 8.7%、Cr 3.1%、W 9.0%、Mo 1.9%、Re 2.2%、Ta 4.1%、Nb 1%，将废合金清洗去油后，经高温真空熔炼再雾化制成 – 100 μm 的金属粉末。该合金粉末配以碱盐混合物熔剂，配料比为 m(合金):m(碱盐混合物) = 2:1，其中碱盐混合物的配比 m(NaOH):m(Na_2CO_3):m(Na_2SO_4) = 6:1:3。将物料混合均匀后置于氧化铝坩埚内，在 900℃ 温度下熔炼 1 h，待碱熔料冷却破碎后，用 60~90℃ 水浸出 2.5 h，93.78% 的铼进入溶液，部分钨和钼也进入溶液。之后，可用离子交换树脂分离提取溶液中的铼[93]。

有研究用硝石在高温下熔融分解废钨铼合金废料，把钨、铼分别氧化成 Na_2WO_4 和 $NaReO_4$，将分解后物料用水浸出（pH 为 8.8~8.9），得到含 Re 4.3 g/L、W 12 g/L、$NaNO_3$ 170 g/L 的溶液。该溶液用强碱性交换树脂吸附铼，铼吸附率达 99.99%，铼吸附后液再用大孔径的树脂吸附钨；或者用弱碱性的交换树脂先吸附铼，用 NH_4OH 解吸出 NH_4ReO_4，再从铼吸附后液中吸附钨。

9.1.2　氧化挥发法

利用 Re_2O_7 易挥发的特性，将含铼废合金进行氧化焙烧，把金属铼转为氧化铼挥发进入烟尘，从而与钨、镍等分离，但此法的回收率往往偏低。

从 W – Re 废料中回收铼的过程为：将废料在 950℃ 温度下通入氧气，7~8 h，过程中铼以 Re_2O_7 形态挥发，经水吸收后，用浓度为 25% 的 NH_4OH 溶液将铼沉淀析出，铼的回收率可达 92%~95%。该法的关键在于控制合适的气氛与温度，以利用纯氧有利于挥发铼的特性。氧化气氛对铼挥发率的影响见表 7 – 19[1]。

表 7 – 19　氧化气氛对铼挥发率的影响

气氛	气流速/(m·s⁻¹)	废料含铼量/%	残渣含铼量/%	铼挥发率/%
纯氧	0.5	14.71	0.74	95.0
40%O₂ + 空气	1.5	11.59	4.62	60.0
空气	2.15	7.19	4.59	36.0

$$表 7-19\ \text{气流速}/(m\cdot s^{-1})$$

从含 Re 5%～25% 的 W－Re 合金废料，或从含 Re 10% 的 Mo－Re 合金废料中回收铼，采取两次氧化挥发工艺，其过程为：先在 1000℃ 温度下氧化 2～5 h，废料中铼以 Re_2O_7 形态挥发，将收得的挥发物在 400℃ 再次升华得到纯 Re_2O_7。经水溶解后，用 KCl 或 NH_4OH 溶液将铼沉淀析出。铼酸铵经氢还原得 99.98% 纯度的铼粉，铼回收率达 86%～93%，其工艺流程如图 7 – 18 所示，铼、钨及钼的回收率及产物成分见表 7 – 20[1,3]。

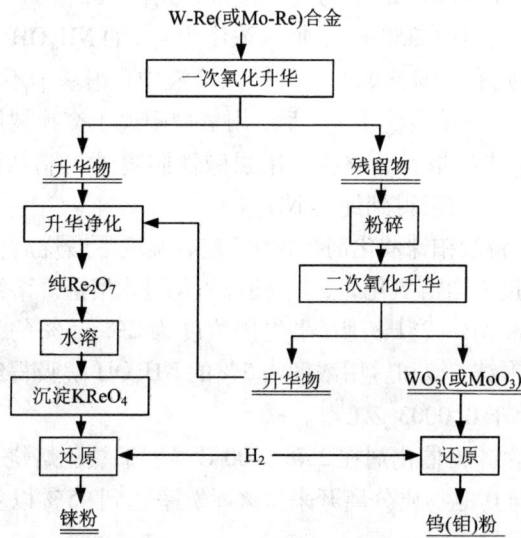

图 7 – 18　氧化升华法从钨铼、钼铼废料中回收铼及钨(钼)的工艺流程

表 7 – 20　氧化升华法从钨铼、钼铼废料中回收铼的金属回收率及产物

废料	钨(钼)实收率/%	铼实收率/%	铼总收率/%	产物及纯度/%
W – 26% Re	99.2	93.1	约 99.5	钨粉：99.2W；0.28Re
W – 5% Re	99.2	88	—	铼粉：99.98Re(Cu、Ca、Mg 含量小于 2×10^{-6}；Si 含量小于 80×10^{-6})
Mo – 10% Re	98	86	—	钼粉：99.8Mo

9.2 从废铂铼催化剂中回收铼

铂铼废催化剂的回收工艺，归纳起来主要有：

(1) 焙烧—浸出工艺

焙烧的目的体现在两个方面：一是将金属铼氧化生成易被浸出的氧化物，二是将催化剂携带的碳脱除。焙烧后用酸或碱溶液浸出，再用化学沉淀或离子交换法从溶液中提取铼。

某铂－铼废催化剂，在 750～850℃ 焙烧 5 h，废催化剂表面的积碳使铼形成难挥发的 ReO_2，然后采用稀碱液浸出，铼浸出率可达到 90% 以上；或将铂铼废催化剂在 600～650℃ 温度下焙烧 3 h，焙烧产物用碳酸钠溶液在 95℃ 时进行两段浸出，浸出液添加氯化钾沉淀析出铼，铼总回收率达 90% 以上。

一种含 Re 0.13%、Pt 0.23% 的废催化剂，先在 500～600℃ 温度下煅烧 6 h 脱除碳，冷却后磨细至小于 250 μm，加入浓度为 4% 的 NH_4OH 于 120℃ 时在高压釜中加压浸出 5 h，则有 77%～92% 的铼转入溶液中，铂基本不溶而保留在渣中，溶液浓缩并蒸除氨至 Re 浓度为 1 g/L 后，用氢型阳离子交换树脂除杂，得到纯净的铼酸溶液，可进一步提取铼；或者采用强碱性阴离子树脂从浸出液中吸附铼，饱和后用 NH_4SCN 溶液解吸得到纯的 NH_4ReO_4[3]。

另外，有研究是将废铂铼催化剂在 500℃ 左右温度下煅烧后，用浓度为 15% 的 NaCl 溶液于 80℃ 温度下电溶氧化 2.5 h，使铼氧化进入溶液。溶液含 Re 0.14 g/L，pH 为 4，用 Cl^- 型的 AH－251 树脂(事先用浓度为 2%～5% 的 H_2O_2 于 60～80℃ 温度下活化 6 h)吸附铼，饱和后用浓度为 5% 的 NH_4OH 解吸得纯 NH_4ReO_4，流出的残液中 Re 含量小于 0.0003 g/L[3]。

另有方法是将含铼废催化剂在 250～400℃ 温度下氧化焙烧，使铼氧化为高价气态 Re_2O_7 挥发而与其他物质分离开来，铼挥发率达 95% 以上，对烟尘再用酸浸法以浸出铼。

(2) 直接浸出—离子交换工艺

用硫酸浸出废铂铼催化剂，浸出液通过阴离子树脂吸附铼，再用 5～8 mol/L 的 HCl 解吸，并在铼的解吸液中分别沉淀出铼和铂[2]。

一种废铂铼催化剂用浓度为 15% 的 H_2SO_4 在液固比为 13∶1、温度为 104℃ 的条件下浸出 10 h，冷至 45℃，加入浓度为 30% 的 H_2O_2，其加入量为 0.3～0.7 L/kg 废料，再浸出 3 h，铼浸出率达 94%～96%，再用萃取法回收浸出液中的铼；另外，铂残留于渣中需另行回收处理，或者用 H_2SO_4 浸出后，浸出液用强碱性阴离子交换树脂吸附铼，饱和后用浓度为 1～8 mol/L 的 $HClO_4$ + 浓度为 1%～25% 的 EtOH 混合液解吸，经蒸发浓缩(EtOH 从挥发物回收)再回收铼[1]。

另外，还有方法是将成分为：Pt 0.34%、Re 0.34%、Al_2O_3 94.52%的废铂铼催化剂在 600～900℃ 温度下先进行焙烧脱碳，再用磁选除铁和盐酸（浓度 1～3 mol/L）浸泡（加空气搅拌）除铁[3]。废催化剂用浓硫酸加浓盐酸的混合溶液溶解，溶液组成为：V(浓硫酸)∶V(浓盐酸)∶V(水) = (30～50)∶(5～10)∶(65～40)，液固比 5∶1；溶解温度大于 100℃；溶解后期加入浓度为 5%～10% 的 $KClO_3$ 溶液，其加入量为 10～20 g/kg 废催化剂。溶解完全后，往溶解液中加入 Al_2O_3 以将过量的酸中和并用水稀释 1 倍，用 R430 阴离子交换树脂使铂、铼金属离子吸附到树脂上，饱和树脂用浓度为 4 mol/L 的 NaOH 洗液将铂、铼解吸，得到的解吸液浓缩到铂含量达 40 g/L 左右，加入 NH_4Cl 将铂沉淀出来，得到氯铂酸铵沉淀物：

$$H_2PtCl_6 + 2NH_4Cl \Longrightarrow (NH_4)_2PtCl_6\downarrow + 2HCl \tag{7-83}$$

往沉铂后的含铼溶液加入 KCl，则铼以 $KReO_4$ 的形式沉淀出来，KCl 加量一般为 Re 量的 2 倍。

废催化剂中的 Al_2O_3 溶解生成 $Al_2(SO_4)_3$，不被树脂吸附而留在吸附尾液中，故需另行处理回收其中的铝盐。

第 10 章　金属铼和铼化合物的制取

金属铼粉是铼主要的终端产品，其中间体工业产品主要是高铼酸铵和高铼酸钾。

10.1　氢还原法制取铼粉

制取金属铼粉的常用方法是高铼酸铵和高铼酸钾氢还原法，氢还原铼酸盐的反应为：

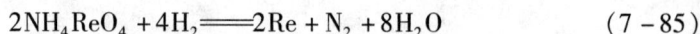

$$2KReO_4 + 7H_2 \Longrightarrow 2Re + 2KOH + 6H_2O \qquad (7-84)$$
$$2NH_4ReO_4 + 4H_2 \Longrightarrow 2Re + N_2 + 8H_2O \qquad (7-85)$$

通常采用氢还原高铼酸铵的方法来制取铼粉，若以高铼酸钾为原料，则还原产物须将 KOH 水洗干净。精制的高铼酸铵经磨细后装入钼舟，在电阻炉内，通氢气分温度段还原，得到金属铼粉。其工艺技术条件为：温度为 300℃，保温 2 h；后在 650℃ 温度下保温 1.5 h；氢气流量以炉内维持正压为准；料层厚度不超过 40 mm。氢还原工艺制得的铼粉的纯度取决于原料 NH_4ReO_4 的纯度，品位 99% 的高铼酸铵，经氢还原可制得品位大于 99% 的金属铼粉，其直收率大于 99%。出炉的铼粉磨至要求的粒度后可再在 800℃ 温度下还原 1 h，得到最终产品[1,3]。

要制备品位大于 99.99% 的高纯铼粉，氢还原前需先对中间体进行提纯，主要提纯方法有：

(1)高铼酸铵重结晶法

铼酸铵的提纯精制，其中溶液重结晶的方法较为简便常用。杂质总量小于 0.002% 的铼酸铵，水溶解后加热浓缩到过饱和状态，冷却至室温，析出的高铼酸铵用纯水洗涤数次，在 100℃ 温度下烘干 4 h；高铼酸铵粉末装于钼镍合金舟中，在 400~600℃ 温度下通氢气还原，可制得纯度为 99.995%~99.998% 的铼粉。多次的重结晶操作可进一步提高铼酸铵的纯度[3]。

(2)铼氯化提纯法

以纯度较低的铼粉或铼的碎料为原料，用氢气在 1000℃ 温度下还原 1 h，以除去氧化物，然后通入氯气进行氯化：

$$2Re + 5Cl_2 \Longrightarrow 2ReCl_5 \qquad (7-86)$$

$ReCl_5$ 沸点为 330~360℃，熔点为 220~263℃，铼经氯化挥发与杂质分离，挥

发的 $ReCl_5$ 气体冷凝收集，再将其用水溶解：

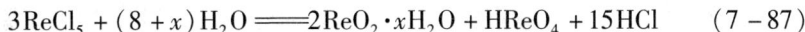

$$3ReCl_5 + (8+x)H_2O \Longrightarrow 2ReO_2 \cdot xH_2O + HReO_4 + 15HCl \qquad (7-87)$$

将铼水解物分离，并真空干燥，制得 ReO_2，再将 ReO_2 置于钼舟中用氢气还原，制得高纯度的金属铼粉[1,3]。

(3) 氧化铼升华提纯法

将高价氧化铼升华提纯与杂质分离，再用氢还原，可得高纯铼粉。升华温度控制在小于460℃，该过程中应防止水汽渗入，对于提纯含钾小于0.2%的金属铼效果显著[1,3]。

10.2　电解法制取铼粉

铼的水溶液电解法可制取金属铼粉，其工艺条件为：含 NH_4ReO_4 50 g/L、$(NH_4)_2SO_4$ 40 g/L、H_2SO_4 75 g/L 的电解液，温度为25℃，电流密度为10000 A/m^2。然而，电解法的电流效率较低，仅为30%[3]。制取的铼粉粒度较粗且结晶差、纯度低。在低电流密度下用电解沉积法也可制备铼片。

10.3　致密金属铼的熔炼与提纯

(1) 电子束熔炼和区域熔炼

用电子束熔炼炉将铼粉熔炼成锭，在电子束熔炼的高温及高真空下，铼粉中含的气体和金属杂质将气化挥化而使铼得到提纯。对铼锭(直径7~8 mm，长度120 mm)再进行区域熔炼，用电子束加热，经15个行程可制得高纯铼[1]，所用的原料和产品的成分见表7-21：

表7-21　电子束熔炼及区域熔炼提纯铼的原料及产品的杂质含量　%

杂质	K	Al	Fe	C	Si	O_2	N_2	H_2
原料	10^{-3}	3×10^{-4}	2×10^{-3}	10^{-1}	2×10^{-3}	10^{-1}	4×10^{-2}	5×10^{-2}
电子束熔炼后	4×10^{-4}	—	3×10^{-4}	$10^{-2} \sim 10^{-1}$	2×10^{-3}	1.5×10^{-2}	5×10^{-3}	4×10^{-3}
区域熔炼后	10^{-4}	5×10^{-6}	7×10^{-5}	10^{-3}	2×10^{-4}	10^{-4}	10^{-4}	10^{-4}

(2) 铼卤化物的化学气相沉积(CVD)

将铼转化为卤化物(如 $ReCl_5$ 或 $ReCl_3$ 或 $ReBr_3$ 等)，并于 500~600℃ 温度下对卤化物进行真空升华以将其提纯，提纯后的卤化物在高温下用氢还原，铼则在铼丝(片)上沉积，如 ReF_6 在 200~300℃ 温度下可被 H_2 还原成金属铼：

$$ReF_6 + 3H_2 =\!=\!= Re + 6HF \qquad\qquad (7-88)$$

铼卤化物的化学气相沉积法用于钨丝的高温镀铼工艺,如果还原铼是在高温铼丝(片)上沉积,则可以制得致密的高纯铼[3]。

10.4 铼有机化合物的制取

工业常见的铼有机化合物是甲基三氧化铼(MTO),常用作催化剂。用高铼酸盐合成甲基三氧化铼的工艺方法为:将铼粉用硝酸氧化制成高铼酸,再与水溶性金属盐反应以制成高铼酸盐(或高铼酸钾或高铼酸钡),之后让高铼酸盐与三甲基氯硅烷、四甲基锡反应以制成 MTO,后续经提纯处理可制得高纯度 MTO,步骤如下:

(1)氧化成盐:在反应器中加入铼粉和适量水,室温下缓慢搅拌,逐步滴加一定量硝酸,硝酸加完后,升温至 30~50℃,继续搅拌以使铼粉全部溶解,降至室温,加入金属盐溶液,再搅拌至没有新的沉淀物产生时,停止搅拌,对产物进行抽滤,滤饼用溶剂洗涤后在真空下干燥,所得高铼酸盐密闭保存。

(2)甲基三氧化铼的合成:在具有回流冷凝器的反应器中,通入氮气保护,加入高铼酸盐,然后加入有机溶剂,在搅拌下使高铼酸盐溶解,然后加入三甲基氯硅烷、四甲基锡,升温进行反应,控制以初始溶液颜色不变为反应终点,反应完成后将反应产物抽滤,滤饼用少量溶剂洗涤。

(3)后续提纯处理:滤液在常压或减压下蒸馏,蒸出的溶剂经冷凝器回收;在脱除溶剂的甲基三氧化铼中加入溶剂,加温以使其溶解,然后降温至室温以下静置重结晶,结晶物经过滤干燥,最后将重结晶的甲基三氧化铼在 60~70℃温度下常压或减压升华,从而得到高纯度的 MTO。

参考文献

[1]《有色金属提取冶金手册》编辑委员会. 有色金属提取冶金手册:稀有高熔点金属(上)[M].北京:冶金工业出版社,1999.

[2]张国成,黄文梅.有色金属进展:第五卷[M].长沙:中南大学出版社,2005.

[3]周令冶,陈少纯.稀散金属提取冶金[M].北京:冶金出版社,2008.

[4]臧树良.稀散元素化学与应用[M].北京:中国石化出版社,2008.

[5]宋玉林,董贞俭.稀有金属化学[M].沈阳:辽宁大学出版社,1991.

[6] U. S. Geological Survey mineral commodity summaries:Rhenium[EB/OL].[2017]. https://minerals. usgs. gov/minerals/pubs/mcs/2017/.

[7]董坚,白崇岩,史品庚.钼焙烧烟气铼回收工艺中的几个关键问题[J].中国钼业,2013,37(2):16-25.

[8] 江苏冶金研究所,南京大学,镇江冶炼厂. 从钼精矿焙烧烟气中回收铼的工业试验总结[J]. 江苏冶金, 1988(增刊): 88 – 96.

[9] 徐彪, 王鹏程, 谢建宏. 从钼精矿中综合回收铼的新工艺研究[J]. 矿业工程, 2012, 32(1): 2 – 4.

[10] 邹振球, 周勤俭. 钼精矿石灰熔烧——N235 萃取工艺提取铼钼[J]. 矿冶工程, 2002, 22(1): 79 – 84.

[11] 陈庭章. 石灰熔烧法从钼精矿中提取钼铼[J]. 湖南冶金, 1979(3): 1 – 12.

[12] 张启修, 赵秦生. 钨钼冶金[M]. 北京: 冶金工业出版社, 2005.

[13] 陈庭章. 非标准钼精矿氧化煮法制取仲钼酸铵和高铼酸铵[J]. 矿业工程, 1991, 11(1): 50 – 58.

[14] 申友元. 从钼精矿压煮液中提取铼[J]. 中国钼业, 1998, 22(4): 56 – 57.

[15] 钱勇. 溶剂萃取法制取铼酸铵[J]. 铜业工程, 2004(3): 26 – 28.

[16] 邓桂春, 滕洪辉, 刘国杰, 等. 铼的分离与分析研究进展[J]. 稀有金属, 2004, 28(4): 771 – 776.

[17] 牟婉君, 宋宏涛, 王静. 铼的萃取分离和测定[J]. 中国钼业, 2008, 32(4): 34 – 36.

[18] 于世昆, 伍艳辉. 铼的分离提取研究进展[J]. 中国钼业, 2010, 34(2): 7 – 12.

[19] KANG J G, KIM Y U, Joo S H, et al. Behavior of extraction, stripping, and separation possibilities of rhenium and molybdenum from molybdenite roasting dust leaching solution using amine based extractant Tri – Otyl – Amine (TOA)[J]. Materials Transactions, 2013, 54(7): 1209 – 1212.

[20] FANG D W, GU X J, XIONG Y. Thermodynamics of solvent extraction of rhenium with trioctyl amine[J]. Journal of Chemical and Engineering Data, 2010(55): 424 – 427.

[21] JIANG K X, WANG Y F, ZOU X P, et al. Extraction of Molybdenum from Molybdenite Concentrates with Hydrometallurgical Processing[J]. Jom the Journal of the Minerals Metals & Materials Society, 2012, 64(11): 1285 – 1289.

[22] 曹占芳, 钟宏, 姜涛, 等. 辉钼矿电氧化浸出液中 Mo(Ⅵ)和 Re(Ⅶ)的萃取[J]. 华南理工大学学报(自然科学版), 2011, 39(3): 17 – 21.

[23] KIM H S, PARK J S, SEO S Y, et al. Recovery of rhenium from a molybdenite roaster fume as high purity ammonium perrhenate[J]. Hydrometallurgy, 2015, 156: 158 – 164.

[24] 林春生, 高青松. 用 201×7 树脂离子交换法回收淋洗液中铼的研究[J]. 中国钼业, 2009, 33(3): 30 – 31.

[25] 高志正. 从净化洗涤污酸中提取金属铼的试验研究[J]. 中国有色冶金, 2008(6): 68 – 70.

[26] MINIAKHMETOV I A, SEMENOV S A, MUSATOVA V Y, et al. Solvent extraction of rhenium with N – (2 – hydroxy – 5 – nonylbenzyl) – beta – hydroxyethylmethylamine[J]. Russian Journal of Inorganic Chemistry, 2013, 58(11): 1380 – 1382.

[27] SCHROTTEROVA D, NEKOVA P. Extraction of Re(Ⅶ) by neutral and basic extractants[J]. Chemical Papers, 2006, 60(6): 427 – 431.

[28] GERHARDT I N, PALANT A A, PETROVA V A, et al. Solvent extraction of molybdenum (Ⅵ), tungsten (Ⅵ) and rhenium (Ⅶ) by diisododecylamine from leach liquors [J]. Hydrometallurgy, 2001, 60(1): 1 – 5.

[29] 卢宜源, 宾万达. 贵金属冶金学[M]. 长沙: 中南大学出版社, 2006.

[30] KARAGIOZOV L, VASILEV C. Extraction of molybdenum from weak acid rhenium – containing solutions[J]. Hydrometallurgy, 1984, 12(1): 111 – 116.

[31] VARTAK S V, SHINDE V M. Separation studies of molybdenum(Ⅵ) and rhenium(Ⅶ) using TPPO as an extractant[J]. Talanta, 1996, 43(9): 1465 – 1470.

[32] TRAVKIN V F, ANTONOV A V, KUBASOV V L. et al. Extraction of rhenium(Ⅶ) and molybdenum(Ⅵ) with hexabutyltriamide of phosphoric acid from acid media[J]. Russian Journal of Applied Chemistry, 2006, 79(6): 909 – 913.

[33] LESZCZYNSKA-S K, BENKE G, KROMPIEC S, et al. Synthesis of perrhenic acid using solvent extraction[J]. Hydrometallurgy, 2009, 95(3 – 4): 325 – 332.

[34] ALAMDARI E K, DARVISHI D, HAGHSHENAS D F, et al. Separation of Re and Mo from roasting – dust leach – liquor using solvent extraction technique by TBP[J]. Separation and Purification Technology, 2012, 86(8): 143 – 148.

[35] KHOSHNEVISAN A, YOOABASHIZADEH H, MOHAMMADI M, et al. Separation of rhenium and molybdenum from molybdenite leach liquor by the solvent extraction method[J]. Minerals & Metallurgical Processing, 2013, 30(1): 53 – 58.

[36] 汪小琳, 刘亦农, 熊宗华. 酮类试剂萃取分离铁的研究[J]. 化学试剂, 1995, 17(3): 143 – 145.

[37] KASIKOV A G, PETROVA A M. Extraction of rhenium(Ⅶ) with aliphatic alcohols from acid solutions[J]. Russian Journal of Applied Chemistry, 2009, 82(2): 197 – 203.

[38] KASIKOV A G, PETROVA A M. Effect of the structure of octanols on their extraction capacity for rhenium(Ⅶ) in sulfuric acid solutions[J]. Russian Journal of Applied Chemistry, 2007, 80 (4): 672 – 674.

[39] 王靖芳, 冯彦琳. N, N – 二(1 – 甲庚基)乙酰胺萃取铼的研究[J]. 稀有金属, 1995(3): 228 – 230.

[40] 曹平, 胡静宇. 伯胺 N1923 萃取钼的机理研究[J]. 高等学校化学学报, 1994, 15: 1588 – 1591.

[41] 盖会法, 高自立. 伯胺 N1923 萃取 Re(Ⅶ) 的研究[J]. 山东大学学报(自然科学版), 1990, 25(3): 342 – 347.

[42] 李锦文, 汤惠民. N1923 – TBP 协同萃取铼(Ⅶ)的机理[J]. 同济大学学报, 1994, 22: 359 – 364.

[43] 邓解德. 从含钼废液中回收铼[J]. 中国钼业, 1999, 23(2): 33 – 36.

[44] 彭真, 罗明标, 蒋小辉, 等. 协同萃取法回收地浸采铀工艺树脂中铼[J]. 稀有金属, 2011, 35(6): 922 – 927.

[45] CAO Z F, ZHONG H, QIU Z H. Solvent extraction of rhenium from molybdenum in alkaline

solution[J]. Hydrometallurgy, 2009, 97(3 - 4): 153 - 157.

[46] XIONG Y , SHAN W J, LOU Z N, et al. Synergistic extraction of rhenium (Ⅶ) and molybdenum(Ⅵ) with mixtures of bis - (3, 5 - dimethylhexyl - 4 - methylhexyl) amine and tributylphosphate[J]. Journal of Phase Equilibria and Diffusion, 2011, 32(3): 193 - 197.

[47] 李洪桂. 离子交换技术在铼回收过程中的应用[J]. 中国钼业, 1995, 19(1): 18 - 22.

[48] 鲁国明, 刘小冬, 张莉. 离子交换法从镍 - 钼 - 铼的混合物中分离铼的研究[J]. 黑龙江大学自然科学学报, 1999(3): 98 - 101.

[49] 吴香梅, 熊春华, 姚彩萍, 等. D201×4 树脂对铼(Ⅶ)的交换性能研究[J]. 离子交换与吸附, 2010, 26(5): 424 - 430.

[50] 曹占芳, 钟宏, 姜涛, 等. 辉钼矿中钼和铼分离过程研究[J]. 现代化工, 2012, 32(12), 46 - 52.

[51] SHARIAT M H, HASSANI M. Rhenium recovery from sarcheshmeh molybdenite concentrate [J]. Journal of Materials Processing Technology, 1998, 74(1 - 3): 243 - 50.

[52] JIA M, CUI H M, JIN W Q, et al. Adsorption and separation of rhenium(Ⅶ) using N - methylimidazolium functionalized strong basic anion exchange resin[J]. Journal of Chemical Technology and Biotechnology, 2013, 88(3): 437 - 443.

[53] 史福霞, 俎建华, 叶茂松, 等. 强碱性阴离子交换纤维的辐射接枝法制备及对铼(Ⅶ)的吸附[J]. 高分子材料科学与工程, 2013, 29(7): 157 - 160.

[54] ZU J H, WEI Y Z, YE M S, et al. Preparation of a new anion exchanger by pre - irradiation grafting technique and its adsorptive removal of rhenium (Ⅶ) as analogue to Tc - 99[J]. Nuclear Science and Techniques, 2015, 26(1): 69 - 75.

[55] 吴香梅, 舒增年. D301 树脂吸附铼(Ⅶ)的研究[J]. 无机化学学报, 2009, 25(7): 1227 - 1232.

[56] CAO Z F , ZHONG H, JIANG T, et al. Separation of rhenium from electric - oxidation leaching solution of molybdenite[J]. Journal of Central South University, 2013, 20(8): 2103 - 2108.

[57] 何焕杰, 王秀山, 杨子超. 用 D301 离子交换树脂分离铼和钼[J]. 铀矿冶, 1990, 9(1): 38 - 41.

[58] 蒋小辉, 罗明标, 花榕, 等. D302 - Ⅱ 树脂吸附铼的性能研究及应用[J]. 稀有金属, 2012, 36(4): 610 - 616.

[59] 蒋克旭, 邓桂春, 张倩, 等. D314 树脂静态分离铼与钼的实验研究[J]. 稀有金属与硬质合金, 2011, 39(1): 8 - 12.

[60] SHU Z N, YANG M H. Adsorption of rhenium(Ⅶ) with anion exchange resin D318[J]. Chinese Journal of Chemical Engineering, 2010, 18(3): 372 - 376.

[61] 舒增年, 熊春华, 沈秋仙. XSD - 296 树脂对铼(Ⅶ)的吸附性能及机理[J]. 矿物学报, 2011, 31(2): 302 - 306.

[62] 叶茂松, 俎建华, 王浦银, 等. 弱碱性阴离子交换树脂的合成及其对铼离子的吸附解吸行为研究[J]. 离子交换与吸附, 2015, 31(2): 107 - 114.

[63] 刘峙嵘, 李建华, 刘云海. R - 518 树脂富集铼的性能研究[J]. 山东冶金, 2000, 22(2):

37 - 39.

[64] 王晓龙, 俎建华, 韦悦周. AR - 01 树脂对铼的吸附和解吸行为[J]. 核化学与放射化学, 2014, 36(4): 205 - 209.

[65] XIONG C H, YAO C P, WU X M. Adsorption of rhenium(Ⅶ) on 4 - amino - 1, 2, 4 - triazole resin[J]. Hydrometallurgy, 2008, 90(2 - 4): 221 - 226.

[66] JERMAKOWICZBD, CYGANOWSKI P, LESNIEWICZ A, et al. Spontaneous formation of gold microplates during reduction - coupled removal of noble metals using Dowex M4195 resin[J]. Journal of Applied Polymer Science, 2015, 132(33): 131 - 134.

[67] SUZUKI T, FUJII Y, YAN W, et al. Adsorption behavior of Ⅶ group elements on tertiary pyridine resin in hydrochloric acid solution [J]. Journal of Radioanalytical and Nuclear Chemistry, 2009, 282(2): 641 - 644.

[68] LEE B, IM H J, LUO H M, et al. Synthesis and characterization of periodic mesoporous organosilicas as anion exchange resins for perrhenate adsorption[J]. Langmuir, 2005, 21(12): 5372 - 5376.

[69] 刘军深, 蔡伟民. 萃淋树脂技术分离稀散金属的研究现状及展望[J]. 稀有金属与硬质合金, 2003, 31(4): 36 - 38.

[70] JIANG K X, ZHAI Y C, SHAN W J, et al. Re(Ⅶ) extraction and separation from Mo(Ⅵ)by levextrel resins containing trialkyl amine[J]. Russian Journal of Inorganic Chemistry, 2011, 56 (7): 1153 - 1156.

[71] MOON J K, HAN Y J, JUNG C H, et al. Adsorption of rhenium and rhodium in nitric acid solution by Amberlite XAD - 4 impregnated with Aliquat 336[J]. Korean Journal of Chemical Engineering, 2006, 23(2): 303 - 308.

[72] LUCANIKOVA M, KUCERA J, SEBESTA F. New extraction chromategraphic material for rhenium separation [J]. Journal of Radioanalytical and Nuclear Chemistry, 2008, 277 (2): 479 - 485.

[73] 徐勤, 何焕杰, 王瑞华, 等. 中性磷萃淋树脂吸附铼的性能和机理研究(Ⅵ)[J]. 湿法冶金, 1997, 16(1): 26 - 30.

[74] 何焕杰, 吴业文, 杨子超, 等. CL - P350 萃淋树脂吸附铼和分离钼的性能研究[J]. 湿法冶金, 1992(1): 7 - 11.

[75] 宋金如, 龚治湘, 刘淑娟, 等. P350 萃淋树脂吸附铼的性能研究及应用[J]. 华东地质学院学报, 2003, 26(3): 274 - 277.

[76] 周迎春, 刘兴江, 冯世红, 等. 活性炭吸附法分离铼钼的研究[J]. 表面技术, 2003, 32 (4): 31 - 33.

[77] SEO S Y, CHOI W S, YANG T J. Recovery of rhenium and molybdenum from a roaster fume scrubbing liquor by adsorption using activated carbon[J]. Hydrometallurgy, 2012, 129: 145 - 150.

[78] 张蕾, 刘雪岩, 康平利. 纳米 TiO_2 分离富集 Mo(Ⅵ)和 Re(Ⅶ)[J]. 应用化学, 2009, 26 (11): 1362 - 1366.

[79] 姜晓庆. 改性纳米氧化铝对铼的吸附性能研究[D]. 沈阳：辽宁大学，2011.

[80] LI Y H, WANG Q, LI Q, et al. Simultaneous speciation of inorganic rhenium and molybdenum in the industrial wastewater by amino – functionalized nano – SiO$_2$[J]. Journal of The Taiwan Institute of Chemical, 2015, 55: 126 – 132.

[81] LI Y H, YANG L J, LIU X Y, et al. Highly enhanced selectivity for the separation of rhenium and molybdenum using amino – functionalized magnetic Cu – ferrites[J]. Journal of Materials Science, 2015, 50(18): 5960 – 5969.

[82] LOU Z N, ZHAO Z Y, LI Y X, et al. Contribution of tertiary amino groups to Re(Ⅶ) biosorption on modified corn stalk: Competitiveness and regularity[J]. Bioresource Technology, 2013, 133(4): 546 – 554.

[83] LOU Z N, WAN LI, GUO C F, et al. Quasi – complete separation Re(Ⅶ) from mo(Ⅵ) onto magnetic modified cross – linked chitosan crab shells gel by using kinetics methods[J]. Industrial & Engineering Chemistry Research, 2015, 54(4): 1333 – 1341.

[84] XIONG Y, XU J, et al. A newapproach for rhenium(Ⅶ) recovery by using modified brown algae Laminaria japonica adsorbent[J]. Bioresource Technology, 2013, 127(1): 464 – 472.

[85] SHAN W J, REN F Q, ZHANG Q, et al, Enhanced adsorption capacity and selectivity towardsmolybdenum inwastewater by a persimmon tannin waste based new adsorbent[J]. Journal of Chemical Technology and Biotechnology, 2015, 90(5): 888 – 895.

[86] 李王萍, 李莉芬, 王献科. 液膜法提取高纯铼[J]. 中国钼业, 2001, 25(6): 23 – 25.

[87] MASHKANI S G, GHAZVINI, P TM, ALIGOL D A. Uptake of Re(Ⅶ) from aqueous solutions by Bacillus sp GT – 83 – 23[J]. Bioresource Technology, 2009, 100(2): 603 – 608.

[88] 李贺, 王海北, 王玉芳. 复杂钼精矿湿法冶金工艺研究[J]. 有色金属(冶炼部分), 2013 (7): 31 – 34.

[89] 文星照, 李循勋. 氧压煮法从辉钼矿中提取铼的工业生产实践[J]. 中国钼业, 1999, 23 (2): 32 – 36.

[90] 王永斌, 黄建芳, 栗威, 等. 硫代硫酸钠沉淀富集冶炼废酸中铼的实验研究[J]. 岩石矿物学杂志, 2015, 34(1): 110 – 116.

[91] 王敏. 从废液中回收贵重金属铼[J]. 上海有色金属, 2002, 23(4): 169 – 170.

[92] 张邦安, 译. 由泽兹卡兹干炼铜厂的硫酸泥渣中回收铼[J]. 上海有色金属, 1993 (4): 62.

[93] 孟晗琪, 吴贤, 陈昆昆. 碱融—水浸法从高温合金废料中回收铼[J]. 有色金属工程, 2014, 4(4): 44 – 46.

编 后 语

一些学术组织不时邀请去讲讲稀散金属发展的话题,很是为难。这个行业分布面广、发展也很快,总会挂一漏万的。之所以讲这么一个企业,算是个缩影吧,拿来说事或许靠谱些。这就是广东先导稀材公司及国家稀散金属工程技术研究中心,就在广州附近的清远市高新区。

深加工是讲硬实力的。须知稀散金属终端应用大多是半导体材料,没有世界顶尖的检测手段,深加工又谈何容易?稀散金属单一企业不大,深加工规模就更小,要配备昂贵的检测设备不符合效益取向。专业公司则不同,他们把硬件配备得最好,通过专业化研发生产达到效益最大化,反过来又以成本和产品的市场优势,吸引量少分散的初级原料向专业公司集中,实现更大规模的深加工集约化,我以为这是稀散金属高端产品产业化的一条路子。做得成功的企业,就我所知,一个是做高纯镓的南京金美镓业,另一个是广东先导稀材。

广东先导稀材公司成立于2003年,专事稀有金属及其高端材料研发生产和资源闭环回收循环利用,是国家认定的高新技术企业,是全球最大的硒、碲产品生产商,也是生产铟、镓、锗等稀散金属材料的世界知名的专业公司。公司占地面积1000余亩,拥有生产厂房46万余平方米,其中生产高纯品的各类洁净厂房有3.5万 m^2。

2014年国家科技部和发改委先后批准在先导公司设立国家稀散金属工程技术研究中心和国家认定的企业技术中心,设有博士后工作站和独立的先进材料研究院。公司的专业实验室获得了国际级别的CNAS实验室认证,拥有辉光放电质谱仪(GD – MS)、等离子体质谱仪(ICP – MS)、等离子体发射光谱仪(ICP – OES)、原子吸收光谱仪(AAS)、傅里叶红外光谱仪(FTIR)、核磁共振波谱仪、气质联用色谱仪(GC – MS)、电子扫描电镜(SEM)、离子色谱(IC)、激光粒度分析仪等多种世界领先的精密检测设备,能满足8N级和部分9N级的高纯品检测。

公司的产品是多元化的,应用于电子信息、新能源、LED、红外、激光、光纤、医疗等高科技领域,稀散金属终端应用材料和其他电子信息先进材料大部涵盖其中:

1. 稀有金属基础材料,主要有硒、碲、镓、铟、锗、镉、铋、钴等金属及化合物,其中硒产品年销量为1100 t,占全球的39%。

2. 高纯稀有金属材料和其他高纯材料(5 – 8N级),主要有硒、碲、镓、铟、锗、镉、铋、锑、砷、磷、铜、锡、锌、铅等高纯金属及铜－镓、铜－铟、铜－铟－镓、铜－铟－镓－硒、铜－镁、铟－镁、碲－铋、金－锗等高纯合金和砷化镓、磷化镓、锑化镓、氧化镓、氯化镓、锑化铟、磷化铟、氧化铟、氯化铟、氢氧化铟、二氧化锗、光纤级四氯化锗、锗烷、硫化镉、硒化镉、碲化镉、碲化锌、碲化铋、二氧化碲、硫化锌、硫化镉、氧化铋等高纯化合物,其中光纤级四氯化锗产能 15 t/月。

3. 稀散金属晶体材料,主要有砷化镓晶体及晶片、锗晶体和晶片及锗透镜、硒化锌板材和镜片等,其中的产能:砷化镓晶片(4 英寸)16 万片/月、红外光学及激光级硒化锌 6 t/月。

4. 稀散金属溅镀靶材,主要有 ITO 靶材、铟和铜镓靶材、碲化锌与碲化镉靶材等,其中的产能:半导体显示级 ITO 靶材 30 t/月、碲化镉及 CIGS 太阳能薄膜电池靶材 60 t/月。

5. 金属有机化合物(MO 源),主要有三甲基镓、三乙基镓、三甲基铟、二甲基镉、二乙基锌、三甲基锑等,产能 1.8 t/月。

6. 低熔点合金(熔点从 117~389 ℉全系列)和热解氮化硼特种陶瓷坩埚。

公司展厅称得上是一个稀散金属博物馆,可以说是大学讲堂也可以是科普园地。在这里,我国稀散金属产业的面貌是能略见一斑的。

陈少纯

2018 年 3 月

图书在版编目（ＣＩＰ）数据

稀散金属冶金手册／陈少纯主编.　　长沙．中南
大学出版社，2018.12
ISBN 978 - 7 - 5487 - 3477 - 2

Ⅰ.①稀… Ⅱ.①陈… Ⅲ.①稀散金属－有色金属冶
金－手册 Ⅳ.①TF843 - 62

中国版本图书馆 CIP 数据核字（2018）第 253096 号

稀散金属冶金手册
XISAN JINSHU YEJIN SHOUCE

陈少纯　主编

□责任编辑	胡　炜
□责任印制	易红卫
□出版发行	中南大学出版社
	社址：长沙市麓山南路　　　邮编：410083
	发行科电话：0731 - 88876770　传真：0731 - 88710482
□印　装	长沙市宏发印刷有限公司

□开　本	710×1000　1/16　□印张 42　□字数 842 千字
□版　次	2018 年 12 第 1 版　□2018 年 12 月第 1 次印刷
□书　号	ISBN 978 - 7 - 5487 - 3477 - 2
□定　价	265.00 元